ANIMAL BEHAVIOR

DUSTIN R. RUBENSTEIN
JOHN ALCOCK

동물행동학

제11판

대표역자 장이권

강창구 · 김태원 · 석호영
이원영 · 전중환 · 한창석
공역

월드사이언스
worldscience.co.kr

동물행동학 제11판

인　　쇄 | 2021년 2월 10일
발　　행 | 2021년 2월 25일

역　　자 | 장이권 · 강창구 · 김태원 · 석호영
이원영 · 전중환 · 한창석

발 행 인 | 신정숙
발 행 처 | (주)도서출판 월드사이언스
주　　소 | 서울특별시 서초구 도구로 115(방배동, 월드빌딩 1층)
등록일자 | 1988년 2월 12일
등록번호 | 제 16-1601호
대표전화 | (02) 581-5811~3
팩　　스 | (02) 521-6418

E-mail | worldscience@hanmail.net
U R L | http://www.worldscience.co.kr

정　　가 | **35,000원**
I S B N | 978-89-5881-301-9

To my parents,
who inspired in me a love of nature
and animal behavior at an early age.
DRR

차례

CHAPTER 3

CHAPTER 4

CHAPTER 5

행동의 생리적 기초 136

CHAPTER 6

포식자 회피 및 먹이 찾기 174

CHAPTER 7

영역과 이주 208

CHAPTER 8

의사소통의 원리 242

CHAPTER 9

번식 행동 286

CHAPTER 10

교미 체계 334

CHAPTER 11

부모 양육 378

CHAPTER 12

사회성 진화의 원리 420

CHAPTER 13

사회행동과 사회성 450

CHAPTER 14

인간행동 482 (출판사 홈페이지에서 별도로 제공)

머리말

지난 40여 년간, '동물행동학(*Animal Behavior*)'은 대학생들에게 동물의 행동을 소개하는 선도적인 교과서였다. 존 앨콕(John Alcock)은 1975년에 이 책의 첫 판을 저술했고, 이후 9개의 판을 연이어 발표했다. 본 11번째 판은 새로운 주저자를 등장시키는데, 바로 더스틴 루벤스타인(Dustin Rubenstein)이다. 11번째 판도 서술적인 어조를 유지하면서, 곤충에서부터 인간에 이르기까지 서로 다른 동물들이 어떻게 그리고 왜 그렇게 행동하는지 이해하기 위해 진화적 접근법과 기계론적 접근법에 초점을 맞춘다. 빠르게 진화하는 동물행동학 분야를 따라가기 위한 노력으로, 이 새로운 판은 행동을 연구할 때 사용하는 통합적인 접근법을 보여준다. 특히, 행동을 뇌, 유전자 및 호르몬에 연결시키는 연구에 더하여 개체를 에워싸고 있는 생태 및 사회적 환경에 연결시키는 연구를 강조한다. 후생유전학과 집합 행동과 같은 주제가 처음으로 부각된다. 추가적으로, 이 책은 동물행동학에서 점점 확산되고 있는 비교 계통발생학 연구를 포함하고 있다. 이 접근법에서는 동물 행동의 진화에 대한 새로운 아이디어를 생성하고 검정하기 위해 점차 확산되가는 분자계통학을 이용한다. 궁극적으로, 이 책은 학생들에게 다양한 차원에서 분석의 틀을 제공하는 것을 주된 목표로 삼는데, 이런 틀은 연구자들이 인간을 포함한 모든 생명체들이 왜 복잡한 방식으로 종종 행동하는지를 설명하기 위해 사용한다.

11판에 새로운 점

새로운 주저자 외에도, 11번째 판은 학생의 학습과 강사의 교육을 모두 지원하는 몇 가지 새로운 접근 방법과 기능을 포함하고 있다. 광범위한 연구 결과에서 대부분의 사용자들이 10번째 판에서 이루어진 변화보다는 초기 판들의 고전적인 조직 구조를 선호한다는 결론을 내렸다. 이번 판에서는 책 초반에 근접 기제를 소개한 후 나중에 궁극 요소에 대한 광범위한 논의를 다루는 고전적인 조직 구조로 되돌아간다. 그렇지만 각 장에서는 전체적으로 근접 설명과 궁극 설명을 강조하려고 노력하며, 오늘날 동물행동학 분야의 통합적인 특성을 보여주려고 한다. 또한 학생과 강사 모두 보다 쉽게 자료에 접근할 수 있도록 각 장마다 정교한 조직 구조를 포함하고 있다. 책 전체의 그림 및 사진 또한 업데이트 및 수정되어 새로운 모습을 보여준다. 예를 들면, 대부분의 그래픽 그림에 오차 막대를 추가함으로써 학생들이 데이터를 해석하는 방법을 더 쉽게 배울 수 있게 하였다. 새로운 교육학적 특징의 추가는 학생들이 복잡한 개념을 더 쉽게 배울 수 있게 하고, 흥미를 불러일으킬 만한 질문과 문제에 대해서 행동 및 진화적 사고를 적용할 수 있게 하였다. 모든 장에서 볼 수 있는 이러한 새로운 상자와 표는 가설 검정, 데이터 해석 및 문제 해결을 강조한다. 마지막으로, 대부분의 학생들은 그들이 TV나 자연에서 본 것에 매료되어 동물 행동에 이끌리기에, 우리는 각 장에서 학생들이 본문에서 논의된 행동을 고화질 비디오나 오디오 클립에 빠르게 접근할 수 있도록 짧은 URL을 가장자리에 제공한다.

통합에 집중

이 책은 행동의 다양성과 적응적인 기능을 뇌, 유전자, 호르몬, 그리고 주변 생태환경 및 사회환경과 연계시켜 동물 행동에 대한 비교적이고 통합적인 개요를 제공한다. 최근 동물 행동에 대한 많은 연구는 새로운 신경생물학적 또는 분자적 접근법을 이용하고 있으므로, 이 책에서도 이러한 기법과 다른 최첨단 기법을 독자들에게 소개한다. 그렇지만 명확한 가설 검정의 틀에서 분야의 이론적 측면에 초점을 맞추는 것을 잊지 않았다. 궁극적으로, 이 책은 동물 행동을 연구하기 위한 진화적 및 기계론적 접근법뿐만 아니라 적응적 행동의 바탕이 되는 신경, 유전적, 생리학적 기제를 강조하는 학제간 접근법도 두드러지게 하였다. 이 신판은 이전 버전보다 더 통합적이기 때문에, 우리는 이 책의 부제인 "진화적 접근"을 생략하고, 지금은 단순히 '동물행동학'이라고 부른다. 자연 선택에 의한 진화의 개념은 새롭고 흥미로운 방향으로 확장되고 있지만 여전히 우리의 가이드로 남아 있다.

통합 접근법에 초점을 맞추는 것 외에도, 이 판은 동물의 사회적 행동, 동물의 의사소통, 인간의 행동 및 여러 다른 주제에 대한 새롭고 확장된 내용에 더하여, 신기술이 어떻게 우리가 동물의 이동과 행동의 유전적 구조를 연구하는 데 혁신을 일으키고 있는 지와 같은 특정한 주제를 선보인다. 새로운 실험에 근거를 둔 실례가 각 장마다 추가되었으며, 그 중 일부는 고전적인 실례를 새롭고 흥미진진한 방향으로 확장하였다.

새로운 교육학적 접근법

이전 판들의 풍부한 컨텐츠 및 토론 주제의 기반을 증축하여, 우리는 11판에서 보다 현대적인 교육학적 기법을 적용하고 새로운 특징들을 추가했다. 모든 장에서 볼 수 있는 새로운 상자와 표는 가설 검정, 데이터 해석 및 문제 해결을 강조한다. 이러한 특징들은 강의실 안팎에서 학생들의 참여를 유도하고, 교수자로 하여금 교과목을 개발하고 강의를 하는 데 도움이 되도록 설계되었다.

새로운 특징은 다음과 같다.

- **가설 표:** 간략한 요약의 형식으로 특정 동물 행동에 대한 대립 가설 또는 상호 배타적이지 않은 가설들을 나란히 제공한다.
- **자료 해석을 통한 행동 탐구:** 이 상자에서는 다른 종에 입양된 새의 노래 학습이 어떻

게 일어나는지를 보여주기 위해 스펙트로그램을 분석하거나, 결론을 도출하고 실험에 근거를 둔 데이터 수치로부터 새로운 가설을 생성하는 등 데이터 분석의 개념을 탐구한다.

이번 판의 각 장은 "생각의 틀 깨기"란 코너를 BOX에서 찾아볼 수 있다. 학생은 이 코너 내용 및 수치와 관련하여 흥미를 불러일으키는 일련의 질문에 도전해 볼 수 있다. 이 질문들은 강사와 학생 간 수업 내 토론을 장려하기 위해 고안되었다. 이 기능은 토론 질문을 보완하였다.

오디오 및 비디오 클립에 직접 접근하기 위한 웹 링크

동물 행동에 대한 강의를 듣는 학생은 동물이 행동하는 것을 보거나 듣고 싶어 한다. 이 판에서 우리는 쉽게 접근할 수 있는 방식으로 내용에 통합했다. 짧은 URL을 사용하여 학생들은 내용과 직접 관련된 오디오와 비디오에 실시간으로 접근할 수 있다.

오디오 및 비디오 링크에 대하여. 이 책에 있는 대부분의 오디오와 비디오 링크는 본문에 예시로 나온 연구자들로부터 또는 코넬 조류학 연구소의 맥컬리 도서관에서 제공받았다. 특히 코넬 조류학 연구소는 사진, 비디오 및 동물 소리를 거의 7백만점 가까이 소장하고 있다.

저자 약력

컬럼비아 대학교 생태, 진화 및 환경 생물학 부교수인 더스틴 루벤스타인(Dustin Rubenstein)은 아프리카, 아시아, 중남미 및 카리브해에 걸쳐 거의 20년 동안 조류, 파충류, 포유류, 곤충, 갑각류의 동물 행동을 연구해 왔다. 동물의 사회적 행동과 진화 분야의 선도 전문가로서, 그의 연구는 *Science*, *Nature*, *PNAS*와 같은 최고의 저널에 게재되었고, 2017년에 출판된 책 *Comparative Social Evolution*의 공동 편집자이기도 하다. 그의 연구 성과를 인정받아, 그는 동물행동학 협회, 미국 조류학자 연합, 행동 신경내분비학 협회 및 미시간 대학교에서 젊은 연구자 상을 받았고, 미국 조류학 협회의 특별 회원이기도 하다. 그는 미국국립과학아카데미로부터 연구 업적을 인정받아 Kavli Fellow로 선정되고, 게다가 STEM 교육의 혁신을 이끈 공로로 과학 분야의 Education Fellow로 또 다시 선정되는 기쁨을 누렸다.

다트머스 대학, 코넬 대학교, 캘리포니아 대학교 버클리에서 교육과 훈련 과정을 거치는 동안 루벤스타인은 '동물행동학'의 다섯 번째 판부터 그의 강의에 사용하였다. 그가 학부의 동물행동학 강의에서 지금의 아내를 만난 것을 보면, 이 강의에서 한두 가지를 제대로 배운 것 같다. 안정 동위원소를 사용하여 조류의 이주를 조사한 연구에서부터, 새와 도마뱀의 스트레스 호르몬과 번식행동 연구, 그리고 곤충과 새에서 생식 행동의 유전적 및 후생유전적 기반에 대한 면밀한 조사까지, 루벤스타인은 동물 행동에 대한 연구를 통합적으로 그리고 학제적으로 접근한다. 지난 몇 년 동안, 그는 행동의 통합 연구에 대한 일련의 워크숍과 심포지엄을 개최하는 것을 도왔는데, 이번 판에서 매우 중점을 둔 주제이다. 이 고전적인 교과서를 인수하면서 그의 목표는 이 책의 시대를 초월한 문체와 구조를 유지하면서도 동물 행동에 대한 현대적인 접근 방식을 강조하는 것이었다. 루벤스타인은 이 책을 집필하는 지난 몇 년 동안 인내심과 지지를 보여준 그의 아내 케이트와 레나와 이안, 두 아이에게 감사한다. 더스틴은 동물행동학을 배우고 훈련받으면서 많은 멘토들의 사사를 받았지만, 그 중 가장 중요한 분은 그의 아버지 대니얼 루벤스타인(Daniel Rubenstein)이다. 동료 행동생물학자이기도 한 그의 아버지는 더스틴이 아주 어릴 때부터 함께 뒷마당에서 거미를 관찰하거나 아프리카에서 얼룩말을 같이 보면서 더스틴에게 많은 영감을 주었다.

존 앨콕(John Alcock)은 연구 년이나 휴가 기간 중 호주 탐험과 같이 보람으로 가득했던 학자의 인생을 보낸 후 2009년에 은퇴했다. 그의 연구는 곤충의 생식 행동과 행동생물학자의 관심을 불러일으키는 곤충 생식 행동의 난제에 초점을 맞추고 있고, 연구 무대는 그의 고향인 애리조나 주뿐만 아니라 코스타리카와 호주도 포함한다. 비록 은퇴했지만, 그는 곤충을 계속 연구하고 있다. 특히, 그는 가족 농장이 있는 버지니아에 살면서 봄과 여름 동안 곤충을 연구한다. 앨콕은 일반 대중을 위해 많은 자연사 책을 발표해 왔는데, 대표적인 작품으로 '소노란 사막의 봄(*Sonoran Desert Spring*)'과 그의 최근 역작인 '들불 후에(*After the Wildfire*)'가 있다. 이 책은 애리조나 주, 템피에 있는 그의 집에서 북쪽으로 한 시간가량 가면 있는 산맥에서 격렬한 들불이 있은 후 10년 동안 일어난 환경 회복을 자세히 보고하고 있다. 이제 75살인 앨콕은 그와 다른 이들을 위해 2명의 손주를 낳은 아들 닉과 그의 아내 새러 덕분에 할아버지 생활을 즐기고 있다. 그의 다른 아들 조와 그의 아내 샛카린(Satkirin)은 둘 다 의사이며, 조는 진화 의학(evolutionary medicine)에 깊은 관심을 가지고 있다. 이번 판의 교본은 앨콕이 아주 오래전에 처음 작성하였고, 더스틴 루벤스타인이 나중에 개정하였다. 루벤스타인은 본문의 독자들이 곧 알게 될 것처럼 이 책을 앞으로 진전시키는 데 있어서 좋은 선택이었다.

감사의 글

For over four decades, this book has greatly benefitted from the generosity of many colleagues who have contributed reviews, photographs, videos, and other means of support. We are especially grateful to the reviewers for this eleventh edition, whose suggestions improved the structure, content, and tone of many of the chapters. The reviewers for this edition include:

Patrick Abbot	Vanderbilt University
Michael Beecher	University of Washington
Andres Bendesky	Columbia University
Kirsten M. Bohn	Johns Hopkins University
Jennifer S. Borgo	Coker College
Patty L.R. Brennan	Mount Holyoke College
Molly Cummings	The University of Texas at Austin
Ben Dantzer	University of Michigan
Harold Gouzoules	Emory University
Sarah Guindre-Parker	University of Guelph
Kristina M. Hannam	State University of NY-Geneseo
Margret I. Hatch	Penn State Worthington Scranton
Mark E. Hauber	City University of New York
Hans Hofmann	University of Texas at Austin
Victoria Ingalls	Marist College
Roland Kays	North Carolina Museum of Natural Sciences
Darcy Kelley	Columbia University
Walt Koenig	Cornell University
Rafael Maia	Columbia University
Heather Masonjones	University of Tampa
Ronald L. Mumme	Allegheny College
Wiline M. Pangle	Central Michigan University
Kimberly N. Russell	Rutgers University
D. Kim Sawrey	University of North Carolina Wilmington
Joseph Sisneros	University of Washington
Nancy G. Solomon	Miami University
Elizabeth Tibbetts	University of Michigan
Sarah Woolley	Columbia University
Tim Wright	New Mexico State University
Ken Yasukawa	Beloit College

We are also indebted to our wonderful colleagues at Sinauer Associates. Without their dedication, patience, and careful oversight (and occasional prodding), this book—as well as the ten previous editions—would never have made it to print. The team that worked on this edition included:

Andrew D. Sinauer, Publisher
Rachel Meyers, Acquisitions Editor
Martha Lorantos, Production Editor
Chris Small, Production Manager
Beth Roberge Friedrichs, Production Specialist
Joanne Delphia, Book Designer
Mark Siddall, Photo Researcher
Elizabeth Pierson, Copy Editor

역자 소개

강창구 강창구는 서울대학교 농생물학과를 졸업하였고, 동 대학원 생명과학과에서 박사 학위를 받았다. 이화여자대학교와 캐나다 Carleton University에서 연구원 생활을 하였으며, 2017년부터 현재까지 목포대학교 생명과학과에서 조교수로 재직하고 있다. 강 교수는 양서류, 곤충, 새, 갑각류 등 다양한 동물의 행동을 연구하고 있으며, 특히 동물 색채의 기능과 진화에 큰 관심을 가지고 있다. 대학 온라인 강의 KOCW 열린 강좌에 <동물행동학> 강의를 진행하기도 하였다.

김태원 김태원은 현재 인하대학교 해양과학과/바이오메디컬 사이언스·엔지니어링 부교수이다. 서울대학교 해양학과를 졸업하고, 동 대학원 생명과학부에서 농게(fiddler crab)의 번식 전략과 의사소통을 연구하여 석·박사 학위를 받았다. Stanford University와 Monterey Bay Aquarium Research Institute 등에서 연구원으로 지냈다. 기후 변화, 플라스틱 오염 등으로 변화하는 환경과 극지, 심해와 같은 극한 환경에서 갑각류, 연체동물, 바다거북, 고래 등 다양한 해양 동물의 적응과 생리 생태를 연구하고 있다. 현재 K-MOOC <바다의 불편한 진실>을 온라인 강의하고 있다. 자연선택이 동물 행동의 근간인 생리적 메커니즘을 어떻게 형성했는지에 관심이 있으며, 그러한 이해를 바탕으로 인간의 마음의 기원을 밝히고 지구 환경을 보전하기 위해 노력하고 있다.

석호영 석호영은 현재 영남대학교 생명과학과 교수이다. 인하대학교 생물학과를 졸업하였고 서울대학교에서 한국산 담수 망둑어류인 밀어의 배우자 선택과 수컷 경쟁 행동의 진화 연구로 박사 학위를 받았다. Johns Hopkins University와 University of Toronto에서 연구원을 역임하였다. 유전학과 유전체학 그리고 면역학적 방식으로 동물의 적응과 분산, 생물지리학적 역사 그리고 개체군의 형성 과정 등을 연구하고 있으며, 한국의 담수 어류가 주요 관심 대상 동물이다. 현재 국립생물자원관과 함께 멸종위기 토착어류의 유전 다양성과 수계 형성의 역사적 기원에 대한 장기 연구를 수행하며, 이를 바탕으로 보전유전체학에 근거한 관리 단위 설정 및 전략에 대한 프로토콜을 만드는 작업을 진행 중이다.

이원영 이원영은 서울대학교 생명과학부에서 학·석·박사 학위를 받고, 현재 극지연구소 생명과학연구본부 선임연구원으로 재직 중이다. 북극과 남극에 서식하는 동물의 극한 적응 행동, 서식지 이용에 관심을 갖고 연구하고 있다. 동물 행동을 사진에 담고, 그림으로 남기며, 과학적 발견을 사람들과 나누는 데 관심이 많아 팟캐스트 『이원영의 새, 동물 생태 이야기』, 네이버 오디오클립 『이원영의 남극일기』 등을 진행하고 있다. 저서로 『여름엔 북극에 갑니다』, 『물속을 나는 새』, 『펭귄의 여름』, 『펭귄은 펭귄의 길을 간다』, 『생명에게 배운다–알아간다는 것』이 있다.

장이권 장이권은 현재 이화여자대학교 생명과학전공/에코과학부 교수이다. 서울대학교 농생물학과를 졸업하였고, University of Kansas에서 석·박사 학위를 받았다. 진화적인 관점으로 동물의 행동과 생태를 연구하고 있는데, 특히 소리를 이용하여 의사소통하는 곤충, 개구리, 새 등에 관심이 있다. 최근에는 멸종위기종인 수원청개구리 및 외래 양서파충류 연구를 수행하면서 보전생물학에 눈을 뜨고 있다. 2013년부터 <지구사랑탐사대>를 이끌면서 일반인들의 과학 활동 참여를 목적으로 하는 시민과학을 활용하여 연구하고 있다. 현재 K-MOOC <동물의 행동>을 온라인 강의하고 있고, 이화여자대학교 자연사박물관 관장이기도 하다. 저서로『야외생물학자의 우리 땅 생명 이야기』와『자연덕후, 자연에 빠지다』가 있다.

전중환 경희대학교 후마니타스 칼리지 (국제캠퍼스) 교수이다. 서울대학교 생물학과를 졸업하고, 동 대학원에서 최재천 교수의 지도로 행동생태학 석사 학위를 받았다. The University of Texas at Austin의 데이비드 버스 교수 연구실에서 진화심리학 박사 학위를 받았다. 가족 내의 갈등과 협동, 성적 혐오 등을 연구 중이다. 2013년 경향신문이 발표한 20인의 차세대 저자 "뉴 파워라이터"에 선정되었다. 저서로『진화한 마음』,『본성이 답이다』,『오래된 연장통』이 있으며, 역서로『욕망의 진화』(데이비드 버스),『적응과 자연선택』(조지 윌리엄스)이 있다.

한창석 한창석은 현재 경희대학교 이과대학 생물학과 조교수이며 진화생태학 연구실을 운영하고 있다. 서울대학교 생명과학부를 졸업하고, University of New South Wales에서 진화생물학으로 박사 학위를 받았다. 한 교수는 소금쟁이, 노린재, 귀뚜라미 등 작은 곤충에서 개체마다 행동이 얼마나 다양하게 나타나는지를 살펴보고 있다. 또한 사회적 행동의 진화, 암컷과 수컷 간의 진화적 갈등도 연구 주제로 다루고 있다. 역서로『매일 매일의 진화생물학』이 있다.

Animal Behavior

INTERNATIONAL ELEVENTH EDITION

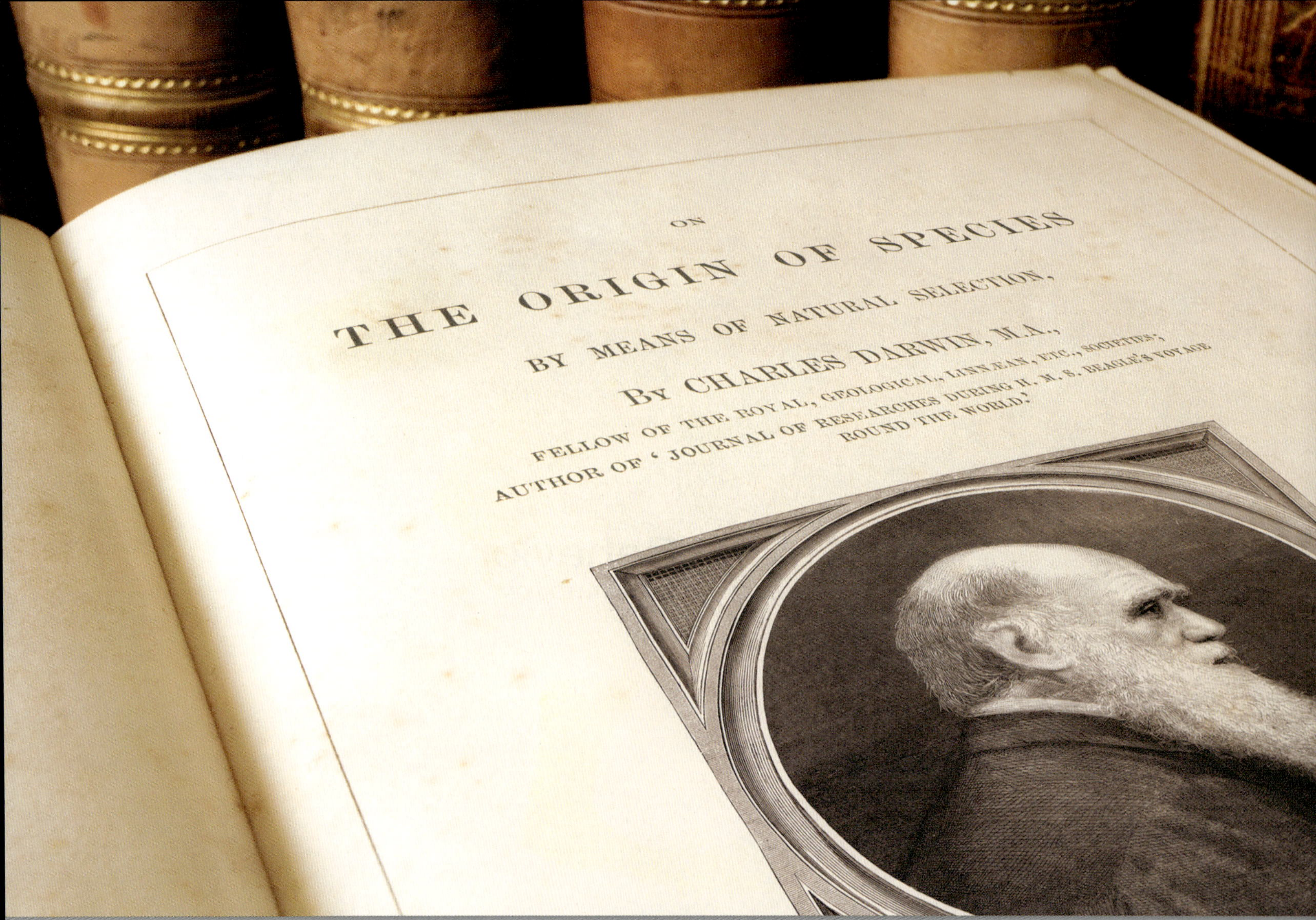
ON
THE ORIGIN OF SPECIES
BY MEANS OF NATURAL SELECTION,
BY CHARLES DARWIN, M.A.,
FELLOW OF THE ROYAL, GEOLOGICAL, LINNÆAN, ETC., SOCIETIES;
AUTHOR OF 'JOURNAL OF RESEARCHES DURING H. M. S. BEAGLE'S VOYAGE
ROUND THE WORLD.'

CHAPTER

1

동물행동학 소개

만약 꿀벌(*Apis mellifera*)에 쏘여 본 적이 있다면, 동물이 인간에게 비논리적으로 행동한다는 것을 알고 있을 것이다. 여러분을 쏜 암컷 꿀벌은 결국 죽을 것이다. 그 벌은 왜 여러분을 잠시 아프게 하기 위해서 자신이 죽는 길을 선택했을까? 제12장을 읽고 나면 이 질문에 대한 완전한 답을 알 수 있겠지만, 그 해답은 벌집의 동료들과 유전 암호를 얼마나 공유하는가에 깊이 숨어 있다. 이 장에서 살펴보겠지만, 행동 이론은 이러한 행동과 다른 모순적으로 보이는 행동을 설명하는 틀을 제공한다. 동물행동학을 학습하는 학생으로서, 우리는 이 책으로 자연 세상을 탐험하고, 어떻게 그리고 왜 그곳에 사는 다양한 동물이 그런 식으로 행동하는지 검토해 볼 것이다.

Chapter 1 opening photograph by duncan1890/E+/Getty Images.

새의 노래 유전학에서부터 여성은 왜 탄탄한 빰이 있는 남성을 좋게 생각하는지에 이르기까지 다양한 연구를 하는 수천 명의 행동생태학자들 덕분에, 동물행동학 분야는 역동적으로 빠르게 성장하고 있다. 이 분야가 활발하고 넓은 영역을 다루게 된 주요한 이유 중 하나는 150년 이전에 출판된 찰스 다윈(Charles Darwin)의 *종의 기원*(Darwin 1859)에 기인한다. 이 책에서 다윈(**그림 1.1**)은 **자연선택(natural selection)**이라는 개념을 소개했다. 이 이론에서는 살아 있는 종을 그들의 조상 사이에 일어난 방향성 없고, 의식하지 않는 번식 경쟁의 산물이라고 주장한다. 자연선택 이론은 대부분의 생물학뿐만 아니라, 동물 행동에 대한 원리도 제공한다. 동물행동학이 생명의 다른 측면처럼, 자연선택으로 안내되는 역사가 있음을 아는 것은 매우 중요하다. 진화 이론을 이해하는 것은 동물이 행동을 하는 이유와 그러한 행동이 가능하게 된 유전, 발생, 감각, 신경, 생리, 호르몬 메커니즘을 지닌 이유를 결정할 때 과학적인 출발점이 된다. 벌이 여러분을 쏘고서 왜 죽는지를 확실히 이해하려면, 동물 행동 연구를 진화적인 관점에서, 그리고 다윈의 관점에서 접근해야 한다. 테오도시어스 도브잔스키(Theodosius Dobzhansky)는 "생물학의 그 어떤 것도 진화에 비추지 않고서는 이해할 수 없다."라고 하였다(Dobzhansky 1973). 여러분이 동물행동학을 학습하면서 도브잔스키가 옳았음을 확신할 수 있기를 바란다. 만약 성공한다면, 여러분은 동물 행동에 대한 진화적인 접근법의 매력을 알게 될 것이다. 진화적인 접근법은 과학자가 설명할 가치가 있는 재미있는 주제를 알아내고, 검증하기에 적합한 가설로 이끌 뿐만 아니라, 궁극적으로 가설의 유효성에 대한 탄탄한 결론을 내릴 수 있도록 해준다.

그림 1.1 찰스 다윈. 1881년에 Herbert Rose Barraud (1845~1896)가 촬영. 이 사진은 다윈이 사망하기 전 마지막 사진으로 알려져 있다. 원본은 캘리포니아 San Marino의 The Huntington Library에 있다.

다윈의 영향은 오늘날까지 계속적으로 이어져 오기에, 이 책의 앞 선 10판까지의 제목을 *동물행동학: 진화적인 접근법*이라고 했다. 지난 판까지는 동물이 보이는 다양한 행동을 탐험하고서, 그 행동이 어떻게, 그리고 왜 진화하는지 뿐만 아니라, 한 종에서는 진화하는 데 왜 다른 종에서는 진화하지 않는지, 또는 한쪽 성에는 존재하는 데 다른 쪽 성에는 존재하지 않는지에 대해 알아보았었다. 이 11판에서는 이전의 판에서 부제로 강조했던 진화적인 접근법을 확장한 보다 종합적인 접근법을 사용할 것이다. 자연선택에 의한 진화 개념은 계속해서 지침이 될 것이며, 게임 이론과 분자유전학과 같은 도구뿐만 아니라, 후성유전학(epigenetics), 발생학(development), 생태학(ecology) 등의 논의 주제도 함께 꿰게 될 것이다. 다음 장에서 보겠지만, 동물 행동 연구는 다윈이 150년 이전에 자연선택에 대해 관찰을 한 이래로 계속해서 진화해 왔다. 사실, 동물 행동 연구는 이 책의 초판이 40년 이전에 출판된 이후로 상당히 변화했다. 따라서 이번 판은 동물 행동 연구에 대한 진화적인 접근법을 넘어설 것이다. 또한, 생태적 접근법, 기계학적 접근법, 발생학적 접근법도 고려할 것이다. 요약하자면, 동물 행동 연구에 대한 종합 연구로(Rubenstein and Hofmann 2015, Hofmann et al. 2016), 유전자 사이의 상호작용과 발생, 그리고 환경이 동물 행동을 진화시키는가에 관해 논의할 것이다. 이것은 동물행동학을 학습하는 학생이 생화학이나 분자생물학에서 배운 재료를 생태학에서 배운 재료만큼이나 사용하게 될 것이라는 의미이다. 예를 들어, 다윈이 상상할 수 없을 만큼, 유전학과 신경생물학이 동물 행동을 연구하는 방식을 바꿨다는 것을 알게 될 것이다. 그리고 새로운 계통 비교 방법이 새로운 가설을 어떻게 생성하는지 뿐만 아니라, 수십 수천 종으로부터 모은 자료를 어떻게 사용할 수 있게 하는지 알게 될 것이다.

먼저 이 장에서는 동물행동학의 놀라운 분야에 대해서 소개하고자 한다. 자연선택이 행동의 진화를 어떻게 지배하는지에 관해 자세히 다루는 것으로 시작할 것이다. 그리고 적응론자의 생각과 행동 형질 진화에 대한 유전자의 관점에 대해 소개할 것이다. 또한 과학적인 방법에 대한 가설 검증의 중요한 역할뿐만 아니라, 행동생물학에 대한 비용–편익 접근법에 관해서 다룰 것이다. 궁극적으로, 동물 행동을 연구하는 통합적 접근법이 행동이 어떻게 그리고 왜 진화하는지 이해하는 데 필수적임을 설명할 것이다. 이는 제2장에서 그리고 나머지 책 전반에 걸쳐서 자세히 탐구할 주제이다.

자연선택과 행동의 진화

생물학자가 동물의 행동에 대해 질문하면, 다윈의 자연선택에 의한 진화론으로 인도된다. 다윈은 살아있는 생물이 기하급수적으로 증가할 것이라 생각했지만, 대부분 그렇지 않다는 사실에 의아해했다. 효율적으로 빠르게 번식하는 박테리아조차도, 어떤 개체가 다른 개체들보다도 복제를 더 많이 한다. 그렇다면, 어떤 개체가 번식을 더 많이 하고, 그 이유는 무엇일까? 다윈은 일생 동안 동물을 자연 서식처에서 관찰하면서, 과거에 어떤 개체가 다른 개체에 비해 많은 자손을 남겼을 때, 번식에 성공한 개체가 점차 그 종의 모습을 변화시킨다는 것을 깨달았다. 자연선택의 논리에 따르면, 다음의 3가지 조건만 충족하면 진화가 일어난다.

1. *변이*(*Variation*): 개체군의 구성원은 특정 형질이 서로 다르다.
2. *번식 성공도의 차이*(*Differential reproductive success*): 어떤 특정 형질을 지닌 개체는 다른 개체에 비해 자손을 더 많이 남긴다.
3. *유전*(*Heredity*): 부모는 자손에게 그 형질을 물려줄 수 있다.

종에 변이가 있고(거의 항상 그렇다), 그 변이가 유전되어 부모로부터 자손에게 전달되며, 그 개체들 중 일부가 계속해서 다른 개체들보다 더 성공적으로 번식한다면, 더 성공적인 유형의 자손 풍부도가 증가해서 점차 종을 변화시킬 것이다. 시간이 지나면서, "오래된" 개체군은—자연선택의 작용 대상은 개체군이라는 것을 기억하는 것이 중요하다—성공적인 번식과 관련된 특성(또는 **형질**, **trait**)을 지닌 구성원들의 집합으로 진화한다. 개체가 다음 세대로 유전 형질을 얼마나 성공적으로 전달해 주는가를 **적합도(fitness)**라고 부른다. 이 책에서 다루겠지만, 생존과 번식에 의존하는 적합도는 어떤 형질이 자연선택을 통해 진화하고, 개체군에서 이전보다 적은지 또는 많은지를 이해하는 데에 기초를 제공한다. 결국, 개체가 어떤 형질을 번식을 통해 다음 자손에게 전달하기 위해서는 최소한 번식할 때까지 생존해야 한다.

다윈은 그의 이론의 논리를 명확하게 밝혔을 뿐만 아니라, 유전 가능한 형질의 변이가 종 내에서 보편적이고, 개체군의 치사율이 높다는 규칙의 수많은 증거를 제시했다. 자연선택이 일어나기 위한 필요충분조건은 모든 생명체에 존재한다. 이 점에 대해서 다윈은 개와 비둘기처럼 선택 교배시켜서 가축화시킨 동물의 미래 세대를 교배자가 원하는 형질로 진화하도록 할 수 있다고 설명한 바 있다. 그리고 다윈이 살던 빅토리아 시대의 영국에서는 이단의 개념이었지만, 인간도 다른 생명체처럼 자연선택으로 진화한다는 사실을 지금은 대부분 알고 있다. 예를 들어, 우유에 많이 함유된 유당을 유년기 이후에도 분해할 수 있는 능력은 우리 조상이 가축을 기르던 시기에 나타났다. 특정인들이 우유를 마신 후에도 살아남았고, 이들은 자연선택에 의해 강하게 지지받았을 것이라는 가설이 제기되었다.

성공적인 생존 및 번식과 연결되어, 자연선택이 작용하는 형질을 **적응(adaptation)**이라 부른다. 가공의 적응이 개체들의 **번식 성공도(reproductive success)**에 얼마나 영향을 미치는지를 알아내는 것이 대부분 행동생물학자의 중요한 목표인데, 이들 중 몇몇은 "적응주의자"로 알려지는 것을 좋아하는 사람들이다. 다윈이 살아 있었다면, 특히 진화론에 대한 유전적인 기초와 관련해서 적응주의자들이 진화를 생각하는 방식에 대해 동의했을 것이다. 다윈은 형질을 암호화한 DNA의 영역인 **유전자(genes)**에 관해서는 알지 못했지만, 우리는 유전자 수준에서의 선택을 다루기 위해서 그의 주장을 재구성할 수 있다. 개체의 번식 성공도를 증가시키는 적응이 시간이 지남에 따라 개체군에 퍼질 것이고, 이러한 속성의 유전적 기초 역시 그러할 것이다. 유전자는 다른 형태의 **대립유전자(alleles)**로 개체군에 존재할 수 있기 때문에, 개체의 번식 성공도에 연결된 형질에 기여하는 대립유전자는 시간이 지나면서 더 퍼질 것이다. 반면에, 번식 실패와 관련된 대립유전자는 결국 개체군에서, 그리고 아마도 유전체에서 사라지게 될 것이다. 진화생물학은 형질을 **표현형**(**phenotypes**: 개체의 유전자가 환경과의 상호작용으로 발생하는 개체의 양상)이라 부르고, 그러한 형질의 발생에 숨어 있는 대립유전자의 세트를 **유전형(genotypes)**이라 부른다. 대부분의 행동을 포함한 가장 복잡한 표현형의 유전적 기초는 완전하게 알려진 것이 거의 없는데, 만약 있다면 그것은 오직 모델 생명체에서만 알려져 있을 것이다. (다음 장에서 알게 되겠지만, 이 사실은 변하고 있으며, 과학자들은 거의 모든 생명체가 지닌 형질의 유전적 기초를 알아낼 능력이 있다.) 표현형을 유전형과 연관시키는 것은 현대 분자생물학과 진화생물학의 중요한 부분일 뿐만 아니라, 강력하고 새로운 도구와 접근법이 자연 서식처에 사는 비모델 생물에 적용되면서, 점차 행동생물학에서도 중요시 되고 있다.

소위 유전자 중심 관점의 자연선택에 의한 진화와 관련해서 다음의 세 가지를 필수적으로 인정해야 한다.

1. 유전자만이 스스로 복제할 수 있다. 생명체는 그렇지 못하다. 대신 생명체는—또는 생명체의 집단—복제자(유전자)가 여행하기 위한 교통수단이다. 이 관점에 관해서는 제12장에 더 자세히 논의할 것이다(Dawkins 1989). 적응 진화는 경쟁하는 대립유전자의 빈도를 증가시키는 (유전자의 표현 효과의 증식을 촉진하는) 차별화된 생존을 통해서 나타난다.
2. 진화는 자연선택이 아니다. 진화는 개체군에서의 유전자 빈도의 변화이다. 자연선택은 돌연변이, 이주, 유전적 부동 등 진화를 일으키는 여러 가지 원인 중에 하나이다.
3. 자연선택은 어떤 것 또는 어떤 존재에 의해서 이끌어지는 것이 아니다. 선택은 어떤 것도 억지로 "노력하지" 않는다. 대신, 번식을 더 하고자 하는 개체들이 시간이 지나면서 개체군과 종을 진화하게 만든다. 다윈은 이러한 과정을 **변화를 동반한 계승(descent with modifications)**이라고 불렀다.

종에서 더 흔해질 유전 형질의 종류는 단지 개체의 번식 성공도를 증가시킬 뿐이며, 종 전체에게 반드시 이득이 되는 것은 아니라는 점 또한 주의해야 한다. 그리 오래되지 않은 과거에, 생물학자들이 "종의 이익을 위해서"라는 주장을 종종 하기는 했지만, 적응이 (그리고 특정 대립유전자가) 종으로 하여금 영속하도록 하는 일을 전혀 하지 않더라도, 개체군을 통해 퍼지는 것은 가능하다(제12장 참조). 집단의 생존에 유해한 형질은 자연선택에 의해서 결국 도태될 것이다. 그러나 이 책에서 나중에 다루겠지만, 겉보기에 그 형질을 지닌 개체를 희생하는 것처럼 보일지라도, 다른 개체들에게 이득이 되는 형질에 자연선택이 작용하는 특별한 경우도 있다.

행동생태학에 대한 비용-편익 접근법

행동생물학자가 특정 행동이 진화한 이유에 대해 설명을 하려면, **가설(hypothesis)**을 제시하거나 제한된 증거에 근거해서 주장해야 한다. 물론, 대부분의 행동에는 여러 가지 가설 제안을 필요로 하는 다양한 설명이 있을 수 있다. 대립하는 가설 중에서 하나만이 특정 행동을 설명할 수 있을 때, 이것을 **대체 가설(alternative hypotheses)**이라고 한다. 반면에, 여러 개의 가설이 특정 행동에 적용이 될 때는 **상호 배타적이지 않은 가설(non-mutually exclusive hypotheses)**이라고 한다. 이 책의 본문에서는 가설을 파란색으로 표시하고서, 그에 대한 설명을 본문의 옆에 다룰 것이다. 행동을 설명하는 여러 개의 가설이 있는 경우에는, 그것들을 테두리 상자로 묶은 후에 대체 가설인지 혹은 상호 배타적이지 않은 가설인지를 표시할 것이다.

일단 가설이 설정되면, 연구자는 이를 사용하여 가설이 사실인지 **예측(prediction)**을 할 수 있다. 가설을 만들고, 기각하고, 그리고 새로운 가설과 예측을 설정하는 것은 **과학적 방법(scientific method)**의 자연스러운 일부분이다.

행동생물학자는 잠재적으로 적응적인 행동과 관련한 가설과 예측을 검증할 때, 종종 그 행동의 비용과 편익을 고려한다. 만약 행동생물학자가 비용을 이야기한다면, 그것은 **적합도 비용(fitness costs)**을 말하는 것이다. 이것은 어떤 형질이 개체가 낳는 자손의 수에 부정적 영향이지만, 다음 세대에 기여하는 대립유전자 복제본의 수가 줄어듦을 의미한다. 만약 **적합도 편익(fitness benefit)**을 이야기한다면, 그 형질이 번식(유전적) 성공도에 미치는 긍정적 영향을 말하는 것이다. 적합도 비용과 편익은 행동생물학자가 적응과 자연선택에 의한 진화 과정을 연구할 때 사용하는 단위이다. 대부분의 행동생물학자는 적응이라고 여기는 형질을 연구한다. 이것은 관심 있는 형질의 가능한 **적응치(adaptive value)**, 또는 적합도에 대한 기여도에 관해서 특정 가설을 검증하기 위한 가정이다. 적응이 자연선택에 의해 퍼지는 유전적 형질이고, 개체군이나 종에서 다른 대립 형질을 치환한다는 점을 상기해 보자. 그러한 속성은 그 종에서 나타나는 다른 대체 형질에 비해서 적합도 비용 대비 편익 비율이 높다. 따라서 행동 적응의 이유를 연구하는 것은 그 행동을 적용하는 개체에게 미치는 잠재적 번식 비용 대비 편익을 측정하는 데 의존한다.

적합도는 추상적인 용어이므로, 행동생물학자는 적합도를 측정할 때 종종 번식 성공도의 지표나 상관 지수를 설정한다. 이어지는 장에서, *적합도*, *번식 성공도*, 그리고 *유전적 성공도*는 자손의 생존, 이소까지 생존하는 새끼의 수, 짝짓기 대상의 수, 더 간접적으로 시간당 먹은 음식의 양, 번식 영역 획득 능력 등의 지표를 가리킬 때 종종 서로 바꿔서 사용된다. 이러한 대용치는 적합도 비용과 편익을 측정하고, 궁극적으로 동물 행동의 진화에 숨어있는 가설을 검증하기 위한 통화량이 된다.

그림 1.2 수컷 사자(*Panthera leo*)가 죽인 어린 새끼를 물고 가는 모습. 수컷에 의한 영아 살해는 비슷한 사회적인 환경에서 일어나므로, 이 행동은 적응적이다. (Photograph © Laura Romin and Larry Dalton/Alamy Stock Photo.)

자연선택 이론과 비용–편익 접근법을 사용하는 것은 행동이 진화하는 이유를 알아보는 데 도움을 준다. 여기에는 개체의 번식 성공도를 높이는 것보다 낮추는 것처럼 보이는 형질이 왜 개체군에 지속되고, 심지어는 왜 퍼지는지와 같이 설명이 필요한, 곁에서 보기에는 특이한 행동까지 포함한다. 앞서 다루었듯이, 꿀벌이 쏘는 행위는 반직관적이고, 심지어는 비적응적으로 보이는 행동 형질의 좋은 사례이다(제12장에서 동물이 스스로를 희생시키는 행동을 왜 하게 되는지를 살펴볼 것이다). 이 책 전반에 걸쳐서, 이러한 진화 이론에 대한 난제를 **다윈의 수수께끼(Darwinian puzzles)**라 부를 것이다. 행동생물학자는 이 형질이 사실은 개체가 번식을 하고, 그 유전자를 전달할 수 있게끔 어떻게 도와주는지에 대한 자연선택 이론에 근간해 가설을 발전시켜 나가면서 이 수수께끼를 다루었다. **그림 1.2**는 행동생물학자가 오랫동안 풀지 못한 행동인 영아 살해를 보여준다.

분석 수준

지금까지는 형질이 행동을 포함해 자연선택을 통해서 진화한다는 것을 다루었다면, 이제는 행동 형질이 무엇이고, 그것을 어떻게 연구할 것인지를 생각해 보자. "행동"은 정의하기 쉬운 용어처럼 보이지만, 사실 다른 사람들에게는 각기 다른 의미로 다가온다. 특히, 다른 분야의 사람들에게는 더더욱 그렇다. 행동생물학자들은 적어도 행동이 무엇인지에 대해서 만큼은 동의할 것이라고 생각하겠지만, 사실 그렇지 않다. 대니얼 레비티스(Daniel Levitis)와 그의 동료들은 일련의 과학, 사회, 학회에서 단순하게 보이는 "동물 행동이란 무엇인가?"라는 질문을 175명의 행동생물학자들에게 던졌다. 놀랍게도 행동생물학자들의 동물 행동에 대한 정의는 일치되지 않았다. 래비티스와 동료들은 '발달 변화로 더 쉽게 이해되는 반응을 제외하고, 내적이거나 외적인 자극에 대해 살아있는 생물이 내적으로 조화된 반응(활동이나 비활동)을 하는 것을 행동으로 정의'하자고 제안했다(Levitis et al. 2009). 이 정의에서는 내적 요인에 많은 초점을 맞추고 있다. 만약 다음과 같은 다른 정의를 내리면 어떨까? '행동은 개체가 움직이거나, 다른 개체들 또는 환경과 상호작용하는 것이다.' 이 정의는 개체의 내적인 작용과 관계가 없다. 그 대신에 이 정의는 개체 간 또는 개체와 환경의 상호작용을 강조한다. 행동의 정의가 왜 이처럼 많이 다를까?

행동생물학자가 행동을 다르게 정의하는 이유 중 하나는 동물행동학이 시간이 흐르면서 스스로 진화해 온 넓고 다양한 학문 영역이기 때문이다. 동물행동학 분야는 일반적으로 연구실에서 실험을 수행하는 실험 심리학의 전통뿐만 아니라, 야외에서 동물을 관찰하는 행태학(ethology)의 전통을 물려받았다. 앞서 언급했듯이, 동물행동학은 점차 통합적이며, 학문의 영역으로 계속 진화하고 있다. 어떤 과학자는 첫 번째 정의가 함의하듯이, 보다 역학적이거나 발생학적인 접근법을 사용하는 경향이 있다. 그러나 다른 어떤 과학자는 두 번째 정의와 같이 적응적이고, 진화적인 접근법을 취한다. 이러한 행동의 **궁극 원인(ultimate causes)**은 관심이 있는 형질의 적응 가치와 진화적인 역사에 대해 조망을 한다. 그러나 행동 연구에는 적응과 진화 역사에 대한 연구 이상의 것들이 있다. 행동생물학자가 행동의 진화를 이해하기 위해서는, 행동생물학자인 니콜라스 틴버겐(Nickolaas Tinbergen)이 오래 전에 제안했듯이, 행동이 개체의 생애 동안 어떻게 발달하고, 동물의 생리적인 체계가 행동을 어떻게 가능하게 해 주는지 알 필요가 있다(Tinbergen 1963). 개체의 생애 동안 발생과 신경 심리에 숨은 메커니즘이 작용하기 때문에, 그것은 즉각적이고 기계적인 것으로 여겨지거나, 행동의 **근접 원인(proximate causes)**이 된다. 궁극적으로 모든 행동 형질은 근접 원인과 궁극 원인의 결과이다. 꿀벌의 자기희생 행동, 랑구르원숭이의 영아 살해 행동은 모두 벌, 원숭이, 그리고 다른 인간을 포함한 동물의 몸 안에서 작용하는 즉각적인 내재 메커니즘으로 작동한다.

동물이 어떻게 그리고 왜 행동하는지에 대한 완전한 그림을 그리기 위해서는, 종종 **분석의 수준(levels of analysis)**이라고 부르는 행동의 근접 원인과 궁극 원인을 탐구하고서 통합할 필요가 있다. 분석의 두 가지 수준은 분명히 상보적으로, 하나는 행동 변이를 나타내는 내재된 역학적이고 발생학적인 양상에 초점을 맞추는 반면에, 다른 하나는 진화의 역사가 행동의 변이와 행동 변이의 적합도 결과에 영향을 미치는 역할에 대해서 다룬다. 이러한 두 수준은 **틴버겐의 4가지 질문(Tinbergen's four questions)**으로 세분화된다. 그 이유는 1960년대에 니코 틴버겐(Niko Tinbergen)이 행동을 이해하기 위해서는 근접 분석과 궁극 분석을 함께 해야 한다고 주장했기 때문이다(**표 1.1**). 근접 분석 방법은 발생과 관련한 질문(이를 테면, 행동이 동물의 일생 동안 개체 발생학적으로 어떻게 변하는지를 이해하는 것)과 메커니즘과 관련한 질문(예를 들면, 행동의 생리학적, 신경 생물학적, 호르몬, 유전학적인 상관성)으로 나누어진다. 궁극적인 분석의 수준은 진화의 역사(예를 들면, 공통조상 행동의 변이에

표 1.1 동물 행동 연구에 분석 수준

근접 수준	궁극 수준
발생 유전적-발생학적 메커니즘이 동물과 내적인 요소에 어떻게 영향을 미치는가	진화 역사 조상 종으로부터 변화를 동반한 계승에 의해 영향을 받은 행동 형질의 역사
메커니즘 동물의 일생 동안 발생한 뉴런-호르몬 메커니즘이 동물이 하는 행동을 어떻게 조절하는가	진화 기능 자연선택에 의해서 진화의 과정에 영향을 받는 행동 형질의 적응적 가치

After Tinbergen 1963, and Holekamp and Sherman 1989.

어떻게 영향을 미치는가를 이해하는 것)과 적응 기능(이를 테면, 어떻게 행동이 생존과 번식, 즉 적합도를 결정하는지)에 관한 질문으로 나누어진다.

동물 행동 통합 연구

적합도에 미치는 긍정적 효과로 널리 퍼진 행동은 유전될 수 있도록 내재한 근접 메커니즘이 있어야 하기 때문에, 틴버겐의 4가지 질문은 서로 연결되어 있다. 땅벌(*Centris pallida*)의 땅 파는 행동을 검토하면서, 틴버겐이 제시한 종합 접근법의 위력을 알아보자. 땅벌은 남서 아메리카의 사막에서 살아가며, 수컷이 사막 바닥에 구멍을 파는 행동에서 이름이 지어졌다(**그림 1.3A**). 수컷은 왜 이런 일을 할까? 이 책의 초판이 출판되기 얼마 전에, 존 앨콕(John Alcock)은 이 행동이 어떻게 그리고 왜 진화했는지 이해하고 싶어졌다. 그 후, 수컷이 땅을 파는 이유가 애벌레를 위해서 그 어미가 집을 짓고서 먹이도 준비해 놓은 지하방에서 발생을 마친 후 나오는 암컷을 찾기 위함임을 알아내었다. 다시 말해, 수컷은 짝을 찾기 위해서 땅을 파며, 지하방에서 나오는 암컷을 만나면 바로 그 위에 올라타서 짝짓기를 시도한다(**그림 1.3B**). 이 기술은 적응적이어서 수컷 땅벌은 땅 위로 올라오는 암컷을 효과적으로 찾는데, 이러한 행동은 자연선택에 의해 진화했고 현재에까지 유지되어 부모로부터 자식으로 전달되었다.

수컷은 사막 바닥으로부터 1 cm 이상 아래에 있는 암컷을 찾기 위해 파야 하는 장소를 어떻게 알까? 틴버겐이 처음으로 지적했듯이, 행동의 즉각적인 메커니즘은 진화적인 기초가 있기에 행동의 근접 원인과 궁극 원인은 연결이 되어 있으며, 어떤 행동 형질을 완전히 설명하기 위해서는 두 가지 모두 필요하다(Alcock and Sherman 1994). 앨콕은 땅을 파는 수컷이 표면 가까이에 땅을 파서 둔 암컷의 냄새를 맡을 수 있을 것이라는 가설을 세웠다(Alcock 1976). 숨어있는 암컷의 냄새를 맡는 능력—땅 파는 행동의 근접 메커니즘—덕분에 수컷은 그러한 능력이 없는 경쟁자보다 성공적으로 번식을 했다. 짝의 냄새를 맡는 능력은 특정 유

그림 1.3 짝을 찾는 땅벌(*Centris pallida*). (A) 암컷을 찾아 땅을 파는 수컷. (B) 암컷이 땅으로부터 나오기 전에 발견된 암컷과 교미를 하는 수컷. (Photographs by John Alcock.)

전자와 연관이 있을 것이고, 이 유전자를 찾는 것과 그 표현형과 진화를 연구하는 것은 유용할 것이다. 이 유전자는 그것이 작동하는 세포 환경과 벌이 살고 있는 생태적 환경이 함께 어울려서 벌이 특정 방식으로 발달할 때, 근접 효과가 있을 것이다. 땅벌의 알, 애벌레, 번데기에 대한 근접 발생 메커니즘은 수컷 땅벌이 가진 감각과 운동 메커니즘의 생성에 영향을 주며, 결과가 뒤따른다. 벌의 더듬이에 있는 냄새를 맡는 감각 세포는 벌의 신경 시스템에 있는 후각 신경망과 어울려서, 수컷이 사막 흙 속에 있는 암컷을 찾게 해 준다. 그 결과, 수컷은 땅을 팔 준비가 되고, 암컷이 터널 입구로 나올 때 성적으로 받아들일 준비가 된 암컷 위에 올라탈 것이다.

땅을 파고 들어가 있는 암컷의 냄새에 극도로 민감하게 반응하는 것처럼, 적응 변화를 하는 이 행동에는 역사가 있다. 그것은 땅벌의 역사상 이전에 진화한 형질에 숨어 있다. 수컷 사이에서 땅을 파는 행동에 차이가 나는 것이 번식의 능력에 얼마나 영향을 미치는지 뿐만 아니라, 이러한 변이가 근접적으로 수컷의 나이나 발생 상태와 관련이 있는지에 대해서 질문을 할 수 있다. 예를 들면, 보다 나이가 많고 경험이 풍부한 수벌이 어리고 경험이 적은 벌보다 암컷을 찾는 데 능숙할까? 더 나아가 이런 작은 동물이 사막의 딱딱한 땅을 어떻게 그렇게 열정적으로 팔 수 있는지 궁금할 수 있다. 많은 종류의 벌이 받아들일 준비가 된 암컷을 꽃에서 찾은 다음 짝짓기를 하는데, 땅벌은 왜 더 강한 다리 근육이나 특별하게 생긴 다리와 같은 유일무이한 형태적 적응을 해서 다른 곳에서 짝을 찾는 대신 땅을 파서 찾도록 했을까? 끝으로, 땅벌이 유일한지 아니면 사막의 땅에 둥지를 파는 다른 벌들도 이런 식으로 행동을 하는지, 동일한 형태적 적응을 했다면 그 유전자도 같은지에 대해 궁금할 수 있다. 결국, 틴버겐이 말했듯이 수컷 땅벌이 어떻게, 그리고 사막의 땅을 왜 파는지를 더욱 풍부하고 통합적으로 이해하기 위해 두 수준의 분석에 걸쳐서 여러 가지 질문을 할 수 있다. 우리는 이 책에서 새로운 행동을 소개할 때마다 그렇게 할 것이다. 제2장에서 새의 노래에 관한 근접적이고 궁극적인 설명을 통해서 동물 행동을 연구하는 통합된 접근법을 배우게 될 것이다.

행동을 연구하는 방법

행동생물학자가 다른 수준의 분석에 대한 질문을 위해 여러 상보적인 방법을 사용할 수 있다. 가장 기초적인 방법은 단순히 자연이나 실험실에서 행동하는 동물을 바라보는 것이다. 이러한 **관찰 접근법(observational approach)**을 사용해서 행동생물학자는 생물의 행동을 정의하고 기록할 수 있으며, 그 동물의 사회적 또는 생태적인 환경 양상과 연결하거나 내적 또는 발생 상태와 연결할 수 있다. 관찰 접근법은 본질적으로 상관성이 있는데, 여기서 무엇이 원인이고, 무엇이 결과인지에 관한 결론을 내릴 때는 신중해야 한다. 형질 사이의 관계를 관찰하고 설명하는 대신에, 연구자는 **실험 접근법(experimental approach)**을 사용할 수도 있다. 이 경우에, 동물의 양상이나 환경을 조작해서 형질 사이의 관계를 더 직접적으로 밝힐 수 있다. 통제된 실험은 대개 실험실에서 하지만, 자연에 나타나는 자연 변이를 설명할 수 있게 설계되었다면 야외에서도 실험할 수 있다. 끝으로, 어떤 행동생물학자는 행동이 왜 진화했는지에 관한 일반적인 양상을 보기 위해서, 많은 종을 이용해 행동의 적응적인 기초를 추측하는 데 **비교 접근법(comparative approach)**을 사용함으로써 한 종 이상에 해당이 되는 아이디어를 도출해 내기를 원할 수 있다. 비교 접근법은 잠재적으로 적응 형질의 **진화 역사**

(evolutionary history) 정보를 제공해 줄 수 있는데, 이는 멸종하거나 조상 종이 지녔을 수 있는 형질을 찾은 다음 현존하는 종에서 이 형질이 어떻게 나타나는지를 밝힘으로써 가능하다. 이 방법에는 밝혀진 **계통수(phylogeny)**, 즉 종 간의 역사적 관계를 설명해주는 진화 계보가 필요하다. 비교 접근법을 통해서, 형질이 나타나는 데 **진화의 제약(evolutionary constraints)**, 한계나 제한, 적응 진화의 산물에 대한 편향이 있었는지 여부를 알 수 있다.

행동의 적응 기초: 갈매기의 떼 공격

이러한 세 가지 간결 원칙—관찰, 실험, 그리고 비교—은 모두 하나 또는 다른 수준의 분석 방법을 제공한다. 이처럼 다른 접근법이 특정 행동의 적응 진화를 연구하는 데 얼마나 유용한지를 알기 위해서 행동 하나를 살펴볼 것인데, 바로 갈매기의 떼 공격(mobbing)이다. 만약 바닷새 군체가 둥지를 트는 시기에 그 지역을 걸어간다면 조심하기 바란다! 성체가 여러분을 향해 급강하하면서 큰 소리를 지르며 날아들거나, 심지어는 액체 배설물 폭탄을 뿌릴 것이다(**그림 1.4**). 잠재적 포식자인 여러분이 둥지와 새끼에게 가까이 다가갈 때, 새들이 화를 내는 이유를 어렵지 않게 알 수 있다. 부모가 공격을 통해 포식자의 주의를 새끼로부터 돌릴 수만 있다면, 떼 지어 공격하는 새들은 번식 성공도를 높일 수 있을 것이다. 이를 통해서, 다른 갈매기와 함께 연합해서 자신의 알과 새끼를 잡아먹을지도 모르는 포식자에게 소리 지르고, 배설물을 뿌리고 등의 공격하는 행동을 하게끔 하는 유전적 기초를 자손에게 전달할 수 있을 것이다. 이처럼 그럴듯한 설명을 검증하기 위해, 한스 크룩(Hans Kruuk)은 유럽과 아시아에 걸쳐서 집단적으로 땅에 둥지를 튼 후 번식하는 검은머리갈매기(*Chroicocephalus ridibundus*)의 떼 공격 행동에 대한 연구를 시작하였다(**그림 1.5**)(**VIDEO 1.1**)(Kruuk 1964). 크룩은 떼 공격의 적응적 기초를 연구하는 데 관심이 있었기에, 행동생물학자가 이런 종류의 문제를 푸는 데 이용하는 방법을 사용했다; 그는 이 행동의 비용과 편익을 고려했다. 그의 가설은 떼 공격을 하는 개체들의 비용(잠재적 포식자를 공격할 때 소모하는 시간과 에

VIDEO 1.1
A colony of blackheaded gulls
ab11e.com/uk/v1.1

그림 1.4 땅 위에 둥지를 트는 갈매기 군체의 떼 공격 행동. 뉴질랜드의 은갈매기(*Chroicocephalus novaehollandiae*)가 번식 군체에 무단 침입자에게 반응하고 있다. (Photograph by John Alcock.)

그림 1.5 군체가 둥지를 트는 검은머리갈매기. 이 새들은 포식에 취약한 땅 위에 둥지를 튼다. (Photograph © iStock.com/mauribo.)

너지, 그리고 상처를 입거나 심지어는 죽을 위험 등)보다 잠재적 포식자를 사회적 행동으로 괴롭히는 것에서 얻는 적합도 편익(예를 들어, 새끼의 생존 증가)이 더 클 것이라는 생각에 기초하였다.

포식자 주의분산 가설(predator distraction hypothesis), 즉 떼 공격은 잠재적 포식자가 둥지를 포식하지 못하도록 주의를 분산시킨다는 생각을 검증하기 위해서, 크룩은 그 중요한 예측 중의 하나로, 떼 공격을 하는 갈매기에 의해 주의가 분산된 포식자는 둥지를 찾는 시간이 더 오래 걸릴 것이라는 생각을 검증해 보았다. 이 예측은 관찰 방법을 사용하여 단순하게 갈매기와 포식자의 상호작용을 관찰함으로써 검증할 수 있다(Kruuk 1964). 크룩은 동물의 자연 서식처에서 동물을 연구하는 대부분의 행동생물학자와 마찬가지로, 오래도록 새를 관찰했다. 알을 먹으려 시도하는 까마귀(*Corvus corone*)는 계속적으로 날아드는 갈매기를 상대해야 했고, 그러는 동안 끼니를 편안하게 먹을 수 있는 장소를 쉽사리 찾지 못했다(**그림 1.6**) 먹이를 찾을 확률이 주의가 분산된 까마귀에서 더 낮아졌기에, 크룩은 떼 공격에 편익

포식자 주의분산 가설 잠재적 포식자를 떼 공격하는 것은 둥지에서 포식하지 못하게 주의를 분산시킨다.

그림 1.6 갈매기는 포식자를 왜 떼지어 공격할까? 한스 크룩은 성가신 잠재적 포식자를 쫓아내는 개체에서는 적합도 비용보다 적합도 이득이 더 크다고 제안했다. (Photograph by bird-pix/Alamy Stock Photo.)

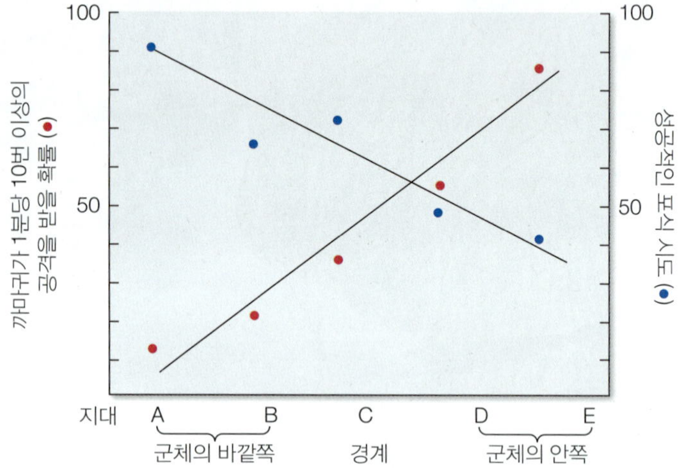

그림 1.7 **떼 공격이 알을 보호할까?** 검은머리갈매기 둥지 군체의 안과 바깥에 달걀을 놓아 둔 결과에서, 군체 안에서 알을 찾는 까마귀가 갈매기로부터 집단 공격을 더 많이 받았고(붉은색 점), 그 결과 적은 수의 달걀만을 찾았다(파란색 점). (After Kruuk 1964.)

이 있음을 확신했다. 이 뿐만 아니라, 까마귀가 갈매기 성체를 공격하거나 상처를 입히지 못하는 것을 보면, 떼 공격을 하는 갈매기의 편익은 비용을 충분히 초과한다.

크룩의 관찰은 포식자 주의분산 가설과 잘 맞아떨어지지만, 그 가설에는 실험 접근이 필요한 훨씬 더 까다로운 예측이 따른다. 적응은 교체되는 형질보다 더 우수하기에, 떼 짓는 갈매기가 알을 보호해서 얻는 편익은 포식자가 실제 공격 받는 정도에 비례한다고 예측할 수 있다. 이 예측을 검증하기 위해서, 크룩은 갈매기 알을 대신해서 10개의 달걀을, 10미터 마다 하나씩 검은머리갈매기의 둥지 군체 바깥쪽부터 안쪽으로 선을 따라 배열하는 실험을 설계했다(Kruuk 1964). 군체 바깥에 있는 알은 떼 공격으로부터의 압력이 낮았기에, 까마귀나 재갈매기(*Larus argentatus*)가 군체 안쪽에 놓인 알보다 더 쉽게 찾을 수 있었고, 보다 많이 잡아먹었다(**그림 1.7**).

크룩은 떼 공격이 검은머리갈매기 성체가 그 알과 새끼를 보호하기 위한 적응이라는 포식자 주의분산 가설과 부합하는 관찰과 실험 증거를 모두 결합했다. 야외 실험은 상관성이 있는 야외 관찰 데이터와 함께, 동물 행동의 적응치를 판독하는 데 중요하다. 그러나 다음의 예측을 검증함으로써, 검은머리갈매기의 떼 공격에 관한 크룩의 설명을 검증하는 비교 방법도 사용할 수 있다: 만약 땅에 둥지를 트는 검은머리갈매기의 떼 공격이 갈매기 알과 새끼 포식에 대해 진화한 반응이라면, 알과 새끼에 대한 포식 위험이 적은 다른 갈매기 종은 떼 공격 행동을 보이지 않을 것이다. 이 예측의 논리는 이렇다. 떼 공격의 다양한 적합도 비용은(예를 들면, 포식자에 의해 죽을 위험이 증가하는 것) 포식자의 주의를 분산시켰을 때 충분한 적합도 편익이 산출될 때만 무시될 수 있다. 만약 포식자가 문제를 야기하지 않으면, (비포식자를 공격하는 데에 사용되는 에너지와 같은) 떼 공격의 비용은 편익보다 클 것이므로, 그러한 행동이 그 종에서 진화하리라 기대할 수 없다.

갈매기의 조상이 땅 위에 둥지를 트므로 해서 많은 포식자가 그 둥지를 노렸을 것이며, 이에 따라 떼 공격을 했을 때 효과가 발휘됐을 것이라고 믿을 만한 근거가 충분히 있다(**BOX 1.1**). 현존하는 50여 종의 갈매기는 대부분 땅에 둥지를 틀며, 알과 새끼를 사냥하는 적들을 떼 지어서 공격한다(Tinbergen 1959). 이러한 갈매기의 행동 유사성은 모든 갈매기가 비교적 최근의 공통조상의 자손이고, 그 조상으로부터 같은 형질을 발달시킨 유전 물질을 물려받았음을 의미한다. 따라서 다른 모든 것이 같다면, 대부분의 갈매기는 비슷하게 행동할 것이라고 예측할 수 있다.

하지만 어떤 것은 비슷하지 않은데, 특히 갈매기의 번식 행동이 그렇다. 예를 들어, 몇몇 종의 갈매기는 땅 대신에 절벽의 튀어나온 바위나 나무 위에 둥지를 튼다. 아마 이 종들은 모두 땅에 둥지를 트는 조상으로부터 진화하였지만, 절벽에 둥지를 트게 된 보다 최근 종의 자손일 것이다. 대체 가설은 원래 절벽에 둥지를 틀었던 갈매기가 이런 형질을 잃어버렸다가 다시 획득했다는 가설로, 경쟁하는 다른 가설보다 많은 변화를 요구하는 진화적인 시나리오가 제기된다(**그림 1.8**). 비록 전부는 아니지만, 많은 진화생물학자는(Reeve and Sherman 2001), 더 적은 변화를 포함하고 있는 간단한 시나리오가 복잡한 대체 가설보다 가능성이 있다고 생각한다. 이 가정은 오캄(Occam)의 면도날 또는 **간결 원칙(parsimony)**이라고 부르는 것으로, 가장 간단한 설명이 복잡한 설명에 비해 옳을 확률이 높다고 주장한다—다른 것들은 동등하다는 전제하에.

어느 경우에든, 절벽에 둥지를 트는 갈매기에 대해서는 오늘날 둥지 포식자가 거의 없다. 그 이유는 작은 포유류 포식자가 먹이를 찾아서 절벽으로 올라가기도 어렵고, 포식자인 새도

BOX 1.1 자료 해석을 통한 행동 탐구

북극도둑갈매기가 높은 둥지 밀도에서 얻는 이득

갈매기의 사촌인 북극도둑갈매기(*Stercorarius parasiticus*)는 땅 위에 둥지를 틀며, 다른 친척인 큰도둑갈매기(*Stercorarius skua*)를 포함해 군체 침입자를 떼 공격한다. 큰도둑갈매기는 많은 북극도둑갈매기의 알과 새끼를 잡아먹는다. 북극도둑갈매기에서 조밀한 군체에 둥지를 트는 개체군의 부화 성공도와 이소 후 생존률이 밀도가 낮은 집단에 비해 높았다(**그림**); 하지만, 가까이 있는 이웃의 수와 새끼의 성장률은 반비례한다(Phillips et al. 1998).

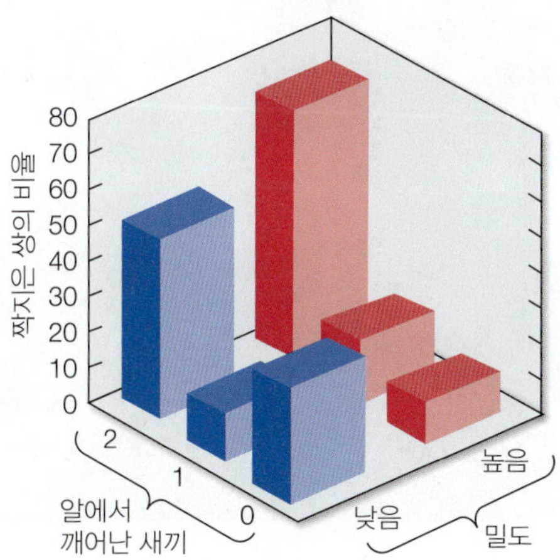

북극도둑갈매기

많은 이웃이 있는 북극도둑갈매기는 번식 쌍들의 밀도가 낮은 지역에 둥지를 튼 개체들에 비해서 양육하는 새끼를 2마리 더 키울 확률이 더 높았다. (After Phillips et al. 1998; photograph © Andrew Astbury/Shutterstock.com.)

생각의 틀 깨기

이 연구의 발견을 공동 둥지 틀기 그리고 떼 공격의 번식 비용과 편익의 관점에서 다시 서술해 보자. 만약 적응이 완벽한 형질이라면, 북극도둑갈매기의 떼 공격을 "적응"이라고 할 수 있을까?

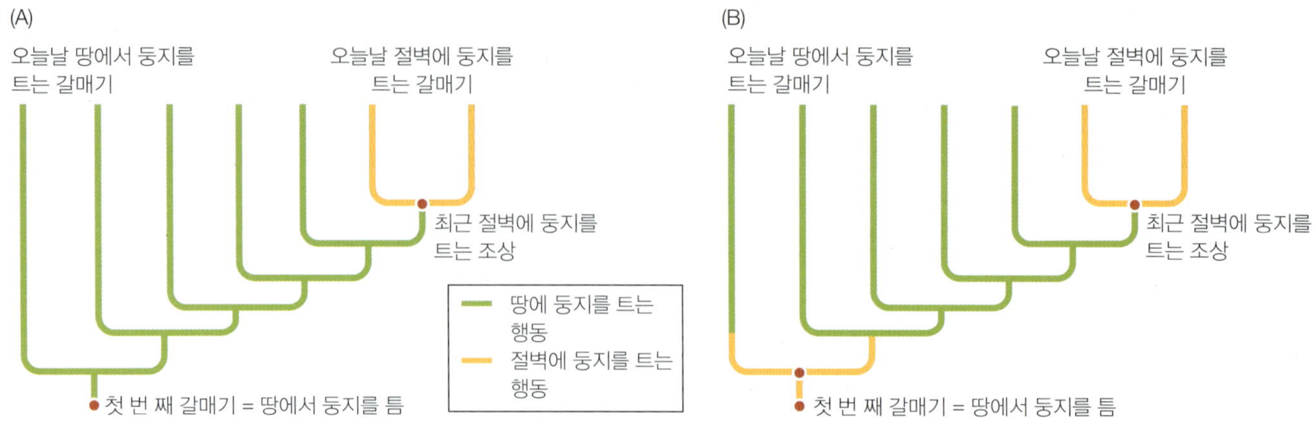

그림 1.8 갈매기의 계통수와 절벽에 둥지를 트는 행동의 두 가지 시나리오. (A) 가설 A는 땅 위에 둥지를 틀었다가, 절벽에 둥지를 트는 단 한 번의 행동 변화만 필요하다. (B) 가설 B는 절벽에 둥지를 트는 조상이 땅 위에 둥지를 틀었다가 다시 절벽에서 둥지를 트는 것으로 되돌아오는, 두 번의 행동 변화를 필요로 한다.

연안의 난기류 속에서 절벽 가까이 비행하려면 힘든 시간을 보내야 하기 때문이다. 따라서 절벽에 둥지를 트는 환경의 변화는 포식압을 감소시켰고, 이 갈매기에서의 떼 공격은 편익–비용 등식을 바꾸었을 것이다. 그렇다면, 절벽에 둥지를 트는 갈매기는 조상의 떼 공격 행동 양상을 변화시키거나 잃어버렸을 것이라 예측할 수 있다. 예를 들어, 검은다리갈매기(*Rissa tridactyla*)는 거의 수직으로 깎아지른 연안 절벽에 둥지를 트는데, 여기에서는 알이 포식자로부터 비교적 안전하다(**그림 1.9**)(Massaro et al. 2001). 작은 검은다리갈매기는 자신이 둥

(A)

(B)

그림 1.9 모든 갈매기가 땅 위에 둥지를 트는 것은 아니다. (A) 깎아지른 절벽이 그림의 아래쪽에 나타나는 세가락갈매기(kittiwake gull, *Uria lomvia*)가 둥지를 틀기 위해서 사용된다. (B) 세가락갈매기는 아주 좁은 바위 끝에 둥지를 틀수 있다. 둥지 안의 새끼는 절벽의 끝으로부터 떨어져 있다. (A, photograph by John Alcock; B, photograph © abi warner/123RF.)

지 포식자의 공격에 대해 더 취약하므로, 떼 공격의 비용 대비 편익 비율이 덜 유리하다. 예측한 대로, 둥지를 트는 검은머리갈매기의 집단은 포식자를 떼 지어서 쫓아내지 않는다. 검은머리갈매기가 다른 많은 구조나 행동 양상을 땅에 둥지를 트는 다른 갈매기들과 공유함에도 불구하고 말이다. 검은다리갈매기의 독특한 행동은 **발산 진화(divergent evolution)**의 사례로, 검은머리갈매기의 떼 공격은 둥지가 있는 성체의 알과 새끼에 대한 포식압에 반응해서 진화했다는 가설을 뒷받침한다(Cullen 1957). 포식의 위협을 떨쳐버리면, 진화의 시간 동안 갈매기는 떼 공격을 유지하는 것이 더 이상 적응적이지 않게 되고 유용하지 않기 때문에 그 행동을 잃어버릴 것이다.

떼 공격의 진화를 이해하는 데 다른 비교 방법을 사용할 수도 있는데, 다른 진화적 계보로부터 출현한 종이 비슷한 환경에서 살아 가면 비슷한 선택압을 받게 되고, 이에 따라 비슷한 형질을 진화시켜서 **수렴 진화(convergent evolution)**하게 될 것이라는 예측을 검증하는 것이다. 만약 이것이 사실이라면, 상호 연관이 없는 종이 번식 성공도에 대한 특정 환경의 장애에 대해서 동일한 적응 방법을 적용한 것이다(**그림 1.10**). 다른 것이 동등하다는 전제하에, 연관이 없는 종들이 같은 **선택압(selection pressures)**에 놓인게 아니라면, 다시 말해서 생존과 번식의 차이를 일으키는 운전자가 동일하지 않다면, 다른 행동을 해야 한다.

예측했던 바와 같이, 떼 공격 행동은 갈매기와 연관성이 먼, 특히 군체로 둥지를 트는 많은 새들에게서 수렴 진화했다(Sordahl 2004). 이런 종들 중에는 갈색제비(*Riparia riparia*)가

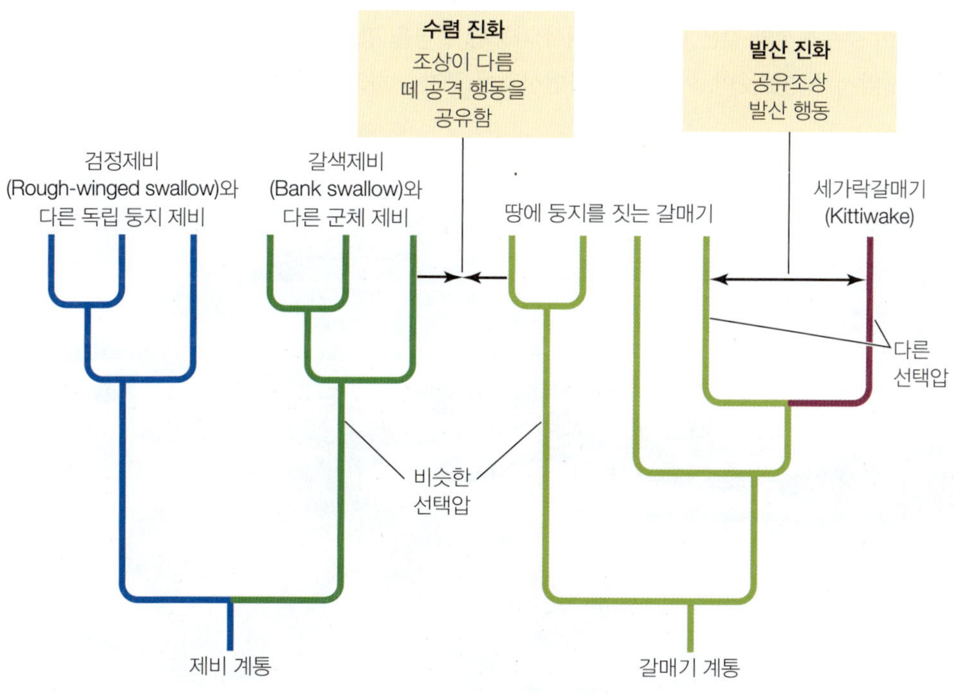

그림 1.10 비교 방법의 논리. 같은 진화 계통(예를 들어, 갈매기과의 갈매기 종)은 공통조상을 공유하고, 이에 따라 같은 유전자를 많이 공유한다. 그러므로 땅 위에 둥지를 트는 갈매기에서 널리 퍼져 있는 떼 공격 행동과 비슷한 형질을 가지고 있다. 그러나 공통조상의 효과는 새로운 선택압에 의해 사라질 수 있다. 절벽에 둥지를 트는 세가락갈매기의 경우, 포식압이 줄어듦에 따른 발산 진화가 일어났고, 이에 따라 잠재적인 적에게 떼 지어 달려들지 않는다. 동전의 또 다른 한 면은 수렴 진화인데, 갈매기와 제비는 연관되어 있지 않고 다른 조상으로부터 왔음에도 불구하고 제비 군체는 떼 공격 행동을 보인다. 이러한 제비와 갈매기 군체는 둥지를 트는 군체에 비교적 쉽게 접근하는 포식자의 포식압에 대해서 비슷한 포식 회피 행동으로 수렴했다.

있는데, 이들 역시 포식자인 뱀과 어치가 알과 새끼를 잡아먹으러 오는 장소에 군체로 둥지를 튼다(Hoogland and Sherman 1976). 갈색제비와 갈매기의 공통조상은 아주 오래 전에 나타나 수백만 년 전에 두 계보로 분리된 후 독립적으로 진화하였다. 분류학적으로 갈매기와 제비를 갈매기과(Laridae)와 제비과(Hirundinidae)라는 2개의 다른 과로 분류하면서 알게 된 사실이다. 그러나 갈색제비는 갈매기와 진화적 그리고 유전적인 차이에도 불구하고, 둥지를 틀 때 갈매기와 비슷하게 행동한다. 갈색제비는 포식자 주위를 돌다가 급강하해 공격함으로써, 새끼를 죽일 수 있는 어치와 뱀의 주의를 분산시킨다.

군체로 둥지를 트는 포유류에서도 떼 공격 행동을 진화시켰다(Owings and Coss 1977). 예를 들어, 캘리포니아 땅다람쥐(*Ostospermophilus beecheyi*) 성체는 땅속에 굴을 파고 단체로 생활하는데, 사냥을 하는 방울뱀 주위로 모여서 적외선을 내뿜는 꼬리를 흔들며 반응한다. 이 신호는 땅다람쥐가 뱀의 얼굴에 모래를 발로 차기 전에 뱀이 떠나가게 한다(**그림 1.11**)(**VIDEO 1.2**)(Rundus et al. 2007). 이렇게 공격을 당한 방울뱀은 취약한 새끼 땅다람쥐를 잡기 위해 둥지 굴에 들어가서 자유롭게 사냥할 수 없다. 이처럼, 떼 공격 행동은 포식자의 주의를 분산시켜서 취약한 새끼를 보호해 주는데, 서로 연관이 없는 종들 사이에서 독립적으로 진화했으므로, 떼 공격은 반포식자 적응임이 거의 확실하다.

VIDEO 1.2
California ground squirrel interacting with a rattlesnake.
ab11e.com/uk/v1.2

동물 행동의 과학

이 책을 읽으면서, 행동생물학은 과학적인 분야임을 기억하는 것이 중요하다. 이것은 동물행동학이 수수께끼와 같은 현상에 대해서 가능한 설명을 평가하는 논리를 사용하게 됨을 의미한다. 앞서 설명했듯이, 이 논리는 자연선택에 근거를 하고 있으며, 여러분은 다음의 장에서

그림 1.11 캘리포니아 땅다람쥐는 꼬리를 흔들어 사냥하는 방울뱀에게 신호를 보낸다. 이 설치류의 꼬리에서는 적외선이 방출되어 잠재적인 포식자로 하여금 떠나게 한다. (Illustration by R. G. Coss.)

수컷이 자신의 생존을 감소시키는 아름다운 형질을 왜 진화시켰는지, 집단생활을 하는 일부 동물이 다른 자식을 키우는 데 도움을 주기 위해서 왜 자신의 번식까지도 희생하는지, 어떤 종의 암컷은 수컷 성기처럼 생긴 것을 지니고 있지만 수컷에는 그것이 왜 없는지처럼, 겉보기에 역설적인 행동조차 포괄하도록 이 이론이 확장되는 것을 보게 될 것이다. 또한 동물 행동이 메커니즘과 진화 역사에 근거를 두기도 하고, 때로는 그것에 의해 제한된다는 것을 기억해야 한다. 따라서 모든 수준의 분석을 아우르는 통합 연구는 행동이 어떻게 또 왜 진화했는지를 설명하는 데 도움을 줄 수 있다. 둘 중에 하나의 분석 수준에서 질문을 하기 위해서 행동생물학자는 가설을 개발하고, 다양하게 잘 설계된 절차를 사용해서 관찰, 실험 또는 비교를 통해 그 가설의 예측을 검증하는 과학적인 방법을 사용한다. 그러나 어떤 좋은 행동 연구라도 그 중심에는 우리 주변의 세계에서 일어나는 수수께끼와 같은 현상을 평가하는 데 다윈의 논리가 있다는 것이다. 이것은 앞서 둥지를 트는 검은머리갈매기가 왜 떼 공격 행동을 하고, 땅벌이 짝을 어떻게 찾는지 알아보기 위해 사용했던 논리이다.

이 책의 일차적인 목적은 과학자가 일반적으로(다른 과학자가 생각하기에) 적절하고 논리적인 방식으로 어떻게 가설을 평가하는지 독자로 하여금 깨닫게 하는 것이다. 좋은 과학이란 과학자가 정답을 정해놓지 않고서 문제에 접근하는 것이다. 과학적인 방법은 연구자들이 대체 설명을 구분하도록 한다. 앞에서 살펴본 사례들은 이런 목적을 가지고 선택하였다. 이 책에서는 제2장에서 동물 행동의 통합적인 방법이 새들의 노래 학습의 진화를 보다 잘 이해하는 데에 어떤 도움을 주는가를 논의한 후에, 근접 수준의 분석에 대한 더 자세한 설명을 다루고서, 궁극적 수준을 다루도록 구성되었다. 제3, 4, 5장에서는 행동의 발생과 유전, 신경, 생리적 기초를 각각 강조한다. 그 다음 제6장에서는 (포식자를 피하고, 음식을 찾는 것을 포함한) 생존 결정을 중심으로 동물의 적응적 결정에 대해 탐구하고, 제7장에서는 (영역성과 이주를 포함하는) 정착과 이동 결정을 다룬다. 제8장에서는 의사소통의 진화와 개체가 번식과 생존에 영향을 미치도록 정보를 어떻게 전달하는가를 고려할 것이다. 그 다음 제9장에서는 번식 행동, 제10장에서는 짝짓기 시스템을 논의하면서 성적 행동에 관해 다룬다. 제11장은 부모의 보살핌을 소개하고, 사회적 행동에 관해 다룬다. 제12장에서는 진사회성 곤충을 사용해서 사회적 진화의 원리를 소개하며, 제13장에서는 척추동물의 사회행동과 집단 서식에 관해 더 자세히 알아본다. 마지막으로, 제14장에서는 근접과 궁극의 질문이 우리의 행동을 이해하는 데 모두 기여하는지에 관한 사례를 제공할 것이다. 이제 시작해 보자.

요점

1. 진화 이론은 동물 행동을 연구하는 데 기초를 제공한다.

2. 찰스 다윈은 "자연선택"이 일어나면, 진화적 변화가 일어난다는 것을 알았다. 이 과정은 개체마다 유전된 속성의 결과로 번식을 성공적으로 하는 능력이 다르기에 발생한다. 만약 자연선택이 동물 행동을 형성했다면, 개체가 그 유전자를 다음 세대로 전달하는 기회를 높이는 능력을 진화시킬 것이라 예측할 수 있다.

3. 대부분의 행동생물학자는 유전자의 관점에서 자연선택에 의한 진화를 바라본다. 이 관점에 따르면, 적응 진화는 경쟁하는 유전자의 생존 차이를 통해서 일어나고, 이는 그 대립유전자가 나타내는 표현형 효과가 그들의 번성을 촉진하도록 유전자 빈도를 증가시킨다.

4. 행동 특성의 적응치에 관심이 있는 연구자는 자연선택 이론을 사용해서, 특정 행동이 어떻게 개체로 하여금 대체 형질을 지닌 개체들에 비해서 더 높은 번식 성공도를 달성할 수 있게 했는가에 대한 특정 가설(그럴듯한 설명)을 개발한다.

5. 행동 형질은 상보적이지만, 상호 배타적이지 않은 궁극(진화적인)과 근접(즉각적인) 원인을 지니고 있다. 궁극 원인에 대한 질문은 어떻게 조상 형질이 시간이 지나면서 변형되어 오늘날의 형질이 되었는지에 대한 질문뿐만 아니라, 행동의 가능한 적응치에 초점을 맞추는 질문을 포함한다. 근접 원인에 대한 질문은 행동의 유전-발생학적 기초뿐만 아니라, 생리적(신경과 호르몬) 시스템이 행동의 기초를 어떻게 제공하는지에 관한 질문을 포함한다.

6. 적응주의자 가설은 모든 과학적 가설의 표준 방식으로 검증될 수 있다. 이는 실험의 결과로, 자연에서 무엇을 관찰해야 하는가에 대한 예측을 만들거나 형질이 진화적 시간을 통해 생물 집단에서 어떻게 진화했는지 비교 탐구하는 것으로 가능하다. 이러한 예측 확인이 실패하면 가설을 기각하는 근거가 된다. 예측을 뒷받침하는 증거의 발견은 가설이 잠정적으로 맞음을 의미한다.

7. 과학의 아름다움은 과학자들이 경쟁하는 이론과 대안 가설의 유효성을 평가하기 위해서 논리와 증거를 사용할 수 있는 능력에 존재한다.

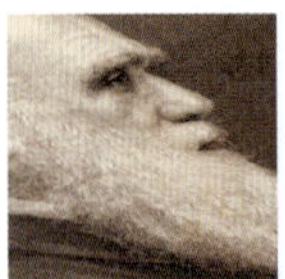

안내 웹사이트

ab11e.com/uk에서 토론 질문과 모든 시청각 동영상을 확인하시오.

CHAPTER

2

행동의 통합적 연구

제1장에서 다룬 것처럼 동물행동학은 광범위하고 다양한 분야로, 동물행동학자는 점점 통합적으로 동물 행동을 연구하고 있다. 우리는 근접(proximate) 수준과 궁극(ultimate) 수준의 질문들이 어떻게 결합되어 벌의 행동에 대해 더 폭 넓게 이해할 수 있는지를 설명하기 위해서 디거벌(digger bee)을 이용했다. 이 장에서는 이러한 통합을 한 단계 더 진전시킨다. 동물 행동의 통합 연구는 흔히 (분자생물학, 내분비학, 신경생물학, 그리고 통계학 및 생물정보학 등의) 다른 학문의 도구를 사용해서, 행동 연구, 특히 야생에서의 행동 연구를 풍부하게 하는 것으로 설명된다. 실제로 행동생물학 분야는 학문 초창기부터 다른 여러 분야와 연결되어 왔다. 초기에는 동물행동학과 심리학, 이후에는 생태학 및 진화학과 깊이 관련되어 왔던 행동생물학은 점차 분자생물학과 신경과학 등의 분야와도 연관되어 발전해 왔다. 예를 들어, 진화 게임 이론(제6장 참조)은 경제학 분야에서 직접 유래하였지만, 행동생물학자가 섭식행동, 사회성 진화, 성비 조절처럼 다양한 주제에 대해 사고하는 방식을 넓혀 주었다.

Chapter 2 opening photograph © Michael Durham/Minden Pictures.

또한, 야생에서 생활하는 동물로부터 채취한 혈액 샘플이나 대변에서 호르몬을 분석하는 기술의 적용은 행동생물학자가 공격성, 번식, 스트레스 및 기타 주제를 연구하는 방법을 바꾸도록 했다(제5장 참조). 마찬가지로, 사회 집단에서 부모–자식 관계 및 혈연 구조를 연구하기 위한 분자 유전 기법의 사용은 과학자가 짝짓기 행동(제10장 참조)과 사회성의 진화(제12장 참조)를 연구하는 방식에 영향을 주었다.

동물 행동에 대한 통합 연구가 단순히 분석 수준을 넘나들거나 다른 학문의 도구를 통합하는 연구 설계 이상의 것이 될 수 있을까? 많은 행동생물학자처럼, 우리는 그렇다고 생각한다. 사실, 진정한 통합은 과학자가 새로운 도구와 기술로 오랜 가설을 시험할 뿐만 아니라, 새로운 접근법과 사고방식을 사용하지 않았다면 생각지도 못했을 새로운 가설을 만들 수 있게 해준다(MacDougall-Shackleton 2011, Hofmann et al. 2016). 그렇다면 통합적 연구는 단순히 다른 학문의 최첨단 도구를 사용하는 것만이 아니라, 여러 종에 대한 비교연구를 수행하고, 새로운 가설을 수립하기 위해서 다양한 종으로부터 수집한 데이터를 이용해 계통 발생학적 방법을 사용하거나, 근접 관점과 궁극 관점 사이를 오가는 양방향 정보 교환을 통해 통찰력을 얻어내는 것을 의미한다. 행동을 연구하기 위한 이러한 통합적 접근을 설명하기 위해 수많은 행동을 고를 수 있지만, 이 장에서는 새의 노래 학습에 초점을 맞춘 사례를 제공한다.

새의 노래는 다른 많은 동물의 소리와 비슷한 방법으로 기능하며, 같은 방식으로 분석할 수 있다. 여러분은 지금까지 살아오면서 아마도 봄날의 이른 아침에 새가 노래하는 것을 들어본 적이 있을 것이다. 하지만 여기에서는 노래 학습, 즉 모방을 통해 발성을 습득하는 능력을 강조하려고 한다. 새가 어떻게 그리고 왜 노래를 배우는지를 다룰 뿐만 아니라, 새가 노래를 배우고 만들어내는 것이 그 기능에 어떤 영향을 미치는지, 그리고 그 반대 과정에 대해서도 설명한다. 우리는 노래 생성과 노래 인식 모두에 대해 초점을 둔다. 이어지는 장에서 새와 다른 동물들이 발성하는 여러 가지 이유와 발성할 수 있게끔 하는 신경, 유전, 발달, 호르몬 메커니즘에 대해 주목할 예정이지만, 이 장에서는 이러한 모든 개념을 한 곳에서 간략히 소개할 것이다. 야생과 실험실 조건에서 노래하는 새를 관찰하고 녹음함으로써, 발달 과정 동안에 그리고 성체일 때 새의 두뇌, 생리 및 유전체를 연구할 수 있고, 이를 통해서 우리는 발성 학습의 적응적 기반과 기계론적 기반 모두에 대해 보다 풍부하고 통합적인 이해를 얻을 수 있다.

노래 학습의 발달

영어를 사용하는 국가 안에서도 다른 지역에 사는 사람들이 다른 방언을 사용하는 것처럼, 여러 조류 종에서 다른 개체군에 있는 수컷은 서로 구별되면서 독특한 노래를 부른다. 이런 주제를 탐구한 피터 말러(Peter Marler)의 고전적인 연구에서 우리의 논의를 시작해 보자. 말러는 호수 생태학 연구를 하기 위해 영국의 여러 호수들을 여행하면서 새의 방언에 대해 알게 되었다. 유럽의 흔한 노래새(역주: 이 번역서에서는 songbird를 노래새, 그리고 oscine을 명금류로 번역한다. 우리나라에서는 두 용어 다 명금류로 알려져 있다.)인 되새(*Fringilla coelebs*) 노래의 표준적인 버전은 달가닥거리는 짹짹거림으로 시작해서 조금씩 작아지는 팡파르로 끝맺음 짓는다. 말러는 각 지역의 새가 부르는 노래를 무심코 듣는 동안 여러 호수의 개체군에 사는 새가 조금씩 다른 버전의 노래를 부른다는 것을 깨닫게 되었다. 이러한 관찰은 이후 말러가 관심사를 바꿔서 새의 노래를 연구하는 계기가 되었다.

종 내 변이와 방언

말러가 1960년대에 캘리포니아 주립대학교로 이주했을 때, 그와 학생들은 북미의 흔한 노래새인 흰정수리북미멧새(white-crowned sparrow) 노래의 방언을 조사하였다(**VIDEO 2.1**). 이 종의 수컷은 번식기 동안 복잡한 휘파람 소리를 낸다. 말러와 동료들은 샌프란시스코 북쪽 마린에 사는 흰정수리북미멧새의 노래 유형이 동쪽 버클리나 남쪽의 선셋비치(**그림 2.1**)에 사는 새가 부르는 노래 유형과 쉽게 구별된다는 것을 발견했다(Marler and Tamura 1964). 새소리에 익숙한 행동생물학자(또는 적어도 스펙트로그램을 읽을 수 있는 사람)는, 단지 몇 마디의 말만 듣고 나서 보스턴 출신인지 아니면 뉴올리언스 출신인지 바로 구별할 수 있는 것처럼, 다른 개체군의 새가 부르는 노래 방언을 간단히 구별할 수 있다. 비록 흰정수리북미멧새 방언이 시간이 지남에 따라 조금씩 변하기도 하지만(Nelson et al. 2004), 적어도 일부 개체군의 경우 지역에 따라 다르게 나타나는 방언이 매우 작은 변화를 제외하고는 수십 년 동안 지속되고는 한다(Harbison et al. 1999). 이러한 사실은 새들의 방언 역시 인간의 방언과 마찬가지로 비교적 안정적일 수 있음을 보여준다. 많은 새가 방언을 가지고 있지만, 흰정수리북미멧새의 방언은 뚜렷하고 잘 구별되기 때문에 새의 노래를 연구하는 모델로서 자

VIDEO 2.1
White-crowned sparrow
ab11e.com/uk/v2.1

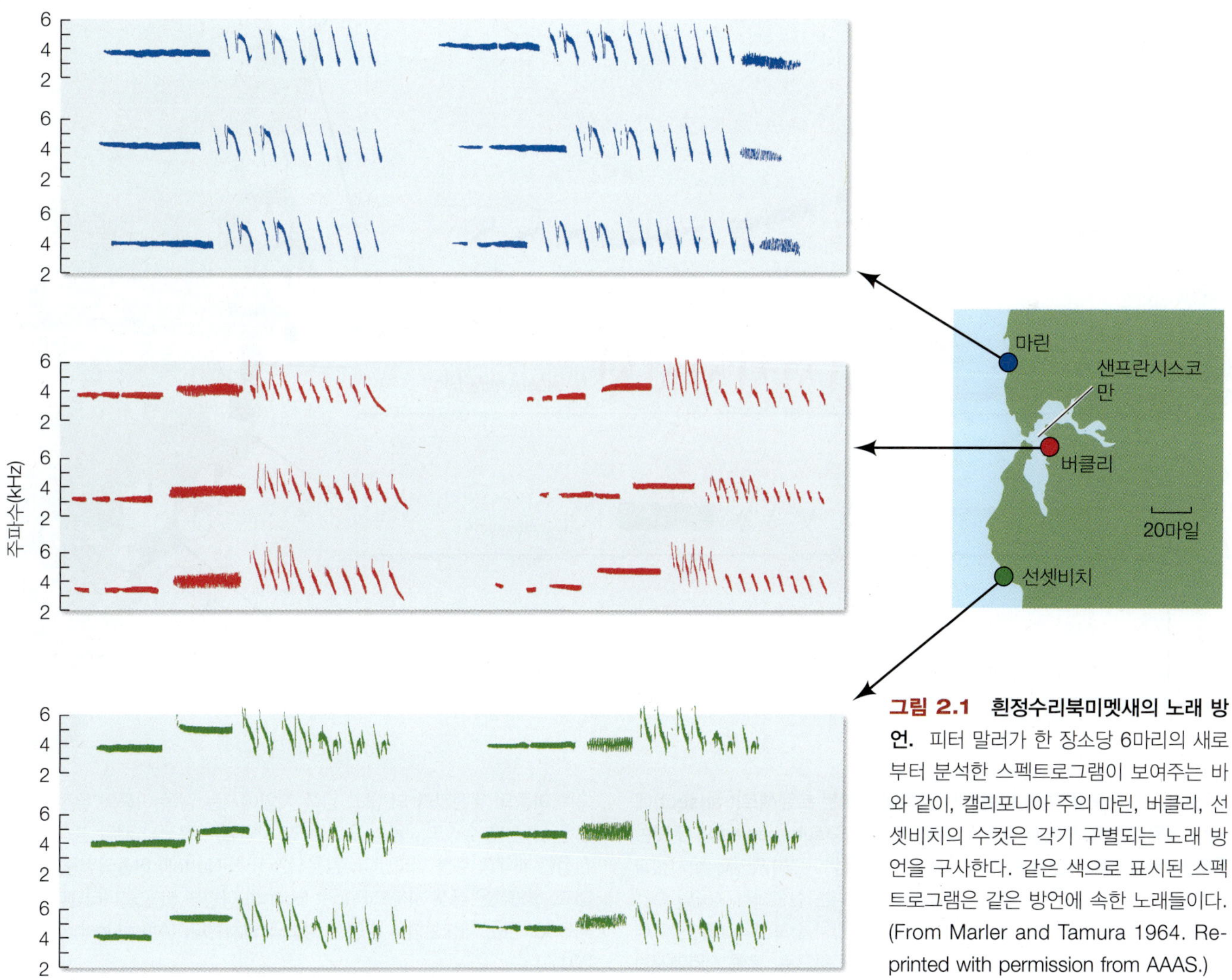

그림 2.1 흰정수리북미멧새의 노래 방언. 피터 말러가 한 장소당 6마리의 새로부터 분석한 스펙트로그램이 보여주는 바와 같이, 캘리포니아 주의 마린, 버클리, 선셋비치의 수컷은 각기 구별되는 노래 방언을 구사한다. 같은 색으로 표시된 스펙트로그램은 같은 방언에 속한 노래들이다. (From Marler and Tamura 1964. Reprinted with permission from AAAS.)

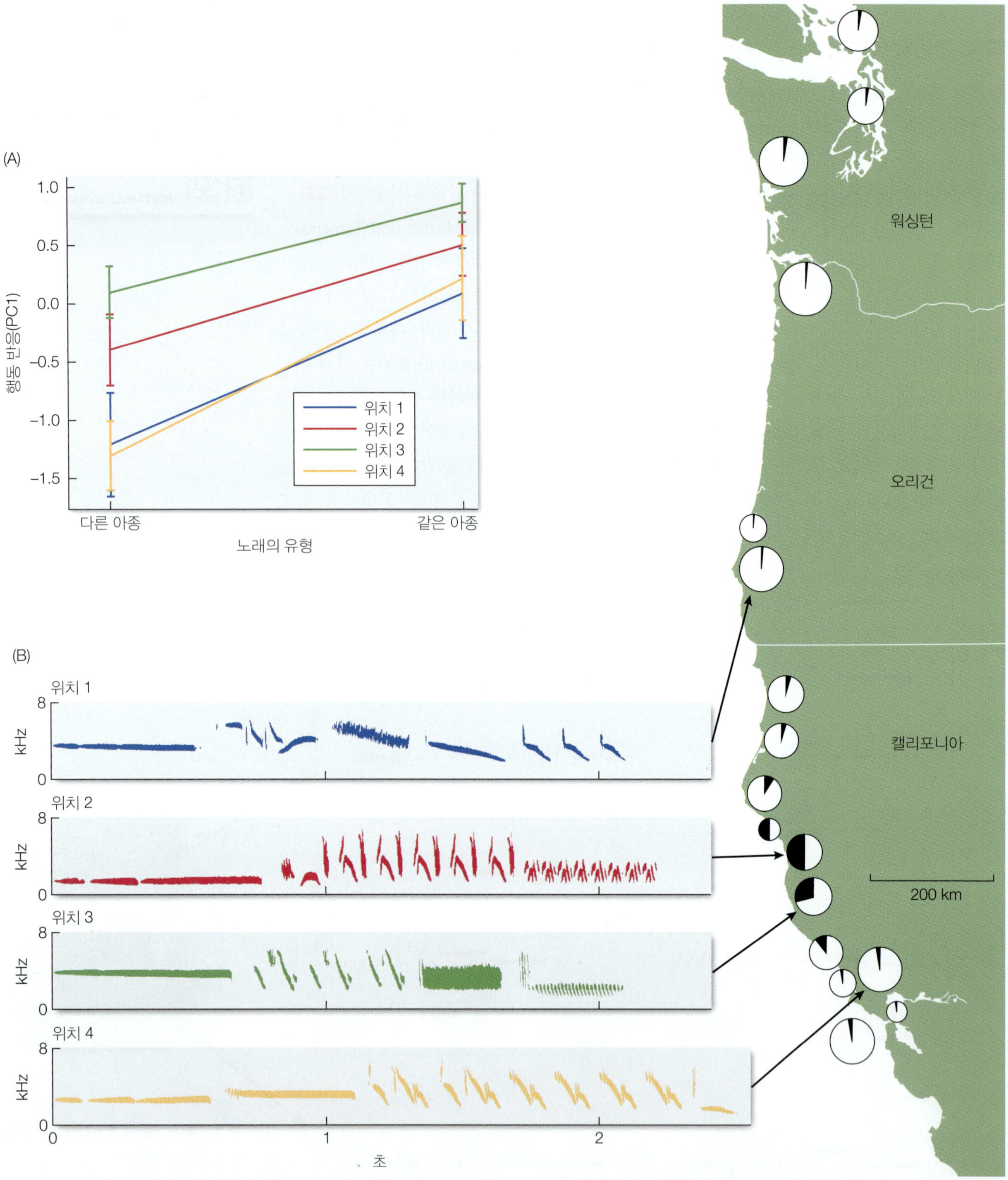

그림 2.2 미국 서부의 북쪽에서 남쪽에 이르는 트랜섹트(transect)에서 수집된 표본을 통해서 흰정수리북미멧새 아종(subspecies)의 뚜렷한 유전적 무리들을 확인할 수 있다. (A) 수컷 흰정수리북미멧새에게 자신과 같은 아종과 다른 아종의 노래를 들려주고 비교하는 실험에서, 4곳의 수컷은 모두 자신과 같은 아종에 대해 더 강한 행동 반응을 보였다. (B) 원 그래프는 두 아종 사이의 유전적 혼합 비율을 나타낸 것으로, 북쪽 지역에서는 북쪽 아종의 유전자가 더 많고 남쪽 지역에서는 남쪽 아종의 유전자가 더 많은 것을 볼 수 있다. 원의 크기는 각 지역에서 유전자 서열 분석을 위해 선정한 개체의 수를 나타낸다. 검은색은 넛톨(Nuttall) 아종의 비율을 나타내고, 하얀색은 퓨젯 사운드(Puget Sound) 아종의 비율을 나타낸다. 각 스펙트로그램은 재생실험을 수행한 장소와 일치한다. (After Lipshutz et al. 2017.)

리매김하였다(Toews 2017).

새는 왜 서로 다른 지리적 지역에서 뚜렷하게 구별되는 방언을 노래할까? 특히, 멀지 않은 곳에 사는 지역 사이에서도 왜 다른 방언의 노래가 있을까? 인간의 언어에서 보이는 방언과도 비슷한, 구별 가능한 방언의 노래를 새가 어떻게 만들어내는지 이해하기 위해, 말러는 새 방언의 원인이 될 수 있는 발달 과정의 요인을 탐구하였다. 즉, 비교적 가까운 곳에 사는 같은 종의 새임에도 어떻게 이토록 서로 다른 방언을 발달시킬 수 있을까? 이런 일이 어떻게 일어나는지 설명하기 위한 몇 가지 상호 배타적이지 않은 가설들이 있다(**가설 2.1**). 말러는 방언의 차이에 대한 한 가지 근접 설명을 알고 있었다. 이것은 신경계의 구축에 영향을 미치는 방식으로 인해서 마린의 새가 버클리의 새들과 다를 수 있으며, 이로 인해 두 개체군의 새가 다른 노래를 부르게 되었다는 설명이었다. 이 **유전적 차이 가설(genetic differences hypothesis)**을 검정하는 한 가지 방법은 다른 방언을 노래하는 새들의 집단이 서로 유전적으로 구별될 것이라는 예측을 확인하는 것이다. 그러나 일련의 연구 결과, 연구진은 흰정수리북미멧새의 범위에서 주로 북쪽에 있는 6개의 서로 다른 집단들 사이에서 유전적 분화가 거의 없다는 것을 발견했다(Soha et al. 2004, Poesel et al. 2017).

가설 2.1

새에서 노래와 방언의 발달 과정에 대한 상호 배타적이지 않은 근접 가설

유전적 차이 가설 노래의 차이는 유전적 차이에서 비롯된다.

음향 자극 가설 노래의 차이는 새의 음향 환경의 차이에서 비롯된다.

사회적 상호작용 가설 노래의 차이는 어린 새와 가정교사 새 사이의 사회적 상호작용의 결과물이다.

유전적 차이 가설 노래의 차이는 유전적 차이에서 비롯된다.

그렇다고 해서 흰정수리북미멧새 개체군 사이에 유전적 분화가 전혀 없다는 것은 아니다. 단지 노래의 분기와 관련된 유전자가 아직 조사되지 않은 것일 수도 있다. 더구나 흰정수리북미멧새는 넓은 범위의 서식지에 걸쳐 살며, 미국 서부의 일부 개체군은 독특한 노래를 부를 뿐만 아니라 형태적으로도 구별된다. 과학자는 이들 집단을 다른 아종으로 나누었는데, 퓨젯 사운드 아종(*Zonotrichia leucophrys pugetensis*)은 철새로 캘리포니아 북부에서 남부 브리티시 컬럼비아에까지 번식하는 반면, 넛톨 아종(*Zonotrichia leucophrys nuttalli*)은 캘리포니아 중북부 해안에서 연중 내내 텃새로 살면서 번식한다. 초기 연구에서는 이 두 아종 사이에 유전적 차이가 거의 발견되지 않았지만(Weckstein and Zink 2001), 새러 립셔츠(Sara Lipshutz)와 동료들은 유전체에 흩어져 있는 수천 개의 분자 마커를 사용하여 지역적인 아종이 실제로 구별되는 유전적 클러스터로 분리된다는 것을 발견했다(**그림 2.2**)(Lipshutz et al. 2017). 연구진은 또한 두 아종이 서로의 노래에 다르게 반응한다는 것을 발견했다. 따라서 유전적 차이는 넓은 지리적 수준(아종의 노래 차이)에서 존재하지만, 이러한 유전적 차이는 말러가 확인한 수준에서 방언의 지역적 노래 차이를 설명하지는 못하는 것으로 보인다.

말러가 관찰한 개체군간 노래의 차이를 유전적 차이로 설명하지 못한다면, 무엇을 통해 설명할 수 있을까? 방언 차이에 대한 다른 가설, 즉 방언의 차이는 새들의 사회 환경의 차이로부터 비롯되었다는 가설에 대해 고려해 보자. **음향 자극 가설(acoustic stimulus hypothesis)**에 따르면, 마린의 젊은 수컷은 다른 수컷들의 노래를 들음으로써 그 지역의 방언을 학습하게 되고, 그 결과 버클리의 방언을 들은 수컷과는 다른 경험을 형성하게 된다. 앨라배마 주 모바일에 사는 한 젊은이가 메인주 뱅고르의 사람과 다른 방언을 구사하는 것은 결국 앨라배마의 아이가 메인주에서 자란 아이와는 다른 종류의 영어를 듣기 때문이다. 나아가, 경험은 어떤 종류의 언어를 말할 것인지까지도 설명해준다. 예를 들어, 미국에서 태어났지만 중국에서 자란 사람은 중국어를 유창하게 말할 것이다.

음향 자극 가설 노래의 차이는 새의 음향 환경의 차이에서 비롯된다.

말러와 그의 동료들은 방언의 차이가 새들의 사회 환경의 차이에서 비롯될 수 있다는 가

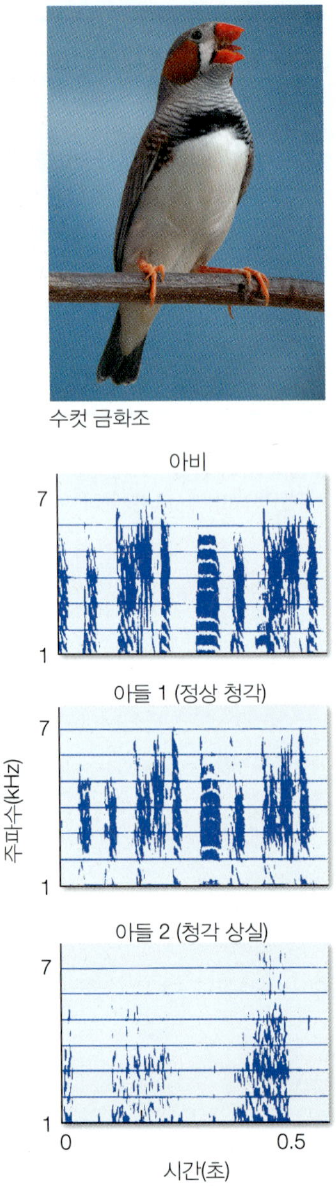

그림 2.3 청각과 노래 학습. 흰정수리북미멧새와 많은 노래새에서 어린 수컷은 같은 종이 부르는 노래의 정확한 복제를 하기 위해 자신의 노래를 반드시 들을 수 있어야 한다. 수컷 금화조 노래의 스펙트로그램과 그 자식인 두 수컷의 스펙트로그램을 비교해 보자. 첫째 아들의 청력은 온전해서, 아비의 노래를 따라 할 수 있었다. 둘째 아들은 성장 과정 초기에 실험자가 귀를 멀게 하였고, 그 결과 아비의 노래와 닮지 않았으며, 전형적인 금화조 노래도 전혀 부르지 못했다. (Spectrograms from Wilbrecht et al. 2002; photograph courtesy of Atsuko Takahashi.)

설을 검정하였다. 이들은 흰정수리북미멧새의 둥지에서 알을 채취하고, 실험실에서 알을 부화시킨 후, 새끼 새들을 인위적으로 자라게 하였다. 이들 어린 새는 노래하는 다른 새들과 격리되었기에 성조 흰정수리북미멧새의 사회적 가르침이 없었지만, 생후 150일 정도 되었을 때 노래하기 시작했다. 그러나 이들은 마린, 버클리 혹은 다른 곳의 흰정수리북미멧새 수컷이 부르는 풍부한 노래의 특징을 전혀 구사하지 못하고 짹짹거리는 소리밖에 내지 못했다(Marler 1970).

이 결과는 사람의 손으로 기른 새의 환경에는 무언가 결정적인 것이 빠져 있음을 시사했다. 그러면 무엇이 빠졌을까? 아마도 어른 흰정수리북미멧새 수컷이 부르는 노래를 들을 수 있는 기회였던 것 같다. 이것이 핵심 요소였다면 방음실에 고립된 젊은 수컷에게 흰정수리북미멧새의 녹음된 노래를 들려주면 성장하여 완전 노래(full song, 역주: 완전 노래는 full song의 번역한 용어이다. 완전 노래란 노래새가 노래 학습을 성공적으로 마친 정상적이며 종특이적인 노래 방언을 의미한다)를 부를 수 있어야 한다. 생후 10~50일된 어린 새들에게 흰정수리북미멧새의 녹음된 노래를 듣게 했을 때, 실제로 어린 새는 노래를 할 수 있게 되었다. 일반적인 성장 과정을 거친 새는 생후 150일가량 되었을 무렵 노래를 부르기 시작하는데, 녹음된 노래를 들은 새도 같은 시기에 노래하였다. 처음에는 그들의 노래가 불완전했지만, 200일이 되었을 때 고립상태에서 자란 새도 그들 노래의 종-특이적인 형태를 부를 뿐만 아니라, 녹음에서 들었던 정확한 버전에 가깝게 흉내냈다. 고립된 젊은 흰정수리북미멧새 수컷에게 버클리 방언의 노래를 들려주면 그 수컷은 버클리 방언의 노래를 불렀다. 다른 수컷에게 마린 노래를 들려주면, 마린 방언의 노래를 불렀다. 따라서 채집 장소와 상관없이 흰정수리북미멧새는 새 노래를 쉽게 배울 수 있었다.

이러한 결과는 음향 자극 가설에 대한 지지이며, 어린 수컷의 방언 발달 과정은 이웃하는 흰정수리북미멧새 수컷의 지저귐을 들은 경험의 영향을 받는다는 생각을 강력하게 지지한다. 마린 근처에서 성장하는 새는 동네의 나이든 수컷이 부르는 마린 방언만 듣는다. 어린 흰정수리북미멧새 수컷은 가정교사로부터 얻은 음향 정보를 분명하게 저장하며, 처음에는 불완전한 자신의 노래를 기억에 저장된 노래와 나중에 비교하고 일치시키면서 점차 특정한 방언의 노래를 복제하게 된다. 이러한 관점에서 볼 때, 사람의 손에서 길러진 흰정수리북미멧새가 자신의 노래를 들을 수 없다면 (발달 초기에 노래를 들은 이후 귀가 먹어서 자신의 목소리를 들을 수 없다면) 이전에 들었던 노래의 복제본은 말할 것도 없고, 정상적인 노래와 비슷한 것을 결코 만들어내지 못한다(Konishi 1965). 실제로 금화조(zebra finch, *Taeniopygia guttata*)를 비롯한 여러 노래새 종에서 완전한 노래의 발달을 위해서는 노래를 듣는 능력이 중요한 것으로 보인다(**그림 2.3**).

말러와 동료들은 흰정수리북미멧새의 노래 발달 과정이 어떻게 일어나는지를 알아보기 위해 더 많은 실험 연구를 고안해서 수행하였다. 예를 들어, 그들은 어린 수컷이 다른 종의 수컷보다 같은 종의 노래하는 성조가 주는 자극에 더 쉽게 영향을 받는지 궁금했다. 사실 고립되어 사람의 손에 자란 어린 새가 다른 종의 노래만을 들을 경우 (자신의 발성에 다른 종의 노래 일부를 접목시킬 수 있음에도) 그러한 노래를 따라 부르는 일은 거의 없다. 10~50일 된 새가 흰정수리북미멧새 대신 노래참새(*Melospiza melodia*)의 녹음만을 들은 경우, 새의 노래를 전혀 듣지 못했던 수컷이 만드는 "노래"와 비슷한 이상하기 짝이 없는 소리를 만들어낸다. 그러나 실험 대상의 새가 다른 종의 참새 노래와 함께 흰정수리북미멧새의 노래가 녹음된 것을 들을 기회가 있을 경우에, 생후 200일 정도 되면 이전에 들었던 흰정수리북미멧새의 방언 노래를 부를 것이다(Konishi 1985). 다른 참새 종의 노래를 듣는 것은 이후의 노래 행동에 영향을 거의 미치지 않는다는 점을 볼 때, 어린 새의 발달 체계는 유전적으로 결정된 지각 능력의 소질임을 보여준다.

이러한 연구들은 방언이 어떻게 학습될 수 있는지를 보여주지만, 각기 다른 방언이 애초에 어떻게 발생했는지를 밝히지는 못했다. 더글러스 넬슨(Douglas Nelson)은 흰정수리북미멧새의 노래가 시간이 지남에 따라 점차 변할 것이라고 제안했다. 이 제안은 모방을 통한 학습 과정에서 부정확한 복제 행위가 미묘하고 자발적으로 발생하게 되면 (마치 DNA의 돌연변이와도 같이) 이러한 변화가 다른 개체에 의해 다시 학습되고, 결국에는 개체군 안에서 퍼져 나가는 문화적 진화가 일어나기 때문이라고 설명했다(Nelson et al. 2004). 시간이 흐르면 한 개체군이 부르는 노래가 점차 바뀌어 독특한 방언이 나오게 된다. 넬슨과 동료들은 사바나 참새(savannah sparrow)(**AUDIO 2.1**)(*Passerculus sandwichensis*)를 31년간 연구한 다른 연구자들과 유사한 방법으로(Williams et al. 2013), 30년에 걸쳐 수집한 흰정수리북미멧새의 노래를 분석함으로써, 시간에 따른 변화 과정을 증명했다. 두 연구 모두에서 연구자들은 노래의 특이적인 변화가 일어나는 시점을 추적하였고, 특정한 성분이 언제 추가되거나 손실되었는지 그리고 새로운 방언이 만들어지거나 바뀌는 지를 관찰하였다.

AUDIO 2.1
Savannah sparrow
ab11e.com/uk/a2.1

사회적 경험과 노래하는 행동의 발달 과정

실험실의 새장에 격리시킨 후 녹음된 노래를 들려주는 실험을 통해서, 말러는 흰정수리북미멧새 종에서 노래 행동 발달 과정의 단순화된 모델을 발견하였다(**그림 2.4**). 아주 어린 시기에 아직 성숙하지 않은 흰정수리북미멧새의 뇌는, 다른 종의 노래는 무시하고, 흰정수리북미멧새가 발성하는 소리에 대한 정보를 선별적으로 저장할 수 있다. 이 삶의 단계에서는 마치 뇌가 한 종류의 소리 입력만을 기록할 수 있는 제한된 컴퓨터 파일을 가지고 있는 것과 같다. 그러고 나서, 몇 달 후 새가 노래를 부르기 시작하면, 뇌는 이전에 저장했던 파일에 접근한다. 아직 가소성이 있어서 변형 가능한 자신의 노래(최종적으로 부르게 될 완성된 노래와 비교할 때 다소 불완전한 버전)를 듣고, 그 소리를 자신이 이전에 들었던 완전한 형태의 노래에 대한 기억과 비교함으로써, 성숙해진 새는 자신이 가지고 있는 노래에 대한 기억에 맞추어 자신의 노래를 빚어낼 수 있다. 자신의 노래가 기억 속의 노래와 잘 맞아 떨어지면, 흰정수리북미멧

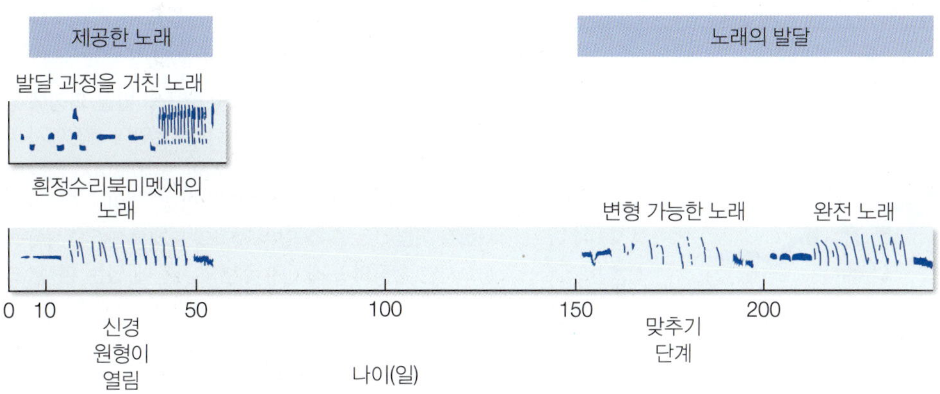

그림 2.4 흰정수리북미멧새에 대한 실험실 실험을 바탕으로 한 노래 학습 가설. 어린 흰정수리북미멧새는 부화 후 10~50일 사이에 특별한 민감기가 있는데, 이때에는 신경계가 자기 종의 노래를 듣고서 정보를 얻을 수 있지만, 다른 어떤 종의 노래에 대해서는 이러한 정보 습득이 일어나지 않는다. 이후의 생애에서 이 새는 가소성이 있는 자신의 노래와 가정교사의 노래에 대한 기억을 맞추어 보고서, 결국에는 자신의 기억에 있는 노래를 완벽하게 모방하지만, 발달 과정 동안에 들었던 노래참새의 노래에 있던 부분들은 부르지 않는다. (After Marler 1970.)

새는 이 "올바른" 노래를 반복해서 연습하고, 그렇게 함으로써 자신의 완전한 노래로 고정하게 되며, 이러한 과정을 거친 이후에는 평생 동안 노래를 부를 수 있다.

수컷 흰정수리북미멧새가 자신의 출생지에서 다른 수컷의 노래를 듣는 것만으로도 노래를 배울 수 있다는 능력은 이 종의 완전한 버전의 노래가 각기 다르게 나타나는 개별 방언을 발성할 수 있다는 그럴듯한 근접 수준의 설명을 해준다. 그러나 관찰자들은 가끔 야생의 흰정수리북미멧새가 다른 종의 노래와 비슷한 노래를 부르는 것을 듣고는 한다. 이러한 드문 예외로 인해서 루이스 뱁티스타(Luis Baptista)는 다른 새들의 노래를 듣는 것 이외에도 흰정수리북미멧새의 노래 발달에 영향을 미칠 수 있는 다른 요인에 대해 생각하게 되었다. 그러한 요인 가운데 하나가 사회적 상호작용일 수 있는데, 이 요인은 말러의 유명한 실험에서 제외된 바 있다. 사람의 손에 의해 다른 새들과는 완전히 격리돼서 수행된 말러의 실험에서 음성 자극을 제공하였지만, 살아 숨쉬는 동료와의 상호작용 기회를 제공하지는 않았다.

사회적 상호작용 가설 노래의 차이가 어린 새와 가정교사 새 사이의 사회적 상호작용의 결과로 인한 것이라는 가설이다.

흰정수리북미멧새의 노래 학습에 사회적 자극이 영향을 미치는지를 검정하기 위해서(**사회적 상호작용 가설**), 뱁티스타와 루이스 페트리노비치(Lewis Petrinovich)는 사람의 손에 자란 어린 새들을 다양한 대조군 조합의 살아 있는 성조 흰정수리북미멧새나 홍작[strawberry finch(*Amandava amandava*)]이 있는 새장에 넣고서 실험을 수행하였다(Baptista and Petrinovich 1984). 어린 흰정수리북미멧새는 성조 수컷인 다른 흰정수리북미멧새의 노래를 들을 수는 있지만 볼 수는 없는 상황에서, 어린 새는 같이 있는 홍작으로부터 다른 생물 종의 노래를 학습할 수 있었다(**그림 2.5**). 사회적인 음향 경험은 흰정수리북미멧새의 노래 발달 과정에서 시각 자극 없이 음향만 주어지는 자극을 분명하게 압도하였으며, 이러한 사례는 이 종 이 외에서도 있다. 예를 들어, 연구자들은 사육하는 금화조를 통해서 어린 새와 가정교사 성조 사이의 사회적 상호작용이 신체적 접촉 없이 단순히 노래만 듣는 것에 비해 발성 학습과 두뇌의 신경 발달을 극적으로 향상시킨다는 것을 발견하였다(**AUDIO 2.2**) (Chen et al. 2016). 이처럼, 한 종이 다른 종에게 노래를 가르치는 종간 노래 학습은 자연 상태에서도 종종 발생한다(**BOX 2.1**). 따라서 흰정수리북미멧새와 다른 여러 조류 종에서 사회적 그리고 음성적 신호는 모두 노래 학습에 영향을 미치며, 이러한 사실은 음향 자극 가설과 사회적 상호작용 가설이 어떻게 상호 배타적이지 않은지를 강조한다.

AUDIO 2.2
Zebra finch
ab11e.com/uk/a2.2

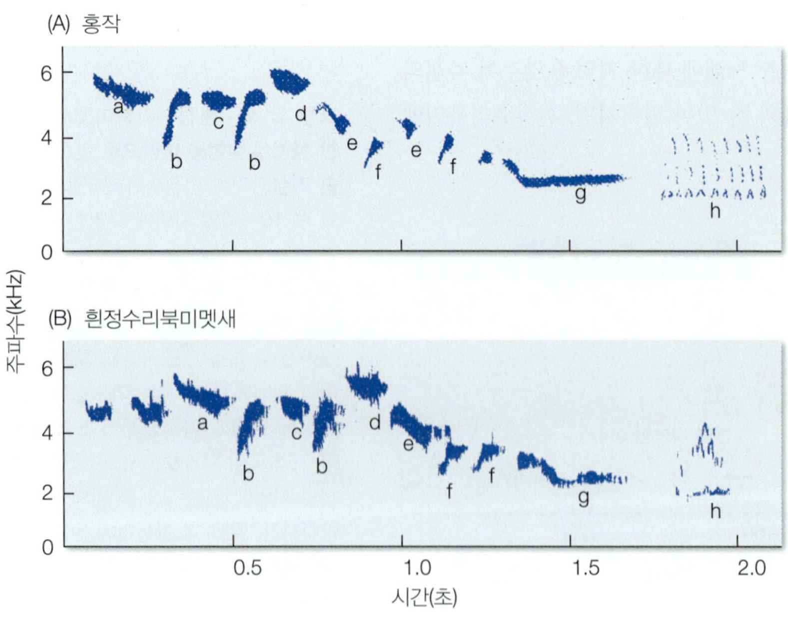

그림 2.5 사회적 경험은 노래 행동의 발달 과정에 영향을 미친다. 홍작(strawberry finch) 옆의 새장에서 지낸 흰정수리북미멧새는 옆에 있지만 눈에 보이지 않는 흰정수리북미멧새의 노래를 배우지 않고, 주변에 있으면서 사회적 가르침을 줄 수 있는 홍작의 노래를 배운다. (A) 가정교사인 홍작의 노래. (B) 주변의 새장에 있는 흰정수리북미멧새의 노래. 스펙트로그램 아래의 글자들은 홍작의 노래와 흰정수리북미멧새가 배운 노래의 음절을 각각 나타낸다. (From Baptista and Petrinovich 1984.)

BOX 2.1 자료 해석을 통한 행동 탐구

다른 종에 입양된 새의 노래 학습

호주의 숲에 사는 새인 갈라(galah; *Eolophus roseicapilla*, 앵무새의 일종)가 나무 구멍에 알을 낳았는데, 이 둥지를 분홍코카투(pink cockatoo; *Lophochroa leadbeateri*, 다른 앵무새 종)가 훔쳤다. 재미있게도 분홍코카투 부부는 둥지에 남아있던 아기 갈라들을 입양해서 키움에 따라 일종의 자연 실험이 이루어지게 되었다. 음성 파일에서 갈라와 분홍코카투의 소리를 확인할 수 있다(**AUDIO 2.3**). 분홍코카투가 기른 어린 갈라는 그들의 유전적 부모가 돌보는 갈라가 만들어내는 것과 동일한 구걸음과 경계음을 만들어냈다. 하지만, 결국 입양된 갈라들은 오른쪽 **그림**(Rowley and Chapman 1986)의 스펙트로그램에서 볼 수 있듯이, 분홍코카투 양부모가 내는 소리와 매우 흡사한 접촉음(contact call; 무리의 응집을 증진하기 위해 사용되는 소리)을 만들어냈다.

AUDIO 2.3
Galahs and pink cockatoos
ab11e.com/uk/a2.3

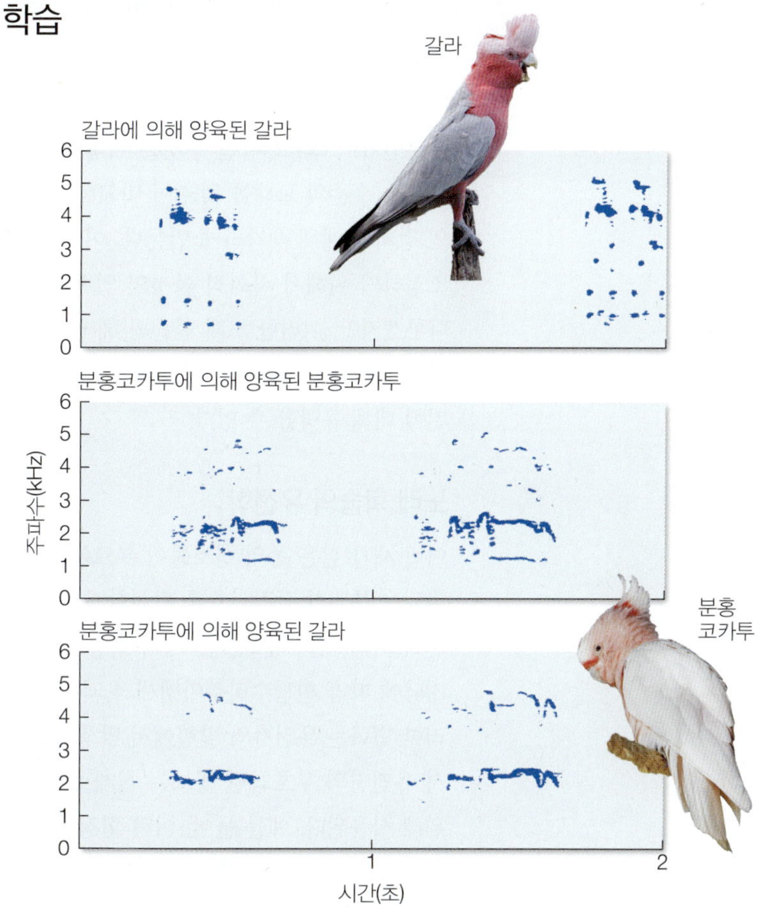

두 앵무새 종의 접촉음 스펙트로그램. 위쪽 패널에는 갈라에 의해 길러진 갈라의 접촉음을 보여준다. 가운데 패널은 분홍코카투에 의해 길러진 분홍코카투의 소리를 보여준다. 아래쪽 패널은 분홍코카투 양부모가 기른 갈라의 접촉음을 보여준다. (After Rowley and Chapman 1986. Top photograph © iStock.com/GCHaggisImages; bottom photograph © sdvonmb/123RF.)

생각의 틀 깨기

우리가 이러한 소리에서 알아낼 수 있는 것은 무엇일까? 만약 당신이 갈라의 구걸음과 경계음은 유전적으로 결정되는 반면에, 접촉음은 환경적으로 결정된다는 말을 들었다면, 당신은 어떻게 생각하겠는가? 왜일까? 하지만 입양된 갈라와 코카투 양부모의 경계음이 다른 이유는 그들의 유전적 차이로 인한 결과라고 주장하는 것이 타당하다. 왜일까? 다른 어떤 행동적 차이도 입양된 갈라의 사회적 환경과 다른 개체들의 사회적 환경 사이의 차이로 인한 것인가? 이처럼, 자연에서 다른 종의 목소리를 학습하는 것이 일어날 수 있는 사례를 생각해 볼 수 있는가?

노래 학습의 메커니즘

만약 흰정수리북미멧새 수컷이 자기 종의 노래 방언을 배울 수 있는 능력에 대해 더 많이 이해하려면, 우리는 이후의 생애에서 행동 발달에 영향을 미치는 어린 새의 사회적 음향 환경의 요소들을 식별하는 것 이상을 생각해야만 한다. 노래새의 발달 과정은 정교하게 조정된 두뇌를 만들어낸다. 새의 뇌가 어떻게 작동하는지를 이해하려면 신경생리학적 분석이라는 또 다른 수준의 분석이 필요하고, 우리가 노래 학습이 어떻게 일어나는지 알기 위해서는 반드시 조사해야 한다. 예를 들어, 무엇이 젊은 수컷으로 하여금 모형이 되는 노래에 주의를 기울이고 기억하게 하는가? 생후 1개월된 흰정수리북미멧새의 뇌는 자신이 들은 노래의 기억을 어디에 저장하는가? 생후 5개월이 되었을 때 새가 만들어 낼 소리를 조절하는 것은 뇌의 어떤 부분인가? 그리고 어린 수컷은 어떻게 자신이 기억하고 있는 노래와 처음에 자신이 부르는 단순한 수준의 노래를 맞추어 비교할까? 이러한 근접 질문은 어린 수컷이 가지고 있는 내부의 장치에 대해 생각하게 만든다. 이러한 장치는 개별 발달 경로에 따라 자신의 노래 행동을 조정하기 위해서 사회적 환경의 입력과 음향의 입력을 이용할 수 있게 한다. 그리고 앞으로 다루겠지만, 이러한 노래 학습의 메커니즘이 어떻게 여러 종에서 나타나고, 심지어 다른 분류학적 집단에서 공유되는지를 고려한다면 새나 다른 동물이 왜 이러한 능력을 진화시켜 왔는지에 대해 규명할 수 있다.

노래 학습의 유전학

어린 새가 같은 종의 성조들이 부르는 소리를 들었을 때, 이러한 소리는 뇌의 특정 부분에 전달되는 특별한 감각신호를 활성화시켜야 한다. 이렇게 구별되는 정보의 입력에 대응해서, 해당 위치의 여러 세포들은 새의 행동을 변화시키기 위해 생화학 과정을 바꿔야 한다. 시간이 지남에 따라 흰정수리북미멧새의 뇌세포에서 일어나는 생화학 변화를 추적해 보면, 결국 이러한 변화는 유전자의 발현에서 발생하는 변화와 연관되어 있다는 것을 발견하게 된다. 여기서 유전자의 부호화된 정보는 실제로 단백질이나 효소와 같은 유전자의 생산물을 생산하기 위해 사용된다. 예를 들어, 어린 흰정수리북미멧새가 같은 종의 노래를 들으면, 새의 귀에 있는 음향 수용기에서 생성되는 감각 신호의 형태가 학습이 일어나는 뇌의 노래 조절 중추로 전달된다. 이러한 감각 입력은 반응하는 세포의 집합에서 특정 유전자의 활동을 변화시켜서 단백질 생성의 새로운 양상과 세포들을 재구성하는 세포 생화학의 후속 변화로 이어진다. 일단 세포가 변화되면, 변화된 노래 조절 체계는 새가 같은 종의 다른 수컷의 노래에 노출되기 전에는 할 수 없었던 것들을 할 수 있게 된다.

이러한 변화에 기여하는 유전자 중 하나는 *ZENK*라고 불리는데, 이 유전자는 새가 같은 종이 부르는 노래를 들었을 때 뇌의 특정 부위에 발현되는 ZENK라고 불리는 단백질을 부호화한다(Mello and Ribeiro 1998). 이러한 노래를 듣기만 할 뿐 그에 대한 반응으로 노래를 부르지 않는 새의 경우에서는, 이 단백질이 청각 처리 과정과 관련된 특정 뇌 구조에서만 검출된다. 자신의 종이 부르는 노래를 들은 이후에 목소리를 냄으로써 반응하는 새의 경우에는 이 ZENK 단백질이 노래 생성을 조절하는 뇌의 영역에서도 발견된다. ZENK 단백질은 전사 인자인데(Moorman et al. 2011), 이는 ZENK 단백질이 하나 이상의 유전자에 있는 정보가 표현되는지, 표현된다면 어느 정도까지 표현되는지를 결정하는 조절유전자의 일부라는 뜻이다. 새 노래의 경우에, 이들 유전자는 특정 뇌세포 사이의 연결부(시냅스)에서 어떤 단백질이 생성되는지에 영향을 미치는 것으로 보인다. 따라서 ZENK와 그 단백질이 조절하는 유전자는 한 뉴런이 다른 뉴런과 어떻게 의사소통하는지에 영향을 미치고, 이러한 연결부의 변화는 새의 행동을 변화시킬 수 있다.

유전자와 신경계통 변화 사이의 관계에 대한 연구는 새가 부르는 노래에 관한 발달 과정

BOX 2.2 자료 해석을 통한 행동 탐구

암컷에서 노래 선호도의 기반이 되는 근접 메커니즘

유럽찌르레기 암컷은 수컷과 동일한 *ZENK* 유전자를 가지고 있다. 암컷의 뇌에서 배쪽 꼬리측 안쪽의 신선조체(ventral caudomedial neostriatum) 또는 NCMv는 유럽찌르레기 수컷의 노래에 노출될 때 발화되는 청각 뉴런이 보낸 신호에 반응한다. **그림**의 그래프에서 볼 수 있듯이, 사육 상태 실험에서 찌르레기 암컷에게 긴 노래를 들을 수 있는 둥지 상자와 짧은 노래를 들을 수 있는 다른 둥지 상자를 선택하게 하면, 암컷은 긴 노래를 들을 수 있는 상자에서 더 많은 시간을 보냈다.

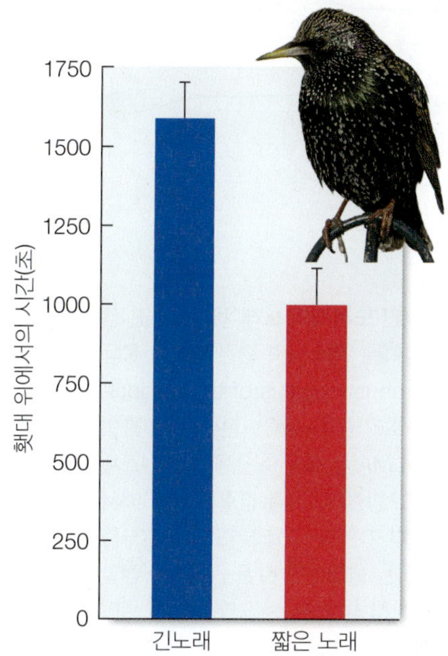

유럽찌르레기 암컷이 선호하는 노래. 이 실험에서 노래 선호도는 암컷이 긴 찌르레기 노래(약 50초간 지속)가 들려오는 둥지 상자나 짧은 노래(약 25초 정도 지속)가 들리는 둥지 상자 중 어느 쪽에 머무는지를 측정하였다. 막대 그래프는 평균과 표준오차를 나타낸다. (After Gentner and Hulse 2000; photograph © Raymond Neil Farrimond/ShutterStock.)

생각의 틀 깨기

찌르레기 암컷의 노래 선호도를 설명할 수 있는 근접 가설은 무엇인가? 긴 노래와 짧은 노래를 들은 후에 암컷 찌르레기들의 NCMv를 구성하는 세포에서 *ZENK*의 활동에 대해 어떤 예측을 할 수 있는가? 당신의 예측을 어떻게 검정할 것인가? 당신의 예측을 평가하는 데 필요한 데이터 수집에 대한 과학적 목적은 무엇인가? 마지막으로, 왜 암컷은 긴 노래를 부르는 수컷을 선택할 것인지에 대해 생각해 보자. 암컷이 더 긴 노래를 선호하는 것에 대한 궁극 설명에 대해서는 파렐과 동료의 연구를 참조하시오(Farrell et al. 2012).

의 분석과 생리학적 수준의 분석 사이에 긴밀한 연관성을 보여준다. 주요 환경 자극에 반응하는 유전 활동의 변화는 학습 과정을 제어하는 신경생리학적 메커니즘의 변화로 연결되지만, 이런 신경생리학적 메커니즘이 기억으로 변환되는 과정은 아직 풀지 못한 질문이다. 흥미롭게도 암컷 새가 노래 선호도를 학습할 때 같은 메커니즘이 작동할 수도 있다(**BOX 2.2**). 따라서 이 장의 뒷부분에서 볼 수 있듯이, 행동의 근접 원인에 대해 완전한 설명을 제공하기 위해서는 발달 과정 및 신경생리학적 체계에 대한 이해가 필요하다.

조류의 노래 체계 제어

지금까지는 조류의 노래 학습 메커니즘의 작동과 관련된 많은 요소들 중 단지 몇 가지만을 살펴보았다. 그럼 여기에서 노래의 방언을 배우는 데 필수적인 뇌의 부분들에 대해 알아 보자. 흰정수리북미멧새와 다른 여러 노래새의 뇌는 해부학적으로 구별되는 뉴런의 다발, 즉 **신경핵(nuclei)**과 신경핵들을 잇는 신경 연결을 특징으로 한다. 뇌의 다양한 구성 요소는 생체 전기 메시지(활동 전위)를 통해 서로 소통하는 뉴런들, 생체 전기 메시지가 이동하는 뉴런의 연장선인 축삭(axon), 또 한 뉴런의 축삭에서 다른 뉴런의 축삭으로 메시지를 전송하는 시냅

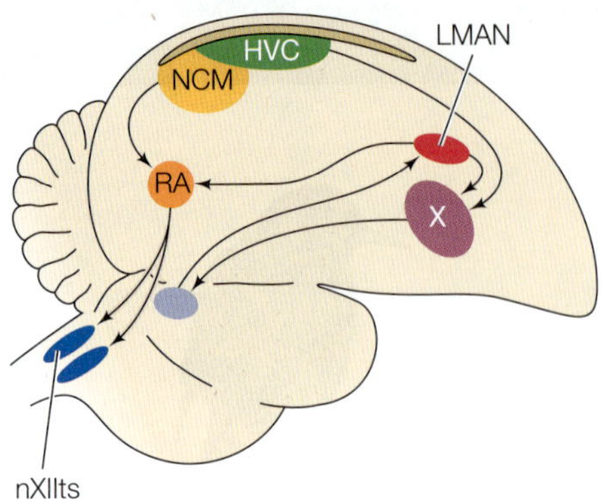

그림 2.6 전형적인 노래새의 노래 체계. 노래 생성에 관여하는 신경핵은 '학습능력 관련 왕성한 활동을 보이는 신경핵'(robust nucleus of the arcopallium, RA), 상위 목소리 중추(HVC), 전위니도팔륨의 측면 매그노셀룰러(LMAN), 꼬리측 안쪽의 신선조체(NCM), 영역 X를 포함한다. 신경 경로는 HVC에서 혀밑신경핵(nXIIts)의 기관지 유스타키오관의 일부를 거쳐, 소리를 생성하는 울대에 연결된 근육으로 전달한다. 다른 경로는 노래 생성보다는 노래 학습에 관여하는 LMAN과 영역 X와 같은 신경핵들을 연결한다. (After Brenowitz et al. 1997.)

스(synapse)이다. 뇌의 어떤 구성 요소들은 노래의 기억에 관여하고, 다른 요소들은 암기된 노래 형태에 따라 발성하는 데 필수적이다(Gobes and Bolhuis 2007). 신경생리학자들은 물론 신경계의 발달도 연구하지만, 이들이 더 많은 관심을 가지고 있는 주제는 신경계의 작동 역학, 즉 어떤 해부학적 단위가 성조의 어느 부분에서 무엇을 하는가를 결정하는 것이다.

신경생리학자들은 흰정수리북미멧새와 다른 노래새에서 상위 목소리 중추의 중심핵(High Vocal Center nucleus), 즉 HVC라고 불리는 뇌의 한 부분에 오랫동안 관심을 가져왔다. 이 밀집한 뉴런 모음은 '학습능력과 관련 왕성한 활동을 보이는 신경핵'(robust nucleus of the arcopallium, 다행스럽게도 해부학자들이 RA라고 단축해서 부르기로 함)에 연결되며, 이는 다시 혀밑신경핵의 기관지 유스타키오관 부분(tracheo-syringeal portion of the hypoglossal nucleus, 별로 좋지 않은 이 용어의 약칭은 nXIIts)과 연결된다. 이들 뇌의 해부학적 구조물은 새가 소리를 만드는 구조인 울대(syrinx)에 메시지를 보내는데, 울대는 인간의 후두와 비슷하다. HVC, RA가 울대와 연결되어 있는 nXIIts와 신호를 주고받을 수 있다는 사실은 이들 뇌의 구성 요소들이 노래 행동을 통제한다는 것을 시사한다(**그림 2.6**). 새 노래의 신경 조절에 관한 이 가설은 잘 검증되었다. 예를 들어, 만약 RA로부터 받은 신경 메시지가 노래를 만들어낸다면, 이 중심부를 손상시키는 실험이나, RA로부터 nXIIts로 이어지는 신경 경로를 잘라내는 실험을 통해서 새의 노래하는 능력이 무력화되는지 볼 수 있다. 실제로 실험을 통해 이러한 능력이 상실되는 것이 확인되었다(Catchpole and Slater 2008). 만일 RA가 새의 노래를 조절하는 데 중요한 역할을 한다면, 그 다음 수컷이 노래하고 암컷이 노래하지 않는 흰정수리북미멧새 같은 종에서 RA는 암컷 뇌보다 수컷 뇌에서 더 클 것이라고 예측할 수 있는데, 이 역시 실제로 확인되었다(**그림 2.7**)(Nottebohm and Arnold 1976, Baker et al. 1984, Nealen and Perkel 2000).

RA는 또한 새의 사회적 환경에 대응할 수 있다. 예를 들어, 유럽찌르레기[European

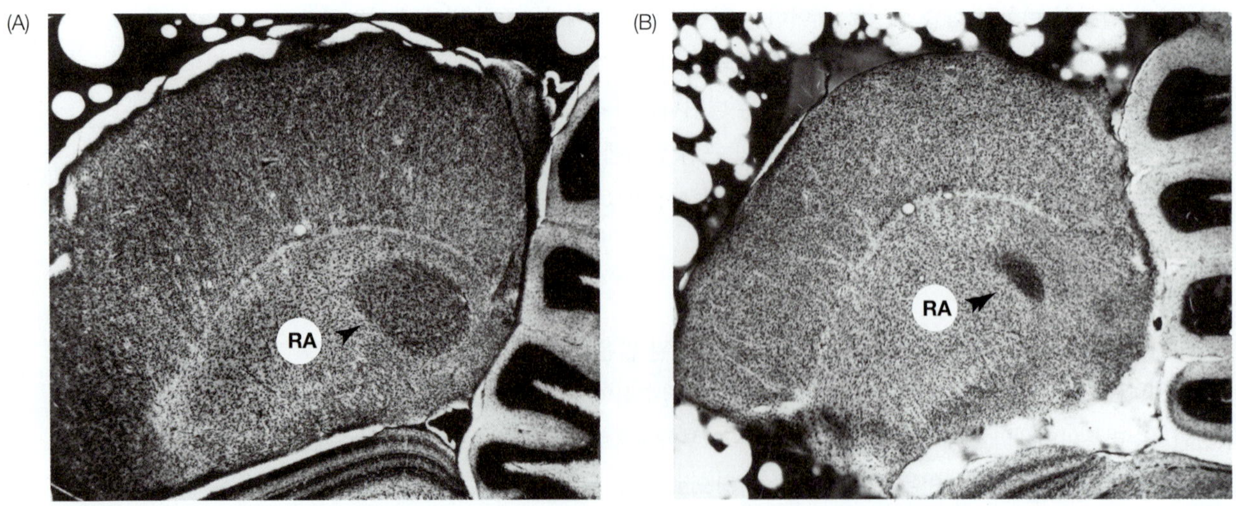

그림 2.7 노래 체계에 관여하는 신경핵의 크기 차이. (A) 수컷 및 (B) 암컷 금화조의 '학습능력 관련 왕성한 활동을 보이는 신경핵'(RA). (Photographs courtesy of Fernando Nottebohm and Arthur Arnold.)

starlings(*Sturnus vulgaris*)]의 경우에, 다른 수컷이 부르는 양질의 노래(긴 노래)를 일주일 동안 들은 수컷의 RA는 유일하게 유의미한 수준으로 크기가 자란 노래 제어 신경핵이었다(**그림 2.8**)(Sockman et al. 2009). 이러한 발견이 제시하는 것은 수컷이 암컷에게 매력적인 노래를 부를 때, 이 노래를 엿들을 수 있는 주변의 수컷은 더 매력적으로 노래할 수 있도록 노래 생산을 통제하는 운동 신경부분을 조절함으로써 이익을 얻게 된다.

뇌의 다른 신경핵은 노래 생성보다 노래 학습에 필수적인 것으로 보인다. 그러한 신경핵 가운데 하나는 '조류의 고차원적 인식 기능 실행을 맡은 부분의 앞쪽 측면 시각 분야를 담당하는 거대 세포층의 신경핵'(anterior nidopallium, LMAN)으로, 노래 학습에 중요한 전뇌의 또 다른 신경핵 가운데 하나인 영역 X에 투영된다. 아서 아놀드(Arthur Arnold)의 연구팀은 어린 수컷 금화조의 LMAN에 가해진 손상이 노래 발달에 방해가 된다는 것을 보여주었다(Bottjer et al. 1984). 그러나 이 새가 성조가 되었을 때에는 정상적인 노래를 만들어냈는데, 이는 LMAN의 손상이 노래 학습에 일시적인 변화만을 초래했음을 암시한다. 실제로 금화조의 LMAN 손상에 대한 이후의 연구는 이 부분이 노래 학습에 필수적인 회로의 가소성에 주도적 역할을 한다는 것을 입증하였다(Scharff and Not-tebohm 1991, Braindard and Douple 2000). 최근에, 올베츠키(Ölveczky)와 동료들은 어린 수컷 금화조에서 LMAN을 불활성화하기 위해 손상을 입히는 대신 화학물질을 사용하여, 일시적으로 노래의 변동성을 감소시켰다(Ölveczky et al. 2005). 신경 활동을 측정함으로써, 연구자들은 LMAN이 이러한 변동성의 근원이라는 것을 더욱 확신시켜 주었다.

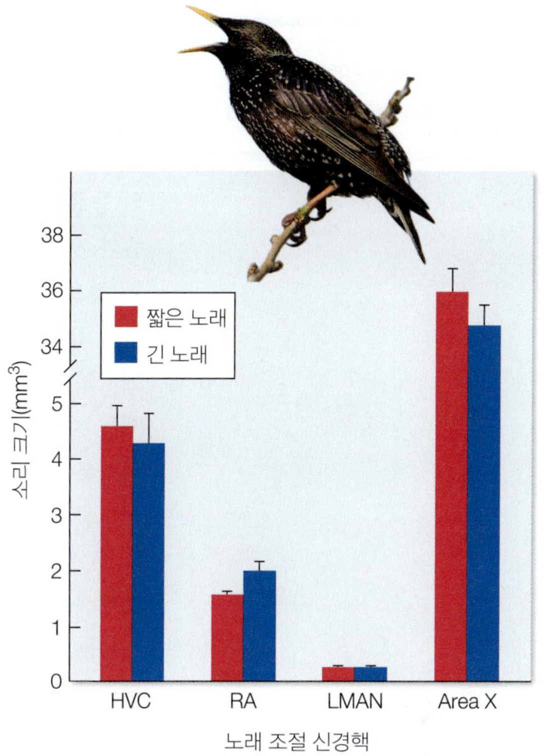

그림 2.8 유럽찌르레기의 노래 경쟁은 학습능력과 관련된 부분인 왕성한 활동을 보이는 신경핵(RA)의 크기를 변화시킨다. 성체가 되었을 때 다른 찌르레기의 양질의 노래(즉, 더 긴 노래)를 들은 수컷의 RA는 다른 노래 조절 신경핵과 달리 크기가 커진다. 막대 그래프는 평균 및 표준오차를 나타낸다. (After Sockman et al. 2009; photograph © skapuka/Shutterstock.com.)

이와 관련하여, 수컷 참새나 다른 명금이 복잡한 노래를 배우려면 많은 양의 신경 조직이 필요하다는 의견이 제시되었다. 그러나 복잡한 노래를 부르거나 긴 연주 목록을 획득하는 경험이 뇌의 HVC 부위를 자극해서 HVC를 확장한다는 주장도 있을 수 있다. 만약 이것이 사실이라면, 고립된 상태에서 길러진 수컷은 노래를 학습한 수컷보다 더 작은 HVC를 가져야 한다. 이 검증은 풀쇠개개비(sedge warbler, *Acrocephalus schoenobaenus*)(**AUDIO 2.4**)를 이용한 실험에서 수행되었다. 고립된 상태에서 길러진 수컷의 뇌는 다른 수컷의 노래를 들어서 자신의 노래를 배운 수컷의 뇌와 전혀 다르지 않았다(Leitner et al. 2002). 이 연구에 앞서 일부 수컷 흰등굴뚝새(marsh wren, *Cistothorus palustris*)(**AUDIO 2.5**)를 이용한 실험에서는, 비교 집단의 새가 최대 45곡까지 듣고 학습하는 동안 실험 대상이 된 새는 단지 몇 곡만 배울 수 있는 기회를 얻었음에도, 마찬가지로 뇌의 구조에 별 차이가 없는 비슷한 결과가 발견되었다(Brenowitz et al. 1995). 따라서 풀새개개비와 흰등굴뚝새 모두 수컷의 뇌가 자신의 학습 경험과는 독립적으로 발달하는데, 이는 학습이 큰 HVC를 발달시키는 것이 아니라, 큰 HVC가 학습을 위해서 필요한 것임을 시사한다. 노래 학습의 신경생리학은 전체 뇌의 신경핵 수준에서 탐구되어 왔지만, 신경과학자들은 이론적으로 어떤 뉴런이 새들 사이의 의사소통에 어떻게 영향을 미치는지를 연구할 수 있었다. 실제, 이런 종류의 연구가 리처드 무니(Richard Mooney)와 동료들이 늪노래참새(swamp sparrow, *Melospiza georgiana*)를 이용한 연구에서 수행되었다(Mooney

AUDIO 2.4
Sedge warbler
ab11e.com/uk/a2.4

AUDIO 2.5
Marsh wren
ab11e.com/uk/a2.5

AUDIO 2.6
Swamp sparrow
ab11e.com/uk/a2.6

et al. 2001). 이 종의 수컷은 2~5개 유형의 노래를 부르는데, 각 유형은 계속해서 반복되는 소리의 "음절"로 구성된 트릴(trill)이 몇 초 동안 지속된다(**AUDIO 2.6**). 어린 늪노래참새 수컷이 한 벌의 노래 유형을 배우기 위해서는 주변의 수컷이 부르는 노래의 유형을 구별할 수 있어야 하고, 나중에는 자신의 노래를 들으면서 노래 유형을 구분할 수 있어야 한다. 무니와 동료들의 연구는 노래 유형들이 뇌의 각기 다른 부분에 분산되어 기억으로 저장되고, 학습과 지각할 수 있는 독특함 사이에는 분명한 연관성이 있다는 것을 보여주었다.

젊은 수컷이 자신이 부르는 노래의 유형을 조절하는 데 도움을 줄 수 있는 한 가지 메커니즘은 특정 노래 유형에 선택적으로 반응하는 HVC의 전문화된 뉴런 집합이다. 이러한 세포에서의 활동은 자신이 노래하는 것을 모니터링하는 능력에 기여할 수 있고, 그렇게 함으로써 새는 자신의 노래 목록을 전략적으로 조정할 수 있다. 예를 들어, 수컷은 이웃의 수컷과 의사소통에 특히 효과적인 노래 유형을 선택할 수 있다. 그리고 아래의 사례에서 볼 수 있듯이, 이러한 노래 유형의 선택은 실제로 일어난다. 최신의 연구 방법을 통해 연구진은 자신이 부른 노래를 재생한 소리에 늪노래참새의 HVC에 있는 단일 세포의 반응을 기록할 수 있다. 그 과정에서 무니와 그의 동료들은 한 가지 노래 유형에 노출되면 다른 세포로부터 신경 신호를 수신해서 강렬한 행동 전위를 발생시키는 몇 개의 HVC 연합뉴런(relay neuron)을 발견했다(Mooney et al. 2001). 따라서 **그림 2.9**에서 한 연합뉴런이 세 가지 다른 유형의 노래에 대한 반응을 보여주는데, 이 연합뉴런은 노래 자극이 B 유형일 때 단기간에 많은 수의 활동 전위를 만들어냈다. 그러나 같은 세포가 A형이나 C 유형의 노래 자극에 대해서는 반응을 별로 보이지 않는다. 따라서 이 특별한 종류의 세포는 (여러 다른 뉴런과 함께) 참새가 어떤 유형의 노래를 듣고 있는지 알아낼 수 있도록 도와줄 수 있는데, 잘 선택할수록 그 신호에 대해 더 잘 반응한다.

노래 학습의 진화

노래새의 노래 제어 체계가 어떠한 발달 과정을 거치고, 어떻게 작동하는지에 대해 많이 알

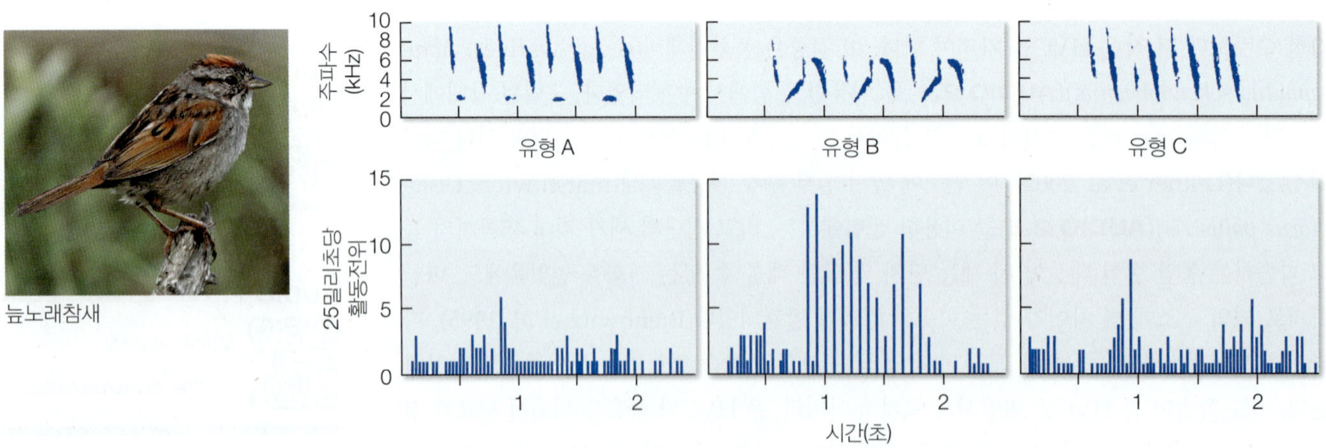

그림 2.9 늪노래참새의 뉴런과 노래 학습. (위쪽) A, B, C 세 가지 유형의 스펙트로그램. (아래쪽) 이 3가지 노래가 참새에게 제시되면, HVC 연합뉴런 중 하나는 실질적으로 노래 유형 B에만 반응한다. 여기에 표시되지 않은 다른 세포들은 오직 A형 노래에만 강하게 반응하는 반면에, 또 다른 세포들은 C형 노래가 재생될 때에만 빠르게 반응한다. (After Mooney et al. 2001, © 2001 by the National Academy of Sciences, USA; photograph © Dennis Donohue/ShutterStock.)

아보았지만, 우리는 여전히 노래 행동의 기반이 되는 근접(proximate) 수준의 메커니즘에 대해서 알아야 할 것이 많다. 그러나 우리가 이런 정보를 손에 넣었다고 해도, 이러한 메커니즘이 왜 진화했는지를 이해하기 위해 행동의 궁극 원인(ultimate cause)을 다루기 전까지는 흰정수리북미멧새의 노래 행동에 대한 우리의 이해는 여전히 불완전할 것이다. 새 노래의 바탕이 되는 복잡하고 정교한 근접 메커니즘이 난데 없이 갑자기 나타났을 가능성은 매우 낮기 때문에, 우리는 다음과 같은 질문을 하기 위해서 비교 연구의 접근법을 취할 수 있다. 언제부터 먼 과거의 조상새가 종특이적인 노래를 배우기 시작하였을까? 조상의 노래 학습의 조건은 이후에 흰정수리북미멧새와 같은 새들에서 방언의 학습능력으로 이어지는 변화를 일으키도록 했을 것이다.

새 노래의 진화적 역사

새 노래의 진화적 역사를 규명하기 위한 실제적으로 중요한 증거는 전체 조류의 23개 목 가운데 오직 3개 목의 구성원들에서만 노래 학습이 일어난다는 것이다. 이 3개 목은 앵무새, 벌새, 그리고 참새목(Passeriformes)의 일부분인 '노래새'라고도 하는 '명금류'이다(**그림 2.10**) (Brenowitz 1991). 대표적인 명금류로 참새와 휘파람새를 포함한다. 참새목의 다른 집단은 산적딱새아목(suboscine)인데, 이들은 노래를 학습하지 않는 노래새이다. 산적딱새아목과와 나머지 20개 목의 새는 복잡한 목소리를 만들어 내지만, 그러한 발성을 학습하지는 않는 것으로 보인다. 노래 연습을 시작하기 전에 가정교사 새의 노래를 전혀 듣지 못하거나 어릴 때부터 소리를 전혀 듣지 못한 어린 새들도 정상적인 노래를 하는 여러 사례들을 통해서 볼 때, 이들은 노래 학습의 과정이 없는 것으로 보인다(Kroodsma and Konishi 1991).

노래 학습의 진화를 가능하게 한 역사적 순서에 대한 중심적인 질문은 3집단의 새들에서 나타나는 노래 학습 능력이 독립적으로 진화했는가이다. 이 질문에 대답하기 위해서는 현존하는 종에서 측정한 형질들을 그들의 공통조상에게 외삽하는 과정이 필요한데, 이는 **조상 상태 재구성(ancestral state reconstruction)**이라고 불리는 접근법이다. 누구나 상상할 수 있듯이, 멸종된 종의 행동 형질을 유추하는 것은 쉬운 일이 아니며 여러 가정을 필요로 한다. 일반적으로 비교 분석과 마찬가지로, 조상 상태 재구성은 다음과 같은 두 가지 중요한 요인에 의존한다. 첫 번째 요인은 정확한 계통수에 대한 정보이고, 두 번째 요인은 신뢰할 수 있는 특성 또는 형질에 대한 데이터이다. 우리가 제1장에서 논의했듯이, 계통수는 종들 사이의 진화적 관계에 대한 가설일 뿐이며, 더 많은 유전적 데이터를 이용할 수 있게 되면 나무의 모양, 즉 진화적 가설 자체가 바뀔 수 있다는 것을 기억해야 한다. 조류는 계통수에 대해서 많은 논쟁이 있어 왔던 분류학적 집단 가운데 하나인데, 이는 결국 노래를 학습하는 3개의 목 사이의 계통 발생 관계에 대한 매우 많은 논의로 이어졌다.

조상 상태 재구성이 가져올 수 있는 성과와 어려움을 모두 설명하기 위해, 조류에서 노래 학습의 진화적 역사를 생각해 보자. 좀 더 전통적인 계통 발생 가설(phylogenetic hypothesis, 그림 2.10A 참조)을 받아들인다면, 우리는 노래 학습을 하는 3개 목의 가장 가까운 살아 있는 친척들이 노래를 배우지 않는다는 결론을 내릴 것이다. 이러한 결론은 두 가지 시나리오 중 하나를 제시한다. 첫째, 최초의 진정한 현대 새가 나타난 후 약 6천 5백만 년 동안 세 번의 노래 학습이 시작되었다는 시나리오이다. 둘째, 계통수에서 보이는 모든 혈통의 조상에서 노래 학습이 시작되었지만 4번의 다른 시기, 즉 (1) 칼새(swift)로 이어지는 진화적 경로

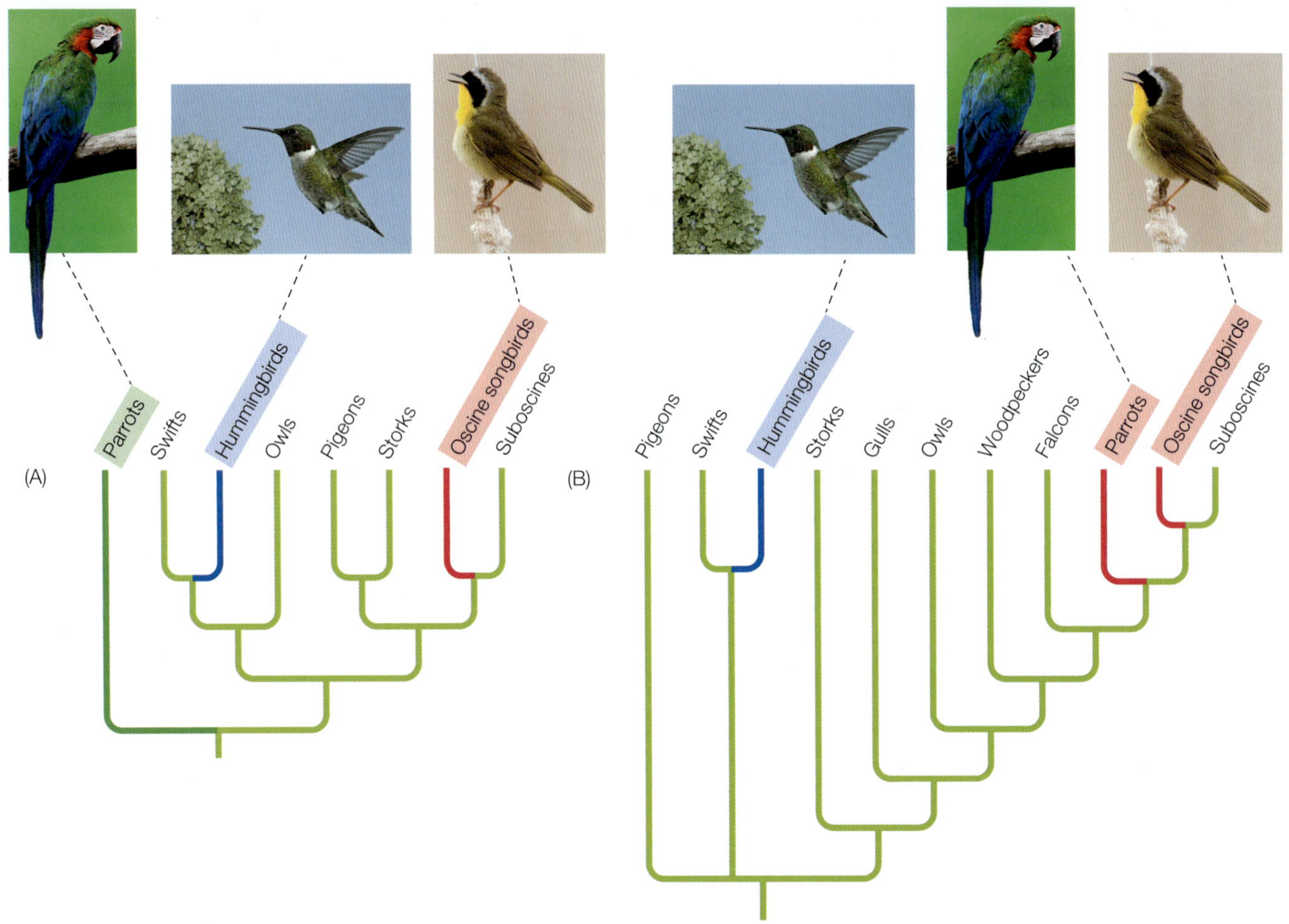

그림 2.10 새의 노래 학습에 대한 2개의 계통 발생. (A) 1991년에 이용 가능한 조류의 계통수는 노래 학습이 현재 새들 가운데 세 분류군, 명금류 노래새, 벌새 그리고 앵무새에서 독립적으로 진화했다고 제시한다. (B) 2008년에 출판돼서 2014년에 확인된 새로운 계통수는 노래 학습이 단지 두 번에 걸쳐 독립적으로 진화했다고 제안한다. 하나는 가까운 친척 관계에 있는 명금류 노래새와 앵무새의 공통조상에서 일어났고, 또 하나는 벌새이다. 조상 상태 재구성은 사용하는 계통수의 정확도 만큼만 신뢰할 수 있다. (A after Sibley et al. 1988; B after Hackett et al. 2008; parrot © Prin Pattawaro/123RF; hummingbird © Daniel Hebert/ShutterStock; songbird © iStock.com/pchoui.)

의 기저 부분에서, (2) 부엉이 계통의 기저 부분에서, (3) 비둘기와 황새 계통의 기저 부분에서, 그리고 (4) 산적딱새아목(suboscines)의 기저 부분에서 노래 학습이 상실되었다는 것이다. 즉, 노래 학습의 독립적 기원이 세 차례 있었거나, 혹은 조상 시기에 한 번의 노래 학습의 기원이 있은 이후에 4번의 별도의 형질 손실이 있었다는 것이다(Jarvis et al. 2000). 데이터에 맞는 가장 단순한 과학적 설명을 선택하기 위해서 간결원리(principle of parsimony)를 사용하면, 노래 학습이 조류에서 독립적으로 3번 진화했다는 결론을 내릴 수도 있을 것이다. 그러나 새로운 계통도(그림 2.10B 참조)에 따르면, 놀랍게도 앵무새가 명금류인 노래새의 가장 가까운 친척임을 나타낸다(Suh et al. 2011, Wang et al. 2012, Jarvis et al. 2014, Prum et al. 2015). 이와 같은 새로운 계통수는 노래 학습의 진화에 대해 무엇을 말해주는가? 흥미롭게도 조류 사이의 새로운 관계 아래에서는, 노래 학습이 세 차례 독립적으로 획득하였거나, 혹은 두 차례의 획득 (벌새에서 한 번, 앵무새와 명금류 노래새의 공통조상에서 한 번) 이후에 참새목 안에서 두 차례의 독립된 형질 손실, 뉴질랜드 굴뚝새에서 한 번의 형질 손실, 그리고 산적딱새아목에서 한 번의 형질 손실이 있었다는 설명과 들어맞는다(Jarvis et al. 2014).

이 예시에서 계통 발생 가설은 조상 상태 재구성에 얼마나 큰 영향을 미치는지 알 수 있으며, 조류에서 노래 학습이 얼마나 많이 획득(또는 상실)되었는지에 대한 결론을 얻을 수 있다. 하지만 더 많은 참새목 종에서 새들의 노래 학습을 연구하고 보다 양질의 특성 데이터를 얻으면서 노래 학습의 진화 대한 설명은 더욱 복잡해지고 있다. 즉, 산적딱새아목의 몇몇 종이 실제로는 노래를 배울 수 있다는 증거가 쌓이고 있어서(Kroodsma et al., 2013, Touchton et al. 2014), 참새목 가운데 노래를 학습하는 집단과 학습하지 않는 집단 사이의 분명한 선이 있다는 생각에 의문이 제기되고 있다. 이러한 새로운 특성 데이터와 계통수를 이용하여 조상 상태 재구성은 (적어도) 산적딱새아목 내에서 노래 학습의 4번째 획득이 있었을 수도 있고, 다른 산적딱새아목 조류에서 발성 학습이 손실된 이후에 다시 획득했을 수도 있다는 가능성이 제기되었다(Jarvis et al. 2014). 그러므로, 새들의 조상 상태 재구성은 노래 학습이 얼마나 여러 차례 독립적으로 진화했는지를 (아직은) 결정하는 것은 어렵다고 할 수 있다.

노래 학습의 메커니즘과 비교 접근법

산적딱새아목에서의 노래 학습 능력에 대한 이슈를 잠시 제외하고, 조상 상태 재구성으로부터 이끌어낸 똑같은 가능성을 가진 두 가지 가설 가운데 어느 것이 맞는지를 어떻게 검증해 볼 수 있을까? 노래 학습이 노래새, 벌새, 앵무새에서 독립적으로 진화했을까, 혹은 앞에서 이야기한 모든 새의 조상 종 시기에 노래 학습을 한 번 획득한 이후에 여러 번에 걸쳐 손실이 일어났을까? 이에 대한 한 가지 접근 방법은 새들의 집단에게 노래와 노래 학습 능력을 가능하게 하는 두뇌 구조를 확인해서 유사점과 차이점을 찾아내는 것이다. 이러한 뇌 구조의 확인은 방금까지 노래하고 있던 새(혹은 다른 새들의 노래를 듣고 있던 새)를 잡아서 바로 죽인 후, *ZENK* 유전자 산물이 발견될 수 있는 뇌의 부분을 검사하여 수행할 수 있다(Jarvis et al. 2000). 이 유전자의 활동은 새가 노래를 만들 때 뇌의 특정 부분에서 자극을 받고, 새가 노래를 들을 때에는 뇌의 또 다른 부분이 자극을 받는다고 언급한 것을 생각해 보자. 다른 자극과 활동은 그 유전자를 활성화하지 않기 때문에, 새가 의사소통을 하지 않을 때 그 생산물은 없거나 매우 희박하다. 죽기 직전에 노래를 부르거나 듣는 활동을 하던 새에서 서로 다른 뇌의 부위에 얼마나 많은 ZENK 단백질이 나타나는지 비교함으로써, 새의 노래 생산과 노래 인식과 관련된 뇌 영역의 위치를 효과적으로 파악할 수 있다.

앵무새, 벌새, 노래새 가운데 몇 가지 종을 선정한 후, 뇌의 어느 영역에서 *ZENK*의 활동이 일어나는지에 대한 연구는 노래 생산 및 처리를 집중하는 분리된 중추들의 숫자와 조직에서 강한 유사성을 보여주었다. 예를 들어, 3집단 모두에서 개체들이 다른 개체들의 노래를 들을 때 꼬리중심신선조체(NCM)를 형성하는 세포는 자신의 *ZENK* 유전자를 활성화시킨다. NCM은 3집단 모두에서 뇌의 거의 같은 부분에 위치하며, 여기에서 NCM은 노래 자극의 처리에 기여하는 해부학적으로 구별되는 구성 요소의 더 큰 집합체의 일부를 구성한다. 앵무새, 벌새, 노래새가 발성을 할 때, 전뇌의 앞 부분에 있는 다른 많은 대뇌중추는 ZENK 유전자 활동이 증가함에 따라 반응한다. 다시 한 번 강조하면, 앵무새, 벌새, 참새(**그림 2.11**)에서 뚜렷이 구별되는 노래 생산 중추의 위치가 상당히 (완벽하지는 않지만) 일치한다. 발성을 학습하는 3집단의 뇌 구조에서 발견되는 많은 유사점은 노래 학습 능력이 3집단(혹은 2개의 혈

그림 2.11 앵무새, 벌새, 명금류 노래새의 노래 제어 시스템은 매우 유사한 양상으로 뇌 전체에 분포한다. 왼쪽의 그림은 발성 학습을 하는 3개 목을 포함하여 여러 주요 조류 분류군의 진화적 관계를 나타낸다. 오른쪽 그림은 3집단의 두뇌를 보여주는데, (NCM과 같은) 노래 제어 체계의 다양한 해당 구성 요소를 포함한다. (After Jarvis et al. 2000.)

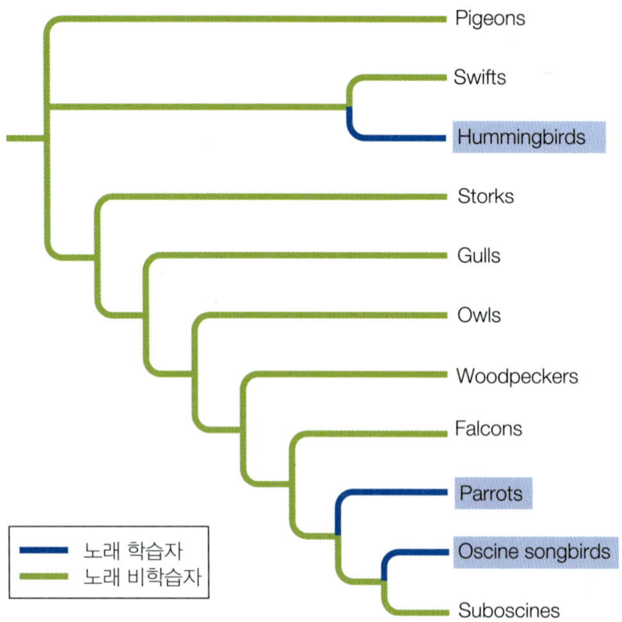

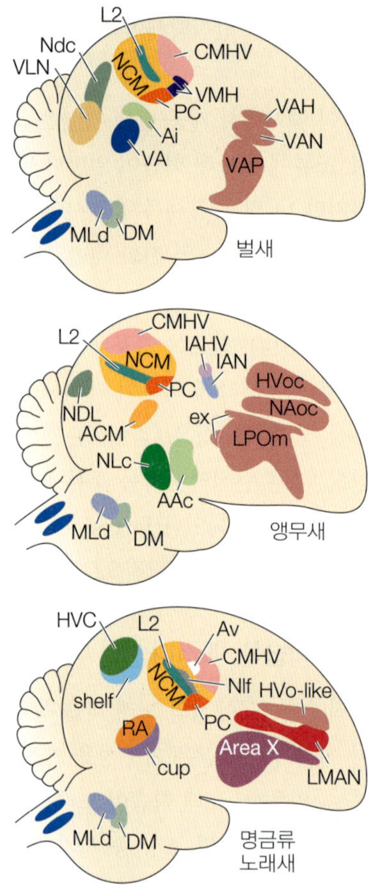

통)에서 독립적으로 진화했다는 가설에 반대하는 논점을 제공한다. 게다가, 일부 앵무새, 노래새, 적어도 몇몇 종의 벌새는 그들의 일생 동안, 그리고 발달 과정의 민감기 이외의 시기에도, 계속해서 새로운 노래를 배울 수 있는 (노래 학습의 시기가 정해지지 않은) 개방형 노래 학습자로(ArayaSalas and Wright 2013), 이러한 사실은 공유된 진화적 역사를 암시한다. 따라서 우리는 벌새와 앵무새–노래새 사이에 끼어 있는 모든 새들의 조상이 노래 학습자였을 가능성, 그리고 그 조상 새가 가지게 된 발성 학습의 메커니즘이 여러 종에서 이른 시기에 손실된 반면에, 몇몇 혈통에서는 유지되었을 가능성을 심각하게 고려해야 한다. 이 가설은 이후에 계속해서 많은 논쟁을 일으켰다(Jarvis et al. 2000, Farries 2001). 이 결론은 또한 우리가 왜 그렇게 많은 산적딱새아목의 종에서 노래 학습을 발견하는지를 설명할 수 있다. 물론, 간결원리의 가설과는 거리가 멀지만, 수렴진화를 통해 2개의 분기군 모두에서 노래 학습이 독립적으로 진화되었을 수 있다는 가능성도 있다. 하지만 조류를 벗어나 더 멀리 떨어진 종에서 보이는 발성 학습은 어떠할까? 예를 들어, 새와 인간처럼 완전히 다른 종들이 놀랍도록 비슷한 방식으로 발성을 학습하는지에 대해 수렴진화로 설명할 수 있을까?

인간과 조류에서 발견되는 발성 학습

만약 발성 학습의 메커니즘이 서로 관련이 없는 노래새의 혈통들에서 공유되었으면, 발성 학습을 하는 훨씬 더 멀리 떨어진 동물 종에서도 같은 메커니즘이 공유될 수 있을까? 목소리를 통한 의사소통은 많은 동물 종에서 흔하지만, 발성 학습은 극히 드물다. 조류 이외의 경우에, 발성 학습 능력은 오직 포유동물 가운데서도 몇몇 고래류(cetaceans; 고래와 돌고래), 기각류(pinnipeds; 바다표범과 바다사자), 박쥐, 그리고 인간을 포함한 일부 집단에서만 일어난다. 사실, 조류와 인간을 포함한 많은 포유동물에서 노래 학습 메커니즘의 유사성이 상당히 높다. 따라서 에릭 자비스(Erich Jarvis)가 이끄는 연구진은 새와 인간에서 나타나는 노래 학습이 서로 공유하는 유전적 구조로부터 진화했다는 가설을 실험하였다. 노래 학습을 하는 조류와 인간은 3억 1천만 년에서 6천 8백만 년 전 사이에 마지막으로 가장 최근의 공통조상을 공유했는데, 이들 두 분류군에서 나타나는 행동 및 해부학적 수렴진화가 두뇌에서 유전자 발현의 수렴진화와도 관련되어 있는지를 검증하였다(Pfenning et al. 2014). 연구진은 유전자 발현 양상을 공유하는 발성 학습 조류와 인간의 두뇌 구조에서 몇 군데 특이적인 노래와 말하기 영역을 확인하였다. 구체적으로, 그들은 새의 영역 X와 RA가 말하기와 관련된 인간의 뇌 영역과 가장 유사한 유전자 발현을 보인다는 것을 발견했다. 더욱이 조류의 운동신경과 노래 학습 신경핵에서 유전자 발현은 각각 인간의 후두 운동 피질 및 언어 생산과 학습을 제어하는 뇌의 일부에서의 발현과 일치한다. 따라서 새와 인간은 발성 학습을 위한 신경회로의 수렴진화를 보이는데, 이것은 여러 유전자의 분자 수렴진화를 동반한다. 즉, 발성 학습의 메커니즘은 독립된 계통에서 진화하였지만, 두 분류 집단 모두에서 평행 진화를 통해 기능을 채택하였다. 이 때문에 조류는 발성 학습을 연구하는 모형 체계로서, 궁극적으로 인간에게 적용될 수 있는 방법으로 계속 받아들여지고 있다.

노래 학습의 적응치

지금까지, 새가 새로운 노래를 어떻게 학습하는지에 대해 발달적, 신경생물학적 관점에서 논의해 왔다. 우리는 또 노래 학습하는 조류의 세 가지 혈통에서 발견되는 현상을 비교 탐구하고, 또한 인간을 포함한 포유동물의 언어 학습 과정과 비교하여 새 노래에 대한 진화적 역사를 다루었다. 그러나 발성 학습이 왜 진화하였는지에 대해 다루지 않는다면, 노래 학습에 대한 어떤 분석도 완전하지 못하다. 새들의 노래 학습의 진화적 역사를 이끈 사건의 역사적 순서가 무엇이든, 우리는 여전히 왜 학습할 수 있는 능력이 현재 존재하는 노래 학습자의 조상 혹은 여러 조상을 통해 지금까지 퍼져왔는지에 대해 질문할 수 있다. 각각의 앵무새, 벌새, 노래새가 가진 노래 학습의 적합도 이익은 무엇인가? 적응치(adaptive value)에 대한 이러한 질문과 그 이외의 질문들에 대답하기 위해, 흰정수리북미멧새와 이들이 학습하는 방언에 초점을 맞추어 계속 논의한다. 노래 방언을 학습하는 행동에 관한 다윈의 수수께끼는 시간, 에너지, 그리고 이러한 행동이 필요로 하는 특별한 신경 메커니즘을 포함한 여러 가지 분명해 보이는 번식 손해이다. 그럼에도 불구하고, 많은 종의 새에서 수컷의 노래 학습은 그만큼의 번식 이익이 있을 것이라고 짐작해 볼 수 있다.

흰정수리북미멧새와 다른 조류 종들이 발성 학습을 왜 진화시켰는지를 설명하기 위한 적응 가설은 여러 가지가 있지만, 이러한 가설들은 일반적으로 노래 학습이 생태적 또는 사회적 환경 모두에 의해 어떻게 형성되었는지와 관련 있다(Nowicki and Searcy 2014). 우리는 **가설 2.2**에 새의 노래 학습에 대한

가설 2.2

새의 발성 학습의 기능에 대한 궁극 가설들

환경적응 가설 발성 학습은 그 지방 서식지에 대한 발성 신호의 음향적인 적응을 증진한다.

인식 가설 발성 학습은 발성 신호를 더 잘 인식할 수 있게 해서 (집단, 혈연, 또는 개체에 대한 인식을 통해) 집단 내에서 이웃의 식별이나 사회적 결속을 촉진한다.

정보 공유 가설 발성 학습은 혈연과 함께 사는 것이 더 많은 정보 공유를 선호하게 하는 체계에서 발성 목록을 확장할 수 있게 한다.

성선택 가설 발성 학습은 수컷-수컷 경쟁에 사용되거나 암컷이 선호하는 발성 목록의 복잡성을 증가시킨다.

지리적 일치 가설 출신 지역에 따라 동류교배가 이루어지고, 따라서 지역 적응이 촉진되는 곳에서는 발성 학습이 발성 신호의 지리적 변이를 증진시킨다.

주요 기능적 가설들을 요약하고, 각각에 대해 자세히 설명하였다.

지역 환경에 적응하기

노래 학습의 한 가지 가능한 장점은 어린 수컷이 자신이 살고 있는 특정 서식지에서 특히 효과적으로 전달될 수 있는 방언을 습득해서 노래를 미세 조정할 수 있는 능력일 수 있다. 이 **환경적응 가설(environmental adaptation hypothesis)**에 따르면, 주변에 있는 다른 나이든 이웃들로부터 노래를 배우는 젊은 수컷은 다른 음향 환경에 적합한 방언을 노래할 때와 비교하여 더 멀리 전달되고 음질도 더 적게 저하되는 노래를 만들 수 있다(Catchpole and Slater 2008). 실제로 초목이 더 빽빽한 서식지에 사는 수컷 흰정수리북미멧새는 초목의 밀도가 낮은 곳에 사는 새보다 떨림이 느리고 주파수도 낮은 노래를 부른다(Derryberry 2007). 이 같은 양상은 새틴바우어새(satin bowerbird, *Ptilonorhynchus violaceus*)나 박새(great tit, *Parus major*)와 같은 다른 새들에서도 관찰되었는데, 이 새들도 개방된 지역보다는 울창한 숲에서 낮은 주파수를 사용한다(**그림 2.12**)(**AUDIO 2.7**)(Hunter and Krebs 1979, Nicholls and Goldizen 2006). 이 모든 경우에, 환경은 의사소통 신호의 진화에 영향을 미치거나 적어도 자신의 노래를 여러 다른 조건에 맞추어 조정할 수 있는 유연성을 가진 개체를 선호한다.

AUDIO 2.7
Great tit
ab11e.com/uk/a2.7

인식: 친구 대 적

노래 학습의 이익에 대한 두 번째 가설은 자신의 노래를 사회 환경에 대등하게 맞춤으로써 노래하는 개체가 이익을 얻을 수 있다는 점에 중심을 둔다(Beeker and Brenowitz 2005). 이 **인식 가설(recognition hypothesis)**은 새가 경쟁자로서의 이웃이든, 동맹을 맺기 위한 집단 동료이든, 혹은 특정한 개체이든 간에 다른 개체를 인식할 필요가 있다는 생각에 근거

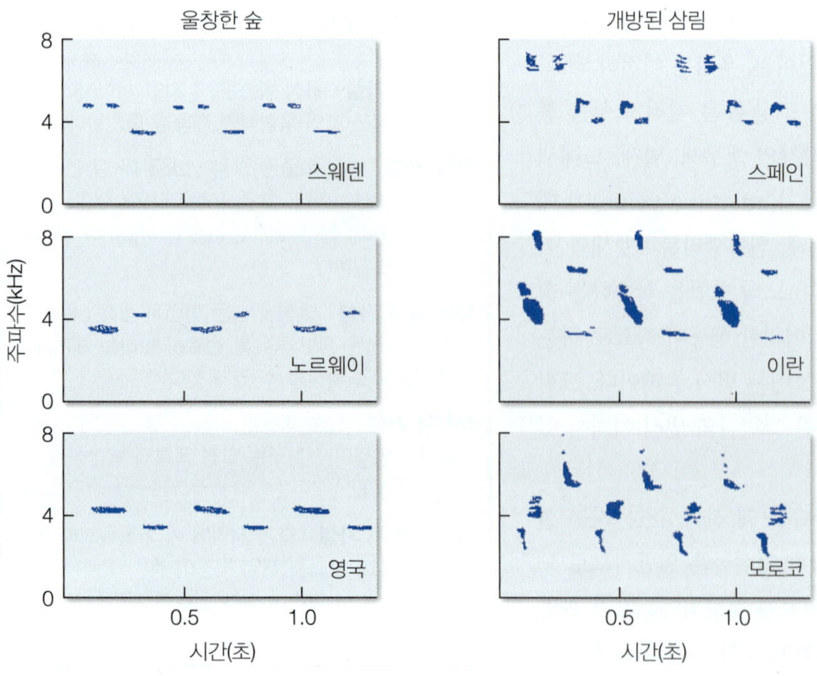

박새

그림 2.12 노래는 서식지와 어울린다. 울창한 숲에 사는 박새는 상대적으로 낮은 주파수의 단순한 휘파람을 발성하는 반면, 더 개방된 삼림지에 사는 같은 종의 수컷은 더 많고 높은 주파수를 사용하여 더 복잡한 노래를 부른다. (After Hunter and Krebs 1979; photograph © David Dohnal/ShutterStock.)

한다. 아마도 지역에 따라 다른 버전의 종-특이적인 노래를 배울 수 있는 수컷은 학습된 노래의 변형을 부를 수 있는 경쟁자들과 의사소통을 더 잘 할 수 있을 것이다. 만약 이것이 사실이라면, 우리는 어린 수컷이 인접한 영역의 수컷들을 사회적인 가정교사로 삼아 직접 학습해야만 한다고 예측할 수 있다. 이웃의 노래를 받아들임으로써, 상대적으로 신출내기 수컷은 상대방 수컷을 인지하고 있음을 알릴 수 있고, 또 자신이 초보 경쟁자가 아니라 이웃의 노래가 제공하는 정보를 사용할 수 있을 만큼 충분히 나이가 들었고 경험이 많음을 증명할 수 있다. 또한 우리는 젊은 수컷이 영역을 가진 나이든 이웃의 노래 선곡에 맞게 자신의 노래 선택을 변경할 수 있을 것이라고 예측할 수 있다. 또한 이 나이든 수컷은 자신의 노래 형태에 맞춰 바꾸지 못하는 초보 경쟁자 보다는 자신의 노래에 어울리게 노래를 맞추어 부르는 수컷을 보다 심각한 경쟁자로 받아 들일 것이라고 예측할 수 있다. 이 두 가지 예측은 모두 흰정수리북미멧새의 사례에서 뒷받침되었다(Baptista and Morton 1988, Poesel and Nelson 2012).

노래참새의 또 다른 특징은 수컷이 경쟁자 이웃의 노래 또는 적어도 노래의 일부 요소들을 만들어내는 능력이다. 이 종은 개별 방언에 대한 단일 목소리를 내기보다는 10여 개 이상의 서로 다른 특색 있는 노래 유형을 부를 수 있다(**AUDIO 2.8**). 어린 노래참새는 보통 첫 번식기에 이웃의 가정교사로부터 노래를 배우며, 그들의 최종 노래 목록은 바로 인근의 이웃들과 비슷해 보인다(Nordby et al. 1999). 실제로 마이클 비처(Michael Beecher)와 그의 동료들은 재생 실험을 통해 이러한 행동을 관찰하였다. 이들의 실험에서 한 수컷은 이웃 영역에서 이웃의 녹음된 노래를 들었을 때, 바로 그 이웃의 노래에 맞추어 자신의 목록에 있는 노래로 응답을 하는 경향을 보였다. 이러한 노래 유형 맞추기는 수컷 BGMG가 수컷 MBGB의 노래 유형 A의(**그림 2.13**) 녹음을 들었을 때, 자신의 노래 유형 A로 답을 하는 방식으로 일어났다(Beecher et al. 2000b).

AUDIO 2.8
Song sparrow
ab11e.com/uk/a2.8

인지능력은 이웃의 경쟁자를 식별하기 위한 것일 뿐만 아니라, 집단 내의 배우자를 확인하거나 인식하는 것에도 도움이 될 수 있다. 실제로, 복잡한 음성 통신 체계는 개체들이 사회적 집단에서 협력 양육을 통해 새끼를 기르는 많은 조류 종에서 진화해 왔다(제13장 참조). 협력 양육을 하는 조류의 발성은 종에 따라 혈연관계, 집단의 구성원 여부 혹은 개체의 확인에 대한 신호를 주고받을 수 있다. 새라 킨(Sara Keen)과 동료들은 혈연관계가 있는 개체와 그렇지 않은 개체의 혼합으로 구성된 가장 복잡한 형태의 사회에서 단지 혈연관계(유전적 근연도) 보다 개체의 식별과 집단에 속해 있는지의 여부에 대한 신호가 필수적일 것이라는 가설을 세웠다(Keen et al. 2013). 예를 들어, 혈연과 비혈연으로 구성된 크고 유연한 사회적 집단에 사는 종인 노이지마이너(noisy miners, *Manorina melanocephala*)(McDonald 2012), 아프리카찌르레기(superb starlings, *Lamprotornis superbus*)(Keen et al. 2013), 호주흙둥지새(apostlebirds, *Struthidea cinerea*)(Warrington et al. 2015)의 사례에서, 새는 콜(call)을 사용하여 특정 개체들을 구별할 수 있었다(**AUDIO 2.9**). 이와는 대조적으로, 덜 복잡한 사회에서 주로 혈연으로 구성된 작은 집단을 가진 종에서는 콜이 개체의 신원이 아니라 혈연관계나 집단 소속에 대한 신호를 하기 위해서만 사용되는 것으로 나타났다(Keen et al. 2013). 어린 새는 자신이 태어난 집단에서 이러한 발성을 배우지만, 한쪽 성이 (대부분의 조류 종에서 암컷임, 제7장 참조) 번식을 위해 자신의 출생 집단을 떠나서 다른 집단으로 이주한다. 이주 한 새는 성체가 된 후에도 집단 특유의 발성을 계속해서 더 배울 수 있는 것으로 보인다.

AUDIO 2.9
Vocalization of cooperative breeders
ab11e.com/uk/a2.9

노래참새

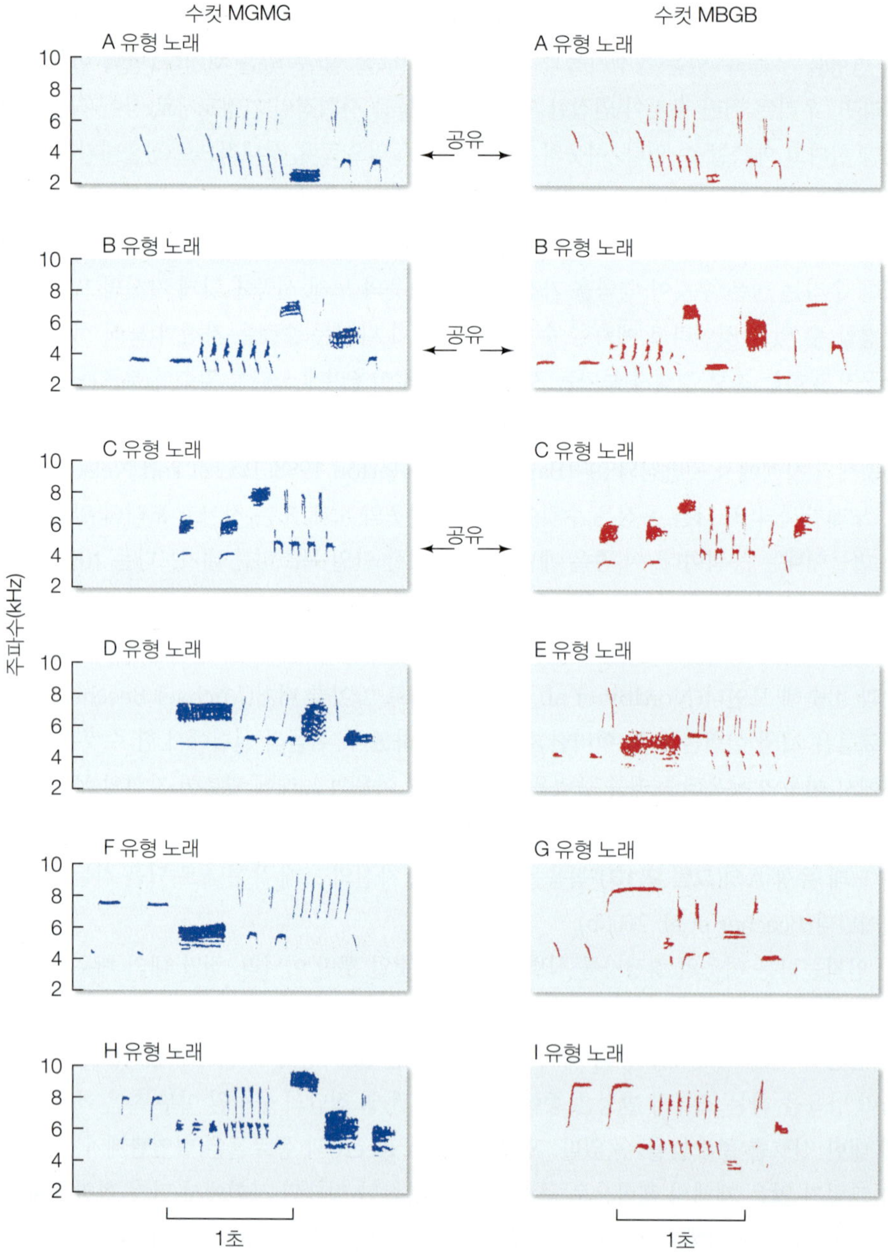

그림 2.13 노래참새의 노래 유형 대등하게 맞추기. 수컷 BGMG와 MBGB는 이웃하는 영역에 살면서, 3 유형(A, B, C: 위쪽의 3개 스펙트로그램)의 노래를 공유한다. 6개의 공유하지 않는 노래 유형(D, E, F, G, H, I)은 아래 3개 열에 표시되었다. (After Beecher et al. 1996; photograph © Michael Woodruff/ShutterStock.)

우리가 제12장과 13장에서 혈연 선택에 대해 논의할 때 더 자세히 알게 되지만, 사회적 집단에 사는 대부분의 동물은 유전자를 공유하는 혈연과 함께 산다. 따라서 사회 집단은 대부분 가족 집단이라고 생각할 수 있고, 가족 구성원들은 단지 혈연이나 개체의 신원에 대한 정보뿐만 아니라 자원 가용성이나 포식 위험 등에 대한 정보를 공유함으로써 이익을 얻는다. 연구진은 인간 언어의 초기 단계 중 하나가 이러한 문제와 관련된 많은 종류의 부호를 사용할 수 있는 능력의 획득이라고 주장해 왔다(Jackendoff 1999). 스티븐 노위키(Stephen Nowicki)와 윌리엄 서시(William Searcy)는 어휘의 확장을 위해서는 발성 학습이 필요하며, 가족생활을 하는 종에서 어휘 확장이 선호된다고 주장했다(Nowicki and Searcy 2014). 이 **정보 공유 가설(information-sharing hypothesis)**은 혈연 집단에 사는 종들이 복잡한 형태의 의사소통과 정교한 발성 학습 메커니즘을 진화시켰을 것이라고 예측한다. 실제로,

정보 공유 가설 발성 학습은 혈연과 함께 사는 것이 더 많은 정보 공유를 선호하게 하는 체계에서 발성 목록을 확장할 수 있도록 해준다.

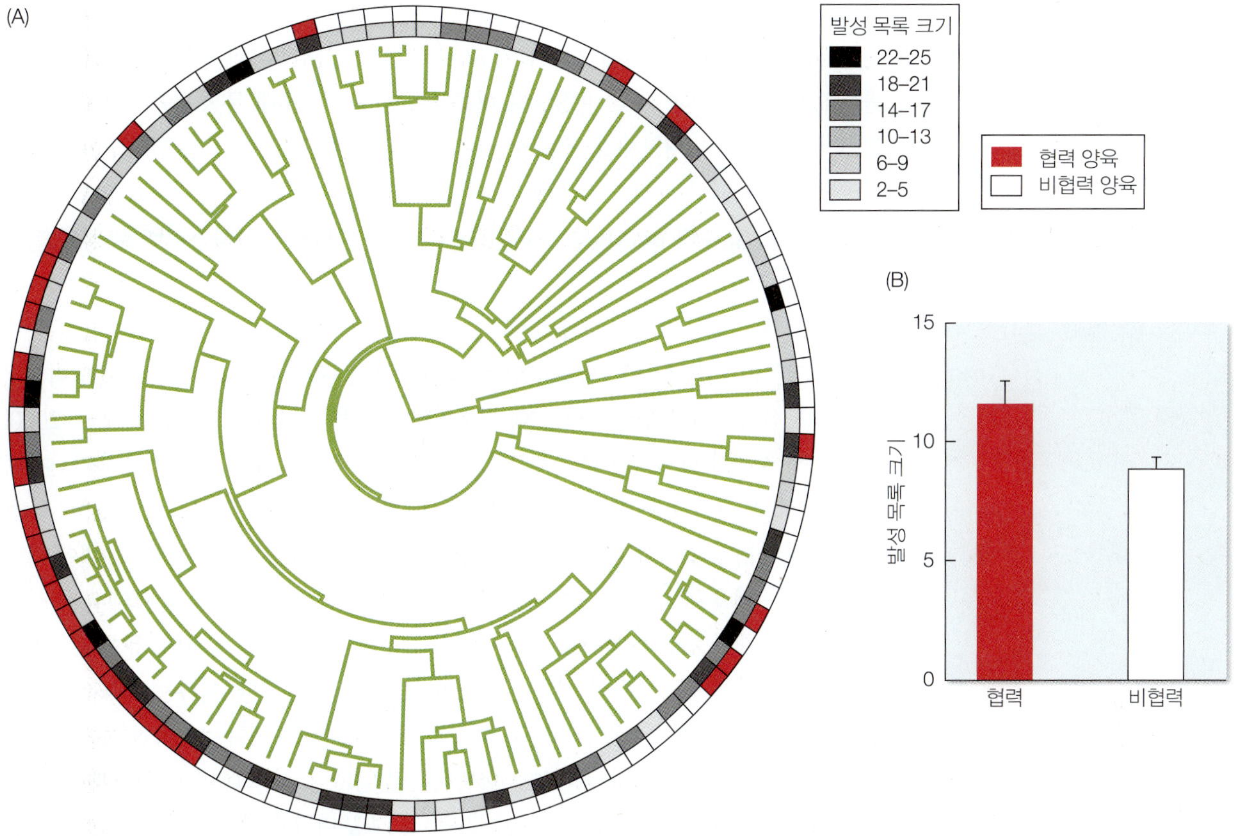

그림 2.14 새에서 협력 양육 행동과 발성 목록의 크기 사이의 관계. (A) 97종의 조류에 대한 자료에서 협력 양육 행동과 발성 목록 크기에 대한 정보를 계통수에 맵핑하였다. 내부의 원은 목록의 크기를 서로 다른 단계로 나타낸다(범례 참고). 외부의 원은 해당 조류 종에서의 협력 양육에 대한 여부를 나타낸다. 종 이름은 계통수에서 제거되었다. (B) 협력 양육하는 종의 발성 목록은 비협력 양육 종의 목록보다 더 크다. 막대 그래프는 평균 및 표준오차를 나타낸다. (After Leighton 2017.)

협력 양육하는 종은 그렇지 않는 종보다 특히 경계음과 접촉음 같은 더 큰 발성 목록을 가지고 있다(**그림 2.14**)(Leighton 2017). 게다가 협력 양육을 하는 몇몇 새는 인간과 매우 비슷한 방식으로 "언어"를 생산하기 위해서 소리의 조합을 재배열하고 해석하는 것을 학습한다. 예를 들어, 협력 양육하는 밤색머리꼬리치레(chestnut-crowned babbler, *Pomatostomus ruficeps*)는 2개의 단순한 노래 요소를 재배열해서 기능적으로 구별되는 두 가지 요소를 만들 수 있다(Engesser et al. 2015). 때때로 협력 양육으로 번식하는 일본 박새(Japanese tits, *Parus minor*)는 새로운 콜 순서를 서로 다른 방법으로 정돈해서 정보를 식별하고 추출하는 간단한 규칙을 사용한다(**AUDIO 2.10**)(Suzuki et al. 2017).

AUDIO 2.10
"Language" producers
ab11e.com/uk/a2.10

성선택: 수컷–수컷 경쟁

수컷이 흔히 영역 방어를 위해 노래를 부른다는 것을 이제 알고 있기 때문에, 새들의 수컷–수컷 경쟁은 영역의 소유권이나 경계를 둘러싼 분쟁과 관련되어 있다. 만약 수컷이 (종종 자신의 영역 안에서) 노래를 불러 암컷에게 구애하기 때문에 영역을 확보하는 것이 중요하다면, 수컷은 잠재적인 배우자를 얻기 위해 다른 수컷과 경쟁해야만 한다. 노래 목록 맞추기(repertoire matching)와 관련된 또 다른 종류의 대응은 이웃의 노래를 들은 새가 똑같은 유형으로 대응하는 것이 아니라, 그들이 공유하는 목록 가운데 한 가지 유형을 골라서 응답하는 방식이다. 예를 들어, 수컷 노래참새 BGMG가 수컷 MBGB의 영역으로부터 A 유형 노래를 들었을 때 B 유형이나 C 유형으로 대꾸하는 방식으로 노래 목록 맞추기가 일어난다(그림 2.13 참조). 수컷 노래참새가 택할 수 있는 세 번째 선택은 공유된 목록에 없는 노래로 자신의 이웃에게 응답하는 것이다. 불일치하게 노래를 맞추는 응답은 수컷 MGBG의 노래 유형 A를 들었을 때, 수컷 BGMG가 노래 유형 D, F 또는 H로 대답하는 것으로 설명할 수 있다(그림 2.13 참조).

노래참새에서 유형 맞추기와 노래 목록 맞추기가 꽤나 자주 일어난다는 사실은 이 새가 자신의 이웃을 인지하고서 그들이 어떤 노래를 부르는지 이해할 뿐만 아니라, 이러한 정보를 가지고 자신의 응답을 만들어내는 데 사용한다는 것을 나타낸다(Beecher et al. 2000b). 그러나 수컷 참새가 잠재적인 배우자의 관심을 이끌어내기 위해서, 자신의 경쟁자인 이웃에게 응답하려고 노래의 유형을 선택하는 행동으로부터 어떠한 이익을 볼 수 있을까? 앞선 연구들은 노래 유형에 맞춰서 대응하지 않는 것은 좀 더 유화적인 반면, 노래의 유형에 맞춰서 대응하는 것은 매우 공격적일 수 있다는 발견을 확립했다. 아마도 수컷 참새의 노래 선곡은 자신의 이웃에 대한 위협의 신호를 정도에 따라 다르게 보낼 수 있게 하며, 유형 맞추기는 경쟁 상대에게 노래 부르는 수컷이 매우 공격적이라는 것을 의미한다. 이와는 대조적으로, 공유되지 않은 노래로 답하는 것은 물러나고 싶은 욕구를 나타낼 수 있는 반면, 노래 목록 맞추기로 대응하는 것은 중간 단계의 공격성을 나타내는 것일 수 있다. 그러므로 **성선택 가설(sexual selection hypothesis)**의 이러한 수컷–수컷 경쟁 버전에 따르면, 재생 실험으로 유형 맞추기, 노래 목록 맞추기, 그리고 불일치한 노래를 들려주었을 때 영역을 지키는 새의 반응에 차이가 있어야 한다. 마이클 비처와 동료들이 이 예측을 검정했을 때, 그들은 유형 맞추기를 포함한 녹음된 노래를 듣는 이웃이 가장 공격적인 반응을 보인다는 것을 발견하였다. 반면에 목록을 맞추어 노래하는 것에 대해서는 중간 정도의 반응이 있었고, 공유되지 않는 노래에는 덜 공격적으로 반응했다(**그림 2.15**)(Burt et al. 2001, Beecher and Campbell 2005). 이 결과는 이웃의 노래를 학습할 수 있는 노래참새 수컷이 그 이웃에게 얼마나 도전할 준비가 되어 있는지에 대한 정보를 전달한다는 가설을 뒷받침한다.

성선택 가설 발성 학습은 수컷–수컷 경쟁에 사용되거나 암컷이 선호하는 발성 목록의 복잡성을 증가시킨다.

노래로 도전하는 것을 조절하는 능력이 정말 적응적이라면, 영역 보유 기간을 측정하여 가늠할 수 있는 수컷의 영역 성공도와 수컷이 이웃과 공유하는 노래 유형의 수 사이에는 함수 관계가 있다고 예측할 수 있다. 노래참새는 최대 8년까지 영역을 유지할 수 있어 비교적

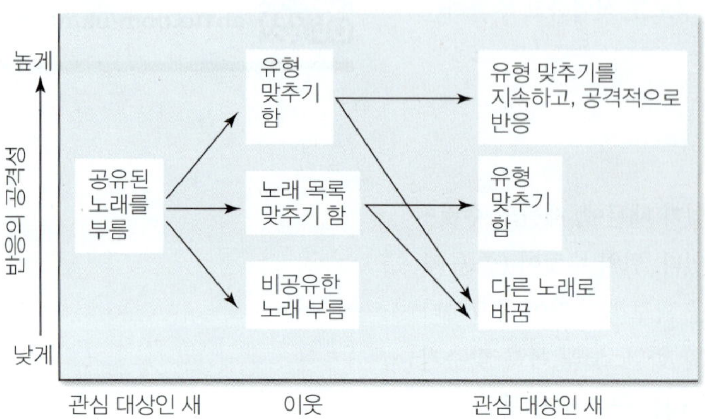

그림 2.15 노래참새의 노래 맞추기와 공격적인 의도의 의사소통. 수컷 노래참새는 노래 선택을 통해서 이웃과의 갈등 수준을 조절할 수 있다. 관심의 대상이 되는 수컷이 공유 목록에 있는 노래를 경쟁자에게 부를 때, 그 이웃은 세 가지 선택지를 가진다. 하나는 그 경쟁을 격화시키는 것이고, 다른 하나는 같은 수준의 경쟁을 유지하는 것이며, 마지막으로 경쟁을 완화하는 것이다. 마찬가지로 경쟁을 시작한 개체도 노래 유형 맞추기, 노래 목록 맞추기, 또는 공유되지 않은 유형의 노래를 부르기 중에서 선택할 수 있다. 이러한 3종류의 다른 노래들은 공격적인 대립에서 노래 부르는 수컷이 격화 혹은 완화시킬 수 있는 준비가 되어 있다는 정보를 전달한다. (After Beecher and Campbell 2005.)

안정적으로 이웃 공동체를 형성하는 경향이 있다. 그리고 실제로 수컷이 이웃과 공유하는 노래의 유형이 5개 미만에서 20개 이상으로 늘어나면, 노래참새 수컷이 자신의 영역을 지키는 기간이 약 4배 증가한다(Beecher et al. 2000a). 이 발견은 장기간 노래참새 공동체를 형성할 수 있는 가능성 때문에 특정한 개체에 대한 공격적인 의도를 광고할 수 있는 수컷이 선택된다는 것을 강하게 시사한다. 이와는 대조적으로, 다른 종의 수컷은 영역을 지키다가 금방 떠나는 유동적인 사회적 환경에서 살고 있는데(즉, 이웃에 사는 새가 유동적인 곳에서는), 이러한 종의 경우에서는 노래참새에서 볼 수 있는 노래 목록을 학습하거나 공유하는 일이 일어나지 않아야 한다. 대신 이러한 다른 생태적 환경에서의 수컷은 작고 안정적인 개체군의 방언이나 공유된 노래 유형의 특징을 개발하기 보다는, 같은 종의 어느 새들과도 의사소통을 쉽게 하기 위해 종 전체의 특징을 반영하는 노래를 습득해야 한다.

도널드 크루즈마(Donald Kroodsma)와 그의 동료들은 사초굴뚝새(sedge wren, *Cistothorus plantensis*)(**AUDIO 2.11**)에서 서로 다른 두 집단이 존재한다는 점을 이용하여 이러한 가설을 검정하였다. 북아메리카의 대평원에 사는 사초굴뚝새 수컷은 여름 내내 한 번식지에서 다른 번식지로 이동하는 방랑 생활을 한다. 이 개체에는 노래 유형 맞추기와 방언이 없다. 대신 자신의 종의 일반적인 양상에서 보이는 특징을 채택하기는 하지만, 어린 시절에 들었던 노래들에 대한 변주곡을 즉흥적으로 만들거나 완전히 새로운 노래를 개발해 낸다(Kroodsma et al. 1999a). 이와는 대조적으로, 코스타리카와 브라질에 살고 있는 사초굴뚝새 수컷은 일 년 내내 자신의 영역에 머무른다. 이러한 영역에서는 방언과 노래 맞추기가 일어날 것으로 예측되는데, 실제로 학습 능력이 있는 수컷은 방언을 갖고 있으면서 자신의 이웃과 같은 노래를 부른다(Kroodsma et al. 1999b). 하나의 종 안에서 일어나는 노래 학습의 차이는 특히 자신과 오랫동안 이웃으로 지내는 다른 수컷과의 의사소통을 통해서 수컷이 이익을 얻을 수 있을 때 학습과 방언이 진화한다는 것을 시사한다.

AUDIO 2.11
Sedge wren
ab11e.com/uk/a2.11

성선택: 암컷의 고르기와 종류별 짝짓기

비록 이 장에서 우리는 주로 수컷에 초점을 맞추었지만, 많은 노래새 종의 암컷 역시 노래한다는 점을 기억하는 것은 중요하다. 실제로 거의 모든 노래새에 대한 비교 연구에서 카렌 오돔(Karan Odom)과 동료들은 암컷의 노래가 조류 종의 70% 이상에 존재하며, 현대 노래새의 공통조상에서는 수컷과 암컷 모두 노래했을 가능성이 높다는 것을 보여주었다(Odom et al. 2014). 수컷처럼, 많은 암컷은 다른 암컷과 경쟁적인 맥락에서 노래를 부르는데, 때로는 수컷을 유혹하기 위해서 노래하기도 한다. 게다가 암컷이 노래하지 않는 종에서도 암컷은 배우자를 고르기 위해 여전히 수컷의 노래에 의존하고 있으며, 따라서 서로 다른 수컷의 노래를 구별할 수 있어야 한다. 이것은 종종 학습을 필요로 하는 과정이기도 하다. 그러므로 수컷의 노래 학습에 대한 또 다른 궁극 가설은 암컷 버전의 성선택 가설인데, 이는 일반적으로 새 노래의 의도된 수령자인 암컷이 제공하는 사회적 환경을 겨냥한 것이다. 따라서 수컷이 노래를 왜 배우는지 이해하기 위해서는 노래의 역할에 두었던 초점을 수컷과 수컷의 상호작용에서 수컷과 암컷의 의사소통에까지 확장하여야 한다.

암컷 카신핀치(Cassin's finch, *Haemorhous cassinii*)가 짝을 버리고 사라지면, 수컷은 자신의 배우자를 다시 유혹하거나 대체할 수 있는 암컷을 유혹하기 위해, 노래의 수와 노래를 부르는 데 보내는 시간이 급격히 증가한다(**AUDIO 2.12**). **그림 2.16**의 설명에서 검토

AUDIO 2.12
Cassin's finch
ab11e.com/uk/a2.12

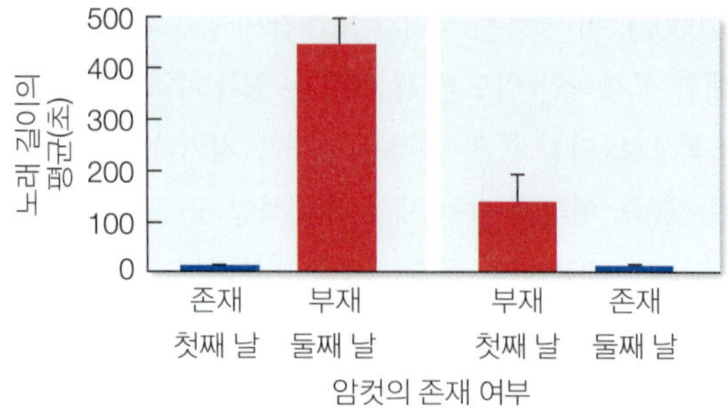

그림 2.16 카신핀치 수컷이 암컷을 유혹하기 위해 노래한다. 수컷이 1일차에 암컷과 짝을 이루게 되면 상대적으로 적게 노래를 부른다. 그러나 2일차에 암컷이 없어지면 수컷은 노래 부르는 데 상당한 시간을 투자하는데, 아마도 암컷을 다시 부르기 위한 것으로 보인다. 수컷이 1일차에 암컷이 없는 채로 새장에 갇히게 되면, 수컷은 노래를 부르는 데 거의 시간을 할애하지 않는다. 이 상태에서 암컷을 새장에 넣어 주어도 수컷은 노래를 더 적게 부른다. 이 결과는 수컷이 노래를 부르도록 하는 자극은 잠재적 배우자의 손실임을 의미한다. 막대 그래프는 평균 및 표준오차를 나타낸다. (After Sockman et al. 2005; photograph courtesy of Dave Menke/U.S. Fish and Wildlife Service.)

지리적 일치 가설 출신 지역에 따라 동류교배가 이루어지며, 따라서 지역 적응이 촉진되는 곳에서는 발성 학습이 발성 신호의 지리적 변이를 증진시킨다.

할 수 있는 증거는 이러한 가설을 뒷받침해준다(Sockman et al. 2005). 하지만 수컷 카신핀치가 노래를 학습한다는 사실이 암컷을 유혹하려는 수컷의 능력에 기여할 수 있을까? 안정적인 아개체군(subpopulation)으로 나뉜 종을 생각해 보자. 그러한 종에서 각 아개체군의 수컷은 번식에 성공한 조상을 통해 대대로 전해져 내려온 유전자를 가지고 있을 가능성이 높다. **지리적 일치 가설(geographic matching hypothesis)**에 따르면, 태어난 지역의 방언을 노래 학습하면, 수컷은 그 특정 지역에 잘 적응한 형질(및 관련 유전자)을 가지고 있음을 널리 알릴 수 있다. 어느 지역에서 부화한 암컷은 그 지역의 방언을 노래하는 수컷에 대한 선호도를 가짐으로써 이익을 얻을 수 있는데, 이는 암컷이 지역적으로 적응된 특징의 발달을 증진시킬 수 있는 유전 정보를 자신의 자손에게 물려 줄 수 있기 때문이다(Baker and Cunningham 1985). 이 가설은 캘리포니아 티오가 고개 주변에서 지역 방언을 노래하는 흰정수리북미멧새 수컷이 지역 방언을 부르지 않는 수컷들보다 혈액 기생충에 덜 감염되어 있다는 발견과 맞아떨어진다(**그림 2.17**)(MacDougall-Shackleton et al. 2002). 따라서 이 개체군의 암컷 흰정수리북미멧새는 잠재적으로 노래 정보를 사용하여 더 건강한 배우자를 확보할 수 있다. 또한 지역 방언에 맞지 않는 노래를 부르는 수컷이 지역 방언을 노래할 수 있는 수컷보다 더 적은 자식을 낳았는데, 이 결과는 암컷이 지역 방언을 노래하는 수컷을 선호한다는 가설과 들어맞는다.

만약 암컷의 선호도가 출생 지역에서 미래의 배우자를 찾는 데 도움을 주기 위해 설계된 것이라면, 암컷 흰정수리북미멧새는 자신이 둥지에 있을 때 들었던 방언, 즉 아비의 방언을 노래하는 수컷을 선호해야 한다. 하지만 적어도 한 캐나다 흰정수리북미멧

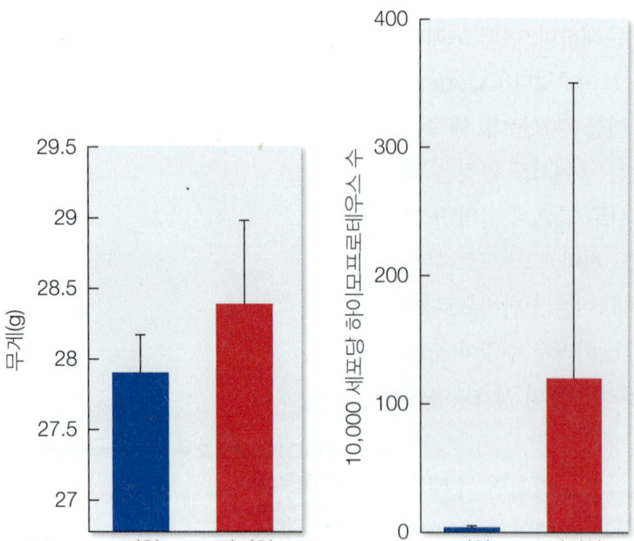

그림 2.17 캘리포니아 티오가 고개 주변에서 지역 방언을 노래하는 수컷과 그렇지 않는 수컷 흰정수리북미멧새의 생활사 형질 차이. 지역 방언을 노래하는 수컷과 그렇지 않은 수컷(왼쪽 패널)의 체중이 비슷하고 감염률의 변이는 높음에도 불구하고, 지역 방언을 부르지 않는 수컷에서 혈액 내 하이모프로테우스(Haemoproteus) 감염이 유의미하게 높게 나타났다(오른쪽 패널). 지역 방언을 부르지 않는 수컷이 큰 변이의 하이모프로테우스 감염을 보이는 것을 눈여겨보자. 막대 그래프는 평균 및 표준오차를 나타낸다. (After MacDougall-Shackleton et al. 2002.)

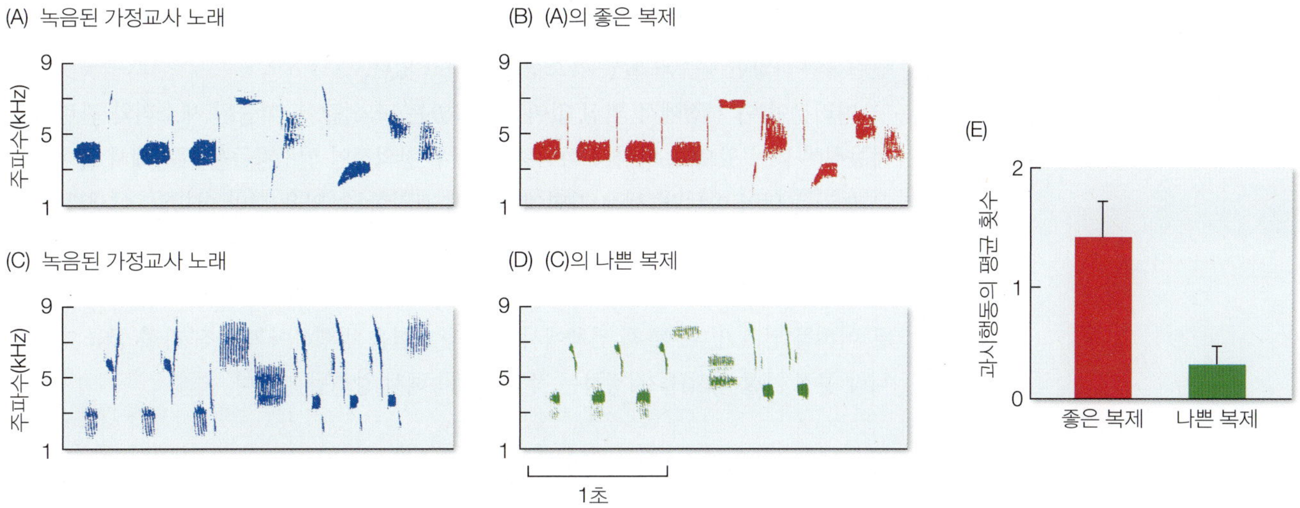

그림 2.19 암컷 새의 교미 전 과시행동의 횟수는 수컷 노래의 질에 따라 변한다. 암컷 참새들에게 가정교사의 노래를 정확하게 복제하는 수컷과 복제 정확도가 떨어지는 수컷의 노래를 들려주는 재생 실험을 수행하였다. 위쪽 패널은 (A) 녹음된 가정교사의 노래와 (B) 자신이 들은 녹음된 노래의 음을 정확도가 높게 복제할 수 있는 수컷이 부른 노래를 나타낸다. 아래쪽 패널은 (C) 녹음된 가정교사의 노래와 (D) 다른 개체의 노래를 잘 복제하지 못한 노래를 나타낸다. (E) 좋은 노래 복제와 나쁜 노래 복제에 대한 암컷의 반응이다. 막대 그래프는 평균 및 표준오차를 나타낸다. (A–E after Nowicki et al. 2002b; A–D after Nowicki and Searcy 2004.)

느껴지는 수컷의 노래에 대해서는 꼬리를 올리는 교미 전 과시행동으로 반응할 수 있다. 암컷은 정확하게 복제된 노래에 대해 그렇지 않은 노래보다 유의미하게 더 많은 교미 전 과시행동을 보였다(**그림 2.19**). 금화조를 연구한 연구자들도 다소 유사한 결과를 얻었는데, 이들은 스트레스를 받은 어린 수컷이 불이익을 덜 받은 수컷보다 짧고 덜 복잡한 노래를 만들어 내는 것을 발견했다(Spencer et al. 2005).

암컷 노래새 역시 비교적 생성하기 어려운 노래를 선호하는 것으로 보인다(Woolley and Doupe 2008). 예를 들어, 수컷 늪노래참새가 떨림이 있는 노래를 더 빨리 부를수록, 노래는 어려워진다. 특히 떨리는 음절이 비교적 넓은 범위의 소리 주파수에 걸쳐 있다면 노래는 더욱 어려워진다. 암컷은 노래 능력의 한계에 가까운 노래를 부르는 수컷에게 끌린다(Ballentine et al. 2004). 마찬가지로 작은 되새류의 일종인 유럽카나리아(European serin, *Serinus serinus*) 암컷은 상대적으로 높은 빈도로 노래하는 수컷을 선호하는데, 이는 수컷에게 또 다른 생리학적 도전이다(**AUDIO 2.13**)(Cardoso et al. 2007). 수컷의 연주 능력에 기초한 배우자 선호도를 가짐으로써, 암컷은 사실상 건강하고 좋은 상태에 있는 수컷을 선호하게 되는데, 이것은 좋은 유전자를 제공하거나 또는 자손들에게 훨씬 뛰어난 양육을 제공해 줄 수 있는 수컷을 가려내려는 속성이다.

AUDIO 2.13
European serin
ab11e.com/uk/a2.13

암컷은 수컷의 노래에 대한 선호도를 수컷이 노래를 학습하는 것과 같은 방법으로 학습할까? 금화조에서 얻은 증거는 암컷이 발달 과정 초기에 이러한 선호도를 정말로 학습할 수 있음을 시사한다. 암컷 금화조는 복잡하고 기교가 잔뜩 들어간 구절이 포함된 노래를 선호한다. 그러나 수컷과 달리 복잡한 구절에 대한 선호도는 발달 과정 초기의 스트레스 요인에 의해 방해받지 않는다(Woodgate et al. 2011). 이와는 대조적으로, 많은 기교가 필요한 노래에 대한 선호도는 발달 과정 동안에 그러한 노래를 듣지 못할 경우 제대로 형성되지 않는다(Chen et al. 2017). 따라서 수컷의 노래에 대한 암컷의 선호도를 구성하는 적어도 일부 요소들은 발달 과정 동안에 영향을 받을 수 있으며, 암컷의 청각 체계의 각기 다른 부분이 노래 학습과 관련하여 다양한 수준의 발달 가소성을 가지고 있다.

여러분이 이 시점에서 의심 없이 알 수 있는 바와 같이, 학습된 새소리와 관련된 적응적 가능성이 많이 있으며, 따라서 이 주제가 매우 창의적인 연구자들을 계속해서 끌어들이는 것은 놀라운 일이 아니다. 새는 자연에서 쉽게 관찰할 수 있을 뿐만 아니라, 야생과 실험실 모두에서 실험에 순응할 수 있다. 따라서 야생에 사는 동물의 관찰 및 기록과 현장 및 실험실에서의 조작실험을 결합함으로써, 행동생물학자들은 학습된 노래의 적응적 결과에 대한 더 나은 이해를 얻고 있다. 이 책 전체에서 관찰과 실험을 병행하여 명시적 가설(궁극 가설뿐만 아니라 근접 가설 역시)을 검정하는 작업은 계속해서 강조될 것이다.

노래하는 새에 대한 통합적 연구

우리는 새의 노래 학습에 대한 근접 원인과 궁극 원인에 대해 알려진 것 가운데 단지 일부분만을 검토했다. 일부 종의 수컷 새가 노래를 왜 학습하는지에 대한 하나의 질문에 많은 가설들이 존재한다는 사실에서 알 수 있듯이, 한 분석 수준만 보더라도 경쟁하는 가설의 숫자가 매우 많아 어쩔 줄 모르게 만든다(가설 2.2 참조). 그러나 여기에서 우리가 다시 돌아보아야 할 중요한 요점은 행동의 근접 원인과 궁극 원인은 상호 보완적이며, 서로에 대해 정보를 제공한다는 것이다. 우리가 이미 제공한 사례 이외에도, 두 가지 다른 수준의 분석을 고려하는 것이 어떻게 양쪽 모두에게 정보를 제공해 주는지에 대한 또 다른 중요한 예로는 수컷과 암컷이 노래 학습이 일어날 때 동일한 뇌 영역을 사용하는지에 대한 질문이다. 많은 종에서 암컷은 수컷보다 HVC가 훨씬 작기 때문에, 이 뇌 영역이 어느 한쪽 성에서 노래에 대한 인지 활동을 한다고 보기에 적당하지 않다(MacDougall-Shackleton 2011). 실제로 이 부분은 노래의 인지에 유용하지 않다. 암컷 금화조에서 HVC의 손상은 노래에 대한 인지를 바꾸지 않았지만, 꼬리측 신선조체(CMM)의 손상은 노래의 인지에 변화를 가져왔다(MacDougall-Shackleton et al. 1998). 따라서 노래 학습의 기초가 되는 기능적 이유(성선택 가설 가운데 암컷 선호에 초점을 맞춘 설명 등)를 고려해서 연구진은 어떤 뇌 영역이 관련될 수 있고 어떤 부분이 관련 없는지 예측할 수 있었다.

이 책의 전체적인 내용에서 볼 수 있듯이, 행동에 관한 질문에 접근할 때 동시에 여러 수준의 분석을 고려하는 것은 중요하고 설명을 풍부하게 해준다. 우리는 궁극적인 측면에서, 마린과 버클리 출신의 흰정수리북미멧새 수컷이 왜 조금씩 다른 노래를 부르는지 이해하고 싶다면, 노래 조절 메커니즘이 어떠한 발달 과정을 거치는지 그리고 그러한 메커니즘이 어떻게 작동하는지 이해해야 한다는 것을 보여주었다. 수컷은 유전적으로 암컷과 다르다는 사실은 서로 다른 유전자–환경 상호작용이 수컷과 암컷의 배아 단계에서부터 일어날 것이라는 점을 분명하게 한다. 그럼에도 수컷과 암컷 모두 노래를 학습하거나 노래에 대한 선호도를 발달시키는 방법에서 비슷한 점을 보인다. 유전자–환경 상호작용에서 비롯되는 유전자 활동과 단백질 산물의 차이에 이르기까지 단계적으로 이어지는 효과는 새의 뇌와 신경계를 포함한 새 몸의 모든 부분의 조립에 영향을 미친다. 전문화된 하위 체계와 신경핵을 가지고 있는 흰정수리북미멧새 수컷의 두뇌가 경험에 대응할 수 있는 방법은 수컷의 발달 과정을 거치면서 일어나는 경로(그리고 환경)를 따라 결정된다. 수컷 참새는 성조가 되면, 크고 고도로 조직화된 노래 조절 체계를 가지게 되는데, 이 체계가 가진 생리학적 특성이 수컷 참새로 하여금 독특한 종류의 노래를 만들 수 있게 한다. 수컷이 노래하는 학습된 방언은 발달 과정의 역사와 두뇌의 작동 규칙 모두가 개입된 과정의 발현이며, 이는 암컷이 노래 선호도에 있어서도 마찬가지이다.

그러나 방언의 차이를 만들어내는 흰정수리북미멧새의 근접 수준의 차이들은 진화적 과정을 통해서 나타나기 때문에, 우리는 궁극적인 관점 또한 고려해야 한다. 과거에 오늘날의 수컷으로 이어지는 혈통의 수컷은 다른 노래 조절 체계를 가졌었으며, 따라서 방언을 정확하게 부르도록 학습하는 능력에 있어서도 차이가 있었다. 이러한 차이들 중 일부는 의심할 여지 없이 유전적이었는데, 만일 수컷들 사이의 유전적 차이가 방언을 획득하는 차이, 이에 따른 배우자로서 가치 차이 또는 경쟁자 수컷에 대처하는 능력의 차이로 전환되었다면, 선택은 더 큰 번식 성공과 관련된 속성이 늘어나는 것으로 귀결되었을 것이다. 다음 세대에 가장 큰 유전적 기여를 한 수컷은 그 세대의 구성원들 내에서 유전자–환경 상호작용의 발달 과정에 참여할 수 있는 유전자를 더 많이 공급했을 것이다. 그러한 개체의 유전적 속성은 매 세대의 자연선택마다 유전적 성공을 증진시키는 능력의 측면에서 다른 개체의 유전적 속성과 겨루게 될 것이다. 실제로, 새와 인간의 노래 학습의 수렴진화를 증명하는 연구에서는 새들의 노래 학습에 영향을 미치는 유전자의 일부가 언어를 말하고 학습하는 우리의 능력에도 영향을 미친다는 것을 시사한다. 다시 말해서, 인간의 말하기를 형성하는 데 작용했던 힘은 새의 노래를 형성하는 힘과 아주 유사하다. 그러므로 행동의 근접 원인과 그에 대한 궁극 원인을 연결하는 선택적 과정은 시간의 축에서 끝없는 소용돌이로 귀결된다. 이 책의 이어지는 장에서는 이러한 연결과 과정에 대해 자세히 논의할 것이다.

요점

1. 다른 개체군의 새는 같은 노래이지만 뚜렷하게 구별이 가능한 여러 형태로 부르는데, 이를 방언이라고 한다. 새가 어떻게 다른 방언을 학습하는지 이해하기 위해서, 우리는 새의 노래 학습에 대한 근접 가설과 궁극 가설 모두를 조사해야 한다.

2. 몇몇 조류 종에는 방언의 기초가 되는 유전적 차이에 대한 증거가 거의 없는 듯하다. 대신에, 어린 새는 발달 과정 동안의 민감기에 뚜렷하게 구별되는 노래를 학습하는 것으로 보인다. 다른 수컷의 소리를 듣는 경험은 어린 수컷 새가 자신의 적절한 노래를 학습하는 데(그리고 젊은 암컷이 그 노래에 대한 선호도를 학습하는 데) 매우 중요하다. 나아가, 많은 조류 종에서 사회적 상호작용은 이 중요한 학습 시기 동안 두뇌의 발성 학습과 신경 발달을 강화한다.

3. 노래 학습의 기간 동안, 신경핵이라고 불리는 뇌의 구별되는 뉴런 다발이 결정적인 역할을 한다. 상위 목소리 중추의 중심핵(high vocal center nucleus), 즉 HVC는 수컷의 노래 학습에 특히 중요하다. HVC는 노래를 학습하는 종의 수컷이 그렇지 않은 수컷보다 더 크며, 많은 종에서 수컷이 암컷보다 더 크다.

4. 대부분의 새가 노래를 부르지만, 23개 목(order) 가운데 3개 목(벌새, 앵무새, 명금류 노래새) 만이 노래를 학습하는 종을 포함한다. 이 3개 목은 발성 학습을 하는 공통조상을 공유했을 가능성이 있다. 더욱이 인간과 새는 (분명히 관련이 없지만) 발성 학습을 관장하는 신경회로가 아주 유사한데, 다수의 유전자에서 수렴진화한 분자 변화를 수반하고 있다.

5. 발성 학습이 왜 적응적인지를 설명하기 위한 몇 가지 가설이 있으며, 이 모든 가설은 음향 환경, 사회적 환경 그리고 생태적 환경과 관련되어 있다. 여기에는 지역 환경에 대한 음향적 적응, 집단 내 이웃이나 동맹인 개체에 대한 인식, 집단 내 정보 공유, 배우자 선택 또는 수컷–수컷 경쟁, 구별되는 방언을 통한 지역 적응 증진 등이 있다.

안내 웹사이트

ab11e.com/uk에서 토론 질문과 모든 시청각 동영상을 확인하시오.

CHAPTER

3

행동의 발달과 유전적 기초

제1장에서는 행동의 근접 그리고 궁극 원인들에 대한 논리를 소개하였고, 제2장에서는 동물의 행동을 어떻게 근접에서 궁극 수준으로 또는 반대 방향으로 체계적으로 연구할 수 있는지에 대한 예시를 제공하였다. 다음 몇몇 장을 통하여 우리는 근접 수준에 초점을 맞추어 분석하고, 이것이 바탕이 되어 나중에 궁극 수준에서의 토론이 가능하도록 하는 기회를 제공하고자 한다. 앞에서 근접 원인을 두 가지의 구분된, 하지만 완전히 분리되지는 않는 요소들, 즉 발달의 요소 그리고 기계적 요소로 나누었던 것을 기억하기 바란다. 동물의 행동을 포괄적 관점에서 연구하기 위해서는 여러 단계에서의 분석들이 필요한데, 이는 틴베르헨(Tinbergen's)의 4가지 질문에 차례로 답하는 과정을 통해 가능하다는 것을 또한 기억하기 바란다. 근접 수준의 자료들을 가지고서도 종합화 과정이 가능하다. 예를 들면, 특정 행동을 관장하는 유전자의 활성은 발달 과정 중 종종 바뀔 수 있다. 이 장에서 우리는 행동의 발달에 대한 기초 지식을 제공한 후, 개체의 발생 과정 중에 유전자가 하는 역할, 유전자 발현과 환경의 역할 등을 단계적으로 논의하고자 한다. 여러 범주의 동물의 행동들, 즉 섭식 행동에서 이주, 그리고

Chapter 3 opening photograph courtesy of Solvin Zankl/Minden Pictures.

사회적 행동 등의 발생학적 그리고 유전학적 기초를 학습하다 보면 나중에 이 책 뒷부분에서 자주 인용되는 궁극적 사고가 필요하다는 것을 느끼게 될 것이다.

세상 어느 곳에 있든지 누구나 아침 일찍 일어나면 새가 노래하는 소리를 듣고는 한다. 제2장에서 다루었듯이, 유전자가 새 소리의 발달에 일차적으로 관여하겠지만 그 발달 과정에 유전 정보만이 기여한다고 보기는 어렵고, 비유전적 환경 요인도 적지 않은 기여를 한다. 예를 들면, 난황의 비유전적 물질에서 호르몬이나 세포의 생산과 다른 세포로의 전달 과정에서 기능을 하는 화학 분자들, 아기 새들이 같은 종 수컷의 소리를 들었을 때 발생하는 감각 신호들, 이제 막 성체가 된 젊은 수컷이 주변에 영역을 가진 수컷과 상호작용을 할 때 생겨나는 신경 활성 등 그 모든 것이 영향을 미친다고 볼 수 있다. 게다가 이런 환경적 그리고 생태적 요인들이 새 소리에 영향을 줄 때, 특정 유전자의 발현이 시작될 수도 있고, 특정 유전자의 산물이 만들어져서 기능을 할 수도 있는 것이다. 예를 들면, 온대 지역에서 많은 조류종의 수컷은 자신의 영역을 방어하고 암컷을 유혹하기 위해 노래를 하는데, 이 소리들은 마치 하모니를 이루는 것처럼 새벽녘에 절정에 이른다. 새 소리는 행동생물학의 중심을 이루는 주제라고 할 수 있는데, 특히 유전 정보가 어떻게 변화하는 내적 그리고 외적 환경과 함께 작동하여 노랫소리를 발달시키는지는 연구진의 오랜 관심사였다. 외부로부터 오는 어떤 신호들, 예를 들면 낮의 길이나 먹이 풍부도에 따라 세포에서 몇몇 유전자가 켜지거나 꺼지는 상황이 만들어지기 때문에 유전자와 환경이 상호작용할 수 있는 것이다. 하나의 생명체에서 유전적 활성(발현)이 변화하면 세포 내 화학 반응이 변화하고, 이를 통해 호르몬과 같은 특정 유전자 산물의 분비에서 새의 명관으로부터의 소리 생성과 같이 생명체의 특성과 능력을 만드는 근접 메커니즘들이 생겨나거나 변화하게 된다.

발달 과정에서 유전자가 하는 역할이 의미하는 것은 개체들 사이의 유전적 차이가 근접 메커니즘들이 작동하는 방식의 차이, 즉 행동의 차이를 유발할 수 있다는 것이다. 개체들 사이의 행동적 차이는 적응도의 차이를 유발할 수 있고, 종국에는 후대에 자신의 유전자를 전달할 수 있는 능력의 차이를 만들게 된다. 이전 장에서 강조하였던 것처럼, 행동의 진화적 과정과 근접 요인들 간에는 매우 밀접한 관련이 있다는 것이다. 이 관련성에 대해 다음 장에서 더 자세히 강조할 것이다. 이 장에서는 특별히 어떻게 유전자가 사회적 그리고 생태적 환경과 상호작용하여 특정 행동적 특징을 만들어 내는가를 집중적으로 다룰 것이다. 우리는 생의 초기 생활 환경이 행동 발달에 얼마나 중요한가를 강조할 것이다. 우리는 또한 발생진화학 혹은 이보디보(evo-devo)를 통해 유전 정보의 변화가 행동, 학습 및 인지의 진화 그리고 환경이 이러한 과정에 영향을 미치는 과정의 진화에 어떻게 작용할 수 있었는지에 대해서도 논의해 보려고 한다. 그러나 무엇보다도 어떤 형질들은 유전적으로 결정되고, 어떤 특징들은 환경적으로 만들어진다는 고전적으로 잘못된 사람들의 시각을 먼저 다룬다.

행동은 유전자와 환경의 작품이다

우리는 제1장에서 자연 선택의 개념을 소개하고, 행동 형질의 진화에는 관련 유전자의 변이가 필요하며, 특정 행동 형질이 선택되는 데에는 환경 요인들이 중요하다는 점을 밝혔다. 행동 발달 과정을 진화적으로 분석할 때, 만약 우리가 어떤 행동들은 유전성, 다시 말해 유전적으로 결정되기 때문에 진화하는 반면, 어떤 행동들은 학습되거나 환경적으로 결정되는 것이기 때문에 자연 선택의 영향을 전혀 받지 않는다는 이분법적인 설명을 한다면 더 이상 심도 있는 논의를 진행할 수가 없다. 이런 오해는 학습에 의해 나타나는 행동들이 많은 인간 연구에서 특히 흔하게 벌어진다. 수많은 인간의 행동들은 학습에 의해 나타나고 정교화되기 때문에, 사람들은 흔히 인간에서는 본성(nature, 즉 유전 정보)이 양육(nurture, 학습이 가장 중요한 문화적 환경에서의 성장)에 의해 지배된다고 말하고는 한다. 하지만 제2장에서 언급하였던 것처럼, 많은 동물이 학습할 수 있으며, 유전자가 만들어내고 유전자를 둘러싸고 있는 세포로 구성된 뇌가 없이는 바깥 환경에서 무엇인가를 배우는 학습이란 일어날 수 없는 행동이다. 우리 몸을 구성하는 모든 세포는 똑같은 유전 정보를 가지고 있지만 다른 기능과 역할을 수행한다. 우리 유전자의 활성과 세포로 입력되는 환경 정보가 결합하여 세포의 특별한 역할이 부여되는 것이다. 뇌의 세포들은 학습을 통해서, 우리가 바깥 환경의 감각 정보에 반응하도록 돕는다. 말하자면, 환경의 영향을 전혀 받지 않은 채 유전 정보에 의해서만 만들어지는 행동이 없듯이, 유전 정보의 어떠한 도움도 없이 환경적으로 결정되는 환경이란 없는 것이다(Dawkins 1982; Robinson 2004). 행동생물학자들 대부분이 동의하는 **발달의 상호작용 학설(interactive theory of development)**에서 행동 특징의 발달은 유전 정보와 환경적인 입력의 상호작용을 통해서 일어난다. 또한 유전자와 환경의 상호작용으로 행동이 발휘되는 것뿐 아니라, 행동의 진화 역시 이 둘의 상호작용으로 일어난다는 것을 명심해야 한다.

발달의 상호작용 학설

발달의 상호작용 학설을 가장 잘 보여주는 행동 성장 발달의 예 중 하나가 바로 일생의 시기에 따라 변화하는 꿀벌(*Apis mellifera*) 일꾼의 행동 역할이다. 일꾼 계급의 개체가 어린 성체가 되었을 때 일단 둥지 내에서 가장 먼저 시작하는 작업은 가장 미천한 작업이라고 볼 수 있는 청소이다. 시간이 지나면 어린 유충들을 먹이는 작업을 맡게 되고 점차 다른 성체들에게 먹을 것을 나누어 주는 일을 시작하게 된다. 태어난 지 3주쯤 된 성체는 밖으로 나가 꽃가루와 꿀을 수집하는 수렵이라는 중책을 맡게 된다(**그림 3.1**)(Lindauer 1961).

꿀벌 일꾼의 작업 행동이 발달하는 데 어떤 요인이 작용하는 것일까? 만약 행동 발달에 유전 정보와 환경 정보의 입력이 모두 필요하다면, 그 벌이 가진 수천 개의 유전자들 중 일부의 정보가 마치 표현형의 발달에 영향을 주는 방식으로 환경에 반응하는 것일 것이다. 다시 말해, 환경에 반응하여 몸 색깔이나 더듬이의 길이, 몸 속 호르몬의 양 등을 바꾸는 것과 마찬가지로 볼 수 있다. 만약 발달의 상호작용 학설을 그대로 적용한다면, 벌의 작업 행동이 청소에서부터 먹이 수집에 이르기까지 일련의 과정을 통해 변화하는 과정은 벌의 유전자와 변화하는 외부 환경 신호가 상호작용한 산물인 것으로 볼 수 있다. 유전자와 환경이 어떻게 상호작용하여 꿀벌의 작업 행동을 바꾸는지 그리고 특정 행동 발달을 만드는지

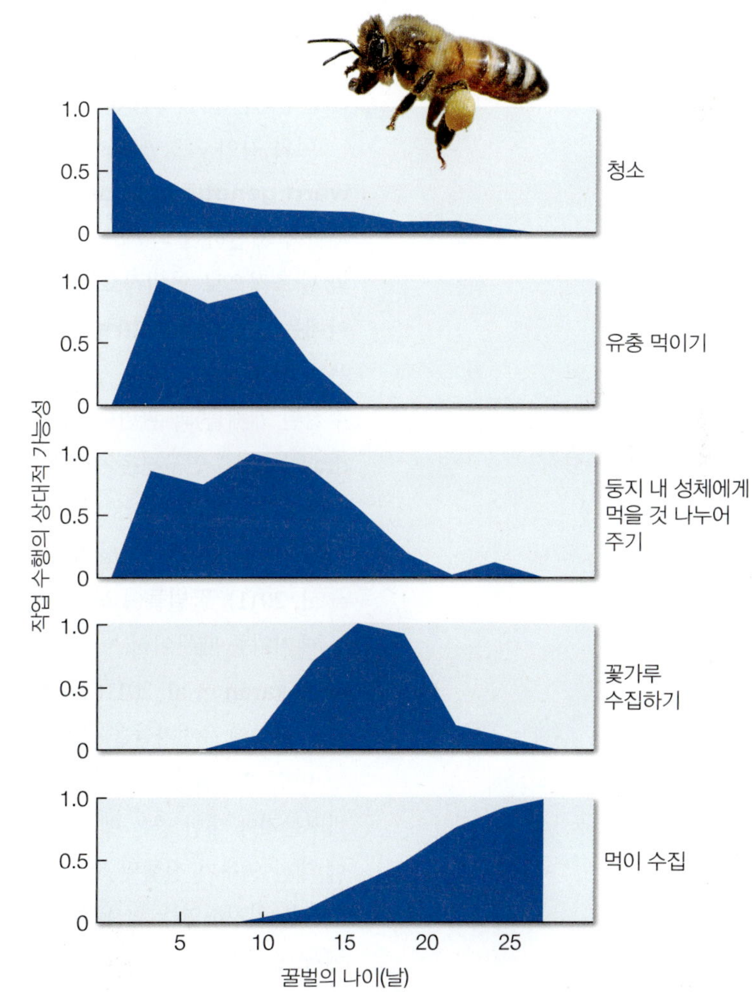

그림 3.1 꿀벌 일꾼의 행동 발달. 꽃가루를 모으는 행동 같은 꿀벌 둥지 내 작업의 종류는 그 일꾼의 나이와 관련이 있다. 작업을 하는 꿀벌의 연령 분포가 그림에 표시되어 있다. (After Seeley 1982; photograph © manfredxy/ShutterStock.)

제대로 이해하기 위해서는 먼저 가장 기본적인 분자생물학 원리를 다시 살펴볼 필요가 있다.

찰스 윗필드(Charles Whitfield)와 그의 공동 연구진은 둥지에서 유충이나 다른 개체들을 돕는 개체와 밖에서 일을 하는 개체의 유전자 발현 차이가 있는지 알아보기 위해 뇌 조직을 이용하여 마이크로어레이 분석을 시도하였다. 꿀벌에는 약 14,000개의 유전자가 있는데, 이들은 이 중에서 약 5,500개의 유전자 발현을 조사하여 비교하였다(Whitfield et al. 2003). 이들은 둥지 내에서 일하는 개체에서는 발현하지 않지만 밖에서 일하는 개체에서는 발현하는, 또는 그 반대로 발현하는 여러 유전자들을 찾아내었다. 실제로 조사된 유전자들 중 약 40%에서 이런 반대의 발현이 관찰되었다. 이런 유전자 발현의 차이는 상대적으로 어릴 때 둥지 내에서 일하다 좀 더 성장하면 둥지 밖으로 나가는 행동 변화와 상관이 있는 것으로 보인다(**그림 3.2**). 그러나 이러한 변화는 보통의 경우보다 둥지 안에서 일하는 개체가 빨리 밖으로 나가서 일을 해야 하는 상황에서도 벌어진다. 이는 밖에서 일하는 상대적으로 나이 든 개체들을 인위적으로 없애서 둥지 개체가 밖의 일을 맡도록 유도하는 과정에서 증명되었다. 이 결과로 꿀벌은 여왕과 그 자식들의 요구를 충족시키는 방식으로 자신의 역할 전환이 가능하며, 그러한 환경에 유전자가 매우 민감하게 반응한다는 것이 발견된 것이다. 이 경우에서 환경은 확실히 사회적인 것, 다시 말해 둥지의 사회적 구성이라고 볼 수 있다. 사회적 환경, 즉 일벌의 역할 비율이 바뀌면서 꿀벌들은 자기의 유전체가 주어진 시간에서 어떤 행동을 택하도록 하는 가변적인 본질을 이용하는 것이다.

이와 같이 특정한 표현형을 유도하는 유전자들을 찾아내는 것, 즉 **순유전학적 방식(forward genetic approach)**은 야생에서 다양한 종류의 활동을 하는 수백 마리의 꿀벌 개체들을 채집하여 뇌 세포에서 작동하는 유전자의 활성을 검사하는 수준까지 발전하였다[이와 대조적으로 인위적으로 특정 유전자를 조작하여 그 유전자의 표현형에서의 역할을 찾아내는 것을 **역유전학(reverse genetics)**이라고 한다]. 순유전학 방식으로 꿀벌 연구진은 특정 행동이나 행동 상태들(예를 들면, 목숨을 걸고 둥지를 지키기 위해 싸우는 상태에서 수집된 개체들)과 관련이 있는 수많은 유전자들을 찾아낼 수 있었다. 찬드라세카란(Chandrasekaran) 연구진은 수많은 유전자가 관련 기능을 갖고 있고, 하나의 네트워크 안에서 작동한다는 점을 발견하였다. 이들은 특히 몇몇 대상 유전자의 활성을 조절하는 단백질인 전사인자(transcription factors)를 생산하는 유전자들에 대해 연구하였다(Chandrasekaran et al. 2011). 꿀벌들이 보여주는 다른 종류의 행동들은 몇몇 특별한 전사인자들이 발생시키는 메커니즘 때문이며, 이 전사인자는 뇌의 특정 유전자의 활성을 높이거나 억제한다(Chandrasekaran et al. 2011, Fernald 2011). 게다가 일부 전사인자는 꿀벌의 행동을 직접 관장하는 신경계 유전자들을 조절하는 데 관여하기도 한다.

이런 결과들은 꿀벌의 사회적 환경이 어떻게 유전자 발현에 영향을 미쳐서 행동 역할을 바꾸는지에 대한 좋은 예를 제시한다. 꿀벌의 유전자가 생태적 환경 변화에 반응하는 경향성에 대한 연구가 진행된 적도 있는데, 이 연구에서 꿀벌 개체가 둥지에서 멀리 떨어진 곳까지 왔음을 인지하면 뇌의 유전자 발현에 차이가 생긴다는 것을 밝혔다. 꿀벌 수렵 개체가 둥지에서 어떤 장소로 이동하여 꿀을 들이마신 뒤 되돌아갈 때, 자신의 망막을 통해 지나쳐 간 물리적 환경들을 인지하여 거리에 대한 감을 가진다. 연구진은 세로로 줄을 그은 통로를 꿀벌이 통과하도록 함으로써 실제 이동한 거리보다 더 먼 거리를 이동한 것으로 개체가 착각하도록 만드는 실험을 고안하였다(Sen Sarma et al. 2010). 이 실험을 통해 꿀벌들이 같은 거리

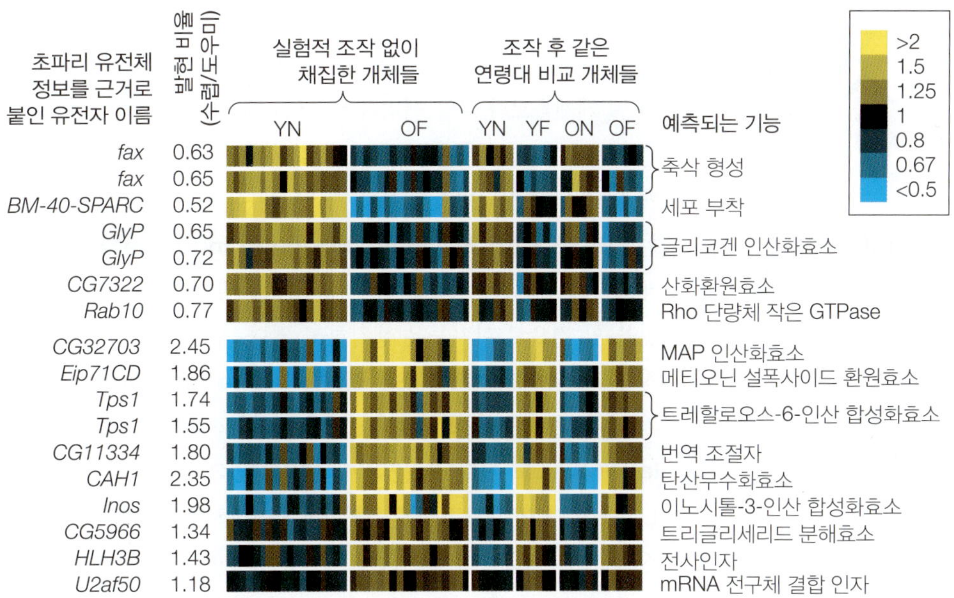

그림 3.2 유전자 활성은 둥지 내에서 일하는 꿀벌과 밖에서 일하는 꿀벌 간 행동 차이를 유발할 수 있다. 각각의 작은 막대는 특정 유전자에서 한 개체의 꿀벌의 유전자 발현 기록을 나타내서, 조작이 없는 또는 있는 무리들 간의 비교가 이루어질 수 있도록 하였다. 안에서 일하는 도우미 개체와 밖에서 일하는 수렵 개체 사이에서 뚜렷한 차이를 보이는 17개 유전자가 선택되었다. 이들 17개 유전자는 모두 초파리(*Drosophila*)에서도 발견되는 것들이다: 초파리에서 이들 유전자의 기능이 이미 밝혀졌고, 이 그림에서도 그것에 따라 표시되었다. 수렵 개체의 유전자의 발현 정도를 도우미 개체의 발현 양에 대해 상대적으로 표시를 하였는데, 상대 발현 정도가 아주 높은 경우(> 2)에서부터 낮은 경우(< 0.5)까지 색깔로 구분을 해 놓았다; 오른 편에는 각 색깔이 나타내는 것에 대한 표시가 있다. 왼쪽에는 조작이 전혀 이루어지지 않은 무리의 어린 도우미 개체(YN, young nurses)와 성장한 수렵 개체(OF, old foragers) 간 유전자 발현의 비교를 나타내었다; 오른쪽에는 인위적으로 둥지 밖의 수렵 개체나 안의 도우미 개체의 수를 줄여 나이가 어린 수렵 개체나 나이가 많은 도우미 개체를 만든 다음, 나이 어린 도우미(YN)와 수렵 개체(YF, young foragers) 간 그리고 나이 많은 도우미(ON, old nurses)와 수렵 개체(OF) 간의 비교를 나타내었다. 발현 비율(F/N)은 각 유전자 별로 수렵 개체의 발현 정도를 도우미 개체의 발현 정도로 나누어서 산출하였다. (After Whitfield et al. 2003, © 2004 by the American Association for the Advancement of Science.)

를 이동하지만 하나의 무리는 줄이 그어진 통로를 통과하기 때문에 멀리 이동했다고 착각하도록 만들고, 또 다른 무리는 줄이 없는 통로를 통과하여 많이 이동하지 않았다고 여기도록 만들었다. 그런데, 이 두 무리의 뇌에서 유전자 발현의 양상은 판이하게 다르게 나타났다. 이로 미루어 이동 거리를 인지하는 것에 따라 개체가 준비하는 행동은 다르고, 결국 뇌에서 유전자 발현이 달라진다는 것이 입증되었다.

이러한 꿀벌 연구 결과물들은 사회적 그리고 생태적 환경이 생동 발달과 뇌 기능에 얼마나 중요한지를 보여준다. 실제로 환경 요인들은 생명체의 유전자 발현에 핵심적일 수밖에 없다. 왜냐하면, DNA 정보가 mRNA로 전달되면, 어떤 것들은 유전자 발현을 조절하는 전사인자가 되고, 어떤 것은 핵 밖으로 나와 세포질의 조립 기구에서 기능이나 구조적 역할을 하는 단백질이 되는데, 이 과정에서 사용되는 분자 재료는 모두 외부 환경에서 공급되는 것들이기 때문이다. 게다가 세포 내 환경은 생산될 생명체 구성분의 전구체를 가지고 있다. 꿀벌의 경우에서, 이런 물질들은 궁극적으로 여왕이 알을 낳기 직전까지 섭취하였거나 가지고 있는 것과 유충이나 알을 낳는 성체가 먹는 꿀과 화분 같은 것에서 만들어진다. 발달 과정을 앞두고 흡수되는 물질들은 유전자의 활성을 변화시킬 수 있는 역할을 하며, 차례로 일련의 생화학적 반응을 통해 뇌의 발달이 이루어지고 꿀벌의 변화된 행동으로 나타난다.

가장 대표적인 이러한 산물들 중 하나가 바로 로얄 젤리(royal jelly)이다. 이것은 물과 단

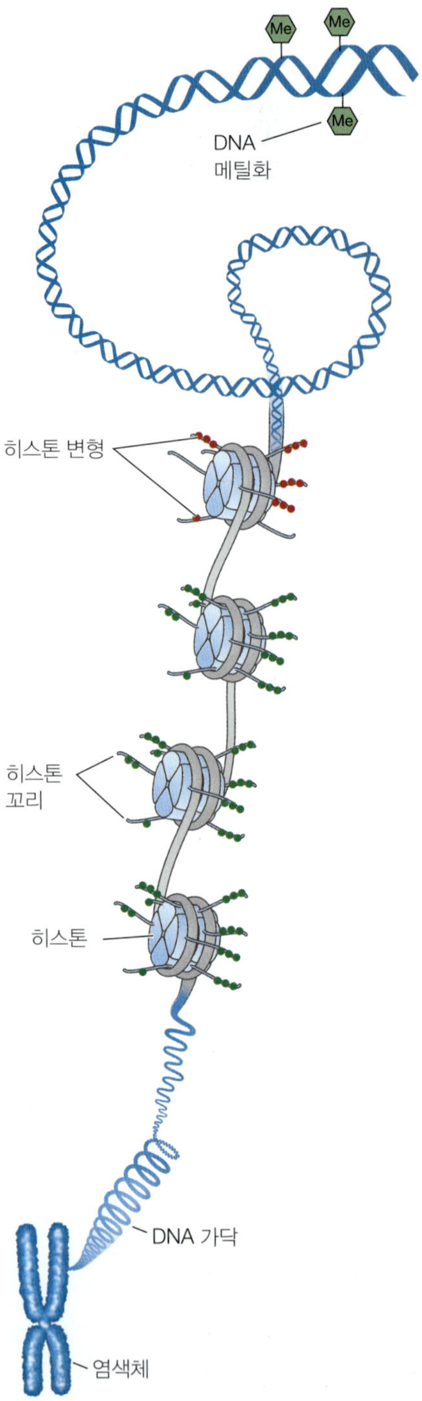

그림 3.3 후성유전적 변화. DNA 가닥은 히스톤 단백질의 주변을 단단하게 감고 있다. 이 단백질이나 DNA 자체에 화학적 그리고 물리적인 변화가 생기면(히스톤 변형이나 DNA 메틸화) DNA의 발현에 영향을 줄 수 있다.

백질, 당 그리고 지방산으로 구성된 일벌의 특별한 분비선에서 만들어지는 것으로 자라는 유충이 먹게 된다. 유충 중 훗날 여왕이 될 운명을 가진 개체는 수벌이나 일벌이 될 개체들보다 로얄 젤리를 좀 더 오랜 기간 먹는다. 로얄 락틴(royal lactin)은 벌을 여왕으로 발달시킬 수 있는 핵심 단백질이다. 그렇다면, 이 하나의 단백질이 어떻게 유전체 발현의 변화를 통해 자라나는 유충의 형태와 행동 발달에 영향을 줄 수 있는 것일까? **후성유전적 변화(epigenetic modification)**, 다시 말해 DNA의 뉴클레오티드 염기 서열 변화 없이 유전체에 생기는 구조적인 변화가 이러한 과정에 역할을 할 것으로 학자들은 생각하고 있다. 후성유전적 변화는 히스톤 단백질의 화학적 물리적 변화[소위 **히스톤 변형(histone modification)**이라고도 한다], DNA가 감기는 구조의 변화, DNA 염기의 화학적 변형[소위 **DNA 메틸화(DNA methylation)**라고도 한다] 등을 의미한다(**그림 3.3**). 히스톤 변형과 DNA 메틸화 모두 DNA에 대한 분자적 접근 가능성을 변화시킨다. 따라서 변형이 일어난 부위의 유전자 발현이 달라질 수 있는 것이다. 꿀벌에서 특정 부위, 특히 CpG 부위[구아닌(guanine)이 시토신(cytosine)과 연달아 나타나는 곳]에 일어나는 DNA 메틸화[메틸기(methyl group)가 공유적으로 추가가 되는 현상]가 행동 발달에 영향을 주었다는 연구 결과도 있다. 쿠차르스키(Kucharski) 연구진이 작은 RNA 조각을 이용하여 특정 유전자의 발현을 막는 실험인 RNA 간섭법(RNA interference, RNAi)을 이용하여 DNA 메틸화를 조절하는 DNA 시토신-5-메틸 전이효소(DNA cytosine-5-methyltransferase, Dnmt3)를 억제하였더니, 마치 로얄 젤리를 오랫동안 먹은 것처럼 유충이 성장하였다. 이 실험에서 Dnmt3 발현을 억제하면 성장하는 성체 중 70%가 여왕이 되었지만, 만약 이 유전자를 조절하지 않으면 80%는 일벌이 가 일벌이 되었다(**그림 3.4**).

이렇게 메틸화 조절 효소를 조작한 실험의 결과는 후성유전적 과정이 꿀벌의 여왕이나 일벌로의 분화에 관여한다는 점을 보여주었다. 어떤 유전자가 이런 분화를 야기하는 메틸화를 만드는 것일까? 이후의 연구에서 DNA 메틸화가 꿀벌 유전체 전반에 걸쳐 일어나며, 약 550개의 유전자에서 일벌과 여왕이 다른 메틸화 양상을 보인다는 점이 밝혀졌다(Lyko et al. 2010). 그러나 이후 다른 연구에서 여왕과 일벌의 분화시기에도 뇌에서 어떤 DNA 메틸화의 차이도 발견되지 않았다(Herb et al. 2012). 여왕과 일벌의 분화와 DNA 메틸화에 대한 연구 결과가 이처럼 일치하지 않는다는 결과가 나왔지만, 일벌들 간의 행동 발달 그리고 유전자 발현 차이에는 DNA 메틸화가 관여하지 않았을까? 허브(Herb)와 그의 동료들은 이 의문을 즉각 검증하였는데, 둥지 내 도우미 개체와 둥지 밖 수렵 개체 사이에는 DNA 메틸화 양상에 큰 차이를 가진다는 점뿐 아니라, DNA 메틸화를 조작함으로써 수렵 개체를 도우미 개체로 다시 되돌릴 수도 있음을 발견하였다(Herb et al. 2012). 이 연구 결과에서 DNA 메틸화가 꿀벌의 생활사를 반대로 만들 수도 있었기에, 후성유전적 변화가 꿀벌의 단계적 행동 발달 과정에 큰 역할을 한다는 점을 분명히 하였다.

성장 발달의 산물 중 대표적인 것 하나는 유생 호르몬(juvenile hormone)인데, 이 물질은 어린 도우미 일벌의 혈림프에는 매우 적은 농도로 존재하지만 나이가 많은 수렵 개체들에서는 꽤 높은 농도로 존재한다. 유생 호르몬은 곤충에서 발달과 성장, 생리, 생식 그리고 행동의 여러 면들을 관장하는 매우 중요한 호르몬 중 하나이다. 어린 일벌에게 이 호르몬을 처리하면 이 개체는 금방 조숙한 수렵 개체가 되지만(Robinson 1998), 이 호르몬을 분비하는 분비샘을 제거하면 꿀벌이 도우미 개체에서 수렵 개체가 되는 속도는 느려진다. 이 분비샘이 제거되었음에도 유생 호르몬 주사가 이루어진다면 다시 적절한 속도로 수렵 개체가 될 수 있다(Sullivan et al. 2000). 유생 호르몬 생산에 변화가 있다면 꿀벌의 발달 과정에 변화가 수반될 수 있다는 점이 분명해졌는데, 사실 호르몬은 많은 다른 동물의 발달 과정에 큰 영향을 미친다. 제5장에서 논의할 것이지만, 테스토스테론이나 에스트로겐 같은 척추동물 생식 호르몬이 보통 포유류 암컷과 수컷 간 생식 행동 차이를 일으키는 신경 메커니즘 작동에 밀접하게 관여한다(Levine and Mullins 1966).

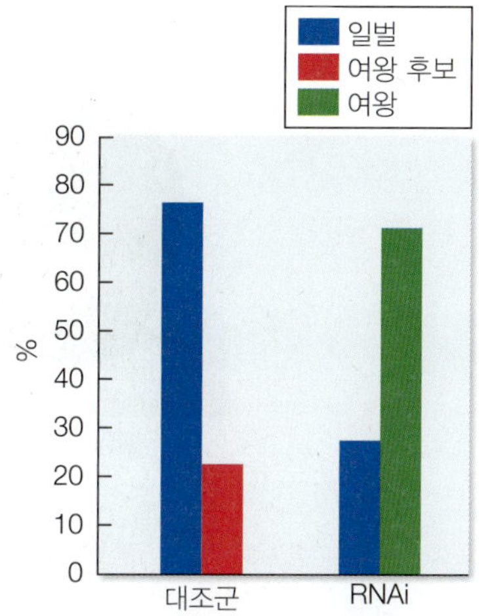

그림 3.4 DNA 메틸화에 영향을 주는 유전자를 억제할 때 꿀벌의 카스트(계급) 발달에 영향을 줄 수 있다. 알에서 막 탈피한 유충에 DNA 메틸화를 조절하는 효소인 DNA 시토신-5-메틸전이효소(DNA cytosine-5-methyltransferase, *Dnmt3*)를 억제하는 간섭 RNA(interference RNA)를 주사하였다. 대조군의 유충은 대개 일벌로 분화하였지만, *Dnmt3* 발현이 억제된 유충은 여왕이 되는 경향이 컸다. (After Kucharski et al. 2008.)

앞서 언급한 꿀벌의 예에서 어느 정도 언급한 내용이지만, 꿀벌의 호르몬 생산은 사회적 환경에 반응한 결과이기도 하다. 만약 연구진이 꿀벌의 일벌 무리를 인위적으로 일관되게 같은 나이의 어린 개체들로 구성한다면, 몇몇 개체는 일반적으로 알려진 시간보다 오랫동안 도우미 역할을 수행할 것이고, 몇몇 개체는 2주 이상 빨리 수렵 개체가 될 것이다. 이런 개체 발달의 과정이 어떻게 일어날 수 있는 것일까? 아마도 밖에서 활동하는 수렵 개체가 없는 상황을 맞이하면 도우미 개체에서 수렵 개체로의 전환이 촉진될 것이다. 학자들은 인위적으로 높은 연령의 수렵 개체를 아주 어린 도우미 개체만 존재하는 무리에 추가시키는 실험을 하기도 하였다. 이 경우 도우미 개체에서 수렵 개체로 전환되는 속도는 매우 낮아진다(**그림 3.5**) (Huang and Robinson 1992). 나이든 수렵 개체의 이식에 의한 어린 개체와 나이든 개체의 상호작용으로 수렵 개체의 전환이 억제되는 효과가 생긴 것은 이 어린 개체가 수렵 개체로 전환하는 것이 그리 도움이 되는 상황이 아니기 때문이다. 이 억제는 아마 에틸 올레산염(ethyl oleate)의 역할인 것으로 보이는데, 수렵 개체들만이 이 물질을 만들어 위장의 한 부분에 저장한다(Leoncini et al. 2004). 둥지로 돌아오는 수렵 개체는 꿀을 둥지의 도우미 개체들에게 전달할 때, 이 에틸 올레산염도 전달한다. 더 많은 수렵 개체가 둥지에 있을 때 더 많은 도우미 개체가 이 화학물질을 전달받게 됨으로써, 그들이 수렵 개체 계급으로 전환되는 속도가 낮아질 가능성이 더 커지는 것이다.

이 꿀벌에 대한 연구 결과들은 사람들이 흔히 저지르는 오류, 즉 어떤 행동 표현형은 유전적으로 결정되고, 어떤 것은 그렇지 않다고 단정하는 것이 완전히 잘못되었음을 잘 보여준다. 일벌 수렵 개체들의 행동은 전적으로 유전자에 의해서만 결정되는 것이 아니다. 왜냐하면, 이 행동들은 말 그대로 꿀벌이 가진 유전자들과 사회적 그리고 환경 요인들과의 수천 가지 방식의 화학적 상호작용의 결과로 만들어지는 것이기 때문이다. 진 로빈슨(Gene Robinson)이 말했던 것처럼, DNA는 유전적 그리고 환경적 반응성이 있다는 표현이(Robinson 2004) 정말 딱 들어맞는다. 로열 젤리, 유생 호르몬, 에틸 올레산염 같은 환경 신호들은 유전자의 활성에 영향을 준다. 환경 요소들의 변화에 의

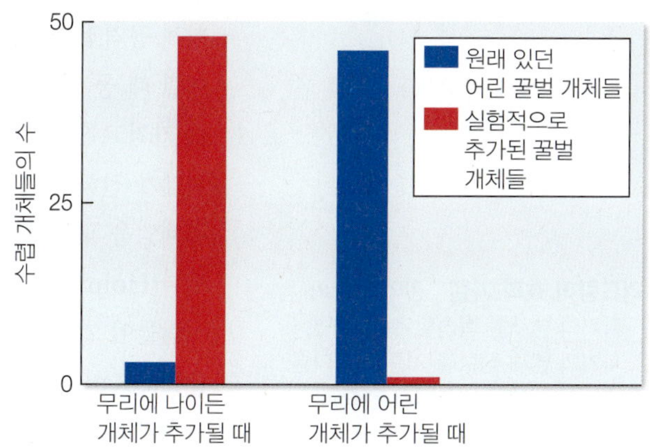

그림 3.5 사회적 환경과 꿀벌의 역할 분담. 한 실험에서 무리가 어린 일벌들(원래 있는 개체들)로 구성되어 있는 상황에서 나이 든 수렵 개체가 추가되면, 어린 개체는 웬만하면 수렵 개체로 전환되지 않는다. 그러나 어린 개체가 추가되면, 원래 있던 개체는 빠른 속도로 수렵 개체로 발달하게 된다. (After Huang and Robinson 1992.)

해 한 유전자가 켜지거나 꺼지는 것은 단백질 생산의 양과 방식에 영향을 주고, 이는 차례로 다른 유전자의 활성에도 영향을 미친다. 적절한 시기에 만들어지는 유전자와 주변 환경과의 잘 조화된 생화학적 반응들은 모든 종류의 형질을 만들어낸다. 어떤 형질이나 행동도 순수하게 유전적이거나 환경적이지 않다. 우리가 행동의 발생에 후생적 변화의 역할을 고려한다면 이러한 이런 오해는 더 이상 생기지 않을 것이다.

환경적 차이가 행동 차이를 유발할 수 있다

어떤 행동도 순수하게 유전적이거나 환경적이지 않다고 했지만, 유전적으로 혹은 환경적으로 달라서 행동의 차이가 나타나는 경우가 있다. 예를 들면, 비생식 쌍살벌(*Polistes*) 일꾼 계급 개체는 다른 일꾼 개체들을 만나도 공격성을 보이지 않으며, 도우미 개체로 무리 내에 머문다. 꿀벌의 경우와 마찬가지로 여왕이 될 개체들과 일꾼이 될 개체들 간에는 유전적 차이가 존재하며, 이와 관련된 이 관련 유전자는 영양이나 생식 과정의 각 단계들과 상호작용을 한다(Toth et al. 2007). 하지만 다른 둥지에서 온 일꾼이 이 무리에 들어오려고 하는 순간, 무리의 일꾼들은 이 외부 개체에게 공격적 행동을 취한다. 이 일꾼 개체는 무리의 성체들의 돌봄을 통해 자라난 같은 무리의 일꾼들이 내는 특이한 냄새를 인지할 수 있다(Gamboa, 2004). 제8장에서 다루게 될 내용이지만, 몇몇 쌍살벌 종들은 얼굴의 무늬에 의해 개체들을 인지할 수 있는데, 이 방식을 통해 다른 둥지에서 온 개체들을 정확하게 구분할 수 있다.

그림 3.6 벨딩땅다람쥐의 친족 인지. 분리되어 양육된 자매 사이는 분리되어 양육된 비형제자매보다 공격성이 훨씬 적다. 막대 그래프는 평균 및 표준오차를 나타낸다. (After Holmes and Sherman 1982; photograph © istock.com/4FR.)

냄새와 외모에 의해 같은 둥지의 친구에 대한 정보를 얻는 능력은 유전적 산물임에 틀림없다. 이는 벨딩땅다람쥐(Belding's ground squirrel, *Urocitellus beldingi*)에 대한 한 연구에서 분명하게 밝혀졌는데, 암컷의 갓 태어난 어린 자식을 다음 4가지의 방식으로 위치를 변경하였다: (1) 형제자매를 분리해서어 양육; (2) 형제자매를 같이 양육; (3) 형제자매가 아닌 개체가 따로 양육; (4) 형제자매가 아닌 개체가 같이 양육. 이들 자식이 자라나서 젖을 떼게 된 후, 한 장소에 각각의 방식으로 키워진 개체들을 서로서로 한 장소에 모아 놓고서, 상호작용하는 것을 관찰하였다. 대부분의 경우에서, 같이 키워진 동물은 형제자매가 아니더라도 같이 있는 것을 불편해 하지 않지만, 같이 양육된 개체가 아닐 경우 서로를 향해 공격적으로 반응한다(Holmes and Sherman 1982). 이 실험에서 어린 다람쥐 개체도 어릴 때 둥지에서 같이 지낸 개체들의 후각 신호에 대한 정보를 배우고 기억하는 뇌의 능력을 가지고 있는 것 같다. 그러나 따로 길러진 개체의 경우 생물학적 자매 관계이면 형제자매 관계가 전혀 아닌 개체보다 서로 덜 공격적으로 반응한다(**그림 3.6**). 이는 자기와 형제자매 관계임을 파악하는 방식이 어린 시절에 같이 보냈던 것에만 의존하는 것은 아니라는 뜻이 된다(Holmes and Sherman 1982). 아마도 다른 종류의 학습이 관여된 것으로 보이는데, 사람들이 가끔 비공식적으로 부르는 '겨드랑이 효과(armpit effect)'가 있는 것으로 보인다(Mateo and Johnston 2000). **겨드랑이 효과 가설(armpit effect hypothesis)**에 따르면, 개체가 그들 자신의 냄새를 인지한 후 이 정보를 다른 종류의 냄새를 가진 개체와 비교하기

겨드랑이 효과 가설 만약 개체가 자기의 냄새를 학습할 수 있다면, 자기의 냄새 정보를 기준으로 다른 개체의 냄새를 비교해서 친족과 비친족을 구분해 낼 수 있다.

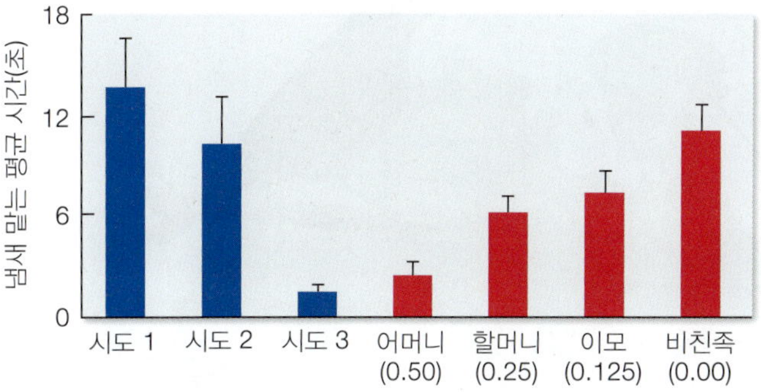

그림 3.7 벨딩땅다람쥐는 그들 자신의 냄새를 학습할 수 있다. 어린 땅다람쥐 개체들에게 그들 자신의 냄새가 묻어 있는 큐브 냄새를 맡도록 기회가 주어졌다. 같은 냄새에 대해 모두 3번의 기회가 주어졌다. 그들 자신의 분비선에서 나는 냄새에 대해 처음에는 매우 관심 있게 반응하지만(시도 1) 그 관심은 점차 떨어진다(시도 2와 시도 3). 이 개체들에게 다양한 유전적 관련성을 가지는 친족 개체들(어머니, 할머니, 이모), 유전적 관련성이 전혀 없는 개체들(비친족)의 냄새를 묻힌 큐브들을 제시하였을 때의 반응에 대해서도 관찰이 이루어졌다. 비친족 개체들에 비해 친족 개체들의 냄새에는 관심이 더 적었다. 괄호 안의 숫자는 유전적 근연도를 의미한다(제12장 참조). 막대 그래프는 평균 및 표준오차를 나타낸다. (After Mateo 2002.)

위한 기준으로 삼는다는 것이다(Holmes and Sherman 1983). 그리고 자기 냄새 정보를 이용하여 친족과 비친족을 구분할 수도 있다는 것이다(Hauber and Sherman 2001).

질 마테오(Jill Mateo)는 벨딩땅다람쥐를 이용하여 겨드랑이 효과 가설을 검증하고자 하였고(Mateo, 2002), 이 다람쥐의 입과 등 주변에 여러 가지 다른 냄새를 만드는 분비샘이 있다는 사실을 밝혔다(Mateo 2006). 이 다람쥐는 주기적으로 다른 개체의 입 주변의 분비선 냄새를 맡는데, 이는 마치 자기 자신의 냄새와 비교하며 냄새 정보를 획득하는 행동과도 같다. 마테오는 임신을 한 암컷 벨딩땅다람쥐를 포획해 실험실에서 키우며 태어난 어린 자식 개체에게 유전적으로 관계가 있는 개체들과 그렇지 않은 개체들의 등에 문지른 플라스틱 큐브들의 냄새를 맡도록 하였다. 사실 이 실험 대상 개체는 그들의 친족들을 전혀 만나지 못하도록 하였기 때문에 친족에 대한 냄새 정보를 전혀 가지지 못했다. 만약 이 실험 개체가 자기의 냄새가 어떻다는 것을 학습할 수 있고, 친족은 비슷한 냄새 신호를 가지고 있을 것이라고 가정할 때, 이 실험 개체는 냄새만으로 친족과 비친족을 구분할 수 있을 것이다. 이때 오랜 시간을 머무르며 냄새를 맡는다면 그 냄새에 특히 관심이 많다는 의미일 것이다. 아주 가까운 친족의 등에 문지른 큐브를 가져다 줄 때, 실험 개체는 대체로 간단히 냄새를 맡고 더 이상 관심을 보이지 않았다. 그러나 비친족 개체들의 등을 문지른 큐브에 대해서는 더 오랜 시간 냄새를 맡았고, 만약 그 비친족 개체들의 냄새를 완전하게 묻혀주면 그 실험 개체는 더 긴 시간 동안 냄새를 맡았다. 이로 미루어 볼 때, 벨딩땅다람쥐는 냄새 분석가라고 볼 수 있으며, 자기와 비슷한 냄새에는 큰 관심이 없지만 다른 냄새에는 관심있게 오랜 시간 검사한다고 볼 수 있다(**그림 3.7**). 이 연구를 통해서, 동물 개체는 친족임을 표시해 주는 특정 신호를 학습할 수 있고, 이에 따라서 개체들을 취급한다는 것을 알 수 있다(Mateo 2002).

유전적 차이가 행동 차이를 유발할 수 있다

많은 행동 차이가 환경 요인에 의해 만들어진다고 알려져 있지만, 유전적 차이가 행동의 차이를 유발하는 사례 또한 많이 알려져 있다. 하나의 예가 검은머리휘파람새(blackcap warblers, *Sylvia atricapilla*)의 연구에서 알려졌는데, 이 새의 어떤 개체는 남부 영국에서 겨울을 나지만, 더 남쪽으로 이동하여 아프리카에서 월동하는 경우도 있다(**그림 3.8**)(Berthold 1991). 월동 장소 결정 행동이 유전적으로 결정된다면, 영국 남쪽에서 겨울을 나는 야생 개체들의 자손은 어느 위치에 있든 겨울이 다가오면 영국 남쪽을 향해 이주하는 행동을 보일 것으로 예상된다. 베르트홀트(Peter Berthold)와 그의 연구진은 영국에서 겨울에 야생 검은머리휘파람새를 포획한 후 독일의 연구실로 옮겨와 실내에서 키웠다. 봄이 올 무렵, 야외 새 방

그림 3.8 검은머리휘파람새의 가을 이주 경로. 남부 독일과 스칸디나비아 지역에 사는 검은머리휘파람새는 남서부 스페인을 거쳐 더 남쪽으로 날아가 서부 아프리카에서 월동을 한다. 동부 유럽에 사는 검은머리휘파람새는 남동부로 이주한 뒤 더 남쪽으로 가서 동부 아프리카에서 월동을 한다. (Photograph © Rafa Irusta/Shutterstock.)

사장에서 개체가 짝짓기를 하도록 함으로써, 연구진은 단 한 번도 이주한 경험이 없는 개체들을 얻을 수 있었다(Berthold and Pulido 1994).

태어난 어린 개체가 몇 달 동안 자란 후, 연구진은 새 우리에 이 개체를 넣었다. 이 개체가 횃대에 연결된 전선에 묶인 채로 횃대에서 어느 방향으로 날으려 하는지를 기록하였다. 가을이 올 때 즈음 어린 개체는 점차 밤에 휴식을 취하지 않게 되었고, 마치 이주 준비를 하는 것처럼 이륙 행동을 반복하였다(**BOX 3.1**). 이 개체의 부모도 같은 우리에서 가을이 다가올 무렵부터 밤에 쉬지 않고 이륙 행동을 지속하였다. 연구진은 또한 굴뚝 모양의 새 우리의 바닥에, 만지면 흔적이 남는 종이를 빈틈 없이 붙이고 검은머리휘파람새를 이동시켰다. 이 새가 날아가려고 이 터널 우리 안에서 뛰어 오르고 다시 떨어질 때마다 종이에는 흔적이 남을 것이고, 그러한 흔적은 그 새가 가려고 하는 방향에 더 많이 남을 것이다. 베르트홀트 연구진은 성체와 어린 개체 모두를 실험하였고, 그 결과 새들이 서쪽을 향해 지속적으로 뛰어 올랐음을 알 수 있었다. 이 연구로 겨울철 영국에서 잡힌 개체는 서부 유럽, 즉 벨기에나 독일에서 서쪽을 향해 이주하려고 한다는 것을 알 수 있었고, 실제로 독일에서 표식을 한 뒤 날려 보낸 검은머리휘파람새가 영국에서 발견되었다는 사실에서 지지받았다. 가을에 남쪽을 향해 이주하는 검은머리휘파람새 부모의 자식도 비슷한 실험에서 같은 방향으로 이주하는 행동을 보여주었기에, 연구진은 이주 방향에 대한 행동 차이는 유전적인 차이의 결과임을 알 수 있었다(Berthold 1991).

그렇다면, 검은머리휘파람새의 이주 행동 차이를 만드는 데 어떤 유전자 부위의 차이가 작동을 한 것일까? 바트 켐페너스(Bart Kempenaers) 연구진은 여러 새 종들에서 이주 행동

BOX 3.1 자료 해석을 통한 행동 탐구

철새가 이주시기에 안절부절 못하는 행동

검은상딱새(black redstart, *Phoenicurus ochruros*)는 독일로부터 유럽 지중해 지역으로 비교적 짧은 거리를 이주하는 철새이다. 이 종과 매우 근연종인 상딱새(common redstart, *Phoenicurus phoenicurus*)는 독일로부터 약 5,000 km를 날아가 중앙아프리카에서 월동하는 새이다. **그림**에서 보듯 실험실에서 길러진 이 2종은 새들이 이주의 시기에 안절부절 못하는 행동의 기간에서 큰 차이가 나타난다. 이 2종의 잡종이 중간 정도의 기간 동안 안절부절 못하는 행동을 보인다는 점에서 이런 행동은 유전적으로 크게 영향을 받는다는 것을 알 수 있다.

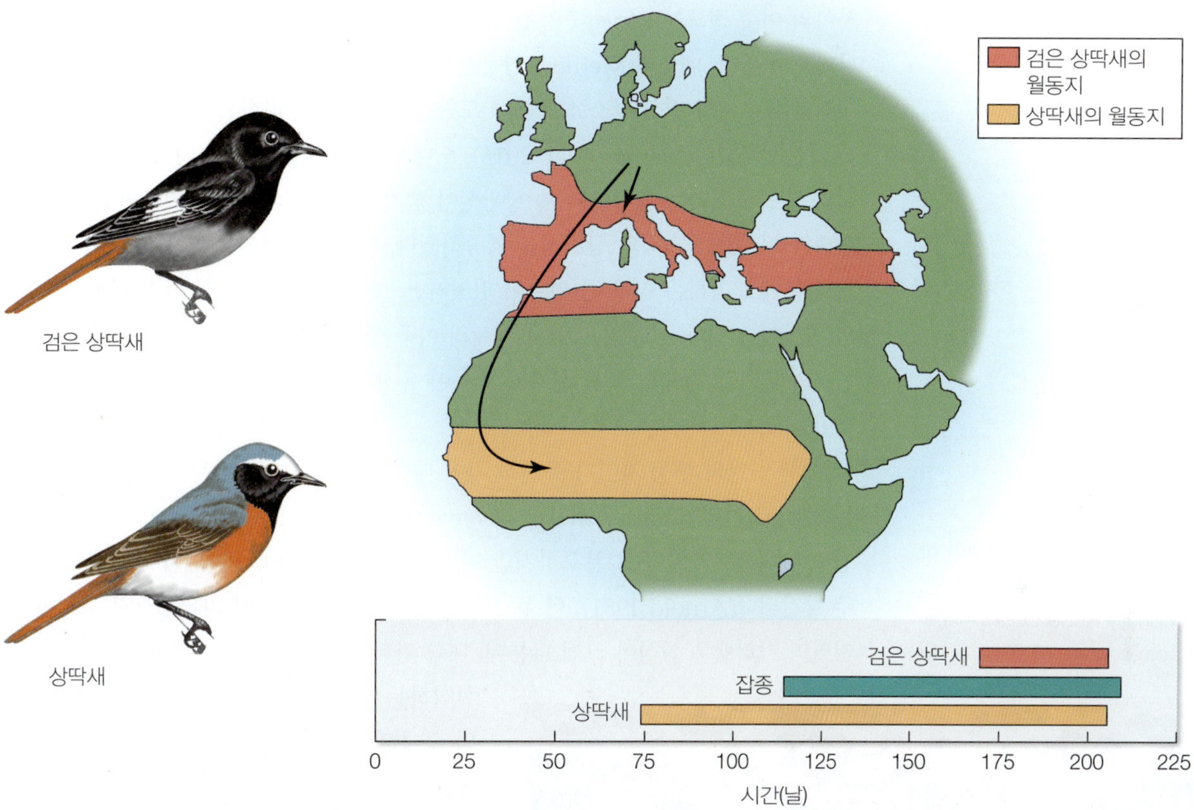

두 근연종 새들, 검은 상딱새와 상딱새의 이주 행동 비교. 여기 표시된 시간 단위는 둥지를 떠난 후의 기간을 표시한다(둥지를 떠난 날은 0일). 새들이 안절무절 못하는 시기가 막대 그래프로 표시되어 있다. (After Berthold and Querner 1995.)

생각의 틀 깨기

검은상딱새가 상딱새보다 이주시기의 밤에 안절부절 못하는 시간이 왜 더 적을까? 특정 종이 더 일찍 이주하거나 더 오랫동안 이주할 때 어떤 적응적 비용과 이득이 부여되는 것일까? 그렇다면, 특정 종이 이주하는 행동 그리고 관련 비용 및 이득을 측정하기 위한 하나의 연구를 설계해 보라. 이주의 기간과 겨울을 어디서 보내는가를 살펴보기를 권한다. 그리고 잡종 개체가 보여준 행동이 왜 두 부모 종의 안절부절 못하는 시간의 차이를 유발하는 것이 유전적 차이에 의한 것임을 증명해 주는가? 다른 유럽 조류종인 검은머리휘파람새의 이주 행동과 유전적 요인에 대한 내용을 읽어보고서, 상딱새류의 이주 행동 유전에 대해 어떻게 연구할 수 있을지 생각해 보아라. 여러분은 *adcyap1* 유전자 같은 특정 유전자의 기능에 대해 어떤 예측을 하는가?

에 영향을 미치는 후보 유전자들을 조사하였다(Mueller et al 2011). 검은머리휘파람새의 이주 행동에 영향을 미치는 중요한 유전자 중 하나는 아데닐산고리화효소 활성화 단백질 1(adenylate cyclase-activating polypeptide 1) 유전자(*adcyap1*)로, 이 유전자는 다양한 방식으로 생리적 메커니즘 및 행동 등에 영향을 미치는 신경 펩티드를 만든다. 검은머리휘파람새에서 이 유전자는 개체 간 또는 개체군 간 이주 행동의 차이를 만드는 데 관여한다. 개체 수준에서 남부 프랑스나 남부 독일의 개체군의 가을 이주 시기에 휴식 없이 분주해지는 행동은 *adcyap1* 유전자와 연관된 초위성체(microsatellite) 대립인자의 길이와 상관성이 있는 것으로 나타난다. 초위성체란 ACACAC(2염기 반복, dinucleotide repeat)나 CTGCTGCTG(3염기 반복, trinucleotide repeat)처럼 DNA 염기서열 반복이 일어나는 유전체 부위를 말한다. 반복 수는 종종 같은 종 내 개체들 간에도 차이가 나타난다. 개체군 수준에서 14개 개체군 사이의 이주 정도는 *adcyap1* 유전자의 유전적 분화와 어느 정도 상관성이 있는 것으로 나타나기도 하였다. 메틀러(Mettler) 연구진은 최근 초위성체 대립인자의 길이가 긴 개체는 거의 어김없이 유럽의 번식 장소에 초봄에 도착한다는 사실을 밝힘으로써, *adcyap1* 유전자의 역할을 재정립하였다(Mettler et al. 2015). 도대체 어떤 이유 때문에 이 초위성체 대립인자의 길이와 봄에 도착하는 행동 사이에 상관성이 생기는지 알 수는 없었지만, 연구진은 암컷의 날개 형태와 이 대립인자와의 상관성을 입증하였다. 대립인자 크기는 둥근 형태의 날개를 가진 암컷이 봄에 도착하는 것과 큰 연관이 있었지만, 뾰족한 날개를 가진 암컷에게서는 오히려 반대의 연관이 있었다. 날개의 모양이 철새의 이주 행동에 영향을 주는 것으로 알려져 있었고, 이 연구의 결과로 철새의 이주 시기와 행동이 유전자에 의해 결정된다는 사실이 비로소 입증된 것이다.

개체들 간의 행동 차이가 유전적 차이 때문에 기인한다는 것을 보여주는 또 다른 예가 있는데, 바로 가터뱀(garter snake, *Thamnophis elegans*)이 그 주인공이다. 이 종은 북미 서부 건조한 내륙지역에 주로 분포하지만 미국 캘리포니아 해안의 안개가 잘 끼는 지역에서도 자주 발견된다(Arnold 1981). 이 두 지역을 앞으로 내륙과 해안 가터뱀으로 구분하겠다. 이 두 지역의 가터뱀은 식성이 크게 다른데, 내륙 가터뱀은 호수나 개천의 물고기나 양서류를 주로 섭식하는 반면, 해안 가터뱀은 주로 캘리포니아 해안의 숲에 많이 번성하는 바나나민달팽이(banana slugs, *Ariolimax columbianus*)를 섭식한다(**그림 3.9**). 바나나민달팽이는 꽤 진한 점액을 분비하기 때문에 몸이 미끌거리는데, 이 점액에는 독성 물질이 포함되어 있다. 많은 포식 동물이 이 독성 때문에 바나나민달팽이를 잡아먹는 것을 꺼린다고 하더라도 가터뱀은 이 독성 물질에 큰 영향을 받지 않도록 진화되었다. 만약 해안 가터뱀이 이 달팽이를 좋아하는 선호성이 유전적인 것이라면, 이 해안 가터뱀은 유전적으로 내륙 가터뱀과 차이가 있다고 볼 수 있다. 이를 검토하기 위해서, 스티브 아놀드(Steve Arnold)는 임신한 암컷 뱀들을 해안과 내륙, 두 지역에서 포획하여 실험실로 옮긴 후에 동일한 조건에서 사육하였다. 암컷이 새끼를 낳았을 때(가

그림 3.9 해안에 사는 가터뱀이 바나나민달팽이를 잡아 먹으려는 순간. (Photograph by Robert Clay/Alamy Stock Photo.)

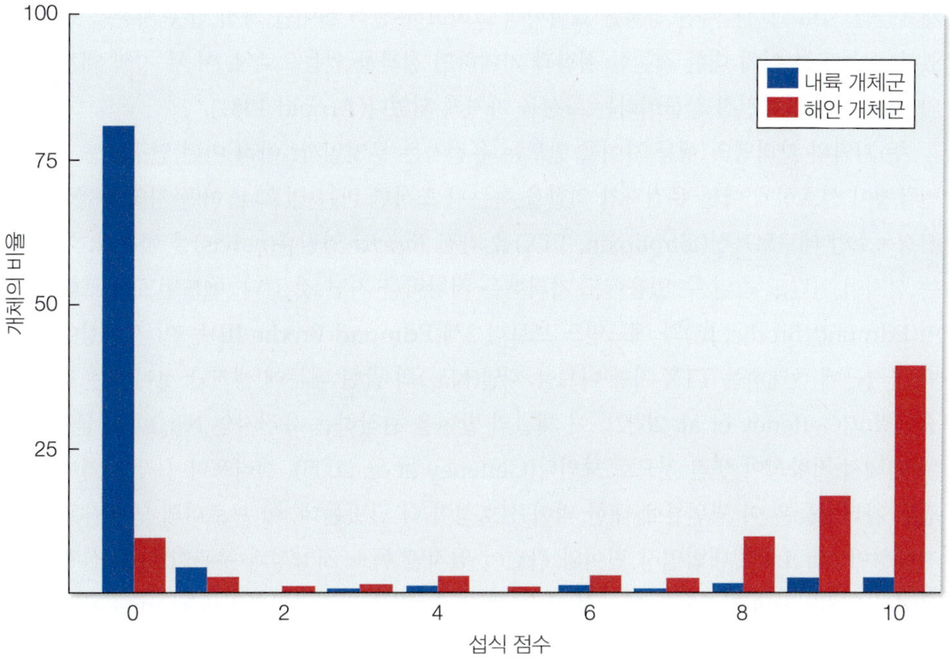

그림 3.10 막 태어난 가터뱀이 민달팽이 조각에 보이는 반응. 해안 개체군의 가터뱀 새끼들은 민달팽이를 본 적도 없지만 주어지는 민달팽이를 꽤 잘 섭식하였다(높은 섭식 점수: 섭식 점수가 10이라는 것은 10일 간 매일 주어지는 모든 민달팽이 조각을 다 먹은 경우이다). 내륙 개체군의 가터뱀 새끼들은 대부분 단 하나의 민달팽이 조각도 먹지 않을 정도로 민달팽이를 먹이로 선호하지 않는 것 같다. (After Arnold 1981.)

터뱀은 난생이 아니라 태생이다), 각 새끼 개체는 엄마는 물론 다른 형제자매와도 만나지 못하도록 별도의 분리된 공간에서 사육함으로써, 사회적 환경이 이 개체들의 행동에 영향을 미치지 못하게 하였다. 며칠 후 아놀드는 얼렸다가 막 녹인 바나나민달팽이 조각을 새끼에게 제공하여 먹게 하였다. 어린 해안 가터뱀은 대부분의 개체가 주어진 민달팽이를 잘 먹었지만, 내륙 가터뱀 새끼들은 먹지 않았다(**그림 3.10**). 하지만 해안과 내륙 두 개체군에서 완벽하게 민달팽이를 거부하는 개체들도 있었다.

아놀드는 최종적으로 태어나자마자 격리된 뒤 그 어떤 것도 먹이지 않은 가터뱀 새끼들에게 여러 먹이 생물들의 냄새를 맡도록 하였다. 이 새끼 뱀들은 면봉에 먹이 동물에서 짜낸 액을 묻혀 앞에 가져다주면 혀를 날름거리며 무엇인지 파악하려고 하거나 심지어는 먹으려고 공격하기도 하였다(**그림 3.11**). 뱀의 혀를 통해 입 안으로 들어간 화학적 냄새는 뱀 입천장에 있는 서골코 기관(vomeronasal organ)에서 분석되어 처리된 뒤 적절한 먹이인지 판단된다. 혀를 날름거리며 면봉을 1분 간 몇 번 쳤는지에 따라 냄새에 대한 반응성을 측정할 수 있다. 해안 개체군과 내륙 개체군의 개체들 모두 두꺼비 올챙이(두 지역 모두에서 먹이 생물이다) 액에 잘 반응하였다. 하지만 바나나민달팽이 액에 대한 반응은 두 지역 개체들 간 차이를 보였다. 거의 모든 내륙 개체는 민달팽이 냄새를 무시하였지만, 해안 개체는 매우 빠르게 혀를 날름거렸다. 모든 새끼 뱀들은 모두 같은 환경에서 사육되었기 때문에, 민달팽이 먹이를 좋아하는 정도나 냄새에 반응하는 정도의 차이는 유전적 차이에서 기인한다고 볼 수 있다. 만약 해안과 내륙 개체군들 간의 유전적 차이가 있다면 해안 개체군에 내륙 개체군과는 다른 대립인자들이 존재한다는 뜻이고, 만약 이 두 지역

그림 3.11 가터뱀이 혀를 날름거리며 면봉에 묻은 민달팽이 액을 감지하고 있다. (Photograph by Stevan Arnold.)

개체들을 서로 교미시키면 엄청난 표현형적 그리고 유전적 변이를 가진 잡종 자손을 얻을 수 있다. 아놀드는 이에 대한 적절한 실험과 기대하던 결과를 얻음으로써, 이 두 지역 개체들 간의 행동 차이가 유전적 산물이라는 확신을 가지게 되었다(Arnold 1981).

두 지역의 가터뱀의 행동 차이를 만드는 유전자는 무엇일까? 아직 어떤 연구자도 바나나민달팽이 선호성에 어떤 유전자가 역할을 하는지 조사한 바는 없으나, 어떤 지역의 가터뱀은 신경독소인 테트로독신(tetrodoxin, TTX)을 가진 *Taricha* 영원류(newts)를 먹는다. 이 독소는 심지어 인간도 죽일 수 있음에도 가터뱀은 저항력을 지닌 것 같다. 에드먼드 브로디 주니어(Edmund Brodie, Jr.)와 에드먼드 브로디 3세(Edmund Brodie III)는 이 저항성이 가터뱀 골격근에 존재하는 TTX-저항 나트륨 채널(Na_v)의 발현 때문에 생겨난 것이라는 것을 입증하였고(Geffeney et al. 2002), 이 채널의 발현을 관장하는 유전자인 $Na_v1.4$의 돌연변이로 인해서 저항성이 생긴 것으로 보인다(Geffeney et al. 2005). 캘리포니아 각 지역에서 채집된 가터뱀들은 이 영원류에 대한 먹이 선호성이 다 달랐는데, 이 브로디의 연구진은 TTX 저항성이 $Na_v1.4$의 대립인자 변이와 관련이 있지만 독소 저항성과 무관한 다른 신경 관련 유전자 대립인자의 차이와는 아무런 상관이 없다는 점을 발견하였다(Feldman et al. 2010). 같은 종이지만 다른 지역에 사는 가터뱀이 *Taricha* 영원류나 바나나민달팽이를 좋아하는 정도의 차이를 보이는 것은 아마도 $Na_v1.4$ 유전자의 차이 때문인 것으로 생각된다. TTX 저항성 변이는 가터뱀에만 존재하는 것은 아니며, 많은 다른 뱀들도 독소에 대한 저항성 변이가 존재한다. 브로디와 공동 연구진은 이 유전자의 TTX 저항성은 2개의 다른 채널 유전자인 $Na_v1.6$와 $Na_v1.7$에 돌연변이가 생긴 이후 지난 1,200만 년 동안 적어도 5번의 독립적 진화 과정을 통해 생겨난 것으로 간주하였다(McGlothlin et al. 2016). 종합해 볼 때, $Na_v1.4$ 유전자나 이와 비슷한 유전자에서 나타나는 차이에서 바나나민달팽이를 잘 먹을 수 있는 능력과 점액이 많은 먹이를 거부하는 행동이 생겼다고 볼 수 있다.

학습과 인지

땅다람쥐나 쌍살벌의 예에서 보았듯이, 어느 대상과의 상호작용을 위한 학습은 발달 과정의 핵심이다. 많은 동물에서 학습은 태어나면서부터 시작된다. 예를 들어, 동물은 태어나서 처음 보는 첫 번째 대상은 엄마 아니면 아빠이다. 이 시기가 매우 중요한데, 어린 개체는 초기 사회 상호작용을 시작하고, 나중에 적절한 교미 대상을 정확히 인지하고 찾는 것만큼 중요한 몇 가지들을 학습한다. 학습하는 능력이 발달하는 것을 소위 **각인(imprinting)**이라고 부르는데, 뇌의 특정 부위가 관여하며 유전자와 그 개체가 서식하는 사회 환경의 요소 간의 상호작용에 의해서 이러한 발달이 일어나는 것이다. 이에 대한 초기 연구 개척자였던 행동생물학자 콘라드 로랜츠(Konrad Lorentz)는 막 부화한 회색기러기(graylag geese, *Anser anser*) 새끼들에게 자신의 모습을 보여주는 방식으로 각인을 연구하였다. 이 새끼 기러기들은 엄마를 각인하기 보다 로랜츠를 각인하였으며, 그를 계속 졸졸 따라다녔다(**그림 3.12**). 심지어 수컷은 성체가 되었을 때, 인간에게 교미 선호성을 보이기까지 했다.

학습에는 유전자와 환경 둘 다 필요하다

어린 시기에 겪은 경험이 교미 대상을 찾거나 구애를 관장하는 회색기러기 뇌의 특정 부분에

그림 3.12 회색기러기의 각인. 이 어린 기러기들은 로랜츠를 각인한 뒤 그가 어디를 가든지 졸졸 쫓아다녔다. (Photograph © Nina Leen/Time Life Pictures/Getty Images.)

어느 정도의 변화를 만든 것 같다. 이런 각인의 효과는 소위 준비된 뇌 없이 나타난 것이다. 다시 말해, 사회적 신호 정보를 받아 유전자의 명령대로 뇌의 반응이 일어난 것이 아니었다. 다른 종들은 다른 양상의 각인 효과를 보인다는 점에서 각인에 유전적 효과가 얼마나 큰 가에 대한 보다 많은 정황 증거를 확보할 필요가 있다. 한 노르웨이 연구자는 푸른박새(blue tit, *Cyanistes caeruleus*)의 알을 박새(great tit, *Parus major*)의 둥지로 옮기고, 반대로 박새의 알을 푸른박새의 둥지로 옮기는 시도를 하였다. 이렇게 다른 종의 부모에게 양육된 새끼들은 자라서 번식할 시기가 되었다(**그림 3.13A**). 이들은 짝을 제대로 찾았을까? 다른 종의 양부모에게서 자라난 11마리의 박새 중 단지 3마리만 짝을 찾았고, 짝은 모두 박새 부모에게서 자라난 푸른박새였다. 다른 종의 양부모에게서 자라난 17마리의 모든 푸른박새는 짝을 찾았는데, 이들 중 3마리의 암컷은 푸른박새 둥지에서 자라난 박새였다(Slagsvold et al. 2002). 이들 두 종의 어린 개체는 어릴 때 키워준 부모 종의 모습을 각인하였고, 그것이 배우자 선택에 영향을 미쳤지만, 영향을 미치는 정도는 두 종간 큰 차이를 보였다. 연구진은 또한 푸른박새 부모의 양육으로 자라난 박새들은 모두 다른 종과 교미하였지만, 반대로 대부분의 박새 부모의 양육으로 자라난 푸른박새들은 같은 종의 배우자와 교미하였다는 점에 주목하였다. 게다가 박새와 같이 상호작용을 하는 푸른박새 암컷은 푸른박새 수컷과만 교미하였고, 이들이 낳은 모든 자식들은 잡종 없이 모두 푸른박새였다(**그림 3.13B**). 가끔 각인에 실수가

(A)

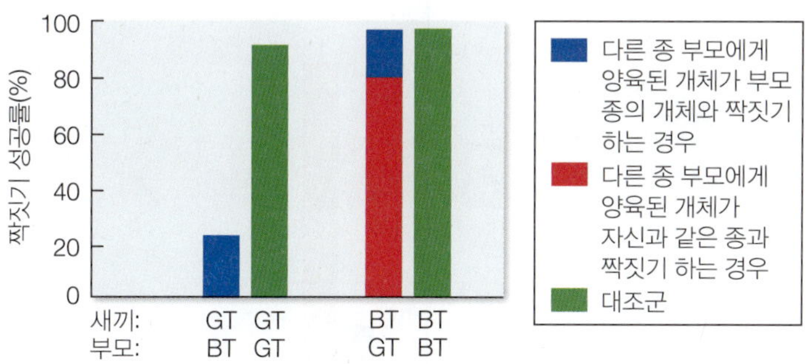

(B)

그림 3.13 두 박새 종들의 부모 바꾸기 실험. (A) 푸른박새 부모에 의해 양육된 박새(GT) 수컷은 푸른박새(BT) 암컷과만 교미하려고 한다. 하지만 그 성공률은 높지 않다. 대조적으로 박새 부모에 의해 양육된 푸른박새들은 별 어려움 없이 같은 종의 개체들과 짝을 짓는다. 대조군(control birds) 개체는 언제나 자신의 종의 배우자를 찾아 교미한다. (B) 푸른박새 암컷은 박새 수컷과 교미하는 경우에도 나중에 푸른박새와도 교미할 수 있다. 그림에서 푸른박새 암컷(맨 왼쪽)이 박새 수컷(상단 왼쪽)과 교미하여 자식을 생산하였는데, 모두 푸른박새 표현형을 가진 것으로 보아 암컷이 푸른박새와 교미한 뒤 나온 자식인 것으로 보인다. (After Slagsvold et al. 2002; photograph by Tore Slagsvold.)

일어나기도 하지만, 다른 종 부모의 양육이 성장 발달에 미치는 영향은 푸른박새보다 박새에서 더 크게 나타났다. 이는 이 두 종 사이에 각인을 일으키는 유전적 메커니즘이 서로 꽤 다르기 때문인 것으로 생각된다.

복잡한 환경에서의 학습

각인 말고도 여러 조류 종들은 특별한 학습 능력을 갖추고 있다: 예를 들면, 먹을 것을 감추고 그 장소를 기억하는 능력 같은 것. 검은머리쇠박새(black-capped chickadee, *Poecile atricapillus*)는 이런 능력이 탁월하다. 이 새의 공간 기억 능력은 수 많은 씨앗과 곤충 먹이를 숲의 썩은 나무 틈이나 이끼 속에 감추고 다시 그 위치를 찾을 수 있도록 한다. 데이비드 쉐리(David Sherry)는 포획한 검은머리쇠박새들을 큰 야외 새장에 풀어 준 후, 작은 나무에 구멍을 뚫어 이곳저곳에 먹을 것을 저장해 놓을 수 있도록 하였다(**그림 3.14**). 이 새들은 모두 72개의 저장이 가능한 장소 중 4개나 5개의 장소에 해바라기 씨앗을 가져다 놓았는데, 이후 인위적으로 이 새들이 저장소에 접근하지 못하게 24시간 동안 별도의 우리에 가두어 두었다. 쉐리는 그 시간 동안 저장된 먹이들을 없애고서, 72개 저장소의 모든 구멍을 테이프로 막아버렸다. 검은머리쇠박새들은 다시 야외 새장으로 돌아왔을 때 굉장히 많은 시간을 다른 장소보다 그들이 먹을 것을 저장해 두었던 저장 구멍 주변에서 이리저리 찾고 부리로 쪼면서 보냈다. 저장 구멍의 음식이 모두 제거되었을 뿐 아니라, 구멍도 완전히 막혔기 때문에 먹이의 냄새나 시각 단서로 그 위치를 찾을 수는 없었다. 따라서 이 새들은 순전히 그들이 먹을 것을 숨겨 놓은 그 위치에 대한 기억에 의존해서 장소를 찾아낸 것이다(Sherry 1984). 자연계에서 조류들은 한 장소에 하나의 먹을 것을 저장하고, 같은 장소를 절대 반복해서 사용하지 않으며, 자기가 저장한 장소를 28일 이후에도 기억할 수 있다(Hitchcock and Sherry 1990).

쉐리의 연구 결과는 검은머리쇠박새들이 자기가 먹이를 저장한 장소를 기억해야 할 상황

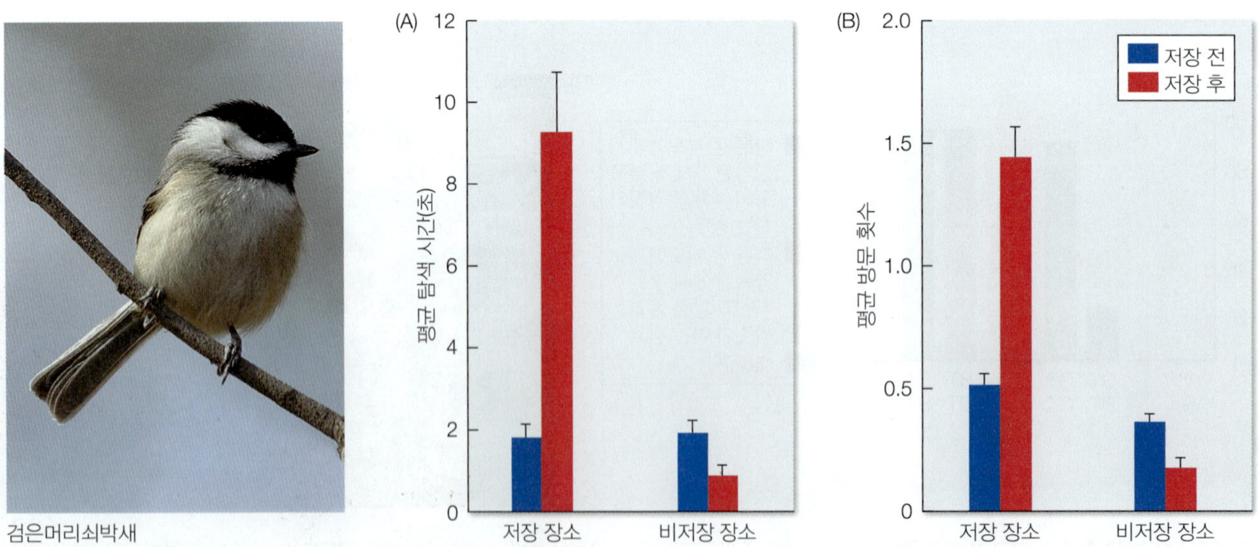

그림 3.14 검은머리쇠박새들의 공간 학습. (A) 검은머리쇠박새들은 야외 새장에서 24시간 전에 자기가 숨겨 놓았던 장소에서 더 많은 시간을 보냈다. 하지만 실험자들은 그 장소의 먹이를 제거하였을 뿐 아니라, 테이프로 덮어버렸었다. (B) 검은머리쇠박새들은 자신이 먹이를 감춘 장소에 더 자주 방문하였다. 아마도 그곳을 잘 기억하고 있기 때문일 것이다. 막대 그래프는 평균 및 표준오차를 나타낸다. (After Sherry 1984; photograph © Bryan Eastham/ShutterStock)

에서 놀랄 만큼 뛰어난 인지 능력을 발휘한다는 것을 보여주었다. 검은머리쇠박새가 이러한 작업을 할 때 사용되는 뇌의 공간은 해마(hippocampus)이다. 일반적으로 검은머리쇠박새처럼 먹이를 특정 장소에 저장하는 새들이 그렇지 않은 새들에 비해 해마가 큰 편이다. 검은머리쇠박새나 먹이를 저장하는 새들이 해마에 손상을 입게 되면 장소를 기억하는 능력이 현저히 떨어진다(Hampton and Shettleworth 1996). 검은머리쇠박새의 먹이 저장 행동의 활동성은 계절별로 차이가 있는데, 일반적으로 가을에서 겨울이 오기 바로 직전에 최고조에 이른다. 계절의 변화에 따라 해마의 크기가 달라진다는 증거도 있지만, 이에 반하는 증거도 제시된 바 있다. 하지만, 해마의 신경세포 형성 활성은 계절에 따라 다른데, 일반적으로 먹이 저장 행동이 활발해지는 계절에 최고조에 이른다(Sherry and Hoshooley 2010). 뇌로 환경 신호 정보가 입력되면 신경세포 활성에 변화가 생기는데, 이로 인해 새가 먹을 것을 저장한 위치를 학습하고 기억하는 능력을 높이는 것 같다.

블라디미르 프라보슈도브 연구팀은 검은머리쇠박새와 유사한 산쇠박새(mountain chickadee, *Poecile gambeli*)를 이용해서 환경이 척박한 정도가 학습과 인지 능력에 영향을 미치는지 연구하였다(Croston et al. 2017). 그들은 먹이를 전문적으로 잘 숨기는 능력이 아마도 인지 융통성(cognitive flexibility)과 깊은 연관이 있을 것으로 보고서, 산쇠박새의 높은 고도 개체군과 낮은 고도 개체군에 대해서 공간 학습과 기억 전환 능력을 동시에 검사하였다. 이 두 고도는 겨울철 혹한기에 확연히 다른 환경이 주어진다. 먼저 공간 학습에 대한 조사가 이루어졌는데, 라디오 주파수 인지(radio-frequency identification, RFID) 코드를 인지할 수 있는 해바라기 씨가 들어가 있는 스마트 먹이 공급기(smart feeders)를 이용하였다(**VIDEO 3.1**). 여러 개의 다른 조건(modes)을 가진 먹이 공급기가 순차적으로 주어졌는데, 먼저 "열린" 모드(open mode)의 먹이 공급기는 모든 새들이 다 와서 먹이를 가져갈 수 있었으며, 누가 왔는지 다 기록이 되도록 되어 있었다. "모두에게 먹이를" 모드(feed all mode)의 먹이 공급기는 문이 닫혀 있고, 단지 PIT(passive integrated transponder) 표식이 장착된 새에게만 열리도록 되어 있었다. "대상" 모드(target mode) 먹이 공급기는 단지 몇몇 RFID 코드를 가진 새들에게만 열리도록 되어 있었다. 먼저 "열린" 모드의 먹이 공급기가 10주 간 설치되었고, 이후에는 몇 주간 "모두에게 먹이를" 모드의 먹이 공급기로 바뀌었다. 그리고 무작위로 선정된 몇몇 지역에서는 "대상" 모드의 먹이 공급기로 교체되었다. 모든 산쇠박새들은 이런 먹이 공급기를 잘 학습하였는데, 높은 고도에 사는 산쇠박새들은 더 자주 먹이 공급기를 방문하였지만, 낮은 고도에 사는 개체들에 비해 먹이 공급기를 찾는 데 실수를 더 자주 하였다(다시 말해, 기억을 되돌리는 작업에 어려움을 겪었다). 이 결과로 미뤄 봐서, 혹독한 환경에 사는 개체는 먹이 저장에 더 의존하며, 뛰어난 학습과 기억 능력을 가지지만 인지 융통성은 다소 떨어진다고 볼 수 있다. 따라서 복잡한 먹이 저장 능력을 가진 종들에서 환경은 학습과 기억 능력뿐만 아니라 인지 문제를 해결하는 능력에도 영향을 미친다고 볼 수 있다.

VIDEO 3.1
Chickadee smart feeders
ab11e.com/uk/v3.1

산갈가마귀(Clark's nutcrackers, *Nucifraga columbiana*)는 쇠박새류보다도 더 인상적인 기억 능력을 가지고 있는데, 한 마리가 평균 33,000개 이상의 씨앗을 획득한 뒤 무려 25 km를 날아 5,000개가 넘는 다른 장소에 각각 저장한다고 한다(**VIDEO 3.2**). 산갈가마귀는 땅에 작은 구멍을 내어 그곳에 먹이를 저장하고 은폐물로 구멍을 잘 덮는다. 가을에 열심히 저장한 먹이를 겨울과 봄에 꺼내 먹는데, 저장된 먹이의 2/3를 제대로 회수하고 심지어는 여

VIDEO 3.2
Foraging Clark's nutcracker
ab11e.com/uk/v3.2

러 달 전에 감춰둔 먹이도 잘 찾는다(Balda 1980, Millius 2004). 산갈가마귀가 어떻게 이렇게 감추어진 자신만의 장소를 잘 기억하는 것일까? 혹시 정확한 장소를 기억하는 것이 아니라 근처만 알고 있고 다 뒤지는 것은 아닐까? 아니면 일반적으로 먹이를 저장할 만한 특별한 위치나 환경들이 있고 그 주변을 들추는 것은 아닐까? 하지만, 검은머리쇠박새에서 사용했던 것과 유사한 실험이 이 종에 대해서도 진행이 되었고, 산갈가마귀 역시 자기가 감추어 놓은 먹이의 위치를 정확하게 기억하고 찾는 것으로 나타났다. 그 실험에서 산갈가마귀들이 큰 외부 새장에서 지낼 때 먹이가 주어졌고, 잠시 뒤 다른 새장으로 모두 옮겨졌다. 연구자였던 러스 발다(Russ Balda)는 먹이가 감추어진 장소를 모두 확인한 뒤 감추어진 먹이들을 모두 없앤 후 깨끗이 닦아서 먹이가 있다는 그 어떤 흔적도 남기지 않았다. 시각적 그리고 후각적인 그 어떤 신호도 없는 상태에서 몇 주 뒤 산갈가마귀가 다시 이 새장으로 돌아왔고, 이들은 먹이를 찾기 시작했다. 산갈가마귀들은 먹이가 있었지만 지금은 없는 장소를 집중적으로 부리를 이용해 뒤졌다. 아마도 이 새들은 공간 기억 능력이 무척 좋은 것 같았다. 왜냐하면, 약 80%의 시간을 그들이 원래 먹이를 저장했던 장소를 뒤지는 데 썼기 때문이다(Balda 1980). 다른 연구에서 산갈가마귀가 6달 전 먹이를 저장한 장소를 기억하는 능력이 있으며, 최대 9개월 정도의 기억을 가진다는 것을 밝혔다(Balda and Kamil 1992). 발다가 그의 대학원생에게 먹이를 숨겨 놓게 한 후 한 달 뒤 똑같은 작업을 부탁하였을 때, 그들은 산갈가마귀에 비해 절반 정도의 성공률을 보였다(Milius 2004). 산갈가마귀는 크기가 큰 씨앗을 심어 놓은 장소에서는 상대적으로 부리를 크게 벌려서 먹이를 꺼내는 것으로 보아, 심지어는 자기가 감춘 씨앗의 크기도 기억하는 것 같다. 산갈가마귀는 저장소에서 단번에 먹이를 꺼내기에 적절한 크기로 부리를 벌린다(Möller et al 2001).

산갈가마귀나 쇠박새 그리고 먹이를 저장하는 여러 새들이 해마에 공간 정보를 정확히 저장하는 이 비범한 기억력은 먹이를 감추어야 하는 여러 상황에 반응하여 뇌의 해당 부분에 생화학적으로 그리고 구조적으로 변형이 생기는 과정과 관련이 있을 것으로 볼 수 있다. 이러한 학습의 과정은 유전자의 힘이 없이는 불가능한데, 이 유전자는 아마도 학습 작업이 필요한 상태에서 만들어지는 신호 자극에 반응하는 것들일 것이다. 뇌 활성에 변화를 만드는 논리적으로 가능한 자극 중 하나는 광주기나 낮 길이의 계절적 변화 등일 것이다. 검은머리쇠박새의 경우 실내에서 광주기를 실험적으로 바꾸어 줄 때 저장 행동이나(Shettleworth et al. 2005) 해마의 크기(MacDougall-Shackleton et al. 2003)에 그 어떤 변화도 유도하지 못했는데, 이로 미루어 다른 메커니즘이 작동하는 것이 아닌지 의심해 볼 필요가 있다. 이런 종류의 행동에 변화를 주는 다른 환경적 요인들을 조사할 필요가 있지만, 어쨌거나 학습되는 행동들은 환경의 영향과 유전자의 영향을 모두 받는다는 것은 분명하다.

학습의 적응적 가치

지금까지의 예를 보면, 학습은 한 개체가 사회적 그리고 생태적 경험을 하는 것에 따라 행동을 바꾸는 과정이라고 볼 수 있다. 그러나 학습은 단지 변화를 위해 행동을 변화시키는 단순한 과정이 아니다. 대신, 한 개체는 환경이 예측 불가능할 때 학습하고 행동을 바꾸면서 생식 성공 가능성을 높이게 되는데, 자연선택은 이러한 개체를 더 선호한다. 사람들은 북미 서부에 사는 늪굴뚝새(marsh wrens, *Cistothorus palustris*)의 수컷이 동부에 사는 수컷보다 뇌의 크기가 더 클 것이라고 생각할 것이다. 왜냐하면, 이 종의 어린 개체는 다른 개체의 노래 소리를 들으며 학습하는데, 서부의 개체는 약 100개의 다른 노래를 부를 수 있는 데 반해서, 동부의 개체는 레퍼토리가 고작 40여 개이기 때문이다(Kroodsma and Canady 1985). 실제 뇌를 관찰해 보면, 서부 개체의 뇌에서는 노래를 관장하는 영역에 핵(nuclei)이 동부 개체에 비해 25%나 더 많이 몰려 있다(제2장 참조).

이 시점에서 잠시 멈추고 생각해 볼 것이 있다. 노랫소리 말고도 서부와 동부에서 뇌 크기에 영향을 줄 수 있는 많은 차이가 있을 수도 있지 않은가? 서부와 동부 간 환경적인 차이가 두 개체군의 뇌 크기에 영향을 줄 수도 있기 때문에, 단지 이 두 개체군만 비교하는 것은 다소 위험할 수 있다. 뇌 크기에 영향을 주는 환경적인 요인을 찾기 위해, 다니엘 솔(Daniel Sol)이 이끄는 연구진은 날씨에 대한 자료들(예를 들면, 온도나 강수량)과 함께, 1,200 종 이상의 새들을 비교하였다(Sayol et al. 2016). 그들의 조사에 따르면, 몸 크기 대비 큰 뇌를 가지는 종은 주로 계절에 따른 큰 차이의 환경 변이를 경험하는 종들이었다. 게다가 계절별로 달라지는 환경을 극복하면서 사는 동물은 변화와 극심해지는 압력으로부터 살아가는 데 필요한 다양한 정보를 획득해야 하고, 또한 학습해야 하기 때문에 뇌를 더 크게 진화시킬 수밖에 없었음을 밝혔다. 앞에서 언급했던 산쇄박새의 연구 결과가 바로 이를 입증하는 예일 것이다.

특정 생태적 압력에 반응해서 공간 학습 능력이 진화하는 것은 먹이 저장 경향성이 다른 까마귀과(Corvidae) 4종의 공간 학습 능력을 비교한 한 연구에서 잘 나타난다(**그림 3.15**). 이미 앞에서 본 것처럼, 산갈가마귀는 먹이 저장의 최고 전문가이고 부리 안쪽에는 솔방울

그림 3.15 까마귀과 종들 사이의 공간 학습 능력 차이. 까마귀과 종들 사이의 공간 학습 능력 차이. (A) 산갈가마귀는 비교에 이용된 다른 3종의 까마귀과 종들보다 도형 원의 위치 정보를 기억하는 능력이 훨씬 뛰어났다. (B) 반면에, 원의 색깔을 기억하는 능력은 그리 탁월하지는 않았다. (After Olson et al. 1995; photographs from left to right: © iStock.com/tirc83; Andy Reago and Chrissy McClarren/CC BY 2.0; © iStock.com/drferry; © iStock.com/jgareri.)

을 저장할 수 있을 만큼 큰 저장 주머니도 가지고 있다. 솔어치(pinyon jay, *Gymnorhinus cyanocephalus*)는 확장된 식도를 가지고 있어 엄청난 양의 씨앗을 저장소로 운반할 수 있다. 플로리다어치(Florida scrub-jay, *Aphelocoma coerulescens*)와 멕시코어치(Mexican jay, *Aphelocoma wollweberi*)는 특별한 해부학적 씨앗 운반 장치를 가지지 않으며, 다른 2종에 비해 먹이 저장 활력도 낮은 편인 것 같다. 이들 4종들의 개체는 컴퓨터 화면을 쪼면 보상을 받는 2개의 다른 검사를 받았다. 첫 번째 검사에서는 컴퓨터 화면에 보이는 색깔 원을 기억해야 하고(비공간적 학습 작업), 두 번째 검사에서는 그 원의 공간을 기억해야 한다(공간 학습 작업). 비공간적 학습 작업 검사에서 솔어치와 멕시코어치가 다른 두 종, 산갈가마귀와 플로리다어치에 비해 더 잘하는 것을 알 수 있었다(Olson et al. 1995). 그러나 공간 작업에서는 산갈가마귀가 압도적으로 1등이었고, 솔어치, 멕시코어치 그리고 플로리다어치가 뒤를 따랐다(하지만 다른 결과를 보여준 연구들도 있다. De Kort and Claytonn 2006, Plavosudov and De Kort 2006 등을 참조할 것). 이 결과에 의거하면, 새들이 모든 목적의 학습 능력을 진화시킬 수는 없지만, 학습 기술은 그들이 서식하는 곳의 생태적으로 연관된 문제를 해결하기에 적합하게 디자인되어 있다는 것을 알 수 있다(Olson et al. 1995).

학습의 암수 차이 가설 암수가 특정 학습을 수행할 때 얻는 이득이 다를 경우, 암컷과 수컷은 그 학습의 기술이 다를 수 있다.

학습에 대해 진화적으로 연구하다 보면, 암컷과 수컷이 하나의 학습 작업에서 똑같은 이득을 얻는가에 대해 고민하게 되고, 학습 기술에 있어 암컷과 수컷 간 다르게 진화하였는지 검토하게 된다(**학습의 암수 차이 가설, sex differences learning hypothesis**). 솔어치는 이 점에서 조사해 볼 만한 가치가 있다. 솔어치는 솔방울을 많은 구할 수 있을 때 가급적 많은 수의 솔방울을 모아 저장소로 나른 후 감추는데, 약 5개월 뒤에서 장소를 기억하고 먹이가 부족할 때 찾아 먹는다. 학자들은 수컷이 암컷보다 저장소를 더 잘 찾아낼 수 있다고 가정을 하였는데, 그 이유는 짝짓기 후 암컷이 둥지에서 알을 품고 새끼를 돌보는 동안 수컷이 종종 자신의 먹이 저장고에서 먹이를 꺼내다가 암컷과 아이들을 먹이기 때문이다. 실제로 수컷이 암컷보다 더 좋은 장기 기억 능력(long-term memory)을 가진다. 암컷과 수컷 솔어치를 대상으로 둥지를 트는 시기에 조사를 했을 때, 암컷보다 수컷이 기억과 관련하여 더 적은 수의 실수를 하는 것으로 나타났다(**그림 3.16**)(Dunlap et al. 2006). 수컷은 학습과 관련하여 보다 필요한 면에서 능력이 진화하였지만, 다른 면에서 암컷보다 상대적으로 가지지 못한 것이 있을 것이다.

스티브 걸린(Steve Gaulin)과 랜달 피츠제랄드(Randall FitzGerald)는 들쥐의 공간 학습 연구에서 학습의 암수 차이 가설을 확인하였다(Gaulin and FitzGerald 1989). 일부다처이며 꽤 넓은 지역에서 암컷을 찾아 다니는 평원쥐(meadow vole, *Microtus pennsylvanicus*) 수컷은 미로 학습 검사에서

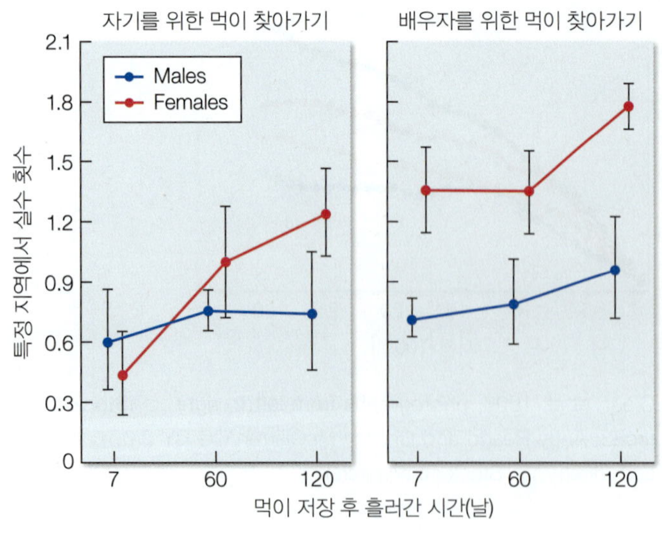

그림 3.16 약 2에서 4달 후에 자신이 숨겨 놓은 먹이를 다시 찾을 때 암컷에 비해 수컷은 실수가 더 적다. 암컷은 둥지를 트는 시기에 알과 새끼를 품고 양육하고, 그 대신 수컷은 암컷과 새끼들에게 먹이를 가져다주고 간간히 자기가 감추어 놓은 먹이를 다시 파서 가져가기 때문에 이런 결과가 충분히 예측된다. 결과는 평균과 표준오차로 표시되었다. (After Dunlap et al. 2006.)

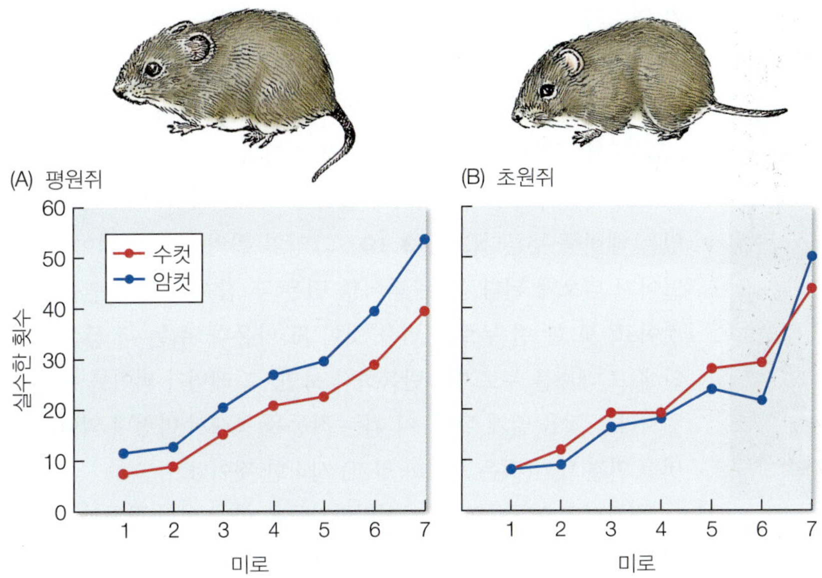

그림 3.17 공간 학습 능력은 영역의 넓이와 관련이 있다. 들쥐의 공간 학습 능력을 7개의 다른 미로를 사용해서 실수한 횟수로 검사하였다. 각 미로 번호가 증가할수록 난이도 역시 증가한다. (A) 일부다처인 평원쥐를 이용하였다. 이 종의 수컷은 자연계에서 매우 넓은 영역을 돌아다닌다. 매우 정적인 편인 암컷에 비해 수컷은 실수(잘못된 방향으로 전환하는 경우)가 적었다. (B) 대조적으로, 일부일처인 초원쥐는 암컷과 수컷이 오랜 시간 같은 장소에 같이 지내는데, 암컷과 수컷은 비슷한 미로 찾기 능력을 보였다. (After Gaulin and FitzGerald 1989.)

암컷보다 더 좋은 성적을 보였다. 하지만 일부일처에 암컷과 수컷이 같은 장소에서 오랫동안 같이 머무는 초원쥐(prairie vole, *M. ochrogaster*)는 미로 찾기 학습에서 수컷과 암컷이 비슷한 능력을 보였다(**그림 3.17**).

암컷이 수컷에 비해 더 많은 지역 탐색을 하는 종에서는 암컷이 수컷보다 간 학습을 위한 뇌 영역에 더 많은 투자를 할 것으로 예측할 수 있다. 갈색머리찌르레기(brown-headed cowbird, *Molothrus ater*)가 바로 그런 종인데, 이 종은 탁란(brood paracitism), 즉 다른 종의 새 둥지에 몰래 알을 낳는 행동을 한다(제11장 참조). 암컷만이 탁란을 할 만한 적절한 둥지를 찾아다닌다. 암컷은 이를 위해 꽤 많은 곳을 돌아다니는데, 탁란의 대상이 되는 새가 이제 막 둥지를 트는 장소를 보고서 정확히 기억한 후, 며칠 뒤에 돌아와서 이제 막 나온 알 옆에 자기의 알을 낳아야 한다. 갈색머리찌르레기는 심지어 몇 년 뒤에도 이 둥지를 기억하고서 탁란을 하는데, 많은 새들은 하나의 둥지를 지속적으로 계속 쓰기 때문이다. 이로 미뤄 봤을 때, 이 종은 꽤 오랜 시간 공간의 구조를 기억하고 있다고 볼 수 있다. 하지만 수컷 갈색머리찌르레기는 이런 문제에 봉착할 필요가 전혀 없다. 이 종에서는 암컷이 수컷보다 해마가 더 크다. 앞서 쇠박새의 예에서 보았듯이, 해마는 짝짓기 후 주변에 둥지들이 만들어지는 시기에 암컷의 공간 학습에 무척 중요한 역할을 할 것이라고 생각된다. 갈색머리찌르레기와 근연종이지만 탁란을 하지 않는 두 종, 붉은날개찌르레기(red-wing blackbird, *Agelaius phoeniceus*)와 알락찌르레기(common grackle, *Quiscalus quiscula*)의 해마 크기를 보면 암컷과 수컷 간 큰 차이가 나지 않는다(**그림 3.18**)(Sherry et al. 1993).

공간 학습에만 자연선택의 흔적이 나타나는 것은 아니다. **조작적 조건형성(operant conditioning)**이나 시도와 실수를 통한 학습(trial-and-error learning)에서 볼 수 있듯이, 동물은 자발적으로 시도하고 그 결과

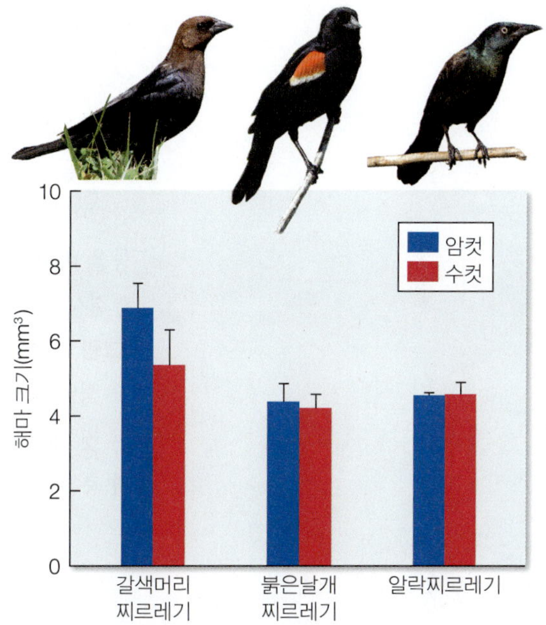

그림 3.18 3종의 조류에서 해마 크기의 암수 차이. 암컷 갈색머리찌르레기는 수컷보다 더 큰 해마를 가진다. 해마는 공간 학습 능력을 촉진시키는 뇌의 한 구조로서, 자연선택이 암컷의 공간 학습 능력에 더 강하게 작동했을 것으로 예상되었기에 이러한 결과는 어느 정도 예측된 것이었다. 붉은날개찌르레기와 알락찌르레기에서는 이러한 암수 차이가 나타나지 않았다. © iStock.com/SteveByland; Andy Reago and Chrissy McClarren/CC BY 2.0; © iStock.com/RT-Images.)

그림 3.19 스키너 박스에서 쥐가 보여주는 조작적 조건형성 과정. 쥐는 벽에 달린 레버에 접근할 수 있고 그것을 누르게 된다. 먹이가 나오는 것을 보면 먹을 것이고 , 그러다가 레버를 누르는 행동이 강화된다. (Photograph by Science History Images/Alamy Stock Photo.)

가 연관되면서 학습할 수 있다(Skinner 1966). 조작적 조건형성은 실험실 밖에서 흔히 발생하는 현상이었지만, 연구는 주로 심리학자 스키너(B. F. Skinner) 박사의 이름을 딴 스키너 박스(Skinner box)에서 이루어졌다. 실험용 쥐가 스키너 박스에 넣어지면 쥐는 밖으로 나가려고 돌아다니거나 탈출하려 하면서 우연히 박스 벽에 있는 레버를 누른다(**그림 3.19**). 그러면 쥐의 먹이가 먹이통으로 떨어져 나오게 된다. 쥐는 먹이를 먹은 후 잠시 동안 주변을 살필 것이고, 또 한 번 누르면 먹을 것이 또 나온다. 쥐는 더 짧은 시간 안에 그 레버를 누르기를 반복하다 보면, 그 레버가 먹이를 주는 스위치라는 것을 알게 된다. 이 쥐는 작동을 통해서 마침내 먹이와 레버를 연결 짓기(혹은 조건화 하기) 시작한 것이다.

스키너의 이론을 따르는 심리학자들은 한때 이런 작동과 결과의 연관으로 동물의 행동을 설명할 수 있다고 보았다. 물론 조작적 조건형성의 예는 많다; 비둘기가 탁구를 하도록 훈련시킬 수 있고, 어치(blue jay, *Cyanocitta cristata*)가 컴퓨터를 하도록 연관시킬 수 있다. 쥐에서도 다른 조작적 조건형성을 관찰할 수 있는데, 일반적으로 쥐가 좋아하는 먹이를 배탈을 유도하는 엑스레이 조사로 거부하도록 만들 수도 있다. 그러나 존 가르시아(John Garcia) 연구진은 어떤 체벌의 방식으로 먹는 것을 거부하도록 만드는 데에는 한계가 있다는 것을 발견하였다(Garcia and Ervin 1968, Garcia et al. 1974). 엑스레이 조사로 좋아하는 음식을 거부하도록 만들 수 있는 정도는 (1) 얼마나 아프게 될 것인가, (2) 음식이 얼마나 맛있는가, (3) 음식이 얼마나 새로운 것인가, (4) 먹고 얼마 만에 아프게 될 것인가와 상관 있다(Garcia et al. 1974). 하지만, 아무리 먹고서 아프게 되는 시간의 간격이 7시간 정도로 길더라도 쥐는 이 두 상황을 연결시킬 수 있고, 이 정보를 이용하여 행동을 바꾸게 될 것이다(먹는 것을 거부). 대조적으로, 소리는 쥐가 절대로 배가 아픈 상황과 연결시키지 못하는 신호이다. 비슷하게 쥐는 먹는 것과 놀라는 것을 절대 연결시키지 못한다(**그림 3.20**). 쥐가 설탕물을 먹은 뒤 아주 심하게 놀라는 상황을 만들어 준다 하더라도 쥐가 그 설탕물을 먹는 빈도는 줄어들지 않는다. 자연계에서 쥐는 소리 때문에 배가 아프거나 먹는 것 때문에 놀라거나 하는 그런 상황을 경험하지 못한다는 점을 고려하면 이와 같은 결과가 충분히 이해될 것이다.

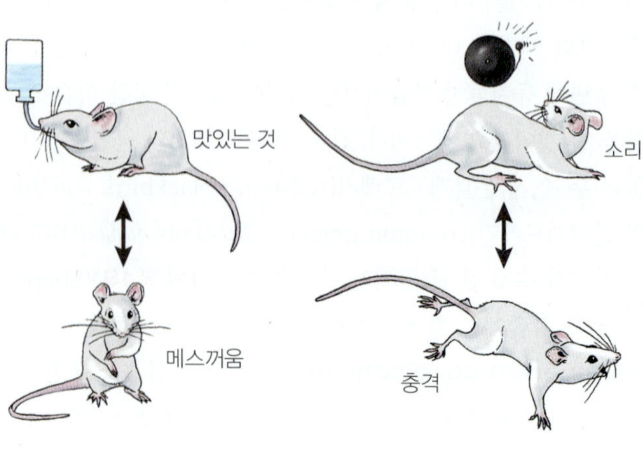

그림 3.20 쥐가 맛있는 것을 거부하는 학습이 가능하거나 가능하지 못한 상황. 쥐는 어떤 맛있는 것을 먹은 뒤 느끼는 소화불량이나 어떤 소리와 피부 통증으로 인한 놀람을 연결시킬 수 있지만, 먹는 것과 피부 통증, 소리와 배탈을 연결시키지는 못한다. (After Garcia et al. 1974.)

자연 환경에서 쥐가 만날 수 있는 여러 상황 등을 이해한다면, 쥐가 왜 어떤 특별한 음식과 소화 불량을 아무리 오랜 시간 간격이 있더라도 쉽게 연결시키는지 설명할 수 있을 것이다. 쥐는 자연 환경에서 굴 주변 지역을 이리저리 다니면서 다양한 식물성 그리고 동물성 먹이들을 섭취한다(Lore and Flannelly 1977). 어떤 먹이는 먹을 만하고 영양도 풍부하지만, 어떤 먹이는 독성도 있어서 때로는 죽음에까지 이르게 할 수도 있다. 아무리 토한다고 해도 쥐의 소화 기관에서 독성이 사라지는 것은 아니다. 쥐는 뭐든지 잘 모르는 먹이는 아주 조금만 뜯어먹는다. 만약에 조금만 먹은 음식이 소화 불량을 유도하는 경우, 나중에는 그 먹이를 절대로 먹지 않을 것이다(Garcia et al. 1974). 이와 같은 연구 결과를 통해, 우리는 모든 종류의 학습은 아무리 일반적인 것이라고 하더라도 자연계에서 발견되는 특별히 연관된 종류에 대한 특수화된 반응의 결과라는 점을 알 수 있다.

만약 이 주장이 맞는지 확인하려면, 먹이를 특별히 가리지 않는 종은 쥐처럼 위험하고 독성이 있는 것을 먹은 뒤 그 먹이를 맛없는 것이거나 병을 유발하는 것으로 연결시키는 행동을 보여주어야 한다. 실제로 그렇다. 다양한 종류의 먹이를 먹는 3종의 박쥐들은 쥐의 경우처럼 행동한다: 익숙하지 않은 향이나 계피, 구연산 등 토를 유발하는 화학물질이 들어가 있으면 곧바로 그 음식에 대한 비호감을 가지게 된다. 이런 나쁜 경험 후, 나중에 연구자가 계피나 구연산이 들어 있거나 없는 먹이를 줄 때, 3종의 박쥐는 모두 계피나 구연산이 들어가 있는 먹이를 회피하였다(Ratcliffe et al. 2003). 대조적으로, 특정 먹이만 집중적으로 먹는 동물은 이런 비호감 행동이 잘 나타나지 않는다. 흡혈박쥐인 *Desmodus rotundus*는 동물의 피만 먹는데, 익숙하지 않은 맛을 섭취한 후 느끼는 소화 불량 증세를 경험한다고 해도 이와 같은 비호감 행동이 추후에 잘 연결되지 않는다(**그림 3.21**)(Ratcliffe et al. 2003). 이처럼 특정 먹이만을 먹는 동물과 여러 종류를 먹는 동물 사이에서 먹이 비호감 행동 형성에 차이를 보이는 것은 여러 종류를 먹는 동물이 잘못된 먹이나 독성을 섭취할 가능성이 많고 그것을 피하기 위해 진화한 것이기 때문이다. 다른 행동 발달 과정처럼, 행동의 변화가 학습 행동과 연결되는 것은 특정한 방식의 행동 변화로 적응적 이득을 얻을 수 있기 때문이다.

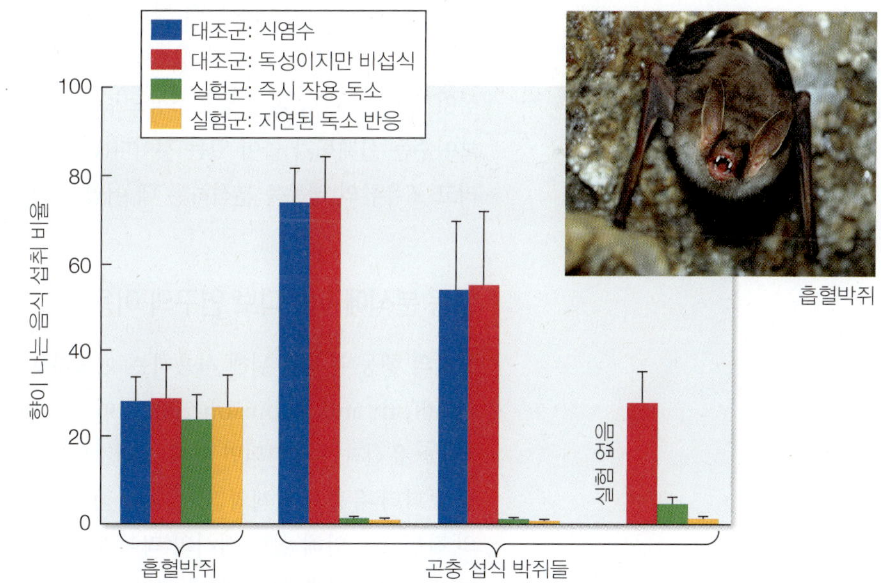

그림 3.21 흡혈박쥐는 음식 비호감 행동이 나타나기 어렵다. 주로 섭취하는 먹이에 향이 나는 물질을 함유한 후, 개체가 그 먹이를 먹으면 소화 불량을 유도하는 독성 물질을 첨가하였음에도 불구하고, 흡혈박쥐는 나중에도 그 먹이를 계속 먹는다. 하지만 곤충을 섭식하는 3종의 박쥐는 자신이 주로 먹는 먹이에 독성이 주입돼서, 소화 불량 효과가 바로 나타나든 아니면 오랜 시간 뒤에 나타나든 간에 나중에 그 먹이를 먹는 것을 거부한다. 실험에 사용된 두 개의 대조군 중 하나는 몸에 전혀 해롭지 않은 식염수가 첨가된 것이고, 또 다른 하나는 독성이 첨가되었지만 직접 먹지 않도록 한 경우이다. 막대 그래프는 평균 및 표준편차를 나타낸다. (After Ratcliffe et al. 2003; photograph © kyslynskyyhal/Shutterstock.com.)

진화적 행동 발달

제2장에서 본 것처럼, 근접 메커니즘(proximate mechanism)은 궁극적 원인(ultimate causes)을 가지기 때문에 다른 수준에서의 분석이 필요하게 된다. 학습의 적응적 가치에 대한 논의에서 궁극적 설명

이 행동의 발달을 파악하는 데 필요하다는 사실을 알 수 있다. 물론, 행동의 발달 과정은 진화적 역사의 흔적을 가지기 때문에 조상 시기에는 어떤 양상이었을지를 설명해야 하는 경우도 있고, 이를 현대적 상황에 맞게 재해석해야 하는 경우도 있을 수 있다. 이와 관련된 연구를 진화 발생학(evolutionary development) 또는 줄여서 이보디보(evodevo)라고 한다(Carroll et al. 2005, Toth and Robinson 2007). 초기 이보디보 연구는 동물의 몸이나 구조적 특징 발달 이면의 진화적 역사에 집중하였지만, 최근에는 이러한 바탕 위에서 행동적 특징을 연구하기 시작하였다. 굉장히 근연종이지만 외부 형태적인 뚜렷한 차이를 나타내는 분류군들에 대해서, 다윈의 진화 이론이 이런 차이를 만드는 유전자와 발생학적 변화 과정에 작용하는 요인을 파악하기 위해 사용된다. 예를 들면, 꿀벌과 초파리는 공통조상의 존재에 의해서, 꿀벌에서는 여왕의 덩치와 기능적인 난소 크기를 크게 만드는 방식으로 계급 구조를 발달시키는 유전자를 공유한다(Kamakura 2011). 이 유전자는 초파리에서 꿀벌에서와 같은 단백질(로얄락틴, royalactin)을 만들고, 몸집도 크게 만들 수 있다. 이와 같이 근연종들 사이에 공유하는 유전자가 발생학적으로 유사한 표현형을 만든다는 점이 이보디보 연구의 핵심이다.

이보디보 연구에서 밝혀진 가장 괄목할 만한 성과 중 하나는 초파리와 인간 모두에서 호메오박스(homeobox, HOX) 유전자가 발생 과정 중 몸체의 구조 형성에서 핵심적 역할을 한다는 것이다. 그런 점을 고려할 때, 이 유전자는 아주 오래 전에 기원하였고, 초파리, 인간 그리고 많은 동물에서 몸의 기능적 구조 발생 과정을 효과적으로 조절해 왔음을 알 수 있다. 이 유전자의 염기서열은 종 마다 약간씩 차이가 있고, 이에 따라 이 유전자의 산물 역시 종마다 다르다. 그렇기 때문에, 종 마다 구조적 차이를 미세하거나 크게 나타내는 것이다. 호메오박스 유전자에 담긴 유전적 정보를 자세히 검토해 보면 진화적 흔적들이 잘 나타난다. 다시 말해, 호메오박스 유전자 정보에는 하나의 수정란에서 사지를 가진 몸체가 만들어지는 과정이 적혀 있듯이, 과거 공통조상으로부터 시작하여 매우 다양한 후손으로 분화되는 과정을 보여주는 설계도가 들어 있는 것이다(Carroll et al. 2005). 이제 이보디보가 다양한 곤충 그리고 포유류의 행동을 분석하는 데 어떻게 적용되는지 살펴보자.

행동 분석에 이보디보 연구의 이용

동물의 행동 분석을 위해 사용하는 이보디보 연구의 한 예는 초파리에서 *for* 유전자의 분석이다(Toth and Robinson 2007). 이 유전자는 꿀벌에서도 나타나며 매우 유사하다. 초파리 *for* 유전자는 발현되면 다른 유전자의 작동에 영향을 주는데(Kent et al. 2009), 이 과정 중 초파리 유충과 성체의 뇌 기능과 작동에 영향을 주는 화학적 변화가 수반된다. 이 유전자의 작동으로 인해 실험 접시의 먹이 배지 위에서의 초파리 유충 움직임에 차이가 생겨난다. 이 유전자는 성체에서 다양한 대사 및 행동에 영향을 미친다. 꿀벌과 초파리의 공통조상으로부터 이 유전자가 유래되었을 것이다. 그러나 진화적 시간을 거치며 꿀벌과 초파리 사이에서 이 유전자의 기능에 약간의 차이를 가지게 되었다. 꿀벌에서, 이 유전자는 어릴 때 둥지 내에서 도우미 개체로 일하면서 지내는 단계에서 먼 거리를 수렵하는 역할을 하는 개체로의 전화 과정을 돕는 역할을 한다. 이 유전자가 꿀벌 중 나이가 많은 개체들에서 보다 강하게 발현한다는 점에서 이러한 역할을 짐작할 수 있게 해 준다(**BOX 3.2**)(Ben-Shahar et al. 2002). 마이크로어레이 유전자 발현 분석에서 꿀벌과 쌍살벌은 같은 유전자를 많이 가지지만, 많은

BOX 3.2 자료 해석을 통한 행동 탐구

꿀벌에서 수렵 행동 시작과 관련된 유전자 연구

꿀벌은 수렵 행동의 시작과 관련된 *for* 유전자를 가지는데, 이 유전자는 PKG라고 불리는 효소의 생산을 관장한다. 초파리에서, 이 유전자는 2개의 대립인자를 가지는데, 각각의 대립인자는 정착자(sitter, 한자리에 머물면서 배지를 섭식, PKG 활성 낮음)와 유랑자(rover, 이곳저곳 움직이면서 배지를 섭식, PKG 활성 높음)의 행동 형질을 나타낸다. 이 유전자는 꿀벌에서 둥지 내에서 일하는 어린 개체와 둥지 밖에서 수렵을 담당하는 나이 든 개체 사이에서 발현 정도가 다른데, 아마도 PKG의 활성 차이로 인해서 이런 행동의 차이가 나타나는 것으로 보인다(**그림**).

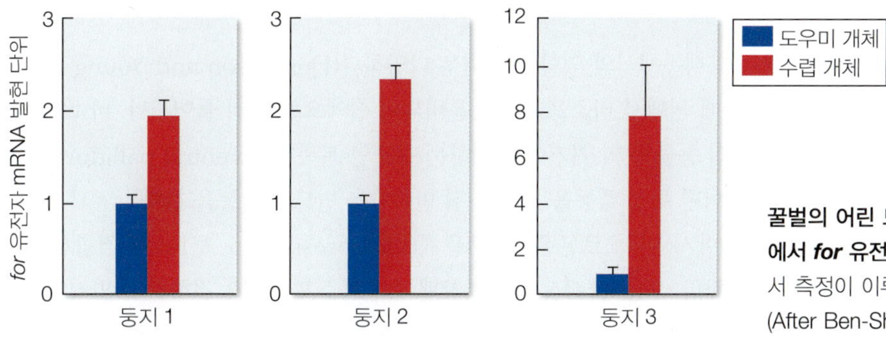

꿀벌의 어린 도우미 개체와 나이 많은 수렵 개체 사이에서 *for* 유전자 mRNA 발현 수준. 3개의 다른 둥지에서 측정이 이루어졌고, 평균과 표준오차로 표시되었다. (After Ben-Shahar et al. 2002.)

생각의 틀 깨기

이 유전 정보가 일벌의 먹이 찾기 활동에 중요하다면(뇌 세포에서 발현될 때), 전형적인 꿀벌 무리에 있는 수렵 개체와 비수렵 개체는 PKG 효소를 생산하는 유전자의 mRNA 발현 수준에서 차이를 나타낼 것이라 예측할 수 있을까? 수렵 개체는 도우미보다 나이가 많기 때문에 for 유전자의 활성이 큰 것은 수렵과는 무관하고 연령과 관련이 있는 것일 수도 있다. 그렇다면, 꿀벌의 수렵 활성을 조절하는 *for* 유전자의 역할에 대해 보다 정확한 결론에 도달하기 위해서는 어떤 예측과 실험이 더 필요할까? 제안: 같은 연령의 일벌들로 구성된 무리를 활용하라. *for* 유전자가 일벌의 수렵 행동 시작에 관여한다는 점을 감안할 때, 수렵 행동의 시작을 유도하는 무리의 사회적 환경도 영향을 미친다고 볼 수 있을까? 꿀벌 행동의 연령과 관련된 변화에 유전적 그리고 환경적 요인이 같이 기여한다는 하나의 가설을 만들어 보아라.

경우에서 그와 같은 유전자가 두 종에서 다른 행동에 영향을 주다(Toth et al. 2010). 예를 들면, 초파리에서는 지질 대사와 열 및 스트레스에 대한 반응과 관련된 경로에 관여하는 유전자가 쌍살벌에서는 다른 생식 행동에 관여한다. 꿀벌과 쌍살벌에서 수렵 행동을 시작시키는데 관여하는 유전자는 서로 똑같지만, 생식 행동과 관련된 유전자는 서로 다르다. 다시 말해, 사회적 행동과 관련된 유전자는 비슷하지만, 몇몇 새로운 기능을 발휘하는 새로운 유전자의 진화로 인해 다른 면에서 행동의 차이가 나타난다고 볼 수 있다.

아마 행동 발달 과정에서 가장 보전적으로 작용하는 것 중 하나는 아마도 다양한 동물에서 짝짓기와 연관된 역할을 하는 신경펩티드(neuropeptide) 호르몬인 바소프레신(vasopressin)일 것이다. 인간을 포함한 모든 포유류는 이 단백질을 생산하며 그 분자적 구조 역시 서로 매우 비슷하다. 심지어는 조류나 곤충류에서도 바소프레신과 매우 유사한 구조를 가진 분자가 발견된다. 이처럼, 이 분자의 종간 유사성에 불구하고, 이 분자의 역할은 수분 균형

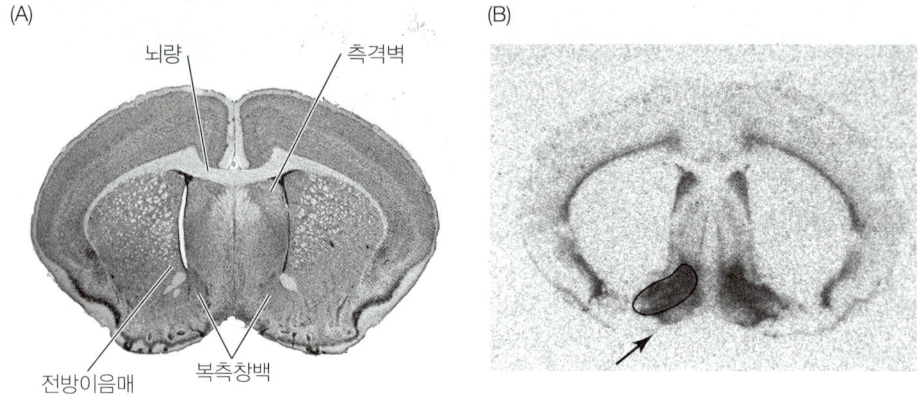

그림 3.22 초원쥐의 뇌 구조. (A) 뇌의 단면 사진과 뚜렷한 구조적 특징에 대한 명칭이 제시되었다. 복측창백은 바소프레신 호르몬이 결합하는 수용체 단백질이 많이 분포하는 많은 세포들이 존재한다. (B) 생화학적 처리를 이용하여 바소프레신 수용체가 많이 분포하는 영역이 검게 염색되도록 하였다. 복측창백 영역은 뇌의 좌우 양쪽에 존재하는데, 본 그림에서는 좌측 부분의 복측창백이 표시되었다(화살표). (After Lim et al. 2004a; photograph © 2004 by Wiley-Liss, Inc., a subsidiary of John Wiley & Sons, Inc.)

에서부터 짝짓기 행동에서의 역할까지 매우 다양하다(Donaldson and Young 2008). 동물은 짝짓기를 할 때 뇌에서 바소프레신이 분비되어 혈액으로 흘러 들어간다. 바소프레신 분자는 포유류나 여러 동물의 뇌 기저에 존재하는 구조인 복측창백(ventral pallidum)으로 전달되고, 그곳에서 어떤 특정 행동을 완료한 뒤 만족감을 만드는 기능을 한다.

들쥐(voles)에서 이 호르몬은 그 수용체(vasopressin 1a, V1a)와 결합하면서 사회적 행동을 유발한다. V1a 단백질은 복측창백에서 바소프레신과 결합하여 활성화된다(**그림 3.22**). 래리 영(Larry Young)이 이끄는 연구진은 근연종이지만 생식 행동에 있어서(사회적 친밀도에서) 큰 차이를 보이는 두 종, 일부일처인 초원쥐(prairie vole)와 일부다처인 산들쥐(montane vole, *Microtus montanus*)의 V1a 단백질의 분포를 비교해 보았다(**그림 3.23**)(Getz and Carter 1996). 초원쥐의 일부일처가 나타나지 않는 지역도 있지만(Streatfeild et al. 2011), 이 종의 암컷과 수컷을 사육하면 언제나 둘이 아주 사이좋게 잘 지내는 양상을 보인다. 대조적으로 산들쥐의 경우 같이 사육하면 암컷과 수컷은 일반적으로 서로를 거부하는 양상을 나타낸다. 영은 이 호르몬이 초원쥐 수컷이 배우자와 같이 지낼 때 일종의 보상처럼 작용하여 더 오래 같이 지내는 것을 지속하도록 만든다고 생각했다. 반대로 산들쥐 수컷의 뇌의 복측창백에서는 이 호르몬의 수용체의 밀도가 다소 낮게 나타났기 때문에 이 호르몬의 작용 효과가 다소 다를 것이라고 추정하였다. 연구 결과, 산들쥐에서 이들 수컷이 교미할 때, 이 호르몬이 수용체에 결합하여 만드는 피드백 효과가 만들어지지 않았고, 이에 따라 수컷과 암컷의 사회적 결합을 지속시키는 원동력이 없는 것으로 나타났다. 따라

(A)

(B)

그림 3.23 초원쥐는 일부일처 그리고 산들쥐는 일부다처이다. (A) 수컷과 암컷 초원쥐는 다 그렇지는 않지만 여러 개체군에서 일부일처인 것이 확인되었다. 일부일처 개체군에서 암컷과 수컷은 꽤 오래 같이 지내면서 자식을 키운다. (B) 대조적으로, 산들쥐의 경우 암컷과 수컷이 같이 지내지 않으며, 자식도 암컷 혼자 키운다. (A photograph © Yva Momatiuk & John Eastcott/Minden Pictures; B photograph by onderful-Earth.net/Alamy Stock Photo)

서 일부다처 수컷은 암컷 곁에 남는 대신 다른 암컷을 찾으러 나서는 것이다.

뇌생리학적 견지에서 일부일처 수컷의 행동을 설명함과 동시에 영과 그의 동료들은 아주 견고한 실험 디자인으로 일부일처의 유전적 메커니즘을 조사하고자 하였다(Pitkow et al. 2001). 영의 연구진은 초원쥐 암수의 사회적 결합을 유지하는 데 중요한 역할을 하는 V1a 수용체 단백질이 *avpr1a* 유전자에 의해 만들어진다는 사실을 알고 있었다. 이 연구진은 뇌 단면에서 V1a 수용체 단백질만을 염색하는 방식을 이용하여 *avpr1a* 유전자의 발현이 일부일처 초원쥐가 일부다처 산들쥐보가 더 강하다는 것을 밝힘으로써, 이 유전자의 밀도와 분포가 그 종의 사회적 행동 방식과 어느 정도 연관성이 있다는 사실을 알아내었다(**그림 3.24A**) (Young et al. 1999, Lim et al. 2004b). 실험적으로 뇌에서 바소프레신이 더 많이 발현하도록 하였을 때, 일부일처 초원쥐가 암컷과 더 친밀성을 보여주었고 V1a 수용체의 발현 역시 증가하였다(**그림 3.24B**). 영의 연구진은 이를 검증하기 위해서, *avpr1a* 유전자 서열이 포함된 바이러스 기반 벡터를 제조하여 초원쥐 수컷의 복측창백 조직에 주입하였고, 이렇게 주입된 벡터는 더 많은 V1a 수용체 단백질이 발현하도록 만들어 주었다. V1a 수용체가 많아진 개체는 암컷과 아직 교미를 하지 않았음에도 매우 부드럽게 같이 지내려고 하였다. 같이 있던 암컷과 낯선 암컷을 동시에 제시하여 선택하도록 하였을 때에도 그 수컷은 같이 있던 암컷과 지내는 것을 선호하였다. 바소프레신을 직접 주사했을 때에도 초원쥐 수컷에서는 암컷과의 관계를 유지하는 행동이 강화되었지만, 산들쥐에서는 이런 현상이 나타나지 않았다

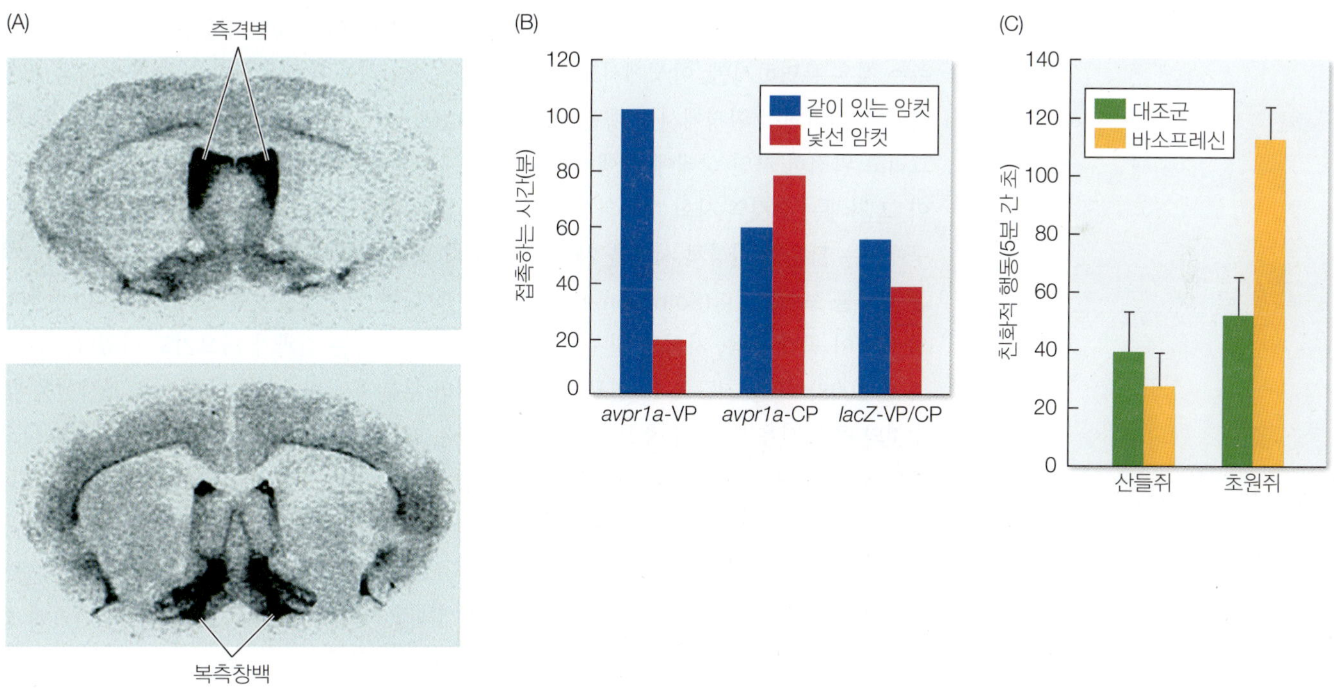

그림 3.24 수컷의 짝짓기 행동에 영향을 주는 유전자. (A) V1a 수용체가 염색되는 위치는 일부다처인 산들쥐 뇌(위)와 초원쥐 뇌(아래)에서 다르게 나타난다. 산들쥐의 뇌에서는 측격벽에서 그리고 초원쥐의 뇌에서는 복측창백에서 주로 나타난다. (B) *avpr1a* 유전자 사본이 뇌의 정확한 위치에 주입이 되면 초원쥐의 일부일처 행동에 영향을 준다. 이 유전자 사본이 복층창백(VP)에 주입이 되었을 때 수컷은 잘 모르는 암컷에 비해 같이 지내던 암컷에게 더 호의적으로 행동하였다. *avpr1a* 유전자 사본이 뇌의 다른 위치, 예를 들면 피각(caudate putamen, CP) 같은 곳에 주입이 되었을 때는 이런 행동적 변화가 야기되지 않았다. 다른 유전자 사본이 주입이 되었을 경우에도 어떤 행동 변화도 야기되지 않았다. (C) 초원쥐와 산들쥐에 바소프레신을 주사하였을 경우, 초원쥐에서만 암컷에 대한 친화적 행동이 유도되었다. 막대 그래프는 평균 및 표준오차를 나타낸다. (A, C from Young et al. 1999; B after Pitkow et al. 2001.)

(**그림 3.24C**). 이에 따라서, 연구진은 *avpr1a* 유전자가 초원쥐 수컷의 일부일처 행동에 큰 기여를 한다고 결론지었다(Young and Wang 2004). 이 연구진은 초원지의 V1a 수용체 유전자 서열을 생쥐의 유전체에 삽입하는 시도를 하기도 하였다. 그 결과, 초원쥐의 V1a 수용체는 성공적으로 발현해서, 이 생쥐의 생식 행동에 변화를 만들었다(Young et al. 1999).

이 일련의 실험을 통해서, *avpr1a* 유전자가 이들 종에서 사회적 행동을 형성하는 데 큰 기여를 한다는 점이 확인되었다. 그렇다면, 이들 두 종이 이 수용체의 발현 양에서 차이를 보이는 이유는 무엇일까? 이 장의 앞 부분에서 언급되었던 검은머리휘파람새의 예에서 보듯, 들쥐 두 종의 *avpr1a* 유전자 발현량의 차이를 초위성체 대립인자 반복수의 차이를 바탕으로 설명할 수 있지 않을까? 초원쥐의 경우에는 초위성체 반복 서열이 *avpr1a* 유전자 앞부분에 나타나지만 산들쥐에는 이러한 반복이 없다(Young et al. 1999). 영과 연구진은 이를 좀 더 체계적으로 조사하여 바소프레신 수용체 발현과 짝짓기 및 사회 행동이 이 초위성체 서열의 크기와 직접적인 관련이 있다는 것을 입증하였다(Hammock and Young 2005). 게다가 이 연구에서 긴 초위성체 서열 길이를 가진 수컷은 다른 개체의 냄새, 어린 개체 그리고 친숙한 암컷에 특히 관심이 많았다. 비슷한 메커니즘이 인간의 짝짓기와 배우자에 대한 충실성과 관련이 있다는 사실이 입증된 바 있다. 들쥐류와 마찬가지로 인간에도 바소프레신 수용체 유전자의 조절 부위에 초위성체 서열이 존재한다. 그 서열의 구조가 들쥐류와는 완전히 다르지만, 그 초위성체 특징이 남성이 배우자에게 하는 행동, 예를 들면 짝짓기, 부부 사이의 문제 인지, 부부 관계 등과 연관이 있다는 연구 결과가 있다(Walum et al. 2008).

avpr1a 유전자의 조절 부위에 존재하는 초위성체 서열이 사육되고 있는 들쥐에서 영향을 주는 것은 분명하지만, 야생에서도 꼭 이와 같은 메커니즘이 작동한다는 증거가 나온 것은 아니다. 반자연적 환경에서 수행된 두 연구에서(Ophir et al. 2008, Solomon et al. 2009) 그리고 완전히 자연 상태에서 행해진 한 연구에서(Mabry et al. 2011), 이 초위성체의 길이 그 자체는 수컷의 사회 행동과 전혀 관련이 없는 것으로 나왔다. 물론 위의 연구 중 한 연구에서는 짧은 초위성체 서열을 가진 수컷이 더 많은 암컷과 교미하고 자식의 수도 많았다는 결과를 보여주었다(Solomon et al. 2009). 또 다른 연구에서는 수컷에서 *avpr1a* 유전자의 발현이 공간 사용, 자식의 친자성 등과 관련되어 있다는 결과가 나오기도 하였다(Ophir et al. 2008). 또한 최근의 한 연구에서 뇌의 여러 부분에서 바소프레신 발현을 조사했을 때, 수컷의 공간 사용 및 성적 충실성 등과 관련 있는 공간 기억력과 연관이 있다는 결과가 나오기도 하였다(Okhovat et al. 2015). 이 연구 결과에 따르면, 수컷의 *avpr1a* 유전자의 변이는 발현 양의 차이가 만들어지거나 DNA 메틸화의 방식으로 자연선택의 영향을 받는 것 같다. 이 연구의 저자들은 수컷에서 *avpr1a* 유전자의 DNA 메틸화가 환경에 대한 감수성의 차이를 만드는 유전되는 변이를 생성해서, 아마도 개체가 사회적 그리고 생태적 환경 변화에 보다 빠르게 반응할 수 있는 기회를 제공할 것이라고 예측하였다.

바소프레신과 그 수용체가 짝짓기 행동과 관련이 있다는 연구 결과가 있지만, 들쥐나 다른 동물의 다른 사회적 행동, 예를 들면 부모 행동과도 연관이 있을 수도 있다. 한 연구에서 바소프레신을 초원쥐 개체에게 주입했을 때는 더 적극적인 부모 행동이 관찰되었고, 바소프레신 억제제를 주입했을 때는 부모 행동의 적극성이 줄어들었다(Parker et al. 2001, Parker and Lee, 2001). 안드레 벤데스키(Andres Bendesky)와 그 연구진이 두 종의 근연 설치류, 고평원쥐(old-field mouse, *Peromyscus polinotus*)와 사슴쥐(deer mouse, *Peromyscus maniculatus*)를 대상으로 해서 부모 행동을 연구하였다(Bendesky et al. 2017). 고평원쥐는 일부일처에 암수 모두 자식 양육에 참여하지만, 사슴쥐는 다부다처의 교미 체계를 가지면서 암컷 혼자만 자식을 키우는 것으로 알려져 있다. 태어난 지 얼마 안 된 고평원쥐와 사슴쥐의 새끼들을 다른 종의 둥지로 맞바꾸는 실험을 통해 성장 후 이 개체들의 행동의 관찰했을 때, 보모 행동은 다분히 유전적이라는 것을 알 수 있었다. 연구진은 이 두 종간 잡종을 만들고 또 각각의 부모 종들과의 역교배(backcross)를 시도하였다. 잡종 개체의 유전체를 면밀하게 조사하여 부모 행동(특히, 둥지 짓기 행동)과 관련되어 있거나 두 종간 뚜렷한 차이를 보이는 유전자들을 찾아냈는데, 그 중에서도 바소프레신 유전자가 가장 중요한 것으로 나타났다. 바소프레신은 이 두 종에서 매우 다른 발현 양상을 나타내었다. 이 연구 결과에서 바소프레신의 발현 양과 둥지 짓기는 역의 관계로 나타났는데, 연구진이 바소프레신을 인위적으로 주입했을 때 일부일처이면서 수컷이 부모 행동을 보이는 고평원쥐에서 둥지 짓기의 적극성이 떨어졌다. 하지만 다른 부모에서는 행동에 영향을 미치지는 않았다. 바소프레신과 관련성이 깊은 유사한 호르몬인 옥시토신(oxytocin)을 주입하였을 때는 수컷의 행동에 그 어떤 영향도 보이지 않았다. 결론적으로, 바소프레신이 포유동물의 사회 및 생식 행동의 핵심 조절자로서 대표적인 호르몬이라는 사실에 이견의 여지가 없어 보인다.

학자들은 유전자 염기 서열의 차이가 개체들의 표현형적 차이를 유발하는 기본이라고 생각해 왔지만, 이보디보 연구를 통해 다른 영역에서의 차이가 더 중요할 수도 있다고 보고 있다. 유전자 발현 양의 차이나 후성유전적 변화로 인해 그 유전자나 여러 다른 유전자의 발현에 차이가 만들어지는 경우를 말하는 것이다(Caroll 2005, Brakefield 2011). 유전체의 조절 기능은 하나의 유전자에 변화가 생겨서 나타나는 표현형 변화보다 몇 배 더 강력한 변화를 발생 과정 중에 만들 수 있으며, 간혹 유전자들 사이에서 조절 상호작용 양상을 바꿀 수도 있다. 션 케롤(Sean Caroll)이 언급한 것처럼, 이러한 과정은 각각의 종들이 나름의 새로운 유전자의 기능을 얻는 것보다 오래된 유전자들에게 마치 새로운 지휘법을 가르쳐 주는 것과 같다(Caroll 2005). 여러 면에서 동물행동학은 다른 분야의 선구자 역할을 하는 것 같다. 왜냐하면, 동물의 행동은 작동하는 자연선택의 투영이기 때문이다. 자연선택은 유전자에, 단백질에, 호르몬에 또는 생태계에 직접 작용하는 것이 아니라 표현형적 행동 형질에 작동하는 것이다(Rubenstein and Hofmann 2015). 행동은 여러 개의 유전자와 환경 요소들이 상호작용하여 나타나는 복잡한 형질이다. 이제부터 우리는 이보디보 연구를 이용하여 사육실에서 길러지거나 야생에서 자연적으로 살아가는 동물의 행동을 발생학적, 유전학적 그리고 후성유전적 부분으로 나누어 관찰하는 법을 배우게 될 것이다.

초기 발생학적 조건

진화생물학자들은 발생 과정과 관련 있는 표현형뿐만 아니라 모든 종류의 형질들을 조사하며, 각각의 형질이 가지는 적응적 가치에도 관심이 있다. 우리는 이미 제2장에서 그리고 이 장의 앞에서 이러한 진화생물학적 방식을 학습과 관련해서 다룬 적이 있다. 진화생물학적 방식으로 발생과 관련된 특징을 연구하기 위한 가장 좋은 방식 중 하나는 유전자 시스템에 결함이 생길 경우 그 개체의 발생에 문제가 생기는지 아닌지를 판단하는 것이다. 유전체에 존재하는 수 많은 돌연변이는 발생과 유전자의 활동 과정에서 문제를 야기할 수 있기는 하지만, 많은 동물은 돌연변이를 갖고서도 별 문제 없이 생존하고 생식하며 잘 살아 갈 수 있다. 인위적으로 특정 유전자의 기능을 막는 실험(gene knockout experiment)으로 무척 특이하거나 결함을 가진 표현형을 만들 수 있지만, 때때로 특정 유전자의 활성을 완전히 막았음에도 살아가고 생식을 하는 데 별 다른 문제를 가지지 않는 경우도 있다. 이런 점으로 미뤄 봐서 유전체가 제공하는 정보는 상당 부분 중복성이 있고, 따라서 특정 단백질이 빠져 나가도 특정 형질을 발현하는 데 별 다른 어려움이 없는 경우가 있을 수 있다(Kerverne 1997, Picciotto 1999). 그렇다면 발생 과정 중 행동적 변이를 만드는 요인에는 어떤 것들이 있을까?

사회적 환경의 역할

사람들은 동물이 초기 발생 단계에서 엄청난 환경적 저항들을 이겨내면서 정상적인 발생 과정을 진행시킨다고 알고 있다. 예를 들면, 어린 새가 그들의 부모와 상호작용할 수 있는 기회가 없다면 각인을 통해 사회적으로 그리고 짝짓기와 관련하여 중요한 정보를 얻지 못할 수 있다. 호주의 덤불칠면조(Australian bushturkey, *Alectura lathami*) 새끼는 거대한 더미 속에 있던 알에서 부화하여, 더미를 헤치고서 혼자 길을 만들어 밖으로 나오기 때문에 부모와 형제자매의 모습을 전혀 보지 못한다(**그림 3.25**). 그럼에도 이 종은 어떻게 친족을 다른 개체들과 구분할 수 있을까? 엔 고스(Ann Göth)와 크리스토퍼 에반스(Christopher Evans)는 사육 중인 어린 덤불칠면조들을 거대한 야외 새장에 넣어 관찰하면서 깃털을 지닌 어린 개체로 보이는 로봇을 그 새장에 넣어 주었다. 그 로봇이 땅을 한두 번 정도 쪼면 다른 새들이 쉽게 접근을 하였다. 이 종의 어린 개체는 기본적인 사회적 행동을 발달시키는 데 광범위한 사회적 경험을 필요로 하지 않는 것 같다(Göth and Evans 2004). 생식 연령이 되었을 때 혼자 살았더라도 정상적인 생식 행동을 하는 데 아무런 문제가 없었다.

그림 3.25 호주 덤불칠면조가 쌓아 놓은 더미. 수컷 덤불칠면조는 흙과 낙엽 그리고 여러 물질들을 이용하여 약 13피트 높이의 더미를 쌓는다. 암컷이 이 더미를 방문하여 교미 후 깊숙한 쪽에 알을 낳는다. 이 더미는 온도 유지가 잘 되기 때문에 부화와 발생에 아주 적합하다. 수컷은 부리로 더미의 내부 온도를 지속적으로 검사하여 온도가 낮아지면 더미를 더 덮고, 높아지면 더미 물질들을 조금씩 제거한다. 정확한 온도 유지는 이 종의 발생에 굉장히 중요한데, 약 34°C의 온도에서 암컷과 수컷이 같은 성비로 태어난다. 만약 이보다 온도가 더 낮으면 수컷이 더 많이 태어나고, 더 높으면 암컷이 더 많이 태어난다. (Photograph © Jurgen Freund/Minden Pictures.)

학자들이 연구한 결과에 따르면, 발생 과정 중에는 아주 여러 환경적 요인이 복잡하게 얽혀 있기 때문에 한두 개의 요소가 빠진다고 해도 정상적 행동 발달에 큰 문제가 생기지는 않는다. 벨딩땅다람쥐 새끼는 어미가 없는 상태에서 양육되더라도 주변에서 경계음이 들리면 주변을 돌아보는 것을 멈추고 바로 피신할 준비를 할 수 있다(Mateo and Holmes 1997). 수컷 귀뚜라미가 완전히 격리되어 사회적으로 그리고 청각적으로 상호작용을 할 기회가 전혀 없다고 하더라도 번식기에 정확한 노랫소리를 만들 수 있다(Bentley and Hoy 1974). 암컷 찌르레기가 사람에 의해 길러져서 자랐다 하더라도, 알을 생산할 때가 되어 번식기에 다른 수컷의 노랫소리를 들으면, 그 수컷과 교미하기 위한 행동을 별 문제 없이 시작한다(King and West 1983). 이렇듯 전형적이지 않은 환경에서 사육된 경우에서도 개체는 어떻게 자신의 종 특이적 형질을 인지하도록 학습할 수 있을까? 예를 들면, 찌르레기가 자기 종의 노랫소리를 인지하고 같은 종인지 어떻게 알 수 있는 것일까? 마크 하우버(Mark Hauber)와 그의 연구진은 종 특이적 신호, 즉 어떤 암호 같은 것이 갈색머리찌르레기가 자기 자신의 표현형에 대해 학습할 수 있도록 유도한다는 것을 밝혔다(Hauber et al. 2001). 단지 6일된 이 찌르레기 새끼들에게 다양한 새 소리를 들려주었을 때, 이 새끼들을 같은 종의 수컷과 암컷 성체가 번식기에 서로를 향해 내는 '짹짹거리는' 소리에 특히 잘 반응하였다. 하지만 나머지 소리에는 거의 무시하듯 적극적이지 않게 반응하였다. 연구진은 이 짹짹거리는 소리가 바로 이 종이 탁란으로 성장하더라도 종을 인식할 수 있는 능력이 발달하도록 하는 일종의 암호와도 같다고 생각하였다(**암호 가설, password hypothesis**). 하지만 이러한 암호가 탁란하는 종에서만 필요한 것은 아니다. 탁란의 대상 종도 기생한 새끼와 진짜 자기의 새끼를 구분할 수 있도록 하는 암호가 새끼의 울음 소리에 존재한다. 호주의 요정굴뚝새(superb fairy-wrens, *Malurus cyaneus*)의 둥지에 할미 동뻐꾸기(Horsfield's bronze-cuckoos, *Chrysococcyx basalis*)가 주로 탁란을 한다. 어미 요정굴뚝새는 특별한 태교 노래를 알을 품는 동안 부르는데, 이것이 일종의 암호 같은 역할을 한다. 요정굴뚝새 새끼는 비록 알 속의 배아 상태이지만, 부화하여 먹이를 보채는 소리를 낼 때 이 어미의 소리를 부분적으로 흉내낸다. 뻐꾸기 알은 굴뚝새 알이 어미 굴뚝새의 소리를 꽤 오랫동안 들은 뒤 부화하기 직전 둥지로 들어오기 때문에 뻐꾸기 새끼는 어미의 암호 소리를 알아 듣지 못한다.

암호 가설 암호들, 다시 말해 종 특이적 소리 신호들은 탁란을 하는 종에서 같은 종을 인식하는 능력의 발달을 유도한다.

발달 항상성과 제한

많은 동물이 결함이 있거나 부족한 환경 속에서도 그럭저럭 정상적으로 발달할 수 있는 능력을 가지고 있는데, 이러한 특징을 **발생 항상성(developmental homeostasis)**이라고 부른다. 발생의 체계는 표현형을 발달시킬 때 평균에서 크게 벗어나지 않도록 유지하며, 이는 적응적 표현형을 확실하게 만드는 능력을 가지고 있음을 뜻한다. 이러한 발생학적 능력을 입증한 것은 약 40년 전 요즘과 같은 수준의 동물 권리에 대한 인식이 없었던 시절 레서스 원숭이(rhesus monkey, *Macaca mulatta*)를 대상으로 한 마가렛과 해리 할로우 부부의(Margaret and Harry Harlow) 고전적 실험이었다(Harlow and Harlow 1962, Harlow et al. 1971). 한 연구에서 할로우 부부는 어린 레서스 원숭이를 어미로부터 태어나자 마자 잠시 떼어내 인조 대리모가 있는 우리로 옮겼다. 이들 대리모 중 하나는 철사로 만들어진 기둥 인형이었고, 다른 하나는 직물로 감싸여 있는 인형이었으며, 둘 다 젖병이 달려 있었다(**그림 3.26A**). 아기 레서스 원숭이는 몸무게가 정상적이었고, 신체적으로도 어미와 같이 있는

그림 3.26 어린 레서스 원숭이들이 발달 과정 중 사회적 결핍을 연구하기 위해 어미로부터 떼어져 홀로 길러졌다. (A) 사회적 결핍 실험에 사용된 대리모들. 어린 레서스 원숭이는 어미 대신 이 철사로 만들어진 기둥이나 직물이 감싸고 있는 인형과 같이 지내야 했다. (B) 사회적으로 격리된 레서스 원숭이들은 하루에 아주 짧은 시간 동안만 다른 개체들과 같이 있을 수 있었는데, 처음에는 이 어린 원숭이들은 서로 부둥켜 앉은 상태로 그냥 있었다. (Photographs© Nina Leen/Time Life Pictures/Getty Images.)

새끼 원숭이와 유사하게 발달하였다. 하지만 얼마 지나지 않아 이 개체는 스트레스를 엄청나게 받았고, 한 구석에 웅크리고 있으면서 자신을 물어 뜯었다. 만약 낯선 물체나 다른 원숭이를 보게 되면, 이 아기 원숭이는 엄청난 공포를 느끼고는 위축된 자세를 취했다.

이 격리 실험을 통해서, 어린 레서스 원숭이는 정상적인 사회 행동을 발달시키기 위해 사회적 경험을 필요로 한다는 점을 알 수 있다. 그렇다면, 정상적인 사회 행동 발달을 위해 어떤 종류의 사회적 경험을 얼마나 가져야 하는가? 단지 어미와의 상호작용만으로는 성적 행동, 놀이 행동 그리고 공격 행동 같은 것을 발달시키기에는 부족하다. 레서스 원숭이가 표준이 되는 사회적 발달을 이루기 위해서는 어린 시절부터 다른 개체들과 상호작용을 해야 할 것이다. 할로우 부부는 **사회 경험 가설(social experience hypothesis)**을 확인하기 위해 갓난 새끼들을 어미로부터 떼어낸 후 3마리씩 모아 하루에 15분씩 같이 지내도록 하였다 (Harlow et al. 1971). 이들 어린 원숭이는 처음에는 단지 서로 부둥켜 앉고서 그냥 있었다 (**그림 3.26B**). 하지만 얼마 지나지 않아 같이 놀기 시작하였다. 자연 환경에서 야생 레서스 원숭이들은 태어 난지 한 달이 되면 같이 놀기 시작했고, 6개월이 될 때까지 깨어 있는 모든 시간에 같이 무리를 이루어 시간을 보냈다. 위의 실험에서 매일 15분 정도의 놀이 시간을 허용하였는데, 이 시간은 거의 정상적인 사회 행동을 발달시키기에 충분하였다. 이 실험 개체는 청년기를 거쳐 성체가 되었을 때 정상적으로 교미 행동도 했고, 다른 개체들과 강렬한 다툼이나 위축됨 없이 잘 지냈다.

사회 경험 가설 어린 동물은 사회적 경험이 있어야만 정상적인 사회 행동을 발달시킬 수 있다.

이 연구에 대해서 들으면 어느 누구라도 자연스럽게 인간의 경우도 마찬가지인지 궁금해할 것이다. 인간의 지적 발달에 있어서 어린 시절 그들의 부모나 주변 동년배 친구들과 함께 하는 경험이 매우 중요하다고 누구나 생각하기 때문이다. 그렇지만, 인간 아기들을 대상으로 해서 이런 실험을 하는 것은 불가능하다. 하지만 영양 결핍 정도와 지능적 발달의 관계에 대한 정황 증거를 수집하는 것은 가능하다. 1944년에서 1945년으로 넘어가는 겨울에 나치가 네덜란드의 모든 무역과 통상을 막는 바람에, 큰 도시에 있던 수많은 사람들이 굶어 죽었는데, 이때 태어났거나 엄마 배 속에 있었던 네덜란드 남성을 대상으로 한 연구를 고려해 볼 필요가 있다(Susser and Stein 1994). 그 겨울 동안 네덜란드 도시 사람들의 칼로리 섭취량은 하루 750 칼로리 정도였는데, 이 수치는 현재의 일일 권장 칼로리 섭취량인 남성의 2,500과 여성의 2,000에 비하면 매우 낮은 것이다. 결국 이 기근 시기에 나온 아이들의 평균 몸무게는 매우 낮았다. 대조적으로 도시 외곽이나 농촌의 경우에는 수입 물자 수송에 대한 의존성이 낮았기 때문에, 엄마 배 속에 있었거나 태어난 아기들은 거의 정상 몸무게와 비슷하였다.

사람들은 일반적으로 임신 중 태아의 두뇌 발달 속도가 무척 빠르기에 적절한 영양 섭취가 필요하다고 생각한다. 하지만 네덜란드의 기근 도시에서 태어난 아이들과 영양 상태가 거의 정상에 가까웠던 교외 지역에서 태어난 아이들의 19세 때 정신 상태를 비교한 연구 결과가 있는데(징병 검사), 특별한 정신 발달 지체 같은 현상이 발견되지는 않았다(**그림 3.27A**). 이 징병 검사 중에 지능 검사도 이루어졌는데, 이때에도 영양 상태가 부실한 엄마의 아이들과 교외에서 잘 먹고 지냈던 엄마의 아이들 사이에서 뚜렷한 차이는 발견되지 않았다(**그림**

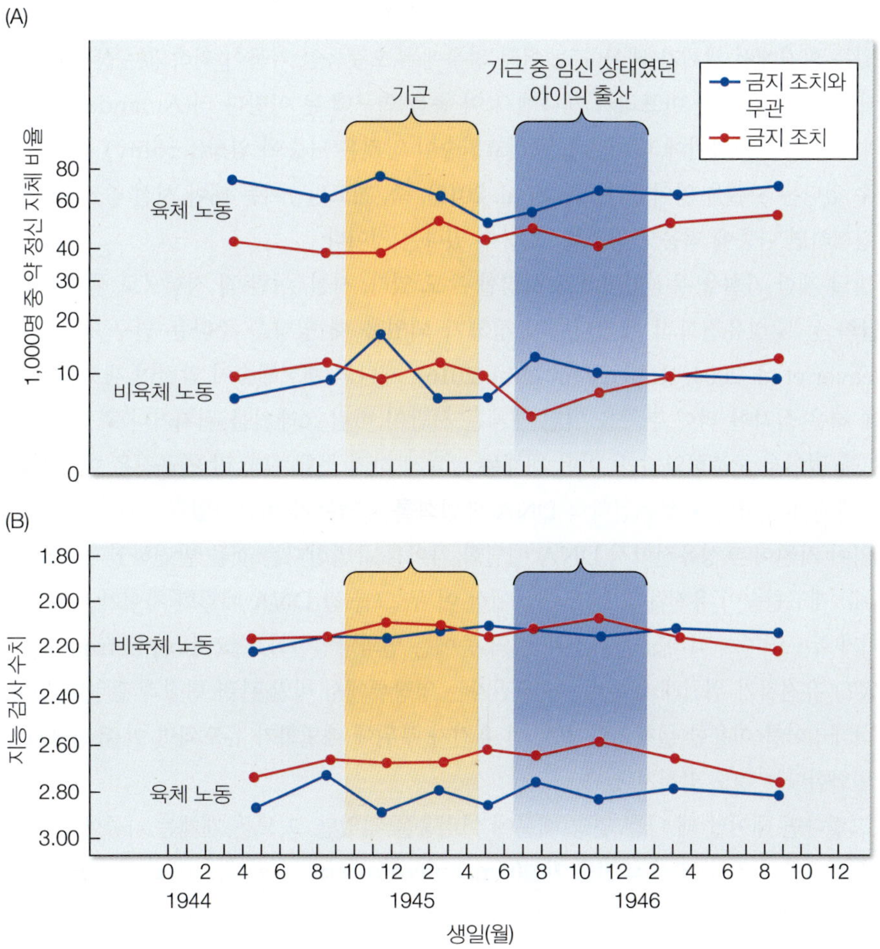

그림 3.27 인간의 발달 항상성. 산모의 영양 결핍은 놀랍게도 인간의 지능 발달에 그리 큰 영향을 미치지 않는다. 이는 나치 점령기에 임신 중이었던 여성으로부터 태어난 아이들이 19세에 징병 검사를 위해 받은 (A) 약 정신 지체(mild mental retardation)의 비율 측정과 (B) 지능 검사(지능 검사 수치가 높을수록 아래에 있다)를 통해 알 수 있었다. 아버지의 직업(육체 노동과 비육체 노동)에 따라 구분이 이루어졌고, 산모가 나치의 무역 금지조치가 내려진 도시 지역에 살면서 아기가 태어났는지, 아니면 산모가 금지 조치와는 무관한 교외 지역에 살면서 아기가 태어났는지 구분이 되었다. 분석 결과, 기근이 있었던 지역에서 태어난 아이들에서 특별한 정신 지체나 낮은 지능이 전혀 관찰되지 않는다. (After Stein et al. 1972.)

가설 3.1

생활사 초기의 상황이 후반기의 적응도에 영향을 미치는지에 대한 두 가지의 대체 가설들

발달 제한 가설 좋지 못한 환경에서 태어난 개체는 나중에 적응도 감소를 경험한다.

적응적 반응 가설 개체는 나중에 상황에 맞추어 표현형을 조정해서 변화시킨다.

3.27B)(Susser and Stein 1994). 19세기 핀란드에 기근이 닥쳤을 때 잘 먹지 못한 엄마로부터 태어난 아이들과 기근이 완전히 끝나고서 태어난 아이들을 비교한 연구도 존재하는데, 이 연구에서도 이 두 시기에 태어난 아이들이 거의 비슷한 연령대까지 생존하였다(Kannisto et al. 1997).

사람들은 임산부나 어린 아이들이 먹을 것이 없는 상황(Morley and Lucas 1997) 그리고 태아의 영양 상태가 그 사람의 인생에서 나중에라도 영향을 미치지 않는다는 결과를 믿기 어려울 것이다(Rasmussen 2001). 사실 인생 초기의 상태가 후반기의 적응도와 행동에 지대한 영향을 미친다는 연구 결과가 점점 더 많아지고 있다. **발달 제한 가설(developmental constraint hypothesis)**에 따르면, 어린 시절 빈약하게 살아간 경험이 나중에 행동, 생리 그리고 적응도 면에서 나쁜 영향을 줄 수 있다(**가설 3.1**). 사실 많은 동물은 먹이가 풍부하지 못한 상황에서 태어난다. 예를 들면, 아프리카 사바나 지역에 서식하는 노란개코원숭이(yellow baboon, *Papio cynocephalus*)는 매년 엄청나게 달라지는 강수량과 먹이 환경을 늘 경험한다. 어떤 경우에는 강수량이 꽤 있는 환경에서 새끼가 태어나고, 어떤 경우에는 오랫동안 가뭄이 지속되는 상황에서 새끼가 태어난다. 40년 간 아프리카 케냐에서 이 종을 연구해 온 아만다 리(Amanda Lea)와 그녀의 동료들은 가뭄기에 태어난 노란개코원숭이 암컷은 나중에 임성(fertility) 감소를 경험할 수 있다는 사실을 알아냈다(Lea et al. 2015). 즉, 개코원숭이는 태아 시절 좋지 못한 환경을 경험하면 나중에 적응도 감소를 겪을 수 있다는 것이다.

발달 제한 가설을 유전학적으로 설명할 수도 있다. 사실, 어릴 적 경험으로 생기는 DNA 메틸화 등 후성유전학적 메커니즘이 성체가 되었을 때 영향을 준다는 연구 결과도 있다(Weaver et al. 2004, Rubenstein et al. 2016). 캐냐의 개코원숭이 암컷이 새끼를 낳기 직전에 겪은 심각한 먹이 부족을 어떤 개체는 사람이 버린 쓰레기를 뒤지거나 관광객이 남긴 먹이를 먹어서 보충하였지만, 어떤 개체는 그렇게 하지 못했는데, 리 연구진은 이 두 그룹을 유전체에서 얼마나 후성유전학적 DNA 메틸화를 겪었는지 비교하였다. 이 연구에서 그들은 먹이 자원이 후성유전학적 DNA 메틸화 차이를 유발한다는 것을 발견하였다(Lea et al. 2016). 개코원숭이 유전체의 여러 지역에서 이 두 그룹 간 DNA 메틸화 차이가 나타났지만, 차이가 두드러지게 나타났던 유전체 영역 중에는 인과당인산화효소(phosphofructokinase, *PFKT*) 유전자가 위치해 있는데, 이 유전자는 영장류에서 비만 관련 형질과 관련이 있다. 비록 박테리아를 이용한 실험이었지만, 이 유전자 부위에 메틸화가 유도되면 이 유전자의 발현이 변화한다는 것도 밝혀져 있다.

그렇다면 태어날 때 나쁜 환경 때문에 어려움을 겪었던 그 모든 개체는 나중에 큰 문제가 생길 운명인 것일까? **적응적 반응 가설(predictive adaptive response hypothesis)**에 따르면, 개체는 그들의 생리적 특징과 행동을 조정함으로써 초기에 겪었던 발달 제한을 극복할 수 있다(가설 3.1). 동물의 적응적 반응은 그 동물의 생의 전반에 걸쳐 또는 세대를 거듭하며 나타날 수 있는데, 특히 **모계 영향 유전(maternal effects)**이 대표적인 요인이다. 모계 영향 유전이란 한 개체의 표현형은 그 개체가 겪는 환경적 조건들과 유전자형뿐만 아니라 그 엄마가 겪는 환경 및 유전자형에 의해서도 결정될 수 있다는 것을 의미한다. 이런 적응적 반응은 사실 한 개체의 생애 초기와 후기의 상황이 비슷할 경우 더 잘 나타난다. 아프리카 사바나에서 태어나 아주 어린 시절 겪었던 상황이 그 개체가 성체가 되었을 때 똑같이 나타날 가능성이 그리 크지는 않지만, 온대 지역에서는 그러한 경우가 많다. 환경이 어릴 때와 성체일 때 똑 같은 상황에서 나타나는 모계 영향의 예는 북극의 눈신토끼(snowshoe hare, *Lepus americanus*)에서 관찰할 수 있는데, 이 종은 캐나다 시라소니(Canadian lynx, *Lynx canadensis*)가 주요 포식자이고, 어미가 겪은 이 포식압을 새끼도 똑같이 겪을 가능성이 크다(Krebs et al. 1995). 이 시라소니에 의한 포식압은 토끼의 글루코코르티코이드(glucocorticoid) 스트레스 호르몬의 수치를 높이기 때문에 태아를 임신하고 있는 어미의 몸 상태에 영향을 주고(Boonstra et al. 1998), 뒤이어 새끼의 생존에 영향을 줄 수 있다. 연구진은 야생에서 포획한 임신한 어미 개체들 중 일부를 주기적으로 사나운 개들에게 노출시켰는데, 이때 노출된 어미들은 높은 글루코코르티코이드(이 호르몬은 스트레스 상황에서 많이 분비된다; 제5장을 참조) 수준을 보였으며 상대적으로 덩치가 작은 아이를 낳았다(Sheriff et al. 2009). 어미가 경험하는 포식자가 많은 환경을 자식들도 태어나서 경험하기 때문에, 어미가 높은 스트레스 환경을 경험하면 적응적으로 이 환경을 잘 피할 수 있는 표현형의 새끼를 낳는다고 볼 수 있는 것이다(Sheriff and Love 2012, Dantzer et al. 2013).

종에 따라 또는 그 개체가 사는 환경에 따라 초기 환경은 행동 발달이나 적응에 좋은 혹은 나쁜 아니면 어떤 영향도 미치지 못한다. 후성유전학적 변화가 이런 적응적이거나 부적응적 반응에 역할을 한다는 연구 결과가 점차 많이 나오고 있다. 물론 적응도에 어떤 영향을 미치는지에 대해서는 아직 분명하지 않지만 이는 사람에서도 마찬가지이다. 예를 들면, 나치의 무역 제한 조치 상황에서 엄마의 뱃속에 있었던 사람들과 먹을 것이 다소 많아진 상황에서 태어났던 형제들을 비교한 결과에서 유전체 전체의 DNA 메틸화의 경향성이 판이하게 다르게 나타났다(Tobi et al. 2014). 이 형제들 사이의 후성유전학적 차이가 큰 부위를 보면 성장, 에너지 대사 그리고 지질 대사 등과 관련된 유전자가 분포해 있음을 알 수 있고, 이는 인위적으로 기아 상태를 만들어 조사한 쥐에서도 비슷한 결과가 나타났다(Boque et al. 2013). 기아 상태나 다른 스트레스가 개체의 적응도에 미치는 영향을 조사하기에는 사람보다는 다른 동물이 훨씬 쉽다. 왜냐하면, 사람에 비해서 세대나 생의 길이가 상대적으로 짧고, 여러 가지 효과를 동시에 그리고 정밀하게 측정할 수 있으며, DNA 메틸화가 뇌에서 벌어졌는지 여부를 쉽게 조사해 볼 수도 있기 때문이다. 이런 영양 결핍이 생존뿐만 아니라 생식에 미치는 영향에 대한 연구는 앞으로도 꾸준한 행동 분석을 통해 지속될 것으로 보인다.

발생 전환 메커니즘

발생에 대한 적응주의적(adaptationist) 분석법은 개체가 다양한 환경에서 생식 성공에 필요한 형질을 어떻게 가지게 되었는지에 대한 설명이다. 하지만, 꽤 많은 종에서 생식 행동과 관련하여 둘 혹은 셋 정도의 대응되는 표현형이 나타나는 경우가 있다. 이 내용은 사실 제9장에서 다룰 주제이기도 하다. 이런 다양한 표현형들은 근접적으로 설명하면 개체가 처한 환경적 차이의 결과인데, 이를 소위 표현형적(phenotypic) 또는 **발달적 가소성(developmental plasticity)**이라고 부른다(**그림 3.28**)(West-Eberhard 2003, Simpson et al. 2011). 이러한 **다면발현성(polyphenisms**, 하나의 표현형에서 다양한 표현형을 만드는 특별한 표현형적 가소성)를 연구하기 위해서는 일단 중간형이 존재하지 않는 이러한 다양성을 만드는 메커니즘을 시작시킨 환경적 원인이 무엇인지를 밝히는 것이 시작이다. 우리는 이미 다면발현성의 한 예를 아주 오랫동안 이 장에서 이야기하였다: 같은 유전자형이지만 발생 과정 중 제공

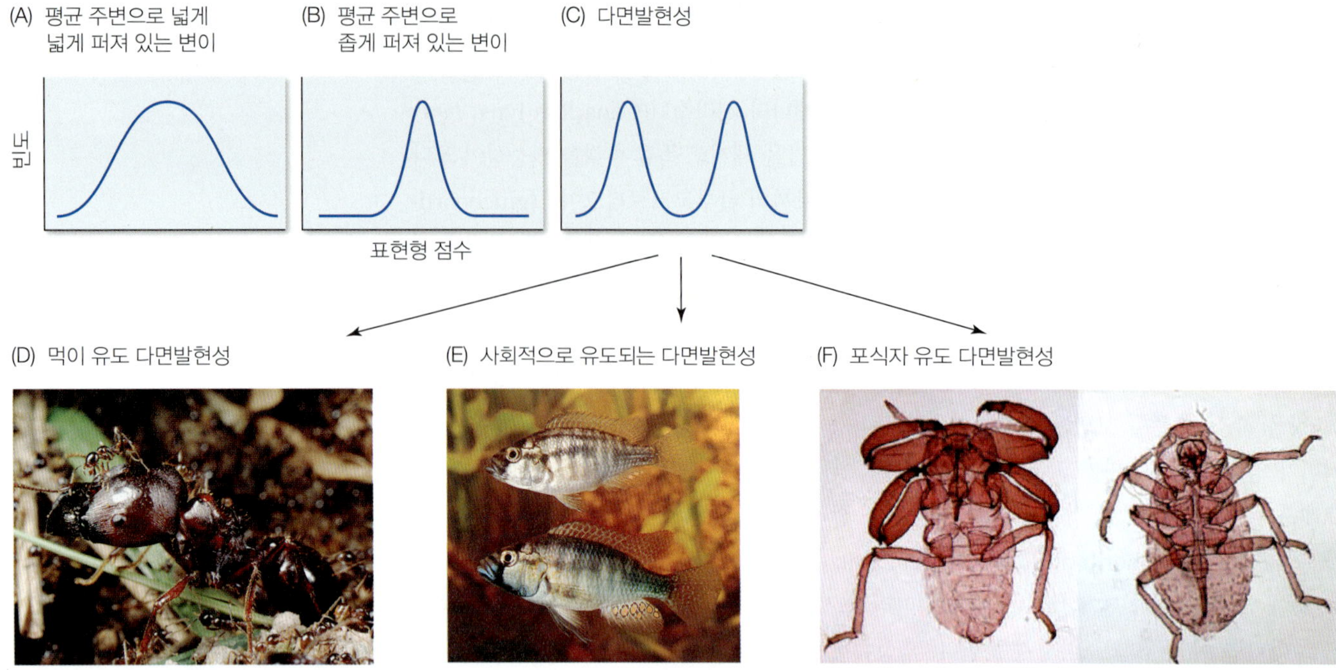

그림 3.28 발생 전환 메커니즘은 어느 한 종에서 다면발현성을 만든다. 다른 환경 요인에 반응하여 발생 전환 메커니즘을 통해 여러 가지 다른 표현형이 만들어질 수 있다. 위: 종 내 표현형적 변이는 (A) 연속적으로 하나의 평균 주변에 존재하는 변이 양상으로, (B) 연속적이지만 변이의 폭이 좁은 형태로, (C) 비연속적인 변이의 형태로 나타날 수 있다. 아래: (D) 개미나 다른 사회성 곤충에서 흔하게 관찰되듯이 먹이의 특성이나 양에 따라 다른 계급의 표현형이 나타날 수 있다. (E) 시클리드 물고기인 *Astatotilapia burtoni*의 영역형(territorial) 그리고 비영역형(nonterritorial) 같은 다면발현성은 사회적 상호작용이 주요 요인인 것으로 알려져 있다. (F) 몇몇 진딧물 종에서 포식자의 존재는 군인 계급(soldier caste)인 포식자 방어(antipredator) 표현형을 유도할 수 있다(왼쪽). 이 표현형은 다른 개체들과는 달리(오른쪽), 크고 무엇인가를 강하게 잡을 수 있는 능력을 제공한다. (D, photograph by Mark Moffett; E, photograph by Russell Fernald; F, photographs courtesy of Takema Fukatsu.)

된 영양의 차이에 따라 만들어지는 일꾼과 여왕 계급.

곤충에서 행동적 다면발현성의 예가 또 있는데, 이주성 사막메뚜기(*Schistocerca gregaria*)는 단독 생활을 하는지 아니면 군집 생활을 하는지에 따라 행동 및 형태 표현형이 다르게 나타난다. 이 메뚜기가 무리를 형성한 상태에서 어린 유충이 다른 개체를 보고 냄새를 맡게 되면 무리형 표현형을 발달시킨다(Simpson et al. 2001). 무리가 엄청나게 크면 다른 개체들과의 접촉이 잦아지는데, 이런 상황에서 뒷다리에 있는 촉각수용기가 촉각 신호를 중추신경계로 전달하면 신경 명령이 특정 세포들에게 유전적 변화를 유도한다. 이러한 명령이 만드는 가장 대표적인 물질은 세로토닌(serotonin)인데, 이 호르몬은 다른 여러 생화학적 단계와 연합하여 초록색이던 단독형 표현형질을 노란색과 검은색이 번갈아 가면서 나타나는 이주형 표현형질로 바꾸어 준다(Anstey et al. 2009). 궁극적으로 이러한 이주형과 단독형이 발달 가소성에 의해 나타나는 적응적 이득은 무엇인지 생각해 볼 필요가 있다. 이주형 사막메뚜기들은 어느 한 지역에 모여 주변에 있는 모든 것을 먹어치우고서 먹을 것이 있는 다른 지역으로 이주하기 때문에, 인류의 농업에는 엄청난 위협이 되는 존재이다. 정적인 단독형이나 이주를 기회에 따라 하는 표현형이 이처럼 먹을 수 있는 식물을 죄다 먹어 치워 생존하고 생식하는 존재들과 경쟁이 될 수 있을까?

다면발현성은 척추동물에서도 꽤 잘 나타난다. 2개의 다른 형질을 나타내는 범무늬도롱뇽(tiger salamander, *Ambystoma tigrinum*)이 한 예라고 할 수 있다. 이 도롱뇽에는 첫 번

그림 3.29 범무늬도롱뇽은 두 가지의 표현형이 존재하는데, 하나는 포식형이고 또 다른 하나는 비포식형이다. 전형적인 비포식형(이 그림에서 먹히고 있는 개체)은 작은 무척추동물을 잡아먹고 성장 속도가 늦다. 포식형은 (이 그림에서 먹고 있는 개체) 머리가 넓고 강하며 큰 이빨을 가진다. (Photograph by Tim Maret, courtesy of James Collins.)

째의 표현형은 전형적인 수중 미성숙형(비포식형)으로 연못의 잠자리 유충 등 무척추동물을 먹고 산다. 두 번째의 표현형은 포식형(cannibal type)으로 덩치가 크고 강한 이빨을 가지며 다른 같은 종의 도롱뇽 유충을 먹기도 한다(**그림 3.29**). 이 포식형으로의 발달은 환경적 영향인 것으로 보인다. 다른 도롱뇽이 주변에 높은 밀도로 존재할 때 주로 나타난다(Collins and Cheek 1983). 일반적으로 이 포식형 도롱뇽은 유생 때부터 다른 개체들보다 덩치가 더 클 때 나타나며, 다른 주변 개체들보다 월등히 큰 개체가 포식형이 될 가능성이 크다(Maret and Collins 1994). 또한 포식형은 주로 주변에 자기 형제나 친족인 개체들보다 남인 개체가 많을 때 주로 잘 나타난다(Pfenning and Collins 1993). 만약, 평균보다 덩치가 훨씬 큰 개체 주변에 친족의 냄새가 아닌 나른 냄새를 내는 개체가 많다면, 이 개체는 전형적인 발생 과정에서 벗어나 굉장히 크고 강한 이빨을 가진 포식자가 될 것이다(Pfenning et al. 1994).

범무늬도롱뇽에 2개의 표현형이 존재하고 상황에 맞춰서 각각의 표현형으로 발달하는 이런 가소성이 어떤 적응적 이득을 주는가? 발달 가소성 능력을 갖춘 개체는 단 하나의 고정된 형질만을 발휘할 수 있는 개체에 비해 특정 생태적 지위나 자원 획득에 보다 유리할 수 있다. 도롱뇽 유생은 수서 무척추동물과 다른 도롱뇽의 두 가지 다른 영양원을 가질 수 있다. 만약 많은 도롱뇽 유생이 연못을 가득 채웠고 자신이 다른 개체들보다 상대적으로 크다고 여기면 더 빠른 속도로 성장하여 포식형 도롱뇽이 되는데, 이는 다른 대부분의 개체가 이용할 수 없는 먹이 자원을 획득할 수 있는 기회가 될 것이다. 반대로 덩치가 작은 개체가 만약 강한 이빨을 가진 포식형이 된다면 적절한 먹이를 발견할 수 없게 되어 결국 굶어 죽을 것이다. 도롱뇽은 둘 중 어떤 먹이가 그 주변에 풍부하게 존재할지에 대해 알 수 있는 방법이 없기 때문에, 주변 환경적 특징에 의존해서 둘 중 하나의 표현형으로 발달하는 능력을 가진 개체가 자연선택의 선호를 받을 가능성이 크다.

이와 비슷한 여러 표현형의 존재가 말똥구리(dung beetles)에서도 발견이 된다. 전 세계적으로 말똥구리는 약 5,000여종이 존재하며, 대부분 몸 길이에 비해 성장이 빠른 뿔을 가지고 있는데, 이 뿔은 수컷끼리 암컷을 차지하기 위한 싸움에 이용된다(**그림 3.30A**). 수컷이 똥을 돌돌 말아서 공처럼 만들면 암컷은 그 속에다 알을 낳는다. *Onthophagus*속 종들에서 수컷이 똥볼을 땅 속 깊이 박아 놓으면, 암컷이 땅을 파고 들어가 그 안에다 알을 낳는다. 수컷은 똥볼로 이어지는 터널을 필사적으로 지킴으로써, 다른 수컷이 암컷에게 접근하지 못하

(A)

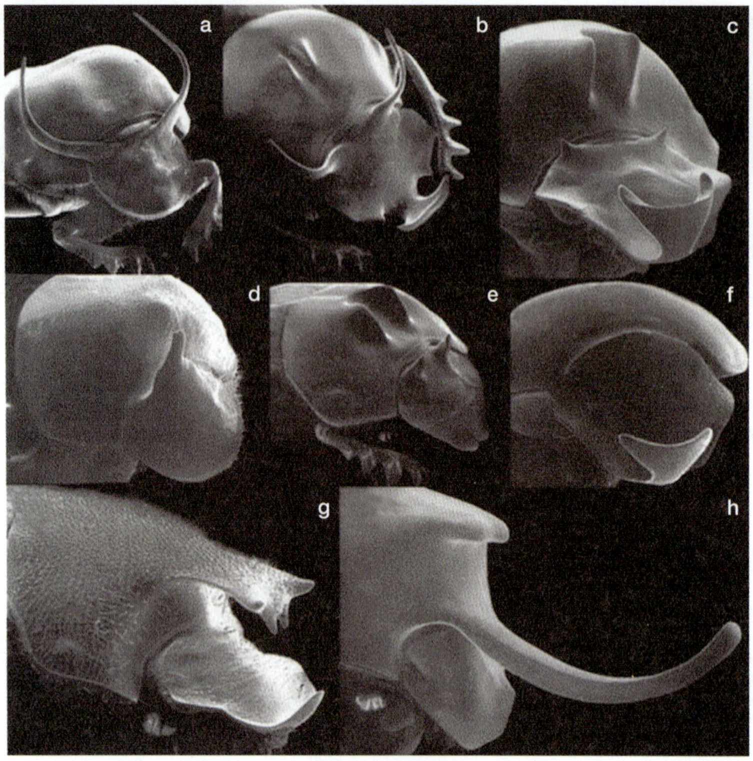

(B)

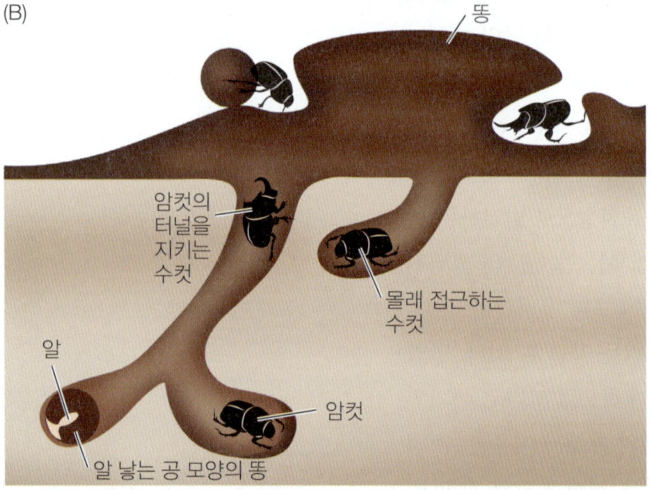

그림 3.30 말똥구리의 뿔은 매우 다양한 형태와 크기로 나타난다. (A) *Onthophagus*속 말똥구리의 뿔은 크기나 모양 그리고 발생하는 위치 역시 다양하다. 종에 따라 머리 앞 부분에서 확장되어 생기는 경우도 있고 머리나 목의 뒤 부분에서 생겨나는 경우도 있다. 별도로 표시된 것이 아니면 모두 수컷의 사진이다. (a) *Onthophagus taurus*. (b) *Onthophagus clypeatus*. (c) *Onthophagus praecellens*. (d) *Onthophagus nuchicornis*. (e) *Onthophagus clypeatus*(females). (f) *Onthophagus sharpi*. (g) *Onthophagus hecate*. (h) *Onthophagus nigriventris*. (B) *Onthophagus*속 말똥구리의 종들에서 뿔을 가진 수컷은 암컷이 알을 낳기 위해 파낸 굴을 차지하거나 지키기 위해 싸운다. 뿔을 가지지 않은 덩치가 작은 수컷은 수컷이 지키는 위치를 몰래 지나쳐 암컷과 만나기 위한 시도를 한다. (From Emlen 2000.)

도록 막는다(**그림 3.30B**)(Emlen 2000). 그러나 모든 수컷이 뿔을 가지고서 볼의 입구를 지키는 것은 아니다. 덩치가 작은 수컷은 뿔을 가지지 않으며 덩치 큰 수컷이 지키는 입구 옆으로 몰래 들어가 암컷에게 접근하려고 한다. 이와 같이 덩치가 큰 개체와 작은 개체가 다른 생식 전략을 가지는 이유는? 덩치와 뿔의 성장을 발달시키는 데 영양 조건이 핵심적 역할을 한다. 풍부한 먹이와 함께 자라는 유충은 덩치도 커지고 뿔도 자라게 되지만, 먹을 것이 얼마 없는 상태에서 자라는 유충은 작고 뿔이 생기지 않게 된다. 뿔을 발생시키거나 여러가지 말똥구리의 행동 표현형을 만드는 유전적 메커니즘은 무엇인가? 인슐린(insulin) 신호 전달계와 관련된 유전자는 영양 상태 및 뿔 성장과 관련이 있다(Emlen et al. 2006). 암컷과 덩치가 작은 수컷은 인슐린 수용체 유전자(*InR*)의 발현 수준이 덩치 큰 수컷에 비해 낮은데, 이 유전자를 실험적으로 억제했을 때 뿔의 성장이 둔화되었다(Enlen et al. 2012). 이와 관련된 발생학적 그리고 신호 전달 경로는 초파리 같은 다른 곤충에서도 발견된다. 물론 뿔의 발생과 관련하여 딱정벌레류에서만 보존된 발생 메커니즘이 있다. 고슴도치(hedgehog) 유전자(*Hh*)는 딱정벌레의 뿔 발생 및 성장과 관련이 있는 호메오박스 유전자와 비슷한 유전자인데, 이는 딱정벌레류의 종 분화 이전에 아주 오래 전 나타난 유전자로 여겨지고 있다. 말똥구리에서 이 유전자와 관련된 경로는 유충이 성장하는 단계에서 영양과 관련된 뿔 형성의 전환점(switch point, 발생 단계에서 뿔이 형성될지 말지가 결정되는 시점)이라고 볼 수 있다(Kijimoto and Moczek 2016).

한 종이 발생학적으로 여러 가지의 대처를 해야 하는 생태적 상황을 맞닥뜨렸을 때, 자연선택은 개체가 특정 환경에 가장 적합한 표현형을 발달시키는 정교한 발생 전환 메커니즘을 가지도록 유도하였다. 중복이 없는 2가지의 먹이 수준(엄청나게 많은 vs 엄청나게 적은) 혹은 위협 수준(포식자가 있고 vs 없고)이 존재하면, 둘 중의 하나의 상황에서 최고 수준의 적합성을 지니는 표현형을 만들 수 있는 발생 메커니즘이 모든 상황에 두루두루 대처할 수 있는 중간형의 표현형보다 더 유리할 수 있다(Pfenning et al. 2007). 특히, 개체들마다 발생의 조건이 다 다르기 때문에 이런 발달 가소성은 다양한 환경에 적응할 수 있게 만들어 주는 매우 중요한 메커니즘이라고 볼 수 있다.

모든 다면발현성의 방식이 생명체가 이제 막 성장하려고 하는 생활사 초기에만 한정되어 있는 것은 아니다. 몇몇 동물은 일생 동안 이러한 전화점을 가지기도 한다. 하나의 좋은 예가 바로 시클리드 물고기인 *Astalotilapia burtoni*인데, 수컷은 다른 수컷 비해 완벽히 우월하거나 아니면 열세이거나 둘 중의 하나이다. 이 수컷의 이런 사회적 위치 변이는 두 다른 표현형 간 전환의 능력을 보여 주는 한 예가 될 수도 있다(그림 3.28E 참조). 수컷은 암컷을 유혹하기 위한 영토를 놓고서 다투며 이 다툼의 승자가 영토를 소유하여 방어한다(좀 더 강력한 도전자가 오기까지). 이러한 상황에서 수컷의 선택은 공격적인 영토 소유자(화려한 몸 색깔)가 되거나 소극적인 개체(단순한 몸 색깔을 가진)가 되는 것이다(Fernald 1993, Francis et al. 1993). 이 두 선택 중 중간의 표현형을 가지면 주변 개체들로부터 영토를 지킬 수도 없고, 지속적인 공격을 받기 때문에 에너지 소실도 적지 않다. 에너지를 유지하기 위해서는 경쟁에서 잠시 물러나 있는 시간도 중요하다. 이 종의 수컷에서 이런 사회적 전략을 만드는 데에는 뇌 세포의 특정한 부위에서 유전자 발현 양상이 매우 중요하다(White et al. 2002). 만약 실험적으로 우월한 수컷을 제거하여 열등한 수컷이 주변을 지배할 수 있는 상황을 만들어 주면, 뇌의 전방 소세포층 시각교차 전핵(anterior parvocellular preoptic nucleus)에 존재하는 성선자극호르몬분비호르몬(gonadotropin-releasing hormone, GnRH) 신경 세포들이 GnRH을 생성하는 초기생장반응단백질 1(early growth response protein 1, *egr-1*) 유전자를 활성화시키는데, 이런 과정에서 다른 여러 유전자가 활성화되고 호르몬이 분비된다. 열등에서 우월로 사회적 위치가 바뀐 수컷에서는 *egr-1* 유전자의 활성이 열등이나 우월 상태가 꽤 오래 지속된 개체들에 비해 2배 정도 높았다(**그림 3.31**). 일주일 뒤 이 수컷은 외형과 행

그림 3.31 시클리드 물고기인 *Astalotilapia burtoni* 열등 수컷은 주변의 우월한 수컷이 인위적으로 제거되면 빠르게 우월한 수컷이 될 수 있다. (A) 주변 우월한 수컷이 인위적으로 제거되면 열등했던 수컷이 수분 내로 전보다 공격적인 모습을 보이기 시작한다. (B) 이와 같은 행동 변화는 뇌의 시각교차 부위에서 발현하는 *egr-1* 유전자의 활성이 급격히 증가하는 것과 함께 일어난다. 이 유전자는 이 수컷의 공격적 행동의 생리적인 기반을 구성하는 다양한 유전자의 활성을 이끈다. *egr-1* 유전자의 활성은 열등에서 우월 단계로 사회적 위치가 바뀔 때 급격히 높아지지만, 일단 우월의 위치로 올라가면 다시 낮아진다. 막대 그래프는 평균 및 표준오차로 나타낸다. (After Burmeister et al. 2005; photograph courtesy of Russell Fernald.)

동에서 우월한 수컷의 표현형이 나타났고, GnRH 신경 세포와 생식소의 크기 역시 커졌다. *egr-1* 유전자의 활성이 초기에 급격하게 올라가는 것이 일종의 유전적, 호르몬적 그리고 발생학적 전환의 시작점인 것으로 보인다. 이렇게 바뀐 수컷은 이후에 주변의 생식 성공을 독점하고 다른 수컷을 억제하는 능력을 보여주었다(Burmeister et al. 2005).

아무리 다면발현성이 흔한 현상이지만 보편적이라고 보기는 어렵다. 왜냐하면, 많은 경우 환경적 특징은 불연속적이 아니라 연속적으로 변하기 때문일 것이다. 따라서 대부분의 경우에, 좁은 환경적 요인에 적합한 형질이 되는 쪽으로 발생학적 체계를 맞추는 방식으로는 개체가 이득을 얻기 어렵다. 대신 어느 정도 광범위한 표현형을 만드는 방식으로 하나 혹은 그 이상의 요인들에 대한 반응을 나타내도록 전환할 수 있는 개체가 자연선택에서 유리할 수 있다. 예를 들면, 수컷 붉은등거미(redback spider, *Latrodectus hasselti*)의 몸 크기는 주변에 이용 가능한 먹이의 풍부도와 아직 교미하지 않은 암컷의 수 그리고 잠재적 경쟁자가 될 수 있는 수컷의 수에 반응하여 결정된다(Kasumovic and Andrade 2006). 수컷이 암컷의 존재 하에 자라나면 빠르게 성장하여 아직 덩치가 작은 데도 짝짓기와 교미의 능력을 갖추게 된다(**그림 3.32**).

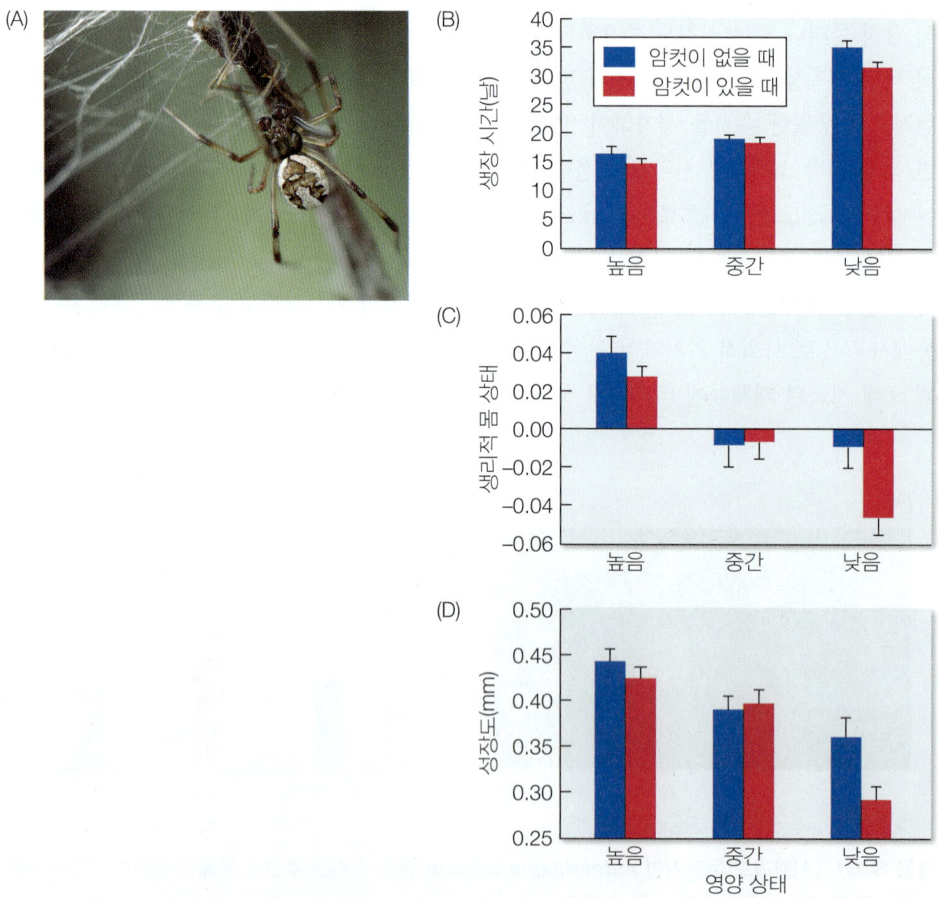

그림 3.32 붉은등거미의 발달 가소성. (A) 붉은등거미 수컷. (B~D) 아직 어린 수컷은 암컷이 주변에 존재할 때(붉은색)는 없을 때(파란색)에 비해 훨씬 빨리 성체로 성장하기에 덩치도 더 작고 생리적인 몸 상태 역시 더 열악하다. 암컷이 없는 곳에서 성장하는 성체 수컷은 다른 수컷 경쟁자와 만날 가능성이 더 크기 때문에 몸집을 더 키우는 경향이 있다. (After Kasumovic and Andrade 2006; photograph by Ken Jones, © M. C. B. Andrade.)

수컷이 주변에 존재하면 상황은 반대가 된다. 이 붉은등거미의 연구 결과는 진화적 압력이 어떻게 광범위한 표현형이 만들어지도록 하는지에 대한 예시가 될 수 있다.

초유전자와 행동 다형성

모든 동물이 생의 초기나 성체가 된 후 행동 형질을 조절하는 가소성을 가지고 있는 것은 아니다. 환경 조건에 따라 행동 역할을 조절하는 가소성을 전혀 발휘 못하는 종도 있다. 환경적 요인보다 유전적 요인에 의해 행동 표현형이 영향을 더 받는 경우가 있는데, 이런 현상을 **행동 다형성(behavioral polymorphism)**이라고 한다. 물론 지금 이 행동 다형성의 유전적 기초에 대해 이제 막 검토를 시작하는 단계이지만, 많은 동물군에서 행동 다형성을 유발하는 공통적인 것을 한 가지 소개하고자 한다. 그것은 **초유전자(supergene)**로 염색체 역위(inversion)에 의해 자주 발생하는 유전자 영역인데, 연관된 많은 유전자가 행동 표현형에 영향을 미친다.

행동과 관련하여 가장 잘 알려진 초유전자의 예는 개미로, 약 12,000종 이상이 진사회성 여왕과 여러 개의 일꾼 계급으로 나뉘어진 진사회성 형태를 보인다(제12장 참조). 개미 사회의 구조는 종마다 꽤 다르다. 일례로, 여왕의 수가 다양하다. 개미 종들 중에서 어떤 개체군은 하나의 여왕만이 무리에 존재하고(**monogynous**), 어떤 개체군에서는 여왕이 무리 내 여러 개체인 경우(**polygynous**)도 있다. 붉은불개미(red fire ant, *Solenopsis invicta*)는 500개 이상의 연관된 유전자들을 담고 있는 초유전자에 의해 사회적 구조가 결정된다(Wang et al. 2013). 이러한 초유전자는 염색체가 끊어졌다, 180° 회전 후 다시 반대로 연결되는 염색체 역위 때문에 종종 생기는 결과이다. 무리 내 하나의 여왕만 존재하거나 여러 여왕이 존재하는 차이가 생기는 가장 핵심적인 이유는 바로 이 초유전자의 존재이다. 유사한 현상이 고산은개미(alpine silver ant, *Formica selysi*)에서도 나타나는데, 이 종에서 영향을 미치는 초유전자의 위치는 붉은불개미와 달리 독립적으로 진화된 것으로 보인다(Purcell et al. 2014). 이 두 개미 종의 염색체의 어느 한 부분에서 역위가 생겨나면, 그 부분은 감수분열 중 유전자의 재조합이 생기지 않는다. 이로 인해 이 부위의 유전자는 영구히 연관된 상태로 존재하는 것이다.

이 두 행동 다형의 유전적 이유를 살펴보면 환경의 역할은 거의 없는 것 같다. 그러나 무리 내 개체들의 조성은 그 무리가 단여왕 체제로 갈 것인지 아니면 다여왕 체제로 갈 것인지 결정짓는 중요한 요인이다. 붉은불개미에서 이 조성을 결정짓는 유전자가 바로 *GP-9*이다. 이 유전자에는 2개의 대립인자가 존재하는데, 단여왕 체제에서는 *B* 대립인자만 나타나지만, 다여왕 체제에서는 *b* 대립인자도 나타난다. 유전자형 *bb*는 치사 유전자형이기 때문에 존재할 수 없다(Ross and Keller 1998). 무리 내 *b* 대립인자를 가진 개체가 5% 미만인 경우 그 무리는 일꾼 개체가 단여왕 체제로 행동하지만, 10% 이상 존재하는 경우 다여왕 무리인 것처럼 행동한다는 것을 연구진은 밝혔다(Ross and Keller 2002). 사회 시스템을 결정하는 데 유전자형의 빈도가 핵심적인 역할을 하는 것이다. 초유전자가 여왕이 몇인지를 결정하는 가장 중요한 요인이기는 하지만, 무리를 이루는 개체들의 조성, 다시 말해 사회적 환경 역시 무시할 수 없는 영향을 준다고 볼 수 있다.

몇몇 조류 종들, 예를 들면 수컷이 3가지의 표현형으로 나타나는 목도리도요(ruff, *Philomachus pugnax*)에서도 초유전자의 존재와 역할이 알려져 있다. 때로는 95% 정도를 차지하는 다수 수컷 개체는 소위 '독립(independent)' 수컷으로 불리는데, 화려한 검은색과 밤색의 목도리 깃털을 이용하여 암컷에게 화려한 구애 춤을 보여준다. 약 5~20%는 소위 '위성(satellite)' 수컷이라 불리는데, 하얀색 목도리를 가지며 영토를 방어하지 않는다. 대신 독립 수컷의 영토로 들어가 방문하는 암컷을 꿰어 교미를 시도한다. 마지막으로 약 1% 정도의 페더(faeder)라고 불리는 수컷이 있는데, 이들은 별 특징 없는 깃털을 가지고 암컷을 흉내내며 다른 두 표현형보다 압도적으로 큰 정소(testes)를 가진다. 이들 표현형은 2개의 다른 그리고 독립적으로 위성과 페더 수컷에 각각 진화한 초유전자에 의해 조절된다(**그림 3.33**)(Küpper et al. 2015, Lamichhaney et al. 2015). 앞서 언급한 개미들의 예와 같이 이들 초유전자는 염색체 역위에 의해 생겨난 것이다. 여러 생식 호르몬과 깃털 색깔을 관장하는 유전자가 이 초유전자 영역 내에 있으며, 이들 세 표현형의 발현에 관여한다.

초유전자는 점차적으로 행동 다형성의 진화 유전체학적 연구에 등장하고 있다. 유전체 분석 기술의 발달로 행동생물학자들도 여러 종에서 행동적 표현형을 일으키는 유전체적 원인을 찾는 작업을 할 수 있다. 붉은불개미의 예에서 보았듯이, 유전자들과 환경이 어떻게 상호작용하여 특정 행동을 유발하는지 찾아낼 수 있다. 어쨌거나 모든 종들의 유전체는 행동의 청사진이고 행동이 형성되는 환경적 범위를 정해준다.

다음 두 장에서, 우리는 신경계와 호르몬 같은 생리적 조절자들이 어떻게 입력된 환경 정보를 발생 과정을 통해 행동으로 만들어 내는지에 대해 다룰 것이다.

그림 3.33 목도리도요 수컷의 3가지 생식 표현형들과 초유전자의 역할. 목도리도요는 수컷이 세 가지 표현형으로 나타나고 각각 나름의 다른 생식 전략과 외형을 가지고 있다. 독립 수컷은 영역을 지키고, 흑갈색의 화려한 목도리 깃털을 가진다. 위성 수컷은 영역을 지키지는 않고, 밝고 나름 화려한 목도리를 가진다. 페더 수컷은 암컷과 유사한 외형을 가지며 영토를 지키지 않는다. 역위에 의해 형성된 초유전자가 위성과 페더 수컷의 형태와 행동 형질을 결정한다. 이 두 초유전자는 각각의 표현형에 독립적으로 진화한 것으로, 생식 생리와 깃털 색깔과 관련된 100개의 유전자들을 담고 있다. (From Taylor and Campagna 2016.)

요점

1. 행동 형질을 포함한 모든 형질들은 발생하는 생명체의 유전자형과 환경(예를 들면, 먹을 것이나 세포에 의해 형성되는 대사 산물, 감각 경험 등)의 상호작용 결과로 형성되는 것이다. 유전자는 사회적 그리고 생태적 환경으로부터 오는 신호에 반응하여 발생하는 개체에게 필요한 유전자 산물의 변화를 이끈다.

2. 본성이냐 양육이냐(유전자와 환경 중 어느 것이 형질을 만드는 데 결정적인가) 하는 오래된 하지만 잘못된 논쟁이 꽤 오래 지속되어 왔지만, 그 어떤 표현형도 유전적으로만 만들어질 수는 없다. "가터뱀에 바나나민달팽이를 섭식하도록 하는 유전자가 있다"라고 하는 말은 "가터뱀에 있는 특정 대립인자가 어떤 단백질에 대한 명령을 줘서, 이 단백질이 만들어지면 어떤 특정 환경하에서 바나나민달팽이를 먹이로 인지하도록 특정 생리학적 메커니즘을 작동시키거나 형질로 발달시킨다"라는 의미로 받아 들여져야 한다.

3. 마찬가지로, 그 어떤 표현형도 환경적으로만 결정될 수는 없다. "참새들의 방언은 환경적으로 결정되는 것이다"라는 말은 "참새의 생활사 초기의 청각적 경험은 뇌의 화학적 변화를 이끌고 몇몇 부분의 유전자 발현 양상을 바꾼다. 이러한 변화는 성조가 되어 노래를 부를 때 역할을 하는 생리적 체계에서 유전적 그리고 신경학적 변화가 이루어진다"라는 의미로 받아 들여져야 한다.

4. 형질의 발달 과정은 유전적 정보와 환경 정보 입력의 상호작용을 통해 이루어지는 것이기 때문에, 개체의 유전 정보 또는 환경 입력 중 하나만이라도 달라진다면 형질의 발달이 달라질 수 있다. 따라서 두 개체 사이에 행동적 차이가 있다면, 이는 유전적일 수도 혹은 환경적일 수도 아니면 둘 다의 차이 때문일 수도 있다.

5. 형질 발달에 영향을 미치는 유전적 메커니즘은 진화생물학적 방식으로 분석될 수 있다. 이보디보 연구의 성과 덕분에 우리는 아주 오래된 조상이 가지고 있던 유전자들을 현재의 종들이 가지고 있는 많은 예들을 잘 알고 있다. 이들 오래 전 조상의 유전자는 주로 특정 형질의 발달에서 조절 역할을 한다. 이 조상 유전자에 변화가 생기거나 조절의 목표가 달라지면 형질 발달 과정에 큰 차이가 생기게 되는데, 이런 차이는 근연종들 사이에서도 나타난다.

6. 개체들 간의 차이는 유전적인 것이기 때문에 개체군은 자연선택을 통해 진화하게 된다. 적응주의자적 분석은 형질의 적응적 가치에 목표를 두고 분석하는 방식을 통해서 행동 형질의 발달이 적응적 특징을 보임을 밝혔다. 행동 형질의 발생 항상성 같은 것이 대표적 예가 될 수 있는데, 이는 어떤 환경적 그리고 유전적 어려움이 한 개체가 적응적으로 중요한 형질을 얻는 것을 방해하는 상황을 유도하더라도 발달 과정 중에 개체가 이를 극복하는 능력을 말한다.

7. 마찬가지로, 발생 전환 메커니즘 역시 적응적으로, 여러 가지 표현형으로 이끄는 발달 과정들을 뜻한다. 각각의 다른 형질들은 개체가 환경의 특정 부분에서 성공적으로 능력을 발휘하도록 도와준다. 학습은 발달 가소성의 여지를 제공하는 한 메커니즘으로, 개체로 하여금 행동 조정을 통해 다양한 환경에 대처할 수 있도록 해 준다.

안내 웹사이트

ab11e.com/uk에서 토론 질문과 모든 시청각 동영상을 확인하시오.

CHAPTER

4

행동을 만드는 신경 기초

우리는 제3장에서 행동생물학자의 연구에서 주로 이용하는 두 가지 주요한 근원적 수준의 분석 중 하나인 동물행동의 발달 메커니즘에 대해 다루었다. 이 후의 장들에서 또 다른 근원적 수준의 분석 영역에 대해 다루며, 제4장의 행동의 신경적 기초에 대한 분석으로 시작해서, 제5장의 행동의 생리학적 기초 분석으로 마무리할 것이다. 다세포 동물은 자라면서 신경계를 가지게 되고, 이는 행동의 근원적 조절에서 핵심적인 역할을 한다. 척추동물에서는 신경계가 중추(뇌와 척수)와 말초 신경계로 구분된다. 신경계는 환경으로부터 정보를 획득해서 이를 행동으로 전환시키는 장소이기 때문에, 생명과학자는 오랫동안 이러한 과정이 어떻게 작동하는지 알아내기 위해 노력하였다. 정교한 과학 기술의 발전을 통해, 신경계가 작동하는 방식을 이제는 깊고 넓게 이해하고 있지만, 단순하게 동물이 행동하는 모습을 관찰만 하더라도 그들의 신경 메커니즘의 근원적 특징에 대해서 상당히 많은 정보와 통찰을 얻을 수 있다.

우리는 이 장에서 내재적 혹은 본능적으로 보이는 행동에 대한 기술, 즉 자극이 어떤 행동 반응을 일으키는 과정에 대해 기술하고 논의하는 것으로 시작하고자 한다.

Chapter 4 opening photograph © Dietmar Nill/Minden Pictures.

그 다음 신경계 안으로 좀 더 깊이 들어가서, 포식자 박쥐와 피식자 나방 간의 전투에서 동물이 신경생물학적 메커니즘을 이용하여 어떻게 인간이 듣거나 느낄 수도 없는 초음파 자극을 생산하고 해석하는지에 대해서 다룰 예정이다. 또한 귀뚜라미나 이주하는 나비, 노래하는 물고기 그리고 땅속에 사는 두더지 등 다양한 동물을 통해서, 신경세포들과 신경 다발들이 어떻게 특정 종류의 감각 정보를 감지하고, 메시지를 신경계 다른 세포들에 전달하며, 궁극적으로 행동을 만드는 근육에 전달하는 운동 명령을 조절하는지 살펴볼 것이다. 동물행동학에 관심이 있는 학생들도 종종 신경세포와 **신경 회로**[**neural circuits**, **신경세포(neurons)**가 서로 연결되어 상호 조절하는 관계에 있는 무리]가 아무리 단순한 것이라도 행동을 만드는 데 중심축 역할을 한다는 사실에 가끔 놀라거나 신비롭게 생각한다. 이미 제3장에서 다루었지만, 동물 행동의 적응적 의미를 이해하려면 그 기저에 있는 메커니즘, 우리가 이미 시도했던 발생학적 그리고 유전학적 기초로부터 이 장에서 다룰 신경학적 기초 그리고 제5장에서 다룰 신경내분비적 기초까지 체계적으로 검토해야 한다. 우리는 앞에서도 했던 것처럼, 이 장에서도 다양한 연구 결과들을 종합하는 방식을 취하고자 한다. 근원적인 수준에서 깊이 있게 파고 들어서, 결과적으로는 궁극적인 수준에서 신경계에 관해 논의할 것을 끄집어 내고자 하는 것이다. 이는 우리가 행동을 일으키는 신경학의 기초를 학습하더라도 이런 것들이 만들어진 이유, 즉 행동을 전체적으로 이해하는 구조를 구성하는 것은 바로 자연선택이기 때문이다.

자극에 대한 반응

기회가 주어진다면, 굴파기벌(digger bee, *Centris pallida*) 수컷은 암컷과는 전혀 비슷하지도 않은 사람의 손가락과도 교미하려 들 것이다(**그림 4.1**). 성적 자극을 받은 굴파기벌 수컷이 같은 종의 암컷과 크기가 비슷한 어떤 대상을 붙잡으면, 촉각 수용기에 의해서 발생하는 감각 신호가 그 수컷 뇌의 여러 부분으로 전달되고, 뇌에서는 이 신호 메시지에 따른 복잡한 일련의 근육 움직임을 명령한다. 결국, 이 굴파기벌 수컷의 구애를 위한 여러 단계의 몸짓이 형성되는 것이다. 암컷 대신 사람의 손가락으로도 이런 수컷의 구애 움직임을 유도할 수 있다는 것은 수컷의 신경계가 딱히 상대를 정교하게 구분하도록 디자인되어 있지 않다는 것을 의미한다. 손가락에는 반응하지 않지만, 담쟁이벌(ivy bee, *Colletes hederae*) 수컷도 자그

(A) (B)

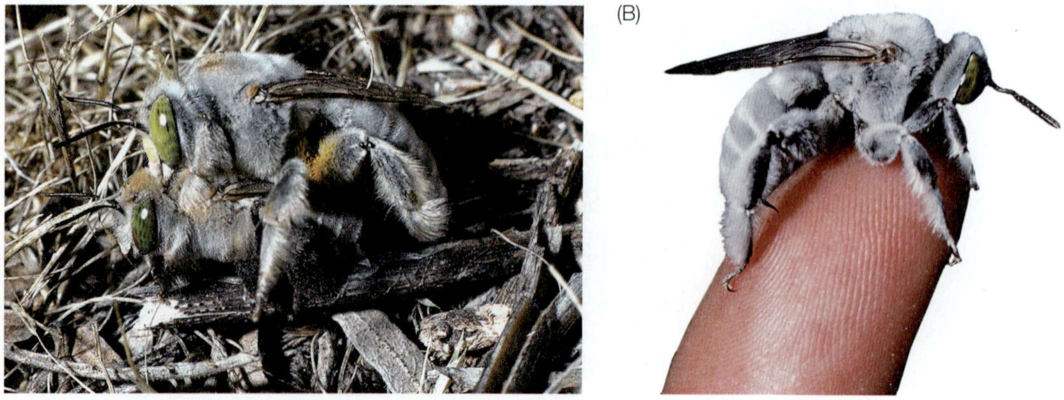

그림 4.1 단순한 자극에 대한 복잡한 반응. (A) 굴파기벌 수컷이 암컷과 교미 중이다. (B) 굴파기벌 수컷이 사람의 손가락과 교미를 시도하고 있다. (Photographs by John Alcock.)

그림 4.2 담쟁이벌 수컷이 블리스터 딱정벌레 유충 더미에 푹 빠진 듯하다. 이처럼 딱정벌레 유충 더미(화살표)와 짝짓기를 시도하다 보면, 이 수컷은 작은 딱정벌레 유충을 몸에 달고 다니게 되고, 다행히 같은 종 암컷을 만나 짝짓기를 하는 과정에서 이 유충은 암컷에게 옮겨가게 된다. (Photograph by Nicolas Vereecken.)

마한 블리스터 딱정벌레(blister beetle) 유충의 더미와 교미하려 덤벼들기도 한다는 사실을 보면, 굴파기벌 수컷의 행동이 그리 이상한 것은 아니다(**그림 4.2**)(Vereecken and Mahé 2007; SauGershenz and Miller 2006 참조). 같은 종 암컷 외의 다른 대상과 교미를 시도하는 이런 수컷의 행동은 의문을 자아내기에 모자람이 없다. 개체에게 이득은 고사하고, 오히려 손실을 안겨줄 것 같은 이런 행동을 유발하는 신경 기전이 왜 적응적일 수 있을까? 이런 행동이나 기타 여러 적응적이지 않을 것 같은 행동과 관련된 의문은 단순한 자극에 대한 복잡한 반응이 어떻게 동물 신경계에 의해 작동되는지를 이해하게 되면서 적어도 부분적으로는 해결되기 시작하였다.

단순한 자극에 대한 복잡한 반응들

니코 틴베르헨(Niko Tinbergen's)에게 노벨상을 안겨준, 재갈매기(herring gull, *Larus argentatus*) 새끼가 먹이를 원하는 행동에 대한 연구 결과에 대해를 살펴보자(Tinbergen and Perdeck 1950). 금방 부화한 새끼 재갈매기는 부모의 부리 끝을 쪼기 시작하고(**그림 4.3**), 그 행동에 의해 부모로 하여금 반쯤 소화된 물고기 쪼가리나 다른 먹은 것을 토해 내도록 해서, 그것을 정신없이 먹을 것이다(**VIDEO 4.1**). 이 책을 읽는 사람은 아마 이 어린 재갈매기 새끼의 쪼는 행동이 색칠한 막대기나 2차원적으로 오려낸 마분지 모형보다는 살아 있는 어미의 3차원적 형태의 부리에 의해 더 잘 유도될 것이라고 생각할지 모르지만, 틴베르헨은 색칠한 막대나 오려낸 마분지 모형만 있어도 새끼의 그런 행동을 자극시키는 데 아무런 문제가 없다는 것을 실험을 통해 밝혔다(**그림 4.4**). 그 실험 결과, 어린 재갈매기 새끼는 부리의 뾰족한 모양과 부리 끝에 위치한 붉은 색깔의 반점 외에는 그 어떤 형질에도 관심이 없는 것 같다. 틴베르헨은 어린 갈매기가 두드러진 반점이 있는 뾰족한 대상체를 인지해서 이 감각 신호가 뇌에 도달하면, 그곳의 뉴런이 자극이 시작된 부분을 쪼는 행동을 하도록 운동 명령을 내리게 된다는 것을 알게 되었다. 그 **자극점(stimulus)**이 마분지로 어설프게 만든 모형에 있든 막대기 끝에 있든 지에 상관없이 이와 같은 신호 전달은 반드시 벌어진다.

VIDEO 4.1
Feeding behavior in gulls
ab11e.com/v4.1

그림 4.3 갈매기 새끼의 먹이 요구 행동. 한 마리의 은갈매기(silver gull; *Chroicocephalus novaehollandiae*) 새끼가 어미 부리를 쫀 후 어미가 토해 낸 먹이를 먹고 있다. (Photograph by John Alcock.)

틴베르헨과 그의 오랜 동료인 콘라드 로렌츠(Konrad Lorenz)는 단순한 자극이 복잡한 행동을 유발할 수 있다는 점을 보여준 유명한 한 가지 실험 결과를 보고하였다. 이들은 회색기러기(graylag goose; *Anser anser*) 어미가

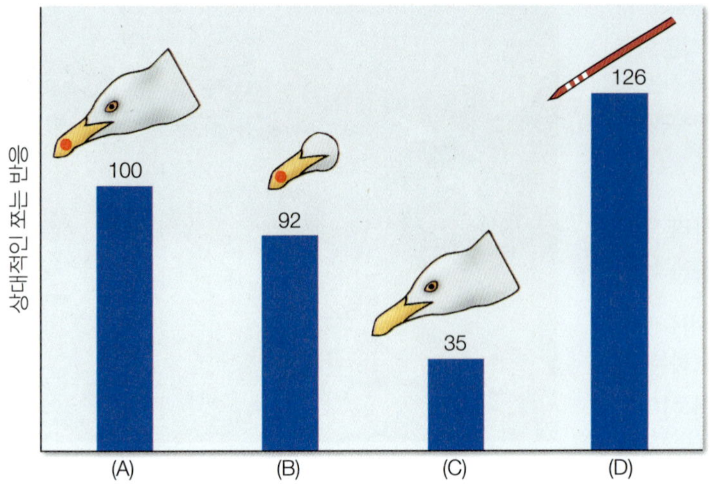

그림 4.4 재갈매기 새끼의 먹이 요구 행동을 유발하는 자극들과 그 효과. (A) 마분지를 오려 만든 이차원적 어미 모형으로도 새끼의 행동을 유발할 수 있고, 심지어는 부리 부분만 남긴 마분지 모형만으로도 붉은색 점만 있다면 거의 유사한 정도의 행동 유발이 가능하다(B). 그러나 붉은색 점이 없는 머리 모형은 행동 유발 효과가 매우 떨어진다(C). 끝이 뾰족한 막대 끝에 붉은색만 있어도 완벽한 행동 유발이 가능하다(D). (After Tinbergen and Perdeck 1950.)

알을 품고 있을 때, 둥지의 알을 살짝 꺼내서 0.5미터 앞에 놓아주면 어미는 곧장 목을 앞으로 뻗어 아래 부리 아래에 알을 놓고 둥지로 알을 조심스럽게 굴려 가져오는 행동을 한다. 알 모양의 다른 물체로도 이런 행동을 똑같이 유발할 수 있다. 연구진은 어미가 알을 다시 둥지로 몰고 오는 행동을 하는 도중에 알을 제거했음에도 불구하고, 어미는 마치 알이 부리 아래에 있는 양 행동을 멈추지 않는다는 사실을 확인하였다(Tinbergen 1951). 이 결과로부터, 틴베르헨과 로렌츠는 어미 기러기는 알 모양의 사물에 의해 주어지는 시각 단서에 대해 매우 민감한 감각 기전을 가지고 있다고 결론지었다. 더욱이 이 감각 기전은 그 정보를 뇌로 보내고, 뇌에서는 자동적으로 거의 늘 일정하게 알을 되가져 오는 운동 프로그램을 작동시키는 것이다.

갈매기 새끼가 어미 부리를 쪼는 행동이나 어미 기러기가 알을 되가져 오는 행동은 틴베르헨이나 로렌츠가 연구한 수많은 선천적 행동 중 일부에 불과하다. 동물 행동의 근접적(proximate) 그리고 궁극적(ultimate) 원인을 동시에 연구한 최초의 학문 분야였던 **동물행동학(ethology)**을 개척한(꿀벌의 행동을 연구했던 칼 본 프리쉬(Carl von Frisch)와 함께) 이 두 사람은 자연 상태로 살아가는 야생 동물이 보여주는 본능적 행동에 특히 관심을 가지고 있었다(Burkhardt 2004; Kruuk 2004). **본능(instinct)**, 다른 말로 표현하자면 내재적 행동(innate behavior)은 동물이 그 행동을 일으키는 요인에 대한 사전 경험 없이도 그 요인이 주어지면 처음부터 완전한 기능적 형태로 하나의 행동 양상이 나타난다고 정의할 수 있다. 우리가 제3장에서 이미 다루었던 내용을 다시 한 번 강조해야 할 것 같은데, 본능은 단순히 유전적으로만 결정되는 것이 아니라는 것이다. 다른 모든 행동처럼, 본능적 행동의 출현은 마치 학습처럼 발생이나 생장 과정에서 벌어지는 유전자와 환경 간의 상호작용으로 나타난다. 갈매기 새끼의 경우에서는 이런 상호작용이 어미 갈매기의 부리 끝에 있는 붉은색 점에 새끼가 반응하도록 유도하는 연결망이 포함된 신경계가 구성되게끔 한 것이다. 틴베르헨과 로렌츠는 단순한 신호[**신호 자극(sign stimulus)** 혹은 **유발원(releaser)**]에 반응하여 본능 혹은 **고정 행동 양식(fixed action pattern, FAP)**을 활성화시키는 신경 연결망(neural network)을 **내재적 방출 메커니즘(innate releasing mechanism)**이라고 불렀다(**그림 4.5**; Tinbergen 1951).

내재적 방출 메커니즘, 신호 자극 그리고 FAP의 관계는 어떤 종이 다른 종의 FAP를 이용하는 능력(어떤 학자는 이를 암호 해독(code breaking)이라고 부른다)을 관찰할 때 분명해진다(Wickler 1986). 예를 들어, 담쟁이벌 수컷이 공처럼 뭉쳐진 작은 블리스터 딱정벌레 유충들의 더미를 덮치면 몸에 이 작은 딱정벌레 유충이 가득 묻게 되고, 만약 나중에 이 수컷

그림 4.5 본능 이론의 구성. (A) 틴베르헨과 로렌츠(그림 3.12 참조)는 어미 갈매기 부리에 있는 붉은색 점과 같은 단순한 신호(B)가 복잡한 행동, 말하자면 어린 갈매기들이 먹이를 원하는 행동을 활성화시키고 방출시킬 수 있다고 제안하였다. 이들에 따르면, 이런 과정은 릴리서로부터 나오는 감각 신호가 신경계의 상위 부위인 내재적 방출 메커니즘(신경 다발들)에 의해 처리되고, 이 과정에서 방출되는 자극에 대한 하나의 적응적 반응인 소위 프로그램된 일련의 움직임을 뜻하는 고정 행동 양식을 조절하는 운동 명령이 유도되기 때문에 가능하다. (Photographby Keystone Pictures USA/Alamy Stock Photo.)

(A)

니코 틴베르헨

(B)

이 진짜 자신의 짝을 만난다면, 기생 딱정벌레가 그 암컷에게로 옮겨간다(그림 4.2 참조). 암컷에게 옮겨가면 이 유충은 이 담쟁이벌의 땅속 둥지까지 안착하게 되고 몸에서 떨어져 나와 먹을 것을 가득 담고 있는 담쟁이벌 알집으로 들어갈 수 있게 된다. 그곳에서 어미 벌이 자식을 위해 모아 놓은 소중한 음식을 먹어 치울 수 있다(Vereecken and Mahé 2007). 이 딱정벌레는 암컷과 닮은 구석이 아주 약간이라도 있으면 교미하려고 하는 수컷 벌의 경향성을 이용하여 음식이 가득한 환경에서 성장할 수 있는 기회를 가능한 더 많이 갖게끔 진화한 것이다.

밀납부리과(estrildid finches) 새의 어린 새끼는 주둥이 안쪽에 정교한 무늬들을 가지고 있는데, 복잡한 점 또는 선에서부터 밝게 빛나는 모듈 무늬까지 아주 다양하다(Payne 2005). 이 무늬들은 무슨 역할을 하는 것일까? 가장 많은 연구가 이루어진 밀납부리과 중 하나는 금화조(zebra finch, *Taeniopygia guttata*)로, 연구진은 이 새를 조류계의 실험쥐라고 부를 정도이다. 학자는 자연계에서 나타나는 다양한 주둥이 무늬들을 가진 새끼들과 무늬가 사라진 돌연변이 새끼를 비교하여 금화조 새끼 주둥이에서 관찰되는 다양한 무늬는 부모 새가 먹이를 줄 때 이용하는 신호 자극이라는 사실을 알아내었다(Immelmann et al. 1977). 수컷 벌의 행동을 이용하는 방법을 배웠던 블리스터 딱정벌레 유충들처럼 다른 종의 새들도 이 밀납부리과 새끼 주둥이의 무늬들을 이용할 수 있다. 제3장에 소개되었던 조류의 탁란 과정(다른 종의 새 둥지에 알을 낳는 것)을 다시 한 번 더 상기하기 바란다. 뻐꾸기(common cuckoo, *Cuculus canorus*)나 갈색머리흑조(brown-headed cowbird, *Molothrus ater*)의 탁란으로 나온 새끼는 그 둥지의 어미가 자기에게 먹이를 주도록 자극하는 모습이나 행동을 함으로써 그 양부모를 속인다(Davies 2000). 아프리카 비두아핀치(African vidua finches, *Vidua* spp.)도 밀납부리과 새의 둥지에 탁란하는데, 새끼는 이와 비슷한 속임수를 쓴다. 비두아핀치 새끼의 주둥이 안에도 역시 무늬가 있는데, 둥지의 부모 새가 자기에게 먹이를 주도록 이끌도록 진화한 것으로 생각된다(**그림 4.6**)(Schuetz 2005). 탁란을 하는 종의 새끼는 그 무늬가 둥지 주인의 진짜 새끼가 가진 것과는 완벽하게 같지는 않더라도 둥지 주인의 감각 체계를 이용하여 먹이를 주어도 된다고 확신을 하게끔 만드는 것이다.

탁란을 하는 새들의 새끼나 블리스터 딱정벌레 유충들처럼 사람도 다른 종의 감각 체계를 이용하여 다른 동물을 채집할 수 있다. 어떤 사람은 동물의 신경 메커니즘을 이용하여 산채

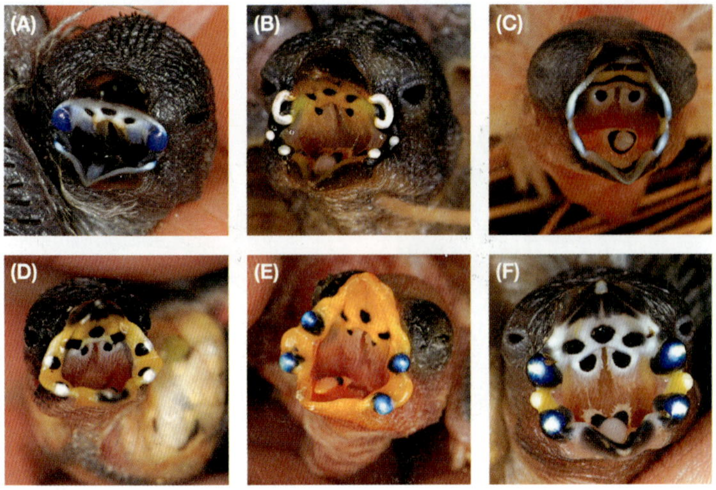

그림 4.6 밀납부리과 새의 주둥이 무늬들. 밀납부리과 조류는 호주, 아시아 그리고 아프리카에 걸친 넓은 영역에서 나타난다. 이 조류 종들의 새끼는 주둥이 안 쪽에 정교한 무늬들이 나타나는데, 이 무늬들은 부모가 자기 자식을 탁란하는 (몰래 다른 종의 둥지에 알을 낳는) 비두아핀치의 새끼들과 구분하는 데 도움을 준다. (A) 석류새(common grenadier, *Uraeginthus granatinus*); (B) 주황볼왁스빌 (orange-cheeked waxbill, *Estrilda melpoda*); (C) 자두머리핀치(plum-headed finch, *Aidemosyne modesta*); (D) 가는꼬리앵무핀치(pin-tailed parrot-finch, *Erythrura prasine*); (E) 붉은귀앵무핀치(red-eared parrot-finch, *Erythrura coloria*); (F) 골디안핀치(Gouldian finch, *Erythrura gouldiae*). (Photographs © Hoffmann-photography.de)

로 어부에게 판매해서 수익을 올릴 수 있는 지렁이를 너무나도 쉽게 잡는다. 플로리다의 전문 지렁이 사냥꾼은 땅에 말뚝을 박아 진동을 일으키면 지렁이(*Diplocardia mississippiensis*)가 흙 밖으로 튀어나온다는 것을 알기에 살아 있는 채로 쉽게 잡을 수 있다. 지렁이가 진동에 민감하게 반응하는 것은 지렁이를 먹는 두더지들(*Scalopus aquaticus*)이 땅 속에서 흙을 팔 때 진동을 발생시키기 때문이다(Catania 2008). 진동을 이용하여 피신 행동 반응을 일으키고 두더지가 도착하기 전에 그 자리를 뜨는 것이다. 1960년 이래로 사냥꾼은 지렁이의 이런 내재적 반응을 이용하였는데, 지렁이가 보여주는 이런 행동은 현재의 환경에서는 일종의 부적응적 행동(maladaptive behavior)으로 간주될 수 있다.

나방은 박쥐를 어떻게 피하는가

자연선택을 통해 갈매기 새끼는 특별한 신경회로(neural circuity)를 가질 수 있게 되었고, 이를 통해 부모로부터 먹이를 효과적으로 받아먹을 수 있다. 개개의 신경세포를 형성시키고, 동물이 적응적 행동을 할 수 있게 하는 자연선택의 역할을 알아보기 위해서, 케네스 로더(Kenneth Roeder)는 밤에 비행을 하는 나방이 박쥐의 공격을 피하는 과정에 대해 연구하였다. 로더는 일반인도 여름 밤에 야외에서 조명을 아주 약하게 한 후(반사판이 달린 100와트 정도면 될 것이다), 인내심과 모기 퇴치제를 갖고서 시간을 보내면 박쥐를 피해 달아나는 나방의 모습을 볼 수 있다고 하였다(Roeder 1963). 로더의 말대로 한다면, 당신은 불빛을 향해 날라오는 나방이 위에서 공격하는 박쥐가 시야에 나타나기 전에 방향을 확 꺾어 달아나는 광경을 볼 수 있을 것이다. 또한 박쥐가 나타나자 마자 바닥을 향해 다이빙하는 나방의 모습도 볼 수도 있을 것이다.

그렇다면, 나방은 박쥐를 어떻게 감지하고서 근처에 있다는 것을 알 수 있을까? 당신이 열쇠를 주머니 밖에 딸랑거리게 매달아 놓으면 나방이 방향을 갑자기 바꾸거나 바닥을 향해 다이빙하는 것을 볼지도 모른다. 이것으로 미루어 볼 때, 소리 신호가 나방의 행동 변화를 유발하는 것이라고 볼 수 있지 않을까, 마치 단순한 시각 신호가 새끼 갈매기의 먹이를 갈구하는 행동이나 어미 금화조에서 먹이를 주는 행동을 유발했던 것처럼 말이다. 뒤에서 자세히 설명하겠지만, 일단 소리 신호가 나방이 방향을 꺾고 바닥을 향해 돌진하는 행동을 유발한다는 생각은 맞다. 그렇지만 박쥐가 다가올 때나 열쇠가 달그락거릴 때 나방이 듣는 소리는 우리가 들을 수 있는 소리가 아니다. 나방은 박쥐가 다가오거나 열쇠가 달그락거릴 때 나오는 고주파 소리를 감지하는데, 밤에 사냥하는 대다수의 박쥐는 20~80 kHz(kHz)의 초음파 소리를 낸다. 이 소리는 사람의 가청 범위를 넘어서지만 나방의 가청 범위를 벗어나지 않는다.

나방이 어떻게 박쥐를 피해 달아날 수 있는지 이해하기 전에, 먼저 박쥐가 나방을 어떻게 사냥하는지를 좀 더 살펴보자. 박쥐는 초음파를 내고서 그것이 되돌아오는 양상을 이용하여 어두운 밤에도 먹이의 위치를 파악하거나 방향을 잡는다. 1930년대 과학자가 초음파 감지기로 박쥐의 음향 감지를 엿들을 수 있기 전까지는 이러한 사실이 전혀 알려지지 않았다. 그 당시에, 도날드 그리핀(Donald Griffin)은 밤에 날아다니는 박쥐가 고주파 울음 소리를 내고, 그 소리가 비행 경로 내에 있는 사물에 반사되어 되돌아 오는 약한 메아리를 통해서 방향을 설정한다는 **반향정위 가설(echolocation hypothesis)**을 제안하였다(Griffin 1958). 그리핀은 갈색 박쥐(*Myotis lucifugus*)를 붙잡아 초파리가 가득한 암실에 넣었고, 여러 곳에 천정과 바닥을 연결하는 줄을 설치하여 박쥐가 이 줄을 피할 수 있는지 시험하였는데, 박쥐는 아무 문제 없이 움직여서 초파리를 잡아먹었다. 하지만 이 암실을 고주파 소리로 가득하게 했을 때, 박쥐는 줄에 자꾸 걸렸고 바닥에 부딪히기도 하였다. 이 초음파 장치를 멈출 때까지 박쥐는 비행을 전혀 제대로 하지 못했다. 이와는 대조적으로 사람이 들을 수 있는 1~15 kHz 정도의 시끄러운 소리를 방 안에 틀어주었을 때는 박쥐의 비행에 영향을 미치지 못했다. 이는 사람의 가청 범위 내의 소리는, 박쥐가 고주파를 발사하고 반사되어 오는 메아리를 인지하는 것을 전혀 방해하지 못한다는 것을 의미한다. 이 실험으로 그리핀은 갈색 박쥐는 밤에 장애물을 피하고, 먹이를 잡을 때 하나의 음파 체계를 이용한다고 결론지었다. 우리는 이미 박쥐가 자신만의 음파 체계를 갖고 있어서 완벽한 어둠 속에서도 완전한 3차원적 이미지를 그려낼 수 있다는 사실을 잘 알고 있다. 박쥐는 자기가 낸 음파가 반사되어 오는 시간차를 계산하여 사물이 위치한 거리를 정확히 알 수 있으며, 반사되어 오는 음파의 변형 정도를 계산하여 사물의 모양과 감촉도 알아낼 수 있다. 게다가 돌아오는 음파 신호가 각각의 청각 기관으로 들어오는 각도의 차이를 2내지 3도 정도까지 정확하게 잡아냄으로써 방향을 알아챈다. 몇몇 박쥐 종은 반사되는 음파의 구조를 이용해서 개개의 바위를 인식할 수 있다고 한다 (Geva-Sagiv et al. 2015).

반향정위 가설 박쥐는 초음속 소리나 반사되는 양상을 이용해서 밤에도 먹이의 위치를 파악하거나 방향을 설정할 수 있다.

나방의 청각 수용 케네스 로더는 반향정위를 하며, 달려드는 박쥐를 피하는 나방을 관찰한 뒤에 곤충은 박쥐의 초음파 파동을 들을 수 있는 능력이 있고, 박쥐에게 들키지 않도록 피하는 데 그 능력을 사용한다는 가설을 설정하였다. 그는 이 **초음파 회피 가설(ultrasound evasion hypothesis)**을 검증하기 위해 밤나방과 나방(noctuid moth) 한 종의 흉부 양측에서 귀의 역할을 하는 기관을 찾기 위해 노력했다(**그림 4.7**). 일부 나방 종의 청각 기관은 흉부가 아닌 다른 부분에 있지만(입이나 복부, 날개 등), 대다수 나방에서 청각 기관의 구조는 비슷하다(ter Hofstede and Ratcliffe 2016). 이 나방의 귀는 얇고 탄력성을 가진 한 층의 큐티클(cuticle; 고막층 또는 고막이라고 할 수 있다)로 되어 있으며, 흉부 양측에 있는 작은 방에 놓여 있다. 2개의 신경세포가 이 고막에 연결되어 있는데, 각각을 A1, A2 청각 수용기(auditory receptors)라고 한다. 이 수용기 세포는 강력한 소리 파동이 몸통을 자극하여 고막이 진동할 때, 구조에 변형이 생긴다.

초음파 회피 가설 곤충류는 박쥐가 내는 초음파의 파동을 인지할 수 있다.

나방의 A1, A2 청각 수용기 세포는 다른 신경세포가 작동하는 것과 비슷한 방식으로 작동한다: 양이온에 대한 세포막 투과성에 변화가 생기면서 선택된 자극에 담긴 에너지에 반응한다. 고막에 움직임이 생기면, 청각 수용기에 효과적인 자극이 생성되며 기계적으로 수용기 세포를 자극해서 세포막에 많이 분포해 있는 이온 채널을 개방시킨다. 양이온이 세포 안으로 밀려 들어오면서 원래 음(−)이었던 세포 내부를 점차 양(+)으로 만든다. 양이온이 충분히 들어오면 막 전위에 변화가 생기게 되는데, 이 변화는 세포 내에 이웃하는 부분의 막 전위도 유

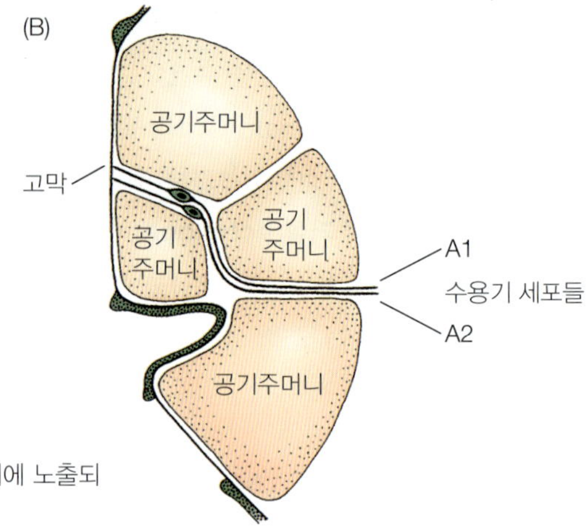

그림 4.7 밤나방과 나방의 청각 기관. (A) 청각 기관의 위치. (B) A1, A2 청각 수용기가 소리에 노출되면 연결된 고막을 진동시키는 구조의 청각 기관. (After Roeder 1963.)

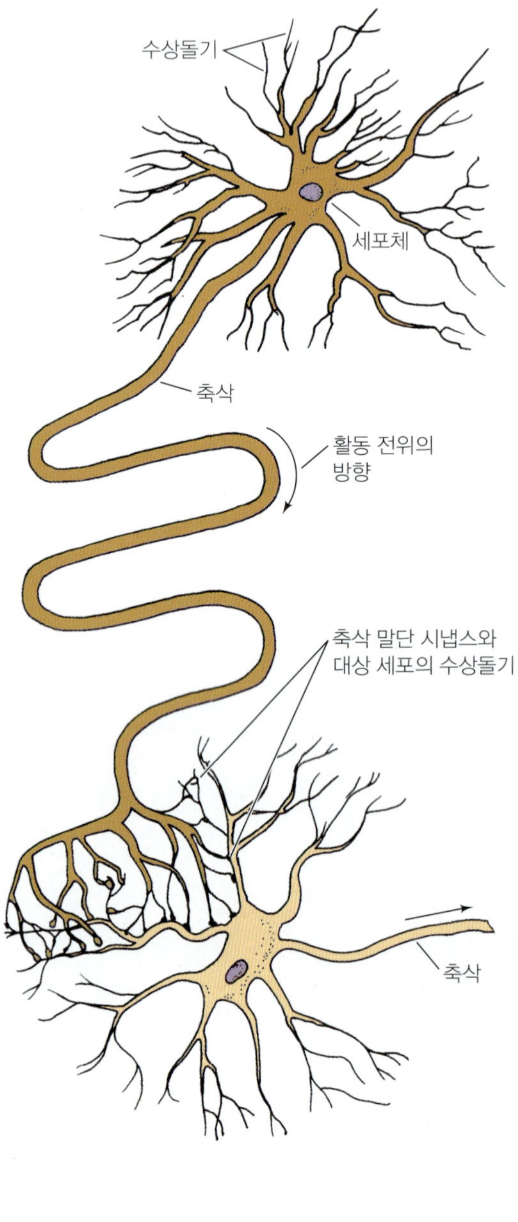

그림 4.8 신경세포들과 작동 방식. 그림은 일반적인 신경세포의 구조, 즉 수상돌기(dendrites), 세포체(cell body), 축삭(axon) 그리고 시냅스(synapse)를 보여주고 있다. 신경세포에서 전기적 활성은 수상돌기에 어떤 자극이 있었을 때 생성된다. 만약 수상돌기 세포막에서 전기적 변화가 충분히 크다면, 활동 전위가 생겨날 수 있고, 세포체에서 축삭을 거쳐 시냅스로 연결된 다른 신경세포로 전달된다.

사한 변화를 겪도록 유도한다. 이 변화는 신경세포의 전파 경로(transmission line)라고 할 수 있는 축삭(axon)을 따라서 전달된다(**그림 4.8**). 이러한 과정을 소위 **활동 전위(action potential)**라고 하며, 신경세포가 다른 세포에게 신호를 전달하는 하나의 방식이다.

활동 전위가 축삭의 끝에 다다르면, 기능적으로 연결된 신경세포 사이의 좁은 간극인 **시냅스(synapse)**로 **신경전달 물질(neurotransmitter)**의 방출이 유도된다. 신경전달 물질은 다음 세포의 양이온에 대한 막 투과성을 증가시켜서 활동 전위가 다시 형성되도록 만든다. 하나의 자극에 의해 만들어지는 활동 전위는 이렇게 연결된 신경세포망을 따라 차례로 전달되게 된다. 아주 멀리 떨어져 있는 수용체에서의 자극으로부터 시작된 활동 전위는 신경계 안으로 자극(또는 억제) 효과를 전달하고, 결국 그 정보는 근육 부위에 이르러서 근육과 접촉이 일어나게 된다.

밤나방과 종의 경우 A1과 A2 수용기 세포는 **연합 뉴런(interneurons)**에 연결되고, 활동 전위로 생겨난 변화는 흉부신경절[신경절(ganglion)이란 신경세포가 다발을 형성하여 같이 기능을 하는 구조이다]에 존재하는 세포들로 전달되며, 결국 메시지가 뇌에까지 전달되게 된다(**그림 4.9**). 이렇게 메시지가 전달되는 동안, 흉부신경절에서 생긴 활동 전위가 날개 근육과 연결된 다른 연합 뉴런을 자극시킬 수도 있다. 운동 뉴런(motor neuron)을 자극시키는 단계까지 가면 시냅스에서 만들어진 신경전달 물질이 근육 세포막의 투과성에 변화를 유발한다. 이 변화는 근육의 수축과 이완을 시작시키고, 날개를 펄럭이게 해서, 나방의 움직임을 생성시킨다. 나방의 행동은 다른 동물과 마찬가지로, 세포의 연결망을 따라 벌어지는 일련의 화학 및 생물리학적 변화의 산물인 것이다. 이런 변화는 엄청난 속도로 일어나기 때문에, 나방은 어떤 청각 자극에 대해 몇 분의 1초의 순간에 반응함으로써, 자신을 잡으려 달려드는 박쥐를 피할 수 있는 것이다.

나방 귀의 청각 수용기 밤나방과의 청각 수용기는 초음파 자극의 인지에 특화되어 있다. 케네스 로더는 살아 있는 나방을 잡아 고정시켜 놓고서 수용기 A1과 A2에 전극을 연결하여 이를 입증하고자 하였다(**BOX 4.1**; Roeder 1963). 이 나방의 귀는 2개의 수용기만 각각 가지고 있지만, 이 정도면 반향정위를 하면서 다가오는 박쥐에 대한 정보를 신경계로 전달하는 데 충분한 신호를 발생시킬 있다. A1 수용기의 가장 핵심적인 특징은 초음파 파동에 대한 큰 민감성으로, 나방에게 다가오는 데 소요시간이 필요한 30미터 정도 떨어진 갈색 박쥐의 희미한 울음소리에도 반응해서 활동 전위를 발생시킬 수 있을 정도이다. 게다가, A1 세포의 자극율은 소리 크기에 비례하여 커지기 때문에, 나방은 박쥐가 가까워지는지 아니면 멀어지는지를 알아낼 수 있다. 나방의 귀는 공간에서 박쥐의 위치를 파악하기 위한 정보를 사용한다. 예를 들어, 박쥐가 나방의 왼쪽으로 접근한다면, 왼쪽 귀의 A1 수용기가 수분의 1초 일찍 자극될 것이고, 몸체에 의해 가로 막힌 오른쪽 귀의 A1 수용기에 비해 더 강하게 자극될 것이다. 결과적으로, 왼쪽 귀의 수용기가 오른쪽의 것보다 더 빨리 활성화될 수밖에 없다(**그림 4.10A**). 나방의 신경계는 박쥐가 위에 있는지 아래에 있는지도 판단할 수 있다. 만약 포식자가 위에 있다면, 나방 날개가 상하 운동을 할 때마다 신경 활동에 변동, 즉 위로 올렸을 때에 더 많은 신경 활

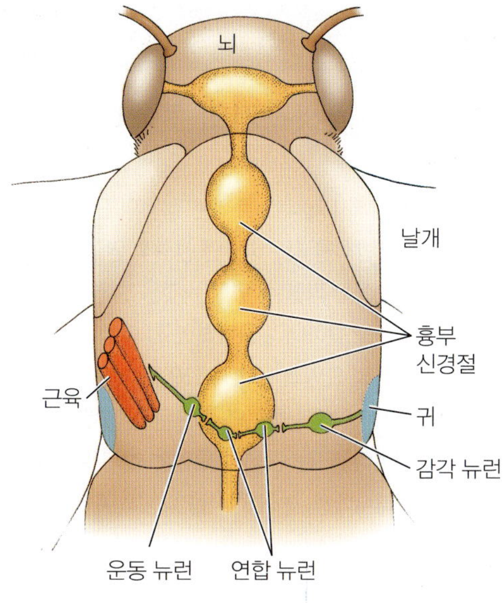

그림 4.9 나방의 신경망. 귀에 있는 수용기는 흉부 신경절에 연결된 연합 뉴런으로 정보를 전달해서 이 정보가 운동 뉴런까지 도달하면 날개 근육을 조절할 수 있는 것이다.

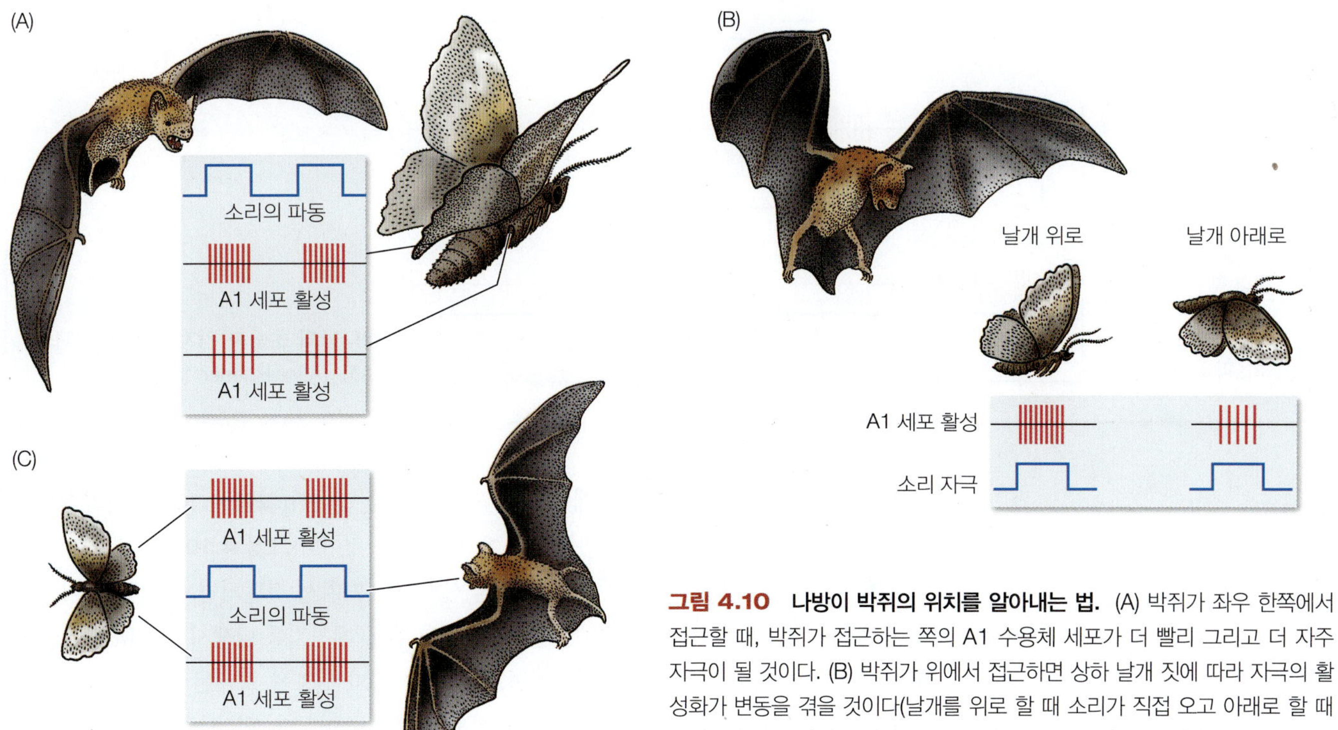

그림 4.10 나방이 박쥐의 위치를 알아내는 법. (A) 박쥐가 좌우 한쪽에서 접근할 때, 박쥐가 접근하는 쪽의 A1 수용체 세포가 더 빨리 그리고 더 자주 자극이 될 것이다. (B) 박쥐가 위에서 접근하면 상하 날개 짓에 따라 자극의 활성화가 변동을 겪을 것이다(날개를 위로 할 때 소리가 직접 오고 아래로 할 때 가려진다). (C) 박쥐가 뒤에서 접근하면 좌우 A1 수용기로 전달되는 자극이 같을 것이다. (그림은 실제 비율을 고려해서 그려지지 않음.)

BOX 4.1 자료 해석을 통한 행동 탐구

나방 청각기의 초음파 감지

여러 면에서 케네스 로더는 행동의 근접적 그리고 궁극적 측면을 종합하는 방식을 시도하였던 선구적 연구자였다. 나방이 어떻게든지 육식성 박쥐를 피할 수 있다는 것을 발견한 로더는 그 행동에 대한 근접적 기반을 찾아내려 노력하였고, 마침내 그 노력의 결실을 얻었다. 그는 궁극적 요인과 근접적 요인을 찾는 2가지 연구를 결합해서, 초음파 탐지 및 박쥐 회피와 관련된 신경세포들의 작동 메커니즘을 찾아낸 것이다. 그는 근접적 요인을 찾기 위해 실행했던 고전적 실험 가운데 하나에서, 녹음 전극을 나방의 A1 및 A2 수용체에 부착시킨 뒤 다양한 소리를 투사했다. 수용체의 전기적 반응이 오실로스코프로 전달되어 가시적인 기록이 생성되었다(Roeder 1963). 그는 낮거나 중간 강도의 소리는 A2 수용체에서 활동 전위를 생성하지 못하며, 소리 강도가 증가함에 따라서 A1 수용체가 더 빠르고 자주 발화한다는 것을 발견했다(**그림 A**). A1 수용체는 처음에는 초음파 펄스에 강하게 반응했지만, 자극이 일정한 소리인 경우에는 발화 정도가 줄어들었다(**그림 B**).

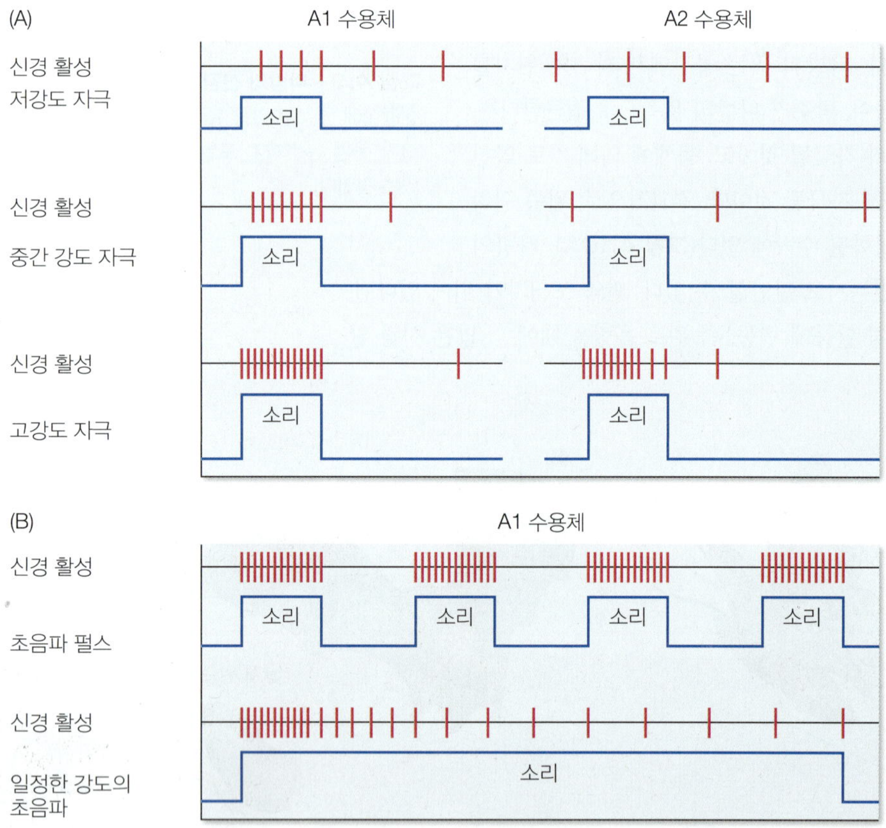

밤나방의 초음파 감지 청각 수용체의 특징 (After Roeder 1963.)

동이 있고, 아래로 내렸을 때는 날개에 의한 차단이 있을 것이다(**그림 4.10B**). 만약 박쥐가 나방 바로 뒤에 있다면, 신경 활동에는 변동이 전혀 없을 것이다(**그림 4.10C**).

수용기에 의해 시작된 신경 신호가 나방의 신경계를 거쳐서 전달되면, 결국 나방이 방향을 바꾸거나 초음파 자극에서 멀리 벗어나도록 하는 운동 메시지를 발생시킨다(Roeder and Treat 1961). 나방이 박쥐로부터 멀어지면, 박쥐가 초음파 신호를 보내는 정확한 각도에 날개를 펼치고 있는 것보다 박쥐가 받을 신호 정보는 훨씬 줄어든다. 만약 박쥐가 초음파 신호를 보냈는데, 반사되는 곤충 정보가 없다면 식사 거리를 놓친 것이 된다. 박쥐는 웬만해서는

BOX 4.1 자료 해석을 통한 행동 탐구 (계속)

이러한 녹음 기록은 밤나방 청각기의 여러 가지 특별한 특징에 대해 알려준다.

1. A1 수용체는 저강도에서 중간 강도의 초음파에도 민감하게 반응하지만, A2 수용체는 고강도의 초음파에만 활동전위를 발생시킨다.
2. 소리의 강도가 증가하면, A1 수용체에서는 활동전위가 더 자주 생성되므로, 고막에 자극이 도착해서 활동전위가 만들어지는 시간 간격이 더 짧아진다.
3. A1 수용체는 일정한 상태로 오는 소리보다 펄스 형태의 소리 진동에 훨씬 더 자주 반응하여 활동전위를 일으킨다.
4. 두 수용체 모두 다른 주파수의 초음파에 다르게 반응하지 않는다. 따라서 30 kHz의 소리와 50 kHz의 소리 모두에 같은 강도로 반응한다. 모든 곤충 종이 다 그런 것은 아니지만, A1과 A2 수용체의 주파수에 대한 반응 방식은 매우 비슷하기 때문에, 나방류는 소리의 강도나 주파수를 구분하지도 다른 행동 반응을 보이지도 않는다(Miller and Surlykke 2001).
5. 수용체 세포는 저주파 소리에 아무런 반응을 하지 않기 때문에, 사람은 쉽게 들을 수 있는 소리에도 나방은 반응을 보이지 못하는 경우가 있다. 예를 들면, 여름철 한밤의 여치 소리를 나방은 듣지 못한다. 반대로 나방은 너무 쉽게 감지하지만, 사람은 전혀 듣지 못하는 소리도 있다.

생각의 틀 깨기

A1과 A2 수용체가 왜 서로 다른 기능을 한다고 생각하는가? 이런 차이를 가진 두 수용체가 어떤 방식으로 조화롭게 작동해서 나방으로 하여금 포식자를 피할 수 있게 하는가? 이들 수용체는 왜 초음파는 잘 감지하면서도 사람이 들을 수 있는 소리에는 반응하지 않는 것일까?

직선으로 오래 비행하지 않으므로, 만약 나방이 단 몇 초 동안만 박쥐의 감지 범위 밖에 머물러 있다면 살아남을 확률은 매우 높을 것이다. 그러면 박쥐는 자신의 3미터 감지 범위 내에서 다른 것들을 찾으려 할 것이고, 다른 먹이를 찾아 방향을 전환할 것이다. 그러나 박쥐의 감지 범위를 보다 효과적으로 벗어나기 위해서, 나방은 방향을 전환하여 양쪽 귀의 A1으로 오는 신호가 같아지는 순간을 찾으려 할 것이다. 양쪽 귀의 A1 수용체를 자극하는 정도가 다르면, 그 차이는 하나의 신호로서 뇌로 전달되고, 해석된 메시지는 흉부신경절과 연결된 운동 뉴런을 통해서 날개 근육에 전달된다. 날개 근육은 나방의 몸을 더 강한 신호가 전달되는 청각 기관이 있는 몸 측의 반대 방향으로 향하게 유도한다. 보다 강한 신호가 오는 쪽의 반대 방향으로 이동하면, 양쪽 귀의 A1 수용체의 활성 정도가 동일해지는 순간에 도달할 것이다. 그 순간이 바로 박쥐가 접근하는 반대 방향에 도달한 것이므로, 그대로 날아가면 나방은 위험으로부터 벗어날 수 있다(그림 4.10C 참조).

나방이 이런 방식으로 박쥐의 추적망을 무사히 빠져나갔다면, 나방의 시도는 꽤 효과적이라고 간주될 수 있다. 하지만, 박쥐가 훨씬 빠르기 때문에 이미 3미터 내로 접근했다면 나방이 아무리 발버둥쳐도 소용없는 짓이다. 이 정도로 가까이 있다면, 나방과 박쥐는 1초 내에 부닥치게 된다(Kalko 1995). 이럴 때 나방은 눈 앞에 있는 포식자를 속도로 따돌리려고 하지 않고, 공중돌기(wild loop)와 급속 하강(power dive)의 전략으로 박쥐가 쉽게 낚아채지 못하게 한다. 만약 급속 하강을 통해서 아래에 있는 풀숲이나 잔디로 불시착할 수 있다면, 나방은 박쥐의 초음파 추적을 쉽게 따돌릴 수 있을 것이다(Roeder and Treat 1961).

나방이 이처럼 묘기를 부려서 어떻게 추적을 따돌릴 수 있을까? 로더는 이런 불규칙한 비행은 A2 수용체에서 시작해 뇌로, 그리고 다시 흉부신경절로 가는 신경망에서 일어나는 신호 전달 반응의 결과라고 추정하였다(Roeder 1970). 박쥐가 나방을 막 잡으려고 달려들 때, 나방의 귀로 전달되는 소리 파장의 강도는 매우 크다. 이런 상황에서, A2 수용체가 활성화된다. 로더에 따르면, A2의 신호가 뇌로 전달되면 비행을 관장하는 운동 뉴런의 활성을 조절하는 중심 조정 기전(central steering mechanism)이 정지된다. 그러면 날개의 균형 있는 움직임이 줄어들거나 불규칙한 움직임이 생겨나기도 하고, 날개의 움직임이 없어지기도 한다. 이런 상황에서 나방의 이동을 예측할 수 없고 이는 대강의 움직임을 예측하고 쫓아가는 박쥐에게 혼란을 주므로, 나방에게 탈출의 기회가 될 수 있는 것이다.

로더가 제시한 A1과 A2의 기능에 대한 아이디어들이 여러 실험 증거에 의해 이미 증명된 분명한 사실이지만, 과학자는 최근까지도 이들 세포가 박쥐에 대한 나방의 반응을 관장하는 방식에 대해 연구하고 있다. 덕분에 현재는 모든 면에서 밤나방과와 비슷하지만, 양측에 하나의 수용체 세포만 가진 재주나방과(notodontid moths) 종들도 다가오는 박쥐에 대해서 두 단계의 반응, 즉 멀리 떨어진 포식자를 알아채면 방향을 바꾸고 곧 잡히려는 순간에는 기괴한 비행으로 혼란을 주는 방식을 보여준다는 사실이 잘 알려져 있다. 이는 이러한 두 가지 방식의 탈출 전략에 반드시 2개의 수용체 세포가 필요한 것은 아니라는 의미로 해석될 수 있다(Surlykke 1984). 양쪽에 2개의 수용체 세포를 가지는 나방에서도 박쥐가 다가오면서 박쥐가 내는 초음파가 빨라지고, 더 강렬해지기 때문에 A1 세포의 활성도의 변화가 생겨났다(**그림 4.11**)(Fullard et al. 2003). 아마도 신호 전달과 명령 체계를 담당하는 뉴런은 A1 수용체 활성도 변화에 맞추어 적절한 반응을 하는 것으로 보이며, A2는 이런 과정에 큰 역할을 하지는 않는 것으로 짐작할 수 있다.

몇몇 밤나방과에서 A1과 A2 세포가 박쥐가 초근접한 순간, 즉 최후의 0.15초에는 작동하지 않는다는 최근의 한 연구 결과는 A2 세포가 밤나방과의 경로 이탈 행동에 반드시 필요하지 않을 수도 있다는 의심을 주기에 충분하다. 이는 이 세포가 최후 탈출 작전에 필수적이라면, 공격을 당하는 최후까지 작동을 멈추지 말아야 하기 때문이다. 제임스 풀러드(James Fullard)와 그의 연구진은 박쥐가 근처에 와서 나방을 붙잡는 최후의 순간에 박쥐가 내는 초음파 신호가 너무 시끄럽기 때문에, 이 세포가 신호전달 기능을 제대로 하지 못하는 것이라고 제안하였다(Fullard et al. 2003). A2 세포와 밤나방과의 경로 이탈 행동 간에 어떤 기능적 연결고리가 있는지 여부는 조금 더 연구가 필요할 것으로 보인다.

다른 곤충은 초음파를 어떻게 들을까

나방류처럼 밤에 활동하는 곤충은 초음파를 감지할 수 있는 독특한 능력들을 진화시켰고, 각자의 방식을 이용하여 접근하는 박쥐를 피할 수 있다(**그림 4.12**)(Yager and May 1990, Miller and Surlykke 2001, Yack et al. 2007). 박쥐의 접근을 감지할 수 있는 청각 기관은 곤충류나 심지어는 몇몇 갑각류의 몸 곳곳에 있는 초음파 기관으로부터 진화하였는데, 이는 나방이나 곤충류에서 청각 기관의 위치가 왜 다른지에 대한 설명이 될 수 있다. 그러나 몇몇 종류의 곤충, 예를 들면 사마귀류 등의 청각 기관은 박쥐가 지구 상에 나타나기 이전에 분화한 것으로 보이며(Yager and Svenson 2008), 이로써 모든 곤충이 박쥐의 포식을 피하기 위해 초음파 감지를 진화시킨 것은 아니라고 볼 수 있다(ter Hofstede and Ratcliffe 2016). 그러나 나방에서 청각 기능은 그 종이 사는 지역의 박쥐 군집에서 나타나는 다양한 반향정위 초음 파동에 정교하게 반응하도록 조정된다는 증거가 있다(Fullard 1998, Ratcliffe 2009,

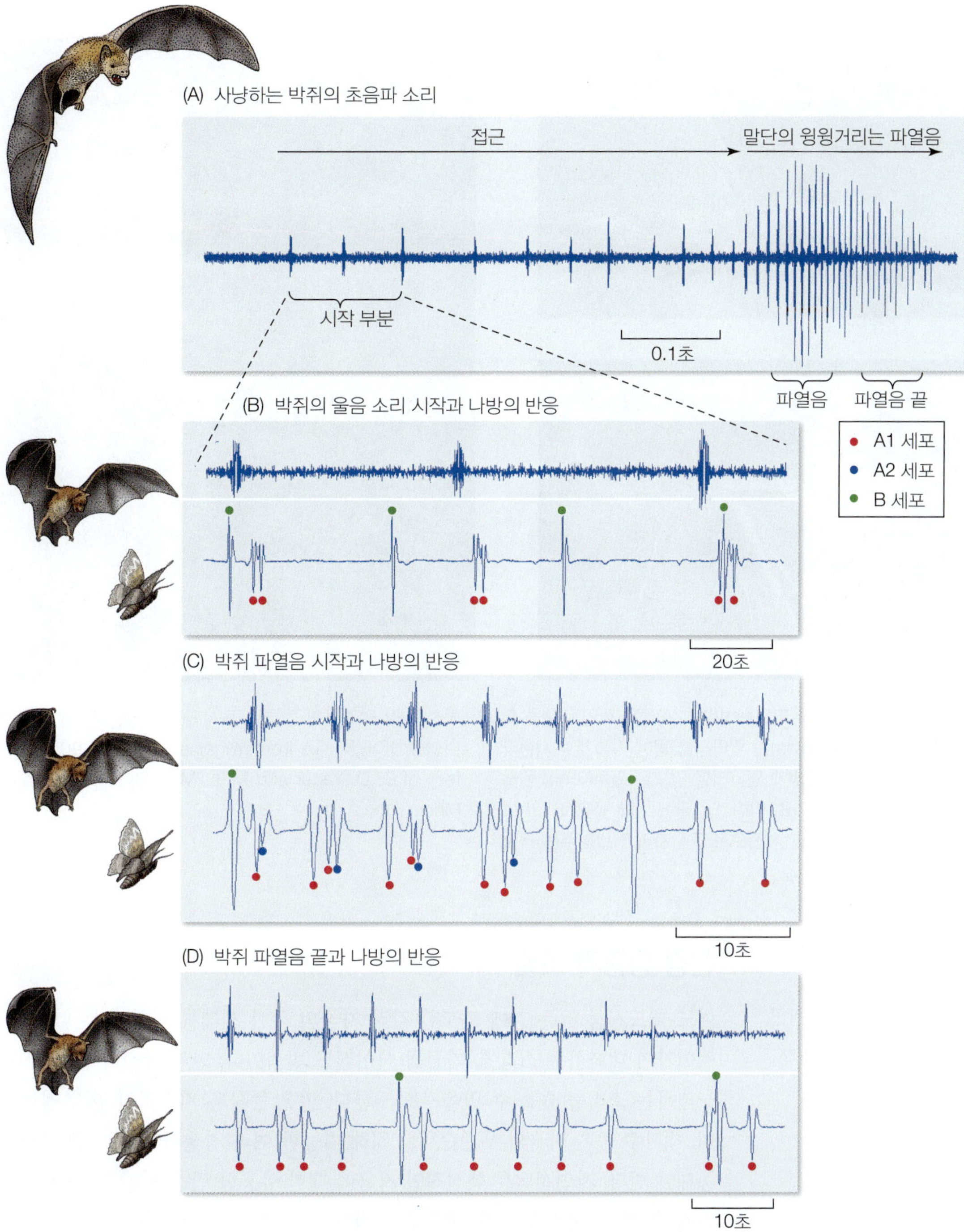

그림 4.11 A2 세포가 박쥐가 최종적으로 낚아채는 것을 피하는 행동을 발휘하는 데 필수적인가? (A) 나방을 잡아 먹기위해 접근하는 박쥐가 만드는 초음파 파동. 박쥐의 초음파는 가까워질수록 더 빨라지고 강해진다[마지막 윙윙거리는 소리 형태(terminal buzz)]. (B) 박쥐가 다가올 때 나오는 소리와 밤나방 귀의 A1과 B 수용체 세포의 반응(B 세포는 비신경세포의 일종). (C) 박쥐가 내는 소리 말단의 윙윙거리는 파열음과 나방의 A1, A2 그리고 B 세포의 반응. A1 수용체가 박쥐의 접근 초기에 비해서 말단 파열음에 더 자주 반응한다. (D) 말단 파열음이 끝날 무렵, A1 수용체만 반응을 하고 나머지 수용체는 거의 반응하지 않는다.

ter Hofstede et al. 2013). 예를 들면, 높은 박쥐 종 다양성을 보이는 열대지역의 나방류는 상대적으로 박쥐 다양성이 떨어지는 온대지역의 나방류에 비해 더 다양한 범위의 주파수를 감지할 수 있다(Fullard 1982).

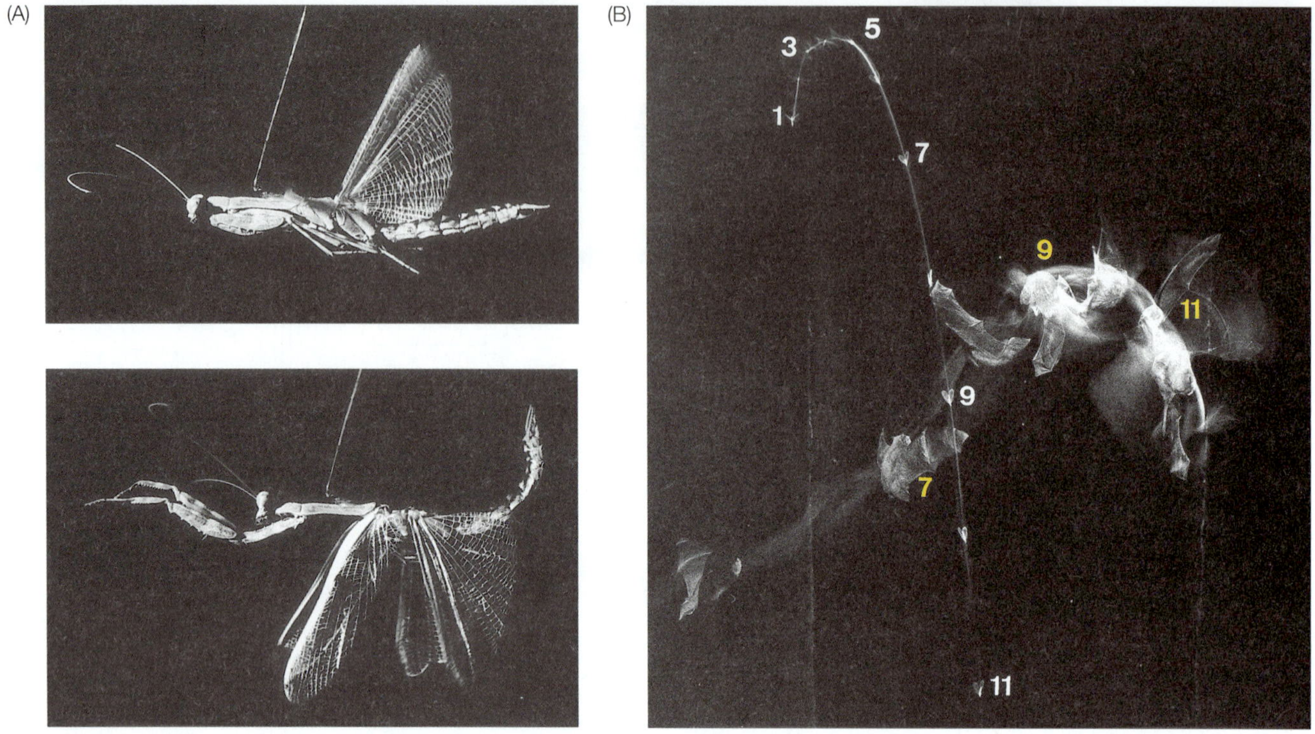

그림 4.12 곤충이 박쥐의 추적을 피하는 방법. (A) 정상적인 비행을 할 때 사마귀(*Parasphendale agrionina*)는 앞다리를 몸에 가깝게 유지한다(위). 그러나 초음파가 감지되면 잽싸게 앞다리를 앞으로 펼쳐(아래), 원을 그리며 아래로 하강할 준비를 한다. (B) 박쥐가 접근했을 때 풀잠자리가 보여주는 급속 하강의 모습. 다중 노출 사진으로 풀잠자리가 보여주는 급속 하강의 각 단계들이 번호로 표시되어 나타난다. 이 개체는 무사히 박쥐의 위협을 벗어났다. (A from Yager and May 1990; photographs courtesy of D. D. Yager and M. L. May; B, photograph courtesy of Lee Miller.)

신경 명령과 조절

어느 대도시를 걷든 간에 과도한 감각 자극의 폭탄 세례를 피할 수는 없다. 경적이 울리고, 걸어가며 대화하는 소리에, 가끔씩 사이렌도 번쩍인다. 만약 당신이 운이 좋다면, 가끔 새가 노래하는 소리를 들을 수 있을지도 모른다. 많은 동물은 지속적인 감각 정보 흐름에 노출되며, 대다수 종은 자극의 우선순위를 정해 가능한 여러 경쟁적 반응들 중 하나를 선택해서 행동해야 한다. 자연선택은 핵심적인 자극에 대한 유용한 반응을 일으키도록 신경계를 활성화시킬 수 있고, 여러 잠재적 선택 중 가장 적응적일 수 있는 것을 우선 순위로 놓는 방식으로 행동 양상을 조직할 수 있는 그런 개체를 선호한다. 예를 들면, 앞에서 이야기되었던 밤나방에서 신경세포는 자극을 감지하고, 초음파를 내며, 다가오는 박쥐에 반응하도록 도와준다. 이 나방은 같은 종의 암컷이 꽤 멀리서 생산하는 성 페로몬도 감지하고 추적할 수 있다. 만약 이 수컷 나방이 열정적으로 멀리 떨어진 암컷을 향해 날라갈 때, 그 수컷은 가는 길에 사냥하러 달려드는 박쥐를 만날 수도 있다. 그 나방은 어떻게 해야 할까? 다행히도 자연선택에 의해 정교하게 형성된 나방의 신경계는 그 위협에 대처할 수 있다. 만약 나방이 매우 시끄러운 초음파 신호를 감지한다면, 아마도 즉시 페로몬 감지 장치를 정지시키고서, 풀로 덮인 아래로 추락하듯이 하강할 것이다. 이러한 행동 메커니즘은 암컷과의 교미를 잠시 미루고서 일단 목숨부터 살릴 수 있도록 하는 적응적 결정으로 볼 수 있다(Acharya and McNeil 1998, Skals et al. 2005).

이 나방은 어떻게 당장의 짝짓기를 포기하고서, 죽음을 피하기 위한 행동을 할 수 있었을까? 신경 섬유가 모여서 만든 신경계에는 경쟁적인 자극 간의 부적응적 충돌을 피할 수 있도록 서로의 정보를 조율하는 **명령 중심(command centers)**이 있다. 작든 크든 간에 모든 동물의 신경계가 이렇게 조직되어 있다는 가설을 근원적 **명령 중심 가설(command center hypothesis)**이라고 한다. 이 명령 중심은 뇌 안의 분리된 단위를 가리키는 것은 아니며, 내재적 분비 메커니즘(innate releasing mechanisms)에서 나타나는 단일한 결정을 만들 수 있는 세포의 조합이라고 할 수 있다. 각각의 중심이 한 가지의 반응을 활성화시키는 일도 하면서 동시에 다른 중심들을 억제하거나, 때때로 다른 중심에 의해 억제되기도 한다면 반응 간의 충돌은 생기지 않을 것이고, 따라서 개체는 우물쭈물하거나 갈등을 겪지 않고서 위험에 무력화되는 상황을 효과적으로 피할 수 있을 것이다.

명령 중심 가설 신경계는 경쟁적인 자극 간의 부적응적 충돌을 명령 중심의 역할에 의해서 효과적으로 피하도록 조직되어 있다.

뇌에서의 결정 과정

케네스 로더는 명령 중심 가설에 입각해서, 유럽 사마귀(*Mantis religiosa*)가 행동을 결정하는 과정을 연구하였다(Roeder 1963). 사마귀는 꽤 여러가지 행동을 한다: 배우자를 찾고, 일광욕도 하며, 교미와 비행, 박쥐를 피해 아래로 추락하듯 비행하기 등등의 행동을 보여준다. 그러나 사마귀는 대부분의 시간을 조심성 없이 주변을 배회하는 곤충이 자기의 사정권 내로 들어올 때까지 나뭇잎에서 미동도 없이 버티며 보낸다. 사마귀의 시각 수용기에 먹이의 출현 정보가 전달되면 사마귀는 매우 민첩하고, 정확하며, 강력한 앞다리를 이용하여 먹이를 낚아챈다. 로더는 사마귀의 신경계는 명령 중심들 간의 억제적 관계 덕분에 여러 가지 옵션을 충돌 없이 선택할 수 있다고 가정하였다. 로더는 사마귀의 신경계 구조를 연구하면,서 곤충 분절의 근육 조절은 각 분절에 있는 신경절(ganglion)의 작용이라는 것을 알게 되었다. 로더는 이를 입증하기 위해서 한 분절에 다른 신경계와 연결된 신경절을 절단해 보았다. 어느 정도는 예측된 결과이지만, 절단된 분절의 근육은 신경계의 자극이 분명히 있더라도 반응을 만들지 못했다. 그 대신, 전기적으로 이 절단된 분절의 신경절을 자극하면 그 분절의 근육과 다리는 활력을 갖고서 완벽하게 움직였다.

만약 분절의 신경절이 그 분절의 근육에게 메시지를 전달하여 움직임을 유도하는 중요한 기능을 한다고 할 때, 사마귀의 뇌가 하는 일은 무엇인가? 로더는 뇌의 특정 세포가 분절에 있는 신경절의 신경 활성을 억제 또는 차단하는 역할을 할 수 있기 때문에, 뇌의 흥분성 명령 중심이 어떤 활성을 별도로 명령할 때까지 신경절 세포를 조용히 유지시킨다고 보았다. 이 가정이 맞을 때, 뇌의 억제 세포와 분절의 신경절 간의 연결을 제거하면, 억제 작용이 효과적으로 작동하지 못하게 되고, 부적절한 반응이나 반응 사이의 갈등 양상이 나타나게 된다. 로더가 사마귀의 원시 대뇌 신경절(protocerebral ganglion; 사마귀의 뇌에 해당)과 나머지 신경계를 연결시켜 주었더니, 사마귀는 걸으면서 동시에 무엇인가를 잡는 개체가 되었다. 하지만 이는 절대로 적응적인 행동은 아니다. 왜냐하면 원시 대뇌 신경절은 걷거나 붙잡는 것을 각각 하나씩 하도록 하는 부위이지, 이 두 행동을 동시에 하도록 하지는 못하기 때문이다.

만약 식도 부위의 신경절(subesophageal ganglion)과 원시 대뇌 신경절을 동시에 제거한다면 무슨 일이 벌어질까? 로더는 머리 부위 전체를 제거해 보았고, 사마귀가 더 이상 움직이지 못한다는 것을 발견하였다(Roeder 1963). 이때, 뾰족한 것으로 찌르면 사마귀는 단 한 번의 의미 없는 움직임을 보여주었다. 이 결과는 원시 대뇌 신경절이 식도 부위의 신경절에 일련의 억제성 메시지를 보내서 이들 신경세포가 다른 신경절과 상호작용하지 못하도록 한다는 것을 의미한다. 만약 특정 감각 신호가 원시 대뇌 신경절에 도달하면, 신경세포는 식도 부위의 신경절 내의 어떤 모듈을 더 이상 억제 시키지 못하게 된다. 억제로부터 자유로워진 식도 부위의 신경절은 각 분절의 신경절에 흥분성 메시지를 보내게 되고, 그곳에서 근육에게 움직임을 명령하는 새로운 신호가 발생하게 되는 것이다. 식도 부위의 신경절 중 어느 부위가 더 이상 억제되지 않는가에 따라서, 사마귀는 앞으로 걷거나, 앞다리를 휘두르거나 또는 날아가는 행동을 한다.

재미 있는 것은 수컷 사마귀의 머리를 완전히 제거했을 때, 행동이 사라지는 규칙을 항상 따르지 않는다는 것이다. 경우에 따라, 머리가 사라진 수컷 사마귀가 원을 그리면서 한쪽으로 빙빙 도는 행동을 할 때가 있다. 이러한 행동이 나타날 때 복부가 꼬여 아래로 처진 상태가 되는데, 이런 움직임은 주로 원시 대뇌 신경절에서 나오는 신호에 의해 억제된다. 머리가 잘릴 때 생기는 이런 이상한 반응은 암컷이 수컷의 머리 부분을 잡고서 머리를 먼저 먹어 치운다는 점을 고려해 보면 어느 정도 이해가 갈 수 있다(제9장 참조). 머리가 사라지는 어려운 상황에서도 수컷은 이 잔인한 배우자와의 교미를 지속할 수 있으며(**그림 4.13**), 아마도 이는 생식 행동을 관장하는 조절 신경계의 작동 때문인 것으로 여겨진다. 머리가 없어도 행동 반경 내 있는 것을 붙잡을 수 있기 때문에, 암컷과 닿으면 암컷의 등 뒤로 올라탄 후 복부를 꼬면서 아래로 향하게 한 뒤 암컷과의 교미를 시작한다(Roeder 1963).

나방과 박쥐의 이야기에서 보듯이, 신경계는 동물에게 직면한 현실 세계의 도전을 처리하도록 자연선택에 의해 정교하게 만들어져 왔음을 알 수 있다. 케네스 로더는 밤나방과 나방이 반향정위로 나방을 공격하는 무리로 가득 차 있는 세상에서 살고 있다는 점을 간파한 것이다. 과학적 방법론을 사용해서, 그는 나방이 인간은 감지하지 못하는 소리를 듣고 사냥하는 박쥐에 대처하는 특수화된 근원적 기전이 있는지 추적하였고, 결국에는 찾아냈다. 여러 과학자가 나방과 박쥐의 상호작용에 대한 연구를 지속해 왔고, 그러는 동안 이들 생명체가 서로의 진화에 영향을 미쳐 왔다는 방대한 연구 자료를 생산해 왔다(Conner and Corcoran 2012). 로더 이후에 만들어진 또 하나의 환상적인 발견은 범나방(tiger moth) 종의 일종인 *Bertholdiaa trigona*는 큰갈색박쥐(big brown bat, *Eptesicus fuscus*)가 만드는 초음파를 감지하면, 자신의 초음파를 발생시키는 방식으로 반응을 한다는 것이다. 얼핏 보기에 이런 반응은 포식자로 하여금 자신을 추적하도록 신호를 전달하는 것이므로, 마치 자살 행위라고도 볼 수 있다. 그러나 나방이 내는 초음파는 시끄러운 일종의 전파 방해 신호이고, 박쥐가 나방의 위치를 잘못 파악도록 유도함으로써 먹이를 추적하는 능력을 떨어뜨린다(Corcoran et al. 2011). 게다가, 몇몇 범나방 종은 특별한 화학 물질을 갖고서 방어용으로 쓰기도

그림 4.13 암컷 사마귀가 짝짓기 상대였던 수컷의 머리를 먹어 치우고 있다. (Photograph © Jose B. Ruiz/Minden Pictures.)

하고, 박쥐에게 역겨움을 줄 수 있기 때문에, 범나방의 이런 초음파 방해 신호는 맛없는 먹이감이라는 신호가 되기도 한다(Dowdy and Conner 2016). 청각을 이용한 이런 경고 신호(aposematism; 제6장 참조)가 작동하는지 실험해 보기 위해, 실험실에서 박쥐에게 초음파 신호를 보내고서 박쥐에게 역겨움을 주는 화학물질을 가진 두 종의 범나방을 제시해 주었을 때, 박쥐는 먹지 말아야 한다는 학습을 재빠르게 하였다. 뒤이어 초음파는 내지만 화학물질과는 전혀 상관이 없는 밤나방류를 제시했을 때, 마찬가지로 박쥐는 이 나방을 회피하였다(Barber and Coner 2007). 박쥐와 나방에 대한 이 이야기는 복잡한 포식자와 피식자 간의 공진화 그리고 자연선택이 박쥐와 나방이 적응적 이득을 주는 정교한 신경생리학적 메커니즘을 어떻게 진화시켰는지에 대해 알려준다.

초음파에서 적외선 방사까지

로더가 연구한 밤나방류와 범나방류는 모두 인간을 들을 수 없는 범위의 소리를 감지할 수 있는 진화된 청각 메커니즘을 사용하여 박쥐의 초음파 음향 장치를 통한 포식을 방해하는 전략을 갖고 있다. 이 두 나방 종류의 예에서, 우리는 동물이 아무리 같은 선택압(selective pressure), 즉 박쥐에 의한 포식 위협이 작용한다 하더라도 대응하는 행동 반응 방식이 다르며 행동을 이끄는 신경생리학적 메커니즘 역시 다르다는 것을 알 수 있었다. 궁극적인 관점에서 볼 때에도 동물은 신경해부학적으로 그리고 신경생리학적으로 다른데, 이 역시 이 동물에게 오랜 기간 작용해 온 자연선택 압력의 산물이다. 우리는 비슷한 이야기를 다른 감각 양상, 예를 들면 적외선 방사(ultraviolet radiation)를 가지고 진행하고자 한다. 적외선 방사는 자연계 사물로부터 나오는 것이지만, 인간은 초음파와 마찬가지로 이를 감지하지 못한다.

많은 동물은 적외선 방사를 포식자를 피하고, 먹이를 찾으며, 배우자를 유혹하고, 먼 거리를 여행할 때 사용한다. 예를 들어, 여러 꿀벌 종은 꽃의 적외선 반사를 이용하여 꿀이 있는 위치를 쉽게 찾아낸다(**그림 4.14**). 몇몇 나비 종의 수컷은 날개의 한 부분에서 적외선을 반사하기 때문에, 같은 종의 짝짓기가 준비된 암컷이 찾아낼 수 있다(Rutowski 1988, Kemp 2008). 큰가시고기(three-spined stickleback, *Gasterosteus aculeatus*) 암컷도 수컷 몸에 뚜렷하게 나타나는 카로티노이드(carotenoid) 색에 반응한다(Boulcott et al. 2005). 카로티노이드 색소를 볼 때, 우리는 빨간색, 주황색, 노란색 등은 감지하지만, 암컷 큰가시고기가 수컷 피부의 카로티노이드 양을 알아차리는 데 사용하는 적외선 신호는 감지하지 못한다(Pike et al. 2011). 이들 색깔에 대한 암컷의 선호성은 번식기에 배우자를 선택하는 전략을 제공하는데, 암컷에 의해 선택된 카로티노이드를 많이 보유한 수컷은 일반적으로 자식에게 보다 많은 돌봄 시간을 제공한다(Pike et al. 2007). 적외선 파장 신호는 개체 사이의 경쟁이나 싸움에서도 작동한다. 예를 들면, 다 자란 목걸이도마뱀(collard lizard, *Crotaphytus collaris*) 수컷은 다른 수컷에게 공격적인 신호를 입을 크게 벌려서 보내는데, 이때 입 구석에 있는 희끄무레한 적외선 자극이 상대방에게 시각적으로 감지된다(Lappin et al. 2006). 또 다른 도마뱀 종에서 실험자가 한 개체의 목구멍 쪽에서 적외선 색을 내는 부위를 인위적으로 제거하였을 때, 그 개체가 다른 개체들에 비해서 공격을 보다 더 많이 받았는데, 이는 그 적외선 부위가 한 개체의 공격 능력을 보여주는 신호이기 때문이다(Stapley and Whiting 2005).

적외선 항해 가설(UV navigation hypothesis)에 따르면, 적외선 방사를 감지하는 능력은 어마어마한 거리를 이주하는 대왕나비(monarch butterfly, *Danaus plexippus*)의 항해

적외선 항해 가설 몇몇 동물은 이주하는 데 있어서 적외선 방사를 이용하여 길을 찾는다.

(A)

(B)

그림 4.14 동물이 감지하는 적외선 반사. 같은 그림이 쌍으로 되어 있는데, 왼쪽은 인간의 눈으로 보이는 사진 그대로이고 오른쪽은 적외선으로 보이는 모습이다. (A) 이 데이지 꽃의 적외선 반사 양상은 주변의 곤충에게 꿀의 위치를 알려주는 기능을 한다. (B) 위의 나비가 수컷인데, 수컷에만 날개에 적외선을 내는 부위가 있고, 이 적외선 부위는 배우자를 찾는 암컷에게 보내는 일종의 짝짓기 신호이다. (A, photographs by Tom Eisner; B, photographs by Randi Papke and Ron Rutowski.)

능력에서 중요한 역할을 한다. 대왕나비는 캐나다에서 남쪽으로 약 3,600 km 정도를 날아 중앙 멕시코에 있는 산 꼭대기 숲으로 이동한다(**그림 4.15**). 멕시코에서 이 나비들은 오야멜(oyamel firs)이라고 불리는 전나무류가 자생하는 곳에서 수백만 마리가 떼를 지어 봄이 돌아올 때까지 움직이지 않고서 지낸다. 봄이 와서 다시 날이 따뜻해지면, 이 나비들은 다시 여행에 나서서 미국 남부 해안지역에 도착한 후 밀크위드(milkweed) 식물에 알을 낳는데, 알이 부화해 애벌레가 되면 그 밀크위드 잎을 먹고서 자란다.

이주 중의 대왕나비는 낮 동안에만 비행을 하는데, 이는 이 나비들이 태양을(가을에는 남서쪽을 그리고 봄에는 북동쪽을 향하는) 방향잡는 데 이용하기 때문인 것 같다. 태양 빛은 다양한 파장의 빛으로 이루어져 있기 때문에, 대왕나비가 이 파장들 중 어떤 것을 주로 이용하는지에 대해 궁금증이 생기지 않을 수 없다. 적외선 항해 가설을 입증하기 위해서, 연구진은 야생의 대왕나비를 가을에 잡아서 얇은 줄에 묶은 다음, 상자 안에서 어떤 방향을 선택하여 비행을 시도하는지 관찰하였다. 연구진은 박스를 적외선 차단 필터로 둘러 태양으로부터의 적외선 정보를 나비가 이용할 수 없게 하였다. 그러자 많은 나비가 혼돈을 겪었고, 상당히 수의 개체들은 비행을 멈추었다. 적외선 차단 필터를 제거해 주었을 때는 대다수의 개체(13마리 중 11마리)가 곧장 비행을 시작하였는데, 이를 통해 대왕나비는 태양의 적외선을 이용하여 비행 방향을 잡는다는 것이 증명되었다(Froy et al. 2003).

적외선은 대왕나비들이 여행을 시작하는 단계에서 방향을 잡도록 도와준다. 하지만 일단

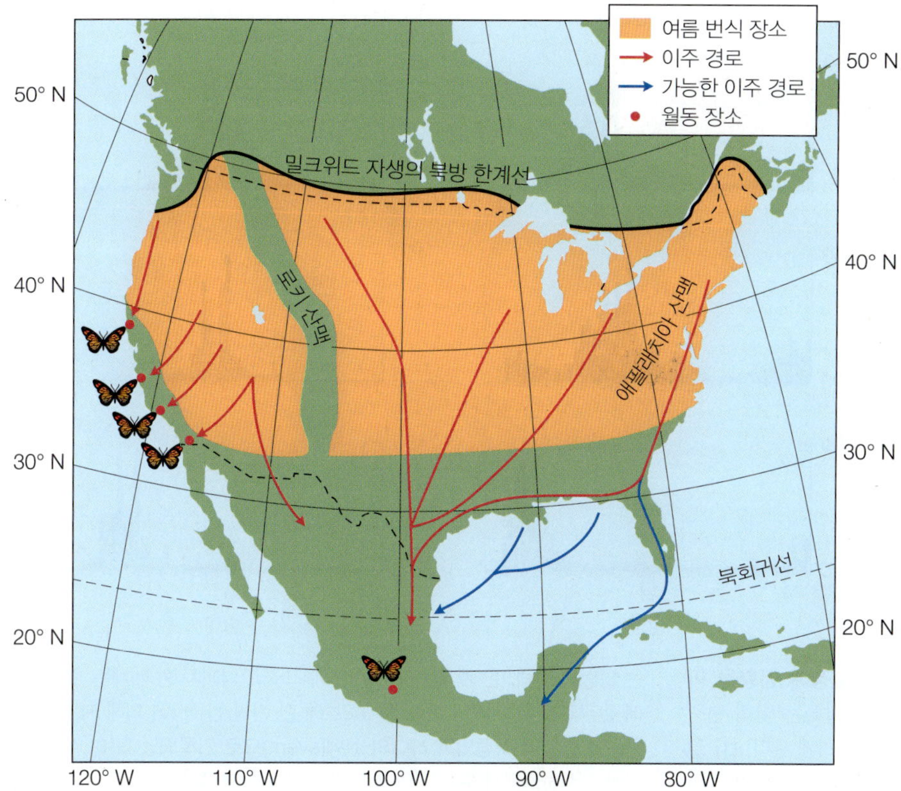

그림 4.15 대왕나비의 가을 이주 경로. 캐나다 남부로 이동한 뒤 다시 멕시코로 긴 여행을 하는 대왕나비는 중앙 멕시코의 몇몇 산 꼭대기의 숲에서 무리를 지어 겨울을 난다. 미국 서부의 대왕나비는 멕시코로 가는 대신 해안가 근처에서 겨울을 난다. (After Brower 1995)

하늘에 떠 있는 상태에서 나비들은 하늘의 편광 양상(polarized skylight pattern)을 파악하여 방향을 유지한다. 편광(polarized light)은 지구 대기를 통과하는 태양빛이 산란되면서 몇몇 파장의 방향이 빛의 방향과 직각이 되도록 움직이며 생겨나는데, 인간의 눈으로는 이런 편광 현상을 감지할 수 없다. 하늘에 만들어지는 편광의 3차원 구조는 태양의 위치에 따라 다르게 만들어지기 때문에, 태양이 하늘에서 움직이면서 편광의 양상은 차이가 발생하게 된다. 만약 땅에 있는 동물이 하늘에서 편광의 양상 변화를 감지할 수 있다면, 시간에 따라 달라지는 태양의 위치 때문에 다른 자극이 만들어질 것이다. 결과적으로, **하루 주기 시계(circadian clock**; 생리적 과정에 영향을 주는 태양 빛이나 온도 같은 외부 신호에 의해 조절되는 내부 진동자)를 가진 생물과 편광을 볼 수 있는 능력은 인간이 태양의 위치를 보고 방향을 판단하는 것처럼 하늘의 편광 빛을 방향 지시자로 이용할 수 있도록 해준다. 편광에 대한 정보는 태양이 구름이나 높은 산 뒤로 숨더라도 이용할 수 있기에 편광을 이용하는 대왕나비나 연어 같은 동물에게 태양의 위치나 날씨는 큰 문제가 되지 않는다(Hawryshyn et al. 2010).

한 연구진은 벽이 있는 공간에 가을 이동을 할 대왕나비를 묶어 놓고서 관찰하였는데, 그 장소에서 대왕나비는 태양을 보지는 못하지만 하늘을 볼 수는 있었다. 이 실험에서 대왕나비는 날아오르자 마자 남서방향으로 향했다. 이 장치에 광필터(light filter)를 설치하여 마치 하늘 높은 곳에서 만들어지는 것처럼 선형화된 편광을 같은 평면에서 제공하였을 때에도 대왕나비는 여전히 방향을 잘 찾는 것 같았다. 하지만 이 필터의 방향을 90° 정도 바꾸어, 대왕

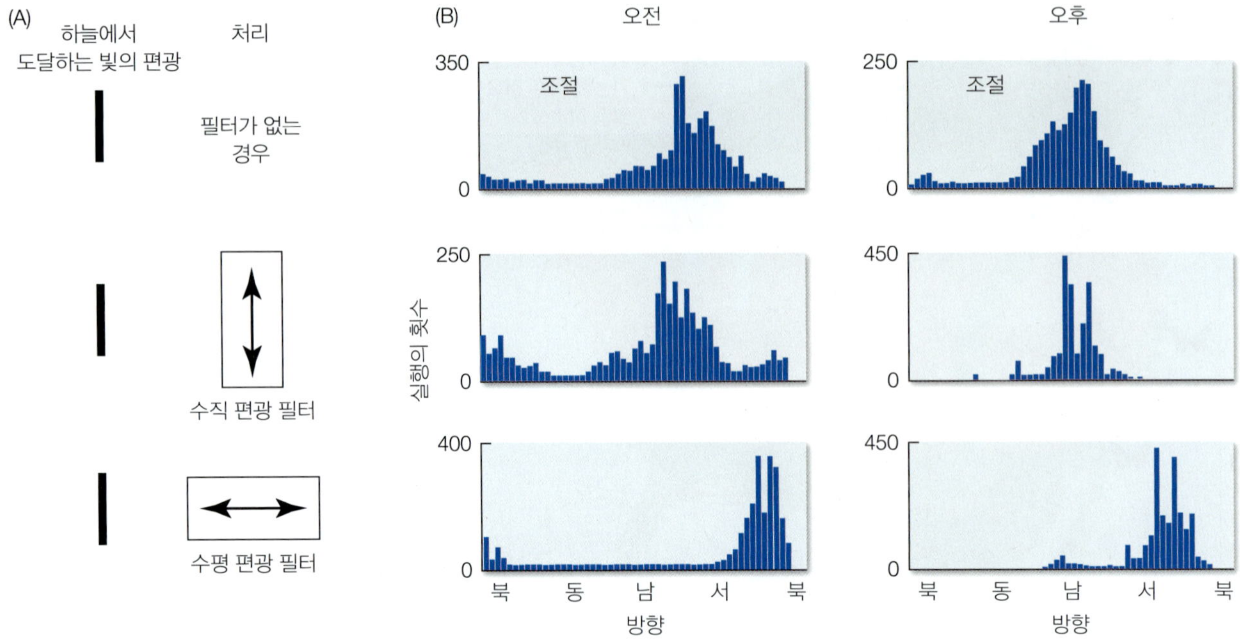

그림 4.16 빛의 편광은 대왕나비 이주의 방향 설정에 영향을 미친다. (A) 케이지 안에 묶인 대왕나비는 하늘에서 도달하는 빛의 편광(slylight e-vector) 각도에 대한 3가지 처리된 빛을 감지하게 된다: (1) 필터가 없는 경우(자연적으로 도달하는 빛을 그대로 볼 수 있다); (2) 수직 편광 필터(vertical filter; 필터가 설치되지만 자연적으로 오는 빛의 편광 방향을 바꾸지 않는다); (3) 수평 편광 필터(horizontal filter; 하늘에서 도달하는 빛의 편광 방향을 90° 바꾼다). (B) 케이지에 있는 두 대왕나비가 날아가는 방향의 선택. 한 개체는 오전(AM)에 그리고 나머지 한 개체는 오후(PM)에 관찰되었다. 나비의 비행 중 0.2초에 한 번씩 컴퓨터에 의해 자동적으로 향하는 방향이 측정되어 하나의 실행(event)으로 기록되었다. 이 실험에서 나비들은 하늘에서 오는 자연 빛의 편광을 관찰할 수 있을 때 남서방향으로 날아가지만 90° 정도 편광의 방향이 바뀌면 그에 따라 90° 정도 방향을 바꾸었다. (After Reppert et al. 2004.)

나비가 볼 수 있는 편광 각도를 바꾸었을 때 나방도 역시 90° 정도 비행 방향을 바꾸었는데, 이는 이 나비가 편광에 의존해서 방향을 찾는다는 증거가 될 수 있다(**그림 4.16**)(Reppert et al., 2014).

감각 입력의 선택적 전달

대왕나비뿐만 아니라, 큰가시고기, 목걸이도마뱀 등 여러 동물 종에서 감각 수용기는 적외선 방사에 대한 정보를 수집한다. 광 자극이 실제로 생식과 이주 행동에 어떻게 영향을 미칠까? 동물의 감각 수용기는 선택된 감각 입력을 처리하고 정보에 따라 적절한 반응을 명령하는 뇌의 각 부분들로 메시지를 전달해야 한다. 우리는 이를 대왕나비에서 살펴보고자 한다. 대왕나비 개체는 여러 광 자극에 대해 반응한다. 광에 반응하는 생체시계 작동은 더듬이에서 이루어지며, 생물주기와 관련된 유전자(예를 들면, *period*, *timeless*, *cry2*)에서 만들어진 단백질이 이 부위와 주변에 위치하여 이주의 시기를 조절한다. 이 유전자들의 산물은 초파리나 쥐에서도 발견된다. 주(Zhu)와 그의 연구진은 마이크로어레이(microarray) 실험을 통해서, 대왕나비의 뇌에서 이들 유전자의 발현이 시작되거나 시작되지 않을 수가 있으며, 이는 이 나비가 이주 중이냐 아니냐에 따라 결정되는 것임을 밝혔다. 게다가 태양의 위치는 눈에서 감지되는데, 그곳에서 태양 광선이 수용체의 신경세포에서 신호를 일으키도록 자극한다. 이 신호는 뇌의 측면에 있는 부속 엽(lobe)으로 직접 전달되고, 이는 행동을 관장하는 운동 명령 메커니즘과 연결된다. 다시 말해, 시간과 태양의 위치는 독립적으로(다른 방식으로) 신경세포를 활성화시키고, 여기서 만들어진 신호 명령은 뇌로 전달되어 생물주기 유전자와 운동 근육 기능에 명령을 보내는 것으로 여겨진다(Shlizerman et al. 2016). 스티븐 레퍼트(Steven Reppert) 연구진은 이런 신호 전달 체계가 궁극적으로 비행 각도를 아주 세심하게 조절해 주고, 방향이 잘못되지 않게 교정해 주는 역할을 할 것이라고 보고하였다(Shlizerman et al. 2016).

신경계가 신호 정보를 어떻게 선택적으로 전달하는지에 대해 초음파를 감지하는 곤충으로 되돌아가서 이야기해 보자. 여기서는 귀뚜라미인 *Teleogryllus oceanicus*의 연구 결과를 예로 들을 것이다(Moiseff et al. 1978). 밤나방과와 마찬가지로 귀뚜라미는 사냥하는 박쥐를 피하는 그들만의 능력을 가지고 있다. 박쥐를 피하는 행동은 귀뚜라미의 앞다리에 위치한 귀에 있는 초음파 민감 청각 수용체에 있는 세포가 활성화되면서 시작된다. 수용체에서 얻어진 신호 메시지는 귀뚜라미의 중추신경계에 있는 다른 세포로 전달된다. 이 메시지의 수용기 중에는 int-1이라고 불리지만 AN2라는 이름으로 더 잘 알려져 있는 한 쌍의 감각 연합 뉴런이 있는데, 곤충 몸체의 측면에 하나씩 존재한다. 로날드 호이(Ronald Hoy)의 연구진은 귀뚜라미에게 여러 다른 주파수 소리들을 들려주고서 신경계의 반응을 기록하여, int-1이 초음파 감지에 핵심 역할을 한다는 것을 밝혔다(Moiseff et al. 1978). 이들은 귀뚜라미의 귀 주변에 초음파가 도달하면 이 세포가 매우 흥분한다는 사실을 밝혔다. 더 강렬한 주파수인 40~50 kHz의 초음파를 들려주었을 때, 이들 세포가 더 많은 활동전위를 생산하였고 자극과 반응 간 지연(latency) 시간도 더 짧아졌다. 이런 현상은 밤나방과의 A1 수용체에서도 관찰된 바 있다.

이 int-1 세포는 귀뚜라미가 초음파에 반응할 때 도움을 주는 신경 회로망(적어도 20개의 초음파 감응 뇌 신경세포로 구성되어 있다; Bradfeuhrer and Hoy 1990)의 한 부분인 것 같다. 그렇다면 복부 부위를 작은 반창고로 가려서 int-1을 불활성화시켰을 때, 실험 장치에 묶여 공중에 떠 있는 귀뚜라미에서는 초음파가 발생되는 부위를 피해 몸을 돌려 멀어지려고 하는 등 전형적인 초음파 반응이 나타나지 말아야 한다(**그림 4.17**). 예측한 대로 반창고로 int-1을 불활성화시켰을 경우, 귀뚜라미의 청각 수용체는 작동하는 것 같지만, 초음파가 발생되는 반대로 몸을 피하는 행동은 나타나지 않았다. 이로 미뤄 봤을 때, int-1은 포식자 회피 행동에서 필수적인 것 같다. 당연한 예측이겠지만, 묶여 있지만 날고 있는 귀뚜라미의 int-1이 다시 활성화되면(인위적 전기 자극을 이용하여), 초음파가 없더라도 마치 초음파를 감지한 것처럼 자기의 몸을 틀어 피하는 행동을 보인다. 이렇게 int-1만 실험적으로 활성화시켜도 몸통을 트는 자세를 아주 간단하게 유발시킬 수 있다(Nolen and Hoy 1984). 이들 실험은 귀뚜라미가 박쥐를 피하는 반응을 유발하는 데 int-1 활성이 필요충분조건이라는 것을 입증한 것이다. 따라서 연합 뉴런은 수용체와 뇌 신경세포 사이의 신호를 전달해 주는 핵심 기구라는 사실이 입증된 것이고, 진화적으로 초음파에 반응할 수 있도록 해 주는 것이다.

날아가는 귀뚜라미가 초음파가 나오는 반대 방향으로 도망가라는 뇌에서의 명령을 어떻게 효과적으로 수행할 수 있을까? 마이크 메이(Mike May)는 이러한 의문을 해결하는 것에 관심이 있었고, 정교하게 디자인된 실험을 시도하지는 않았지만, 초음파 자극을 만들고서 묶여 있는 귀뚜라미의 반응을 관찰하였다(May 1991). 메이가 초음파를 귀뚜라미를 향해 보내자 뒷날개의 속도를 줄이기 시작하였다. 귀두라미는 4의 날개를 가지지만 뒤에 있는 두 날개만 비행과 관련이 있다. 초음파가 나오는 방향 반대편의 뒷날개가 느려지면, 귀뚜라미 몸 한

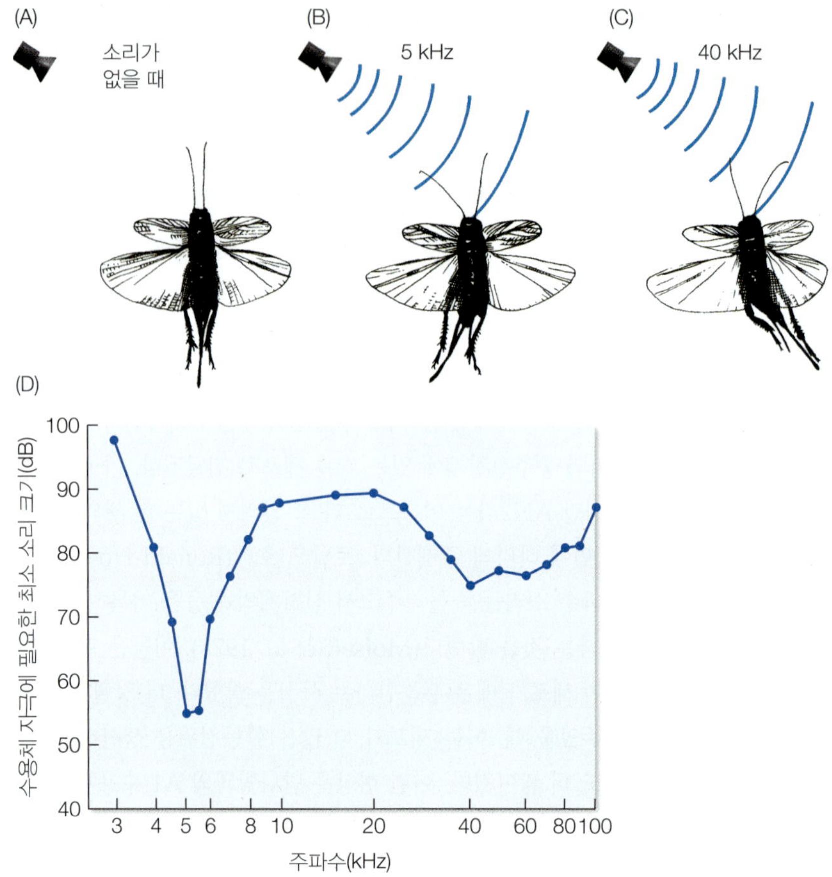

그림 4.17 소리의 종류에 따라 나타나는 귀뚜라미의 피하거나 다가서는 반응. (A) 소리가 부여되지 않았을 때, 귀뚜라미는 몸통과 복부는 날아가는 방향을 향해 진선을 이룬다. (B) 저주파 소리를 들려주면 귀뚜라미는 소리가 나오는 쪽으로 향한다. (C) 귀뚜라미는 고주파 소리가 들리면 소리가 나오는 곳에서 도망한다. 이 귀뚜라미(*Teleogryllus oceanicus*) 수컷이 내는 소리는 5 kHz 정도 되지만, 포식 박쥐는 40 kHz의 소리를 낸다. (D) 귀뚜라미의 청각 수용체를 활성화시킬 수 있는 소리의 크기. 5~6 kHz 정도의 소리는 약 55데시벨(dB)의 크기면 충분히 청각 수용체를 자극할 수 있다. 수용체를 자극하는 최소 데시벨은 40 kHz에서 다시 감소하는데, 이 주파수는 박쥐가 내는 초음파의 범위에 해당한다. (After Moiseff et al. 1978.)

쪽 편에 대한 힘이나 추진력이 줄어들어서 몸체가 초음파가 나오는 반대 방향으로 돌도록 만들 것이다.

완벽한 관찰은 아니었지만, 메이가 관찰한 것에 입각하여 설명하자면 귀뚜라미의 비행 경로는 뒷다리의 위치에 의해 조절되며, 뒷다리를 뒷날개와 닿도록 들어 올리면 날개의 움직임이 변화되면서 공간에서 귀뚜라미의 자세가 바뀌게 된다(**그림 4.18**). 메이는 초고속 카메라로 뒷다리가 있거나 없는 귀뚜라미의 사진을 찍었다. 뒷다리가 없으면 뒷날개를 조절할 브레이크가 없기에, 결국 초음파가 감지된 후에도 뒷날개는 멈추지 않은 채 계속 작동하였다. 결과적으로 뒷다리가 없는 귀뚜라미는 방향을 전환하는데 0.14초 걸렸다. 정상 귀뚜라미들은 방향 전환에 0.1초 정도만 걸린다. 이 결과를 바탕으로, 메이는 귀뚜라미가 초음파 감지망에서 신호를 획득하여 적절한 운동 뉴런이 반대편 다리의 근육을 수축하게 한다고 보고하였다. 근육이 수축하며 다리를 날개 쪽으로 들어올리고, 움직임에 방해를 받는 날개에 속도가 줄어 초음파를 내면서 다가오는 박쥐의 반대 방향으로 몸을 틀어 도망갈 수 있는 것이다(May 1991).

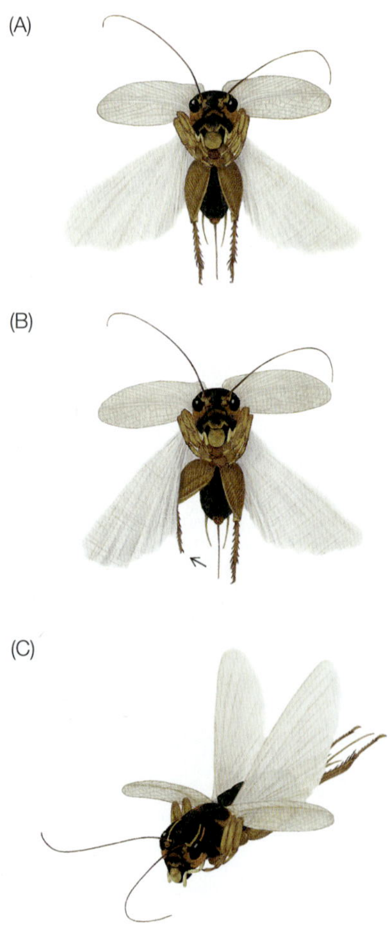

그림 4.18 귀뚜라미가 어떻게 박쥐를 피해서 빠르게 방향을 전환하는가? (A) 날고 있는 귀뚜라미는 전형적으로 뒷다리를 모아 날개 짓에 방해되지 않게끔 자세를 취한다. (B) 귀뚜라미의 왼쪽 편으로부터 초음파가 오면 오른쪽 뒷다리를 들어 오른쪽 날개 안으로 집어넣는다. (C) 결과적으로 오른쪽 날개 짓의 속도가 줄면서 귀뚜라미는 오른쪽으로 돌아 날아감으로써 초음파로부터 멀어진다. 그리고 바로 땅을 향해 하강한다. (Drawings by Virge Kask, from May 1991.)

결국, 박쥐를 피하기 위한 정교한 감지 기능과 전달 및 처리 시스템은 에너지 소비의 관점에서 그리고 먹이를 먹거나 짝짓기를 하는 활동의 시간을 뺏는다는 관점에서 개체에게 어느 정도의 손실을 부과한다(Yager 2012). 포식자 감지 체계를 만들고 이용하는 데 드는 잠재적 비용을 고려할 때, 만약 포식자가 없다면 이런 체계들은 필요 없을 것이다. 실제로 몇몇 주행성 나방 종에서는 초음파를 듣거나 감지할 수 있는 정교하게 진화된 기관이 없다. 반대로, 야행성이 된 몇몇 나비 종 중에는 초음파 감지 능력이 진화된 경우가 있다. 포식압이 다른 환경에서 서식하는 종들 사이에 초음파를 듣는 능력을 비교하는 것은 초음파 감지 능력이 포식과 관련해서 진화된 것인지 검토할 수 있는 기회가 될 것이다. 풀러드(Fullard)의 연구진은 박쥐가 없는 또는 있는 환경에서 사는 귀뚜라미(*Teleogryllus oceanicus*) 개체군을 비교하면서 이를 검증하였을 때, 박쥐가 서식하지 않는 지역에 사는 귀뚜라미가 상대적으로 방어 행동과 int-1의 활성이 매우 적은 편이었다(Yager 2012). 이런 증거들로 미뤄서, 자연선택은 박쥐를 감지할 수 있는 곤충류의 초음파 청취 능력과 관련된 신경생리학적 그리고 해부학적 구조가 형성되는 데 역할을 하였음을 알 수 있다.

전달되는 메시지에 대한 반응

우리는 지금까지 어떻게 감각 수용체가 핵심 자극을 감지하고, 감각 정보가 연합 뉴런을 거쳐 중추신경계의 신경세포에까지 전달되는지에 대해 알아보았다. 중추신경계 세포가 반응하면, 운동 뉴런을 깨울 수 있는 신호가 발생한다. 쫓아오는 박쥐를 피해 나방이 보여주는 탈출 하강 행동이나 귀뚜라미의 방향 전환 행동, 그리고 이주하는 대왕나비가 정교하게 방향을 찾아가는 행동 등은 환경으로부터 나오는 단순한 자극에 의해 시작되는 효과적인 첫 반응으로부터 시작된다. 그러나 대부분의 행동은 일련의 근육 반응이 조화를 이룬 결과이며, 신경세포나 신경망에서 만들어진 단 하나의 명령만으로는 이런 행동이 나올 수 없다. 예를 들면, 바다 민달팽이 종류 중의 하나인 *Tritonia diomedea*의 탈출 행동을 살펴보자. 이 민달팽이는 포식자인 불가사리와 맞닥뜨렸을 때 매우 특이한 탈출 행동을 보인다(**그림 4.19**). 불가사리와 맞닥뜨린 상황과 관련된 자극은 민달팽이가 조금 어색한 방식으로 몸을 위로 그리고 아래로 굽히면서 헤엄치도록 만든다(Willows 1971). 만약 잘 도망간다면,, 민달팽이는 불가사리로부터 멀어져서 목숨을 부지할 수 있다.

그림 4.19 바다 민달팽이의 탈출 행동. 사진의 바다 민달팽이(*Tritonia diomedea*)는 가장 무서운 포식자인 불가사리를 피해 막 헤엄치며 도망가기 시작한다. 이 민달팽이의 등쪽 근육이 최고로 수축하면서 머리와 꼬리가 서로 모일 정도로 몸이 휘어진다. 곧이어 복부 근육이 수축할 것이고 민달팽이는 허우적거리며 위험을 피할 수 있을 것이다. (Photograph by William Frost.)

이 *Tritonia diomedea*가 어떻게 이런 다단계 반응을 보일 수 있는가? 이런 행동은 작게는 2번, 많게는 20번 정도 몸을 굽혔다 폈다 해야 하고, 등쪽과 배쪽의 근육을 번갈아 가며 수축시켜야 하는 작업이다. 밝혀진 바와 같이, 등쪽과 복부 근육은 적은 수의 운동 뉴런의 통제를 받는다. 등쪽 굴곡 뉴런(dorsal flexion neurons, DFNs)은 동물이 U로 구부러질 때 활성화되고, 복부 굴곡 뉴런(ventral flexion neurons, VFNs)은 민달팽이를 반대 방향의 U로 바꾸는 활동 전위 펄스를 생성한다(**그림 4.20**). 하지만, 무엇이 DFN과 VFS이 번갈아 가며 활성화되는 양상을 조절하는 것일까?

그림 4.20 ***Tritonia diomedea*** **민달팽이의 탈출 행동을 조절하는 신경 세포.** 이 민달팽이의 등쪽 그리고 복부 근육은 등쪽 굴곡 뉴런(dorsal flexion neurons, DFNs)과 복부 굴곡 뉴런(ventral flexion neurons, VFNs)에 의해 조절된다. 이 두 근육 부분들이 번갈아 가며 활성화되기 때문에 등쪽으로 한 번 그리고 배쪽으로 한 번 몸이 굽혀서 움직임이 생기면 물 속을 유영할 수 있게 된다. (After Willows 1971)

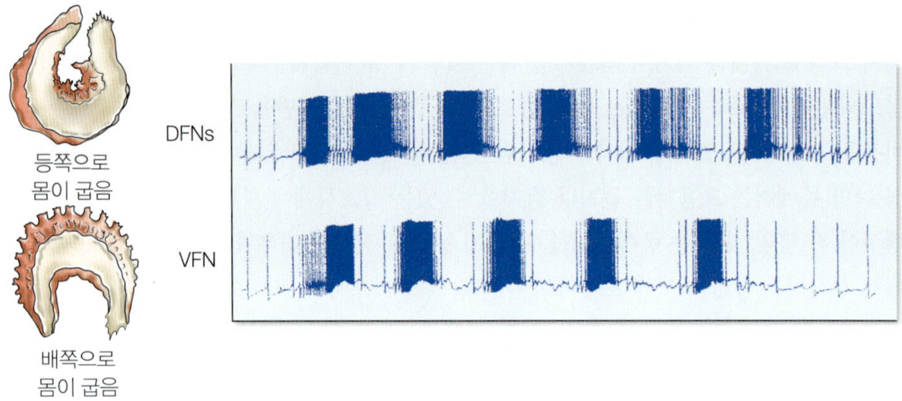

탈출 행동 반응은 *Tritonia diomedea* 민달팽이 피부의 감각 수용체 세포가 불가사리의 튜브 형태의 발에서 분비되는 화학물질을 감지하면서 시작된다(**그림 4.21**). 수용체는 메시지를 연합 뉴런으로 전달하고, 이들 중 하나인 등측 경사면 연합 뉴런(dorsal ramp interneurons, DRIs)이 강한 자극을 받으면 지속적으로 활성화되기 시작한다. 이 연합 뉴런은 일련의 흥분 신호를 몇몇 다른 연합 뉴런, 예를 들면 등측 유영 연합 뉴런(dorsal swim interneurons, DSIs)에게로 전달하는데, DSIs는 복측 유영 연합 뉴런(ventral swim interneurons, VSIs), 대뇌 신경세포 2(cerebral neuron 2, C2), 그리고 앞서 언급한 굴곡 뉴런(flexion neurons; DFN, VFN 등)과도 연결된다(Getting 1983, 1989). 이렇게 그물망처럼 연결된 연합 뉴런의 관계 속에서 흥분성 그리고 억제성 신호가 전달되는데, 세부적으로 살펴보면 DSIs는 C2를 활성화시키고, 차례로 DFNs을 활성화시키며, 이들과 연결된 근육을 수축시킨다. 그러나 짧은 흥분기 후 C2는 DFNs을 억제시키는 반면에 VSIs로는 흥분 신호가 전달되고, 이는 VFN의 활성화와 굴곡 뉴런과 연결된 근육의 수축을 유발한다. 그 다음의 상황은 반전된다. DFN과 VFN을 조절하는 연합 뉴런을 번갈아 가며 자극하면 DFN과 VFN 역시 번갈아 가며 활성화되고, 결국 등측과 복측으로 번갈아 가며 굽어지는 현상이 나타나는 것이다(Frost et al. 2001).

DIR에 의해 조정되는 단순한 신경망이 등측으로 그리고 복측으로 굽히는 민달팽이의 근육을 조정하도록 운동 뉴런의 활성에 대한 명령을 준다는 것은 전체 메커니즘이 **중심 패턴 발생기(central pattern generator)**에 의해 작동한다는 것을 의미한다. 이런 종류의 체계는 움직임

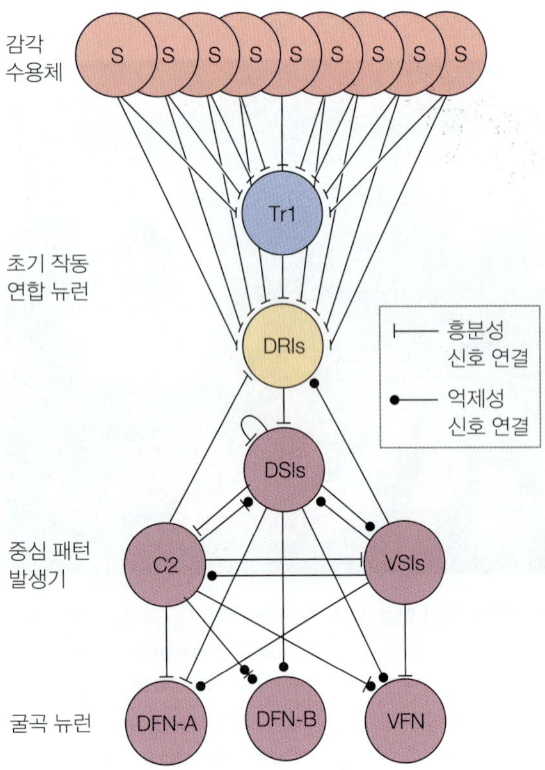

그림 4.21 ***Tritonia diomedea*** **민달팽이 중심 패턴 발생기(central pattern generator).** 등측 경사면 연합 뉴런(dorsal ramp interneurons, DRIs)은 민달팽이가 헤엄쳐서 도망할 수 있도록 일련의 신호를 생산하는 세포의 활성을 유지시키는 역할을 한다. 이 연합 뉴런은 감각 수용체 세포들(S)과 다른 연합 뉴런(Tr1)로부터 흥분성 신호를 받는다. DRI 세포는 등측 유영 연합 뉴런(dorsal swim interneurons, DSIs), 복측 유영 연합 뉴런(ventral swim interneurons, VSIs) 그리고 대뇌 신경세포 2(cerebral neuron 2, C2) 등 굴곡 뉴런(flexion neurons)에 메시지를 보내는 세포들과 상호작용한다. 등쪽 굴곡 뉴런에는 두 가지 종류(DFN-A와 DFN-B)가 있으며 미세한 기능적 차이가 있다. 복부 굴곡 뉴런은 한 종류이다(VFN). (After Frost et al. 2001.)

(locomotion)과 관련하여 신경 세포 수는 상대적으로 적지만 크기는 큰 편에 속하는 무척추동물에서 특히 잘 연구되어 왔다(Clarac and Pearlstein 2007). 중심 패턴 발생기로 간주될 수 있는 신경 세포 무리는 이미 프로그램화된 그리고 틴베르헨이 소위 고정 행동 양식이라고 규정했던 움직임을 만드는 운동 명령과 관련된 메시지를 제공한다.

중심 패턴 발생기의 메커니즘은 척추동물에서도 발견되는데, 소위 노래하는 물고기로 알려진 미드쉽맨(plainfin midshipman, *Porichthys notatus*) 수컷은 특정 근육을 정교한 방식으로 수축과 이완을 반복하면서 배우자를 유혹하기 위한 노래 소리를 만든다(Bass 1996, Feng and Bass 2017). 모든 수컷이 다 노래를 할 수 있는 것은 아니고 유형 1(type I)이라고 불리는 덩치 큰 수컷만 할 수 있는데, 콧노래와 같은 소리가 몇 분 또는 여러 시간이나 지속될 수 있다(**VIDEO 4.2**). 크기가 크고 영역을 확보한 이 수컷은 봄과 여름철 밤에만 자기 영역 내 둥지가 될 바위 주변을 배회하면서 노래를 한다. 수컷의 노래 소리는 꽤 큰 편인데, 심지어는 남서태평양에 살아가는 뱃사람들의 신경을 건드릴 정도가 될 수도 있다. 유형 1 수컷은 알을 키울 둥지가 될 바위로 암컷을 이끄는데, 암컷은 산란한 후 바로 떠나고 수컷만 부화할 때까지 주변을 지킨다. 덩치가 큰 유형 1 수컷과는 대조적인 유형 2(type II) 수컷도 있는데, 이들은 덩치가 상대적으로 작고 노래를 하지 않으며 , 그 대신에 꿀꿀거리는 작은 소리만 낼 수 있다. 간혹 유형 2 수컷이 암컷을 흉내 내서 유형 1 수컷의 영토 안에 들어가 유형 1 수컷과 짝짓기하는 암컷이 산란한 수정 전의 알에 자기의 정액을 방출하고서 도망가는 전략을 취하기도 한다. 유형 2의 수컷이 유형 1의 수컷 영토에서 발각되면, 유형 1 수컷은 강하게 유형 2 수컷을 쫓아내려고 으르렁거리거나 꿀꿀거리는 소리를 내기도 한다. 유형 1과 2 수컷은 제3장에서 다루었던 대안 행동 다형성(alternative behavioral polymorphism)의 한 예가 될 수 있다.

VIDEO 4.2
Type I male midshipman songs
ab11e.com/uk/v4.2

유형 1 수컷은 노랫소리를 어떻게 만들 수 있을까? 앤드류 배스(Andrew Bass) 연구진은 이 수컷 복부의 해부학적 구조를 조사해서, 크고 공기로 가득찬 소리 근육(sonic muscles)과 연결된 부레(swim bladder)를 발견하였다(**그림 4.22**). 이 부레는 드럼과 같은 역할을 해서 리듬감 있게 근육을 수축시키면 드럼을 치는 것과 같이 진동을 발생시킨다. 근육 수축을 위해서는 운동 뉴런으로부터의 신호가 전달되어야 하는데, 배스의 연구진은 이 뉴런이 소리 근육과 연결되어 있다는 것을 발견하였다. 배스는 이 운동 뉴런의 말단 부분에 바이오사이틴(biocytin)이라는 세포 염색약을 처리하였고, 이 염색약은 세포 내로 흡수되어 세포를 갈색으로 착색시켰다. 세포 내에서 갈색으로 염색된 물질은 계속 움직이면서 세포와 세포 간 시냅스를 통과하고, 소리 근육과 연결된 신경 세포망을 가로질러서 이동하였다. 뇌를 아주 얇게 썰어 바이오사이틴에 의해 염색된 부분을 추적한 끝에 배스와 연구진은 이 물고기의 음

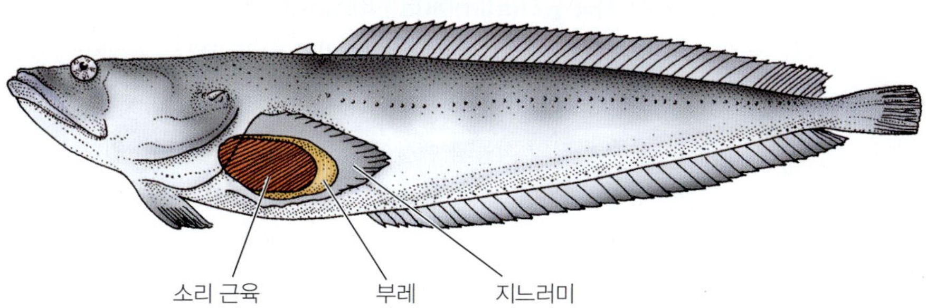

그림 4.22 미드쉽맨 유형 1 수컷에서 노래를 생산하는 기관. 소리 근육(sonic muscles)은 연결된 부레의 움직임을 조절해서 이 물고기가 노래하는 능력을 관장한다. (After an illustration by Margaret Nelson in Bass 1996.)

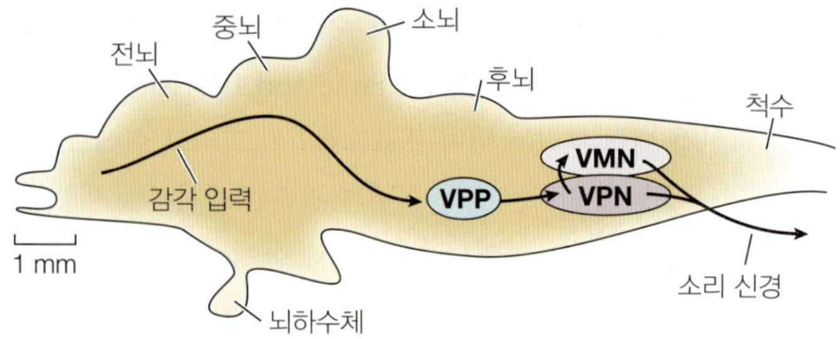

그림 4.23 미드쉽맨 뇌 신경세포의 소리 근육 조절. 전뇌(forebrain)과 중뇌(midbrain)에서 만들어진 신호는 해부학적으로 그리고 생리학적으로 분리된 3개의 영역으로 전달된다: 음성 운동 핵(vocal motor nucleus, VMN), 음성 조절 핵(vocal pacemaker nucleus, VCN) 그리고 음성 전조절 핵(vocal prepacemaker nucleus, VPP). VMN의 축삭이 소리 신경세포와 연결되는데, 뇌에 있는 이 신경세포는 소리 근육과 부레에서 연결된다. (After an illustration by Margaret Nelson in Bass 1996.)

성 조절 체계 지도를 완성할 수 있었다. 이에 따라, 미드쉽맨의 노랫소리를 만드는 근육 수축 과정을 조절하는 신호 발생을 책임지는 세 부분의 상호 연결된 신경세포 무리를 발견할 수 있었다. 이 세 부분의 세포 무리, 즉 음성 운동 핵(vocal motor nucleus, VMN), 음성 조절 핵(vocal pacemaker nucleus, VCN) 그리고 음성 전조절 핵(vocal prepacemaker nucleus, VPP)은 뇌 기저부 근처의 척수(spinal cord) 상부에 위치한다(**그림 4.23**). 이 신경 세포의 긴 축삭(axon)은 뇌에서 시작되어 하나의 소리 신경(voval nerve)을 형성하기 위해 모인 후, 이 상태로 소리 근육에 도달한다. VMN은 회로의 단계 중 최종 부분에 해당하며, 중심 패턴 발생기의 출력물을 소리 근육으로 전달해서 소리를 생산하는 역할을 담당한다. VMN은 속도 조절 활동 전위 형태를 가진 VPN의 입력 신호에 의해 조절된다. VPN 위의 단계에는 VPP가 있는데, VPP는 신경 세포의 탈분극을 지속시키기 때문에 VPP의 조절 작용이 이루어지는 시간은 VPN과 VMN이 활성화되는 시기와 관련이 있다(Feng and Bass 2017).

미드쉽맨 유형 1과 2의 수컷 간에는 소리 생산과 관련된 회로의 크기와 발생 과정에 적지 않은 차이가 있다(Feng and Bass 2017). 예를 들면, 유형 1 수컷의 운동 뉴런 크기와 VMN 부피는 유형 2에 비해 상당히 크다. 하지만 운동 뉴런의 수에는 큰 차이가 없다. 유형 2 수컷은 1에 비해 성적으로 더 빨리 성숙한다. 이는 수컷 유형 1과 2 사이에는 생활사의 투자에 있어 트레이드 오프(trade-off)가 존재한다는 것을 의미한다(유형 1은 큰 덩치와 소리 생산 체계 그리고 유형 2는 빠른 성숙과 생식소 발달). 제5장에서 보게 되겠지만, 미드쉽맨과 다른 척추동물의 소리 관련 행동의 상당 부분은 환경 자극을 행동 반응으로 바꾸어 주는 데 중추적 역할을 하는 스테로이드 호르몬의 영향을 받는다.

자극 필터의 근원적 기초

우리는 지금까지 어떤 감각 정보를 감지하고, 신경계가 다른 세포에게 메시지를 전달하며, 근육을 움직일 수 있는 운동 명령을 조절하는 신경 세포 그리고 핵(nuclei)라고 불리는 신경 세포의 무리 및 신경 회로(neural circuit)의 특성에 관해 살펴보았다. 이런 기초적인 기능이 효과적으로 작동하기 위해서는 **자극 필터(stimulus filtering)**, 다시 말해 한 동물에게 쏟아지는 다양한 자극들 중에서 생물학적으로 관련된 요소에 집중하기 위해서 광대한 정보를 무시할 수 있는(걸러낼 수 있는) 신경 세포나 신경 회로의 능력이 필요하다.

밤나방류의 청각 체계는 자극 필터의 작동과 이용에 대한 좋은 예가 될 수 있다. 첫째, A1 수용체는 청각 자극에 의해 활성화되지만, 다른 형태의 자극에 대해서는 작동하지 않는다. 둘째, 이들 세포는 저주파 소리를 무시한다. 즉, 주변의 개구리나 귀뚜라미가 내는 소리에는 관심이 없고 단순히 무시해 버린다. 마지막으로, A1 수용체는 초음파에 의해 작동이 시작되면 초음파의 미세한 주파수 차이를 구분하지 않는다.

모든 감각 체계가 이렇게 작동하는 것은 아니다. 인간의 경우에 청각 수용기는 다른 주파수의 소리에 반응하여 다른 메시지를 생산하는데, 이는 우리가 C와 C# 사이의 차이를 구분할 수 있는 이유이다. 하지만 밤나방의 감각기는 무엇보다도 중요한 한 가지의 일을 하는 데 특화되어 있다: 반향정위를 하는 포식자와 관련된 단서 찾기. 그 목적을 이루기 위해 밤나방의 청각 능력은 다른 것들은 포기하는 한이 있더라도 초음파의 진동에 모든 것을 집중시킨다. 핵심 자극이 감지되면, 나방은 바로 행동에 들어간다. 밤나방의 청각 체계가 특정 자극에 특화되어 있다는 것은 자연선택의 작용이라고 말할 수 있다. 만약 우리가 C와 C#을 구분하지 못한다고 해도, 적합도(fitness)와 관련된 그 어떤 일도 벌어지지 않을 것이다. 물론 인간에서 소리의 미묘한 차이를 구분하는 능력은 대화 능력에 영향을 미치기는 한다. 그러나 나방이 만약 다른 소리와 제대로 구분하지 못해서 박쥐의 초음파를 감지하지 못한다면, 곧바로 박쥐의 먹잇감이 될 것이고, 자신의 유전자를 다음 세대로 전달하지 못할 것이다. 다시 말해, 나방의 청각 체계는 자연선택의 강한 영향 하에서 형성되어 온 것이며, 자극 필터는 자연선택 과정 중 가장 중요한 역할을 해 왔을 것이다.

자극 필터와 한 종에서의 생식 성공 사이의 관계는 감각 체계가 체계적으로 연구된 모든 종에서 분명하게 드러난다. 수컷 미드쉽맨은 물 속에서도 다른 개체가 내는 꿀꿀 또는 으르렁거리는 소리 그리고 구애 노랫소리 등을 잘 들을 수 있다. 이런 소리들은 60~120헤르츠(Hz) 범위 내에 있다. 미드쉽맨의 청각 수용기 세포는 이 범위의 소리에 가장 민감하게 반응한다(Sisneros 2007). 그러나 여름에 수컷이 노랫소리를 고주파 소리와 결합시킬 때, 암컷의 청각 감지 체계가 변화하면서 400헤르츠의 소리에 더 민감해지고, 그 당사자 수컷과 짝짓기하기 위해 찾아 나서게 된다(Sineros and Bass 2003). 암컷의 청각 체계는 자극 필터를 사용한 것이며, 물 속에서 소리를 듣는 암컷은 매 번식기마다 그렇게 한다.

어떤 기생 파리는 여러 청각 자극들을 한꺼번에 감지하고서 비교하는데, 이는 번식기에 노래하는 수컷 귀뚜라미나 다른 곤충류(**BOX 4.2**)의 위치를 파악해서, 그 곤충의 몸 속에 새끼를 낳아 유생이 자라도록 하기 위함이다. 이 파리에게 당한 귀뚜라미의 몸 안에서 자라는 유생은 몸 내부에서부터 먹어 치우고서, 몸 밖으로 나온다. 예를 들면, 유생을 낳는 파리의 일종인 *Ormia ochracea*의 암컷은 귀뚜라미의 소리를 구분할 수 있으므로 찾아가서 새끼를 낳을 수 있다. 이러한 사실은 연구진이 이들 파리에게 귀뚜라미의 소리를 들려주었을 때, 그쪽으로 몰려드는 것을 관찰하면서 알려지게 되었다. 이 암컷 파리의 귀는 2개의 공기가 가득 찬 고막이 흉부 앞에 위치한 수용체와 연결된 구조로 되어 있다. 밤나방의 경우처럼, 이 고막에 진동이 생기면 수용체가 활성화되고 신경계를 통해 특정 정보 형태로 전달된다. 귀의 크기는 엄청나게 작지만, 소리의 위치를 정확하게 파악하는 능력은 인간의 청각 능력에 절대 뒤지지 않을 정도이다(Mason et al. 2001). 로날드 호이(Ronald Hoy)와 그 연구진은 암컷의 청각 체계가 귀뚜라미 소리 중 가장 많은 부분을 차지하는 주파수에 특히 민감하다는 것을 발견하였다(**그림 4.24**). 암컷 파리는 4~5 kHz의 소리(귀뚜라미의 소리가 이 범주에 속한다)를 7~10 kHz의 소리보다 더 잘 들을 수 있다. 7~10 kHz의 소리가 암컷에게 들리게 하려면 굉장히 시끄러워야 한다(Robert et al. 1992). 반대로 수컷은 4~5 kHz의 소리에 그렇게 민감하지 않은데, 이는 번식을 위해 귀뚜라미 소리를 추적할 필요가 전혀 없기 때문이다.

자극 필터는 감각 수용기기나 감각 연합 뉴런에서만 생기는 것은 아니며, 뇌에서도 생

BOX 4.2 **자료 해석을 통한 행동 탐구**

암컷 기생파리가 노래하는 수컷 덤불귀뚜라미 숙주를 선택하는 법

기생파리인 *Therobia leonidei* 암컷은 노래하는 수컷 덤불귀뚜라미(bush-crickets, 이 종은 북미에서 여치로 불린다)를 산란 숙주로 이용하기 위해 찾아다닌다. 벨루치(Veluchi) 덤불귀뚜라미(*Poecilimon veluchianus*; **그림 A**) 수컷은 암컷을 유혹하기 위해 20~30 kHz 정도의 초음파 노래를 부른다(**AUDIO 4.1**). 그리스에서 *T. leonidei* 암컷은 벨루치 덤불귀뚜라미 그리고 근연종인 *P. mariannae*를 산란 숙주로 이용하는데, 이들 종은 행동뿐만 아니라, 몸 크기나 개체군의 크기처럼 비슷한 점이 상당히 많다. 이들 두 종은 노랫소리에서 차이를 나타내는데, 한 번 지저귈 때 음절 수가 *P. veluchianus*는 단 한 번이고, *P. mariannae*는 5~11번으로 다르다. 게를린드 레만(Gerlind Lehmann)과 클라우스-게르하르트 헬러(Klaus-Gerhard Heller)는 여러 음절을 가진 노래의 종이 단음절 노래를 가진 종에 비해 기생을 더 잘 당한다는 가설을 검증하였다(Lehmann and Heller 1998).

(A)

그림 A 덤불뒤뚜라미의 노래. 수컷 벨루치 덤불귀뚜라미. (Photograph © Wolfgang Wagner.)

AUDIO 4.1
Male bush-cricket calls
ab11e.com/uk/a4.1

생각의 틀 깨기

그림 B는 기생파리의 청각기가 다른 주파수의 소리에 민감하게 반응하는지를 조사한 연구 결과이다. 자극 필터가 동물로 하여금 생물학적으로 관련된 목적을 성취할 수 있게 도와주는 역할을 한다는 점을 고려해서, 어떤 주파수가 덤불귀뚜라미에 기생 산란하는 암컷 파리의 청각기에서 최고의 반응을 이끄는지 생각해 보자. 암컷과 수컷에서 차이가 왜 나타나는 것일까? **그림 C**를 보자. 레만과 헬러의 가정과 그림 C의 결과가 일치하는가? 이런 결과가 왜 나온 것일까? 이 실험 결과로 미루어 암컷 기생파리가 숙주 종을 선택한다고 결론지을 수 있을까?

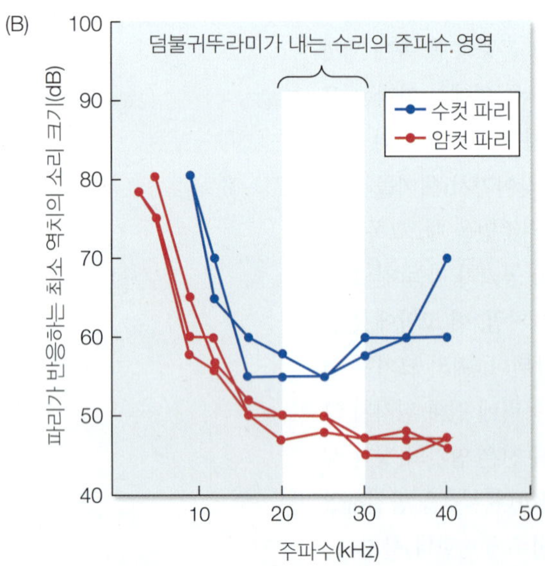

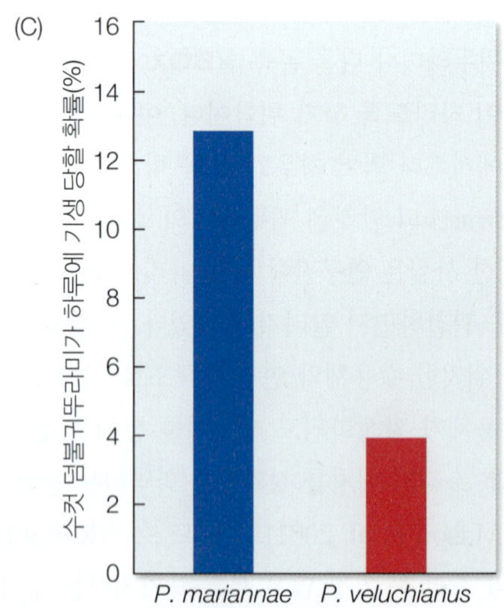

그림 B 덤불귀뚜라미 소리에 대한 *Therobia leonidei* 암컷과 수컷의 반응. 암컷 파리는 수컷 덤불귀뚜라미 몸에 산란을 하며, 수컷은 20~30 kHz 범위의 소리를 낸다

그림 C 하루 동안 기생 당할 확률의 비교. *P. mariannae*은 한 번의 지저귐에 여러 음절이 그리고 *P. veluchianus*는 한 번의 지저귐에 단 한 번의 음절이 있다.

길 수 있다. 이에 대한 예를 별코두더지(star-nosed mole, *Condylura cistata*)에서 찾아볼 수 있다. 이 우스꽝스럽게 생긴 동물은 축축하고 늪지가 형성된 지역의 땅을 파고서 지렁이 등의 먹이를 잡아먹으며 산다(**그림 4.25A**). 땅속의 어두운 굴에서 지렁이를 시각적으로 보는 것은 불가능하기 때문에, 이 동물은 눈의 크기가 매우 작아졌고, 빛이 들어오는 곳에서도 시각적 정보를 대개 무시하는 편이다. 대신 이 두더지는 촉각에 크게 의존하는데, 넓게 별처럼 퍼진 코를 이리저리 휘두르면서 굴을 지나간다. 이 두더지의 코는 2개의 콧구멍에 22개의 통통한 부속지가 달려 있고, 좌우에 각각 11개씩을 가진다(**그림 4.25B**). 이 부속지를 이용하여 뭘 잡거나 쥐거나 하지는 못하지만, 이 부속지는 엘머 기관(Elmer's organ)이라고 불리는 수천 개의 작은 감각 장치로 덮여 있다. 전형적인 별코두더지는 부속지에 약 25,000개의 엘머 기관을 가지고 있는데(Catania 2011), 각각의 기관에는 코에 닿는 물체를 감지하는 역할을 하는 여러 종류의 감각 세포가 분포한다(Marasco and Catania 2007). 별코두더지는 이들 촉각 수용기를 이용해서 지하에서 만나는 매우 복잡한 형태의 정보를 수집할 수 있어서, 어둠 속에서도 매우 빠르게 먹이의 종류를 판단할 수 있다고 한다(Catania and Kaas 1996, Catania and Remple 2005). 실제로, 별코두더지는 초당 13회 정도로 다른 영역에 코를 댈 수 있기 때문에, 방해만 없다면 시간당 46,000 cm^2의 표면적을 감지할 수 있다(**VIDEO 4.3**) (Cata-

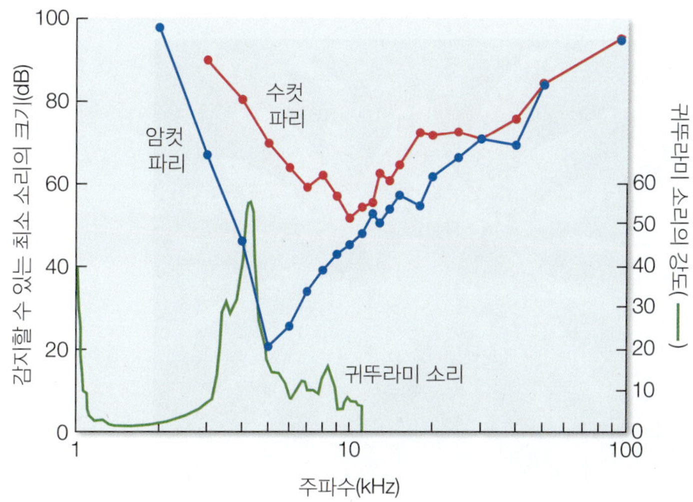

그림 4.24 기생 파리들의 감각 전환점. 기생 파리인 *Ormia ochracea*의 암컷은 4~5 kHz의 주파수를 가지는 수컷 귀뚜라미의 소리를 듣고서 산란의 대상 개체를 찾아 나선다. 하지만 수컷 파리는 그렇지 않다. 암컷은 수컷과는 달리 5 kHz 주변의 소리에 가장 민감하다. (After Robert et al. 1992.)

VIDEO 4.3 Foraging by the star-nosed mole ab11e.com/uk/v4.3

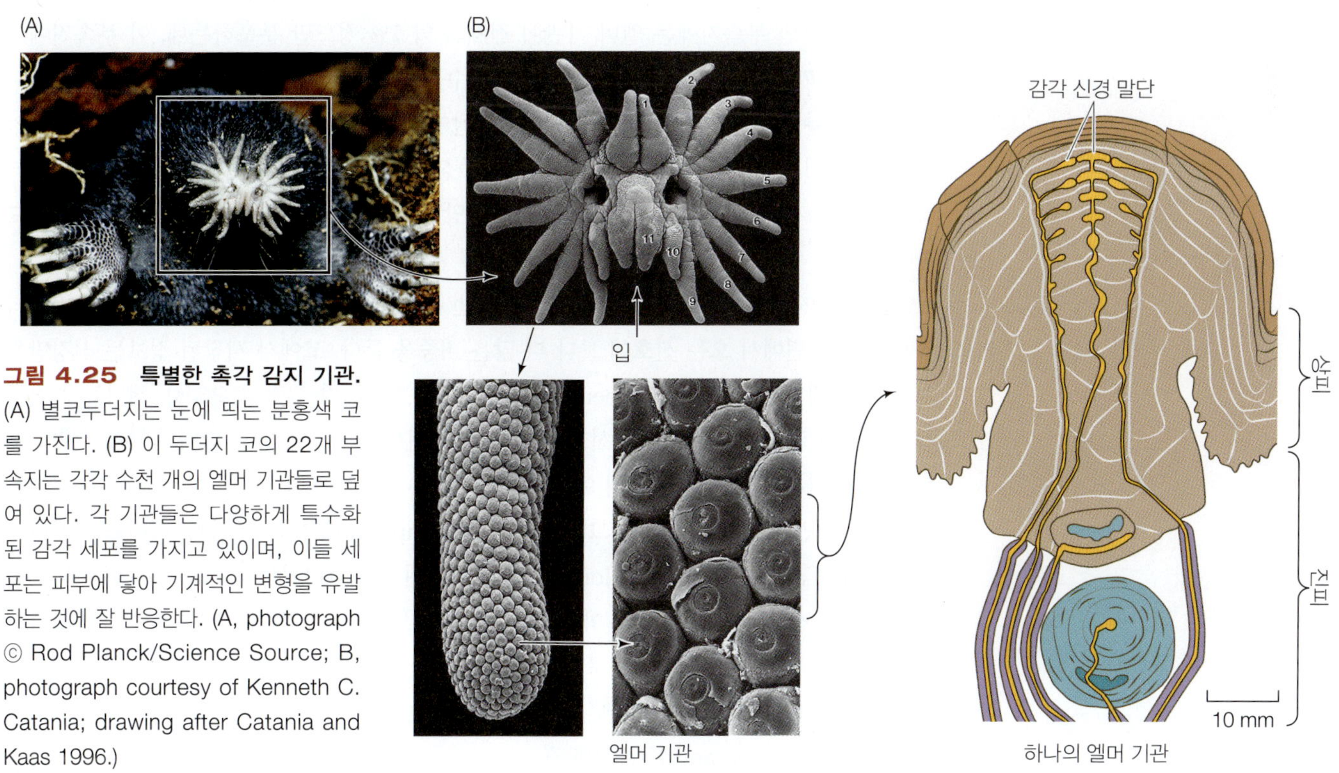

그림 4.25 특별한 촉각 감지 기관. (A) 별코두더지는 눈에 띄는 분홍색 코를 가진다. (B) 이 두더지 코의 22개 부속지는 각각 수천 개의 엘머 기관들로 덮여 있다. 각 기관들은 다양하게 특수화된 감각 세포를 가지고 있으며, 이들 세포는 피부에 닿아 기계적인 변형을 유발하는 것에 잘 반응한다. (A, photograph © Rod Planck/Science Source; B, photograph courtesy of Kenneth C. Catania; drawing after Catania and Kaas 1996.)

(A)

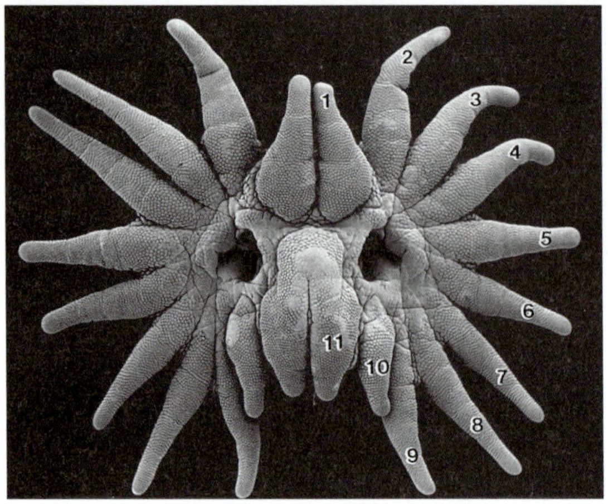

(B)

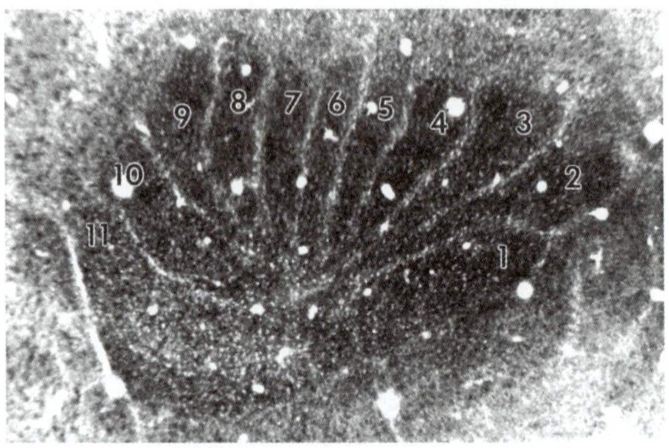

(C)

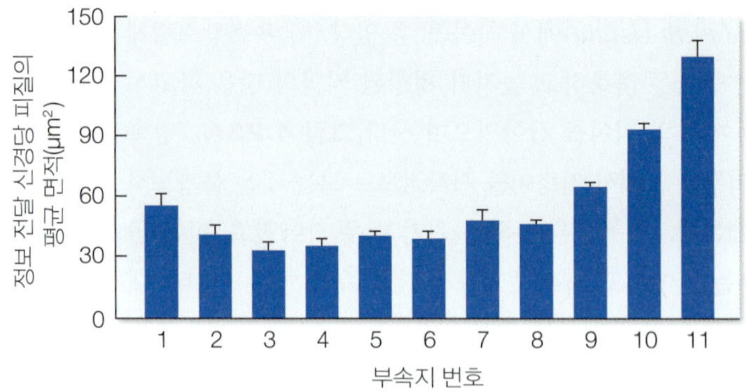

그림 4.26 별코두더지의 체지각 피질 지도. 코의 11번 부속지에 특히 많은 신경망이 쏠려 있다. (A) 별코두더지의 코는 11개 쌍의 부속지로 이루어져 있다. (B) 코로부터 들어오는 감각 정보 처리를 하는 뇌의 체지각 피질(somatosensory cortex) 부위의 미세 단편. 각 부속지로부터 정보를 받는 피질 부위가 번호로 표시되어 있다. (C) 각 부속지 신경 섬유로부터 전달되는 정보의 처리에 이용되는 체지각 피질의 양. 막대 그래프는 평균 및 표준오차를 나타낸다. (A after Catania 1995; B, C after Catania and Kaas 1995.)

nia and Remple 2004).

만약 이 두더지의 부속지(예를 들면, 5번째)가 지렁이를 쓸고 지나갔다면, 이 두더지는 곧장 지렁이에 코를 가져다 댈 것이고, 입에서 가장 가까운 두 부속지(양쪽 11번째 부속지, **그림 4.26A**)가 이 먹잇감에 와서 닿게 된다. 11번 부속지에 있는 촉각 수용체는 일제히 신경망을 통해 뇌로 가는 신호를 발생시킨다. 이 11번 부속지에는 엘머 기관이 전체의 약 7% 정도만 분포하는데, 이 부속지에서 시작되어 뇌까지 메시지를 전달하는 신경세포 수를 따지면 전체의 약 10%나 차지한다. 다시 말해, 다른 부속지보다 11번 부속지가 정보 전달에 더 많은 신경세포를 사용한다고 볼 수 있다. 이러한 이유 때문에, 11번 부속지를 촉각 중심와(tactile fovea; 눈에 있는 중심와로부터 따와 이름을 지음. 중심와는 시력이 가장 높은 망막 부분의 작은 함몰을 뜻함)라고 부르기도 한다.

별코두더지의 신경 메시지 전달 체계가 11번 부속지 하나에 집중되어 있기도 하지만, 뇌에서는 이 11번에서 오는 신호에 보다 더 많은 비중을 둔다. 코에서 시작된 정보는 신경망을 거쳐 뇌의 체지각 피질(somatosensory cortex)로 전달된다(**그림 4.26B**). 체지각 피질은 몸 전체에서 촉각으로 만들어진 신호 정보를 받아 해석하는 부위이다. 22개의 부속지에서 오는 신호를 다루는 체지각 피질의 여러 부위들 가운데 약 25%에 해당하는 부위가 11번에서 오는 메시지만 다루고 처리한다(**그림 4.26C**)(Catania and Kaas 1997). 케네스 카차니아(Kenneth Catania)와 존 카스(Jon Kaas)는 마취된 별코두더지의 각 부위를 만져본 뒤, 뇌 피질로 오는 신호에 대한 반응을 비교함으로써 이를 발견할 수 있었다. 결론적으로, 별코두더지는 입에서 가까운 11번 부속지로부터 오는 신호에 더 신경을 쓰는 것이다. 만약 이 신호를 받은 뇌가 먹으라는 명령을 준다면, 이 별코두더쥐는 섭식 행동을 할 수 있는 적절한 위치에 있는 것이다(Catania and Kaas 1996).

BOX 4.3 자료 해석을 통한 행동 탐구

포유류의 피질 확장

뇌는 특정 물리적 그리고 사회적 환경과 관련된 선택압에 반응하여 진화한다. 아래의 그림은 인간과 다른 동물이 파 놓은 땅 밑 굴속에서 무리지어 사는 벌거숭이두더지쥐(nake mole rat, *Heterocephalus glaber*)의 몸 각 부위로부터 전달된 촉각 신호와 연결되는 뇌 조직의 양을 나타낸다. 각 종의 왼쪽은 실제 해부학적 비율을 고려한 그림이고, 오른쪽은 관여되는 체지각 피질의 비율을 나타낸다.

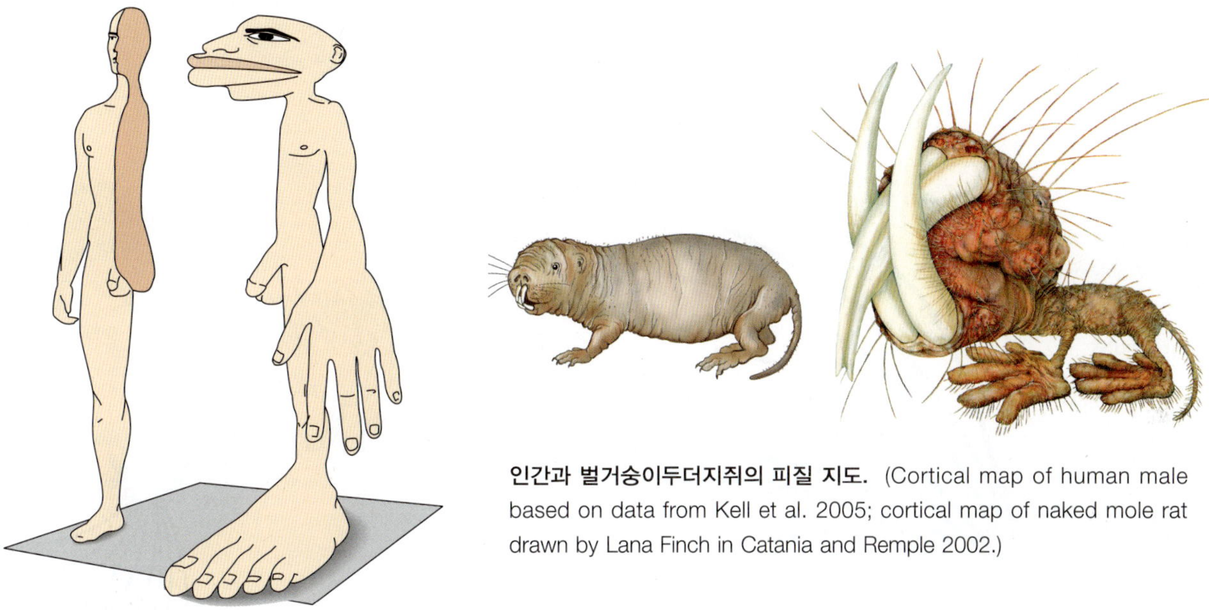

인간과 벌거숭이두더지쥐의 피질 지도. (Cortical map of human male based on data from Kell et al. 2005; cortical map of naked mole rat drawn by Lana Finch in Catania and Remple 2002.)

생각의 틀 깨기

이 두 피질 지도는 동물의 뇌가 각기 다른 적응적 감각 편향을 보인다는 주장을 어떻게 뒷받침하고 있는가? 이 두 종 사이의 유사성과 차이점을 이 종들이 살고 있는 환경에서 어떤 감각 과정에 더 많이 의존해야 하는지에 입각하여 생각해 보라.

앞서, 별코두더지 코의 한 부분에서 전달되는 촉각 신호를 해독하는 데 뇌 조직에서 불균등한 투자가 이루어진다는 것을 밝혔는데, 몸 전체적으로 볼 때 이러한 편향은 매우 두드러져서, 다른 부분에 비해 코나 앞다리로부터 오는 신호를 처리하는 데 보다 중점을 두는 체지각 피질 편향이 분명하게 존재한다. 이를 피질 확장(cortical magnification)이라고 부르는데, 모든 종류의 포유동물에서 관찰되며(**BOX 4.3**), 별코두더지의 경우 앞다리를 이용해서 굴을 파고, 코를 이용해서 먹이를 찾기 때문에 이런 신경 해독 편향은 매우 적응적인 것이라 볼 수 있다(**그림 4.27A**). 적응적인 것이 맞다면, 체성 피질에서 부위별 편향은 특정 종이 살고 있는 고유한 환경에 따른 문제를 해결해야 하기 때문에, 서식 환경이 다른 종마다 다르게 나타날 것으로 예측할 수 있다. 별코두더지와 근연종인 곤충을 잡아먹는 다른 두더지의 경우, 피질의 투자 편향이 완전히 다른 양상으로 나타날 수밖에 없는데, 왜냐하면 다른 종들에서는 주로 코 옆 수염의 촉각이 주변을 파악하는 데 중요한 역할을 하기 때문이다(**그림 4.27B~D**).

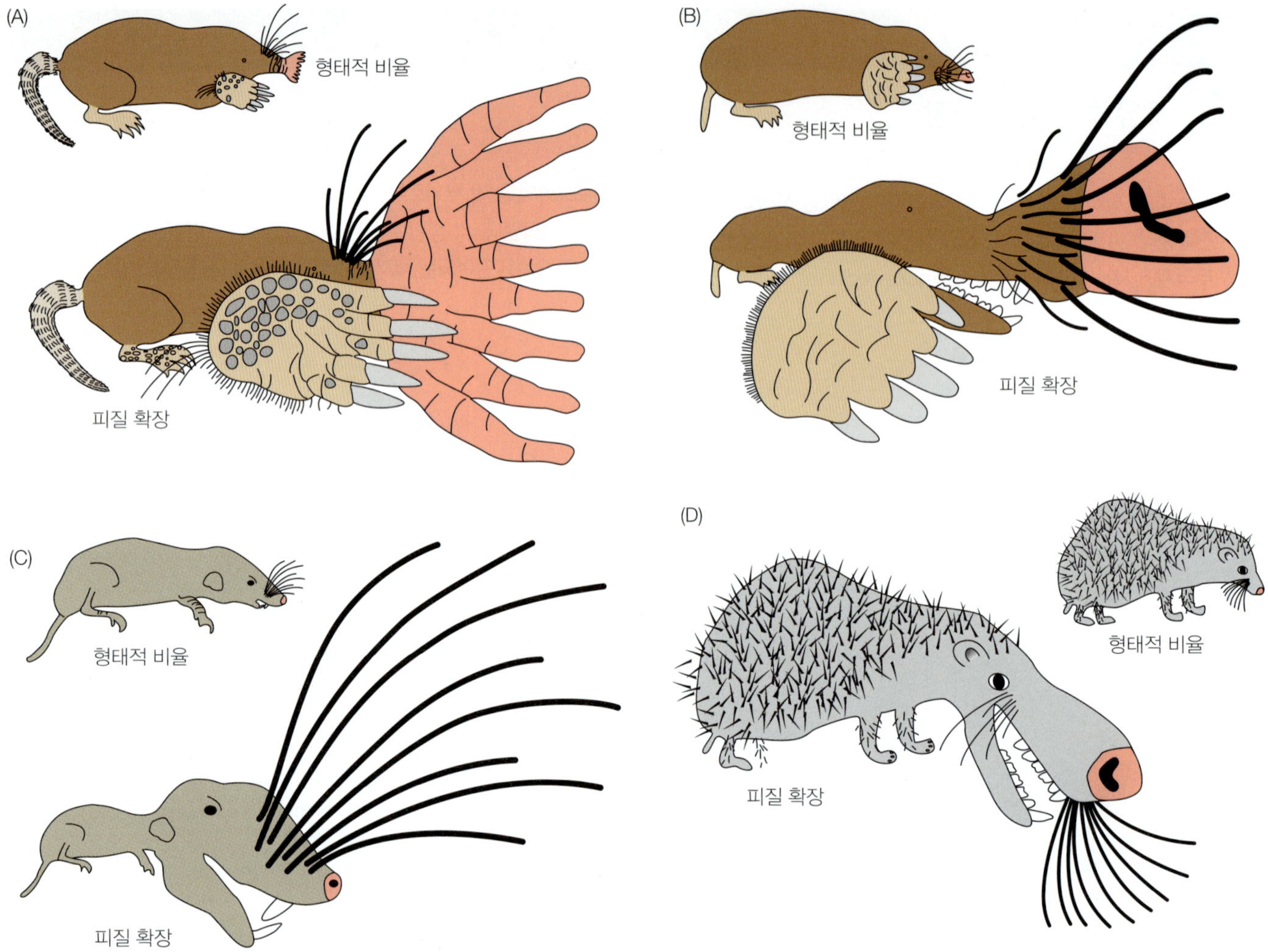

그림 4.27 곤충을 잡아먹는 4종의 감각 분석. 4종을 나타내는 그림에서 작은 것은 형태적 비율을 고려한 것이고, 큰 그림은 뇌의 체지각 피질 작동의 크기(투자)를 고려한 것이다. (A) 별코두더지는 코와 앞다리에서 오는 정보를 처리하는데, 체지각 피질이 몸의 다른 부위에서 오는 정보보다 우선적으로 집중하여 처리한다. (B) 동부두더지(eastern mole, *Scalops aquaticus*)에서 피질 확장은 앞다리, 코 그리고 코 주변의 털과 더듬이 털에 집중되어 있다. (C) 가면뒤쥐(masked shrew, *Sorex cinereus*)의 피질 확장은 얼굴과 코 위 부분의 털에 집중되어 있다. (D) 동아프리카 고슴도치(East African hedgehog, *Atelerix albiventris*)는 코 밑 더듬이 털 부위에서 오는 정보에 대해서 체지각 피질 작동이 약간 편향되어 있다. (After Catania and Kaas 1996, Catania 2000.)

인지 기술의 진화

이 장에서는 지금까지 감각 정보들을 감지한 뒤 메시지가 신경계 다른 세포에게 전달되고, 이에 대한 뇌의 명령으로 유전자 발현이나 운동 조절을 통해 행동이 생산되는 과정에서 신경계와 개개의 신경세포의 특징이 어떤 영향을 미치는지에 대해 깊이 있게 살펴보았다. 뇌는 매우 복잡한 기관으로, 뇌를 자세히 살펴보는 것은 이 책에서 다루어야 할 영역을 벗어나는 것이다. 그러나 뇌의 주요 기능 중 하나는 자세히 살펴볼 필요가 있다. 그것은 바로 **인지(cognition)**인데, 사고, 경험 그리고 감각을 통해서 지식을 습득하고 이해하는 정신적 과정을 의미한다. 본격적으로 시작하기 전, 다시 제3장의 내용을 상기해 보자. 제3장에서 우리는 학습 발달(developmental learning)에 대한 개념을 도입하였다. 인간은 뛰어난 지능 덕분에 우리가 가진 능력, 즉 학습, 생각 그리고 지각(perception)의 능력이 어떻게 진화되어 온 것인지에 대해 관심을 가진다. 단순하게 가정한다면, 우리가 문제를 해결하고 이성적으로 생각하며 논리적으로 사고하는 능력은 다른 동물보다 큰 대뇌의 피질과 직접적인 관련이 있는데, 다윈은 오랜 기간 인간의 사고 능력의 진화에 대해 고민해 왔다.

아무리 우리의 인지 능력이 꿀벌이나 상대적으로 작은 뇌를 가진 다른 동물보다 더 다양하고 정교한 것 같지만, 우리의 몇 분의 일 밖에 되지 않는 뇌를 가진 뉴칼레도니아 까마귀(New Caledonian crow, *Corvus moneduloides*)가 하는 행동을 한 번 관찰해 볼 필요가 있다. 이 까마귀는 다양한 물체들, 예를 들면 판다누스야자 잎(pandanus palm leaves), 나뭇가지, 풀의 줄기 같은 것들을 이용해서 나무 속에 감춰진 딱정벌레 유충이나 먹이를 효과적으로 파먹을 줄 안다(**그림 4.28**). 실험실에서, 이 까마귀는 닿지 않는 위치에 있는 먹이를 확보하기 위해 긴 막대기를 이용해야 했는데, 이 긴 막대기를 확보하기 위해 작은 막대기를 이용하는 등 뛰어난 문제 해결 능력을 보여주었다. 테일러(Taylor)와 그의 연구진이 실험한 결과에 따르면, 검사에 사용된 7마리의 까마귀 중 4마리가 이 2개의 길이가 다른 막대를 별 어려움 없이 이용할 수 있었다(Taylor et al. 2010). 남태평양의 멀리 떨어진 외딴 섬에 사는 이 까마귀가 이처럼 뛰어난 문제 해결 능력을 어떻게 가질 수 있는지 아직 미스터리다. 아마 이 섬의 환경 중에 다소 독특한 것이 있지 않았을까? 뉴칼레도니아에는 딱따구리가 없기 때문에, 딱따구리를 대체해서 도구를 이용할 수 있는 근연종에게는 열린 공간이었을 수도 있다. 더욱이 전 세계적으로 넓게 분포하는 까마귀의 근연종인 갈가마귀(common raven, *Corvus corax*)도 지능이 매우 높은 동물로 알려져 있다(Heinrich 1999).

그림 4.28 도구를 사용하는 뉴칼레도니아 까마귀(New Caledonian crow). 이 새는 살고 있는 환경에서 이용 가능한 물체를 이용하여 부리나 발이 닿지 않는 홈이나 구멍의 딱정벌레 유충들을 뽑아내는 비범한 능력을 가지고 있다. (Photograph © Nicolas-Alain Petit/Science Source.)

뉴칼레도니아 까마귀는 단독생활을 하는 사회성이 없는 종이기 때문에(Holzhader et al. 2011), 소위 **사회적 뇌 가설(social brain hypothesis)**이라고 불리는 인지 능력의 진화에 대해 널리 논의된 가설과는 잘 부합되지 않는다. 사회적 뇌 가설이란 고도의 문제 해결 능력이 다른 개체들과 살면서 사회적 상호작용을 하다 보면 생겨나는 각종 도전과 장벽을 넘어 생식 성공에 이르는 과정에서 진화하게 되었다는 가설이다(Barton and Dunbar 1997, Dunbar 2003). 이러한 설명의 원리는 몇몇 개체의 지능 증가는 같은 사회 단위에 있는 다른 개체의 지능 증가로 이어지고, 양성 되먹임(positive feedback)을 통해서 종 전체의 지능 증가가 어느 수준에까지 이루어진다는 논리이다. 초기의 사회적 뇌 가설에서 나온 이론들은 감각 및 기술(예를 들면, 먹이 획득, 혁신적 행동, 길 찾기 등)에 있어 뇌의 역할을 강조하였지만, 최근에는 크고 복잡한 사회 속에서 살아가는 것, 다시 말해 갈등을 통한 무리 내 결속의 유지와 대화 증진, 그리고 인식 기술의 증대 등이 큰 뇌의 진화를 이끌었다는 논리가 강조되는 편이다(Dunbar and Shultz 2007). 암수가 오랫동안 짝을 이루고 사는 동물도 상대적으로 큰 뇌를 가지는 경우가 많은데, 이 역시도 최근에는 사회적 뇌 가설에 포함된다. 뉴칼레도니아 까마귀도 특별히 사회성을 보이지는 않지만, 암수가 짝을 짓고 오랜 기간 같이 지내며, 부부가 같이 양육을 하는 등 큰 뇌를 가지는 사회성 조류가 보여주는 주요 특징을 가진다(Shultz and Dunbar 2010). 인간도 부부를 이뤄서 오랜 시간을 같이 보낸다. 인간과 여

사회적 뇌 가설 큰 크기의 뇌는 크고 복잡한 사회적 환경 속에서, 생존하고 생식하는 과정 중에 진화하게 되었다.

그림 4.29 하이에나의 협동성에 대한 실험적 증명. 두 점박이 하이에나들은 그들이 동시에 줄을 당겨야 천장에 있는 먹을 것이 바닥에 떨어진다는 것을 금방 알아채는 것 같다. (Photograph by Drea.)

러 동물은 무리를 이루어 지내는데, 이 무리에서 한 개체의 생식 성공은 그 개체의 사회적 지위, 협력이 필요할 때 다른 개체를 설득하거나 제압하거나 협력을 이용할 수 있는 능력 등과 깊은 관련이 있다(예를 들면, 침투하는 다른 무리로부터 자신의 영역과 무리를 방어하는 해야 할 때).

만약 사회적 뇌 가설이 맞는 것이라면, 우리는 사회성 포유동물의 뇌가 비사회성 근연 분류군보다 상대적으로 클 것이라고 예측할 수 있다. 점박이 하이에나(spotted hyena, *Crocuta crotuta*)는 이를 검증하기 위한 가장 적절한 예가 될 수 있는데, 이 종은 매우 계급화된 무리를 형성하고 무리의 구성원이 같이 협력하여 먹이를 사냥하기도 하며, 포식자로부터 먹이와 사냥터를 방어하기도 한다. 사회적 뇌 가설의 예측대로, 이 종은 단독 생활을 하는 다른 하이에나 종에 비해 더 뇌의 크기가 크다(Sakai et al. 2011). 점박이 하이에나와 뉴칼레도니아 까마귀의 예처럼 단 하나의 종들만으로 따져볼 때, 사회적 뇌 가설이 적절한 해답을 제공하는 것은 맞지만 반드시 모든 경우에서 그렇지는 않은데, 특히 여러 종을 비교한 예에서는 이 가설이 잘 맞아 떨어지지는 않는다. 예를 들어, 페레즈-바르베리아(Pérez-Barberia)와 그 동료들은 포유류에서 유제류(ungulates), 육식류(carnivores), 영장류(primates)를 각각 비교하였는데, 사회성과 뇌의 크기 간 상관성이 발견되기는 하였지만(Pérez-Barberia et al. 2007), 다른 연구진이 했던 조사에서는 육식류(Finarelli and Flynn 2009)와 영장류(DeCasien et al. 2017)의 경우에 사회적 뇌 가설에 대한 증거가 전혀 나타나지 않았다. 특히, 이 육식류에 대한 연구에서는 125개의 화석 분류군을 포함해 무려 289종이나 이용하였고, 영장류에 대한 연구에서는 생태적 요인, 예를 들면 식성이 사회적 요인보다 뇌 크기 진화와 더 상관성이 있는 것으로 나타났다.

사회적 뇌 가설을 검증하기 위해서 이렇게 단순한 방식으로 사회성을 측정하는 것 보다는 뇌의 크기와 문제 해결 능력을 직접 비교하는 것이 보다 효과적일 수 있다. 몇몇 종에서 뇌의 크기는 복잡한 작업 능력과도 상관성이 있는 것으로 나타났다. 예를 들면, 수컷 정원사새(bowerbirds, *Ptilonorhynchus violaceus*)는 암컷을 짝짓기로 유혹하기 위해서 복잡한 구조의 건축물을 만드는데, 더 복잡한 건축물을 만드는 수컷이 상대적으로 더 큰 뇌를 가지는 것으로 보고된 바 있다(Madden 2001)(제9장 참조).

크리스틴 드리(Christine Drea)와 앨리사 카터(Allisa Carter)는 뇌가 큰 동물이 생태적 관련 문제를 협동을 통해 해결할 수 있는지 보기 위해서, 점박이 하이에나에게 영향을 주는 사회 생태학적 요인을 이용하였다. 이들은 점박이 하이에나 두 개체가 협동을 해야 하는 상황을 만들기 위해 두 개체가 동시에 줄을 당겨야만 천장의 문이 열려 먹이가 우리 바닥에 떨어지만을 잡아당겨서 문제를 빠르게 해결했는데, 이처럼 하이에나는 협력하는 능력을 이용하여 야생에서 큰 동물을 사냥할 수 있는 것이다(**그림 4.30**). 사라 벤슨-암라마(Sara Benson-Amrama)와 동료들은 북미 동물원들에서 39종의 육식 포유류를 대상으로 낚싯줄에 묶인 먹이가 있는 퍼즐 박스를 가지고 실험을 하였다(Benson-Amrama et al. 2016). 각 종들의 크기에 맞는 박스를 준비하였고, 이 박스는 밀어서 여는 걸쇠로 잠겨져 있었다(**VIDEO 4.4**). 이 실험에서 더 큰 뇌를 가진 동물이 더 높은 빈도로 박스를 여는 데 성공하였다. 그러

VIDEO 4.4
Interacting with puzzle box
ab11e.com/uk/v4.4

나 그 종의 사회적 복잡성과 박스를 여는 비율은 전혀 상관이 없었고, 이는 사회적 뇌 가설에 반대되는 실험적 증거이다.

만약 사회성이나 사회적 복잡성이 뇌 크기나 인지 능력에 영향을 주는 요인이 아니라면, 많은 사회적 동물이 왜 소위 똑똑한 것으로 간주되는 것일까? 이 질문에 대한 해답을 늑대의 지능이 개와는 차이가 있다는 것에서 찾아볼 수도 있다. 늑대와 개 모두 사회적 종이라고 볼 수 있다. 개는 늑대에서 기원하였지만, 사람 손에 길들여져 사람과 수천년 간 상호작용하면서 같이 진화하였다. **가축화 가설(domestication hypothesis)**에 따르면, 사람과 같이 지내게 되면서 개에서 사람의 몸짓에 민감하게 반응하는 특징이 진화하였고, 이 점이 늑대와는 다른 특징이 되었다. 브라이언 헤어(Brian Hare)와 그 동료들은 개가 인간에 의해 제공되는 먹이의 위치에 대한 단서를 찾고, 그에 반응하는 능력이 늑대보다 훨씬 뛰어나다는 것을 밝혔다(Hare et al. 2002). 개는, 심지어는 새끼도, 인간의 동작에 주의를 기울일 줄 아는데, 아무리 길들여진다 해도 늑대는 개만큼 그런 반응을 보이지 못한다. 만약 개에게 하나는 음식으로 가득 찬 접시와 빈 접시를 동시에 주었을 때, 개는 사람이 음식 접시를 가리키거나 응시하면 그에 반응하는 반면(**그림 4.30**), 늑대는 사람의 행동에 잘 반응하지 않는다. 하지만, 이에 반대하는 의견을 가진 연구진도 있는데, 몇몇 인간에게 잘 길들여진 늑대 중에는 개가 수행하는 사회 인지성과 거의 비슷하거나 심지어는 더 우월한 수준을 보여주는 경우도 있었기 때문이다(Udell et al. 2008, 2010).

가축화 가설 가축화된 동물은 인간의 몸짓에 본능적으로 민감하게 반응하는 성질이 진화되어 있다. 야생동물에서는 이러한 특징이 발견되지 않는다.

개가 주인에게 얼마나 열정적으로 관심을 기울이는지는 한 연구자가 하나의 장난감을 여러 번 특정한 장소에 숨긴 후, 마지막에는 다른 장소에 몰래 숨기는 실험을 했을 때 나타난다. 개는 마치 사람의 아기가 하는 것처럼 원래 장난감을 감추었던 장소를 계속 찾아다니지만, 사회화된 늑대는 원래 감추던 위치를 그렇게 오래 뒤지지 않는다(Topál et al. 2009). 개는 마치 10개월된 아이처럼, 자신의 관찰한 것 보다는 주위의 사람에게서 받은 메시지에 보다 집중하는 경향이 있는 것이다. 몇몇 연구진에 다르면, 개와 사람은 특정 사회 환경의 효과에 길들여지는 능력을 가지도록 뇌가 진화한 동물이다.

이러한 연구를 볼 때, 문제 해결 행동의 종류가 여러 동물 종에서 다른 방식으로 나타나는 이유는 그 종이 오랜 기간 살아오고 진화한 환경 때문이라는 점을 분명히 해 준다. 이 논리를

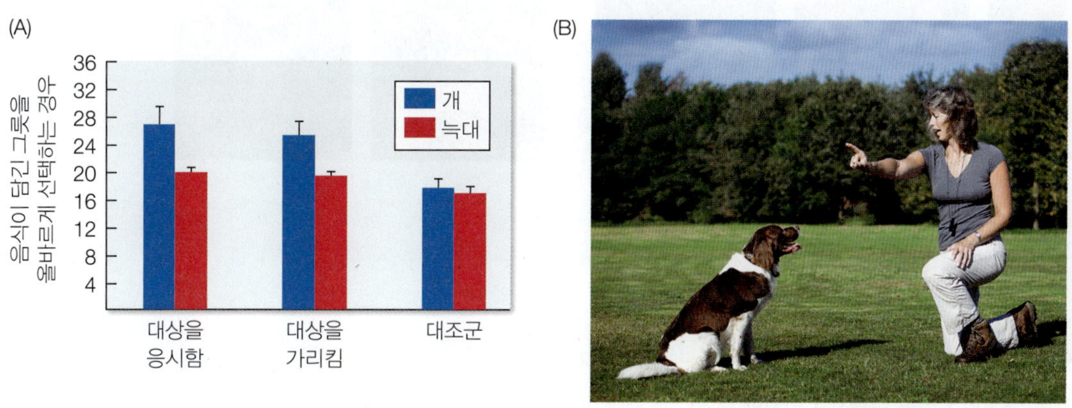

그림 4.30 개들은 인간에 주의를 기울일 수 있는 능력이 진화했다. (A) 개들은 인간이 지시하는 것(음식이 들어 있는 그릇을 지켜보거나 가리킴)을 사용하여 음식이 들어 있는 그릇을 알아챌 수 있다. 막대 그래프는 평균 및 표준오차를 나타낸다. (B) 이 개는 주인이 하는 행동에 주의를 더 잘 기울이기 위하여 열심히 주인을 응시하고 있다. (A after Hare et al. 2002; photograph © iStock.com/Peter-verreussel.)

강조하는 또 다른 증거가 엘리자베스 티베츠(Elizabeth Tibbets) 연구진의 연구 결과에서 나타난다. 그 연구에서 쌍살벌(*Polistes* paper wasp)의 일종인 *P. fuscatus*가 얼굴의 무늬를 보고서 각각의 개체를 효과적으로 인지할 수 있다는 것이 밝혀졌다(Sheehan and Tibbetts 2010, 2011). 이 쌍살벌을 T자 형 미로에 넣고서 T자의 양 팔 중 한쪽에는 약한 전기가 흐르게 하고, 다른 한쪽에는 전기가 흐르지 않게 하였다. 두 팔에는 같은 종의 다른 두 개체의 얼굴 이미지가 주어졌다. *P. fuscatus*들은 전기가 흐르는 쪽에서 보여진 개체의 얼굴 이미지를 인지하고서 되도록 피하려고 하였지만, 근연종인 *P. metricus*를 이용해서 같은 실험을 했을 때는 각 개체의 얼굴을 전혀 인지하지 못하는 것처럼 행동하였다(**그림 4.31**).

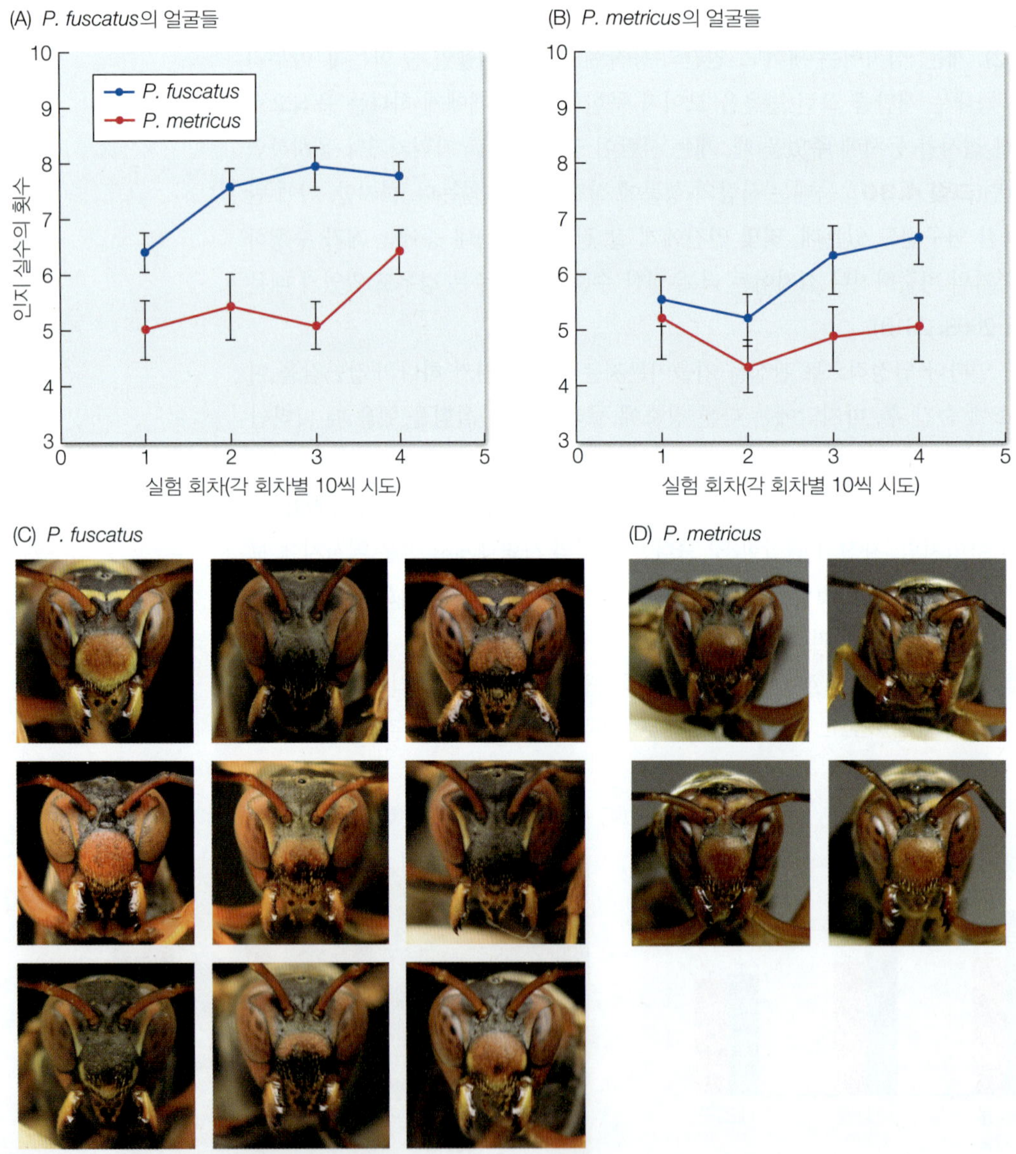

그림 4.31 쌍살벌의 어떤 종은 개체의 얼굴을 학습하고 인지할 수 있지만, 어떤 종은 그렇게 하지 못한다. (A) *Polistes fuscatus* 암컷은 T자 형 미로에서 안전한 장소에서 보여지는 같은 종 개체의 얼굴을 익히고 기억한다. (B) *P. metricus* 암컷은 *P. fuscatus*가 하는 것처럼 자신의 종 개체의 얼굴을 잘 인지하지 못한다. 막대 그래프는 평균 및 표준오차를 나타낸다. (C) *P. fuscatus* 암컷의 얼굴은 개체 간 뚜렷한 차이가 나타나지만, (D) *P. metricus* 암컷의 얼굴은 개체 간 차이가 그리 크지 않은 편이다. 아마도 한 종에서는 자연선택이 개체 간 구분을 촉진하는 방향으로 작용하였지만 다른 종에서는 그렇지 않았던 것으로 보인다. (From Sheehan and Tibetts 2010, 2011.)

이런 차이가 두 종 사이에 왜 나타나는 것일까? *P. fuscatus* 암컷은 주기적으로 군락 안에서 만나고, 우위를 점하기 위해서 경쟁하기도 하며, 경쟁에서 승리한 경우 생식에 대한 권한을 가지게 된다. 우위 체계가 만들어진 상태에서 다른 개체가 누구인지를 구분하는 능력은 경쟁을 해서 우위를 점해야 하는 상대인지, 아니면 자신이 열세에 있다는 것을 인정해야 하는 상대인지를 파악하는 데 도움을 준다. 한 마디로 *P. fuscatus*는 사회성이 있는 것이다. 반대로 *P. metricus*는 혼자 둥지를 만들어 사는 단독 생활 종이다. 따라서 서로를 알고 기억해도 특별한 이득이 생기는 것은 아니다. 그래서 그런지 몰라도 *P. metricus*의 얼굴의 무늬 형태는 *P. fuscatus*와는 다르게 매우 균일한 편이다(Sheehan and Tibbetts 2011).

쌍살벌, 개 그리고 인간의 연구에서 보듯이, 인지 능력은 사회적 그리고 생태적 환경과 관련된 선택압에 반응하여 진화되는 것이다. 우리 인간처럼 복잡한 뇌를 연구할 때 생길 수 있는 어려움은 뇌의 신경세포와 회로에 학습과 인지 능력을 만든 자연선택, 즉 궁극적 요인을 연결시키는 작업이다. 무엇이 인간의 뇌와 이처럼 뛰어난 지능을 만든 것인가? 사회성 벌은 단독 생활을 하는 벌과 뇌에 어떤 차이가 있어서, 사회성 벌은 비사회성 벌이 할 수 없는 개체 구분 능력을 가지는 것일까? 이러한 질문에 대답하기 위해서는 신경과학 분야의 연구뿐만 아니라 자연선택과 진화에 대한 이해와 고려가 필요한데, 이를 가능하게 해 줄 수 있는 연구가 동물행동학 연구이다.

요점

1. 신경 메커니즘이 작동하는 기본 원리가 동물 행동의 근원적 요인을 구성한다. 수용체 세포는 감각 정보를 환경으로부터 받아들이고, 연합 뉴런은 이 정보를 신경망을 통해 전달하고 처리해서 중추신경계, 즉 뇌의 신경세포가 받을 수 있도록 한다. 이 뇌의 세포는 동물이 특정 사건에 반응할 수 있도록 운동 명령을 제시한다. 종이 다르면 다른 신경 메커니즘과 원리를 가지며, 이에 따라 행동 방식도 다를 수 밖에 없는데, 이는 다른 종들이 왜 서로 다르게 행동하는지에 대한 근원적 대답을 제공한다.

2. 궁극적 수준에서 근원적 메커니즘은 다른 자연선택 압력으로 형성된 것이기 때문에, 동물은 신경생리학적으로 다르며 다른 종은 고도로 특수화된 감각 세포가 각각 다르다. 예를 들어, 나방이나 초음파를 감지할 수 있는 종은 사람이 들을 수 없는 범주의 소리를 들을 수 있고, 벌이나 새, 물고기, 도마뱀 등은 사람에게는 보이지 않는 적외선을 감지할 수 있다.

3. 적응적으로 특수화된 감각 수용체 이외에도 자극 필터(잠재적 자극을 선택적으로 처리하는 것)가 모든 신경계 구성성분에 존재하는 것은 분명하다. 감각 수용기는 어떤 자극은 무시하며, 연합 뉴런에 전달하도록 되어 있는 자극도 있고, 전달하지 않을 자극도 있다. 중추신경계 내에서 많은 세포와 회로는 특정 종류의 정보를 분석하는 데 집중하지만, 어떤 입력 정보는 무시하기도 한다. 결과적으로, 동물은 그 환경에서 생물학적으로 연관된 자극에 집중하고, 어떤 문제에 대해 즉각적이고 효과적인 반응을 할 수 있게 된다.

4. 인간과 다른 동물의 인지 능력은 신경세포와 신경계의 진화된 성질에 기반한다. 경쟁적인 사회 환경에서 다른 개체와 함께 사는 종은 이 환경과 관련된 문제 해결 능력을 갖추고 있는데, 이는 행동의 근원적 신경 메커니즘을 형성해 온 자연선택의 힘을 보여주는 것이다.

안내 웹사이트

ab11e.com/uk에서 토론 질문과 모든 시청각 동영상을 확인하시오.

CHAPTER 5

행동의 생리적 기초

이 장에서는 행동의 근접 메커니즘과 그 적응 결과와의 관계를 계속 검토할 것이다. 제4장에서는 신경이 어떻게 환경의 정보 감지에 관여하며, 이러한 메시지가 궁극적으로 행동을 생산하는 신경계의 다른 세포에 전달되는지를 다뤘다. 여기서 한 걸음 더 나아가 신경계가 어떻게 예측 가능 또는 불가능한 환경의 변화를 예상하기 위해 조직되는지 뿐만 아니라, 동물의 생리가 어떻게 그러한 변화에 대해 빨리 반응하도록 하는지에 대해서도 탐구할 것이다. 우선, 내재 시계 메커니즘이 환경 주기에 적응하기 위해 행동과 생리를 조직하는 데 작용하는 역할을 탐구할 것이다. 하루 주기뿐만 아니라 짝짓기와 섭식 행동에 영향을 주는 조석 주기와 이주와 동면 행동을 조절하도록 돕는 일년주기처럼 더 긴 주기에 관해 논의한다. 내재 시계에 관한 논의는 이러한 주기 메커니즘의 신경 기반뿐만 아니라 유전적 기반과 내분비 기반을 통합한다. 거기서부터 내분비계가 동물이 계절 변화와 같은 환경요인뿐만 아니라, 예측 불가능한 (공격적인 상호작용, 영역 침범, 심각한 날씨와 같은 사회적이고 생태적인)

환경 변화에 대해 어떻게 반응하도록 하는지에 대해 다룰 것이다. 동물 행동을 중재하는 데 중요한 역할을 하는 다양한 호르몬, 즉 신호 분자를 고려할 것이다. 우리는 호르몬이 번식 행동에 미치는 역할과 척추동물로 하여금 사회적이고 생태적인 스트레스원에 반응하도록 하는 것에 대해 강조할 것이다. 이 장의 끝에서, 여러분은 생물이 환경 신호에 반응하기 위해 사용하는 생리적 중재자뿐만 아니라 자연선택이 그러한 반응을 만들어낸 방법에 대한 보다 깊은 이해를 하게 될 것이다.

내재 리듬과 변화하는 행동 우선순위

신경이 서로 의사소통하고 억제하는 능력은 동물이 행동 우선순위를 설정하는 데 도움을 준다. 그러나 뇌의 다른 구성원들 사이의 관계는 시간이 지남에 따라 적응적으로 변할 수 있다. 예를 들어, 암컷 귀뚜라미(*Teleogryllus*)는 낮 동안 굴 속이나 낙엽에 숨어 있다가, 짝을 찾기에 비교적 안전한 저녁에 활동한다(Loher 1979). 당연하게도, 수컷 귀뚜라미는 짝에게 노래를 부르기 위해 저녁까지 기다린다(Loher 1972). 이러한 관찰을 통해, 수컷 귀뚜라미에서 뇌의 노래 중추와 다른 행동에 관여하는 신경 구성원 사이의 억제 관계가 24시간을 주기로 바뀌어야 한다는 것을 알 수 있다. 이와 똑같은 변화가 대부분 생물의 성체가 생활하는 동안 매일 일어날 것이므로, 시계 메커니즘은 노래 부르는 행동을 조절하는 데 유용할 수 있다. 제4장에서 배운 모나크나비(*Danaus plexippus*)의 생물 시계가 하루 중 시간이 지나는 것에 맞춰서 태양 나침판을 조절할 수 있음을 상기해 보자(**그림 5.1**)(Zhu et al. 2008). 아래에서 보겠지만, 시계 메커니즘은 행동을 조절하고 행동 우선순위를 바꾸는 데 중요하다.

행동 우선순위를 바꾸는 메커니즘

동물의 우선순위가 시간에 따라 어떻게 변하는지를 설명하기 위해서, 경쟁적이지만 상호 배타적이지 않은 2개의 근접 가설이 제안되었다(**가설 5.1**). 첫째, 개체는 환경의 어떤 신호와는 독립적으로 작동하는 갖춰진 일정이 있는 내적 시간 조절 메커니즘인 생물 시계에 반응해 우선순위를 관리할 수 있다(**내재 시계 가설, endogenous clock hypothesis**). 적어도 부분적으로 환경에 독립적인 시간 조절 메커니즘이 존재한다는 생각은 시간대가 다른 곳으로 비행기를 타고 간 후, 그 지역의 시간에 맞추려고 노력해 본 사람에게는 그럴 듯한 가설이다. 여러분의 내적인 상태, 예를 들면 배가 고픈 것과 피곤한 것은 떠나온 환경에 대한 반응이지 방금 도착한 환경에 대한 반응이 아니다. 결국 여러분의 몸은 그 지역의 조건에 맞춰지겠지만, 시간이 다소 걸린다. 두 번째 가설은 동물 신경계 내 명령 중추 사이의 관계는 환경을 추적 관찰한 메커니즘에 의해 수집된 정보에 기반을 두고 변한다는 것이다(**환경 자극 가설, environmental stimulus hypothesis**). 그러한 장치는 밤이 오면 빛의 세기가 약해지는 것과 같은 주변 세계의 특정 변화에 대해 개체가 반응해서 행동을 조절할 수 있게 해줄 것이다.

수컷 귀뚜라미(*Teleogryllus*)의 노래 주기의 맥락에서 이 두 가설을 생각해 보자. 귀뚜라미는 지난 번 노래를 시작한지 얼마가 되었는지를 측정하는 내부 타이머가 있어서 하루 중 노래를 비슷한 시간에 시작할 것이다. 개체는 매일 저녁 무렵, 환경에 독립적인 시스템을 사용하여 노래를 시작할 수 있을 것이다.

가설 5.1

동물이 시간에 따라 우선순위를 정하는 방법에 대한 상호 배타적이지 않은 가설들

내재 시계 가설 정해진 일정에 따른 내재적인 시간 조절 메커니즘이 환경의 어떤 신호와 상관없이 작동함에 따라서 동물이 시간의 흐름에 따라 변화하는 우선순위를 조절한다.

환경 자극 가설 동물이 환경으로부터 얻은 정보를 사용해서 시간의 흐름에 따라 우선순위를 변화시킨다.

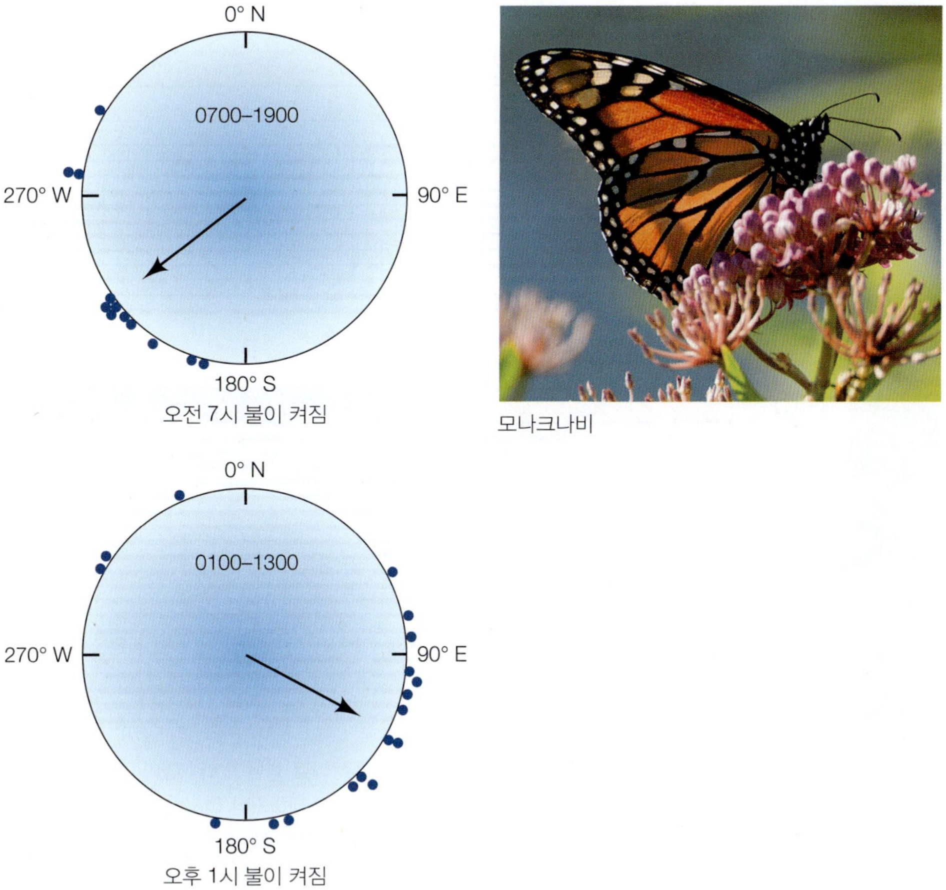

그림 5.1 모나크나비에는 생물 시계가 있다. 시계를 실험적으로 조작하면 이주하는 모나크나비의 방향이 바뀐다. 한 집단을 인공적으로 아침 7시에 불이 켜지고 저녁 7시에 불이 꺼지는 실내에 두었다. 이 집단은 남서 방향으로 날아가려고 했다. 새벽 1시에 불이 켜져서 낮 1시에 불이 꺼지는 방에 두었던 나비는 남동쪽으로 날아가려 했다. 이 결과는 시계와 태양 나침판이 모나크나비가 방향을 설정하는 데 중요하다는 증거이다. (After Froy et al. 2003; photograph © Nancy Bauer/Shutterstock.com.)

반대로 이 곤충의 신경 메커니즘은 빛의 밝기가 특정 수준까지 낮아지면 노래를 시작하도록 설계되었을 수도 있다. 만약 두 번째 가설이 맞는다면 밝은 빛을 일정하게 쪼이는 귀뚜라미는 노래하면 안 된다. 하지만 실제로는 같은 온도의 실험실에 불이 24시간 켜져 있을 때에도, 매일 몇 시간 동안 규칙적으로 노래를 한다. 밝은 조건에서 전날 노래를 시작하고서 25~26시간 지나 노래를 시작한다(**그림 5.2**). 이 귀뚜라미처럼 환경의 신호에 맞추지 않고 활동하는 주기를 **자유 작동 주기(free-running cycle)**라 한다. 귀뚜라미 노래의 자유 작동 주기의 길이는 지구가 자전축으로 회전을 하는 24시간 주기와 오차가 있기 때문에, 내적 시계 가설처럼, 귀뚜라미 노랫소리의 주기 양상은 부분적으로 환경 독립적인 내적 **하루 주기 리듬(circadian rhythm)**이다.

만약 불빛이 12시간 켜지고, 12시간 꺼지면 어떻게 될까? 불을 켜고 끄는 스위치는 외적인 환경 신호를 제공해서, 귀뚜라미가 시간 조정을 하게끔 할 수 있다. 사실 그들은 정말 그렇게 한다. 모나크나비나 비둘기가 인공 불빛이 있는 실험실로 옮겨지면 시간을 재설정할 수 있다. 마치 여러분이 새로운 시간대로 비행을 했을 때처럼 말이다. 며칠이 지나서, 수컷 귀뚜

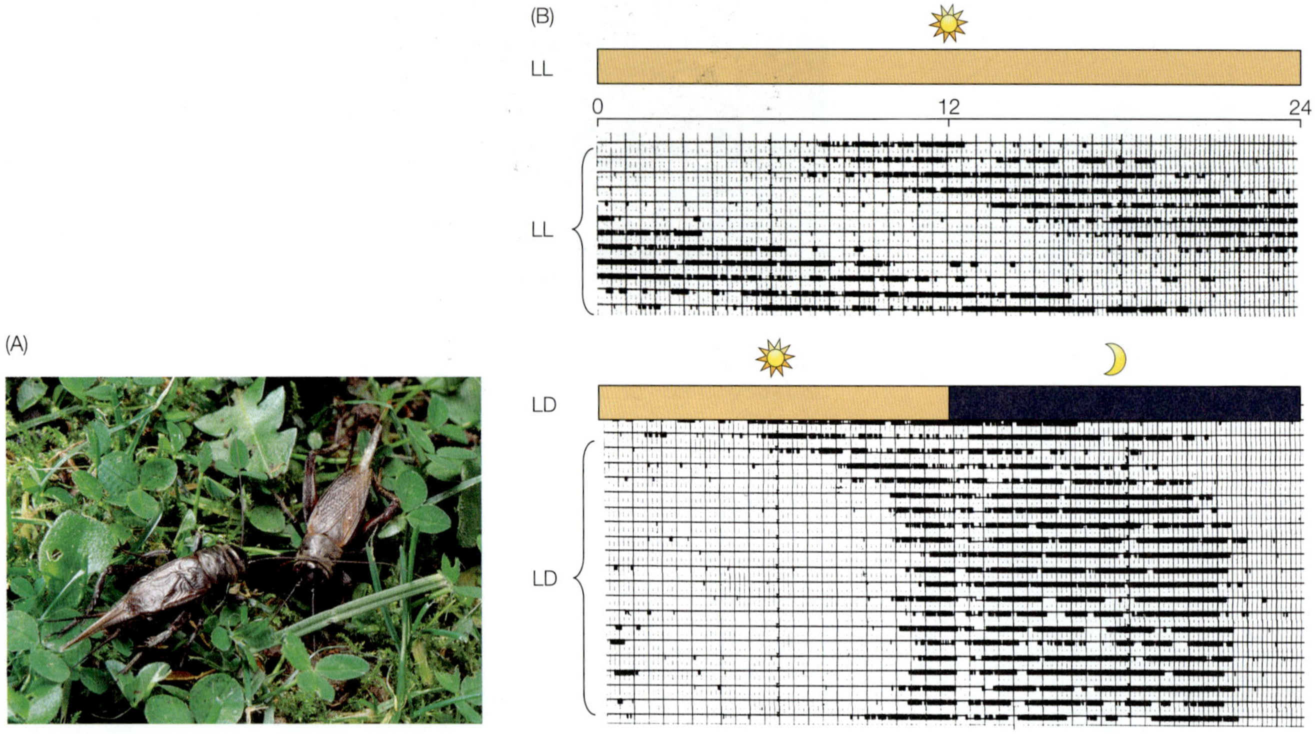

그림 5.2 귀뚜라미 노랫소리의 하루 주기 리듬. (A) 암컷 *Teleogryllus* 귀뚜라미(오른쪽)는 수컷의 노랫소리를 듣고 찾아온다(왼쪽). (B) 노랫소리에는 하루 일정이 있다. 수평선은 하루를 의미한다. 수직선은 24시간 시간 중 30분을 의미한다. 진하게 칠해진 것은 활동기간으로 노랫소리를 내는 것을 의미한다. 꼭대기와 중간의 막대는 빛 조건을 나타낸다. 따라서 이 실험의 처음 12일 동안은 수컷 귀뚜라미에게 계속되는 낮 조건(LL)이 제공되었고, 나머지 기간 동안은 12시간 주기로 밤낮이 바뀌었다(LD). 계속 낮에 있었던 수컷 귀뚜라미는 하루 주기로 노래하거나 하지 않았지만, 노래는 매일 조금씩 늦게 시작되었다. 13일째 "밤"이 시작되자 노랫소리 리듬을 다시 설정하는 신호로 작용했고 불이 꺼지기 한 두 시간 전에 노래하기 시작했다. (A, photograph by Denis Crawford/Alamy Stock Photo; B after Loher 1972.)

라미는 불빛이 꺼지기 2시간 전에 "밤"이 올 것을 정확히 예상하고서 노래를 시작하여 "아침"에 불이 켜지기 2.5시간 전까지 노래를 불렀다(그림 5.2 참조). 환경 자극 가설과 마찬가지로, 노래 주기는 자연의 해질 무렵의 시간과 일치하였다. 그러나 자유 작동 주기와 달리, 이 주기는 하루 24시간을 크게 벗어나지 않았으며, 매일 재설정되거나 **혼입(entrained)**되어서 소등될 때와 관련돼서 같은 시간에 시작되었다(Loher 1972). 이 결과로 보아, 귀뚜라미의 노래 조절 시스템은 환경 독립적인 타이머, 즉 생물 시계가 24시간의 주기로 설정되어 있을 뿐만 아니라, 환경에 의해 작동하는 혼입 장치가 있어서 그 지역의 빛 조건에 맞추어 시계를 일치시킨다고 결론내릴 수 있다. 다시 말해서, 귀뚜라미는 환경 신호에 조절할 수 있는 생체 시계 메커니즘을 갖고 있기 때문에, 내재 시계 가설과 환경 자극 가설을 모두 지지할 수 있다.

모래귀뚜라미(*Gryllus firmus*)처럼 활동성의 주기에 다면 발현(같은 유전형으로부터 다양한 표현형이 생산되는 것)을 보이는 종에서는 어떨까. 이 종은 두 가지 다른 형태가 있다. 긴 날개로 날 수 있는 야행성과 날개가 짧아서 날 수 없는 주행성이 그들이다. 긴 날개형은 굴에서 나와 짝을 찾기 안전한 밤에 날아다니는 반면, 짧은 날개형은 날 수 없으므로 낮에 수풀에 숨어서 안전하게 머무른다(Roff and Fairbairn 2007). 두 가지 모래귀뚜라미의 하루 주기 리듬을 비교하기 위해서 엔소니 제라(Anthony Zera)와 동료들은 두 형태의 개체를 채집하여 실험실에 가져온 후, 24시간 주기로 혈액 샘플을 채취했다. 연구진은 성장기 호르몬

그림 5.3 호르몬 차이는 귀뚜라미의 비행 행동과 상관관계가 있다. *Gryllus firmus*(사진의 오른쪽) 긴 날개 귀뚜라미 형은 성장기 호르몬 수치가 짧은 날개 귀뚜라미에 비해 초저녁에 더 높았다. (After Zera et al. 2007; photograph courtesy of Derek Roff.)

(JH)이라고 불리는 분자에 초점을 맞추었는데, 이 호르몬은 번식과 다면 발현을 포함하는 곤충 생리의 여러 요소를 조절하는 것으로 알려져 있다. 연구진이 짧은 날개 귀뚜라미의 혈액에서 JH 농도를 분석했을 때는, 시간에 따른 유의미한 다른 변화를 발견하지 못했다. 그러나 날 수 있는 긴 날개 귀뚜라미의 혈액은 아주 달랐는데, JH가 늦은 오후나 밤에는 급격히 상승했다(**그림 5.3**)(Zera et al. 2007). 두 종류의 귀뚜라미에서 JH의 하루 양상이 다르게 나타나는 것은 두 형태의 하루 주기 리듬이 다른 것과 상관관계가 있다. 긴 날개 귀뚜라미의 JH가 정확히 시간에 맞춰서 상승하는 것은 이들 개체가 야간비행을 준비하는 데에 어떤 식으로든 도움을 주는 것으로 보인다. 다음 장에서 더 자세히 다루겠지만, JH와 같은 호르몬은 동물 행동을 활성화할 뿐만 아니라, 행동의 하루 주기를 조절하는 데 있어서도 중요한 역할을 한다.

하루 주기의 신경 생물학

호르몬이 하루 주기 리듬을 제어하는 데 담당하는 역할에 대한 연구와 더불어, 연구진은 신경회로와 유전자의 상호작용을 포함하는 하루 주기 행동의 다른 근접 메커니즘을 연구하였다. 예를 들면, 긴 날개가 있는 귀뚜라미(*Gryllus firmus*) 활동의 일과는 JH의 주기적인 분비와 연결된 것으로 보이지만, 이 곤충의 하루 주기 리듬의 또 다른 양상은 뇌의 시신경엽(optic lobe)을 포함한다. 만약 수컷 귀뚜라미의 눈에서 시신경엽에 감각 정보를 전달하는 신경을 절단하면(**그림 5.4**), 곤충은 자유 작동 주기로 진입하게 된다. 어떤 종류의 시각 신호가 하루 주기 리듬을 지역 조건에 맞추기 위해 필요하지만, 리듬은 이 정보가 없어도 지속된다. 그러나 시신경엽과 나머지 뇌 부분의 연결을 끊으면 노래하는 주기가 완전히 사라짐으로써, 귀뚜라미는 언제든 노래할 수 있게 된다. 이 결과는 중추 시계 메커니즘(**그림 5.5**)이 시신경엽에 존재하면서, 동물의 내분비계에서 생성된 호르몬 신호를 받을 뿐만 아니라, 메시지를 신경계의 다른 구역으로 전달한다는 가설에 부합하다(Page 1985, Johnson and Hasting 1986).

앞서 이야기 했듯이, 하루 주기 리듬은 곤충에서뿐만 아니라 인간을 포함한 다양한 척추

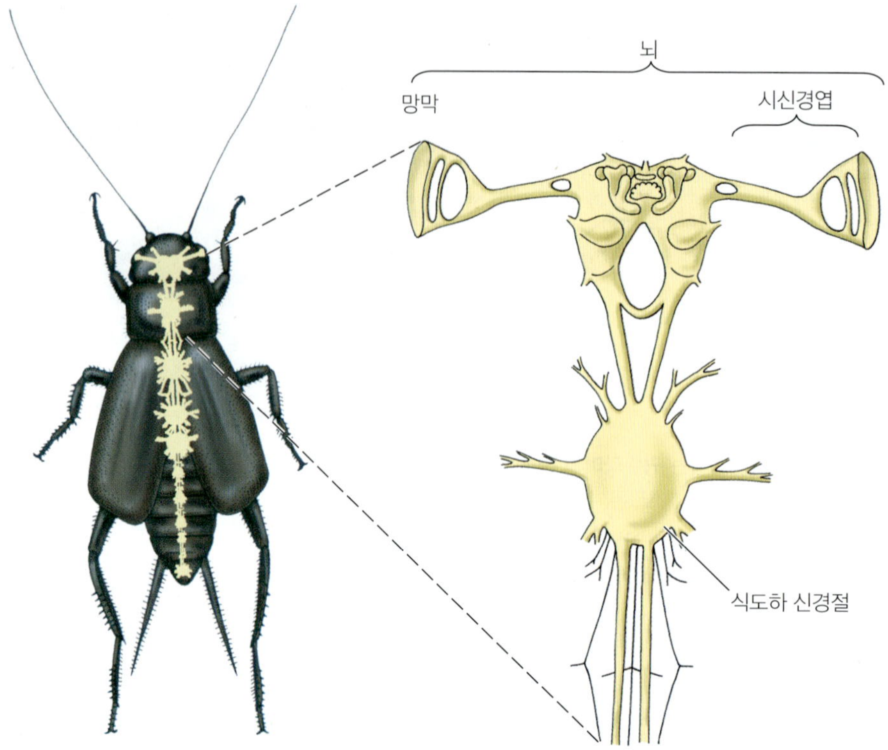

그림 5.4 귀뚜라미의 신경계. 눈으로부터 얻은 시각 정보는 귀뚜라미 뇌의 시신경엽에 전달된다. 만약 시신경엽이 뇌의 다른 부분과 연결이 끊어지면, 귀뚜라미는 하루 주기 리듬을 유지하는 능력을 상실한다. (Based on diagrams by F. Huber and F. W. Schürmann.)

동물에서도 나타난다. 포유류가 하루 주기 리듬을 조절하는 것에 관심이 있던 생물학자들은 뇌의 해마에 초점을 맞추었다. 여기서 특히 망막에서 기원한 신경으로부터 입력을 받는 시상하부의 신경 다발인 시신경교차상핵(suprachiasmatic nucleus, SCN)을 강조하였다. 따라서 SCN은 낮과 밤의 길이에 관한 정보를 저장하는 메커니즘의 요소로 보인다. 이 정보는 중추 생물 시계를 조정하는 데 사용할 것이다. SCN이 하루 주기 리듬을 유지하는 데 중요한 중추 시계나 조율기가 있으면, 가상의 시계 속 신경은 24시간 동안 규칙적으로 활동을 바꾸

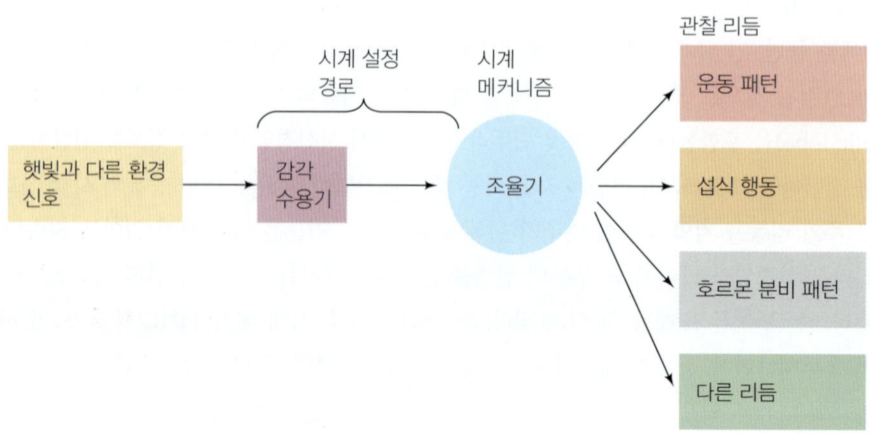

그림 5.5 중추 시계로부터 조율기로. 중추 시계는 어떤 종에서 개체의 하루 주기 리듬을 통제하는 다른 많은 메커니즘들을 조절하는 조율기로 작동한다. (After Johnson and Hasting 1986.)

어야 한다. 실제로 SCN의 어떤 세포 집합은 밤에는 전기적으로 조용하지만 동트기 시작하면 낮 동안 계속 활동한다(Colwell 2012). 이 가설의 또 다른 예측은 SCN에 미치는 손상이 하루 주기 리듬을 방해한다는 것이다. 햄스터와 쥐 뇌의 뇌에서 SCN 뉴런을 파괴한 실험에서 호르몬 분비, 운동, 섭식의 리듬이 나타나지 않았다(Zucker 1983). 리듬이 없는 햄스터가 신생 햄스터의 SCN 조직을 이식 받으면, 때로 하루 주기 리듬을 다시 얻지만, 신생 햄스터의 다른 조직을 이식하면 리듬이 생기지 않는다(DeCoursey and Buggy 1989). 게다가 리듬이 없는 햄스터가 약 24시간의 표준보다 더 짧은 하루 주기 리듬이 있는 돌연변이 햄스터의 SCN을 이식 받으면 기증한 햄스터의 하루 주기 리듬을 따르게 되는데, 이는 SCN이 햄스터의 행동 양상을 조절한다는 가설을 더욱 지지한다(Ralph et al. 1990).

하루 주기의 유전학

아마도 햄스터, 쥐와 다른 포유류의 SCN 시계는 유전 활동의 리듬 변화를 통해 작동할 것이다. 이러한 변화 리듬과 관련이 있는 주요 후보 유전자는 *period*(*per*) 유전자로, *tau*라 불리는 다른 포유류 유전자의 산물과 맞물려서 24시간 생산이 변화하는 단백질(PER)을 암호화한다(**그림 5.6**). *tau*의 산물은 세포 안에 PER이 어떤 효소로 최고조에 이르면 생산되기 시작한다. 이 효소는 PER을 낮추는데, PER이 먼저 풍부하게 증가한 후 감소하는 24시간 주기에 관

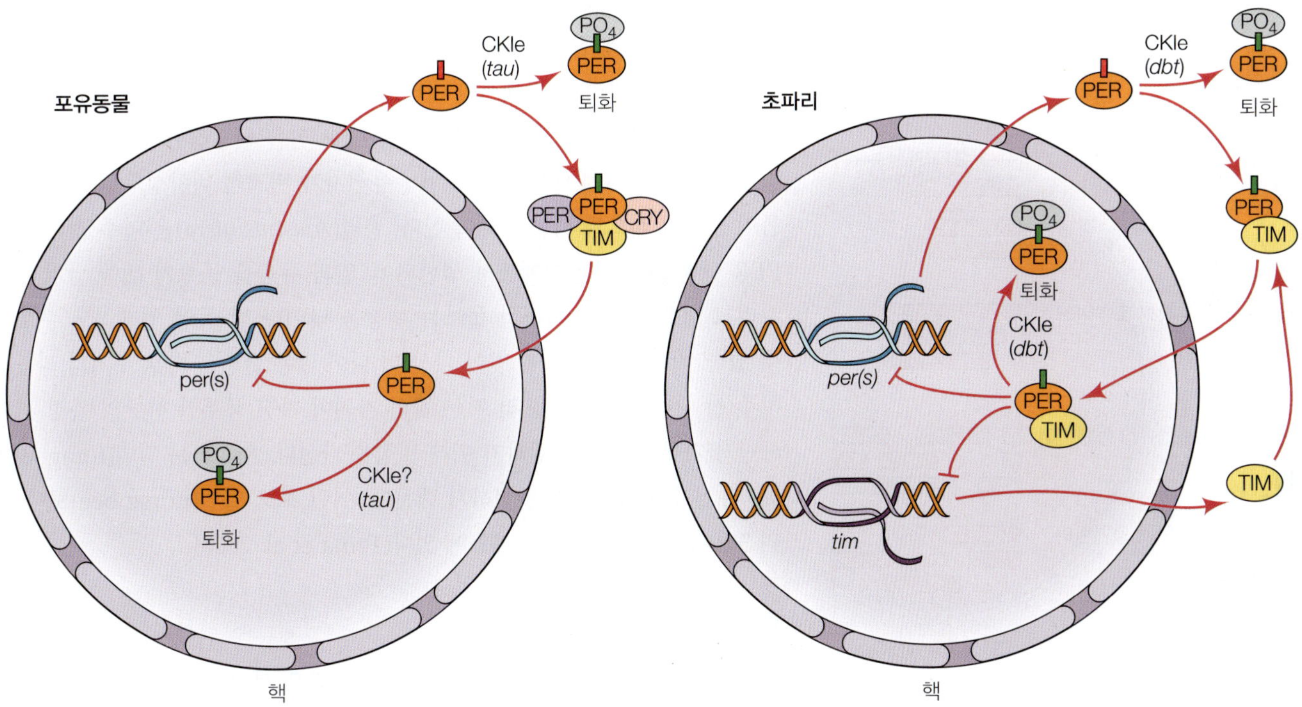

그림 5.6 포유류와 초파리 생물 시계의 유전학. 두 집단에서 3가지 주요 유전자의 세트는 약 24시간 동안 지속되는 주기의 다른 유전자의 활동을 조절하기 위해서 서로 상호작용하는 단백질을 생산한다. 이 유전자 중 하나(*per*)는 시간이 지나면서 세포핵의 안과 밖에 점차 쌓이는 단백질(PER)을 암호화한다. 또 다른 주요 유전자는 포유류에서 *tau*라 불리고 초파리에서는 *dbt*라 불리는 유전자로, PER을 분해하는 것을 도와 세포 안에 쌓이는 속도를 낮추는 CKIe 효소를 암호화한다. 그러나 PER 생산이 최고조에 도달하는 시기에는, 더 많은 PER이 다른 단백질(TIM)에 결합할 수 있으며, 세 번째 유전자(*tim*)가 이 단백질을 암호화한다. PER 단백질이 TIM(그리고 포유류는 다른 단백질인 CRY)가 있는 복합체에 결합되면, CKIe이 이를 빨리 파괴할 수 없다. 따라서 더 많은 PER이 핵에 전달이 되며, 핵에서는 그것을 생산하는 유전자의 활성화를 일시적으로 차단한다. 그 후 *per* 유전자 활성화의 새로운 주기와 PER 단백질 생산이 시작된다. (After Young 2000.)

여한다(Young 2000). *tau*의 돌연변이는 황금햄스터에서 처음으로 발견되었고(*Mesocricetus auratus*), *per*의 세포 동력을 효과적으로 가속화시켜서 하루 주기를 빠르게 한다. 돌연변이가 적은 동물은 규칙적인 24시간 하루 주기를 따르지만, 돌연변이의 한쪽 복제본이 있는 이형 접합 개체는 22시간 주기를 따르고, 두 복제본이 있는 동형 접합 개체는 20시간 주기를 따른다. *tau* 돌연변이가 있는 동물은—특히, 두 복제본이 있을 경우—자연의 밤낮 주기에 동화할 수 없다(Ralph and Menaker 1988). 스포엘스트라(Spoelstra)와 동료들은 *tau* 돌연변이 유전자가 있는 개체가 돌연변이 없는 개체에 비해 적응도가 낮을 거라는 가설을 세웠다(Spoelstra et al. 2016). 가설이 예측한 대로, 연구진은 반자연적인 사육장에서, 하루 주기 리듬이 정상인 쥐가 하루 주기 리듬이 짧아진 쥐에 비해 더 오래 살고 많은 자손을 남긴다는 것을 밝혔다.

복잡성이 압도적인 이 시스템의 놀라운 점은, 포유류의 세포 하루 주기 리듬을 조절하는 주요한 시계 유전자가 많은 곤충을 비롯해 다양한 생명체에 존재한다는 것인데, 이는 아주 오래된 고대 공통조상의 유산이다. 12개 가까운 시계 유전자가 곤충에서 발견되었다(Tomioka and Matsumoto 2015). 예를 들어, *Drosophila* 초파리, 꿀벌, 일부 나비, 딱정벌레, 메뚜기, 개미, 다른 곤충에도 *per* 유전자가 있는데, 이 유전자는 3,500개 이상의 염기쌍으로 구성되어 있고, 1,200개의 아미노산의 사슬로 된 PER 단백질을 생산하는 데 필요하다. 단일 염기쌍이 치환되는 정도로만 염기 서열이 약간 바뀌어도 사람뿐만 아니라 초파리의 하루 주기 리듬이 크게 바뀔 수 있다(**그림 5.7**). 재미있게도, 인간은 *per* 유전자의 돌연변이 한 개만 갖고 있어도 저녁 7시 30분에 잠 들어서 아침 4시 30분에 일어난다(Toh et al. 2001).

햄스터, 쥐, 파리, 인간에서의 이러한 결과는 하루 주기 유전자가 하루 주기 리듬을 가능하게 하는 중요한 역할을 한다는 점을 뒷받침한다. 그러나 *per*의 발현이 하루 주기에 영향을 주고, *per* 유전자가 비교적 비활성화된 동물은 리듬이 없는 방식으로 행동을 해야 한다. 꿀벌(*Apis mellifera*)은 아주 적은 양의 PER 단백질이 어린 벌에게서 생산되어, 알과 유충을 돌보기 위해 남겨진다. 그리고 어린 꿀벌은 이러한 돌보는 행동을 낮이나 밤 동안 언제라도 수행할 수 있다. 반면 낮에 먹이를 찾아 나선 더 나이 많은 꿀벌은 하루 주기의 리듬을 아주 잘 나타내는데, 찾으러 가는 꽃의 자원이 가장 풍부한 하루의 특정 시간에만 꽃가루와 꿀을 수집하기 위해 벌집을 나선다. 채집하는 일벌(forager)은 *per* 유전자를 활발하게 발현하기 때문에, 어린 보모 일벌(nurse bee)보다 무려 3배나 많은 단백질이 뇌세포에 있다(Toma et al. 2000).

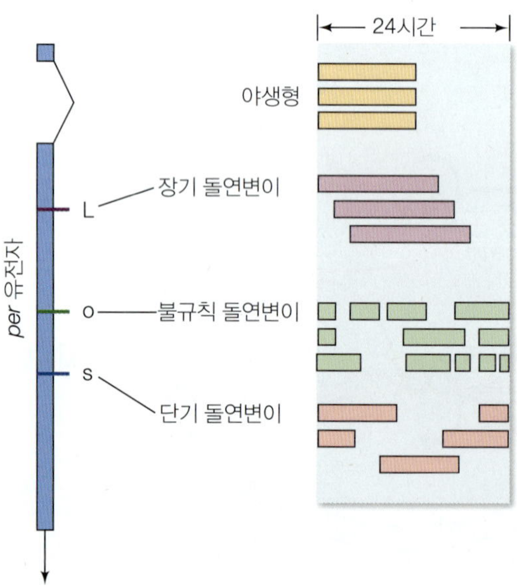

그림 5.7 ***per* 유전자의 돌연변이가 초파리의 하루 주기 리듬에 영향을 미친다.** 왼쪽은 DNA 서열의 다이어그램이다. 초파리에서 발견되는 3개의 돌연변이 대립유전자에 염기가 치환된 위치가 다이어그램에 표시되어 있다. 야생형 초파리의 활동 양상과 각 돌연변이와 연관된 초파리의 활동 양상이 오른쪽에 나타나있다. (After Baylies et al. 1987.)

하루 주기의 생리학

초파리, 햄스터, 꿀벌, 그리고 사람에서 모두 같은 시계 기능을 하는 동일한 유전자가 있으므로, 진화생물학자는 다른 활동 양상의 조절에 관여하는 유전자뿐만 아니라 이 유전자도 5억5천만 년 전에 살았던 조상으로부터 우리가 물려받았을 것이라 믿고 있다(Young 2000). 포유류와 다른 척추동물은, *per* 유전자와 다른 시계 유전자가 SCN의 뉴런에서 발현된다. SCN은 다른 조직들을 조절하는 주시계 또는 하루 주기 보조자의 집으로 많은 다른 행동을 일상적으로 유지하는 일을 맡아서 하는 것으로 생각해 왔다. 그러나 뇌의 다른 부분에도 생물 시계가 있을 수 있다. 예를 들면, 쥐의 후각 신경엽(olfactory bulb)은 유전적 활동이 환경에 독립적인 주기 변화를 나타내며, 야간에 활동적인 생물의 주기 메커니즘의 적응 효과로 인해서 낮보다 밤에 후각에 더 민감하다(Granados-Fuentes et al. 2006).

그럼에도 불구하고, SCN에는 조절 대상 시스템에 화학적 신호를 보내야 하는 주요한 생물 시계가 분명히 포함되어 있다. 그렇다면 다음의 세 가지 예측을 할 수 있다: (1) 시계의 유전자가 작동하여 SCN이 시계의 정보를 전달하는 분자를 분비할 것이다. (2) 표적 조직의 세포에는 화학적 메신저에 대한 수용체 단백질이 있을 것이다. (3) 화학 메신저의 실험적 조절은 동물 행동의 정상적인 타이밍을 방해할 것이다.

포유류의 시계를 조절할 수 있는 화학적 신호가 무엇일까? 모래귀뚜라미에서처럼 포유류의 중요한 메신저는 멜라토닌이라고 불리는 또 다른 호르몬이다. 멜라토닌은 뇌의 솔방울샘에서 생산되며, 동물의 하루 주기 리듬을 조절하는 데 관여한다는 것을 증명하기 위한 수많은 연구의 대상이 되었다(Turek et al. 1976). SCN이 밤에 생산하는 멜라토닌은 하루 주기 리듬과 수면을 조절한다. 이것은 잠들고 일어나는 시간을 "재설정"해 주기 때문에, 사람들이 종종 시차를 극복하기 위해서 복용한다(Johnston and Skene 2015). 멜라토닌은 하루 주기 리듬에 중요한 역할을 할 뿐만 아니라, 많은 포유류의 계절 번식에도 영향을 준다. 낮의 길이가 계절에 따라 변하면 멜라토닌의 분비에 영향을 미치며, 이는 다른 번식 호르몬과의 상호작용을 통해 짝짓기의 시기에 영향을 주게 된다.

멜라토닌만 하루 주기 리듬에 중요한 역할을 하는 것은 아니다. 보다 최근에, 연구자들은 프로키넷티신 2(prokineticin PK2)이라는 유전자에 의해 암호화된 동일한 이름의 단백질이 시계 메신저의 중요 기능을 수행함을 밝혔다(Cheng et al. 2002). 12시간 낮과 12시간 밤의 주기 실험실 조건에 사는 정상적인 실험실 쥐(*Mus musculus*)에서 PK2는 SCN에 의해 강한 하루 주기 패턴으로 생산된다(**그림 5.8**). 게다가 중요한 시계 유전자에 어떤 돌연변이를 지니고 있는 쥐는 PK2 생성의 하루 주기 리듬이 약하다. 더군다나, 쥐의 뇌에 있는 어떤 구조는 PK2와 묶이는 수용체 단백질을 생산한다. 이러한 구조는 신경 경로로 SCN에 연결이 되며, 하루 주기로 다양한 행동 활성도를 조절하는 명령 센터를 포함하고 있는 것으로 생

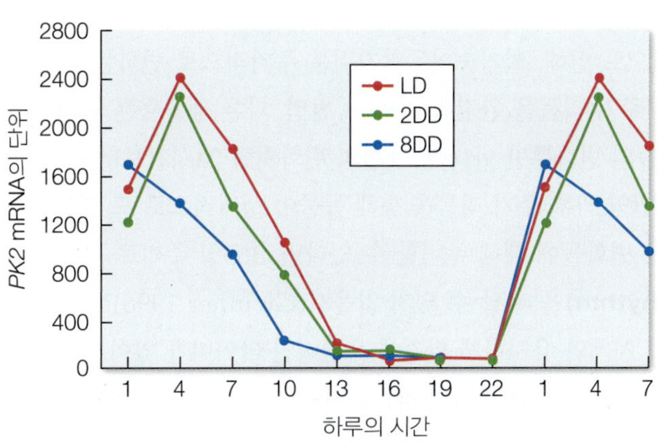

그림 5.8 SCN에서 *PK2*를 암호화하는 유전자의 발현. 쥐들은 12시간 낮과 12시간 밤의 표준 주기(LD)에 노출되었다. 그래프는 *PK2* 유전자에 의해 암호화되는 메신저 RNA의 생산의 시간에 따른 변화를 보여준다. 그 유전자는 그 동물이 표준 밤낮 주기에 노출되거나 2일 동안 완전히 어두운 곳에 있거나(2DD) 8일 동안 어두운 곳에 있거나(8DD)에 상관없이 하루 주기 리듬 중에 발현된다. (After Cheng et al. 2002.)

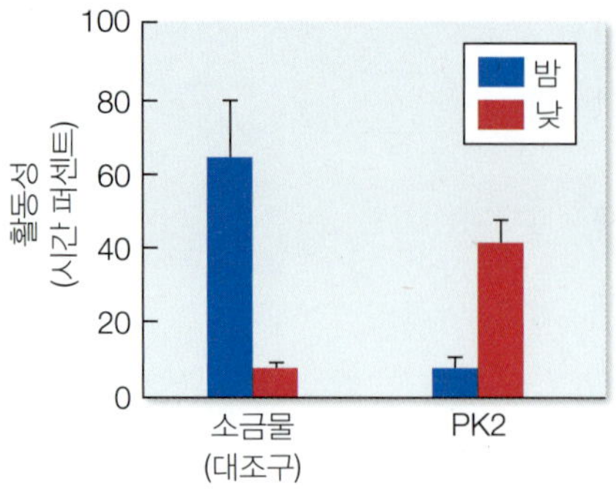

그림 5.9 쥐의 활동과 하루 주기 리듬. 쥐의 뇌에 PK2를 주사해서 쳇바퀴를 돌리는 하루 주기 조절. PK2를 주사한 쥐는 낮에 일차적으로 활동을 한 반면에, 소금물을 주입한 대조구 쥐는 밤에 활동을 하는 정상적인 선호도를 보였다. (After Cheng et al. 2002.)

각된다. 끝으로, 쥐(*Rattus norvegicus*)가 일반적으로 활동하는 밤 시간에 이들의 뇌에 PK2를 주사하면, 행동이 극적으로 변한다. 쳇바퀴에서 계속 달리는 대신, 낮의 활동으로 전환하여 잠을 잔다(**그림 5.9**)(Cheng et al. 2002).

이러한 증거들은 포유류의 SCN이 PK2를 화학적 메신저로 이용해서 뇌의 표적 센터와 의사소통하고, 이를 통제하기 위해 사용하는 것임을 시사한다. 즉, SCN은 망막으로부터 주변 환경의 밝고 어두운 주기에 관한 정보를 받아서, 유전자 발현의 자동 조절 양상을 미세하게 조절할 수 있다. 시계 시스템의 환경에 독립적인 구성 요소의 적응치는 이러한 종류의 시계가 있음으로 해서, 개체가 시간이 몇 시인지 알기 위해 환경을 계속 확인하지 않고서도 행동과 생리적인 주기를 바꿀 수 있다는 점일 것이다. 그러나 환경에 의존적인 요소가 존재하면, 개체가 그 지역의 조건에 맞춰서 주기를 조절할 수 있게 된다. 그 결과 전형적인 야행성 포유류는 자동적으로 거의 정확히 같은 밤 시간에 활동을 하게 되지만, 봄이 여름이 되고, 여름이 가을로 바뀜에 따라 변하는 낮의 길이에 맞추어 점차적으로 활동 주기를 변화시키는 능력을 보유하고 있다.

하루 주기 리듬의 적응치를 알아보는 한 가지 방법은 낮과 밤의 주기가 생물학적으로 상관이 없는 동물이 있다면, 이 종은 하루 주기에 활동 양상이 없을 것이라는 가설을 검증하는 것이다. 보모 꿀벌이 벌집 밖으로 나가 본 적이 없거나 빛을 본 적이 없다면, 그 뇌는 꿀벌의 하루 주기 시계와 관련된 주요 유전자의 발현에서 하루 주기 리듬을 나타내지 않을 것이라고 예측할 수 있다. 이와 달리, 꿀을 따는 일벌은 꽃가루와 꿀을 모으기 위해 낮 동안에 벌집 밖으로 나가야 한다. 보모벌의 뇌와 대조적으로, 꿀 따는 일벌의 뇌에서는 벌의 생물 시계와 연관된 것으로 여겨지는 많은 유전자의 활동성이 규칙적으로 진동한다(Rodriguez-Zas et al. 2012).

벌거숭이두더지쥐(*Heterocephalus glaber*)는 완전히 어두운 지하에서 사는 동물로, 바깥에 나오지 않으므로 이와 비슷한 특성이 있다. 예측하듯이, 벌거숭이두더지쥐는 하루 주기 리듬이 없다. 대신 개체들은 오랜 기간 동안 활동을 하지 않다가 매일 불규칙적으로 짧게 한다(**그림 5.10**)(Davis-Walton and Sherman 1994).

행동의 계절과 일 년 주기

독특한 생활방식으로 인해, 벌거숭이두더지쥐는 주기적으로 변하는 환경에 맞출 필요가 없고, 그 결과 하루 주기 리듬을 완전히 잃었다. 반면, 다른 생물들은 먹이 가용성이나 포식 위험에 대한 하루 중의 변화뿐만 아니라, 계절의 변화처럼 24시간보다 더 긴 시간 동안의 변화에 직면해 있다. 만약 하루 주기 리듬을 통해 동물이 생리적으로 또 행동적으로 어떤 예측 가능한 환경의 일상 변화들에 대해 준비할 수 있다면, 365일 주기로 작동하는 **일 년 주기 리듬(circannual rhythm)**을 지닐 수 있지 않을까(Gwinner 1996)? 일 년 주기 시계 메커니즘은 하루 주기의 시계와 유사하게 환경에 독립적인 타이머가 있어서, 시계가 지역의 조건에 맞추는 메커니즘과 함께 일 년 주기의 리듬을 만들어 낼 수 있을 것이다.

동물에 일 년 주기 리듬이 있다는 근접가설을 검증하기 위해서는, 동물이 최소한 자연환경에서 떨어져서 2년간 일정한 조건에서 살아야 하기 때문에 기술적으로 어렵다. 북미의 금색땅다람쥐(*Callospermophilus lateralis*)를 대상으로 한 연구가 그 중 성공적인 연구였다. 이 다람쥐는 야생에서 늦가을부터 추운 겨울까지 땅 속 굴방에서 동면을 한다. 이 종의 새끼 5

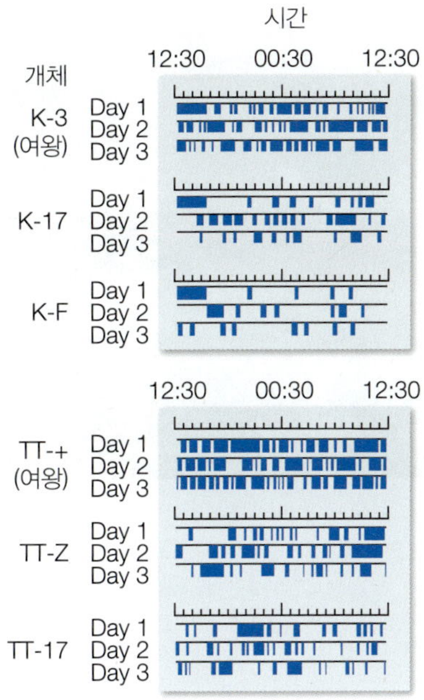

그림 5.10 벌거숭이두더지쥐는 하루 주기 리듬이 없다. 2개의 사육 군체에서 6개체에 대한 활동성의 패턴이 나왔다. 진한 막대는 개체가 깨어나서 활동하는 기간을 나타낸다. (After Davis-Walton and Sherman 1994; photograph © Raymond Mendez/Animals/age fotostock.)

마리가 사육 상태로 태어난 후, 어두운 곳에서 같은 온도로 충분한 먹이를 먹으면서 지냈다(Pengelley and Asmundson 1974). 일 년이 지나자, 이들 개체는 야생에서 사는 금색땅다람쥐와 마찬가지로 같은 시기에 동면에 들어갔다(**그림 5.11**).

일 년 주기 리듬은 새에서도 연구를 수행한 바 있다. 예를 들어, 둥지를 튼 유럽검은딱새(*Saxicola rubicola*)를 케냐에서 독일로 옮겨와서 온도와 **광주기(photoperiod)**가 항상 같은 실험실에서 키웠다. 말할 것도 없이, 이 새들과 그 자손들은 케냐의 봄 우기를 만날 기회가 없었다. 우기에는 곤충이 풍부해지므로, 검은딱새는 새끼들을 위한 충분한 먹이가 있다면 번식을 해야 한다. 따라서 야생 검은딱새는 번식 생리와 행동의 일 년 주기를 나타낸다. 이주를 한 검은 딱새는 고정적인 환경에도 불구하고 일 년의 번식주기를 나타내었지만, 케냐의 동종과는 다른 주기였다(**그림 5.12**). 예를 들어, 한 수컷은 실험을 하는 7.5년간 정소 성장을

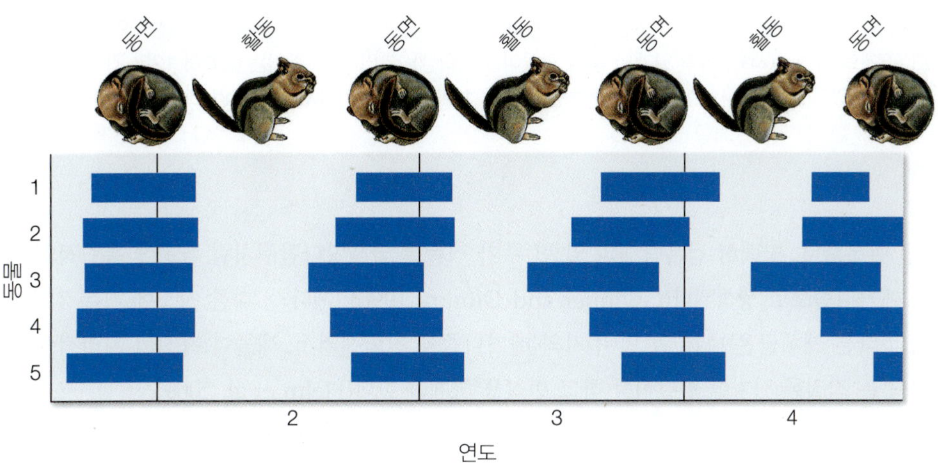

그림 5.11 금색땅다람쥐의 하루 주기 리듬. 금색땅다람쥐는 어둡고 일정한 온도의 방에서 4년 동안 계속 머물러 있었음에도 불구하고, 야생에 있는 동종과 거의 비슷한 시간에 동면에 들어갔다(blue bars). (Pengelley and Asmundson 1974.)

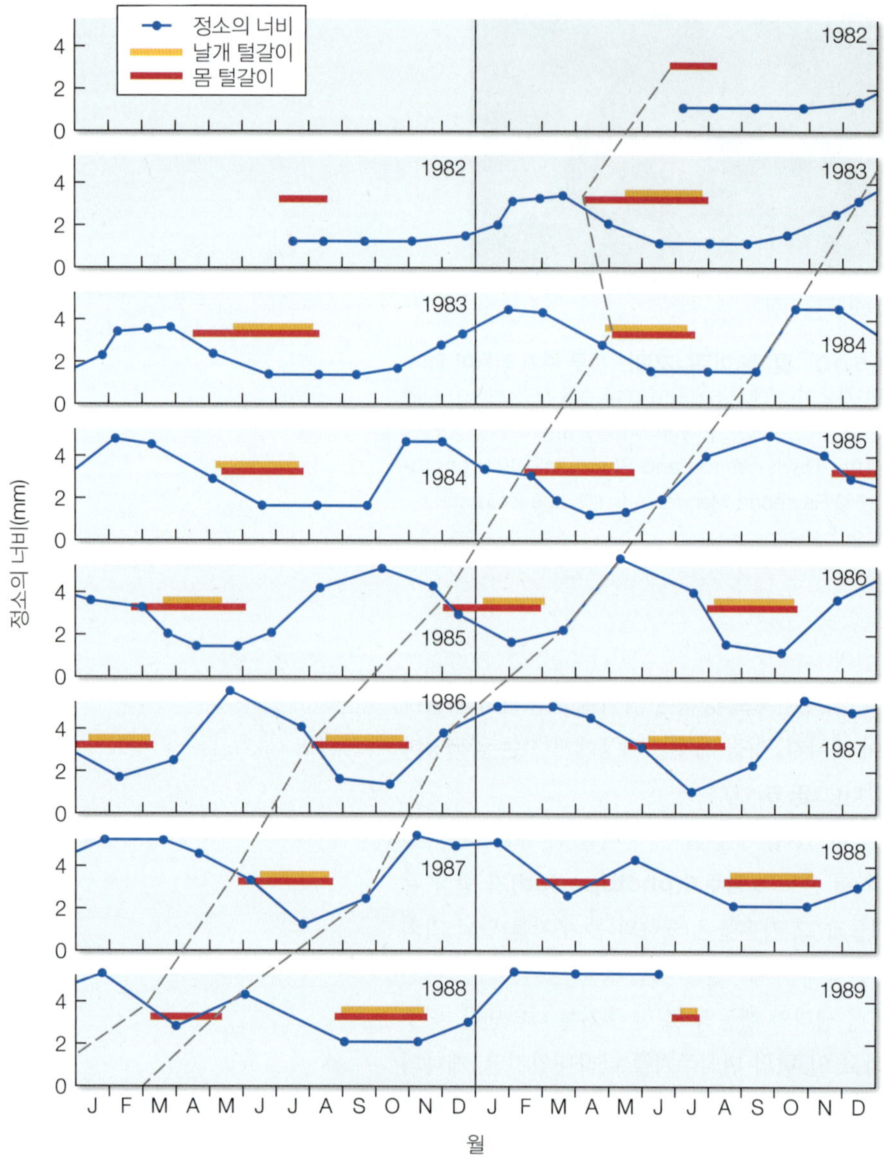

유럽검은딱새

그림 5.12 유럽검은딱새의 1년 주기 리듬. 케냐에서 독일로 옮겨서 일정한 조건에 두었을 때, 이 수컷 검은딱새는 장기간 규칙적인 정소의 성장과 축소 주기를 겪었고(푸른색 선), 규칙적인 털갈이를 했다(2개의 막대 그래프, 각각 날개와 몸의 털갈이를 나타냄). 그러나 이 주기는 정확히 12달 간격은 아니었고, 털갈이와 정소 성장 기간은 해를 넘기면서 점차 바뀌었다(오른쪽에서 왼쪽으로 이동하는 점선을 보시오). (After Gwinner and Dittami 1990; photograph © M. Rose/Shutterstock.com.)

9번 반복했다. 명백히 검은딱새의 일 년 주기 리듬은 금색땅다람쥐처럼 환경에 독립적인 내적 메커니즘으로 생성된다(Gwinner and Dittami 1990). 게다가, 다른 장소에 사는 검은딱새의 다른 개체군은 다른 일 년 주기의 메커니즘을 진화시켜서, 새들이 자신의 지리적 위치에 맞는 적절한 시기에 털갈이를 하고 번식을 하게끔 한다(Helm et al. 2009).

행동의 주기를 바꾸는 신호들

유럽검은딱새와 땅다람쥐 사이의 일 년 주기 리듬의 차이와 검은딱새 개체군 사이의 일 년 주기 리듬의 차이는, 이들 동물이 사는 환경에 대해 생각해 보면 그리 놀랍지 않을 것이다. 북미땅다람쥐가 경험하는 계절의 온도 변화는 매년 어느 정도 예측이 가능하며, 하루 길이의 변화는 꽤 크다. 반면 케냐에서의 건기에서 우기로의 전환은 지역마다 그리고 해마다 꽤 변동적이어서 예측 불가능하다. 그리고 이러한 적도 서식 조류에게는 하루 길이의 변화가 연중 크게 달라지지 않는다. 따라서 땅다람쥐와 검은딱새는 그 행동 주기를 바꾸는 다른 유형의 신호에 의지할 수 있다.

예측할 수 있는 환경 신호

자연에서는 환경 신호가 하루 주기와 일 년 주기 시계를 재설정하고, 그에 따라 동물 환경의 특정한 양상과 매칭되는 행동 리듬을 생산한다. 이러한 환경으로는 일출과 일몰, 우기의 시작, 봄과 관련한 하루 길이 증가 등을 들 수 있다. 이러한 행동 주기의 조절은 조석 주기, 달의 주기, 다른 종의 행동 양상과 같은 일련의 환경 영향에 대해 반응하는 다양한 메커니즘을 포함한다. 모든 환경 영향은 생태적 환경에 따라 종에 따라 다르다.

바다 가까이 사는 많은 종의 경우, 태양과 달에 의해 생성된 중력에 기인한 조석 주기가 행동에 영향을 미칠 수 있다. 예를 들어, 대서양 습지농게(*Minuca pugnax*)는 밀물 때 진흙으로 굴 입구를 막았다가, 썰물 때 나와서 먹이를 먹고 짝을 찾는다. 농게가 사는 북미의 동해안은 하루 중 밀물과 썰물이 두 번 들어오기 때문에 농게는 하루 중 두 번 활동이 최고조가 된다. 그러나 태양과 달에 대한 지구의 위치는 매일 변하기 때문에 썰물은 매일 1시간씩 앞당겨진다. 일정한 조건의 실험실에서 게들을 관찰한 결과, 베넷(Bennett)과 동료들은 농게가 조석이 매일 빨라지는 것과 정확하게 일치하는 행동 주기를 1주일 이상 유지하는 것을 알게 되었다(Bennett et al. 1957). 그러나 조석 주기에 의지하는 게나 다른 생물들은 지역의 조석 변이에 생물 리듬을 조정해야 한다. 태평양 농게(*Uca princeps*)를 연구한 결과, 밤낮 주기에 의해 조절이 되는 하루 주기 리듬이 더 짧은 시간 간격의 행동을 조정하는 데 도움을 준다는 것이 밝혀졌다(Stillman and Barnwell 2004). 연구진은 오전에 간조시가 되면 활동이 더 활발하지만, 간조시가 오후 늦게 시작될수록 하루 활동이 저조함을 발견했다.

하루 주기와 조석 주기의 상호작용이 갈라파고스 바다이구아나(*Amblyrhynchus cristatus*)의 섭식 행동도 조절하는 것으로 관찰되었다. 이들은 조간대 물가뿐만 아니라 조하대 물속에서도 해조류를 먹는다(**그림 5.13A**). 더스틴 루벤스타인(Dustin Rubenstein)과 마틴 위켈스키(Martin Wikelski)는 산타페 섬의 바다이구아나가 썰물 때 우선적으로 조간대에

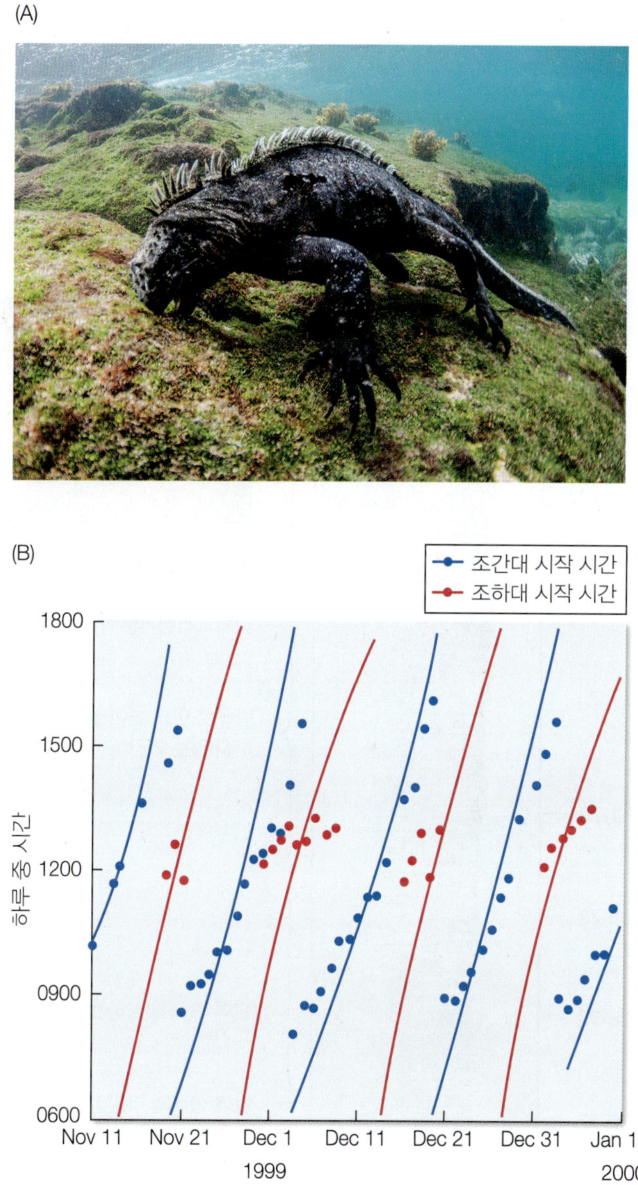

그림 5.13 갈라파고스 바다이구아나의 섭식 행동이 조석 주기와 강하게 연결되어 있다. (A) 물 속에서 먹이를 먹는 바다이구아나. (B) 조간대에서 섭식을 시작하는 시간의 평균과 조하대에서 섭식하는 평균 시간이 표시되어 있다. 저조(푸른색 선)과 고조(붉은색 선) 주기 역시 표시되어 있다. 이구아나는 대부분의 시간을 조간대에서 노출된 해조류를 섭식하는 데 보낸다. 밀물이 낮에 들어 올 때 큰 개체만 물에 잠겨있는 해조류를 먹는 행동으로 전환한다. (A, photograph by wildestanimal/Moment/Getty Images; B after Rubenstein and Wikelski 2003.)

서 바위에 드러난 해조류를 먹는 것을 관찰했다(Rubenstein and Wikelski 2003). 그러나 2주에 한 번 낮에 밀물이 들어오면 이구아나는 물 아래에 있는 해조류를 먹는 것으로 전환했다(**그림 5.13B**). 외온동물인 파충류는 갈라파고스의 물속에서 빨리 체온을 잃기 때문에, 조하대에서 먹이를 먹으면 비록 영양분은 많이 공급받지만 에너지를 많이 소모하게 된다. 이구아나는 태양이 뜨거운 날에만 물속에서 먹이를 먹음으로써, 물에서 나오면 바위 위에서 몸을 빨리 따뜻하게 할 수 있다(Vitousek et al. 2007). 작은 개체는 조하대 섭식과 관련된 에너지와 열 손실이 먹이로 얻는 이익보다 크기에, 가장 큰 개체만 조하대에서 섭식을 하는 경향이 있다.

달의 주기가 행동 리듬에 어떻게 영향을 미치는가에 관해서는 로버트 로커드(Robert Lockard)와 도널드 오윙스(Donald Owings)가 기치꼬리캥거루쥐(banner tailed kangaroo rat, *Dipodomys spectabilis*)를 연구한 사례가 있다. 이 캥거루쥐는 밤에 코요테나 큰뿔올빼미(*Bubo virginianus*)와 같은 포식자의 사냥을 돕는 달빛이 비치면, 주로 땅속에 숨어있는다(Lockard and Owings 1974, Lockard 1978). 애리조나 남동부에서 사는 캥거루쥐의 일일 활동성을 측정하기 위해, 로커드는 매 시간 간격으로 약간의 기장 씨앗을 분배하는 기발한 먹이 분배기를 발명했다. 씨앗을 얻기 위해, 이 동물은 분배기를 통해 발판을 밟으면서 걸어야만 했다. 움직이는 발판은 펜이 시계 작동 방식으로 밤 시간 동안 천천히 움직이는 종이 디스크 위에 표시를 하도록 했다. 아침에 종이 디스크를 모으면 밤 사이 분배기로 방문한 기록을 얻을 수 있다.

로커드의 데이터를 보면 캥거루쥐가 씨앗을 잔뜩 저장해 놓는 가을에는 달이 뜨지 않는 밤에만 나와서 선택적으로 섭식했음을 알 수 있었다(**그림 5.14**). 코

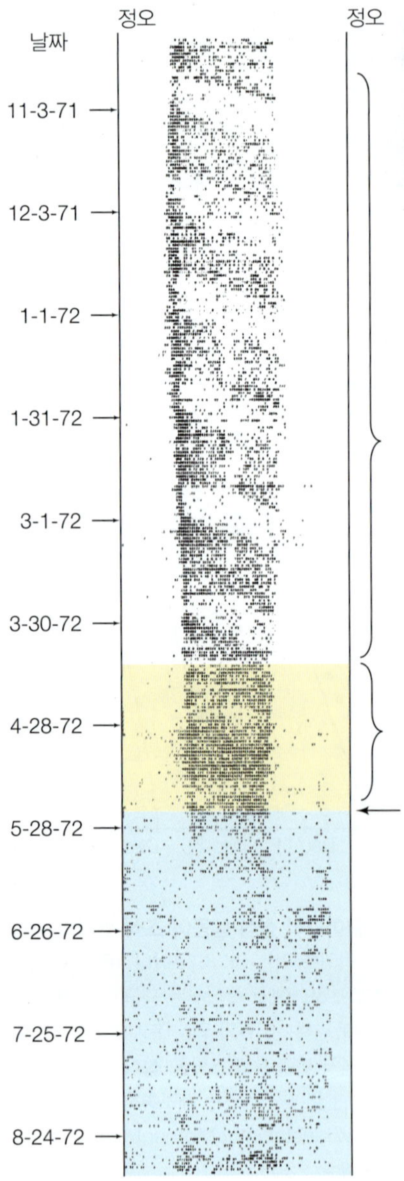

기치꼬리캥거루쥐

그림 5.14 캥거루쥐의 한 달 주기와 섭식. 각각의 얇은 검은색 표시는 개체가 타이머가 달린 먹이 분배기에 방문한 것을 나타낸다. 캥거루쥐는 11월부터 3월까지 달이 뜨지 않는 밤에만 활동했다. 그 해 후반에 씨앗이 부족해지자 캥거루쥐는 달이 떠도 밤 동안 먹이를 먹었고, 나중에는 하루 종일 먹이를 찾아다녔다. (After Lockard 1978; photograph © Mary McDonald/Minden Pictures.)

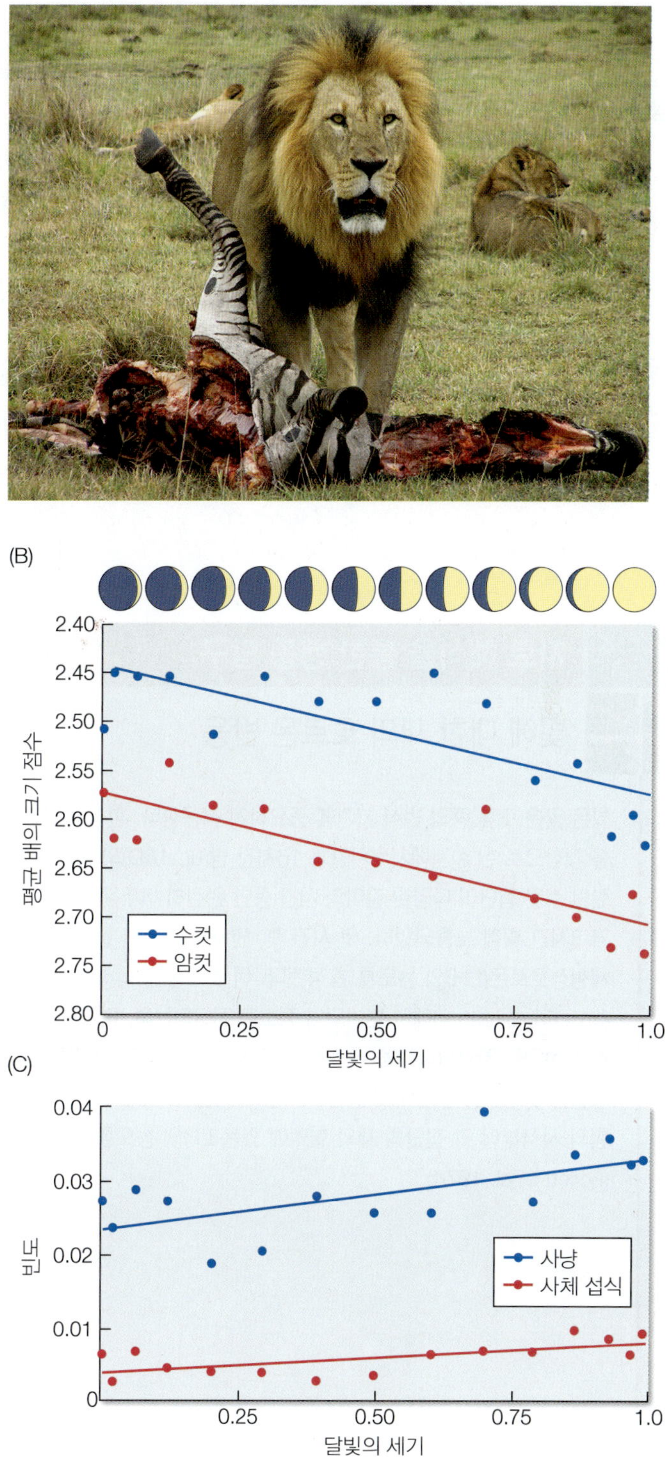

그림 5.15 달 주기가 사자의 사냥 성공에 영향을 미친다. (A) 아프리카 사자가 밤에 먹이를 잡은 후 낮까지 축하연을 했다. (B) 밤에 달빛이 강해지면 수컷과 암컷 사자의 배는 홀쭉해졌는데, 이는 밤이 밝을 때에는 사냥이 어려움을 시사한다. (C) 달이 차오르면서, 사자는 주로 낮에 사냥을 하고 사체를 먹는 경향이 있다. (A, photograph courtesy of Dustin Rubenstein; B, C after Packer 1994, CC BY 4.0.)

요테나 올빼미(포식자)는 달빛 아래서 캥거루쥐(먹이)를 더 잘 볼 수 있기 때문에, 캥거루쥐는 완전히 어두운 밤에 더 안전할 것이다. 이런 이유로 캥거루쥐에게는 달빛의 조건에 따라 섭식 스케줄을 조정하는 메커니즘이 확실히 있다.

물론, 완전히 어두울 무렵에 더 많은 캥거루쥐가 나온다면, 아마 그 포식자는 달의 주기에 비슷하게 반응할 것이다. 그렇다면 밤의 어두움과 관련해서 활동기가 겹치는 것은 포식자와 먹이 사이에 진화적 군비 경쟁의 한 사례가 될 것이다. 비록 코요테가 달빛에 어떻게 대응하는가에 관해 잘 알려져 있지는 않지만, 크레이그 패커(Craig Packer)와 그의 동료들은 아프리카 사자(*Panthera leo*)가 먹이가 잘 감지할 수 없는 달빛이 없는 어두운 밤에 더 많은 먹이를 얻는다는 사실을 밝혔다(**그림 5.15**). 반면에 보름달이 되면 낮에 주로 사냥을 하거나 사체를 먹으며 달의 주기와 연관된 섭식행동의 변화가 나타난 양상을 보인다. 사자는 어두울 때 사냥하기를 좋아하므로, 영양과 비슷한 먹이뿐만 아니라 심지어는 사람까지도 그 사냥감이 될 수 있다(Packer et al. 2011). 호모 사피엔스(*Homo Sapiens*)가 사자를 비롯해 다른 야행성 포식자들과 함께 같은 지역에서 진화했음을 고려할 때, 우리가 밤에 잘 활동하지 않는 경향이 있고, 어둠의 두려움으로부터 촉발되는 결정이 인간 행동에서 공통적으로 나타나는 이유를 아마 이해할 수 있을 것이다.

사막의 캥거루쥐와 사자는 달의 주기에 따라 밤에 사냥을 하며, 검은딱새가 열대 환경에서 적시에 짝짓기를 하기 위해 일 년 주기 리듬을 채용한 반면, 흰정수리멧새(white-crowned sparrow, *Zonotrichia leucophrys*)와 같은 온대 지역 새들은 살고 있는 곳에서 일어나는 극적인 계절 변화에 잘 적응한 행동 조절 시스템이 있다. 수컷은 여름에 겨울을 나던 멕시코와 미국 남서부에서 미국 북부와 캐나다, 알래스카로 여름을 보내기 위해 날아간다. 그곳에서 짝짓기 영토를 만들고, 경쟁자와 싸우며, 성적으로 받아들일 준비가 된 암컷에게 구애를 한다. 이러한 놀라운 행동 변화와 함께, 이 새들과 다른 많은 종의 생식샘은 엄청나게 빠른 속도로 자라고, 번식기에 비해 1퍼센트까지 축소된 잃어버린 무게를 가을 동안 다시 회복한다. 번식을 시작할 수 있도록 생식샘을 재충전하기 위해서 새들은 봄철 짝짓기 시기를 예측해야 한다. 그들은 이것을 어떻게 알 수 있을까?

생리와 행동을 변화시킬 수 있는 멧새의 능력은 온대 지방인 북미의 봄에 점점 길어지는 광주기의 변화를 감지하는 능력에 의존한다(Farner and Lewis 1971). **광민감도 가설(photosensitivity hypothesis)**에 의하면, 흰정수리멧새와 다른 새들의 시계 메커니즘에서 빛에 대한 민감도가 매일 변화하는데, 매일 아침 새벽에 재설정되는 주기가 있다(**BOX 5.1**). 시계가 재설정되고서 초기 12시간 동안, 이 메커니즘은 빛에 둔감하다가, 그 이후로 점차 주기에 민감해져서 주기가 시작된 후 16에서 20시간이 지나, 최고조에 도달하게 된다. 주기가 시작된 후 24시간이 되면, 광민감도는 빠르게 저점에 도달한다. 따라서 낮의 길이가 12시간 이하이면, 광민감기 동안 빛이 없기 때문에 그 시스템은 활성화되지 않는다. 그러나 광주기가 14~15시간보다 길면, 빛이 광민감기에 새의 뇌에 도달하여 번식 장치의 발달과 번식을 유도하는 일련의 호르몬 변화를 개시한다.

광민감도 가설 동물의 하루 주기 시계 메커니즘이 하루 중 빛에 대한 민감도가 변화하면서 매일 새벽 동이 틀 무렵 재설정된다.

BOX 5.1 자료 해석을 통한 행동 탐구

빛에 대한 새의 호르몬 반응

빛은 많은 조류 종의 번식 시기에 중요하게 작용한다. 흰정수리멧새를 대상으로 한 실험에서 8시간과 16시간 밤(8L:16D)의 일정을 따랐던 수컷 집단이 다양한 길이의 시간 동안 완전히 어두운 곳에 있다가 8시간 빛에 노출되었다. 몇 시간 후, 연구진은 새의 혈액에서 황체형성호르몬(LH)의 농도를 측정했다. 이 호르몬은 뇌하수체 전엽(anterior pituitary)에서 분비되어 정소로 전달되는데, 여기서 이 조직의 성장을 자극한다(그림 5.30 참조). 오른쪽 **그림**의 상단 다이어그램은 8시간 동안 빛에 노출된 시기를 보여준다. 아래 그래프는 실험의 시작부터 각 집단의 새의 혈액에 있는 LH의 농도를 나타낸다(Follett et al. 1974).

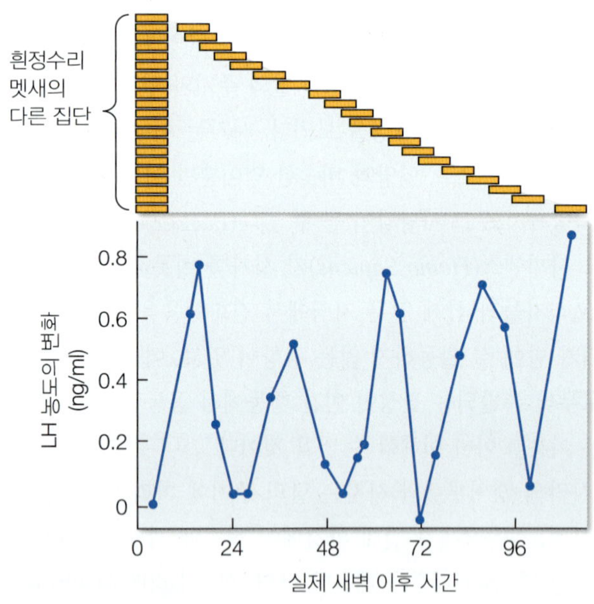

흰정수리멧새가 다양한 길이의 어둠에 있다가 빛에 노출되었을 때 **황체형성호르몬이 변화**하는 모습. (After Follett et al. 1974).

생각의 틀 깨기

그림에서 나타난 데이터는 광민감도 가설에 대한 검증을 제공하는가? 여러분은 이 가설을 이 종이나 다른 종에서 다른 방법으로 검증할 수 있는 실험을 디자인할 수 있는가?

광주기 시스템은 낮의 길이가 여름과 겨울에 많은 차이가 나는 온대 지역에서 사는 새에서는 잘 작동한다. 그렇다면, 낮의 길이가 계절에 따른 차이가 거의 없는 적도 지방에서 사는 새에서는 어떠할까? 미카엘라 하우(Michaela Hau)와 동료들은 점무늬개미잡이새(spotted antbird, *Hylophylax naevioides*)를 대상으로 해서 낮의 길이가 가장 긴 날(6월)과 짧은 날(12월)의 차이가 1시간도 되지 않는 파나마에서 연구를 했다(How et al.1998). 연구진은 야생의 새가 12월이 되면 생식샘이 줄어들지만, 5월의 번식기가 되면 증가한다는 것을 발견했다. 광주기의 미묘한 변화가 생식샘 발달에 영향을 주는지를 알아보기 위해, 연구진은 새를 다른 광주기에서 사육했다. 13시간 낮으로 설정한(13L:13D) "긴" 광주기에 노출된 새들은 12시간 낮(12L:12D)으로 "짧은 주기에 노출된 새들에 비해 생식샘이 8배 커졌고, 노랫소리를 내는 시간이 6배 증가했다. 실제로, 연구진은 이 개미잡이새에게 있는 생식샘의 성장을 촉발하는 데에 단 17분의 빛만 더 쬐어주면 된다는 사실을 발견했다. 이어서 다른 열대 지역의 새들에서도 광주기의 미약한 변화에 대해서 민감한 반응이 비슷하게 나타남에 따라(Goymann and Helm 2014), 광주기의 미약한 변화 신호가 몇몇 동물의 행동 리듬을 촉발할 수 있음을 시사한다.

이러한 광주기 측정 시스템의 모델이 맞는다면 이 시스템을 속이는 것도 가능할 것이다. 멕시코돼새(house finch, *Haemorhous mexicanus*)를 연구한 윌리엄 햄너(Willian Hamner 1964)와 흰정수리멧새를 연구한 도널드 파너(Donald Farner 1964)는 사육하는 새를 하루 주기 리듬의 광민감기 동안 빛에 노출시켜서 정소의 성장을 자극했다. 파너의 실험에서, 8시간 낮과 16시간 밤의 규칙적인 일정(8L:16D)에 있던 새는 8L:28D 일정의 변동을 겪었다. 광주기가 24시간 주기를 벗어났기 때문에, 이 새들은 뇌가 빛에 매우 민감할 것이라고 예측되는 기간 동안 빛에 노출되었다. 정소의 성장을 자극하지 않는 8L:16D 주기보다 밤이 더 긴 환경임에도 불구하고 이 수컷새의 정소는 성장했다(**그림 5.16**)(Farner 1964).

빛의 주기적 변화는 먹이 자원에 예측 가능한 변화가 있는 계절적인 환경에서 사는 새들의 번식 활동에 유용한 안내자이다. (파나마조차도 건기와 우기가 있다). 그렇다면, 가뭄이 들기 쉬운 소노라 사막에 서식하는 루퍼스날개멧새(rufous-winged sparrow, *Peucaea carpalis*)처럼, 봄이 오더라도 곤충이 풍부하게 공급되는 것을 보장받지 못하는 새의 경우에는 어

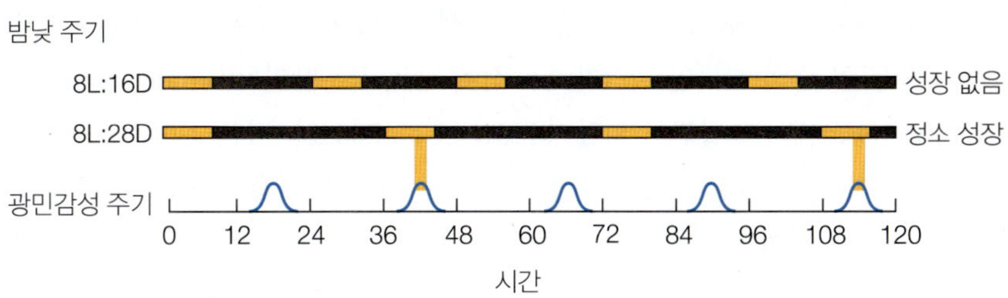

흰정수리멧새

그림 5.16 광민감도의 주기. 흰정수리멧새의 실험을 통해서, 이 새들이 하루 중 17~19시간 사이의 빛에 민감한 시계 메커니즘이 있다는 가설을 검증했다. 아래 선은 이 가설로 설정한 광민감도 주기를 의미한다. 2개의 수평 막대에 있는 노란색과 검은색 띠는 2가지의 다른 밤낮 주기를 나타낸다. 새들이 광민감도가 있는 기간에 8L:28D의 빛 주기에 노출된 개체에서만 정소가 성장했다. (After Farner 1964; photograph © Chad A. Ivany/ShutterStock.)

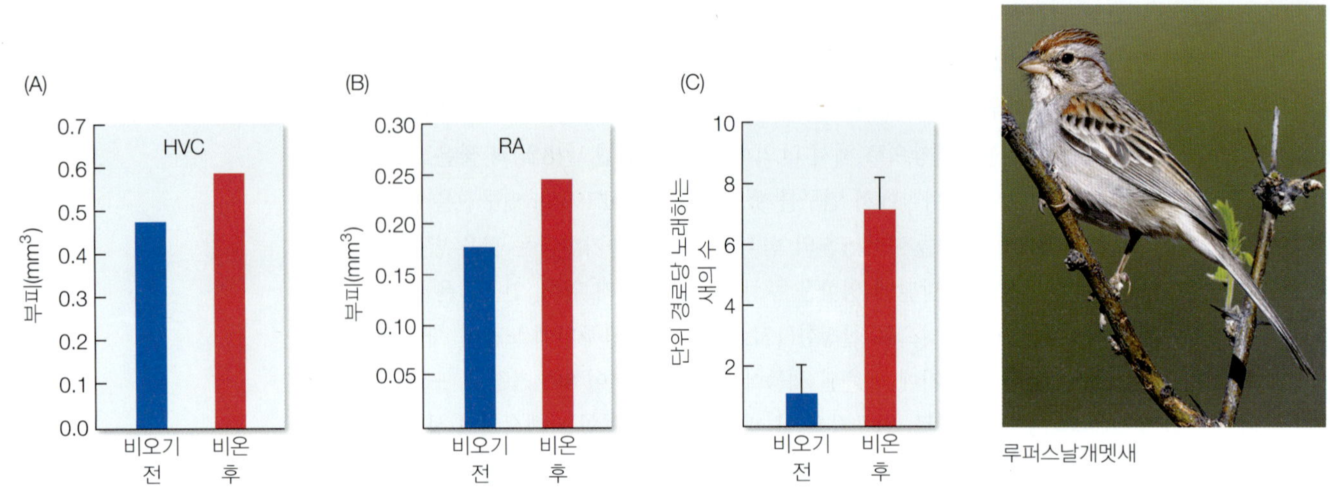

그림 5.17 루퍼스날개멧새의 뇌에 있는 노래 조절 영역의 계절적 변화. 여름비는 이러한 변화를 촉발시켜서 노래 행동이 증가한다. (A) 고음부 센터(HVC)와 (B) 아코팔리움(arcopallium RA)의 핵은 남부 애리조나의 몬순 폭풍우에 따라 증가한다. (C) 신경 변화는 몬순이 시작되고 난 후 노랫소리가 늘어나는 것과 연관되어 있다. 파란색 막대는 처음 폭풍우가 오기 전 데이터를 나타낸다. 붉은색 막대는 몬순 폭풍우가 시작되고 난 후의 데이터를 나타낸다. 막대 그래프는 평균 및 표준오차를 나타낸다. (After Strand et al. 2007; photograph © Tim Zurowski/Shutterstock.com.)

떠할까? 이 멧새의 새끼를 위한 먹이가 여름비가 내릴 때까지 없을 수도 있는데, 이 경우 이 새는 낮의 길이가 짧아지는 7월부터 8월 중순에 시작이 되는 몬순 때까지 번식을 기다려야 한다(Small et al. 2007). 건조한 봄이 지나 내리는 여름비는 황체형성호르몬, 즉 LH의 생성을 자극하여 정소가 테스토스테론을 생성하게 되면, 수컷은 영토를 건설하고 노래를 하며, 잘 진행이 되면 번식을 준비한다(**그림 5.17**)(Strand et al. 2007).

예측할 수 없는 환경 신호

루퍼스날개멧새(Rufous-winged sparrow)는 여름비에 반응하는 근접 메커니즘을 진화시켰는데, 왜냐하면 사막 환경에서 비가 내리는 것은 광주기가 변하는 것보다 더 믿을 만한 미래의 먹이에 대한 지시자가 되기 때문이다. 강우는 케냐에 사는 검은딱새(stonechats)가 이들이 사는 사바나의 예측할 수 없는 환경에서 번식기를 결정하기 위해 사용하는 신호가 된다(Dittami and Gwinner 1985). 강우로 인한 생식샘의 성장과 번식이 지구상에서 가장 강우를 예측하기 힘든 곳 중의 하나인 갈라파고스 섬에 사는 작은땅핀치(Small ground finch, *Geospiza fuliginosa*)에서도 발견이 되었다(How et al. 2004b). 작은땅핀치는 번식기가 아닐 때면 LH 수치가 낮다. 그러나 비가 오기 시작하면, 루퍼스날개멧새처럼 그 수치가 급격하게 높아진다. 따라서, 먹이 공급을 비에 의존하는 세계의 건조한 지역에서 우기가 시작되면, 동물은 번식 행동을 시작한다.

북미의 온대지역에 있는 씨앗을 먹는 핀치 중, 흰죽지솔잣새(white-winged crossbill, *Loxia leucoptera*)와 솔잣새(red crossbill, *L. curvirostra*)에서는 먹이를 얼마나 공급받느냐가 번식을 위한 중요한 신호로 작용한다(Benkman 1990). 일반적으로 온대 환경에 겨울에서 여름으로 예측 가능한 주기가 있다고 생각하지만, 이들 새가 먹는 씨앗은 사실 예측 가능한 자원이 아니다. 크레이그 벵크먼(Craig Benkman)은 솔방울 씨앗이 많이 생산되는 해에는

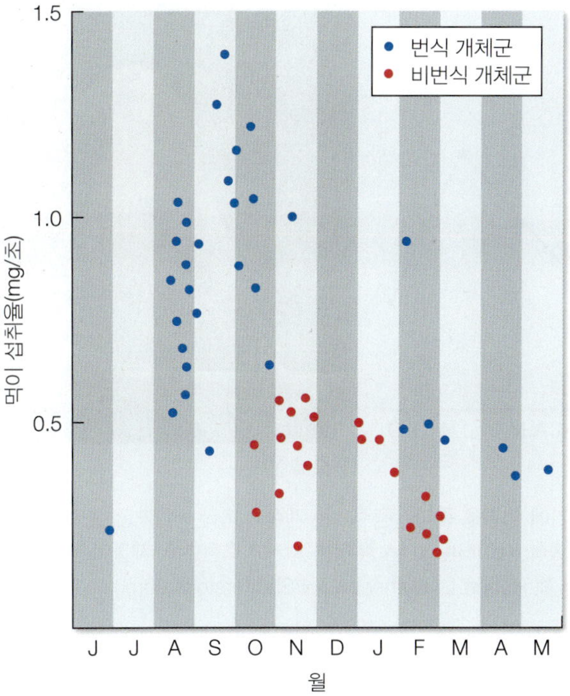

흰죽지솔잣새

그림 5.18 흰죽지솔잣새의 먹이 섭취와 번식 시기. 흰죽지솔잣새는 먹이가 많고 섭취율이 높을 때 번식을 하고자 한다. 그래프의 각 점은 솔잣새의 번식과 비번식 개체군을 나타낸다. (After Benkman 1990; photograph © Timothey Kosachev/ShutterStock.)

솔잣새가 자신과 새끼를 위한 먹이를 충분히 찾음으로써, 번식을 할 좋은 시기로부터 이점을 누릴 수 있음을 발견했다. 이러한 패턴은 솔잣새 호르몬 생리의 독특한 양상과 연결될 수 있다. 이 새는 광주기가 긴 시기에는 (20L:4D) 성샘자극호르몬(gonadotrophin)을 분비하는 뉴런을 완전히 차단하지 않는데, 이러한 경향이 홍방울새(redpolls *Carduelis flammea*)나 검은방울새(pine siskins, *Spinus pinus*)와 같은 다른 근연종에서도 나타난다(Pereyra et al. 2005). 대신, 솔잣새는 번식이 가능한 조건에서 번식 조절 호르몬의 분비를 자극하는 능력이 있다.

그러나 이러한 유연성이 솔잣새가 씨앗의 풍부도 이외에 모든 환경 신호를 무시하는 것을 의미하지 않는다(Hahn et al. 2004). 야생에서의 솔잣새 연구를 하면서 토머스 한(Thomas Hahn)은 12월과 1월 사이 먹이가 풍부한 기간에도 휴지기가 있음을 알아챘다(**그림 5.18**). 이에 한(Hahn)은 이 새들이 일반 새에 비해 더 유연하고 기회적일지라도, 광주기에 의존하는 번식 주기가 여전히 존재하고 있는지에 의문을 가졌다. 그가 솔잣새에게 일정한 온도에서 먹이를 무한히 공급하면서 자연의 광주기 변화를 경험하게 둔 결과, 수컷 정소의 길이가 주기적으로 변동이 되었는데(**그림 5.19**), 새들이 먹을 수 있는 씨앗이 많은 10월에서 12월 사이이었음에도 정소의 크기가 점차 작아지는 것을 발견했다. 추가로 자유 생활을 하는 솔잣새는 이 시기에 생식샘의 크기와 성호르몬의 농도가 감소한다(Hahn et al. 1998). 따라서, 이 새들의 번식 기회는 절대적인 것이 아니라, 오히려 온대 지대의 공통조상으로부터 물려받은 광주기에 의한 시간 조절 메커니즘에 무게가 실리며, 이는 다른 기회적으로 번식하는 새들에게도 적용된다(Hahn et al. 2008).

유연하게 번식을 하는 솔잣새의 표준 시간 조절 시스템의 부분적인 지속성은 적어도 두 가지 방식의 궁극 수준의 분석으로 설명될 수 있다. (1) 광주기에 기인한 메커니즘은 표준 양

그림 5.19 광주기는 솔잣새의 정소 크기에 영향을 준다. 광주기는 계절에 따라 변하지만 온도와 먹이 공급은 일정한 환경에서 솔잣새 6마리를 길렀다. 데이터는 일 년 중 다른 시기에 측정한 이 새들의 평균 정소 길이이다. (After Hahn 1995; photograph © Robert L. Kothenbeutel/Shutterstock.com.)

상을 띠는 먼 조상으로부터 물려받은 비적응 잔재이다. (2) 솔잣새는 (가을에 털갈이를 하는 것과 같은) 다른 활동이 더 우선적인 중요한 시기는 번식 가능성을 줄이는 생리 시스템을 유지함으로써 번식 이득을 뽑아낼 수 있을 것이다(Deviche and Sharp 2001). 하지만 즉각적인 번식이 가능하도록 하는 생식샘 장치를 어느 정도 유지함으로써, 예측불허의 환경 변동을 겪는 솔잣새와 다른 새들은 번식할 수 있는 기회가 왔을 때 더 빠르게 대응할 수 있을 것이다(Tökölyi et al. 2012).

번식 준비 가설 동물은 대부분의 해에 번식을 부분적으로 준비할 생식샘을 어느 정도 유지해서, 유리한 환경이 되어 번식을 할 수 있는 기회가 되면 보다 빨리 반응할 수 있다.

니콜 펄피토(Nicole Perfito)와 동료들은 고전적 유형의 기회성 번식 조류인 지브라핀치(*Taeniopygia guttata*)의 호주 개체군을 비교하여 **번식 준비 가설(reproductive readiness hypothesis)**을 검증하였다(Perfito et al. 2007). 연구진은 다른 서식처 두 곳에 있는 지브라핀치의 번식 활성과 억제를 비교하였다: (1) 건조한 호주 중부와 같이 일 년 중 어느 때나 내릴 수 있는 불규칙적인 강우가 번식과 직결된 예측 불가능한 환경, (2) 일 년 중 같은 달에 번식이 진행되는 남부 호주의 예측 가능한 계절적 서식처. 생식샘의 크기와 LH의 농도를 측정한 결과, 연구진은 번식 준비도에 대한 개체군 사이의 일정한 차이를 발견하였다. 그들은 예측 가능한 환경에 사는 수컷의 경우, 번식기에 비해 비번식기에는 생식샘이 줄어들고, LH 수치가 낮음을 알게 되었다. 이와 같이, 암컷은 번식기에 비해 비번식기에 난소 여포(ovarian follicle)가 더 작았고, LH의 농도는 낮았다. 그러나 예측 불가능한 환경에 사는 수컷의 경우, 생식샘의 크기와 LH의 수치는 중간 정도로 번식기와 비슷했다(그리고 예측 가능한 환경에 사는 비번식기의 수컷에 비해 더 높았다). 따라서, 예측 가능한 환경에 사는 수컷과 암컷 지브라핀치는 번식기에서 비번식기로 가면서 번식 준비도가 줄어들었다. 반면, 예측 불가능한 환경에 사는 새의 경우는 몸의 컨디션이 더 좋지 않음에도 불구하고 번식을 하지 않는 새가 보다 높은 준비 상태를 유지하고 있었다. 이러한 결과들은 번식 준비 가설과 일치하며, 예측 불가능한 환경에서 기회적으로 번식하는 새는 번식 준비도를 유지해서 강우와 먹이 가용성의 변화에 대한 이점을 빨리 누릴 수 있도록 한다는 생각과 맞아떨어진다.

사회적 조건과 변화하는 우선순위

앞서 보았듯이, 물리적이거나 생태적 환경의 다른 양상(이를 테면 달빛, 낮의 길이, 조석, 강우, 먹이 공급)을 바탕으로 해서, 여러 종들이 우선순위를 결정하여 은신 대신 섭식을 하거나 또는 더 기다리는 대신 번식을 한다. 이와 더불어 동물은 사회적 환경의 변화를 사용하여 생리와 행동을 적응적으로 조절할 수 있다. 예를 들어, 한(Hahn)과 동료들은 솔잣새를 대상으로 실험을 하면서, 사육하는 어떤 수컷은 짝과 함께 넣어 놓고, 다른 수컷은 다른 새장에 짝을 보고 소리만 들을 수 있도록 해 주었더니, 겨울 휴식이 끝났을 때 총각 수컷은 짝과 함께 있던 수컷에 비해 번식 상태로 천천히 돌아갔다(Hahn 1995). 더 극적인 사례는 자연에 사는 암컷 멧종다리(song sparrow, *Melospiza melodia*)에게 성호르몬인 에스트로겐을 투여한 결과에서 성적인 활동이 상당히 연장되었다. 호르몬을 처리하지 않은 수컷 짝 역시 이 지역에서 대조군 암컷과 쌍을 이룬 수컷에 비해 수개월 길게 번식 모드를 유지하였다. 이 실험에서 수컷 멧종다리의 성적 영역 반응은 동물의 사회 환경에 대한 민감도를 보여준다(Runfeldt and Wingfield 1985).

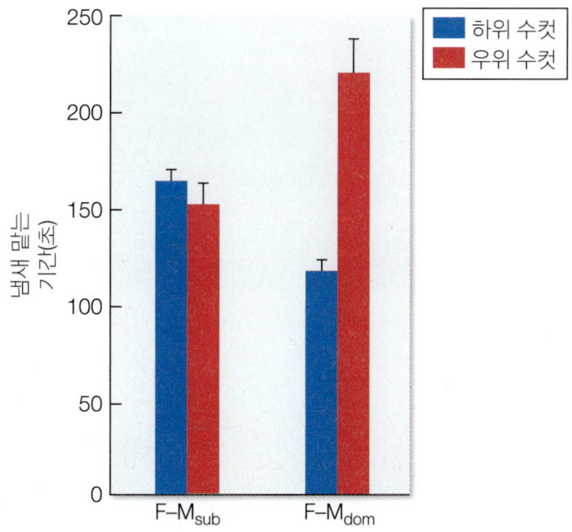

그림 5.20 집쥐에서 우위 수컷의 냄새가 암컷의 짝 선호도를 바꾼다. 실험실의 사육장에서, 하위 수컷의 페로몬만을 경험한 암컷은 우위와 하위 수컷에 대한 선호도를 나타내지 않는 반면, 우위 수컷의 냄새에 노출된 암컷은 두 수컷 중 우위인 수컷의 냄새를 맡는 데 더 많은 시간을 보냈다. 막대는 평균±SE를 나타낸다. (After Mak et al. 2007.)

아주 비슷한 일이 집쥐(*Mus domesticus*)에서도 나타난다. 암컷 쥐가 잠재적인 짝에 대한 선호도를 보일 기회가 있을 때, 우리 안의 양쪽 끝 두 방에 있는 수컷과 함께 중앙에 놓이면 수컷의 냄새를 맡는 데 시간을 보낸다. 이전에 하위 수컷하고만 지냈던 암컷은 우위 수컷과 하위 수컷의 냄새를 비교 선택할 때 선호도를 보이지 않는다. 그러나 우위 수컷과 지냈던 암컷은 우위 수컷의 냄새를 맡는 데에 더 많은 시간을 보낸다(**그림 5.20**). 우위 수컷의 냄새에 노출이 되면 암컷 뇌의 두 영역에 뉴런이 추가되고, 암컷은 신경 장치를 효과적으로 작동시켜 우위 수컷을 알아챔에 따라 사회적인 환경에서 우위에 있는 짝을 얻을 수 있게 된다(Mak et al. 2007).

우위 수컷 역시 사회적 경험을 통해서 행동 결정을 바꿀 수 있게 프로그램되어 있다. 예를 들어, 수컷 쥐가 암컷 위에 올라타 사정을 하고 나면, 주변의 새끼 쥐에게 매우 공격적으로 돌변해서, 보이는 새끼마다 살해한다. 짝짓기 후 거의 3주간 영아 살해를 하지만, 그 이후가 되면 만나는 새끼가 누구더라도 돌보려고 한다. 사정 후 약 7주가 경과하면 다시 영아 살해를 한다(Perrigo et al. 1990). 이 놀라운 주기는 확실히 적응치가 있다. 수컷이 정자를 짝에게 건네고 나면, 출산을 하기까지 3주가 소요된다. 이 3주 기간 새끼를 공격하는 것은 다른 경쟁자 수컷의 자손을 향하는 것이고, 그들을 제거함으로써 이득을 얻게 된다. 3주가 지나 부성 행동으로 바뀌는 것은 새로 태어난 그의 자식을 향한 양육 행동이다. 7주가 경과하여 이유기가 지난 새끼들은 분산하고, 이에 수컷은 다시 영아 살해의 이점을 노릴 수 있다.

행동 변화에 잠재된 호르몬 메커니즘

방금 보았듯이, 호르몬은 환경 정보를 행동의 빠른 변화로 연결시키는 데 중요한 역할을 한다. 추가적으로 호르몬은 발생 중에 신경계를 바꿀 수 있고, 생리와 행동을 영원히 변화시킬 수도 있다. 혈액과 다른 조직의 호르몬 수치를 측정하는 능력은 행동생물학자가 야외나 실험실에서 다양한 행동의 기초를 연구하는 힘을 향상시켰다. 다음에서 호르몬이 발생 중 그리고 일생 동안 어떻게 환경 신호에 반응하여 행동을 변화시키는지를 알아볼 것이다.

호르몬이 행동과 발생에 미치는 조직적 vs 활동적 효과

근접 수준에서, 어떤 종류의 메커니즘을 통해서 수컷 쥐가 짝짓기를 하고서 영아 살해를 하다가 단지 3주 만에 새끼를 잘 돌보는 것이 가능하게 되었을까? 여기에 그럴 듯한 설명 중 하나는 수컷이 짝짓기를 한 후에 날짜를 기록하는 내적 시간 측정 장치를 갖고 있다는 것이다. 만약 성적으로 활성화되는 그러한 시간 조절 메커니즘이 존재하는 경우에, 쥐가 인지하는 "하루"의 길이를 늘이거나 줄이는 실험 조작을 하게 되면, 수컷이 살해자에서 돌봄이로 전환되는 절대적인 시간에 영향을 미치게 될 것이다.

글렌 페리고(Glenn Perrigo)와 동료들은 쥐들을 하루의 길이를 조작한 2개의 다른 실험실 조건에 두었는데, 한 그룹은 "빠른 하루"로 11시간 낮과 11시간 밤(11L:11D)으로 22시간이 "하루"가 되었고, 다른 그룹은 "느린 하루"(13.5L:13.5D)로 27시간이 하루가 되었다(Perrigo et al. 1990). 예측했듯이, 24시간이 아니라 빛과 어둠의 주기의 수가 수컷의 영아 살해 경향을 조절했다(**그림 5.21**). 그래서 빠른 하루 그룹에 있던 쥐들이 짝짓기 후에 실제 20일이 지나 새끼에게 노출이 되었을 때 아주 적은 수만 영아 살해를 했다. 왜냐하면, 이 수컷은 이 기간 동안 총 22회의 밤낮 주기를 경험했기 때문이다. 반대로 느린 하루 집단의 수컷

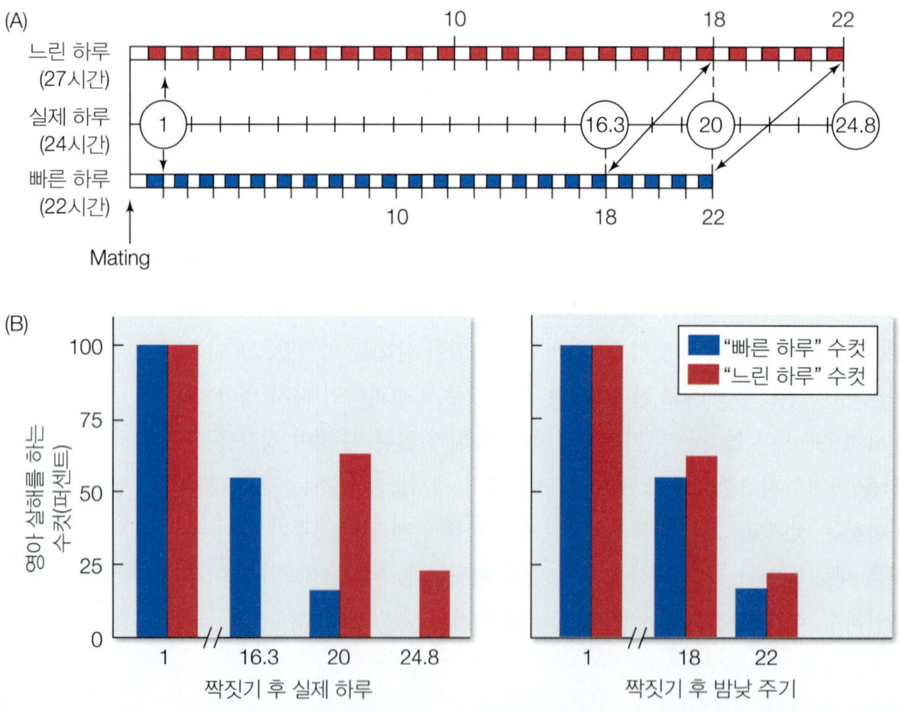

그림 5.21 수컷 집쥐의 영아 살해 조절. (A) 수컷 쥐는 인공적인 "느린 하루"와 "빠른 하루"의 실험 조건에 있었다. 시간 선은 절대적 시간과 실험 동안 두 집단이 겪은 밤낮 주기의 증가하는 불일치의 관계를 보여준다. 느리고 빠른 시간 스케일에 있는 붉은색/푸른색 막대는 반복되는 밤/낮 주기의 밤을 의미하고, 흰색 막대는 낮을 의미한다. 짝짓기 후 20 일이 지나면 빠른 하루 수컷은 느린 하루 수컷에 비해 4번의 밤/낮을 더 겪었다. (B) 빠른 날의 조건에 있었던 대부분의 수컷은 실제 20일(빠른 22일) 이 지난 후 영아 살해를 멈추었다. 반대로 느린 하루를 경험한 수컷은 실제 25일이 지나서야 영아 살해 행동이 줄어들었다. (After Perrigo et al. 1990.)

중 50%는 짝짓기 후 20일이 지나서도 새로 태어난 새끼들을 공격했다. 이 수컷은 이 기간 동안 18회의 밤낮 주기만을 경험했기 때문이다. 이러한 결과를 가지고서, 시간 맞춤 장치가 짝짓기 이후에 일어난 밤낮의 주기의 수를 기록하는데, 이러한 정보가 영아 살해 반응을 조절하는 근접적 메커니즘의 기초를 제공해 줌을 알 수 있다.

어떤 종류의 화학 생리적 중재자는 낮 길이의 변화를 수컷의 공격성 변화로 연결해야 한다. 생리적 중재자의 가장 명확한 유형은 호르몬이다. 만약 그렇다면, 영아 살해 기간 동안 수컷 쥐를 공격 행동으로 바꾸는 호르몬의 혈중 농도가 높아야 한다. 테스토스테론과 수컷의 공격 사이에 잘 정립된 관계를 고려할 때, 이 스테로이드 호르몬이 유력한 후보자로 보인다. 반면, 대안 가설은 새끼를 향한 극심한 수컷의 공격은 수컷이 다른 스테로이드 호르몬인 프로게스테론의 영향을 받기 때문이라는 것이다. 이 호르몬은 암컷 설치류의 모성 행동을 억제하는 것으로 알려져 있다. 테스토스테론과 프로게스테론과 같은 스테로이드 호르몬은 행동을 몇 초에서 몇 분 사이에 재빠르게 바꾸도록 하는 것으로 알려져 있다. 이러한 즉각적이지만 일시적인 호르몬의 조절 효과는 **활성화 효과(activational effect)**로 불린다. 그러나 모든 호르몬의 효과는 일시적이다. 어떤 호르몬은 발생 단계에서부터 신경계에 계속 영향을 미쳐서, 생리와 행동에 계속적인 변화를 유발하는데, 이러한 현상을 **조직화 효과(organizational effect)**라 한다.

이 책은 호르몬의 활성화 효과에 주로 초점을 맞추지만, 호르몬이 발생 기간 중 행동 형질에 어떻게 영향을 미치는가를 알아보는 것도 중요하다. 호르몬이 행동을 조직하는 최고의 사례 가운데 하나는 짝의 선호도에 미치는 영향에 관해서 살펴보는 것이다. 페렛, 쥐, 햄스터, 돼지 등의 다양한 포유류에서 실험한 결과, 발생 중 호르몬에 노출이 되면 짝에 대한 선호도가 반대로 된다(Adkins-Regan 2005). 예를 들면, 암컷 지프라핀치는 새끼때 스테로이드 호르몬인 에스트라디올에 노출시키면, 성체가 되어서 수컷처럼 행동한다. 엘리자베스 엣킨스-리건(Elizabeth Adkins-Regan)이 이끄는 연구진은 에스트라디올에 노출된 새끼는 자라서 남성화된 노래 체계를 갖추게 되고, 짝짓기를 할 때 암컷보다 수컷을 선호한다는 사실을 밝혔다(Mansukhani et al. 1996).

비정상적으로 공격적인 실험실 쥐의 변이 계통을 연구한 존 레빈(Jon Levine)과 동료들은 유전자 제거 기술을 이용해서, 테스토스테론 또는 프로게스테론이 수컷의 공격 행동에 영향을 준다는 대안 근접 가설을 검증하였다. 연구진은 프로게스테론 수용기가 없어서 몸에서 프로게스테론을 감지할 수 없는 수컷이 포함된 실험실 쥐의 개체군을 창조했다. 유전자 제거 수컷이 새끼를 만나면 공격하지 않았지만, 유전적으로 변형되지 않은 개체군에서 나온 수컷은 새끼를 공격했다(**그림 5.22**). 연구진은 순환하는 호르몬 수치를 살펴본 결과, 두 집단 사이에 테스토스테론과 프로게스테론의 유의미한 차이가 없었음을 밝혔다. 유일한 차이점은 프로게스테론을 탐지하는 뇌세포였다. 이 연구 결과는 프로게스테론이

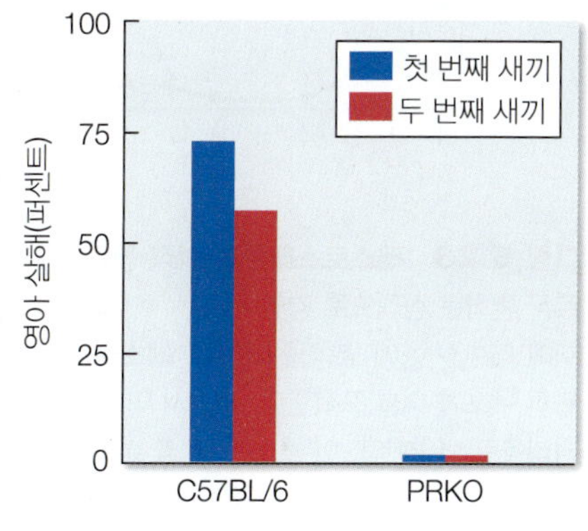

그림 5.22 호르몬이 실험실 쥐의 영아 살해에 미치는 영향. C57BL/6 유형의 수컷은 자신의 첫 번째 또는 두 번째 새끼를 돌보기보다 공격하는 경향이 강하다. 그러나 프로게스테론 수용기 유전자가 유전체에서 제거되면, 프로게스테론 제거(PRKO) 쥐는 체내에서 프로게스테론을 감지하지 못하게 되어 자신의 새끼를 살해하는 행동을 하지 않는다. (After Schneider et al. 2003, © 2003 National Academy of Sciences, USA.)

온전한 수컷에게 어느 정도의 농도로 있다면, 그 쥐는 영아 살해자가 되기 쉬운 성향임을 의미한다(Schneider et al. 2003). 짝짓기 이후에 프로게스테론 수치가 천천히 떨어지면서(또는 호르몬에 대한 민감도가 뇌세포에서 떨어지면서) 수컷의 부모 능력은 시간에 따라 증가하고, 이로써 수컷이 자신의 새끼를 해치지 못하는 적응적 효과가 있는 것이다. 이와 비슷하게, 스테로이드 호르몬은 제3장에서 보았던 다른 신경 단백질처럼 다른 쥐의 종에서 부모의 양육 행동에 영향을 준다(**BOX 5.2**).

호르몬은 많은 제어(또는 활성화) 효과가 있어서 개체들이 적응적인 방식으로 중요한 사회적인 자극에 대한 반응을 변형하도록 하는 효과가 있다. 한 극적인 사례는 메추라기(*Coturnix japonica*) 수컷이 암컷과 짝짓기 이후에 행동이 변하는 것이다. 짝짓기 전에, 칸막이로 나누어진 새장에서 암컷이 있는 옆 칸에 놓아둔 수컷은 칸막이에 있는 유리창을 통해 암컷을 거의 쳐다보지 않았다. 그러나 짝짓기가 끝나고 난 후, 수컷은 짝에 매료되어 암컷을 수 시간 동안 들여다 보았다(**그림 5.23A**)(Balthazart et al. 2003). 이 행동은 짐작컨대 제한되지 않은 수컷이 번식 준비가 된 암컷과 짝짓기를 또 하기 위한 것으로, 수컷 뇌의 특정 부위

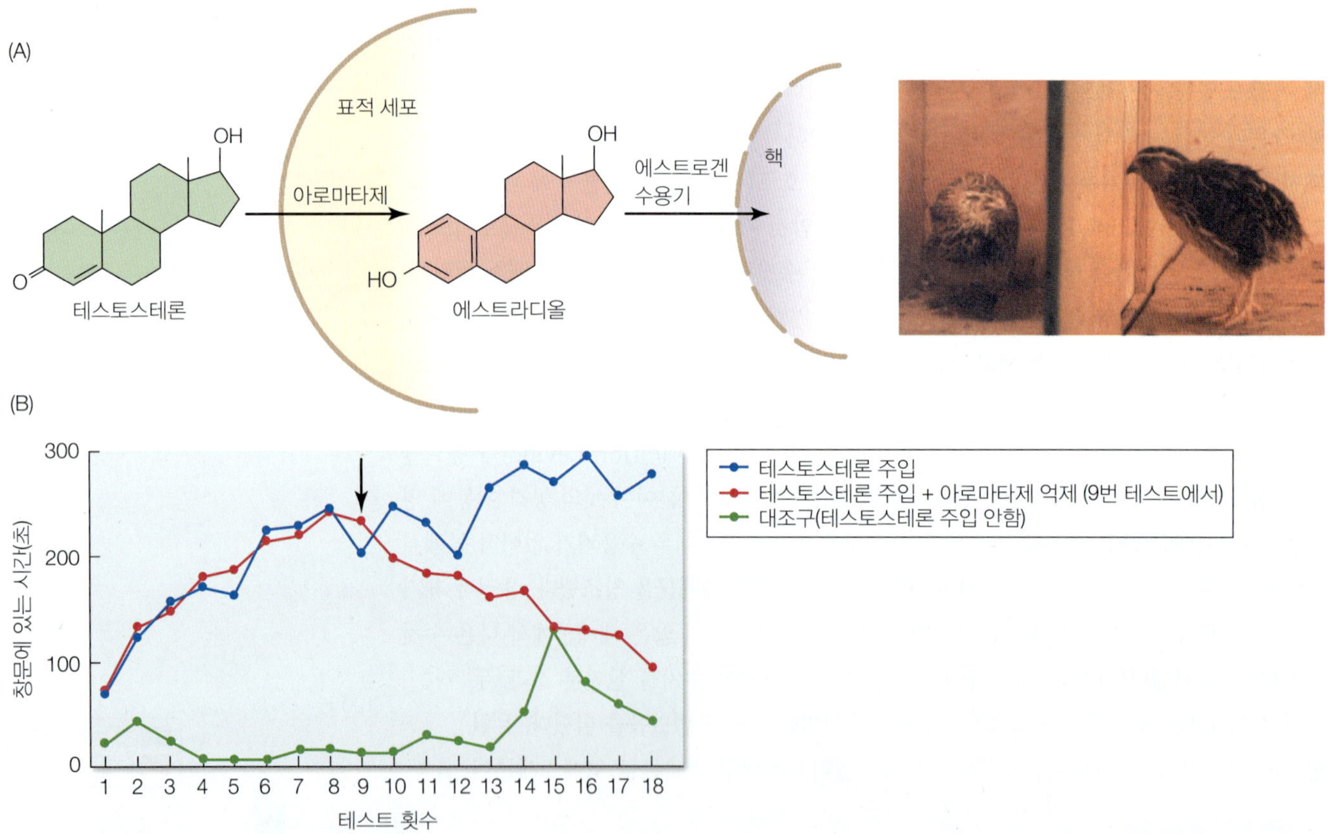

그림 5.23 테스토스테론과 성적 동기의 조절. (A) 수컷 메추라기의 호르몬 변화는 성적으로 경험이 있는 수컷이 성숙한 암컷 메추라기를 보는 기회에 대한 반응에 영향을 미친다. 테스토스테론은 정소에서 분비되고 뇌의 표적 세포가 이를 포획한다. 여기서 아로마타제 효소가 이 호르몬을 에스트라디올로 변환한다. 이 물질은 그 후 에스트로겐 수용기와 결합하여 에스트로겐 수용기 복합체를 형성한다. 이 복합체는 표적 세포핵에 전달되고 화학적 변화가 궁극적으로 수컷 메추라기로 하여금 암컷을 창문을 통해 바라보도록 한다. (B) 거세된 수컷은 암컷에 관심을 가지지 않지만 테스토스테론을 주입하면 암컷을 노려보는 행동을 한다. 그러나 아로마타제 억제제를 주입하면(9번 테스트, 화살표) 반응하지 않는데, 이는 테스토스테론이 수컷의 성적인 동기를 조절하는 중요한 호르몬인 에스트라디올로 전환되지 않기 때문일 것이다. (From Balthazart et al. 2003.)

BOX 5.2 **자료 해석을 통한 행동 탐구**

스테로이드 호르몬은 수컷 캘리포니아쥐의 양육 행동을 조절하는가?

캘리포니아쥐(*Peromyscus californicus*)의 수컷은 새끼를 돌본다. 이 행동은 앞서 실험실 쥐에서 탐구했듯이, 프로게스테론이 영향을 미친다는 근접 가설로 설명할 수 있다. 대안 가설로 감소한 테스토스테론 수치가 수컷의 양육 행동에 영향을 미칠 수 있다. 브라이언 트레이너(Brian Trainor)와 동료들은 실내 실험을 통해 경험이 없는 수컷(짝뿐 아니라 자식이 없음)과 아빠 쥐(짝과 새끼와 함께 있음)의 테스토스테론 수치에서 통계적으로 유의한 차이가 나타나지 않음을 발견했다(**그림 A**: Trainor et al. 2003). 반면, 프로게스테론 수치는 새끼와 함께 있는 수컷보다 무경험 수컷의 혈액에서 더 높게 나왔다(**그림 B**).

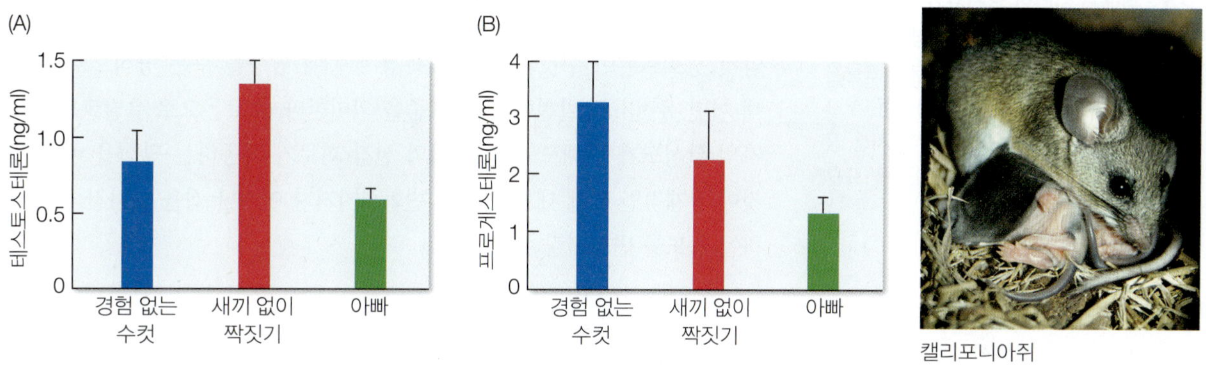

캘리포니아쥐

스테로이드 호르몬 수치 비교. 수컷 캘리포니아 쥐의 (A) 테스토스테론과 (B) 프로게스테론 수치. 막대 그래프는 평균 및 표준오차를 나타낸다. (A, B after Trainor et al. 2003; photograph © Miles Barton/Minden Pictures.)

생각의 틀 깨기

서로 다른 두 가지 스테로이드 호르몬이 수컷의 행동 차이에 영향을 미친다는 대안 근접 가설을 생각해 보자. 데이터는 이 가설 중 어느 가설을 지지할까? 결과를 고려할 때, 여러분이라면 이것을 입증하기 위해서 다른 어떤 실험을 설계할 것인가? 힌트: 단순하게 측정을 하는 것보다 호르몬을 조작하는 것을 생각해 보기 바란다.

가 테스토스테론의 존재에 강하게 영향을 받은 것이다. 이러한 결론은 수컷의 정소를 제거하면 모든 성적 행동이 정지된다는 것에서 어느 정도 뒷받침된다. 짝에 가까이 머물게 하는 동기가 다시 생기도록 테스토스테론을 주입하지 않는 이상 말이다.

재미있게도, 테스토스테론 자체는 수컷 메추라기가 짝과 헤어졌을 때 사랑에 우는 개체가 되도록 하는 신호가 아니다. 대신 테스토스테론은 뇌의 시각교차 앞 구역(preoptic area)에 있는 표적 세포에서 스테로이드 호르몬인 에스트라디올, 즉 에스트로겐으로 전환된다. 이 전환은 아로마타제(aromatase)라 불리는 효소를 필요로 하며, 이 효소는 수컷 메추라기가 짝짓기를 한 이후에 더 활성화되는 유전자에 의해 암호화되어 있다. 아로마타제가 존재하는 가운데 생성된 에스트로겐은 에스트로겐 수용체 단백질과 결합한다. 에스트로겐 수용기 복합체가 세포의 핵으로 신호를 전달해서 생화학적인 현상이 일어나는데, 궁극적으로 현재 수컷이 접근할 수 없는 짝을 의도적으로 응시하는 신경신호로 번역된다(**그림 5.23B**).

호르몬이 실험실 쥐의 특정 행동을 활성화시키는 방식은 쥐의 뇌에 있는 특정 구역에서 호르몬과 유전자의 상호관계를 연구하는 연구진에 의해 밝혀졌다.(Xu et al. 2012) 연구진은

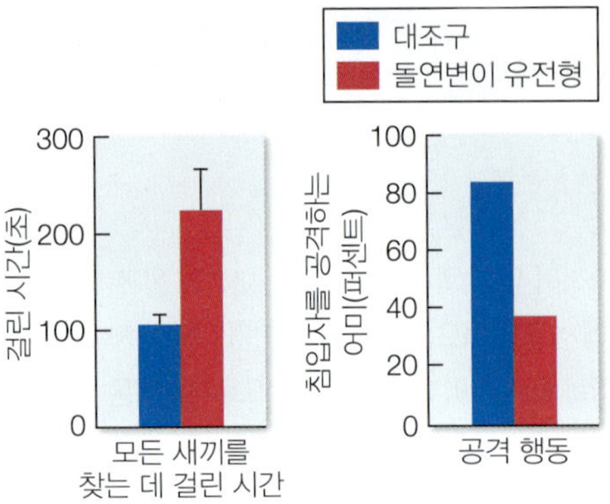

그림 5.24 쥐에서 하나의 유전자가 두 가지 어미의 행동을 활성화하는 데 미치는 영향. *Irs4* 유전자의 돌연변이가 있는 암컷은 새끼로부터 그들을 떼어 놓았을 때, 다시 새끼를 찾는 데 시간이 더 오래 걸렸다. 그들은 새끼에게 접근하는 침입자를 공격하는 경향이 줄었다. 막대 그래프는 평균 및 표준 오차를 나타낸다. (After Xu et al. 2012.)

마이크로어레이(microarray) 분석을 사용해서, 많은 척추동물이 성적 행동을 조절하는 데 주요한 역할을 하는 뇌의 부위인 시상하부에서 성적으로 발현 차이가 있는 유전자의 집합을 알아내는 것부터 시작했다. 연구진은 쥐의 번식 행동에 영향을 줄 수 있는 잠재력이 있는 몇 개의 유전자들을 알아낸 후, 이 유전자의 전형적(야생형) 대립유전자가 있는 개체와 없는 개체의 행동을 비교했다. *Sytl4* 유전자의 야생형 대립유전자가 없는 수컷은 정상 수컷에 비해 번식 준비가 된 암컷과 교미를 더 늦게 시작했다. 돌연변이의 성적 행동이 대체적으로 정상이었지만 말이다. 반대로 돌연변이 *Sytl4* 유전형이 있는 암컷은 정상적으로 행동했지만, 다른 유전자(*Irs4*)의 야생형 대립유전자가 없는 암컷은 교체된 새끼를 되찾는 데 더 오래 걸렸고, 야생형 어미에 비해 침입자를 덜 공격했다(**그림 5.24**). 이 결과는 수컷과 암컷 성호르몬이 수컷과 암컷의 특정 행동에 영향을 주는 방식으로 특정 뇌세포 내 어떤 유전자의 발현에 영향을 줌을 의미한다. 호르몬으로 유발된 단 한 개 유전자의 활성도가 변해도 분명히 뇌의 신경 회로가 작동하는 방식을 바꿈으로써, 수컷이 잠재적인 짝에 대한 반응을 변화시키거나 어미나 집을 떠나간 새끼에게 반응하는 속도를 변화시킬 수 있다.

호르몬과 번식

메추라기와 달리, 다른 동물은 오래 지속되는 성적인 애착 관계를 형성하지 않는다. 암컷 초파리는 짝짓기 직후에는, 완전히 짝짓기를 할 수 없어서, 이전의 짝뿐만 아니라 다른 수컷도 거부한다. 암컷 초파리는 이후 알을 낳는 데 시간을 보내는데, 한 번의 짝짓기로 받은 정자를 저장해 두었다가 자신의 성숙한 알을 모두 수정시키는 데 사용한다는 점을 고려하면, 이는 적응적인 행동의 전환이다. 암컷이 성적으로 받아들일 준비가 되었다가 거부하는 극적인 전환을 조절하는 것은 호르몬임이 밝혀졌는데, 이 호르몬은 암컷이 직접 만드는 것이 아니라 수컷이 짝짓기 중에 전달하는 정액으로부터 받은 것이다.

수컷이 기증한 호르몬은 성 펩티드(SP)라고 불린다. RNA 교란을 통해서 SP를 암호화하는 수컷 초파리의 특정 유전자를 차단할 수 있다. 이러한 수컷은 SP를 만들 수 없으므로 암컷과 교미를 했을 때, SP를 짝에게 기증할 수 없는 것 외에는 다른 모든 것은 정상이다. 만약 SP가 암컷이 구애를 하는 수컷에게 반응하는 것을 차단하는 중요한 신호라면, SP가 없는 수컷과 교미를 한 암컷은 짝짓기 후에 정자와 정액을 지니고 있음에도 불구하고 새로운 짝을 받아들일 준비가 되어 있어야 한다. 이 예측은 정확하였다(**그림 5.25**)(Chapman et al. 2003). 앞서 언급했듯이, 화학적 메신저는 표적 세포의 표면에 있는 수용기 분자와 결합하여 작동한다.

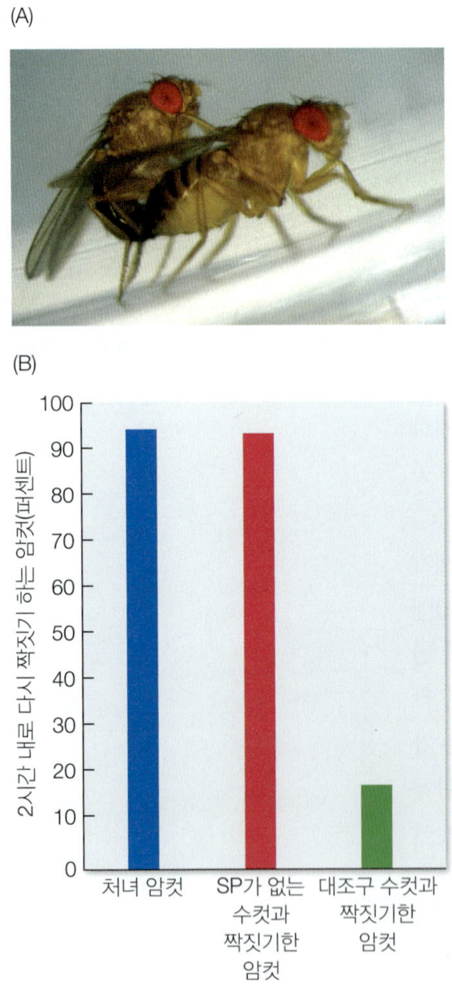

그림 5.25 무엇이 초파리에서 암컷의 수용도를 조절하는가? (A) 수컷이 정액을 통해서 암컷에게 전달하는 성 펩티드(SP)가 중요한 요인으로 보인다. (B) SP가 없는 수컷과 짝짓기를 한 암컷 초파리는 짝짓기를 한 후에도 마치 처녀 암컷이 첫 번째 성적인 만남으로 짝짓기를 하듯이 새로운 수컷과 48시간 이내에 짝짓기를 할 수 있다. (A, photograph by T. Chapman/CC BY 2.0; B after Chapman et al. 2003, © 2003 National Academy of Sciences, USA.)

따라서 초파리 호르몬 SP는 특정 수용기 단백질과 결합해야 하는데, 성 펩티드 수용기(SPR)이라고 불리는 적합한 분자가 발견되었다. 여기서도 SPR을 암호화하는 한 개의 유전자를 차단해서 "돌연변이" 암컷을 창조하고, 그 세포가 수컷이 기증한 호르몬과 결합하는 것을 차단할 수 있다. 이것이 실험으로 구현되면, SPR이 없는 암컷은 한 번 짝짓기를 하고서도 마치 여전히 처녀인 것처럼 또 교미를 할 수 있다(Yapici et al. 2008).

동물의 성적 행동을 조절하는 호르몬 신호는 종종 배우자 생산과 성적 활동을 모두 증가시킨다. 이 **연관 번식 양상(associated reproductive pattern)**(**그림 5.26**)은 예를 들어, 영국 붉은사슴(*Cervus elaphus*)의 계절적 성행동에서 잘 드러난다. 여름 동안 사이좋게 지내던 수컷 사슴들은 짝짓기 시기 전 9월이 되면서 공격적이 된다. 이 시기에 그들의 정소는 정자와 테스토스테론을 생성한다. 행동내분비학자들은 (수컷의) 정소와 (암컷의) 난소에서 생성되는 스테로이드 호르몬이 성적인 번식 행동을 활성화시키는 것과 같은 가설을 검증하기 위해 척추동물에서 고전적인 실험 패러다임을 오랫동안 사용해 왔다. 특히, 개체의 번식기관을 제거한 후 호르몬을 교체한다. 예를 들어, 수컷 붉은사슴 성체에서 가을 짝짓기 시기 이전에 거세하면 공격 행동을 거의 보이지 않으며, 성적으로 받아들일 준비가 된 암컷과 짝짓기를 시도하지 않는다. 거세된 수컷과 그렇지 않은 수컷과의 차이가 거세된 수컷에는 존재하지 않는 테스토스테론에 기인한다고 했을 때, 테스토스테론을 주입하면 짝짓기를 할 때 공격 행동과 성적 행동을 재개할 것이고, 실제로도 그러하다(Lincoln et al. 1972).

마찬가지로, 녹색도마뱀(*Anolis carolinensis*) 수컷이 겨울철 휴면시기가 지나 활동을 재개할 때, 테스토스테론 수치가 매우 낮다. 그러나 이 호르몬이 엄청난 양으로 생산되기 시작하면서, 수컷의 정소가 커지고 성숙한 정자가 만들어진다. 이 시기에 어떤 수컷은 영역을 방어하며 암컷에게 구애를 한다(Jenssen et al. 2001). 이 개체들은 점차 크고 더 강한 싸움꾼이 될 뿐만 아니라, 작은 도마뱀보다 혈액에 더 많은 테스토스테론을 지니고 있으며, 또한 암컷에게 구애하고 라이벌을 위협하기 위한 더 큰 목젖(dewlap)을 갖고 있다(Husak et al. 2007). 짐작하듯이, 수컷 도마뱀을 거세하면 구애를 하지 않는다. 그러나 거세 뒤 테스토스테론을 주입하면, 정상적인 구애행동을 재개한다(Crews 1974).

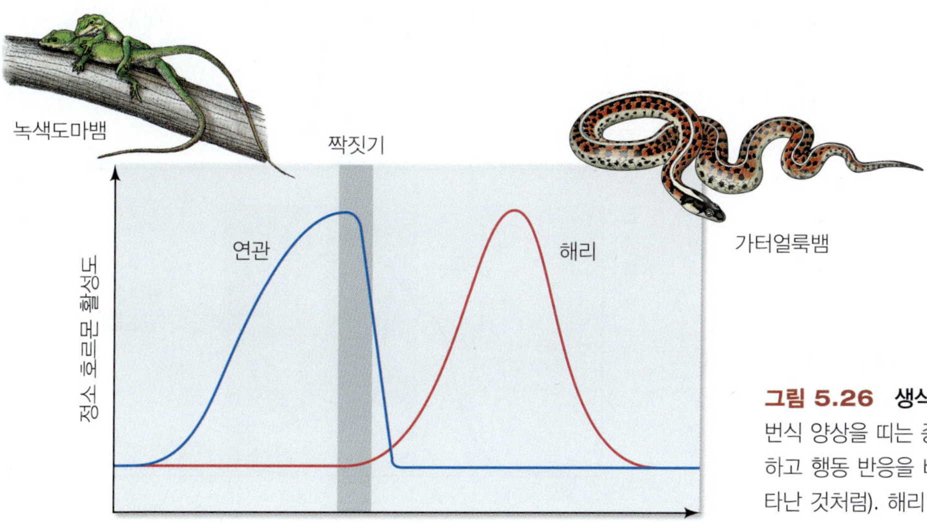

그림 5.26 생식샘 호르몬과 두 가지 다른 번식 양상. 연관 번식 양상을 띠는 종에서, 환경 신호는 내부 호르몬 변화를 촉발하고 행동 반응을 비교적 빠르게 활성화한다(녹색도마뱀에서 나타난 것처럼). 해리 번식 양상에서 짝짓기는 호르몬 활성과 시간적으로 해리될 수 있다(가터얼룩뱀처럼). (After Crews 1984.)

테스토스테론의 이러한 활성화 효과는 그 해의 계절에 따라 어느 정도 달라진다. 제니퍼 닐(Jennifer Neal)과 줄리 웨이드(Juli Wade)는 사육하는 수컷 녹색도마뱀을 두 집단으로 나누어 테스토스테론 캡슐을 심었다. 하나는 정상적인 여름 짝짓기 계절과 비슷한 환경(따뜻한 온도와 긴 낮의 길이)에 노출하였고, 또 다른 하나는 시원하고 낮의 길이가 짧은 환경에 노출하였다(Neal and Wade 2007). "짝짓기 시기"에 있는 수컷은 "비번식기"의 수컷에 비해 암컷에게 더 구애하려고 뽐을 내었다. "짝짓기 시기" 수컷의 뇌는 "비번식기"의 수컷의 뇌에 비해 아미그달라(amygdalae)가 더 컸는데, 이는 호르몬의 조절하에 있는 특정 부위임을 뒷받침한다. 따라서 녹색도마뱀의 연관된 번식 양상은 그 해의 계절에 따라 달라진다.

테스토스테론과 번식 행동

많은 동물은 근연종이든 아니든, 매우 같은 호르몬 세트를 보유하고 있다. 이는 조상 분자가 진화의 시간 동안 다른 종에서 다른 역할을 하면서 아주 약간 변형된 진화의 보존적 특성 때문이다. 제3장에서 신경 펩티드인 바소프레신(vasopressin)이 어떻게 그런 고대의 보전된 호르몬이 되었는지를 논의하였다. 테스토스테론은 다른 중요한 사례이다. 흰정수리멧새, 녹색도마뱀, 붉은사슴이 비슷한 형태의 호르몬을 생산하지만, 흰정수리멧새는 짝짓기를 할 때 테스토스테론에 의존하지 않는다. 수컷 흰정수리멧새는 정소가 없어도 오랫동안 빛에 노출되면 교미를 원하는 암컷에게 올라탄다.(Moore and Kranz 1983) 이와 더불어, 수컷 흰정수리멧새가 여름철에 두 번째나 세 번째 알을 낳기 위해서 암컷과 짝짓기를 할 때, 혈액에 테스토스테론이 많이 없어도 교미를 한다(**그림 5.27**). 이 종의 수컷이 성 행동을 하기 위해서 테스토스테론 수치가 반드시 높아야만 하는 것은 아니다.

수컷 흰정수리멧새는 구애와 짝짓기를 위한 테스토스테론 수치가 높지 않아도 되는 유

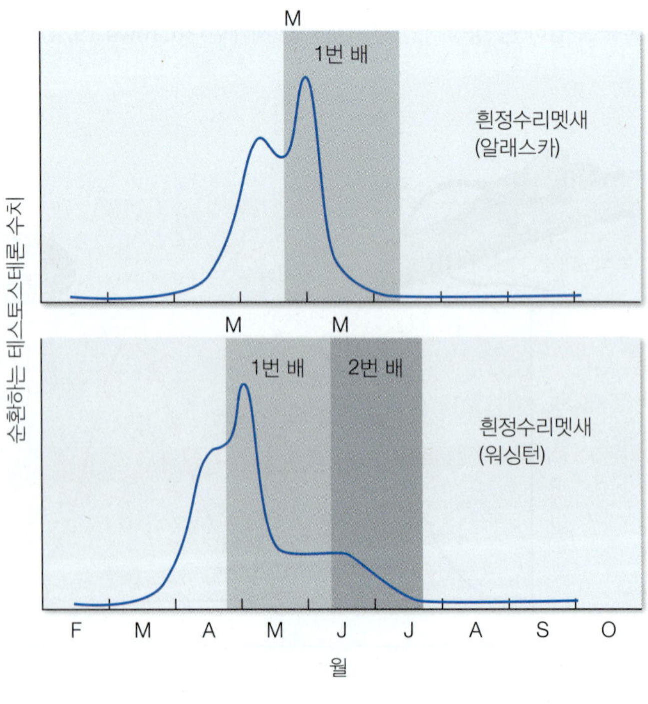

그림 5.27 흰정수리멧새의 한 배와 여러 배 개체군의 호르몬과 행동 주기. 수컷 흰정수리멧새의 혈액에서 테스토스테론 농도는 짝짓기 시즌의 첫 번째 번식 주기에서 수컷이 암컷과 짝짓기 직전 최고조에 달한다. 그러나 한 시즌에 두 번 새끼를 낳는 개체군은 테스토스테론 농도가 줄어드는 두 번째 번식 주기에도 교미를 한다. (After Wingfield and Moore 1987.)

일한 새가 아니다(How et al. 2010). 그러나 이것은 수컷 흰정수리멧새에게 테스토스테론이 중요하지 않다는 이야기가 아니다. 대신 테스토스테론은 수컷의 성적 행동보다 영역 행동에 있어서 더 중요해 보인다(Nelson et al. 1990). 이는 새에서 널리 퍼진 현상이다. 이런 종의 새에서는 테스토스테론이 성적 행동보다 공격을 촉진하는 것일까? 만약 이 가설이 맞는다면, 계절적인 텃세의 테스토스테론 수치가 수컷이 공격적으로 경쟁자에 대해 영역을 방어하는 번식기 초반에 특히 높을 것이라 예측할 수 있다. 이것은 흰정수리멧새(그림 5.27 참조)와 다른 새에서 나타난다(Wingfield and Moore 1987). 존 윙필드(John Wingfield)와 동료들은 테스토스테론과 공격의 관계를 설명하기 위해 **도전 가설(challenge hypothesis)**이라 부르는 모델을 제안하였다(Wingfield et al. 1990). 이 가설에 따르면, 테스토스테론은 짝 지키기나 경쟁자 수컷을 쫓아내는 것처럼 번식에 이득이 될 때만 공격을 촉진한다.

도전 가설 테스토스테론은 짝 지키기나 경쟁자 수컷을 쫓아내는 것처럼 번식에 가장 이득이 되는 상황에서만 공격을 촉진한다.

새들은 왜 일 년 중 다른 시기에는 테스토스테론 수치를 높게 유지하지 않는 것일까? 다윈의 추론을 사용해 본다면, 여러분은 새들이 번식하거나 공격할 필요가 없는 시기에도 테스토스테론을 유지하는 것은 낭비라는 가설을 세울지 모른다. 앞서 파나마에 사는 개미잡이새가 적도와 관련되어 거의 변화 없는 환경에서 지내는 것과 관련한 논의를 떠올려 보자. 흰정수리멧새와 다른 온대 지역의 새들이 겨울에 적도 쪽으로 이주하는 것과 달리, 개미잡이새는 비번식기에 특정한 곳으로 이동할 필요가 없다. 테스토스테론이 번식 행동(예를 들면, 증가한 구애춤과 공격성)과 번식 자체(예를 들면, 정자 생성)에 이익을 주기도 하지만, 이 호르몬의 수치가 높으면 상대적으로 면역계에 투자할 수 없으므로 해서 생존력을 감퇴시킨다. 많은 종의 수컷은 번식기의 짧은 기간에 이러한 잠재적 비용을 다룰 수 있지만, 영역을 일 년 내내 지키면서 번식기를 연장하는 종들은 테스토스테론의 수치를 유지하는 비용이 너무 크다.

개미잡이새 수컷은 비번식기에는 테스토스테론의 수치가 매우 낮지만, 디히드로에피안드로스테론(Dehydroepiandrosterone, DHEA)이라고 불리는 성 스테로이드 전구체 수치가 증가한다. 비번식기의 수컷에서 미카엘라 하우(Michaela Hau)와 동료는 가짜 새를 놓은 후 노랫소리를 오디오로 틀어 실험실과 야외에서 들려주자, 이에 반응하여 공격적으로 소리를 내는 것과 DHEA 수치가 비례한다는 것을 발견했다. 연구진은 DHEA가 비번식기에 공격 행동에 관여하는 호르몬이라는 가설을 세웠다(Hau et al. 2004a). 그렇다면, 이 종 수컷의 테스토스테론은 어떨까? 수컷 개미잡이새는 번식하는 동안 테스토스테론이 계절적으로 증가하는 특이 양상을 보이지 않았지만, 번식 기간에 모의로 영역을 침범하는 자극에 대해서는 테스토스테론을 빠르게 증가시키는 반응을 나타낸다(Hau et al. 2000). 이것은 테스토스테론이 여전히 번식기에(정자 생성이 필요할 때) 이 종의 공격 행동에 있어 역할을 함을 의미한다.

도전 가설과 테스토스테론이 번식기의 공격과 관련이 있다는 생각은 다른 예측으로 이끈다. 그것은 암컷 사이에 짝을 찾는 경쟁이 새의 생활사에서 일반적인 양상이라면, 더낙(dunnock, *Prunella modularis*)에서 나타나듯이 공격적인 암컷은 비교적 테스토스테론 수치가 높아야 한다. 몇몇 암컷 더낙은 같은 지역에 살면서, 하나 또는 그 이상의 거주 수컷에 대한 성적인 선호도를 공유한다(제10장 참조). 암컷의 번식성공도는 그 수컷 파트너로부터 안전을 보장받는지에 따라 달라진다. 이는 뒤집어 말해서 수컷이 얼마나 자주 그 암컷과 번식하는지에 달려있기 때문이다. 이에 따라, 암컷은 다른 암컷을 "그들의" 짝으로부터 멀어지게 하려고 애쓴다. 다수의 암컷이 있는 집단에서 공격적인 암컷의 테스토스테론 수치를 하나의 수컷과 짝 지워진 도전받지 않은 암컷의 수치와 비교한 결과, 테스토스테론은 암컷을 더 공격적으로

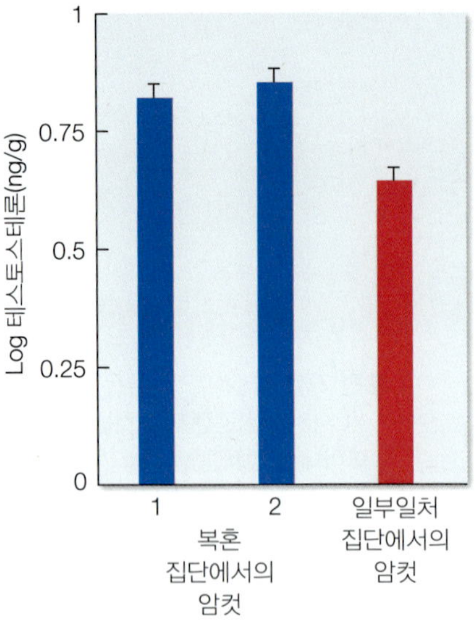

그림 5.28 테스토스테론과 더닉(dunnock) 암컷의 공격. 복혼 집단에서 수컷을 두고서 경쟁하는 암컷에서 일부일처 관계의 암컷보다 테스토스테론 농도가 더 높게 나타난다. 막대 그래프는 평균 및 표준오차를 나타낸다. (After Langmore et al. 2002.)

만들었다(**그림 5.28**)(Langmore et al. 2002). 비록 싸움이 테스토스테론 수치를 높일 가능성도 있지만 말이다. 이 연구는 호르몬에 대한 다른 중요한 점을 시사하는데, "수컷에만 있는" 혹은 "암컷에만 있는" 호르몬은 없다는 것이다. 비록 특정 스테로이드 호르몬이 정자의 생산이나 임신에 일부 역할을 하지만, 두 성은 각각 암컷과 수컷 호르몬으로 종종 잘못 인식되는 에스트라디올과 테스토스테론을 모두 보유할 수 있다.

호르몬 조절의 비용

지금쯤이면 알겠지만, 적응주의자는 관심이 있는 형질의 편익과 비용을 모두 생각한다. 예를 들어, 테스토스테론은 많은 불이익이 있다. 위에서 언급했듯이, 테스토스테론은 면역 반응을 방해한다(Zuk et al. 1995, Greives et al. 2006). 이것은 많은 척추동물의 수컷이 암컷에 비해 바이러스, 박테리아, 기생충에 감염이 되는 이유를 설명해준다(Wingfield and Ramenosky 1997, Klein 2000). 게다가 침팬지(*Pan troglodytes*) 개체군에서 테스토스테론 수치가 높은 상위 수컷에는 촌충을 포함하는 집단인 다양한 연충(helminth)이 있다(Muehlenbein and Watts 2010).

또한, 테스토스테론이 직접적으로 행동에 미치는 효과는 비용이 들 수 있는데, 호르몬의 영향을 받는 개체가 에너지를 더 많이 사용하게 된다(Marler et al. 1995). 예를 들어, 수컷 제비(*Hirundo rustica*)에게 짙은 붉은색으로 칠한 가슴깃털이 있으면, 다른 공격적인 수컷의 표적이 되었다. 그 결과 그들의 테스토스테론 농도는 증가했다. 체중은 시간이 지나면서 감소했는데, 호르몬이 이들 새를 더 활동적으로 만들거나 칠을 한 수컷에서 다른 수컷의 증가한 공격에 대한 반응을 증가시켰기 때문이다.(Safran et al. 2008) 테스토스테론으로 포화된 수컷은 암컷과의 짝짓기나 경쟁자와의 싸움에 너무 집중해서 포식자에게 잡아먹히기 쉬우며, 측면얼룩도마뱀(*Uta stansburiana*)과 같은 종에서 테스토스테론 농도가 높은 수컷은 그보다 호르몬 양이 적은 수컷에 비해 생존 확률이 떨어진다(**그림 5.29**)(Sinervo et al. 2000). 테스토스테론이 포화된 수컷이 이러한 장애를 극복한다 하더라도, 자

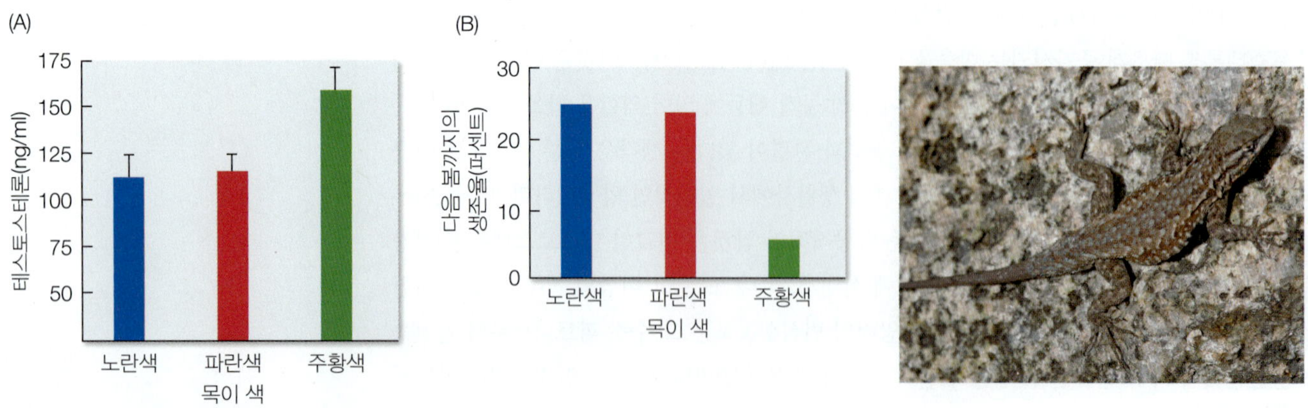

그림 5.29 테스토스테론의 생존비용. (A) 일반적 3가지 다른 형태의 측면얼룩도마뱀(common side-blotched lizard)은 목의 색이 다르며, 평균적으로 다른 농도의 테스토스테론이 혈액을 순환한다. 막대 그래프는 평균 및 표준오차를 나타낸다. (B) 테스토스테론 농도가 가장 높은 형태에서 연간 사망률이 매우 높다. (After Sinervo et al. 2000; photograph by John Alcock.)

손을 돌보는 것보다 다른 수컷과 싸우는 데 더 많은 시간을 보내야 할 수 있다. 예를 들어, 테스토스테론을 주입한 검은눈준코(dark-eyed juncos, *Junco hyemalis*)는 대조구에 비해 치사율이 높지 않더라도, 새끼를 덜 먹임으로써(Ketterson and Nolan 1999) 거의 치사 상태에 이르게 한다(Reed et al. 2006). 아마 공격과 부모의 양육 사이의 균형 때문에, 인간의 남성에서는 아빠가 된 후 테스토스테론 수치가 급격하게 떨어질 것이다(Gettler et al. 2012).

테스토스테론이 아주 잠깐 일시적으로라도 증가하면, 부모는 비용을 치르게 된다. 엘런 케터슨(Ellen Ketterson)이 이끄는 팀은 사육하는 수컷 준코에게 생식샘자극호르몬분비호르몬(gonadotrophin-releasing hormone, GnRH)을 투여했다. 시상하부에서 생성되는 이 펩티드 호르몬은 뇌하수체에서 황체형성호르몬(luteinizing hormone)을 분비하게 하고, 결국 생식샘에서 테스토스테론(수컷)을 생산하도록 하는 호르몬 연쇄 반응을 촉발한다. 이 번식 호르몬 연쇄 반응을 **시상하부-뇌하수체-생식샘축[hypothalamic-pituitary-gonadal (HPG) axis]**이라 부른다(**그림 5.30**). 이러한 처리를 수컷 준코(juncos)에게 했을 때, 테스토스테론이 잠시 동안이지만 급격히 증가하였고, 둥지 주변에도 분비되었다. GnRH 주입 이후 테스토스테론 농도가 비교적 높은 수컷은 모의 공격자(거주자 영역의 중심에 놓인 새장 안에 갇힌 준코)들에 대해 공격적으로 반응하였다. 그러나 GnHR 주입 이후 가장 테스토스테론 반응이 증가한 수컷에서 새끼들을 먹이는 비율이 가장 떨어졌는데, 이러한 결과는 테스토스테론을 주입했을 때, 이 종의 수컷이 새끼를 덜 보살피는 결과와 일치하였다(McGlothlin et al. 2007). 따라서, 테스토스테론 농도가 아주 짧은 시기 동안 증가하더라도, 수컷은 도움을 덜 주는 부모가 될 수 있다. 테스토스테론이 미치는 다양한 손해는 많은 조류종의 수컷이 번식 초기에는 공격적이었다가(그리고 성적으로 자극되어 있다가), 이후 테스토스테론이 급격히 떨어지는 이유를 설명하는 데 도움을 준다(Wingfield et al. 2001). 따라서 수컷은 새끼를 양육하는 행동이 줄어드는 것과 같이 호르몬에 장기간 노출되었을 때 생기는 여러 불이익을 줄일 수 있다.

테스토스테론은 새끼를 양육하는 종의 수컷에서만 비용을 치르게 하는 것은 아니다. 수컷 가터얼룩뱀(garter snake,

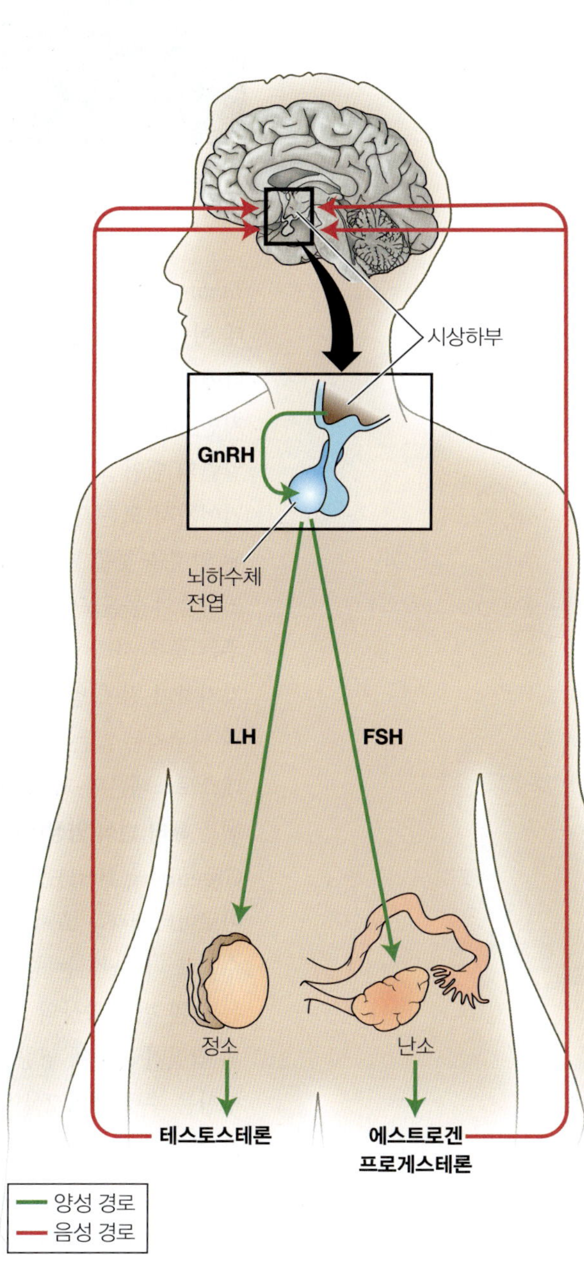

그림 5.30 시상하부-뇌하수체-생식샘축[hypothalamic-pituitary-gonadal (HPG) axis]. (A) 생식샘자극호르몬분비호르몬(gonadotrophin-releasing hormone, GnRH)이 시상하부에서 생성되어 뇌하수체에서 황체형성호르몬(luteinizing hormone, LH)과 여포자극호르몬(follicle-stimulating hormone, FSH)을 분비하도록 자극하면, 암컷은 에스트로겐과 프로게스테론을 생산하고 수컷은 테스토스테론을 생산한다. 이러한 호르몬 연쇄 반응은 뇌에서 생식샘으로 이어지는 양성 경로를 형성한다. 스테로이드 호르몬(테스토스테론, 에스트로겐, 프로게스테론)이 혈액에서 증가하면, 뇌에서는 음성 피드백을 통해 GnRH를 조절한다.

그림 5.31 가터얼룩뱀의 봄철 짝짓기 떼. 수컷은 동면에서 깨어나 암컷에게 열렬히 구애한다. (Photograph © Cindy Creighton/Shutterstock.com)

Tahmnophis sirtalis)은 비록 자식을 돌보지 않지만, 테스토스테론이 번식과 공격을 조절하는 데 이용되는 비싼 도구라는 또 다른 증거를 제공한다(Soma et al. 2000). 이 뱀은 남부 캐나다에까지 이르는 먼 북부에 살면서 일 년 중 대부분을 땅 속에서 휴면한다. 늦은 봄에 따뜻해지면, 뱀은 잠에서 깨어나 꿈틀거리며 밖으로 나오는데, 그 수가 수천에 이른다(**그림 5.31**). 일련의 뱀이 그 자리를 떠나기 전 성적인 활동에 미친 듯이 참여하는데, 수컷은 암컷을 따라 기어가서 모든 암컷과 교미를 시도한다. 시즌의 후반에 접어들어, 수컷을 받아들일 준비가 된 암컷을 찾을 확률이 매우 낮아지면 수컷은 먹이를 찾아 돌아다니는데, 이는 근접 생리 메커니즘이 동물로 하여금 여러 행동 선택지 사이의 경쟁을 어떻게 해결하도록 하는지를 보여주는 좋은 사례이다(O'Donnell et al. 2004). 미친 짝짓기 동안, 수컷은 다른 수컷이 암컷을 차지하기 전에 받아들일 준비가 된 암컷을 만나려고 경쟁하지만, 교미의 우선권을 얻기 위해 싸우지는 않는다. 뱀의 혈액에서 성호르몬 농도를 측정해 보면, 이런 비공격적인 뱀에서는 테스토스테론이 거의 없다. 그러나 뱀은 짝짓기를 하는 데 문제가 없으며, 따라서 가터얼룩뱀은 **해리 번식 양상(dissociated reproductive pattern)**(그림 5.26 참조)(Crews and Greenberg 1981)을 지니고 있는 동물이다. 그러나 테스토스테론을 에스트로겐으로 바꾸는 아로마타제라는 효소가 봄철에 암컷을 활발하게 찾는 수컷 뇌의 특정 부위에서 비교적 높은 수치로 나타난다는 증거가 있다(Krohmer et al. 2002, 2010). 이것은 가터얼룩뱀에 작동하는 연관 번식 양상의 요소가 있음을 뒷받침해준다. 만약 안드로겐보다 에스트로겐이 수컷 뱀의 짝짓기 행동에 영향을 준다면, 이 종에서 테스토스테론의 영향은 무엇일까? 테스토스테론 생산은 수컷 뱀이 2살이나 3살일 때 시작되는데, 뱀의 성적 행동을 조절하는 신경 메커니즘을 발달시키고 유지하는 데 필요해 보인다(**그림 5.32**)(Crews 1991). 테스토스테론을 에스트로겐으로 바꾸는 효소가 가을 무렵 이 뱀의 뇌의 특정 부위에 더 만연해 있다는 사실은 (테스토스테론으로부터 기인한) 에스트로겐의 계절적 변화가 봄에 성적 행동을 촉진하는 주요

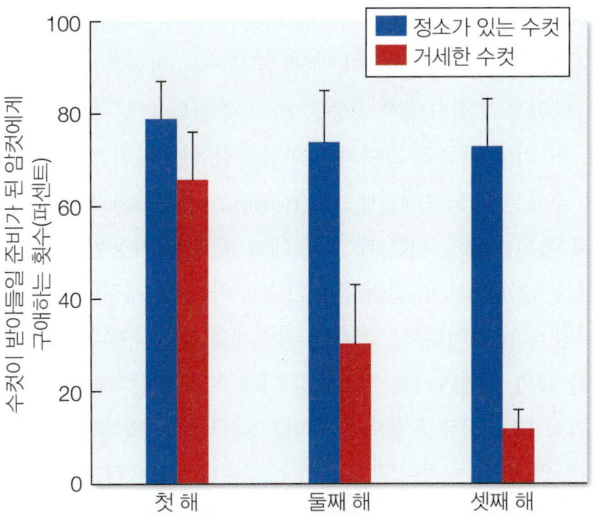

그림 5.32 테스토스테론과 짝짓기 행동의 장기간 유지. 1년차에 번식기가 되기 전에 정소가 제거된 수컷 가터얼룩뱀은 테스토스테론이 없어도 성적으로 활발했다. 그러나 2, 3년차가 되면서 정소가 있는 수컷에 비해 수용 가능한 암컷에게 구애를 덜 했다. 막대 그래프는 평균 및 표준오차를 나타낸다. (After Crews 1991.)

신경회로를 준비한다는 가설과 일치한다. 이 사례를 통해, 내분비–신경계가 먼 조상으로부터 유지되어져 왔지만, 현대 종의 적응 목적을 달성하기 위해 독특한 방식으로 사용되었다는 근접 메커니즘의 사례를 다시 한 번 확보하게 되었다.

당질코르티코이드와 환경 변화에 대한 반응

이 장의 이 부분 전까지 우리의 호르몬에 관한 논의에서, 일차적으로 사회적 환경과 테스토스테론, 에스트라디올, 프로게스테론("번식 호르몬"이라고 불림)과 같은 스테로이드 호르몬이 번식과 공격에 어떤 영향을 미치는지에 관해 다루었다. 이러한 호르몬은 환경으로부터 얻은 정보를 빠른 행동 변화로 이어지도록 하는 우선적인 방식 중 하나이다. 다시 말해, 호르몬은 행동의 변화를 일으킬 뿐만 아니라, 스스로도 다른 행동에 대해 반응해서 변화하는 조절자라 할 수 있다. 호르몬과 행동 관계의 양방향성 사례를 번식 행동의 맥락에서 살펴보았다. 도전 가설에서 예측하듯이, 일 년 중 수컷 간 공격이 예상되는 시기에는 테스토스테론 수치가 증가할 뿐만 아니라, 수컷 사이의 상호작용이 혈액의 테스토스테론을 빠르게 증가시킬 수 있다. 다시 말해서, 테스토스테론은 사회적 환경에 적합한 행동을 유발하는 데에 반해, 사회적 환경은 호르몬 생산을 증가시키고 스테로이드 호르몬과 사회적 환경의 양방향성 관계에 대한 강한 증거를 제시한다.

호르몬은 사회적 환경에 의해서만 영향을 받지 않는다. 먹이 가용성, 기상 이변, 그리고 심지어는 포식자의 존재와 같은 생태적 요인에도 영향을 받는다. 당질코르티코이드(glucocorticoid)는 사회적이고 생태적인 요인에 영향을 받는 스테로이드 호르몬이다. 당질코르티코이드는 다양한 스트레스원에 대해 분비되기에 종종 "스트레스 호르몬"이라고 알려져 있지만, 대사, 면역 기능, 그리고 다른 생리적인 과정에 있어서 중요한 역할을 한다. 사실 당질코르티코이드는 동물이 스트레스원에 빠르게 반응해서 행동과 생리를 조절하도록 해주기 때문에 "항스트레스" 호르몬이라고 불리어야 한다.

당질코르티코이드가 행동에 미치는 역할을 이해하기 위해, 동물이 스트레스원에 노출이 되었을 때 무슨 일이 일어나는지 생각해 보자. 예를 들어, 미국지빠귀(*Turdus migratorius*)는 매를 보면 안전한 곳을 찾기 위해 나무 위로 날아오른다. 이러한 행동 반응에는 다른 일을 하다가 비행 근육으로 에너지를 전환시키는 과정이 필요하다. 이를 위해서는 혈류를 증가시켜서 심혈관계를 증강시켜야 한다. 지빠귀는 포식자에게 집중을 하고 주변의 다른 모든 것은 흐리게 하는 인지 변화도 경험한다. 이 비행 반응에 관여하는 화학물질에는 여러 가지가 있지만[예를 들면, 아드레날린과 같은 호르몬과 노르에피네프린(norepinephrine)과 같은 호르몬], 당질코르티코이드는 중요하고 빠른 역할을 하는 데 몇 초에서 몇 분간 작용한다. 이제 다른 생태적인 스트레스원인 눈보라를 상상해 보자. 만약 봄철의 눈보라가 그 계절에 지빠귀의 첫 번째 번식 시도를 망쳤다면 어떤 일이 벌어질까? 그 새는 면역계를 자극하거나 번식 생리와 행동을 억제하거나 봄눈이 녹을 때까지 에너지를 저장하기 위해 식욕이 감퇴할 것이다. 지빠귀는 번식을 준비하는 대신 비번식 활동 상태로 돌아올 것인지도 모른다. 포식자의 사례에서처럼, 이러한 행동과 생리적 기능의 변화는 적어도 부분적으로는 당질코르티코이드 호르몬과 더 일반적으로는 **시상하부-뇌하수체-부신경[hypothalamic-pituitary-adrenal (HPA) axis]**의 통제 하에 있다(**그림 5.33**)(Sapolsky et al. 2000).

포식자인 매와 예상하지 못한 눈보라는 당질코르티코이드이 방출돼서 동물의 행동에 직접적이고 급격한 영향을 미칠 수 있는 **급성 스트레스원(acute stressors)**의 예이다. 그 결과로 나타나는 행동 반응에 의해서, 지빠귀가 잡아먹히지 않거나 모든 에너지를 실패할 수도 있는 번식에 사용한다면 분명히 적응적이다. 그러나 어떤 동물은 **만성 스트레스원(chronic stressors)**을 경험함으로써, HPA 축이 지속적이면서도 종종 장기간에 걸쳐서 활성화되도록 한다. 만약 포식 위험이나 기상 이변—또는 먹이 부족, 사회적 갈등 등—이 계속된다면, 만성적으로 상승한 당질코르티코이드가 부정적인 생리 효과를 나타낼 수 있다. 테스토스테론 증가에 많은 비용이 드는 것처럼, 높은 당질코르티코이드 수치를 장기간 유지하면 면역 기능을 손상시키고 질병을 유발해서 죽음에까지 이르게 할 수 있다(Sapolsky et al. 2000). 따라서 동물은 종종 행동을 조절하여 당질코르티코이드를 감쇠시킨다. 이것은 스테로이드 호르몬과

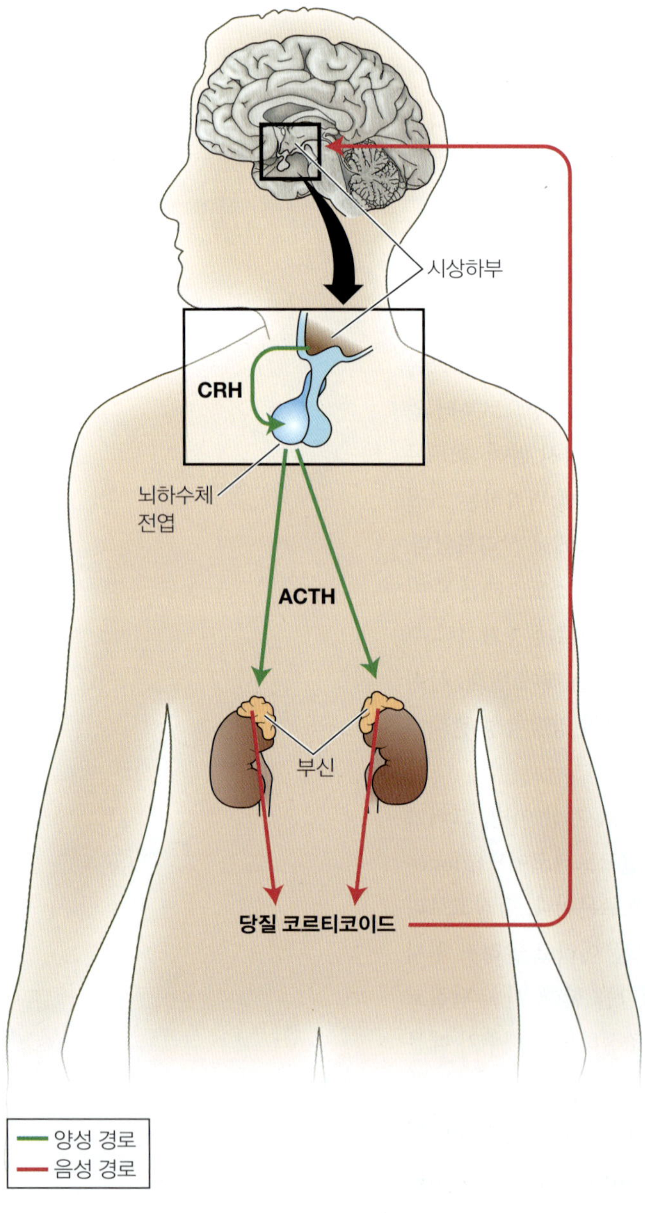

그림 5.33 시상하부-뇌하수체-부신경축[hypothalamic-pituitary-adrenal (HPA) axis]. 부신피질자극호르몬분비호르몬(corticotropin releasing hormone, CRH)은 시상하부에서 분비되어 뇌하수체 전엽에서 분비하는 부신피질자극호르몬(adrenocorticotropic hormone, ACTH)을 자극하는 과정으로, 이는 (코르티졸과 코르티코스테론을 포함한) 당질코르티코이드가 부신피질(adrenal cortex)에서 생성되도록 자극한다. 이러한 호르몬 연쇄 반응은 뇌에서 생식샘으로 양성 경로를 형성한다. 혈액의 당질코르티코이드가 증가하면 뇌에서 음성 피드백을 통해 CRH를 조절한다.

행동 사이에 양방향 관계를 나타내는 또 하나의 사례이다. 따라서 당질코르티코이드는 단기적으로는 동물이 환경 스트레스원에 반응하므로 적응적이지만, 개체가 만성 스트레스에 노출이 된다면 장기적으로는 비적응적이다.

생태적 요인이 순환하는 당질코르티코이드에 지대한 영향을 미칠 수 있지만, 사회적인 요인도 영향을 미칠 수 있다. 예를 들어, 높은 개체군 밀도나 빈번한 영역 침범은 포유류에서 조류, 어류, 파충류에 이르기까지 몇몇 척추동물 종에서 증가한 당질코르티코이드와 관련이 있다(Creel et al. 2012). 만성적으로 증가한 당질코르티코이드 수치는 아주 어리거나 아주 늙거나 체력이 약한 개체의 면역 기능과 생존에서 특히 부정적인 영향을 미칠 수 있다. 매우 사회적이고 과밀한 개체군뿐만 아니라 집단으로 사는 종에서도 지배 순위가 당질코르티코이드 수치와 상관관계에 있다. 그러나 이 상관관계의 방향은 사회적인 위계의 안정성과 높은 순위를 얻고 유지하는 방식에 의존한다. 즉, 우위에 있는 개체가 그 지위를 하위자와의 싸움 없이 쉽게 유지할 수 있는 종에서는 우위자가 하위자보다 전형적으로 당질코르티코이드 수치가 낮다. 그러나 우위자가 자신의 지위를 유지하기 위해서 하위자와 계속 싸워야 한다면, 우위자의 스트레스 호르몬이 종종 높은 수치로 나타난다(Goymann and Wingfield 2004). 팀 클러튼브록(Tim Clutton-Brock)이 이끄는 연구진은 협동 번식 미어캣(*Suricata suricatta*)을 연구했다. 미어캣은 하나의 우위 번식 암컷과 여러 비번식 암컷이 같이 지내면서 우위자의 자식을 키우는 데에 도움을 주지만, 우위 암컷은 다른 열위자의 번식을 억제하는 것으로 드러났다(Young et al. 2006)(제13장 참조). 우위 암컷이 열위자의 번식을 억제하면 열위자에서는 당질 코르티코이드가 증가하고, 이는 다시 번식 호르몬을 억제하므로, 결과적으로 임신율이 줄어들고 낙태율이 증가한다.

사회적 집단으로 사는 개체는 순위가 다양할 뿐만 아니라, 다른 개체와 연결된 수와 강도도 다양하다. 다시 말해, 집단생활을 하는 종의 어떤 개체는 다른 개체들보다 친구가 많다. 사람과 다른 동물에서 강한 사회적 관계는 건강과 적합도에 긍정적 영향을 미치지만, 약한 관계는 부정적인 영향을 미친다. 크리스토퍼 영(Christopher Young)과 동료들은 바바리원숭이(*Macaca sylvanus*)에서 다른 수컷과 (공격적이기 보다) 친한 관계를 유지하는 수컷이 분변에서는 당질코르티코이드 대사체의 수치가 낮게 나왔다(Young et al. 2014). 저자들은 이 종의 사회적인 유대감은 호르몬 수치가 보여주는 것처럼 사회적 스트레스원(공격적 상호작용)과 환경 스트레스원(먹이 가용성의 변화)에 대응하는 수컷을 안정화시킨다고 주장했다.

모든 동물에게 삶은 예측 가능하거나 예측 불가능한 사건의 복합체이다. 자연선택은 이주하는 새들에서 잠재적인 포식자에 대한 비행 반응이 나타나게 하는 것과 같이, 그들의 행동을 형성했다. 이주 행동은 비교적 예측 가능하게 변화하는 계절에 대응하기 위해 진화했다. 이와 비슷하게, 하루의 낮과 밤의 조석 주기는 동물이 그들의 행동을 조절하기 위한 신호로 사용하는 매우 예측 가능한 사건이다. 이러한 예측 가능한 주기에 대해서 포유류 또는 곤충만큼이나 다양한 동물의 신경계는 비슷한 세트의 유전자와 뉴런에 의해 조절되는 시계 메커니즘을 생산하도록 형성되었다. 이러한 내적 리듬은 호르몬을 포함한 다양한 화학 전달자에 의해 조절된다. 호르몬은 환경의 정보가 행동 변화로 번역이 되는 하나의 방식이다. 호르몬은 하루 주기의 행동과 더불어 번식 행동, 공격 행동, 사회적 행동을 포함하여 다른 행동을 조절하는 중요한 역할을 담당한다. 척추동물에서 스테로이드 호르몬은—테스토스테론과 에스트라디올과 같은 번식 호르몬과 당질코르티코이드와 같은 스트레스 호르몬 모두—다양한 사회적 생태적 요인에 대한 행동을 조절한다. 스테로이드 호르몬의 수치는 비번식에서 번식 생활사 단계로의 전환에 영향을 미치는 계절 변화와 같은 예측 가능한 사건뿐만 아니라, 사회적인 도전, 영역 침범, 또는 기상 이변과 같은 예측 불가능한 사건에 의해서도 조절된다. 다시 말해서, 이러한 생리적 중재자들은 종종 동물의 행동 반응과 환경 사이의 중요한 기계적 연결고리다. 표현형처럼 호르몬도 자연선택의 표적이 될 수 있다. 따라서 동물 행동이 어떻게 지역의 환경(먹이 가용성 또는 동족의 밀도 등)에 의해 형성되는가를 알아보기 위해 디자인한 연구는 그 행동의 생리적 기초를 고려함으로써 더 풍성해질 수 있다.

요점

1. 동물의 환경은 모순되는 반응을 촉발하는 다양한 자극을 제공할 수 있고, 그 물리 사회적 환경이 종종 변할 수 있기 때문에, 동물은 개체가 변하는 조건에 맞출 수 있도록 행동 우선순위를 설정하도록 돕는 근접 메커니즘을 진화시켰다.

2. 생물 시계 메커니즘은 신경과 호르몬계와 함께 작동함으로써, 개체가 하루에서 일 년 사이에 벌어지는 환경의 예측 가능한 변화들에 맞춰서 행동을 변화시킬 수 있게 한다.

3. 하루 주기와 일 년 주기 시계는 환경 독립적인 요소를 갖지만, 해 뜨는 시각과 해 지는 시각, 만조와 간조와 같은 환경으로부터 지역의 조건에 관한 정보를 받아서 그 수행을 조절할 수 있다. 이 정보는 시계를 재설정할 수 있으므로, 행동 우선순위를 바꾸는 것은 물리적 환경에 주기를 맞추는 것을 벗어나지 않는다.

4. 내분비계는 물리적 환경의 예측 가능한 변화(예를 들면 광주기의 계절적 변화)뿐만 아니라, 사회 환경의 예측 불가능한 변화(잠재적인 짝의 존재 등) 또는 생태 환경(기상 이변)에 반응하는 신경 생리적 메커니즘의 작동에도 기여할 수 있다. 내분비 기관에 의해 생산된 호르몬은 생리적 변화의 연쇄 반응을 나타내서, 살아남는 자손을 가장 많이 생산할 수 있는 시기가 되면 번식 활동을 최우선 순위로 삼게 한다.

5. 수많은 종이 본질적으로 동일한 호르몬 도구 키트를 필수적으로 사용하는 것은 (조상종으로부터) 변화를 계승해서 진화의 보전적인 결과를 반영한다. 표현형처럼 호르몬 자체는 자연선택의 표적이 될 수 있다.

6. 호르몬 조절은 모든 근접 메커니즘처럼 잠재적 이득뿐만 아니라 비용도 뒤 따른다. 테스토스테론이나 당질코르티코이드의 많은 손상 효과—질병이나 사망에 이르게 하는 보상 면역계와 같은 것들—가 이러한 사례이다. 편익-비용 접근법은 다른 동물이 테스토스테론과 같은 호르몬을 왜 다른 기능을 위해 사용하는지 설명하는 데 도움을 준다.

안내 웹사이트

ab11e.com/uk에서 토론 질문과 모든 시청각 동영상을 확인하시오.

CHAPTER

6

포식자 회피 및 먹이 찾기

자연선택이 개체의 유전되는 표현형(행동을 포함하여)의 차이에 의해 발생하는 생존과 번식의 차이에 의해 작동한다는 점을 상기하자. 번식에 대해서는 다음 장에서 폭넓게 논의할 예정이며, 이번 장에서는 생존에 대해 논의한다. 많은 동물의 생존에 영향을 주는 가장 큰 요인은 두 가지로, 포식자 회피와 먹이 찾기이다. 어쨌든지 간에 개체들이 먹이를 찾을 수 없고, 포식자를 피할 수 없다면 번식할 수 있을 정도로 오래 생존할 수 없을 것이다. 동물의 이러한 생존전략을 더 잘 이해할 수 있도록 행동생태학자가 자주 활용하는 두 가지 이론에 대해서 소개하고자 한다. 하나는 진화적 게임 이론이고, 다른 하나는 최적화 이론이다. 이 두 가지 다소 수학적인 접근 방식은 이번 장에서 지속적으로 언급될 예정이다. 게임 이론은 행동생태학자가 개체들, 혹은 종들 사이의 상호작용을 수학적으로 모형화할 수 있게 해준다. 게임 이론에서 중요한 측면 중 하나는 한 개체가 행하는 서로 다른 행동에 작용하는 자연선택이 다른 개체의 행동에 의해서 영향을 받는다는 점이다. 게임 이론은 개체들간의 상호작용이 어떻게 진행되어 작동하는지를 다루기 때문에, 다른 개체와의 상호작용 중에 개체가 어떻게 행동할지를 예측하는

Chapter 6 opening photograph courtesy of Giangiorgio Crisponi.

데 쓰일 수 있다. 반면, 최적화 이론은 다른 개체들이 어떻게 행동하는지에 관계없이 한 개체가 자신의 적합도를 높이기 위해 어떠한 최적의 행동을 취할지를 예측하기 위해 쓰인다. 게임 이론과 최적화 이론 모두 연구자들이 검증 가능한 가설을 생성할 수 있게 해준다.

이번 장을 마치고 나면, 번식을 통해서 자신의 유전자를 다음 세대에 전달할 수 있을 정도로 살아남기 위해 동물이 어떠한 행동을 하는지 좀 더 잘 이해할 수 있을 것이다. 이번 장에서는 먼저 포식자로부터 자신을 숨기거나 혹은 포식자를 저지하기 위해서, 동물이 보이는 사회적 행동과 개별 행동 모두를 설명할 것이다. 이는 동물의 능동적인 사회적 방어 및 수동적 방어 행동을 포함하며, 동물의 이러한 방어 행동을 설명하기 위한 다양한 가설을 논의할 것이다. 또한 혼자서 생활하는 동물이 위장을 해서 어떻게 숨는지, 그리고 경고색을 통해 포식자에게 어떻게 신호를 보내는지에 대해 다룰 것이다. 다음으로, 동물의 먹이 찾기 행동과 최적 섭식 이론을 소개할 것이다. 동물의 포식자 회피와 먹이 찾기 행동은 서로 깊이 연관되어 있는데, 특히 다른 동물의 잠재적인 먹이가 되는 피식자 동물에서 이러한 연관성이 더욱 두드러진다. 많은 동물은 자신이 다른 동물의 먹잇감이 될 수 있는 위험 정도를 고려하여 먹이 활동을 할 장소를 선택해야 한다. 마지막으로, 공포 경관(landscape of fear)에 대해 소개하고서, 먹이를 찾거나 포식자를 피하기 위해 사용하는 동물의 대체 전략에 대한 언급을 통해 포식자 회피와 먹이 찾기를 통합적으로 다룬 후 장을 마무리할 것이다.

포식자 회피

동물은 포식을 피하기 위한 행동을 홀로 보이기도 하고 집단으로 보이기도 한다. 또한 집단 방어 행동은 수동적 혹은 능동적인 행동으로 나타나기도 한다. 동물이 집단으로 행동하면 포식자의 눈에 좀 더 잘 띄는 손해를 감수해야 하므로, 집단 방어 행동을 잘 이해하기 위해서는 이러한 행동의 이득과 손해를 모두 감안해야 한다. 집단 방어 행동이 가지는 잠재적인 손해는 일부 개체가 단독 행동을 통해 집단 방어가 아닌 다른 형태의 방어 행동을 진화시키게 하는 원인 중 하나이다. 단독 행동을 하는 개체는 그들의 주변 환경에 위장하여 숨거나, 포식자가 공격하지 않도록 경고를 보내는 방식으로 자신을 보호한다. 동물이 집단을 이루어 포식자로부터 자신을 보호하는 방식을 시작으로, 이번 장의 논의를 시작한다.

사회적 방어

방금 언급하였듯이, 사회적 (혹은 집단) 방어는 수동적 혹은 능동적일 수 있다. 떼지어 괴롭히기(Communal mobbing) 행동은 사회적 능동 방어의 하나의 예이다. 제1장에서 갈매기는 잠재적 포식자가 자신의 둥지 주변에 접근하면 집단으로 괴롭히는 행동을 한다고 언급하였다. 한스 크룩(Hans Kruuk)은 검은머리갈매기(*Chroicocephalus ridibundus*)에서 보이는 이러한 떼지어 괴롭히는 행동이 포식자를 둥지에서 쫓아내 새끼의 생존에 도움이 되면 적응적인 행동으로 볼 수 있다고 하였다(Kruuk 1964). 실제로 많은 종의 새에서 이러한 괴롭히기 행동이 나타나며, 집단으로 생활하는 다른 동물들에서도 흔하게 발견된다. 예를 들어 혹등고래(*Megaptera novaeangliae*)는 범고래(*Orcinus orca*)를 떼지어서 괴롭히는 것으로 알려져 있는데, 이러한 행동은 혹등고래가 범고래로부터 도망갈 확률을 높여준다(Pitman et al. 2017). 말벌과 꿀벌(*Apis mellifera scutellata*) 역시 침략자에게 집단으로 침을 쏘아 둥지를 보호한다(**VIDEO 6.1**)(Vetter et al. 1999).

VIDEO 6.1
Group nest defense by vespid wasps
ab11e.com/uk/v6.1

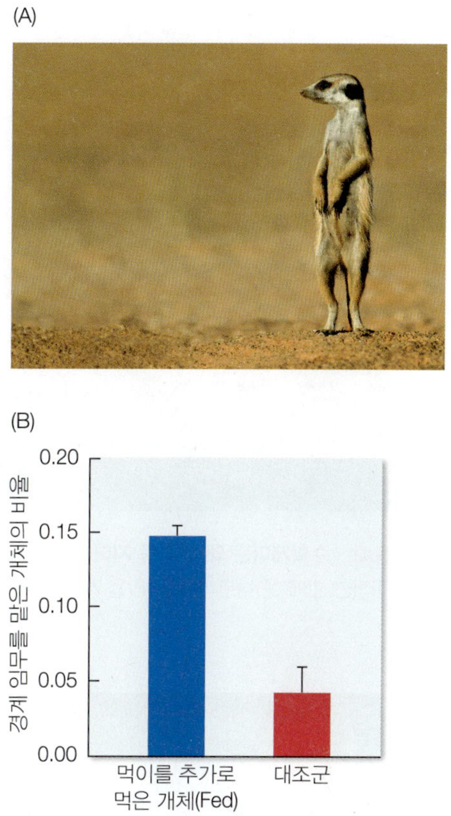

그림 6.1 먹이를 먹은 이후 경계 임무를 맡은 미어캣. (A) 미어캣은 지대가 높지만 상대적으로 안전한 위치에서 경계 임무를 한다. (B) 보초역할을 맡는 개체는 누구일까? 실험 결과 이런 보초들은 특별한 임무를 전담하는 개체가 아니었다. 대신 무리의 모든 개체가 이러한 경계 임무에 일정 시간을 보낸다. 실험적으로 먹이를 좀 더 잘 먹은 개체가 다른 개체보다 경계 임무를 맡을 확률이 늘어났다. 막대 그래프는 평균과 표준오차를 나타낸다. (After Clutton-Brock et al. 1999; photograph © EcoPrint/Shutterstock.com.)

이러한 떼지어 괴롭히는 행동은 갈매기, 고래, 벌 및 기타 다른 종에서도 포식자를 쫓아내는 데 분명한 이득이 있다. 하지만 이러한 행동은 손해를 동반하기도 한다. 무리가 떼지어 괴롭히는 행동 중에 개체가 부상을 입거나 죽을 수 있으며, 눈에 잘 띄는 행동으로 인해 주변의 다른 포식자를 오히려 유인할 수도 있다. 일례로, 많은 종의 새들은 방어 행동 시 집단 지저귐(mobbing call) 소리를 내서 집단 방어 행동에 합류할 다른 개체들을 모집하는데, 이러한 소리는 종종 다른 포식자를 유인하기도 한다. 연구진은 포식자가 이러한 집단 지저귐 소리를 감청하는지를 검증하기 위해, 알락딱새(*Ficedula hypoleuca*)의 집단 지저귐 소리를 녹음하여 둥지 근처에서 재생했을 때(Krama and Krama 2005), 집단 지저귐 소리가 재생된 둥지가 그렇지 않은 둥지보다 소나무담비(*Martes martes*)에 의해 좀 더 자주 공격당하는 것을 볼 수 있었다.

다른 형태의 사회적 능동 방어는 포식자를 감시하는 "눈"의 수를 늘림으로써 경계를 강화하는 방법이 있다. 가장 기본적인 이점으로, 포식자를 감시하는 눈이 많아지면 포식자를 발견할 확률이 높아진다. 혈연을 바탕으로 한 협동 번식을 하는 몇몇 종은 좀 더 극단적인 공동 감시 방법을 가지고 있다. 이 종들은 보초를 설 다른 개체를 입양한 뒤 접근하는 포식자를 발견 시 집단 내의 다른 개체들에게 경고음을 내서 경고하게 한다. 이러한 보초를 서는 개체는 경고음을 냄으로써 포식자의 위험에 더 노출될 것 같지만, 실제로 이러한 행동이 실제 포식자로부터 자신을 더 위험하게 만드는지에 대한 증거는 미미하다. 협동 번식을 하는 많은 종에서 이러한 보초를 서는 개체는 대부분 비-지배적인 개체이지만, 미어캣(*Suricata suricatta*)에서는 대부분 식사를 막 마친 개체가 식사를 하지 않은 다른 개체들을 위해 이러한 경계 임무를 수행한다(Clutton-Brock et al. 1999). 팀 클러튼-브록(Tim Clutton-Brock)은 삶은 계란을 집단 내의 몇몇 개체에게 제공한 뒤, 이러한 경계 임무를 수행하는 빈도수를 비교했을 때, 실제로 삶은 계란을 제공받은 개체들이 다른 개체들보다 경계 임무를 3배나 더 자주 수행하는 것을 볼 수 있었다(**그림 6.1**). 동물의 경고음과 포식의 위협을 이용하는 흥미로운 행동은 검은바람까마귀(*Dicrurus adsimilis*)라는 새에서 발견할 수 있다. 이 종은 다른 종의 새가 가지고 있는 공포심을 이용하는데, 새들이 먹이를 발견하면 검은바람까마귀는 이러한 새들이 보이는 경고음을 의태하여 소리를 낸 후, 새들이 이 경고음을 듣고 도망가는 사이에 먹이를 훔친다(Flower et al. 2014). 이러한 행동에서 보이듯, 동물의 떼지어 괴롭히기, 경고음, 협동 경계 행동 같은 사회적 능동 방어 행동은 동물의 적합도에 이득을 주지만 손해도 가지고 있으며, 이러한 손해는 종종 명확하게 드러나지 않는다.

모든 사회적 방어가 포식자를 탐색하거나 그에 반응하거나 혹은 공격하는 행동 같은 능동적 행동을 포함하지는 않는다. 어떤 사회적 방어는 수동적이다(**가설 6.1**). 수확 개미(*Pogonomyrmex* spp.)의 예를 생각해보자. 이 개미들은

가설 6.1

수동적 사회적 방어에 대한 상호 배타적이지 않은 가설들

희석 효과 가설 한 개체가 포식 당할 확률을 낮추는 개체들의 모임이다.

혼란 효과 가설 무리를 지어서 움직이는 것은 포식자로부터 잡힐 확률을 낮추는데, 이는 다수의 무리 중 하나의 개체에 집중하기 힘들기 때문이다.

이기적 무리 가설 무리에 존재하는 개체가 자신의 포식 위험을 낮추기 위해 다른 개체들을 자신과 포식자 사이에 둔다.

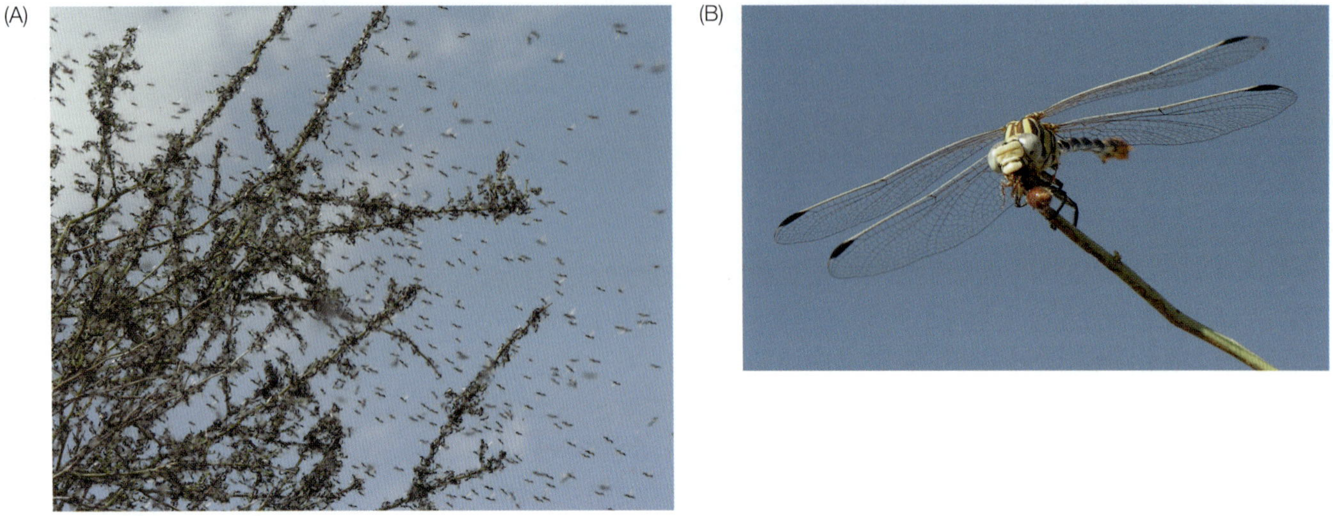

그림 6.2 수확개미는 왜 무리를 지어 짝짓기할까? (A) 수확개미들이 짝짓기를 위해 매우 큰 무리를 형성하고 있다. (B) 많은 개체가 이 회합 장소에 오며 잠자리(한 번에 운 나쁜 한 마리만을 사냥 가능)와 같은 주변의 포식자들이 이들 개체를 모두 사냥할 수 없다. (Photographs by John Alcock.)

그림 6.3 나비 무리에서의 희석 효과. (A) 브라질의 진흙웅덩이에서 수분을 섭취하고 있는 나비들. (B) 큰 규모의 무리를 이루어 흙웅덩이에서 수분을 섭취하는 나비는 작은 무리나 홀로 수분을 섭취하는 나비보다 포식 당할 확률이 낮다. (A, photograph by John Alcock; B after Burger and Gochfeld 2001.)

일년에 오직 며칠만 진행되는 짝짓기를 위해 밀집된 집단을 형성한다(**그림 6.2**). 잠자리나 새 같은 포식자는 이러한 개미 집단을 발견하고서 몇몇 개미를 잡아 먹을 수 있지만, 포식자의 숫자에 비해 집단에 존재하는 개체가 상대적으로 매우 많기에 포식 당하는 개체는 집단의 일부에 불과하고, 따라서 한 개체가 포식 당할 확률(집단을 이룸으로써 가지는 적합도의 손해)은 낮다(게다가 이러한 집단을 형성하면 짝짓기 확률을 높임으로써 적합도에 이익을 준다). 이러한 **희석 효과 가설(dilution effect hypothesis)**에 따르면, 집단으로 뭉치는 것은 한 개체가 포식 당할 확률을 줄여준다. 이 가설은 나비들이 진흙 웅덩이에서 질소와 소금을 섭취할 때 왜 집단으로 모이는 행동을 보이는지를 잘 설명한다(Molleman 2011). 이러한 집단 형성은 나비를 포식하는 새에게 발각 당할 확률을 높이는 손해를 가질 수 있지만(Ioannou et al., 2011의 연구에서는 이러한 손해가 아예 없을 수도 있다고 주장한다), 이러한 손해는 희석 효과로 인한 적합도 이익으로 상쇄될 것이다(Turner and Pitcher 1986). 진흙 웅덩이에서 모여 있는 나비 집단과 이 웅덩이 주변에 존재하는 몇몇 포식자(예를 들면, 5마리 정도의 새)를 상상해보자. 만약 각 포식자가 하루에 2마리 정도의 나비를 사냥한다고 가정하면, 1000마리 정도의 나비 집단의 사망률은 하루에 1% 정도이다. 하지만 집단 크기가 100마리인 경우에 사망률은 10배로 늘어난다. 이러한 **희석 효과(dilution effect)**는 조아나 버거와 마이클 고치펠드의 연구에서 검증되었다. 이 연구자들은 나비가 진흙 웅덩이에 혼자 있거나 몇몇의 다른 개체들과 함께 있을 때보다, 좀 더 큰 집단에 있을 때 (비록 아주 약간 큰 집단이라도) 생존율이 올라가는 것을 관찰하였다(**그림 6.3**)(Burger and

Gochfeld 2001).

희석 효과는 하루살이(*Dolania americana*)에서도 검증되었다. 하루살이는 수생 유충에서 날개 달린 성충으로 변태하는 시기가 거의 동일하며, 대부분의 개체는 매년 며칠 동안 몇 시간에 걸쳐서 모두 성충으로 변태한다(Sweeney and Vannote 1982). 이러한 성충 출현의 시기적 병목현상은 포식자가 하루살이에 접근할 수 있는 시간을 제한한다. 다수의 개체가 시기적으로 비슷한 시기에 변태함으로써 유충에서 성충으로 변태하는 순간처럼 포식자에게 취약한 시기에 송어와 같은 포식자로부터 자신이 포식될 확률을 낮출 수 있다. 하루살이에서 희석 효과를 검증하기 위해 버나드 스위니와 로빈 바노트는 하천에 그물을 설치하여 하루살이가 탈피한 허물을 채집하였다. 하루살이가 유충에서 성충으로의 탈피를 끝내면 남겨진 허물은 하천의 하류로 흘러 들어간다. 이 허물의 개수를 새면 하루에 몇 마리의 하루살이가 특정 지역에서 탈피를 했는지 알 수 있다. 또한 그날 성충이 된 후 짝짓기를 하고 자연적으로 죽은(포식당하지 않은) 하루살이 역시 죽은 후 물에 떠내려와 그물에 걸리게 된다. 암컷 하루살이는 성충이 된 후 바로 짝짓기하고 알을 낳은 뒤 죽는다. 연구진은 탈피한 암컷 허물의 수와 자연적으로 죽어 떠내려온 암컷의 수를 여러 날에 걸쳐 비교하였으며, 그 결과 좀 더 많은 수의 암컷이 탈피한 날에 암컷의 생존율(알을 낳을 때까지의 생존)이 높다는 것을 발견하였다(**그림 6.4**). 이러한 발견은 희석 효과 가설에서 예상한 것과 일치한다.

(A)

(B)

(C)

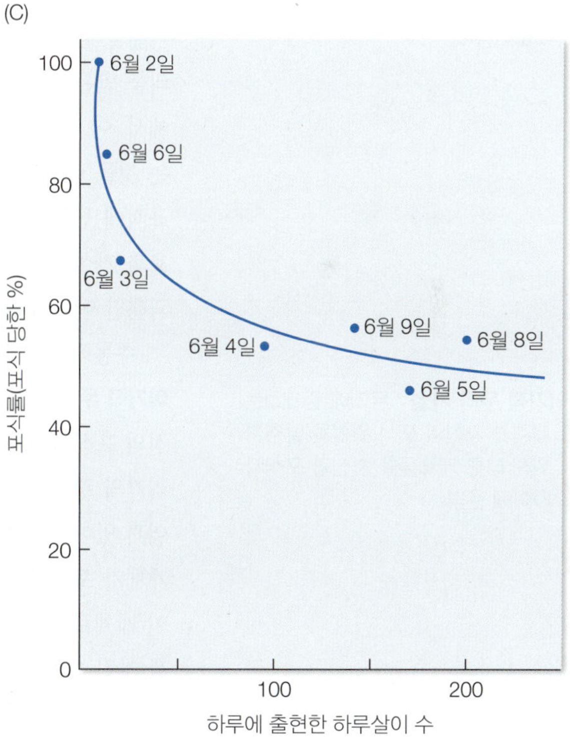

그림 6.4 하루살이에서의 희석 효과. (A) 봄에 하루살이 성충들이 물가에서 대규모로 출현하고 있다(B). (C) 출현한 암컷 하루살이의 수가 많을수록 개체당 포식자에게 포식 당할 확률이 줄어든다. (After Sweeney and Vannote 1982; A, photograph © iStock.com/shurub; B, photograph © iliuta goean/Shutterstock.com.)

세계의 다양한 곳에서, 유럽 찌르레기(*Sturnus vulgaris*)는 비-번식기에 무리를 형성한다. 운이 좋으면 해질녘에 유럽 찌르레기 무리를 관찰할 수 있으며, 이러한 무리가 수면 장소를 탐색하는 것을 볼 수 있다(**VIDEO 13.1** 참조). 비록 이런 집단행동이 행동생태학자를 오랫동안 매료시켜서 이 행동에 대한 수많은 가설이 제시되었으나, 최근에야 유럽 찌르레기의 집단 행동이 포식의 위험을 줄이기 위한 것으로 밝혀졌다. 앤 굿이너프(Anne Goodenough)와 그녀의 동료들은 **시민 과학 자료(citizen science data**; 일반 시민들이 관찰한 자료를 과학자가 취합하여 가설 검증에 사용하는 과학의 방법)를 이용하여 3,000개가 넘는 유럽 찌르레기 무리에 대해 무리의 크기(마릿수), 무리가 유지된 시간, 서식지, 온도, 포식자의 존재 여부를 조사하였다(Goodenough et al. 2017). 이들은 포식성 매가 존재했을 때 무리의 크기가 커지는 경향이 있으며, 무리가 유지되는 시간 역시 더 길다는 사실을 발견하였다. 이러한 경향성은 특히나 매가 유럽 찌르레기를 추격하거나 공격했을 때 더 확실하였다. 비록 이러한 자료는 희석 효과가 예상하는 바와 일치하긴 하지만, 희석 효과가 아닌 다른 가설들 역시 이러한 관계를 설명해 줄 수 있다. 유럽 찌르레기가 무리를 형성하는 것은 포식자가 습격했을 때 다수의 새들이 한꺼번에 도망감으로써 포식자를 혼란스럽게 만들어(잠재적인 먹이가 되는 1마리에 집중할 수 없기에) 찌르레기의 생존에 도움이 된다는 가설이 그 중 하나이다. 이 **혼란 효과 가설(confusion effect hypothesis)**은 피식자들이 집단으로 움직이면 포식자가 1마리의 피식자에 집중할 수 없기에 공격 횟수에 비해 성공률이 떨어질 것이라 예상한다(Krause and Ruxton 2002). 베네딕트 호건(Benedict Hogan)과 그의 동료들은 이 가설을 검증하기 위해 컴퓨터 모니터 상에서 3차원적으로 움직이는 가상의 유럽 찌르레기 무리를 만든 뒤, 사람들로 하여금 이 가상의 피식자를 사냥하는 실험을 고안하였다. 실험 결과에서, 이 가상의 새 무리는 무리의 크기가 크고, 좀 더 밀집되어 있을수록 생존률이 올라간다는 것을 발견하였다(Hogan et al. 2017). 연구자들은 무리의 크기가 클수록 포식자가 특정 표적에 집중하기 힘들다는 것을 보여주었다. 이러한 방식으로 연구자들은 희석 효과와 혼란 효과 가설을 구분하여 검증할 수 있었으며, 유럽 찌르레기가 무리를 형성하는 것은 희석 효과뿐만 아니라 혼란 효과를 통해 생존율을 높이는 이득이 있다는 사실을 알게 되었다.

혼란 효과 가설 무리를 지어서 움직이는 것은 포식자로부터 잡힐 확률을 낮추는데, 이는 다수의 무리 중 하나의 개체에 집중하기 힘들기 때문이다.

수동적 방어의 또 다른 예는 단순히 다른 개체들의 뒤에 숨는 것이다(Hamilton 1971). **이기적 무리 가설(selfish herd hypothesis)**에 따르면, 무리(herd)에 존재하는 개체는 자신의 포식 위험을 낮추기 위해 다른 개체들을 포식자와 자신의 사이에 둔다. 예를 들어, 아프리카의 평야에서 풀을 뜯는 영양들을 상상해보자. 이 영양 무리는 서로 어느 정도 거리가 떨어져 있어서 포식자의 눈에 잘 띄지 않는다(무리를 짓는 행동의 손해 중 하나가 무리를 지은 개체가 포식자의 눈에 더 잘 띈다는 사실을 기억하자). 만약 어떤 개체에 생겨난 돌연변이가 이 개체로 하여금 다른 개체의 근처에 머물도록 한다고 가정하자. 이러한 행동은 돌연변이를 가진 개체가 포식자로부터 공격 당할 때, 근처에 있는 다른 개체를 살아 있는 방패로 사용할 수 있게 하는 이득이 있다. 이러한 사회적 돌연변이는 이득뿐 아니라 손해도 존재하는데, 예를 들면 두 개체가 서로 인접해 있을 때가 단독으로 있을 때보다 포식자로부터 더 눈에 띌 수 있다(Watt and Chapman 1998). 하지만 이러한 손해보다 다른 개체를 방패를 사용함으로써 얻는 생존의 이득이 더 크면 이러한 사회적 돌연변이는 전체 집단에 퍼질 수 있으며, 이 돌연변이는 다른 개체의 희생을 통해서 자신이 가장 생존에 유리한 장소를 차지하도록 작동할 것이다. 그 결과는 **이기적 무리(selfish herd)**로 나타난다. 실제로 이러한 무리에서 각 개

이기적 무리 가설 무리에 존재하는 개체가 자신의 포식 위험을 낮추기 위해 다른 개체들을 자신과 포식자 사이에 둔다.

체들은 무리를 짓지 않고 다른 개체를 이용하지 않을 때 평균 생존율이 높을 수 있다. 하지만 단독 생활을 하는 개체는 위에서 언급한 '사회적 돌연변이'를 가진 개체에 비해 적합도가 떨어지기에 (사회적 돌연변이 개체가 그렇지 않은 개체의 적합도를 낮추는 행동을 통해 자신의 적합도를 높이기 때문에) 집단에는 사회적 돌연변이가 퍼지게 된다. 이러한 이기적 무리 행동은 우리가 적응(adaptation)을 하나의 형질이 다른 개체의 대체 형질과 비교해서 적합도에 기여하는 정도로 정의하는 명확한 이유를 보여준다.

게임 이론과 사회적 방어

아프리카 영양의 예시는 한 집단에 존재하는 서로 다른 개체가 포식의 위험을 낮추기 위해서 보이는 두 가지 유전적인 행동 전략들을 잘 보여준다. 또한 이 예시는 실제로 **진화적 게임 이론(evolutionary game theory**; 이와 같은 적응적 행동들을 연구하기 위한 수학적 접근 방식)이 어떻게 적용되는지를 보여준다. Box 6.1에서 다루듯이, 게임 이론을 활용하는 연구자는 개체를 경쟁에 참가하는 참여자로 간주하며, 한 개체의 성공 여부는 경쟁하는 다른 참여자가 어떻게 행동하는지에 달려있다고 본다. 게임 이론은 애초에 사람들이 소비 자원과 부를 얻기 위해 어떤 선택을 하는지를 연구하기 위해 경제학자에 의해서 개발된 이론이다. 게임 이론을 활용하는 경제학자는 하나의 전략을 사용하는 개체가 특정 상황에서는 효과적일 수 있으나, 다른 전략을 사용하는 개체와의 상호작용에서는 불리하다는 것을 발견하였다. 경제학에서의 게임 이론과 마찬가지로 진화적 게임 이론에서도 각 개체들의 의사선택은 하나의 게임으로 간주된다. 각 개체의 "전략"은 유전되는 행동적 특성을 나타내며, 실제 사람이 게임을 할 때 보이는 의식적이고 상황에 따라 변화하는 전략이 아니라, 일종의 의사결정 능력을 의미한다(Dawkins 1989). 사람이 어떻게 돈을 사용하고 사업을 이끌어 가는지와 마찬

BOX 6.1 자료 해석을 통한 행동 탐구

게임 이론과 이기적 무리

이기적 무리 가설은 게임 이론 행렬을 통해 설명할 수 있다. 이 행렬은 서로 다른 전략을 보이는 개체들의 적합도를 보여준다. 단독 행동을 하는 개체로만 구성된 집단에서 개체의 적합도 보상은 *P*이다. 하지만 돌연변이 개체가 생겨난 후, 다른 개체를 방패로 쓰기 시작한다. 단독 행동을 하는 개체가 이렇게 사회적 방패를 쓰는 개체에게 이용당하면 사회적 개체에게 *B* 만큼의 적합도를 빼앗기게 된다. 사회적 개체에게 가해지는 손해 *C*에는 방패로 쓰기 위한 개체를 찾는 데에 사용되는 시간 등이 포함된다. 사회적 개체 둘이 상호작용하면, 포식자가 공격할 때 서로 뒤에 숨을 수 있는 기회는 1/2이다.

		상대	
		단독	사회
자신	단독	P	$P-B$
	사회	$P+B-C$	$P+\frac{B}{2}-\frac{B}{2}-C=P-C$

이기적 무리에 대한 게임 이론적 모형. 이 모형에서, 단독 행동을 하거나 사회적 행동을 하는 개체들의 적합도는 상호작용하는 상대의 행동에 의존한다.

생각의 틀 깨기

만약 *B*가 *C* 보다 크다면 시간이 지남에 따라 어떤 행동 양식이 집단에서 우세하게 될까? 집단 내에 단독 행동을 하는 개체만 있거나, 혹은 사회적 개체만 있을 때 평균 적합도를 계산하여 비교해보자. 만약 사회적 개체만으로 구성된 집단의 적합도가 단독 행동하는 개체만으로 구성된 집단의 적합도보다 낮다면, 다른 개체 뒤에 숨는 것이 적응일 수 있을까?

가지로 모든 생물은 좀 더 많은 자손을 다음 세대에 남기기 위한 경쟁을 다른 개체와 하는데, 이는 게임 이론적 접근 방식이 실제 자연에서 일어나는 일을 자연스럽게 반영함을 의미한다. 생물체의 본질적인 경쟁은 다른 개체들보다 나의 유전자를 다음 세대에 더 많이 남기는 양상으로 진행되는데, 이를 위해서는 번식할 수 있을 정도로 충분히 오래 생존하는 것을 필요로 한다. 이러한 게임에서 승리하는 것은 언제나 다른 개체가 어떻게 행동하는지에 달려 있고, 이는 행동생태학자가 자신이 관찰한 동물의 행동을 설명하기 위해 게임 이론을 널리 활용하는 이유이다.

이기적 무리 가설은 무리를 지어 살고 있는 어떤 종에 대해서도 검증 가능한 예상(prediction)을 만들 수 있게 해준다(**BOX 6.1**). 이기적 무리에서는 무리 안에 있는 가장 안전한 장소에 대한 경쟁이 있을 것으로 예상되는데, 이러한 장소는 일반적으로 포식자가 접근할 때까지 다른 개체들을 방패로 삼을 수 있는 무리의 가장 중심일 것이다(Morrel et al. 2011). 블루길(*Lepomis macrochirus*)은 호수나 연못의 바닥에 모여 둥지를 짓는데, 무리에서 크고 지배적인 물고기는 대부분 중심에 가까운 위치를 차지한 후, 작고 비-지배적인 물고기들을 외곽으로 몰아낸다. 이러한 외곽 지역은 실제로 포식성 물고기의 공격을 좀 더 자주 받는다(Gross and MacMillan 1981). 마찬가지로, 해변에서 무리를 지어 먹이 활동을 하는 붉은발도요(*Tringa totanus*)의 경우에, 포식자인 새매(*Accipiter nisus*)의 공격을 가장 많이 받는 개체는 무리의 중심에서 가장 멀리 떨어져 있는 개체일 것이라 예상할 수 있다. 존 퀸(John Quinn)과 윌 크레스웰(Will Cresswell)은 이 예상을 검증하기 위해 새매에게 공격 받은 붉은발도요와 무리의 다른 개체들 간의 거리를 측정하였다. 17회의 새매 공격을 분석한 결과에서, 일반적으로 새매의 공격을 받은 개체는 다른 개체들과 조금 더 떨어진 개체(몸길이의 약 5배 정도 떨어진 거리)라는 사실이 밝혀졌다(**그림 6.5**)(Quinn and Cresswell 2006). 이 결과는 붉은발도요가 무리의 다른 개체들과 조금 멀리 떨어지면(예를 들어, 먹이 활동의 경쟁을 줄이기 위해), 그 개체는 스스로를 포식의 위험에 빠뜨리게 된다는 사실을 보여준다.

붉은발도요

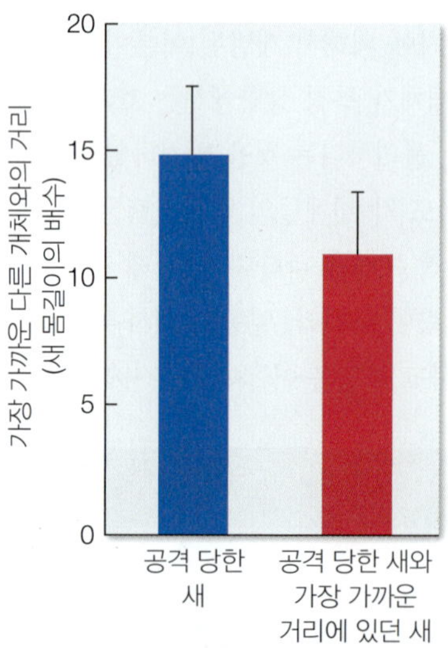

붉은발도요 무리

그림 6.5 이기적 무리를 형성하는 붉은발도요. 매의 목표가 되는 붉은발도요는 대부분 다른 개체와의 거리가 먼 홀로 떨어져 있는 개체이다. 막대 그래프는 평균과 표준오차를 나타낸다. (After Quinn and Cresswell 2006; top photograph © David Dohnal/Shutterstock; bottom photograph © iStock.com/Mike Lane45.)

환경에 녹아들기(위장)

이제까지는 동물들의 사회적 방어 행동을 강조하였지만, 자연에는 단독 생활을 하는 많은 생물이 있으며, 이러한 생물들 역시 더 길게 생존함으로써 더 많은 번식에 성공을 할 수 있다면 생존을 통해 (적합도에) 많은 이득을 얻을 수 있을 것이다. 그 결과 단독 생활을 하는 피식자는 종종 위장(camouflage)을 통해 환경에 녹아 들어가고, 위장을 강화하기 위한 행동을 진화시켜 왔다. 실제로 배경 맞추기(background matching)는 동물에서 가장 흔한 위장 전략이다. 위장을 하는 동물들이 보이는 잠재적인 전략 중 하나는 그들이 지닌 색채 및 무늬와 비슷한 색채를 가진 환경으로 찾아 들어가서 자신을 찾기 힘들게 만드는 것이다(**그림 6.6**). 고전적인 예로는 회색가지나방(*Biston betularia*; peppered moth라 불린다)이 있다. 이 나방은 두 가지의 다른 형태(어두운 색과 밝은색)를 가진다. 어두운 나방은 한때 영국에서 매우 드물었지만, 1850~1950년대에 들어 기존에 우점하던 밝은 나방을 완전히 대체하여 퍼지게 되었다(Grant et al. 1996). 대부분의 생물학과 학생들은 이러한 어두운 형태가 어떻게 퍼지게 되었는지에 대한 일반적인 설명과 이러한 형태가 유전적인 기반을 가지고 있다는 사실을 들어 봤을 것이다. 영국에서 산업화가 진행되면서 숲의 나무껍질이 점차 어두워지게 되었고 (나무껍질에 존재하던 흰색 지의류가 공기 오염으로 인해 죽은 것이 원인이다), 그 결과 흰색

(A) (B)

그림 6.6 위장색은 동물이 어디서 쉬는가에 달려있다. (A) 호주 뿔도마뱀(*Moloch horridus*)은 나무껍질과 갖가지 나무 잔해들이 흩어진 곳에서 부동자세로 있을 때에만 위장 효과가 있고, 길에서는 위장 효과가 없다. (B) 회색가지나방(*Biston betularia*)은 일반적인 흰색(에 검은색 점들이 있는)형과 흑색형이 있으며, 각 형태는 각기 다른 배경에서 위장에 효과적이다. (A, photographs by John Alcock; B, photograph © IanRedding/Shutterstock.com.)

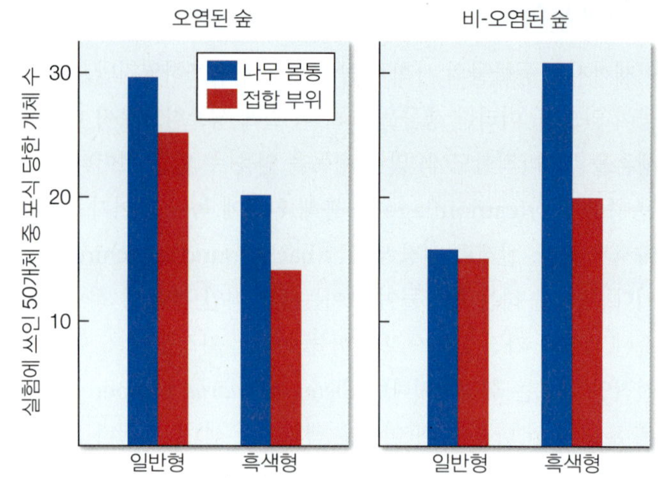

그림 6.7 회색가지나방에서 포식 위험과 배경 선택. 일반적 형태와 흑색증 형태의 나방 표본을 나무의 몸통 위 또는 나무줄기와 가지가 만나는 접합 부위에 붙여 놓았을 때, 새는 접합 부위보다 나무껍질 위에 있는 나방을 좀 더 찾아 포식하였는데, 이는 일반 형태와 흑색증 형태에서 모두 마찬가지였다. 전반적으로, 흑색증 형태는 오염 지역(나무껍질이 어두운)에서 더 잘 살아 남았으며, 일반 형태는 비-오염 지역에서 더 잘 살아남았다. (After Howlett and Majerus 1987.)

지의류에서 위장색을 가지던 밝은색의 나방이 포식자인 새의 눈에 더 잘 띄게 되었으며, 밝은색을 발현시키는 대립유전자는 어두운 색을 발현시키는 대립유전자에 의해 대체되었다.

몇몇 논쟁들이 있었지만(Coyne 1998), 위의 회색가지나방의 연구는 여전히 유효하다고 인정받고 있다(Grant 1999, Rudge 2006). 케틀웰(H. B. D. Kettlewell)은 밝은 형태와 어두운 형태의 나방을 채집한 뒤 표본으로 만들어 지의류가 있는 나무와 없는 나무에 각각 붙여 놓았다(Kettlewell 1955). 시간이 지난 뒤 다시 나방을 설치한 나무로 돌아왔을 때, 각 나무에서 눈에 띄는 색을 가진 나방이 새들에 의해 포식을 좀 더 많이 당한 것을 볼 수 있었다. 더 구체적으로 설명하면, 밝은 개체는 어두운 나무에 있었을 때 좀 더 포식을 많이 당했으며, 어두운 개체는 밝은 나무에 있었을 때 포식을 더 많이 당했다. 마이클 마제루스(Michael Majerus)는 케틀웰의 이 고전적인 실험을 살아 있는 나방을 이용하여 7년이 넘는 시간 동안 훨씬 더 많은 개체를 이용해 반복하였다. 마제루스의 실험은 사람이 보았을 때 좀 더 눈에 띄는 색을 가진 형태가 새에게도 더 많이 포식 당하였으며, 실제로 적어도 9종의 새들이 낮 시간 동안 나방을 찾아서 포식하는 것을 관찰하였다(Cook et al. 2012).

자연에서 관찰해 본 결과, 회색가지나방은 낮 동안 나무줄기와 나뭇가지가 만나는 지점의 그늘진 곳에서 쉬는 경향을 보였다. 만약 나방의 이러한 쉬는 장소에 대한 선호성이 적응이라면, 이러한 그늘진 지점에서 쉬는 개체가 다른 장소에서 쉬는 개체보다 좀 더 포식자에게 덜 포식 당할 것이라 예상할 수 있다. 마제루스와 동료들은 추가로 이러한 가설을 검증하였는데, 나방 표본을 나무줄기와 나뭇가지가 만나는 그늘진 지점과 노출된 나무 몸통 위 모두에 붙이고서 나방 표본의 생존율을 측정하였다. 연구 결과, 실제로 포식자는 나무줄기와 나뭇가지가 만나는 그늘진 지점을 잘 탐색하지 않는 경향을 있음을 발견하였다(**그림 6.7**)(Howlett and Majerus 1987). 이러한 발견은 동물의 적응처럼 보이는 잠재적인 행동이 실제로 생존에 이익이 된다는 것을 보여주는 단적이 예이며, 이러한 생존의 이점은 궁극적으로 번식에서의 이익으로 이어질 것이다.

회색가지나방(*B. betularia*)과 마찬가지로 많은 나방 종은 낮 시간 동안 어떤 장소에 자리를 잡을지에 대한 선택을 하며, 이러한 선택은 대개 포식을 피하기 위한 결과이다. 예를 들면, 흰색뒷날개나방인 *Catocala relicta*는 위를 바라보는 방향으로 자세를 잡으며, 흰색을 띄

그림 6.8 위장색과 몸의 방향. 이 쉬고 있는 흰색뒷날개나방(*Catocala*)의 방향은 날개에 있는 어두운 선의 방향이 나무의 어두운 무늬의 방향과 일치하는지 여부를 결정한다. (Photograph © Sylvie Bouchard/Shutterstock.com.)

는 자작나무나 밝은색을 띄는 다른 나무 줄기에 자리를 잡는다(**그림 6.8**). 쉬는 장소에 대한 선택이 주어졌을 때에도, 이 나방은 다른 어두운 배경보다 자작나무 줄기를 선호하였다(Sargent 1976). 이러한 행동이 정말 적응의 결과라면, 나방이 선호하는 배경에 자리 잡고 있을 때 포식자로부터의 공격을 덜 당할 것이다. 알렉산드라 피에트르위(Alexandra Pietrewicz)과 앨런 카밀(Alan Kamil)은 이 예상을 검증하기 위하여 나방을 서로 다른 배경에서 사진을 찍은 뒤 파랑어치를 조작적 조건화(operant condition)를 이용해 학습시키는 방법을 사용하였다(Pietrewicz and Kamil 1977). 먼저 그들은 사진에서 위장하고 있는 나방을 찾도록 파랑어치를 학습시켰다. 이를 위해 모니터 상에서 나방이 있는 사진을 보여준 뒤 만약 파랑어치가 나방을 찾으면 버튼을 부리로 쪼게 하고서 그에 대한 보상으로 먹이를 주는 방식을 이용하였다. 각 나방 사진마다 짧은 시간만이 주어졌으며, 주어진 시간이 지나거나 파랑어치가 나방을 찾아서 먹이를 획득하면 바로 다음 사진이 나타났다. 만약 나방이 존재하지 않는 사진을 보여주었음에도 파랑어치가 버튼을 쪼면 먹이를 얻지 못할 뿐 아니라 다음 사진이 나올 때까지 약 1분정도 기다리는 방식으로 체벌을 주었다. 실험 결과, 흰색뒷날개나방은 어두운 색을 띄는 줄기에 있을 때보다 자신의 날개색과 유사한 자작나무 위에서 있을 때 생존율이 약 10~20% 정도 증가하는 것을 볼 수 있었다. 게다가 파랑어치는 흰색뒷날개나방이 위를 바라보고 있을 때 좀 더 놓치는 경향을 보였다. 이러한 연구 결과는 이 나방이 밝은 자작나무 줄기를 선호하는 행동이나 쉴 때 위를 바라보는 행동이 포식자로부터 들키지 않기 위한 적응임을 보여준다.

고정된 배경에 녹아드는 것은 지속적으로 변하는 배경에 녹아드는 것보다 상대적으로 쉬운 일이다. 탁 트인 바다에 서식하는 물고기의 예를 보자. 이 물고기의 배경은 해수의 지속적인 흐름과 물 분자 및 물에 녹아있는 미세 분자 때문에 산란되는 빛으로 인해서 끊임없이 변화한다. 물의 흐름과 태양의 시간에 따른 이동, 그리고 구름으로 인한 빛의 변화 등은 물고기의 배경을 예측 불가능한 방향으로 변화하게 만든다. 물고기가 이렇게 불균질한 배경에서도 효과적으로 작동할 수 있는 위장 전략을 진화시켜 왔는지 검증하기 위해 몰리 커밍즈(Molly Cummings)와 그의 팀은 탁 트인 대양에 서식하는 물고기와 육지와 가까운 연안에 서식하는 물고기의 위장 정도를 서로 다른 배경에서 비교하였다(Brady et al. 2015). 연구자들은 대양에 서식하는 물고기가 연안에 서식하는 물고기보다 훨씬 더 위장이 잘 된 형태를 가지고 있다는 사실을 밝혀냈으며, 특히나 포식자로부터 자신을 숨기거나 혹은 추적을 회피하기 위한 위장 형태를 가지고 있음을 발견하였다. 다시 말하면, 이 연구 결과는 대양에 서식하는 물고기가 지속적으로 변화하는 빛 조건에서 (실제 그들이 서식하는 환경) 효과적으로 위장해서 포식자를 피하기 위해 연안에 서식하는 물고기가 갖지 못한 특성을 진화시켰음을 보여준다. 그러면 대양에 서식하는 물고기는 어떻게 이런 위장 효과를 얻을까? 연구자들은 비늘 안쪽의 구조를 알기 위해 물고기의 피부를 주사전자현미경으로 분석하였으며, 그 결과 구아닌판

(guanine platelet)이라 불리는 색소의 특별한 배치가 대양에서의 위장 효과를 준다는 사실을 알게 되었다. 정리하면, 연구자들은 지구에서 가장 지속적이고 불균등하게 변화하는 배경인 대양 환경에서 물고기가 위장을 통해 자신을 보호한다는 사실을 밝혀냈으며, 이러한 위장 효과가 나타나는 물리적인 메커니즘에 대해서도 규명하였다.

위장을 위한 행동 역시 다른 행동과 마찬가지로 그에 따른 손해가 존재한다. 대표적으로 자신에게 적합한 환경이나 배경을 탐색하는 데 쓰는 시간과 에너지가 있으며, 또한 동물은 움직이는 순간 눈에 잘 띄기 때문에 효과적인 위장을 위해서는 시각적 포식자가 활동하는 낮 시간 동안에는 부동자세로 시간을 보내야 한다. 포식자를 피하는 데 부동자세로 있는 것이 효과적인 것을 고려했을 때 위장 중인 동물이 종종 자신을 포식자의 눈에 띄게 만드는 행동을 한다는 것은 놀라운 일이다. 예를 들어, 나뭇잎 위에서 위장하는 큰 녹색박각시나방 애벌레(*Amorpha juglandis*)는 기문을 통해 공기를 내보내서 우는 소리를 약 4초 이상 낼 수 있다(Bura et al. 2011). 마찬가지로 겨우내 은신처에 숨어서 월동하는 공작나비(*Aglais io*)는 쥐와 같은 잠재적인 포식자가 접근 시에 날개를 반복적으로 펼쳤다가 접는 행동을 보이면서 초음파가 동반된 쉿쉿 소리를 낸다(Olofsson et al. 2011). 이러한 행동은 위장하고 있는 자신의 모습을 드러내기 때문에 손해가 되지만, 위에서 언급한 두 종의 동물은 포식자에게 공격 당했거나 공격 당하기 직전에만 이러한 행동을 보인다. 애벌레가 내는 소리는 공격하려는 포식자를 (적어도 몇몇 포식자를) 놀라게 하는 효과가 있다. 예를 들어, 애벌레를 공격한 노랑아메리카솔새(*Setophaga petechia*)는 애벌레가 소리를 내자 바로 애벌레를 버리고 떠났다. 유사하게 월동하는 나비를 공격하려는 쥐를 적외선 카메라로 촬영해 본 결과, 나비가 날개를 펄럭이며 소리를 내자 쥐가 재빨리 뒤로 물러서는 행동을 보였다. 잠재적인 먹이인 곤충이 내는 예상치 못했던 소리는 포식자를 놀라게 해서 도망치게 하는 효과가 있다.

눈에 띄기(경고색)

많은 동물은 아예 위장을 하고 있지 않다. 이런 동물은 주변 환경에 녹아 들어서 숨는 대신 오히려 포식자에게 자신을 드러내기 위해 노력하는 것처럼 보인다(**그림 6.9**). 이처럼 눈에 띄는 **경고색(aposematic coloration)**은 종종 독이 있는 생물이 그들의 먹이로서의 부적합성을 잠재적인 포식자에게 알리기 위해 사용된다. 예를 들면, 주황-검은색 날개를 가진 제왕나비(*Danaus plexippus*)는 쉽게 눈에 띈다. 이러한 밝은색은 종종 포식자에게 많은 공격을 받는데(Stuart-fox et al. 2003), 제왕나비가 이처럼 나비를 사냥하는 새들 앞에서 자신을 드러내는 것이 어떻게 적응일 수 있을까? 이러한 밝은색이 가지는 손해에도 불구하고 밝은색이 진화하기 위해서는 그에 따른 이득이 상당해야 하는데, 제왕나비의 경우 실제로 그러하다. 이러한 이득은 제왕나비 애벌레가 독이 있는 밀크위드 식물을 섭취하고, 식물로부터 독을 추출하여 자신의 조직에 저장하는 것으로부터 얻어진다(Brower and Calvert 1984). 파랑어치에게 제왕나비를 먹여 본 결과, 어치는 제왕나비를 단 한 번 먹고 구토한 이후에는 이 종을 다시는 건드리지 않았다(Brower 1958, Brower and Calvert 1984). 제왕나비는 식물에서 추출한 독을 재활용해서 자신을 굉장히 맛없게 만들었으며 제왕나비를 부리로 잡은 대부분의 새들은 즉시 나비를 놔주는 행동을 보였다(Brower and Calvert 1984). 실제로 죽은 나비를 얼렸다가 녹인 후 새에게 제공한 실험에서 대부분의 새가 제왕나비의 날개를 부리로 들어올린 뒤 바로 놓는 행동을 보였다. 이러한 행동은 제왕나비가 스스로를 매우 맛없게 만드

그림 6.9 경고색과 독. 화학적 방어 기재를 가지고 있는 동물은 일반적으로 눈에 띄는 형태와 행동을 보인다. (A) 애벌레 시기에 독이 있는 유액 식물을 섭취하는 제왕나비는 먹이로부터 얻은 강심배당체(cardiac glycosides)를 몸과 날개에 지니고 있다. (B) 가뢰과 곤충인 블리스터 딱정벌레들은 혈액에 매우 독성이 강한 칸타리딘(cantharidin)을 지니며, 꽃 위에서 몇 시간 동안 눈에 띄게 짝짓기한다. (A, photograph by David McIntyre; B, photograph by John Alcock.)

는 전략이 실제 자연에서의 생존에 큰 도움이 될 수 있다는 것을 시사한다. 그러므로 제왕나비의 밝고 화려한 날개 색은 잠재적인 포식자들에게 자신은 맛이 없다는 것을 경고하고, 이를 광고하는 역할을 한다.

포유류에서는 곤충이나 다른 척추동물 분류군보다 경고색이 드물게 관찰된다. 하지만 포유류는 사실 동물계에서 가장 인상적인 경고색을 보이는 분류군이다. 예를 들어, 스컹크나 호저(*Hystrix cristata*)의 뚜렷한 흰색-검은색 줄무늬는 잠재적인 포식자에게 자신이 가진 유독성 항문 분비액과 날카로운 가시에 대해 경고한다. 테오도르 스탄코비치(Theodore Stankowich)와 그의 동료들은 200종이 넘는 육식 포유동물을 분석한 결과에서 스컹크나 호저와 같은 뚜렷한 흰색-검은색 줄무늬를 가진 종들은 유독성 항문 분비액을 통해 자신을 방어하는 경향이 있었는데, 작고 단단하며, 포식자에게 좀 더 노출된 서식지(위장과 같은 다른 방어 전략이 진화하기 힘든)에 사는 경향이 강했다(Stankowich et al. 2011). 또한 포유동물들 중 노출된 서식지에 사는 종들은 유독성 항문 분비액 외에도 가시나 피갑과 같은 형태적 적응을 통해 포식자를 쫓아내는 경향을 보였다. 하지만 노출되지 않은 서식지(복잡하고 숨을 곳이 많은)에 서식하는 종들은 상대적으로 크기가 작고, 포식자를 피하기 위해 위장에 의존하는 경향을 보였다(Stankowich and Campbell 2016).

사회적 방어가 그러하듯이, 정교한 포식자 회피 전략을 가지는 것 역시 손해를 동반한다. 스탄코비치와 연구진은 약 650종의 포유동물을 분석한 결과로부터, 효과적이고 능동적인 방어 전략을 가지는 종은 그렇지 않은 종보다 상대적으로 뇌의 크기가 작다는 것을 발견하였다(Stankowich and Romero 2016). 연구자들은 이러한 현상을 근접 원인(proximate cause)과 궁극 원인(ultimate cause)으로 나누어 설명하였다. 근접 원인으로는 뇌 조직의 희생으로 이러한 방어 전략이 진화할 수 있었다고 주장하고, 궁극 원인으로는 정교하고 효과적인 포식자 회피 전략을 가질수록 주변 환경에서 포식자를 인지하고 회피할 필요성이 사라지므로 큰 뇌에 대한 선택압이 줄어들었을 것이라고 주장한다. 포유류에서 경고색은 포식자를 내쫓을 수 있는 형태적 혹은 행동적 적응을 동반하며, 이러한 방어 전략의 발달에 투자하는 것은 뇌의 크기와 인지 능력의 발달에 손해를 동반할 수 있다.

경고색을 가지는 모든 동물이 독이 있는 것은 아니다. 어떤 경우에는 독이 없는 종이 독이 있는 종을 모방하여 포식자를 속이기도 한다. 포식자가 먹을 수 있는 종이 맛이 없거나 위험한 종과 유사한 모양을 갖기도 하는데, 이러한 현상을 **베이츠 의태(Batesian mimicry)**라 부른다. 베이츠 의태란 용어는 영국의 생물학자인 헨리 베이츠(Henry Bates)로부터 유래했다. 베이츠는 브라질의 열대우림에서 수백 종에 달하는 나비를 채집한 뒤 서로 다른 종들이 비슷하게 생긴 것을 발견하고서, 그 이유가 포식자를 피하기 위한 것이라 생각하였다. 미국 대륙에서는 다른 종의 산호뱀이 비슷한 색채와 무늬를 가지고 있는데, 이는 오랫동안 베이츠 의태라고 간주되어 왔다. 앨리슨 데이비스 라보스키와 동료들은 1,000종이 넘는 뱀의 300,000 표본들의 지리적 위치, 표현형(색채와 무늬), 계통에서의 위치를 분석한 결과로부터 의태를 하는 종들이 비슷하게 생긴 독이 있는 산호뱀과 시간적 공간적으로 비슷하게 출현하는 것을 발견함으로써 뱀들과 산호뱀 사이에 베이츠 의태가 존재한다는 것을 규명하였다(**그림 6.10**)(Davis Rabosky et al. 2016). 연구진은 독이 없는 뱀들이 독이 있는 뱀을 의태하는 형태로 변화하는 전환이 산호뱀의 존재와 큰 상관성을 보임을 발견하였다. 달리 말해, 독이 있는 산호뱀과 독이 없는 의태종이 종종 함께 출현하였는데, 이는 의태종의 색채와 무늬가 의태를 위한 적응이라는 것을 시사한다. 데이비드 페닉(David Pfennig)과 동료들은 의태를 하는 미국산 큰뱀의 모형을 만들어 포식자로부터 얼마나 공격당하는지 비교함으로써 베이츠 의태를 실험적으로 증명하였는데, 뱀 모형은 (미국산 큰뱀이 의태하는) 산호뱀이 존재하지 않는 지리적 위치에서 더 많은 공격을 당했다(Pfennig et al. 2001).

이러한 의태들이 항상 독이 있는 모델 종과 독이 없는 의태 종을 포함하는 것은 아니다. 종종 맛이 없거나 위험한 종들 둘 이상이 서로 유사한 외형을 갖기도 하는데, 이러한 현상을 **뮐러 의태(Müllerian mimicry)**라 부른다. 뮐러 의태는 베이츠와 마찬가지로 브라질에서 나비를 연구했던 독일 생물학자 요한 뮐러에 의해 명명되었다. 뮐러는 맛없는 종의 집단에 특별히 관심이 있었다. 뮐러는 맛없는 두 종이 서로 유사한 경고색을 가지면 두 종 모두 이득을 얻을 수 있다고 생각하였다. 뮐러 의태의 예시로는 독개구리과(Dendrobatidae)의 독개구리를 들 수 있다. 이 개구리는 피부에 독을 가지고 있으며 밝은 경고색을 통해 잠재적 포식자에게 경고한다고 알려져 있다(그림 11.15 참조). 이 개구리는 경고색의 종간 변이가 심하지만, 지리적으로 비슷한 지역에 출현하는 다른 종의 독개구리들도 서로 비슷한 색채와 무늬를 가지고 있다. 카일 써머즈(Kyle Summers)가 이끄는 연구진은 뮐러 의태 가설을 검증하기 위해 독개구리를 경험해보지 못한 포식자에게 이 개구리들을 경험하게 한 뒤 보이는 회피 행동을 연구하였다(Stuckert et al. 2014). 페루에 서식하는 *Ranitomeya* 속의 비슷한 형태를 가지는 4종의 개구리 중 2종을 이용한 실험에서 이 개구리들을 접해보지 못한 포식자(닭)는 둘 중 한 종의 개구리만 먼저 경험함으로써 이 개구리가 독이 있는 사실을 학습하였다. 그 이후 각 포식자에게 새로운 뮐러 의태 종의 독개구리를 주었을 때, 닭들은 이 의태 개구리에 대해서도 유사한 회피 반응을 보였다. 이 결과는 닭이 하나의 독개구리에 대해서 회피 반응을 학습하게 되면, 유사하게 생긴 다른 독개구리에도 비슷한 반응을 보인다는 것을 보여준다.

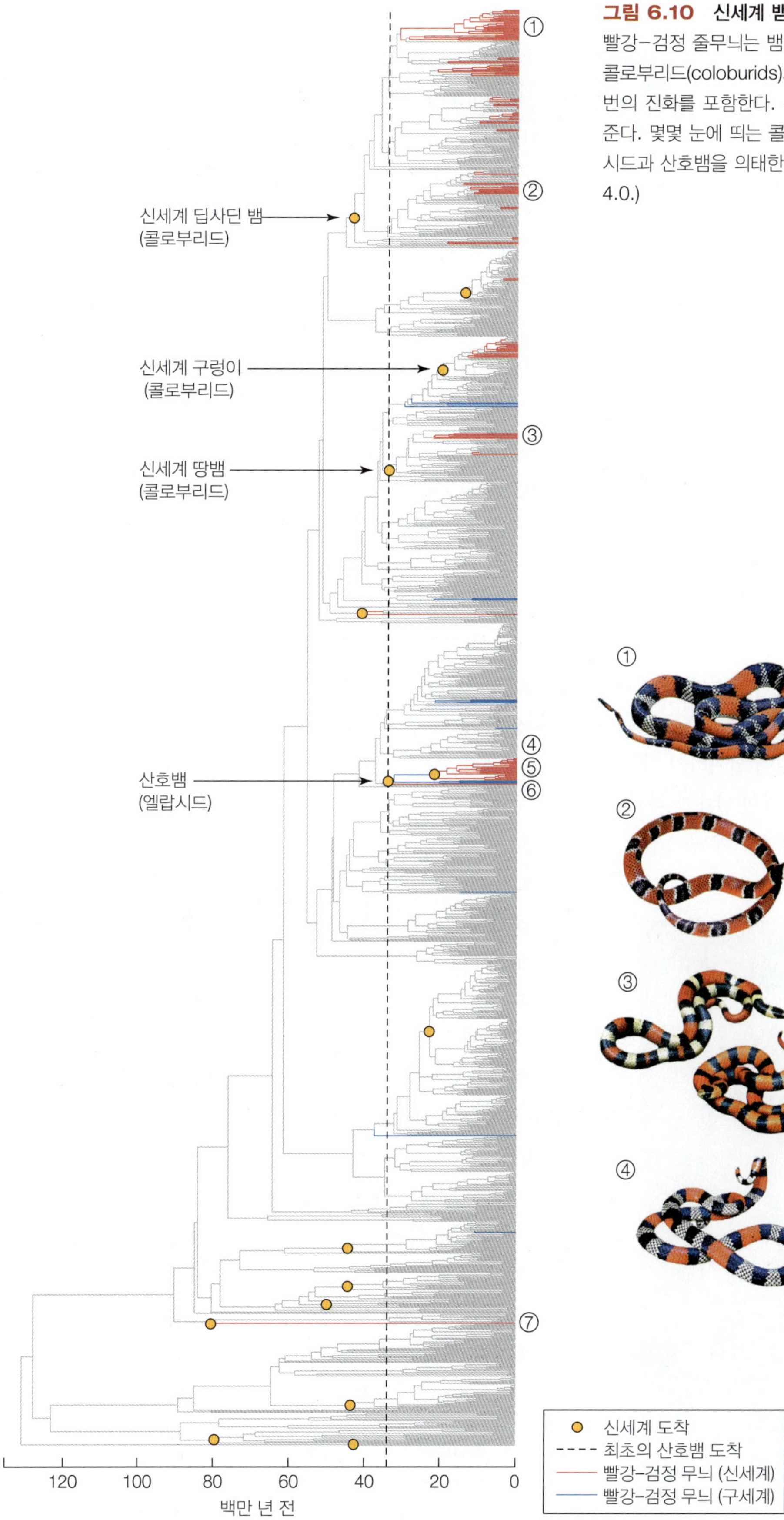

그림 6.10 신세계 뱀(New World snakes)에서 보이는 베이츠 의태. 빨강–검정 줄무늬는 뱀에서 적어도 26번 독립적으로 진화하였으며, 이는 콜로부리드(coloburids)와 엘랍시드과 산호뱀(elapsid coral snakes) 외 6번의 진화를 포함한다. 각 번호는 계통수에서의 위치와 뱀의 사진을 보여준다. 몇몇 눈에 띄는 콜로부리드 뱀과 비-콜로부리드 뱀은 독이 있는 엘랍시드과 산호뱀을 의태한다. (From Davis Rabosky et al. 2016, CC BY 4.0.)

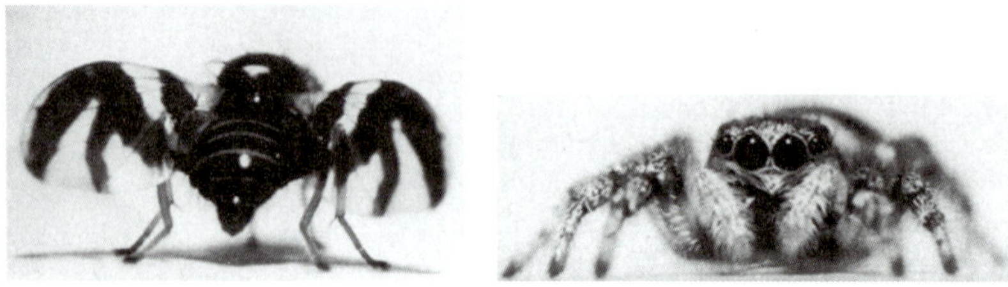

그림 6.11 왜 눈에 띄게 행동할까? 이 과실파리(왼쪽)는 습관적으로 줄무늬가 있는 날개를 흔드는데, 이는 깡총거미가 다리를 흔드는 형태와 유사하다(오른쪽). 깡총거미들은 다른 깡총거미를 위협하기 위해 다리를 흔드는데, 과실파리는 깡총거미의 이러한 행동 신호를 모방한다. (From Mather and Roitberg 1987.)

동물의 밝은 색채는 포식자에게 자신을 드러내는 역할만 하는 것은 아니다. 과실파리(*Zonosemata vittigera*)의 경우에, 마치 포식자의 관심을 끄는 것 마냥 습관적으로 띠 무늬가 있는 날개를 흔든다. 이 의아한 행동은 두 연구진의 관심을 끌었는데, 이들은 이 파리의 날개 형태가 포식자인 깡총거미의 다리와 비슷한 형태를 가진 것에 주목하였다. 연구자들은 이 파리가 날개를 흔듦으로써, 깡총거미가 서로를 만났을 때 공격적으로 다리를 흔드는 행동(상대편을 떠나게 만드는 효과가 있다)과 비슷한 시각적 효과를 준다고 생각하였다(제8장에서 더 자세하게 언급한다)(**그림 6.11**)(Greene et al. 1987, Mather and Roitberg 1987). 즉, 이 파리의 형태와 행동이 깡총거미로 하여금 서로 같은 종을 만났다고 착각하게 만들어 자리를 떠나게 만드는 행동을 유도한다고 생각하였다. 이러한 종류의 가설을 **신호 기만 가설(signal deception hypothesis)**이라 부른다.

신호 기만 가설 피식자의 형태나 행동이 포식자를 도주하게끔 만든다.

신호 기만 가설을 검증하기 위해, 연구진은 깡총거미의 의태 날개를 가진 과실파리의 날개를 무늬가 없는 집파리(*Musca domestica*)의 날개와 서로 바꿔 붙여 보았다. 이 날개를 바꾸는 수술 이후에도 과실파리는 정상적으로 행동하였으며 바뀐 날개를 습관적으로 흔들었고 심지어 날기까지 하였다. 하지만 날개가 바뀐 과실파리는 깡총거미들에게 금새 포식 당하였다. 반면 날개가 바뀌긴 했지만, 원래의 의태날개가 붙은 대조군 과실파리는 20회의 깡총거미와의 조우 중 16회나 생존하였다. 과실파리의 날개가 달린 집파리 역시 깡총거미에게 모두 포식 당했는데, 이는 과실파리의 날개 무늬뿐 아니라 날개를 흔드는 행동이 조합되었을 때에만 깡총거미를 속일 수 있다는 것을 보여준다(Greene et al. 1987).

습격 방지 가설 가젤은 주변에 숨어서 자신을 공격할 수도 있는 다른 포식자를 찾기 위해 뜀뛰기 한다.

과실파리와 마찬가지로 몇몇 척추동물들은 모순적이게도 그들이 쉽게 눈에 띄도록 행동한다. 톰슨 가젤(*Eudorcas thomsonii*)의 예를 들어보자. 이 가젤은 치타(*Acinonyx jubatus*)에게 쫓길 때 1~2 m 정도 공중으로 뛰어오르며 둔부의 흰색 털을 분명하게 보여준다(**그림 6.12**). 이 행동은 뜀뛰기(stotting)라 불리는데, 이에 대한 몇 가지 잠재적인 설명이 존재한다. 아마도 이런 뜀뛰기 중인 가젤은 도주 중의 속도를 희생하는 대신 높이 뛰어올라 주변과 도주 경로 앞에 존재할 수 있는 사자(*Panthera leo*)와 같이 매복 중인 포식자를 탐색하는 기능을 할 수도 있다(Pitcher 1979). 이 **습격방지 가설(antiambush hypothesis)**이 사실이라면, 가젤의 뜀뛰기 행동은

그림 6.12 먹이로써 적합하지 않음을 드러내서 추격을 방지? 작은 영양인 톰슨 가젤은 포식자에게 위협 당하면 공중으로 도약한다(영양의 일종인 스프링복 역시 이렇게 도약한다). (Photograph © Denis-Huot/Minden Pictures.)

뛰지 않고도 멀리 볼 수 있는 풀이 짧은 사바나 초원지대에서는 나타나지 않을 것이라 예상되며, 풀이 높거나 관목-초목이 혼재된 서식지에서는 이러한 뜀뛰기 행동을 더 보일 것이라 예상된다. 하지만 풀이 낮은 초원지대의 가젤도 역시 뜀뛰기 행동을 보였으며, 따라서 습격방지 가설은 기각되었다(Caro 1986a, b). 팀 카로(Tim Caro)는 가젤의 뜀뛰기 행동이 잠재적인 포식자나 동료들에게 어떻게 신호로서 작동할 수 있는지 10가지의 추가 가설들을 세웠다(Caro 1986a, 1986b). 이 책에서는 그 중에 4가지와 그에 따른 예상을 소개하고자 한다(**가설 6.2**, **표 6.1**). 이 예상들을 검증하는 과정에서 팀 카로는 주변에 다른 개체가 없는 단독으로 있는 가젤도 치타가 접근하면 종종 뜀뛰기 행동을 보이는 것을 알았다. 이 관찰을 통해 가젤이 다른 개체와 소통하기 위해서라는 **경고 신호 가설(alarm signal hypothesis)**이 기각되었다. 카로는 **혼란 효과 가설(confusion effect hypothesis)** 역시 기각하였는데, 왜냐하면 혼란 효과는 가젤이 함께 도주할 때에만 작동하기 때문이다. 하지만 이 관찰이 **사회적 유대 가설(social cohesion hypothesis)**을 기각하지는 못했는데, 그 이유는 단독으로 있을 때 뜀뛰기하는 행동이 멀리 있는 가젤들을 모으기 위해서 일 수도 있기 때문이다. 하지만 만약 뜀뛰기 행동이 동료 가젤들과 소통하기 위해서라면 소통에 중요한 둔부의 하얀 털을 다른 가젤들을 향해서 보일 것이라 예상된다. 하지만 뜀뛰기 중인 가젤은 하얀 둔부를 주변 가젤들이 아닌 포식자를 향해서 보여주므로, 이에 따라 사회적 유대 가설을 기각할 수 있다. 가설 중에서는 **공격 단념 가설(attack deterrence hypothesis)**만이 기각되지 않았다. 이 가설에 따르면 가젤이 뜀뛰기하는 이유는 포식자에게 그들이 발견되었다는 것과 뜀뛰기를 할 정도로 충분한 에너지가 있다는 것을 보여주어 포식자로 하여금 추격하는 것을 단념시키기 위한 것이다. 실제로 치타는 뜀뛰기를 하는 가젤을 만났을 때 그렇지 않을 때보다 추적을 단념할 확률이 높았으며, 이는 치타가 가젤의 신호를 잘 받았다는 것을 보여준다(Caro 1986a).

가설 6.2

톰슨 가젤의 뜀뛰기 행동을 설명하는 대체 가설들

경고 신호 가설 동료들에게 포식 위험에 대하여 의사소통하기 위해 뜀뛰기한다.

혼란 효과 가설 만약 몇몇의 가젤이 도주 중 일제히 뜀뛰기하면 포식자는 혼란스러울 것이다.

사회적 유대 가설 가젤은 동료들을 모으고 합류시키기 위해 뜀뛰기한다.

공격 단념 가설 가젤은 잠재적 포식자에게 그들의 활력을 신호함으로써 추격을 포기하게 만들기 위해 뜀뛰기한다.

뜀뛰기 행동이 올바른 의사소통 신호가 되기 위해서는 가젤과 치타 모두 이 신호를 통해 이득을 얻어야 한다(제8장 참조). 뜀뛰기 신호가 정직한 신호라면 실제로 뜀뛰기 하는 가젤은 사냥하기 어려운 개체여야 하며, 치타들은 이러한 개체들을 (결국 실패할 가능성이 높은) 사냥하는 데 시간과 노력을 낭비하지 않는 것이 이득이다. 이 예상이 가젤에서는 아직 실제로 검증되지는 않았지만, 도마뱀 *Anolis cristatellus*에서는 검증되었다. 이 도마뱀은 뱀이 접

표 6.1 **톰슨 가젤의 뜀뛰기 행동의 적응적 가치에 대한 4개의 대체 가설에서 유도된 예상들**

	대체 가설			
	동료를 향한 신호		포식자를 향한 신호	
예상	경고 신호	사회적 유대	혼란 효과	공격 방지
단독으로 있는 가젤이 뛴다	×	○	×	○
무리로 있는 가젤이 뛴다	○	×	○	×
뜀뛰기할 때 둔부의 방향이 포식자를 향함	×	×	○	○
뜀뛰기할 때 둔부의 방향이 동료를 향함	○	○	×	×

그림 6.13 도마뱀의 팔굽혀펴기 행동은 그 개체의 생리학적 상태를 보여주는 정직한 신호인가? (A) 도마뱀 *Anolis cristatellus*는 접근하는 뱀을 발견하면 팔굽혀펴기 행동을 보인다. (B) 도마뱀이 기진맥진할 때까지 뛸 수 있는 시간은 모형 도마뱀을 보여줬을 때 팔굽혀펴기를 하는 횟수와 상관성을 보인다. (A, photograph by Manuel Leal; B after Leal 1999.)

근하는 것을 발견하면 뱀을 향해 팔굽혀펴기 행동을 연속해서 한다. 위에서 언급한 공격 단념 가설을 검증하기 위해 연구자인 마뉴얼 릴은 실험실 조건에서 뱀을 만났을 때 각 도마뱀이 몇 회나 팔굽혀펴기를 하는지 측정하였다. 이후 이 도마뱀을 원형 통로에 넣은 뒤 꼬리를 지속적으로 건드려 도망가도록 유도하였다. 실험 결과에서, 포식자를 만났을 때 행한 팔굽혀펴기 횟수는 통로에서 얼마나 오랫동안 뛸 수 있는지와 상관성을 보였다(**그림 6.13**)(Leal 1999). 그러므로 공격 단념 가설이 예측하듯이, 포식자들은 자신이 맞닥뜨린 잠재적인 먹이의 현재 상태에 대한 정확한 정보를 팔굽혀펴기 행동을 통해 얻었다고 볼 수 있다. 실제로 도마뱀은 포식자가 공격 시 도주하는 행동을 보이기 때문에, 뱀은 이 잠재적인 먹잇감이 보내는 신호를 바탕으로 해서 추격할지 또는 않을지를 결정하는 것이 사냥 성공 및 시간/에너지 절약에 도움이 된다.

최적화 이론과 반포식 행동

행동생태학자는 그들이 관심있는 동물의 행동에 대한 다양한 적응적 설명들을 검증할 수 있는 방법을 가지고 있다. 이러한 연구는 과거에 동물의 특정 행동이 개체에게 적합도 이익이 되는지 여부를 증명하는 것에 전념하였다. 하지만 위와 같은 방식 외에 동물 행동의 손해와 이득을 고려하는 접근 방식은 그들의 행동을 설명하는 정확하고 측정 가능한 예상을 도출할 수 있게 해준다. 이 손해-이득 관점은 진화적인 시간에서 볼 때 동물이 현재 가지고 있는 형질이 다른 대체 형질들보다 더 적합한 형질인지 밝힐 수 있도록 해준다. 이러한 연구방법은 종종 **최적화 이론(optimality theory)**에 의존하는데, 최적화 이론에 따르면 동물의 적응적 형질은 자연선택에 의해 대체된 다른 형질에 비해 높은 이익-손해 비율을 가진다. 이 최적화 이론을 설명하기 위해 가상의 종에서 유전적으로 결정되는 4가지의 서로 다른 대체 형질의 손해(costs, *C*)와 이득(benefits, *B*)을 고려해보자(**그림 6.14**). 이 4가지 형질들(W, X, Y, Z라 하자) 중 오직 Z 형질만이 적합도에 손해를 가지며($C > B$), 당연히 Z 형질은 다른 형질들에 비해 열등하다. 나머지 3개의 형질은 모두 적합도의 이익이 손해보다 크지만 오직 형질 X만이 적응적인데, 그 이유는 다른 형질들에 비해 월등한 순이득(net benefit, B > C)을 가

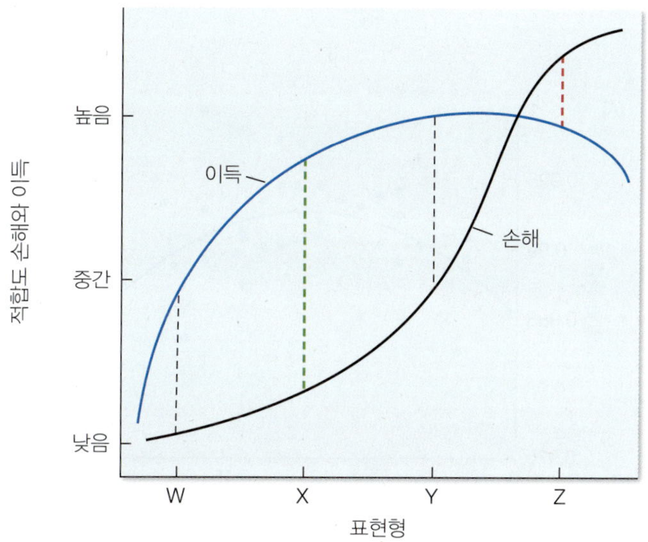

그림 6.14 최적화 모형. 만약 4개의 행동 표현형과 관련된 적합도 손해와 이득을 측정할 수 있다면, 어떤 형질이 그 집단에서 가장 큰 순이익(net benefit)을 보이는지 판단할 수 있다. 이 경우 형질 X는 적응이다(진화적으로 충분한 시간이 주어졌을 때 다른 대체 형질들을 대체할 수 있는 최적 형질).

지기 때문이다. 이러한 순이득은 동물들이 살아가는 서식지 및 환경에 따라 다르기에 서로 다른 집단에서는 각기 다른 형질이 적응적일 수 있다.

X 형질이 집단에 나타났다고 가정할 때, 이 형질과 연관된 대립 유전자들은 다른 대체 형질과 연관되어 있던 대립 유전자들을 밀어내고 집단에 퍼질 것이다. 이 X 형질(또는 행동)은 다른 형질들에 비해 순이득이 많기에 최적의 형질이라고 간주될 수 있을 것이며, 이 형질을 가진 개체는 다른 대체 형질을 가진 개체에 비해 집단에 점점 더 많아질 것이다. 그러므로 만약 서로 다른 대립형질의 이득과 손해를 잴 수 있다고 가정하면, 현재 자연에 존재하는 형질은 다른 대립 형질들과의 경쟁에서 승리한, 이득-손해가 가장 큰 형질이라 예상할 수 있다. 안타깝게도 하나의 형질이 적합도에 미치는 이득과 손해를 정확하게 측정하는 것은 매우 어려운 일이다. 하지만 몇몇 연구에서는 동물들이 먹이 활동 시에 보이는 행동에 대한 이득(먹이에서 얻을 수 있는 칼로리)과 손해(먹이 활동 시에 사용한 칼로리)를 계산해서 측정할 수 있었다.

최적화 이론은 동물 행동의 반포식 행동을 설명하기 위해 사용되어 왔다. 예를 들어, 미국 중서부에 서식하는 메추라기의 일종인 *Colinus virginianus*는 겨우내 2~22마리의 작은 무리를 형성해서 산다(일반적으로 약 11마리 정도의 무리를 형성한다). 이 무리 형성은 포식자를 피하기 위함이 분명해 보이는데, 새들이 큰 무리를 형성할수록 주변을 더 잘 경계할 수 있어서 포식자의 공격으로부터 안전하기 때문이다. 당연하게도 큰 무리를 형성할수록 적어도 한 마리가 고개를 들고서 주변에 있을지 모를 포식자의 존재를 감시하는 시간의 비율이 높아진다. 하지만 이 비율은 무리 크기가 10마리를 넘어가면 큰 차이가 없어진다. 연구진은 이 새들을 잡아 실험 조건에서 연구해 본 결과 포식성 새매의 실루엣을 보여줬을 때 무리 크기가 커질수록 좀 더 빠르게 반응한다는 사실을 밝혀냈다(Williams et al. 2003).

이 메추라기들은 큰 무리를 형성함으로써 포식자로부터의 보호라는 이득을 얻지만, 그에 따른 손해(먹이에 대한 경쟁)도 분명히 존재한다. 무리의 크기가 상대적으로 큰 무리들이 평균 크기(11마리의 무리)의 무리보다 하루에 더 먼 거리를 이동한다는 사실은 이러한 손해가 존재한다는 것을 시사한다(11마리보다 작은 무리들도 11마리의 무리들보다 더 먼 거리를 이동했는데, 이는 아마도 다른 무리에 합류하기 위해 탐색하기 때문일 것이다). 이렇듯 무리를 형성하는 것에는 이득과 손해가 둘 다 존재하는데, 이 새들이 형성하는 무리의 평균 크기가 11마리라는 점은 아마도 이러한 중간 크기의 무리를 형성할 때 순이득(이득-손해)이 가장 크기 때문일 것이다. 실제로 매일 생존율을 관찰한 결과, 무리 크기가 중간 정도일 때 겨우내 새들의 생존율이 가장 높았다(**그림 6.15**)(Williams et al. 2003). 이 연구는 메추라기가 단순히 사회적 방어를 이용하여 자신을 방어하기 위해서만 무리를 형성하는 것이 아니라 무리

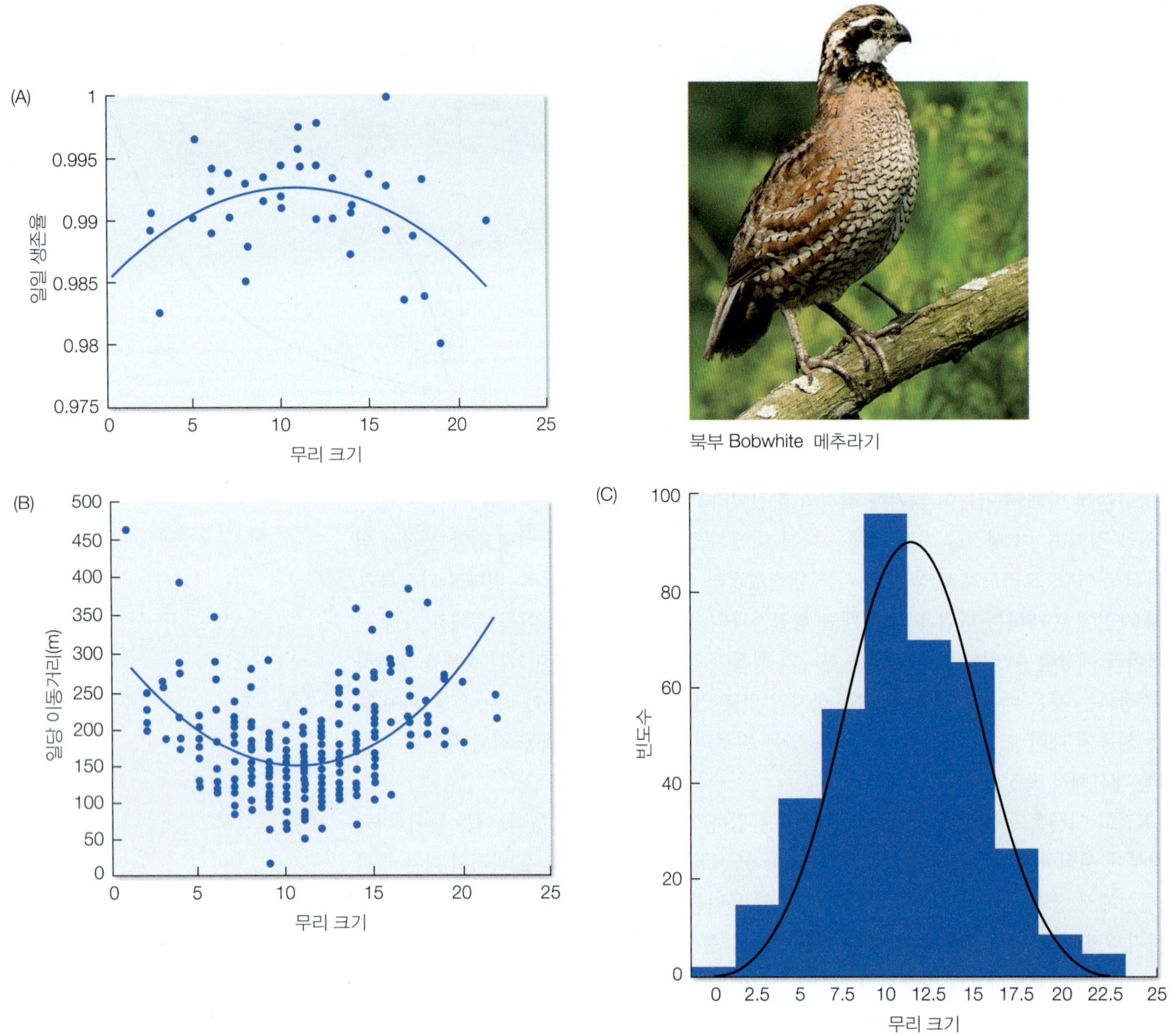

그림 6.15 메추라기의 최적 무리 크기는 이득와 손해의 함수로 표현 가능하다. (A) 어느 하루 동안 한 개체가 생존할 확률(생존율)은 약 11마리의 무리를 형성할 때 가장 높다. (B) 움직인 거리(손해)는 약 11마리의 무리에서 가장 낮다. (C) 실제 자연에서 가장 흔한 무리 크기는 약 11마리이다. (After Williams et al. 2003; photograph © iStock.com/staden.)

를 형성할 때의 이득과 손해의 차이가 가장 큰 최적인 규모의 무리를 형성한다는 점을 보여준다. 만약에 개체가 이렇게 최적화된 크기의 무리에 합류한다면, 그렇지 않은 (무리 크기가 더 작거나 큰) 개체보다 적합도에서 더 큰 순이익을 얻을 것이다.

먹이 찾기

포식을 피하는 것은 생물의 생존에 기여하지만 지속적인 생존을 위해서는 먹이를 찾아야 한다. 먹이 자원을 찾는 일은 번식을 위해서 필수적이지만 포식자를 피하기 위해 숨어서 보내는 시간은 분명 이에 도움이 되지 않는다. 동물들은 어떻게 포식자를 피하는 동시에 필요한 먹이들도 찾을까? 아래에서 배우겠지만, 이러한 행동은 종종 서로 동떨어져서 나타나지 않는다. 먹이 활동은 일반적으로 먹이 탐색, 먹이 추적, 그리고 먹이를 처리하는 행동을 포함한다. 동물은 이런 활동에 각각 얼마나 시간을 보낼지에 대해 결정을 내려야 한다. 예를 들어, 하나의 먹이를 추적하고 처리하는 데에 얼마나 오랜 시간을 투자하고 다음 먹이를 언제 찾기 시작해야 할까? 최적화 이론은 이러한 종류의 질문을 검증할 수 있는 틀을 제공해 준다. 먼저 동물들의 먹이 찾기 행동에 최적화 이론이 어떻게 적용되는지에 대한 논의로 학습을 시작하고자 한다. 그리고 먹이 찾기 행동과 포식자 회피 행동이 어떻게 연결되어 있는지 알기 위해 공포 지형(landscapes of fear)에 대해 소개할 것이다. 이번 장의 학습이 끝나면, 동물들이 먹이 활동을 하면서 다른 동물의 먹이가 되지 않기 위해 어떻게 행동하는지에 대해 이해할 수 있을 것이다.

최적화 이론과 먹이 선택

동물행동학에서 최적화 이론이 가장 널리 적용되는 분야는 바로 동물의 먹이 활동 연구일 것이다. 먹이 활동에 적용된 최적화 이론은 **최적화 섭식 이론(optimal foraging theory)**이라고도 알려져 있다. 최적화 섭식 이론은 동물이 먹이 활동을 하는 도중 어떻게 자신의 적합도를 최대화하는지에 대해 예상한다. 동물은 생존하고 번식하는 데 필요한 먹이를 확보하기 위해 온갖 기상천외한 방법들을 사용한다. 하마의 피만 먹는 거머리도 있고(심지어 이 거머리는 하마의 직장에서 모여 짝을 찾는다)(Oosthuizen and Davies 1994), 호주의 매는 로드킬 당한 큰두꺼비(*Rhinella marina*)의 혀를 빼서 먹는다(외래종인 큰두꺼비는 독이 있지만, 혀는 가장 안전하게 먹을 수 있는 부위이다)(Beckmann and Shine 2011). 먹이를 찾기 위해 어떤 전략을 쓰든, 이처럼 다양한 행동들은 모두 그에 따른 이득과 손해가 존재한다. 그렇기에 행동생태학자가 이 행동들의 적응적인 가치에 대한 가설이나 예상을 만들기 위해 최적화 접근과 게임 이론적 접근 방식을 모두 사용한다는 것은 그리 놀라운 일은 아니다.

최적화 섭식 모형은 먹이의 종류, 먹이 활동을 하는 장소, 각 장소에서 얼마나 오래 머무는지, 이동하는 양상과 속도를 어떻게 최적화하는지 등 다양한 주제들을 다룬다(Pyke et al. 1977). 이러한 최적화 섭식 모형의 기본 가정은 먹이를 먹는 것이 에너지 섭취라는 측면에서 이득이 있지만, 먹이를 찾는 과정(먹이를 찾거나 처리하는 과정에서 소비하는 에너지와 시간)에서 손해가 발생한다는 것이다. 그러므로 에너지는 최적화 섭식 모형에서 이득과 손해를 계산하는 주요 지표이며, 최적화하는 대상은 바로 소비하는 에너지당 섭취하는 에너지이다(**BOX 6.2**). 최적화 섭식 모형에는 다양한 세부 모형들이 존재한다. 최적 먹이 모형은 동물에게 다양한 먹이에 대한 선택이 존재할 때 동물이 발견한 먹이를 먹을 것인지, 혹은 좀 더 좋은 먹이를 찾아 나설 것인지에 대한 선택을 다룬다. 최적 먹이 활동 장소 선택 모형도 비슷한데, 동물에게 다양한 먹이 활동 장소에 대한 선택이 존재할 때 동물이 어떤 장소를 선택하는지를 예상하는 모형이다. 동물은 또한 언제 현재 장소를 떠나 다른 장소로 갈 지도 선택해야 한다. **한계치 정리(marginal value theorem)**라 불리는 최적화 모형은 동물이 언제 현재 장소를 떠나 새로운 장소로 떠나는지에 대한 예상을 제공한다. 이 이론에서는 동물이 현재 장소에서 얻을 수 있는 시간당 먹이량이 서식지 전체 평균보다 떨어지면 다른 장소로 이동해야 한다고 예측하고 있으며, 동물이 현재 먹이원을 떠나야 하는 먹이 습득량의 '한계치'는 서식지 내의 모든 먹이 활동이 가능한 장소에서 동일해야 한다고 예상한다(Krebs et al.

BOX 6.2 자료 해석을 통한 행동 탐구

금빛날개태양새의 영역성과 먹이 활동

금빛날개태양새(*Drepanorhynchus reichenowi*)는 남아프리카의 겨울에 특정 꽃의 꽃꿀만을 섭식한다. 종종 이 새는 꽃이 분포하는 지역에서 영역성을 보이기도 하고 어떤 경우에는 보이지 않기도 한다. 프랭크 길(Frank Gill)과 래리 울프(Larry Wolf)는 꽃이 있는 지역에서 섭식하는 꽃 꿀의 시간당 양을 측정하는 방법을 고안하였다(Gill and Wolf 1975a,b). 그러고 나서 이 새들이 쉴 때, 꽃에서 꽃으로 이동할 때, 침입자를 쫓아낼 때의 칼로리 소모량을 이용해서, 이 새가 영역성을 가지는 것이 이득이 되는지를 계산하였다(아래 **표**).

각기 다른 조건에서 금빛날개태양새가 영역성을 보일 때 이득

꽃당 꿀 생산량[a]			
영역성 안보임 (먹이 활동을 하는 시간)	**영역성을 보임 (먹이 활동을 하는 시간)**	**영역성 새들이 쉬는 시간[b]**	**절약된 에너지(칼로리)[c]**
1 (8)	2 (4)	8 − 4 = 4	2400
2 (4)	3 (2.7)	4 − 2.7 = 1.3	780
4 (2)	4 (2)	2 − 2 = 0	0

출처: Gill and Wolf 1975a

[a]하루에 꽃이 생산하는 꽃꿀량(ml)으로 측정

[b]하루 필요 칼로리를 얻기 위해 먹이 활동에 투자해야 하는 시간으로 계산함

꽃꿀 생산(ml/꽃)	1	2	3	4
먹이 활동 시간(시)	8	4	2.7	2

[c]태양새는 먹이 활동을 하는 대신 쉬는 경우에, 1,000칼로리 대신 400칼로리를 소모한다.

생각의 틀 깨기

길과 울프는 번식하지 않는 새들의 목표가 매일 생존에 필요한 꿀을 충분히 모으는 것이라 가정하였다. 이 가정은 합당한가? 위의 표를 보고, 영역 안의 꽃은 2 ml 의 꿀 생산량을 가지고 있고 다른 영역의 꽃은 절반의 꿀 생산량을 가지고 있을 때, 영역을 가진 새의 경우 얼마나 오랜 시간 동안 영역성 행동을 보이는지 생각해보자.

1974). 어떤 동물은 먹이나 먹이원을 찾기 위해 집을 떠난 뒤 먹이를 찾고 나면 다시 집으로 돌아온다. 이러한 중심지 섭식자들(central place forager)로는 둥지에 서식하는 새나 큰 군락(콜로니라 불린다)을 이루고 사는 개미가 있다. 중심지 섭식모형(central place foraging model)은 동물이 서로 다른 먹이원을 이동하여 먹이를 채집한 다음 집에 돌아오는 과정을 어떻게 최적화하는지를 다루는 모형이다. 마지막으로, 어떤 동물은 먹이를 찾을 확률을 높이기 위해 이동 속도와 방향 역시 최적화한다.

브리티시 컬럼비아주 해변의 뻘에서 먹이 활동을 하는 까마귀(*Corvus caurinus*)를 생각해보자. 까마귀는 대합, 달팽이, 홍합, 고둥 같은 먹이를 발견하면, 종종 이 먹이를 들고 공중으로 올라가 바위나 콘크리트 같은 단단한 표면 위에 떨어뜨린다. 그 결과, 이 연체동물들의 단단한 껍질이 깨지고, 까마귀는 내려가서 노출된 연한 살점을 먹는다. 까마귀의 부리로는 이 동물의 껍질을 부술 수 없기에 까마귀의 이러한 행동은 분명 적응적으로 이득이 되는 것은

분명하다. 레토 자크(Reto Zach)는 이 까마귀의 행동에 대해 좀 더 깊게 분석해보았다(Zach 1979). 배고픈 까마귀가 먹이를 찾을 때, 이 까마귀는 뻘에 존재하는 많은 먹이 중에서 어떤 먹이를 가져갈지를 결정해야 하고, 또한 공중에서 먹이를 떨어뜨릴 때 얼마나 높은 위치에서 떨어뜨릴지, 그리고 먹이가 한 번에 깨지지 않을 시 이 행동을 얼마나 많이 반복할지를 결정해야 한다. 자크는 이를 알기 위해 먹이를 떨어뜨리는 까마귀를 관찰하며 몇 가지 특이사항을 발견하였다. 먼저 그는 까마귀가 고둥을 가져갈 때 언제나 3.5~4.4 cm 사이의 크기가 큰 고둥만을 가져간다는 사실을 발견했다. 둘째, 까마귀는 약 5 m 정도를 올라간 뒤 고둥을 떨어뜨렸다. 셋째, 까마귀가 이 행동을 고둥이 부서질 때까지 몇 번이 되든 반복한다는 것을 발견하였다.

자크는 이 까마귀의 행동이 시간당 섭취 가능한 에너지를 최적화하기 위한 행동인지를 규명하고자 하였다(Zach 1979). 이를 위해 까마귀의 행동이 효과적으로 고둥의 껍질을 깨는지를 먼저 검증하였다. 만약 까마귀의 행동이 최적화되어 있다면 몇 가지 예상을 할 수 있다. 첫째, 큰 고둥은 작은 고둥에 비해 5 m 높이에서 떨어뜨렸을 때 좀 더 잘 깨질 것이다. 둘째, 5 m 보다 낮은 높이에서 떨어뜨리면 고둥이 깨질 확률이 낮아질 것이고, 반면 5 m 보다 높은 높이에서 떨어뜨릴지라도 5 m 높이에서 떨어뜨리는 것보다 효율이 크게 좋아지진 않을 것이다. 셋째, 매번 떨어뜨릴 때 고둥이 깨질 확률은 기존에 몇 번 떨어뜨렸냐 와는 상관이 없을 것이다.

자크는 이러한 예상을 다음과 같은 방식으로 검증하였다. 그는 암석으로 구성된 해변에 15 m 장대를 세우고 고둥을 다양한 높이에서 떨어뜨릴 수 있도록 장치를 하였다. 그리고 다양한 크기(작은, 중간 크기, 그리고 큰 크기)의 고둥을 채집한 뒤 다양한 높이에서 떨어뜨렸다(**그림 6.16**). 그는 5 m 높이에서 떨어뜨렸을 때 큰 고둥이 작거나 중간 크기의 고둥보다 더 적은 횟수만 떨어뜨려도 깨지는 것을 발견하였다. 또한 5 m 높이까지는 떨어뜨리는 높이가 높아질수록 고둥을 깨는데 필요한 횟수가 확연하게 줄어드는 것도 발견하였다. 하지만 5 m 이상의 높이에서는 필요한 횟수가 줄어드는 경향이 미미하였다. 마지막으로, 예상했던 바와 같이 고둥 껍질이 깨질 확률은 기존에 몇 번을 떨어뜨렸는지와 무관하였으며, 언제나 4번째 시도 안에 깨지는 것을 발견하였다. 즉, 까마귀에게 있어 기존에 떨어뜨리던 고둥이 깨지

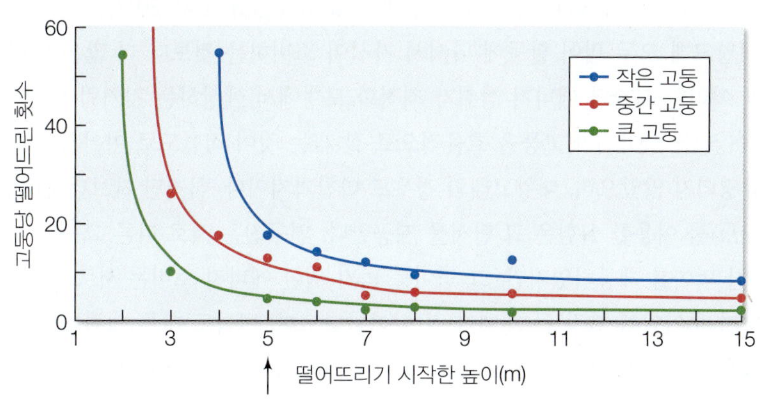

북서부 까마귀

그림 6.16 고둥을 먹는 까마귀의 최적 섭식 결정. 그래프의 곡선은 서로 다른 크기의 고둥의 껍질을 깨기 위해 공중에서 떨어뜨려야 하는 횟수와 떨어뜨리기 시작한 높이를 나타낸다. 까마귀는 크기가 큰 고칼로리의 고둥만을 골라 5 m 높이에서 떨어뜨리는데(화살표 위치), 이는 고둥을 깨기 위해 쓰는 에너지 소모를 최소화해준다. (After Zach 1979; photograph © 7877074640/ShutterStock.)

지 않았다고 다른 고둥을 찾아 나서는 것은 고둥을 깰 확률을 전혀 높이지 않았으며, 오히려 새로운 고둥을 찾는 데 시간과 에너지를 더 소모할 뿐이었다.

자크는 큰 크기의 고둥의 살점에서 얻는 에너지(2.0 kcal)에서 고둥을 여는 데 소모되는 평균 에너지(0.5 kcal)를 빼서 에너지 순이익(1.5 kcal)을 계산하였다. 반면 중간 크기의 고둥은 껍질을 깨는 데 더 많이 떨어뜨려야 했기에 순이익은 0.3 kcal 밖에 되지 않았다. 작은 고둥을 깨는 데는 심지어 이득보다 손해가 더 많았다(Zach 1979). 그러므로 적합도가 에너지의 이득과 손해로 결정된다고 가정하면, 까마귀가 큰 고둥만을 고르는 것은 적응적인 행동이다. 하지만 다른 연구자는 까마귀가 고둥을 더 높은 위치에서 떨어뜨리는 것이 에너지 측면에서 이익이라 주장하기도 했다(Plowright et al. 1989). 그러므로 까마귀가 왜 5 m의 높이를 선택해서 고둥을 떨어뜨리는지는 아직 완전히 규명되지 않았다.

자크의 연구 접근 방식은 먹이를 통한 칼로리 섭취가 먹이를 얻는 데 소모한 칼로리 소모보다 더 크다는 기본적인 가정을 하고 있다. 이 같은 전제는 대왕고래(*Balaenoptera musculus*; 대왕고래는 크릴 무리를 찾기 위해 남극 바다에서 최고 15분까지 잠수한다)와 같은 다른 동물을 이용한 연구에서도 확인할 수 있다(**BOX 6.3**). 먹이 활동 중인 대왕고래는 크릴새우 무리로 쇄도해서 물과 함께 다량의 크릴들을 삼킨 후, 물은 수염판을 통해 다시 내보낸다. 고래 연구자들은 입을 열고서 크릴을 향해 쇄도하는 대왕고래가 다수의 크릴을 잡을 정도로 충분한 스피드를 내기 위해 많은 에너지를 쓴다고 오랫동안 생각해 왔다. 대왕고래 전문가로 이루어진 팀은 이를 검증하기 위해 고래의 몸에 수중청음기 압력감지 장치, 가속도계를 설치한 뒤 고래가 크릴 무리로 돌진할 때의 에너지 소모를 계산하였다. 그 결과, 고래가 3~4번의 돌진을 할 때 사용하는 에너지는 약 60,000 kJ 정도일 것으로 산출하였다. 이렇게 많은 에너지를 소모하면서 대왕고래가 확보하는 에너지는 얼마나 될까? 물론 그에 대한 답은 얼마나 많은 양의 크릴새우를 잡아먹을 수 있는지에 달려있으며, 잡힌 크릴새우의 양은 고래가 삼킨 물의 양과 그 물에 담겨 있는 크릴새우의 밀도에 의존한다. 고래 턱의 크기와 크릴의 밀도에 대해 알려진 정보를 종합해서, 연구자들은 크릴새우 무리를 향한 1회의 돌진을 통해 약 30,000~2백만 kJ 사이의 에너지를 얻을 것이라 계산하였다. 이는 일반적으로 대왕고래가 한 번 잠수할 때마다 적어도 몇 회의 돌진을 하는 것을 고려하면, 잠수한 이후 다시 고개를 내밀 때까지 평균 약 5백만 kJ의 에너지를 섭취한다는 것을 의미한다. 이는 한 번 잠수 시 대왕고래가 소모하는 에너지보다 약 80배 정도 많은 양이다(Goldbogen et al. 2011).

까마귀와 대왕고래 모두 먹이 활동에 나서서 자신이 소비하는 것보다 더 많은 에너지를 얻는다. 하지만 이러한 시간당 에너지 섭취가 최적화 모형에서 예상하는 것처럼 더 많은 번식성공으로 이어질까? 까마귀가 고둥을 효율적으로 잘 까는 것이 적합도로 이어지는지에 대해서는 아직 규명되지 않았으며, 대왕고래의 경우도 마찬가지이다. 하지만 제브라 핀치(*Taeniopygia guttata*)를 이용한 실험은 그 단서를 제공한다. 연구진은 서로 다른 그룹의 제브라 핀치에게 비슷한 먹이를 제공하였지만, 그 먹이를 먹기 위한 에너지 소비는 서로 달랐다. 그 결과에서, 에너지 순이익이 가장 큰 개체가 잘 살아남았으며, 번식도 다른 개체들보다 일찍 시작하여 더 많은 자손을 낳았다(Lemon and Barth 1992, Wiersma and Verhulst 2005). 또 다른 실험에서는 수컷 솔잣새(*Loxia curvirostra*)를 두 공간으로 나뉘어진 새장에 1마리씩 넣은 뒤, 한 쪽에는 열매가 대부분 제거된 솔방울을 넣어줬고, 다른 쪽에는 제거되지 않은 솔방울을 넣어주었다. 그 뒤 암컷 솔잣새에게 두 그룹의 수컷이 먹이 활동하는 것을 관찰하

BOX 6.3

자료 해석을 통한 행동 탐구

꼬치시클리드의 최적 섭식 행동

꼬치시클리드(*Crenicichla saxatilis*)는 상대적으로 큰 크기인 트리니다드 구피(*Poecilia reticulate*)를 주로 사냥하는 포식자이다. 연구진은 이 시클리드가 서로 다른 크기(10, 20, 30, 40 mm 길이)의 구피들을 발견한 후 접근해서 쫓아간 뒤 사냥하는 데 걸린 시간을 측정하였다(Johansson et al. 2004). 연구진은 또한 각 크기의 구피를 사냥할 때의 성공률을 기록하였으며 먹이를 사냥했을 때에도 먹이를 처리하고 먹는 데 걸린 시간을 기록하였다. 이 자료를 활용하여 연구진은 시간당 먹은 무게(칼로리)로 표현된 먹이의 가치에 대한 모형을 만들었다. 모형 A는 공격하는 데 걸린 시간과 성공률만을 고려하였으며, 모형 B는 이 두 가지 외에도 먹이를 잡은 이후에 처리하고 먹는 데 걸린 시간까지 고려하였다(**그림**).

파이크 시클리드

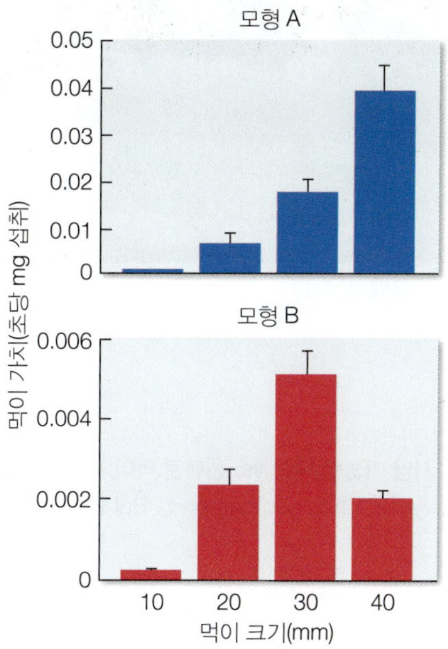

두 가지 최적 섭식 모형들. 이 모형들은 시클리드가 사냥한 구피들의 크기에 따른 먹이로써의 가치에 대해 서로 다른 가정을 가지고 있다. 막대 그래프는 평균과 표준오차를 나타낸다. (After Johansson et al. 2004; photograph © Jane Burton/Naturepl.com.)

생각의 틀 깨기

두 모형 중 좀 더 현실적인 모형은 어느 것일 것 같으며 왜 그런가? 실제로 꼬치시클리드가 40 mm 길이의 구피를 선호하는 것에는 어떠한 진화적인 이유가 있을까? 이러한 모형을 개선할 수 있는 다른 요인에는 무엇이 있을까?

게 한 다음 어떤 수컷을 선택하는지 관찰하였다. 실험 결과에서, 암컷은 더 많은 먹이를 확보했던 수컷을 선호하였다(**그림 6.17**). 이는 암컷 솔잣새가 수컷들이 얼마나 먹이 활동을 잘 했는지를 분명히 판단할 수 있었고, 이 정보를 활용하여 잠재적인 짝짓기 상대를 선택했다는 것을 보여준다. 다시 말해, 솔잣새에서 수컷의 먹이 활동의 효율성은 더 높은 생식 성공으로 이어졌다(Snowberg and Benkman 2009).

그림 6.17 솔잣새가 솔방울 안에 숨겨진 씨앗을 먹고 있다. 이 새들은 서로 교차하는 부리 덕분에 솔방울을 비틀어서 씨앗을 한 개씩 꺼내 먹을 수 있다. 수컷(붉은 개체)은 암컷(녹색 개체)이 솔방울을 탐색하는 동안 기다리고 있다. (Photograph by Craig Benkman.)

검은머리물떼새

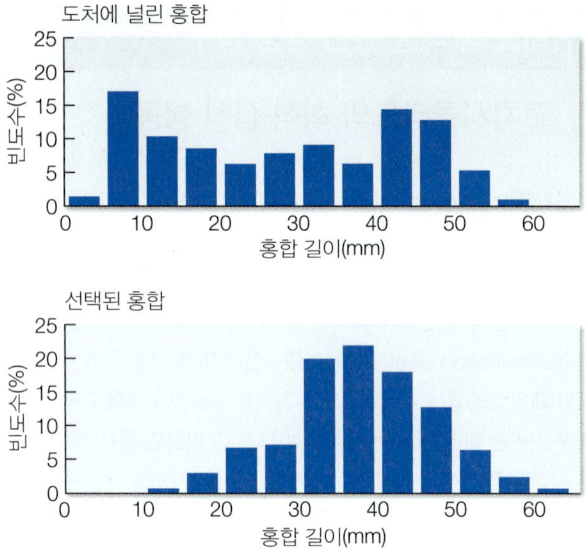

그림 6.18 사냥 가능한 먹이 vs. 선택된 먹이. 검은머리물떼새는 충분히 큰 홍합을 선호하는 경향이 있었지만, 가장 큰 홍합을 선택하지 않았다. (After Meire and Ervynck 1986; photograph © Rui Saraiva/ShutterStock.)

위에서 보았듯이, 최적화 섭식 모형의 기반이 되는 가정들은 실제 데이터가 모형이 예상하는 바와 일치하는지 검증하기 위해서 중요하다. 실제 데이터가 모형의 가정들을 어떻게 개선할 수 있는지 보여주는 또 다른 좋은 예는 검은머리물떼새(*Haematopus ostralegus*)에서 찾을 수 있다. 메이리(P. M. Meire)와 어빈크(A. Ervynck), 두 명의 연구자는 검은머리물떼새가 홍합을 먹는 행동에 적용하기 위한 칼로리 최대화 가설을 만들었다(Meire and Ervynck 1986). 자크가 까마귀에게 했듯이, 메이리와 어빈크는 서로 다른 크기를 가진 홍합으로부터 먹이로써의 적합도를 계산하였다. 이를 위해서, 각 홍합을 섭취하였을 때 얻는 칼로리(적합도 이득)와 이를 열기 위한 시간과 에너지(적합도 손해)를 측정하였다. 연구진은 비록 50 mm가 넘는 홍합을 여는 데에는 더 많은 시간이 필요하지만 시간당 칼로리의 측면에서는 큰 홍합이 작은 홍합보다 더 효율적임을 발견하였다. 그러므로 최적화 모형은 검은머리물떼새가 50 mm가 넘는 큰 홍합을 섭취할 것이라 예상한다. 하지만 물떼새는 아주 큰 홍합을 선호하지 않았다(**그림 6.18**). 왜 그럴까?

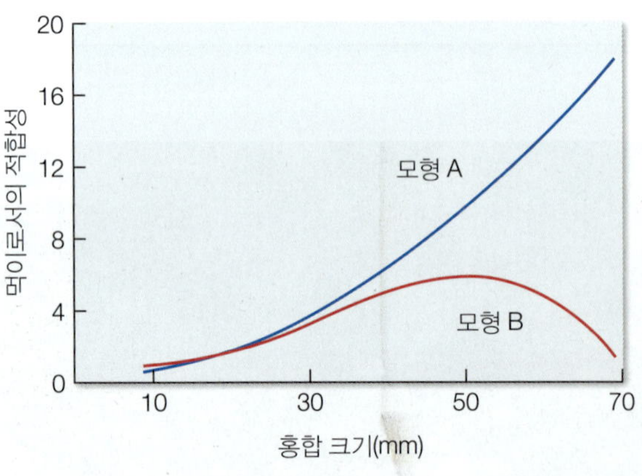

그림 6.19 먹이로서의 적합성를 다르게 계산했기에, 두 가지 최적 섭식 모형은 서로 다른 예상을 보인다. 모형 A는 홍합의 적합성을 계산하기 위해 단순하게 서로 다른 크기의 홍합 내 살점의 칼로리를 이를 열기 위해 걸린 시간으로 나누었다. 모형 B는 한 가지 요인을 추가하였는데, 큰 홍합은 여는 것이 아예 불가능하기 때문에 먹이로서 적합하지 않다는 점을 고려하였다. (After Meire and Ervynck 1986.)

연구진은 이에 대해 두 가지 가설을 제시하였다(Meire and Ervynck 1986). 첫 번째 가설은 아주 큰 홍합은 먹이로서의 적합도가 낮아지는데, 그 이유는 이러한 큰 홍합은 아예 열 수가 없으므로 평균적인 에너지 섭취효율이 떨어지기 때문이라는 것이다. 연구진이 기존에 세웠던 모형을 변형하여 검은머리물떼새들이 실제로 열 수 있는 홍합들만 고려한 뒤 먹이 크기에 따른 적합도를 산출하였다(**그림 6.19**, 모형 A). 하지만 이는 그들이 초기에 잘못된 가정을 세웠다는 것을 의미하는데, 실제 연구 결과 검은머리물떼새들은 종종 자신들이 무슨 짓을 해도 열 수 없는 큰 크기의 홍합도 선택하여 먹으려 하였기 때문이다. 이 새들이 이러한 큰 홍합을 손질하는 데 걸리는(결국 실패하여 보상이 0인) 시간과 에너지는 큰 크기의 홍합을 선택했을 때의 평균적인 적합도를 낮추게 만든다. 이 요인을 고려하면, 새로운 최적화 모형에서는 검은머리물떼새가 단순히 큰 먹이를 선호하는 것이 아니라 약 50 mm 길이의 홍합을 선호한다고 예상한다(그림 6.19, 모형 B 참조). 하지만 실제로 검은머리물떼새는 약 30~45 mm 길이의 홍합을 선호한다. 그러므로 위에서 고려한 시간과 에너지 측면에서의 손해는 검은머리물떼새의 먹이 선호성을 완벽하게 설명해주지 못한다.

다음으로 연구진은 큰 홍합은 많은 경우에서 아마도 공격할 가치가 없을 것이라는 가설을 세웠는데, 그 이유는 큰 홍합은 종종 따개비에 둘러 쌓여 있으며, 이는 홍합을 여는 것을 불가능하게 만들기 때문이다(Meire and Ervynck 1986). 실제 검은머리물떼새는 따개비가 붙어있는 홍합을 절대 건드리지 않는 것이 관찰되었는데, 이러한 사실은 위의 가설을 지지한다. 또한 홍합의 크기가 클수록 따개비가 붙어 있을 확률이 좀 더 높다는 사실은 이 새들이 큰 크기의 홍합을 (높은 칼로리에도 불구하고) 선호하지 않는 이유를 잘 설명한다. 홍합을 여는 데 걸리는 시간을 고려한 수학적 모형에 의하면, 홍합을 열려고 시도했다가 실패하는 시간까지 고려했을 때 검은머리물떼새에게 가장 큰 순이익을 주는 최적화된 먹이 크기는 약 30~45 mm로, 이는 실제 관찰 결과와 일치한다. 이와 같이 과학자들은 추가적인 가정과 자료를 통해 그들의 최적화 모형을 개선해 가는 과학적인 접근 방식을 사용해 왔으며, 이러한 방식으로 검은머리물떼새가 먹이를 찾는 활동이 최적화된 행동임을 밝혀냈다.

최적화 섭식 이론에 대한 비판들

최적화 모형을 개발하고 검증함으로써, 연구진은 까마귀와 검은머리물떼새가 시간당 에너지 섭취를 최대화할 수 있는 먹이를 선택한다 것을 규명하였다. 하지만 어떤 과학자들은 최적화 모형을 이용하는 것을 비판하기도 하는데, 그 이유는 동물이 위의 연구에서 보이는 것처럼 항상 최대한 효율적인 선택만 하는 것은 아니기 때문이다. 예를 들어, 열대에 사는 깡충거미(*Bagheera kiplingi*)를 생각해보자. 이 거미는 곤충이 아닌 특정 아카시아 나무의 잎 끝부분만 먹는다. 잎의 끝부분은 섬유질은 많지만 질소(거미의 생존에 매우 귀중한 자원으로, 곤충을 먹으면 많이 섭취할 수 있다)가 부족하다(Meehan et al. 2009). 이 거미가 잎의 끝부분을 먹는 것이 어떻게 질소를 많이 섭취하는 데 있어 효율적일 수 있을까? 이 거미는 왜 질소가 많은 곤충 대신에 잎의 끝부분만 먹을까? (다시 말해서, 이러한 행동을 어떻게 최적화된 행동이라고 할 수 있을까?) 이러한 질문들은 자연에 대한 또 다른 흥미로운 문제를 제기한다. 하지만 최적화 이론에 대해서 상기해 보면, 최적화 이론은 완벽한 진화에 의해 형성된 동물의 행동을 설명하는 이론이 아니라, 동물의 행동 진화에 영향을 미친 요인들(이득과 손해)에 대해서 올바르게 검증하는 데 필요한 이론이다.

위에서 보았듯이, 최적화 모형에서 사용되는 가정들은 동물의 행동을 예상하는 데 있어서 큰 영향을 준다. 검은머리 물떼새가 해안에 존재하는 모든 홍합을 잠재적인 먹이라고 간주한다고 가정할 때와 따개비가 붙은 홍합은 먹이로 간주하지 않는다고 가정했을 때를 비교해 보면, 이 두 가지 가정에서 최적화 모형이 예상하는 최적의 먹이 크기는 달라질 것이다. 만약 최적화 모형을 통한 예상이 잘못된 가정들에 기반하고 있다면 이 예상은 실제 자연에서 관찰되는 현상과 일치하지 않을 것이고, 연구진은 이 가정을 이용한 최적화 모형을 폐기할 것이다. 그렇다고 최적화 모형 접근이 잘못되었다는 것을 의미하는 것은 아니다. 단순하게, 좀 더 개선된 가정들과 이를 이용한 최적화 모형이 필요한 것일 수 있다. 이것이 바로 검은머리물떼새의 연구에서 일어난 일이다. 연구진은 그들이 초기에 예상했던 모형과 실제 관찰 결과가 일치하지 않자, 새로운 정보를 반영하여 가설을 개선하고 그들의 모형을 바꾸었다. 그리고 새로운 예상을 갖고서 실제 관찰 자료와 일치하는지를 비교하였다. 이러한 과학적 접근 방식을 통해, 연구진은 검은머리물떼새의 먹이 선택 행동에 대해서 더 잘 이해하게 되었고, 이 새들이 최적화된 방식으로 행동한다는 사실을 규명할 수 있었다.

만약 칼로리 섭취가 아닌 다른 생태학적인 요인들이 검은머리물떼새의 행동에 영향을 주었다면 칼로리 섭취 최대화 모형은 검증에 실패하였을 것이다. 많은 동물의 먹이 활동은 실제로 단순하게 칼로리와 영양분을 얻는 것 이상의 결과를 가져온다. 칼로리 섭취뿐만 아니라 포식자의 존재 역시 동물의 먹이 활동의 진화에 영향을 주었다. 포식 위험이 먹이 활동에 영향을 준 종들을 연구하기 위해서 최적화 모형을 적용할 때에는 시간당 칼로리 획득만을 고려할 것이 아니라 행동에 따른 포식 위험도 함께 고려해야 한다.

만약 먹이 활동이 자신을 포식자에게 잡아 먹힐 위험에 노출시킨다면, 동물은 지속적인 생존을 위해서 칼로리 섭취를 잠시 포기할 수 있다(Walther and Gosler 2001, Johnsson and Sundström 2007; 반대의 경우에 대해서는 Urban 2007을 참고하자). 이런 종류의 희생은 듀공(*Dugong dugon*)에서 잘 알려져 있다. 듀공은 크고 상대적으로 느리게 움직이는 해양성 포유류로, 뱀상어(Galeocerdo cuvier)가 호주의 샤크 베이 서식하는 듀공의 주요 포식자이다. 이곳에서 듀공은 두 가지 방식으로 해초를 먹는다. 먼저 수확(cropping) 방식은 수직으로 서 있는 해초를 빠르게 떼서 먹는 방식이고, 땅파기(excavation) 방식은 코를 바다 바닥에 붙인 다음 아래에서 위로 해초의 뿌리를 들어 올려서 먹는 방식이다. 해초의 뿌리까지 먹는 듀공은 시간당 더 많은 에너지를 얻을 수 있다. 하지만 듀공이 머리를 바닥으로 향하고 있으면 다가오는 상어를 경계하기 힘들어져서 공격 당할 위험이 커진다. 반면 수확 방식으로 먹이를 먹을 때는 다가오는 포식자를 쉽게 경계할 수 있다. 연구진은 현지 어부에게 낚이는 뱀상어의 빈도수를 확인하고서 주변 듀공의 해초를 먹는 방식을 관찰한 결과, 뱀상어가 흔하게 발견되는 장소에서는 듀공이 대부분 수확 방식으로 먹이 활동을 하는 것을 볼 수 있었다(**그림 6.20**)(Wirsing et al. 2007). 이러한 상황에서 만약 최적화 모형이 먹이 활동의

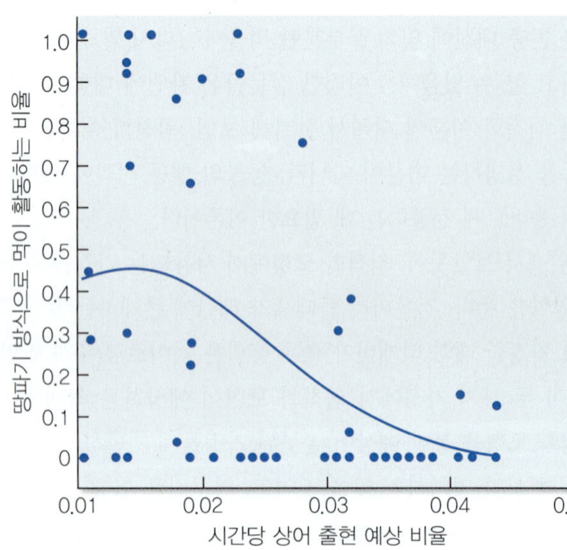

그림 6.20 위험한 상어가 존재할 때 듀공의 먹이 활동 전략 변화. 이 크고 느린 바다 포유류는 상어가 주변에 있을 확률이 높을수록 땅을 파서 해초의 뿌리까지 먹는 먹이 활동 전략의 비중을 낮춘다. (After Wirsing et al. 2007; top photograph © Ian Scott/ShutterStock.com; bottom photograph © Kristina Vackova/Shutterstock.com.)

효율과 포식 위험 사이의 균형을 고려하지 않는다면 듀공의 행동을 정확하게 예상하지 못할 것이다.

공포 경관

포식의 위험성에 따라서 자신의 이득과 손해를 계산하는 것 마냥 행동을 바꾸는 것은 듀공뿐만 아니다. 포식자의 지리적/공간적인 분포로 인해 형성된 피식자의 특정 위치나 공간에 대한 잠재적인 공포는 **공포 경관(landscape of fear)**이라 불린다(Gallagher et al. 2017). 예를 들어보자. 옐로우스톤 국립공원에 서식하는 엘크(*Cervus Canadensis*)는 공원에서 멸종되었던 늑대(*Canis lupus*)가 재도입된 이후 먹이 활동의 양상이 현저히 바뀌었다. 늑대가 재도입된 후 5년의 시간에 걸쳐 암컷 엘크들이 보이는 경계 행동이 약 50% 증가하였다(Laundre et al. 2001). 게다가 그들이 선호하는 먹이가 풍부한 확 트인 목초지에서 먹이 활동을 하는 대신 숨기 좋고 포식자로부터 쫓길 확률이 적은 나무들이 우거진 장소에서 먹이 활동을 하였다(Creel et al. 2005). 숲에서는 엘크가 더 안전할 수 있지만 먹이 활동의 효율 측면에서는 손해가 나타난다. 겨울에 엘크의 배설물을 분석해 본 결과, 늑대가 있는 지역에서 함께 발견된 엘크는 늑대가 없는 지역의 엘크보다 약 25% 정도 음식을 덜 먹은 것을 알 수 있었다(Christianson and Creel 2010). 여름에는 암컷이 자손을 낳을 확률이 급격하게 줄었고, 자손을 낳았더라도 새끼가 겨울까지 생존하여 부모(암컷) 곁에 남아 있을 확률 역시 줄어들었다(**그림 6.21**). 엘크는 포식 당할 확률을 낮추기 위해서 에너지 섭취를 줄였으며, 그 결과 영양 부족에 걸릴 확률이 높아짐으로써 자손을 낳고 잘 성장시킬 확률도 낮아졌다. 이러한 현상에서 만약 포식자의 존재를 무시하고 먹이 활동의 효율만을 고려했다면, 엘크가 비효율적이고 최적화되지 않는 방식으로 먹이 활동을 한다고 결론내렸을 것이다. 하지만 엘크는 실제로 먹이 활동의 효율과 자신의 생존 확률에서 균형을 찾고자 하였다.

포식자의 밀도와 피식자의 밀도가 지구에서 가장 높은 지역인 아프리카 사바나는 공포 경관의 가장 적절한 예를 보여준다. 다니엘 루벤스타인(Daniel Rubenstein)이 이끄는 연구진은 케냐의 보호지역에 서식하는 600마리가 넘는 얼룩말(*Equus quagga*)을 연구하였다. 연구

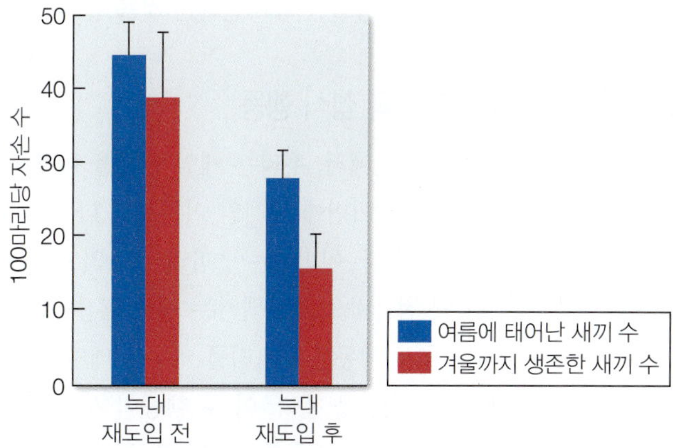

그림 6.21 포식 위험은 종종 먹이 활동에 영향을 준다. 늑대가 옐로우스톤 공원 생태계에 재도입된 후 엘크는 노출된 평원에서 보다는 수풀이 우거진 숲에 숨어 먹이 활동을 하였다. 이러한 변화는 엘크의 자손 수(파란색 막대)와 자손 생존율(빨간색 막대)을 낮추었다. 막대 그래프는 평균과 95% 신뢰 구간을 보여준다. (After Creel and Christianson 2008; photograph © iStock.com/mlharing.)

진은 사자가 특정 초원(초원은 얼룩말이 먹이를 구하기 가장 좋은 지역이다)에서 당일 목격되는 경우, 그 초원에서 발견되는 얼룩말의 수가 적어진다는 사실을 발견하였다(Fischhoff et al. 2007). 또한 사자가 활동하는 밤에는 포식의 위험이 가장 높기에 얼룩말은 밤이 되면 초원보다 숲(얼룩말의 먹이가 더 적은)에서 시간을 더 보내는 경향이 있음을 발견하였다. 얼룩말에게 GPS(global positioning system) 목걸이를 달아서 얼룩말의 이동 양상을 확인한 결과, 얼룩말은 밤의 초원에서는 좀 더 빠르게 움직이고 방향 전환을 급격하게 하는 양상을 보였는데, 이는 아마도 사자의 눈에 띄는 것을 피하기 위해서라 생각된다. 사자는 얼룩말뿐 아니라 아프리카들개(*Lycaon pictus*)와 같은 다른 동물에게도 비슷한 영향을 주었다(Gallagher et al. 2017). 들개 역시 사바나의 포식동물이지만, 사자와의 마찰은 들개가 죽게 되는 흔한 이유 중 하나이다. 탄자니아에서 들개는 사자가 흔히 이용하는 장소들을 피하며, 그 결과 자신이 선호하는 사냥 장소가 아닌 좀 더 숲이 우거진 곳으로 이동하게 된다. 이때 먹이 활동의 효율은 2/3까지 감소하게 된다.

위에서 언급한 얼룩말, 들개와 사자의 관계 연구와 마찬가지로, 대부분의 포식자–피식자 상호작용에 대한 연구에서는 한 종과 다른 한 종의 포식자–피식자 관계만을 다룬다. 하지만 피식자는 종종 다수의 잠재적인 포식자를 동시에 상대해야 한다. 서로 다른 포식자는 활동하는 장소와 시간대가 다르기에 포식자의 위협은 시간과 공간에 따라 다르게 나타난다. 게다가 피식자가 이러한 포식자의 위협에 대해서 단기적으로 (포식자가 현재 근처에 있을 때) 혹은 장기적으로 (이 지역에 종종 포식자가 나타날 때) 반응하는지 확실하지 않다. 에길 드로게(Egil Droge)와 동료들은 공포 경관을 군집 수준에서 밝혀내고자 했으며, 이를 위해 지리적으로 넓은 범위에 분포하는 동물을 단기적, 그리고 장기적 관점에서 연구하였다(Droge et al. 2017). 연구진은 얼룩말, 누(*Connochaetes gnou*), 그리고 오리비(아프리카산 소형 영양, *Ourebia oribi*) 이렇게 3종의 피식자 종을 연구하였고, 주변의 포식자 전부(아프리카들개, 점박이하이에나(*Crocuta crocuta*), 사자, 치타)를 고려하였다. 놀랍게도 3종의 피식자 모두 장기적으로 봤을 때 포식자가 자주 이용하는 지역에서는 경계심이 좀 더 강하였으나, 포식자가 바로 근처에 있을 때에는 (단기적 관점) 경계심이 증가하지 않았다. 따라서 포식자는 피식자에게 실제로 공포 경관을 심어주고, 이는 장기적인 관점에서 피식자의 먹이 활동, 이동, 무리 짓기 같은 행동을 변화시킨다는 것을 알 수 있다.

게임 이론과 섭식 행동

이 장의 초반에서, 우리는 게임 이론을 이용하여 몇몇 사회적 행동의 반포식 기능에 대해서 분석하였다. 이번에는 게임 이론으로 다시 돌아가 몇몇 섭식 행동의 적응 여부에 대해서 알아보고자 한다. 이번에는 초파리 유충의 예를 보자. 초파리(*Drosophila* 속) 유충은 먹이를 탐색할 때 적극적으로 탐색하는 행동 혹은 현재 자리에서 기다리는 행동 중 하나의 행동을 가진다. 이 두 행동은 초파리를 키우는 배지에서 각 개체가 먹이를 찾기 위해 얼마나 멀리 이동하는지에 영향을 준다. 이 두 행동이 시간당 같은 양의 칼로리를 얻을 확률은 극히 낮다. 그래서 한 행동이 다른 행동보다 조금 더 먹이 활동 효율이 좋다면 이 행동과 연관된 대립유전자는 전달돼서 다른 행동과 연관된 대립유전자를 대체할 것이다. 그렇다면 현재 이 두 가지 행동이 어떻게 적당히 번성하여 함께 공존하고 있을까?

이 두 가지 행동을 각각 가지는 유충은 서로 유전적으로 다르다(de Belle and Sokolowski 1987). 게임 이론 연구자는 유충이 두 가지의 서로 다른 행동 전략을 쓴다고 가정할 수 있다. 즉, 한 전략이 집단에서 좀 더 높은 적합도를 가지게 된다면, 결국 우월한 전략만이 집단에서 남아있을 것이다. 하지만 특정 조건에서는 두 가지 전략이 지속적으로 공존할 수 있는데, **빈도-의존적 선택(frequency-dependent selection)**이 작동하는 경우가 그렇다. 빈도-의존적 선택은 한 전략의 적합도가 집단에서 그 전략이 차지하는 상대적인 빈도수(다시 말해, 그 집단 내에 존재하는 그 전략의 비율)에 의존하는 경우에 발생한다. 한 유전형의 적합도는 그 유전형의 집단에서의 빈도수에 따라 증가하기도 하며(양성 빈도-의존적 선택, positive frequency-dependent selection) 감소하기도 한다(음성 빈도-의존적 선택, negative frequency-dependent selection). 예를 들어 보자. 한 형태의 적합도가 이러한 형태를 가지는 개체의 빈도수가 적어질수록 증가한다면(다시 말해, 한 형태의 적합도가 동일 형태를 가지는 개체의 빈도수가 많아질수록 감소한다면), 이 형태는 집단에서 다른 대체 형태와 동일한 적합도를 가질 때까지 증가할 것이다. 2종류의 형태를 가정하면, 빈도-의존적 선택은 어떤 하나의 형태가 좀 더 집단에 많아질 경우에는 그 형태의 빈도수를 줄여서 다시 두 형태의 빈도수에 평형을 맞추려고 할 것이다. 평형 상태에서 두 형태는 서로 같은 적합도를 갖고서 공존한다.

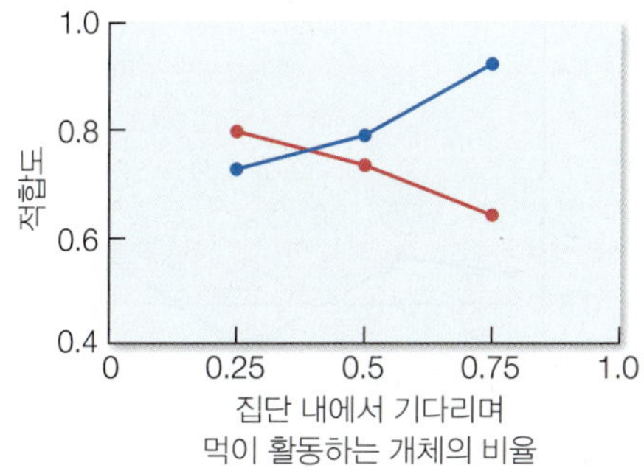

그림 6.22 음성 빈도-의존적 선택. 자원이 부족한 환경에서, 한 자리에서 기다리며 먹이 활동을 하는 초파리 유충(붉은색 선)과 적극적으로 탐색하는 유충(파란색 선)의 적합도는 어떤 전략이 좀 더 집단에서 드문지에 달려있다. (After Fitzpatrick et al. 2007.)

탐색하는 초파리 유충과 기다리는 유충의 예로 돌아가면, 음식이 부족한 조건에서 좀 더 드문 형질을 가진 개체가 번데기까지 생존할 확률이 좀 더 흔한 형질을 가진 개체가 생존할 확률보다 더 높았다(**그림 6.22**)(Fitzpatrick et al. 2007). 이러한 음성 빈도-의존적 선택은 집단에서 드문 형질의 빈도수를 높임으로써, 이러한 형질이 집단에서 지속적으로 유지될 수 있게 한다.

음성 빈도-의존적 선택의 또 다른 예는 아프리카 시클리드 *Perissodus microlepis*에서 찾을 수 있다. 이 물고기는 둘 중 하나의 형태를 가지는데, 턱이 오른쪽 혹은 왼쪽으로 뒤틀린 형태이다. 이 물고기는 탕가니카 호수에 사는 다른 물고기의 비늘을 잽싸게 물어뜯어서 살아간다. 턱이 오른쪽으로 뒤틀린 성체는 다른 물고기의 왼쪽 측면을 공격하고, 왼쪽으로 뒤틀린 성체는 오른쪽 측면을 공격한다(**그림 6.23**)(Hori 1993). 또한 오른쪽으로 뒤틀린 개체의 자손은 부모의 형태와 행동을 물려받는다. 즉, 이 두 형태와 행동은 유전적인 형질이다(하지만 최근의 연구는 턱 방향의 뒤틀림 정도가 개체의 행동에 의해서도 강화된다고도 한다; Palmer 2010). 미치오 호리(Michio Hori)는 이 두 가지 형태가 자연에 존재하는 이유에 대해 빈도-의존적 설명을 하였다. 만약 모든 시클리드 왼쪽에서 공격하면 공격당하는 물고기는 이에 대해 예상하고 대비할 수 있다는 것이다. 그러기에 집단 내에 (왼쪽을 공격하는) 오른쪽으로 뒤틀린 개체가 대부분이라면 호수에 존재하는 다른 물고기들은 왼쪽에서 오는 공격에 대해 경계하고 대비하기 때문에 (오

그림 6.23 아프리카 시클리드에서 유전되는 두 가지 형태. 오른쪽 혹은 왼쪽으로 비틀린 *Perissodus microlepis* 개체는 비대칭적인 입을 가지고 있는데, 살점을 뜯을 물고기의 왼쪽 혹은 오른쪽 방향에서 각각 접근한다.

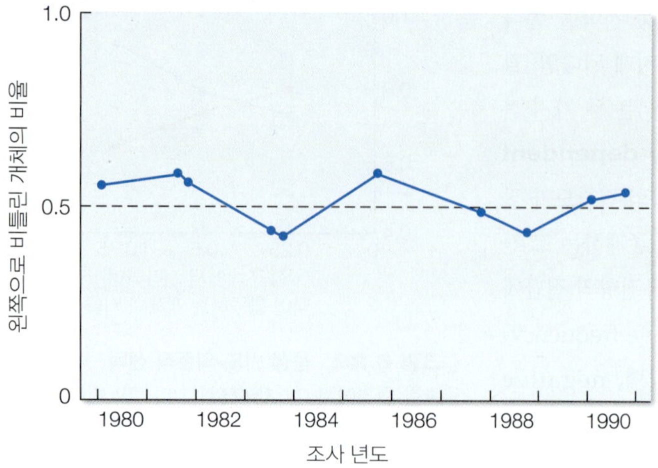

그림 6.24 시클리드에서 음성 빈도-의존적 선택의 결과. 집단에서 왼쪽으로 비틀린 개체의 비율은 0.5 부근에서 진동하는데, 이는 대체 형질(오른쪽으로 비틀린)에 비해 좀 더 많아지면 자연선택에 의해 선호되지 않아 집단에서 줄어들기 때문이다. 반면 대체 형질에 비해 좀 더 드물게 되면 자연선택에 의해 선호돼서 집단에 퍼지게 된다(Hori 1993).

른쪽을 공격하는) 왼쪽으로 뒤틀린 개체가 먹이 활동에 유리할 것이다. 이 이점이 번식 성공으로 이어지면 좀 더 희귀한 형질을 가지는 개체의 빈도수가 집단에서 늘어날 것이고, 이는 희귀한 형질을 가진 개체가 점점 많아져서 집단에서 절반 이상을 차지할 때까지 계속될 것이다(Hori 1993). 두 형질이 50:50 비율이 되면 두 형질의 적합도는 평형을 이루게 될 것이다. 만약 호리의 가설이 사실이라면, 자연에서 두 형질의 비율은 평형점 근처에서 형성되며 유지될 것이다. 호리는 10년간 각 방향으로 뒤틀린 턱을 가진 개체의 빈도수를 측정하였고, 그 결과로부터 그의 가설이 사실임을 증명하였다(**그림 6.24**).

양성 빈도-의존성 선택 역시 포식과 관련하여 일어날 수 있다. 예를 들어, 만약 좀 더 희귀한 형질이 포식자에게 좀 더 잘 발각된다면, 더 흔한 형질보다 포식을 많이 당할 것이다. 즉, 무리로 이동하는 물고기 떼에서 물고기 하나가 눈에 띄는 색채를 가지고 있는 경우에 희석 효과가 작동할지라도 포식자의 눈에 더 잘 띄어 포식 당할 확률이 높을 것이다. 유사하게 경고색을 가진 종을 예를 들어보자. 경고색을 가진 집단에서 홀로 경고색을 가지고 있지 않다면, 이 개체는 다른 개체들보다 포식 당할 확률이 높을 것이다(Sherratt 2001). 위의 두 예시 모두에서 좀 더 희귀한 형질을 가진 개체가 흔한 형질을 가진 개체보다 생존에 불리하다.

다양한 먹이 활동 전략이 공존한다고 할지라도 이것이 빈도-의존성 선택이 작동하는 것을 의미하는 것은 아니다. 이러한 행동 전략이 모두 같은 적합도를 가지지 않는다는 많은 예시들이 있다. 해변에서 먹이 활동을 하는 꼬까도요(*Arenaria interpres*)의 예를 들어보자. 꼬까도요는 먹이를 찾기 위해 다양한 방법을 사용하는데, 해초를 한쪽으로 밀거나, 돌을 뒤집거나, 연체동물을 찾기 위해 갯벌이나 모래를 탐색하기도 한다. 몇몇 개체는 이 중 한 가지 전략에 특화되어 있기도 하고, 다른 개체는 다른 전략을 선호하기도 하지만 대부분의 개체는 단순히 한 가지 전략만을 고수하지는 않는다(Whitfield 1990). 이 관찰은 개체의 먹이 탐색 전략이 단순히 유전적으로 결정되는 것이 아니라 환경의 영향을 받아 결정된다는 것을 보여준다. 필립 휘트필드(Philip Whitfield)는 환경 요인이 이 새들의 먹이 활동 전략을 결정하는 주요 원인인지를 연구하고자 하였다. 꼬까도요는 종종 작은 무리를 지어 먹이 활동을 하는데, 이 개체들 사이에는 서열이 존재한다. 지배적인 개체는 단순히 접근하는 것만으로 서열이 낮은 개체를 쫓아버릴 수 있으며, 이를 통해 먹이가 풍부한 지역을 차지할 수 있다. 지배적인 개체는 그들의 지위를 이용하여 해초가 많은 지역을 독점하고서 해초를 밀거나 뒤집어서 먹이를 찾는다. 비-지배적인 개체는 지배적인 개체와의 거리를 유지하면서, 종종 어쩔 수 없이 모래나 뻘에서 먹이 활동을 한다(Whitfield 1990).

꼬까도요는 먹이를 찾는 방법에 있어서 유연성을 보이며, 해안에서 다양한 종류의 먹이를 먹기 위해 적절한 사냥 방법을 적용하는 것으로 보인다. 이와 유사한 행동 유연성의 예로, 동물의 대체 짝짓기 전략이 있는데, 게임 이론 학자는 동물이 보이는 이러한 유연성을 조건적 전략이라 부른다(제9장 참조). 이에 대해 조금 더 설명하면, 대체 짝짓기 전략(혹은 대체 짝짓기 형질)은 개체에게 주어진 조건(환경)에 따라 그 조건에서 적합한 행동을 할 수 있도록 해주는 유전적으로 결정되는 전략이다(Dawkins 1980, Eberhard 1982, Gross 1996). 비-지배적인 꼬까도요가 지배적인 개체에 밀려 어쩔 수 없이 해변으로 갔을 때 뻘과 모래해서 사냥하는 것은 이러한 예의 하나이다(짝짓기 전략은 아니지만). 이러한 대체 전략에 대해서는 제9장에서 생식 행동과 함께 다룰 것이다. 유전적으로 하나의 형질(왼쪽 혹은 오른쪽으로 뒤틀린)이 고정되는 시클리드와는 달리 꼬까도요는 다양한 먹이 활동 전략을 상황에 따라 유연하게 사용할 수 있다. 하지만 비-지배적인 개체는 뻘을 탐색하는 하나의 전략을 고수하는 경향을 보이는데, 이는 만약 해초를 탐색하기 위해 지배적인 개체에게 도전하면 그를 위한 시간과 에너지를 낭비해야 하고, 화가 난 지배적인 개체의 공격에 부상 당할 확률도 높기 때문이다. 그 대신 무리에서 자신의 서열을 인지함으로써, 비-지배적인 개체는 아마도 현재의 상황에서 해초를 뒤집으러 가는 도전을 하는 것보다 더 많은 먹이를 확보할 수 있는 최선의 선택을 한 것처럼 보인다. 그러므로 꼬까도요가 보다 강한 개체와 무리에 있을 경우, 뻘과 모래밭을 뒤지는 행동은 적응적일 수 있다.

요점

1. 행동생태학자는 그들이 연구하는 동물의 행동에 대해 검증가능한 가설을 만들기 위해 수학적인 방법을 이용하기도 한다. 이러한 방법에는 진화적 게임 이론과 최적화 이론 등이 있다. 게임 이론적인 관점에서 동물의 선택은 경쟁자와 벌이는 하나의 게임이다. 여기서 번식 성공의 측면에서 좀 더 나은 전략(유전되는 행동)은 다른 개체가 보이는 경쟁 전략을 고려한 전략이다(한 전략의 승패는 다른 개체가 보이는 전략의 종류에 의존한다). 반면 최적화 이론은 개체가 행동할 때 적합도에서의 이득과 손해를 고려해 최적의 행동을 하는 것에 대한 예상을 도출하며, 대개 다른 개체가 어떻게 행동하는지는 고려하지 않는다. 최적화 이론에서 최적화된 형질은 이득과 손해의 비율이 다른 대체 형질에 비해 높은 특징을 가지고 있다고 간주된다.

2. 번식할 수 있을 정도로 오래 생존하기 위해서, 동물은 포식자를 피해야 하며 동시에 먹이도 찾아야 한다. 동물은 단독으로 혹은 무리를 지어 포식자를 피할 수 있으며, 능동적인 행동을 하기도 하고 수동적으로 피하기도 한다. 능동적 사회적 방어로는 떼지어 괴롭히기 행동(mobbing)과 집단 경계가 있으며, 수동적 사회적 방어로는 희석 효과, 포식자를 혼란하게 하기 등이 있다. 단독 방어 전략은 자신의 몸을 숨기는 위장과 눈에 띄는 색채를 가짐으로써, 자신이 적합한 먹이가 아니라는 것을 경고하는 경고색 등이 있다.

3. 동물이 가진 밝은색은 포식자에게 자신의 독성을 알리는 경고 신호로 쓰인다. 하지만 몇몇 종들은 이러한 경고색을 다른 종을 모방하는 데 사용한다. 베이츠 의태는 독이 없는 종이 독이 있는 종을 모방하는 현상이며, 뮐러 의태는 독이 있는 두 종이 서로 비슷한 현상을 나타낸다.

4. 최적 섭식 이론은 동물이 먹이 활동을 통해 자신의 적합도를 어떻게 최대화하는지에 대한 예상을 제공한다. 이러한 먹이 활동은 먹이 종류, 먹이원 선택, 하나의 먹이원에서 얼마나 오랜 시간을 보내는지, 혹은 이동 시의 방향과 속도에 대한 최적화를 포함한다. 에너지(혹은 칼로리)는 이러한 최적 섭식 이론에서 동물의 이득과 손해를 계산하기 위해 사용되는 주요 단위이다.

5. 최적 섭식 모형에서 사용되는 가정은 실제 동물에서 얻은 자료가 모형에서 예상하는 바와 일치하는지를 평가하는 데 중요하다. 이러한 가정을 조절하고 개선하는 것은 최적 섭식 모형이 자연에서 얻은 자료를 좀 더 정확하게 예측하는 데 도움이 된다. 실제 자연에서 얻은 자료를 바탕으로 모형을 개선하는 것은 과학적인 연구 과정의 일반적인 과정이다.

6. 자신이 다른 동물의 먹이가 되는 동물에서 포식자를 피하는 것과 먹이를 찾는 것은 서로 연관되어 있다. 공포 경관은 이러한 포식자의 존재에 대한 공포가 피식자의 먹이 찾기 및 이동 행동에 어떻게 영향을 주는지를 보여준다.

안내 웹사이트

ab11e.com/uk에서 토론 질문과 모든 시청각 동영상을 확인하시오.

CHAPTER

7

영역과 이주

해마다 봄이 되면 전 세계 온대 지역 산림엔 놀라운 장면이 펼쳐진다: 수많은 새가 갑자기 나타나 노래를 하는 광경 그러하다. 조용하던 숲이 갑자기 새들의 울음소리로 가득 찬다. 봄이 오고 눈이 녹기 시작할 무렵에 맞춰 먹이 자원을 구하고 번식을 하기 위해 도착한 것이다. 많은 종에서 수컷은 미리 영역을 마련해 놓고 짝을 구하기 위해 노래한다. 암컷은 수컷의 영역 내에 둥지를 짓고, 번식이 끝난 후 낮 길이가 짧아지고 날씨가 추워지면 다시 남쪽으로 이동해 겨울을 보낸다. 새들은 겨울이 되면 어디로 이동할까? 어떻게 매년 같은 숲, 심지어 때때로 같은 영역으로 다시 찾아오는 걸까? 그리고 어떻게 영역을 정하는 걸까? 이번 장에서는 이러한 질문들을 던지고서 그에 대한 답을 고민해 볼 것이다.

Chapter 7 opening photograph © Ingo Arndt/Minden Pictures.

제6장에서는 동물이 생존을 위해 포식자를 피하고 먹이를 찾는 행동에 대해 알아보았다. 이번 장에서는 동물이 생존과 번식을 증가시키기 위해 선택하는 다른 방안들에 대해 살펴볼 예정이다. 어디에 서식할 것인지, 자기 영역을 계속 유지할 것인지, 그리고 철마다 이주할 것인지를 정하는 것은 매우 중요하다. 따라서 영역(territoriality), 분산(dispersal), 이주(migration) 이라는 주요 키워드에 초점을 맞춘 후 그 원인과 결과에 대해 중점적으로 알아볼 것이다. 영역을 방어하거나 새로운 서식지를 찾아 분산하는 행동은 잠재적 이득도 많지만 공간을 활용하는 데 따르는 비용도 지출된다. 따라서 비용과 이득의 측면에서 개체가 특정 지역에 머무를지 아니면 이주할지를 결정하는 과정에 대해 살펴보고, 이를 진화적인 게임 이론을 이용해서 알아보자.

어디에 서식할까?

제6장에 동물이 포식자의 위험을 인지한 뒤 위협에서 벗어나기 위해 그 장소를 벗어나 다른 곳으로 이동하는 과정을 소개하였다. 포식 위험과 더불어 동물의 서식지 선택에 중요한 영향을 미치는 두 가지는 먹이원(혹은 기타 자원)과 짝을 찾는 것이다. 먹이를 찾을 때, 먹이가 있는 위치를 확인하는 일도 필요하지만 먹이원을 둘러싼 경쟁자가 있는지 여부 또한 중요하다. 먹이원을 찾는 것과 짝을 찾는 일이 종종 동시에 이뤄지기도 하는데, 수컷은 암컷을 유인하기 위해 영역을 방어하고, 암컷은 자원을 충분히 공급해 줄 수 있는 짝을 찾기 때문이다.

서식지 선택

어떤 종이 특정 장소를 찾아 서식하는 규칙을 잘 살펴보면 이를 거의 모든 동물 종에 적용할 수 있는데, 이는 서식지 선택(Habitat selection)에 따라 번식 성공이 크게 달라지기 때문이다. 성공적인 번식을 위한 적합한 서식지의 선택이란 측면에서, 동물이 선호하는 서식지라 함은 번식 성공률을 극대화할 수 있는 곳을 의미한다. 유럽의 명금류인 검은머리솔새(Black capped warbler, *Sylvia atricapilla*)의 경우를 살펴보면, 수컷이 먼저 숲의 계곡 가장자리를 따라 정착하고, 뒤늦게 도착한 수컷은 물가에서 조금 떨어진 잡목림에 자리를 잡는다. 하지만 두 지역에서 번식하는 검은머리솔새의 새끼 숫자는 정확히 일치한다(Weidinger 2000). 이처럼, 먼저 도착해 선호하는 지역에 정착한 수컷이 다른 개체보다 더 나은 번식 결과를 만들어내지 못한 이유는 무엇일까?

이상 자유 분포(Ideal free distributions) 스티브 프렛웰(Steve Fretwell)과 그의 동료들은 게임 이론을 활용해 위의 질문에 대한 답을 구했다. 연구진이 **이상 자유 분포 이론(ideal free distribution theory**, Fretwell and Lucas 1969)이라고 이름 붙인 연구이다. 제6장에도 언급된 바 있는 것처럼, 게임 이론은 개체가 '게임'이라 부를 수 있는 특정 상황 속에서 그들의 번식 성공[혹은 성공이라고 부를 수 있는 다른 지표(짝의 숫자나 섭취한 먹이 양)]를 극대화시키기 위해 행동을 결정하는 최적 접근법이다. 이상 자유 분포 이론은 동물들이 공간, 먹이 혹은 그 외 주요 자원을 둘러싼 경쟁 상황 속에서 어떤 서식지를 선택할지를 가늠할 때 사용된다. 프렛웰(Fretwell)과 루카스(Lucas)는 균등한 자원과 경쟁 속에서 개체가 자유로이 분포한다는 가정 하에, 자원을 소비하는 개체들의 밀도는 선호도가 높은 서식지에서 증가할 것이며, 이에 따라 선호도가 낮은 서식지에 있는 개체들은 같은 종의 경쟁자를 피해서 더 높은 적응도를 얻게 될 것이라는 것을 수학적으로 증명하였다(Fretwell and Lucas 1969). 카렐 와이딩거(Karel Weidinger)에 따르면, 검은머리솔새가 다른 서식지에 비해 계곡 가장자리 부근에서 둥지 밀도가 4배 더 높다(Weidinger 2000). 따라서 검은머리솔새는 서식지를 선정할 때 식생과 곤충의 풍부도 뿐만 아니라 종내 경쟁을 피할 수 있는 곳을 선택해야 할 것이다[밀도에 따른 **서식지 선택(density-dependent habitat selection)** 과정을 참조].

이상 자유 분포 이론은 개체가 서식지의 질(quality)을 산정하여 이동한다고 가정한다. 개체가 패치의 질을 판단하고 그에 따라 패치를 이동해서 자유로이 움직인다는 가정은 이론에서 절대적으로 중요하다. 패치에 머무는 개체의 숫자가 증가할수록 패치의 질은 떨어진다. 이론의 핵심이 되는 예측은 바로 개체가 생식 성공을 최대화 시킬 수 있는 곳을 찾아 정착한다는 것이다. 고든 오라이언스(Gordon Orians)의 붉은날개검은새(red-winged blackbird, *Agelaius phoeniceus*) 연구를 살펴보면, 일부다처인 이 조류에서 먹이와 쉼터를 쉽게 구할 수 있는 **영역(territory)**을 가진 수컷은 최대 12마리의 암컷과 짝을 지었다(Orians 1969). 오라이언스는 붉은날개검은새 암컷은 안전하게 둥지를 지을 수 있는 영역을 가진 수컷을 선호한다는 사실을 고려했을 때, 서식지의 질이 높은 장소가 다른 암컷들로 인해 이미 붐비고, 이에 따라 밀도가 높아지면 서식지의 질이 낮은 곳을 선택할 것이라 예측했다. 다른 경쟁자들이 많아 둥지를 짓기에 안전하지 않은 곳을 선택하는 것보다는 더 많은 먹이와 수컷의 보호를 받을 수 있는 곳을 고르는 것이 나을 수 있기 때문이다. 실제로 오라이언스는 그의 예측과 일치하는 결과를 관찰했다.

중형 섭금류인 붉은어깨도요(Red knots, *Calidris canutus*)는 겨울철 영국, 네덜란드, 프랑스의 7개 조간대 지역에 흩어져서 겨울을 나는데, 이상 자유 분포 이론으로 살펴보면 이는 개체별 먹이 섭취량이 균등한 방향으로 이뤄진 것으로 생각된다(Quaintenne et al. 2011). 붉은어깨도요는 진흙에서 작은 연체동물을 주로 섭취한다(**VIDEO 7.1**). 앞서 언급한 7개 조간대 지역에 있는 붉은어깨도요의 숫자와 연체류의 밀도를 5년 이상 종합해 본 결과, 연구팀은 조류의 개체수가 7군데에 고르게 분포하지 않고 이상 자유 분포 이론에 의해 먹이가 되는 연체류의 먹이 가용성에 따라 달라지는 것을 확인했다(**그림 7.1**). 이처럼 크고 작은 공간적 범위의 연구 결과를 토대로 보면, 개체는 먹이 경쟁을 최소화하고 적응도를 극대화시키는 방향으로 행동할 것이라 짐작할 수 있다.

VIDEO 7.1
Foraging red knots
ab11e.com/uk/v7.1

자원 선택 기능(Resource selection functions) 이상 자유 분포 이론은 동물이 번식 성공을 최적화한 서식지에 초점을 맞춘다. 이러한 이론적 접근 방법은 개체가 어떤 서식지에 분포할지를 예측하는 데 도움이 된다. 하지만 실제 현장에서 얻은 자료를 바탕으로 패치의 질과 자원의 양을 연결시켜 보면, 그 외에도 다른 접근법이 필요하다는 것을 알게 된다. 그 중 하나가 바로 **자원 선택(resource selection)** 기능인데, 이는 자원 사용의 가능성에 비례한다(Manley et al. 2004). 만약 어떤 동물이 자원 분포에 대한 정보를 알게 된다면, 곧 그 동물의 분포는 자원 선택 기능에 따라 특정된다. 예를 들어, 현장 조사나 원격 탐사 자료는 지리 정보 시스템(GIS)과 연결되서 개체나 개체군의 존재 가능성을 산정하는 데 사용될 수 있다(Boyce and McDonald 1999). 이 접근법을 활용하면 개체군 밀도가 어떤 생태적 요인에 의해 영향을 받는지 예측할 수 있으므로, 행동생태학자 뿐만 아니라 보전생물학자들에게도 중요한 분석 툴이 된다(McLoughlin et al. 2010).

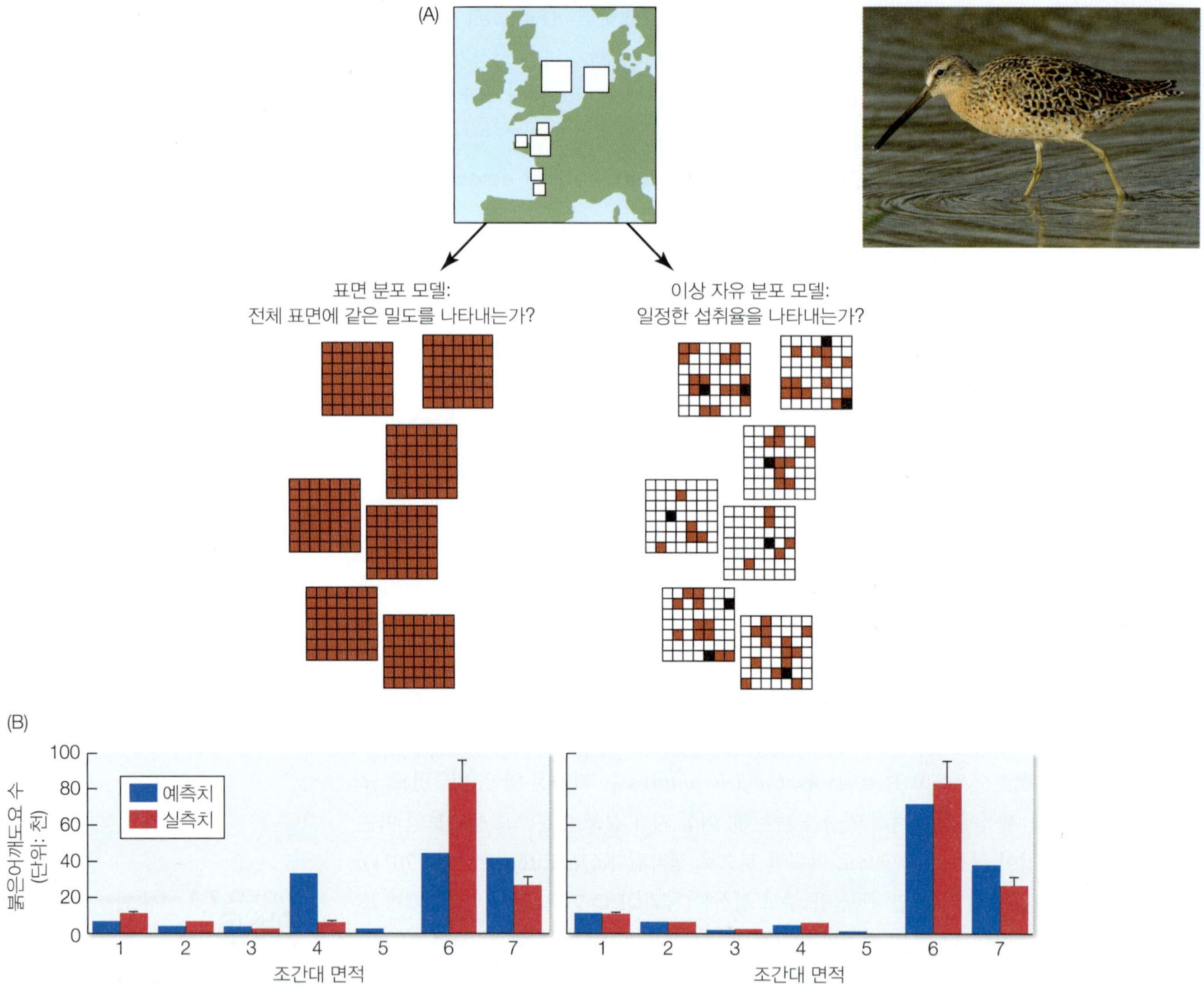

그림 7.1 붉은어깨도요(Red knot)의 서식지 선택과 이상 자유 분포. (A) 유럽 해안 7개 지역의 붉은어깨도요 분포를 설명하기 위한 2개의 모델. 한 모델은 붉은어깨도요가 영국, 네덜란드, 프랑스의 7개 조간대 갯벌 전체 면적에 같은 밀도로 분포할 것이라는 가정이다. 다른 모델인 이상 자유 분포 모델은 각 개체가 일정한 먹이 섭취율을 가지고 7개 조간대 지역의 연체동물 분포(흰 사각형: 밀도 낮은 지역, 붉은 사각형: 밀도 높은 지역)에 따라 자유롭게 이동하면서 취식 활동을 할 것이라는 가정이다. (B) 7개 조간대 지역에서 관찰한 개체수 실측치를 바탕으로 예측치와 비교해보면, 이상 자유 분포 모델이 실측치와 더 잘 맞는다는 것을 알 수 있다(그래프 막대는 평균치±표준오차, After Quaintenne et al. 2011; photograph © visceralimage/Shutterstock.)

영역성과 자원획득 잠재력

붉은어깨도요의 예에서 알 수 있듯이, 개체는 그들의 서식 환경을 자유로이 이동하며 분포할 수 있다. 붉은날개검은새(Red-winged blackbirds)를 살펴보면, 암컷은 적응도를 최대화시키기 위해서 수컷의 영역을 자유롭게 돌아다니며 서식한다. 그렇다면 수컷은 서식지를 어떻게 정할까? 영역성(territoriality)을 가진 수컷은 자유롭게 이동할 수 있다고 해서 서식지의 질이 높은 곳을 독점한 후 다른 수컷을 쫓아내어 적응도를 최대화할 수는 없다. 그러므로, 암컷이 자유롭게 서식을 정해 이동하며 경쟁을 피하는 동안, 수컷은 좋은 서식지를 차지하고 많은 암컷을 끌어들이기 위해 경쟁해야 한다(제9장, 10장 참조).

좋은 서식지는 대부분 많지 않지만, 수컷 개체 입장에서는 자신의 서식지를 정해서 확보하는 것이 여러 이득이 있다. 하지만 영역을 방어하는 데 많은 에너지가 들고 부상의 위험도 따른다. **경제적 방어력(economic defensibility)**에 따라 개체는 영역을 유지하는 데 드는 비용과 이득의 손익 계산에 따라 이득이 손실보다 클 때 영역을 방어한다(Brown 1964). 영역 행동의 주요 이득 가운데 하나는 자신의 영역에서 생산되는 자원을 다른 경쟁자의 방해 없이 오롯이 소비할 수 있다는 점이다. 목걸이도마뱀(collared lizard, *Crotaphytus collaris*)은 수컷 어린 개체 중에서 나이든 도마뱀이 죽은 뒤 남겨진 영역을 차지한 경우에 그렇지 않은 개체들보다 암컷과 짝짓기할 가능성이 높았다(Baird and Curtis 2010).

영역을 소유함으로써 얻을 수 있는 잠재적 이득은 우리와 계통적으로 가까운 침팬지(chimpanzee, *Pan troglodytes*)에서도 관찰된다. 수컷 침팬지들은 그들의 영역 경계를 따라 순찰을 도는데, 만약 순찰 중 다른 영역에서 온 침팬지 무리를 만나면 심하게 공격을 하며, 심지어 상대를 죽이는 일도 벌어진다. 10년에 걸친 기간 동안 관찰한 결과, 한 무리의 침팬지 수컷들이 다른 무리에 속한 침팬지를 21마리 죽였는데, 이를 통해 자신들의 영역을 20% 이상 확장시켰고, 이웃한 무리의 크기가 줄어듦에 따라서 먹이 자원에 대한 가용성도 증가한 결과를 가져왔다(**그림 7.2**)(Mitani et al. 2010). 이러한 예를 보면, 영역은 경쟁을 통해 새로운 도전자들에 의해 영역의 주인이 바뀌거나 영역의 크기가 변한다는 것을 알 수 있다(Hinsch and Komdeur 2017).

적응적 관점에서 보면, 영역 소유에 의한 적응도 이득(새끼 수 증가)은 영역 유지를 위한 공격과 순찰 행동에 따른 비용과 대비되어야 한다. 또한 방어를 위한 수컷들의 시간과 에너지 손실뿐만 아니라 정찰 과정에서 벌어질 수 있는 부상과 죽음까지 감안해야 한다. 많은 종에서 수컷은 번식 기간때 영역 순찰을 하는 동안 취식하는 먹이 양이 급격히 줄어

(A)

(B)

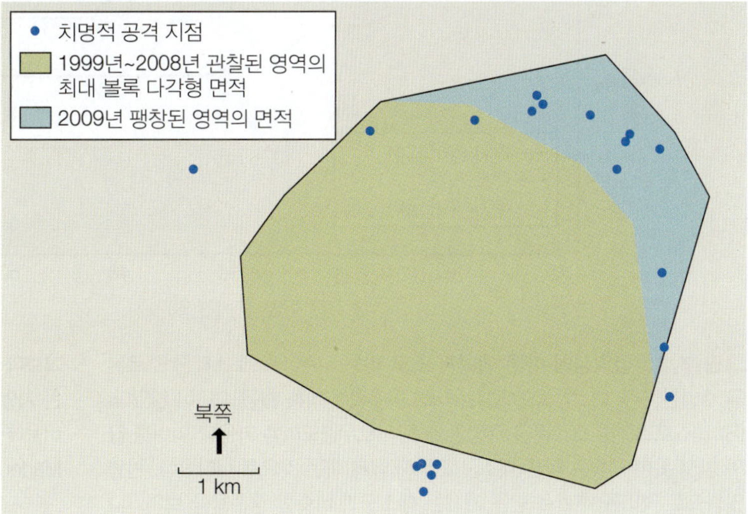

그림 7.2 수컷 침팬지의 영역 순찰. (A) 침팬지 무리의 수컷들은 자신들의 영역 경계를 따라 나란히 서서 순찰을 돌다가, 다른 무리의 침팬지를 만나면 공격적으로 반응하며 심할 경우 상대를 죽이는 일도 벌어진다(아프리카 우간다). (B) 이러한 공격적 방어 행동이 성공하면, 무리 영역 면적은 최대 볼록 다각형(MCP)으로 표시된 영역 경계선과 같이 팽창한다. (A, photograph by John C. Mitani; B after Mitani et al. 2010.)

든다. 캐서린 말러(Catherine Marler)와 마이클 무어(Michael Moore)는 야로우뿔도마뱀(Yarrow's spiny lizard, *Sceloporus jarrovii*) 연구를 통해 영역을 방어하는 데 들어가는 비용을 실험적으로 보여줬다(Marler and Moore 1989, 1991). 말러와 무어는 7월과 8월, 도마뱀이 영역성을 거의 나타내지 않는 시기에 영역이 없는 수컷 도마뱀을 잡아 테스토스테론 호르몬을 피하에 주입한 후, 애리조나 남부 그라함 산(Mount Graham)의 고지대 암반 지역에 놓아줬다. 그 결과 호르몬이 주입된 개체들은 순찰 행동을 더 많이 하였고, 영역을 방어하기 위한 위협 행동을 자주 보였으며, 비슷한 시기에 포획하여 다른 화학물질을 주입한 대조군에 비해 약 1/3이상의 에너지를 더 소모하는 것으로 나타났다. 영역성을 과도하게 보인 수컷 도마뱀은 에너지를 과도하게 사용함으로써 다른 정상 개체에 비해 빨리 죽는 것으로 관찰됐다(**그림 7.3**).

영역성을 갖는 것에는 비용이 따르기 때문에, 자원을 독점하는 데 따르는 이득이 비용에 비해 높지 않다면 영역 방어가 없이 평화로운 공존이 지속되는 방향으로 진화될 것이라고 추측할 수 있다. 야로우뿔도마뱀의 경우, 암컷들이 성적으로 활동성이 없는 7월, 8월이 되면 수

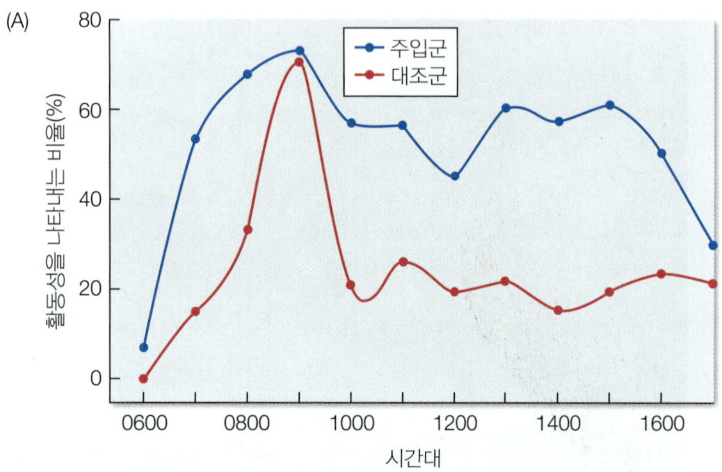

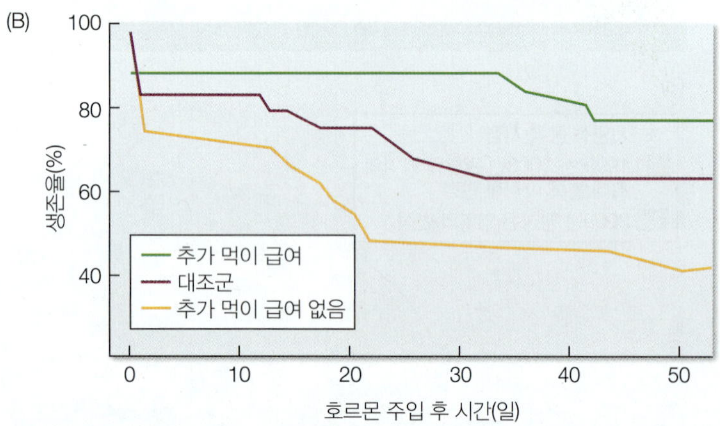

그림 7.3 영역성에 따른 에너지 소모 비용. (A) 테스토스테론 호르몬을 주입한 수컷 야로우뿔도마뱀은 대조군 수컷에 비해 활동 시간이 많았다. (B) 테스토스테론 호르몬을 주입한 수컷 야로우뿔도마뱀 가운데 먹이를 급여 받지 못한 개체는 다른 대조군에 비해 빨리 죽는 것으로 나타났다. 반면 밀웜으로 먹이를 추가로 받은 개체는 대조군과 비슷한 생존율을 보이거나 그보다 더 높았다. 호르몬 주입 개체들 중 먹이를 급여 받지 못한 개체가 높은 사망률을 나타낸 것은 그들이 영역 행동을 위해 과도하게 소비한 에너지 비용에 따른 결과로 해석된다. (A after Marler and Moore 1989; B after Marler and Moore 1991; photograph by John Alcock.)

컷들은 상대적으로 조화롭게 함께 잘 살아가지만, 가을이 되어 짝짓기 철이 되면 매우 공격적으로 변한다. 이러한 영역성과 번식기의 연관성은 짝짓기 경쟁이 있는 다른 동물에서도 흔히 관찰된다. 작은 열대 의갈류(pseudoscorpion, *Cordylochernes scorpioides*)의 생활사를 보면 여러 세대에 걸쳐 죽은 나무에 정착하는 분산 과정을 거친다. 이때 의갈류는 분산을 위해 롱기마누스앞장다리하늘소(harlequin beetle, *Acrocinus longimanus*)(**그림 7.4**)의 날개 껍질 아래에 숨어든다. 의갈류는 나무에서도 짝짓기를 하고 하늘소의 날개에 올라타서도 짝짓기를 하지만, 몸집이 큰 수컷은 나무 줄기보다는 하늘소의 복부에 있을 때 더 영역을 지키려는 성향이 강하게 내보인다(Zeh 1997). 하늘소에 올라탄 의갈류 수컷 개체는 하늘소를 따라 이동하면서 새로운 서식지에 정착하면 여러 암컷과 교미할 수 있고, 이에 따라 생식 이득을 높일 수 있다(Zeh and Zeh 1992).

영역성에 따른 손익을 따지는 접근법에 따르면, 영역 획득 능력이나 **자원획득 잠재력**(**resource-holding potential**, 영역을 가진 개체가 싸움에서 이길 수 있는 능력)에 개체

그림 7.4 영역성이 있는 의갈류(pseudoscoropion)의 곤충 날개를 이용한 분산. (A) 나무 줄기에서 싸우고 있는 롱기마누스앞장다리하늘소 수컷 2마리. (B) 롱기마누스앞장다리하늘소가 나무와 나무 사이를 이동하기 위해 날아가기 전, 의갈류는 하늘소 날개에 들어갈 공간을 차지하기 위해 경쟁한다. (A, photograph by Jeanne A. Zeh; B, photograph © Piotr Naskrecki/Minden Pictures.)

별 차이가 있어서 월등한 경쟁력을 지닌 개체가 최상의 서식지를 차지할 것이라 예측된다. 북미 대륙에 번식하고, 캐리비안, 중앙 아메리카에서 겨울을 나는 미국딱새(American redstart, *Setophaga ruticilla*)의 예를 살펴보자. 자메이카에서 겨울을 보내는 미국딱새는 암수의 서식지가 나뉘는데, 수컷은 연안을 따라 검은망그로브(black mangrove) 숲에서 영역을 만들고, 암컷은 내륙 수풀에서 지낸다. 연구자들의 관찰 결과에 따르면, 나이 많고 덩치가 큰 수컷일수록 암컷과 나이 어린 수컷들을 망그로브 숲 밖, 내륙 수풀로 몰아내려 공격하려는 성향을 보였다(Marra and Holmes 2001). 나이가 많고 사회적으로 높은 지위에 있는 수컷이 영역에 대한 공격성을 통해 이득을 본다면, 그러한 수컷 개체는 더 좋은 서식지에서 높은 생존율을 나타내고, 나아가 번식에 이득을 볼 것이라 예측할 수 있다. 실제로 망그로브 숲에 사는 미국딱새는 겨울철을 보내고 난 뒤에도 체중을 유지했지만, 내륙 수풀 서식지에 있는 미국딱새는 겨울이 지나면 체중이 줄어드는 경향을 나타냈다(Marra and Holmes 2001).

겨울철 서식지 질의 차이는 미국딱새의 몸무게와 상태에 영향을 줄 뿐만 아니라, 유전체 구조에도 영향을 미치는 것으로 알려졌다. 염색체 끝 부분에서 반복적인 염기서열을 나타내는 텔로미어(Telomere)는 세포 분열 과정에서 염색체를 보호함으로써 세포 노화에 역할을 하는 것으로 알려졌는데, 연구에 따르면 겨울철 두 서식지에 있는 미국딱새는 텔로미어의 길이에 차이가 있었다. 서식지의 질이 낮은 곳에서 겨울을 보내는 미국딱새는 해가 지날수록 텔로미어의 길이가 짧아지는 정도가 높았으며, 텔로미어의 길이가 긴 개체들은 겨울 서식지로 돌아오는 회귀율이 높았다. 이러한 결과를 토대로 볼 때 생존율, 텔로미어의 길이, 겨울철 서식지의 질은 상관성을 나타내는 것으로 보인다(Angelier 2013). 인간을 비롯한 많은 종에서 텔로미어의 길이는 노화와 관련성이 있는 것으로 보고되고 있기 때문에, 노화의 근인으로서 서식지나 자원의 질과 관련이 있을 가능성이 있다.

겨울철 서식지를 둘러싼 경쟁은 미국딱새의 생존율, 몸 상태, 텔로미어 길이에 영향을 미치며, 비번식기부터 번식기에 걸쳐 이월효과(carryover effect)가 있어서 번식 성공률에도 영향을 미칠 수 있다. 망그로브 숲을 차지한 수컷은 다른 개체들에 비해 더 많은 에너지를 체내에 저장할 수도 있으며, 이에 인해 겨울철이 지나 번식지로 이주할 시기가 되면 내륙 수풀에 있는 개체들에 비해 더 빨리 북쪽으로 이동을 시작할 수 있다는 장점이 있다(**그림 7.5**). 일찍 월동지를 떠난 개체들이 번식지에도 일찍 도착할까? 미국딱새를 포함한 이동성 명금류 조류의 연구 결과를 살펴보면, 일찍 도착한 수컷 개체는 좋은 영역을 차지하여 암컷을 차지할 가능성이 높아지기 때문에 번식에 이점이 있다(Hasselquist 1998). 암컷 미국딱새 역시 번식지에 일찍 도착하면 새끼들을 더 빨리 키울 수도 있으므로, 번식이 끝나면 월동지로 이동하기에도 유리하다. 또한 번식지에 일찍 도착한 새는 다른 개체들보다 더 많은 새끼들을 키워낸다(**그림 7.6**)(Norris et al. 2004).

피터 마라(Peter Marra)와 그의 동료들은 미국딱새로부터 겨울철 서식지를 빨리 출발할수록 번식지에 도착하는 시기도 이르다는 것을 알아냈다(Marra et al. 1998). 연구진은 캐리비안 연안에서 겨울을 나는 개체들이 미국 뉴햄프셔(New Hampshire)에 도착하는 이동 경로를 추적하는 한편, 월동지를 출발하는 개체들과 번식지에 도착한 개체들의 혈액과 근육의 안정성 탄소 동위원소 수치를 비교했다. 뉴햄프셔에 도착한 딱새의 혈액에서 측정된 탄소 동위원소 수치는 지난 6~8주 동안 월동지에서 섭취한 먹이원과 서식지에 대한 정보를 담고 있다. 연구자들은 이를 통해 뉴햄프셔에 가장 먼저 도착한 개체들은 망그로브 숲에서 겨울을

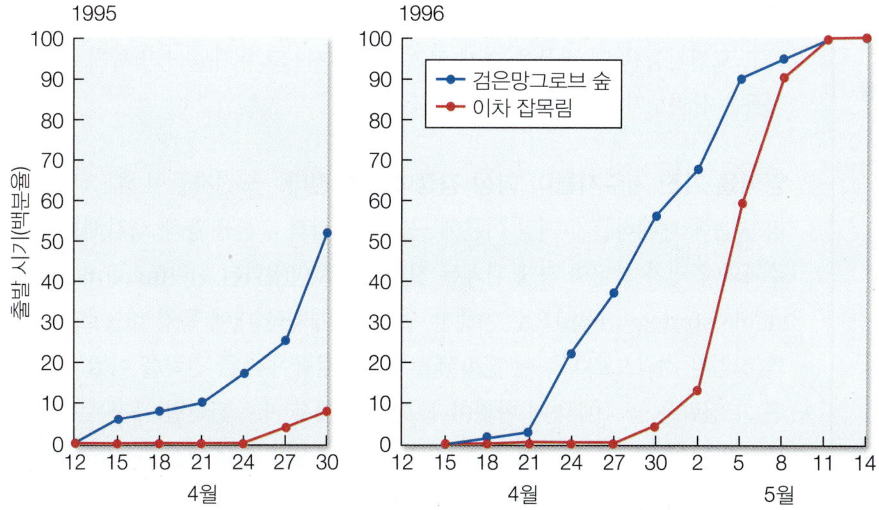

암컷 미국딱새

수컷 미국딱새

그림 7.5 자메이카에서 월동을 한 미국딱새의 서식지 질과 번식지 도착 시기. 검은망그로브 숲에 서식하는 새는 이차 잡목림에 있는 개체에 비해 북쪽 번식지로 떠나는 시기가 더 빠르게 나타났다. (After Marra et al. 1998; top photograph © Paul Reeves Photography/Shutter-stock.com; bottom photograph © Rick & Nora Bowers/Alamy.)

난 개체들이라는 것을 알 수 있었다.

번식기 영역 행동의 이점은 자원과 짝에 대한 접근성을 높일 수 있다. 캐나다 북극 지역 수컷 북극땅다람쥐(arctic ground squirrel, *Urocitellus parryii*)는 초지를 차지하기 위해 경쟁한다. 암컷 역시 초지에서 살면서 번식기가 되면 수컷 한 마리 혹은 여러 마리와 짝짓기를 한다. 영역을 가진 수컷은 이미 영역 내에서 살고 있는 암컷에 대한 성적 접근을 독점하기 위해 노력할 필요가 없기 때문에, 영역을 침범하는 수컷을 쫓아내는 데 많은 시간과 에너지를 쓴다. 아일린 레이시(Eileen Lacey)와 존 위조렉(Wieczorek)은 암컷 땅다람쥐가 여러 수컷과 짝짓기를 하지만, 대부분 처음 교미를 한 수컷의 새끼를 낳는다는 것을 알아냈다(Lacey and Wieczorek 2001). 이 사실을 통하여 영역을 가진 수컷이 영역 내에 있는 암컷과 먼저 짝짓기를 할 가능성이 높을 것이라 추측할 수 있다. 실제로 암컷 28마리 가운데 20마리에서 첫 짝짓기 상대가 해당 영역을 소유한 수컷이라는 조사가 나왔다. 따라서 수컷 땅다람쥐는 영역 행동을 통한 투자의 결실로서 생식적 이득을 누리는 결과를 얻는다 것을 알 수 있다.

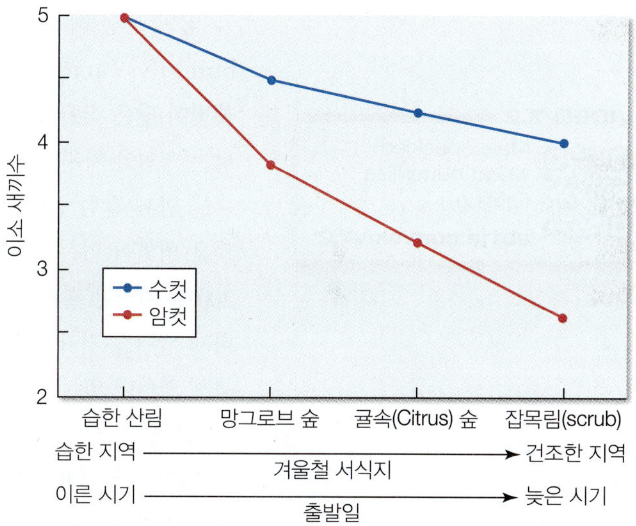

그림 7.6 미국딱새의 겨울철 영역이 번식 성공률에 끼치는 영향. 미국딱새의 번식 새끼 수는 겨울철 서식지와 연관이 있었다. 생산성이 높은 서식지(습한 산림)를 차지한 개체들이 가장 높은 번식 성공률을 보였다. (After Norris et al. 2004.)

영역을 차지하기 위한 다툼은 왜 빨리 끝날까?

영역성에 대한 연구 결과들을 살펴보면 영역 경쟁의 승자들에서 번식 성공이 높게 나타난다. 그런데 영역에 도전하는 침입자가 나타나 싸움이 벌어지면 보통 싸움이 심각하게 발전하기

가설 7.1

영역을 차지함에 따른 높은 적응도 이점에도 불구하고 도전자가 싸움을 빨리 포기하는 이유를 설명하기 위한 상호 배타적이지 않은 가설들

임의 분쟁 해결 가설 영역을 가진 개체들이 항상 싸움에 이긴다.

자원획득 잠재력 가설 영역을 가진 개체들이 물리적 힘의 대결에서 앞선다.

보상 편향 가설 경쟁에서 이겼을 때 얻을 수 있는 보상을 비교했을 때, 영역을 가진 개체들이 더 많은 보상을 얻는다.

전에 쉽게 끝나고는 한다. 영역을 차지해 적응도를 높일 수 있는 이점에도 불구하고 도전자들은 왜 싸움을 쉽게 포기하는 걸까? 그 이유를 설명하기 위한 가설들을 살펴보자(**가설 7.1**)

영역을 가진 거주자들이 항상 경쟁에서 이긴다 도전자들이 왜 그렇게 빨리 싸움에 패배하는지 게임 이론에 근거한 논리적 추론을 통해 생각해보면, 거주자와 침입자 사이의 경쟁 관계는 진화적으로 안정화된 전략(evolutionarily stable strategy, ESS)으로 이해할 수 있다. 개체군 내에 특정 비율로 거주자와 침입자 전략으로 나뉘어 진화했을 때, 한 전략이 다른 전략을 이길 수 없다면 그 전략은 늘 패배하게 마련이다. 이 설명에서 아주 간단한 규칙은 바로 거주자가 침입자를 늘 이기게 마련이라는 것이다. **임의 분쟁 해결 가설(arbitrary contest resolution hypothesis)**에 따르면 영역을 둘러싼 경쟁자 중에서 거주자가 늘 이기는 결과를 보이며, 만약 다른 행동 전략을 가진 돌연변이가 나타난다 하더라도 자연선택에 의해 개체군에 퍼지지 못하고 사라질 것이다. 만약 거주자에 항상 도전해서 경쟁하는 돌연변이가 있다고 생각해보자. 돌연변이 도전자는 싸움 과정에서 상해를 입히기도 하겠지만, 만약 즉각적으로 싸움을 포기하는 개체는 거친 경쟁자를 만나도 상처를 입지 않을 것이다. 따라서 거주자가 늘 이기는 전략(resident-always-wins strategy)은 끊임없이 계속될 것이다(Maynard Smith and Parker 1976).

임의 분쟁 해결 가설
영역을 둘러싼 경쟁이 벌어지면 거주자가 늘 이긴다.

임의 분쟁 해결 가설에서 거주자가 늘 이기는 전략은 수컷 뱀눈나비(speckled wood butterfly, *Pararge aegeria*)의 예로 알 수 있다. 영역성이 있는 수컷 뱀눈나비는 숲 바닥에 햇빛이 닿은 작은 면적을 방어하는데, 그곳을 통해서 암컷과 만난다(**VIDEO 7.2**). 햇빛이 닿는 영역을 차지한 수컷은 그렇지 않은 개체에 비해 번식에 성공할 확률이 높은데, 이는 암수를 함께 갇힌 공간에 풀어놓는 실험으로 증명된 바 있다. 햇빛이 닿는 영역을 차지한 수컷은 영역이 없는 다른 수컷에 비해 짝을 만날 확률이 약 2배 가량 높았다(Bergman et al. 2007). 이러한 결과를 토대로 해서 미루어 짐작해 보면, 햇빛이 닿은 지역에 대한 경쟁이 심하게 벌어질 거라는 논리적 추론이 가능하다. 하지만 닉 데이비스(Nick Davies)는 관찰을 통해 영역이 있는 수컷 개체가 침입자를 늘 빨리 내쫓으며, 침입자는 경쟁에 시간을 거의 소모하지 않고 금세 자리를 떠난다는 사실을 알아내다(Davies 1978).

VIDEO 7.2
Male speckled wood butterflies fighting
ab11e.com/uk/v7.2

데이비스는 영역이 있는 수컷을 잡아서 고정한 뒤, 다른 수컷 침입자가 와서 그 자리를 차지하게 만듦으로써, 수컷 나비들이 실제로는 긴 싸움을 할 수 있다는 것을 관찰했다. 영역이 있는 거주자를 먼저 놓아주면 그 수컷은 자기의 영역으로 돌아가는데, 그곳에서 새로운 침입자와 맞닥뜨리게 했다. 그러면 침입자는 마치 자기가 영역의 원래 거주자였던 것처럼 행동하기 때문에 두 수컷은 싸움을 벌인다. 이때 수컷 간의 경쟁은 매우 격렬해서 서로 원을 그리며 쫓고 쫓기는 싸움 속에 날개가 찢기기도 한다. 싸움은 원래 거주자였던 개체가 포기하고 자리를 떠나는 것으로 끝나는데, 이를 통해 뱀눈나비가 "거주자가 늘 이기는" 전략을 증명하는 예시가 된다는 것을 증명한다(**그림 7.7**)(Davies 1978).

비록 이 실험 결과가 수컷 나비가 임의의 규칙을 따라 영역 분쟁의 승자를 결정한다는 가설을 지지하는 것으로 나타났지만, 데럴 켐프(Darrell Kemp)와 크리스터 위클런드(Christer Wiklund)는 그 결과를 쉽게 납득하지 못했다. 그들은 원래 거주자였던 개체를 실험자가 잡

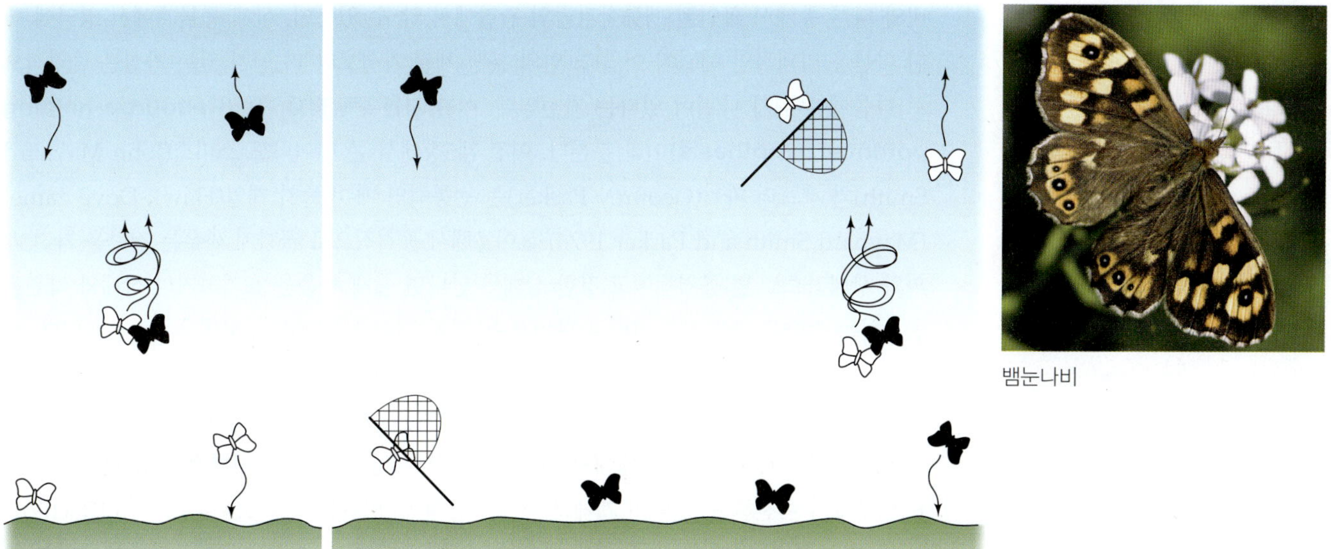

그림 7.7 영역을 소유한 거주자가 늘 싸움에 이길까? 뱀눈나비 수컷 침입자와 거주자의 경쟁을 통해 거주자가 늘 이긴다는 가설을 증명하기 위한 실험. 거주자 수컷(흰색)은 늘 침입자(검은색)와의 싸움에서 이긴다(1번, 2번). 하지만 거주자를 잠시 잡아서 영역에서 제거해 주면(3번), 침입자가 와서 그 영역을 차지한다(4번). 그후 원래 거주자였던 흰색 나비와 새로 영역 주인이 된 검은색 나비 사이에 싸움이 벌어지는데, 이때부터는 새로운 영역 거주자가 된 개체가 늘 싸움에서 이긴다(5번, 6번). (After Davies 1978, drawing by Tim Halliday; photograph © Christian Musat/ShutterStock.)

시 잡아주는 동안 트라우마 효과가 발생할 수 있다고 생각했다. 그래서 그러한 효과를 없애기 위해 잡아둔 나비를 약 15분간 냉장고에 넣었다가 놓아주었다. 그리고 본래 영역에 놓아줄 때, 두 수컷이 서로 만날 수 있도록 나무 조각을 이용해 기울여서 새로 영역을 차지한 나비 바로 위에 놓아주고 서로 볼 수 있게 만들었다. 새로 영역을 차지한 수컷은 원래 있던 수컷이 다시 온 것을 보고서, 마치 거주자가 침입자를 쫓아내는 듯 나선형 원을 그리며 싸움을 벌였다. 이 싸움은 애초 닉 데이비스가 관찰했던 것보다도 훨씬 길게 이어졌으며, 싸움의 결과는 예상과 달리 원래 영역의 거주자였던 개체가 52번의 테스트 동안 50번 승리했다(Kemp and Wiklund 2003). 따라서 이 경우엔 거주자가 늘 이기는 규칙이 맞지 않는 것으로 나타났다.

그렇다면 왜 두 실험의 결과가 전혀 다르게 나온 것일까? 켐프와 위클런드는 닉 데이비스의 실험에서 원래 거주자였던 수컷이 그물에 잡혀 있는 동안 계속 도망가려는 행동을 보였을 것이고, 따라서 원 거주자가 새로 영역을 차지한 침입자와 짧게 만났을 때에도 빨리 도망간 결과 싸움에서 진 것이라 생각했다. 이 실험을 통해 실험을 할 때 설계를 어떻게 하느냐가 얼마나 중요한지 알 수 있다. 켐프와 위클런드의 반복 실험과 수정 실험 설계 덕분에 뱀눈나비 거주자가가 늘 이기는 전략을 취하지 않으며, 이 종에서는 임의 분쟁 해결 가설이 맞지 않는다는 것을 밝혔다. 또한 우리는 이를 통해서 다른 연구자의 실험을 비판적으로 다시 보는 것이 과학적으로 매우 중요한 가치라는 교훈을 얻을 수 있다.

자원획득 잠재력의 차이 임의 분쟁 해결 가설이 수학적으로 명백하게 증명되지만, 뱀눈나

자원획득 잠재 가설
거주자는 물리적 경쟁에서 우위를 점한다.

비와 다른 종에서 확인된 행동학자들의 관찰에서 알 수 있듯이, 실제 동물계에서 영역에 대한 다툼은 임의적인 해결이 어렵다. 임의 분쟁 해결 가설보다 더 인기 있는 가설은 물리적으로 다툼에 우위가 나뉘어 있다는 가설인데, 이를 **자원획득 잠재 가설(Resource-holding potential hypothesis)**이라 부른다. 이전 제6장에서 존 메이냐드 스미스(John Maynard Smith)와 제프리 파커(Geoffrey Parker)는 전통적인 매-비둘기 게임(Hawk-Dove game)(Maynard Smith and Parker 1976)을 이용해서 공격적으로 끝까지 싸우는 전략을 가진 매파와 상대적으로 덜 공격적이고 강한 상대를 만나면 쉽게 싸움을 포기하거나 상대와 자원을 공유하는 전략을 가진 비둘기파로 나눠서 두 가지 전략을 비교하는 모델을 만든 바 있다. 두 전략을 게임 이론 모델에 적용했을 때, 각 전략의 적응도 결과는 개체군 내 매파와 비둘기파의 빈도에 따라 달라진다. 메이냐드 스미스와 파커는 싸움의 패배 비용이 승리 이득보다 높다면, 매파의 비율이 개체군 내에서 매우 높게 나타나겠지만, 혼합 진화적 안정 전략(mixed ESS)으로서 여전히 두 전략이 개체군 내에 공존할 수 있다는 것을 보였다. 코뿔소(Rachlow et al. 1998)에서 농게(Bergman et al. 2007)와 말벌(O'Neill 1983)에 이르기까지 다양한 종에서 영역을 소유한 개체는 대체로 크고 공격적인 개체이기에 다른 경쟁자를 힘으로 압도함으로써 영역 내에 있는 자원을 방어한다(제9장, 10장 참조).

물론 몸집이 크다는 것이 영역을 갖는 데 절대적인 요인은 아니다. 아프리카에 사는 붉은어깨과부새(red-shouldered widowbird, *Euplectes axillaris*)는 어깨의 붉은 패치의 크기가 크고 진할수록 영역을 가질 가능성이 높아진다. 크기가 작고 깃털색이 화려하지 않은 수컷은 영역을 갖지 못한 채 다른 수컷의 영역 주변을 떠돌면서 빈 영역의 틈을 노린다. 영역이 있는 수컷과 떠돌이 수컷 사이에 몸집 차이는 없었지만 영역 거주자는 거의 항상 떠돌이 침입자를 압도했으며, 실험적으로 어깨 붉은 패치를 검은 색으로 칠해줬을 때에도 결과는 같았다(**그림 7.8**)(Pryke and Andersson 2003). 따라서 몸무게 외에 수컷의 질을 나타내는 내재적인 요인이 수컷 어깨 패치 크기와 색으로 나타나며, 어깨 패치의 신호가 없어도 다른 방식으로 표현돼서 거주자 수컷이 다른 떠돌이 수컷과의 싸움에서 이기는 것으로 보인다(제8장 참조).

붉은어깨과부새 연구 결과와 마찬가지로, 실잠자리목(damselfly) 수컷 역시 영역을 가진 개체와 떠돌이 개체로 구분되는데, 거주자 수컷은 떠돌이에 비해 몸집이나 근육이 더 크지 않았다. 대신 지방 함량이 더 높은 개체가 상대와 공중에서 앞뒤로 날아다니는 싸움에서 이길 가능성이 매우 높았다(**그림 7.9**)(Marden and Waage 1990, Plaistow and Siva-Jothy 1996). 싸움이 벌어지면 실잠자리 수컷들은 서로 물리적인 접촉을 하는 대신 일명 소모전(a war of attrition)으로 불리는 방식으로 승자가 다른 개체보다 오랫동안 날아다니는데, 이는 장시간 비행 능

수컷 붉은어깨과부새

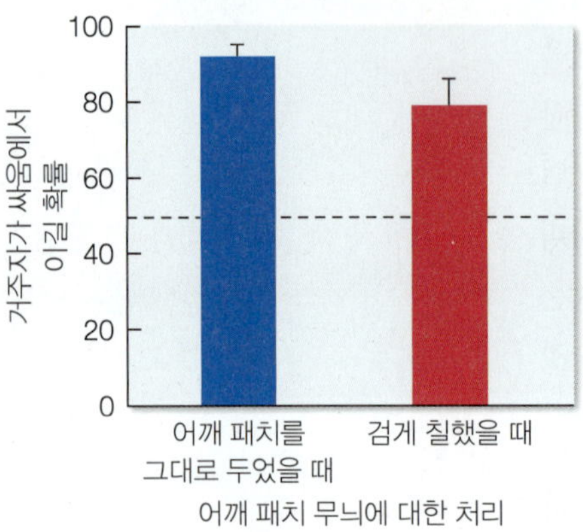

그림 7.8 영역성과 자원획득 잠재력. 영역을 가진 붉은어깨과부새 수컷은 다른 떠돌이 개체에 비해 자원획득 잠재력이 높다. 갇힌 공간에 같은 먹이를 놓고서 거주자를 떠돌이 침입자와 경쟁을 시키면 거주자가 대부분 이기는데, 원래 영역에서 데려온 개체들로 실험을 해도 마찬가지이며, 어깨의 붉은 패치를 검게 칠해도 여전히 싸움에서 이기는 것으로 나타났다. 그래프의 점선은 거주자와 떠돌이 침입자가 이길 확률이 같을 때를 의미하며, 막대 그래프는 평균과 표준오차를 나타낸다. (After Pryke and Andersson 2003; photograph by Francesco Veronesi/CC BY-SA 2.0.)

그림 7.9 지방 축적량과 자원획득 잠재력. 지방 축적량이 검은날개실잠자리(black-winged damselflies, *Calopteryx maculata*) 수컷의 영역 싸움 승자를 판가름한다. 수컷은 이따금 계곡을 따라 오랜 비행을 하면서 자기 영역에 대한 소유권을 나타낸다. (A) 몸집(흉부 건조 중량 측정치)이 큰 수컷은 영역을 둘러싼 경쟁에서 큰 이점을 보이지 않았다. (B) 하지만 지방 함량이 높은 수컷은 싸움에서 거의 항상 이겼다. (A and B after Marden and Waage 1990; photograph by John Alcock.)

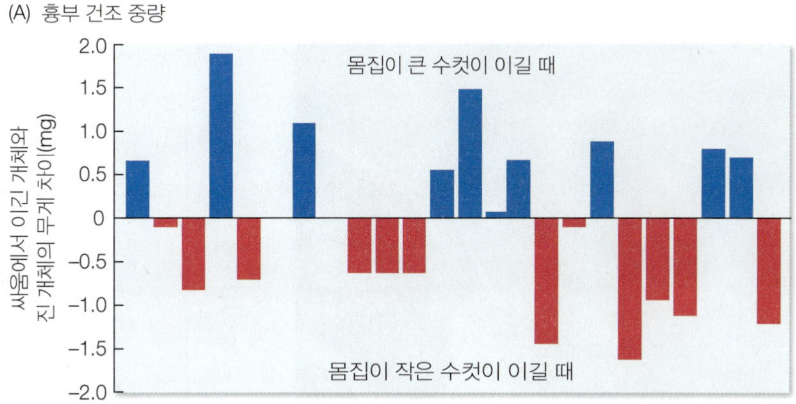

수컷 검은날개실잠자리

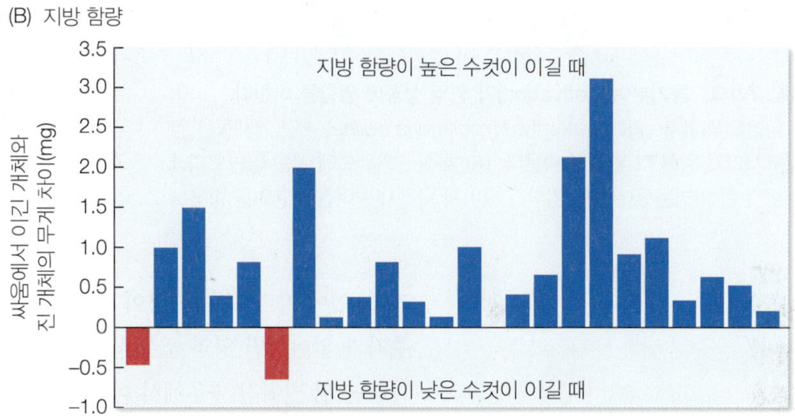

력이 몸에 비축할 수 있는 에너지와 관련이 있기 때문인 것으로 생각된다(Maynard Smith 1974).

거주자가 갖는 영역의 이점이 크지만 몸 크기나 에너지 함량이 곧 자원획득 잠재력을 보장하지는 않는다. 지중해초파리(Mediterranean fruit flies. *Ceratitis capitate*)의 경우, 나이 든 암컷은 어린 개체에 비해 물리적으로 힘이 떨어짐에도 불구하고 어린 개체들을 영역 밖으로 잘 쫓아내고 영역 내에 있는 과일에 알을 낳는다(Papaj and Messing 1998). 수컷 노래참새(song sparrow, *Melospiza melodia*)의 영역에 다른 개체들의 노래를 녹음한 뒤 틀어주면 나이든 개체일수록 더 심하게 반응하고(Hyman et al. 2004), 몇몇 나비 종에서도 나이 든 수컷이 다른 어린 경쟁자들의 도전에 더 강하게 반응하는 것으로 알려져 있다(**그림 7.10**)(Kemp 2002, Fischer et al. 2008). 이러한 예를 보면, 영역 소유자가 상태가 더 좋거나 싸움에서 상대를 압도한다는 가설은 맞지 않는 것으로 보인다. 그렇다면 이 종들에서는 왜 이러한 결과가 나타나는 것일까?

자원 가치와 보상 편향 수컷 간의 싸움에서 누가 이기고 지느냐의 문제는 두 개체가 해당 영역에 대한 자원을 다르게 평가한 결과일 수 있다. 흔히 거주자는 영역 소유권을 지킴으로써 보다 큰 보상을 얻을 수 있는 반면, 새로 온 도전자는 경쟁에 이긴다 하더라도 그 보상이 적을 수 있다. 이러한 **보상 편향 가설(payoff asymmetry hypothesis)**에 따르면, 거주자는 해당 지역에 대한 친숙도가 높지만 도전자는 그렇지 않기 때문에 거주자와 도전자가 영역에 대해 매기는 가치가 다르다. 달리 말하면, 영역 소유자는 침입자에 비해 더 큰 가치를 매

보상 편향 가설 경쟁자에 비해 거주자가 영역에 대한 가치를 높게 매긴다.

그림 7.10 동기부여(motivation)가 영역 성공에 영향을 미친다. 나이든 남방오색나비(eggfly butterfly, *Hypolimnas bolina*) 수컷 개체들은 영역을 지키기 위해 더 열심히 싸운다. (A) 호주 퀸즈랜드에 사는 남방오색나비 수컷 한 마리는 뒷날개의 일부가 떨어져 나갔지만 여전히 영역을 방어하는 데 성공했다. (B) 사육 공간에서 수컷을 기르면서 나이에 따른 수컷 간의 경쟁을 살펴봤다. 그 결과, 나이든 개체일수록 공중에서 싸움을 지속하는 시간을 길게 끌었다. 개체별로 다른 색으로 표시하였음. (A, photograph courtesy of Darrell J. Kemp; B after Kemp 2002.)

기며, 이에 따라 보상 편향이 발생한다. 만약 이러한 가설이 맞다면, 새로 온 개체는 기존 거주자가 없어지면 영역 소유권을 주장할 것이고, 새로이 영역 주인이 된 개체가 원 거주자가 나타난 뒤 벌어진 싸움에서 이길 가능성은 거주 기간이 길어질수록 높아질 것이다. 붉은어깨깃찌르레기(red-winged blackbird)에서 실험한 결과, 새장에 갇힌 기존 영역 소유자를 다시 풀어줬더니 영역을 비운 시간이 길어짐에 따라 새로운 영역 주인과의 싸움에서 이길 가능성이 낮게 나타났다(Beletsky and Orians 1989).

보상 편향 가설에 따르면, 새로이 주인이 된 개체가 영역을 보유한 시간이 길어질수록, 해당 영역에 대한 가치를 더욱 높게 부여함으로써 방어하고자 하는 동기부여가 커짐에 따라 원 거주자와 새로운 거주자의 싸움이 더 심할 것이라 예측된다. 이러한 예측은 타란튤라호크말벌(tarantula hawk wasps)(Alcock and Bailey 1997)과 명금류(Krebs 1982)의 예에서 증명된 바 있다. 타란튤라호크말벌(*Hemipepsis ustulata*) 수컷이(**그림 7.11**) 잡목림이나 작은 나무 꼭대기 부분에서 영역을 방어하고 있을 때 포획하여 냉장고에 넣어두면 몇 분 뒤 빈 영역에 다른 수컷이 들어온다. 그 뒤 붙잡아 두었던 원 거주자를 3분 내로 놓아주면 자기 영역으로 돌아가 새로 영역을 차지한 수컷을 쫓아낸다. 하지만 만약 1시간가량 냉장고에 넣어 두었다가 다시 몸을 따듯하게 한 뒤 놓아주면 자기 영역에 돌아가서 싸움을 벌이지만, 새로이 영역을 차지한 수컷의 저항이 매우 강하기 때문에 오랜 시간에 걸쳐 상승 비행을 하고 다시 떨어지기를

그림 7.11 거주 기간이 길어지면 원 거주자 말벌에게 이득이다. 수컷 타란튤라호크말벌이 크레오소트 부시(creostoe bush) 나무 끝에 자리를 잡고서 암컷을 기다리고 있다. 침입자 수컷이 원 거주자 수컷과의 경쟁에서 이기는 일은 거의 없다. (Photograph by John Alcock.)

반복한다. 싸움은 둘 중 하나가 포기할 때까지 계속되며, 보통 새로 온 침입자 개체가 싸움에 지고 도망감으로써 끝이 난다. 평균적으로 싸움이 지속되는 데 걸리는 시간은 25분이며, 종종 1시간 가까이 싸움이 이어지기도 한다(Alcock and Bailey 1997).

보상 편향 가설을 지지하는 위의 예시를 통해 거주자들이 영역을 둘러싼 다툼에서 왜 거의 이기는 결과가 관찰되는지 설명할 수 있다. 영역에서 꺼내어 잡아둔 수컷이 잡혀 있는 동안 자원획득 잠재력을 잃기 때문에, 새로 영역을 차지한 수컷과 긴 싸움이 벌어지려면 새 거주자가 영역에서 보내는 시간이 어느 정도 필요할 수도 있다. 이러한 가능성을 확인하기 위해 연구자들은 유럽울새(European robins, *Erithacus rubecula*)에서 처음 영역 거주자를 바꾸는 실험을 한 뒤, 두 번째로 영역 거주자를 바꿔서 짧은 시간 동안 잡았다가 다시 놓아주었다. 조 토비아스(Joe Tobias)는 유럽울새를 10일 동안 잡아 두었다가 풀어준 뒤 만 하루 동안 영역을 새로 차지한 새로운 거주자와 경쟁을 시켰다. 이때 원 거주자는 오랜 시간 붙잡혀 있었음에도 불구하고 경쟁에서 항상 이겼다(Tobias 1997). 하지만 원 거주자가 10일 동안 잡혀 있고 그 동안 새 거주자가 영역에서 10일 동안 시간을 보냈을 경우, 원 거주자는 경쟁에서 늘 패배했다. 따라서 영역의 원 거주자와 새 거주자의 싸움은 영역 교체가 이뤄지고 새 거주자가 그곳에서 시간을 얼마나 보냈느냐가 중요하다. 여기서 원 거주자가 얼마 동안 잡혀 있었느냐는 결과에 큰 영향을 미치지 않았다. 이러한 실험 결과 역시 기존 보상 편향 가설의 예측과 잘 맞아 떨어지는 것으로 보인다.

친애하는 적 효과

침입자와 비교했을 때, 원 거주자가 영역에 대해 더 많은 보상을 얻는 이유에 대해, "친애하는 적(dear enemy)"(Fisher 1954)이라는 개념으로 설명할 수도 있다. 기존 거주자는 이웃한 영역의 개체들과 이미 자주 봤기 때문에 친밀도가 높을 것이고, 침입자는 이웃과 관계가 없기 때문에 그들과의 관계에 더 많은 시간을 할애해야 할 것이다. 예를 들어, 브로들리플랫도마뱀(Broadley's flat lizards, *Platysaurus broadleyi*)은 기존에 익숙한 이웃과는 불과 몇 센티미터 정도 떨어져서 가까운 거리를 유지하지만, 새로 침입자가 이웃 영역에 들어오면 1.5미터 이상 멀찌감치 떨어져서 경계한다가 침입자가 그 거리 안으로 들어오면 공격적으로 반응한다(Whiting 1999). 따라서 영역 거주자는 이웃이 누구인지 알고 있으며, 그들 간의 공간을 유지하는 데 익숙해져서, 굳이 서로 경계하는 데 시간과 에너지를 들이지 않는다는 이점이 있다(Piper 2011). 새로 영역을 차지한 개체는 이웃과의 관계를 정립하기 위해 시간을 들여 다투어야 한다. 따라서 영역 싸움에 패배했을 때, 원 거주자는 다른 곳에서 침입자가 되어 새로 영역을 차지하려 노력해야 하기 때문에 잃을 것이 더 많다고 볼 수 있다.

어류에서도 비슷한 연구 결과가 있는데, 수컷 간의 경쟁에서 서로 상대를 알고 있는 경우에는 그렇지 않은 경우와 비교해 공격성이 낮았으며, 남성호르몬(안드로겐)의 분비량도 줄어들었다(Aires et al. 2015). 따라서 이미 알고 있는 경쟁자를 상대하는 경우에는 에너지 소모를 줄이고, 스테로이드호르몬 생산에 따른 비용을 아끼게 된다.

익숙한 적과의 관계는 에너지와 생리적 비용 감소라는 측면도 있지만 보전생물학자들의 관점에서는 번식 이득과 관련된 측면이 있는지 확인하는 것도 매우 중요하다. 멸종 위기종인 스티븐캥거루쥐(Stephens' kangaroo rats, *Dipodomys stephensi*)를 미국 캘리포니아의 새로운 자연 보호지역으로 옮겼을 때, 처음 옮겨진 개체군은 모두 번식에 실패했다. 데브라 쉬어(Debra Shier)와 론 스웨이즈굿(Ron Swaisgood)은 주위에 친숙한 경쟁자 그룹이 없어서 실패했을 거라 생각했다. 그래서 그 다음 시도에서는 캥거루쥐 99마리를 옮기면서 그 중 절반에는 친숙한 경쟁자들을 포함시켰고, 나머지 절반에는 낯선 개체들을 섞어서 넣어줬다. 친숙한 경쟁자가 포함된 그룹은 그렇지 않은 그룹과 비교해 싸움을 덜 했으며, 더 많은 새끼들을 낳았다(Shier and Swaisgood 2011). 이러한 예를 통해, 기초 학문인 행동생물학이 보전생물학에 어떤 식으로 기여할 수 있는지를 알 수 있다(Caro 1998 참조).

남을 것인가 떠날 것인가

손익 접근법을 통해서 동물이 어디에 정착하고, 침입자들로부터 방어를 하며, 영역을 지키거나 혹은 그 장소를 떠나 다른 곳으로 갈 것인지에 대한 행동의 다양성을 알아보았다. 마찬가지로 손익 접근법을 통해 이동성 동물이 왜 한 장소에서 서식하지 않고 다른 곳으로 떠났다가 다시 그 자리로 돌아오는 일을 반복하는지를 분석할 수 있다. 흰동가리(clown fishes)(Buston 2004), 호주수면도마뱀[Australian sleepy lizards(*Tiliqua rugosa*; Bull and Freake 1999)], 육상 도롱뇽(Marvin 2001) 같은 동물들은 한 장소에서 평생을 산다고 알려져 있지만, 동물은 어렸을 때 태어난 곳을 떠나 다른 곳으로 분산하는 것이 일반적이다. 분산과 이동은 생애 주기에서 서로 다른 시기에 일어나며, 이동 스케일이 매우 다르다. 이 두 가지 행동을 손익 접근법으로 알아보자.

분산

분산(dispersal)은 태어난 곳을 떠나 다른 곳으로 영구적인 이동을 하는 것을 의미하며, 개체 입장에서 볼 때 이동에 따른 에너지 소모로 인해 추가적인 비용이 발생하며, 낯선 환경으로 이동하는 과정에서 포식 당할 위험을 안게 된다. 또한 분산하는 동안 다른 활동에 투자를 할 수 없게 되어 시간 소모가 발생하고, 좋은 서식지를 발견하지 못했을 때 그로 인한 적응도 감소가 일어날 수 있는 가능성이 있으므로 이에 따른 기회 비용이 발생한다(Bonte et al. 2012). 분산하는 개체들은 어디로 가는지에 대한 정확한 행선지나 지도가 없기 때문에 새로운 서식지를 찾는 동안 포식자를 피해 다녀야 하며, 같은 종 내에서도 공격적인 개체들과의 다툼을 벌여야 하고, 먹이를 찾아야 하는 일에 직면해야 한다.

제임스 요더(James Yoder)와 그의 동료들은 목도리뇌조(ruffed grouse, *Bonasa umbellus*) 성조와 유조를 포획해서 신호 발생기를 부착해 한 후 이동 경로를 관찰했다(Yoder et al. 2004). 이를 통해 이동 경로를 정확히 파악했으며, 뇌조가 죽었는지 여부는 낮에 8시간 이상 같은 자리에서 들어오는 신호를 통해 판단했다. 이동 경로를 분석한 결과, 어떤 개체들은 포획된 위치 주변에서 몇 달간 머무른 반면에, 어떤 개체들은 멀리 떨어진 곳으로 이동했음을 알아냈다(**그림 7.12**). 같은 자리에 머무른 개체들과 비교해 새로운 곳으로 이동한 개체가 매를 비롯한 다른 포식자들에게 공격당할 위험이 3배 가량 높아졌다는 사실을 통해, 새 서식지에서는 포식 위험이 증가한다는 것을 확인하였다. 조류, 곤충, 양서류, 어류 등 여러 종에서 이뤄진 연구들을 종합해보면, 특히 어린 개체들이 새로운 번식지를 찾아 다른 곳으로 분산했을 때 생존율이 낮다는 것을 알 수 있다(Bonte et al. 2012).

그렇다면 많은 동물들은 왜 죽을 위험을 무릅쓰고 자발적으로 태어난 곳을 떠나 새 서식

목도리뇌조

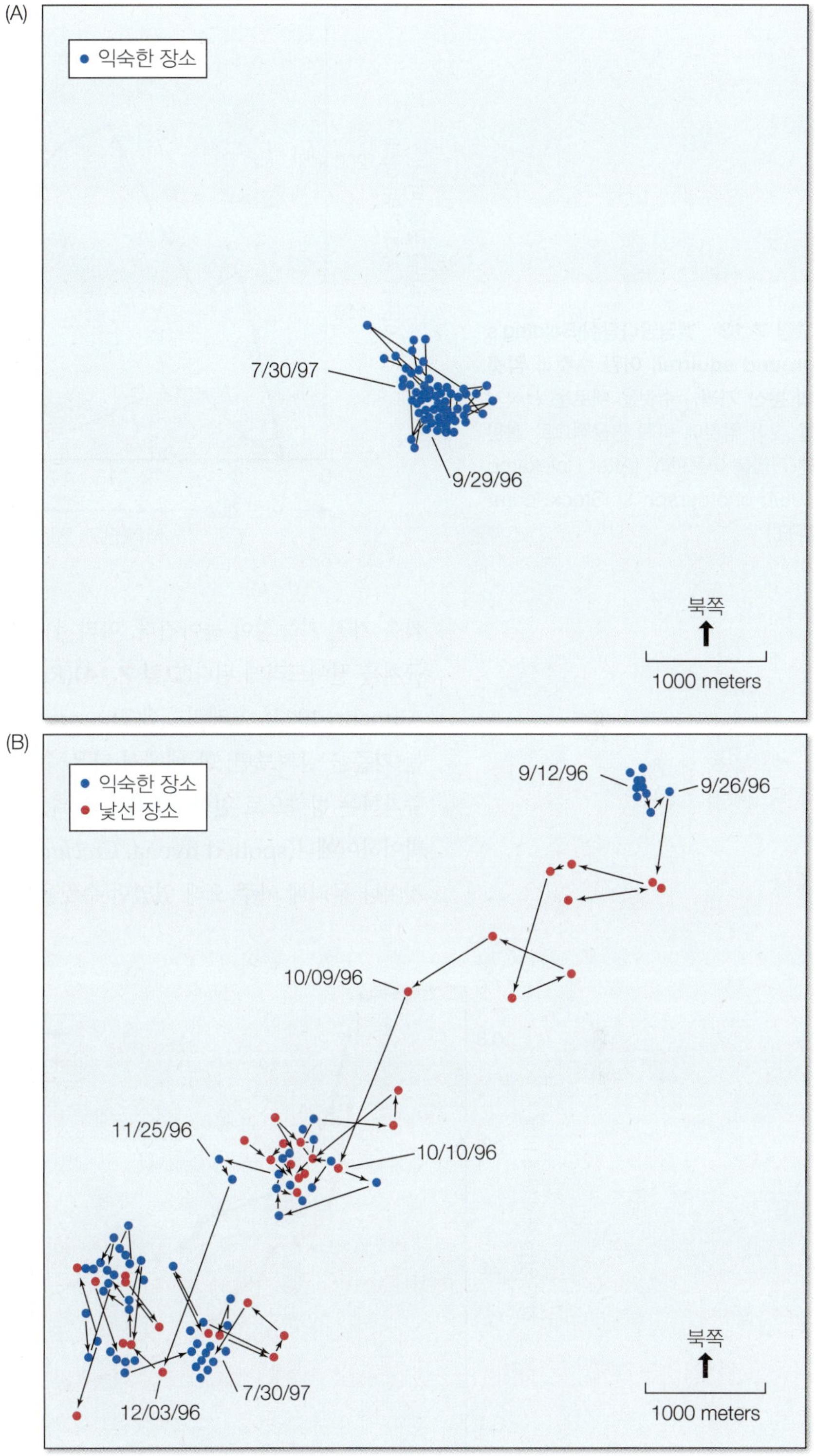

그림 7.12 목도리뇌조의 위치 신호를 통해 구성한 두 가지 이동 패턴. (A) 이 개체는 여러 달에 걸쳐 같은 장소에 머물며 멀리 이동하지 않았다. (B) 다른 개체는 익숙치 않은 곳을 거쳐 실질적인 분산 이동을 통해 새로운 장소로 옮겨갔다. (After Yoder et al. 2004; photograph © John Kirinic/ ShutterStock.)

지를 찾아 가는 걸까? 손익 접근법은 사회적 행동과 그 종의 생태가 어떻게 분산의 장점과 장점 사이의 균형에 영향을 미치는지를 따진다. 벨딩땅다람쥐(Belding's ground squirrel, *Urocitellus beldingi*) 어린 수컷 개체들은 어미의 서식지를 떠나 새로운 굴을 찾기 위해 평균 250미터 가량 분산한다. 반면 어린 암컷은 보통 50미터 정도 분산하거나 태어난 곳에 그대로 머무른다(**그림 7.13**)(Holecamp 1984). 달리 표현하자면, 벨딩땅다람쥐는 다른 대부분의 동물들처럼 한쪽 성이 다른 성에 비해 더 먼 거리를 이동하는 **성편향 분산(Sex-biased dispersal)**을 나타낸다.

수컷 벨딩땅다람쥐는 왜 암컷인 남매들에 비해 먼 거리를 이동하는 걸까? **근친교미 회피 가설(inbreeding avoidance hypothesis)**에 따르면, 많은 동물 종이 성편향 분산을 띄는 이유에 대해 근친 교배의 가능성을 낮춰서 적응도를 높이려는 행동이라 설명한다(Pusey and Wolf 1996). 유전적으로 가까운 두 개체가 교미를 한다면, 그 자손은 열성 대립 유전자

근친교미 회피 가설 분산이 이뤄질 때 성편향 분산은 근친 교배의 가능성을 줄인다.

그림 7.13 벨딩땅다람쥐(Belding's ground squirrel) 어린 수컷과 암컷의 분산 거리. 수컷은 새로운 서식지를 찾아 암컷에 비해 평균적으로 훨씬 먼 거리를 이동한다. (After Holekamp 1984; photograph © iStock. com/4FR.)

짝을 가질 가능성이 높아진다. 따라서 유전적 결함의 위험은 근친 교배 개체들의 적응도 평균치를 떨어뜨리게 된다(**그림 7.14**)(Ralls et al. 1979, Jiménez et al. 1994, Margulis and Altmann 1997). 프레리들쥐(The prairie vole, *Microtus ochrogaster*) 암컷이 짝을 선택하는 기준을 살펴보면, 한 배에서 나온 수컷과의 교미를 피해 유전적으로 먼 개체와의 번식을 증가하는 방향으로 진화하였음을 알 수 있다(Lucia and Keane 2012). 이와 마찬가지로, 점박이하이에나(spotted hyena, *Crocuta crocuta*)의 사례를 살펴보면, 최근 무리에 합류한 수컷이나 무리에 아주 오래 있었던 수컷을 선호해서 근친이 아닐 가능성이 높은 개체들과 짝을

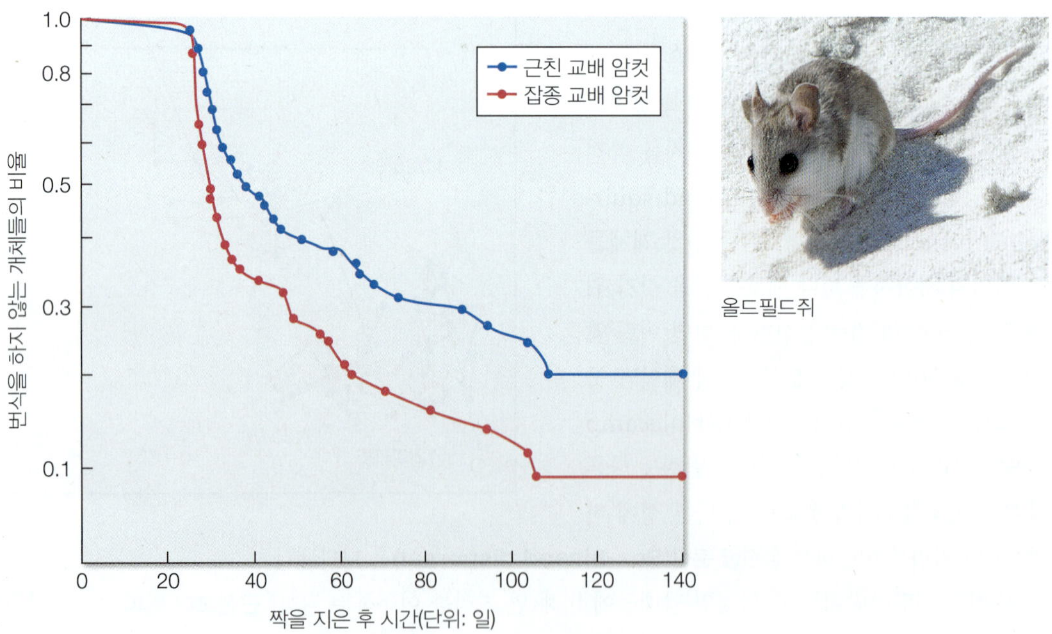

그림 7.14 올드필드쥐(oldfield mice, *Peromyscus polionotus*)의 근친 교배로 인한 번식 저하. 근친 교배를 한 암컷은 그렇지 않은 암컷에 비해 번식하는 시기가 늦게 시작되었다. (After Margulis and Altmann 1997; photograph by Mike Groutt, U.S. Fish and Wildlife Service, courtesy of Rob Tawes.)

짓기 때문에, 어린 수컷은 태어난 곳을 떠나 멀리 분산해서 나간다. 즉, 암컷이 같은 무리 내에서 태어난 수컷을 피함으로써 수컷 스스로 태어난 곳을 떠나 유전적으로 먼 암컷을 찾게 만든다(Höner et al. 2007).

만약 근친교미 회피가 분산 행동의 주요 원인이라면, 수컷이 태어난 곳을 떠나 이동하려는 것처럼 암컷도 그러한 성향이 강하게 나타날 것이라 추측할 수 있다. 하지만 암컷 땅다람쥐나 하이에나는 그런 분산 행동을 보이지 않는데, 그 이유는 암컷 자손이 주로 번식지에 남아서 그들의 어미를 도와 번식을 하고, 그럼으로써 그룹 내에서 사회적 지위를 향상시킬 수 있기 때문인 것으로 보인다(Greenwood 1980). 따라서 익숙한 서식지에 남음으로써 얻는 이득은 수컷보다 암컷이 클 것이고, 이러한 차이가 땅다람쥐, 하이에나를 비롯한 여러 포유류 분산 행동의 성 차이 진화에 중요하게 작용을 했을 것이라 추측된다(Holekamp 1984).

이주

분산은 한 방향으로만 이뤄지는 편도 이동인 반면, **이주(migration)**는 1년을 주기로 같은 장소에서 출발해 다시 되돌아오는 이동이다. 제8장 초반에 소개된 것처럼, 이주는 온대 지역의 명금류와 밀접한 관련이 있다(Cox 1985). 하지만 이주 행동은 멸종한 공룡에서도 기록된 바 있으며(Fricke et al. 2011), 많은 포유류, 어류, 바다거북, 그리고 곤충에서도 관찰된다(Coombs 1990, Carpenter et al. 2003). 제4장에서 다뤘던 제왕나비(monarch butterfly, *Danaus plexippus*)는 가을철 캐나다에서 멕시코까지 수천 마일을 비행하는 것으로 잘 알려져 있다(Calvert and Brower 1986). 잠자리 중에서도 가을철 인도 남부에서 인도양을 횡단해 아프리카로 이주한 뒤, 봄철에 다시 돌아오는 장거리 이주 종도 있다(Anderson 2009).

조류는 지구상의 동물들 가운데 가장 놀라운 이주 능력을 나타낸다. 붉은가슴벌새(tiny ruby-throated hummingbird, *Archilochus colubris*)는 무게가 1센트 동전 밖에 나가지 않지만, 일년에 두 차례 캐나다 북부에서 파나마 남쪽까지 멕시코 만을 쉬지 않고 가로질러 850킬로미터를 이동한다(Welty 1982). 큰뒷부리도요(bar-tailed godwit, *Limosa lapponica*)는 가을이 되면 알래스카에서 뉴질랜드까지 쉬지 않고 8일을 밤낮 없이 이동해 11,000킬로미터를 날아간다(Hedenström 2010). 철새 가운데 가장 먼 거리를 이동하는 새는 사대양슴새(sooty shearwater, *Ardenna grisea*)로 태평양을 가로질러 8자 비행을 하면서 1년에 60,000킬로미터를 이동한다(**그림 7.15**). 이 슴새 종은 뉴질랜드에서 번식을 한 뒤 북쪽으로 이동해 일본, 알래스카, 캘리포니아 연안에서 먹이 활동을 한 후, 다음 번식기를 위해 다시 번식지로 내려간다(Shaffer et al. 2006). 줄기러기(bar-headed goose, *Anser indicus*)는 가장 높은 고도를 비행하는 새로, 높은 산맥을 넘어 비행하는 대표적인 조류

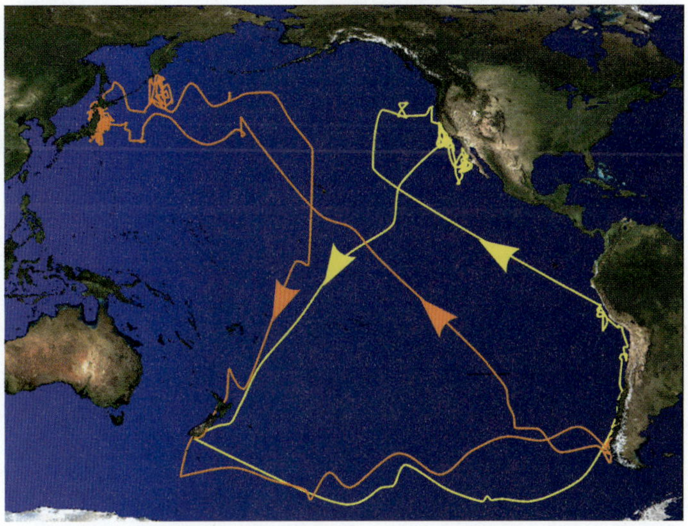

그림 7.15 사대양슴새의 이주 경로. 사대양슴새는 매년 태평양 전체 주변부를 비행한다. 그림에 표시된 두 마리 슴새의 GPS 경로를 살펴보면, 번식지인 뉴질랜드에서 출발해 태평양을 가로질러 남아메리카로 이동한 것을 알 수 있다. 한 개체는 캘리포니아 남쪽으로 이동한 후 다시 뉴질랜드로 돌아왔으며, 다른 개체는 일본 남쪽 해안으로 이동해 하계 기간을 보내며 먹이 활동을 한 뒤 뉴질랜드 번식지로 돌아왔다. (From Shaffer et al. 2006, © 2006 National Academy of Sciences, USA; courtesy of Scott Shaffer.)

로 알려져 있다. 해발고도가 해수면과 비슷한 중앙아시아 인도의 번식지에서 출발해 만 하루 만에 히말라야 산맥을 날아오르며, 최대 6000미터 고도까지 올라가는 데 상승기류를 타고 비행하면 단 4~6시간 안에 세계에서 가장 높은 산맥 꼭대기 부근까지 도달할 수 있다(Hawkes et al. 2011).

전 세계 10,000여 종의 조류 가운데 약 40퍼센트가 정기적인 이주 행동을 보인다. 그렇다면 이 분류군에서 이주는 어떻게 시작되어 진화했을까? 여기서 '변화를 동반한 계승(descent with modification)'이라는 다윈 이론에 관한 문제가 제기된다. 만약 정주성 종이 이주성 종의 조상이라고 가정한다면, 우리는 정주성 동물이 수천 킬로미터를 이동하는 종으로 진화하는 데 필요한 점진적인 변이를 통해 증명해야 한다. 한 가지 가능성은 열대성 조류 중 수십에서 수백 마일의 짧은 거리를 이동하는 이주성 종들의 예에서 찾는 것이다. 세볏방울새(Three-wattled bellbird, *Procnias tricarunculatus*)는 코스타리카 중고도의 산림 지역에서 번식하고, 니카라과의 대서양 부근 저지대로 이주했다가 다시 코스타리카 남서부 태평양 연안 산림을 따라 번식지로 돌아온다(**그림 7.16**)(Powell and Bjork 2004). 방울새가 이주한 두 지역은 최대 200킬로미터에 이를 정도로 멀리 떨어져 있지만, 큰뒷부리도요나 사대양슴새의 이주 거리만큼 멀진 않다.

지난 한 세기 이상 동안, 조류의 이주 행동 진화에 대한 두 가지 가설이 제기되어 왔다(**가설 7.2**). 한 가설은 계절별 이주가 번식지를 열대 지역에서 온대 지역으로 지리적 이동을 함

(A)

(B)

그림 7.16 세볏방울새의 단거리 이주. (A) 코스타리카 숲 속 나무에 앉아 울고 있는 수컷 세볏방울새. (B) 세볏방울새는 코스타리카 중북부의 산림 지역에서 번식을 마친 후, 북쪽와 동쪽으로 이동하고 나서 남쪽과 서쪽으로 가서 태평양 연안에 있는 숲에 닿은 뒤 북쪽으로 가서 산림 지역으로 돌아간다. (A, photograph by Ryan Kozie, CC BY 2.0; B after Powell and Bjork 2004, © 2004 Blackwell Publishing and the Society for Conservation Biology.)

으로써 번식에 필요한 먹이 자원을 풍부하게 구하는 데 이점을 얻었다고 설명한다(**열대 기원 가설, tropical origins hypothesis**). 또 다른 가설은 계절별 이주가 월동지를 온대 지역에서 열대 지역으로 이동함으로써 비번식기에 보다 온난한 기후의 이점을 누리며 시작됐다고 말한다(**온대 기원 가설, temperate origins hypothesis**). 두 가지 가설을 혼합해서 분류군 별로 비교하는 연구 결과는 이주 행동 진화를 보다 명쾌하게 설명해 준다.

가설 7.2

조류의 이주 행동 진화를 설명하는 대안 가설들

열대 기원 가설 번식지를 열대 지역에서 온대 지역으로 지리적 이동을 함으로써 번식에 필요한 먹이 자원을 풍부하게 구하는 방향으로 진화하였다.

온대 기원 가설 월동지를 온대 지역에서 열대 지역으로 이동함으로써 비번식기에 보다 온난한 기후의 이점을 누리는 방향으로 진화하였다.

조류 이주 행동의 진화적 기원에 관한 초기 분석은 열대 조류가 번식에 필요한 자원을 찾아 북쪽으로 이동하기 시작했다는 열대 기원 가설을 다뤘다. 더글라스 레비(Douglas Levey)와 개리 스타일스(Gary Stiles)는 짧은 거리를 이동하는 철새들이 열대 지방에서 기원했을 거라 생각되는 명금류 9과에 속한다는 점을 지적했다(Levey and Stiles 1992). 단거리 이동 철새가 포함된 명금류 9과 가운데 7과에는 열대 지방에서 온대 지방으로 수천 킬로미터를 이동하는 장거리 철새도 포함되어 있었는데, 이처럼 장거리와 단거리 이동 철새가 같은 분류군에 속한다는 사실은 단거리 이주가 장거리 이주로 바뀌었고 어떤 종에서는 이러한 장거리 이주가 가능하게 끔 진화하였음을 시사한다. 열대 기원 가설을 뒷받침하는 추가적인 연구는 *Catharus* 속 지빠귀에서 나왔다. *Catharus* 속에는 12종의 새가 있는데, 그 중 7종이 멕시코에서 남아메리카에 이르는 지역에 사는 텃새이다. 나머지 5종은 북아메리카 북부 지역에서 번식하고 월동을 위해 남아메리카로 먼 거리를 이동하는 철새이다(**그림 7.17**). 같은 속에 있는 텃새와 철새 종을 비교해 봤을 때, 철새 종의 조상은 멕시코나 중앙아메리카에 살았을 거란 추측이 가능하다. 또한 계통학적으로 볼 때 *Catharus* 속 조류는 이주 행동을 세 번에 걸쳐 진화했으며(Winker and Pruett 2006), 열대 혹은 아열대 텃새에서 철새 종이 갈라져 나왔음을 알 수 있다(**그림 7.18**)(Outlaw et al. 2003).

하지만 최근 비교 분석 방법으로 본 결과에서는 온대 지방 조류가 월동지를 찾아 남쪽으로 이동했다는 온대 기원 가설에 부합한다. 신대륙개개비과(Parulidae) 조류의 계통도를 살펴보면, 이주 행동은 진화 과정에서 반복적으로 사라졌으며, 철새 종에서 텃새가 갈라져 나왔음을 알 수 있다(Winger et al. 2011). 또한 벤자민 윙거(Benjamin Winger) 연구팀이 신대륙 조류 중 가장 큰 규모로 방사 진화한 멧새류(emberizoid) 800종 이상을 비교하여 분석한 결과를 보면, 장거리 이동은 북아메리카의 겨울을 피해 남쪽 지역으로 지리적인 범위를 이동하는 방향으로 진화했음을 파악하였다(Winger et al. 2014). 100년 넘게 논쟁 거리였던 가설들이었지만, 비교 분석 시 많은 데이터를 포함시켰을 때 보다 향상된 분석 결과를 만들 수 있다는 것을 보여준다. 최근 연구 결과는 주로 온대 기원 가설을 뒷받침하는 것이 많으며, 월동지를 찾아서 이동하는 과정에서 이주 행동이 진화했고, 온대 지역에서 번식하는 조류들이 비번식기에 보다 온화한 지역을 찾을 목적으로 진화하였음을 보여주고 있다.

이주 행동의 비용과 이득

특정 종의 이주 행동의 진화 역사에서 어떤 형질이 유지되려면 적응적 이득이 비용을 넘어서야만 가능하다. 이주를 하는 대부분의 종에서 주요한 이득은 먹이와 물과 같은 자원에 대한 접근성 증가이다. 주로 계절 변화에 따라 발생하는 먹이 조건 악화를 피해서 유용한 자원을 찾아 다른 지역으로 이동했을 때 접근성을 증가시킬 수 있다. 하지만 자원을 찾아 먼 거리를

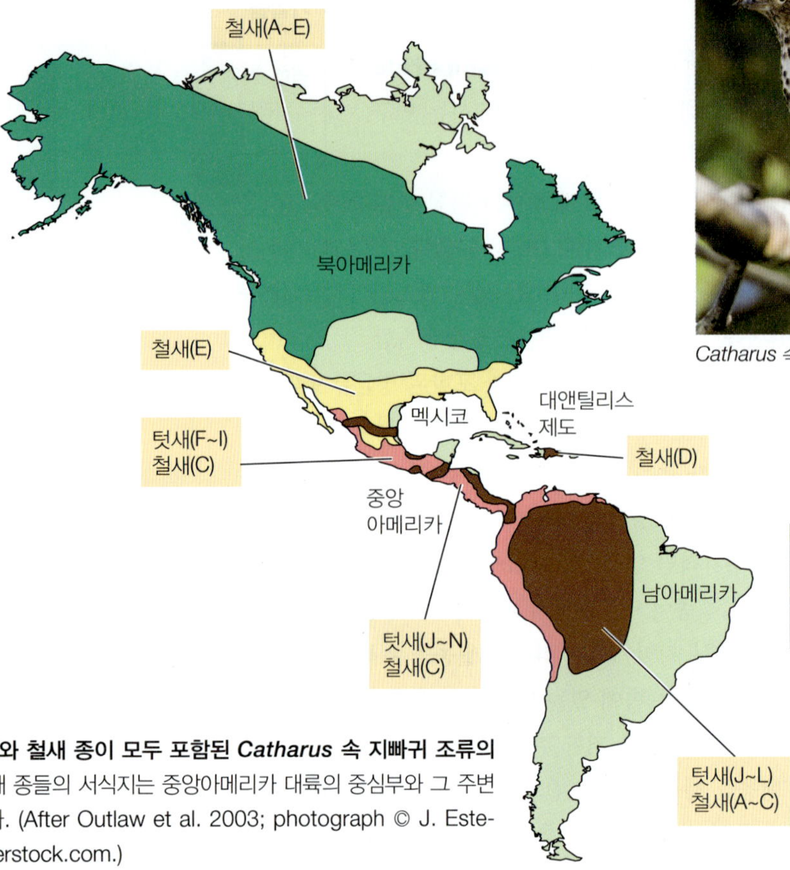

Catharus 속의 일원인 스완슨지빠귀

그림 7.17 텃새와 철새 종이 모두 포함된 *Catharus* 속 지빠귀 조류의 지리 분포도. 텃새 종들의 서식지는 중앙아메리카 대륙의 중심부와 그 주변부에 집중되어 있다. (After Outlaw et al. 2003; photograph © J. Esteban Berrio/Shutterstock.com.)

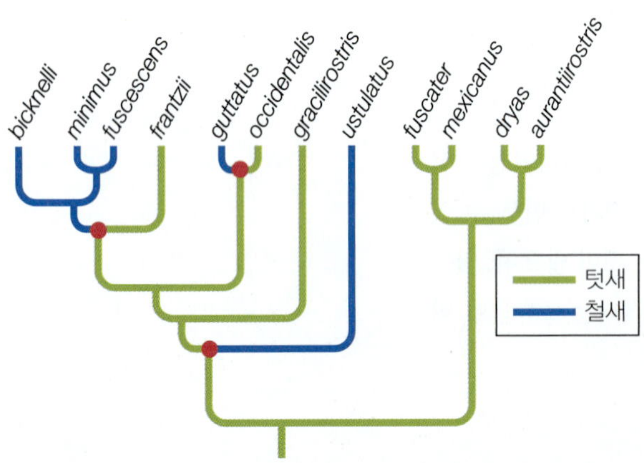

그림 7.18 *Catharus* 속 지빠귀의 장거리 이동 특징이 나타난 시점을 표시한 계통도. 미토콘드리아 DNA 염기서열을 기준으로 종들 간의 유사도를 바탕으로 해서 그린 계통수를 보면, 장거리 이주 행동은 독립적으로 3번에 걸쳐 진화하였음을 알 수 있다(After Outlaw et al. 2003).

이동할 때에는 물질대사 요구량이 증가하고, 이주 도중에 병원균에 감염되거나, 포식의 위험에 노출되거나, 넓은 수역 위를 비행하는 동안 치사율이 증가하는 등의 비용이 발생한다(Alerstam et al. 2003).

이주 행동에 따른 비용 몇몇 조류들은 그다지 큰 에너지 소모 없이도 이주가 가능하지만(Mandel et al. 2008), 이주 행동은 대부분의 동물에서 상당한 에너지 소모를 요구한다(**BOX 7.1**). 조류에서 이주에 따른 비용은 몸무게 감소로 나타나는데, 철새들은 장거리 이동 전에 무게 감소에 대비한 에너지를 비축한다. 미리 연료를 저장해둬야만 장거리 비행에 따라 큰 비용이 발생하는 생리적 변화에 대비할 수 있다. 생리적 변화는 일시적 생식 기관의 위축, 근수축 효율 증가, 지방 대사율 증가 등을 포함한다(Weber 2009).

붉은가슴도요는 에너지 저장의 중요성을 잘 보여주는 조류 종이다(**그림 7.19**). 이 조류는 구대륙과 신대륙에서 모두 장거리 이동을 하는데, 에너지 비축을 위해 처음 몸무게인 110그램에서 70그

BOX 7.1

자료 해석을 통한 행동 탐구

장기간 이주 비행의 비용을 줄이는 행동

장거리 비행은 에너지 소모가 많지만 몇몇 조류들은 그 비용을 줄이는 방법을 발전시켰다. 오른쪽 **그림**은 분홍사다새(great white pelicans, *Pelecanus onocrotalus*)가 V자 모양을 그리며 단체 비행할 때와 혼자 비행할 때의 심장 박동과 날개짓 빈도를 비교하여 나타낸 것이다. 다른 개체 뒤에서 비행할 땐 그들이 만들어내는 날개짓에 의해 발생하는 상승힘을 받을 수 있다는 장점이 있으며 에너지 소모율을 10퍼센트 정도 줄일 수 있다. 캐나다기러기(Canada geese, *Branta canadensis*)를 비롯한 많은 대형 조류들이 비행할 때 V자 모양을 만드는 이유는 이와 관련되어 있을 가능성이 높다.

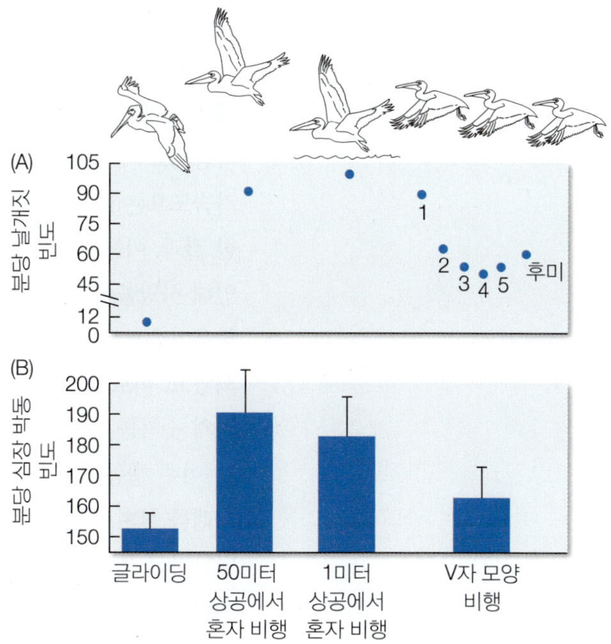

V자 모양을 그리며 비행하는 것은 에너지를 소모를 줄이는 한 방법이 된다. 분홍사다새가 이주 비행을 할 때 나타내는 날개짓 빈도와 심작 박동수를 4가지 비행 행동에 따라 분류하여 나타낸 자료. 막대 그래프는 평균과 표준오차를 나타낸다. (After Weimerskirch et al. 2001.)

생각의 틀 깨기

그래프 (B)를 보면 어떤 결론에 도달할 수 있을까? 그래프 (A)의 오른쪽을 보면 V자 모양을 그린 순서가 나와 있다. 이 자료는 무엇을 나타낼까? 이 종에서 비행 모양은 어떻게 결정된다고 생각되는가? 게임 이론을 이용한 행동 전략으로 생각해보면, 1번 위치에서 "리더"가 되어 앞장서는 전략과 2번~6번 위치에서 "팔로워"가 되어 쫒아가는 전략이 있다. 혼자 비행하는 전략 대신에 V자 모양의 행동 전략의 진화가 선호된 이유에 대해 행동 전략의 측면에서 생각해보자.

그림 7.19 주요 중간 기착지에서 관찰된 붉은가슴도요. 델라웨어 만(Delaware Bay)은 투구게(horseshoe crab)의 산란처로, 한때 이를 먹이로 하는 붉은가슴도요가 주요 기착지로서 머무는 곳이었다. 최근 투구게 개체수가 급격히 감소하면서 붉은가슴도요 개체군 또한 위협 받고 있다. (Photograph © Prisma Bildagentur AG/Alamy.)

램 이상을 더 증가시킬 수 있다. 남아메리카 대륙에서 날아와 델라웨어 만에 머무는 붉은가슴도요는 해변에서 투구게(horseshoe crab, *Limulus polyphemus*) 알을 주로 먹는다. 붉은가슴도요가 북극으로 이동하기에 앞서 중간 기착지에서 지방이 많은 알을 섭취함으로써 생리적 변화에 대비할 수 있다. 이 조류의 이주 경로에서 투구게를 섭취하는 중간 기착지는 에너지 충전에 중요한 역할을 하기 때문에, 투구게 알이 감소한다면 붉은가슴도요 개체군에 매우 악영향을 끼칠 거라 예상할 수 있다. 실제로 델라웨어 만의 어부들이 사료로 사용하기 위해 투구게 알을 다량으로 잡아들임으로써 90% 가량이 감소하는 일이 벌어지자 이 지역 붉은가슴도요 개체군의 75%가 감소하였다(Niles et al. 2009). 평소 델라웨어 만을 지나던 붉은가슴도요는 먹이를 찾아 더 북쪽으로 비행해야 했다. 평소보다 에너지를 제대로 비축하지 못한 결과, 이듬해 새를 포획하여 무게를 측정했을 때 몸무게가 줄어들었음이 확인되었고 이로 인해 사망율이 증가하였을 것으로 예측되었다(Baker et al. 2004). 델라웨어 만에서 이뤄진 붉은가슴도요의 생태 자료를 통해 행동생물학자들은 투구게의 개체군 회복에 관심을 쏟게 되었고, 이로 말미암아 남미에서 미국 동부 해안을 지나 북쪽으로 향하는 붉은가슴도요 개체군의 숫자를 유지할 수 있었다(McGowan et al. 2011).

이주 행동에 따른 또 다른 비용은 이주 중 죽을 위험이 높아진다는 점이다. 맹금류 연구 사례를 살펴보면 이주 기간에 사망율이 6배 가량 증가하는데, 이는 연간 사망율의 절반에 해당한다고 보고되었다(Klaassen et al 2014). 하지만 이주를 하지 않는다면 겨울을 나기 위해 험난한 환경을 버티는 동안 더 높은 사망률을 나타낼 수도 있다. 독일에 서식하는 대륙검은지빠귀(common blackbird, *Turdus merula*)는 800킬로미터를 남쪽으로 비행해 이주를 하는 개체들과 텃새화되어 같은 곳에 머무는 개체들이 섞여 있다(Scwabl 1983). 포획-재포획 방법과 원격측정 방법을 이용해 살펴본 결과, 같은 곳에 머물며 겨울을 난 개체들에 비해 이주하는 개체들의 생존율이 16% 가량 높음을 확인하였다(Zuniga et al. 2017). 따라서 이주에 따른 비용이 발생함에도 불구하고, 이주를 하지 않고 머무는 동안 발생하는 비용이 오히려 더 높을 수도 있다는 것을 알 수 있다.

이주에 따른 사망 위험은 대양을 건너 비행하는 조류에서 더 높게 나타난다. 실제로 그러한 이유로 인해 많은 유럽의 많은 소형 명금류의 이주 패턴에서 지중해를 건너는 대신에 스페인 남부와 북부 아프리카의 좁은 지역으로 이동한다는 것을 알 수 있다(Berthold et al. 1992). 이는 중앙아프리카로 가기 위한 전체 경로에서 이동 길이를 증가시키지만, 익사하는 일을 막을 수 있다는 장점이 있다. 만약 이 가설이 맞다면, 다른 명금류에서도 이주 기간 치사율을 줄일 수 있는 방향으로 경로를 결정할 거라 예상할 수 있다. 붉은눈비레오(Red-eyed vireos, *Vireo olivaceus*)는 가을철 미국 동부에서 남아메리카의 아마존 지역으로 이동하는데, 남서부 방향으로 이주하기 위해 텍사스 해안을 따라 멕시코를 통해 남쪽으로 이동한다. 멕시코 만을 가로질러 베네주엘라로 비행하는 것이 훨씬 지름길이지만 그렇게 하다간 죽기 십상이다. 로날드 샌드버그(Ronald Sandberg)와 프랑크 무어(Frank Moore)는 붉은눈비레오 가운데 지방 축적율이 낮은 개체일수록 멕시코 만을 가로질러 이주할 확률이 낮을 거라 예측했다. 연구자들은 가을철 미국 알라바마 해안에서 비레오를 포획해 무게를 측정한 후 지방 축적이 많이 된 개체들과 그렇지 않은 개체들로 구분해서 새장에 넣은 뒤 어떤 방향으로 가려는 경향을 나타내는지 조사했다(**그림 7.20**). 그 결과, 연구자들의 가설과 일치한 방향이 나타났는데, 지방 축적량이 5그램 미만인 개체들은 해질 무렵 서-남서 방향으로 움직였고, 지방 축적량이 많은 개체들은 남쪽으로 가려는 경향을 보였다(**그림 7.21**)(Sandberg and Moore 1996),

많은 명금류 조류들이 장거리 대양 비행을 꺼려하는 것으로 보이지만, 놀랍게도 검은머리솔새(blackpoll warblers, *Setophaga striata*)는 캐나다에서 출발해 대서양을 건너 남아메리카로 향하는 무정차 3,000킬로미터 비행을 해낸다(**그림 7.22**)(Williams and Williams 1978). 작은 솔새류들은 미국 동부 해안을 따라 멕시코와 중앙아메리카를 거쳐 남쪽으로 내려가는 안전한 여정을 택한다. 하지만 검은머리솔새는 대양을 가로지르는 장거리 비행을 통해 남아메리카로 가는 비용을 줄이는 방향을 택했다. 노바 스코티아(Nova Scotia)에서 베네주엘라로 가는 바다 경로는 50~90시간의 연속 비행을 해야하지만, 육상 경로에 비해 길이가 절반에 불과하다. 또한 대양과 대앤틸레스 제도(Greater Antilles)에는 포식자가 거의 없다. 게다가 캐나다 해안에서 출발해 대서양을 가로지는 비행을 시작할 때 동-서로 발생하는 한랭전선이 대서양을 건널 수 있도록 도와주며, 이후 대서양 남단에 도착할 때쯤 부는 서풍을 타고 갈 수 있다는 장점이 있다(Latta and Brown 1999, McNair et al. 2002).

그림 7.20 이주 실험에 사용된 새장. 포획된 새들은 밤이 되면 이주를 위해 비행하려는 행동을 나타내는데, 이때 바닥에 있는 잉크패드가 몸에 묻어 이들의 비행 방향을 따라 잉크 자국을 남기게 된다. 따라서 잉크 자국을 보면 이들이 이주하려는 방향을 알 수 있다. (Photograph by Jonathan Blair/National Geographic.)

많은 동물들은 이주 기간에 포식을 당할 위험에 노출된다. 북극에서 번식하는 섭금류 조류들이 남쪽으로 이주하는 동안, 매 속(*Falco* spp.) 조류로부터의 포식 위험은 이주 시기와 경로를 결정하는 데 영향을 미친다(Lank et al. 2003). 낮은 온도와 휘몰아치는 하늘과 더불

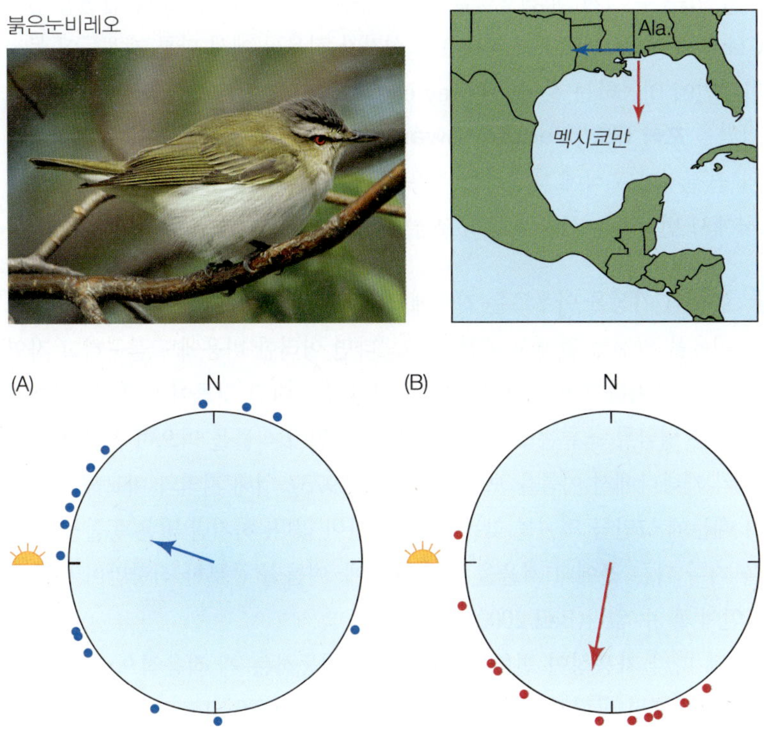

그림 7.21 붉은눈비레오의 몸 상태는 이주 경로에 영향을 준다. (A) 지방 축적이 적은 개체들은 멕시코 만을 가로질러 가는 대신에 해가 지는 서쪽으로 이동해 멕시코 내륙으로 가는 경향을 보인다. (B) 에너지 축적량이 많은 개체들은 곧장 남쪽으로 향하는 경향을 보인다. 화살표는 각 그룹 별로 향하는 방향의 평균치를 의미한다. (After Sandberg and Moore 1996; photograph © iStock.com/creighton359.)

검은머리솔새

그림 7.22 대서양을 가로질러 이주하는 검은머리솔새의 이주 경로. 검은머리솔새는 캐나다 남동부와 미국 뉴잉글랜드 지역에서 출발해 대서양을 가로질러 월동지인 남미 대륙으로 이주한다. (Map courtesy of Janet Williams; photograph © iStock.com/impr2003.)

어 포식 위험으로 인해 많은 조류들이 낮 대신 밤에 이동하는 것을 택한다. 브리티쉬 컬럼비아 주에 서식하는 홍연어(sockeye salmon, *Oncorhynchus nerka*) 어린 개체들은 비오리, 갈매기, 송어, 수달 등 다양한 포식자들에게 노출되며, 한 개체군 내 32%가 강을 따라 바다로 14킬로미터를 이동하는 동안 죽는 것으로 보고되었다(Furey et al. 2016). 이러한 높은 포식 위험으로 인해 홍연어는 두 가지 적응 전략을 만들었는데, 그 중 하나는 보다 안전한 밤에 이동하는 것이고(Clark et al. 2016), 다른 하나는 포식자가 적은 곳에서 다른 개체들이 몰려오길 기다렸다가 한꺼번에 이동하는 것이다(Furey et al. 2016). 많은 개체들이 모여서 한꺼번에 이주하는 움직임을 **포식 쇄도(predator swamping)**라고 부르는데, 이는 제6장에서 소개한 희석 효과와 연결지어 포식에 대응하는 적응 전략으로 이해할 수 있다. 포식 쇄도는 어류 뿐 아니라 북극에서 번식하는 섭금류 등의 조류에서도 관찰된다.

이주 행동의 이점 항해와 기상을 아우르는 기술에도 불구하고, 검은머리솔새를 비롯한 조류들은 이주에 따른 비용을 완전히 없애진 못했다. 그렇다면 이러한 비용에도 불구하고 자연선택을 거쳐 이주 능력을 유지하고 발전시킨 생태적 이점에는 어떤 것들이 있을까? 아메리카 대륙에 서식하는 많은 명금류 조류는 고단백질 곤충 먹이원이 식물을 먹으며 성장하는 시기에 맞춰 미국 북부와 캐나다에서 여름을 보낸다(Brown 1975). 열대 지역과 비교해 이곳은 여름철의 낮이 길기 때문에 그만큼 먹이를 찾는 데 쓸 시간이 많다. 하지만 많은 동물들이 식량이 풍부한 지역을 떠나 다른 곳에서 겨울을 나기 때문에, 여름철 풍부한 식량만이 이주를 선호하는 유일한 요인이 될 수 없다(Bell 2000).

먹이 자원은 계절에 따라 가용성이 변할 수 있으므로, 이동하는 게 적응적으로 더 유리할 수 있다. 탄자니아 세렝게티 국립공원에 서식하는 수백만의 누우(wilde beests, *Conno-*

chaetes gnou), 얼룩말(plains zebras, *Equus quagga*), 영양들은 남쪽에서 북쪽으로 오고 가는 일을 해마다 반복한다. 건기에는 북으로 이동하고, 우기가 되면 다시 남으로 향한다. 동물 무리는 강우량에 의해 결정되는 초목의 성장 지역을 따라 이동하는 것으로 보인다. 하지만 에릭 월란스키(Eric Wolanski)와 그의 동료들은 물이 줄어들어 메마른 강의 염분기가 증가하고 물이 나오는 구멍의 수가 줄어드는 것이 중요한 요인이라는 다른 가설을 세웠다. 동물들은 세렝게티 우기가 찾아오는 주기에 맞춰 풀을 찾아 북으로 이동하지만(Musiega et al. 2006), 물에 함유된 염분을 찾아 떠나는 것으로 생각할 수도 있다(Wolanski et al. 1999).

이처럼 먹이와 다른 자원이 이동 혹은 다른 행동에 영향을 미칠 때, 이러한 생태적 요인을 가리켜 **상향식 원동력(bottom-up forces)**이라 부른다. 반면 이주 행동에 영향을 미치는 포식 위험과 같은 요인을 **하향식 원동력(top-down forces)**이라 부른다. 세렝게티 누우와 얼룩말에서 나타나는 이주 행동에 영향을 미치는 요인들이 상향식 원동력인지 아니면 하향식 원동력인지 확인하기 위해, 그랜트 호프크래프트(Grant Hopcraft)와 동료들은 탄자니아와 케냐를 이동하는 이동성 무리에 2000년부터 2008년까지 8년에 걸쳐 GPS 위치추적기를 부착했다(Hopcraft et al. 2014). 연구자들은 자원이 풍부할 때 2종 모두 이동 거리가 증가함을 확인했다. 누우는 먹이의 질(quality)에 따라 이동하는 경향을 나타냈으며 포식자에는 그다지 크게 신경쓰지 않았다. 반면 얼룩말은 포식 위험과 먹이의 질에 모두 영향을 받았다. 따라서 상향식과 하향힉 원동력은 상호 영향을 주고 받으며 이주 행동에 영향을 끼치는 것으로 보인다.

제왕나비는 먹이와 전혀 관련이 없는 이주를 하는 것으로 알려진 종이다. 북미 동부 지역에서 가을철 비행을 시작하며(제4장 참조), 멕시코 중부 지역으로 날아가 아무것도 먹지 않은 상태로 멕시코시티 북서부의 고지대 산간 지역인 오야멜 전나무 숲(oyamel fir trees)에서 겨울철 잠무리를 형성한다(Urquhart 1960, Brower 1996). 붉은가슴도요가 이주를 위해 에너지가 많이 소모되는 비행을 하는 반면에, 제왕나비는 적당한 바람이 부는 때를 맞춰 글라이딩으로 에너지 소모를 줄이면서 원하는 목적지를 찾아서 간다. 물론 제왕나비 역시 장거리 비행을 위해 꿀을 섭취해서 에너지를 비축하는 건 사실이지만, 붉은가슴도요처럼 다량의 지방 축적으로 대비하는 대신에 적은 양의 지방 섭취로 이주를 대비한다. 그리고 오야멜 전나무 숲에 가까워지면 꿀을 섭취해 지방 형태로 변환하여 에너지를 저장한 뒤 다가올 수개월간의 겨울철 잠을 준비한다(Brower et al. 2006).

하지만 제왕나비는 왜 굳이 3,600킬로미터를 비행해 멕시코의 추운 고지대에 있는 나무로 가려는 걸까? 비록 이주에 드는 비용이 상대적으로 낮은 상승 기류를 이용해 바람을 타고서 비행할 수 있다고는 하지만, 암컷이 이듬해 봄, 여름에 번식하는 더 가까운 곳에 위치한 박주가리 서식지에서 겨울을 나지 않는 이유를 쉽게 납득하기 어렵다. 하지만 어쩌면 북미 대륙 동부 겨울에 주기적으로 서리가 생기기 때문일지도 모른다. 제왕나비가 겨울을 보내는 멕시코 산간 지역은 서리가 거의 내리지 않는다. 전나무 숲은 해발 3,000미터에 위치해 있는데, 한 겨울에도 기온이 4°C 이하로는 떨어지지 않는다. 간혹 산간에 불어오는 눈폭풍에 의해서 단 하룻밤 사이에 2백만 마리의 제왕나비가 영하의 기온에 의해 죽기도 한다. 만약 멕시코의 저지대 지역에서 겨울을 보낸다면 기온이 영하로 떨어져 얼어 죽는 일은 없을 것이다. 윌리엄 칼버트(William Calvert)와 링컨 브라워(Lincoln Brower)는 제왕나비가 따뜻하고 건조한 지역에서는 물과 에너지를 더 빠르게 소비한다는 점에 주목했다. 얼어 죽을 정도가 아닌 적당한 습기와 낮은 기온은 제왕나비가 3개월 뒤 산간 지역을 떠나 다시 북쪽으로 이동하기 위한 자원을 아끼는 데 도움이 된다(Calvert and Brower 1986).

오야멜 전나무가 제왕나비가 겨울을 나는 데 중요한 미기후를 제공해 주기 때문에, 생존율을 높이는 데 도움이 된다는 가설도 있다. 이 지역은 보호구역으로 지정되어 있음에도 불구하고, 벌목이 이뤄져 서식지가 위험에 노출되어 있다(Ramirez et al. 2003). 여전히 제왕나비 서식지의 나무들은 그대로 있지만 브라워와 그의 동료들은 벌목이 제왕나비의 사망 원인이 될 수 있다고 생각한다. 숲의 지붕이 되는 부분이 사라지면 제왕나비를 보호해 주던 습기가 사라질 것이고 그에 따라 동사할 가능성은 더 높아질 수 있다는 것이다(**그림 7.23**). 따라서 부분적인 벌목이라 할지라도 제왕나비 무리의 생존을 위한 기본 조건이 파괴될 수 있다. 상대적으로 적은 수의 전나무 벌채가 이뤄졌다 하더라도 겨울철 제왕나비 개체군이 특정 지역에서 모두 사라질 위험이 있으며, 이는 이주성 동물 종의 서식에 필요한 특정 가치의 중요성을 보여주는 슬프지만 강력한 장면이 될 지도 모른다(Anderson and Brower 1996). 이와 더불어 제왕나비의 꿀 취식과 산란에 중요한 미국 박주가리 들판의 서식지 변화 역시 인간에 의한 자연 파괴가 불러 올 영향을 보여준다.

이주 행동의 변이

조류의 이주 행동이 유전적인 요인에 강한 영향을 받는다는 보고가 쌓이고 있지만, 이와 관련한 유전자를 규명하는 연구는 아직 초기 단계에 있다(제3장 참조). 연구자들은 몇몇 종에서 이주 행동이 빠르게 변할 뿐만 아니라 같은 개체군에 있는 개체라 할지라도 변이가 크게 나타난다는 것을 확인했다. 북반구에 번식하는 제비(barn swallow, *Hirundo rustica*)는 이주 행동이 급속히 바뀔 수 있음을 보여주는 좋은 예시가 된다. 북아메리카에서 번식한 제비는 남아메리카의 아르헨티나 남부 지역까지 이동해서 겨울을 난다. 데이비드 윙클러(David Winkler)를 비롯한 그의 동료들은 제비가 북미 대륙으로 이주를 하지 않은 채 아르헨티나 지역에 남아 번식하는 것을 확인했는데, 이러한 변화는 최근 35년 이내에 일어난 변화이다(Winkler et al. 2017). 지오로케이터(geolocator)를 이용해서 아르헨티나의 제비를 관찰한 결과, 남아메리카 내에서 이동한다는 것을 확인할 수 있었는데, 이는 진화적으로 짧은 시간 동안 이주 행동의 변화가 일어날 수 있음을 보여준다.

앞서 언급된 바 있는 대륙검은지빠귀(common blackbird)와 같은 조류에서 확인한 것과 마찬가지로, 몇몇 조류 종에서는 이주하는 개체들과 같은 곳에 머무르는 개체들이 동시에 관찰된다(Schwabl 1983). 개체가 이주 전략을 바꿔 텃새화되는 것을 보면 이러한 두 가지 행동 패턴이 유전적으로 결정되는 것이 아님을 알 수 있다. 실제로 프란치니(Franchini)와 동료들이 대륙검은지빠귀의 철새 개체군과 텃새 개체군의 유전체를 비교한 결과, 유전적인 차이를 거의 발견하지 못했으며 1만 개의 유전자 가운데 단지 4개 유전자에서만 발현 차이가 있음을 확인했다(Franchini et al. 2017). 대륙검은지빠귀는 한 개체군 내에서 이주를 할지 또는 남을지를 결정하는 조건적 이주 전략을 공유하는데, 이는 사회적 지위에 따라 유연하게 나타나는 것일 수도 있다. 사회적 지위가 높은 개체들은 두 가지 선택지 가운데 더 나은 전략을 택하기에 유리할 것이며, 지위가 낮은 개체들은 더 불리한 선택을 하도록 강요받음으로써 생식적 이득이 적어질 수도 있다. 예를 들어, 어떤 지역에서는 겨울 동안 한 개체만 겨울을 날 수 있다고 가정해보자. 이러한 환경적 제약 속에서 사회적 지위가 낮은 개체들은 힘이 센

(A)

(B)

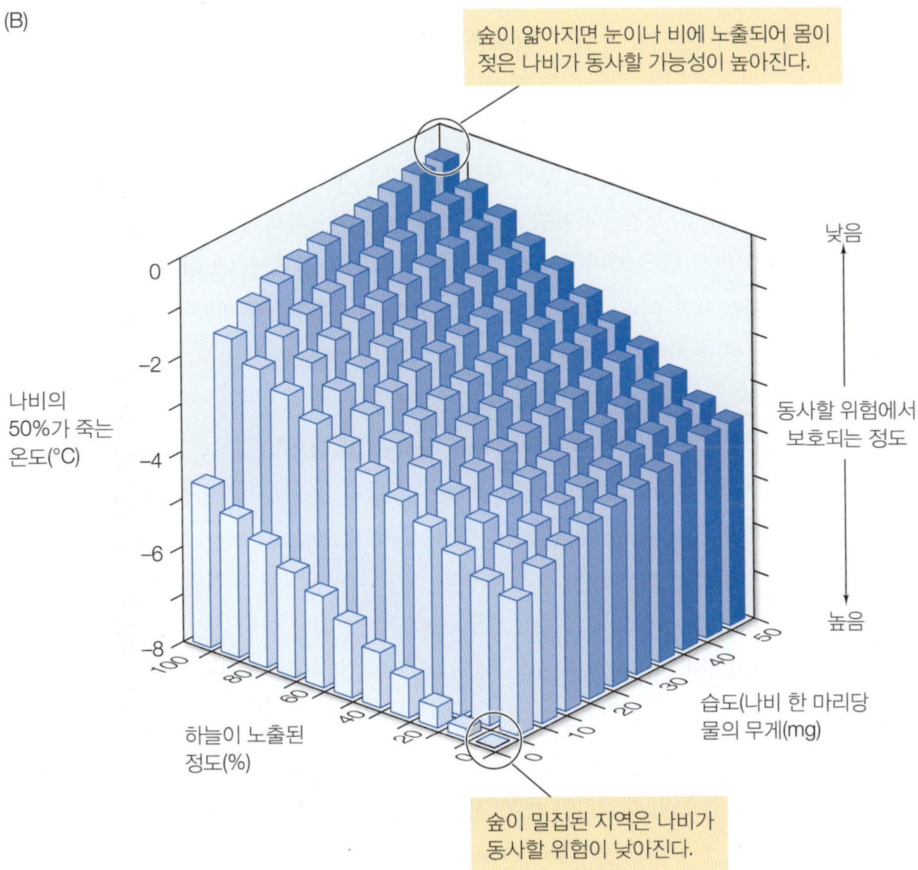

그림 7.23 제왕나비의 서식지 선택. (A) 수많은 제왕나비는 겨울철 멕시코 산간 지역의 전나무에 모여 월동을 한다. (B) 서식지의 질은 월동하는 제왕나비 개체의 생존율과 관련이 있다. 고지대 산간지역에 있는 밀집된 숲의 지붕은 제왕나비가 눈이나 비에 노출돼서 몸이 젖지 않도록 하늘을 막아주는 역할을 한다. (A, photograph © Ingo Arndt/Minden Pictures; B after Anderson and Brower 1996.)

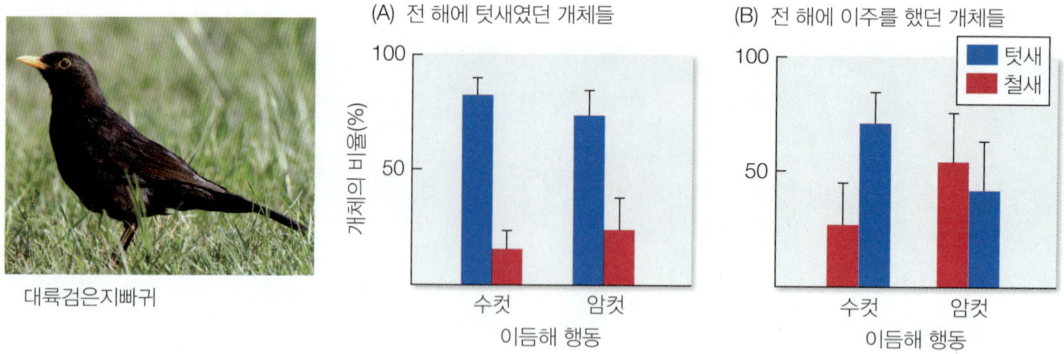

그림 7.24 대륙검은지빠귀의 이주 행동은 조건에 따라 달라진다. (A) 전 해에 텃새로 남았던 개체들은 이듬해 겨울에도 이주하지 않고 머물 가능성이 높았다. (B) 이와 반대로, 전 해에 이주했던 개체들이 이듬해 겨울에 텃새화되는 전략으로 바꾸는 경향을 나타냈다. 막대 그래프는 평균 +/– 표준오차를 나타낸다. (After Schwabl 1983; photograph © Karel Brož/Shutterstock.)

개체들에 밀려나 다른 곳으로 이주를 하여 겨울을 난 후, 이듬해 봄에 다시 돌아와 경쟁자가 죽거나 사라지는 틈을 노릴 것이다.

이 가설의 논리를 따르면, 다음과 같은 예측이 가능하다: (1) 대륙검은지빠귀는 한 가지 행동을 유지하는 것이 아니라, 이주 전략(혹은 행동 전략)을 바꿀 수 있는 능력이 있다. (2) 사회적으로 높은 지위에 있는 개체들은 더 나은 전략을 택할 것이다. (3) 여러 전략 중 선택이 가능하다면, 개체들은 생식적 이득이 더 높은 방법을 택할 것이다. 이러한 예측과 관련하여 대륙검은지빠귀 무리에서 이주에 앞서 사회적 지위를 정하는 경쟁의 빈도가 증가하였다(Lundberg 1985). 또한 대륙검은지빠귀 중 더 나이가 많거나 사회적 지위가 높을 거라 예상되는 개체들이 이주 대신 같은 자리에 남아 겨울을 나는 것을 선호했다(Lundberg 1988). 비록 제한적인 증거들이지만 이러한 결과들을 놓고 보면 대륙검은지빠귀가 이주 행동에 관한 전략을 선택하는 것이 조건적으로 변할 수 있다는 것을 알 수 있다(**그림 7.24**). 따라서 대륙검은지빠귀는 이주에 관해 유연한 행동 전략을 가지고 있으며, 이는 궁극적으로 이주에 따른 적응도와 연관되어 있다는 것을 알 수 있다(Franchini et al. 2017).

이주 행동의 개체별 변이와 더불어, 몇몇 종들은 개체군 단위에서 차이를 나타낸다(**BOX 7.2**). 검은목휘파람새(black-throated blue warblers, *Setophaga caerulescens*)는 서부와 동부 캐리비안 지역에서 겨울을 보낸다. 깃털의 탄소와 수소 안정성 동위원소를 이용하여 깃갈이를 한 후의 먹이원과 이주 지역의 정보가 케라틴에 합성되어 담긴 정보를 화학적으로 분석한 결과, 서부 캐리비안 지역에 서식하는 개체군 조류들의 깃털 조성이 동부 캐리비안 지역 개체군과 비교했을 때 화학적으로 차이가 크게 나타났다. 두 개체군의 동위원소에 담긴 정보를 분석한 결과, 캐리비안 서부 지역에서 겨울을 나는 개체들은 미국 북동부 지역에서 번식한 것으로 파악되었으며, 캐리비안 동부 지역에서 겨울을 나는 개체들은 미국 남부 산간지역에서 번식한 것으로 추정되었다(Rubenstein et al. 2002). 이러한 연구 사례를 통하여 서로 다른 개체군에서는 이주 행동과 이주 연결성에 차이가 나타남을 알 수 있다.

번식지와 월동지의 이주 연결성을 비롯한 이주 행동의 개체군 차이는 명금류 개체군 보존에 중요한 정보가 된다. 군나르 크레이머(Gunnar Kramer)와 그의 동료들은 솔새류 2종[푸른날개솔새(blue-winged warblers, *Vermivora cyanoptera*), 황금날개솔새(golden-

BOX 7.2 자료 해석을 통한 행동 탐구

스완슨지빠귀의 이주 경로

스완슨지빠귀(thrush, *Catharus ustulatus*)는 북미 대륙에 전체에 넓게 번식한다. 이 조류 가운데 북미 대륙 북서부에서 번식하는 개체들은 같은 이주 경로를 따르지 않는 것으로 알려져 있다. 어떤 개체들은 태평양 연안을 따라 남쪽으로 이동해 중미에서 겨울을 나는 반면, 어떤 개체들은 북미 대륙의 동부로 이동한 뒤 남미로 비행해 겨울을 난다(**그림**).

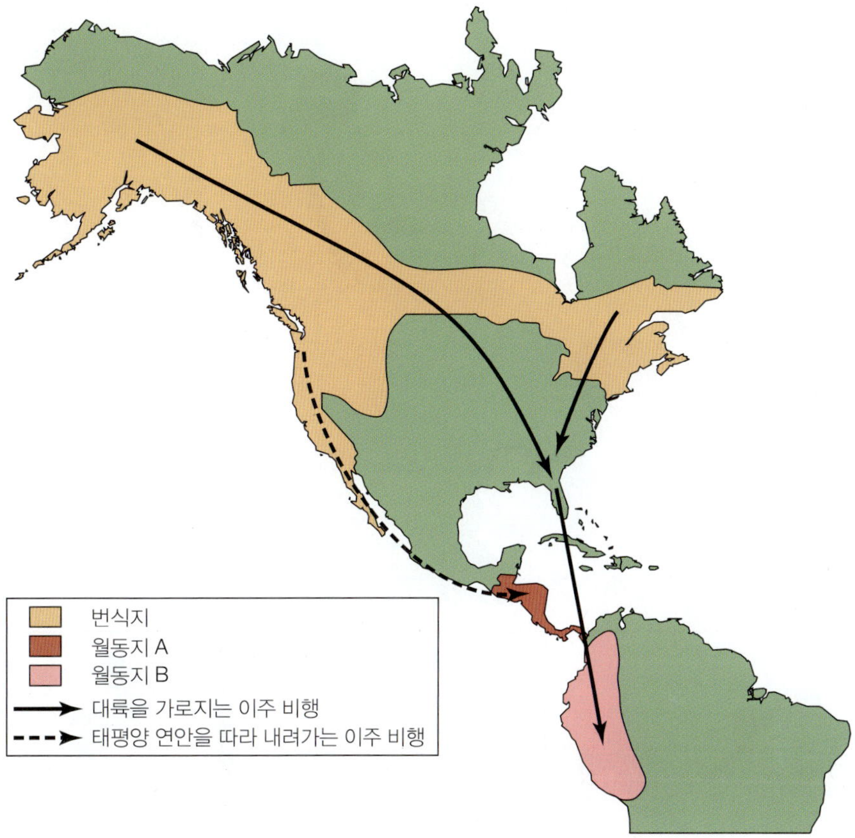

스완슨지빠귀의 두 가지 이동 경로. 몇몇 개체들은 태평양 연안을 따라 중미로 이동해 겨울을 나지만, 다른 개체들은 북미 대륙을 가로질러 비행해 남미 대륙에서 겨울을 보낸다. (After Ruegg and Smith 2002, © 2002 Royal Society of London.)

생각의 틀 깨기

연구자들이 이 결론에 다다르기 위해 어떤 방법을 사용했을까? 지빠귀의 장거리 비행에 중요한 가설 중 하나는 이 조류가 만 년 전 빙하 후퇴 이후, 동부 해안 지역에서 서부와 북부 지역으로 서식지를 넓혀 왔다는 것이다. 이를 통해서 어떤 진화적 가설을 도출할 수 있을까? 이러한 행동은 비적응적인 것일까? 이러한 행동 전략이 지속적으로 나타나는 것에 대해 어떻게 설명할 수 있을까?

winged warblers, *V. chrysoptera*)]를 연구했다. 2종은 유전적으로 매우 가까워 서식지가 겹치는 북미 지역에서는 혼합종이 생기기도 한다(Kramer et al. 2018). 2종 가운데 황금날개솔새는 번식 개체군이 크게 감소해서 개체군 일부만이 남아 있다. 지오로케이터를 이용해 조사한 결과, 황금날개솔새의 이주 연결성이 푸른날개솔새에 비해 매우 강하게 나타난다는 것을 확인하였다. 즉, 서로 다른 번식 개체군은 중남미의 서로 다른 지역에서 겨울을 나는 경향

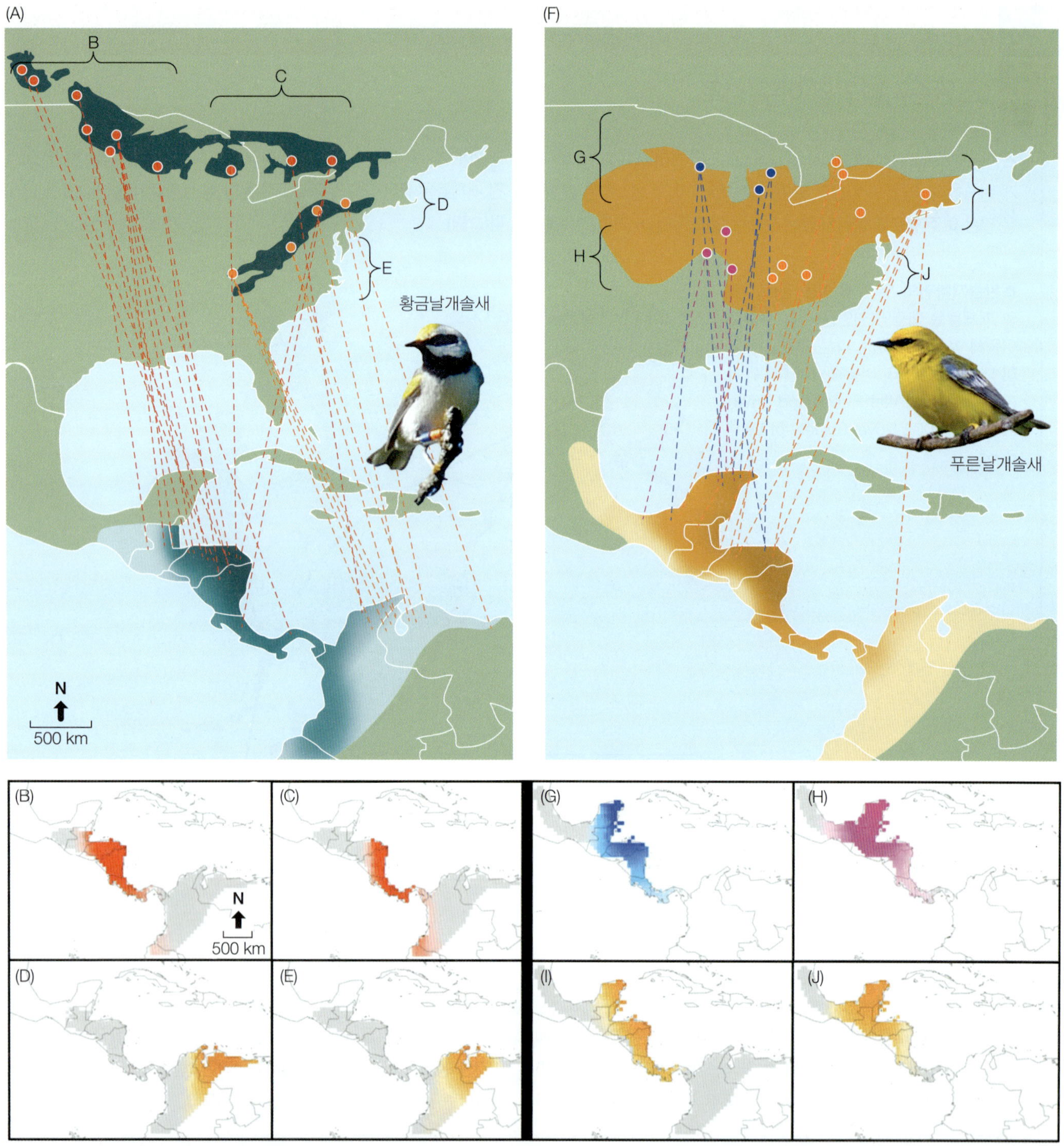

그림 7.25 솔새류의 이주 연결성. 지오로케이터 자료를 바탕으로 푸른날개솔새(A)와 황금날개솔새(F)의 이주 패턴을 나타낸 그림. 황금날개솔새는 번식 개체군에 따라 중남미에서의 월동지가 매우 다르게 나타났다. 반면 푸른날개솔새는 번식지와 관계없이 월동지가 겹치는 것으로 나타났다. (A)와 (F)의 괄호는 번식 개체군 별 월동지를 나타낸다(황금날개솔새: B~E, 푸른날개솔새: G~J). 월동지에서 어둡게 표시된 지역은 서식지 이용 확률이 높은 곳을 뜻하며, 확률이 50% 이하인 지역은 회색으로 나타냈다. (After Kramer et al. 2018.)

을 나타냈다(**그림 7.25**). 반면에 푸른날개솔새는 서로 다른 번식 개체군이라 할지라도 월동지가 상당 지역에서 겹치는 것으로 나타났다. 번식지에서 얻어진 장기적인 생태 자료를 바탕으로 분석했을 때, 아팔라치아 산맥(Appalachian Mountain) 남부에 있는 황금날개솔새 개체군이 가파른 감소를 보이고 있는데, 이는 남미 월동지 북부의 산림 파괴와 연관이 있는 것으로 생각된다(Sherry 2018). 반면 중앙아메리카에서 겨울을 나는 황금날개솔새와 푸른날개솔새는 숲이 보존된 정도가 양호하여 개체군의 감소가 관찰되지 않았다. 이처럼 어떤 종의 이주 연결성에 관한 정보를 알 수 있다면, 빠르게 감소하는 번식 개체군이 있을 때 해당 개체군이 겨울을 나는 열대 지역의 구체적인 장소를 파악하여 집중적으로 보존이 필요한 지역을 파악할 수 있다.

요점

1. 동물은 어느 곳에서 서식할지 정하는 문제에 있어서, 특정 지역을 적극적으로 선택한다. 이상 자유 분포 이론에 따르면 어떤 동물은 좋은 서식지를 두고 경쟁하는 대신에 덜 붐비는 선택을 한다. 이상 자유 분포 이론에 따른 가설들은 동물이 서식지를 정할 때 경쟁이 덜 한 곳을 선택함으로써 다른 좋은 서식지를 택한 개체들과 비교해 적응도에 차이가 없을 것이라 예상한다.

2. 영역 행동의 결과, 개체는 다른 경쟁자들로부터 특정한 지역을 독점하기 위해 큰 비용을 치러야 한다. 서식 공간을 방어하는 행동은 개체가 영역을 유지함으로써 지속적인 이득(먹이 접근성 혹은 짝짓기 상대에 대한 접근성 증가)이 발생할 때에 진화한다.

3. 영역 싸움이 일어날 때에 이전 거주자가 대부분 이기는 것으로 나타난다. 이는 영역 거주자가 침입자와 비교해 우위에 있는 물리적인 힘과 에너지 비축 정도(거주자의 높은 자원획득 잠재력)에 따른 결과 일 수 있다. 혹은 거주자가 치르는 비용이 침입자가 얻는 이득과 비교해 훨씬 높기 때문일 수도 있다. 이러한 이득의 불균형은 친애하는 적 효과(dear enemy effect)로 인해 영역 경계에서 친밀한 이웃 사이에서는 심한 싸움이 벌어지지 않는 것과 관련이 있다.

4. 많은 종에서 어린 개체들은 부모로부터 보호를 받는 영역을 벗어나 분산을 한다. 영역성과 마찬가지로 분산 또한 사망율 증가와 같은 적응도 비용과 연관된 행동이다. 개체는 분산을 통해 가까운 친족과의 근친 교배를 줄일 수 있고, 공격적인 경쟁자들로부터 벗어날 수 있으며, 태어난 지역의 부족한 자원 대신 더 많은 자원이 있는 곳을 찾아 떠날 수 있다는 이득이 있다.

5. 이주란 개체가 분리된 두 지역을 일시적으로 이동하는 것을 뜻한다. 장거리를 이동하는 능력은 단거리 이주에서 기원한 능력일 가능성이 높다. 이주 행동은 이동에 따른 비용이 낮고 장거리 이동으로 인한 이득이 높을 때 나타난다. 장거리 이동에 따라 특정 시기에 집중되는 자원에 대한 접근성이 높아진다면 적응적 가치가 높아질 것이다.

6. 번식지와 월동지의 연관성을 뜻하는 이주 연결성은 멸종 위기종의 생존을 위한 보존 정책에 중요한 정보를 제공한다. 최근 기술의 발전 덕분에 직간접적인 방법을 활용함으로써 조류의 이동 경로와 이주 연결성을 자세히 알 수 있다.

7. 몇몇 종에서는 이주 행동의 변이가 높게 나타나는데, 이는 개체군 사이에서도 관찰되며 개체군 내에서 개체 별 차이로 나타나기도 한다. 이러한 행동 변이에 영향을 미치는 요인이 무엇인지 알게 된다면 감소 추세에 있는 개체군을 보호하는 데 큰 도움이 될 것이다.

안내 웹사이트

ab11e.com/uk에서 토론 질문과 모든 시청각 동영상을 확인하시오.

CHAPTER

8

의사소통의 원리

만약 당신이 아프리카 사파리에 갈 수 있을 정도로 운이 좋다면, 점박이하이에나(*Crocuta crocuta*)가 생식기처럼 보이는 곧게 서 있는 기관을 보이면서 다른 개체에게 접근하는 것을 볼 수도 있을 것이다. 그리고 다른 하이에나는 이 생식기 같은 기관에 관심을 가지고 면밀히 살핀다(**그림 8.1**)(**VIDEO 8.1**). 이 개체들은 누구일까? 이 하이에나들은 뭘 하는 것이며, 왜 그런 것일까? 우리는 큰 생식기를 가진 개체가 무리에서 지배적인 개체라고 가정할 수도 있을 것이다. 하지만 이는 잘못된 가정이다. 왜냐하면 이러한 행동을 하는 것은 수컷이 아닌 암컷이기 때문이다! 그렇다고 해서, 실제로 암컷 하이에나가 수컷과 같이 돌출된 생식기를 가지고 있는 것은 아니다. 대신에 그들은 위-생식기(가짜 생식기, pseudopenis)라 불리는 기관을 가지고 있다. 암컷 하이에나의 음핵은 수컷의 생식기처럼 생겼으며, 음순은 위음낭(pseudoscrotum)을 형성한다. 더 당혹스러운 사실은 암컷 하이에나에는 외부와 연결된 자궁 입구가 없다는 것이다. 대신에, 이 위-생식기를 이용하여 소변을 배출하고 짝짓기를 한다. 이러한 구조로 인해 암컷과 수컷의 짝짓기는 쉽지 않으며(수컷은 자신의 생식기를 축 늘어진 암컷의 생식

Chapter 8 opening photograph © Tui De Roy/Minden Pictures.

기에 삽입해야 한다), 종종 암수 모두에게 고통을 수반하고 위험하기까지 하다(Holekamp and Dloniak 2010).

(A)

(B)

그림 8.1 암컷 점박이하이에나의 위-생식기. (A) 위-생식기는 실제 생식기가 전혀 아니며, 암컷의 음핵이 발기할 수 있도록 확장된 부분이다. (B) 발기된 위-생식기는 종종 환영 의식을 통해 동료에게 보여진다(대부분 암컷에게 보여주지만 간혹 수컷에게도 보여준다). (A, photograph © Winfried Wisniewski/MInden Pictures; B, photograph by © Martin Mecnarowski/Shutterstock.com.)

서로 생식기를 확인하는 두 하이에나가 암컷인 걸 아는 것만으로는 이들이 왜 이런 행동을 하는 지에 대한 답을 주지 않는다. 이번 장에서는 암컷이 이러한 위-생식기를 보여주는 행동이 무엇을 하는 행동이고, 암컷끼리의 이러한 의사소통 방법을 어떻게 진화시켜 왔는지를 이해할 수 있는 방식을 소개하고자 한다. 이러한 동물의 **의사소통(communication**, 현재나 미래의 행동 및 적합도에 영향을 주는 한 개체에서 다른 개체로의 정보의 전달)을 바라보는 방식은 정보가 어떻게 두 개체 사이에서 전달되어 유전적 성공을 가져다 주는지를 고려한다. 의사소통을 정의한 이후, 동물의 의사소통 체계의 진화적 역사를 살펴본 뒤, 이러한 신호들의 기원과 진화 양상에 대해 다룰 것이다. 또한 동물이 기존에 가지고 있던 형질을 어떻게 활용하여 신호를 만드는지에 대해 논의하고, 한 개체에 이미 존재하던 특정 감각 체계가 어떻게 동물 신호의 진화로 이어지는 지에 대해 다룰 것이다. 이번 장 전반에 걸쳐 생식에 관련된(혹은 관련되지 않은) 정보가 신호를 통해 한 개체에서 다른 개체로 어떻게 전달되는지 알아볼 것이다. 마지막으로, 동물의 신호체계가 왜 정직한 정보만을 담고 있는지에 대한 적응적인 이유에 대해서도 논의할 것이다. 그 외에도 동물의 속임수와 다른 개체를 도청(eavesdropping)하는 행동도 다룰 것이다. 이번 장에서는 대부분 한 종당 하나의 신호를 논의하지만, 동물은 둘 이상의 서로 다른 감각 신호를 함께 이용하여 신호를 보내기도 하는데, 이를 다면 신호(multimodal signal)라 부른다. 이번 장에서는 점박이 하이에나의 예를 집중적으로 다루며, 그 외에도 곤충, 새, 물고기, 파충류의 예시도 소개한다.

의사소통과 동물 신호

만약 하이에나가 위-생식기를 보여주는 행동이 의사소통의 한 형태라면, 송신자(생식기를 보여주는 개체)는 이 위-생식기를 하나의 **신호(signal**, 정보를 담고 있는 특별하게 진화한 메시지)로 이용하여 수신자의 행동을 변화시키기 위해 사용하는 것이다. 이 신호의 정의에서 핵심은 바로 "특별하게 진화한 메시지"이다. 한 개체의 행동이 다른 개체에게 영향을 줄지라도 이러한 특별하게 진화한 메시지가 없다면 의사소통이라고 볼 수 없다. 예를 들어, 쥐가 밤에 먹이활동을 할 때 바스락거리는 소리를 내는 것은 이 소리를 듣고 쥐를 사냥하는 올빼미와의 의사소통이 아니다. 어떤 종류의 상호작용이 의사소통이고 어떤 것들이 아닌지를 이해하고, 의사소통 체계가 어떻게 진화했는지를 알기 위해서는 한 개체에서 다른 개체로 전달되는 정보에 대해 알아야 한다. 이러한 정보는 동물의 의도와 상관없이 두 개체의 적합도에 긍정적인, 혹은 부정적인 영향을 준다.

VIDEO 8.1
Spotted hyena greeting ceremony
ab11e.com/uk/v8.1

그림 8.2는 의사소통을 이익-손해의 관점에서 이해하기 위한 틀을 제공한다. 송신자와 수신자 모두 적합도에 이익을 얻는 경우에(+/+), 이 상호작용을 **정직한 신호(honest**

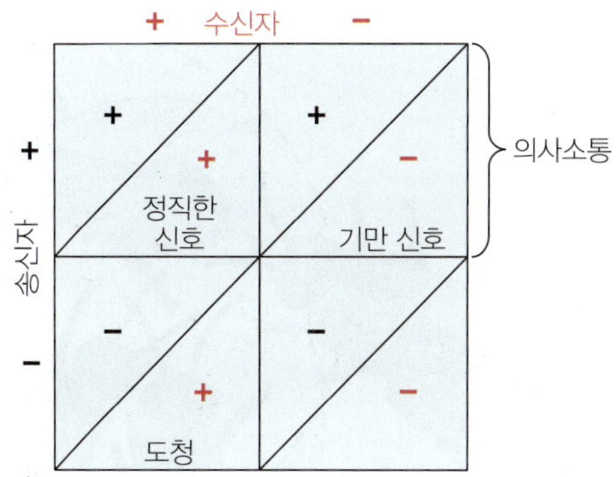

그림 8.2 의사소통에 대한 이득−손해 관점. 정직한 신호는 송신자와 수신자가 모두 적합도에 이득(+/+)을 가진다. 기만적 상호작용은 송신자가 수신자의 행동을 조절하기 위해 특별하게 진화된 신호를 사용함으로써, 자신의 적합도에 이득이 되지만 수신자의 적합도에는 손해가 된다(+/−). 정직한 신호와 기만적 신호 모두 의사소통의 일종이다. 반면, 도청을 통해서는 송신자는 적합도에 손해를 보지만 수신자는 이득을 본다(−/+). 수신자와 송신자 모두가 적합도에 손해를 보는 의사소통 체계는 진화하기 힘들다.

signaling)라 부른다(이 의사소통은 종종 진실된 의사소통이라 부르기도 한다; Bradbury and Vehrencamp 2011). 정직한 신호는 두 개체 사이의 협동적 상호작용에 의해 진화한다. 송신자가 수신자의 행동을 조종하기 위해 특별하게 진화된 신호를 보냄으로써, 송신자에게는 적합도에 이익이 되지만 수신자에게는 손해가 될 때(+/−), 이를 **기만적 신호(deceitful signaling)**라 부른다. 정직한 신호와 기만적 신호 모두 송신자가 자신의 적합도를 높이기 위해 특별하게 진화한 신호를 사용하기에 의사소통이라 볼 수 있다. 송신자에서는 적합도에 손해가 있으나 수신자의 적합도에는 이득이 되는 관계(−/+)는 **도청(eavesdropping)**이라 부른다. 앞서 언급한 쥐와 올빼미의 예를 생각해보자. 올빼미는 쥐가 움직일 때 내는 바스락거리는 소리를 듣게 되는데, 이러한 방식으로 올빼미에게 전달되는 정보를 신호가 아닌 **단서(cue)**라 부른다. 단서는 의도치 않은 정보의 전달이다(신호와는 다르다. 신호는 송신자가 의도한 정보의 전달이라는 것을 기억하자). 정직한 혹은 기만적 신호와는 다르게, 도청은 신호가 아닌 단서에 의한 정보 전달이다. 송신자와 수신자 모두에서 적합도에 손해가 되는 의사소통 체계(−/−)는 진화하기 힘들다. 모두 그 이유를 알 것이다.

정보 이용과 동물 신호

정보는 동물이 변화하는 사회적 관계와 생태적 조건에 맞추어 행동할 수 있게 해주므로 개체의 생존과 번식에 있어서 매우 중요하다(Dall et al. 2005). 예를 들어, 개체들은 어디에 정착할지, 어디에서 먹이활동을 할지, 어떤 개체와 짝짓기를 할지를 결정해야 하는데, 더 많은 정보를 가지고 있으면 좀 더 현명한 결정을 할 수 있다. 동물은 자신들이 살고 있는 주변 환경에 대해서 정보를 나누기도 하며(예를 들어, 어디서 먹이를 찾을 수 있는지), 그들 자신에 대한 정보를 제공하기도 한다(Bradbury and Vehrencamp 2011). 이러한 정보들은 시간에 따라 변화하지 않기도 하지만, 단기적 혹은 장기적으로 변화하기도 한다. 종, 성별, 독을 가지고 있는지 없는지의 여부 등은 시간에 따라 변화하지 않는 정보들이며, 생리적인 상태(배고프거나 건강한 정도)와 사회적 지위 등은 단기적 혹은 장기적으로 변화하는 정보들이다. 앞서 다루었듯이, 정보의 전달은 송신자와 수신자의 적합도에 직접적으로 영향을 줄 수 있기에 의사소통에서 매우 중요하다. 송신자는 그들 자신에 대해서 동기부여를 하는 정보를 전달할 수도 있고(예를 들면, 잠재적인 짝짓기 상대에게 구애할 때), 특정 물체와 관련된 정보를 전달할 수도 있다(예를 들면, 포식자의 존재에 대해서 주변 개체들에게 경고할 때; Donaldson et al. 2007). 이러한 정보를 기반으로 한 의사소통 연구 방식이 동물 행동을 이해하는 데 너무 제한적으로 적용된다는 비판도 있다(예를 들어, 정보 전달뿐 아니라 송신자와 수신자 간의 불균등한 이득-손해를 생성하는 다양한 신호의 상호작용을 모두 고려해야 한다는 비판). 하지만 정

그림 8.3 꿀벌의 원형 춤. 춤추는 벌(제일 위의 벌)을 3마리의 다른 일벌이 뒤쫓고 있다. 이 춤은 괜찮은 먹이원이 둥지에서 50 m 안에 있다는 정보를 담고 있다. (From von Frisch 1965.)

보를 기반으로 한 의사소통 연구법은 신호의 신뢰성, 신호를 수신자가 어떻게 해석하는지(Rendall et al. 2009), 수신자의 의사결정, 이러한 의사소통이 적합도에 미치는 영향 등을 통합적으로 고려해서, 의사소통이 자연선택에 의해 어떻게 형성되어 왔는지를 연구할 수 있게 해준다(Bradbury and Vehrencamp 2011).

위에서 언급한 의사소통을 정보의 전달로 보는 관점은 정보가 어떻게 전달되며 송신자와 수신자의 적합도에 어떤 영향을 주었는지를 연구할 수 있게 해준다. 꿀벌(*Apis mellifera*)의 놀랍도록 정교한 춤을 예로 들어보자. 꿀벌이 보이는 이 대표적인 신호를 다루는 것은 누가 의사소통을 하느냐 뿐만 아니라 어떤 메시지를 전달하는지, 그리고 이것이 벌의 적합도에 어떤 영향을 주는지를 이해할 수 있게 해준다. 이 춤은 둥지 밖으로 나가 먹이를 구해오는 일벌(송신자)이 꽃가루나 꿀이 많은 위치를 발견하고서 둥지에 돌아오면 다른 일벌(수신자)을 향해 행해진다. 송신자(춤추는 벌)는 벌집 안의 완전히 어두운 공간에서 수직면을 찾아 이동한 후, 다른 벌들을 자신 근처로 유인해서 반복되는 루틴(춤)에 따라 몸을 움직인다. 연구진은 이렇게 춤추는 벌들을 관찰한 결과, 그들의 춤이 새로운 먹이원(꽃이 무성한 곳)의 장소에 대한 놀라울 정도로 많은 정보를 담고 있다는 것을 발견했다. 일벌이 원형으로 춤을 추면(**그림 8.3**), 이 일벌은 둥지와 꽤 가까운 곳(약 50 m 정도 이내)에서 먹이를 발견한 것이다. 하지만 만약 일벌이 이러한 원형의 춤을 8자 춤(waggle dance)으로 확장시키면(**그림 8.4**), 이 일벌은 먹이원을 약 50미터 밖에서 발견한 것이다. 8자 춤은 지그재그 방식으로 직선으로 이동하는 흔들기 춤 부분과 왼쪽 그리고 오른쪽으로 원을 이루어 흔드는 춤 부분, 그리고 시작 지점으로 돌아오는 춤으로 나뉜다. 흔들기 춤이 좀 더 오래 지속되면, 먹이원이 좀 더 멀리 있는 것이며, 둥지에서 먹이원까지의 거리(최대 10,000 m까지)에 대한 정보가 8자 흔들기 춤을 하는 지속시간에 암호화되어 있다.

먹이원까지의 거리가 얼마나 되는지 아는 것은 벌들이 어떤 방향으로 날아가야 하는지 아는 경우에만 유용하다. 운이 좋게도 이 정보 역시 8자 춤 안에 암호화되어 있다. 수직 방향을 기준으로 해서 흔드는 춤이 향하는 방향을 측정함으로써, 이 춤의 수신자(혹은 연구자들)는 먹이원으로 향하는 방향을 알 수 있다. 먹이활동을 하는 벌들은 둥지로 돌아오는 길에 꽃이 풍부한 위치, 둥지, 그리고 태양 사이의 각도를 기억한다. 그런 후에, 벌들은 이 각도를 8자 춤의 흔들기를 할 때 보여준다. 만약 춤추는 벌이 벌집 위에서 수직 위 방향으로 흔들기 춤을 한다면, 먹이원은 현재 태양이 있는 방향으로 직진하면 나타날 것이다. 만약 춤추는 벌이 벌집 위에서 수직 아래 방향으로 흔들기 춤을 한다면, 먹이원은 태양 반대 방향에 있는 존재할 것이다. 먹이원이 태양 방향에서 20° 오른쪽 방향에 위치해 있다면 춤추는 벌은 수직에서 오른쪽으로 약 20° 틀어진 방향으로 흔들기 춤을 할 것이다. 즉, 둥지 바깥에서 일벌은 태양을 기준으로 먹이원의 방향을 기억하며, 어두운 둥지에 돌아와서는 중력을 기준으로 이를 표현한다.

그림 8.4 꿀벌의 8자 춤. 먹이활동을 나간 벌은 8자 춤에서 흔들기 춤 부분을 할 때 배를 양 방향으로 흔든다. 이 흔들기 춤의 지속 시간과 방향은 먹이원까지의 거리와 방향에 대한 정보를 담고 있다. 이 그림에서 춤추는 벌을 보는 다른 벌들은 먹이원이 태양을 기준으로 20° 정도 떨어진 방향에 있다는 사실을 배우게 된다. (A) 춤의 방향 요소는 일벌이 둥지 밖 평평한 장소에서 춤을 출 때 가장 명확하다. 이때 벌들은 태양의 위치를 기준으로 해서 먹이원의 위치 방향으로 직접적으로 흔들기 춤을 춘다. (B) 어두운 둥지 안 벌집 위에서는 중력을 기준으로 춤을 추는데, 수직선을 기준으로 흔들기 춤의 방향은 밖으로 나왔을 때 태양을 기준으로 한 먹이원의 방향과 일치한다.

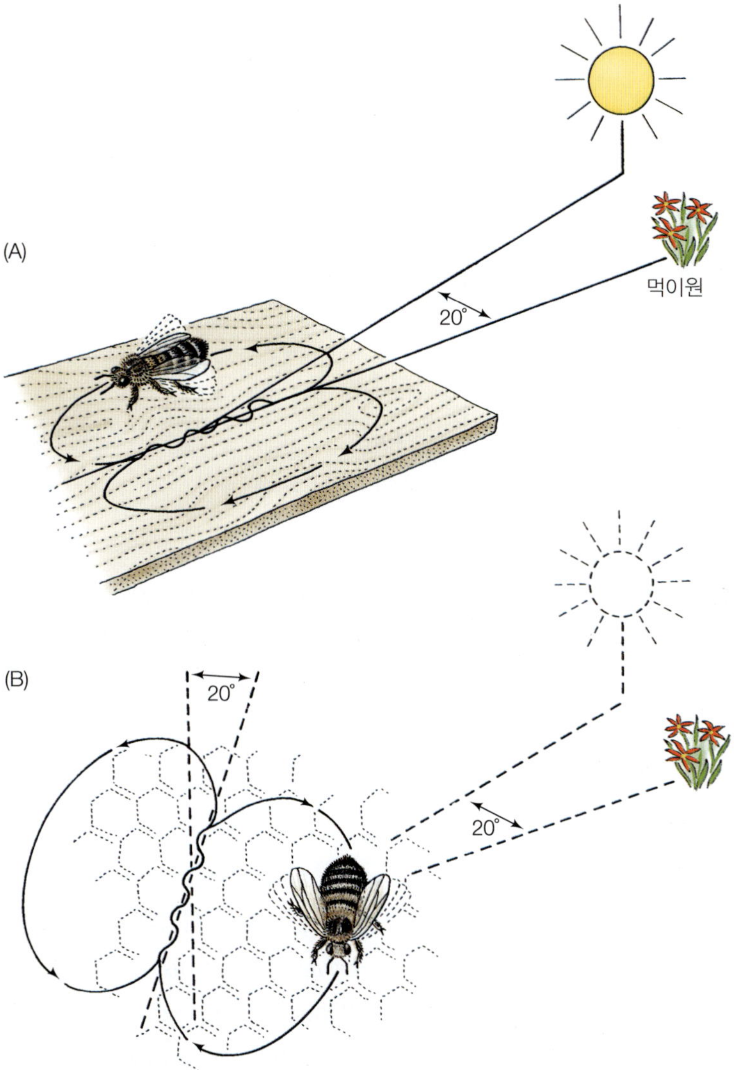

꿀벌의 춤이 먹이원까지의 거리와 방향에 대한 정보를 담고 있음이, 칼 본 프리츠(Karl von Frisch)가 몇 년에 걸친 실험을 하고 나서야 완전히 증명되었다(von Frisch 1967). 그는 벌들이 미리 설치해 놓은 농축된 설탕물이 있는 먹이원에 방문하도록 훈련시켰다(각 벌들의 등에 페인트로 점을 칠해서 개체를 구별하였다). 그 이후 이 훈련된 벌들이 둥지로 가서 보이는 8자 춤을 관찰함으로써 본 프리츠는 벌들이 먹이원까지의 거리와 방향에 따라 예측할 수 있는 양상으로 춤을 추는 것을 발견하였다. 더 중요한 것은 이 벌들이 다른 벌들을 먹이원에 갈 수 있도록 해준다는 것이었다(**그림 8.5**). 이 관찰은 벌들이 춤을 이용하여 좋은 먹이원에 대한 정보를 동료 벌들에게 전달한다는 생각에 확신을 가지게 해주었다. 이후 많은 시간이 흐른 후에 자코버스 비스마이어(Jacobus Biesmeijer)와 토마스 실리(Thomas Seeley)는 이제 막 꽃가루와 꽃꿀을 모으기 시작한 어린 일벌 중 절반 이상이 먹이를 가지러 가는 여정을 시작하기 전에 춤추는 벌을 따라간다는 사실을 발견했다(Biesmeijer and Seeley 2005). 이 발견은 벌들의 춤이 가진 정보가 실제로 벌들이 먹이를 어디에서 찾기 시작해야 하는지에 대해 굉장히 유용한 정보를 담고 있다는 것을 시사한다.

벌은 8자 춤으로부터 먹이원까지의 거리와 방향에 대한 정보를 얻을 뿐만 아니라 다른 정보도 얻는 것처럼 보인다. 둥지에 있던 일벌은 춤추는 벌이 채집한 먹이의 향을 기억한다는 몇몇 증거들이 있다. 일벌은 춤추는 벌(특히, 입이나 뒷다리와 같이 먹이의 향이 가장 많이 나는 부위)에 몸을 접촉하며, 몇몇 일벌은 춤이 가진 정보들에 좀 더 의존하고, 어떤 일벌은 이러한 정보보다 춤추는 벌이 내는 향기에 좀 더 의존하여 먹이를 탐색한다. 또한 8자 춤은 춤추는 벌이 전달하는 신호에 다른 벌들이 더 잘 반응하게 돕기도 한다(Gruter and Farina 2009).

꿀벌의 춤은 동물이 그들에게 중요한 정보를 어떻게 소통하는지를 보여준다. 동물에게 중요한 정보들은 꿀벌의 경우처럼 먹이원에 대한 정보도 있지만, 접근하는 포식자에 대해서 다

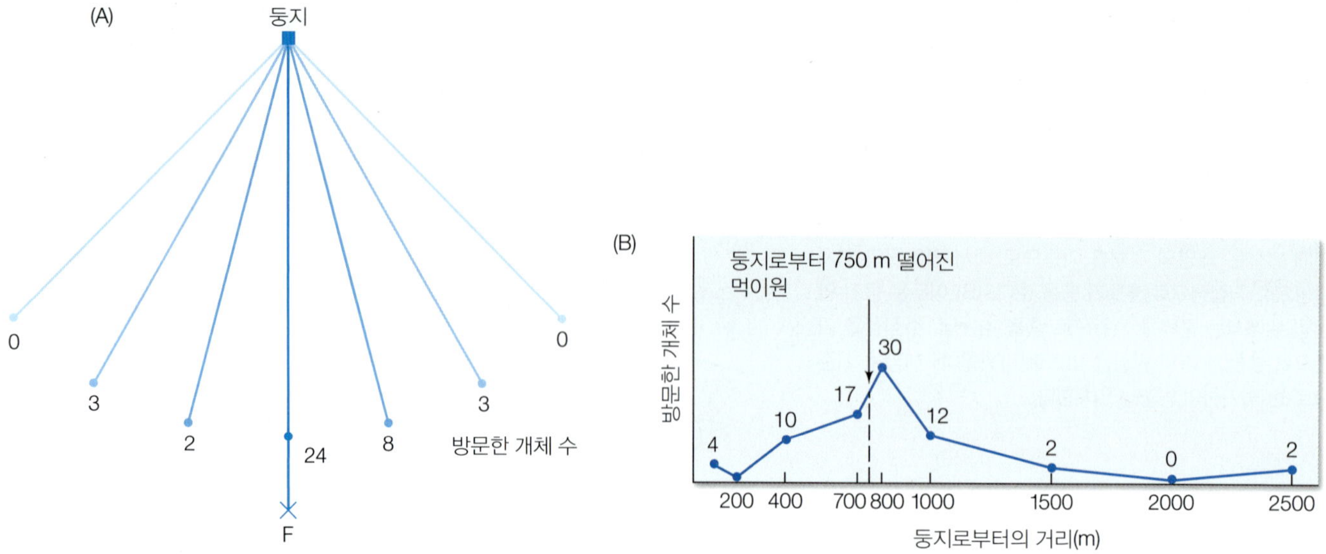

그림 8.5 꿀벌의 방향과 거리에 관한 의사소통 검증. (A) 그림과 같은 "부채" 모양의 실험은 일벌이 먹이원의 방향에 대한 정보를 춤에 담을 수 있는지를 검증하기 위한 것이다. 본 프리츠는 F 위치에 있는 먹이원에 오도록 일벌을 교육시킨 후, 7개의 서로 다른 같은 먹이가 있는 먹이원에 방문하는 모든 벌들의 수를 세었다. 대부분의 새로운 일벌은 F와 같은 선상에 있는 먹이원에 방문하였다. (B) 거리에 대한 의사소통 검증. 일벌을 둥지로부터 750 m 떨어진 먹이원에 오도록 교육시킨 뒤(같은 선상에 있는), 다양한 거리에 먹이원을 설치하고서 각 먹이원에 오는 일벌의 수를 세었다. 이 실험에서 새로 방문한 17마리와 30마리의 일벌은 750 m와 인접한 두 먹이원에서 발견되었는데, 이는 다른 먹이원보다 훨씬 많은 수였다. (After von Frisch 1965.)

른 개체들에게 경고하는 것도 포함된다. 이러한 경고음(alarm calls)는 벨벳원숭이(*Chlorocebus pygerythrus*)에서 잘 알려져 있다. 로버트 세이파스(Robert Seyfarth), 도로시 체니(Dorothy Cheney), 피터 말러(Peter Marler)는 케냐 사바나에 사는 벨벳원숭이가 서로 다른 포식자, 그리고 서로 다른 외부위험 요인에 대해서 서로 다른 경고음을 내는 것을 발견하였다(Seyfarth et al. 1980). 연구진은 표범, 독수리, 뱀이 각각 존재할 때, 이 원숭이가 내는 경고음을 녹음하고서, 포식자가 사라진 이후에 이 녹음된 소리를 틀어 주었다(그렇게 함으로써 시각적으로 인지하는 포식자의 효과를 배재하였다). 실험 결과에서, 각 포식자들의 소리가 났을 때 벨벳 원숭이가 각기 다른 행동을 보이는 것을 확인하였는데, 원숭이에게 표범 경고음을 들려주었을 때에는 나무 위로 도망갔고, 독수리 소리를 들려주었을 때에는 위를 바라보며 자신의 몸을 숨길 수 있는 곳으로 도주하였다. 뱀 소리를 들려주었을 때, 원숭이는 아래를 보았으며 경고음이 나는 방향으로 다가갔는데, 아마도 이는 떼지어 괴롭히기(mobbing)를 통해 뱀을 내쫓으려는 행동으로 보인다. 그러므로, 각각의 경고음은 포식자의 종류에 대한 정보를 담고 있으며, 수신자들은 이러한 경고음에 대해서 다르게 행동하였다.

동물 신호의 진화

위의 예제를 통해 동물의 의사소통 시스템이 어떻게 구성되어 있으며, 동물의 신호에서 정보의 전달이 중요한 역할을 한다는 것에 대해 감을 잡았을 것이다. 이제 우리는 이러한 시스템이 어떻게 진화했는지 살펴볼 것이다. 이를 위해 송신자와 수신자 사이의 공진화 상호작용을 고려할 필요가 있으며, 최초의 새로운 신호가 어떻게 진화했는지를 살펴볼 필요가 있다. 동물 신호의 진화를 설명하는 두 가지 일반적인 가설이 있다. 하나는 송신자가 기존에 가지고 있던 **선재 형질(preexisting traits)**에서 새로운 신호가 진화하는 것이고, 다른 하나는 수신자가 기존에 가지고 있던 **선재 편향성(preexisting bias**; 동물의 감각 시스템에 이미 존재하던 편향적인 성향)으로부터 진화하는 것이다(**가설 8.1**). 선재 형질은 동물이 이미 가지고 있는 수신자에게 유용한 단서를 제공하는 행동적, 생리적, 형태적 특징을 의미한다. 만약 송신자가 이러한 형질을 단서로 이용하는 수신자로 인해 이득을 얻을 수 있으면, 이러한 단서들은 의식화(ritualization)라 불리는 과정을 통해서 신호로 전환될 수 있다(Bradbury and Vehrencamp 2011). 털을 부풀리거나 곧게 세우는 행동(Piloerection)은 몇몇 동물에서 체온조절을 위한 반응이 의식화된 형태이다. 예를 들어, 개들은 들뜨거나 공격적일 때 등의 털을 곧게 세우며, 사막뿔 메추라기(*Callipepla gambelii*)는 공격적 상호작용 중에 머리깃을 세운다(**그림 8.6**)(Hagelin 2002). 새가 동공을 확장시키는 것 역시 공격성을 보이는 신호이며, 영장류가 입을 크게 벌리는 것도 위협을 위한 신호이다. 이러한 신호들은 이러한 행동 자체가 다른 (생리적인) 이유로 최초에 진화했다 할지라도 수신자에게 정보를 제공해준다.

가설 8.1

신호의 진화에 대한 대립 가설들

선재 형질 가설 신호는 송신자의 선재 형질을 통해 진화한다. 선재 형질은 수신자에게 유용한 단서를 제공하는 행동, 생리, 형태적 특징들을 의미한다. 선재 형질은 의식화 과정을 통해 신호로 변형될 수 있다.

선재 편향성 가설 신호는 수신자의 선재 편향성을 통해 진화한다. 선재 편향성은 동물의 감각 시스템에 이미 존재하던 편향적인 성향으로, 자연에 존재하는 특정 특징들을 좀 더 잘 감지하게 한다. 송신자는 감각 착취를 통해 이러한 수신자의 선재 편향성을 이용한다.

이러한 단서들이 신호가 되기 위해서는 반드시 수신자에게 발견되어야 한다. 신호가 얼마나 잘 전달되는지는 환경에 따라 다르다(예를 들어, 소리는 공기와 물 속에서 다르게 전달된다). 따라서 많은 신호가 환경에 맞춰 미세 조정되어 있으며, 이러한 과정을 **감각 드라이브(sensory drive)**라 한다(Endler 1992, 1993). 감각 드라이브(*sensory drive*)란 용어는 동물이 그들의 감각 시스템을 생존을 유지하기 위해 (먹이를 찾거나 먹이가 되지 않기 위해) 사

그림 8.6 수컷 메추라기는 깃털달린 머리 장식을 공격적 상호작용에 사용한다. (A) 지배적 개체들은 앞으로 곧게 뻗은 머리장식을 가지고 있으며, (B) 비-지배적 개체들은 평평하게 내려앉아 뒤로 향한 머리장식을 가지고 있다. (A, photograph © vagabond54/Shutterstock.com; B, photograph © Deep Desert Photography/Shutterstock.com.)

용한다는 사실에서 나왔다. 그러므로 각 동물의 감각 시스템은 각 동물의 서식 환경에서 행하는 행동들이 최적의 행동이 되도록 하려는 자연선택의 영향을 받는다. 주요 예로써, 동물의 감각 시스템은 그들이 살고 있는 환경에서 어떤 특징을 다른 특징보다 좀 더 잘 발견하는 경향이 있는데, 이는 위에서 언급했던 각 서식지에 적합한 감각 미세조정의 부산물 중 하나이다. 이러한 경향은 선재 편향성으로 나타나는데, 수신자가 가진 선재 편향성은 발신자의 신호가 어떤 특성을 가지게 되는지를 결정한다. 다른 말로 하면, 수신자들은 그들의 환경에서 특정 자극을 더 잘 발견하고 반응하는 선재 편향성을 가지고 있는데, 이러한 편향성은 송신자 신호 진화에 선행하는 경우가 많다.

동물의 의사소통 신호가 수신자가 원래 가지고 있던 특정 감각자극에 대한 편향성(선재 편향성)으로 인해 기원했다면, 이러한 현상을 **감각 착취(sensory exploitation)**라 부른다(basolo 1990, Ryan 1998, Grether 2010). 아래에서 보겠지만, 동물의 많은 신호들은 이러한 감각 착취로부터 기원하였다. 선재 편향성으로부터 기원한 신호들은 대개 짝짓기 상대를 유혹하기 위해 쓰인다(Endler and Basolo 1998, Ryan and Cummings 2013). 하지만 신호가 환경에 존재하는 자극을 모방해서 수신자의 행동을 유발하는 경우, 이러한 현상은 감각 덫(*sensory trap*)이라 부른다(Bradbury and Vehrencamp 2011). 감각 덫의 예로는 심해에 사는 아귀가 쓰는 발광 기관이 있다. 이 아귀의 발광 기관은 생체 발광하는 물고기의 먹이들을 모방하고 있으며, 물고기들이 원래 가지고 있는 이러한 발광하는 먹이원에 대한 선호성을 이용해서 물고기들을 유인하여 근처에 다가오면 포식한다. 위에서 보았듯이, 동물 신호는 선재 형질이나 선재 편향성을 이용하여 진화할 수 있다. 아래에서는 하이에나를 이용한 실험을 포함해 다양한 동물의 신호 진화에 대한 예들을 살펴볼 것이다.

선재 형질과 별난 과시행동의 발달

신호가 기존에 존재하던 방식을 통해 어떻게 진화했는지를 이해하기 위해서 암컷 점박이 하이에나의 행동을 살펴보도록 하자. 위-생식기 때문에 발생하는 손해가 이 행동의 이익보다 더 크다고 가정하자. 시간이 흘러, 만약 위-생식기를 보여주는 행동을 하지 않는 개체가 있으면, 이러한 행동을 가지는 대립유전자는 자연선택에 의해 선호될 것이고, 그 결과 위-생식기를 보여주는 행동은 집단에서 사라질 것이다. 마찬가지로, 만약 위-생식기로부터 오는 신호가 수신자에게 손해를 끼친다면 위-생식기를 이용한 신호를 무시하는 개체들이 좀 더 높은 적합도를 얻게 될 것이고, 궁극적으로 송신자는 사라질 것이다. 그러므로, 이러한 의사소통 체계가 진화하기 위해서는 수신자와 송신자가 모두 필요하다. 암컷 점박이 하이에나는 위-생식기를 보여주는 행동과 다른 개체의 위-생식기를 킁킁거리며 냄새 맡는 행동을 정기적으로 하므로, 이러한 신호가 정직한 신호의 형태를 가진, 서로에게 이득이 되는 우호적 상호작용이라고 가정하자.

어떻게 이러한 시스템이 최초에 진화할 수 있을까? 이 질문에 답하기 위해서 다윈이 얘기했던 변화를 동반한 계승 이론(descent with modification, 번식에서 이점을 가진 특성들이 시간이 지남에 따라 집단에서 좀 더 번성한다는 이론)을 먼저 살펴보자. 1939년도에 해리슨 매튜(L. Harrison Matthews)는 하이에나가 암컷의 자궁에 있을 발달 단계에 남성 호르몬에 과다하게 노출되면 위-생식기가 나타날 수 있다고 제안하였다(Matthews 1939). 이에 따르면 하이에나의 위-생식기는 발달적, 생리적 과정에 의해 생긴 결과물이며, 이렇게 생성된 선재 형질이 나중에 신호로써 작동했다고 주장한다. 스테판 제이 굴드(Stephen Jay Gould)는 이러한 근접 원인적 가설(proximate hypothesis)을 **추가 남성 호르몬 가설(extra androgen hypothesis)**이라 칭했다(Gould 1981). 매튜와 굴드가 알았던 것처럼, 포유류의 수컷 및 암컷 생식기는 모두 같은 태아 조직에서 발달한다. 포유류에서 일반적인 법칙은 만약 이러한 조직들이 발달 초기에 테스토스테론 같은 남성 호르몬에 노출되면(수컷 배아는 항상 남성 호르몬에 노출된다), 수컷 생식기가 발달한다. 같은 조직이 남성 호르몬에 노출되지 않으면(일반적인 암컷 배아는 남성 호르몬에 노출되지 않는다), 암컷 생식기가 발달한다. 하지만 포유류에서 암컷 배아가 테스토스테론에 노출되면(실험을 통해서든 우연적이든), 암컷 생식기가 확장되고 수컷 생식기처럼 변화한다(Ewer 1973). 이 효과는 인간에서도 나타났는데, 임신 중 의료치료 과정에서 실수로 추가 테스토스테론에 노출된 딸뿐만 아니라(Money and Ehrhardt 1972), 부신의 이상으로 인해 더 많은 테스토스테론을 생성하는 여성의 딸에서도 이러한 변화가 나타났다(Place and Glickman 2004).

추가 남성 호르몬 가설 암컷 위-생식기는 자궁 안에서 남성 호르몬에 과다 노출돼서 발달한다.

이러한 포유류의 외부 생식기의 발달에 관한 일반적 양상을 고려했을 때, 굴드는 점박이 하이에나 암컷의 배아가 비정상적으로 높은 수컷 호르몬에 노출되었을 것이라 예상하였다. 굴드는 레이시(P. A. Racey)와 스키나(J. D. Skinner)가 1979년에 출판한 논문에 주목하였는데, 이 논문에서는 사육 상태의 암컷 점박이 하이에나의 혈중 테스토스테론 양이 수컷의 혈중 양과 비슷하였으며, 이는 다른 하이에나나 포유류와는 다른 양상이라는 점을 보여주었다(Racey and Skinner 1979). 이 발견은 추가 남성 호르몬 가설을 지지하고 있으며, 점박이 하이에나들이 보이는 위-생식기를 이용한 환영 의식의 기원을 설명하는 데 기초를 마련하였다.

추가 남성 호르몬 가설에 대한 연구는 수십년 동안 지속되었으며, 몇몇 연구자들은 야생 점박이 하이에나들에서 혈중 남성 호르몬 수치를 측정하였다. 연구자들은 사육상태의 하이에나와는 다르게, 야생 암컷 하이에나의 남성 호르몬 수치가 수컷보다 더 낮은 것을 발견하였다(Goymann et al. 2001). 테스토스테론이 수컷에서 생식과 정자 형성에 관여하는 것을 고려했을 때(제5장 참조), 이는 그렇게 놀라운 결과는 아니다. 하지만 임신 중인 암컷 점박이 하이에나는 출산 이후 새끼를 키우는 암컷보다 더 높은 남성 호르몬 수치를 나타내었다(**그림 8.7**)(Dloniak et al. 2004). 또한 점박이 하이에나처럼 수컷 생식기와 유사한 형태의 암컷 생식기를 가지는 종인 알락꼬리여우원숭이(*Lemur catta*)에서도 임신 중의 암컷에서 수컷 호르몬의 혈중 수치가 높게 나타나는 것을 발견하였다(Glickman et al. 1993). 이러한 발견은 추가 남성 호르몬 가설에 대한 가능성을 여전히 남겨두었다(Drea et al. 2002). 임신 중인 점박이 하이에나의 태반은 몇몇 남성 호르몬을 테스토스테론으로 변환하기 때문에, 암컷의 배아는 이 호르몬에 과다하게 노출될 것이다(Glickman et al. 1993). 하지만 발달 중인 암컷 생식기 배아가 테스토스테론에 가장 민감하게 반응하는 단계가 되면, 암컷의 태반 세포들은 다량의 방향화효소(aromatase)를 생성하는데, 이 효소들은 테스토스테론을 불황성화시키고 에스트로겐으로 변환시킨다. 인간과 대부분의 다른 포유류에서 이 효소는 암컷 배아의 생식기가 남성화되는 것을 막는 역할을 한다(Conley et al. 2006).

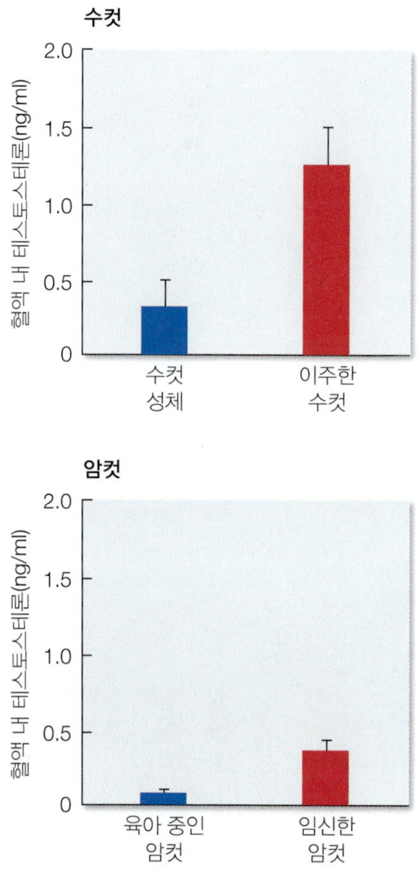

그림 8.7 점박이 하이에나 암컷과 수컷에서 혈중 테스토스테론 농도. 테스토스테론은 4종류의 하이에나의 혈액에서 측정되었다(무리에서 태어난 수컷 성체, 다른 그룹에서 이주해 온 수컷 성체, 육아 중인 암컷, 임신한 암컷). 막대 그래프는 평균 및 표준오차를 나타낸다. (After Dloniak et al. 2004.)

추가 남성 호르몬 가설이 맞다면, 임신 중인 암컷에게 남성 호르몬 생성 억제제를 투여하면 이 암컷의 딸에서 위-생식기가 발달하는 것을 억제하고, 아들의 생식기도 암컷화 될 것이라 예상된다. 하지만 이러한 남성 호르몬 생성 억제제가 투여되었을 때에도 딸은 몇몇 변형된 형태가 있기는 했지만 여전히 위-생식기가 발달하였다(Glickman et al. 2006). 이와 같은 결과는 발달 초기 남성 호르몬에 노출되는 것이 암컷 위-생식기의 발달에 충분하다는 관점에 반대되는 결과이다(Drea et al. 1997, Place et al. 2011).

판다의 법칙과 선재 형질

선재 형질이 신호의 진화에 어떠한 역할을 하였는지 더 논의하기 위해 잠시 논점을 확대해서 자연선택에 의한 진화가 어떻게 일어나는지를 생각해보자. 만약 자연선택이 제트기를 만드는 임무를 맡았다면, 자연선택은 프로펠러 기반의 비행기처럼 이미 존재하는 무언가에서부터 시작했을 것이다. 그리고 시간이 지남에 따라 이 "조상" 구조의 부품들을 점차 변형시켜가면서 기존의 비행기보다 조금 더 잘 날 수 있는 형태의 비행기를 만들고, 제트기가 만들어질 때까지 이 과정이 반복될 것이다(Dawkins 1982; 역주: 하지만 이 변형되고 향상된 결과물이 처음에 의도했던 제트기와 같은 구조를 가질 가능성은 극히 드물 것이다). 자연에서 진화적인 변화는 이러한 방식으로 이루어지는데, 자연선택은 무에서 시작되는 것이 아니라 기존에 이미 존재하는 것에서부터 시작된다. 다른 말로 하면, 진화는 공학자가 아니라 땜장이라 표현할 수 있을 것이다(Jacob 1977).

이러한 진화적 "땜질"의 좋은 예로는 자이언트 판다(*Ailuropoda melanoleuca*)가 있다. 판다의 엄지는 "진짜" 손가락이 아니며, 실제로는 고도로 변형된 손목 뼈이다. 판다의 앞발은 많은 척추동물의 손처럼 5개의 손가락을 가지고 있으며, 요골종자골(radial sesamoid bone)에서 기원한 엄지와 유사한 돌출된 부위가 존재한다. 이 뼈는 곰이나 개, 너구리 같은 동물도 가지고 있지만 크기가 훨씬 더 작다(**그림 8.8**)(Gould 1986). 판다는 왜 이런 특수한 엄지를 가지고 있을까? 스테판 제이 굴드(Stephen Jay Gould)에 따르면, 판다는 포식성 조상으로부터 진화했으며 이러한 조상에서 엄지는 달리는 데 있어서 매우 중요한 부위였다. 판다가 대나무를 먹는 초식성 동물로 진화한 뒤에는 달리기를 잘 하기 위해 진화한 5개의 손가락이 죽순이나 대나무로부터 잎을 떼는 데 쓰기에는 적합하지 않게 되었다. 대신에 자연선택은 손가락 주변에 있는 요골종자골이라는 뼈의 변이에 작용하였으며, 이 요골종자골은 현재 대나무를 먹는 판다에 의해 엄지처럼 변형되어 쓰이고 있다.

다윈이 애초에 불완전의 법칙(the principle of imperfection)이라 부른 이 현상을 굴드는 판다의 법칙(the panda principle)이라 불렀다. 이름을 뭐라고 부르든, 이 현상은 자연에 널리 퍼져있다. 채찍꼬리도마뱀의 예를 들어보자. 이 도마뱀은 단위생식

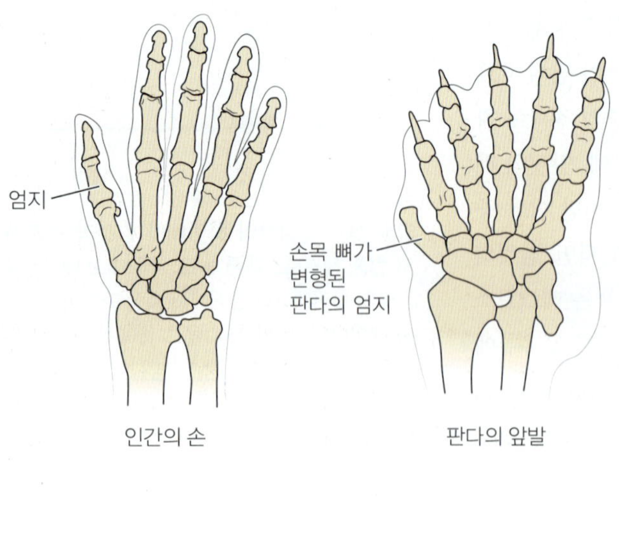

그림 8.8 판다 원리. 인간의(왼쪽) 손은 5개의 손가락을 가지고 있다(엄지와 4개의 손가락). 반면에 판다의 앞발은 대부분의 척추동물과 같이 5개의 손가락과 함께 추가로 요골종자골에서 기원한 엄지와 같은 구조물을 가지고 있다.

(parthenogenesis, 정자 없이도 난자가 발생함)하는 암컷으로만 구성되어 있으나, 성적 행위가 여전히 남아있다. 암컷은 다른 암컷에 의해 "구애" 당하고, 다른 암컷 위에 올라타기도 한다. 암컷이 왜 이런 행동을 할까? 연구 결과, 암컷이 이러한 수컷이 구애하는 행위와 비슷한 행동을 당했을 때 포란할 확률이 그렇지 않았을 때보다 더 높았다고 한다(**그림 8.9**) (Crews and Moore 1986). 이렇게 단위생식하는 도마뱀에서 구애행동이 암컷의 포란에 영향을 미치는 것은 이 도마뱀이 양성을 가졌던 조상에서 유래되었기 때문이다. 단위생식하는 암컷은 그들의 양성성 조상들이 그래왔던 것처럼 다른 암컷의 구애행동을 받아들이는 성질을 여전히 가지고 있다.

그림 8.9 변화를 동반한 계승은 단위생식하는 채찍꼬리도마뱀의 구애 행동에 영향을 주었다. 왼쪽 그림은 양성을 가지는 도마뱀에서 수컷이 암컷에게 구애행동을 하고서 짝짓기를 하고 있다. 오른쪽에는 단위생식하는 종의 두 마리의 수컷이 매우 유사한 행동을 보이고 있다. (From Crews and Moore 1986, courtesy of David P. Crews.)

그림 8.10 아시아 꿀벌 *Apis florea*는 가지 위의 탁 트인 공간에 둥지를 짓는다. 평편한 표면에서 춤추는 일벌은 8자 춤을 출 때 먹이원의 방향을 향해 직접적으로 흔들기를 할 수 있다. (Photograph © Martin Mecnarowski/Shutterstock.com.)

이장의 초반에 자세히 다루었듯이, 꿀벌(*Apis mellifera*)의 8자 춤은 둥지가 생존하기 위해서 필수적인 먹이원에 대한 정보들을 일벌끼리 공유할 수 있도록 해준다. 아마도 이렇게 복잡한 의사소통 방식은 판다 원리에 의해 진화해서 조상 벌들이 가지고 있던 선재 형질들이 변형된 것이 아닐까? 마틴 린다워(Martin Lindauer)는 꿀벌의 특별한 춤이 조상 형질에 기반했다는 가설을 최초로 제안한 사람이다(Lindauer 1961). 린다워는 꿀벌과 같은 속(*Apis*속)이지만, 다른 벌 3종을 비교하는 것으로 연구를 시작하였다. 우선 그는 1종(*A. florea*)을 제외한 나머지 2종에서, 꿀벌이 보이는 춤과 동일한 춤을 추는 것을 발견하였다. *A. florea*는 나뭇가지에 노출되어 있는 벌통의 표면 위에서 수평 방향으로 춤을 추었다(**그림 8.10**). 이 종의 일벌은 방향을 알리기 위해서 단순히 먹이원의 방향으로 춤을 추었다. 이러한 춤은 어두운 벌집 안에서 수직 방향으로 춤을 추는 꿀벌들보다 좀 덜 세련된 방법으로, 꿀벌의 8자 춤보다 우선해서 진화한 8자 춤의 원시적인 형태일 수 있다.

린다워는 8자 춤에 선행하는 춤에 대한 단서가 나오지 않을까 싶은 생각에, 열대지방에 사는 다른 속인 쏘지않는벌(stingless bees)을 살펴보았다. 이러한 종간 비교분석을 바탕으로 해서, 그는 8자 춤의 진화에 대해 다음과 같은 순서를 제안하였다.

잠재적 첫 번째 단계: 몇몇 *Trigona*속의 쏘지않는벌의 일벌은 꽃꿀과 꽃가루가 많은 꽃들을 찾으면 둥지로 돌아온 뒤 흥분해서 달리며, 이 과정에서 날개로 고주파의 윙윙거리는 소리(잠재적 선재 형질)를 낸다. 이 행동은 둥지의 다른 일벌의 관심을 유발하고, 일벌은 춤추는 벌의 몸에서 꽃의 향기를 탐지한다. 이 정보를 갖고서 춤에 관심을 보이던 일벌은 둥지를 떠나 비슷한 향기를 찾아나선다. 유사한 행동이 호박벌 몇몇 종에서도 나타난다. 호박벌에서 춤추는 일벌이 다른 일벌에게 먹이원의 방향과 거리에 대한 정보를 제공하지는 않지만, 둥지 주변에 먹이가 많은 꽃들이 존재한다는 사실을 알려준다(Dornhaus and Chittka 2001).

잠재적 두 번째 단계: *Triogona*속의 다른 종의 일벌은 먹이원의 위치에 대한 구체적인 정보를 담고 있다. 이 종의 일벌은 먹이가 풍부한 지역을 찾은 경우에, 턱의 분비샘을 통해 만들어지는 페로몬을 이용한다. 이 일벌은 둥지로 돌아오는 길에 페로몬을 풀이나 돌 등에 주기적으로(몇 m 마다) 남겨놓는다. 둥지의 안에는 다른 일벌이 기다리고 있으며, 먹이를 발견하고 돌아온 일벌은 둥지로 기어올라가 윙윙거리는 소리를 내어 다른 일벌이 자신이 남긴 페로몬을 따라가서 먹이원을 찾도록 유도한다(**그림 8.11**).

좀 더 복잡한 형태: 몇몇 *Melipona*속의 쏘지않는벌(*Trigona*속의 벌과 근연종들)은 춤에 거리와 방향에 대한 정보를 담고 있지만, 이 두 정보는 서로 분리되어 있다. 춤추는 일벌은 먹이원까지의 거리를 소리의 파형을 통해 전달하는데, 긴 파형의 소리를 낼수록 먹이원이 더

그림 8.11 쏘지않는벌(stingless bees)은 냄새를 남김으로써 의사소통한다. *Scaptotrigona*(예전 *Trigona*속) *postica*종에서 호수를 기준으로 둥지 반대편에 있는 먹이원을 발견한 일벌은 연구자인 마틴 린다워가 호수 위에 줄을 설치하기 전까진 먹이원으로 새로운 일벌을 모집할 수 없었다. 줄과 식물들이 설치된 이후에는 일벌이 먹이원에서 둥지로 오는 길에 냄새를 남겨서 다른 일벌을 먹이원으로 유도할 수 있었다. (Photograph by Martin Lindauer.)

멀리 있음을 의미한다. 방향에 대한 정보를 전달하기 위해 일벌은 몇몇 주변의 일벌과 함께 둥지를 떠나 먹이원의 방향을 향해 지그재그 비행을 한다. 이 일벌은 먹이원으로 다시 직선으로 날아가기 전까지 자신을 따라오는 일벌과 이러한 지그재그 비행을 계속한다.

린다워는 몇몇 쏘지않는벌이 다른 벌들에 비해 좀 더 적응적인 방식으로 행동한다고 제안하지는 않았다. 그는 단순히 이 그룹에 존재하는 형질들의 다양성을 이용해서 현재 멸종한 종들이 가지고 있었던 행동(현존하는 종들이 가진 춤들의 선재 형질)에 대한 단서를 얻고자 하였다. 린다워는 현존하는 종들의 행동을 보았을 때, 먹이원까지의 거리에 대한 정보를 담고 있는 (몇몇 행동을 통한) 의사소통이 먼저 진화하였다고 가정하였다(Nieh 2004). 그 이후에 다시 어떤 종들에서 벌들이 내는 소리와 행동에 자연선택이 작동하여 일종의 규격화된 행동이 선호되었고, 이러한 행동은 꿀벌들이 현재 보이는 원형춤과 8자 춤의 기반이 되었다(Lindauer 1961, Wilson 1971). 추가로, 린다워의 종간 비교 연구는 먹이원의 방향을 알려주는 의사소통이 동료 일벌을 직접 먹이원까지 데리고 가는 행동으로부터 기원했을 가능성을 시사한다. 이 행동은 점진적으로 먹이원까지 직접 가지 않는 행동으로 진화하였다고 생각된다. 이러한 점진적 변화는 몇몇 *Melipona*속의 벌들이 그러하듯이, 일벌을 완벽하게 먹이원까지 이끌고 가는 것이 아닌 부분적으로만 이끌고 가는 행동에서 시작해 후에 *A. florea* 처럼 먹이원의 방향을 향해 춤을 추는 행동으로 나타난다. 이러한 조상 형질은 먹이원까지의 방향을 중력 방향을 기준으로 해서 추던 춤의 방향이 태양을 기준으로 먹이원의 방향으로 변환되어 정보를 전달하는 신호인 꿀벌의 8자 춤으로 변형되었다.

린다워가 윤곽을 그린 이러한 사건들의 역사적 순서는 이러한 4그룹의 벌들[호박벌, 난초벌(orchid bees), 열대에 사는 쏘지않는벌, *Apis*속의 벌들]의 정확한 계통 유연관계를 알면 검증할 수 있다. 소피 카디날(Sophie Cardinal)과 브라이언 댄포스(Bryan Danforth)는 분자적 유사성과 세련된 통계적 방법을 이용하여 이 벌들의 계통수를 규명하였다(**그림 8.12**)

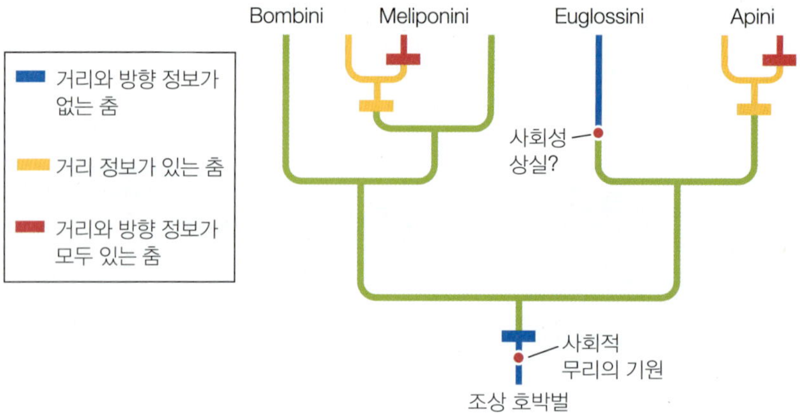

그림 8.12 꿀벌의 춤을 이용한 의사소통 체계의 진화적인 역사. 꿀벌(*Apis mellifera*; Apini족)을 포함한 4족(tribe)의 근연 그룹들의 계통수를 보여준다. 이 계통수에 따르면, Apini족과 가장 가까운 족은 Meliponini족(사회성 열대지역 쏘지않는 벌)이 아닌 Euglossini(비-사회적 난초벌) 족이다. 이 계통은 복잡한 춤을 이용한 의사소통이 Meliponini와 Apini족에서 독립적으로 진화했다는 것을 보여준다. (After Cardinal and Danforth 2011.)

(Cardinal and Danforth 2011). 하지만 이 계통수는 꿀벌의 8자 춤이 열대의 쏘지않는벌의 춤에서 변형되어 유래했다는 가설을 지지하지 않았다. 사실 화석기록에서 나온 증거에 의하면, 춤을 이용한 의사소통은 4천만년 전보다 더 오래 전에 기원했거나(이 경우 꿀벌이 속한 *Apis*속의 진화보다 앞선다), 혹은 약 2천만년 전(꿀벌이 다른 벌들로부터 분기되었던 시점이다)에 기원했다고 여겨진다. 아마도 꿀벌의 조상 종의 춤은 먹이를 찾는 것과는 아무런 상관이 없을 수도 있다. 대신, 몇몇 연구자들은 꿀벌에서의 춤은 애초에 새로운 둥지를 만들 장소를 선택하기 위해 진화했으며, 나중에서야 먹이활동에 응용되었다고 주장하였다(Beekman et al. 2008). 꿀벌에서 춤은 떼를 이루거나 새로운 둥지를 찾을 때에도 지속적으로 중요한 역할을 해 왔다(Seeley 2010). 비록 아직 꿀벌의 8자 춤이 어떻게 진화해 왔는지는 확실치 않지만 행동생태학자들은 이 복잡한 신호를 해석하기 위해 주목할만한 연구들을 수행해 왔다.

선재 편향성과 동물 신호의 진화

감각 드라이브는 동물의 서식 환경에서 신호의 전달에 제한이 클 경우, 동물 신호 진화에 있어 중요할 것이다(**BOX 8.1**). 그러므로 빛 조건이 급격하게 변화하는 수중 환경에서 동물의 감각 시스템 및 이용 메커니즘에 대한 증거들이 많은 것은 우연이 아니다. 포식성 물벼룩(*Neumania papillator*)의 예를 보자. 이 종에서 구애 행동하는 수컷은 암컷이 미리 가지고 있던 감각 능력을 활용한다(Proctor 1992). 암컷은 먹이인 요각류가 실수로 그들의 몸 쪽으로 다가오기를 기다리는 동안 그물 자세(net stance)라는 특이적인 자세를 취한다. 수컷이 이러한 자세를 하고 있는 암컷을 마주치면 앞발을 암컷 앞에서 진동한다. 이러한 행동은 물 속에서 암컷에게 접근하는 요각류와 비슷한 진동 자극을 준다. 암컷 물벼룩은 그에 반응하여 먹이를 잡듯이 수컷 물벼룩을 잡지만, 먹이가 아닌 것을 확인한 후 수컷을 상처 없이 놔준다. 그 이후 수컷은 뒤돌아서 자신의 **정포**(**spermatophores**; 정자와 영양분의 덩어리)를 암컷 주변에 놓으면, 암컷은 (수컷을 짝으로 받아드리면) 이 정포를 자신의 생식기 입구에 넣는다(**그림 8.13**)(Proctor 1991, 1992). 만약 수컷의 이러한 행동이 암컷의 먹이를 감지하는 반응을 유도하는 것이라면, 배고픈 암컷은 수컷의 신호에 좀 더 격렬하게 반응할 것이라 예상된다. 일련의 실험들을 통해 헤더 프록토(Heather Proctor)는 실제로 배고픈 암컷이 배부른 암컷보다 수컷 신호에 좀 더 격렬하게 반응하는 것을 발견하였으며, 이 실험 결과는 현재 수

BOX 8.1

자료 해석을 통한 행동 탐구

밤에 사냥하는 거미들

많은 거미들은 밤에 사냥한다. *Nephila pilipes*와 같은 몇몇 대형 무당거미종은 몸의 한쪽 방향에 눈에 띄는 색채를 가지고 있지만 반대편은 그렇지 않다(**그림 A**). 이러한 밝은 색채가 어떻게 쓰일 것 같은가? 그리고 이 색은 왜 한쪽 면에만 존재할까?

그림 A 대형 무당거미의 거미의 등(왼쪽)과 배(오른쪽)면 (Left photograph by imagebroker/Alamy Stock Photo; right photograph by National Geographic Creative/Alamy Stock Photo.)

생각의 틀 깨기

연구진은 다른 종의 무당거미(*Neoscona punctigera*)를 연구하면서, 등과 배의 색채가 다른 이유가 거미의 야간, 그리고 주간 행동과 관련 있을 것이라 가설을 세웠다(Chuang et al. 20008). 이 야행성 거미에서 등(갈색)과 배(밝은 반점이 있는 갈색)의 색채가 다른 이유를 설명하는 가설에는 무엇이 있을까? 연구진은 이 거미가 주행성 벌목 포식자에게 위장 효과를 가진다는 것을 발견하였다. 연구진은 밤에 거미가 있을 때와 없을 때 거미줄에 먹이가 걸리는 빈도수를 측정하였으며(**그림 B**), 거미 배의 밝은 반점들을 갈색 페인트로 색칠한 이후의 먹이가 걸리는 빈도수도 비교하였다(**그림 C**). 그래프를 보고서 가설에 부합하는지를 살펴보자. 필요시 가설을 재설정하고서 이 실험 결과와 맞는지 확인해보자. 낮에 사냥하는 거미들은 어떤 색채를 가지고 있을 것이라 예상되는가?

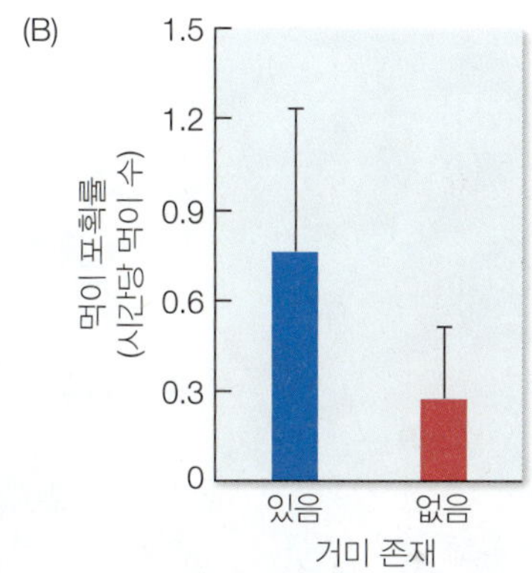

그림 B 거미줄에 거미가 있을 때와 없을 때 먹이 포획률. *Neoscona punctigera*가 지은 거미줄에서 거미가 있을 때의 먹이 포획률은 그렇지 않을 때보다 2.5배 높았다. 막대 그래프는 평균 및 표준 오차를 나타낸다.(Chuang et al. 2008).

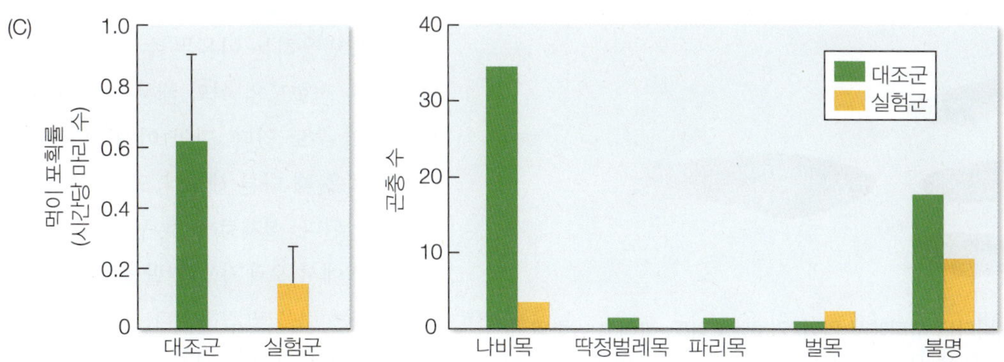

그림 C 대조군 거미와 실험군 거미의 먹이 포획률. 실험군 *Neoscona punctigera*는 배의 밝은 반점이 갈색 페인트로 가려졌으며, 대조군 거미는 배의 갈색 부분에 갈색 페인트를 칠했다. 먹이 포획률은 대조군 거미에서 약 3배 정도 더 높았다. 막대 그래프는 평균 및 표준 오차를 나타낸다. (After Chuang et al. 2008.)

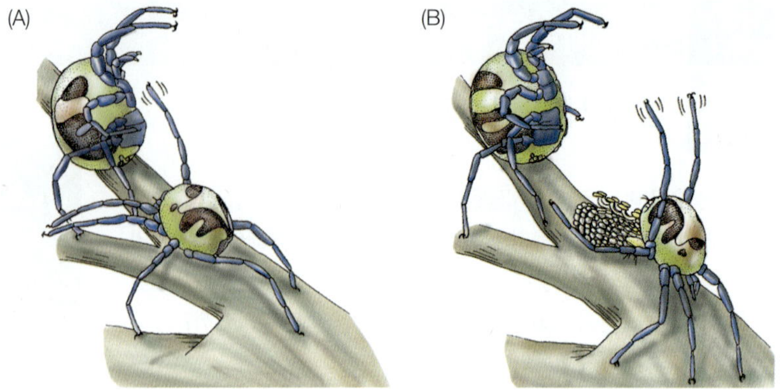

그림 8.13 물벼룩(*Neumania papillator*)에서 감각 착취와 구애 신호의 진화. (A) 암컷(왼쪽)이 먹이를 잡기 위한 자세를 하고 있다. 수컷은 앞다리를 흔들며 암컷 앞으로 접근하는 동안 다리를 떨어서 물의 진동을 만드는데, 이는 먹이인 요각류가 내는 진동과 유사하다. 암컷은 이에 반응하여 수컷을 붙잡기도 하지만 곧 상처 없이 놔준다.(B) 수컷은 이후 정포를 암컷 앞에 놓은 후 그 위에서 다리를 흔든다. (After Proctor 1991.)

컷의 조상들 중 하나가 이러한 진동 신호를 이용하는 법을 진화시킨 이후에, 이 행동이 암컷의 선재 형질(먹이를 진동으로 탐지하는 형질)을 활성화시켜 수컷의 번식성공에 기여했기 때문에 집단(종) 전체에 퍼졌음을 보여준다.

물고기의 시각적 민감도는 물의 광학적 성질에 따라 달라진다는 많은 보고들이 있다. 이러한 성질은 예상 가능한 수컷 신호와 암컷의 수컷 선호성으로 보여진다. 예를 들어, 트리니다드 구피(*Poecilia reticulate*) 중 몇몇 집단의 암컷은 선명한 오렌지색 반점을 가지고 있는 수컷과 짝짓기하기를 선호한다(**그림 8.14**)(Grether 2000). 수컷 트리니다드 구피들은 이러한 오렌지색 색소를 직접 합성할 수 없으므로, 이러한 카로테노이드 계열 색소를 먹이(주로 단세포성 조류)를 통해 얻어야 한다. 카로테노이드 색소를 충분히 공급받은 수컷이 암컷에게 좀 더 매력적이다. 왜 그럴까? 이러한 오렌지색 반점에 대한 암컷 선호성을 설명하는 하나의 가설은 이러한 선호성이 다른 상황으로부터 진화했다는 것이다. 암컷 구피들은 드물지만 영양적으로는 좋은 (구피들이 사는 하천에 간혹 떨어지는) 오렌지색 과일을 격렬하게 먹는데, 이는 감각 착취(sensory exploitation) 가설을 지지한다(Rodd et al. 2002). 그러므로 암컷이 오렌지색 자극에 시각적으로 반응하는 이유는 수컷과 선택적으로 짝짓기함으로써 가지는 적합도의 이익 때문이 아니라, 먹이활동에서의 이점 때문일 수도 있다. 만약 이게 사실이라면, 암컷 구피들은 먹이를 먹을 때 다른 색보다 오렌지색에 더 강하게 반응할 것이라 예상된다. 실제로 암컷 구피들은 다양한 색의 원판을 이용한 실험에서 오렌지색 원판을 다른 원판들보다 더 많이 물어뜯는다는 것을 발견하였다. 게다가 서로 다른 집단의 암컷 구피들을 이용하여 오렌지색 수컷을 얼마나 선호하는 지 여부와 원판을 이용한 실험에서 오렌지색 원판을 물어뜯는 선호성을 각각 측정한 후 비교하였을 때, 이 두 선호성은 높은 상관성을 보였다(**그림 8.15**).

그림 8.14 트리니다드 구피에서 먹이, 카로테노이드, 그리고 암컷의 수컷 선호성. (A) 수컷은 위 사진에 있는 열대과일 *Clusia*와 같이 간혹 하천에 떨어지는 먹이를 통해 오렌지 색소를 얻어야 한다. 충분한 양의 카로테노이드를 섭취한 수컷은 이 물질을 몸의 오렌지색 반점을 만들기 위해 사용한다.(B) 암컷(오른쪽 개체)은 오렌지색 반점이 큰 수컷에게서 좀 더 성적 매력을 느낀다. (Photographs by Greg Grether.)

그림 8.15 트리니다드 구피에서 오렌지색 반점을 향한 성적 선호성 정도는 오렌지색 먹이를 향한 선호성 정도와 일치한다. 오렌지색 반점에 대한 암컷 반응의 강도는 (Y축) 집단마다 다양하며 오렌지색 먹이를 향한 선호성 강도에 비례한다. 각 점들은 서로 다른 하천에 있는 구피 집단을 의미한다. (After Rodd et al. 2002.)

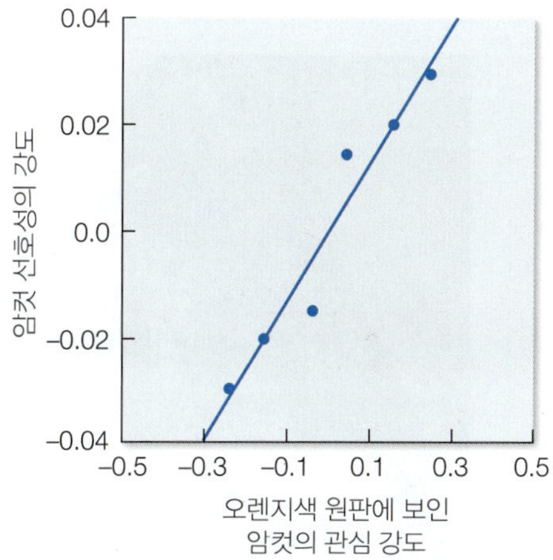

트리니다드 구피 실험의 결과는 단순한 감각 착취보다 더 많은 것들을 시사한다. 구피의 오렌지색 반점은 주로 먹이로부터 섭취한 카로테노이드 색소로부터 형성되지만, 반점은 또한 드로솝테린(drosopterin)이라 불리는 붉은 색소를 소량 가지고 있는데, 이 색소는 구피들이 체내에서 합성 가능하다(Grether et al. 2001). 만약 카로테노이드 색소가 부족한 경우에, 수컷은 이 드로솝테린을 대신 합성해서 오렌지 색소를 만들 수 있지 않을까? 하지만 실제로 수컷은 카로테노이드 공급이 더 많을 때에 이 드로솝테린 색소도 더 많이 합성하는 듯 보인다. 왜 그럴까? 그레더(Grether)와 동료들은 서로 다른 지역의 6개 집단으로부터 구피들을 실험실로 데려온 뒤 2세대 자손까지 키웠을 때, 드로솝테린 합성에서 보이는 구피의 지역별 차이는 유전적 차이에 기반한다는 것을 발견하였다(Grether et al. 2005). 수컷의 오렌지색 반점에서 카로테노이드 함량은 드로솝테린 합성의 유전적 변이로 인해 상쇄되었는데, 그 결과 연구한 전체 6개의 집단에서 수컷의 오렌지색 반점은 한결 같은 색소의 비율을 나타내었다(즉, 집단마다 색소의 양은 다를 수 있으나 카로테노이드와 드로솝테린 색소의 비율은 모두 일치하였다). 이러한 양상과 반점 발달 시스템은 어떻게 진화하였을까? 그레더는 두 색소의 비율은 색조(hue)에 영향을 주기 때문에 암컷의 특정 색조에 대한 선호성이 이러한 패턴을 만들어 낼 수 있다고 가정하였다. 드로솝테린 합성량이 다른 두 개체군을 상호교배시킴으로써 그레더의 연구팀은 오렌지색 반점의 카로테노이드 비율이 일정하게 유지될 때, 암컷 구피는 중간 정도의 드로솝테린 함량을 가진 수컷을 선호한다는 것을 발견하였다. 암컷은 단순히 더 밝은 오렌지색을 가진 수컷을 선호하는 것이 아니라 두 색소의 특정 비율을 가진 수컷을 더 선호하였다(Deere et al. 2012). 그러므로, 수컷 구피의 신호는 암컷에게 자신의 식단과 유전적 요인들에 대한 정보를 둘 다 제공한다. 이는 유전자와 환경이 의사소통 신호와 같은 표현형적 형질들에 어떤 영향을 주는지 잘 보여주는 예시이다.

만약 감각 착취가 효과적인 신호 기원의 주요 요인이라면, 동물이 기존에 접해보지 못했던 새로운 종류의 실험적 신호를 생성하여 동물의 반응을 유도할 수도 있을 것이다(Rodríguez and Snedden 2004). 이러한 방식으로 과학자들은 새로운 종류의 짝짓기 신호를 개발해서, 이러한 신호가 암컷이 가지는 선재 편향성을 이용하는지의 여부를 판단할 수 있다. 이 예상을 검증하기 위해 연구진은 그들 종이 내는 자연스런 울음소리에는 존재하지 않는 새로운 울음소리를 개발하여 개구리들에게 들려주기도 하고(Ryan et al. 1990, 2010), 노란색 플라스틱 띠를 플래티피쉬(platyfish)의 짧은 꼬리에 붙여 보기도 했으며(Basolo 1990), 수컷 큰가시고기의 둥지에 반짝이는 붉은 장식을 추가하거나(Östlund-Nilsson and Holmlund 2003), 혹은 장식깃이 없는 흰수염바다오리나(**그림 8.16**)(Jones and Hunter 1998) 호주 핀치에게(**그림 8.17**)(Burley and Symanski 1998) 장식깃을 달아 보기도 하였다. 이 모든 경우에서, 연구진은 인공적으로 만들어진 특성이 자연에 존재하던 특성보다도 암컷의 강한 반응을 유도한다는 사실을 발견하였다. 그러므로 다양한 분류군의 동물에서 암컷이 수컷을

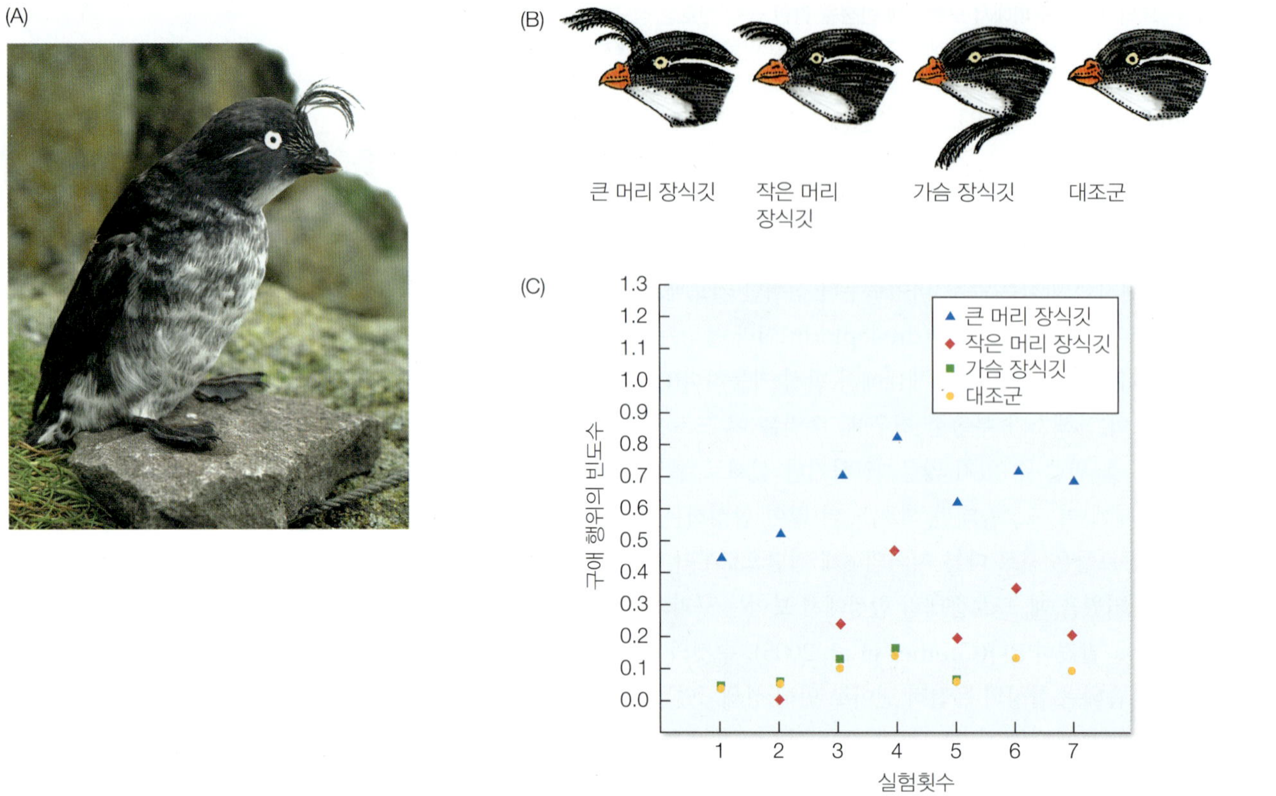

그림 8.16 3가지의 새로운 인공 신호에 대한 흰수염바다오리의 반응. (A) 수컷 흰수염바다오리 박제에 인공 장식깃 종류를 달아 암컷의 성적 선호성을 실험하였다.(B) 실험에 사용된 인공 장식깃 종류들. 왼쪽부터 오른쪽으로 큰 머리 장식깃 모형, 작은 머리 장식깃 모형, 가슴 장식깃 모형, 대조군(실제 수컷처럼 장식깃이 없는 형태). (C) 큰 머리 장식깃을 가진 모형이 암컷으로부터 가장 자주 구애 행위를 받았다. (A, photograph by I. L. Jones; B, C after Jones and Hunter 1998.)

선택할 때 실험적으로 선재 편향성을 유도하는 것이 가능하며, 이러한 수신자(위의 예에서는 암컷)의 편향성은 새로운 신호를 만들어내는 주된 메커니즘(특히나 성적 형질에서)일 가능성이 있다. 때때로 수컷은 이러한 암컷의 편향성을 자신의 이익을 위해 교묘하게 이용하기도 한다.

선재 형질 vs. 선재 편향성

종종 동물 신호가 송신자의 선재 형질로 인한 결과인지 또는 수신자의 선재 편향성에 의한 결과인지 불분명할 때도 있다. 어쨌든 위의 실험들은 송신자가 우연히 가지게 된 돌연변이 형질이 다른 이유로 인해 진화한 (수신자가 가진) 기존에 존재하던 감각 선호도를 자극한다면 새로운 신호가 진화할 수 있다는 것을 보여준다. 감각 착취적 설명이 아닌 다른 설명으로는, 실험에 사용된 종의 조상 종들이 구애행동 중에 유사한 신호들을 이용하였고, 이 조상 종들의 현생 자손 종들은 이러한 감각신호에 대한 선호성을 물려받았을 것이라는 설명이 있다(Ryan and Wagner 1987). 수컷에서 사용된 많은 정교한 구애 신호들이 한 번 진화한 이후에 다시 사라진 경우가 많다는 점을 고려하면, 위의 추측 역시 그럴 듯 하다. 화려한 장식이 없는 종의 근연종들은 화려한 장식을 가진 경우도 있었는데, 이 같은 사실은 그들의 공동조

(A)

(B)

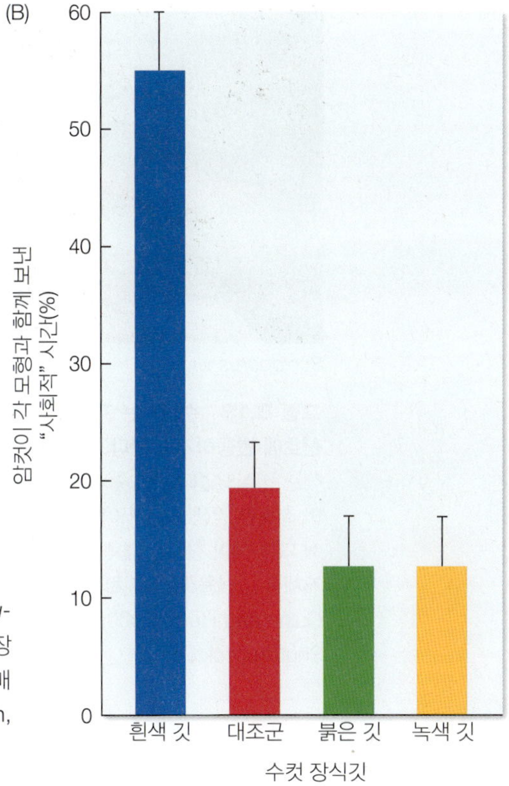

그림 8.17 새로운 장식깃에 대한 짝짓기 선호성. (A) 수컷 긴꼬리핀치(*Poephila acuticauda*)(왼쪽)와 제브라핀치(*Taeniopygia guttata*)에게 괴상한 흰색 깃털을 달아주었다.(B) "흰색 장식"이 달린 수컷 제브라핀치들은 다른 색의 머리장식이나 장식이 없던 대조군보다 암컷에게 더 매력적이었다. 막대 그래프는 평균 및 표준오차를 나타낸다. (A, photograph by Kerry Clayman, courtesy of Nancy Burley; B after Burley and Symanski 1998.)

상이 이러한 장식을 가지고 있었을 가능성을 시사한다(Wiens 2001). 하지만 이러한 다양한 가능성과 시나리오에도 불구하고 우리는 아직 모르는 것이 있다. 수컷 형질이 먼저 진화하였을까? 형질에 대한 암컷의 선호성이 먼저 진화하였을까?

도마뱀(*Sceloporus virgutus*)의 행동은 공통조상의 반응이 새로운 자극에 대한 반응을 설명하는 예를 보여준다. 이 도마뱀은 같은 속의 다른 종들과는 다르게 복부에 파란색 무늬가 존재하지 않는다. 복부에 파란색 무늬가 존재하는 *Sceloporus*속의 수컷은 이 파란색 무늬를 위협 자세를 취할 때 쓰는데, 이 과정에서 몸을 들어올리면서 복부를 드러낸다. 이 파란색 신호가 *S. virgatus*에서는 사라졌음에도 불구하고, 이 파란색 무늬에 대한 반응은 여전히 남아있다. *S. virgatus* 수컷에게 복부에 파란색 무늬를 색칠한 같은 종의 수컷과 파란 무늬가 없는 수컷을 보여준 뒤 위협 자세를 취했을 때, 복부에 파란 무늬를 가진 수컷의 경우 만났을 경우에 싸우지 않고 물러날 확률이 훨씬 더 높았다(**그림 8.18**).

새로운 신호에 대한 반응이 감각 착취와 공통조상 때문인지 분명하지 않은 또 다른 예를 물고기에서 찾을 수 있다. 물고기 *Xiphophorurs maculatus*는 근연종인 *X. hellerii*와 같은 소드테일 물고기(swordtail fish)처럼 가늘고 긴 꼬리를 가지고 있지 않다. 알렉산드라 바솔로는 *X. maculatus* 물고기에게 인위적인 노란 긴 꼬리를 달아주었을 때, 암컷은 이 새로운 형질을 가진 수컷을 매우 매력적으로 느낀다는 것을 발견했다(Basolo 1995). 게다가 꼬리가 길면 길수록 암컷이 그 수컷 주변에 머무르고자 하는 욕망이 더 강했다. 바솔로는 *Xiphophorus* 속에서 암컷의 긴 꼬리에 대한 선호성이 소드테일 수컷 물고기들의 긴꼬리 형질(수컷 소드테일은 이 긴꼬리를 현재 구애행동에 사용한다) 진화보다 선행했다고 결론지었다(**그림 8.19**). 암컷의 이러한 긴 꼬리 선호성이 어떠한 적응적인 이점이 있어서 진화했는지는 아직 분명하

Sceloporus virgatus

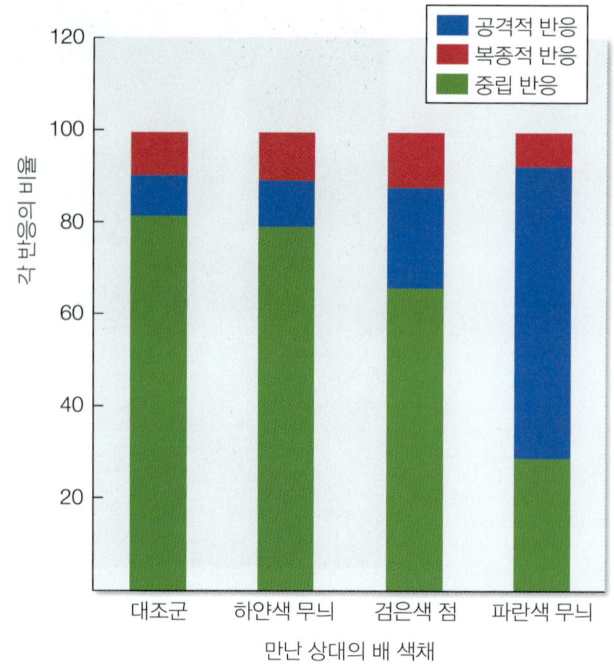

그림 8.18 수신자는 자신의 종에는 이제 없는 조상종의 신호에 반응하기도 한다. 이 도마뱀의 배에 존재하는 파란색은 소실되었다(근연종에는 파란색이 있다). 배에 파란 색이 칠해진 경쟁 개체가 이 도마뱀에게 위협 행동을 하면, 배에 다른 색이 칠해진 개체를 만났을 때보다 파란색이 칠해진 개체를 만났을 때 회피하는 경향이 좀 더 강하였다. (After Quinn and Hews 2000; photograph © Matt Jeppson/Shutterstock.com.)

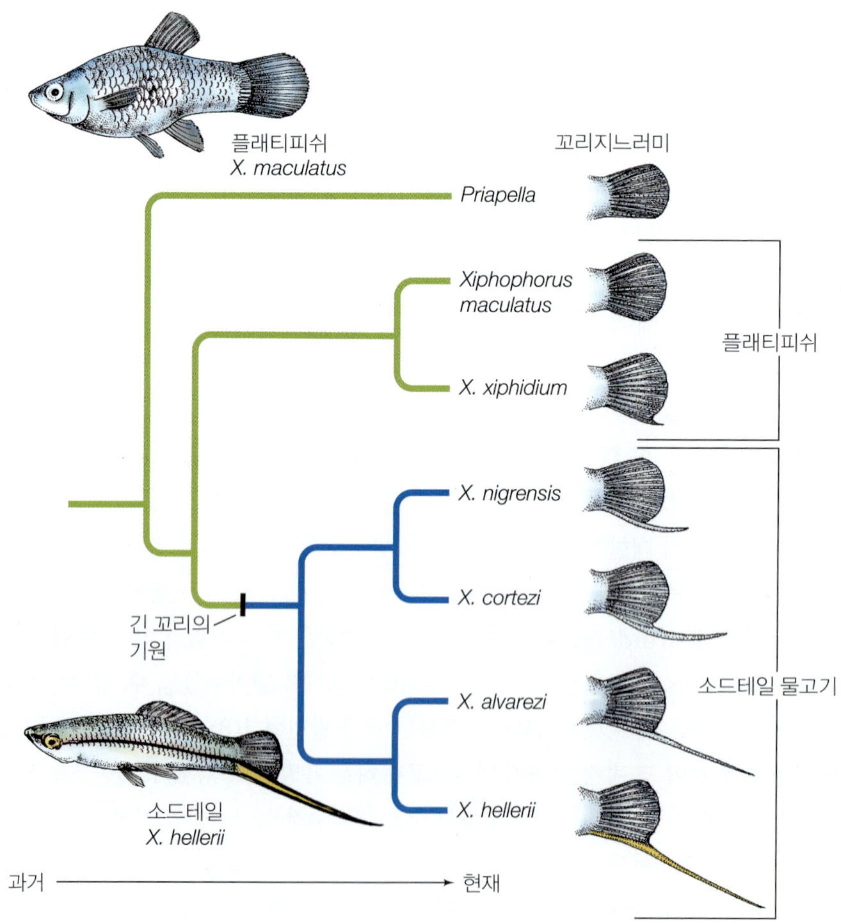

그림 8.19 소드테일 계통수와 감각 착취. *Xiphophorus*속은 길게 늘어진 꼬리지느러미를 가진 소드테일 물고기와 긴 꼬리지느러미가 없는 플래티피쉬를 포함한다. 플래티피쉬와 소드테일 물고기의 근연종인 *Priapella* 속의 물고기들은 이러한 긴 꼬리가 없기 때문에 *Xiphophorus*의 조상은 아마도 이러한 형질이 없었을 것이다. 이러한 긴 꼬리는 계통수에서 보면 플래티피쉬에서 분기한 그룹에서 진화한 것처럼 보인다. 그럼에도 불구하고 암컷 플래티피쉬(*X. maculatus*)는 같은 종의 수컷의 꼬리를 실험적으로 길게 만들었을 때 더 선호하였는데, 이는 플래티피쉬 암컷에서 이미 긴 꼬리를 선호하는 감각 편향성을 가지고 있다는 것을 보여준다. (After Basolo 1990.)

지 않다. 바솔로는 암컷의 감각 편향성은 같은 종의 수컷[이 수컷은 암컷에게 정자를 전달하기 위한 긴 교미 지느러미(gonopodium)을 가지고 있다]을 인지하고 구별하기 위해 진화하였을 가능성이 있다고 제안하였다.

암컷 *X. maculatus*의 인공 수컷 꼬리에 대한 반응에 대한 그럴듯한 설명에도 불구하고 악셀 마이어(Axel Meyer)와 그의 동료들은 이를 확신하지 못했다. 그들은 *Xiphophorus*속의 분자 계통수를 기반으로 해서, 소드테일 물고기의 긴 꼬리가 최초로 진화한 이후 몇 차례 진화적으로 사라졌다는 것을 밝혀내었다(Meyer et al. 1994). 그러므로, *X. maculatus*가 현재 긴 꼬리를 가지고 있지 않다고 할지라도 이 종의 몇몇 조상종은 긴 꼬리를 가지고 있었을 가능성이 있으며, 암컷의 선호성은 (긴 꼬리라는 성적 신호가 몇 차례 진화했다가 사라지기도 했던) 과거의 조상종으로부터 물려받은 형질이라 주장하였다(Borgia 2006). 실제로 마이어는 *Xiphophorus*속과 그 외 정교한 성적 신호를 사용하는 다른 동물에서의 수컷 형질은 이 형질에 대한 암컷의 선호성보다 진화적으로 좀 더 불안정하다고 (형질을 진화시키거나 잃어버리기 쉽다고) 가정하였다. 그러므로 물고기, 새, 도마뱀, 그리고 그 외 다양한 동물에서 보이는 수컷의 비정상적인 자극에 대한 암컷의 선호성은 단순히 수컷이 암컷보다 좀 더 빠르게 진화하기 때문일 가능성도 있다.

물고기에 관한 이 두 연구들 모두는 수컷의 긴 꼬리와 암컷의 긴꼬리에 대한 선호성 중 어떤 형질이 먼저 진화했는지를 규명하기 위한 연구였다. 길 로젠탈(Gil Rosenthal)과 크리스토퍼 에반스(Christopher Evans)는 일련의 실험들을 통해서 이 질문에 대한 해답을 얻으려 했다. 그들은 컴퓨터를 통해 수컷의 구애행동을 변형시킨 뒤 모니터를 통해 암컷에게 보여주었다(Rosenthal and Evans 1998). 연구진은 암컷이 긴 꼬리 일부가 제거된 수컷보다 온전한 꼬리를 가진 수컷을 선호한다는 것을 발견하였다. 하지만 긴 꼬리만을 분리하여 보여주었을 때와 꼬리가 없는 수컷을 보여주었을 때에는 별 차이를 발견하지 못하였다. 게다가 꼬리가 없는 수컷을 꼬리가 없는 부분만큼 작은 몸 크기를 보완하기 위해 몸집을 키운 후 꼬리가 있는 수컷과 경쟁시켰을 때에는 암컷의 긴 꼬리 수컷에 대한 선호성이 사라졌다. 결국 연구진은 암컷의 선호성은 긴 꼬리 자체와는 아무런 상관이 없으며, 긴 꼬리 수컷에 대한 선호성은 암컷이 일반적으로 보이는 큰 수컷에 대해 선호성 때문이라고 결론지었다. 그들은 긴 꼬리가 단순히 수컷의 크기를 커 보이게 하는 데 도움을 준다고 주장하였다. 그렇기에 현재 암컷의 선호성이 조상종에 존재하던 감각 편향성 때문인지는 아직 분명하지 않다.

동물 신호의 기능

지금까지 의사소통 신호의 진화(새로운 신호가 어떻게 기원하는지)를 살펴보았으며, 이후에서는 이러한 신호들의 기능(자연선택이 어떤 신호들을 왜 선호했는지)을 자세하게 알아본다. 예를 들어, 점박이 하이에나 암컷의 위-생식기의 진화적 기원에 대해서는 아직 밝혀지지 않았지만, 자연선택 이론을 통해 이러한 위-생식기의 적응적인 가치에 대해서는 연구할 수 있다. 위-생식기의 초기 형태가 아마도 적응도에 상당한 손해를 가져왔을 것을 고려하면 이러한 연구가 쉽지는 않다. 여성이 배아 단계에서 매우 높은 수치의 남성 호르몬에 노출되면 생식기가 확장되어 발달되는 것 뿐만 아니라 성인이 되었을 때 임신하지 못한다. 실제로 자연적으로 높은 수준의 혈중 테스토스테론을 가지고 있는 여성은 평생 장애를 가진 저체중의 아

가설 8.2

암컷 점박이 하이에나에서 위-생식기의 진화를 설명하는 상호배타적이지 않은 가설들

부산물 가설 위-생식기 자체는 적응적이지 않으며, 다만 적응도에 이득을 주는 다른 형질의 변화가 암컷에서 높은 테스토스테론 생산으로 이어져서 위-생식기가 부산물로 발달했다.

복종 가설 위-생식기는 다른 개체와의 결속을 원한다는 것을 보여주는 복종 신호이다.

사회적 유대감 가설 위-생식기는 서로 협동하는 연대의 형성을 촉진한다.

기를 출산한다(Carlsen et al. 2006). 만약 이러한 종류의 발달상의 손해들이 점박이 하이에나의 조상종에서 존재했다면, 위-생식기의 발달과 관련된 유전자들이 어떻게 자연선택에 의해 퍼질 수 있었을까? (Frank et al. 1995b, Muller and Wrangham 2002.) 점박이 하이에나의 환영 의식에 남아 있는 잠재적인 적응적 기능에 대한 논의에서 시작하도록 하겠다. 이후에 앞서 논의했던 의사소통의 이득-손해적 접근방식(그림 8.2 참조)을 이용해서, 정직한 신호, 속임 신호, 그리고 도청에 대해 자세히 다룬다.

하이에나의 기이한 의식 행동의 적응적 기능

위-생식기를 보이는 의식 행동에 대한 다양한 잠재적인 적응적 기능을 다루기 전에(**가설 8.2**), 위-생식기가 실제로 적응적인 기능을 하는 것이 아니라 일종의 부산물로 발달했을 가능성을 염두해 두어야 한다. 만약 하이에나에서 적응도에 이득을 주는 변화가 일어났고, 이 변화가 암컷에서 테스토스테론 양을 증가시켰다면, 이로 인해 암컷에서 위-생식기가 발달할 수 있다(**부산물 가설, by-product hypothesis**). 이 경우 단순히 위-생식기는 호르몬의 증가로 인해 나타난 발달상의 부작용일 수 있다. 자연선택은 이제 막 태어난 새끼들에서 테스토스테론의 증가를 선호할 수 있는데, 이 남성 호르몬의 증가는 형제자매 남매 사이의 공격성을 증가시키므로 부모의 양육에 대한 경쟁에서 유리하게 작용할 수 있기 때문이다. 이제 갓 태어난 점박이 하이에나는 눈을 뜰 수 있고, 이빨도 돋아 있어 다른 개체들을 종종 물기도 한다. 막 태어난 수컷은 큰 생식기를 가지고 있고, 막 태어난 암컷 역시 큰 위-생식기를 가지고 있다. 이러한 생식기는 빠른 성장과 신생아끼리의 공격성(간혹 이러한 공격으로 인해 몇몇 새끼는 죽기도 한다)에 관여하는 호르몬의 부산물일 수 있다(East et al. 1993, Golla et al. 1999).

그와는 반대로, 확장된 생식기와 관련된 유전되는 모종의 변화가 암컷을 크게 만들고 좀 더 공격적으로 만든다면 위-생식기를 발달시키는 것과 무관하게(혹은 그럼에도 불구하고) 개체군에 퍼질 수 있다(Glickman et al. 2006). 실제로 암컷 점박이 하이에나는 비정상적으로 공격적인 반면에, 수컷은 복종적이고 암컷에게 예의를 표한다. 암컷은 이 수컷을 자신들의 영토에 둘 뿐 아니라 위협하고 공격하기도 한다. 또한 암컷끼리 서로 경쟁하여 무리에서 가장 높은 서열을 차지하며, 승자는 이 무리가 사냥을 통해 얻거나 사자들로부터 훔친 먹이들에 대한 우선권을 얻는다(**그림 8.20**)(Frank et al. 1995a, Watts and Holekamp 2007). 게다가 이렇게 높은 서열을 가지게 되면 높은 생식 성공이 따라오는데, 높은 서열 암컷의 자손들은 낮은 서열 암컷의 자손들보다 좀 더 빠르게 성장하고, 생존율도 높으며, 성장한 이후에도 높은 서열을 가지게 될 확률도 높다(**그림 8.21**). 이러한 지배적인 암컷의 자손들이 누리는 많은 이점은 그들의 어미와 그 어미가 속한 무리의 조력자들로부터 얻은 것이다(East et al. 2009, Hofer and East 2003). 어미를 뒤로 하고서 무리를 떠날지라도(수컷의 경우), 지배적인 암컷의 자손들은 수컷의 적응도 기대치가 높은 무리에 합류할 확률이 높으며, 자손 역시 더 빠르게 낳는다(Höner et al. 2010). 이러한 모든 이득은 위-생식기가 가진 발달상의 부작용으로 인한 손해를 상쇄할 수 있을 것이다.

이러한 부산물 가설에는 분명히 많은 문제가 있다. 한 가지는 만약 위-생식기가 철저하게 불리함만을 준다면, 자연선택은 왜 이러한 과다한 남성 호르몬이 주는 해로운 부작용을 줄이

그림 8.20 점박이 하이에나에서 공격적 행동. 이 하이에나에서 먹이를 향한 경쟁은 치열하며, 이에 따라 매우 공격적인 개체를 선호할 수 있다. 하이에나 무리는 기린의 몸 전체를 한 시간 안에 먹을 수 있다. (Photograph © Andrew Parkinson/Naturepl.com.)

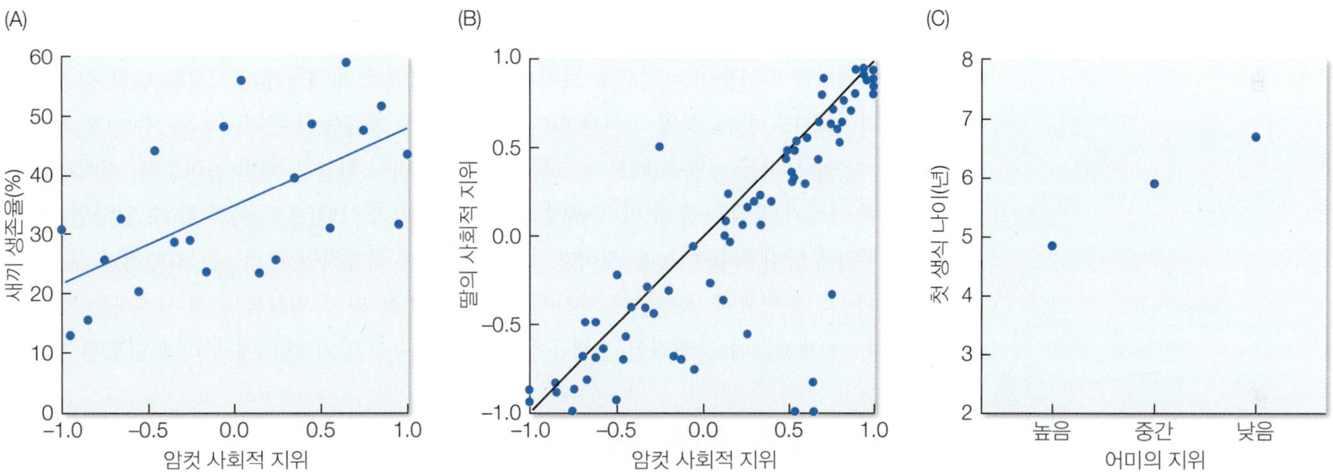

그림 8.21 점박이 하이에나 무리에서의 지위는 암컷의 생식 성공을 크게 높여준다. 개체들 간의 상호작용을 관찰한 결과, 암컷의 사회적 지위는 (A) 자손들의 2년간 생존율과 (B) 딸의 사회적 지위에 직접적으로 연관되어 있다. (C) 또한 암컷의 사회적 지위는 아들이 언제 생식을 시작하는지에도 영향을 준다. (A, B after Hoefer and East 2003; C after Höner et al. 2010.)

는 돌연변이를 선호하지 않았을까? 이번에는 위-생식기 자체가 분명한 손해(이러한 위-생식기를 발달시킬 손해 혹은 이러한 생식기를 통해 자손을 낳아야 하는 손해)에도 불구하고 적응적인 기능이 있을 가능성에 대해 고려해 보자. 과거 언젠가 한 암컷 점박이 하이에나의 조상은 그녀가 가진 위-생식기를 보여주고서 환영 의식을 하는 첫 번째 암컷이었을 것이다. 아마도 이러한 의식은 신호 수신자(상대방 암컷)가 송신자(환영 의식하는 암컷)의 항문 근처에서 화학 신호를 조사하는 중에 나타났을 것이다. 실제로 가장 최근에 진화한 4종의 하이에나 모두 항문 근처의 분비샘을 이용하여 화학적 의사소통을 한다(Kruuk 1972, Watts and Holekamp 2007). 암컷 점박이 하이에나는 이러한 항문 분비샘의 화학신호를 이용해서 무리에서의 서열을 측정하는 것으로 알려졌다(Burgener et al. 2009). 점박이 하이에나의 잠재적 조상 종의 암컷은 이러한 분비샘 조사에 자신의 위-생식기 조사를 추가하였다. 이러한 위-생식기 조사가 위-생식기의 발생으로 인한 구조적 문제점들을 극복하고 진화할 정도로 유용하였을까?

이러한 질문에 대한 한 가지 답을 감각 착취가 이러한 보여주기 행동의 기원에 영향을 주었을 가능성을 고려함으로써 얻을 수 있다. 지배적 암컷과 복종적 수컷의 관계가 최초의 위-생식기가 나타나기 전에 확립되었을 것이라 가정해보자. 또한 성적으로 의욕적인 수컷이 지배적인 암컷에게 구애행동 시 보여주는 단서가 발기한 생식기라 가정해보자. 이러한 생식기를 암컷에게 보여주는 것은 수컷의 정체성을 드러내는 것이고, 또한 그의 의도와 그가 복종적이며 위협적이지 않은 상태라는 것을 나타낸다. 이러한 신호는 암컷이 수컷을 거부하거나 공격하기 보다는 받아들이도록 촉진할 수 있다. 이러한 수컷-암컷 사이의 신호가 정립되면, 위-생식기를 가진 돌연변이 암컷이 이러한 정립된 시스템을 이용해서 자신의 비-지배적 위치와 다른 개체와의 유대를 보여줄 수도 있다(Watts and Holekamp 2007). 이러한 **복종 가설(submission hypothesis)**에 대한 증거는, 무리에서 비-지배적인 개체들과 어린 개체들이 지배적인 개체들보다 위-생식기를 보여주는 환영 의식을 훨씬 더 많이 시작한다는 사실에서 나오는데, 이는 비-지배적인 개체들이 어떤 정보(아마도 자신의 비지배적 상태를 인정하는 것)를 상대방에게 전달한다는 것을 보여준다(East et al. 1993). 이는 비-지배적 개체들이 자신의 지위를 받아들이는 행위를 보이지 않으면 지배적 개체들에게 보복을 당할 수 있다는 것을 의미하기도 한다. 환영 의식은 아마도 비-지배적 개체들이 무리에 남을 수 있게 해주며, 이는 이들이 무리를 떠났을 때보다 그들의 생존 및 번식 확률을 훨씬 높여준다. 지배적 개체들은 위-생식기 탐색을 통해 비-지배적 개체들의 생리적 상태(호르몬)를 알 수 있다면, 이 개체를 무리에 남길 확률이 높을 것이다. 아마도 진실로 복종적인 개체들은 지배적인 개체에게 도전하는 데에 필요한 호르몬이 자신에게 없다는 것을 환영 의식을 통해 신호하는 것일 수 있으며, 이 개체들이 지배적인 개체들에게 위협이 되지 않기 때문에 무리에 남도록 용인될 수 있다.

복종 가설 위-생식기는 복종 혹은 다른 개체와 유대감을 가지고 싶다는 의지를 나타낸다.

점박이 하이에나에서 한 가지 분명한 것은 암컷의 사회적 지위가 매우 중요하다는 것이다. 지배적인 암컷은 높은 생식 성공을 가지고 있으며, 이러한 개체의 지위는 부분적으로 상속되기에 딸들 역시 더 높은 적합도를 가질 확률이 높다. 점박이 하이에나의 매우 격렬한 먹이 경쟁 환경은 자신과 새끼를 위해 좀 더 많은 양의 먹이를 확보할 수 있는 크고 공격적인 암컷을 선호한다(Frank 1986). 케이 홀캠프(Kay Holekamp)가 이끄는 연구진은 이 생각을 확장하여 하이에나가 가지고 있는 다른 육식동물과 두드러지게 다른 형태적 특성에 집중하였다. 이 하이에나의 특수한 두개골은 사냥감의 뼈에 균열을 내서 골수를 섭취할 수 있도록 해준다(Watts et al. 2009). 연구진은 암컷이 자식들이 젖을 뗀 이후에도 먹이를 잘 먹을 수 있도록 지속적으로 도와야 하는데, 이러한 환경이 암컷의 서열 구조 진화로 나타났다고 주장하였다. 어린 새끼의 두개골은 뼈에 균열을 낼 수 있을 정도가 되기까지 천천히 성장하는데, 이러한 두개골의 느린 성장으로 인해 암컷의 양육기간이 늘어나고, 사냥감을 죽인 이후 좀 더 많은 먹이를 확보하기 위해 암컷의 공격성 진화를 촉진했다는 것이다. 이러한 환경에서, 암컷에서의 서열 구조 진화는 사회적 지위를 나타내는 신호의 진화(위-생식기)로 이어질 수 있다.

사회적 유대감 가설 위-생식기는 서로 협동하는 연대의 형성을 촉진한다.

사회적 유대감 가설(social-bonding hypothesis)은 복종 가설과 유사한데, 이러한 환영 의식이 무리 내의 협동적 연대를 증진시켜서 지배적 개체들이 비-지배적 개체들을 자신의 연대의 일원으로 인정하게 해준다는 가설이다. 이러한 연대의 일원들은 연대 내 개체들의 직접 혹은 간접 적합도를 증진시키는 방향으로 협동한다(Smith et al. 2010). 게다가 점박이 하이에나 무리 내에서의 연대는 지속적으로 바뀌는데, 이는 이 동물이 왜 이처럼 기괴한 환영 의식에 집착하는지를 설명하기도 한다(Smith et al. 2011, 역주: 연대가 지속적으로 바뀌므로, 새로운 연대에서 인정받기 위해서는 환영 의식들을 지속적으로 해야 한다). 점박이 하이에나는 개체들 간의 갈등이 생긴 이후 이러한 환영 의식을 통해 화해를 시도하는데, 이러한 관찰은 사회적 유대감 가설을 지지한다(Hofer and East 2000).

위-생식기의 잠재적인 가치에 대한 다른 가설들도 존재한다. 예를 들면, 점박이 하이에나에서 질은 위-생식기를 통해서만 도달할 수 있기 때문에, 교미는 복잡하고 민감하며 암컷의 완전한 협동을 필요로 한다(Holekamp and Dloniak 2010). 그렇기에 위-생식기는 암컷이 성적 파트너를 고르는 데 있어 주도권을 쥘 수 있도록 해주며, 이러한 이득은 위-생식기의 유지에 기여할 수 있다(East et al. 2003). 아마도 점박이 하이에나의 위-생식기에 대한 논의에서 가장 중요한 부분은 수십 년간 이 동물에 대한 연구가 신중하게 진행되었음에도 불구하고 아직 알아야 할 것들이 많다는 것이다. 유감스럽게도, 거의 100년이 지난 현재에도 점박이 하이에나 암컷의 기괴한 위-생식기의 이야기는 다윈의 수수께끼로 남아있다.

정직한 의사소통과 위협적 과시

정직한 신호가 송신자와 수신자 모두에게 이득이 된다는 사실을 기억하자. 이런 형태의 의사소통을 연구하는 방법 중 하나는 왜 동물이 실제로 싸우기 보다 실제 해가 되지 않는 위협적 과시를 통해 갈등을 해결하는지에 대해 질문을 던지는 것이다. 예를 들어, 하이에나 한 마리가 다른 개체에게 접근하면서 꼬리를 들고 곧게 서서 위협하면 이 두 개체 간의 상호작용은 종종 물리적 충돌 없이 끝나는데, 이때 둘 중 한 개체는 대개 도망가거나 순종적으로 몸을 웅크린다. 이러한 행동은 위협적 과시를 유발한 자원(혹은 다른 요인)에 대해서 굴복하고 인정하는 효과를 낸다. 게다가 승자는 이러한 굴복 신호를 받아들여 물리적 공격을 진행하지 않는다.

간혹 격렬한 물리적 충돌이 있기도 하지만, 물리적 접촉이 없는 위협적 과시는 동물계에서 갈등을 해결하기 위해 흔히 이용된다. 많은 새의 수컷은 영역이나 짝짓기 상대에 대한 갈등이 있을 때, 경쟁자를 직접적으로 공격하기보다는 좀 더 오래 노래하거나 깃털을 부풀리는 방식으로 해결한다. 심지어 실제 싸움이 벌어질 때에도 싸움에 참여한 개체들은 종종 마치 희극의 오디션을 보는 것처럼 행동하기도 한다. 예를 들면, 코끼리물범(*Mirounga angustirostris*) 수컷은 다른 수컷과 몸을 한두 번 부딪힌 이후에 질 것 같으면 지방이 많은 몸을 이끌고 재빨리 바다 쪽으로 도주하며, 승자는 시끄럽게 울면서 쫓지만 이 추격의 대부분은 무해하게 끝난다(**VIDEO 8.2**).

VIDEO 8.2
Male northern elephant seals fighting
ab11e.com/uk/v8.2

동물은 왜 모든 것을 건 싸움을 하는 대신 물리적 접촉이 없는 위협적 과시를 이용하여 갈등을 해결하는 걸까?(Estes 2012). 이득-손해를 고려하는 접근 방식을 이용하여 생각해보자. 이러한 갈등 상황에서의 승자는 짝짓기 상대에 접근할 수 있는 기회를 얻을 수 있다. 반면 패자는 짝짓기 기회를 놓치는 큰 손해가 있다. 수컷 임팔라(*Aepyceros melampus*)의 예를 들어보자. 번식기 동안, 어떤 수컷은 영역을 만들어 영역 내의 암컷 무리(하렘)를 지킨다. 다른 수컷은 작은 무리를 만들어 이 영역을 빼앗을 기회를 노린다. 대부분의 영역성 수컷은 자신의 영역을 오직 몇 달 동안만 지키는데, 이는 영역을 지키는 행위 자체가 가지는 손해 때문이다.

영역성 수컷은 무리 내의 암컷을 이끌거나 다른 수컷을 내쫓는 데 많은 시간을 소비하기에 먹이를 먹는 데 쓸 수 있는 시간이 적다. 번식기 동안, 영역성 수컷은 몸무게가 줄어드는 반면에 비-영역성 수컷은 몸무게를 늘리고 싸움을 준비하는 데 시간을 쓴다. 임팔라 수컷은 서로 부딪혀서 서로의 뿔을 고정하고 몸을 뒤틀며 싸우기 때문에 뿔이 하나 없는 수컷을 찾는 것은 드문 일이 아니다. 하나의 뿔만 있는 수컷이 다른 수컷의 영역을 빼앗고 암컷 무리를 차지할 확률을 생각해보자. 아마도 그리 높지 않을 것이다. 영역성 수컷은 종종 비-영역성 수컷에게 접근해서 콧바람을 불며 머리를 흔드는 위협적 과시를 한다. 이때 경쟁자 수컷의 뿔의 크기를 자신의 뿔과 비교하여(뿔의 크기는 몸 크기와 비례한다), 비-영역성 수컷은 이 싸움에 승기가 있을지 없을지를 판단할 것이다. 비-영역성 수컷의 관점에서는 부상당할 수도 있는 이러한 싸움에서 이길 수 있다고 판단될 때에만(상대 수컷이 더 작거나 비슷한 크기일 때) 싸움을 지속하는 것이 이득이 될 것이다. 영역성 수컷의 관점에서는 자신이 이미 영역을 확보했기 때문에 이 싸움으로 얻을 수 있는 것이 거의 없다. 이러한 방식으로 위협적 과시를 통해 전달된 정보들은(두 개체에게 모두 해가 되는) 두 개체 간의 갈등이 물리적 충돌로 고조되는 것을 예방하는 효과가 있다.

임팔라처럼, 사슴뿔파리(*Phytalmia* spp.) 수컷은 상대 앞에 바로 서서 서로의 뿔을 비교함으로써 그들의 몸 크기에 대한 정보를 제공한다(**그림 8.22A**). 이 구조물의 크기는 파리의 몸 크기와 상관성을 가지고 있으며, 작은(아마도 약한) 수컷은 좀 더 큰(강한) 수컷과의 싸움을 빠르게 포기한다(Dodson 1997, Wilkinson and Dodson 1997). 또한 유럽노루(*Capreolus capreolus*)에서도 뿔의 크기와 몸 크기가 연관되어 있으며, 서로의 무기(뿔) 크기를 비교함으로써 경쟁 개체를 평가한다(**그림 8.22B**)(Vanpé et al. 2007). 수컷 목걸이도마뱀

그림 8.22 크기와 힘에 대한 정직한 시각 신호. (A) 이 호주산 사슴뿔파리(*Phytalmia*속) 수컷은 서로의 머리를 접근시켜 상대적 크기를 잴 수 있도록 한다. (B) 다마 사슴(*Dama dama*)의 뿔 크기는 수컷의 싸움 능력에 대한 정보를 제공한다. (C) 목걸이 도마뱀이 입을 벌렸을 때 입 주변에 있는 자외선을 반사하는 피부의 면적이 넓을수록 상대를 더 세게 물 수 있다. 자외선을 반사하는 피부는 오른쪽 사진에 표시했다. (A, photograph © Mark Moffett/Minden Pictures; B, photograph © iStock.com/Schaef1; C from Lappin et al. 2006; photograph by A. K. Lappin.)

그림 8.23 바킹 게코에서 몸 크기에 대한 정직한 소리 신호. 수컷의 크기가 클수록 낮은 주파수의 소리를 낸다. (After Hibbitts et al. 2007; photograph Bernard Dupont/CC BY-SA 2.0.)

(*Crotaphytus collaris*)은 경쟁자의 입 주변에 있는 자외선 무늬가 싸움 능력에 대한 신호 기능을 한다(Lappin et al. 2006). 이 무늬가 더 클수록 경쟁자 수컷을 입으로 무는 악력이 더 세다(**그림 8.22C**). 수컷 바킹 게코(*Ptenopus garrulous garrulous*)는 몸 크기에 대한 신호를 소리를 이용해서 보낸다(**그림 8.23**)(Hibbitts et al. 2007).

만약 위협적 과시와 이러한 과시에 대한 반응이 자연선택의 결과라면, 패자들(위협적 과시 신호의 수신자로 싸움을 피하고 도주한 개체)도 이러한 반응으로 인해 이득을 얻을 수 있다는 것을 증명할 수 있을 것이다. 이러한 것을 증명하는 것은 쉽지 않다. 유럽두꺼비(*Bufo bufo*)를 생각해보자. 이 두꺼비들은 짝짓기 준비가 된 암컷을 향해 수컷이 경쟁한다. 만약 한 수컷이 암컷 위에 올라탄 다른 수컷을 발견하면, 이 수컷을 암컷 등에서 떨어뜨리려 할 것이다. 암컷 위에 올라탄 수컷은 다른 수컷이 몸을 건드리면 바로 울기 시작하는데, 그러면 공격하던 수컷은 바로 패배를 인정하고 다른 곳으로 가버린다. 이러한 상황에서 신호의 수신자가 단순히 경쟁자 수컷이 우는 소리를 들었을 때, 포기하고 가는 것이 어떻게 적응적인 행동일 수 있을까?

수컷 유럽두꺼비는 개체 차이가 크고, 몸 크기는 개체가 내는 울음소리의 음조에 영향을 준다. 이를 바탕으로 닉 데이비스(Nick Davies)와 팀 할리데이(Tim Halliday)는 수컷이 경쟁자 수컷이 내는 울음소리를 통해 몸 크기를 판단할 수 있다는 가설을 세웠다(Davies and Halliday 1978). 만약 작은 수컷이 울음소리를 통해 이러한 구분을 할 수 있다면, 큰 수컷을 만났을 때 이길 수 없는 싸움을 지속하는 것보다 포기하는 것이 이득일 수 있다. 그러므로 큰 수컷이 내는 저음의 울음소리는 작은 수컷이 내는 고음의 울음소리보다 공격자를 더 잘 포기하도록 만들 것이라 예상된다. 이 예상을 검증하기 위해서, 연구자들은 포접 중인 두꺼비 한 쌍을 한 마리의 수컷 주변에 30분 동안 놔두었다. 암컷 위에 올라탄 수컷은 각각의 수컷보다 크거나 작았으며 몸과 입을 둘러 설치된 고무줄로 인해 소리를 낼 수 없었다. 홀로 있던 수컷이 포접 중인 두꺼비를 건드리면 스피커에서 5초 동안 고음 혹은 저음의 울음소리가 재생되었다. 실험 결과, 크기가 작은 수컷이 포접 중인 경우에서도 스피커에서 저음의 소리가 재생되었을 때 다른 수컷에게 공격을 훨씬 덜 당하였다(**그림 8.24**). 그러므로, 비록 촉각적(물리적) 단서들이 포접 중인 수컷이 얼마나 공격 당했는지에 영향을 주긴 했지만, 저음의 울음소리도 경쟁자 수컷을 내쫓는 효과가 어느 정도 있다는 것을 알 수 있다.

이처럼 소리를 이용하여 위협적 과시를 하는 것 외에도, 몇몇 종의 개구리들은 다른 수

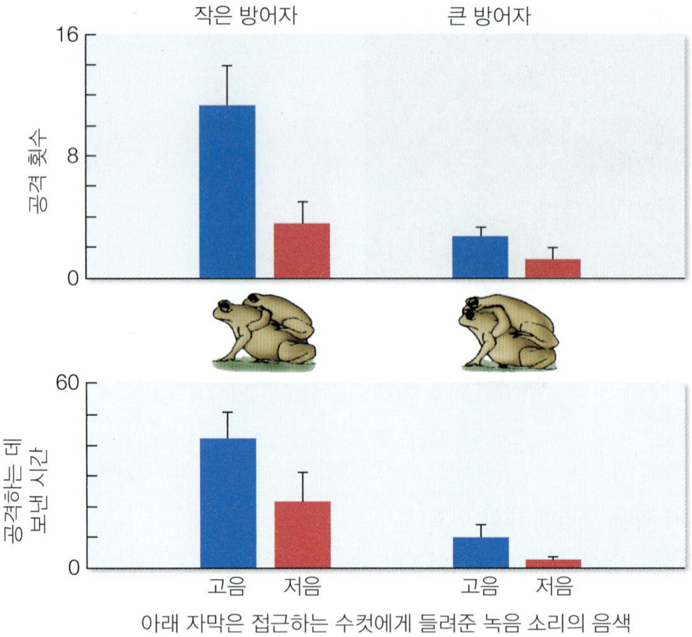

그림 8.24 낮게 우는 소리는 경쟁자를 내쫓는다. 고음의 울음소리를 녹음해서 들려줬을 때보다 저음의 울음소리를 들려줬을 때, 수컷 두꺼비는 포접 중인 수컷과 적게 접촉하고 상호작용도 덜 하였다. 하지만 접촉을 통한 단서 역시 영향을 주었는데, 그래프를 보면 같은 소리를 들려줬을 때에도 작은 두꺼비에게 더 많은 공격을 하였다. 막대 그래프는 평균 및 표준오차를 나타낸다. (After Davies and Halliday 1978.)

컷에게 경고하기 위하여 색채를 이용한다. 독개구리과(Dendrobatidae)의 개구리는 포식자에게 자신의 독성을 경고하기 위한 밝은 색채를 가지고 있다(제6장 참조). 이러한 경고색이 같은 종의 수컷과의 갈등을 중재하기 위한 신호로 작용하는지 알아보기 위해 로라 크로더스(Laura Crothers)와 몰리 커밍스(Molly Cummings)는 수컷 딸기독화살개구리(*Oophaga pumilio*)를 그들의 원서식지에서도 관찰하고 실험조건에서도 관찰하였다. 연구진은 개구리가 가진 경고색의 밝기와 몸 크기가 영역과 관련된 상호작용의 결과에 영향을 주는지를 알고자 하였다(Crothers and Cummings 2015). 몸 길이와 몸무게 모두 수컷의 공격성과는 관련이 없었지만, 수컷이 가진 경고색의 밝기는 수컷이 최초의 공격 행동을 시도하는지에 영향을 주었다. 이는 적응적인 행동일 가능성이 높은데, 밝은 수컷은(놀랍게도 더 크거나 무겁진 않았다) 경쟁자 수컷이 접근할 때, 이 수컷 방향으로 몸을 더 빠르게 돌렸으며 공격적인 울음소리를 내기 시작하였다. 이는 이 수컷의 싸우고자 하는 의지를 보여준다.

정직한 신호

유럽두꺼비와 딸기독화살개구리는 그들의 싸움 능력과 관련한 정보를 소리 및 색채 신호를 이용하여 경쟁자에게 전달한다. 그러면 작은 유럽두꺼비들은 왜 저음의 소리를 내어 큰 두꺼비인 것 마냥 흉내 내지 않을까? 아마도 그게 가능하다면 그렇게 했을 것이나 그들은 단순히 그렇게 할 수 없다. 작은 크기의 수컷은 저음을 낼 수가 없는데, 이는 그들이 가진 몸 크기와 물리학의 법칙이 이 개체가 낼 수 있는 소리의 진동수를 결정하기 때문이다. 그러므로 수컷 유럽두꺼비는 그들의 몸 크기를 정확히 대변하는 경고 신호를 진화시켰으며, 이러한 신호는 가짜이거나 속임수일 수 없다. 이러한 정직한 신호를 가짐으로써, 경쟁자 수컷은 다른 수컷의 크기에 대해 예상할 수 있고, 물리적 충돌까지 갔을 때 싸움에서 이길 확률을 고려하는 가능하다. **정직한 신호(honest signal)**는 태생적으로 정직한데, 이는 이 신호가 송신자의 특성을 나타내고 수신자의 의사결정을 촉진하며 송신자가 쉽게 교란할 수 없기 때문이다.

빠르게 포기하는 것의 적응적인 가치에 대해 이해하기 위해서, 한 집단에 존재하는 2종류의 공격적인 개체들을 상상해보자. 한 종류는 자신이 승리하거나 물리적으로 패배할 때까지 싸우고, 다른 종류는 경쟁자의 공격적 잠재력을 (신호를 보내어) 확인하여 질 가능성이 높으면 빠르게 포기한다. 위의 상상에 따르면, 어떤 종에서 위협적 과시를 쓰지 않는 개체들도 집단에 존재하며, 이러한 개체들끼리 싸울 때에는 공격적 상호작용의 수준이 훨씬 더 격렬할 것이다. 이와는 달리, 신호를 보내는 수컷끼리 싸울 때에는 싸움의 격렬함의 정도가 덜 할 것이다. 이러한 예상은 귀뚜라미(*Teleogryllus oceanicus*)에서 규명되었다. 하와이 카우아이 섬에서 서식하는 대부분의 수컷 개체들은 더 이상 노래를 부르지 않으며, 빅아일랜드에 서식하는 개체들은 일반적인 귀뚜라미처럼 노래를 한다(Logue et al. 2010). 그러므로, 자신의 경쟁력에 대해서 신호를 보내는 개체들이 존재하는 종에서 "무조건 승부가 날 때까지 싸우는" 개체들은 언젠가 자신보다 강력한 쓰라린 완패(아마도 부상과 함께)를 안겨줄 개체를 만나게 된다. "이길 확률이 높을 때에만" 싸우는 개체들은 강력한 적으로 인한 패배로 부상을 겪을 확률이 훨씬 적다(Maynard Smith 1974, West-Eberhard 1979).

제1장에서 다루었듯이, 집단 내에서 개체들은 서로 다르다. 이러한 형태적 혹은 행동적 변이는 자연선택으로 인한 진화를 만들어낸다. 하지만 정직한 신호의 관점에서 동물은 왜 이러한 신호를 속이고 좀 더 좋은 (정직하지 않은) 신호를 만들어내지 않을까? 집단에서 경쟁 능력이 우수한 두 개체를 상상해보자. 한 우수한 개체는 다른 우수하지 않은 개체가 만들 수 없는 신호를 만들어낸다. 다른 우수한 개체는 우수하지 않은 작은 개체들이 모방할 수 있는 위협적 과시 신호를 가지고 있다. 이러한 상황에서는 작은 개체들이 만들어내는 가짜 모방 신호들이 집단 내에서 퍼지게 되지만, 자연선택은 이 신호의 수신자가 모방된 신호들을 무시하는 것을 선호하게 된다. 즉, 모방 신호의 가치가 떨어지게 된다. 이러한 과정은 자연스레 다른 개체들이 쉽게 모방할 수 없는 종류의 정직한 신호만이 집단에 퍼지고 유지될 수 있도록 해 준다.

만약 정직한 신호 이론이 사실이라면, 수컷이 위협적 과시를 하거나 관련 형태를 가지는 것이 몸집이 큰 수컷에서는 상대적으로 쉬운 반면에, 작고 약하거나 건강하지 않은 수컷에서는 모방하거나 속이기 어려울 것이라 예상된다. 예상했던 대로, 옆줄무늬도마뱀(*Uta stansburiana*)에서, 수컷이 위협적 과시 행동을 하는 지속 시간과 과시를 위해 하는 팔굽혀펴기 행동의 횟수는 이 개체로 하여금 런닝머신을 강제로 뛰게 해서 지치게 했을 경우 현저하게 감소하였다(**그림 8.25**). 반대로, 이 도마뱀이 런닝머신에 올라가기 전에 위협적 과시 행동을 했을 경우에도 런닝머신에서 뛸 수 있는 시간이 짧아졌다. 즉, 수컷의 현재 몸 컨디션은 팔굽혀펴기 행동을 얼마나 잘 하는지에 반영되어 있으며, 팔굽혀펴기 행동은 경쟁자에게 자신의

그림 8.25 위협 행동에는 에너지가 필요하다. 런닝머신에서 뛰어 에너지를 소모한 수컷 옆줄무늬도마뱀들은 피곤하지 않을 때보다 위협 자세를 취할 수 있는 시간이 줄었다. 또한 그들은 팔굽혀펴기 행동 역시 좀 더 적게 하였다. 막대 그래프는 평균 및 표준오차를 나타낸다. (After Brandt 2003; photograph © iStock.com/KateLeigh.)

싸움 능력을 알리는 역할을 한다(Brandt 2003).

수컷이 팔굽혀펴기 행동을 못하는 현상은 **생산 비용(production cost)**의 한 예이다. 생산 비용은 정직한 신호가 속임수 없이 유지될 수 있는 이유 중 하나이다. 위에서 다루었던 구피의 오렌지색 반점과 카로테노이드 색소에 대해서 기억해보자. 이 물고기는 이러한 색소들을 체내에서 합성할 수 없는 대신 먹이를 통해서 얻는다. 만약 이러한 색소들이 자연에서 찾기 힘든 경우, 이러한 오렌지색을 만들기 위해 많은 비용을 지불해야 할 것이다. 이러한 카로테노이드 색소를 이용한 의사소통은 물고기에서만 진화한 것이 아니다. 실제로 카로테노이드는 대부분의 무척추동물과 척추동물에서 색채를 만들기 위해 사용된다(제9장 참조). 이 색소는 특히나 다양한 새의 깃털에서 흔히 발견된다. 카로테노이드는 대사작용 중 발생하는 활성산소를 제거하는 역할을 하는 항산화제로 작용하기 때문에, 이러한 카로테노이드 계열 색상은 새가 얼마나 좋은 먹이를 많이 먹었는지에 대한 지표일 뿐만 아니라 건강한 정도를 나타내는 정직한 신호로도 사용된다.

암컷 쌍살벌(*Polistes dominula*)은 그들의 싸움 능력을 소리가 아닌 안면에 있는 검은색 무늬로 신호한다. 이 말벌의 예는 정직한 신호가 어떻게 강제될 수 있는지에 대한 다른 예를 보여준다. 큰 말벌들은 안면에 좀 더 큰 검은색 무늬를 가지고 있는데, 지배적인 말벌일수록 검은색 무늬가 큰 경향이 있다(Tibbetts and Dale 2004). 이러한 종류의 신호들을 **계급장(badges of status)**이라 부르며, 일반적으로 개체의 크기나 무리에서의 우위에 대한 정보를 나타낸다. 일반적으로 이러한 계급장 신호를 생성하는 데에 큰 비용이 들지는 않지만, 다른 개체들에 의해 정직한 계급 신호를 갖도록 사회적으로 강제된다. 이러한 현상을 **유지 비용(maintenance cost)**이라 부른다. 말벌의 안면 무늬에서 유지 비용이 발생하는지를 검증하기 위해서, 엘리자베스 티베츠(Elizabeth Tibbetts)와 그녀의 동료들은 실험조건에서 일련의 실험들을 수행하였다. 서로 잘 모르는 한 쌍의 말벌들(지배적 *vs.* 비-지배적 개체들)을 대면시킨 실험에서, 지배적인 말벌은 아무런 처리를 하지 않은 비-지배적 말벌보다는 연구진이 안면에 검은색을 추가로 칠한 비-지배적 말벌들에게 좀 더 공격적인 행동을 하였다(Tibbetts and Dale 2004). 이 실험은 정직하지 않은 신호에는 사회적 유지 비용이 발생할 수 있다는 것을 보여준다. 그럼 말벌은 실험조건이 아닌 자연에서도 정직한 신호를 강제할까? 추가 실험에서 티베츠와 동료들은 암컷 말벌이 둥지 안의 개체들을 종종 시험해서, 안면의 검은색 신호가 실제 그들의 싸움 능력(혹은 사회적 우위)과 맞지 않는 개체를 발견한다는 사실을 밝혔다. 연구진이 페인트칠을 해서 안면의 검은색 무늬가 넓어진 비-지배적(싸움 능력이 떨어지는) 개체는 비슷한 검은색 무늬를 가지는 지배적 개체보다 더 많은 공격을 당하였다(**그림 8.26**)(Tibbetts and Izzo 2010). 따라서 말벌에서 자신의 싸움 능력과 안면의 무늬 관계에 대해 정직하지 않은 신호를 보내는 개체는 동료들에 의해 대가를 치르며, 이러한 사회적 유지 비용은 자연선택이 정확하고 정직한 신호를 선호하도록 해 준다.

티베츠와 동료들은 이 말벌에서 안면의 검은색 무늬의 크기와 적합도와의 관계를 연구하였다(Tibbetts et al. 2015). 생식 성공은 번식기 초반에 짓는 벌집의 수로 측정하였으며, 겨우내 생존율은 봄에 활동 중인 개체의 안면 무늬와 무게를 측정해서 판단하였다. 이러한 방식으로 연구진은 말벌들 중 어떤 안면 무늬를 가진 개체가 추운 겨울에 좀 더 살아남는지를 판단하였다. 연구 결과에서, 안면의 검은색 무늬가 클수록 그들의 둥지도 컸으며, 혹독한 겨울 조건에서도 살아남을 확률이 더 높았다. 다시 말해, 사회적으로 강제된 이 정직한 신호는

그림 8.26 **쌍살벌(*Polites dominula*)에서 사회적 지위를 나타내는 정직한 시각 신호.** 이 종에서 사회적 지위는 머리 앞면에 있는 검은색 무늬와 관련 있다. 그림에 있는 벌들의 검은색 무늬의 변이를 보자(검은색 무늬가 없는 왼쪽 개체부터 검은색 무늬가 노란색만큼 넓은 오른쪽 개체까지). (Photographs courtesy of Elizabeth Tibbetts.)

개체의 생존과 번식에 직접적으로 기여하였다.

다수의 정직한 신호가 하나의 신호보다 선호되는 시기

생산 비용과 유지 비용 외에도, 신호의 정직함은 이득-손해 관계에 의해서도 강제될 수 있다. 이제까지 우리는 한 종 안에서 하나의 신호만을 다루었다. 하지만 많은 종들은 다수의 신호를 동시다발적으로 사용하며, 신호의 송신자는 종종 서로 다른 다수의 수신자를 상대로 의사소통하기도 하는데, 이러한 과정을 **다면 신호(multimodal signaling)**이라 부른다. 정직한 신호에 대한 초기 연구 중 하나는 말테 앤더슨(Malte Andersson)의 긴꼬리천인조(*Euplectes progne*)에 대한 연구이다(Andersson 1982). 이 종의 이름이 시사하듯이, 수컷 긴꼬리천인조는 그들의 몸 길이보다 몇 배나 긴 꼬리를 가지고 있다. 이 긴 꼬리를 실험적으로 줄여보거나 늘리는 실험을 통해, 앤더슨은 수컷의 꼬리가 암컷에게 보내는 신호로 쓰이지만, 수컷에게는 쓰이지 않는 것을 발견하였다. 또한 좀 더 긴 꼬리를 가진 수컷이 짧은 꼬리를 가진 개체들보다 짝짓기 성공율이 더 높았다(**그림 8.27**). 하지만 수컷 천인조는 긴 꼬리뿐만 아

그림 8.27 **꼬리 길이가 조작된 긴꼬리천인조 수컷의 번식 성공.** 실험 전에는 수컷 간의 번식 성공에는 작은 차이만이 존재했었다. 하지만 실험을 통해 꼬리 길이를 조작한 이후, 더 길어진 꼬리를 가지게 된 수컷은 대조군이나 꼬리가 짧아진 수컷보다 더 많은 둥지를 가지게 되었다. 대조군 I은 꼬리가 잘린 뒤 같은 길이로 다시 붙여진 개체들이고, 대조군 II는 조작되지 않은 개체들이다. (After Andersson 1982; photograph © jirisykoracz/Shutterstock.com.)

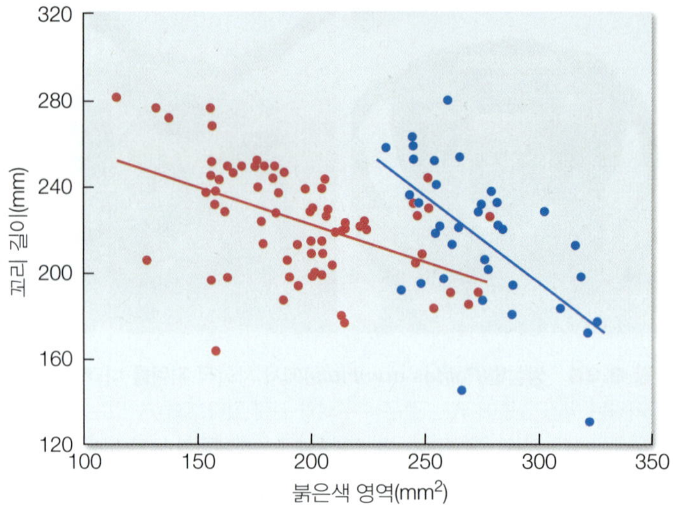

그림 8.28 붉은목 천인조에서 꼬리 길이와 목덜미의 붉은색 영역 간의 관계. 수컷 목덜미의 붉은색 영역과 꼬리 길이 간에는 음의 상관관계가 나타났다. 이러한 경향은 영역을 지키는 "거주" 수컷이나(파란색 원) 영역이 없는 "떠돌이" 수컷(붉은색 원) 모두에서 나타났다. (After Andersson et al. 2002; photograph © iStock.com/AOosthuizen.)

니라 목덜미 부근에 카로테노이드 계열의 붉은색 깃털들을 가지고 있다. 앤더슨과 그의 팀은 긴꼬리천인조의 근연종인 붉은목 천인조(*Euplectes ardens*)에서 이러한 붉은색 깃털들이 수컷이 영역을 정립할 때 수컷 간의 상호작용에 쓰이는 것을 발견하였다(제7장 참조)(Andersson et al. 2002). 연구진은 또한 암컷 붉은목 천인조 역시 짝짓기 상대를 고를 때 수컷의 꼬리 길이를 고려한다는 것을 발견하였다(Pryke et al. 2001). 이 정보를 바탕으로 생각했을 때, 붉은목 천인조 수컷에서는 가장 선명한 붉은색 깃털을 가지고 동시에 가장 긴 꼬리를 가진 개체는 영역 확보와 암컷을 유혹하기에 가장 유리한 수컷일 것이라고 생각할 수 있다. 하지만 붉은목 천인조에서 이러한 관계가 실제로는 나타나지 않았다. 수컷은 목덜미의 붉은색과 긴 꼬리 사이에서 일종의 상충효과(trade-off)를 나타냈는데, 긴 꼬리를 가진 수컷은 그 대가로 밋밋한 붉은색 깃털을 가지고 있었고 그 반대 또한 마찬가지였다(**그림 8.28**). 그럼 수컷은 왜 긴 꼬리와 선명한 붉은색 깃털을 동시에 만들 수 없을까? 만약 수컷이 깃털 생산에 자원을 이용하는 데 제한이 있다면, 개체는 단순히 2종류의 형질들을 모두 극대화할 수 없을 것이다. 대신에, 수컷은 이러한 신호 형질들을 한 종류의 수신자(경쟁자 수컷 혹은 잠재적 짝짓기 상대인 암컷)에게 좀 더 효과적이도록 투자한다. 이처럼, 신호를 만들어내는 자원 활용에 존재하는 상충효과는 수컷이 2종류의 신호에 모두 투자하는 것을 불가능하게 함으로써 신호가 정직하도록 강제한다.

천인조의 예는 깃털에 존재하는 색채 신호가 2종류의 서로 다른 수신자에게 어떻게 사용되는지를 보여준다. 하지만 많은 종들은 같은 수신자에게 전혀 다른 두 가지 이상의 감각 경로를 이용하여 신호하기도 한다. 실제로, 다면 신호들은 생각하는 것보다 자연에서 훨씬 더 흔하게 발견된다(Partan and Marler 1999). 다면 신호는 촉각, 시각, 청각, 화학적, 그리고 그 외의 다양한 종류의 감각 신호들을 사용한다. 에일린 헤베츠(Eileen Hebets)와 그녀의 동료들은 이러한 다면 신호들(그들에 따르면 여분이거나, 변화되었거나 혹은 다기능을 가지는 신호들)을 분류하는 체계를 만들었다(Hebets et al. 2016). 여분의(혹은 예비) 신호들은 같은 구조를 가지며, 반복을 통해서 신호의 견고함을 증가시킨다. 변화된 신호들은 비슷한 기능을 가지는 둘 이상의 서로 다른 구성 요소를 통해 신호의 견고함과 기능성을 증가시킨다. 다기능성 신호들은 하나의 신호 구조가 둘 이상의 기능을 하는 것을 의미하고, 신호의 효과를 증대시킨다. 한 종의 동물은 다양한 기능을 하는 다면 신호들을 생산할 수 있다. 예를 들어, 제비(*Hirundo rustica*)를 생각해보자. 제비는 북미와 유럽, 아시아 모두에서 흔한 새로, 수컷은 노래와 가슴에 있는 붉은색 깃털을 통해 암수 모두와 의사소통한다. 이 두 가지의 서로 다른 감각 신호들은 변화된 신호(2종류의 서로 다른 신호들이 비슷한 기능을 한다)의 예시이며, 소리와 붉은색 깃털 모두 2종류의 수신자들(암컷 및 수컷)을 목표로 한다는 점에서 다기능성의 예시이기도 하다. 또한 수컷의 노래가 짧은 음이 여러 번 반복된다는 점에서 여분의 신호이기도 한다(Wilkins et al. 2015).

거미들은 절지동물계에서 다면 신호의 마스터들이며, 그 중에서 공작거미는 시각과 진동 신호를 동시에 이용하는 놀랍도록 정교한 신호를 진화시켰다(Girard et al. 2011). 수컷 공작거미는 그들의 배에 감춰 두었던 수컷 공작의 꼬리처럼 보이는 화려한 무늬를 펼친다. 그들은 이런 화려한 무늬를 관심있는 암컷에게 보여주면서, 동시에 다리를 복잡하면서도 잘 조정된 양상으로 흔든다(**VIDEO 8.3**). 그들은 동시에 배도 흔듦으로써 진동을 발생시킨다. 이렇게 서로 다른 감각 경로의 신호들은 뭘 하는 걸까? 각 감각 경로의 신호들은 암컷에게 서로 다른 정보를 제공할 수 있고(**다수의 메시지 가설**, **multiple message hypothesis**), 같은 정보를 단순히 서로 다른 방식으로 전달하여 신호의 오류를 줄일 수도 있다(**여분의 신호 가설**, **redundant signal hypothesis**)(**가설 8.3**).

VIDEO 8.3 Dance of the peacock spider
ab11e.com/uk/v8.3

몇 차례에 거친 실험실 실험들을 통해서, 다미안 엘리아스(Damian Elias)가 이끄는 연구팀은 호주의 공작거미 *Maratus volans*의 시각과 진동 신호 모두 암컷이 수컷을 선택하고, 수컷이 자신의 짝짓기 성공확률을 높이는데 중요하다는 것을 발견하였다(다만 암컷은 시각 신호를 좀 더 오래 보여주는 수컷과 짝짓기할 확률도 높았다)(Girard et al. 2015). 그러면 왜 같은 기능을 가지는 이러한 다면 신호가 공작거미에서 진화했을까? 연구진은 이러한 다면 신호가 수컷이 짝짓기할 만한 개체인지에 대해 암컷이 좀 더 빠르고 신뢰할 수 있는 의사결정을 할 수 있게 도와준다고 제안하였다. 이는 공작거미에게 중요할 수 있는데, 많은 종의 공작거미가 같은 서식지에서 함께 출현하기 때문이다. 하지만 왜 이런 복잡하고 정교한 신호가 진화하였으며, 다수의 메시지 가설과 여분의 신호 가설의 적합성 여부를 규명하기 위해서는 후속 연구가 반드시 필요하다.

가설 8.3

다면 신호를 설명하는 대체 가설들

다수의 메시지 가설 서로 다른 감각 경로의 신호들은 서로 다른 정보를 담고 있다.

여분의 신호 가설 서로 다른 감각 경로의 신호들은 같은 정보를 독립적으로 담고 있으며, 환경적 방해 요인 때문에 신호가 잘못 전달되는 것을 막는다.

기만 신호

정직한 신호가 송신자와 수신자 모두에게 이득을 주는 상호작용을 포함한다는 것을 기억하자. 하지만 두 개체 간에 정보가 전달되는 모든 상호작용이 두 개체 모두에게 이득을 주지는 않는다. 개체들 간의 상호작용 중 송신자가 수신자를 조종하여 자신의 적합도를 올리지만, 수신자에게는 손해가 되는 신호를 기만적(deceitful) 혹은 조작적(manipulative) 신호라 부른다. 동물 사이에는 많은 속임수가 존재한다. 예를 들어, 웨이디 고양이(*Leopardus wiedii*)는 그들의 먹이인 어린 얼룩무늬타마린 원숭이(*Saguinus bicolor*)가 내는 소리를 흉내낸다(Calleia et al. 2009). 문어는 자신의 형태를 독이 있는 해양성 넙치와 비슷하게 변화시킬 수 있다(Huffard et al. 2010). 어떤 나비는 애벌레 상태일 때에 개미의 둥지에서 자라는데, 이 애벌레는 여왕개미가 내는 소리를 흉내 내서 일개미들의 보살핌을 받는다(Barbero et al. 2009).

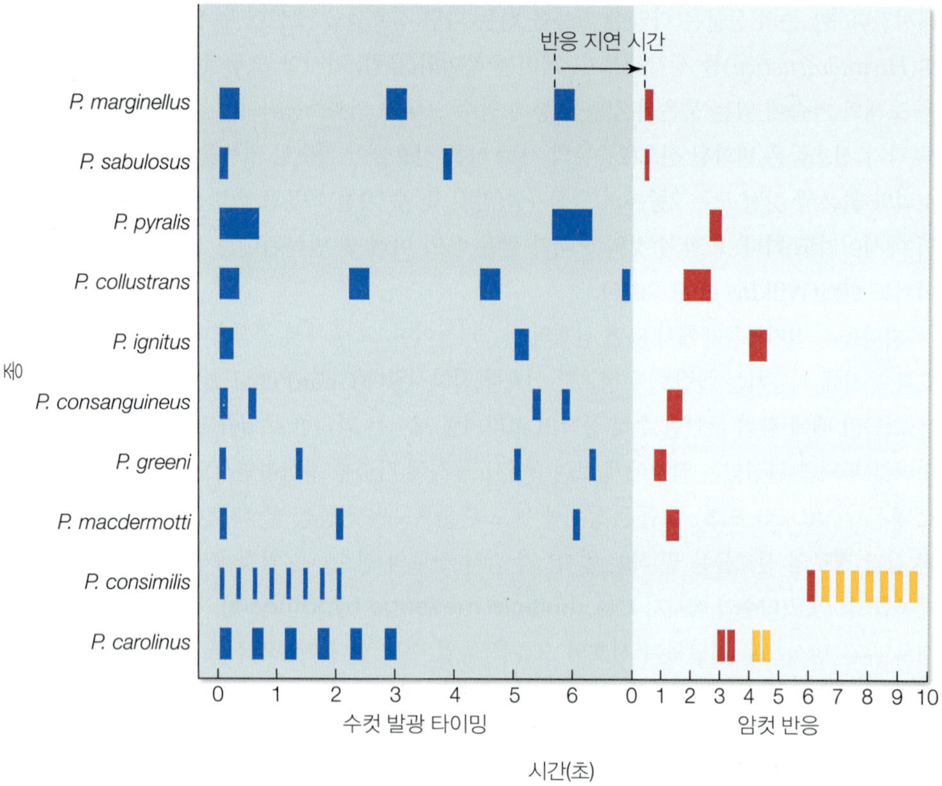

그림 8.29 서로 다른 종의 반딧불이가 보이는 의사소통의 다양성. 북미에 서식하는 10종의 *Photinus* 수컷이 발광하는 시간적 타이밍이 파란색으로 나와 있다. 암컷이 발광하는 타이밍은 오른쪽의 밝은색에 나타나 있다. 암컷은 동종의 수컷이 보내는 마지막 발광 신호 이후에 발광을 시작한다. 이러한 종간 차이는 다양한 종들 간의 생식적 격리로 이어진다. (Based in part on Lloyd 1966; diagram after Lewis 2016.)

반딧불잇과의 "팜므파탈"은 기만적 의사소통의 또 다른 예를 보여준다(Llyod 1965). 이 *Photuris*속의 야행성이자 포식성 곤충인 암컷은 *Photinus*속의 수컷이 암컷을 유혹하기 위해 깜빡이는 빛에 반응한다(**그림 8.29**)(Lewis and Cratsley 2008). 이 *Photuris*속의 포식성 암컷은 *Photinus* 수컷이 내보내는 신호에 화답하여 빛을 깜빡이는데, 깜빡이는 빛의 타이밍은 *Photinu*속의 암컷이 내는 빛과 매우 유사하다. *Photuris*속의 어떤 암컷은 *Photinus*속의 서로 다른 3종의 암컷이 내는 깜빡이 타이밍을 모방할 수도 있다(Lloyd 1975). 일반적으로 수컷 *Photinus*가 수신자의 반응을 확인하면 적합한 짝짓기 파트너를 찾았다는 기대와 함께 빛을 확인한 방향으로 날아간다. 하지만 이 기만적 신호를 사용한 *Photuris*속 암컷을 만나면, 공격 당한 뒤 잡아 먹히게 된다(**그림 8.30**). 이 *Photuris*속 암컷은 이 희생자의 몸 안에 있는 독성 화학물질을 재사용하여 자신의 화학적 방어로 사용하기도 한다(Lewis and Cratsley 2008, Lewis 2016).

암컷의 잘못된 신호에 반응한 수컷 반딧불이는 이후 잠재적 번식 기회를 잃게 된다. 자연선택이 서로 다른 종의 반딧불이의 신호를 구분할 수 있도록 작동해 왔음에도 불구하고(역주: *Photuris*속의 불빛을 구별할 수 있는 수컷은 번식의 기회를 더 많이 얻게 되므로, 자연선택은 이렇게 구분을 잘 하는 수컷이 집단에서 번성할 수 있도록 할 것이다), 수컷은 왜 이런 잘못된 선택을 할까? 진화생물학자는 이러한 부적응적인 행동에 대해 두 가지 가설을 내놓았다(**가설 8.4**)(Crespi 2000). **새로운 환경 가설(novel environment hypothesis)**에 따르면, 이러한 부적응적 행동들이 현재 환경에서 나타나는 것은, 기만 신호들이 나타난 시점 이후로 현재에 이르기까지 진화적으로 충분한 시간이 지

가설 8.4

신호에 대한 부적응적 반응들을 설명하는 대체 가설들

새로운 환경 가설 부적응적 행동들이 현재 환경에서 나타나는 것은, 기만 신호들이 나타난 시점 이후로 현재에 이르기까지 진화적으로 충분한 시간이 지나지 않아서, 이러한 기만 신호에 속지 않는 행동(돌연변이)이 집단에 퍼지기에는 이르기 때문이다.

순이익 가설 기만 신호에 반응하는 감각 메커니즘은 간혹 적합도에 손해를 줄 수 있지만, 이러한 신호에 반응하는 것이 평균적으로 적합도에 이익(순이익이 있다면)이 되면 이러한 부적응적 반응들이 남아 있을 수 있다.

나지 않았기에, 이러한 기만 신호에 속지 않는 행동(돌연변이)이 집단에 퍼지기에는 아직 이르기 때문이다. 이러한 생각은 종종 진화적 함정(evolutionary trap)이라 불리기도 하는데(Schlaepfer et al. 2002), 최근 인간에 의한 환경 변화가 몇몇 동물의 부적응적 행동을 일으키는 현상을 설명할 때 좀 더 자주 사용되는 용어이다. **순이익 가설(net benefit hypothesis)**에 따르면, 수신자의 부적응적 행동들은 특정 상황에서 적합도에 손해를 가져올 수도 있는 감각 메커니즘 때문이라고 설명한다. 기만 신호에 반응하는 것은 간혹 적합도에 손해를 줄 수 있지만, 이러한 신호에 반응하는 것이 평균적으로 적합도에 이익이 되면 이러한 부적응적 반응들이 남아 있을 수 있다.

이 가설들 중 어떤 것이 수컷 반딧불이가 포식성 암컷인 *Photinus* 반딧불이에게 반응하는 부적응적 행동들을 설명할 수 있을까? 새로운 환경 가설은 포식성 *Photuris* 암컷과 *Photinus* 수컷 간의 상호작용의 특성을 잘 반영하는 것처럼 보이기는 하지만, 인공빛에 의해서 간섭 당했을 경우(다시 말해, 새로운 환경에서) *Photinus* 반딧불이의 활동은 어떤 종에서는 약 70%까지 감소되며, 이에 따라 구애 행동과 짝짓기 성공 또한 줄어든다(Firebaugh and Haynes 2016). 포식자의 신호에 반응하여 피식자가 보이는 부적응적 행동들은 *Photinus*속의 수컷이 이러한 신호에 반응했을 때 "평균적으로" 그들의 적합도를 올릴 수 있다는 주장으로 설명해 왔다(비록 이러한 행동이 수컷으로 하여금 *Photuris* 팜므파탈 암컷에게 잡아먹히는 결과로 나올 수 있지만). 수컷 중 *Photuris* 암컷이 내는 기만 신호를 피할 수 있는 수컷은 좀 더 오래 살겠지만, 같은 종의 암컷이 내는 신호 역시 무시할 것이기에 이런 조심스런 행동을 보이는 수컷은 다음 세대에 자손을 남길 수 없거나 소수만을 남길 것이다.

그림 8.30 '팜므파탈' 반딧불이. 이 *Photuris*속 암컷 반딧불이는 *Photinus*속 암컷 반딧불이가 내는 발광 신호의 타이밍을 모방한 후, 이에 이끌린 수컷 반딧불이를 사냥하였다. (Photograph by James E. Lloyd.)

기만적 의사소통에서 순이익 가설은 많은 행동생태학자들이 적용하는 적응(adaptation)의 정의에 주목한다. 이 정의에서 적응적 형질은 완벽할 필요는 없으며, 단지 다른 대체 형질들에 비해 적합도에 **평균적으로** 좀 더 많은 기여를 해야 한다. 포식성 반딧불이에 반응하는 수컷 반딧불이의 경우에 암컷의 위치를 찾는 방법을 가지고 있지만 이 방법은 분명히 완벽하지 않다. 하지만 이 방법은 다른 대안적 방법들에 비해 수컷의 생존 확률을 높이는 대신 포식당할 위험을 내포하고 있을 것이다. 예컨데, *Photinus* 송신자와 수신자 사이에 진화한 의사소통 시스템은 다른 속의 포식성 반딧불이에게 이용당하였다. 이러한 불법적 수신자들은 아마도 이러한 쌍방에 이익이 되는 의사소통 시스템에 참여하는 *Photinus* 개체의 적합도 이익을 어느 정도 낮추긴 하겠지만 아예 사라지게 하진 않을 것이다(Otte 1974). 이러한 종류의 예들은 대부분 한 종의 기만적 송신자가 다른 종의 수신자를 이용한다. 하지만 종내 기만에 대한 잠재적인 예들 역시 존재한다. 예를 들어, 가재(*Cherax dispar*) 수컷은 그들의 앞발 크기를 상대에게 과시하는데, 앞발의 크기는 발톱이 잡을 수 있는 힘과 실제로 비례하지는 않는다(**그림 8.31**)(Wilson et al. 2007).

만약 이 적응주의자적 가설이 사실이라면, 불법적 송신자는 수신자가 대부분의 상황에서 분명히 적응적인 반응을 이용하여 기만을 할 것이다(Christy 1995). 호주에 사는 Thynnidae과의 수컷 말벌(*Thynnoturneria* spp.)과 난초과의 식물(*Spiculaea ciliate*)의 예를 들어보자. 이 말벌은 짝짓기 상대를 찾는 도중에 종종 이 난초과 식물의 괴상한 꽃잎으로 날아가며, 이후 난초과 꽃을 붙잡고 함께 날아가려고 시도한다. 이 꽃잎은 마디로 이어져 있기에 말벌이 이를 붙잡고 날아가려고 하면 아치 모양을 이루며 위로 움직인다. 이런 궤적은 매달린 수컷을 꽃가루 주머니가 있는 꽃술대 방향으로 이동시켜 접촉하게 한다. 이때 수컷은 꽃잎에서

그림 8.31 강함에 대한 정직하지 않은 신호? 수컷 가재들은 앞발을 들어 상대에게 보이는데, 큰 발을 가진 개체가 작은 발을 가진 개체보다 우위에 있다. 하지만 앞발의 크기는 사실 집게로 얼마나 세게 잡을 수 있는지와는 관련이 없다. 앞발의 크기는 싸움과 관련된 다른 형질과 관련이 있을까? (Photograph courtesy of Robbie Wilson, from Wilson et al. 2007.)

떨어지려고 하나 난초는 이 수컷이 그냥 바로 가도록 놔두지 않는다. 대신에 난초는 이 수컷을 덫에 빠지게 하는데, 말벌의 날개가 꽃술대 밑의 갈고리에 걸려 미끌어져 내려가게 한다. 그곳에서 말벌은 잠시 잡혀 있으며, 이때 수컷의 복부는 끈적거리는 꽃가루 주머니를 건드리게 된다. 말벌이 발버둥치며 빠져나갈 구멍을 찾아 나왔을 때, 이 말벌에는 꽃가루 주머니가 붙어있을 가능성이 높다(**그림 8.32**). 이 말벌은 다시 자유가 된 뒤 다른 난초의 꽃을 찾

그림 8.32 난초과에서 성적 기만. (A) 이 작은 호주에 사는 난초는 변형돼서 말벌 암컷을 닮은 꽃잎을 가지고 있다. 사진의 식물은 3개의 암컷 미끼를 가지고 있다. (B) 수컷 Thynnine과의 말벌은 이 꽃의 냄새와 형태에 이끌려서 꽃을 붙잡고 떠나려 한다. 이 과정에서 수컷은 이 암컷 미끼를 붙잡고 위로 향하다가 아치를 그리며 돌아서 꽃술대의 갈고리에 걸리게 된다. 그곳에서 난초의 꽃가루 주머니가 몸에 붙고, 후에 다른 난초과 꽃에 가서 같은 행동을 반복함으로써 이 꽃가루를 다른 꽃에 전달하게 된다. (A, photograph by John Alcock; B, photograph by Bert Wells.)

그림 8.33 난초과의 성적 기만이 왜 성공적으로 작동하는가. (A) 암컷 Thynnine과 말벌이 가지 위로 올라가서 성호르몬을 내보내고 있다. (B) 같은 종의 수컷은 이렇게 신호하는 암컷을 붙잡는다. (C) 유칼립투스 꽃 위에서 교미하는 암수. 수컷을 자세히 보면 난초과의 꽃가루 주머니가 배에 붙어있다. 즉, 이 수컷은 적어도 한 번 난초과의 꽃에게 속았다. (Photographs by John Alcock.)

아 같은 행위를 하고, 기존 난초의 꽃가루를 다음 난초에 전달하게 된다. 그러므로 이 말벌은 수분매개자의 역할을 하는데, 이는 이 난초가 보내는 불법적 신호 때문이다(Alcock 2000). 오롯이 난초만이 이 상호작용에서 이득을 보는데, 적어도 난초는 팜므파탈 반딧불이 마냥 신호에 속은 말벌을 죽이지는 않는다. 하지만 수분매개를 하는 말벌은 난초와 상호작용하는 동안 시간과 에너지를 소모한다. 실제로 많은 난초과의 식물은 다양한 말벌 종을 속여서 수분매개의 역할을 맡기고 있다(Schiestl 2010). 적어도 한 쌍의 말벌-난초 관계에서는 수컷 말벌이 난초의 가짜 암컷 미끼를 너무 매력적으로 느껴서 꽃잎을 붙잡은 이후 정자까지 방출한다(Gaskett and Herberstein 2008).

수컷 말벌은 왜 자신의 적합도를 낮추는 난초의 속임수에 끌리는 걸까? 이 질문에 답을 하기 위해서는 수컷 말벌과 암컷 말벌의 상호작용을 관찰할 필요가 있다. 날개가 없는 암컷은 지하에서 딱정벌레 유충을 찾아 마비시킨 뒤, 이 희생자의 몸에 알을 낳고서 지상으로 나온다. 암컷은 지상에서 식물이나 가지를 따라 기어오른 뒤 높은 곳에 자리잡은 후 성 호르몬(수컷을 유혹하기 위해 보내는 암컷의 화학적 신호)을 방출한다(**그림 8.33**). 수컷은 암컷이 나올 만한 장소를 배회하다가, 암컷이 이 페로몬을 방출하면 서둘러 그 장소로 가서 암컷을 붙잡은 뒤 다른 곳으로 데리고 가서 짝짓기를 한다(Ridsdill-Smith 1970). 난초는 부지불식간에 암컷 말벌이 보내는 화학적/시각적 단서에 반응하는 수컷의 능력을 이용하고 있는 것이다. 난초의 꽃잎은 암컷 말벌이 수컷에게 보내는 페로몬과 비슷한 냄새를 가지고 있으며, 이 냄새에 이끌려 주변으로 와서 암컷을 탐색하던 수컷은 암컷과 어렴풋이 닮은 난초 꽃잎을 보게 된다. 꽃잎을 향해 달려드는 수컷은 현혹되어 스스로를 잠재적 수분매개자로 만들게 된다(Alcock 2020).

만약 돌연변이 수컷이 생겨서 암컷 말벌과 기만적인 난초를 구분하려 한다고 상상해보자. 이 조심스런 수컷은 짐작하건데 분명히 난초 혹은 암컷에게 신중하게 다가갈 것이다. 이러한 노력으로 난초에게 자주 기만당하지는 않겠지만, 다른 수컷보다 암컷에게 먼저 도달할 가능성 역시 낮을 것이다. 이 말벌 그룹에서 암컷을 향한 경쟁은 치열하며, 수컷은 짝짓기 가능한 암컷을 찾기 위해 총력을 다한다(제10장 참조). 짝짓기 신호에 첫 번째로 도달하여 붙잡은 수컷은 이러한 자신의 정자를 수정시키기 위한 싸움에서 승리할 확률이 높을 것이며, 다른 수컷보다 수 초 정도 늦게 도착한 수컷은 아무것도 얻지 못할 것이다. *Photuris*속의 반딧불이와 마찬가지로 난초의 이러한 기만 신호는 이용당할 여지가 있는 의사소통 시스템이 있을 때 진화할 수 있다. 이 식물은 수컷이 이미 가지고 있던 선재 편향성을 이용하는데, 이러한 편향성은 동종의 암컷이 발산하는 냄새와 형태에 대한 민감한 반응으로 인해 처음 진화한 것이다. 이후 난초는 말벌 암컷과 형태와 냄새가 닮은 미끼(꽃잎)를 진화시켜 말벌 암컷을 의태하였다. 수분매개 동물을 속이지 않고 먹이를 공급하는 식물들에서도 '와서 가져가요' 라는 신호의 진화는 꽃꿀과 꽃가루를 섭취하는 수분매개 동물의 감각 능력이 진화한 이후에 이루어졌다. 이러한 연구들은 동물의 감각적/지각적 능력이 최초에는 다른 목적을 위해 만들어졌으나, 이로 인해 생성된 선재 편향성이 기만적 관계를 포함한 의사소통 신호 진화에 중요한 역할을 했음을 보여준다.

도청

*Photinus*속 반딧불이의 경우에서, 자신들이 내는 발광 신호를 자신을 속이고 유혹하여 죽음에 이르게 만드는 포식자가 엿듣게 된다면, 이러한 신호는 새드엔딩으로 끝날 수 있다. 퉁가라 개구리(*Engystomops pustulosus*)의 경우에도 마찬가지이다. 이 개구리의 울음소리는 때때로 동종의 암컷이 아니라 포식자인 장식입술박쥐(*Trachops cirrhosis*)를 유혹하는 비극으로 끝나기도 한다(Ryan et al. 1981). 피식자가 내는 청각, 시각, 화학신호 등을 이용하는 포식자들은 신호의 불법적 청취자이며, 이러한 신호가 잘못된 대상에게 전달된 개체는 적합도를 잃는다(Leech and Leonard 1997, Wyatt 2009). 이렇게 불법적 수신자가 송신자가 보내는 신호를 이용해서 자신의 이득을 취하지만 송신자에게는 손해가 발생할 때, 이를 도청(eavesdropping)이라 한다. 이러한 포식성 불법적 청취자가 피식자의 신호를 이용하여 먹이사냥에 성공하면 이 피식자는 미래 번식에 대한 모든 기회를 잃게 되기에, 이러한 신호를 보내지 않는 자연선택이 작동할 것이라 생각할 수도 있다. 우선 *Photinus* 반딧불이와 퉁가라 개구리의 차이를 비교하고서 넘어가자. 반딧불이에서 '팜므파탈' 포식자는 *Photinus* 반딧불이를 도청한 뒤 자신의 발광 신호를 이용하여 수컷을 속여서 죽음에 이르게 한다(즉, 불법적 송신자이다; 역주: 하지만 불법적 수신자이기도 하다). 반면에, 장식입술박쥐는 단순하게 수컷 퉁가라 개구리의 울음소리를 도청하여 발견한 뒤 포식한다(즉, 불법적 수신자이다).

이 장의 전반부에서, 우리는 하와이 카우아이 섬의 귀뚜라미에 대해서 논의하였다. 이곳에 있는 대부분의 수컷은 더 이상 짝을 찾기 위해 노래하지 않는다(Zuk et al. 2006). 이렇게 숨죽이고 있음으로써, 귀뚜라미의 울음소리를 이용해서 공격하는 치명적인 기생파리(*Ormia ochracea*)를 만날 확률을 낮출 수 있다(Gray and Cade 1999). 만약 귀뚜라미를 발견하면, 이 암컷 기생파리는 이 운나쁜 귀뚜라미의 몸에 유충을 심고, 이 유충은 귀뚜라미를 몸 안에서부터 먹기 시작한다. 대부분의 지역에서 귀뚜라미는 시끄러우나 이 기생파리가 최근에 정착한 카우아이 섬에서는 침묵하는 수컷 귀뚜라미의 비율이 높다. 이러한 변화는 약 20세대 만에 일어났다(Zuk et al. 2006). 그럼에도 기생파리가 있는 지역들 대부분에서는 소리내어 우는 귀뚜라미가 드물지 않은데, 이는 장식입술박쥐의 존재가 퉁가라 개구리의 울지 않는 행동을 진화시키지 않은 것과 유사하다. 하지만 카우아이에서는 울지 않는 귀뚜라미가 흔한 데도 수컷은 어떻게 암컷을 유혹할 수 있을까? 나탄 베일리(Nathan Bailey)와 말린 주크(Marlene Zuk)는 카우아이 섬에서 채집한 수컷 귀뚜라미들을 실험실로 옮겨온 후, 수컷 귀뚜라미가 우는 조용한 두 장소에 둔 뒤 행동을 분석하였다. 그 결과에서, 이 수컷 귀뚜라미들은 귀뚜라미 노래가 들릴 때보다 조용한 곳에 있을 때 좀 더 이른 시간에 움직이기 시작했으며 더 오랜 시간을 돌아다녔다(Bailey and Zuk 2008). 하지만 다른 섬에서 잡아온 귀뚜라미들에게 같은 실험을 반복하였을 때에는 이러한 소리 환경의 차이를 효과를 발견하지 못하였다. 그러므로, 수컷이 노래하지 않도록 자연선택이 작동하였지만, 동시에 그들은 좀 더 활동적이 되었다. 이러한 활동성은 기생파리를 피하는 데 도움이 될 뿐만 아니라 짝을 찾을 데에도 도움이 될 것이다.

어떤 동물은 불법적 수신자가 이용 가능함에도 불구하고 정보를 왜 제공하는지에 대한 논리는 불법적 송신자에 대한 논의에도 적용될 수 있다. 이미 진화한 의사소통 체계가 불법적 송신자와 수신자의 적합도에 기여하게 되면, 제3의 개체에 의해 이 체계는 이용될 수 있다. 포식자나 기생동물이 도청을 하면, 이들은 주변의 신호 송신자들에게 손해를 입힌다. 만약 이런 손해가 크다면, 카우아이 섬의 귀뚜라미처럼 신호를 보내는 행위가 사라질 수도 있다. 하지만 이러한 번식에 끼치는 손해가 신호를 통한 이득보다 평균적으로 크지 않다면, 이러한 의사소통 체계는 집단에서 지속될 것이다. 퉁가라 개구리의 예를 들어보자. 울지 않는 수컷은 우는 수컷보다 평균적으로 오래 살 수 있겠지만, 울지 않는 수컷은 번식에 불리할 것이다. 실제로 마이크 라이언(Mike Ryan)과 그의 동료들은 좀 더 크고 길게 우는 수컷이 암컷에게 더 매력적이라는 것을 발견하였다(**AUDIO 8.1**)(Baugh and Ryan 2011)—유사한 예로는 몇몇 반딧불이 종에서 수컷이 발광을 더 빠른 빈도수로 하면 암컷에게 답변을 받을 확률이 더 높다(Lewis and Cratsley 2008). 하지만 수컷 개구리와 반딧불이 모두 더 성적으로 매력적인 신호를 보낼수록 그들의 신호를 도청하는 포식자를 만날 확률도 높아진다(**그림 8.34**)(Ryan 1985, Lewis Cratsley 2008). 암컷을 유혹하는 것과 포식자를 피하는 것 사이의 균형은 수컷 퉁가라 개구리의 노래하는 전략에 영향을 주었다(그리고 아마도 반딧불이에도 그

AUDIO 8.1
Calling male túngara frogs
ab11e.com/uk/a8.1

(A) (B)

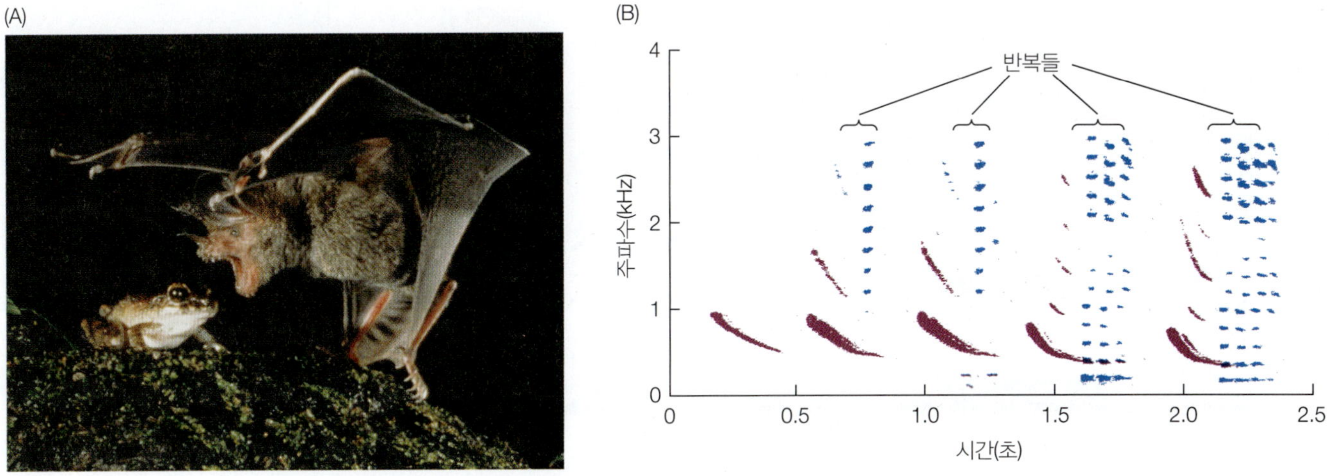

그림 8.34 불법적 수신자는 먹이의 신호를 감지할 수 있다. (A) 노래하는 수컷 퉁가라 개구리는 우발적으로 불법적 수신자(이 경우 치명적 포식자인 장식입술박쥐)를 유인할 수 있다. (B) 이러한 위험성은 수컷의 노래에 반복(그림과 같이 소리 파형을 시각화한 소노그램에서 파란색 부분)이 많을수록 올라간다. (A, photograph by Merlin D. Tuttle, Bat Conservation International/Science Source; B after Ryan 1983.)

럴 것이다). 작은 무리로 모여서 노래하는 개구리들은 큰 무리로 노래하는 개구리들보다 박쥐들의 한끼 식사가 될 확률이 높기 때문에, 작은 무리의 개구리들은 노래 뒷부분의 반복 부분을 생략하는 경우가 더 많았다(Ryan et al. 1981, Bernal et al. 2007).

많은 동물에서 송신자들의 행동은 도청하는 포식자를 끌어들일 수 있는 위험 정도에 의해 형성된다. 예를 들어, 둥지를 짓는 새는 시끄럽게 칩칩(cheeps)거리는 소리와 핍핍(peeps)거리는 소리 내는데, 이 소리는 포식자에게 둥지의 위치를 알릴 수도 있다. 연구진은 녹색제비(*Yachycineta bicolor*) 새끼가 먹이를 달라고 조르는 울음소리를 녹화한 뒤에, 메추라기 알을 넣은 인공둥지에서 재생하는 실험을 수행하였다. 37개의 인공둥지에서 실험한 결과, 그 중 29개의 인공둥지에서 시끄러운 둥지가 근처에 설치한 조용한 둥지보다 더 먼저 포식자에게 공격당하거나 파괴당했다(Leech Leonard 1997). 녹색제비 새끼들과 부모 사이의 의사소통을 도청하는 포식자는 새끼가 제공하는 정보를 이용하여 이 개체와 부모에게 손해를 입힌다.

부모 새에게 먹이를 달라고 조르는 소리(begging call)는 그 강도가 다양하며, 이러한 강도에 따라 포식자에게 이용당하는 정도가 다르다. 이러한 사실은 자연선택이 이러한 신호의 형성에 영향을 주었다는 것을 시사한다. 예를 들면, 땅에 둥지를 짓는 딱새는 나무에 둥지를 숨겨 짓는 다른 새들보다도 너구리, 스컹크 등의 포식자들에게 더 노출되어 있다(Heskell 1999). 이러한 딱새의 새끼는 나무에 둥지를 짓는 근연종들보다 좀 더 높은 고주파의 소리를 낸다(**그림 8.35A**). 이러한 고주파 소리는 멀리 퍼지지 않기에 새끼가 노출되는 것을 막을 것이다. 데이비드 하스켈(David Haskell)은 이 가설을 검증하였는데, 그는 점토로 알을 만들어 땅 위에 설치된 인공둥지들 안에 넣어두었다. 그리고 근방의 스피커를 이용해 어떤 둥지는 나무에 둥지를 짓는 검은목청딱새(*Setophaga caerulescens*)의 새끼가 조르는 소리, 그리고 나머지는 땅에 둥지 짓는 가마새(*Seiurus aurocapilla*)의 새끼가 조르는 소리를 재생하였다. 실험 결과, 검은목청딱새의 소리가 나는 둥지가 동부 다람쥐(*Tamias striatus*)에 의해 좀

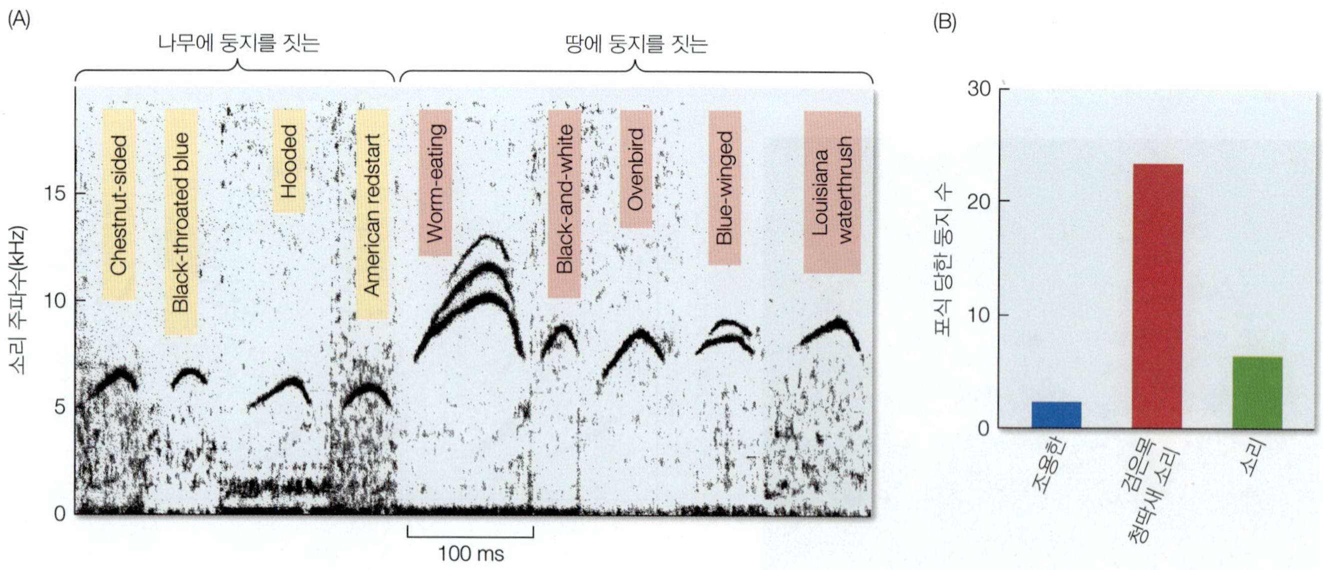

그림 8.35 포식 위험은 딱새 새끼에서 조르는 소리의 진화에 영향을 주었다. (A) 땅에 둥지를 짓는 종에서 먹이를 달라고 조르는 소리는 나무에 둥지를 짓는 종의 소리보다 좀 더 높은 주파수를 가지고 있다. (B) 인공둥지를 만든 뒤 그 안에서 새들의 소리를 녹음했다가 틀어주는 실험에서 검은목청딱새(나무에 둥지짓는 종)가 내는 소리는 땅에 둥지를 짓는 종의 소리보다 포식자들에게 더 많이 발견되었다. (After Haskell 1999.)

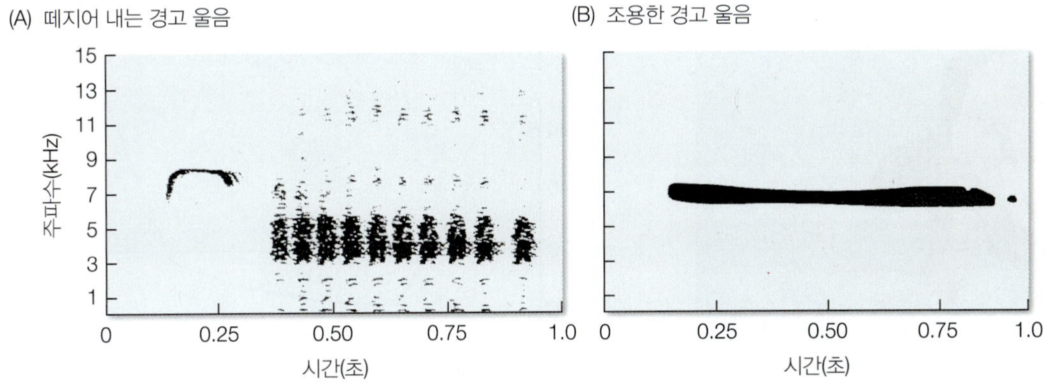

그림 8.36 박새의 경고 울음. 소노그램(A)는 떼지어 내는 경고 울음(mobbing call)을 보여주며(B)는 조용한 경고 울음(seet alarm call)을 나타낸다. 떼지어 내는 경고 울음은 저주파를 가지고 있다. (A courtesy of William Latimer; B courtesy of Peter Marler.)

더 많은 공격을 당하였다(**그림 8.35B**)(Haskell 1999). 이 결과는 둥지 포식이 새의 새끼가 부모에게 먹이를 달라고 조르는 소리의 종간 차이를 만들고 유지하는 데 영향을 주었음을 보여준다.

박새(*Parus major*)는 떼지어 내는 경고 울음(mobbing call)과 조용한 경고 울음("seet" alarm call)을 내는데, 불법적 수신자들로부터 신호가 이용 당할 수 있는 위험은 아마도 이 새가 내는 2종류의 경고성 울음소리의 차이에 영향을 주었을 것이다(**그림 8.36**)(Marler 1955). 이 명금류 새는 간혹 나무에 앉아 있는 매나 올빼미에게 다가가서 주 주파수(dominant frequency)가 약 4.5 kHz 정도 되는 시끄러운 경고 울음을 낸다. 이러한 주파수는 소리가 난 위치를 쉽게 추적 당할 수 있는데, 이러한 울음은 다른 새가 경고 울음을 낸 개체를 쉽게 찾고 그들 공통의 적을 괴롭히는 데 합류할 수 있게 한다(제6장 참조). 하지만 만약 박새가 날고 있는 매를 발견했다면, 이 박새는 훨씬 더 조용한 경고 울음을 낸다. 이 소리는 주변에 있는 자신의 짝과 자식들에게 매의 존재를 알림과 동시에 포식자가 이 소리를 낸 정확한 위치를 추적할 수 없게 해준다. 흥미롭게도 일본에 서식하는 박새 부모들은 일본쥐뱀(*Elaphe climacophora*)을 발견하면 떼지어 내는 경고 울음이 아닌 거친 신호를 보내는데, 이 소리를 들은 새끼는 둥지에서 밖으로 도망친다. 또한 큰부리까마귀(*Corvus macrorhynchos*)를 발견했을 때에는 좁은 대역의 훨씬 더 부드러운 울음소리를 내는데, 이 소리를 들은 새끼는 둥지 안쪽의 틈 사이로 몸을 웅크린다. 이러한 행동은 까마귀가 이 새끼를 찾거나 꺼내기 힘들게 한다(Suzuki 2011).

박새의 조용한 경고 울음의 주 주파수는 7~8 kHz이며, 떼지어 내는 경고 울음에 비해 훨씬 더 짧은 거리에 전달된 뒤 약해진다. 이렇게 짧은 거리만 전달 가능한 조용한 경고 울음은 근거리에 있는 수신자(동료 새들)에게 효과적으로 전달이 가능한 동시에 위험한 포식자들이 신호 송신자의 위치를 파악하기 힘들게 해준다. 게다가 조용한 경고 울음의 주파수는 매가 들을 수 있는 청력 한계를 넘어서지만 박새가 들을 수 있는 주파수 범위 내에 있다(**그림 8.37**). 그 결과에서, 박새는 새매(*Accipiter nisus*)에게 들키지 않고(새매가 10 m 이내에 있지 않는 이상) 조용하게 40 m 밖에 있는 가족들에게 경고할 수 있다(Klump et al. 1986).

(A)

(B)

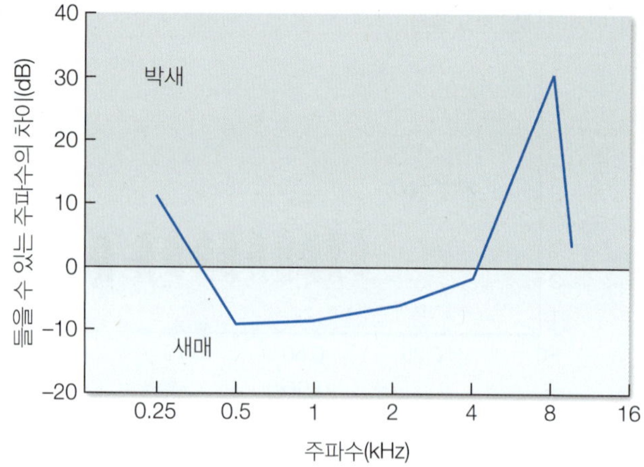

그림 8.37 포식자와 피식자의 청력. (A) 이 조작된 사진에서, 새매가 마치 박새를 공격하는 듯이 보인다. (B) 그래프의 선은 박새와 새매가 각 주파수 대에서 들을 수 있는 가장 작은 소리의 차이를 보여준다. 새매는 0.5~4 kHz 범위의 소리는 박새보다 더 작은 소리도 들을 수 있지만, 박새는 8 kHz 주파수대에서(조용한 경고 울음의 주파수) 새매의 청력 한계보다 30 dB이나 작은 소리도 감지할 수 있다. (A, photograph © Andrew Darrington/Alamy; B after Klump et al. 1986.)

만약 박새가 조용한 경고 울음을 적들의 탐지 확률을 낮추기 위해 진화시켰다면, 다른 새에서도 비슷한 성질을 가지는 울음소리가 진화했을 것이다. 실제로 박새와 근연종이 아닌 유럽에 사는 명금류(노래하는 새들)들 역시 조용한 경고 울음을 수렴진화해 왔으며, 이 현상은 새들을 사냥하는 맹금류로 인한 포식압이 맹금류가 듣기 힘든 경고 울음의 진화를 선호했다는 것을 보여준다(**그림 8.38**)(Marler 1955). 이는 동물 의사소통의 적응에 관심있는 연구자들에게 자연선택 이론이 얼마나 유용한지를 보여주는 또 다른 예이다.

요점

1. 동물 사이의 상호작용은 다양한 상황에서 정보를 교환하는 것을 포함한다. 이러한 상호작용이 의사소통인지 아닌지는 상호작용으로 인한 송신자와 수신자의 이익과 손해에 달려 있다. 정직한 신호는 송신자와 수신자 모두 적합도에 이익을 얻을 때 나타난다. 기만 신호는 수신자에게 손해를 주며, 도청은 수신자에게 이득을 주지만 송신자에게는 손해를 준다. 의사소통은 수신자가 적합도에 이득이 되는 상황들을 포함한다(정직한 신호와 기만 신호).

2. 동물의 신호들은 수신자와 송신자의 적합도에 영향을 주는 정보를 담고 있기에 의사소통 체계의 진화에 중요하다. 동물 신호들은 선재 형질 혹은 선재 편향성에 의해 진화할 수 있다. 선재 형질은 수신자에게 유용한 단서를 주는 이미 송신자가 가지고 있는 행동적, 생리적, 형태적 특징이다. 이러한 선재 형질은 의식화 과정을 통해 신호로 변형될 수 있다. 선재 편향성은 서식 환경에 존재하는 몇몇 특징에 더 잘 반응하는 동물의 감각 시스템에 존재하는 편향성으로 감각 착취 과정을 통해서 송신자의 신호로 이용될 수 있다.

3. 다윈의 변화를 동반한 계승 이론은 현재 살아가는 동물의 (의사소통 체계를 포함한) 적응적 형질이 종의 역사를 보았을 때 과거의 형질에 새로운 변화가 쌓인 결과라는 것을 말해준다.

4. 변화된 신호들(혹은 신호에 대한 반응들)이 행동 변화를 통해 적합도에 이득이 된다면, 이러한 변화는 자연선택에 의해 집단에 퍼져간다. 이러한 현상에 대한 인지는 개체의 적합도를 낮추는 것처럼 보이는 형질(예를 들면, 점박이하이에나가 위-생식기를 통해 환영 의식을 하는 것)에 대한 이해를 돕는다.

5. 정직한 신호는 송신자가 쉽게 만들어낼 수 없으며 송신자의 특성

그림 8.38 신호의 수렴 진화. 박새들의 높은 주파수의 "조용한 경고 울음"은 근연종이 아닌 다른 새가 새매를 발견시에 내는 경고 울음과 비슷하다. 이러한 경고울음을 내는 종은 검은머리쑥새(*Emberiza schoeniclus*), 대륙검은지빠귀(Turdus merula), 그리고 차핀치(*Fringilla coelebs*) 등이 있다. (After Marler 1955. Photographs from top to bottom: © Gertjan Hooijer/ShutterStock; © Karel Brož/ShutterStock; © Andrew Howe/istockphoto.com.)

(자질)을 나타내는 지표로써 수신자의 의사결정을 돕는다. 이러한 신호는 생성하기 힘들거나, 사회적으로 강제되거나 혹은 다른 신호의 발현으로 인해 쉽게 만들어낼 수 없다.

6. 기만과 도청은 수신자 혹은 송신자의 적합도를 낮춘다. 기만적 송신자와 도청을 하는 수신자에도 불구하고 동물에서 진화한 의사소통 시스템은 유지될 수 있는데, 이는 의사소통 시스템으로 인한(적절한 수신자/송신자와의 상호작용으로 인한) 순이익이 더 높기 때문이다.

안내 웹사이트

ab11e.com/uk에서 토론 질문과 모든 시청각 동영상을 확인하시오.

CHAPTER

9

번식 행동

호주 동부의 숲을 여행하다 보면, 작은 나뭇가지로 만든 구조물이 꽃, 자갈 또는 쓰레기로 꾸며져 있는 것을 볼 수 있다. 요정의 집 같은 이 구조물은 수컷 사틴집짓기새(satin bowerbird, *Ptilonorhynchus violacus*)가 직접 만든 것이다. 그 집은 새가 아니라 마치 손재주 좋은 아이가 만든 것처럼 보인다(**그림 9.1**). 사틴집짓기새 수컷은 주변에서 찾을 수 있는 형형색색의 물질로 나뭇가지 집을 치장한다. 사틴집짓기새 수컷은 파란색을 선호하지만, 제9장 표지 사진에 있는 큰집짓기새(great bowerbird)처럼 다른 집짓기새는 다른 색을 선호하기도 한다. 그러면 집짓기새 수컷들은 왜 집을 꾸밀까? 그 이유는 암컷을 유혹하기 위해서이다. 암컷이 집에 들렀을 때, 수컷은 먼저 꽥꽥 소리를 지른다. 그리고 윙윙대는 소리와 함께 날개를 함께 접었다 폈다 하면서 집 입구에서 춤을 추는 정교한 구애 행동을 보인다. 구애의 춤에 이어서, 수컷은 다른 새의 노랫소리를 따라하면서 몸을 아래 위로

Chapter 9 opening photograph © Konrad Wothe/Minden Pictures.

그림 9.1 집짓기새의 구애는 집을 중심으로 이루어진다. 노란색 꽃을 물고 있는 수컷 사틴집짓기새가 집에 들어온 암컷을 유혹하고 있다. 수컷은 공들여 집을 짓고 파란색의 물체를 이용하여 집을 장식한다. (Photograph by Bert and Babs Wells.)

VIDEO 9.1
Bowerbird reproductive behavior
ab11e.com/uk/v9.1

움직인다(**VIDEO 9.1**). 하지만 이렇게 화려한 수컷의 구애 행동에도 불구하고, 대부분의 경우에 무관심한 암컷이 갑작스레 떠나버리면서 수컷의 구애가 끝난다(Borgia 1986). 암컷 사틴집짓기새는 자신의 영역에 흩어져 있는 수컷의 집을 여러 개 둘러보지만, 교미는 당장 하지 않는다(Uy et al. 2001). 일단 한 번씩 수컷들의 집을 둘러 본 뒤, 암컷은 며칠 동안 둥지를 만들며 시간을 보낸다. 그런 후에 다시 몇몇 수컷의 집을 들르며 다시 한 번 그들이 구애하는 모습을 끝까지 살펴본다. 그리고 몇 주 뒤에, 암컷은 수컷 하나를 선택해서 그 수컷의 집으로 들어간다. 그리고 집 안에서 수컷은 다시 암컷에게 구애를 한 뒤에 교미를 한다. 교미 후에 암컷은 그냥 날아가 버린다. 나중에 암컷은 알을 품은 후, 혼자서 새끼를 키운다. 교미를 한 수컷도 2달의 번식기 동안 자기 집 주변에 머물면서 집을 둘러보러 온 암컷에게 구애를 하고, 암컷이 관심 있어 하면 교미를 한다.

사틴집짓기새 수컷과 암컷은 서로 다르게 생겼을 뿐만 아니라(그림 9.1 참조), 그들의 번식 행동도 다르다. 사틴집짓기새 뿐만이 아니다. 많은 동물의 경우에서, 수컷이 구애를 하고, 암컷은 선택을 한다. 이러한 패턴은 너무 일반적이라서 다윈 이래로 생물학자들은 번식 행동의 양 성 차이에 대한 진화적 설명을 찾고자 했다. 이 장에서, 우리는 수컷과 암컷은 행동을 비롯한 여러 형질이 왜 다른지에 대해 그 이유를 살펴보면서, 번식 행동의 차이를 다룰 것이다. 또 제8장에서 동물의 의사소통을 소개하는 데 점박이하이에나를 다뤘던 것처럼, 성선택 개념을 소개하고 설명하는 데 사틴집짓기새를 예로 들 것이다. 제9장은 먼저 성선택이란 무엇이고, 성선택이 행동과 형태적 차이에 어떻게 영향을 주는지에 대해 살펴볼 것이다. 그리고 성선택의 2종류인 성내선택(intrasexual selection)과 성간선택(intersexual selection)을 소개하며, 화려한 형질의 진화에 대한 여러 가설을 다룰 것이다. 마지막으로는 성갈등을 살펴볼 것이다. 성갈등은 짝 선택에 대한 수컷과 암컷 간의 갈등을 의미한다. 책의 앞부분에서 다루었던 것처럼, 형질의 진화를 이해하기 위해서 기능과 메커니즘을 함께 이야기할 텐데, 이런 접근법은 암컷과 수컷이 짝을 만나고 다음 세대로 유전자를 전달하는 데 도움이 되는 형질이나 전략의 진화를 더욱 분명하게 이해할 수 있게 해준다.

성선택, 그리고 성차(sex difference)의 진화

사틴집짓기새 수컷이 공들여서 집을 짓고 장식하고(종종 다른 수컷의 장식물을 빼앗기도 한다), 경쟁 수컷의 집을 부수고, 자신의 구애 장소를 다른 경쟁 수컷으로부터 지킴으로써 무엇을 얻게 될까? 여기에서는 암컷의 짝 선택뿐만 아니라 수컷의 구애 행동이 지니는 적응적 가치를 이해하기 위해서, 다윈이 진화를 설명하면서 이야기했던 **성선택(Sexual selection)**을 다룰 것이다. 성선택 이론은 가장 큰 진화적 난제에 대한 다윈의 답이다. 또 다윈이 맞닥뜨렸던 첫 번째 의문이기도 하다. 그 물음은 엄청나게 화려한 구애 행동과 형태적 형질이 어떻게 진화를 했는지에 대한 것이었다(Darwin 1871). 짝을 유혹하는 데 사용하는 '**장식(ornaments)**'이나 동성 간 싸움에 사용하는 '**무기(armaments**/weapons)'처럼 정교한 형질의 진화를 자연선택만으로는 설명하기 어렵다. 다윈은 집짓기새가 만든 집, 수컷 공작이나 천인조(widowbird)의 거대한 꼬리 같은 장식 형질이 수컷에게는 에너지 측면에서 부담이 되고, 결과적으로 수컷의 수명을 단축시킬 것이라고 생각했다(**그림 9.2**). 그럼에도 자연선택은 이처럼 생존율을 떨어뜨릴 수 있는 형질을 왜 선호하는가? 암컷을 찾아 나서지 않

그림 9.2 화려하지만 비용이 드는 수컷의 형질은 수컷의 수명을 감소시킬 수 있음에도 진화해 왔다. (A) 수컷 골디극락조(Goldie's bird of paradise, *Paradisaea decora*)가 암컷에게 화려한 깃털을 보여주고 있는 모습. (B) 수컷 산쑥들꿩(Greater sage grouse, *Centrocercus urophasianus*)의 눈에 띄는 깃털 장식. (C) 수컷 케찰(resplendent quetzal, *Pharomachrus mocinno*)의 긴 꼬리. (Photographs: A, © Phil Savoie/Naturepl.com; B, © Tom Reichner/Shutterstock.com; C, © iStock.com/Thorsten Spoerlein.)

는 수컷에 비해, 암컷을 직접 찾아다니면서 화려한 구애 행동과 멋진 집을 뽐내는 수컷이 포식자에게 들켜서 잡아먹힐 위험이 더욱 크다. 찰스 다윈은 성선택 이론을 통해서 생존에 불리한 화려한 형질이 왜 수컷에서 진화했는지를 설명하고자 했다. 수컷이 어떤 형질을 지니고 있을 때, 암컷이 더 좋아하거나 또는 그 형질을 통해 다른 경쟁자 수컷을 물리치고 암컷을 독점할 수 있다면, 그 형질을 지닌 수컷의 번식 성공도는 높아질 것이다. 만약 수컷의 화려한 형질이 수컷의 번식 성공도를 높여준다면, 성선택은 그 형질을 선호하게 된다. 만약 수컷의 어떤 장식, 무기, 구애 행동이 생존에는 불리하지만 더 많은 번식 기회를 가져다 준다면, 그 형질은 개체군 내에서 퍼져나갈 수 있다. 따라서 성선택은 자연선택의 한 형태로서, (주로 수컷의) 화려한 형질과 그에 대한 (주로 암컷의) 선호의 진화를 설명해 준다.

성선택으로 수컷과 암컷 중에서 하나의 성에서만 화려한 형질이 진화하기 때문에, 그러한 형질의 양성 차이는 번식 행동의 양성 차이로도 이어진다. 예를 들어, 사틴집짓기새 수컷은 구애를 위해 집을 짓지만, 암컷은 집을 짓지 않는다. 이처럼 수컷과 암컷의 번식 행동이 왜 다를까? 그 이유는 대다수의 암컷 사틴집짓기새는 오로지 한 마리의 수컷하고만 교미를 하기 때문이다. 또한 암컷과 교미를 한 수컷은 다른 암컷에게도 인기가 있는 수컷인 경우가 많다. 따라서 번식기 동안에 어떤 수컷은 정말 많은 암컷과 교미를 하지만, 어떤 수컷은 아예 교미를 하지 못한다. 그 결과, 수컷의 번식 성공도는 개체마다 차이가 커진다(**그림 9.3**)(Borgia 1985; Uy et al. 2001). 이처럼 개체군 내에서 번식 성공도가 개체 간에 불균등하게 나타나는 것을 **번식치우침(reproductive skew)**이라고 한다(제12장과 13장 참고). 사틴집짓기새의 경우, 수컷 간의 번식 성공도는 매우 불균등하지만, 암컷 간의 번식 성공도는 균등하다. 왜냐하면 대다수의 암컷은 번식을 하지만, 대다수의 수컷은 번식을 하지 못하기 때문이다. 이처럼 번식 성공도가 특정 성의 개체 간에서만 불균등하게 나타난다는 사실로부터, 사틴집짓기새는 왜 수컷만 집을 짓고 암컷은 수컷의 집을 고르며 다니는지, 그리고 그 반대의 경우는 왜 나타나지 않는지를 설명할 수 있다. 실제로, 수컷이 구애를 하고 여러 암컷과 교미를 하는 모습은

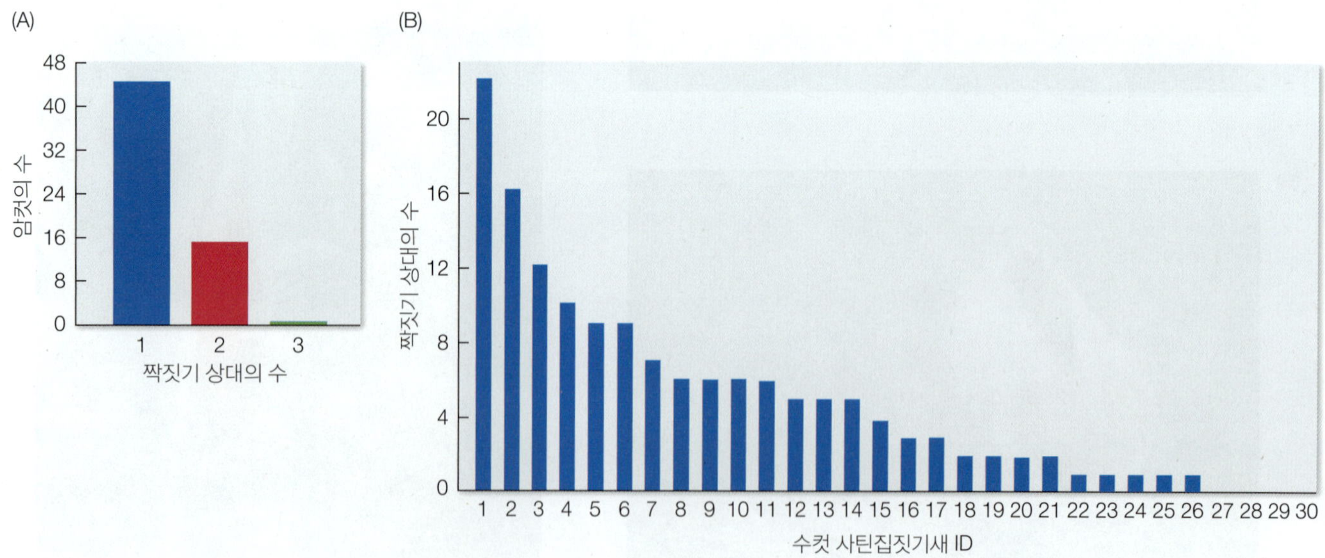

그림 9.3 사틴집짓기새 수컷 개체 간의 번식 성공도 차이는 암컷보다 크다. (A) 번식기 동안에, 두 마리 이상의 수컷과 교미를 한 암컷의 수는 매우 적다. (B) 하지만 소수의 수컷은 한 번의 번식기 동안, 20마리 이상의 암컷과 교미를 한 경우도 있었다. (After Uy et al. 2001.)

동물계에서 정말 흔하지만, 암컷은 자신이 고른 한 마리 또는 몇 마리의 수컷과의 적은 교미만으로도 만족하고는 한다.

번식 행동의 양성 차이

왜 수컷이 주로 구애를 하고, 암컷이 주로 선택을 할까? 먼저 수컷과 암컷의 외형이 왜 다르고 행동도 다른지를 이해하기 위해서, 유성생식을 하는 생물의 초기 발생을 살펴볼 필요가 있다. 양성 간의 차이는 우선적으로 생식세포 때문이다. 수컷은 작고 많은 수의 생식세포(정자)를 만들지만, 암컷은 크고 적은 수의 생식세포(난자)를 만든다(Scharer et al. 2012). 이러한 성의 **근본적 비대칭성(Fundamental asymmetry of sex)** 때문에, 정자는 값 싸게, 난자는 값 비싸게 여겨진다. 유성생식을 하는 생물에서 난자는 정자보다 크고, 정자는 단지 수컷의 DNA를 담고서 난자까지 이동할 만큼의 에너지를 갖고 있을 정도로만 크다. 이처럼 크기가 다른 두 생식세포가 결합하는 것을 **이형배우자접합(anisogamy)**이라고 부르는데, 이형배우자접합은 사틴집짓기새를 비롯한 여러 생물종에서 관찰되는 성차를 일으키는 요인이기도 하다. 초파리 *Drosophila bifurca* 수컷은 몸길이보다 20배나 더 긴 6 cm 길이의 정자를 만들어내지만(Bjork et al 2007), 이처럼 엄청난 길이의 정자를 만들어내는 종에서도 난자는 정자보다 훨씬 더 무겁다(**그림 9.4**). 심지어 어떤 새에서는 알 하나가 암컷 몸무게의 20퍼센트에 이르는 경우도 있다(Lack 1968). 반면에, 예쁜꼬마굴뚝새(splendid fairy wren, *Malurus splenders*) 수컷은 몸무게가 10그램도 채 되지 않음에도, 정소에 80억 개의 정자가 있다(Tuttle et al. 1996). 은연어(coho salmon, *Oncorhynchus kisutch*)도 비슷하다. 은연어 수컷은 3,500개의 알이 놓여 진 곳에 1,000억 개의 정자를 쏟아붓는다(Casselman and Montgomerie 2004). 사람의 경우에도, 여성은 평생 동안 난자로 분화될 세포를 몇 백 개 정도 가지고 있지만(Daly and Wilson 1983), 남성이 한 번 배출하는 정액에는 3억 5천개의 정자가 들어있다. 즉, 이론적으로는 한 남성이 전 세계 모든 여성의 난자를 수정시킬 수 있는 것이다.

일반적으로 정자의 수가 난자의 수보다 많기 때문에, 수컷은 소수의 난자를 수정시키기 위해 서로 경쟁해야만 한다(Kokko et al. 2006). 나중에 다루겠지만, 어떤 성(주로 수컷)에서 나타나는 개체 간 번식 경쟁은 개체의 번식 성공도를 높일 수 있는 형질에 성선택이 작용하도록 하는 기반이 된다. 따라서 다음 세대로 전해질 수컷의 유전자 양은 그 수컷이 얼마나 많은 짝과 교미를 하느냐에 달려있다. 더 많은 짝을 가질수록 더 많은 난자를 수정시킬 수 있고, 더 많은 자손을 볼 수 있으며, 따라서 그러한 수컷의 적합도는 다른 수컷에 비해서 더 커진다. 결국 그러한 수컷의 형질은 강한 성선택을 통해 진화한다. 이러한 주장은 1948년에 영국의 유전학자였던 앵거스 베이트만(Angus Bateman)이 초파리를 이용한 실험을 통해 제기되었다. 이 실험에서, 베이트만은 수컷 초파리의 번식 성공도는 그가 교미한 암컷의 수에 따라 증가한다는 것을 보였다(Bateman 1948).

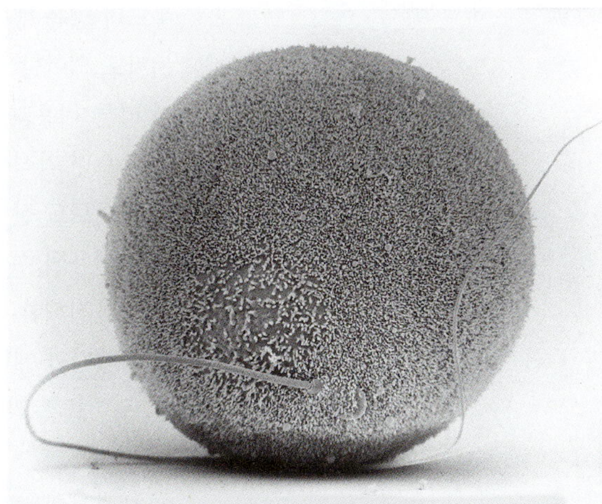

그림 9.4 정자와 난자의 크기 차이. 햄스터의 정자가 난자를 수정시키고 있는 모습을 4000배로 찍은 사진. 수정란이 만들어지는 데 있어서 수컷은 정말 작은 부분을 차지한다는 것을 보여주고 있다. (Photograph by David M. Phillips/The Population Council.)

수컷 초파리는 다른 암컷과의 교미를 통해서 번식 성공도를 높일 수 있지만, 암컷은 그렇지 않았다(Bateman 1948). 동물의 경우, 수컷은 가능한 많은 짝과 교미하기 위해 노력하지만, 암컷은 보통 그렇지 않다. 왜냐하면, 암컷이 평생 동안 만들어낼 수 있는 난자의 수는 정해져 있으므로, 암컷의 교미 성공도가 교미하는 짝의 수에 크게 영향을 받지 않기 때문이다. 일단 난자는 크기 때문에 생산하는 데에 많은 비용이 든다. 따라서 암컷은 난자를 만들기 위해 많은 자원을 확보해야 한다. 그리고 여기서 끝이 아니다. 일단 난자가 수정되고 나면, 암컷은 수컷보다 자식을 위해서 더 많은 시간과 에너지를 쏟아야 할 수도 있다. 따라서 암컷의 번식 성공도는 몇 마리의 수컷과 교미를 했는지 보다는 상대 수컷의 유전적 자질에 달려있다. 또 암컷의 번식 성공도는 자신의 양육 능력에 따라 달라지기도 한다. 수컷과 암컷의 교미 행동 차이 때문에, 수컷은 암컷보다 개체 간 번식 성공도의 차이가 크며, 이를 "**베이트만의 원리(Bateman's principle)**"라고 한다.

하지만 베이트만의 원리를 반박하는 연구 결과도 있다. 반복 실험을 통해 연구 결과가 동일하게 도출되는지 여부를 살펴보는 것은 정말 중요하다. 베이트만이 실험을 수행한 후 60년이 더 지난 뒤, 패트리샤 고와티(Patricia Gowaty)의 연구진은 베이트만이 사용했던 것과 같은 방법으로 실험을 진행했지만 같은 결과를 얻지 못했다(Gowaty et al. 2012). 고와티 연구진은 이형접합성 (하나는 돌연변이이고, 다른 하나는 일반형 유전자가 결합된 형태) 초파리를 키워서, 눈색깔처럼 쉽게 측정할 수 있는 형질을 이용하여 반복 실험을 진행했다. 하지만 돌연변이형 유전자를 2개 모두 지닌 자손은 금방 죽어버렸다. 고와티 연구진은, 베이트만이 사용한 방법에서 짝을 만나지 못한 개체수를 더 많이 측정하고, 하나 이상의 짝을 가졌던 개체수는 더 적게 측정했기 때문에, 각 성에서의 자손수 측정치가 왜곡될 수밖에 없었다고 결론을 내렸다. 비록 베이트만의 실험 결과가 반복 실험을 통해 재증명되지 않았지만, 베이트만의 원리 자체의 중요성이 사라진 것은 아니다. 왜냐하면, 베이트만의 아이디어가 여러 종에게 적용되어 왔기 때문이다. 물론, 고와티의 연구 결과는 기존의 실험이더라도 실험을 정밀하게 다시 반복하고 지속적으로 반박할 필요성이 있다는 점을 보여주고 있다.

성차와 양육 투자

부모의 양육 행동은 여러 분류군에서 흔치 않다. 또한 왜 아비보다 어미가 더 양육에 힘을 쏟는지도 의아할 수 있다. 이를 이해하기 위해서, 자식을 키우는 것과 생식세포에 투자하는 것에 따른 비용과 편익을 고려할 필요가 있다. 부모가 더 큰 생식세포를 만들고 양육에 더 힘을 쏟으면 자식이 번식 가능한 나이까지 더 잘 살아남고, 그 결과 부모의 유전자를 자식의 다음 세대로도 잘 전달할 수 있다. 반면에, 부모가 한 명의 자식에게 쏟는 투자는 또 다른 자식에게 이용될 수 없다. 따라서 부모는 현재와 미래의 번식 중 어디에 더 많은 투자를 해야 할지 저울질해야 한다. 부모가 현존하는 자식을 키우는 것은 앞으로의 번식 기회를 깎아 먹으면서 시간과 에너지를 사용하고 위험을 감수하는 것이다(Trivers 1972). 이러한 부모의 행동을, 로버트 트리버스(Robert Trivers)는 **양육 투자(parental investment)**라고 불렀다(**그림 9.5**).

대부분의 생물 종에서, 수컷보다 암컷이 자식 양육으로부터 이득을 얻는 경우가 많다. 즉, 양육에 대한 적합도 이득이 수컷과 암컷에서 다르다. 그 이유 중 하나는, 어미는 자기 자식이 자신의 유전자를 지니고 있다고 확신할 수 있기 때문이다. 하지만 아비는 자기 자식에 대한 확신이 어미보다 덜 하다. 암컷이 하나 이상의 수컷과 교미를 했을 수도 있고, 그 결과 수컷 자신과 교미한 암컷에게서 태어난 자식이 그 수컷의 자식이 아닐 수도 있기 때문이다(제10

그림 9.5 다양한 양육 형태. (A) 등에 올챙이를 업고 다니는 개구리. (B) 귤색 카로티노이드(carotenoid)를 담고 있는 정포(spermatophore)를 짝을 위해 준비한 수컷 여치. (C) 자식을 등에 태워서 보호하는 검은목논병아리(*Podiceps nigricollis*). (D) 교미 중에 정자와 함께 전달되는 포티누스(*Photinus*)속 반딧불이의 코일 모양의 정포. (Photographs: A, © iStock.com/Sand1983; B, Klaus Gerhard-Keller; C, © Piotr Kamionka/Shutterstock.com; D, Sara Lewis.)

장 참조). 따라서 엉뚱한 자식을 키우다가 교미 기회를 잃게 될 수 있기 때문에, 수컷은 자식 양육에 대한 이득이 암컷에 비해 작다. 또한 베이트만의 원리에서 살펴보았듯이, 만약 수컷이 여러 암컷과 교미를 할 수 있다면, 수컷은 자식을 키우기보다는 다른 암컷과 교미를 하는 편이 낫다(Queller 1997). 소수의 수컷이 교미를 독점하는 경우, 수컷 개체 간의 교미 성공도 차이가 커진다. 반면, 어떤 암컷이 교미에 성공하더라도 그것이 다른 암컷의 교미 성공도를 떨어뜨리지는 않기 때문에, 암컷 개체 간의 교미 성공도 차이는 작다. 따라서 비록 수컷과 암컷은 집단 수준에서의 평균 번식 성공도는 비슷하지만(왜냐하면, 모든 2배체의 자손은 아비와 어미를 갖기 때문에), 교미 성공도의 개체 간 차이는 수컷과 암컷에서 다르다(Brennan 2010). 또한 이미 한 번 교미를 한 암컷은 추가 교미에 따른 이득이 크지 않기 때문에, 성적으로 성숙한 수컷의 수보다 성적으로 성숙한 암컷의 수가 항상 더 적고, 이러한 현상은 수컷에게 **치우친 작동 성비(operational sex ratio**, 성적으로 성숙한 수컷과 암컷 간의 비율)로 나타난다(Emlen and Oring 1977). 따라서 수컷과 암컷 간의 생식세포의 수와 크기의 차이, 양육의 차이 등은 수컷과 암컷의 교미 행동 차이를 진화시켰다.

성 역할 역전

지금까지 생식세포의 차이와 양육 투자에 대한 성차를 바탕으로 성 역할에 대한 이론을 살펴보았다(**그림 9.6**). 이 이론에 따르면, 짝에 대한 번식 경쟁이 강한 성에서는 성선택도 강하

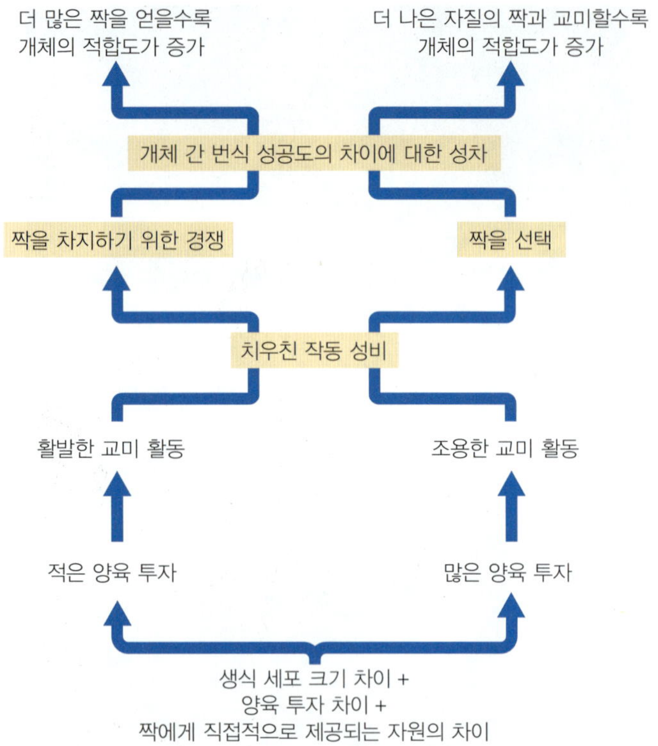

그림 9.6 수컷과 암컷의 차이를 설명하는 이론. 수컷과 암컷의 교미 행동 차이는 자식에 대한 투자 차이로 나타난다. 더 많은 자손을 남길 수 있는 성은 활발하게 교미 활동을 할수록 더 높은 적합도를 누릴 것이며, 반대의 성은 그렇지 않을 것이다. 교미할 준비가 된 개체수에는 암수 차이가 있기 때문에 어떤 성에서는 동성 간 경쟁이 진화하고, 또 다른 성에서는 짝 선택이 진화한다.

그림 9.7 성 역할 역전. 긴꼬리춤파리(Long-tailed dance fly, *Rhamphomyia longicauda*)의 경우, 암컷이 집단을 이뤄서 수컷이 선물을 가져오기를 기다린다. 암컷의 부풀어오른 배, 검고 잔털이 많은 다리는 암컷을 더욱 커 보이게 해서 수컷을 유혹한다. (From Funk and Tallamy 2000; photograph by David Funk.)

다. 그리고 그 원인은 번식 성공도의 개체 간 불평등, 치우친 작동 성비뿐만 아니라 교미 행동에 성차가 있기 때문이었다. 대부분의 생물종에서 성선택이 더 강하게 나타나는 성은 수컷이다. 이 사실을 증명하는 또 다른 방법은 완전히 반대의 경우를 찾는 것이다. 즉, 수컷이 더 많은 양육 투자를 하고 작동 성비가 암컷에게 치우친 상황에서는, 암컷에 대한 성선택이 수컷보다 더 강해질 것이다. 실제로, 몇몇 생물종에서 수컷이 자손에 더 많은 투자를 하는 경우가 있다. 그러한 종에서는, 수컷이 자식에 대해 투자를 하지 않으면 교미를 할 수 없기 때문이다. 또한 그러한 종에서는 암컷이 수컷을 차지하기 위해 경쟁하고, 수컷이 짝 선택을 할 것이라 예측할 수 있다. 이러한 모습을 "**성 역할 역전(sex role reversal)**"이라고 한다. 성 역할 역전은 작동 성비가 암컷에게 치우친 무리 속에서 교미를 하는 춤파리류에서 나타난다. 춤파리에서 작동 성비가 암컷에게 치우쳐지는 이유는 수컷이 암컷에게 줄 **혼인 선물(nuptial gift)**을 고르기 위해 먹이를 찾아 나섬에 따라, 무리 속에 없는 경우가 많기 때문이다(Svensson 1997). 혼인 선물을 구한 수컷이 무리 속으로 들어가면, 암컷들이 크고 무늬가 있는 날개와 화려한 다리(Gwynne et al. 2007) 또는 독특하게 부풀어 오른 복부의 주머니를 이용해서 구애를 하고(Funk and Tallamy 2000), 수컷은 그런 암컷 중에서 마음에 드는 짝을 선택한다(**그림 9.7**).

곤충처럼, 몇몇 어류의 수컷도 암컷에게 직접적인 이득을 제공한다. 예를 들어 암컷이 알을 낳을 수 있는 알주머니를 수컷이 지니고 있는 경우도 있다. 실고기(*Syngnathus typhle*) 수컷은 주머니 속의 수정란에 영양분과 산소를 몇 주 동안 공급하며, 이 기간 동안 암컷은 평균적으로 두 마리의 수컷 알주머니를 가득 채울 수 있는 알을 만들어낸다. 암컷은 수컷의 알주머니에 알을 낳기 위해 다른 암컷과 경쟁한다. 수컷이 알주머니를 지니고 있는 동안은 먹이 활동의 효율이 떨어지고 성장이 느려지기 때문에, 번식기 초반의 실고기 수컷은 짝과의 교미보다 먹이를 찾아 먹는 데 더 집중한다(Berglund et al. 2006). 실험실에서도, 실제 바닷속에서도, 넉넉한 알주머니를 지닌 크기가 큰 수컷은 적극적으로 짝을 고르는데, 작고 평범한 암컷들은 제쳐두고 큰 암컷을 선택하곤 한다. 그리고 크기가 큰 암컷은 더 많은 알을 수컷의 알주머니 속에 낳는다(Berglund et al. 1986; Rosenqvist 1990). 걸프실고기(Gulf pipefish, *Syngnathus scovelli*)를 대상으로 한 실험에서는, 자식의 생존율이 암컷의 몸 크기에 따라 부분적으로 달라졌다(Paczolt and Jones 2010). 실제로, 여러 실고기 종에서, 수컷은 몸집이 큰 암컷을 선호한다. 더 나아가 수컷 걸프실고기는 그냥 큰 암컷을 선호할 뿐만 아니라 옆면에 일시적으로 줄무늬가 나타나는 암컷도 선호하는 것처럼 보인다. 이 줄무늬는 암컷이 서로 싸울 때 자신의 몸 크기를 더 강조할 수 있다(Berglund and Rosenqvist 2001; Partridge et al 2013). 아담 존스(Adam Jones)의 연구진은 암컷 간의 경쟁이 이러한 줄무늬 장식의 진화에 큰 선택으로 작용한다는 사실을 알아냈다(Flanagan et al. 2014). 그러므로 암컷의 줄무늬는 수컷에게 몸 크기를 알리는 '정직한' 신호가 될 수 있는 것이다.

몰몬귀뚜라미(Mormon cricket, *Anabrus simplex*)도 암컷이 수컷을 차지하기 위해 경쟁하는 동물이다. 다릴 그윈(Darryl Gwynne)은 몰몬귀뚜라미가 밀도가 높을 때 암컷끼리의 싸움이 늘어나고, 짝 선택이 더욱 심화된다는 것을 밝혔다(Gwynne 1984). 하지만, 밀도가 늘어나면서 먹이가 줄어들면, 성적으로 성숙한 수컷의 개체수도 줄어든다(Gwynne 1993). 수컷 몰몬귀뚜라미는 교미를 할 때 혼인 선물로 암컷에게 정포를 준다. 그리고 암컷은 수컷이 주는 정포를 먹고 영양분을 얻으며, 결과적으로 더 많은 알을 낳는다(**그림 9.8**, Gwynne 1981). 수컷의 정포가 수컷 몸무게의 25%를 차지한다는 점에서, 대부분의 수컷 몰몬귀뚜라미는 한 번 이상 교미를 할 수 없다. 여러 수컷을 만나서 많은 정포를 얻은 암컷 몰몬귀뚜라미는 더 많은 알을 낳을 수 있다. 따라서 암컷 몰몬귀뚜라미는 수컷을 차지하기 위해 서로 싸우고, 그 결과 성선택으로 암컷의 몸 크기가 커지는 방향으로 진화를 했다(Gwynne 1993).

암컷 몰몬귀뚜라미의 경쟁은 이동 시기에 더욱 분명히 나타난다(Simpson et al. 2006). 이동하는 무리 속에서, 수컷은 암컷에게 소리 신호를 통해 자신의 교미 의사를 알리고, 암컷은 이 신호를 듣고 빠르게 다가와서 다른 암컷을 밀쳐가며 수컷 위로 올라탄 뒤 수컷에게 정포를 받는다. 하지만 너무 가벼운 암컷이 올라탔을 때, 수컷은 암컷에게 정포를 주지 않는 경우도 있다. 수컷은 3.2 g보다 가벼운 암컷과는 교미를 하지 않고, 3.5 g보다 무거운 암컷과 교미를 해서 그 암컷이 갖고 있는 알의 50% 이상을 수정시킨다(Gwynne 1981). 따라서 만약 교미를 원하는 수컷보다 암컷의 수가 더 많다면(즉, 일반적인 작동 성비의 반대의 경우라면), 짝을 차지하기 위한 경쟁이 수컷보다는 암컷에서 나타나는 것이다.

그림 9.8 몰몬귀뚜라미(Mormon cricket) 수컷이 암컷에게 혼인 선물을 주고 있는 모습. 교미를 막 마친 암컷은 수컷에게서 받은 흰색의 큰 정포를 갖고 있다. (Photograph by John Alcock.)

그림 9.9 암수 모두 장식을 지니고 있는 흑고니. 수컷과 암컷 모두 휘어진 날개깃을 지니고 있으며, 이 날개깃은 상대를 유혹하는 데 쓰인다. (Photograph © iStock.com/steveo73.)

이 예시에서 분명히 기억해야 할 사실이 있다. 일반적으로, 암컷이 수컷보다 자식에게 더 많은 투자를 하고, 개체군 내에서는 암컷보다 수컷이 더 교미를 원하고, 암컷보다 수컷 개체들 간의 번식 성공도의 차이가 더 크다고 여겨지고 있지만, 모든 종에서 그렇지는 않다. 이러한 경향이 반대일 때, 성선택은 수컷보다 암컷의 형질에서 더 강하게 작용할 것이다. 이처럼 성 역할 역전(sex role reversal)이 나타나는 종에서는, 수컷보다 암컷이 더화려하고, 몸집이 더 크고, 영역을 갖고 있으며, 양육은 덜 하는 경우가 많다. 물론, 성선택이 수컷과 암컷 모두에게 강하게 작용하는 종도 있다. 협동 번식을 하는 종에서 특히 그렇다(제13장 참조). 이런 종에서는 수컷과 암컷 모두 번식 성공도의 개체 차이가 크고, 짝을 차지하기 위한 경쟁이 심하다(Rubenstein and Lovette 2009). 성선택이 양 성에서 모두 강하면, 양 성 모두에서 화려한 장식과 짝 선택이 나타난다. 흑고니(black swan, *Cygnus atratus*)가 그렇다. 수컷과 암컷 흑고니는 모두 휘어진 날개깃을 지니고 있는데, 이 날개깃은 여러 사회적 관계에서 사용된다(**그림 9.9**)(Kraaijeveld et al. 2004).

성내선택과 짝을 차지하기 위한 경쟁

앞에서 살펴본 것처럼, 대부분의 생물종에서 수컷은 정말 많은 자손을 가질 수 있다. 하지만 수컷이 가질 수 있는 자손의 수는 다른 경쟁자 수컷들과 암컷에 따라 달려있다. 다른 수컷들은 같은 암컷을 대상으로 교미를 하려는 경쟁자이고, 암컷은 어떤 수컷이 자신의 알을 수정시킬 수 있을지를 결정하는 주체이기 때문이다. 이러한 모습은 다윈이 성선택을 생각하며 그려낸 상황이기도 하다. 다윈은 성선택에서 서로 독립적이지만, 한편으로는 연관되어 있는 2개의 메커니즘을 주장했다. 하나의 메커니즘은 **성내선택(intrasexual selection)**으로, 이것은 수컷 간의 경쟁이다. 그리고 또 다른 메커니즘은 **성간선택(intersexual selection)**으로, 이것은 일반적으로 수컷이 암컷에게 구애를 하고 암컷이 짝 선택을 하는 과정을 말한다. 비록 이 두 가지 메커니즘이 꽤 많은 종에게 적용되지만, 어떤 종에서는 성내선택이 암컷 간의 경쟁으로 나타나고, 수컷이 짝 선택을 하며, 때로는 수컷과 암컷이 모두 짝 선택을 하는 상호 짝 선택(mutual mate choice)이 나타나기도 한다(Rubenstein 2012). 이제 우리는 수컷에서 주로 일어나는 성내선택과 암컷에서 주로 일어나는 성간선택에 집중하여 살펴볼 것이다.

짝을 차지하기 위한 경쟁

암컷을 차지하기 위해 다른 수컷을 효과적으로 물리칠 수 있게 해주는 적응 형질이 있다고 생각해보자. 수컷 사틴집짓기새는 기회가 있을 때마다 다른 수컷의 집을 망가뜨리고(Pruett-Jones and Pruett-Jones 1994), 이렇게 집이 망가진 수컷은 교미할 기회를 잃는다. 따라서 자신의 구애 영역을 잘 관리하고 침입자 수컷과 적극적으로 싸우는 사틴집짓기새 수컷은 성선택에 의해 선택될 것이다. 수컷끼리의 싸움은 지구에서 살아가는 생물에서 나타나는 가장 일반적인 특징이다. 왜냐하면, 경쟁에서 이긴 수컷이 더 많은 교미를 할 수 있기 때문이다. 기린도(**그림 9.10**)(Pratt and Anderson 1985, Simmons and Scheepers 1996), 그리고 땅굴벌(Alcock et al. 1977)도 그러하다.

싸움 능력에 대한 성선택은 더 큰 몸집의 진화로 이어진다. 왜냐하면 수컷의 몸집이 클수록 싸움에서 이길 수 있기 때문이다. 더 나아가서, 수컷이 짝을 차지하기 위해 다른 수컷과 주기적으로 싸워야 하는 종이라면, 그 종의 수컷은 암컷보다 몸 크기가 큰 경우가 많다(Blanckenhorn 2005). 즉, 수컷 몸 크기에 대한 성내선택이 강하다면, 몸 크기의 암 수 차이(**성적이형성, sexual dimorphism**)가 진화한다. 따라서 성선택이 수컷에게 강하게 작용하고 있는 종에서는, 수컷이 암컷보다 큰 경우가 많다. 반면에 성 역할 역전이 나타나는 종에서는 암컷에게 성선택이 강하게 작용해서, 암컷이 수컷보다 큰 경우가 많다. 또한 수컷은 무기(armaments) 형질을 지니고 있는 경우가 많다. 거미부터 공룡까지, 그리고 딱정벌레부터 코뿔소까지, 많은 동물의 수컷은 뿔, 날카로운 이빨, 곤봉 모양의 꼬리, 가시가 달린 두꺼운 다리 등과 같은 무기를 지니고 있다. 그리고 이들 무기는 짝을 차지하기 위해서 다른 수컷과 싸울 때 사용된다(**그림 9.11**)(Emlen 2008). 그리고 제7장에서 이야기했던 것처럼, 개체 간 서열을 나타내는 형질도 경쟁에 사용될 수 있다. 예를 들어, 가슴깃의 색깔은 실제 싸움에 이용되지는 않아도 서열을 나타낼 수 있다.

그림 9.10 암컷을 차지하기 위한 수컷들의 싸움. 사진에서 두 마리의 수컷 기린이 자신들의 무거운 목과 두툼한 머리로 상대를 치고 있다. 기린의 긴 목은 높은 곳에 있는 먹이를 먹기 위해 자연선택된 것이기도 하지만, 성선택에 의한 산물일 수도 있다. (Photograph by Gregory Dimijian/Photo Researchers, Inc.)

보통 수컷은 암컷을 차지하기 위해 싸우지만, 어떤 종에서는 수컷끼리의 싸움이 당장 교미를 위해서가 아닌 경우도 있다. 이런 경우의 싸움은 수컷 간 **서열(dominance hierarchy)**을 다지기 위해서이다. 일단 서열이 정해지고 나면, 높은 서열의 알파 수컷이 낮은 서열의 수컷에게 다가가기만 해도 그 상대 수컷은 도망가 버리거나, 항복의 신호를 보낸다. 만약 높은 서열에 오르기 위해서 많은

그림 9.11 수컷의 무기 형질에서 나타나는 수렴 진화. 코뿔소의 뿔 같은 형질은 유연관계가 없는 종에서 반복적으로 진화했다. 그 이유는 아마도 암컷을 차지하기 위한 수컷의 경쟁 때문일 것이다. 사진의 동물들은 1, 일각고래(narwhal, *Monodon monoceros*); 2, 카멜레온(*Chamaeleo [Trioceros] montium*); 3, 삼엽충(*Morocconites malladoides**); 4, 유니콘피쉬(*Naso annulatus*); 5, 케라톱시드류 공룡(*Styracosaurus albertensis**); 6, 뿔돼지(horned pig, *Kubanochoerus gigas**); 7, 프로토세라티드 유제류(protoceratid ungulate, *Synthetoceras sp.**); 8, 쇠똥구리(Onthophagus raffrayi); 9, 브론토데어(brontothere, *Brontops robustus**); 10, 장수풍뎅이류(*Allomyrina [Trypoxylus] dichotomus*); 11, 등각류(isopod, *Ceratocephalus grayanus*);12, 뿔이 있는 설치류(Epigaulus sp.*); 13, 자이언트코뿔소(*Elasmotherium sibiricum**)이다; (*멸종). (Courtesy of Doug Emlen.)

것을 잃어야 한다면, 하지만 높은 서열에 오를수록 유용한 자원을 차지할 가능성이 더 커지는 상황이라면, 높은 서열을 차지하는 데 도움을 주는 형질은 모두 적응적이라고 할 수 있다. 또 그렇게 힘들게 높은 서열에 오른 수컷은 높은 번식 성공도로 보상 받는다. 실제로, 포유류에서 높은 서열의 수컷은 낮은 서열의 수컷에 비해 일반적으로 교미를 더 많이 한다(Cowlishaw and Dunbar 1991).

정말 높은 서열의 수컷이 더 많은 짝을 얻는지를 검증하기 위해서, 노랑개코원숭이(yellow baboons, *Papio cynocephalus*)를 대상으로 한 연구를 살펴보자. 노랑개코원숭이의 수컷은 높은 서열을 차지하기 위해 서로 격렬하게 싸운다(**그림 9.12A**). 그 결과, 수컷은 보통 6주에 한 번씩은 다른 개체에게 물리는데, 이러한 빈도는 암컷에서보다 4배 더 높다(Drews 1996). 그렇다면 수컷은 왜 물어 뜯고 싸우다가 세균에 감염될 수도 있는 위험을 감수하고서라도 더 많은 교미를 위해 높은 서열을 차려고 하는걸까? 개코원숭이의 교미를 조사한 글렌 하우스파터(Glen Hausfater)의 연구 결과, 처음에는 낮은 서열의 수컷과 높은 서열의 수컷의 교미 빈도에 차이가 없는 것으로 나타났다(Hausfater 1975). 하지만 하우스파터는 이 결과가 수컷이 교미한 시기를 고려하지 않았다는 사실을 깨달았다. 즉, 수컷이 가임기의 암컷과 교미를 했을 때만 곧 수정으로 이어질 수 있다. 하우스파터는 교미 시기를 고려하여 결과를 재분석했을 때, 높은 서열의 수컷이 가임기 암컷을 독점하고 있다는 것을 알아냈다. 낮은 서

그림 9.12 노랑개코원숭이 수컷의 서열과 교미 성공도. (A) 높은 서열을 차지하기 위해 싸우는 수컷 개코원숭이. (B) 케냐 지역 개체군에 대한 오랜 조사 결과, 수컷의 서열과 교미 성공도 간에 매우 강한 양의 상관 관계가 있음이 밝혀졌다. 상관계수가 1에 가까울수록 수컷의 서열과 교미 성공도 간에 강한 연관이 있다는 것을 의미한다. (A, photograph by Joan Silk; B after Alberts et al. 2003.)

열의 수컷도 교미를 하지만, 암컷이 가임기에 있지 않을 때에만 하게 되는 것이다.

하우스파터의 선제적인 연구에 이어서, 다른 연구진들도 다른 개코원숭이 개체군을 대상으로 비슷한 연구를 수행했다. 수 년 동안의 케냐 노랑개코원숭이에 대한 조사 결과, 수컷의 서열은 가임기 암컷과의 교미 성공도와 항상 양의 상관관계를 띄는 것으로 나타났다(**그림 9.12B**)(Alberts et al. 2006). 주변에 들러붙은 수컷을 내쫓아가며 가임기 암컷과 교미를 하는 수컷은 아마도 그 암컷이 낳는 자식의 아비가 될 가능성이 높다. 또 유전자 분석을 통해 자식의 아비를 판별했을 때, 수컷의 서열은 그의 교미 성공도뿐만 아니라 유전적인 성공도와도 관계가 있었다(Alberts et al. 2006). 높은 서열의 노랑개코원숭이는 가임기의 암컷을 잘 골라내서 교미할 수 있었기 때문에, 낮은 서열의 수컷보다 더 많은 자손을 보았다(Gesquiere et al. 2007). 물론 다른 영장류에서도 나타나듯이(Widdig et al. 2004), 높은 서열의 수컷은 낮은 서열의 수컷을 가임기 암컷에게 다가가지 못하도록 쫓아내기도 했다(Alberts et al. 2006).

여러 조건적 교미 전술의 공존

개코원숭이를 비롯하여 다른 많은 동물들을 대상으로 한 연구에서는 높은 서열의 수컷일수록 더 많은 자식을 가졌다. 하지만 서열에 따라 번식 차이가 나지 않는 경우도 많다(**그림 9.13**)(Alberts et al. 2003). 낮은 서열의 노랑개코원숭이는 높은 서열의 수컷에게 밀리지만 다른 부분에서 이를 보상받는다. 그 중 한 가지는 낮은 서열의 수컷이 특정 암컷과 강한 유대 관계를 발달시켜서 그 암컷과 교미를 하는 것이다(Palombit et al. 1997). 낮은 서열의 수컷이 암컷과 자식들을 보호하기 위해 노력하겠다는 의지를 암컷에게 자주 내비치면, 암컷은 가임기가 되었을 때 그 수컷을 찾기도 한다(Strum 1987). 또 다른 방법은 낮은 서열의 수컷이 다른 수컷들과 유대 관계를 형성하는 것이다. 동맹을 통해서 수컷들은 암컷을 소유하고 있는

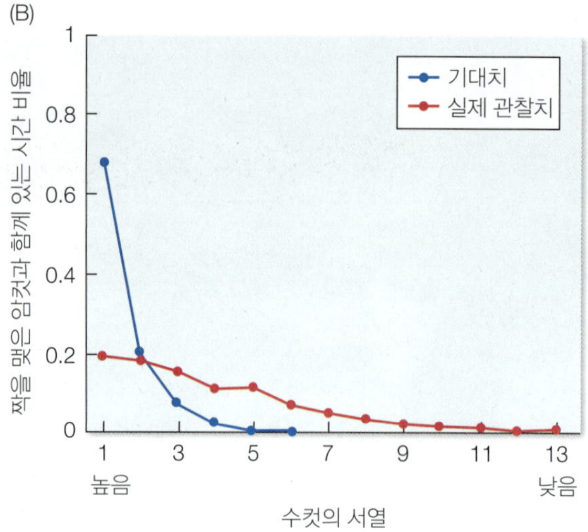

그림 9.13 높은 서열의 수컷 개코원숭이는 가임기 암컷에게 우선적으로 접근할 수 있지만 그 암컷들을 완벽하게 독점하지는 못한다. (A) 가임기 암컷을 지키는 수컷. (B) 높은 서열 수컷은 기대치에 비해서 가임기 암컷 주변에 머무는 시간이 많지 않다. (A, photograph by Joan Silk; B after Alberts et al. 2003.)

강한 수컷에게 대항할 수 있고, 그에게서 암컷을 빼앗을 수도 있다. 따라서 8마리의 수컷으로 구성된 노랑개코원숭이 집단이 있다고 가정했을 때, 서열 상 5, 6, 7위에 속하는 3마리의 낮은 서열 수컷들은 주기적으로 연합하여 높은 서열의 수컷에게 대항하고, 그에게서 가임기의 암컷을 빼앗을 수 있다. 실제로 낮은 서열의 수컷들이 연합해서 높은 서열의 수컷에게 대항하여 암컷을 빼앗는 경우가 전체 28번의 관찰 중 18번이나 목격되었다(Noë and Sluijter 1990).

다른 수컷이나 암컷과의 연합을 형성하는 낮은 서열의 수컷의 행동을 대안적 교미 전술(alternative mating tactic) 또는 행동 다형성(behavioral polyphenism)이라고 부른다(제3장 참조). 성선택이 강하고 몇몇 수컷이 교미를 독점할 때, 다른 수컷들은 소수의 교미 기회를 잡기 위해서 대안 전술을 쓸 수 있다. 어떤 수컷은 기꺼이 성공적이지 않은 전술을 사용하는데, 그 이유는 그 전술이 그나마 나은 전술이기 때문이다. 즉, (서열, 몸 크기, 또는 몸 상태 때문에) 짝을 차지하기 위한 경쟁에서 다른 경쟁자에게 밀리는 개체는 조금이나마 교미 성공도를 높여줄 수 있는 대안 전술을 택한다. 아무런 교미 기회를 얻지 못하는 것보다 대안 전술이라도 취하는 게 낫기 때문이다. 우리는 이러한 다형성을 '**여러 대안적 교미 전술을 담고 있는 하나의 조건적 전략(a single conditional strategy with alternative mating tactics)**'이라고 부르거나, 또는 간단히 **조건적 교미 전술(conditional mating tactics)**이라고 부른다. 이러한 대안적, 조건적 교미 전술(또는 형질)은 동일한 유전적 배경을 지니고 있다.

갈라파고스 제도에 모여서 살아가는 바다이구아나(*Amblyrhynchus cristatus*) 수컷의 경우, 낮은 서열의 수컷은 대안적 교미 전술을 이용하여 번식을 조금이라도 할 수 있다. 몸집이 서로 다른 수컷 바다이구아나에서는, 작은 수컷이 교미를 하려고 암컷에게 올라타더라도 큰 수컷이 밀쳐내고 암컷을 빼앗을 수 있다(**그림 9.14**). 수컷 바다이구아나는 정자를 배출하는 데 3분 정도가 소요되기 때문에, 암컷에게 올라탄 작은 수컷은 정자를 채 전달하기도 전에

그림 9.14 갈라파고스의 바다이구아나 수컷의 경우, 몸집이 큰 수컷은 작은 수컷의 교미를 방해한다. 사진은 큰 수컷이 암컷과 교미하는 모습을 작은 수컷이 바라보는 모습. 수컷 개체별 인식을 위해 노란색으로 칠했다. (From Rubenstein and Wikelski 2003; photograph by Dustin Rubenstein.)

암컷에게서 떨어질 수도 있다. 작은 수컷은 이러한 문제를 해결하기 위해서 큰 수컷과는 다른 교미 전술을 사용한다. 작은 수컷은 교미 전에 미리 정자를 모아두었다가 암컷에게 빠르게 전달한다. 작은 수컷은 암컷이 주변에 있을 때 일단 정자를 배출해서 특별한 주머니에 저장해 둔 다음, 암컷에게 올라탈 기회를 엿본다. 그리고 암컷에게 올라탄 뒤에, 작은 수컷은 꼬리 아래쪽의 구멍에서 반음경[hemipenes, 유린류(squamate)의 도마뱀이 지니고 있는 유사 삽입 기관. 한 쌍이 존재]을 꺼내서 바로 암컷의 총배설강에 삽입한다. 그리고 이미 배출되어 있는 정자가 삽입기의 홈(penile groove)을 따라 암컷의 몸속으로 들어간다. 따라서 이 수컷이 반복적으로 교미를 하고 사정을 할 수는 없더라도 적어도 찰나의 시간에 일부 정자를 암컷에게 건넬 수 있다(Wikelski and Baurle 1996). 이러한 방법으로 작은 바다이구아나 수컷은 큰 수컷의 공격을 피할 수 있을 뿐만 아니라, 암컷의 짝 선택도 피할 수 있다. 작은 수컷은 일반적인 사정 방식을 따르지 않으면서 정자를 전달하지만, 작은 수컷보다 더욱 느긋하게 교미를 할 수 있는 몸집이 큰 수컷은 더 큰 교미 성공도를 누릴 수 있다. 특히 손꼽힐 정도로 큰 수컷은 개체군 내의 대부분의 교미를 독점하다시피 한다(Wikelski et al. 1996, Vitousek et al. 2008). 따라서 몸집이 큰 수컷은 높은 적합도를 누릴 수 있는 교미 전술을 사용하고, 작은 수컷은 교미를 하지 못하는 최악의 경우를 피하기 위해서 조금의 정자라도 전달하는 전술을 사용하므로 같은 종 내에서도 수컷마다 번식 행동의 차이가 나타난다. 이러한 전술의 차이 덕분에, 아예 번식 기회도 얻지 못할 개체가 아주 조금의 번식 성공도를 누릴 수 있는 것이다.

작은 바다이구아나 수컷은 크고 힘이 센 수컷과 싸우기보다는 몰래 암컷의 난자를 수정시킴으로써 더 나은 번식 성공도를 취할 수 있었다. 마찬가지로 장수뿔쇠똥구리(horned scarab beetle, *Onthophagus nigriventris*)에서도 크기가 작은 수컷이 좀 다른 번식 전술을 사용한

(A)

(B)

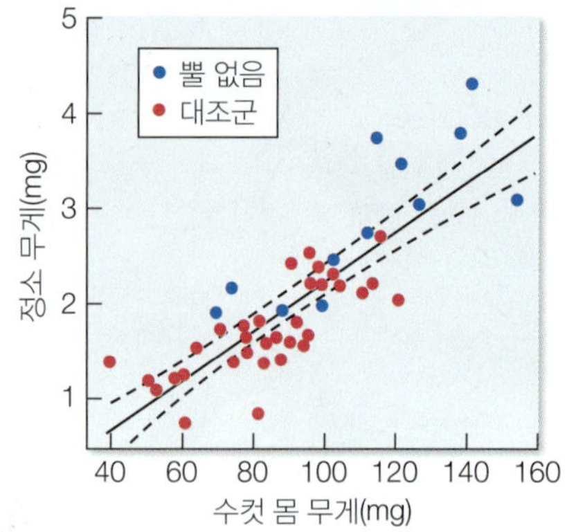

그림 9.15 뿔이 크면 정소가 작다. (A) 장수뿔쇠똥구리(horned scarab beetle, *Onthophagus nigriventris*)의 경우, 크기가 큰 수컷은 뿔이 있고, 크기가 작은 수컷은 뿔이 작거나 아예 없다. (B) 인위적인 처리를 통해서 수컷이 뿔이 없는 상태로 자라게 만들었을 때, 그 수컷은 뿔이 정상적으로 자란 수컷보다 더 큰 몸집으로 자랐다. 또 그들은 몸 크기에 비해 정소 크기도 더 컸다. 2개의 데이터를 합친 것에 대한 회귀 곡선(regression line)을 95% 신뢰 구간과 함께 그린 것이다. (A, photograph by Doug Emlen; B after Simmons and Emlen 2006, © 2006 National Academy of Sciences, USA.)

다. 크기가 작은 수컷은 큰 뿔을 지닌 수컷과의 싸움에서 항상 진다. 만약 애벌레 단계에서의 부실한 영양 공급 때문에 큰 몸집의 성체로 자라기 어려워지면 그 애벌레는 자신이 지닌 자원을 뿔에 투자하기보다는 정자를 만들어내는 정소에 더 투자를 한다. 이 작은 수컷들은 뿔이 매우 작거나 아예 없지만, 대신 뿔이 거대한 수컷에 비해 큰 정소를 지니고 있다. 따라서 이것도 조건적 번식 전술이다. 애벌레 단계에서의 영양 섭취에 따라서, 몸집이 더 크고 뿔이 달린 수컷으로 자랄지, 또는 큰 정소를 지닌 작은 수컷으로 자랄지 결정된다.

이처럼 발생 중의 영향으로 인해 큰 수컷과 작은 수컷 사이에 형태적인 차이가 나타났다. 그렇다면 이 수컷들의 교미 행동도 서로 다를까? 작은 수컷은 큰 뿔을 지니고 있는 큰 몸집의 수컷이 지키고 있는 구덩이 속으로 몰래 들어가서, 그 내부에 있는 암컷과 몰래 교미를 시도하며, 암컷에게 엄청난 양의 정자를 전달한다(Hunt and Simmons 2002). 큰 수컷은 뿔을 크게 발달시킴과 동시에 정소 또한 크게 발달시킬 수는 없다(**그림 9.15**)(Simmons and Emlen 2006). 그 이유는, 수컷 박쥐가 큰 정소와 큰 뇌를 동시에 가질 수 없는 것과 같은 이유에서이다(Pitnick et al. 2006). 큰 뿔이 있지만 정소가 작은 수컷 장수뿔쇠똥구리는 정자 경쟁 측면에서 작은 수컷에게 밀린다. 작은 수컷은 엄청난 양의 정자를 암컷에게 주입함으로써, 큰 뿔을 지닌 수컷이 주입한 정자를 쓸모없게 만들어버릴 수 있다.

그림 9.16 파노파(*Panorpa*)속의 밑들이. 전갈을 닮은 배의 마지막 마디는 수컷이 암컷을 부여잡고 강제적으로 교미를 할 수 있도록 돕는 기능을 한다. 이러한 교미 전략은 밑들이가 지니고 있는 3가지 번식 전술 중 하나이다. (Photograph © Mario Saccomano/Shutterstock.com.)

파노파(*Panorpa*)속의 밑들이(scorpion fly)에서는 3종류의 대안적 번식 전술이 나타난다(**그림 9.16**)(Thornhill 1981). 밑들이 수컷은 곤충의 사체를 발견하면 어떻게 해서든 차지하려고 한다. 그 이유는 수컷이 곤충 사체를 암컷을 유혹하는 도구로 사용하기 때문이다. 하지만 어떤 수컷은 식물의 잎에 침만 뱉어놓고서, 그 영양분이라도 섭취하려는 암컷을 끌어들인다. 또 다른 수컷은 암컷에게 아무것도 주지 않고, 그 대신 암컷을 강제로 잡아서 교미를 시도한다. 랜디 쏜힐(Randy Thornhill)은 10마리의 수컷과 10마리의 암컷을 대상으로 수행한 실험에서, 가장 큰 수컷이 실험 공간에 둔 두 마리의 귀뚜라미 사체를 독점했고, 덕분에 이 수컷은 암컷에게 쉽게 다가갈 수 있었으며, 결과적으로 평균 6번의 교미를 할 수 있었다. 중간 크기의 수컷은 큰 수컷을 힘으로 이겨낼 수 없기 때문에 귀뚜라미를 가질 수 없었고, 대신에 그들은 침 선물을 만들어서 암컷을 유혹했다. 하지만 2번 정도의 교미만 겨우 할 수 있었다. 작은 수컷은 귀뚜라미도 얻지 못하고 침도 만들지 않았지만, 강압적으로 교미를 시도했고, 그 결과 평균적으로 1번 정도의 교미를 할 수 있었다.

쏜힐은 모든 수컷이 하나의 조건적 전략을 지닐 것이라고 생각했다. 즉, 각 수컷 개체는 자신의 서열에 따라 3가지 전술 중 하나만을 사용한다. 이처럼 최악의 상황에서 그나마 나은 전술을 택한다는 것은 행동의 차이가 유전적 배경에 따른 것이 아니라 환경에 의해 야기될 수 있다는 것을 의미한다. 따라서 만약 어떤 사회적 조건에서 전술 전환이 가능하다면, 수컷은 더 나은 번식 성공도를 기대할 수 있는 전술로 바꿀 것이다. 이러한 시나리오를 검증하기 위해, 쏜힐은 귀뚜라미 사체를 차지하고 있던 큰 수컷을 나중에 빼내는 실험을 했다. 이렇게 큰 수컷이 사라졌을 때, 침 무더기를 만들던 수컷 중 일부는 귀뚜라미를 차지하려고 움직였다. 강제 교미 전술을 쓰던 일부 수컷은 버려진 침 무더기 옆으로 재빨리 가서 자리잡고 있기도 했다. 이와 같이, 수컷 밑들이는 그 상황에서 가장 높은 교미 성공도를 기대할 수 있는 전술을 따른다. 이 결과는 밑들이에서 3가지 교미 전술이 어떻게 공존할 수 있는지에 대해 설명해 준다(Thornhill 1981).

대안적 교미 전략의 공존

앞에서 살펴보았듯이, 살아가면서 번식 전술을 변화시킬 수 있는 것을 대안적 번식 전술(alternative mating tactics)이라고 한다. 대부분의 경우에, 수컷은 최악의 상황에서 그나마 나은 전술을 취한다는 점에서, 수컷은 조건적으로 번식 전술을 택한다(Dawkins 1980, Eberhard 1982, Gross 1996). 하지만 모든 동물이 서열이나 몸 상태에 따라서 번식 전술을 유연하게 변화시킬 수 있는 것은 아니다. 대신, 어떤 개체는 유전적 배경에 강하게 기반하여 일생 동안 변하지 않고서 고정된 '**대안적 번식 전략(alternative mating strategy)**'을 취하기도 한다. 예를 들어, 제3장에서 다루었던 목도리도요(*Philomachus pugnax*)처럼, 영역을 지니고 있는 수컷, 영역을 지닌 개체에 붙어 지내는 수컷, 암컷의 외양을 지닌 수컷과 같이 3가지 다른 대안적 번식 전략이 있는 종을 생각해보자(**그림 9.17**). 3가지 전

그림 9.17 수컷 번식 전략 간의 유전적 차이. 어떤 목도리도요 수컷은 구애 장소를 차지하기 위해서 격렬하게 싸우고, 어떤 수컷은 영역을 지니고 있는 다른 수컷에게 다가가서 싸움을 걸지 않은 채 그냥 근처에 머물러 있기도 하며, 또 다른 수컷은 암컷인 것처럼 행동하기도 한다. 이런 3종류의 번식 전략에 따른 행동 차이는 선천적이다. (Photograph © Morales/AGE Fotostock.)

그림 9.18 등각류에서 나타나는 3종류의 수컷. 크기가 큰 알파 수컷, 암컷 크기 정도의 베타 수컷, 매우 작은 감마 수컷. 서로 다른 종류의 수컷은 크기와 모양이 다를 뿐만 아니라 선천적으로 서로 다른 번식 전략을 사용한다. (After Shuster 1992.)

략은 유전 정보에 기반하며, 재조합하지 않는 수퍼유전자(supergenes)에 의해 조절된다(그림 3.33 참조)(Küpper et al. 2015, Lamichhaney et al. 2015). 이 수퍼유전자는 전략별 행동 차이, 번식과 관련된 호르몬, 깃털 색 등과 관련이 있는 여러 유전자를 포함하고 있다. 따라서 목도리도요에서 나타나는 3가지 전략은 선천적이며, 이 전략들은 아마도 일생 동안의 번식 성공도가 서로 비슷하기 때문에, 개체군 속에서 함께 (하지만 서로 다른 비율로) 유지가 되고 있는 것 같다(Widemo 1998).

해양등각류(*Paracerceis sculpta*)는 수컷이 3가지의 다른 번식 전략을 사용하는 또 다른 예이다. 쥐며느리와 닮은 이 해양등각류는 캘리포니아만의 조간대에서 볼수 있는 해면(sponge)에서 살아간다. 이 종의 암컷은 외양에 차이가 없지만, 수컷은 크기에 따라서 크기가 큰 알파 수컷, 중간 크기의 베타 수컷, 작은 크기의 감마 수컷의 3가지 형태로 나뉜다(**그림 9.18**). 각 형태는 행동도 다르다. 큰 알파 수컷은 암컷이 살고 있는 서식지에서 다른 수컷을 쫓아내고서 암컷을 독점하려 한다. 만약 알파 수컷이 해면 안에 이미 살고 있는 또 다른 알파 수컷과 맞닥뜨리면, 둘 중 하나의 수컷이 자리를 피할 때까지 몇 시간이고 싸운다. 만약 알파 수컷이 감마 수컷을 만나면, 알파 수컷은 감마 수컷을 잡아채서 해면 밖으로 내던져 버린다. 그렇기 때문에 감마 수컷은 최대한 알파 수컷을 피하면서, 해면에 사는 암컷과는 어떻게든 몰래 교미하려고 한다(Shuster 1989). 만약 해면 내에서 알파 수컷과 베타 수컷이 만나면, 베타 수컷은 암컷처럼 행동한다. 이런 행동을 통해서 암컷 크기의 베타 수컷은 해면 내에서 알파 수컷과 같이 살아갈 수 있고, 그 과정에서 암컷과 교미도 할 수 있다.

이와 같이, 이 등각류 수컷을 3종류로 나눌 수 있다. 만약 3종류 모두 각각 서로 다른 교미 전략(strategy)을 나타낸다면, 그 차이는 유전적인 차이에 기반할 것이다. 그리고 그들의 번식 성공도에 큰 차이가 없을 때, 빈도 의존적 선택으로 3종류가 유지될 수 있다(제6장 참조). 만약 알파, 베타, 감마 수컷이 조건적 전술(tactic)이라면, 그들의 행동 차이는 유전자가 아닌 환경 조건 때문이며, 각 수컷의 종류에 따라 번식 성공도가 비슷할 필요도 없다.

스티브 슈스터(Steve Shuster)의 연구진은 이 등각류가 대안적 번식 전술을 갖는지, 아니면 전략을 갖는지를 살펴보기 위해 연구를 시작했다(Shuster and Wade 1991, Shuster 1992). 연구진은 먼저 3종류의 수컷 등각류의 크기와 행동 차이가 유전적인 차이 때문이라는 것을 보였고, 특히 3개의 다른 형태를 지닌 하나의 유전자 때문임을 밝혔다. 또한 그들은 수컷 3종류의 번식 성공도를 실험실 내에서 인공 해면에 여러 수컷과 암컷을 두고 측정했다. 이 실험에서 사용한 수컷은 독특한 유전적 마커를 지니고 있었기 때문에, 그 마커를 통해 수컷의 자식이 누구인지를 파악할 수 있었다. 슈스터와 웨이드(Wade)는 수컷의 번식 성공도는 해면 내에 또 다른 경쟁 수컷과 암컷이 얼마나 많은지에 따라 달라진다는 것을 알아냈다. 예를 들어, 하나의 알파 수컷, 하나의 베타 수컷이 한 마리의 암컷과 살아간다면, 알파 수컷이 태어난 자식들 대부분의 아비가 된다. 하지만 같은 수컷 구성이어도 만약 암컷이 여러 마리 있다면, 알파 수컷이 그 암컷들을 모두 제어할 수 없기 때문에, 베타 수컷의 교미 성공도가 높아진다. 흥미롭게도, 베타 수컷은 자식들의 60%의 아비가 되었고, 알파 수컷보다 더 나은 번식 성공도를 보였다. 또 어떤 조합에서는 감마 수컷이 다른 종류의 수컷보다 나은 번식 성공도를 누리는 경우도 있었다. 연구진은 각 수컷의 조합마다, 알파, 베타, 감마 수컷의 번식 성공도의 평균값을 계산했다. 그리고 슈스터와 웨이드는 다시 캘리포니아 만으로 가서 무작위적으로 다수의 해면을 채집해서 내부에 어떤 종류의 등각류 수컷이 살고 있는지를 헤아렸다(Shuster and Wade 1991). 슈스터와 웨이드는 알파, 베타, 감마 수컷이 암컷들과 어떤 빈도로 살아가는지에 대한 자료를 바탕으로 해서, 실험실에서 얻은 결과와 함께, 각 수컷 종류의 평균 번식 성공도를 계산할 수 있었다. 자연 속에서 알파 수컷은 평균적으로 1.51마리의 암컷, 베타 수컷은 1.35마리의 암컷, 감마 수컷은 1.37마리의 암컷과 교미를 했다. 이 수치의 차이는 통계적으로 유의미하지 않았기 때문에, 슈스터와 웨이드는 유전적으로 다른 3종류의 수컷이 결국 자연 속에서는 같은 적합도를 나타내고, 따라서 대안적 번식 전략이 나타날 수 있는 조건을 만족한다는 것을 밝혀냈다.

정자 경쟁

서로 다른 번식 전략 또는 단기적 전술을 쓰는 수컷은 짝을 지키는 방법도 서로 다르다. 번식 경쟁은 짝에게 접근하는 것에서 끝나지 않는다. 암컷이 짧은 시간 동안 하나 이상의 수컷과 교미를 할 때, 그 암컷과 교미를 한 수컷들이 암컷의 난자를 똑같이 나누어서 수정시키지는 않는다. 블루길(bluegill sunfish, *Lepomis macrochirus*)의 경우, 콜로니의 내부에 자리하고 있는 나이든 수컷은 어린 수컷에 비해서 더 많고 더 빠른 정자가 담겨진 정액을 만들어내고, 결과적으로 더 많은 난자를 수정시킨다(Casselman and Montgomerie 2004). 하지만, 은밀한 전략을 쓰는 블루길 수컷과 영역을 지니는 전략을 쓰는 블루길 수컷이 암컷이 낳은 알 위에 같이 정자를 뿌린다고 했을 때(**그림 9.19**), 은밀한 전략을 쓰는 수컷은 정액을 알 가까이에 뿌림으로써 영역이 있는 수컷보다 더 많은 알을 수정시킬 수 있다(Fu et al. 2001). 즉, 자신의 정자로 난자를 수정시키기 위해 수컷들은 경쟁한다. **정자 경쟁(Sperm competition)**은 동물에서 흔하게 나타난다. 수정 방식이 블루길이나 다른 어류처럼 체외이든, 아니면 일부 어류, 곤충, 모든 포유류와 조류, 파충류처럼 체내이든 상관없이 항상 일어난다. 만약 어떤 수컷의 정자가 난자를 수정시키는 과정에서 꾸준하게 높은 성공률을 보인다면, 단지 그 수컷과 교미한 암컷의 수만 세어서는 적합도를 제대로 측정할 수가 없다(Birkhead and Møller 1992). 따라서 수컷은 짝에게 다가가기 위해 다른 수컷과 경쟁해야 할 뿐만 아니라, 교미를 한 뒤에도 암컷의 몸속에서 다른 수컷의 정자와 경쟁해야 하는 것이다. 성선택은 수컷이 이러한 두 상황에서 모두 더 나은 성공도를 나타낼 수 있는 형질을 선호한다.

정자 경쟁은 곤충을 포함한 대부분의 동물에서 일어난다(Parker 1970, Simmons 2001). 미국 북동부에 서식하는 검은날개잠자리(black-winged damselfly, *Calopteryx maculata*) 수컷은 자신의 정자를 암컷에게 전달하기 전에 이전 수컷이 남겨둔 정자를 물리적으로 제거한다(Waage 1979). 이러한 방식은 실잠자리와 잠자리류에서 흔하게 볼 수 있는 정자 경쟁 모습이다(Córdoba-Aguilar et al. 2003). 검은날개잠자리 수컷은 암컷이 알을 낳을 수 있는 수초 주변을 영역으로 삼은 후, 그 영역을 지킨다. 암컷은 수컷들의 영역을 둘러보면서 교미를 하고, 각각의 수컷의 영역에 알을 낳는다. 암컷의 이러한 행동은 교미 수컷들끼리 난자를 수정시키기 위해 경쟁을 해야 하는 상황을 만든다(Parker 1970). 그 결과, 이러한 성선택은 독특한 생식기를 지닌 수컷을 진화시켰다.

실잠자리 수컷의 생식기의 메커니즘을 이해하기 위해서, 실잠자리와 잠자리가 교미를 어

그림 9.19 블루길 수컷에서 나타나는 3가지 형태의 난자 수정 방법. (A) 영역을 지니고 있는 수컷은 암컷을 유혹하는 둥지를 지킨다. (B) 암컷이 산란을 하면 영역을 지닌 수컷이 정자를 뿌리기 전에, 크기가 작은 수컷이 몰래 다가와서 정자를 뿌리고 간다. (C) 암컷의 몸 색과 유사하고 약간 큰 몸집의 수컷은 영역 수컷 둥지 위를 떠돌면서 암컷이 산란하는 순간을 노려서 정자를 뿌리려고 한다.

그림 9.20 검은날개실잠자리(black-winged damselfly)의 교미와 정자 경쟁. (A) 오른쪽 그림의 수컷은 배 끝 부분으로 암컷을 부여잡고, 암컷은 자신의 배를 앞으로 구부려서 수컷의 생식기에 위치시킨다. 이때 수컷은 생식기를 이용하여 이전 수컷의 정자를 없애고서 자신의 정자를 전달한다. (B) 수컷은 생식기 옆면의 가시를 이용해서 암컷의 정자 저장소를 긁어낸 뒤 자신의 정자를 전달한다. (A, photograph by John Alcock; B, photomicrograph by Jon Waage, from Waage 1979, © 1979 by the American Association for the Advancement of Science.)

떻게 하는지를 먼저 살펴보자. 수컷은 암컷을 부여잡고서, 수컷 배 끝부분의 걸쇠 형태의 기관으로 암컷의 가슴 부근을 움켜 쥔다. 수컷의 정자 전달 기관은 가슴 부근의 배면 아래쪽에 위치하는데, 암컷이 교미를 원하는 경우에는 자신의 배를 수컷의 아래쪽으로 구부려서 생식기를 수컷의 정자 전달 기관에 위치시킨다(**그림 9.20A**). 그리고 수컷은 규칙적으로 그의 배를 위아래로 펌핑하며, 날카로운 생식기를 이용해서 암컷의 정자 저장 기관 내에 저장되어 있는 이전 수컷의 정자들을 빼낸다(**그림 9.20B**). 욘 바게(Jon Waage)는 교미 중인 검은날개잠자리 수컷이 자신의 정자를 배 끝부분의 정소에서 자신의 생식기 부근의 정자 저장소로 옮긴 뒤, 그 정자를 암컷에게 전달하기 전에 거의 이전 수컷 정자를 90~100% 제거할 수 있다는 사실을 알아냈다(Waage 1979). 암컷의 정자 저장소를 비운 뒤에야, 수컷은 자신의 정자를 암컷의 생식기관으로 흘려보낸다. 그리고 만약 암컷이 산란 이전에 다른 수컷과 교미를 하지 않는다면, 그 수컷의 정자는 거의 모든 난자를 수정시킬 수 있을 것이다.

수컷이 정자 경쟁에서 앞서나가는 또 다른 방법은 그냥 단순히 더 많은 정자를 만드는 것이다. 더 큰 정소는 더 많은 정자를 더 빨리 만들어낼 수 있기 때문에, 큰 정소를 지니면 정자 경쟁에서 이길 수 있다. 어류 89종을 대상으로 한 비교 연구에서는 정자 경쟁의 강도와 생식선(gonad)의 크기에 연관 관계가 있다는 사실이 확인되었다(Stockleyet al. 1997). 연구진은 어류의 번식 시스템과 수정 방법(체내 혹은 체외)에 대한 자료를 모아서 각 종의 정자 경쟁의 강도를 측정했다. 그들은 일부다처성 또는 집단산란을 하는 정도가 큰 종에서 정자 경쟁의 강도도 높게 나타날 것이라고 가정했다. 또 일부다처성과 집단산란의 정도가 비슷할 때, 체내수정은 체외수정보다 정자 경쟁의 위험성을 낮출 것이라고 가정했다. 예측한 대로, 연구진은 정자 경쟁의 강도와 정소의 크기(그리고 정자 수) 사이에서 양의 관계를 찾아냈다.

수컷은 더 경쟁력 있는 정자를 만들어내서 정자 경쟁에서 앞서나갈 수 있다. 영장류와 설치류에서는, 일부일처를 이루는 종의 수컷보다 암컷이 문란하게 교미하는 종의 수컷의 정자는 길이도 더 길고 더 빠르게 헤엄칠 수 있다(Gomendio and Roldan 1991). 어떤 수컷 쥐는 정자들이 협력을 한다. 숲쥐(wood mouse, *Apodemus sylvaticus*) 수컷의 정자는 수백 수천 개의 정자가 모여서 '기차'를 만들고 정자의 이동성을 높여서 난자에 더 빨리 닿게 한다(Moore et al. 2002). 하이디 피셔(Heidi Fisher)와 호피 호엑스트라(Hopi Hoekstra)는 페로미스쿠스(*Peromyscus*)속의 쥐 2종을 조사했을 때, 같은 종의 정자끼리, 혈연도가 더 가까운 정자끼리 더 잘 뭉친다는 것을 찾아냈다(**그림 9.21**)(Fisher and Hoekstra 2010). 이 결과는 정자가 유전적으로 가깝고 먼 상대 정자를 구별할 수 있다는 것을 시사하지만, 어떻게 구분을 하는지에 대한 메커니즘은 아직 알려져 있지 않다. 더 나아가, 연구진은 정자가 동일 수컷의 정자뿐만 아니라 친족의 정자도 구분할 수 있다는 것도 관찰하였다(왜냐하면, 친족끼리는 유전자를 공유하고 있고, 따라서 혈연도가 높은 정자끼리 협력을 하면 결과적으로 유전적 성공도가 높아질 수 있기 때문이다. 제12장 참조).

정자 경쟁에서 이기기 위해 유전적으로 가까운 정자끼리 협력한다는 가설을 검증하기 위해, 피셔와 호엑스트라는 올드필드흰발생쥐(oldfield mouse, *Peromyscus polionotus*)와 흰발생쥐(deer mouse, *Peromyscus maniculatus*) 수컷 정자의 행동을 비교했다. 올드필드흰발생쥐 암컷은 오로지 하나의 수컷과 교미를 하기 때문에 정자 경쟁이 없고, 흰발생쥐 암컷은 여러 수컷과 교미를 하기 때문에 정자 경쟁이 있다고 할 수 있다. 연구진이 예측한 바대로, 정자 경쟁이 있는 종에서 정자끼리의 연합이 더 빈번하게 나타났다. 후속 실험에서, 피셔의 팀은 정자의 헤엄 속도를 높일 수 있는 최적 '정자 기차' 형태를 모델링했고, 실제로 정자 경쟁이 강한 종에서 그와 같은 기차 형태를 나타낸다는 것을 밝혔다(Fisher et al. 2014). 그리고 연구진은 쥐 2종에서 정자 형태의 차이를 관찰해 흰발생쥐의 정자의 꼬리가 더 길다는 것을 확인했다. 정자 꼬리는 *Prkar1a*라는 유전자에 의해 결정되는데, 이 유전자는 Protein Kinase A(PKA)라고 불리는 단백질의 조절 부위에 관여한다. 이 유전자에 대한 변이는 *Peromyscus*속 수컷 쥐의 교미 성공도와 연관된다(Fisher et al. 2014). 즉, 대사를 조절하는 유전자의 작은 변화는 정자의 형태에 영향을 줄 뿐만 아니라, 같은 수컷 또는 친족 수컷의 정자들 간

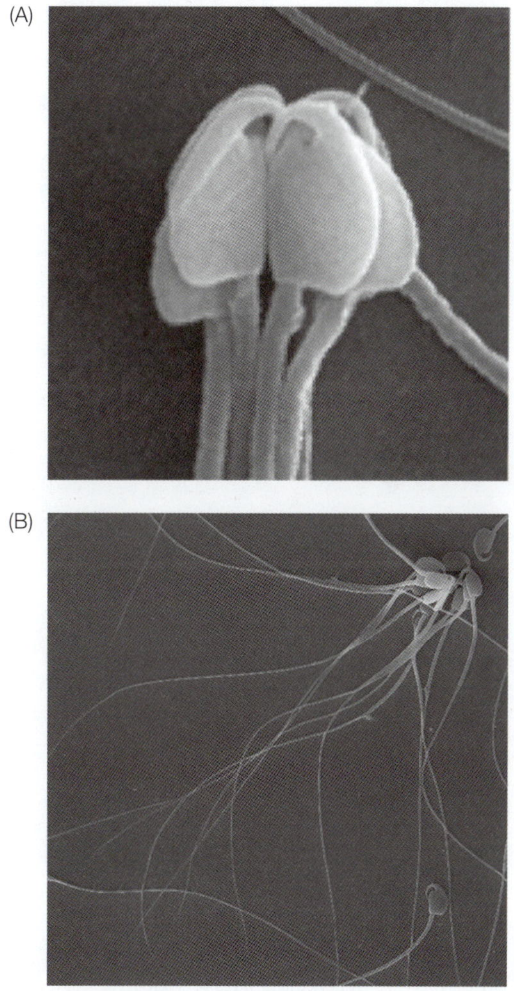

그림 9.21 흰발생쥐 정자들 간의 협동. (A) 고리를 이용하여 서로 뭉쳐 있는 정자의 머리를 보여주는 전자현미경 사진. (B) 13마리의 정자가 서로 연합하고 있다. (From Fisher et al. 2014, CC BY 4.0.)

의 협동도 유도한다. 궁극적으로, 정자의 협력 행동은 다른 수컷과의 정자 경쟁 속에서 난자를 더 빨리 수정시킬 수 있도록 하는 것이다.

짝 지키기와 부성 확실성

여러 동물은 일부일처를 이뤄서 교미를 하고 자식을 키운다(제10장 참고). 하지만 배우자 중 하나 혹은 모두가 짝 이외의 다른 개체와 교미를 하는 경우가 종종 있다. 이러한 **짝외교미 (extra-pair copulation)**는 조류에서 흔하게 나타나며, 150종 중 거의 90%에서 짝외교미가 나타난다고 알려져 있다(Griffith et al. 2002). 암컷 새는 정자를 저정선(sperm starage tubule)에 저장한다. 그리고 어떤 종에서는 저장된 정자가 한 달도 넘게 그곳에서 살아있기도 한다(**그림 9.22**). 일반적으로 마지막에 들어온 정자가 먼저 쓰이기 때문에, 암컷은 이를 이용해서 수정을 조절할 수 있다. 예를 들어, 얼룩딱새(collared flycatcher, *Ficedula albicollis*) 암컷은 저정선을 이용하여 어떤 수컷의 정자를 다른 수컷의 정자보다 더 많이 받아들여서 자신의 난자를 수정시킨다. 언제 어떤 수컷과 교미할지를 조절하여, 암컷 딱새는 자신의 생식기관 내에 있는 여러 수컷의 정자를 조절할 수 있다. 이러한 모습을 '**암컷의 은밀한 짝**

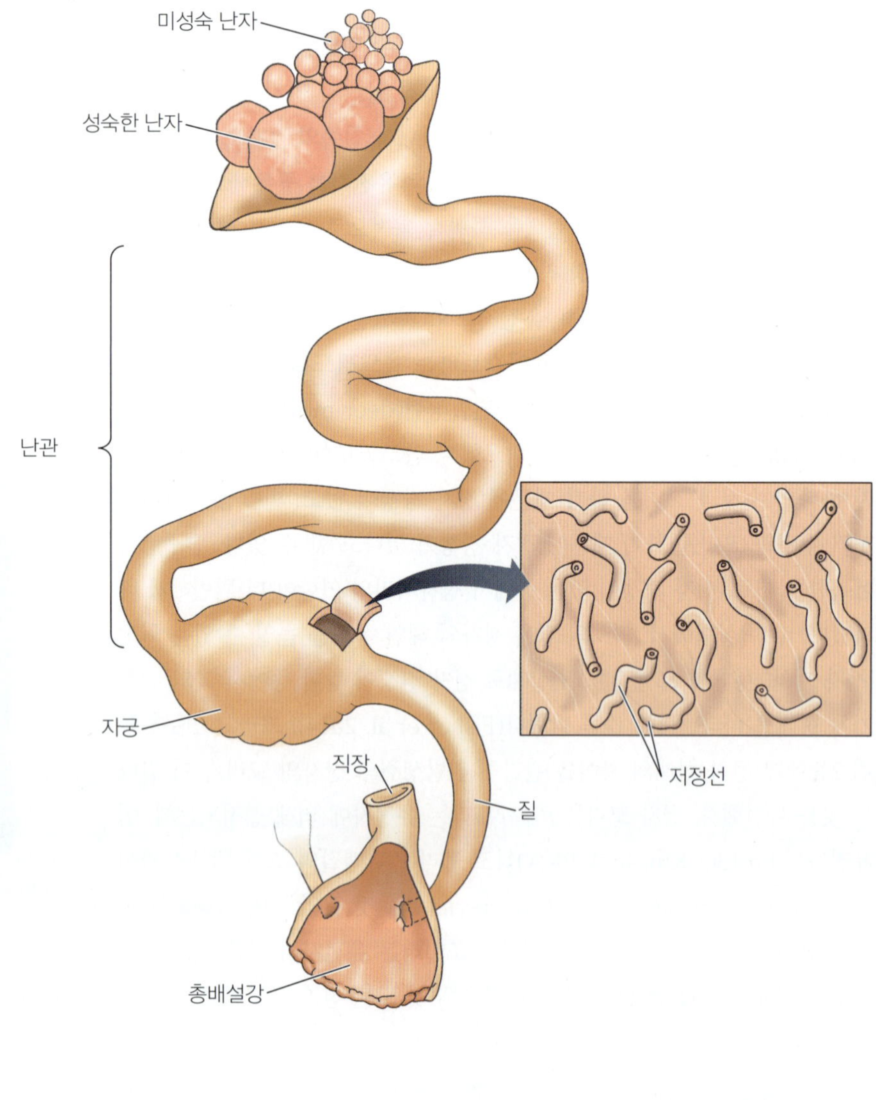

그림 9.22 조류의 생식기관 해부도. 난소에서 성숙한 난자가 배출되면, 난관을 다 내려가기 전에 정자에 의해 수정된다. 질과 만나는 자궁 내벽에 있는 저정선에 정자가 저장될 수 있다. 이 정자는 저정선에서 서서히 나와 난관을 따라 난자에게 접근한다. 알이 총배설강으로 나가기 전에 자궁 내에서 알 껍질이 딱딱하게 형성된다. (After Birkhead and Møller 1992, Bakst 1998.)

고르기(cryptic female choice)'라고 부르는데, 뒤에서 더 다룰 것이다. 암컷이 기존의 짝과 며칠 동안 교미를 하지 않고서 주변의 더 매력적인 수컷과 교미를 하면, 짝외교미 대상 수컷의 정자는 사회적 배우자의 정자보다 5배나 더 높은 확률로 난자를 수정시킬 수 있다. 따라서 짝외교미를 한 수컷이 더 큰 유전적 이득을 누린다. 사실, 머리 앞부분의 흰색 부분이 작은 수컷과 짝을 맺고 있는 암컷 얼룩딱새는 번식기 때 다른 수컷, 특히 머리의 흰색 부분이 더 큰 수컷과 교미를 하는 경우가 많다. 따라서 암컷 얼룩딱새는 난자를 수정시킬 정자를 고를 수 있는 것 같으며(Michl et al. 2002), 이러한 조절은 상당히 많은 동물 종에서 나타난다(Eberhard 1996). 하지만 암컷이 어떤 이득을 위해서 짝외교미를 한다는 주장에 이견이 있을 수 있다. 왜냐하면, 어떤 종에서는 수컷이 강압적으로 교미 시도를 하고, 따라서 암컷은 원하는 수준보다 더 많은 교미를 어쩔 수 없이 해야 하기 때문이다(Arnqvist and Kirkpatrick 2005).

수컷이 자신의 정자가 난자를 수정시켰다고 확신할 수 있는 하나의 방법은 암컷이 자신과의 교미 후에 다른 어떤 수컷도 만나지 못하게 하는 것이다. 수컷의 이러한 행동을 짝 지키기(mate guarding)라고 한다. 예를 들어, 꿀벌(*Centris pallida*) 수컷의 교미는 순식 간에 끝나지만 수컷은 암컷 곁에 몇 분 정도 머물기도 하며, 때로는 암컷을 다리와 더듬이로 졸라서 기절시키기도 한다. 하지만 수컷은 짝을 지키는 동안 다른 암컷과의 교미 기회를 놓치기 때문에, 짝 지키기 행동은 수컷에게 손해가 될 수 있다. 하지만 이런 손해에도 불구하고, 암컷이 자식을 도맡아서 키우는 매우 많은 종에서, 수컷은 교미 후에 다른 짝을 찾아 떠나지 않은 채 교미했던 암컷의 주변에 머문다. 짝 지키기는 때때로 몇 시간 또는 며칠 동안 이어진다. 어떤 경우에, 교미를 마친 수컷이 몰래 다른 암컷을 찾기도 하고(Field and Keller 1993), 또는 수컷이 자신과 교미를 마친 암컷의 생식기를 이런저런 물질로 막아버리기도 한다(Dickinson and Rutowski 1989, Polak et al. 2001). 또는 암컷으로 하여금 스스로 생식기 입구를 막도록 유도한다(Aisenberg and Eberhard 2009, Aisenberg and Barrantes 2011). 가장 극단적인 경우는 교미 후에 수컷이 스스로를 희생하는 것이다(Miller 2007, Uhl et al. 2011). 예를 들어, 원형그물거미(orb-weaving spider, *Argiope aurantia*) 수컷은 정자를 전달하는 부속지인 한 쌍의 각수(pedipalp)를 암컷의 생식기 입구에 넣은 채 죽어버린다. 그리고 죽은 수컷은 암컷 거미에 매달려서 다니기도 한다(Foellmer and Fairbairn 2003). 거미에서 일어나는, 그래도 조금 덜 극단적인 경우는, 수컷이 교미 중에 자신의 각수를 잘라서 암컷의 생식기 입구를 막는 것이다. 이 수컷은 비록 거세되고, 또 암컷이 그 수컷을 잡아먹는다고 해도, 각수가 플러그 역할도 하면서 암컷에게 정자를 계속 주입하기 때문에, 수컷의 교미 성공도는 증가할 수 있다(Li et al. 2012). 이러한 극단적인 짝 지키기 행동은 수컷이 또 다른 짝을 찾기가 매우 어려울 때 나타나는 경우가 많다. 짝 지키기 행동을 하는 수컷에게 감수해야 하는 또 다른 손해는 짝을 지키고 주변 수컷들을 내쫓기 위해 시간을 허비해야 한다는 것이다. 수컷 채찍꼬리도마뱀(western Mexican whiptail lizard, *Cnemidophorus neomexicanus*)은 짝 지키기를 하는 동안, 먹이 활동도 제대로 못하고, 싸움을 자주 해야 하며, 다른 수컷들을 내쫓기 위해서 많은 에너지를 써야 한다(Ancona et al. 2010). 뉴질랜드의 스티치새(stitchbird, *Notiomystis cincta*) 수컷은 짝 지키기를 해서 다른 수컷이 오지 못하도록 막는 동안 몸무게의 4퍼센트가 빠지는 것으로 알려져 있다(Low 2006).

만약 짝 지키기가 적응 행동이라면, 짝 지키기 행동을 하는 수컷은 그에 따른 비용보다 적

그림 9.23 여러 동물에서 나타나는 짝 지키기. (A) 붉은실잠자리(red damselfly, *Ceriagrion tenellum*) 수컷 중 몸집이 작은 개체는 암컷을 꼭 붙들어서, 암컷이 다른 수컷과 교미하는 것을 막는다. (B) 푸른띠고비(Blue-banded goby, *Lythrypnus dalli*) 수컷은 교미 후에 암컷을 졸졸 따라다닌다. (C) 오른편에 위치한 열대장님거미(harvestman) 수컷은 자신의 영역 내에 알을 낳고 있는 암컷을 지킨다. (Photographs: A, by John Alcock; B, © Juniors Bildarchiv/AGE Fotostock; C, courtesy of Glauco Machado.)

합도 이득이 더 클 것이다. 가장 중요한 이득은 암컷이 다른 수컷과 교미할 가능성이 줄어든다는 것이다. 즉, 자신의 정자가 암컷 몸 속에서 다른 수컷의 정자에 의해 희석되거나, 아니면 쓸모없게 되는 걸 막는 것이 짝 지키기를 하는 수컷이 얻게 되는 적합도 이득이다(**그림 9.23**)(Andersson 1994). 자니스 디킨슨(Janis Dickinson)은 수컷의 교미 후 짝 지키기 행동이 흔하게 일어나는 코발트잎벌레(blue milkweed beetle, *Chrysochus cobaltinus*)에 대한 연구에서, 짝 지키기 중인 수컷을 억지로 분리시켰을 때, 떼어진 수컷의 25%가 30분 내로 새로운 암컷에게 교미를 시도했다. 따라서 짝 지키기를 하는 수컷은 새로운 짝을 만날 기회를 놓친다는 점에서 큰 적합도 손해를 본다. 하지만 짝 지키기 수컷이 떼어진 암컷 중 50%도 30분 내에 새로운 수컷과 교미를 했다. 짝 지키기를 하며 암컷 등 뒤에 붙어있는 수컷을 다른 수컷이 쉽게 떼어낼 수 없다는 점에서, 짝 지키기는 암컷이 다른 수컷과 교미하는 것을 막는 효과가 있을 것이며, 자신의 정자가 난자를 수정시킬 가능성을 높여줄 것이다. 디킨슨은 만약 수컷이 짝 지키기를 통해서 그 암컷의 난자의 40%를 수정시킬 수 있다면, 그 수컷은 다른 암컷을 찾는 것을 포기하고 방금 교미한 암컷을 지키는 데 집중한

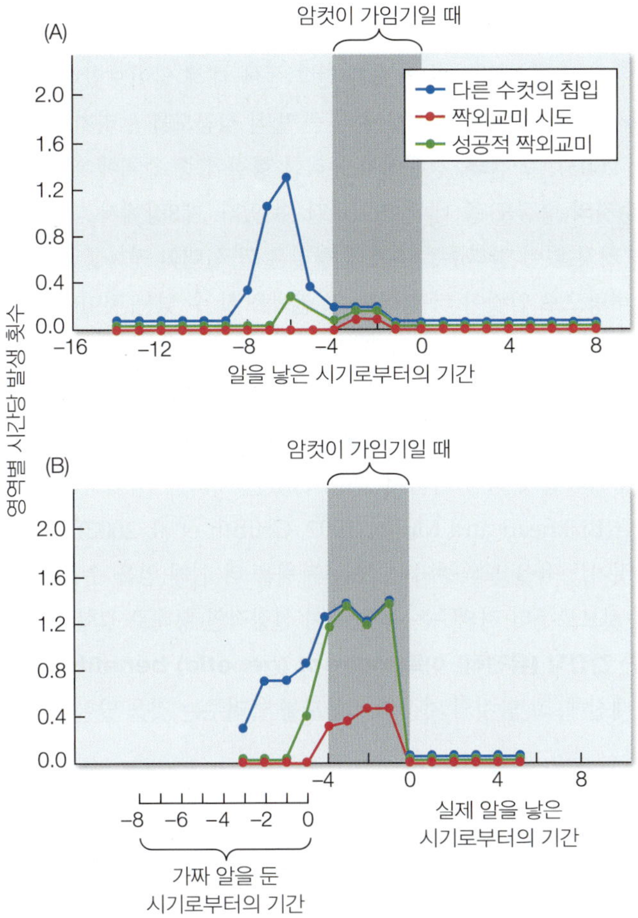

세이셸개개비

그림 9.24 세이셸개개비(Seychelles warbler) 수컷의 짝 지키기. 짝외교미율, 암컷 가임기 동안(음영 부분)의 짝외교미의 성공도 등을 보여주는 그래프. (A) 대조군 – 암컷의 가임기 동안 수컷이 계속 암컷 곁을 지킨 경우. (B) 실험군 – 둥지에 가짜 알을 넣어서 수컷이 일찍 짝을 떠나게 한 경우. (A, B after Komdeur et al. 1999; photograph © M. D. England/ardea.com/Mary Evans Picture Library Ltd./aeg fotostock.)

다고 주장했다(Dickinson 1995).

일반적으로, 암컷이 나중에 교미한 수컷의 정자를 난자 수정에 이용할 확률이 커질수록 수컷의 짝 지키기는 더욱 더 필요해진다. 그렇다면 수컷의 짝 지키기가 나타나는 종에서, 짝 지키기 중이던 수컷을 떼어버린 후 암컷이 어떻게 행동하는지를 어떤 방법으로 조사할 수 있을까? 디킨슨이 했던 실험은 단순히 암컷에서 수컷을 떼어냈을 때의 영향을 살핀 것이었다. 비슷하게, 다른 연구들도 수컷을 떼어냈을 때 그 암컷이 다른 수컷과의 교미 빈도를 늘리는지를 조사했다(Wolff et al. 2002, Johnsen et al. 2008). 그리고 얀 콤되르(Jan Komdeur)와 그의 동료들은 세이셸개개비(Seychelles warblers, *Acrocephalus sechellensis*)를 대상으로 한 실험에서, 암컷이 둥지에 알을 낳기 전에 가짜 알을 넣어서 수컷이 짝 지키기를 그만두고 암컷 곁을 떠날 수 있게 했다. 즉, 수컷 개개비새는 아직 암컷이 교미를 할 수 있지만 둥지 내의 가짜 알을 보고서 암컷이 자신의 알을 낳은 것으로 착각하고 짝 지키기를 멈춘 것이다. 그리고, 수컷이 떠나간 암컷 중 다수는 주변의 수컷과 교미를 했다(**그림 9.24**)(Komdeur et al. 1999). 그리고 알을 수정시키는 데 그 수컷들의 정자도 이용했다. 또한 암컷이 가임기일 때 수컷이 암컷 곁에 있지 않은 날이 많을수록, 짝외교미로 태어난 자식의 수가 늘어났다(Komdeur et al. 2007). 따라서 짝 지키기는 세이셸개개비 수컷에게 분명한 적합도 이득을 주는 것이다. 일반적으로 수컷의 짝 지키기는 암컷의 행동뿐만 아니라 주변의 다른 수컷과 암컷의 수에도 영향을 받으며, 상황에 따라 다르게 나타난다.

성간선택과 짝 선택

지금까지, 수컷끼리의 상호작용과 수컷의 대안적 짝짓기 전략 등에 대해 알아보았다. 암컷이 수컷의 어떤 형질을 선호해서, 그 형질을 지닌 수컷이 더 큰 번식 성공도를 누리기도 한다(Waage 1997, Zeh and Zeh 2003). 그 결과, 경쟁에서 유리한 형질이 종 전체에 퍼져나갔던 것처럼, 암컷이 선호하는 수컷의 형질도 종 내에 퍼져나갈 수 있다. 제8장에서 다루었던 것처럼, 짝에게 수컷의 자질을 거짓 없이 알려주는 수컷의 형질은 짝 선택의 진화를 더욱 촉진할 수 있다. 또한 그 형질을 바탕으로 암컷이 더 정확한 짝 선택을 할 수 있는 것이다. 하지만 어떤 경우에는, 암컷이 그냥 싸움에서 이긴 수컷을 짝으로 선택하기도 한다. 따라서 성내선택과 성간선택을 완전히 구분하는 것은 어려우며, 그 둘은 함께 작동할 수 있다.

암컷이 왜 짝 선택을 까다롭게 하는지를 이해하기 위해서는, 우선 암컷이 받는 적합도 이득을 생각해 봐야 한다. 암컷이 까다롭게 짝을 골라서 얻을 수 있는 이득은 '직접적' 그리고 '간접적'인 2종류의 이득이 있다(Birkhead and Møller 1992, Griffith et al. 2002). **직접적 이득(direct benefits)**은 수컷이 양육을 도와주거나, 또는 자원을 더 쉽게 얻을 수 있게 해주거나, 또는 포식자나 다른 수컷으로부터 지켜주는 등 암컷이 실질적인 형태로 적합도 이득을 얻은 경우를 말한다. 하지만 **간접적 (유전적) 이득[indirect (genetic) benefits]**은 암컷에게 직접적인 이득이 없는 대신에, 그 암컷의 자손의 적합도를 늘려주는 것을 말한다.

암컷의 짝선택과 직접적 이득

양육 수컷이 양육(parental care)을 돕는 종에서는 암컷이 양육에 더 많은 투자를 하는 수컷을 선호한다. 바다가시고기(fifteen-spined stickleback, *Spinachia spinachia*) 암컷은 구애를 할 때 몸을 좀 더 심하게 흔드는 수컷을 더욱 선호한다. 이렇게 행동하는 수컷이 구애 후 암컷이 둥지에 알을 낳으면 둥지 쪽으로 부채질(nest fanning) 행동을 더 많이 한다. 부채질 행동은 산소가 풍부한 물이 알을 향하도록 해서 기체 교환율을 높이고, 결과적으로 알의 부화율을 높인다(Östlund and Ahnesjö 1998). 따라서 암컷 바다가시고기는 수컷의 구애 행동을 보면서 그 행동을 수컷의 부채질 행동과 연결지으며 짝을 고른다.

또 다른 가시고기 종인 큰가시고기(three-spined stickleback, *Gasterosteus aculeatus*)에서는, 수컷의 배 부분 색깔이 수컷의 양육 투자 정도를 암컷에게 알려주는 신호가 되는 것 같다. 배가 더 붉은색을 띠는 수컷은 암컷이 더 선호하고(Rowland 1994), 기생충도 적다(Milinski and Bakker 1990). 수컷 배의 붉은색은 먹이로 섭취한 카로티노이드 색소 때문에 나타나는데, 제8장에서 다뤘던 것처럼 이 색소는 산화 스트레스를 줄여서 생존에 도움이 되는 것으로 알려져 있다. 붉은 배를 지닌 수컷은 더 잘 먹음으로써 건강하고 더 좋은 몸 상태를 지니고 있기 때문에, 용존 산소가 낮은 상황에서도 부채질을 더 강하게 할 수 있다(Pike et al. 2007). 따라서 수컷 가시고기의 겉모습은 그가 양육하게 될 알에게 산소를 얼마나 공급할 수 있는지 그 능력을 나타내는 지표가 된다.

그렇다면 조류의 깃털이나 부리에서 나타나는 카로티노이드 색소도 수컷의 양육 행동의 정도를 나타내는 지표가 될까? 여러 동물에서, 암컷은 붉은색 또는 노란색을 띠는 수컷을 더 선호한다(Grether 2000, McGraw and Hill 2000). 음식으로 섭취한 카로티노이드 색소로 면역력이 높아지거나 밝은색의 깃털을 만들 수 있다면, 밝은색 자체가 수컷의 건강을 나타내는 지표가 될 수 있다(Hill and Montgomerie 1994). 건강한 수컷이 자식들에게도 더 많은 것을 줄 수 있을 것이다. 카로티노이드가 풍부한 먹이를 먹고 자란 금화조(zebra finches, *Taeniopygia guttata*) 수컷은 혈액 내에서 카로티노이드 색소가 더 많이 검출되었으며, 더 밝은색의 붉은 부리와 더 강한 면역력을 지니고 있었다(McGraw and Ardia 2003). 더 나아가, 금화조 암컷은 일반적인 먹이를 먹고 자란 수컷보다 실험을 통해서 카로티노이드가 더 많이 들어간 먹이를 먹고 자란 수컷을 더욱 선호했다(Blount et al. 2003). 또한 금화조 암컷은 붉은색을 정말 좋아하다보니, 다리에 녹색 밴드를 한 수컷보다 빨간색 밴드를 한 수컷을 더 선호하기도 했다. 또한 빨간색 밴드를 한 수컷과 교미를 한 암컷이 더 무거운 알을 낳기도 했다(Gilbert et al. 2012). 또한, 건강한 수컷이 자식에게 더 나은 양육을 제공할 수도 있기 때문에, 자연 상태에서 더 밝은 깃의 수컷과 교미를 한 금화조 암컷은 그런 수컷의 정자와 수정된 알에 더 많은 투자를 해서 적합도 이득을 얻을 수 있다.

비슷한 경우가 파랑박새(blue tit, *Cyanistes caeruleus*)에서도 일어난다. 파랑박새도 카로티노이드 색소로 인해 가슴깃이 노랗게 나타나는 새이다. 수컷 파랑박새는 자식들을 위해 먹이를 가져다 주기도 하는데, 주로 카로티노이드 색소가 가득한 애벌레인 경우가 많다. 만약 수컷이 가지고 오는 먹이의 양과 질이 그 수컷의 가슴깃의 색상 강도와 연관된다면, 샛노란 가슴깃을 가진 수컷의 자식들은 더 건강하고 큰 몸집으로 자릴 것이다. 실제로, 샛노란 가슴깃을 지닌 수컷의 자식들이 몸 상태도 좋고, 면역력도 강하다고 알려져 있다(Hidalgo-García 2006).

하지만 만약 샛노란 가슴깃을 지닌 수컷이 어렸을 때부터 원래 크고 건강했다면, 그의 자식들도 당연히 그러한 특징을 유전적으로 물려받았을 수도 있다. 즉, 수컷의 양육과는 무관하게 같은 결과가 나올 수도 있는 것이다. 이러한 문제를 피하기 위해서, 연구진은 교차 양육 실험(cross-fostering experiment)을 진행했다. 둥지끼리 알들을 바꾸고, 자식도 서로 바꿔서 키우게 했다. 새끼가 바뀌어도 부모새는 행동을 달리하지 않았다. 새끼 새들이 이소할 나이가 되었을 때, 새끼 새들의 크기가 그 새들을 키워낸 아비새의 노란 가슴깃의 밝기와 연관관계가 있는지를 조사했다. 그 결과, 양아비의 가슴깃이 밝을수록 새끼 새는 더 크게 성장했다. 하지만 친아비의 가슴깃 밝기와 새끼 새의 몸 크기는 연관성이 없었다. 샛노란 가슴깃을 지닌 수컷이 먹이 활동에 더 왕성한 경향이 나타난다는 점에서(García-Navas et al. 2012), 암컷 파랑박새는 수컷의 가슴깃으로 짝을 선택하면 적합도 이득을 얻을 수 있는 것이다(Senar et al. 2002).

자원 여러 종에서, 암컷이 짝에게 받는 직접적 이득은 수컷의 양육보다는 자원(resources)에 대한 접근성과 영양가 있는 먹이인 경우가 많다. 예를 들어, 침팬지(*Pan troglodytes*) 수컷은 다른 작은 영장류를 사냥하기도 하는데, 이 사냥감을 암컷에게 주는 수컷은 암컷과 오랜 기간 동안 교미 관계를 맺곤 한다(Gomes and Boesch 2009). 또한 어떤 쇠똥구리는 수컷이 소똥 경단을 굴 속으로 굴려서 새끼들이 태어났을 때 먹을 수 있도록 하는데, 암컷은 이런 수컷을 굴 속으로 들여서 교미를 한다(**그림 9.25**). 즉, 수컷이 먹이를 제공해 주는 댓가로 암컷은 교미를 해주는 것이다(Sato 1998). 붉은깃찌르레기(red-winged blackbird, *Agelaius phoeniceus*)에서는, 이미 짝이 있는 암컷이 짝외교미를 하는 경우, 짝외교미 대상인 수컷은 자신의 영역에서 그 암컷이 먹이 활동을 할 수 있도록 허락한다(Gray 1997).

그림 9.25 암컷의 짝 선택과 수컷의 영향. 어떤 쇠똥구리의 암컷은 수컷이 소똥 경단을 만들어서 자신에게 선물로 주면, 교미를 허락한다. (Photograph by John Alcock.)

비슷한 경우가 곤충에서도 나타난다. 특히 이전에 다룬 몰몬귀뚜라미처럼 수컷이 정자가 담긴 정포에 단백질이 가득한 영양분을 넣어서 암컷에게 전해 주는 경우가 그렇다. 또한 검은점각다귀붙이(black-tipped hangingfly, *Hylobittacus apicalis*)에서는 수컷의 혼인 선물에 따라서, 암컷이 그 수컷과의 교미 여부를 결정한다(**그림 9.26A**)(Thornhill 1976). 맛없는 무당벌레를 교미 선물로 준비한 수컷은 교미를 하기 어려울 것이다. 맛있는 먹이를 건넨 수컷조차도 그 암컷이 먹이를 다 먹을 때까지만 교미를 할 수 있다. 만약 암컷이 혼인 선물을 5분 안에 다 먹어버리면, 정자를 미처 전달하지도 못한 수컷과 교미를 끝내고 날아가 버린다. 하지만 선물이 커서 암컷이 20분 동안 먹이를 먹을 수 있다면, 수컷은 그 시간 동안 교미를

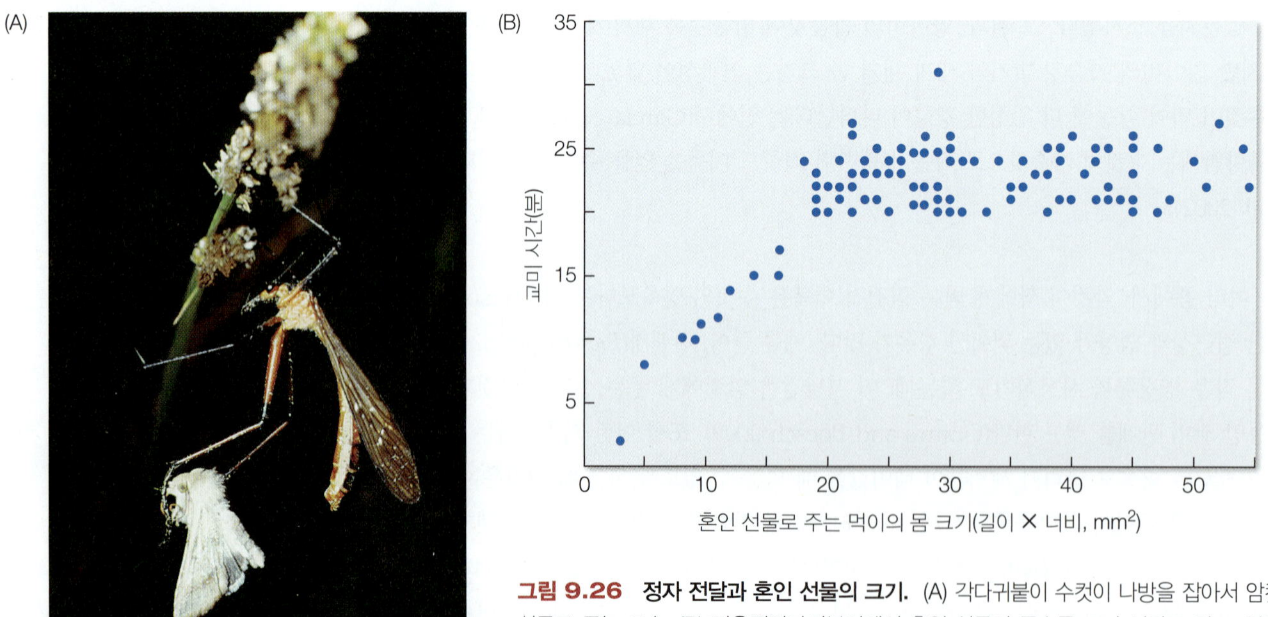

그림 9.26 정자 전달과 혼인 선물의 크기. (A) 각다귀붙이 수컷이 나방을 잡아서 암컷에게 선물로 주는 모습. (B) 검은점각다귀붙이에서 혼인 선물이 클수록 교미 시간도 길고, 암컷에게 전달되는 정자의 수도 더 많다. (A, photograph by John Alcock; B after Thornhill 1976.)

해서 정자를 완전히 전달할 수 있다(**그림 9.26B**). 실제로 수컷이 교미 중 또는 교미 전에 암컷에게 먹이 선물을 주는 것이 많은 동물에서 관찰되고 있다(Vahed 1998). 수컷 개똥벌레는 정액에 단백질을 더해서 짝에게 주기도 한다. 적어도 한 종의 개똥벌레에서, 암컷은 빛의 강도로 짝을 평가하는데, 수컷이 내는 빛의 강도는 수컷이 짝에게 주는 정포의 크기와 양의 연관 관계에 있었다(Lewis and Cratsley 2008).

배추흰나비(*Pieris rapae*)는 정포 연구가 잘 되어 있는 생물 종 중 하나이다. 수컷 배추흰나비는 암컷보다 배면이 더 화려한데, 이는 질소가 풍부하게 들어있는 프테린(pterin)이라는 색소 때문이다(Morehouse and Rutowksi 2010b). 수컷은 자신의 화려한 배를 구애 비행 중에 암컷에게 보여준다. 이 종은 발생 중에 질소를 충분히 섭취할 수 없는 경우가 많기 때문에, 수컷의 색은 수컷의 섭식 능력을 나타내는 신호가 될 뿐만 아니라, 만약 수컷의 정포에 이 색소가 들어있다면 그 정포를 먹는 암컷에게도 좋을 것이다(Morehouse and Rutowksi 2010a). 나타니엘 모어하우스(Nathaniel Morehouse)의 연구진은 수컷 배추흰나비가 제공하는 정포의 영양분에 대해 연구를 해서, 배추흰나비 수컷의 정포가 몸무게의 13퍼센트를 차지한다는 것을 알아냈다(Morehouse and Rutowksi 2010a). 이러한 결과는 수컷이 무분별하게 교미를 할 수 없고, 교미 하나하나가 수컷에게 정말 중요하다는 것을 의미한다. 실제로, 자원이 부족한 곳의 수컷은 더 작은 정포를 만드는 경향이 있고, 자신의 근육이나 기관을 분해해서 암컷에게 줄 혼인 선물을 만들기도 한다. 따라서 수컷의 정포 자체가 만들기 어렵기 때문에 교미를 많이 할 수 없다. 반면에 암컷이 수컷에 비해 교미를 더 많이 할 수 있을 것 같지만, 모어하우스의 연구진은 수컷의 정포가 암컷에게 영양분을 제공하는 것 이외에도 암컷의 생식기를 막는 기능을 하기 때문에 암컷의 교미 횟수도 마냥 증가할 수 없다는 것을 밝혀냈다.

영양분이 가득한 정포가 왜 암컷의 생식기에 엉겨 붙는 현상이 진화했을까? 뒤에서 다루겠지만, 이것은 교미에 대한 암컷과 수컷 간의 갈등을 의미하는 성갈등 때문에 그렇다. 정포가 암컷의 생식기를 막아서 다른 수컷과의 교미를 방해하기 때문에, 아마도 암컷은 수컷의 정포를 조절할 수 있는 방법을 진화시켰을 것이다. 나비에서, 암컷의 생식기 또는 교미낭(bursa copulatrix)은 수컷의 정포를 받아들이기도 하지만 분해하기도 한다. 교미 후에, 정자는 정포를 떠나서 정자저장소(spermatheca)라는 암컷의 기관으로 옮겨간 뒤 저장된다. 정자가 빠져나온 정포를 더 빨리 없앨 수 있는 암컷일수록 다른 수컷과 더 빠르게, 또 다른 교미를 할 수 있다.

배추흰나비 암컷은 적어도 9개의 다른 단백질분해효소를 만들어내서 정포를 분해한다(Plakke et al. 2015). 이 효소는 소화효소처럼 보이지만 생식기관에서 만들어진다. 실제로 이 효소를 만들어내는 유전자는 소화기관이나 침샘과 같은 다른 곤충 조직에서 온 유전자이기도 하다(Meslin et al. 2015). 또한, 암컷의 교미낭에 있는 시그눔(signum)은 수컷 정포 껍질을 분해한다(**그림 9.27**)(Meslin et al. 2015). 이러한 형태적, 생리적 적응이 함께 작용하면서, 암컷은 자신의 생식기관에 들어온 정소를 빠르게 제거할 수 있고, 암컷은 또 다른 수컷과 교미를 할 수 있다. 이러한 경우에 더해서, 수컷은 암컷에게 먹이 선물을 통해 선택을 받기도 하지만, 때로는 자신을 희생하여 암컷의 먹이가 되면서 선택을 받을 수도 있다. 사마귀 또는 거미에서 나타나는 수컷의 희생 행동은 수컷 자신이 혼인 선물로 암컷에게 바쳐지기 때문일 수도 있다(그림 4.13 참조). 이러한 경우에, 수컷의 희생은 적응적일 것이다(Buskirk

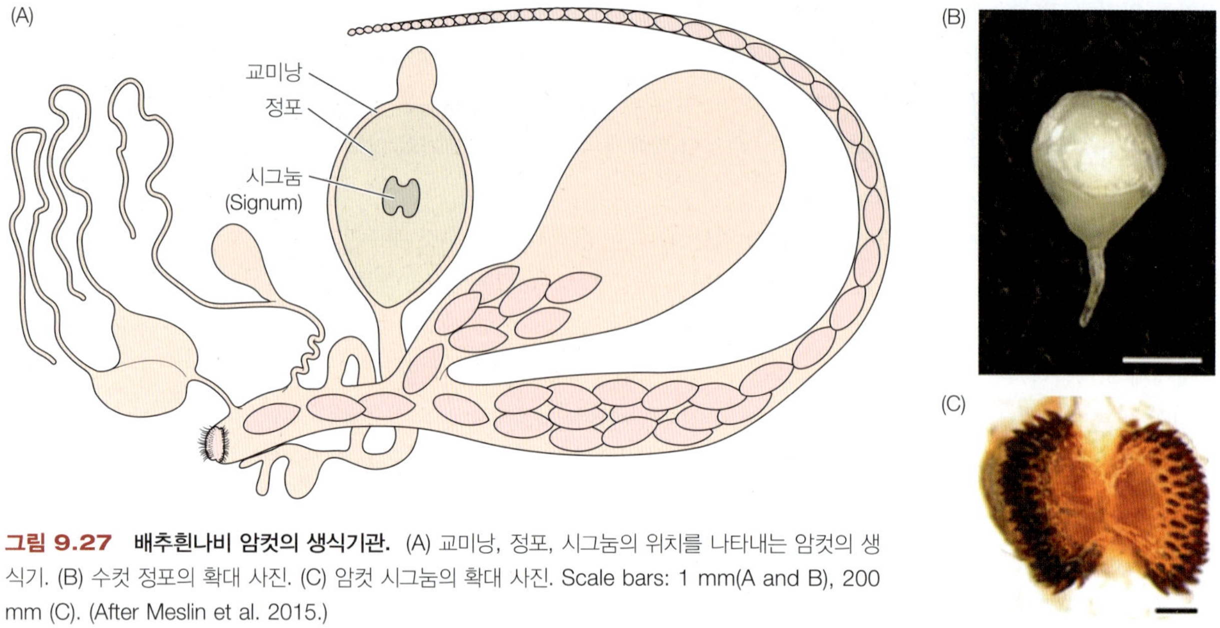

그림 9.27 배추흰나비 암컷의 생식기관. (A) 교미낭, 정포, 시그눔의 위치를 나타내는 암컷의 생식기. (B) 수컷 정포의 확대 사진. (C) 암컷 시그눔의 확대 사진. Scale bars: 1 mm(A and B), 200 mm (C). (After Meslin et al. 2015.)

et al. 1984, Prete 1995). 하지만 어떤 사마귀 수컷은 배고픈 암컷과 교미하는 것을 피하거나 암컷에게 정말 조심스럽게 다가간다. 수컷이 이렇게 행동하는 이유는, 수컷이 암컷에게 잡아먹히면 손해이기 때문일 수도 있다(Lelito and Brown 2008, Maxwell et al. 2010). 반면에, 수컷 붉은등거미(redback spiders, *Latrodectus hasselti*)는 암컷이 오히려 자기를 쉽게 먹을 수 있도록 행동한다(Andrade 1996, Stoltz et al. 2008). 수컷은 암컷에게 정자를 전달한 뒤, 자신의 몸을 굴려서 암컷의 입 속으로 들어간다(**그림 9.28**). 그리고 수컷이 이렇게 행동했을 때, 암컷의 셋 중에 둘은 턱 밑까지 다가온 수컷을 먹어 치운다(Andrade 1996).

수컷 붉은등거미는 왜 스스로 암컷에게는 먹힐까? 수컷 붉은등거미는 암컷의 무게에 비해 2% 정도 밖에 나가지 않기 때문에, 암컷에게 큰 영양분이 되지 않을 수도 있다. 하지만 수컷은 엄청난 이득을 얻는 것 같다. 메이디안 안드레이드(Maydianne Andrade)의 연구에 따르면, 암컷에게 먹힌 수컷은 먹히지 않은 수컷에 비해서 그 암컷의 알을 더 많이 수정시켰다. 그 이유 중 하나는, 수컷을 잡아먹은 암컷은 그 뒤에 추가 교미를 바로 하지 않기 때문이다(Andrade 1996). 한편, 암컷에게 잡아먹히는 데 따른 수컷의 적합도 손해는 매우 작다. 왜냐하면, 젊은 성체 수컷은 암컷을 찾아다니다가 개미나 다른 포식 거미에게 잡아먹히는 경우가 많다. 다른 포식자에게 잡하먹힐 위험 때문에, 수컷이 암컷 한 마리를 찾을 확률은 20%가 채 안 된다. 이러한 사실은 수컷이 첫 교미를 마치고 살아남아서 두 번째 교미를 할 가능성이 매우 낮다는 것을 의미한다(Andrade 2003). 따라서 붉은등거미 수컷의 희생은 적응적이다.

자살 가설 수컷이 교미 후 암컷에게 먹혔을 때 암컷이 다른 수컷과의 교미를 덜 한다면, 수컷은 스스로를 희생해서 번식 성공도를 높일 수 있다.

자살 가설(sexual suicide hypothesis)에 따르면 다음과 같은 예측이 가능할 것이다. 만약 어떤 거미의 수컷이 자신의 각수를 첫 교미 후에 암컷의 생식기 입구를 막는 데 사용해 버린다면, 그 종에서는 수컷이 암컷에게 잡아먹히는 방향으로 진화했을 것이다. 실제로, 제레미 밀러(Jeremy Miller)는 거미에서 6개의 계통 중 5개에서, 거미의 수컷이 교미 이후에 암컷에게 먹히거나 다른 자연적인 원인에 의해 죽는다는 것을 찾아냈다. 그리고 이들 중 하나를 제외한 나머지에서는, 수컷의 각수가 첫 교미 중에 부러지거나 더 이상 쓸모없게 되었다

(A)

(B)
(C)
(D)

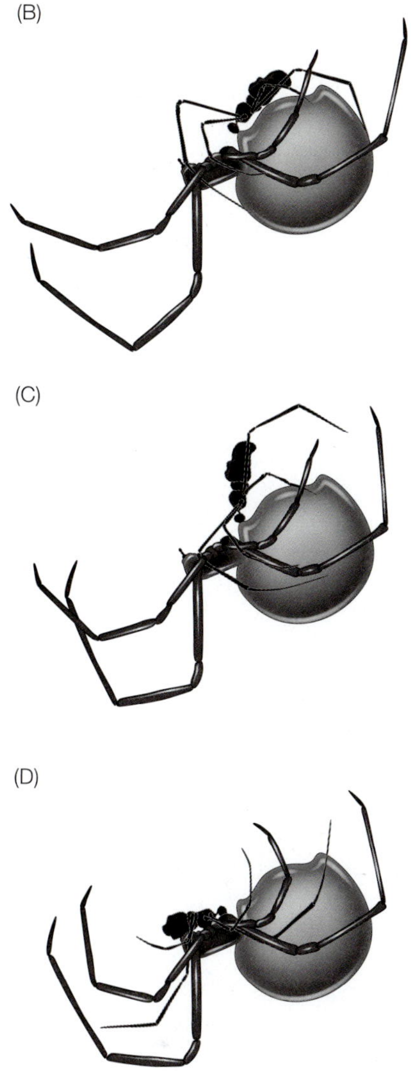

그림 9.28 수컷 붉은등거미(redback spider)의 자살. (A) 암컷 붉은등거미. (B) 수컷은 먼저 암컷의 배 아래로 가서 암컷의 생식기에 자신의 정자 전달 기관을 삽입한다. (C) 그리고 수컷은 몸을 일으킨 뒤, (D) 암컷의 입으로 굴러 들어간다. 암컷은 수컷의 정자가 전달되는 동안 수컷을 잡아먹는다. (A, photograph by © Peter Waters/Shutterstock. com; B–D after Forster 1992.)

(Miller 2007). 따라서 이러한 증거는 수컷의 '자살'이 앞으로 교미를 다시 할 수 없을 때 진화한다는 가설을 뒷받침한다.

붉은등거미의 예는 수컷이 잡아 먹혔을 때 암컷이 추가 교미를 하지 않는 경향이 있기 때문에, 수컷의 자살이 수컷의 번식 성공도를 어떻게 높일 수 있는지 보여준다. 하지만, 수컷이 자신을 희생하면서 얻는 이득은 또 있다. 수컷은 암컷에게 잡아먹히면서 암컷에게 영양분을 제공하고, 그로 인해 자손의 수나 질이 더 나아진다면, 자신을 희생한 수컷은 적합도 이득을 얻는다. 이 가설을 검증하기 위해, 아이린 헤베츠(Eileen Hebets) 연구진이 얼룩닷거미(dark fishing spider, *Dolomedes tenebrosus*)을 대상으로 실험을 진행했다. 이 거미의 암컷은 교미 후에 수컷을 잡아먹는데, 수컷을 잡아먹은 암컷에서 자손의 수가 거의 두 배로 늘어났고, 자손의 몸 크기도 14~20% 정도 더 컸으며, 자손의 생존율도 44~63% 정도 더 높았다(Schwartz et al. 2016). 그냥 영양분을 얻어서 번식력이 높아지는 것인지, 아니면 수컷을 잡아먹어서 얻는 영양분 이외의 무언가 때문에 암컷의 번식력이 높아지는 것인지를 검증하기 위해, 연구진은 한 암컷 집단에는 교미 후에 수컷을 먹이고, 다른 집단에는 교미 후에 귀뚜라미를 먹였다. 실험 결과, 두 경우에서 번식력 이득에는 차이가 있었다. 이러한 사실은 암컷에게 잡아 먹히면서 자손의 수가 늘어나고 질이 향상되는 식으로 수컷이 적합도 이득을 얻는다는 것을 의미한다. 하지만 아직까지 어떤 메커니즘에 의해 수컷이 그런 이득을 얻는지는 밝혀지지 않았다. 또한, 붉은등거미처럼, 암컷에게 잡아 먹히는 것이 암컷의 재교미율을 떨어뜨리는 수단이 된다면, 마찬가지로 얼룩닷거미 수컷도 수정 성공률을 높일 수 있지 않을까? 하지만 이 가설은 얼룩닷거미에서 나타나는 수컷의 희생과는 무관하다. 얼룩닷거미의 경우는, 수컷을 잡아먹은 암컷에서 재교미율이 떨어지지 않았다(Schwartz et al. 2014).

암컷의 짝 선택에 따른 간접적 이득

암컷이 짝선택에서 얻는 직접적인 이득 중 하나는 수컷의 양육이었다. 그리고 수컷의 양육 능력은 수컷의 몸 색, 장식, 구애 행동 등을 지표로 해서 나타났다. 그리고 암컷은 짝 선택을 통해 영양분이나 다른 자원의 형태로 직접적인 이득을 얻기도 했다. 하지만 사틴집짓기새나 다른 종의 경우(Kodric-Brown 1993), 수컷은 먹이를 비롯하여 어떠한 것도 암컷이나 자손에게 주지 않는다. 그런 조건에서도, 암컷 집짓기새는 더 화려한 집을 갖고 더 격렬하게 구애를 하는 수컷을 선호한다(Borgia 1985, Patricelli et al. 2003). 지금부터는 암컷이 짝 선택을 통해 어떤 간접적인 이득을 얻는지 살펴보자(**표 9.1**).

수컷 집짓기새가 교미에 사용하는 신호(집짓기와 복잡한 구애 행동)는 양육 투자와는 상관없이 수컷의 자질을 알려주는 지표일 수도 있다. 만약 이 가설이 옳다면, 수컷의 번식 성공도는 수컷마다 다른 어떤 특징과 연관될 것이다. 그 특징은 집짓기새의 집일 수도 있고, 또는 집을 장식하는 능력, 아니면 입구에 놓여진 파란 깃털의 개수일 수도 있다(Wojcieszek et al. 2007). 사람도 같은 종의 다른 집짓기새 수컷이 만들어내는 집의 차이를 파악할 수 있다. 어떤 수컷은 나뭇가지를 깔끔하게 줄 세워서 대칭적인 집을 만드는 반면, 어떤 수컷은 엉망으로 집을 짓는다. 또 집짓기새의 집은 어떻게 치장되었는지에 따라 엄청나게 다르다. 암컷 집짓기새도 이러한 차이를 분명히 알 것이다. 실제로 암컷은 더 잘 지어진 집에서 더 오래 머물며 그 집을 만든 수컷과 교미도 한다(Patricelli et al. 2003, 2004). 따라서 사틴집짓기새(Borgia 1985)뿐만 아니라 다른 집짓기새(Madden 2003a, 2003b)에서도, 수컷의 번식 성공도는 그 수컷의 집이 얼마나 멋진지에 따라 증가하는 것으로 알려져 있다. 사틴집짓기새 수컷의 번식 성공도는 곧 그 수컷의 유전적 성공도가 된다. 그 이유는 사틴집짓기새 암컷은 오로지 하나의 수컷과 교미를 함으로써, 그 수컷이 암컷의 모든 난자를 수정시킬 수 있기 때문이다(Reynolds et al. 2007).

좋은 유전자 모델 암컷은 수컷의 특정 장식과 구애 행동을 선호함으로써, 자손의 적합도를 높일 수 있는 유전자를 지니고 있는 수컷을 선택한다.

암컷 사틴집짓기새가 멋진 집을 짓는 수컷을 고르는 이유를 이해하기 위해서는, 어떤 수컷이 더 멋진 집을 짓는지를 먼저 살펴보아야 한다. 아마도 멋진 집을 지을 수 있는 수컷은 더 뛰어난 수컷일 것이다. 이러한 생각이 바로 성선택에서의 **좋은 유전자 모델(good genes model)**에 담겨 있다. 좋은 유전자 모델은, 암컷이 수컷의 특정 장식과 구애 행동을 선호함으로써, 자손의 적합도를 높일 수 있는 유전자를 지닌 있는 수컷을 선택할 수 있다는 것이다(Andersson 1994). 즉, 암컷이 더 뛰어난 수컷과 교미하면, 더 나은 자손이 태어난다는 것이다. 사틴집짓기새의 경우, 얼마나 멋진 집을 만들었는지가 바로 그 집을 만든 수컷의 인지 능

표 9.1 수컷이 암컷에게 직접적인 이득을 제공하지 않을 때, 간접적 이득과 수컷의 장식과 구애 행동의 진화 간의 관계를 설명하는 3가지 모델

모델	암컷이 선호하는 수컷 형질의 특징	짝 선택을 하는 암컷이 얻는 적합도 이득
좋은 유전자 모델	수컷의 유전적 자질, 생존력 등을 나타내는 형질	자식이 아비의 유전적인 자질을 물려받음
폭주 선택 모델	매력적인 형질	아들은 매력적인 형질을 물려받고, 딸은 그런 형질에 대한 선호를 물려받음
추격 선택 모델	이미 존재하는 암컷의 감각 편향을 이용하는 형질	이득 없음

력을 나타내는 분명한 지표가 된다. 암컷이 더 나은 인지 능력을 지닌 수컷을 선호한다는 가설을 검증하기 위해, 연구진은 각 수컷 사틴집짓기새의 인지 능력을 조사했다(Keagy et al. 2011). 먼저, 각 수컷이 야생에서 어떻게 어려움을 헤쳐 나가는지를 조사했다. 예를 들어, 사틴집짓기새는 둥지 안으로 빨간 물체를 가져오지 않는데, 연구진은 수컷이 둥지 내에 일부러 넣어 둔 빨간 물체를 언제 알아채서 덮어버리는지를 측정하는 식으로 수컷의 인지 능력을 조사했다. 연구진은 6종류의 인지 능력을 측정했고, 그 결과 수컷 개체의 평균 인지 능력은 수컷의 번식 성공도와 뚜렷한 연관성이 있었다(**그림 9.29**). 따라서 이 결과는 더 똑똑한 집짓기새가 더 높은 번식 성공도를 누리며, 집의 화려함은 수컷의 인지 능력을 나타내는 올바른 지표가 된다는 것을 보여준다(하지만, Healy and Rowe 2007도 참고). 성선택의 좋은 유전자 모델을 보여주는 또 다른 예는 성선택에서 많이 다뤄지는 대표 종인 인디언공작(Indian peacock, *Pavo cristatus*)이다(**BOX 9.1**).

수컷의 외양은 기생충에 대한 수컷의 선천적인 면역력과 연관될 수 있기 때문에, 암컷은 짝 선택을 통해서 수컷의 뛰어난 면역력을 자식에게 전달할 수 있다. 스테파니 두셋(Stéphanie Doucet)과 밥 몽고메리(Bob Montgomerie)는 더 멋진 집을 짓는 사틴집짓기새 수컷일수록 깃털에 기생충이 적다는 것을 찾아냈다(Doucet and Montgomerie 2003; see also Borgia et al. 2004). 또한 귀뚜라미(*Teleogryllus oceanicus*)와 같은 종에서는, 암컷이 수컷의 구애 행동을 통해서 수컷의 면역력을 (무의식 중에) 평가할 수도 있다. 암컷에게 수컷의 노래를 스피커로 들려주었을 때, 귀뚜라미 암컷은 면역계가 더 뛰어난 수컷의 노래소리로 접근했다(Tregenza et al. 2006). 즉, 암컷이 선택한 '좋은 유전자'는 뛰어난 면역력을 나타낼 수도 있는 것이다. 이에 대해 많은 연구를 진행했던 윌리엄 해밀턴(William D. Hamilton)과 말린 주크(Marlene Zuk)는 조류가 여러 기생충과 함께 살아가기 때문에 짝 선택을 통해 다양한 깃털 색이 진화했다고 주장했다(Hamilton and Zuk 1982). 조류에서 기생충 감염은 생리적인 스트레스를 유발하기 때문에, 기생충에 감염된 새는 밝은색의 깃털을 만들어내고 유지할 수 없다. 이는 오늘날 **해밀턴-주크 가설(Hamilton and Zuk hypothesis)**로 불린다. 해밀턴과 주크는 여러 조류 종을 조사한 결과, 예측했던 대로 깃 색의 밝기와 혈액 내의 기생충 양에서 연관성을 찾아냈다(Hamilton and Zuk 1982). 즉, 기생충 감염이 높은 곳에서 살아가는 새의 수컷은 기생충에 대한 자신의 저항 능력을 암컷에게 알리기 위해서 경쟁적으로 노력하며 더 밝은색을 띄는 것이다(Hamilton and Zuk 1982).

해밀턴-주크 가설 수컷의 형질 발현은 기생충 및 질병에 대한 저항성 수준과 연관된다.

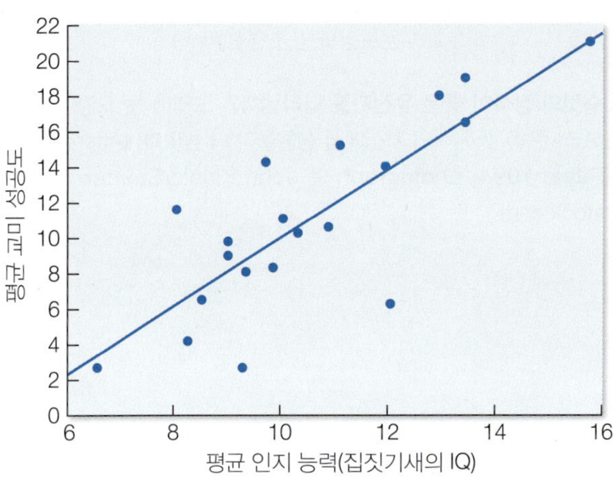

그림 9.29 **사틴집짓기새 수컷의 교미 성공도는 인지 능력과 비례한다.** 수컷은 6가지의 다른 인지 능력 측정을 거쳤고, 이에 대한 복합적인 인지 능력은 수컷의 교미 성공도와 매우 뚜렷하게 비례했다. (After Keagy et al. 2011.)

BOX 9.1

자료 해석을 통한 행동 탐구

공작에서 나타나는 성선택

마리온 페트리(Marion Petrie)는 좋은 유전자 모델을 공작에게 적용하면서 다음과 같은 상황을 예측했다: (1) 수컷의 생존율은 유전적으로 차이가 있을 것. (2) 수컷의 행동과 장식은 수컷의 생존력에 대한 정확한 정보를 제공할 것. (3) 암컷은 이 정보를 바탕으로 수컷을 선택할 것. (4) 선택된 수컷의 자식은 암컷의 짝 선택에 따른 이득이 있을 것(Petrie 1992, Petrie 1994). 즉, 수컷은 자신의 유전적 자질을 정확한 신호 형질로 나타내고, 암컷도 자손들에게 유전적인 이득을 주기 위해 그 신호에 관심을 가질 수밖에 없다는 것이다(Zahavi 1975, Kodric-Brown and Brown 1984).

페트리는 공원에서 풀어놓고 기르고 있는 공작 개체군을 대상으로 연구를 진행했다. 페트리는 여우에 의해 잡아먹힌 수컷 공작은 살아남은 공작에 비해서 꼬리가 짧다는 사실을 찾아냈다. 또한 페트리는 포식자에 의해 잡아먹힌 수컷의 대부분은 이전 번식기에 교미를 하지 않은 개체라는 사실도 찾아냈다. 이러한 사실은 암컷이 수컷의 생존 가능성을 짐작할 수 있다는 것을 의미한다(Petrie 1992). 번식 실험을 통해, 페트리는 공작 암컷의 선호가 자식들의 생존율로 나타난다는 것을 보였다. 페트리는 장식이 다른 여러 수컷을 대상으로, 각 수컷을 서로 다른 4마리의 암컷과 교미를 시켰다. 아비가 같은 자식들은 동일한 조건에서 길러졌고, 연구진은 주기적으로 그들의 무게를 측정했다. 꼬리의 눈 모양이 작은 수컷에 비해 큰 수컷의 자녀는 생후 84일의 체중이 더 무거웠고, 2년 후에 생존율이 더 높았다(**그림**, Petrie 1994). 또 다른 실험에서, 페트리는 비번식기에 공작 꼬리의 눈을 제거하기도 했는데, 꼬리의 눈 모양을 없앤 실험군 수컷은 대조군 수컷에 비해 교미 성공도가 유의미하게 떨어졌다(Petrie and Halliday 1994).

공작은 성선택을 나타내는 대표적인 종으로 여겨지고 있기 때문에, 다른 공작 개체군을 대상으로 해서 페트리의 연구와 비슷한 연구가 수행되었지만, 결과가 다른 경우가 많았다. 프랑스의 공작을 대상으로 한 연구에서, 아델린 로요(Adeline Loyau)의 연구진은 암컷의 짝 선택이 수컷 꼬리의 눈 모양 개수뿐만 아니라 수컷의 구애 행동에 따라서도 달라진다는 것을 알아냈다(Loyau et al. 2005b). 또한 연구진은 더 활발하게 구애 활동을 하고 눈 모양 점도 더 큰 수컷이 건강 상태가 더 좋다는 것도 알아냈다(Loyau et al. 2005a). 하지만, 일본에서 7년 동안 진행된 공작 연구에서는, 수컷 꼬리의 눈 모양 개수와 수컷의 교미 성공도 간의 연관성을 찾지 못했다(Takahashi et al. 2008). 북미의 공작을 대상으로 한 연구에서도 수컷 꼬리의 눈 모양 개수에 따른 개체 차이가 거의 없었고, 일부 차이는 깃털 손상 때문이었다(Dakin and Montgomerie 2011). 따라서 이 연구에서는 수컷 공작의 교미 성공도 차이가 꼬리의 눈 모양 개수와는 무관했다.

Male peacock

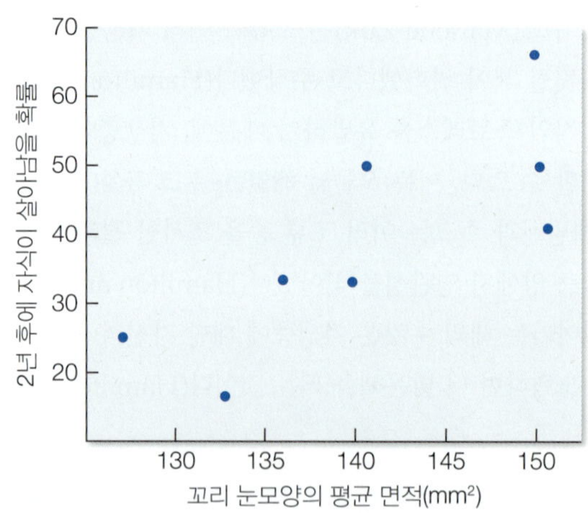

수컷의 장식이 좋은 유전자를 나타낼까? 꼬리에 눈 모양이 더 큰 수컷 공작의 자식에서 생존율이 더 높았다. (After Petrie 1994; photograph © John Kirinic/Shutterstock.com.)

(계속)

BOX 9.1 자료 해석을 통한 행동 탐구 (계속)

또한 페트리도 공작 수컷의 꼬리 눈 모양 개수의 유전도(heritability)가 통계적으로 유의미한 양의 값을 보이지 않는다는 것을 밝혔다(Petrie et al. 2009). 이러한 사실은 유전보다는 환경이 그 형질의 개체 차이에 더 큰 영향을 미친다는 것을 의미한다. 하지만 수컷의 교미 영역을 차지하는 데 영향을 주는 형질(Loyau et al. 2005b)로 알려진 전체 꼬리 길이의 유전도는 높았다(Petrie et al. 2009).

생각의 틀 깨기

공작의 장식을 이해하기 위해서는 더 많은 연구가 필요하지만, 페트리가 처음에 했던 연구만 고려할 때 어떤 결론을 내릴 수 있을까? 만약 공작 암컷이 자식의 생존과 연관된 형질에 따라 수컷을 선택한다면, 암컷의 짝 선택은 좋은 유전자를 고르는 것이 된다. 하지만 만약 암컷이 기생충에 감염된 수컷을 피함으로써 그 기생충이 자식에게 전해질 위험을 줄이기 위해 짝 선택을 하는 것이라면, 상대 수컷이 얼마나 건강한지도 짝 선택에 포함될 것이다. 그렇다면 공작에서 일어나는 성선택에 대한 이러한 가설들을 검증하기 위해서는 후속 실험을 어떻게 디자인해야 할까?

깃털의 밝기는 기생충의 수와 왜 연관될까? 이바 폴스태드(Ivar Folstad)와 앤드류 카터(Andrew Karter)는 해밀턴과 주크의 가설을 더 확장시켜서 그 메커니즘을 살펴보고자 했다(Folstad and Karter 1992). 테스토스테론과 같은 호르몬이 성선택에서 사용되는 형질(색, 구애 행동, 소리 등)의 발달을 촉진시키지만 면역력은 떨어뜨리기 때문에, 테스토스테론에 따라 나타나는 수컷의 신호 형질은 암컷에게 자신의 건강 상태를 알리는 정직한 신호가 될 수도 있다. 따라서 그들은 이를 '**면역력 핸디캡 가설(immunocompetence handicap hypothesis)**'이라고 불렀다. 즉, 화려한 형질을 나타내기 위해서는 테스토스테론이 많이 분비되고, 또 그 만큼 면역력이 떨어지는 것도 견딜 수 있어야 하기 때문에, 오로지 건강한 수컷만이 화려한 형질을 나타낼 수 있다는 것이다. 여러 조류, 파충류, 그리고 사람을 비롯한 포유류에서 이 가설을 지지하는 증거가 발견되었다. 예를 들어, 남성에서는 테스토스테론과 얼굴의 매력 수준, 면역력(B형 간염 백신에 대한 항체 형성 반응으로 측정) 간에 양의 관계가 있었다(Rantala et al. 2012).

면역력 핸디캡 가설 테스토스테론은 면역력을 떨어뜨리지만 성선택과 관련된 여러 형질들의 발달을 촉진하기 때문에, 테스토스테론으로 발현되는 신호 형질은 속임수 없이 정직하게 수컷의 건강 상태를 암컷에게 알려준다.

더 나아가, 아비의 '좋은 유전자'는 기생충 및 질병에 대한 저항성뿐만 아니라 적합도를 향상시키는 다른 형질과도 연관될 수 있다. 예를 들어, 암컷이 자신과 유전적으로 비슷한 수컷을 피하거나 높은 수준의 이형접합성을 보이는 수컷을 알아볼 수 있는 방법이 있다면, 그 암컷은 자기 자식이 발달 과정에서 문제가 생길 가능성을 낮출 수 있다. 그 암컷은 근친교배로 자식이 해로운 열성 유전자를 한 쌍 모두 갖는 것을 피할 수 있다. 척추동물에서 이러한 기능을 하는 것 중 하나는 **주조직적합성 복합체(major histocompatibility complex, MHC)**라고 불리는 유전자 세트이다. MHC는 면역계에서 결정적인 역할을 하는 세포 표면 단백질 중 하나이다. 각 개체는 서로 MHC 분자가 많이 다르고, 다양한 MHC 유전자 형태를 지니고 있는 개체일수록 더 강한 면역계를 지닌다(Jordan and Bruford 1998, Ziegler et al. 2005). 그렇다면 암컷은 수컷의 MHC 다양성을 어떻게 파악할 수 있을까? 쥐를 대상으로 한 연구에서는, MHC 유전자의 다양성에 따라 쥐의 소변에서 나타나는 개체 특유의 냄새가 달라진다고 알려져 있다(Singer et al. 1997). MHC의 다양성이 높은 수컷에 대한 암컷의 선호뿐만 아니라, 상대적으로 이형접합성이 높은 유전체를 지닌 수컷에 대한 암컷의 선호도 몇몇 조류에서 알려져 있다. 집참새(house sparrow, *Passer domesticus*)(Griggio et al. 2011), 사초개개비(sedge warblers, *Acrocephalus schoenobaenus*)(Marshall et al. 2003), 호사찌르레기(superb starlings, *Lamprotornis superbus*)(Rubenstein 2007) 등이 그러하다(제10장 참조).

암컷이 상대 수컷의 자질과 유전 정보를 판단하는 또 다른 수단은 그의 구애 행동을 살펴보는 것이다. 예를 들어, 카나리(*Serinus canaria*)의 경우, 수컷 노래의 특정 부분은 암컷의 짝 선택에 큰 영향을 준다. "A절"이라고 불리는 그 부분은 2개의 음으로 이루어진 음절이 여러 개로 구성된다(**그림 9.30**). 에스트라디올(estradiol, 암컷의 성적 수용성을 유도하는 호르몬)을 투여한 암컷에게 여러 음절로 가득한 A절의 떨림음(trill)을 들려주면, 그 암컷은 바로 수컷의 교미를 받아들이는 자세를 취한다(Vallet et al. 1998). 암컷에게 매력적으로 다가가기 위해서, 수컷은 빠른 떨림음을 내야 할 뿐만 아니라 그 떨림음 내의 각 음절이 상대적으로 다양한 주파수를, 즉 좀 더 낮고 높은 음을 담을 수 있도록 해야 한다. 이러한 사실은 인위적으로 다듬은 소리를 암컷에게 들려주었을 때 그 반응을 측정함으로써 알려졌다. 특히, 일반적인 A절보다 훨씬 더 극단적이고, 야생에서는 불가능한 형태의 노랫소리도 만들어서 들려주었다. 실험 결과, 암컷은 극단적인 노랫 소리를 가장 선호했다. 수컷이 주어진 음역에서

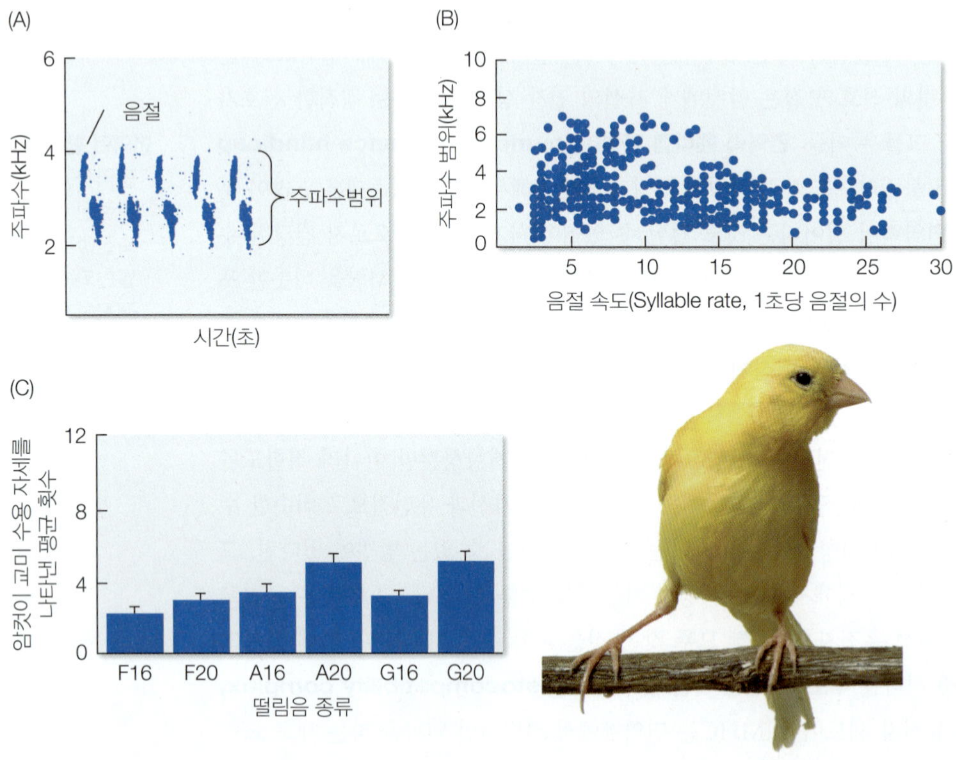

그림 9.30 생리적으로 어려운 행동을 대상으로 이루어지는 짝 선택. (A) 수컷 카나리는 여러 음절로 구성된 떨림음으로 노래를 부른다. 각 음절은 2개의 음으로 이루어져 있는데, 이 음을 만들어내기 위해서는 성대와 호흡기가 조화롭게 잘 움직여야 한다. 떨림음 음절은 다양한 음역을 나타낸다. (B) 음절을 내는 속도도 다양할 수 있다. 어떤 음역(주파수 범위)에서 수컷이 부를 수 있는 음절의 최대치는 정해져 있다. (C) 암컷은 더 넓은 음역의 음절을 더 빠르게 내는 떨림음을 선호했다. 암컷에게 들려준 3가지 서로 다른 트릴: F는 가장 좁은 음역, G는 가장 넓은 음역. 그리고 각 떨림음의 속도는 1초에 16음절, 또는 1초에 20음절, 두 가지로 구성되었다. 암컷은 1초에 20음절을 내고, 음역이 비교적 넓은 A20과 G20 형태의 떨림음에 더 유의미하게 끌리는 반응을 보였다. 막대 그래프는 평균과 표준오차를 나타낸다. (After Drăgă niou et al. 2002, © 2002 by the Royal Society of London; photograph © ene/istockphoto.com.)

더 많은 음절을 내는 데는 한계가 있지만, 암컷은 더욱 극단적인 노랫 소리를 선호하는 것이다. 이와 비슷한 경우가 바로 알스턴쥐(Alston's singing mouse, *Scotinomys teguina*)에서도 나타난다. 이 쥐에서는, 구조적인 제약 때문에, 더 빠른 떨림음을 낼수록 각 음에서 수컷이 만들어낼 수 있는 음고의 범위(음역, 주파수 범위)는 작아진다. 실험에서, 떨림음이 엄청 빠르면서 동시에 더욱 낮고 높은 음을 지니며 넓은 음역으로 구성된 인위적인 노랫소리를 암컷에게 들려주었을 때, 암컷 쥐는 일반 수컷쥐가 내는 노랫소리보다 수컷이 노래할 수 없는 인위적인 노래를 더 선호했다(Pasch et al. 2011).

이 실험은 구애를 하는 수컷이 암컷에게 더 강한 감각적인 자극을 줄수록 암컷은 그 수컷을 더 매력적으로 느낀다는 것을 의미한다. 이러한 사실은 특이하고 복잡한 구애 행동을 보이는 열대 지방의 작은 새인 금빛가슴마나킨(golden-collared manakin, *Manacus vitellinus*)에서도 나타난다. 금빛가슴마나킨 수컷의 구애는 춤과 노래가 동시에 다양하게 섞여 있다. 하지만 마나킨 수컷의 구애에서, 폭죽이 터지는 것 같은 큰 소리는 성대에서 나오는 것이 아니라, 등 위에서 날개를 부딪치는 소리이다(Bodony et al. 2016. **VIDEO 9.2**). 이 소리를 더 빠르게 내는 수컷이 여러 암컷과 교미를 할 수 있다. 수컷마다 구애 능력에 크게 차이가 없는 것처럼 보여도, 소수의 수컷이 대부분의 암컷을 거느릴 수 있기 때문에, 구애 능력에서의 작은 차이는 엄청난 번식 성공도의 차이로 나타난다(Barske et al. 2011). 제8장에서 살펴본 공작거미를 비롯한 여러 동물에서 수컷은 매우 격렬하게 움직이면서 암컷에게 구애를 한다(Byers et al. 2010).

VIDEO 9.2
Courtship by male golden-collared manakins
ab11e.com/uk/v9.2

우리가 보기에도 여러 동물에서 나타나는 수컷의 구애 행동은 쉽지 않아 보인다. 이러한 사실은, 구애 행동과 그와 관련된 구조적 특징이 수컷의 자질을 암컷에게 더 잘 알리기 위해서 진화했다는 것을 의미한다. 금빛가슴마나킨의 경우, 구애를 위해 날개를 빠르게 움직이는 수컷은 더 많은 에너지를 사용할 것이다. 또한 수컷은 6개월 동안 그러한 구애 행동을 매일 반복해야 하기 때문에, 수컷의 구애 행동은 정말 에너지가 많이 들어가는 행동이다(Schlinger et al. 2008). 바니 슐링거(Barney Schlinger) 연구진은 수컷의 구애 행동이 안드로겐(androgen) 호르몬에 따라 달라진다는 것을 밝혔다. 안드로겐 수용체를 막아버리면 수컷의 구애 행동의 강도는 줄어들었다(Fusani et al. 2007). 그리고 안드로겐은 다른 여러 행동을 유발해서 대사 과정에도 영향을 주었다(Fuxjager and Schlinger 2015). 안드로겐과 관련된 운동 능력과 대사 과정이 그 종의 구애 행동과 관련이 있는지를 확인하기 위해서, 슈링거의 연구진은 금빛가슴마나킨 수컷을 다른 마나킨 종의 수컷 또는 다른 조류의 수컷과 비교했다. 그 결과, 금빛가슴마나킨 수컷의 날개 근육에서 안드로겐 수용체의 발현이 다른 새보다 더 높았다(Fuxjager et al. 2015). 따라서 수컷의 구애 행동에 따라 선호를 달리하면서, 암컷은 화려한 움직임에 들어가는 에너지 비용을 감당할 수 있는 수컷을 택한다. 물론, 수컷의 구애 행동이 암컷의 감각 편향을 이용해서 진화한 것일 수도 있다. 이에 대해서는 뒤에서 더 다룰 것이다.

만약 수컷의 장식이 암컷의 짝 선택을 통해 진화했다면, 실험을 통해 일부러 수컷의 구애 형질을 더 증폭시킨 경우, 그 수컷의 교미 성공도는 올라갈 것이다. 이미 제8장에서 긴꼬리금란조(long-tailed widowbirds, *Euplectes progne*)와 함께 이 실험에 대해 이야기했었다. 몰티 앤더슨(Malte Andersson)이 수컷 긴꼬리금란조를 포획해서 어떤 개체에서는 꼬리깃을 자르고, 그 꼬리깃을 다른 어떤 개체에게는 붙임으로써, 장식을 더 짧거나 길게 만들었다

(Andersson 1982). 암컷은 꼬리가 길어진 수컷을 더욱 선호했다. 꼬리가 길어진 수컷은 꼬리에 아무런 처리를 하지 않은 대조군, 그리고 꼬리를 잘랐다가 다시 붙이는 방식으로 처리된 대조군보다도 더 높은 번식 성공도를 누렸다.

이 모든 연구 결과는 수컷의 장식 형질이나 구애 행동이 그 수컷의 유전적인 자질이나 생존력을 나타낸다는 것을 의미한다. 수컷의 구애 또는 교미 능력에 대한 암컷의 선호의 바탕이 무엇이든 간에, 만약 암컷의 선호 행동이 적응적이라면, 암컷의 선호에는 적합도 이득이 있을 것이다. 즉, 수컷이 직접적인 이득을 주지 않는 경우, 암컷은 간접적인 이득을 받을 것이다. 물론, 암컷이 깐깐하게 짝 선택을 하면서 아무런 이득도 얻지 못한 채 그냥 화려한 수컷에게 이용만 당할 수도 있다. 그리고 그런 수컷을 선택한 암컷은 그 결과에서 적합도 손해를 보게 될 것이다. 하지만 이러한 가설은 썩 그럴듯하지 않다. 왜냐하면, 정직한 신호는 신호를 보내는 이 뿐만 아니라 신호를 받는 이에게도 이득이 되기 때문이다(제8장 참조). 만약 의사소통 체계가 진화하는 동안 구애나 교미 행동이 그 과정에서 다듬어진 것이라면, 깐깐하게 짝 선택을 하는 암컷은 수컷의 신호에 대한 반응의 결과로 더 많은 자손을 남겨야 한다. 실제로 여러 종에서, 그 증거가 나타나고 있다.

폭주 선택 vs 추격 선택

폭주 선택 모델 수컷의 형질과 그에 대한 암컷의 선호가 유전적으로 연관되며 양의 피드백에 의해 서로 강화되는 것이다.

수컷의 형질은 수컷의 자질을 반영하는 것 이상으로 더 과도하게 나타나는 경우가 많다. 그렇다면 그런 형질은 왜 진화했을까? 한 가지 답은 성선택의 **폭주 선택 모델(runaway selection model of sexual selection)**에 있다. 폭주 선택은 암컷의 짝 선택이 수컷의 형질과 암컷의 짝 선택 간의 유전적 연관성을 형성하며, 그 연관성 때문에 시간이 흐르면서 짝 선택이 더 극단적인 수컷 형질을 진화시킨다는 주장이다(Fisher 1930, Arnold 1983, Dawkins 1986, Prum 2010). 그 결과, 수컷 카나리의 화려한 노래에 대한 암컷의 선호가 존재할 때, 그런 선호를 지닌 암컷의 자식도 그런 화려한 노래를 부른다면, 암컷의 선호는 적응적일 수 있다. 왜냐하면, 다음 세대에도 그런 화려한 노랫소리가 암컷에게 인기가 있을 것이기 때문이다.

극단적으로 보이는 수컷의 구애 행동의 진화를 직관적으로 설명하는 폭주 선택을 이해하기 위해서, 러셀 란데(Russell Lande, Lande 1981)와 마크 커크패트릭(Mark Kirkpatrick, Kirkpatrick 1982)이 제시한 수학 모델을 살펴보자. 초기 개체군에서 여러 암컷이 특정 수컷 형질에 대한 선호를 갖고 있다고 생각해보자. 암컷이 선호하는 수컷의 형질은 아마 처음에는 수컷에게 약간의 생존 이득을 주었기 때문에 나타났을 수도 있다. 그 형질을 지닌 수컷과 교미를 한 암컷의 자식은 다음 2종류의 유전자를 모두 지닌다. 하나는 아비로부터 받은 수컷의 형질을 나타내는 유전자이고, 다른 하나는 어미로부터 받은 짝 선호에 대한 유전자이다. 만약 자식이 아들이라면, 그 아들은 암컷에게 매력적으로 보이는 형질을 갖고 있기 때문에, 높은 적합도를 보일 것이다. 그리고 만약 자식이 딸이라면, 그 딸은 많은 암컷이 선호하는 그 형질을 지닌 수컷에게 끌릴 것이고, 그 형질을 지닌 아들을 낳아서 적합도 이득을 얻을 것이다. 따라서 암컷의 짝 선택에 관한 유전자와 수컷의 형질에 대한 유전자가 함께 유전될 수 있다. 그리고 이러한 과정은 폭주 선택으로 나타난다. 즉, 암컷의 더 극단적인 선호와 수컷의 더 극단적인 형질이 함께 개체군 내에 퍼지는 것이다. 폭주 선택에 의해 너무 비용이 많이 들거나 수컷의 생존에 불리한 형질이 진화를 하면, 자연선택이 성선택에 대해 반대로 작용하고,

결과적으로 폭주 선택은 멈춘다. 예를 들어, 수컷 긴꼬리금란조의 경우, 꼬리가 길어지면 길어질수록, 수컷은 제대로 날기 어려워지고, 포식자에게도 잡아먹히기 쉬워진다. 따라서 긴 꼬리에 대한 암컷의 선호가 강하더라도, 포식압(자연선택)이 꼬리 길이의 진화(폭주 선택)를 억누르는 순간이 있을 것이다. 암컷의 짝 선택으로 나타나는 성선택과 포식자 등에 의한 자연선택 중에서 무엇이 더 강력한지에 따라서 몸 크기, 장식의 크기, 몸 색 등의 성적 형질의 진화가 진행된다.

그렇다면 수컷의 형질에 대한 암컷의 선호는 처음에 어떻게 나타났을까? 예를 들어, 만약 사틴집짓기새 암컷이 집을 잘 꾸미는 수컷이 먹이도 더 잘 잡기 때문에 처음에 선호했다고 생각해보자. 나중에는 어쩌면 이러한 선호가 걷잡을 수 없게 되면서 매우 독특한 집을 짓는 수컷에 대한 선호가 진화하게 된 것일 수도 있다. 그리고 그 결과, 암컷을 현혹시킬 수 있는 멋진 집을 짓는 아들이 태어나고, 멋진 집을 짓는 수컷을 선호하는 딸이 태어난다. 하지만 초반 진화 과정에서, 수컷의 먹이 잡는 능력 또는 다른 유용한 형질에 대한 암컷의 선호가 사라졌을 수도 있다. 하지만 란데–커크패트릭 모델에서는, 신호-선호의 진화 첫 단계에서, 암컷이 꼭 생존과 먹이 찾기에 도움이 되는 수컷 형질을 선호하는 것으로 시작할 필요는 없다고 주장한다. 기존에 있던 암컷의 선호는, 그 대상이 어떤 형질이 되었던지 간에, 폭주 선택 과정으로 진입할 수 있는 것처럼 보인다(제8장 참조). 그 결과, 생존에 해가 되며 자연선택에 반하는 형질도 폭주 선택을 통해서 개체군 내에서 퍼져나갈 수 있다(Lande 1981, Kirkpatrick 1982). 간접적 적합도 이득에 기반한 짝 선택과는 다르게, 폭주 선택은 어떤 형질이 생존에 불리하더라도 그 형질에 대한 짝 선택이 진화할 수 있다고 주장한다.

브렛 홀란드(Brett Holland)와 빌 라이스(Bill Rice)는 수컷의 극단적인 장식과 화려한 구애 행동은 추격 선택(chase-away selection) 때문일 수도 있다고 주장했다(Holland and Rice 1998). 추격 선택은 수컷이 암컷의 감각 편향을 이용하는 새로운 형질을(돌연변이를 통해) 갖추고, 그 결과 암컷의 짝 선택에 영향을 주는 것으로 시작한다(제8장 참조). 성선택의 **추격 선택 모델(chase-away selection model of sexual selection)**에서는 수컷이 어떤 물질적, 유전적 이득을 암컷에게 주지 않더라도 암컷을 유혹할 수 있다(Ryan et al. 1990). 다시 말해, 추격 선택 모델에서는 암컷을 유혹하는 수컷의 형질이 암컷에게는 오히려 해가 될 수도 있고, 또 암컷은 자극적인 구애 행동이나 어마어마한 장식을 지닌 수컷과 교미를 해도 직접적 또는 간접적 이득을 얻지 못한다. 하지만 암컷의 감각 기관을 이용하는 수컷의 형질은 퍼져나갈 수 있다. 그리고 이러한 과정 속에서, 자극이 약한 형질을 지닌 수컷을 거부하는 암컷의 성향이 선택될 수 있다. 만약 암컷이 거부할 수 없도록 하기 위해 수컷이 점점 더 화려한 형질을 나타내야 한다면, 성선택은 암컷의 그러한 높은 기준을 만족시킬 수 있는 수컷을 선호할 것이다. 즉, 수컷의 신호를 더 화려하게 만드는 돌연변이가 생기면, 성선택에 의해서 그 돌연변이는 살아남을 수도 있다. 암컷이 더 높은 기준을 세우고 수컷은 더 화려해지는 순환적인 과정을 통해서 수컷의 장식이 점차 진화하는 것이다. 수컷의 장식 형질은 암컷에게는 아무런 이득이 없지만 수컷에게는 꼭 필요한 형질이다. 왜냐하면, 수컷의 경우에 그 장식 형질이 없으면 암컷을 자극시켜 교미를 할 수 없기 때문이다(**그림 9.31**).

추격 선택 모델 암컷과 수컷 간의 길항적 공진화 관계(antagonistic coevolutionary relationship)로 짝 선택이 진화하는 것. 암컷이 매력적으로 느끼는 수컷의 형질은 암컷에게는 오히려 해가 되는 경우가 있다.

추격 모델은 몸집이 큰 초파리 수컷과 교미를 하면, 초파리 암컷의 적합도는 낮아진다는 연구 결과를 설명할 수 있다. 암컷이 큰 수컷을 선호하는 이유는 단지 큰 몸집이 암컷에게 매력적으로 느껴졌을 수도 있고, 아니면 큰 몸집이 구애 행동과 같은 다른 매력적인 형질의 강

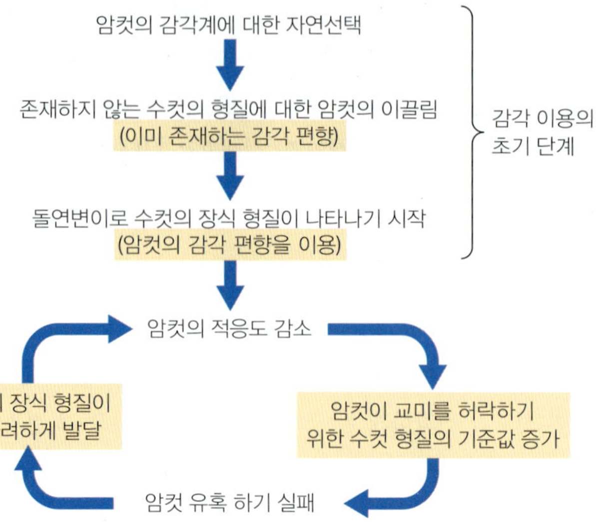

그림 9.31 성선택의 추격 선택 모델. 극단적으로 화려한 수컷의 장식 형질과 구애 행동의 진화는 암컷이 감각 기관을 이용하면서 나타났을 수도 있다. 초기 단계에, 수컷이 암컷의 감각 기관을 이용하여 암컷의 적합도가 낮아질 수 있다. 이때가 바로, 암컷이 수컷의 장식 형질에 대해 기준을 높이면 (저항을 하면) 수컷의 장식 형질이 더 크고 화려하게 진화하게 되는 그 순환 구조가 시작되는 발판이 되는 것이다. (After Holland and Rice 1998.)

도와 연관이 있을 수도 있다. 암컷의 선호에 대한 원인이 무엇이든지 간에, 암컷의 짝 선택은 자신의 수명을 감소시키고, 또 자식의 생존율도 떨어뜨릴 수 있다(Friberg and Arnqvist 2003). 짝 선택을 통해 암컷이 적합도 손해를 보는 이유는, 수컷이 구애 강도를 늘린 것에 반응하며 나타난 생리적 손해 때문일 수도 있고, 또는 매력적인 수컷의 정액 속에 들어있는 독성 물질의 양이 많기 때문일 수도 있다. 암컷이 짝 선택으로 적합도가 떨어질 수 있다는 사실은, 그 순간에 큰 수컷이 양성 간의 군비 경쟁에서 앞서나가고 있음을 의미한다. 이 주제에 대해서는 뒤에서 자세히 다룰 것이다.

암컷의 은밀한 짝 고르기

정자 경쟁이 겉으로 드러나지 않는 성내선택의 한 종류라면, 암컷도 은밀한 짝 고르기(cryptic female choice)를 통해서 겉으로는 대 놓고 드러나지 않는 짝 선호를 나타낸다. 체내수정이 일어나는 종에서 나타나는 암컷의 은밀한 짝 고르기는 교미 후에 생식세포가 서로 만나기 전에 암컷이 수정 과정을 제어하는 것을 말한다(Birkhead 1998). 은밀한 짝 고르기는 교미 직후에 정자에 영향을 주면서 시작되거나, 또는 태아의 성장과 생존에 영향을 주어서 발달 과정 동안 영향을 줄 수 있다. 예를 들어, 암컷 초파리(*Drosophila melanogaster*)는 수컷의 정자를 구분하며 선택적으로 특정 수컷의 정자를 사용한다(Clark et al. 1999). 여러 종의 초파리에서, 암컷이 선택적으로 정자를 사용하는 '정자 우선 사용(sperm precedence)' 메커니즘이 나타난다(Lupold et al. 2013, Manier et al. 2013). 이 메커니즘은 마지막으로 교미한 수컷의 정자가 수정에 주로 사용이 되는 경우와는 다르다. 다양한 새들에서 암컷은 몸속으로 들어온 수컷의 정자를 배출할 수 있다(**그림 9.32**)(Davies 1983, Pizzari and Birkhead 2000). 암탉(*Gallus gallus domesticus*)은 낮은 서열의 수컷에게서 받은 정자의 대부분을 배출해 버리는데, 이러한 사실은 암컷이 높은 서열인 수컷의 정자의 수정 확률을 일부러 더 높일 수 있다는 것을 의미한다(Dean et al. 2011). 암컷이 정자 사용을 관리하는 또 다른 예는, 암컷 눈놀래기(ocellated wrasse, *Symphodus ocellatus*)에서 나타난다. 암컷 눈놀래기는 난자와 함께 난소액(ovarian fluid)을 배출하는데, 난소액은 정자 수보다는 정자의 움직임 속

그림 9.32 암컷이 수컷의 정자 경쟁에 개입할 수 있다. 수컷 유럽바위종다리(dunnock, *Prunella modularis*)는 자기 짝이 다른 수컷과 교미를 했다고 느끼면 암컷의 총배설강을 부리로 쫀다. 그러면 암컷은 다른 수컷과 교미를 해서 얻은 정자를 찔끔 내보낸다. (After Davies 1983.)

도를 수정 성공에 더 중요한 요소로 만들어서 정자 경쟁에 영향을 준다(Alonzo et al. 2016). 수컷 눈놀래기는 세 가지 서로 다른 조건적 교미 전술을 지니고 있는데(Taborsky et al. 1987), 그중에서 영역이 있는 수컷은 빠르게 움직일 수 있지만 적은 수의 정자를 배출한다. 따라서 암컷의 난소액은 영역을 지닌 수컷의 정자의 수정 확률을 더 높일 수 있다(Alonzo et al. 2016).

암컷의 은밀한 짝 고르기는 정자와 난자 두 생식세포가 만난 뒤에도 일어난다. 암컷 금화조는 더 매력적인 수컷의 자식에게 더 많은 투자를 한다(Gilbert et al. 2012). 어떤 조류에서는, 암컷이 상대 수컷의 매력 수준에 따라 수정란에 투입되는 테스토스테론의 양을 조절하기도 한다(Schwabl et al. 1997, Gil et al. 2004, Loyau et al. 2007). 암컷 청둥오리(*Anas platyrhynchos*)는 정말 매력적인 수컷과 교미를 했을 때 더 큰 알을 낳는다(Cunningham and Russell 2000). 암컷 검은뇌조(black grouse, *Lyrurus tetrix*)는 높은 서열의 수컷과 교미를 한 뒤에 더 많은 수의 알을 낳는다(Rintamäki et al. 1998). 수정이 이루어지기 전이든 후이든, 암컷의 은밀한 짝 고르기는 암컷의 짝 선택의 또 다른 모습이면서, 암컷이 성갈등 상황을 조금이라도 제어하기 위한 메커니즘이기도 하다. 특히 후자의 경우는 교미가 강제로 일어날 때 발생한다. 이제 그 부분에 대해 살펴보자.

성갈등

사람들은 유성생식을 종을 영속시키거나 암수의 적합도를 모두 최대화하기 위해 고안된 협업이라고 생각했었다. 하지만 추격 선택 모델을 생각해보면, 이러한 관점은 틀렸다. 다윈이 성선택을 이야기했던 그 시기에는, 번식이 암컷과 수컷 간의 조화로운 과정이라는 인식이 일반적이었다. 물론 유성생식을 하는 생물에서도 수컷과 암컷의 협업이 필요하다. 특히 자식을 함께 키워야 하는 경우가 그렇다. 하지만 양성 간에 갈등이 있는 경우가 더 흔하다(Parker 2006). 더 나아가, 오늘날의 여러 행동생태학자는 번식 자체를 암컷과 수컷이 자신의 유전적 이득을 최대화하기 위한 싸움으로 여긴다. 이러한 싸움은 어떤 성에서 적합도 손해가 있어도 일어난다(**표 9.2**). 교미를 원하는 수컷을 거절하는 암컷을 생각해보자(**그림 9.33**). 구애를 하는 사틴집짓기새 수컷에게 퇴짜를 놓는 암컷처럼 말이다(Bruning et al. 2010). 양 성

표 9.2	수컷이 암컷의 선택을 받기 위해 경쟁하는 상황에서, 암컷과 수컷이 상대성의 번식 성공도에 영향을 주는 방법(Waage 1979 참조)
암컷이 수컷의 번식 성공에 영향을 주는 방법	
알에 대한 투자: 어떤 물질을, 얼마나 알에 투자할지 결정.	
짝 선택: 어떤 수컷(들)과 교미할지 결정.	
난자 수정: 어떤 정자가 난자를 수정시킬지 결정.	
자식에 대한 투자: 배아 및 자식에 대한 투자 및 양육에 영향.	
수컷이 암컷의 번식 성공에 영향을 주는 방법	
암컷이 받는 자원: 암컷에게 주는 자원은 암컷의 알에 대한 투자, 짝 선택, 수정에 대한 결정 등에 영향.	
화려한 구애: 암컷의 짝 선택 및 수정에 대한 결정 등에 영향.	
강압적 교미: 다른 수컷에 대한 암컷의 선호를 무력화.	
영아 살해: 자식 투자에 대한 암컷의 결정을 무력화.	

출처: After Waage 1979.

의 진화적 이해관계가 거의 일치하지 않기 때문에, 성갈등은 당연한 모습일 수도 있다. 암컷이 퇴짜를 놓거나 교미 이후에 정자를 사용하지 않을 때, 암컷과 수컷의 번식에 대한 이해관계는 갈등 상황에 놓인다. 물론, 깐깐하게 수컷을 고른 암컷도, 암컷이 고른 수컷도, 그 관계에서 적합도 이득을 얻을 것이다. 하지만 선택에서 밀려났던 수컷이 암컷을 이용하거나 강제로 교미를 시도할 경우에 암컷의 적합도는 낮아진다.

그림 9.33 암컷의 거절 행동. 암컷 수수두꺼비(cane toad, *Rhinella marina*)는 몸을 부풀려서 수컷이 암컷 몸을 제대로 잡지 못하도록 한다. 따라서 수컷은 암컷이 알을 배출할 때만 그 알을 수정시킬 수 있다. (Photograph by Crystal Kelehear, courtesy of Rick Shine.)

수컷의 강압적인 교미 시도

특히 수컷이 암컷을 가임 상태로 만들기 위해 암컷의 기존 자식들을 죽이거나(제1장 참고) 강제로 교미를 시도하는 것과 같은 예는 달갑지 않은 성갈등의 경우이다. 이 경우에, 수컷의 행동이 암컷에게 번식적으로 이득이 될 가능성은 거의 없다. 수컷 검은점각다귀붙이(black-tipped hangingfly)가 날개로 암컷을 부여잡고서 먹이 선물을 주지도 않은 채 교미를 시도하면, 그 암컷은 아무 것도 먹지 못하고 교미만 한다(Thornhill 1981). 스티치새(Stitchbird) 수컷은 다른 수컷과 교미를 한 암컷을 쫓아가서 강제로 교미를 하기도 한다(**그림 9.34**). 이처럼, 암컷은 원치 않는 교미에 시간과 에너지를 써야 한다(Low 2005). 암컷 오랑우탄(*Pongo pygmaeus abelii*)이 자기에게 계속 귀찮게 구는 어린 수컷의 교미 시도를 받아주는 것도, 암컷이 원해서 하는 교미는 아닐 것이다. 선택할 수 있다면, 오랑우탄 암컷은 더 크고 나이든 수컷과 교미를 해서, 귀찮은 어린 수컷들로부터 보호 받기를 원한다(Fox 2002). 이러한 일은 침팬지에서도 나타난다. 특히 집단 내 다른 개체들과 번식 주기를 맞추지 못한 암컷은, 서열이 낮은 수컷들의 귀찮은 교미 시도로부터 자신을 지켜 줄 수 있는 높은 서열의 수컷을 확보할 수 있다면 좋다(Matsumoto-Oda et al. 2007). 하지만 서열이 높은 수컷도 낮은 수컷도 가임기 암컷에게 종종 강압적으로 교미를 시도한다(Muller et al. 2007). 이러한 교미는 암컷에게 큰 피해를 주는데, 동일한 일이 인간에서도 일어난다(Brownmiller 1975).

성갈등은 수컷이 암컷의 짝 선택이나 교미 활동을 방해하는 과정에서 주로 발생한다. 여러 곤충의 수컷은 정자와 함께 특정 화학물질을 암컷에게 주면서 그 암컷의 재교미 시도를 늦춘다(Himuro and Fujisaki 2008). 비록 수컷이 주는 화학물질은 암컷에게 이롭기도 하지만 해로운 경우도 있다. 수컷 초파리(*Drosophila melanogaster*)는 교미를 하면서 암컷에게 단백질 Acp62F를 전달한다(Lung et al. 2002). 이 단백질은 암컷의 수명을 단축시키고, 수면 패턴도 엉망으로 만들며(Kim et al. 2009), 번식력도 떨어뜨리면서(Pitnick and García-González 2002), (다른 수컷의 정자도 파괴하여) 수컷 자신의 수정 성공도를 높이는 역할을 한다. 만약 수컷이 암컷과 장기적인 관계를 갖는다면, 해로운 단백질은 분명 수컷에게도 손해

그림 9.34 강압적 교미. 스티치새(Stichbird) 수컷은 이웃 영역에 있는 암컷을 공격해서 땅바닥으로 몰아 세운 다음에 강제로 교미를 해서 정자를 전달한다. (Photograph by Matt Low.)

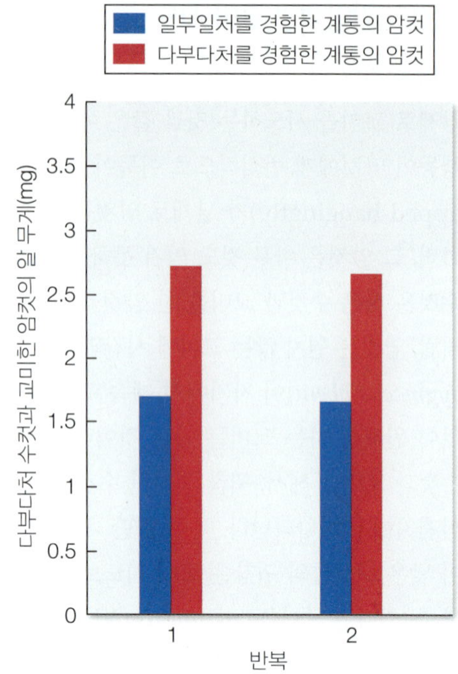

그림 9.35 암컷에게 해로운 수컷 형질의 진화. 실험을 통해 일부일처를 여러 세대 동안 경험해 온 초파리의 암컷은, 다수의 암컷과 교미를 해 온 수컷의 정액에 존재하는 독한 화학물질에 대한 저항 능력을 잃는다. 따라서 다부다처를 경험해 온 초파리 암컷과 비교했을 때, 일부일처를 경험해 온 초파리 암컷은 다부다처를 경험해 온 초파리 수컷과 교미했을 때 더 적은 알을 낳았다. 이 실험은 두 번 반복해서 진행되었으며, 그림에서는 반복 1, 반복 2로 표시되었다. (After Holland and Rice 1999, © 1999 National Academy of Sciences, USA.)

가 될 것이다. 하지만 수컷은 같은 암컷과 다시 교미하는 것을 꺼리기 때문에 수컷이 이득을 얻는다. 그렇게 되면, 암컷이 현재 지니고 있는 알의 대부분을 그 수컷이 수정을 시킬 수가 있고, 결과적으로 수컷의 화학물질로 인해서 암컷의 일생 동안의 번식 성공도는 낮아지지만, 그 수컷의 적합도 이득은 늘어난다.

만약 정자 경쟁 때문에 수컷 초파리가 자신과 교미한 암컷에게 피해를 주는 것이라면, 수컷이 오로지 한 마리의 암컷하고만 교미하도록 만든 환경에서 초파리를 여러 세대 길렀을 때, 수컷은 독성이 있는 정액을 만들지 못하는 방향으로 선택이 진행될 것이라고 예측할 수 있다. 그러한 환경에서는, 자신과 교미를 한 암컷에게 피해를 주지 않는 수컷이 큰 적합도 이득을 누릴 것이다. 왜냐하면 피해를 받지 않은 암컷이 더 오래 살고, 번식력도 더 나을 것이기 때문이다. 또한 수컷의 정액에서 독성이 감소하면, 암컷도 수컷의 독성에 대항하는 화학적 반적응(counter adaptation)이 불필요해진다. 따라서 저항성을 갖추지 않은 암컷이 선택될 것이다. 실제로, 수컷 하나와 암컷 하나만 짝을 이루게 해서 일부일처 환경을 조성하고, 다른 한편으로는 여러 수컷과 여러 암컷이 서로 짝을 이루게 해서 다부다처 환경을 조성한 후에, 각 환경에서 30세대 동안 진화 실험을 진행했다(Holland and Rice 1999). 그리고 각 환경의 암컷을 일반적인 다부다처 환경을 경험한 수컷과 교미를 시켰을 때, 일부일처 계통의 암컷은 다부다처 계통의 암컷보다 알을 더 적게 낳았고, 더 일찍 죽었다(**그림 9.35**)(Holland and Rice 1999).

양성 간 군비 경쟁

여기에서, 암컷에게 피해를 주는 수컷의 형질이 어떻게 퍼져나갈 수 있는지 궁금할 수 있다. 개체가 적합도 이득이 있을 때 자연선택에 의한 진화가 일어나기 때문에, 암컷에게 피해를 주는 폭력적인 행동을 발현시키는 유전자를 통해서 더 나은 번식 성공도를 누릴 수 있다

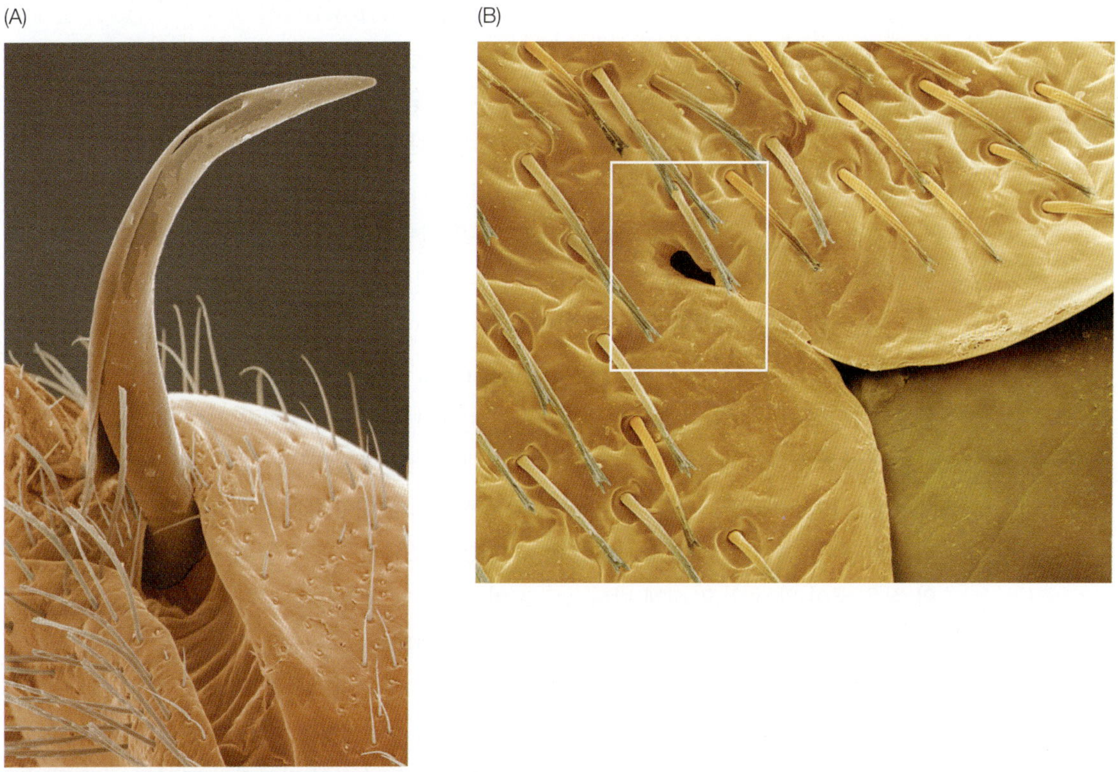

그림 9.36 성갈등의 증거. (A) 단검 모양의 삽입기를 진화시킨 수컷 베드버그는 암컷의 배를 생식기로 찔러서 정자를 주입한다. 이러한 교미 행동은 수컷이 교미를 거부하는 암컷의 저항을 이겨내기 위해 암컷에게 상처를 내서 정자를 주입하는 방식(traumatic insemination)을 시도한 수컷의 적합도가 높았기 때문에 진화했을 것이다. (B) 흰색 박스로 표시된 부분은 암컷 배 부분의 막에 있는 홈(groove)으로, 수컷이 생식기로 찌르는 부분이다. (Photographs © Andrew Syred/Science Source.)

면, 그 유전자는 개체군 내에서 퍼져나갈 것이다. 하지만 이러한 진화 과정에서 암컷이 당하고만 있는 것은 아니다. 교미에 대한 수컷과 암컷의 갈등은 진화적 군비 경쟁(evolutionary arms race)으로 나타난다. 수컷이 암컷을 조종하고 제압할 수 있는 형질을 진화시키면, 암컷도 수컷의 이러한 전략을 피할 수 있는 형질을 진화시킨다. **양성 간 군비 경쟁(sexual arms race)**의 대표적인 예는 암컷에게 상처를 내서 정자를 주입(traumatic insemination)하는 베드버그(Reinhardt et al. 2003)와 몇몇 생물들(Rezac 2009, Hoving et al. 2010)에서 찾아볼 수 있다. 베드버그에서는 수컷이 단검 모양의 삽입기를 암컷 배에 찔러서 직접적으로 암컷의 순환계에 정자를 주입한다(**그림 9.36**)(Stutt and Siva-Jothy 2001). 이런 특이한 정액 주입법은 아마도 초기에는 교미를 거부하는 암컷에게 정자를 주입하려는 수컷의 시도에서 나타났을 것이다. 처음에 암컷은 일반적인 생식기 결합으로 정자를 전달받았을 것이다. 상처를 내서 정자를 주입하는 방법은 암컷에게 큰 피해를 입히고, 그 결과 교미를 많이 당한 암컷은 일찍 죽게 되고 알도 적게 낳는다(Stutt and Siva-Jothy 2001). 하지만 일주일마다 딱 1분만 교미를 한 암컷에 비해, 일주일마다 3마리의 수컷과 1분씩 교미를 한 암컷이 가장 오랫동안 많은 알을 낳았다(Reinhardt et al. 2009). 상처를 통한 정자 주입이 심하지 않게 이루어지는 경우, 아마도 수컷 정액 속의 어떤 성분이 베드버그 암컷의 적합도를 오히려 끌어올리는 것 같다.

성갈등과 생식기 진화의 또 다른 예는 수금류(waterfowl)에서 찾아볼 수 있다. 실제로, 많은 새의 수컷은 외부 생식기가 없다. 10,000종이 넘는 조류 중 오로지 3%만이 수컷의 외부 생식기가 있다. 하지만 오리류나 기러기류 같은 수금류의 경우, 대부분의 수컷이 종마다 다양한 길이와 모양의 외부 생식기를 지니고 있다. 이들의 생식기는 매끈한 모양도 있고, 표면에 가시가 있거나 울퉁불퉁한 경우도 있다(Briskie and Montgomerie 1997). 수컷 생식기의 크기와 구조는 수금류에서 나타나는 성갈등을 반영한다. 즉, 수컷과 암컷이 서로 일부일처를 이루는 수금류도 있지만, 어떤 수금류 종은 수컷이 강압적으로 교미를 시도해서, 암컷의 짝 선택을 무력화시키기도 한다. 강압적인 짝외 교미가 흔하게 일어나는 종에서, 수컷은 많은 돌기가 있는 생식기를 지니고 있다(Coker et al. 2002). 이러한 수컷의 적응은 교미 가능성을 높이고 암컷의 짝 선택을 무력화시키기 위해서 진화했을 것이라 여겨진다. 그렇다면 수금류의 암컷은 이러한 수컷의 외부 생식기에 대해 어떻게 반적응을 했을까? 패트리샤 브레난(Patricia Brennan)의 연구진은 수컷의 외부 생식기에 대항해서 암컷의 질도 매우 복잡하게 진화했다는 것을 발견했다(Brennan et al. 2007). 조류에서는 매우 특이하게도, 수금류 암컷의 질은 끝이 막혀 있고 시계 방향으로 꼬여 있다. 이 방향은 수컷의 생식기가 꼬인 방향과 반대 방향이다. 생식기의 꼬인 방향과 끝이 막힌 형태와 같은 암컷 생식기의 형태적 적응은 수컷이 제대로 생식기를 삽입하기 어렵게 만든다. 고속 카메라를 이용해서, 브레난의 연구진은 실제로 암컷의 생식기가 수컷으로 하여금 자신의 생식기를 쉽게 넣지 못하도록 한다는 것을 관찰했다(**VIDEO 9.3**)(Brennan et al. 2010). 즉, 수컷의 강압적인 교미에 대해 암컷이 형태적 적응을 하는 것처럼 수컷과 암컷은 양성 간 군비 경쟁 속에서 함께 진화한 것이다. 따라서 암컷은 수컷의 강압적 교미 때문에 짝 선택이 무력화되지 않도록 형태적 반적응을 통해서 다시 짝 선택의 역할을 하고 있는 것이다.

VIDEO 9.3
Male duck genitalia in action
ab11e.com/uk/v9.3

베드버그와 수금류는 암컷과 수컷 간의 상호작용의 복잡성뿐만 아니라 그 상호작용이 형질의 진화에 미치는 영향을 나타내고 있다. 우선, 암컷이 교미를 통해 얻는 손해는 분명하다. 암컷은 교미로 인해 일찍 죽을 수도 있고, 수컷에서만 발현되는 유전자 때문에 암컷의 딸이 발달 과정에서 문제가 있을 수도 있다(Pischedda and Chippindale 2006). 하지만 이러한 손해가 그 암컷의 아들이 얻는 엄청난 번식 성공도로 상쇄될 수 있을까(Parker 2006)? 만약 그렇다면, 수컷의 교미 시도를 받아주는 암컷은 자기 아들의 번식 성공도로 인해 교미로 인한 자신의 손해를 메울 수 있을지도 모른다. 만약 암컷에게 강압적으로 교미를 시도하는 아비의 번식 전략이 아들에게 유전된다면, 그리고 그러한 아비의 전략이 아들을 전례 없이 성공적인 번식 능력자로 만든다면, 그래서 어미에게도 더 많은 손자 손녀를 안겨 준다면, 암컷은 기꺼이 당장의 교미 손해를 감수할 것이다(Cordero and Eberhard 2003). 하지만 아비의 영향은 아들뿐만 아니라 딸에게도 영향을 준다는 점에서, 이러한 시나리오는 무의미해진다. 비록 아들이 암컷을 마음대로 다루는 슈퍼맨이 되더라도, 딸은 개체군 내의 다른 슈퍼맨 수컷들에게 피해를 입을 것이다. 특히 강압적인 교미가 나타나는 경우가 그러하다(Brennan and Prum 2012).

교미 상황에서 수컷과 암컷이 다투는 것은, 어쩌면 암컷이 수컷의 역량을 판단하기 위해서 일 수도 있다. 즉, 다음 세대에서 교미를 피하려는 암컷의 저항을 이겨낼 수 있는 아들을 가질 수 있는지를, 지금 교미하는 상대 수컷에게 저항함으로써 그 수컷의 힘을 평가하는 것이다(Eberhard 2005). 또는 공격적인 구애를 펼치는 수컷을 선택했을 때, 다음 세대에서 아들이 다른 수컷과의 싸움에서 우위에 설 수 있기 때문일 수도 있다(Borgia 2006). 이러한 가설은 짝 선택을 무시하고서 강압적으로 교미 시도를 하는 수컷과 교미를 했을 때, 암컷이 "지는 것이 곧 이기는" 것을 의미한다. 이는 적어도 암컷이 강압적인 교미 시도를 하지 않는 수컷을 덜 선호하는 종에서 적용된다. 대부분의 종에서 암컷과 수컷의 이해관계는 동일하지 않고, 그 결과 성갈등이 나타난다는 것은 분명하다. 암컷과 수컷의 그러한 차이는 생식세포부터 나타난다. 난자와 정자의 크기 차이처럼 말이다. 이러한 차이는 짝 선택과 양육에서도 이어진다. 지금까지 살펴본 것처럼, 이 모든 성차의 결과는 다윈이 성선택 이론에서 설명했던 화려한 형질의 진화이다. 다음 장에서 살펴보겠지만, 이러한 성차는 종 특이적인 교미 체계에도 영향을 준다.

요점

1. 다윈의 성선택 이론은 생존에 불리해서 자연선택에 의해서는 진화하지 않는 어떤 형질이 어떻게 개체군에 퍼질 수 있었는지를 설명한다. 하지만 성선택된 형질이 짝을 얻는 데 도움을 준다면 성선택은 자연선택을 넘어서 작동할 수 있다.
2. 성선택으로 인해 번식 행동과 형태적 형질에 양성 차이가 나타난다. 수컷은 작은 생식세포를 여러 개 만들어서 가능하면 많은 난자를 수정시키려고 하지만 자식 양육에는 별로 관심이 없다. 하지만 암컷은 소수의 큰 생식세포를 만들고, 양육을 도맡아 한다. 그 결과, 교미를 원하는 암컷의 수는 적고, 수컷은 그 암컷을 차지하기 위해 서로 싸운다.
3. 수컷은 암컷을 차지하기 위해 싸우고 암컷에게 교미를 구한다. 성내선택 또는 성선택에서 짝을 두고 일어나는 경쟁은 수컷의 번식 행동을 진화시켰다. 더 나아가, 이러한 형태의 성선택은 다양한 번식 전략을 진화시켰다. 어떤 수컷은 최악의 상황에서 최선의 행동을 하기도 하며, 난자를 수정시키기 위한 정자 경쟁 때문에 교미 후에도 짝을 지키면서 자신의 정자를 좀 더 암컷이 이용하도록 행동하기도 한다.
4. 암컷은 짝 선택(성간선택)을 한다. 그 이유는 암컷이 난자 생산과 난자의 수정에 관여하며 자식을 돌보는 일을 도맡기 때문이다. 암컷은 수컷에게 양육이나 자원 등의 직접적 이득을 바라기도 한다. 어떤 수컷은 혼인 선물이나 양육 등 물질적인 이득을 암컷에게 제공고, 암컷과 짝을 맺기도 한다. 이러한 경우에, 더 나은 선물을 암컷에게 줄 수 있는 수컷이 더 많은 자손을 남길 수 있다.
5. 암컷의 짝 선택은 수컷이 물질적인 이득을 전혀 주지 않는 상황에서도 일어난다. 이러한 경우에 암컷은 자식의 생존력을 높여주는 간접적 유전 이득을 추구한다(좋은 유전자 모델). 하지만 어떤 수컷 형질에 대해서 암컷 선호가 일어나면, 화려한 수컷의 형질이 개체군 내에서 퍼져나갈 수 있다. 암컷이 화려한 형질을 지닌 개체를 선호하고 그 선호가 수컷의 형질과 유전적으로 연관될 때, 수컷의 화려한 형질이 빠르게 진화할 수 있다(폭주 선택 모델). 또 성갈등 과정에서 수컷의 형질이 진화할 수도 있다. 만약 암컷의 감각 편향을 이용하는 수컷의 형질에 대해 선택이 이루어지면, 암컷은 그러한 수컷에게 저항하는 방향으로 선택이 이루어진다(추격 선택 모델).
6. 수컷과 암컷 간의 상호작용에는 협동도 있고 갈등도 있다. 마치 수컷은 암컷이 규칙을 정한 게임 속에서 난자를 수정시키기 위해서 노력하는 것 같다. 성갈등은 만연하며, 짝에게 추근대거나, 짝을 이용하거나, 강압적으로 교미를 시도하는 등의 행동이 이에 해당된다. 또한 성갈등은 양성 간 군비 경쟁으로 이어지고, 그 결과 어느 성에게 유리한 형질이 다른 성에게는 해로운 경우도 있다.

안내 웹사이트

ab11e.com/uk에서 토론 질문과 모든 시청각 동영상을 확인하시오.

CHAPTER 10

교미 체계

수컷 사틴집짓기새(*Ptilonorhynchus violaceus*)는 한 번의 번식기 동안 여러 암컷과 교미를 할 수 있는데, 이처럼 수컷이 여러 암컷과 교미를 하는 것을 **일부다처(polygynous)**적이라고 한다. 하지만, 실제로 그렇게 여러 번 교미를 하는 사틴집짓기새 수컷은 거의 없다(Borgia 1985). 반면, 암컷 사틴집짓기새는 주로 한 마리의 수컷과 교미를 하므로 대부분 **일부일처(monogamous)**적이다. 이와 같이, 일부다처적인 수컷과 일부일처적인 암컷 간의 조합은 동물에서 나타나는 정말 다양한 교미 체계 중 하나일 뿐이다. 실제로, 다른 집짓기새에서는 다른 교미 체계가 나타난다. 예를 들어, 사틴집짓기새와 가까운 종인 녹색풍조새(green catbird, *Ailuroedus crassirostris*) 수컷과 암컷은 번식기에 양성 모두 일부일처적이며, 자식을 함께 키운다(Frith and Frith 2001). 제9장에서 다룬 목도리도요(*Philomachus pugnax*)와 가까운 종인 미국깝작도요(spotted sandpiper, *Actitis macularius*)에서는, 암컷이 **일처다부(polyandrous)**적이라서 2~3마리의 수컷과 번식기에 교미를 한다(Oring and Knudson 1973). 즉, 하나 이상의 수컷의 정자를 난자 수정에 사용한다. 성 역할 역전이 일어나는 이 종의 수컷은 일반적으로 일부일처적이다. 더 극단적인 형태의 일처다부는 꿀벌(*Apis mellifera*)에서 나타난다. 어린 여왕벌은 벌집에서 나와 공중에서 여러 수벌과 함께 교미를 한다. 여왕벌은 여러 수벌과 교미를 하고, 일생 동안 알을 낳는 데 10마리 이상의 수벌의 정자를 이용한다(Tarpy and Nielsen 2002). 반면, 수벌은 한 마리의 여왕벌과만 교미를 한다. 그 이유는 수벌이 첫 교미에서 자신의 생식기를 격렬하게 삽입하고서 죽어버리기 때문이다(Woyciechowski et al. 1994). 또 어떤 종은, 양성이 모두 여러 파트너와 교미를 한다. 이런 교미 체계에서 만약 수컷과 암컷이 함께 자식을 키우기 위해서 짝 결합이 매번 이루어진다면, 이를 **다부다처(polygynandry)**라고 말한다. 한편, 교미가 무작위적으로 이루어지고, 그 이후에 짝 결합을 이루지 않는 교미 체계를 **난교(promiscuity)**라고 한다.

동물의 다양한 교미 체계는 수컷과 암컷이 갖는 교미 대상의 수로 구분된다(**그림 10.1**). 제9장에서 다룬 것처럼, 양성은 자신의 교미 결정에 대한 손익을 저울질한다. 따라서 수컷만, 또는 암컷만, 또는 암수 모두 여러 번 교미를 하는 것을 꺼릴 수도 있다. 이러한 점은 대부분의 교미 체계가 가변적이고, 같은 종이더라도 개체군마다 다를 수 있다는 것을 의미한다. 스테판 엠렌(Stephen Emlen)과 루이스 오링(Lewis Oring)은 동물에서 서로 다른 교미 체계가 나타나는 것을 설명하기 위해서 성선택 이론에 기반한 사회생태학적 관점을 발전시켰다(Emlen and Oring 1977). 즉, 개체군의 교미 체계는 어떤 성이 다른 성의 개체를 얻을 수 있는, 더 나아가서 독점할 수 있는 능력의 결과물이다. 그러한 능력은 개체의 매력에 따라 달려있기도 하지만, 개체가 지니고 있는 영역이나 번식을 위해 필요한 자원과도 관련이 있을 수 있다. 자식 투자에 대한 성차 때문에, 번식에 더 많은 투자를 하는 성(주로 암컷)은 번식에 필수적인 자원을 얻기 위해 애쓴다. 수컷은 암컷을 얻기 위해 구애를 하고 싸운다. 따라서 수컷은 생존과 번식에 필요한 자원을 제어하면서 암컷에게 쉽게 다가갈 수 있도록 노력한다. 이것은 교미 가능한 짝의 존재 시기뿐만 아니라, 먹이를 비롯한 주요 자원의 공간적 분포에 따라 달라진다. 일반적으로 짝이나 자원에 대한 독점 가능성이 클수록, 어떤 성이 여러 짝과 교미를 하는 교미 체계가 진화할 가능성이 커진다. 따라서 일부다처는 수컷이 여러 암컷을 독점할 수 있을 때 진화할 수 있고, 일처다부는 암컷이 여러 수컷을 독점할 수 있을 때 진화한다. 반면에, 일부일처는 어떤 성도 상대 성이나 자원을 독점할 수 없는 상황에서 진화한다. 자원 또는 짝에 대한 접근의 필요성 때문에 수컷과 암컷이 함께 살아야 할 때, 다부다처가 진화할 수 있다. 하지만 양육을 하는 데 자원이 필요 없는 상황에서는 난교가 진화한다. 따라서 교미 체계의 진화는 어떤 성이 얼마나 자원에 대한 접근을 조절하고 짝을 독점하는지에 달려있다(Emlen and Oring 1977).

이 장에서, 우리는 엠렌과 오링이 발달시킨 체계를 이용하여 각 교미 체계를 깊이 살펴볼 것이다. 서로 다른 교미 체계를 다루면서, 무척추동물과 척추동물의 예를 통해 서로 다른 동물 분류군에서 나타나는 교미 체계의 유사성을 살피고, 자원 분배, 양육비용, 성갈

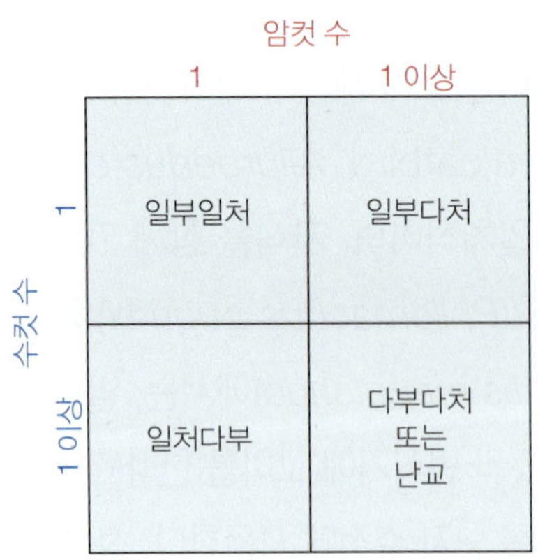

그림 10.1 각 성이 갖는 짝의 수에 따라 정의되는 동물의 교미 체계. 일부일처는 각 성이 오로지 한 개체의 짝과 교미를 할 때 나타난다. 일부다처는 수컷이 여러 암컷과 교미를 하지만 암컷은 오로지 한 수컷과 교미를 하는 경우이다. 반대로, 일처다부는 암컷이 여러 수컷과 교미를 하지만 수컷은 오로지 한 암컷과 교미를 하는 경우이다. 다부다처는 양성이 모두 여러 상대와 교미를 하며, 짝 결합이 매번 나타나는 경우이다. 반면에, 양성이 여러 상대와 교미를 하지만 교미 이후에 짝 결합이 없다면 그 형태는 난교라고 불린다.

등 등이 개체군 또는 종의 교미 체계에 어떤 영향을 주는지에 대해 살펴볼 것이다. 수컷과 암컷의 교미를 설명하는 데는 정말 많은 가설이 존재한다. 이 가설들을 살펴보면서, 양성이 교미를 한 번 또는 그 이상했을 때 얻게 되는 이득과 손해를 이해해 보자.

일부일처: 여러 짝과 교미를 하지 않는 경우

지금까지 설명한 성선택과 교미 체계를 생각해보면, 일부일처가 일반적으로 나타날 것이라고 생각할 수도 있다. 하지만 야생에서 일부일처는 정말 드물다. 포유류에서는 전체 종의 5% 미만이 일부일처이다. 또한, 조류에서 90% 이상이 일부일처인 것으로 알려져 있었지만, 실제로는 그렇지 않았다. 분자유전학의 발달로, 일부일처로 짝 결합을 이루는 새들도 그다지 정절을 지키지 않고 있다는 사실이 밝혀졌다. **사회적 일부일처(social monogamy**, 수컷과 암컷이 짝 결합을 이루는 것)는 **유전적 일부일처(genetic monogamy**, 부모가 실제 자기 유전 정보의 반을 지닌 자식을 기르는 것)와 다르다. 모든 조류 종의 90% 정도는 짝 결합 이후에도 다른 개체와 교미를 한다(Westneat et al. 1990, Griffith et al. 2002). 극단적으로, 예쁜꼬마굴뚝새(superb fairy-wren, *Malurus cyaneus*) 둥지 내의 자식들 중에서 95%가 짝외 교미로 태어난 자식이었다(Mulder et al. 1994). 하지만 모든 새들이 짝외 교미를 하는 것은 아니다. 플로리다어치(Florida scrub-jay, *Aphelocoma coerulescens*)는 둥지 내의 자식들은 모두 같은 부모에서 나온 자식이다(Quinn et al. 1999, Townsend et al. 2011). 플로리다어치는 일부일처인데 예쁜꼬마굴뚝새는 왜 그렇지 않는지, 그 이유를 탐구하려면 여러 짝과 교미를 하는 것에 대한 이득과 손해가 암컷과 수컷에서 어떻게 다르게 나타나는지 살펴보아야 한다.

일부일처의 이유?

일부일처는 교미를 여러 번 하는 것이 수컷과 암컷에게 너무 손해이고, 일부일처를 통해 얻는 것이 많을 때 진화할 수 있다. 교미를 여러 번 하는 데 따르는 손해는 짝을 찾아 나서는 데 따르는 시간과 에너지, 그리고 그 와중에 포식자에게 공격당할 위험, 성병이 옮을 위험 등이다. 만약 성병에 걸릴 위험이 일부일처 개체보다 일부다처 또는 일처다부 개체에서 더 크다면, 교미를 여러 번 하는 종의 면역계는 일부일처를 하는 종의 면역계보다 더 강할 것이라고 예측할 수 있다. 찰스 눈(Charles Nunn)의 연구진은 이 가설을 영장류를 대상으로 검증했다. 그들은 암컷이 하루에 열 마리 정도의 수컷과 교미를 하는 일처다부 성향이 강한 영장류인 바바리원숭이(Barbary macaque, *Macaca sylvanus*)에서부터 기번원숭이처럼 일부일처를 띄는 종에 이르기까지 영장류에서 나타나는 다양한 교미 체계를 연구했다. 연구진은 동물원에서 사는 여러 영장류 암컷을 대상으로 한 백혈구 수치를 통해 면역력을 측정했다. 연구 결과, 백혈구 수치가 일처다부 종의 암컷에서 정상 수치 범위보다 높은 값으로 나타났다(**그림 10.2**)(Nunn et al. 2000). 이 사실은 성병이 일부일처 종보다 여러 파트너와의 교미가 잦은 종에서 더 많이 나타날 것이라는 가설과 일치한다. 비슷한 결과가 새에서도 나타난다. 알도 포이아니(Aldo Poiani)와 콜린 윌크스(Colin Wilks)는 교미 체계가 다른 4종의 새(2종은 일부일처, 2종은 일처다부)에서 교미 중에 전해지는 박테리아나 이스트가 있는지 살펴보았다(Poiani and Wilks 2000). 연구 결과, 일부일처 종보다 일부다처 종에서 박테리아와 이스트가 더 많이 발견되었다.

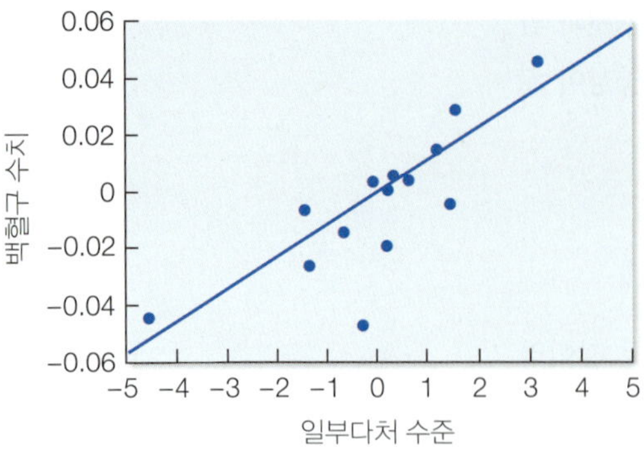

그림 10.2 일처다부에서 나타나는 적합도 손해. 영장류에서는, 암컷이 갖는 짝의 수는 백혈구 수치와 연관성이 있었다. 이 결과는 일부다처성이 더 강한 종일수록 암컷의 면역계에 외부 침입이 많다는 것을 의미한다. 각 점은 다른 영장류 종을 나타내며, 암컷의 교미 행동이 잘 알려진 종만 분석에 포함되었다. 음의 값은 분석 과정에서 다른 변수와 진화적인 역사 등을 통계적으로 처리하면서 나온 값이다. (After Nunn et al. 2000.)

앞에서 살펴보았듯이, 일부일처는 양성 모두 짝이나 자원을 독점할 수 없을 때 진화한다. 예를 들어, 상대 성이 집단을 이루지 않은 채 넓게 퍼져서 돌아다니기 때문에 짝을 만나기 어려운 경우(**짝 부족 가설, mate limitation hypothesis**), 짝의 추가적 교미를 제한하려고 할 때(**짝 지키기 가설, mate guarding hypothesis**), 자원이 부족한 상황에서 양쪽 부모가 양육에 모두 참여해야 하는 경우(**짝 도우미 가설, mate assistance hypothesis**), 영아 살해 위험이 높은 상황에서 수컷과 함께 오래 있을 때 다른 수컷의 영아 살해 시도를 막을 수 있는 경우(**영아 살해 가설, infanticide hypothesis**)에는 일부일처가 진화한다(**가설 10.1**).

짝 지키기와 짝 도우미 제9장에서 살펴보았듯이, 수컷은 암컷이 짝외 교미를 하는 것을 막기 위해서 짝을 지키는 행동을 한다. 그리고 이 행동은 일부일처 진화에 대한 짝 지키기 가설과도 연결된다. 거미를 비롯한 여러 생물에서 수컷이 짝 지키기를 하면서 일부일처가 형성된다. 일부 거미 수컷은 교미 중에 암컷의 생식기 내부로 자신의 생식기를 부러뜨려 집어넣고서, 자신의 몸을 암컷에게 제물로 바친다(Andrade 1996, Miller 2007). 이러한 거미 수컷의 행동은 한 마리의 암컷에 대한 자신의 교미 성공도를 높일 수 있다(물론 다른 암컷을 만날 수 없다는 점에서 손해이다). '죽은 후 짝 지키기(posthumous mate guarding)'라고 불리는 이러한 행동으로 인해서, 수컷은 잃는 것보다 얻는 것이 더 많을 수 있다. 특히 수컷이 첫 번째 교미 후 살아남아서 다음 암컷을 성공적으로 찾아낼 가능성이 낮은 경우에, 수컷의 죽은 후 짝 지키기 행동은 더욱 효과적인 전략이 된다. 이러한 조건은 거미(Andrade 2003, Miller 2007)를 비롯한 몇몇 종에서(Emlen and Oring 1977) 나타나며, 이들은 일부일처를 띈다.

일부일처의 진화에서 짝 도우미 가설이 작동하기 위해서 가장 핵심적인 부분은 바로 양육 행동이다. 이 가설에 따르면, 수컷은 자식을 보호하고 양육에 도움을 주기 위해서 암컷 곁에 남는다(Emlen and Oring 1977). 스페인의 귀뚜라미를 대상으로 한 연구에서는, 수컷이 지켜준 암컷은 그렇지 않은 암컷에 비해서 새를 비롯한 포식자로부터 공격을 덜 받았다. 포식자가 접근했을 때, 수컷은 자기가 지키는 암컷이 먼저 굴 안으로 숨도록 했다(**그림 10.3**)(Rodríguez-Muñoz et al. 2011). 자기가 포식자에게 공격을 받아 죽을 수 있는데도 말이다. 수컷은 암컷을 지켜주면서 그 암컷과 여러 번 교미를 하기 때문에, 암컷이 낳은 자손은 그 암컷을 지켜준 수컷의 유전자를 지니고 있을 것이다. 따라서, 수컷은 오로지 하나의 암컷과 교미를 함으로써, 자식에 대한 부성을 확신할 수

가설 10.1

일부일처 교미 체계의 진화를 설명하는 (상호배타적이지 않은) 가설들

짝 부족 가설 짝이 집단을 이루지 않고 널리퍼져 있기 때문에 짝을 만나기가 어려워서 일부일처가 진화했다.

짝 지키기 가설 짝의 추가 교미를 막기 위해 일부일처가 진화했다.

짝 도우미 가설 부모가 함께 자원을 모아서 자식을 키워야하는 경우에서 일부일처가 진화했다.

영아 살해 가설 영아 살해의 위험이 매우 높고, 사회적 짝이 영아 살해를 하려는 다른 수컷을 막아주기에 일부일처가 진화했다.

그림 10.3 수컷 귀뚜라미(*Gryllus campestris*)의 짝 지키기와 짝 도우미. (A) 짝을 자신의 영역 내에 머물게 하는 수컷. 만약 암컷이 공격당하는 경우에, 수컷은 암컷을 먼저 굴속으로 숨게 하는데, 이러한 행동 때문에 수컷이 공격당할 위험이 커진다. (B) 혼자 있는 수컷은 포식자의 공격에도 살아남을 가능성이 높다. 하지만 혼자 있는 암컷은 지킴이 수컷과 함께 있는 암컷에 비해 포식자의 공격에 취약하다. (A, photograph courtesy of WildCrickets.org; B after Rodríguez-Muñoz et al. 2011.)

있고, 자신의 자식을 지닌 암컷의 생존 확률을 높이려고 할 것이다. 따라서 부성에 대한 확신은 일부일처를 따르는 종에서 수컷이 얻는 이득 중 하나가 된다.

수컷만 짝을 지키는 것은 아니다. 암컷도 수컷이 다른 암컷과 교미하려는 것을 막고 그 수컷의 양육 투자를 독점하려고 한다. 이러한 경우 짝 지키기는 암컷에 의한 일부일처로 나타난다. 송장벌레(burying beetle, *Nicrophorus defodiens*) 암컷은 다른 암컷에 대해 공격적으로 행동한다. 쥐의 사체에 알을 낳은 후 사체를 수컷과 암컷이 함께 협업하여 땅속에 파묻고 나면, 수컷은 높은 곳으로 올라가서 성 페로몬을 분비하며 다른 암컷을 유혹한다. 만약 다른 암컷이 와서 기존의 사체에 알을 낳게 되면, 새 암컷의 자식들은 기존 암컷의 자식들과 나중에 먹이를 두고 싸우게 된다. 따라서 암컷은 자기와 교미한 수컷이 어딘가 올라가서 성 페로몬을 내 뿜고 있는 것을 보면, 급히 달려가서 수컷을 밀쳐서 떨어뜨린다. 앤-카트린 에걸트(Anne-Katrin Eggert)와 스캇 사카룩(Scott Sakaluk)는 실제로 암컷이 수컷의 페로몬 분출 행동을 방해했을 때, 수컷이 효과적으로 페로몬 분비를 하지 못한다는 것을 발견했다(Eggert and Sakaluk 1995). 암컷의 방해가 없을 때, 수컷은 더 오랜 시간 동안 페로몬을 분비했다(**그림 10.4**). 따라서 수컷 송장벌레는 주로 일부일처적이지만, 이는 수컷의 의도와는 다르게 암컷의 강압 때문이다. 또 송장벌레의 경우는 수컷과 암컷에서 일어나는 성갈등의 예이기도 하다(제9장 참조).

양육을 하는 종의 일부일처

여러 번의 번식기 동안 꾸준히 짝을 유지하는 새에서는, 수컷이 자식을 돌보는 경우가 많다(Orians 1969). 노란눈준코(yellow-eyed junco, *Junco phaeonotus*)에서는, 암컷이 두 번

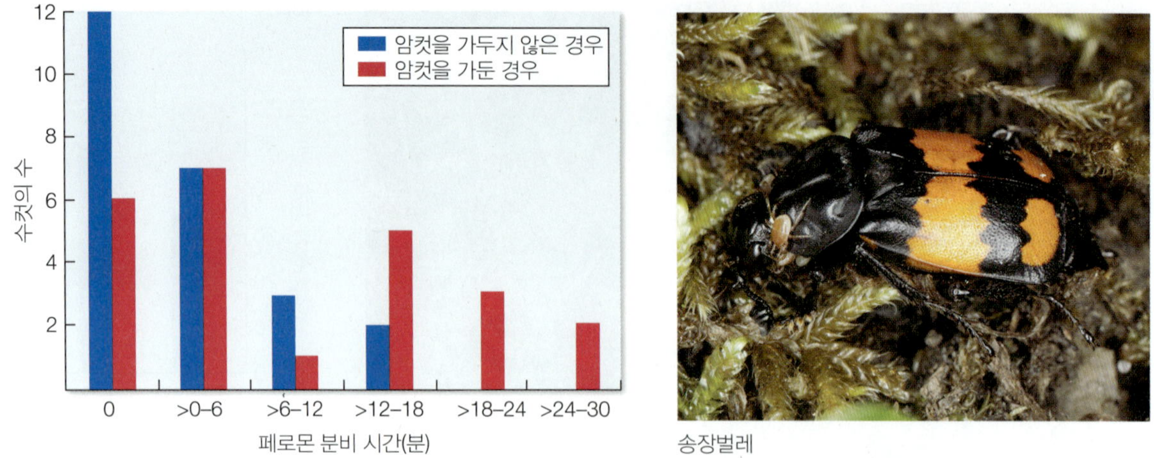

그림 10.4 암컷의 강압에 의한 송장벌레의 일부일처. 짝을 맺은 암컷 송장벌레를 수컷과 교류하지 못하도록 실험적으로 가두어두면, 수컷에서 성 페로몬을 분비하는 시간이 늘어난다. (After Eggert and Sakaluk 1995; photograph © Henrik Larsson/Shutterstock.com.)

째 낳은 알을 품는 동안 수컷이 첫 번째 알에서 깨어난 자식을 돌본다. 이러한 아비의 도움은 어린 자식의 생존에 결정적이다(Weathers and Sullivan 1989). 수컷의 도움이 중요하다는 사실은 흰점찌르레기(European starlings, *Sturnus vulgaris*)에서도 나타난다. 수컷이 짝을 돕는 경우도 있고 아닌 경우도 있는데, 수컷이 함께 돌보는 알들이 더 따뜻한 상태를 유지하고(**그림 10.5**), 자식이 더 빨리 태어난다. 또한 두 부모가 품은 알의 97%는 부화를 하지만, 암컷 혼자 알을 품은 경우에서는 부화율이 75% 밖에 안 된다(Reid et al. 2002). 따라서, 양육에는 정말 많은 비용이 들어가기 때문에(제11장 참조), (사회적) 일부일처가 나타날 수 있다.

조류를 대상으로, 실험을 통해 암컷이 자식을 홀로 키우게 한 연구는 두 부모의 양육 참여가 얼마나 중요한지를 보여준다. 우리나라에서 정말 가끔 발견되는 겨울철새인 흰멧새(snow buntings, *Plectrophenax nivalis*)를 대상으로 한 연구에서, 홀로 자식을 키우게 한 암컷은

그림 10.5 짝을 돕는 수컷 흰점찌르레기. 수컷은 직접 알을 품어서 알을 더 따뜻하게 유지시킨다. (A) 두 부모가 함께 알을 품은 경우, 알 온도가 항상 35°C로 유지되었지만, 암컷 혼자 알을 품은 경우 온도가 몇 도 더 낮았다. (B) 함께 알을 품는 흰점찌르레기. 이 둥지에서 모든 알이 성공적으로 부화했다. (A after Reid et al. 2002; B, photograph © Bengt Lundberg/Naturepl.com.)

수컷 검은찌르레기

그림 10.6 검은찌르레기의 번식 성공도를 높여주는 수컷의 양육. 항안드로젠 물질인 아시프로테론 아세테이트(cyproterone acetate, CA)를 투여한 수컷 검은찌르레기에서는 혈중 테스토스테론 수치가 낮아졌고, 자식에게 먹이를 가져다주는 빈도가 늘었으며, 더 많은 자식을 키워냈다. 하지만 테스토스테론(T)을 추가로 주입한 수컷은 자식에게 먹이도 덜 가져다주었고, 나중에 더 적은 자식을 키워냈다. 아무런 처리도 하지 않은 대조군은 중간 수준의 양육 행동과 자식 발달을 나타냈다. 값은 평균 및 표준오차를 나타낸다. (After Moreno et al. 1999; photograph © Txanbelin/Shutterstock.)

보통 3마리 이하의 자식을 키워낸 반면에, 부모가 함께 양육을 하도록 놔둔 짝은 4마리 이상의 자식을 키워냈다(Lyon et al. 1987). 따라서 일부일처를 하는 많은 종에서의 번식 성공도는 양육 행동에 따라 매우 달라진다. 한편, 수컷 검은찌르레기(spotless starlings, *Sturnus unicolor*)에게 테스토스테론을 추가로 주입했을 때, 그 수컷의 양육 행동이 줄어들었다. 하지만 테스토스테론의 작용을 억제하는 항안드로젠 화학물질이 주입된 수컷은 자식을 더 열심히 돌보았다. 그 결과, 테스토스테론을 맞은 수컷이 키워낸 자식 수가 가장 적었고, 테스토스테론의 작용을 억제시킨 수컷에서 자식 수가 가장 많았다(**그림 10.6**)(Moreno et al. 1999).

새뿐만 아니라, 다른 분류군에서도 수컷이 양육을 하는 경우가 있다. 극단적인 경우가 해마(*Hippocampus whitei*)이다. 해마 수컷은 알을 3주간 주머니에 넣고 다닌다(**그림 10.7**). 수컷은 한 마리의 암컷과 오랜 관계를 가지며, 암컷은 수컷에게 알을 계속 건네준다. 해마 암컷과 수컷은 먹이 활동을 서로 다른 곳으로 나가기 전에 아침에 만나서 서로 인사도 한다. 주로 이들은 짝 이외에 다른 성의 개체에는 관심도 없다(Vincent and Sadler 1995). 수컷의 주머니는 한 번에 단 하나의 알 덩어리만 받을 수 있기 때문에, 다른 암컷을 유혹해봤자 아무것도 얻지 못한다. 하지만 또 다른 해마 종에서, 수컷은 하나의 암컷에게만 알을 받지만, 암컷은 가끔 또 다른 수컷을 유혹하는 것이 관찰되었다(Wilson and Martin-Smith 2007).

여러 해 동안의 번식기 동안 지속적인 일부일처 짝 관계를 맺는 여러 새들처럼, 수컷 해마도 임신이 끝났을 때 암컷이 바로 새로운 알을 넣어준다면 짝을 바꿀 필요가 없을 것이다. 암컷 해마는 자기 짝 수컷이 항상 임신 상태로 있도록 노력하며, 중간에 다른 수컷에게 알을 줄 만큼 빨리 만들어내지는 못한다(Vincent et al. 2004). 하나의 암컷과 짝을 지으면, 수컷은 자신의 번식 주기를 암컷과 일치시킬 수도 있다. 번식 주기가 일치하면, 수컷이 알을 다 부화시켰을 때 암컷이 새로운 알을 맞춰서 낳을 수 있다. 따라서 수컷은 주머니에 알을 낳아줄 또 다른 짝을 찾을 필요가 없이(새로운 짝을 찾는 중에 포식자의 공격에 위험해질 수도 있다), 그냥 친숙한 암컷에게서 새로운 알을 바로 받을 수 있다. 만약 실제로 그렇다면, 암컷을 일부러 없앴을 때는 수컷이 자식을 키워내는 시간 간격이 길어져

그림 10.7 해마의 일부일처와 수컷의 양육. 임신 중인 수컷이 자식을 낳고 있다. 아비의 주머니에서 나온 새끼 두 마리가 보인다. (Photograph © Dr. Paul A. Zahl/Science Source.)

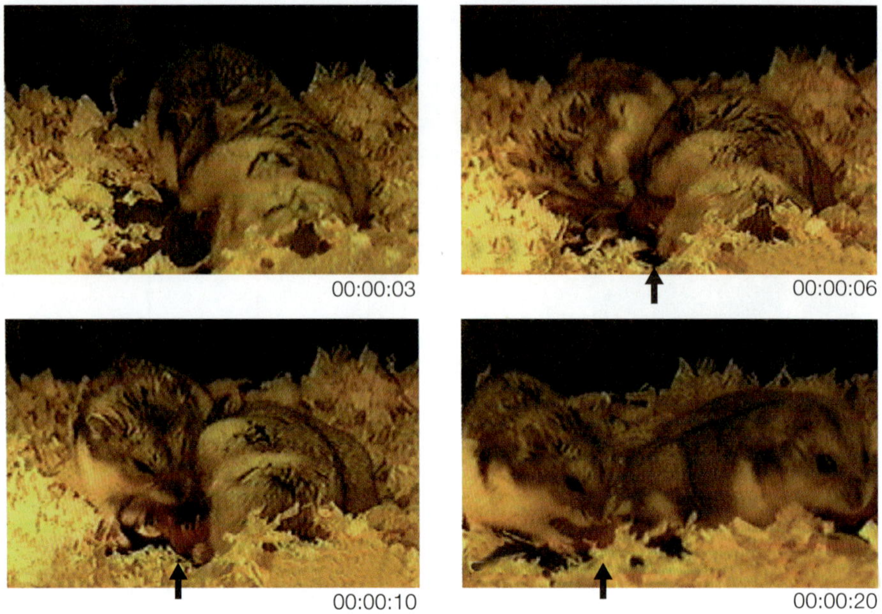

그림 10.8 양육에 도움을 주는 수컷 햄스터. 수컷 햄스터는 암컷의 산도를 통해 나오는 어린 자식을 꺼내고 숨구멍을 핥아줘서 숨을 쉴 수 있게 해준다(수컷이 왼쪽, 화살표는 핑크빛의 어린 햄스터). (Photographs © Katherine E. Wynne-Edwards, Faculty of Veterinary Medicine, University of Calgary.)

야 할 것이다. 이러한 사례가 실고기(pipefish)에서 나타난다. 수컷 실고기는 기존의 암컷에게 알을 받는 것보다 알을 갖고 있는 또 다른 암컷을 만나는 데 8일이나 더 소요된다(Sogabe et al. 2007).

양육을 하지 않는 종의 일부일처

일부일처는 많은 동물에서 흔치 않은 형태이지만, 포유류에서는 더 희귀하다. 그 이유는 임신과 젖 먹이를 암컷이 하기 때문이다(박쥐 한 종은 수컷이 젖을 먹이기 때문에 예외이다; Francis et al. 1994). 대부분의 포유류 수컷이 양육에 참여하지 않으므로, 성선택 이론은 수컷이 일부다처적일 것이라고 예측한다. 그리고 실제로 그렇다. 하지만, 예외적인 경우를 통해 포유류에서 일부일처의 진화가 어떤 요인에 의해 이루어졌는지를 살펴볼 수 있다. 만약 짝 도우미 가설을 포유류에 적용해 보면, 양육에 참여하지 않은 대부분의 수컷이 일부일처를 띨 리가 없다(Woodroffe and Vincent 1994). 수컷이 양육에 참여하는 일부일처의 포유류 중 하나인 햄스터(Djungarian hamster, *Phodopus sungorus*)의 경우, 수컷은 암컷의 출산을 도와서 자식의 생존율을 높인다(**그림 10.8**)(Jones and Wynne-Edwards 2000). 또한 일부일처를 갖는 캘리포니아쥐(*Peromyscus californicus*)의 경우, 실험실 조건에서 두 부모가 함께 자식을 키우면 4마리를 키울 수 있으며, 이는 암컷 혼자서 양육을 할 때는 불가능한 수치이다(Cantoni and Brown 1997). 자연 상태에서도 비슷했다. 캘리포니아쥐 수컷이 자식들의 몸을 따뜻하게 해주지 않으면 살아남은 자식의 수는 줄어들었다(**그림 10.9**)(Gubernick and Teferi 2000).

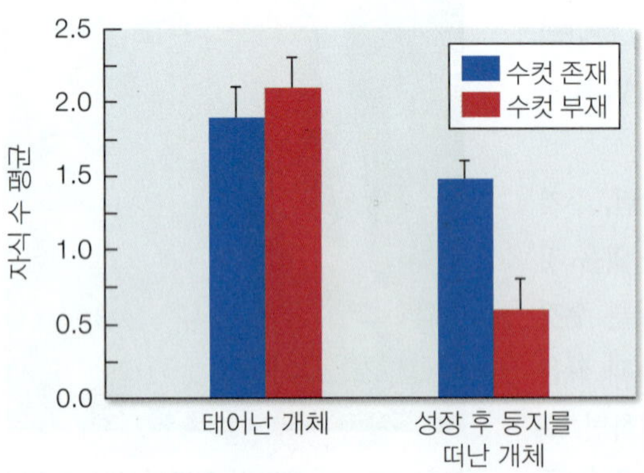

그림 10.9 캘리포니아쥐 수컷의 양육이 적합도에 미치는 영향. 수컷의 양육이 없으면 암컷이 키울 수 있는 자식 수가 현저히 줄어든다. 막대 그래프는 평균 및 표준 오차를 나타낸다. (After Gubernick and Teferi 2000.)

영아 살해의 위험으로 생기는 일부일처 포유류에서 수컷은 자식을 죽이려는 다른 수컷의 접근을 막아주는 역할을 하며 짝을 도울 수 있다. 짝을 지키는 성향을 나타내는 초원들쥐(prairie vole, *Microtus ochrogaster*)의 경우, 수컷은 자기 자식을 죽이려는 다른 수컷의 접근을 막는다. 따라서 짝 지키기와 짝 도우미 가설이 초원들쥐에서 나타나는 일부일처를 모두 설명할 수 있다(Getz and Carter 1996). 영아 살해의 위험성 때문에 여러 영장류에서 일부일처가 나타나기도 한다. 흰손기번원숭이(white-handed gibbon, *Hylobates lar*)는 하나의 암컷과 여러 수컷으로 구성된 일처다부 집단보다 일부일처로 구성된 집단에서 영아 살해가 훨씬 적게 일어난다(Borries et al. 2011). 크리스토퍼 오피(Christopher Opie)의 연구진은 영장류 230종을 대상으로 오래 전에 멸종한 종의 행동도 재구성하면서 영아 살해가 일부일처의 진화에 영향을 주었는지를 검증했다(Opie et al. 2013). 연구 결과, 어떤 종에서 영아 살해가 나타나면 그 뒤에 교미 체계가 일부다처에서 일부일처로 변하는 것을 찾아냈다. 즉, 일부일처는 영아 살해 위협이 강한 종에서 진화하는 경향이 있다. 일부일처는 자식을 방어해서 부모 모두에게 이득을 안겨주는 수단인 것이다.

영장류에서는 수컷의 영아 살해와 일부일처 간에 강한 연관성이 존재했지만, 영아 살해 가설이 포유류에 널리 적용되지는 않는다. 디에터 루카스(Dieter Lukas)와 팀 클러튼브록(Tim Clutton-Brock)이 포유류 2500종을 대상으로 영아 살해 가설을 검증했을 때, 놀랍게도 수컷의 영아 살해 위험과 일부일처는 아무런 관련이 없는 것으로 나타났다(Lukas and Clutton- Brock 2013). 루카스와 클러튼브록은 포유류에서 수컷의 양육 행동이 일부일처의 원인이 아니라 오히려 결과라고 주장한다. 그들은 암컷 밀도가 낮고 번식기 암컷이 서로를 경계하는 포유류에서 일부일처가 나타난다는 것을 알아냈다. 이 결과는 짝 지키기 가설과 일치한다. 또한 암컷이 작은 영역을 지니며 서로 떨어져 지낼 때, 수컷은 암컷과 일부일처를 이루는 경향이 있다는 초기의 비교 연구와 일맥상통한다(Komers and Brotherton 1997). 이러한 환경에서는 수컷이 여러 암컷에게 접근하는 것은 쉽지 않기 때문이다.

짝이 부족해서 생기는 일부일처 호주 북부에 사는 짧은꼬리포썸(rock-haunting ringtail possum, *Petropseudes dahli*)은 일부일처를 띤다. 포썸은 암컷이 낮은 밀도로 널리 퍼져서 분포할 때 일부일처가 포유류에서 나타날 수 있다는 것을 보여주는데, 짝 부족 가설의 대표적인 경우이다. 암컷과 수컷 그리고 자식들은 띄엄띄엄 노출된 암석 지역에서 100 m^2 정도의 영역을 갖고서 살아간다(**그림 10.10**). 이러한 영역 크기는 같은 무게의 다른 초식 포유류가 갖는 영역의 1/6 밖에 안 되는 크기이다(Runcie 2000). 작은 영역 내에서, 수컷 포썸은 크게 에너지를 쓰지 않고 암컷의 움직임을 감시할 수 있다. 하지만 멀리 떨어진 영역을 오가면서 다른 암컷과 교미를 하려면 수컷은 위험을 감수해야 한다. 잠깐 영역을 비운 사이에 다른 수컷이 와서 암컷과 교미를 할 수도 있기 때문이다. 따라서 환경 조건 때문에 암컷은 작은 영역을 지니고, 따라서 수컷은 짝 지키기가 더 유리해지고, 그 결과로 일부일처가 나타난다. 암컷의 짝 선택이 수컷의 교미 결정과 교미 체계의 진화에 미치는 영향에 대해서는 이 장의 뒷부분에서 다룰 것이다.

일처다부: 여러 수컷과 교미하는 암컷

제9장에서는 암컷이 깐깐하게 짝 선택을 할 때 얻게 되는 이득에 대해 이야기했다. 간접적인 이득은 자식이 얻는 유전적 이득이었고, 직접적인 이득은 양육, 자원, 포식자에 대한 보호, 다른 수컷에 대한 보호 등을 얻는 것이었다. 지금부터는 암컷이 이러한 이득을 짝 선택뿐만 아

그림 10.10 짝 부족 가설에 부합하는 짧은꼬리포썸(rock-haunting ringtail possum)의 일부일처. 호주 북부의 암석 지역을 따라 작은 영역을 두고 암컷이 산발적으로 분포한다. (After Runcie 2000.)

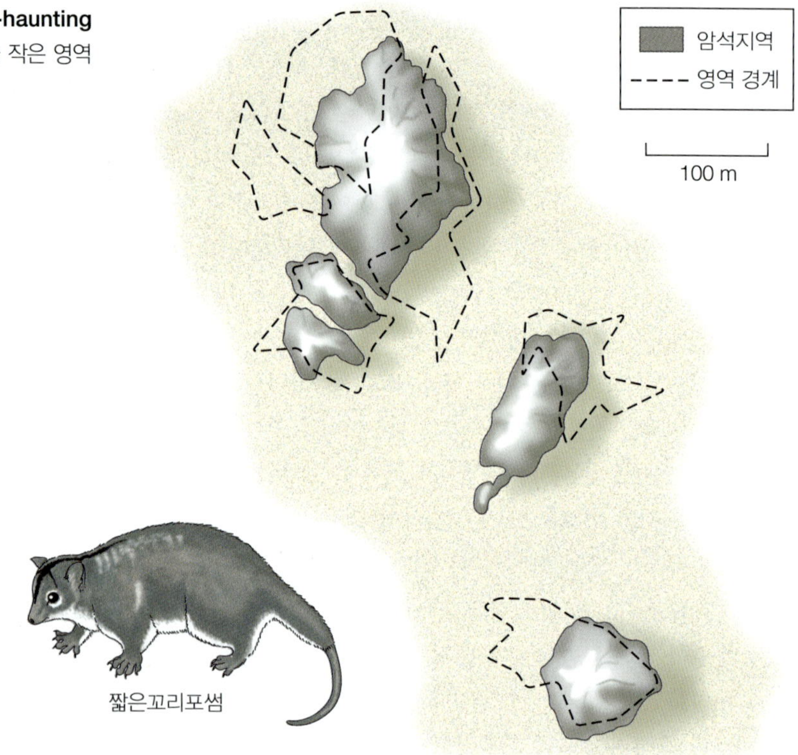

니라, 여러 수컷과의 교미를 통해서도 얻을 수 있다는 것에 대해 살펴볼 것이다.

일부일처 수컷과 일처다부 암컷

수컷의 사회적 일부일처는 암컷의 유전적 일처다부와 함께 나타날 수 있다. 특히 조류학자는 이러한 사실에 꽤 혼란스러워 했다. 왜냐하면, 조류학자는 다른 수컷의 자식이 아닌 자기의 자식을 키울 때만 수컷이 양육에 참여한다고 생각해 왔기 때문이다. 일처다부는 일부일처보다 흔하다. 새뿐만 아니라 다른 분류군에서도 그렇다. 최근 리뷰 논문에서는 14개의 모든 주요 분류군에서, 그리고 개체군들 중 89퍼센트에서, 암컷이 하나 이상의 수컷과 교미를 한다는 사실이 밝혀졌다(Taylor et al. 2015). 사회적 일부일처 암컷이 실제로는 여러 수컷과 교미를 하는 경우를 살펴보기 전에, 수컷이 왜 짝외 교미를 하지 않고 한 마리의 암컷에만 붙어서 교미를 계속하는지에 대해 알아보자. 그 이유 중 하나는 헌신적인 전략이 일부일처 수컷의 유일한 선택지일 수도 있기 때문이다. 일부다처 수컷은 자기 짝뿐만 아니라 다른 암컷과도 교미를 해서 자식을 얻는다. 화려한 장식과 구애 행동을 보이며 자신의 뛰어난 신체 상태를 과시하는 이 수컷은 괜히 일부일처를 하며 손해를 보려하지 않는다(Griffith et al. 2002). 따라서 이런 상황에서의 일부일처 수컷은 짝이 다른 수컷과 교미를 하기 때문에 피해를 본다. 그렇다면 일부일처 수컷은 왜 짝외 교미를 하지 않는가? 제9장에서 살펴봤듯이, 그 이유는 암컷의 짝 선택 때문이다. 만약 암컷의 짝 선택이 사회적인 짝의 경우에는 양육 투자, 짝외 교미 대상의 경우에는 유전적 자질에 대한 지표를 중심으로 이루어지면, 자랑할 거리도 없으면서 양육도 하지 않으려 하는 수컷은 암컷의 눈 밖에 난다. 그리고 그 수컷은 번식 경쟁에서 밀리고, 아무런 자손도 남기지 못한다. 따라서 지표에서 밀린 수컷은 대신 충실한 사회적 짝이 되어서, 암컷의 난자 일부를 수정시키는 것이 유일한 선택지가 된다. 이러한 상황에서, 암컷이 다른 수컷을 찾아 나설 수도 있기 때문에, 일부일처 교미 체계에서도 성갈등은 잠재한다.

일처다부 교미 체계는 까다로운 암컷을 차지하기 위한 수컷 간의 경쟁 때문에 진화할 수 있다. 일처다부는 암컷이 여러 수컷과 사회적 짝을 맺는 것이다. 하나의 사회적 수컷 짝을 두고서, 여러 수컷과 짝외 교미를 하는 형태와는 다르다. 갈라파고스매(Galápagos hawk, *Buteo galapagoensis*)의 교미 체계는 일부일처부터 극단적인 일처다부까지 다양하다(Faaborg et al. 1995). 개체들이 영역을 갖기 어려운 상황에서 작동 성비는 수컷에 치우치고, 결과적으로 일처다부가 형성되는 것으로 보인다. 암컷을 차지하기 위한 경쟁과 영역에 대한 심한 경쟁 때문에, 적당한 영역을 차지하기 위해서 협력하여 팀을 꾸리는 수컷이 유리해진다. 번식기의 암컷은 무려 8마리의 수컷을 수년 동안 거느리면서 번식기 동안 한 마리의 새끼를 낳고, 수컷은 그 새끼를 키운다. 갈라파고스매뿐만 아니라 푸케코(pukeko, *Porphyrio melanotus*)에서도, 암컷이 거느리는 하렘에 속한 모든 수컷은 암컷의 알을 수정시킬 확률이 모두 같아 보인다(Jamieson 1997). 만약 하렘 속의 수컷이 난자를 수정시킬 확률이 모두 동일하다면, 하렘의 수컷의 평균 적합도는 팀을 이루지 않은 채 혼자 구애를 하는 수컷에 비해 분명히 높을 것이다.

어떤 일처다부 종에서는, 암컷이 이끄는 하렘의 수컷이 암컷의 자식을 함께 키우기도 한다. 성 역할 역전이 일어난 붉은물꿩(wattled jacana, *Jacana jacana*)의 경우, 암컷이 날개 끝부분의 가시로 서로 싸우면서 영역을 지키고 그 영역 내로 몇 마리의 수컷을 들인다. 영역을 지닌 암컷은 하렘 속의 모든 수컷과 교미를 하고서 각 수컷의 둥지마다 알을 낳는데, 그 알들은 수컷이 전적으로 품는다. 하지만 일처다부 암컷과 짝을 지은 수컷은 다른 수컷의 자식을 돌보게 될 수도 있다. 왜냐하면, 암컷이 낳는 알의 75%는 다른 수컷의 정자로 수정된 알이기 때문이다(Emlen et al. 1998). 같은 경우가 붉은배지느러미발도요(red phalarope, *Phalaropus fulicarius*)에서도 일어난다. 붉은배지느러미발도요 암컷은 수컷보다 화려하고 몸집도 크며, 수컷을 차지하기 위해 싸운다(**그림 10.11**). 암컷이 둥지에 낳은 알이 비록 다른 수컷의 정자에 의해 수정된 알이더라도, 수컷은 둥지의 알과 태어난 자식들을 전적으로 양육한다(Dale et al. 1999). 붉은물꿩과 붉은배지느러미발도요의 경우에서는 수컷이 일처다부 암컷과 짝을 이뤄서 입게되는 손해가 분명하지만, 수컷이 일단 자손이라도 남기려면 암컷이 낳은 알을 잠자코 품는 편이 낫다. 왜냐하면, 암컷이 그 수컷의 정자로 수정된 알을 다른 수컷의 둥지에 낳는다면, 그 수컷의 번식 성공도도 올라갈 수 있기 때문이다.

일처다부를 따르는 종의 수컷은 기존에 자신과 교미했던 암컷과 다시 교미를 하는 방식을 통해서, 다른 수컷의 정자에 의해 수정된 알을 돌볼 가능성을 좀 더 낮출 수 있다. 지느러미발도요(red-necked phalarope, *Phalaropus lobatus*)의 경우는, 붉은배지느러미발도요와 가까운 다른 종들과 마찬가지로, 수컷이 알을 품는다. 이 종의 암컷은 두 번 산란한다. 일처다부를 따르는 이 암컷은 포식자가 알을 빼앗아간 수컷을 두 번째 짝으로 맞곤 한다. 하지만 알을 잃은 그 수컷은 새로운 암컷보다는 기존에 교미했던 암컷을 더 선호하며, 90%의 수컷이 그렇게 행동한다(Schamel et al. 2004). 수컷은 기존의 암컷과 교미를 하는 방식을 통해서, 완전히 엉뚱한 수컷의 정자에 의해 수정된 새로운 암컷의 알을 키울 위험을 낮춘다.

비슷한 경우가 성 역할 역전이 나타나는 미국깝작도요(spotted sandpiper)에도 적용된

그림 10.11 일처다부를 따르는 붉은배지느러미발도요. 한 마리의 수컷과 교미한 뒤에, 암컷은 다른 수컷을 유혹하고, 알을 각 수컷의 둥지에 순서대로 낳는다. 더 밝은 깃의 개체(왼쪽)가 암컷. (Photograph © Hanne and Jens Eriksen/Minden Pictures.)

다(Oring and Knudson 1973). 암컷은 구애도 직접하고, 몸집도 크며, 매우 호전적이다. 비록 이주를 하는 대부분의 새가 암컷이 도착하기 전에 수컷이 도착해서 영역을 꾸리는데, 미국깝작도요 암컷은 번식지에 수컷보다 먼저 도착한다. 번식지에서 암컷은 다른 암컷과 싸워 영역을 만든다(**그림 10.12**). 암컷은 영역 내로 먼저 하나의 수컷을 들이고, 나중에 두 번째 수컷을 들인다. 먼저 짝을 맺는 수컷은 암컷과 교미를 해서 그 암컷이 알을 낳으면 암컷의 영역 내에서 둥지를 꾸리고 알을 품고 자식을 키운다. 그리고 암컷은 다른 수컷을 들여서 새로운 알을 낳을 동안 계속 그 영역을 지킨다. 만약 암컷이 두 번째 알을 낳을 때도 먼저 짝을 맺은 수컷의 정자를 일부 이용한다면, 두 번째 짝을 맺는 수컷은 암컷이 두 번째로 낳는 알들을

(A)

(B)

그림 10.12 일처다부를 따르는 미국깝작도요 암컷이 수컷을 차지하기 위해 싸우는 모습. (A) 싸우기 직전의 두 암컷, (B) 영역을 얻은 암컷은 수컷을 들인다. (Photographs by Stephen Maxson.)

모두 수정시킬 수가 없다. 성 역할 역전이 일어난 미국깝작도요에서는 소수의 암컷이 매우 높은 번식 성공도를 누리며, 수컷은 고른 번식 성공도를 보인다(Oring et al. 1991). 제9장에서 다루었던 베이트만의 원리에서는 암컷보다 수컷 개체 간의 번식 성공도 차이가 더 컸다. 하지만 성 역할 역전이 일어난 종에서는, 반대로 나타난다.

다른 섭금류의 교미 체계를 살펴보면, 미국깝작도요의 교미 체계를 더 잘 이해할 수 있다. 다른 섭금류들은 암컷이 한 번에 4개 이상의 알을 낳지 않는데, 그 이유는 5개의 알이 둥지에 있으면 모든 알을 잘 품을 수 없기 때문이다(Oring 1985). 실험을 통해 둥지에 알을 더 넣어주면, 알을 품는 중에 알이 피해를 입거나 포식자의 공격을 받을 가능성이 더 커졌다(Arnold 1999). 따라서 먹이를 잔뜩 먹은 암컷은 당장 알 개수를 늘리기보다는, 한 수컷의 둥지에 4개의 알을 낳은 뒤 다른 수컷의 둥지에 또 알을 낳는 편이 낫다. 따라서 미국깝작도요 암컷의 적합도는 알을 얼마나 낳을 수 있는지 보다는 얼마나 많은 수컷을 만나느냐에 따라 달려있다.

미국깝작도요 수컷은 생태적인 조건 때문에 어쩔 수 없이 하나의 암컷만 만나는 것일 수도 있다(Lank et al. 1985). 먼저, 수컷이 약간 더 많은 성비를 이루기 때문에, 하나의 수컷이 여러 암컷과 교미할 기회가 적다. 또한 하루살이 같은 먹이가 풍부한 지역의 미국깝작도요는 암컷이 더 많은 둥지에 알을 낳곤 한다. 또한, 미국깝작도요는 갓 태어난 새끼도 스스로 움직이고, 먹이를 찾으며, 체온 조절도 스스로 할 수 있을 정도로 부모의 도움을 크게 받지 않고서도 잘 살아갈 수 있기 때문에, 부모 중 하나가 어린 새를 기를 수 있다. 따라서 수컷이 많고, 먹이가 풍부하고, 어린 새의 성장에 도움이 적게 필요하다는 세 가지 조건 때문에, 암컷 미국깝작도요는 첫 번째 수컷과 교미한 뒤에 그 수컷의 둥지에 낳은 알들이 무사히 자랄 것이라고 확신하고서 다른 수컷과 교미를 할 수 있다. 일단 암컷이 교미 후 떠나가면 그 수컷은 꼼짝도 못한다. 그 수컷도 둥지를 버릴 수도 있겠지만, 그렇게 하면 아무런 자식을 보지 못한 채 처음부터 다시 시작해야 한다. 만약 모든 암컷이 첫 교미 후 그 수컷을 떠나는 전략을 사용한다면, 수컷은 둥지를 버리기보다는 자식들을 끝까지 키우는 편이 자신의 번식 성공도를 위해서라도 좋을 것이다. 심지어 자신과 교미한 암컷이 다른 수컷을 찾아 또 다른 둥지를 꾸리는 상황에서도 그렇다. 더 나아가, 암컷의 첫 교미 대상이 된 수컷의 정자는 암컷이 계속 저장하면서 나중에 두 번째 알을 꾸릴 때도 사용할 수 있기 때문에, 첫 교미 대상이 된 수컷은 여러모로 유리하다(Oring et al. 1992). 따라서 덜 경쟁적이고, 번식지에도 늦게 도착한 수컷은 불리할 수밖에 없다. 이처럼, 수컷은 번식 성공도를 조금이라도 높이기 위해 일처다부 암컷이 하자는 대로 따를 수밖에 없다. 수컷은 자기 마음대로 번식을 하는 암컷이 마음에 들지 않더라도 어쩔 수 없다.

일처다부와 간접적(유전적) 이득

암컷이 여러 번 교미를 하면, 수컷에게는 손해이다. 하지만 암컷은 여러 번 교미를 하면서 얻는 이득이 다양할 수 있고, 특히 자기 자식에게 이득이 될 수 있다. 또한, 암컷은 여러 수컷의 정자를 받아 사용하면서 간접적, 유전적 이득을 얻을 수 있다(**가설 10.2**)(Forstmeier et al. 2014). 암컷이 얻는 간접적 이득에 대해 더 살펴보자.

좋은 유전자 일처다부 교미 체계에서 얻을 수 있는 유전적 이득 중 잘 알려진 하나는 더

가설 10.2

암컷이 여러 수컷과 교미를 해서 얻게 되는 유전적 이득을 설명하는(서로 배타적이지 않은) 가설들

좋은 유전자 가설 암컷이 더 나은 유전적 자질을 지닌 자식을 낳기 위해 여러 수컷과 교미를 한다.

유전적 어울림 가설 유전적으로 더 잘 어울리는 정자를 얻기 위해 여러 수컷과 교미를 한다.

유전적 다양성 가설 자식들의 유전적 다양성을 늘리기 위해 여러 수컷과 교미를 한다.

근친교미 회피 가설 사회적 짝이 근친일 수 있으므로, 근친교미를 피하기 위해 여러 수컷과 교미를 한다.

나은 자질의 자식을 낳을 수 있다는 것이다. 거품청개구리(grey foam nest treefrog, *Chiromantis xerampelina*) 암컷 중 90%는 적어도 10마리의 수컷과 교미를 한다. 이러한 일처다부 암컷의 올챙이는 한 마리의 수컷과 교미를 한 암컷의 올챙이에 비해 성체까지 더욱 잘 살아남는다(**그림 10.13A**)(Byrne and Whiting 2011). **좋은 유전자 가설(good genes hypothesis)**에 따르면, 암컷은 여러 수컷과 교미를 해서 더 상태가 좋은 자식을 낳기 때문에 유전적으로 이득이다. 누렁니기니피그(yellow-toothed cavy, *Galea musteloides*)도 비슷하다. 누렁니기니피그 암컷은 가능하면 한 마리 이상의 수컷과 교미를 한다. 이러한 교미 체계를 통해 암컷은 사산율을 줄이고 젖떼기 이전에 자식이 사망하는 경우를 줄인다(**그림 10.13B**)(Hohoff et al. 2003).

하지만 일처다부는 자식의 초기 생존율을 높이는 것 외에 또 다른 이득도 있다. 검은눈준코(dark-eyed junco, *Junco hyemalis*)의 경우, 짝외 교미를 통해 태어난 새끼는 번식을 할 수 있을 나이까지 더 잘 살아남을 뿐만 아니라, 짝외 교미로 태어난 자식의 번식 능력도 사회적 짝에게서 태어난 자식보다 더 뛰

(A)

(B)

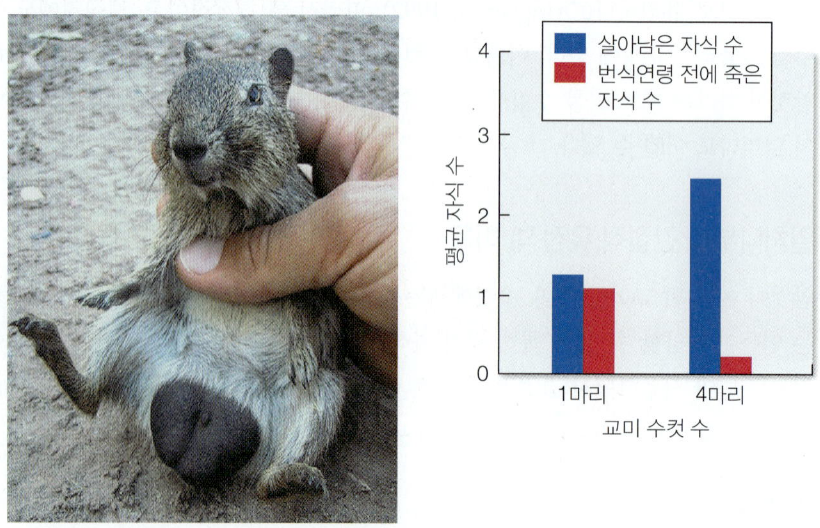

그림 10.13 일처다부에서의 적합도 이득. (A) 거품청개구리 암컷은 1~12마리의 수컷에게 받은 정자로 알을 낳는다. 여러 수컷과 교미한 암컷의 자식들은 한 마리의 수컷과 교미한 암컷의 자식들에 비해 생존율이 높다. (B) 누렁니기니피그 암컷은 여러 수컷과 교미를 하기 때문에 정자 경쟁이 치열하다. 따라서 수컷의 정소가 매우 크다. 암컷이 4마리의 수컷과 자유롭게 교미를 했을 때와 오로지 한 마리의 수컷과 교미를 시켰을 때를 비교하면, 여러 마리의 수컷과 교미한 암컷의 자식들이 더 높은 생존율을 보였다. (A, photograph © Michael and Patricia Fogden/Minden Pictures; B after Keil and Sachser 1998; photograph by Matthias Asher, courtesy of Norbert Sachser.)

어난 것으로 나타났다(Gerlach et al. 2012). 짝외 교미를 통해 태어난 수컷은 자라나서도 아비처럼 짝외 교미를 통해서 더 높은 번식 성공도를 누렸고, 짝외 교미를 통해 태어난 암컷도 더 많은 수의 새끼를 낳았다.

짝외 교미를 한 수컷 준코가 자신과 교미를 한 암컷에게 주는 것은 오로지 유전자 밖에 없기 때문에, 일처다부의 암컷이 얻는 적합도 이득은 유전자 밖에 없어 보이지만, 다른 이득도 있다. 참새목에 속하는 새의 암컷은 짝외 교미를 한 뒤 더 큰 알을 낳아서, 짝외 교미를 통해 태어난 새끼에게 더 많은 투자를 하기도 한다. 더 많은 영양분을 짝외 교미를 통해 생긴 자식에게 전달함으로써 나중에 더 나은 아들, 딸로 자라나게 할 수 있다(Tschirren et al. 2012). 즉, 일처다부 종에서 더 나은 자식이 태어나는 것은 여러 수컷에게 좋은 유전자를 받기 때문이 아니라, 엄마가 자식들에게[모계 영향(maternal effect)을 통해서, 제3장 참조] 더 많은 투자를 하기 때문일 수도 있다.

예쁜꼬마굴뚝새(superb fairy-wren)의 일처다부도 좋은 유전자 가설로 설명할 수 있다. 예쁜꼬마굴뚝새는 짝외 교미가 정말 높은 비율로 일어난다(제13장 참조). 이 새는 협동 번식을 하는데, 사회적 짝 수컷의 영역 내에는 번식을 돕는 다른 개체들(주로 수컷)이 함께 살아간다. 번식기의 암컷은 해가 뜨기 전에 몰래 영역 밖으로 나가서 다른 서열 높은 수컷과 교미를 한 후 다시 영역 내로 돌아온다(**VIDEO 10.1**)(Double and Cockburn 2003). 암컷의 이러한 행동은 작은 위치추적기를 암컷에게 부착함으로써 알려졌고, 둥지 내의 자식들의 유전 분석을 통해 암컷의 짝외 교미가 밝혀졌다(Cockburn et al. 2009). 따라서 자식들 중에는 사회적 짝인 수컷뿐만 아니라 짝외 교미를 통해 태어난 자식도 있는 것이다(**그림 10.14**)(Webster et al. 2007). 실제로 어떤 경우에는, 태어난 14마리 중 10마리가 서열이 높은 수컷과의 짝외 교미를 통해 태어난 자식이었다. 당연히 이 어린 새들은 짝외 교미를 했던 수컷이 아닌, 협동 번식을 하는 엉뚱한 수컷에 의해 길러졌다.

VIDEO 10.1
Male superb fairy-wren in the morning
ab11e.com/uk/v10.1

따라서 검은눈준코와 예쁜꼬마굴뚝새 모두에게서, 암컷은 짝외교미를 통해 낳은 아들에게서 적합도 이득을 얻는다(Weatherhead and Robertson 1979). 이 아들은 짝외 교미 수

그림 10.14 짝외 교미와 수컷의 번식 성공도. 예쁜꼬마굴뚝새의 경우, 수컷이 사회적 짝 이외의 암컷과 교미를 하는 경우가 많기 때문에, 수컷의 번식 성공도는 개체 차이가 크다. 그래프는 사회적 짝과 함께 지내는 서열 높은 수컷이 해 마다 갖는 자식 수와 집단 내에서 보조 도우미 수컷이 해마다 갖는 자식 수를 비교한 것이다. (After Webster et al. 2007; photograph © sompreaw/Shutterstock. com.)

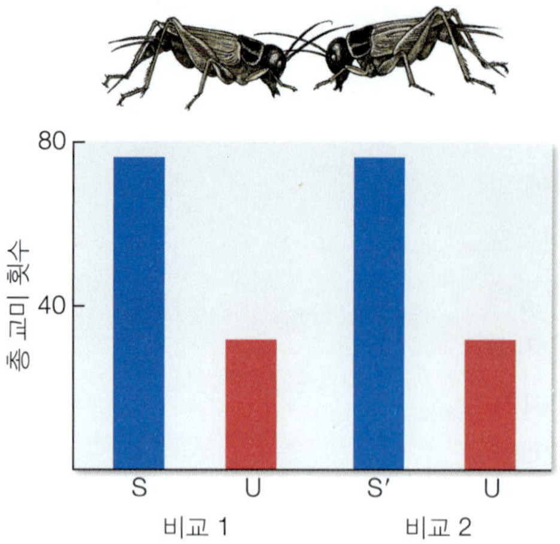

그림 10.15 아들에게 전달되는 아비의 교미 성공도. 첫 번째 비교에서는 두 마리의 귀뚜라미가 암컷을 두고서 싸우도록 한 뒤, 싸움에 이겨서 교미에 성공한 수컷의 아들(S)과 싸움에 진 수컷을 다른 암컷과 교미시켜서 얻은 아들(U)을 마찬가지로 암컷을 두고서 싸우게 했을 때, 아들 S는 아들 U보다 암컷과 두 배 더 많은 교미를 했다. 두 번째 비교에서는, 싸움에 이긴 수컷을 다른 암컷과 교미를 한 번 더 시켜서 얻은 아들(S′)을 U와 암컷을 두고 싸우게 시켰을 때, 마찬가지로 S′가 U보다 더 많은 교미를 했다. (After Wedell and Tregenza 1999.)

컷만큼 매력적이어서, 나중에 이들도 짝외 교미를 통해 번식 성공도를 누린다. 만약 아비의 매력적인 형질을 아들이 물려받는다면(그리고 딸은 짝외 교미를 하려는 성향을 물려 받는다면), 이 매력적인 아들 때문에 어미는 더 많은 손자 손녀를 보게 될 것이다. 이 논리에서 필수적인 요소는 바로 수컷의 매력이 유전되어야 한다는 것이며, 실제로도 그렇게 나타난다(Taylor et al. 2007). 쌍별귀뚜라미(*Gryllus bimaculatus*)의 경우, 번식에 더 성공한 수컷의 아들일수록 아비와 마찬가지로 암컷에게 더 매력적이었다(**그림 10.15**)(Wedell and Tregenza 1999).

좋은 유전자 가설을 검증하기 위해서는 결과에 영향을 줄 수 있는 모계 영향(maternal effect)도 고려해야 한다. 헬가 그위너(Helga Gwinner)와 후벌트 슈바블(Hubert Schwabl)은 일부일처 유럽찌르레기 수컷과 일부다처 유럽찌르레기 수컷의 아들을 비교하며, 그들이 둥지를 어떻게 차지하는지, 알에 호르몬은 어떻게 나타나는지를 조사했다(Gwinner and Schwabl 2005). 연구 결과, 일부다처 수컷의 아들이 일부일처 수컷의 아들에 비해 둥지를 더 잘 지켰고, 더 자주 구애 활동을 했다. 이러한 사실은 일부다처 수컷이 더 좋은 몸 상태를 지닌다는 가설과 일치했다. 즉, 아들은 둥지 틀 곳을 얻고 짝을 유혹하는 능력을 아비에게서 물려받은 것이다. 또한 그러한 능력은 알에 존재하는 호르몬 때문이 아니었다는 점에서, 모계 영향은 없었다.

참새목의 몇몇 종에서 나이든 수컷일수록 짝외 교미에 더 성공적이라는 사실도 짝외 교미가 자손을 위해 좋은 유전자를 얻기 위한 것이라는 가설을 지지한다(Johnsen et al. 1998, Dickinson 2001). 나이든 수컷의 생존 능력은 그의 유전적 바탕 때문일 수도 있다(하지만 어미가 그들의 초기 발달에 영향을 주었을 수도 있다). 만약 수컷이 생존과 매력을 나타내는 좋은 유전자를 지니고 있다면, 그 수컷의 자손도 오래 살아남고, 암컷에게 매력적일 것이다. 이러한 사실은 일처다부를 이루는 푸른박새(blue tit, *Cyanistes caeruleus*)(Kempenaers et al. 1992, 1997)와 다른 조류에서도 나타난다(**BOX 10.1**).

암컷이 병든 수컷을 버려둔 채 외도하는 경우가 많다는 관찰 결과도 좋은 유전자 가설을 지지한다. 말라리아에 감염된 푸른박새 수컷과 짝을 맺은 암컷은 짝외 교미를 더 자주하는 것으로 나타났다. 하지만 이 결과는 암컷이 말라리아에 걸리지 않았을 때의 경우이다. 말라리아에 감염된 암컷은 짝외 교미를 하지 않았다(Podmokta et al. 2015). 그렇다면 좋은 유전자 가설의 예측대로, 감염되지 않은 암컷은 건강한 수컷과 교미를 했을까? 실제 짝외 교미를 하는지 여부를 관찰하기는 쉽지 않다. 하지만 연구진은 사회적 짝으로부터 태어난 자식과 짝외 교미를 통해 태어난 자식의 기생충에 대한 저항성을 비교했다. 그 결과, 짝외 교미로부터 태어난 자식에서 면역 반응이 더 높았다(Arct et al. 2013). 따라서 면역력에 문제가 있는 수컷과 짝을 맺은 암컷은 짝외 교미를 통해 더 나은 유전자를 지닌, 더 건강한 자식을 낳고자 한다.

BOX 10.1 자료 해석을 통한 행동 탐구

조류에서 나타나는 짝외 교미에 따른 부성과 좋은 유전자

참새(*Melospiza melodia*)를 대상으로 한 연구에서, 레베카 사델(Rebecca Sardell) 연구진은 짝외 교미 및 사회적 짝과의 교미에서 태어난 아들과 딸의 적합도를 간접적으로 측정한 결과를 취합했다. 결과는 아래의 **그림**과 같다.

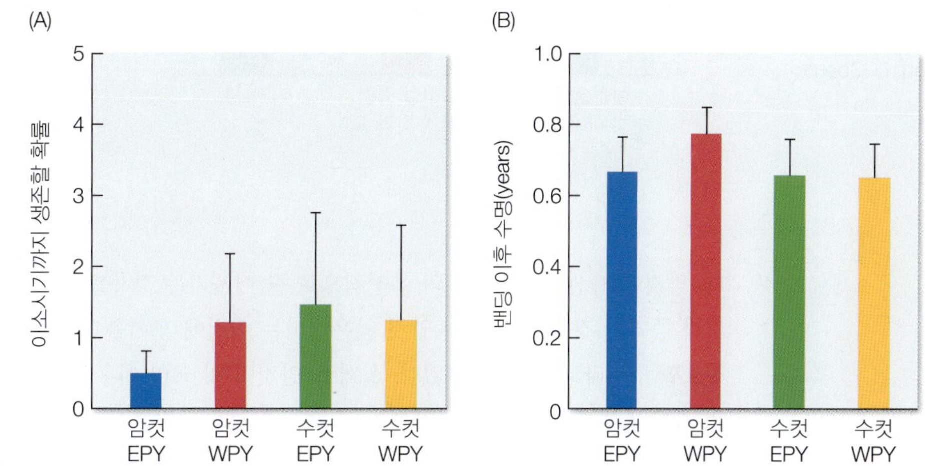

암컷이 짝외 교미를 통해 좋은 유전자를 얻는다는 가설을 점증하기 위한 실험. 암컷 참새는 짝외 교미로 자식을 볼 수 있고(EPY, extra-pair young의 약자), 사회적 짝으로부터 자식을 볼 수도 있다(WPY, within-pair young의 약자). 그래프는 EPY 또는 WPY로 태어난 아들과 딸의 생존율(A)과 수명(B)을 보여 주고 있다. 막대 그래프는 평균과 표준오차를 나타낸다. (After Sardell et al. 2011, CC BY 4.0.)

생각의 틀 깨기

일처다부에 대한 좋은 유전자 가설을 고려했을 때, 연구진은 어떤 결과를 예측했을까? 예측에 따른 그래프를 그려보자. 그렇다면 연구진은 예측과 일치하는 결과를 얻었는가? 위의 실제 연구 결과를 바탕으로 연구진이 내린 결론은 무엇이었을까?

어울리는 유전자 암컷이 여러 수컷과 교미를 하는 이유는, 매력적이고 오래 사는 수컷이 지니고 있는 잘 나가는 유전자를 얻기 위해서가 아니라, 유전적으로 더 잘 어울리는 정자를 만날 가능성을 높이기 위해서 일 수도 있다. 서로 잘 어울리는 생식세포끼리 만나면 더 튼튼한 자손이 태어날 수 있다(Zeh and Zeh 1996, 1997). **유전적 어울림 가설(genetic compatibility hypothesis)**에 대한 검증은, 여러 수컷과 교미한 암컷에서 태어나서 살아남은 자손 수와 오로지 한 마리의 수컷과 교미를 시킨 암컷에서 태어나서 살아남은 자손 수를 비교하는 식으로 이루어졌다(**그림 10.16**)(Zeh 1997, Newcomer et al. 1999). 지니 제(Jeanne Zeh)는 앉은뱅이(pseudoscorpion)을 대상으로 한 연구에서, 같은 수컷과 교미를 한 여러 암컷의 자손 수를 비교했을 때, 연관성을 찾을 수 없었다. 즉, 이 결과는 암컷이 여러 수컷과 교미하는 이유를 좋은 유전자 가설로 설명할 수 없다는 것을 의미한다. 대신, 정자와 난자, 두 생식세포의 유전체가 얼마나 잘 어울리는지에 따라서 암컷의 번식 성공도가 달라졌

유전적 어울림 가설 암컷은 유전적으로 더 잘 어울리는 정자를 받을 가능성을 높이기 위해 여러 수컷과 교미를 한다.

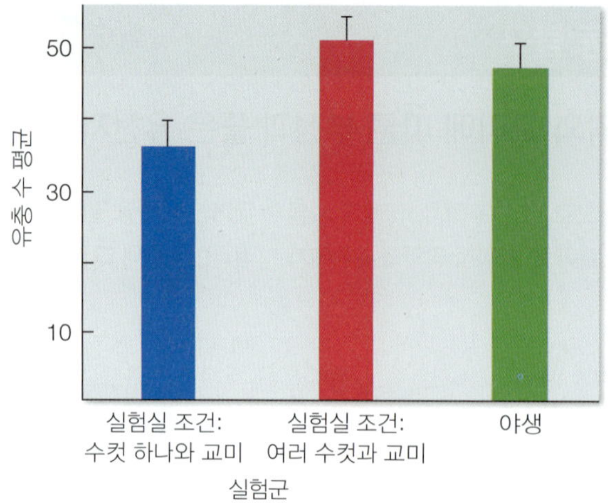

앉은뱅이

그림 10.16 여러 수컷과 교미를 해서 번식 성공도를 높이는 앉은뱅이 암컷. 실험실 조건에서, 여러 수컷과 교미를 한 앉은뱅이 암컷은 하나의 수컷과 교미를 한 앉은뱅이 암컷에 비해 더 많은 유충을 남겼다. 야생에서 채집한 암컷의 자손들의 부성을 조사한 결과, 암컷은 야생에서도 여러 수컷과 교미한다는 사실이 밝혀졌다. 막대그래프는 평균 및 표준오차를 나타낸다. (After Zeh 1997; photograph © Cosmin Manci/123RF.)

다. 암컷이 자신의 생식세포와 유전적으로 잘 어울리는 정자를 받을 확률은 교미 대상 수에 따라 증가할 것이다. 따라서 암컷 앉은뱅이는 이전에 교미를 했던 수컷보다 새로운 수컷을 선호할 것이라고 예측할 수 있다. 실제로, 암컷이 첫 교미 이후 90분 뒤 같은 수컷과 다시 교미 기회가 생겼을 때, 암컷의 85%는 그 수컷의 정포를 받는 것을 거부했다. 하지만 그 암컷에게 새로운 수컷을 보여주었을 때는 대부분 교미를 허락했다(Zeh et al. 1998).

유전적 다양성 가설 암컷은 자식의 유전적 다양성 또는 이형접합성을 높이기 위해 여러 수컷과 교미한다.

유전적 다양성 암컷이 여러 수컷과 교미를 하는 또 다른 이유는 이형접합이 높은 자손을 낳기 위해서 이다(Westneat et al. 1990). 암컷은 이형접합성(heterozygosity), 즉 유전적 다양성을 높여서 이득을 얻을 수 있다는 것이 **유전적 다양성 가설(genetic diversity hypothesis)**의 핵심이다. 개체 수준에서, 어떤 유전자 위에 서로 다른 형태의 유전자가 조합된 이형접합은 동형접합에 비해 유리한 점이 있다. 왜냐하면, 열성 유전자가 동형접합으로 있으면 문제를 일으킬 수 있기 때문이다(see Fossøy et al. 2008). 집단 수준에서, 개체의 다양성이 높을수록 집단은 질병이 창궐했을 때 잘 버틸 수 있고, 더 다양한 환경 조건에서 살아남을 수 있다. 유전적으로 비슷한 암컷과 수컷은 유전적으로 문제가 있는 근친 자손을 낳을 수 있기 때문에, 유전적으로 비슷한 수컷과 사회적 짝을 맺은 암컷은 유전적으로 정말 다르거나, 또는 이형접합성이 높은 수컷(흔치 않은 유전자를 지니고 있는 수컷을 의미. 이 수컷은 자손에게 그 유전자를 물려주기 때문에 자손도 이형접합이 될 가능성이 높다)과 짝외 교미를 시도할 가능성이 높을 것이다(Tregenza and Wedell 2000).

더스틴 루벤스타인(Dustin Rubenstein)은 호사찌르레기(superb starlings, *Lamprotornis superbus*) 암컷이 자신의 사회 집단 밖에서 교미한 수컷과의 이형접합성이 사회적 짝과의 이형접합성보다 더 높다는 것을 찾아냈다(Rubenstein 2007). 또 사회적 짝의 자식보다 짝외 교미 대상 수컷의 자식에서 이형접합성이 평균적으로 더 높았다(**그림 10.17**). 암컷이 여러 수컷과 교미를 하는 흰눈썹울새(bluethroat, *Luscinia svecica*)의 경우, 사회적 짝의 자식보다 짝외 교미를 통한 자식의 이형접합성이 더 높았다(Fossøy et al. 2008). 또한 어린 흰눈썹울새의 날갯죽지에 이물질을 주입하여 그 부위가 얼마나 붓는지를 통해 면역 반응을 살펴보는 방식으로 자손의 이형접합성이 면역 기능과 관련이 있는지를 조사했을 때, 짝외 교미를 통한 자식이 더 강한 면역계를 지니고 있는 것으로 나타났다(**그림 10.18**).

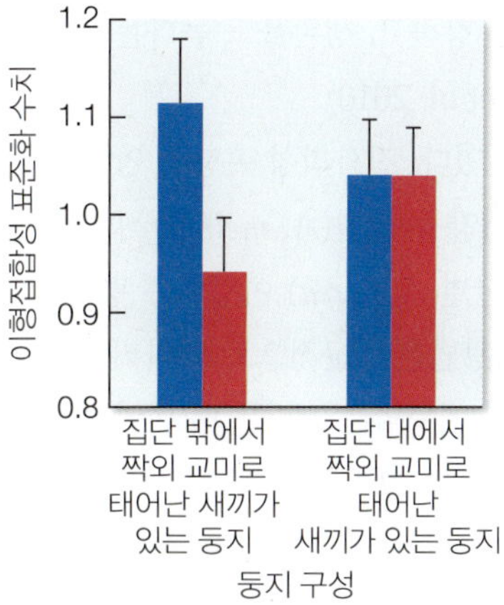

호사찌르레기

그림 10.17 짝외 교미가 호사찌르레기 어린 새의 유전적 이형접합성에 미치는 영향. 사회집단 밖에서의 짝외 교미를 통해 태어난 어린 새(파란색 막대)는 사회적 짝을 통해 태어난 새(빨간색 막대)보다 이형접합성이 더 높았다. 하지만 사회집단 내에서 짝외 교미를 통해 태어난 어린 새의 경우, 사회적 짝을 통해 태어난 새와 이형접합성에서 차이를 보이지 않았다. 막대그래피는 평균 및 표준오차를 나타낸다. (After Rubenstein 2007; photograph by Dustin Rubenstein.)

지금까지, 암컷이 유전적으로 잘 어울리는 수컷을 고르거나 자손의 유전적 다양성을 늘려주는 수컷을 선택하는 경우를 곤충과 조류에서 살펴보았다. 그렇다면 이러한 암컷의 행동은 포유류에서도 나타날까? 수컷이 빨갛고 파란색의 화려한 얼굴을 지니고 있는 맨드릴개코원숭이(mandrills, *Mandrillus sphinx*)의 경우, 암컷은 더 밝은 색의 얼굴을 지닌 수컷과 교미를 하려는 경향을 보인다. 이러한 사실은 수컷의 얼굴색이 성선택된 정직한 신호일 수 있다는 것을 의미한다(Setchell 2005). 더 나아가, 암컷은 자신과 유전적으로 어울리는 수컷과 교미하려는 경향을 보인다. 특히, 암컷은 자신의 MHC(major histocompatibility complex) 유전자와 다른 유전자를 지닌 수컷을 선호하며, 이때 태어난 새끼는 이형접합성도 높고 면역력도 강하다(Setchell et al. 2010). 제9장에서 다루었듯이, MHC 유전자는 면역과 관련된 기능을 하는 단백질을 발현시키는 유전자라는 점에서, 맨드릴개코원숭이의 짝 선택은 흰눈썹울새에서처럼 적응적이다.

MHC 차이로 짝 선택을 하는 경우는 세이셸개개비(Seychelles warbler, *Acrocephalus sechellensis*)에서도 찾을 수 있다. 데이빗 리차드슨(David Richardson)의 연구진은 사회적 짝인 수컷이 낮은 MHC 다양성을 보일 때 암컷이 짝외 교미를 할 가능성이 높아진다는 것을 찾아냈다(Richardson et al. 2005). 암컷 세이셸개개비는 사회적 짝보다 더 높은 MHC 다양성을 보이는 수컷을 짝외 교미 대상으로 삼았고, 사회적 짝을 통해 태어난 자식보다 짝외 교미를 통해 태어난 자식의 MHC 다양성이 더 높았다. 하지만 MHC 다양성이 차이가 정말 적합도 차이로도 나타났을까? 10년 동안의 장기 연구에서, 리차드슨의 연구진은 MHC 다양성과 어린새의 생존율 간의 양의 관계가 뚜렷하다는 것

수컷 흰눈썹울새

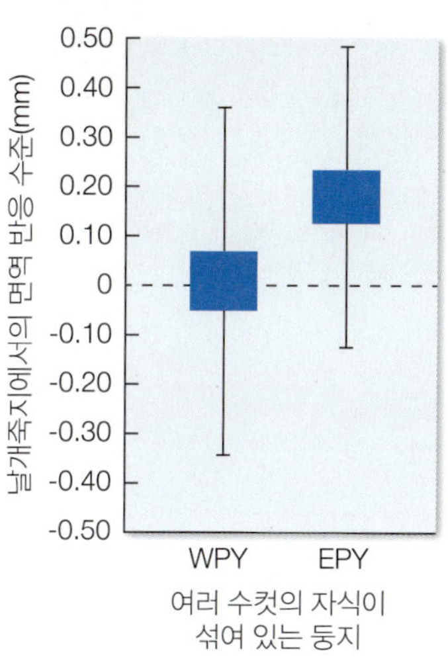

그림 10.18 짝외 교미는 어린 흰눈썹울새의 면역 반응을 높일 수 있다. 짝외 교미 및 사회적 짝과의 교미를 통해 태어난 자식이 섞여 있는 둥지(mixed brood)에서, 날개가 붓는 정도를 통해 면역계가 얼마나 강한지를 측정했을 때, 짝외 교미를 통해 태어난 자식(extra-pair young, EPY)보다 사회적 짝을 통해 태어난 자식(within-pair young, WPY)에서 붓기 반응이 더 작게 나타났다. 막대그래프는 평균 및 표준오차를 나타낸다. (After Johnsen et al. 2000; photograph © iStock.com/PrinPrince.)

을 발견했다. 이처럼 짝외 교미로 태어난 자식이 면역력도 강하고, 생존율도 높다는 사실은 짝 선택에 유전적 이득이 있다는 것을 의미한다(Brouwer et al. 2010).

유전적 다양성 가설은 진사회성 곤충에도 적용시킬 수 있다. 진사회성 곤충은 암컷이 여러 수컷과 교미하는 경우가 일반적이다(제12장 참조). 서양종 꿀벌(*A. mellifera*)이 속한 *Apis*속의 종들은 일처다부를 이루는 경우가 많은데, 꼬마꿀벌(*A. florea*) 여왕벌은 평균적으로 10마리의 수벌에게 정자를 받고, 큰꿀벌(*A. dorsata*) 여왕벌은 평균적으로 63마리의 수벌에게서 정자를 받는다(Seeley and Tarpy 2007). *Apis*속의 여왕벌은 교미를 하지 않은 상태에서 벌집에서 날아오른 뒤, 비행 중에 여러 수벌과 연속적으로 교미를 한다. 하지만 *Apis*속의 벌을 제외한 다른 벌은 여왕이 한 번만 교미를 한다(Strassmann 2001). 이 여왕벌은 한 번의 교미만으로 평생 동안 알을 수정시킬 정자를 얻는다. 따라서 벌에서 일부일처가 일반적으로 나타나는 이유는 일부일처 교미 체계가 조상 형태이기 때문이며, *Apis*속에서 나타나는 일처다부 형태는 나중에 나타난 특징인 것이다.

그렇다면 어떤 벌에서는 교미 체계가 일부일처에서 일처다부로 왜 바뀌었을까? 벤지만 올드로이드(Benjamin Oldroyd)와 제니퍼 페웰(Jennifer Fewell)은 이를 설명하기 위해 여러 가설을 살펴보았다. 먼저 개체 수준에서의 이득을 살펴보면, 오래 사는 암컷은 여러 수컷과 교미를 해서 정자가 부족한 위험을 줄일 수 있다. 또한 집단의 유전적 다양성을 높여준다는 측면에서 집단 수준에서 이득이 있을 수도 있다(제12장 참조)(Oldroyd and Fewell 2007). 집단의 유전적 다양성이 높아지면, 집단이 질병이나 기생자에 대한 저항 능력이 향상되고 집단의 생산성이 늘어날 수 있다. 집단 수준에서의 이득을 뒷받침하는 예는 다음 실험에서 나타난다. 실험을 통해서, 어떤 꿀벌 집단은 여왕을 한 마리의 수벌과 교미해서 꾸리도록 하고, 다른 집단은 10마리의 수벌과 교미해서 꾸리도록 한 뒤, 각 집단에게 애벌레에게 치명적인 미국부저병(American foulbrood) 박테리아를 감염시켰다. 실험 결과, 일부일처 여왕의 집단보다 일처다부 여왕의 집단에서 부저병이 좀 더 약한 형태로 나타났고, 더 많은 일벌이 태어났다(Seeley and Tarpy 2007).

그렇다면 질병에 대한 집단 수준의 저항성이 어떻게 높아졌을까? 데이비드 타피(David Tarpy)의 연구진은 질병에 대한 집단 수준의 저항성이 선천적 면역(면역계의 비특이적 방어 체계)의 개체 차이 때문에 나타날 수 있다는 가설을 검증하려 했다(Simone-Finstrom et al. 2016). 여러 애벌레로부터 mRNA를 추출하고서 히메놉타에신(hymenoptaecin)과 아바에신(abaecin)과 같은 항세균 펩타이드를 발현시키는 유전자의 전사 수준을 측정한 결과, 연구진은 유전적 다양성이 증가하면서 히메놉타에신의 상향 조절에 대한 집단 내에서의 샘플간 변이가 오히려 줄어든다는 것을 찾아냈다. 하지만 아바에신의 상향 조절에 대한 변이에 미치는 영향은 없었다. 즉, 집단 내의 유전적 변이가 높을수록 면역 반응의 개체 차이는 줄어들었다. 따라서 개체 수준에서의 면역력은 꿀벌 및 다른 사회성 곤충에서 나타나는 집단 수준의 면역을 설명할 수 있다.

이 실험 결과는 꿀벌에서 나타나는 일처다부가 질병에 대한 저항성과 관련이 있다는 가설을 뒷받침하는 것이기도 하다. 하지만 여러 수벌과 교미를 하는 여왕이 있는 집단은 유전적으로 다양한 일꾼 때문에 이득을 얻을 수도 있다. 유전적으로 다양한 일벌이 더 다양한 역할을 효율적으로 수행할 수도 있다. 이 가설을 검증하기 위해서, 헤더 마틸라(Heather Mattila)와 토마스 실리(Thomas Seeley)는 인공 수정 기법을 통해 오직 한 마리의 수벌과 교미한 여

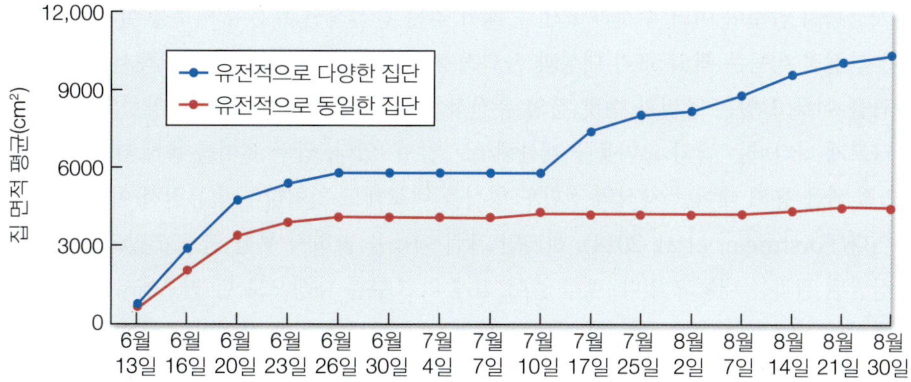

그림 10.19 꿀벌에서 일처다부를 통해 나타나는 유전적 이득. 여왕이 여러 수벌과 교미를 해서 형성된 집단(파란색)과 여왕이 하나의 수벌과 교미를 해서 형성된 집단(빨간색)을 비교했을 때, 전자는 유전적 다양성이 높고, 일벌이 평균적으로 더 큰 집을 만든다. (After Mattila and Seeley 2007.)

왕으로 꾸려진 집단과 여러 마리의 수벌과 교미한 여왕으로 꾸려진 집단, 2종류의 집단을 만들었다(Mattila and Seeley 2007). 질병이 두 집단에 미칠 수 있는 영향은 제거해야 하므로, 항박테리아 및 항기생자 처리를 해서 집단이 질병에 감염되지 않도록 유지시켰다. 연구진은 두 집단에서 나타나는 벌들의 총 무게, 일벌의 먹이활동 수준, 벌집에서 애벌레를 키우고 먹이를 저장하는 곳의 평균 면적 등을 계산했다(**그림 10.19**). 실험 결과, 유전적으로 동일한 집단은 겨울에 살아남지 못했지만, 일처다부를 통해 개체가 유전적으로 다양한 집단에서는 1/4이 겨울에 살아남았다. 이를 비롯한 다른 연구 결과들도 여왕벌이 여러 수벌과 교미를 해서 집단의 유전적 다양성이 커지면 여왕의 적합도도 높아진다는 것을 밝혔다. 따라서 꿀벌 등의 일부 진사회성 곤충에서 나타나는 일처다부의 궁극적 원인은 일꾼이 유전적으로 다양하면 장점이 많기 때문일 수도 있다.

근친교미 회피 암컷이 여러 수컷과 교미를 하는 것에 대한 유전적 어울림 가설과 유전적 다양성 가설 모두 궁극적으로는 암컷이 근친교미를 피하려고 하기 때문일 수도 있다. 왜냐하면, 근친교미로 태어난 자식은 이형접합성이 떨어지기 때문이다. 꼬마굴뚝새(fairy-wren) 2종을 대상으로 한 연구 결과는 **근친교미 회피 가설(inbreeding avoidance hypothesis)**을 지지한다. 붉은등꼬마굴뚝새(red-backed fairy-wrens, *Malurus melanocephalus*)의 경우, 암컷이 유전적으로 비슷한 수컷과 사회적 짝을 맺었을 때는 짝외 교미가 더 빈번했고, 짝외 교미를 통해 태어난 새끼가 사회적 짝과의 교미에서 태어난 새끼보다 이형접합성이 더 높았다(Varian-Ramos and Webster 2012). 한편, 보라머리꼬마굴뚝새(purple-crowned fairy-wrens, *Malurus coronatus*)는 독특하게도 많은 사회적 짝이 근친 간에 이루어진다. 따라서 이 종을 대상으로 한 연구는 근천교미가 짝외 교미의 발생에 미치는 영향을 좀 더 직접적으로 검증할 수 있었다. 보라머리꼬마굴뚝새는 다른 곳으로의 이주가 어려운 경우가 많기 때문에, 부모 중 하나가 죽으면 부모는 어쩔 수 없이 자기 자식과 짝을 맺곤 한다. 하지만 이렇게 근친 간에 맺은 사회적 짝은 나중에 헤어지는 경우가 많았다. 또 쇼우카 킹마(Sjouke Kingma)의 연구진은 암컷이 근친과 짝을 맺은 경우에는 짝과 헤어지기 전에도 짝외 교미를 빈번하게 하는 것을 찾아냈다(Kingma et al. 2014). 전체 근친 간 짝 중에서 46%에서 짝외 교미를 통해 새끼를 보았고, 비근친 간 짝 중에서는 오로지 3%만이 짝외 교미를 통해 새끼를 보았다. 이러한 사실은 보라머리꼬마굴뚝새 암컷의 번식 결정에서 근친교미 회피가 매우 중요하다는 것을 의미한다.

근친교미 회피 가설 근친교미를 피하기 위해 암컷이 여러 수컷과 교미를 한다.

지금까지 암컷이 여러 수컷과 교미를 해서 얻는 간접적인 유전적 이득을 살펴보았다. 그러한 간접적 이득은 짝외 교미 대상과 사회적 짝 간의 적합도 형질을 비교해서 알 수 있다. 또 짝을 이루고 있는 암컷과 수컷 간의 유전적 유사성, 근친성, 유전적 다양성의 정도에 따라 다르게 나타나는 짝외 교미율을 계산해서도 알 수 있다. 짝외 교미를 통해 태어난 자식과 사회적 짝을 통해 태어난 자식의 적합도 형질을 비교해도 일처다부의 유전적 이득을 파악할 수 있다(Forstmeier et al. 2014). 하지만 그런 이득을 밝히지 못한 연구도 많고, 메타 분석도 상반된 결과를 내놓고 있다. 예를 들어, 16종의 조류를 대상으로 한 연구에서는, 일처다부가 자식의 성장률, 생존율, 성체가 되었을 때의 크기 등의 형질에 유의미한 영향을 주지 않았다(Slatyer et al. 2011). 또한 55종의 조류를 대상으로 한 에롤 악차이(Erol Akçay)와 조안 러프가든(Joan Roughgarden)의 연구에서는, 대상종의 절반 이상에서 유전적 다양성 가설이나 유전적 어울림 가설이 들어맞지 않는다는 사실을 밝혀냈다(Akçay and Roughgarden 2007). 이 연구를 통해서 짝외 교미를 하는 수컷은 사회적 짝을 이루는 수컷보다 평균적으로 더 크고 더 나이가 많다는 사실이 밝혀졌지만, 이 수컷의 장식 형질이나 몸 상태, 또는 암컷과의 근연도(genetic relatedness)는 많이 다르지 않았다. 더 나아가, 짝외 교미를 통해 태어난 자식과 사회적 짝을 통해 태어난 자식은 다음 번식기까지의 생존율에도 차이가 없었다. 또 사회적 짝을 이루는 암수 사이의 유전적 유사도와 짝외 교미가 일어나는 정도에도 유의미한 연관 관계가 없었다. 하지만 33종의 새를 대상으로 이루어진 39개의 연구를 바탕으로 한 다른 메타 분석의 경우에서는, 사회적 짝과의 근연도와 짝외 교미의 발생 정도 사이에 양의 연관성이 있었다(Arct et al. 2015). 이 논문의 저자는 그러한 연관성이 연구자들이 사용한 분자 마커의 종류에 따라서 달라질 수 있다고 주장했다. 따라서 과거의 어떤 연구에서 짝외 교미의 발생 빈도와 짝의 근연도 간의 연관성이 나타나지 않은 것은 단지 연구 방법의 차이 때문일 수도 있다. 그러므로 여러 종에서 나타나는 일처다부 교미 체계의 진화에 간접적 이득이 기여했을 가능성이 존재한다.

일처다부와 직접적 이득

지금까지 일처다부가 가져다 주는 간접적 유전적 이득에 대해 이야기했지만, 암컷이 짝외 수컷에게 유전자뿐만 아니라 직접적인 이득을 얻기 위해서 여러 수컷과 교미를 할 수 있다는 가능성을 항상 염두해 두어야 한다. 여기에서 직접적 이득은 다양한 형태를 띨 수 있다. 수컷에게 자원을 더 제공받을 수 있고, 양육에 도움을 받을 수도 있으며, 귀찮게 하는 주변의 다른 수컷에 대해 보호를 받을 수도 있다. 그리고 영아 살해의 위험도 줄일 수 있다(**가설 10.3**). 이제 이러한 직접적 이득에 대해 더 살펴보자.

가설 10.3

암컷이 여러 수컷과 교미를 해서 얻게 되는 직접적 이득을 설명하는 (서로 배타적이지 않은) 가설들

추가 자원 가설 수컷에게 더 많은 자원을 얻기 위해 여러 수컷과 교미를 한다.

추가 양육 가설 암컷은 자식을 키우는 데 더 많은 도움을 얻기 위해 여러 수컷과 교미를 한다.

영아 살해 감소 가설 암컷은 영아 살해를 막기 위해 여러 수컷과 교미를 함으로써 누가 자식의 아비인지를 모호하게 만든다.

추가 자원 가설 암컷은 성공적인 교미에 필요한 자원을 얻기 위해 여러 수컷과 교미를 하는 경우가 많다(**추가 자원 가설, additional resources hypothesis**). 제9장에서 살펴보았듯이, 붉은깃찌르레기(red-winged blackbirds, *Agelaius phoeniceus*)의 경우, 짝외 교미를 맺은 암컷은 그 수컷의 영역에서도 먹이 활동을 할 수 있지만, 짝외 교미를 맺지 않은 암컷이 다른 수컷의 영역에 들어가면 쫓겨난다(Gray 1997). 어떤 벌의 암컷도 꽃가루와 꿀을 얻기 위해 수컷의 영역에 들어갈 때마다 그 영역을 지키고 있는 수컷과 교미를 해야

그림 10.20 여왕벌이 여러 수벌과 교미해서 얻는 직접적 이득. 가위벌(megachilid bee)의 여왕벌은 여러 수벌과 교미를 함으로써 그 수벌의 영역 내에 있는 꽃의 꽃가루와 꿀을 얻는다. (Photograph by John Alcock.)

만 하는 경우도 있다(**그림 10.20**)(Alcock et al. 1977). 어떤 곤충의 수컷은 자신의 정액에 많은 액체를 담아서 전달하는 경우도 있는데, 이는 탈수 위험이 있는 암컷에게 꽤 도움이 된다(Edvardsson 2007).

여러 곤충에서, 수컷이 암컷에게 전해주는 정포의 영양분처럼, 암컷이 수컷에게 '먹이 선물'이라는 직접적 이득을 얻기 위해 여러 번 교미를 하는 경우도 있다. 암컷이 많은 수컷과 교미를 하는 나비 종과 암컷이 오로지 하나의 수컷과 교미를 하는 나비 종에서 생산되는 수컷의 정포를 서로 비교했을 때, 일처다부를 따르는 나비 수컷의 정포가 더 많은 단백질을 담고 있는 것으로 나타났다(Bissoondath and Wiklund 1995). 일처다부 나비의 수컷은 더 많은 영양분을 암컷에게 전달하면서 교미를 하면, 그 암컷은 더 많은 알을 낳을 것이다. 이 종에서, 수컷의 정포가 몸무게의 15%에 이르기도 한다. 정말 암컷이 수컷에게 정포 내의 영양분을 받는 것이라면, 더 많은 수컷과 교미를 하는 암컷일수록 그 암컷의 번식력은 더 뛰어날 것이다. 크리스터 위크룬드(Christer Wiklund)의 연구진은 비교 분석법을 통해 이 가설을 검증했다. 그들은 같은 Pieridae 과의 여러 나비 종에서, 암컷이 일생 동안 교미를 하는 수컷의 수가 종마다 매우 다르다는 점에서, 암컷이 평생 동안 만나는 수컷의 수를 일처다부의 정도를 나타내는 지표로 사용했다. 그리고 실험실 내에서 각 종의 암컷이 낳은 알의 무게를 암컷의 무게로 나눈 수치를 이용하여 암컷의 번식력을 측정했다. 이러한 계산법을 이용한 이유는 종마다 다른 무게를 고려하기 위해서였다. 8종의 나비를 대상으로 한 연구 결과는 예측했던 대로 암컷이 평균적으로 더 많은 수컷과 교미를 하는 종에서 더 많은 정포를 얻는 것으로 나타났고, 그 종의 암컷의 번식력도 높았다(**그림 10.21**)(Wiklund et al. 2001).

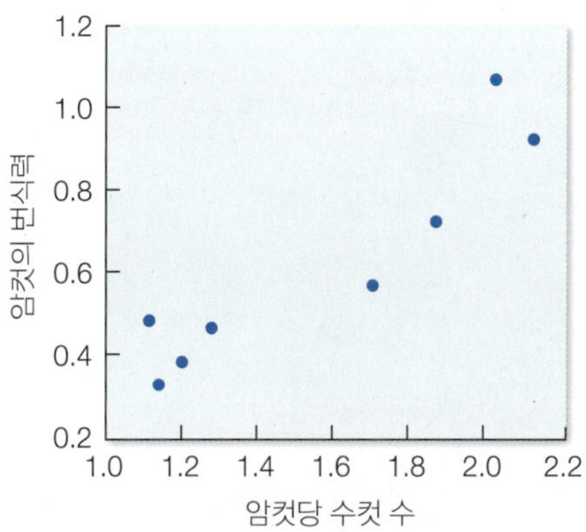

그림 10.21 피어리드 나비(pierid butterfly)의 암컷은 여러 수컷과 교미를 해서 번식력을 높인다. 8종의 나비를 비교했을 때, 암컷이 일생 동안 교미한 수컷의 평균수가 많은 종일수록 암컷의 평균 번식력(일생 동안 낳은 알의 총 무게를 암컷의 몸무게로 나눈 값)이 높았다. (Wiklund et al. 2001)

암컷이 영양분이 가득한 정포를 얻으려고 하는 모습은 성 역할 역전이 일어난 곤충에서 극단적으로 나타난다. 브라질의 동굴에서 살아가는 다듬이(barklice)의 경우, 수컷에는 삽입에 쓰이는 생식기가 없고, 오히려 암컷이 수컷 생식기를 닮은 지노솜(gynosome)이라고 불리는 생식기를 지니고 있다(**그림 10.22**)(Yoshizawa et al. 2014). 몇몇 *Neotrogla* 종의 암컷은 빽빽한 가시로 뒤덮인 지노솜을 지니고 있는데, 이는 강한 성갈등 때문에 진화한 것으로 보인다(그림 10.22C 참조). 암컷은 지노솜을 수컷에게 삽입해서 정포를 얻어내고 몸을 서로 연결한 뒤 3시간 동안 교미를 한다. 수컷은 일단 교미가 시작되면 이 결합을 끊을 수 없다. 연구자들이 암수를 억지로 분리했을 때, 지노솜 연결 부위가 끊어지기보다는 수컷 몸이 잘려버렸다. 현재 보고된 모든 *Neotrogla* 종은 동굴에서 박쥐의 사체나 배설물을 먹고 살기 때문에 먹을거리가 흔치 않다. 따라서 암컷은 수컷과 여러 번 교미를 해서 영양분이 가득한 수컷의 정포를 더 많이 얻게끔 자연선택이 진행되었을 것이다. 암컷은 일생 동안 11개까지의 정포를 얻기도 한다. 따라서 정포가 암컷의 생사를 결정하는 종에서는,

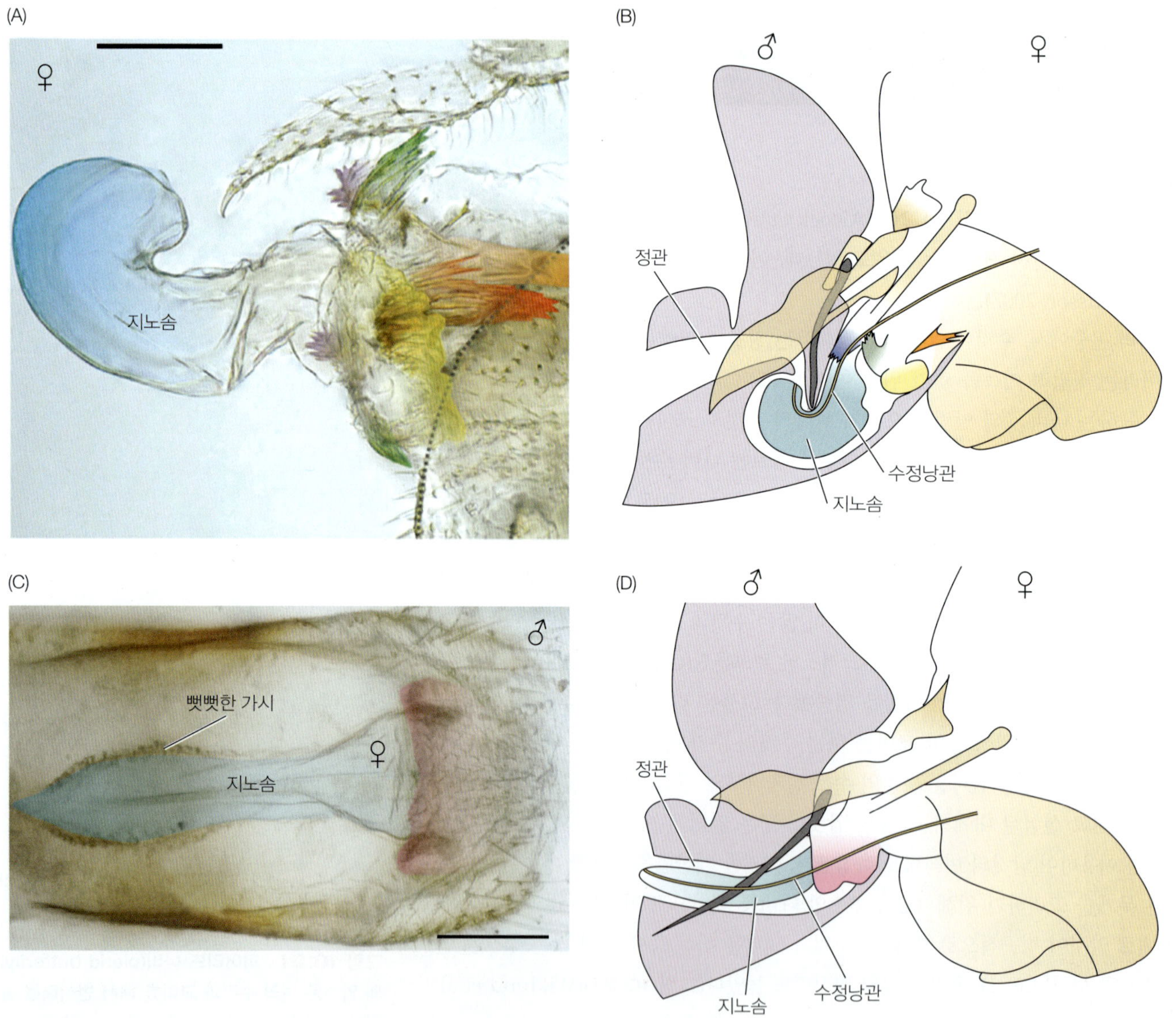

그림 10.22 지노솜(gynosome)이라고 불리는 정교한 수컷 생식기 모양의 구조를 지닌 *Neotrogla*속의 다듬이 암컷. 하지만 수컷은 그러한 구조가 없다. (A) 다듬이 *Neotrogla curvata* 암컷의 지노솜. (B) 다듬이 *N. curvata* 암컷의 지노솜이 수컷에게 삽입된 모습. (C) 다듬이 *N. truncata* 암컷의 지노솜. 지노솜의 끝부분에 가시가 빽빽하게 존재한다. (D) 다듬이 *N. truncata* 암컷의 지노솜이 수컷에게 삽입된 모습. 눈금 막대는 0.1 mm. (From Yoshizawa et al. 2014.)

여러 수컷과 교미를 하는 것이 생명을 연장할 수 있는 유일한 방법이다.

추가 양육 가설 어떤 동물에서는 암컷이 여러 수컷과 교미를 하면서 그들에게 양육에 필요한 도움을 얻는 경우가 있다(**추가 양육 가설, additional care hypothesis**). 유럽바위종다리(*Prunella modularis*)의 경우, 서열이 높은 수컷의 영역 내에서 살아가는 암컷은 그 영역 주변에 서열이 낮은 수컷을 두고서, 알파 수컷이 없을 때 그 수컷과 교미를 하고는 한다. 암컷 유럽바위종다리는 한 시간에 12번도 교미를 할 수 있으며, 모든 알을 낳기 전까지 수백 번의 교미를 한다. 따라서 여러 수컷과 교미를 한 암컷은 그 모든 수컷이 자식 양육에 도움을 줄 수 있기 때문에 이득을 얻는다. 물론, 이 수컷이 암컷과 교미를 충분히 많이 한 경우에만 그렇다. 암컷 유럽바위종다리는 여러 수컷과의 교미를 적극적으로 시도하면서 수컷이 양육에 참여하는 데 필요한 교미 횟수의 역치값을 만족시킨다(**그림 10.23**)(Davies 1985). 더 나아가, 뉴질랜드에 새로 도입된 유럽바위종다리 개체군의 경우, 암컷이 한 마리의 수컷과 교미한 집단보다 여러 수컷과 교미한 집단에서 부화율과 이소 성공률이 높게 나타났다(Santos and Nakagawa 2013).

추가 양육 가설 암컷은 자식을 키우는 데 더 많은 도움을 얻기 위해서 여러 수컷과 교미를 한다.

마찬가지로, 한 마리의 수컷과 사회적으로 짝을 맺은 암컷 호사찌르레기가 때때로 사회 집단 내에서 짝을 맺지 않은 다른 수컷과 교미를 하는 경우도 가끔 있다(Rubenstein 2007). 그리고 암컷과 교미를 한 짝외 수컷은 양육에 도움을 준다. 앞서 살펴본 것처럼, 암컷 호사찌르레기는 자신의 사회 집단 밖에 있는 여러 수컷과의 교미를 통해 자식의 유전적 다양성을 늘림으로써 간접적 유전적 이득도 얻는다. 하지만 사회적 집단 밖에 있는 이 수컷은 새끼 양육에 도움을 주진 않는다(Rubenstein 2007). 유럽바위종다리는 여러 수컷과의 교미를 통해 근친교배를 피할 수 있다는 점에서 간접적 유전적 이득도 조금 얻을 것이다(Santos et al. 2015). 따라서 유럽바위종다리 암컷은 여러 수컷과의 교미를 함으로써 직접적, 간접적 이득을 모두 얻는 것이다.

영아 살해 감소 가설 암컷은 여러 수컷과 교미를 함으로써 각 수컷이 모두 자식의 아비가 될 가능성을 높여서 영아 살해를 줄일 수 있다(**영아 살해 감소 가설, infanticide reduction hypothesis**). 하누만랑구르(Hanuman langur, *Semnopithecus entellus*) 수컷은 자신과 교미를 한 암컷의 자식은 죽이지 않는다(Borries et al. 1999). 따라서 가임기에 있지 않거나,

영아 살해 감소 가설 암컷은 영아 살해를 막기 위해 여러 수컷과 교미를 해서 누가 자식의 아비인지를 모호하게 만든다.

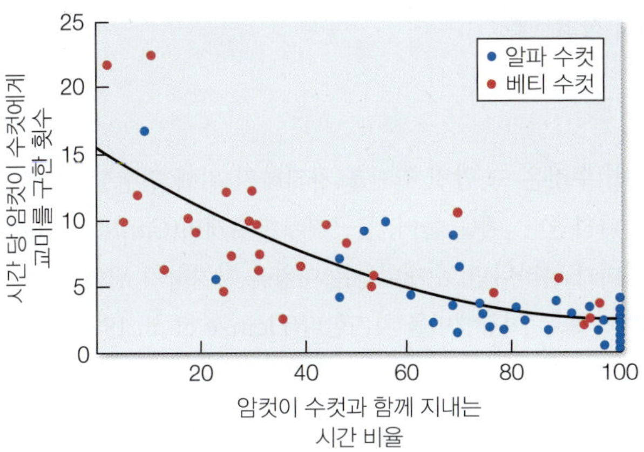

유럽바위종다리

그림 10.23 암컷 유럽바위종다리의 교미 횟수 조절. 두 수컷과 함께 지내는 암컷은 자신과 시간을 덜 보내는 수컷에게 더 자주 교미를 원한다. 이러한 행동은 그 수컷의 서열과 무관하게 나타난다. (After Davies et al. 1996; photograph © Joe Gough/ShutterStock.com.)

가설 10.4

수컷이 여러 암컷과 교미를 하는 이유를 설명하는 가설들

암컷 방어 일부다처 가설 어떤 공간에 자원이 균일하게 분포함에도 불구하고, 암컷이 자원을 더 용이하게 얻기 위해 또는 포식자에게 공격당할 위험을 줄이기 위해 집단을 이루면서 분포할 때, 수컷이 암컷 집단을 따라다니면서 지켜주고 교미를 한다.

자원 방어 일부다처 가설 자원이 집중된 곳에는 여러 암컷이 모이기 때문에, 수컷이 영역을 만들어서 자원을 지키다 보면 여러 암컷도 얻게 된다.

렉 일부다처 가설 자원이 흩어져 있으므로 인해, 암컷이 집단을 이루지 않은 채 널리 퍼져 있는 상황에서, 암컷이 수컷을 찾아가서 교미한다.

뒤죽박죽 쟁탈 일부다처 가설 자원이 흩어져 있으므로 인해, 암컷이 집단을 이루지 않은 채 널리 퍼져 있는 상황에서, 수컷이 암컷을 찾아가서 교미한다.

또는 이미 임신 중인 암컷이 다른 수컷과 교미를 하는 것은 영아 살해를 막기 위한 것일 수도 있다(Heistermann et al. 2001). 물론, 앞에서 이야기했듯이, 영아 살해율을 줄이기 위해 암컷이 오로지 하나의 수컷과 교미를 하기도 했다.

일부다처: 여러 암컷과 교미하는 수컷

지금까지는 암컷이 왜 한 마리 이상의 수컷과 교미하는지에 대해 살펴보았다. 지금부터는 수컷이 왜 여러 암컷과 교미를 하는지에 대해 살펴보자(일부다처, polygyny). 일부다처는 야생에서 더 흔한 교미 체계이다. 대부분의 생물 종에서 암컷이 필요로 하는 자원의 수준과 암컷의 번식 행동은 수컷의 경쟁 및 구애 전략을 결정했다. 그 결과, 수컷의 교미 전략은 암컷이 필요로 하는 번식 수준에 따라 진화했고, 번식 가능한 암컷의 공간 분포를 결정하는 생태적 요소에 대하여 진화해 왔다. **가설 10.4**는 수컷이 왜 여러 암컷과 교미를 하는지를 설명하는 4가지 가설을 보여주고 있다. 먼저, 어떤 공간에 자원이 균일하게 분포함에도 불구하고, 암컷은 이 자원들을 더 용이하게 얻기 위해 또는 포식자에게 공격당할 위험을 줄이기 위해 집단을 이루면서 분포하는 경우가 있다. 이 때, 수컷은 이 암컷 집단을 따라다니면서 암컷을 지키고, 이러한 행동을 통해 번식이 가능한 여러 암컷을 거느릴 수 있다(**암컷 방어 일부다처 가설**, **female defense polygyny hypothesis**). 반면에, 자원이 군데군데 분포하는 곳에서는 자원이 집중된 곳에 여러 암컷이 모이고, 수컷은 모인 암컷을 거느릴 수 있다. 이런 경우에, 수컷은 그냥 단순히 영역을 만들어서 자원을 지키다보면 암컷도 얻게 되는 것이다(**자원 방어 일부다처 가설**, **resource defense polygyny hypothesis**). 하지만 자원이 흩어져 있어서 암컷이 집단을 이루지 않고 널리 퍼져 있는 상황에서는, 수컷이 하나 이상의 암컷과 교미를 하기 위해서는 암컷이 자신을 적극적으로 찾도록 하거나(**렉 일부다처 가설**, **lek polygyny hypothesis**), 아니면 암컷을 직접 찾아 나서야만 한다(**뒤죽박죽 쟁탈 일부다처 가설**, **scramble competition polygyny hypothesis**). 만약 자식 양육에 따르는 비용이나 짝을 찾는 데 따르는 어려움 등과 같은 손해 요인을 고려할 필요가 없는 상황이라면, 수컷은 당연히 여러 암컷과 교미를 하려고 할 것이다. 따라서 이러한 여러 형태의 일부다처 교미 체계는 포식압, 먹이 분포 등에 의해서 암컷이 어떻게 모여 있는지에 따라 결정된다(Emlen and Oring 1977). 이에 대해서 지금부터 자세히 살펴보자.

암컷 방어 일부다처

교미가 가능한 암컷이 모여 있을 때, 수컷은 그 암컷 집단을 차지하기 위해 경쟁할 것이고, 결과적으로 암컷 방어 일부다처가 나타난다. 예를 들어, 둥근자루마디개미(*Cardiocondyla ants*)의 집에는 여러 마리의 여왕개미가 나타나면, 수개미들은 여왕을 차지하기 위해서 죽도록 싸운 후, 끝까지 살아남은 수개미가 모든 여왕개미를 차지한다(Heinze et al. 1998). 하지만 암컷 방어 일부다처를 위해서 수컷이 반드시 공격적으로 행동할 필요는 없다. 작은 단각류(siphonoecetine amphipod) 수컷은 자갈과 조개껍질 조각 등으로 정교한 집을 만드는데, 이 수컷은 자기 집을 암컷의 집과 부착하는 형식으로 암컷을 붙잡는다. 수컷은 암컷과 이

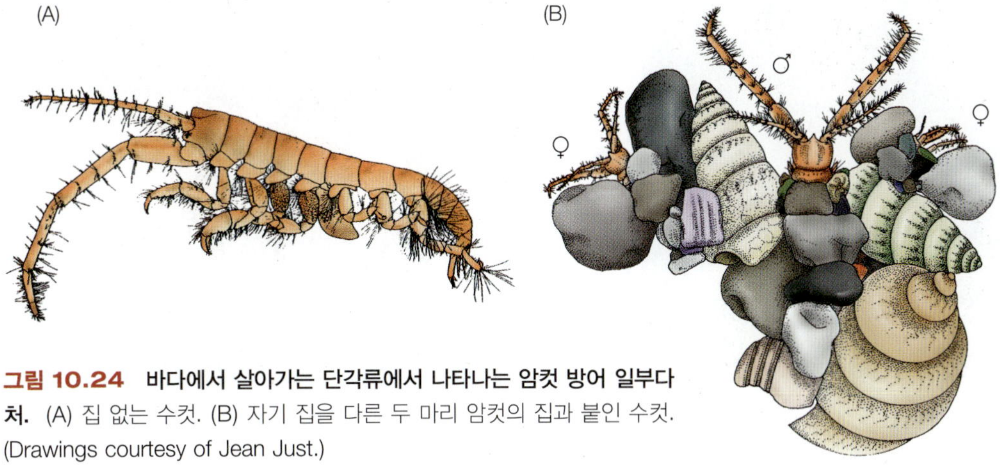

그림 10.24 바다에서 살아가는 단각류에서 나타나는 암컷 방어 일부다처. (A) 집 없는 수컷. (B) 자기 집을 다른 두 마리 암컷의 집과 붙인 수컷. (Drawings courtesy of Jean Just.)

렇게 아파트를 만들며 3마리의 암컷까지 집을 붙여서 지낼 수 있다(**그림 10.24**)(Just 1988).

암컷 방어 일부다처는 척추동물에서도 흔하다. 특히, 암컷이 집단을 이루는 종에서는 수컷이 한 번에 여러 마리의 암컷을 관리할 수 있기 때문에 이러한 교미 체계가 나타난다. 실제로 포유류에서는 암컷이 집단을 이루며 사는 경우에 사회적인 일부일처가 절대 일어나지 않는다(Komers and Brotherton 1997). 큰뿔양(bighorn sheep, *Ovis canadensis*)이나 고릴라(western gorillas, *Gorilla gorilla*) 같은 포유류에서도 포식자를 피하기 위해 암컷은 집단을 형성하는데, 수컷은 교미를 하기 위해 암컷 집단을 찾아나선다(Harcourt et al. 1981). 마찬가지로, 암사자(*Panthera leo*)는 사냥 영역을 지키고 영아살해를 하려는 수컷으로부터 자식을 지키기 위해 무리를 짓는데, 수사자들은 이러한 암컷 무리를 차지하기 위해 서로 싸운다(Packer et al. 1990). 따라서 포유류에서 암컷이 집단을 이루며 살아갈 때, 일처다부가 일반적으로 나타난다(**그림 10.25**)(McCracken and Bradbury 1981).

집단을 이루는 새들도 마찬가지다. 수컷 몬테주마꾀꼬리(Montezuma oropendola, *Psarocolius montezuma*)는 나무에 길게 늘어뜨린 둥지를 짓는 암컷 무리를 차지하기 위해 애쓴다. 높은 서열의 수컷은 다른 수컷을 쫓아낸 후 어떤 나무에서 일어나는 전체 교미 중 80%를 독점한다(Webster 1994). 수컷은 암컷이 번식하기를 선호하는 나무를 지키면서 교미 기회를 노리는 것 같지만 실제는 그렇지 않다. 수컷은 둥지가 생길만한 나무를 지키기보다는 이 나무, 저 나무를 옮겨가면서 암컷이 있는 나

그림 10.25 큰창코박쥐(greater spear-nosed bat, *Phyllostomus hastatus*)에서 나타나는 암컷 방어 일부다처. 몸집이 큰 수컷(오른쪽 아래)은 작은 암컷이 자려고 모인 집단을 지킨다. 수컷은 해마다 자신의 하렘 속의 암컷과 50여 마리의 자식을 낳기도 한다. (Photograph © Merlin D. Tuttle/Science Source.)

(A)

몬테주마꾀꼬리

(B)

(C)

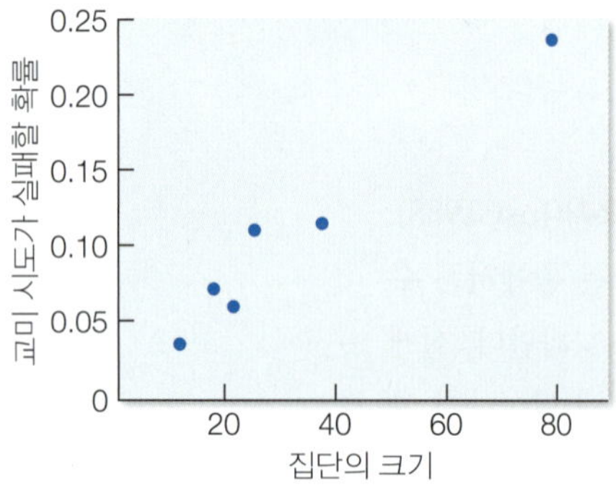

(D)

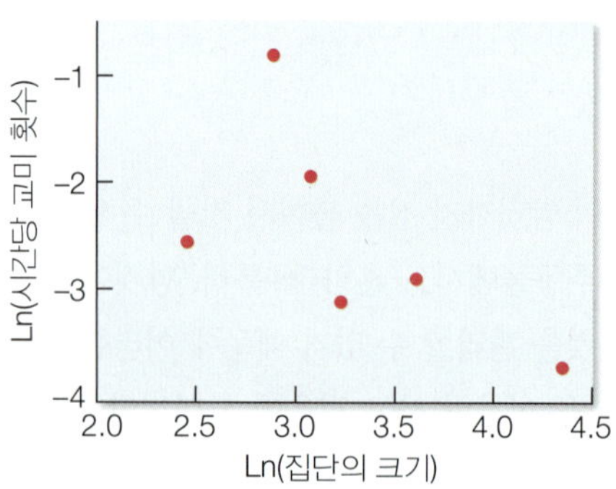

그림 10.26 몬테주마꾀꼬리에서 나타나는 암컷 방어 일부다처. (A) 수컷 몬테주마꾀꼬리. (B) 암컷 몬테주마꾀꼬리는 작은 집단을 이루며 수컷이 그 집단을 독점한다. (C) 집단의 크기가 커질수록, 다른 경쟁 수컷들로 인해 교미 시도가 실패로 돌아가는 경우가 많다. (D) 그 결과, 시간당 교미 횟수가 줄어든다. (A, photograph © Eduardo Rivero/Shutterstock. com; B, photograph © Ammit Jack/Shutterstock.com; C, D after Webster and Robinson 1999.)

무를 찾아간다. 이러한 사실은 수컷이 자원 방어가 아닌 암컷 방어 전술을 사용하고 있다는 것을 의미한다(**그림 10.26**)(Webster and Robinson 1999).

일부다처를 이루는 종에서는 암컷의 행동에 따라 수컷의 행동이 달라지고, 결국 그에 따른 교미 체계가 형성된다. 사바나얼룩말(*Equus quagga*)의 예를 보자. 수컷 얼룩말은 포식압을 줄이고 떠돌이 수컷이 추근 대는 것을 피하기 위해서 집단을 이룬 암컷을 지켜준다. 이러한 암컷 방어 일부다처를 하렘 방어 일부다처라고 부르기도 한다. 왜냐하면 암컷이 사회적으로 하렘을 이루고, 수컷이 이 하렘을 독점하는 식으로 진행이 되기 때문이다. 다른 유제류(ungulate)처럼, 암컷 얼룩말도 매일 몇 시간 동안 풀을 뜯어 먹어야 하기 때문에, 먹이를 충분히 먹기 위해 꽤 긴 거리를 걸어야 한다. 암컷 얼룩말은 평균적으로 매일 18시간 동안 풀을 뜯어 먹는다(Ruben-stein 1994). 오랜 시간을 먹이를 찾아 먹는 데 할애하기 위해서, 암컷 얼룩말은 수컷의 쓸데없는 추근거림을 피하고 포식자도 피해야 한다. 실제로, 서열 낮은 수컷이 지켜주는 암컷 얼룩말에 비해 서열 높은 수컷이 지켜주는 암컷 얼룩말이 매일 10%나 더 오랫동안 먹이 활동을 할 수 있다. 그 이유는 당연히 서열 높은 수컷이 다른 수컷의 접근을 잘 막아줄 수 있기 때문이다. 즉, 암컷이 집단을 이루면, 그 집단을 수컷이 지켜주기 때문에 이득을 얻는다. 수컷도 여러 암컷을 거느리며 교미를 할 수 있으므로 수컷도 이득을 얻는다. 따라서 먹이 활동을 많이 해야 하는 암컷 얼룩말처럼, 수컷이 지켜줄 수 있는 집단을 형성하는 것은 암컷이 자원을 필요로 하기 때문이다. 암컷은 매일 충분히 풀을 뜯어 먹기 위해 먼 거리를 다녀야 하기 때문에 수컷은 영역을 지킬 수가 없고, 대신 수컷은 암컷을 따라다니면서 암컷에게 접근하는 수컷들을 쫓아낸다. 또한 여러 마리가 함께 있으면 포식자의 접근을 감시하는 것도 쉽다. 따라서 암컷은 서열 높은 수컷과 함께 하렘을 이룬다(Rubenstein 1994).

자원 방어 일부다처

여러 동물에서, 암컷이 이루는 집단이 오래 지속되지 않더라도, 암컷이 필요로 하는 자원에 대한 접근 권한을 수컷이 쥐고 있다면 수컷은 일부다처를 이룰 수가 있다. 이러한 경우가 그레비얼룩말(Grevy's zebra, *Equus grevyi*)에서 나타난다. 그레비얼룩말은 암컷 간 연합이 사바나 얼룩말만큼 오래 지속되지 않고, 수컷이 암컷 무리를 감시하지도 않는다. 그렇다면 이 두 종에서 집단 형성과 교미 형태에 차이가 나는 이유는 무엇일까? 다니엘 루벤스타인(Daniel Rubenstein)은 두 종의 행동생태에 답이 있다고 생각했다(Rubenstein 1994). 얼룩말은 아프리카에서 약간 습한 곳에서 살아가는데, 그러한 지역은 물과 먹이가 도처에 있어서 더 쉽게 얻을 수 있는 곳이다. 하지만 그레비얼룩말은 좀 더 건조한 지역에서 살아가는데, 그러한 지역에서는 먹이와 물이 부족하므로 더 멀리 이동해야 한다. 물론 그래비얼룩말은 건조한 환경에 적응한 종이지만, 출산을 막 끝낸 암컷이나 새끼를 지닌 암컷은 물을 매일 섭취해야 하기 때문에 물이 있는 곳에 가까이 머물러야 한다. 또한, 출산을 끝낸 암컷은 교미를 할 수 있기 때문에 수컷이 접근한다. 사바나얼룩말 수컷은 암컷 집단을 오랫동안 지키기 때문에, 가임기 암컷뿐만 아니라 일시적으로 비가임기에 들어간 암컷도 독점할 수 있다. 하지만 가임기의 그래비얼룩말 암컷은 비가임기 암컷과 거의 어울리지 않기 때문에, 수컷은 가임기 암컷이 대부분의 시간을 보내는 물가 근처에서 영역을 형성하는 데 집중할 수밖에 없다. 그리고 서열이 높은 그래비얼룩말 수컷은 암컷이 선호하는 최적의 장소에 영역을 구축할 수 있기 때문에 여러 암컷과 교미를 할 수 있다(Rubenstein 1994).

즉, 자원의 필요성이나 집단 결정에 따라 암컷의 분포가 달라지고, 암컷의 분포는 수컷의 번식 결정 및 일부다처 교미 형태를 결정한다. 자원 방어 일부다처는 얼룩말을 비롯한 포유류뿐만 아니라 아프리카의 시클리드(*Lamprologus callipterus*)와 같은 다른 척추동물에서도 나타난다. 시클리드 암컷은 비어 있는 고둥 껍질 속에 알을 낳은 후에, 그 껍질 안으로 들어가 머물면서 새끼들이 태어날 때까지 그곳을 지킨다. 암컷보다 훨씬 몸집이 크고, 영역을 지닌 수컷은 암컷이 알을 낳을 만한 장소를 점유하고 있을 뿐만 아니라, 호수 바닥에서 고둥 껍질을 모아오거나 다른 수컷의 영역에서 껍질을 빼앗아 와서 껍질을 쌓아 놓곤 한다. 어떤 경우는 껍질의 수가 86개나 되는 경우도 있었다(**그림 10.27**). 어떤 수컷의 영역 내에서는 동시에 최대 14마리의 암컷이 다른 껍질에 알을 낳은 후 둥지를 꾸릴 수 있기 때문에, 껍질이 가득한 영역을 지닌 수컷은 매우 높은 번식 성공도를 누릴 수 있다(Sato 1994).

자원 방어 일부다처는 곤충에서도 흔하다. 특히 알을 안전하게 낳을 수 있는 곳을 수컷이 점유할 수 있는 경우에는 더욱 그렇다. 검은날개실잠자리(*Calopteryx maculata*) 수컷은 물 위에 떠있는 수초를 지키면서, 교미가 가능한 암컷을 유혹한다. 그리고 교미한 암컷은 수컷이 지키고 있던 수초에 알을 낳는다(Waage 1973). 수컷 뿔파리(*Phytalmia* spp.)는 열대우

(A)

(B)

그림 10.27 아프리카 시클리드(*Lamprologus callipterus*)에서 나타나는 자원 방어 일부다처. (A) 영역을 지닌 수컷은 고둥 껍질을 자신의 영역에 모은다. 수컷의 조개무지 영역에 더 많은 고둥 껍질이 있을수록, 암컷이 알을 낳을 곳이 많아진다. (B) 고둥 껍질 밖으로 보이는 암컷의 꼬리. (Photographs by Tetsu Sato, Research Institute for Humanity and Nature, Japan.)

림 속에서 쓰러진 통나무나 나뭇가지의 작게 썩은 부분을 차지하기 위해 싸운다. 그 이유는 암컷이 그러한 곳을 좋아하기 때문이다(**그림 10.28**)(Dodson 1997). 영역을 지닌 수컷이 더 많은 자원을 갖고서 더 오랫동안 소유하고 있으면, 그 수컷은 더 많은 짝과 교미를 할 수 있다. 이러한 원리는 통거미류(Neotropical harvestman, *Pseudopucrolia* spp.)에게도 적용된다. 브라질에 서식하는 *Pseudopucrolia*속의 거미 중 하나는 진흙둑에 있는 구멍을 차지하고 지키면서 암컷을 유혹한다. 심지어 수컷이 이미 자기 구멍에 암컷이 낳은 알을 두고서 그 알을 지키고 있어도, 다른 암컷이 수컷의 구멍에 찾아온다. 그 이유는, 수컷의 굴은 안전할 뿐만 아니라, 그 수컷이 알도 키워주기 때문이다. 따라서 굴을 갖고서 알을 지킬 수 있는 수컷은 일부다처를 이룰 수 있다(Nazareth and Machado 2010).

그림 10.28 호주의 뿔파리에서 나타나는 자원 방어 일부다처. 암컷은 쓰러진 나무의 썩은 곳에만 알을 낳는다. 이에 그 산란 장소를 두고서 수컷끼리 싸운다. (Photograph by Gary Dodson.)

만약 암컷의 분포가 핵심 자원의 분포에 따라 달라지고, 수컷의 교미 전술도 그에 따라 달라진다면, 자원의 분포를 변화시켜서 암컷이 있는 위치도 바꿔버리면 종의 교미 체계도 달라질 것이다. 이를 검증하기 위해 닉 데이비스(Nick Davies)와 아른 룬드버그(Arne Lundberg)는 유럽바위종다리로 실험을 진행했다. 유럽바위종다리 암컷은 널리 퍼져 있는 먹이를 잡아먹기 위해 넓은 지역을 돌아다니기에, 여러 수컷과 암컷의 행동권(home range)이 겹치고, 따라서 일부다처-일처다부의 교미 체계가 형성된다(다부다처; 뒷부분 참고). 하지만, 데이비스와 룬드버그가 암컷에게 한 달 동안만 일시적으로 밀웜 등의 먹이를 추가 제공했더니, 암컷의 행동권이 엄청나게 줄어들었다(Davies and Lundberg

1984). 더 나아가, 예측했던 대로, 행동권의 크기가 많이 줄어든 암컷일수록 짝의 수도 함께 줄어들었다(**그림 10.29**). 즉, 암컷의 행동권이 작아지면, 하나의 수컷이 그 암컷을 독점할 수 있기 때문에 결과적으로 여러 수컷과 교미를 하던 형태가 하나의 수컷과만 교미를 하는 형태로 바뀐다. 따라서 먹이 및 다른 자원의 분포가 암컷의 공간적 분포를 결정하고, 이러한 공간적 분포는 수컷이 독점할 수 있는 암컷의 수를 결정한다.

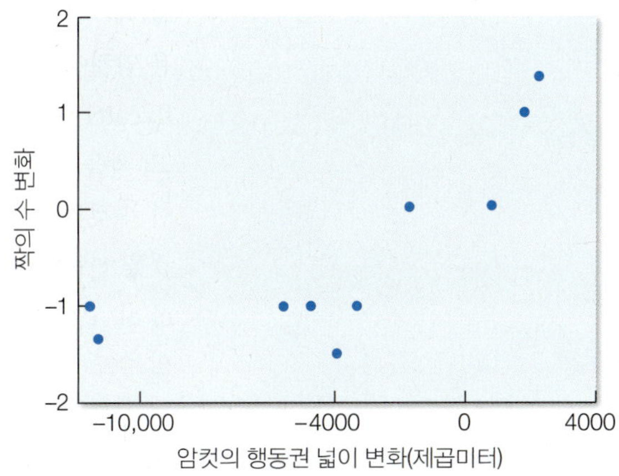

그림 10.29 교미 체계를 결정하는 암컷의 분포. 먹이가 추가로 주어졌을 때, 암컷의 행동권이 줄어든다. 그 결과, 하나의 수컷이 그 암컷을 독점하게 되고, 암컷이 교류하는 수컷 수는 줄어든다. (After Davies and Lundberg 1984.)

하지만 만약 암컷이 교류하는 수컷이 이미 다른 암컷과도 짝을 맺고 있어서 다른 암컷과 (수컷이 지닌) 자원을 나누어야 하는 상황이라면, 암컷은 어떻게 행동할까? 제7장과 9장에서 다루었던 것처럼, 암컷은 자원도 없고 포식압도 높은 영역을 지니고 있는 수컷보다는 살기 좋은 영역을 지니고 있는 일부다처 수컷과 교미를 하는 편이 더 이득일 수 있다 (Orians 1969). 스타니슬라브 프리빌(Stanislav Pribil)과 윌리엄 서시(William Searcy)는 암컷이 일부다처를 선호하게 되는 역치("polygyny threshold")가 존재하는지 여부를 검증하고자 했다[참고: 엠렌(Emlen)과 오링(Oring)의 "polygamist threshold"; Emlen and Oring 1977]. 그들은 암컷이 새로운 수컷과 교미를 하는 것보다 이미 짝이 있는 수컷과 교미를 해서 더 높은 적합도를 얻게 되는 순간이 역치값이 될 것으로 예측했다. 연구진은 교미를 한 수컷보다 교미를 하지 않은 수컷을 고르는 성향을 지닌 붉은깃찌르레기(red-winged blackbirds) 암컷을 대상으로 연구를 진행했다. 암컷이 이미 교미를 한 수컷을 피하는 행동은 적응적이다. 왜냐하면, 이미 교미를 한 수컷과 짝을 맺으면 수컷이 지닌 자원을 다른 암컷과 나누어야 하고, 그 결과 적은 수의 새끼가 태어나기 때문이다. 암컷이 교미를 하지 않은 수컷과 짝을 맺어서 일부일처 쌍을 이루면 그 수컷의 모든 자원을 받아서 더 많은 수의 새끼를 낳을 수 있다. 그리고 프리빌과 서시는, 만약 이미 짝을 맺은 수컷이 지닌 영역을 인위적으로 엄청 좋게 만들고, 짝을 아직 맺지 않은 수컷이 지닌 영역을 인위적으로 나쁘게 만든다면, 항상 짝을 맺지 않은 수컷을 택하던 붉은깃찌르레기 암컷이더라도 자신의 선호를 바꿀 것이라고 예측했다. 그들은 가설을 검증하기 위해 다음과 같이 실험을 진행했다. 하나의 경우는, 이미 둥지를 틀고 있는 암컷 한 마리가 있지만, 서식지의 물 한 가운데에 수초 더미가 있어서 또 다른 암컷이 물 위에 새로운 둥지를 틀 수 있는 조건을 조성했다. 그리고 또 다른 경우는, 서식지의 물 밖에 둥지 장소로 사용될 수초 더미가 조성되어 있지만, 둥지를 틀고 있는 암컷이 전혀 없는 환경을 조성했다. 이러한 처리를 한 이유는 암컷 붉은깃찌르레기가 물 위에 둥지를 짓는 것을 선호하기 때문이다. 물 위에 둥지를 지으면 포식자를 잘 피할 수가 있다. 실제 실험에서, 암컷은 물 위에 둥지를 틀기 위해 이미 다른 암컷이 둥지를 틀고 있는 수컷의 영역에 들어가서 하렘의 일원이 되는 쪽을 택했다. 이러한 선택을 한 암컷은 적합도 이득도 누릴까? 하렘의 일부가 되는 쪽으로 짝 선택을 한 암컷이 더 많은 자손을 키워냈다. 일부일처를 이루며 물 가장자리에 둥지를 튼 암컷보다, 이미 짝이 있는 수컷의 하렘으로 들어갔지만 물 위에 둥지를 튼 암컷이 두 배나 더 많은 자손을 키워냈다(Pribil and Searcy 2001).

즉, 번식에 유리한 영역을 지닌 수컷과 번식에 불리한 영역을 지닌 수컷 중에서, 붉은깃찌르레기 암컷은 다른 암컷과 함께 수컷의 영역을 공유하더라도 번식에 유리한 영역을 지닌 수컷을 선택한다는 것이다. 하지만 다른 조류의 경우, 암컷은 수컷의 두 번째 짝이 되었을 때 더욱 적은 수의 자식을 갖는다는 점에서, 암컷이 이미 짝을 지닌 수컷과 함께하는 것은 암컷에게 손해가 될 것만 같다. 슈바인 데일(Svein Dale)의 연구진은 암컷 알락딱새(pied flycatchers, *Ficedula hypoleuca*)는 교미 경험이 없더라도 우선 여러 수컷을 찬찬히 살펴보고, 짝을 급하게 맺으려 하지 않으며, 여러 수컷을 비교한 후에 자발적으로 이미 교미를 경험한 수컷을 선택하기도 한다는 사실을 찾아냈다(Dale et al. 1992). 암컷이 이미 짝이 있는 수컷을 선택하는 이유는 수컷을 찾아 나서는 데 많은 비용이 들기 때문일 수도 있고(Stenmark et al. 1988), 교미를 하지 않은 채 남아 있는 수컷이 번식에 불리한 영역을 갖고 있기 때문일 수도 있다(Temrin and Arak 1989). 이러한 경우에, 마치 번식지에 늦게 도착한 붉은깃찌르레기가 최악의 상황에서 그나마 나은 선택을 하는 것처럼, 알락딱새 암컷도 차라리 아예 번식을 하지 않거나, 다른 암컷과 영역을 나누면서 서열이 높은 수컷의 두 번째 짝이 되는 것 가운데 선택을 할 수도 있다.

렉 일부다처

수컷이 암컷이나 자원을 지키는 데 애쓰지 않는 동물도 있다. 대신 이 수컷은 암컷이 찾아오기를 기다린다. 이 수컷은 암컷에게 구애 활동을 할 수 있는 공간을 두고서 서로 싸운다. 그러한 공간은 밀집해 있거나[이를 '**렉(lek)**'이라고 부른다], 흩어져 있는 경우도 있다[이를 '흩어진 렉(dispersed lek)' 또는 '숨겨진 렉(hidden lek)'이라고 부른다]. 후자의 경우는 제9장에서 살펴보았던 사틴집짓기새에서 나타난다(Bradbury 1981). 사틴집짓기새의 렉에는 먹이나 둥지를 틀만한 곳이 있는 것도 아님에도 불구하고 암컷이 찾아온다. 암컷은 렉에 와서 수컷을 고르고서 교미를 한 뒤 떠나가서 자식을 홀로 키운다. 렉은 암컷이 자주 오가는 곳에 형성되고는 한다. 갈라파고스의 바다이구아나(Galápagos marine iguanas , *Amblyrhynchus cristatus*)는 암석이 많은 조간대에서 먹이 활동을 하는데, 여기에 렉이 형성된다(Partecke et al. 2002, Vitousek et al. 2008). 또는 그냥 암컷에게 구애를 하기 편한 장소에 렉이 나타나기도 한다. 흰수염마나킨(white-bearded manakin, *Manacus manacus*)의 경우, 수컷은 열대우림의 바닥에서 암컷에게 구애를 하는데, 참새 크기의 수컷이 150제곱미터의 공간에 70마리나 모여서 암컷에게 구애를 하기도 한다(**VIDEO 10.2**). 흰수염마나킨 수컷은 숲에서 자라난 어린 나무의 주변을 깨끗하게 치운 뒤 나뭇가지를 빠르게 뛰어다니며 날개를 부딪쳐서 큰 소리를 내서 구애를 한다. 암컷이 주변에 있을 때, 수컷은 날개를 부딪치며 바닥으로 뛰어내리고, 다시 윙윙소리를 내며 나뭇가지로 뛰어 오르는데, 이러한 과정을 반복한다(Snow 1956). 그리고 교미 준비가 된 암컷은 나뭇가지로 뛰어 오르고서 수컷과 함께 구애 행동을 이어간 뒤에 교미를 한다. 교미 후에 암컷은 수컷 곁을 떠나 둥지를 틀지만, 수컷은 렉에 남아서 또 다른 암컷을 유혹한다. 앨런 릴(Alan Lill)은 10마리의 수컷으로 구성된 렉에서 교미가 438번 일어나는 것을 관찰했는데, 그 전체 교미 중 75%가 오로지 한 마리의 수컷에 의한 것이었다. 그리고 또 다른 수컷이 전체 교미의 13%를 차지했고, 나머지 6마리의 수컷은 단지 10번의 교미만 했다(Lill 1974). 일반적으로 가장 매력적인 수컷이 렉의 중심을 차지하고 더 격렬하고 공격적으로 구애를 펼친다(Shorey 2002).

VIDEO 10.2
White-bearded manakin lek
ab11e.com/uk/v10.2

렉이 나타나는 종에서 수컷 간의 번식 성공도 차이는 매우 크다. 토피영양(Topi, *Damaliscus lunatus*)의 경우, 나이 든 수컷이 렉의 중심을 차지하고서 더 많은 교미를 한다(**그림 10.30**)(Bro-Jørgensen and Durant 2003). 또 서아프리카에서 살아가는 망치머리박

수컷 토피

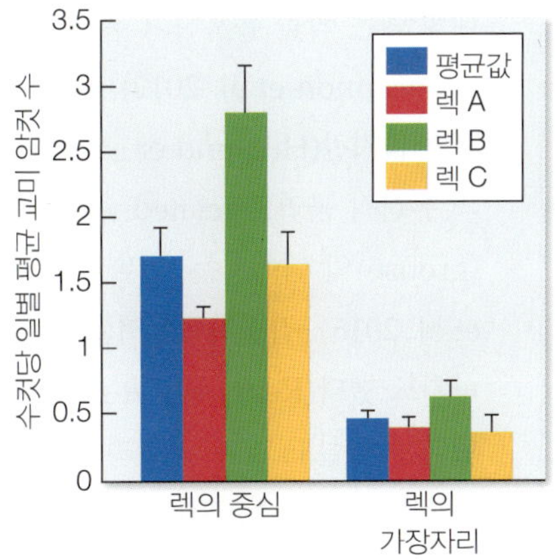

그림 10.30 토피영양에서 나타나는 렉과 수컷의 교미 성공도. 렉의 중앙에 위치한 수컷은 주변의 수컷보다 더 많은 교미를 한다. 파란 막대는 3개의 렉의 평균값을 나타낸다. (After Bro-Jørgensen and Durant 2003; photograph © J. Norman Reid/ShutterStock.com.)

쥐(hammer-headed bat, *Hypsignathus monstrosus*)의 경우, 렉에 있는 수컷의 6%가 전체 교미의 80%를 차지한다(**그림 10.31**). 수컷은 강둑을 따라 모인 뒤 나무 높은 곳에서 교미할 영역을 지키며 꽥꽥 소리를 낸다(**AUDIO 10.1**)(Bradbury 1977). 교미를 원하는 암컷은 렉으로 가서 몇몇 수컷을 살펴보는데, 이때 수컷은 이상한 소리와 함께 갑작스레 날개를 퍼덕거리는 식으로 암컷에게 반응한다.

AUDIO 10.1 Male hammerheaded bat
ab11e.com/uk/a10.1

그렇다면 수컷 망치머리박쥐, 흰수염마나킨, 토피영양이 렉을 형성하는 이유는 무엇일까? 브래드버리(Bradbury)는 암컷이 너무 넓고 균일하게 퍼져 있어서 수컷에게 다른 교미 전술들이 효율적이지 못할 때 렉이 진화한다고 주장했다(Bradbury 1981). 망치머리박쥐는 집단을 형성하지만 오래 유지하지 않는다. 그리고 망치머리박쥐는 널리 흩어져 있는 먹이를 구하기 위해 긴 거리를 날아다닌다. 수컷은 나무 하나를 독차지 하고서 암컷을 유혹하고 싶어도 상황은 녹록치 않다. 그 나무에 열매가 열리는 데에 너무 오랜 시간이 걸릴 수도 있고, 일단 그 나무에 열매가 열리더라도 열매를 먹기 위해 많은 박쥐들이 찾아오기 때문에 수컷 한 마리가 나무 하나를 독점하기는 어렵다. 따라서 이 종의 섭식 생태 특성 때문에, 수컷은 모든 암컷을 독점할 수 없다. 따라서 암컷이 찾아오면 수컷은 자신의 장점을 뽐내며 암컷이 선택해주기를 기다린다.

자원/암컷 방어 일부다처는 자원 또는 암컷을 지켜야 할 필요성 때문에 나타났다. 따라서 지켜야 할 암컷 무리나 자원이 없고 영역이 없는 상황에서는, 수컷이 렉을 형성할 수도 있지만, 뒤죽박죽 뒤섞이며 앞다투어 짝을 찾아나서는 '뒤죽박죽 쟁탈 일부다처(nonterritorial scramble competition polygyny)'가 나타날 수도 있다. 같은 조건에서도 어떤 종은 렉을 이루고, 또 어떤 종은 짝을 찾아 나서는지 그 이유는 불분명하다. 또 렉을 형성하는 종 중에서 어떤 종은 좁은 지역에 모이는 형태를 보이지만 또 어떤 종은(사틴집짓기새처럼) 널리퍼져서 각각 구애 행동을 하는지에 대해서도 이유가 불분명하다. 모이는 형

그림 10.31 렉을 이루는 일부다처 포유류인 망치머리박쥐. 수컷은 빽빽하게 모여서 각자 구애 장소를 지킨다. (Photograph © Ivan Kuzmin/Alamy Stock Photo.)

가설 10.5

렉 형성에 대한 가설들

핫스팟 가설 수컷은 암컷이 지나가는 경로('핫스팟')에 모인다.

핫샷 가설 인기 있는 수컷('핫샷')에게 몰리는 암컷과 조금이라도 접촉할 기회를 갖기 위해 서열이 낮은 수컷이 인기 있는 수컷('핫샷') 주변으로 모인다.

암컷 선호 가설 암컷이 빠르고, 안전하게 여러 수컷의 자질을 비교해서 짝을 선택하기 위해 여러 수컷이 모인 곳을 선호한다.

태의 렉은 짝을 유혹하기 위해서 서로 돕는 친족으로 이루어져 있을 수도 있다(Concannon et al. 2012). 물론 여러 조류 종에서는 렉이 친족으로 구성된 경우가 많지만(Höglund et al. 1999, Shorey et al. 2000), 마나킨의 렉은 수컷 간의 유전적 근연도(relatedness)와는 무관했다(Loiselle et al. 2006). 또 멧닭류(grouse)의 렉에서는 수컷 간의 근연도가 높을수록 싸움도 격렬했다(Lebigre et al. 2016). 집짓기새에서는 수컷과의 근연도에 따라서 암컷의 짝선택이 나타나기도 했다(Reynolds et al. 2014). 이에 더해서 포식자로 인해서 렉이 진화했다는 가설도 있다. 포식자 때문에 개체들이 모이는 것이 안전하기 때문에 렉이 진화했다는 것이다(Gibson et al. 2002).

궁극적으로, 수컷이 모여서 렉을 형성하는 이유는 구애에 필요한 비용이 줄어들기 때문일 수도 있다. 하지만 여러 수컷이 모여서 형성된 렉에서 수컷이 작은 영역을 지켜서 얻는 이득에 대해 더 자세히 살펴보자. 이는 앞부분에서 오로지 소수의 수컷이 렉에서 대부분의 교미를 독점했던 경우를 설명할 때도 잠깐 살펴보았다. 여기에서는 수컷이 모여서 렉을 왜 형성하는지에 대한 3가지 가설을 살펴보자(**가설 10.5**). **핫스팟 가설(hotspot hypothesis)**은 수컷이 교미를 원하는 암컷이 주로 지나가는 경로('핫스팟')에 모이기 때문에 렉이 형성된다는 것이다(Bradbury et al. 1989). 또한, **핫샷 가설(hotshot hypothesis)**은 인기 있는 수컷('핫샷')에게 몰리는 암컷과 조금이라도 접촉할 기회를 갖기 위해 서열이 낮은 수컷이 인기 있는 수컷 ('핫샷') 주변으로 모이면서 렉이 형성된다는 것이다(Bradbury and Gibson 1983). 마지막으로, **암컷 선호 가설(female preference hypothesis)**은 암컷이 여러 수컷이 모인 곳을 선호하기 때문에 수컷이 모이고, 이에 따라서 렉이 형성된다는 것이다(Bradbury 1981). 수컷이 모여 있으면, 암컷은 더 빠르고 안전하게 여러 수컷의 자질을 비교해서 짝을 선택할 수 있기 때문이다.

수컷이 왜 렉에 모이는지에 대한 가설을 검증하기 위해서, 프레드릭 지궤(Frédéric Jiguet)와 방성 브레타뇰(Vincent Bretagnolle)은 작은느시(little bustard, *Tetrax tetrax*) 수컷과 암컷을 닮은 모형새를 만들어서 가짜 렉을 만든 다음에 실험을 진행했다. 작은느시는 널리 퍼져서 렉을 이루는 종이다. 연구진은 서로 다른 지역에 서로 다른 수의 수컷과 암컷 모형새를 두고 렉을 만든 다음에, 시간이 지날수록 실제 작은느시가 얼마나 렉에 모이는지를 살펴보았다. 실험 결과, 암컷 모형새가 있었음에도 수컷이 모이지는 않았다는 점에서 핫스팟 가설은 기각되었다. 하지만 수컷 모형새에는 암컷과 수컷이 모두 모였다. 특히, 수컷 모형새가 좀 더 대칭적인 외양을 보였을 때 느시 개체들이 더욱 모이는 모습이 나타났다. 이러한 사실은 핫샷 가설이 작은 느시의 렉 형성에 적용될 수 있다는 것을 의미한다. 하지만, 그림 10.32에서 나타나는 것처럼, 모형새 4마리로 구성된 가짜 렉에 대해서 암컷 느시가 가장 많이 다가왔다. 가짜 렉이 4마리보다 작거나, 많은 수로 구성되었을 때는 다가온 암컷의 수가 더 적었다(**그림 10.32**, Jiguet and Bretagnolle 2006). 따라서 이 실험에 따르면, 작은느시의 렉 형성은 핫스팟 가설로 설명할 수 없지만, 핫샷 가설 또는 암컷 선호 가설로는 설명할 수 있다.

핫스팟 가설과 핫샷 가설을 검증하는 또 다른 방법은 렉에서 가장 매력적인 수컷을 없애 보는 것이다. 만약 핫스팟 가설을 따른다면, 매력적인 수컷을 없앴을 때 다른 수컷이 매력적인 수컷이 있던 핫스팟으로 이동할 것이다. 하지만 만약 핫샷 가설을 따른다면, 매력적인 수

그림 10.32 렉 형성에 대한 가설 검증 실험. (A) 수컷과 닮게 만든 모형새에게 다가온 암컷 작은 느시. (B) 4마리의 모형으로 구성된 집단에 가장 많은 암컷이 다가왔다. 4마리보다 적거나 많은 집단은 다가온 암컷 수는 그보다 적었다. 성비는 전체 모형새 중에서 수컷 모형새의 수를 의미한다. (A, photograph courtesy of Frédéric Jiguet; B after Jiguet and Bretagnolle 2006.)

컷을 없앴을 때 수컷이 다른 매력적인 수컷에게 모이거나 아니면 아예 모두 흩어질 것이다. 밤에 수컷이 구애를 하는 왕꺅도요(great snipe, *Gallinago media*)를 대상으로 한 연구에서, 렉 중심부의 서열 높은 수컷을 없앴을 때, 주변의 다른 서열 낮은 수컷이 그 영역을 떠나는 것으로 나타났다. 반면, 서열이 높은 수컷은 그대로 둔 채, 서열이 낮은 수컷만 없앴을 때는 다른 수컷이 그 빈자리를 빠르게 메우는 모습이 나타났다. 따라서 이 종에서는 매력적인 핫샷 수컷의 존재가 렉 형성을 결정한다는 것이다(Höglund and Lundberg 1987). 또한, 멧닭(black grouse, *Lyrurus tetrix*)을 대상으로 한 연구에서는, 수컷의 구애 장소가 그들의 교미 성공도와 연관되지만(Rintamäki et al. 1995), 교미 성공도가 제일 높았던 장소는 해마다 조금씩 바뀌었다. 이러한 사실은 어떤 특정한 지역이 아니라 인기있는 수컷이 다른 수컷의 행동에 영향을 준다는 것을 의미한다(**그림 10.33**)(Rintamäki et al. 2001).

핫샷 가설이 정말 많은 경우에서 수컷의 렉 형성을 설명해 주고 있지만, 핫스팟 가설을 지지하는 예도 있다(**그림 10.34**)(Gibson 1996). 예를 들어, 수컷 다마사슴(fallow deer, *Dama dama*)이 모여서 구애를 하는 장소는 숲의 벌목 장소에 따라 달라졌다(Apollonio et al. 1998). 또한, 인디언공작(Indian peacocks, *Pavo cristatus*)은 먹이가 풍부한 곳에 모여서 렉을 이룬다. 실험적으로 렉의 수컷을 일부 없애도 암컷이 렉에 찾아오는 빈도에는 영향을 주지 않았다. 그 이유는 암컷은 수컷이 아닌 먹이를 구하기 위해 그 장소에 찾아오기 때문일 것이다(Loyau et al. 2007). 또한, 어떤 마나킨의 렉은 과일이 풍부한 곳에 형성되는 경우가 많은데, 이러한 사실은 암컷이 좋아하는 자원이 있는 곳에 수컷이 모인다는 가설과 일치한다(Ryder et al. 2006).

하지만 핫스팟 가설은 리추에영양(Kafue lechwe, *Kobus lechwe kafuensis*) 같은 유제류

그림 10.33 핫스팟 가설과 핫샷 가설 중 어떤 가설이 멧닭의 렉 형성을 설명할 수 있을까? 연구진은 멧닭의 렉을 100 m^2씩 여러 부분으로 나누어서, 각 부분에서 1987년부터 1991년까지 5년 동안 나타나는 총 교미 횟수를 기록했다. 그래프에서는 매 해마다 최고의 번식 성공도를 보인 영역의 위치가 달라졌음을 보여주고 있다. 이러한 변화는 영역 자체보다는 매력적인 수컷의 존재가 번식 성공도를 결정하는 주요 요인이라는 것을 의미한다. 따라서 이 결과는 핫샷 가설을 지지한다. (After Rintamäki et al. 1995; photograph © iStock.com/Chiara_naturecolors.)

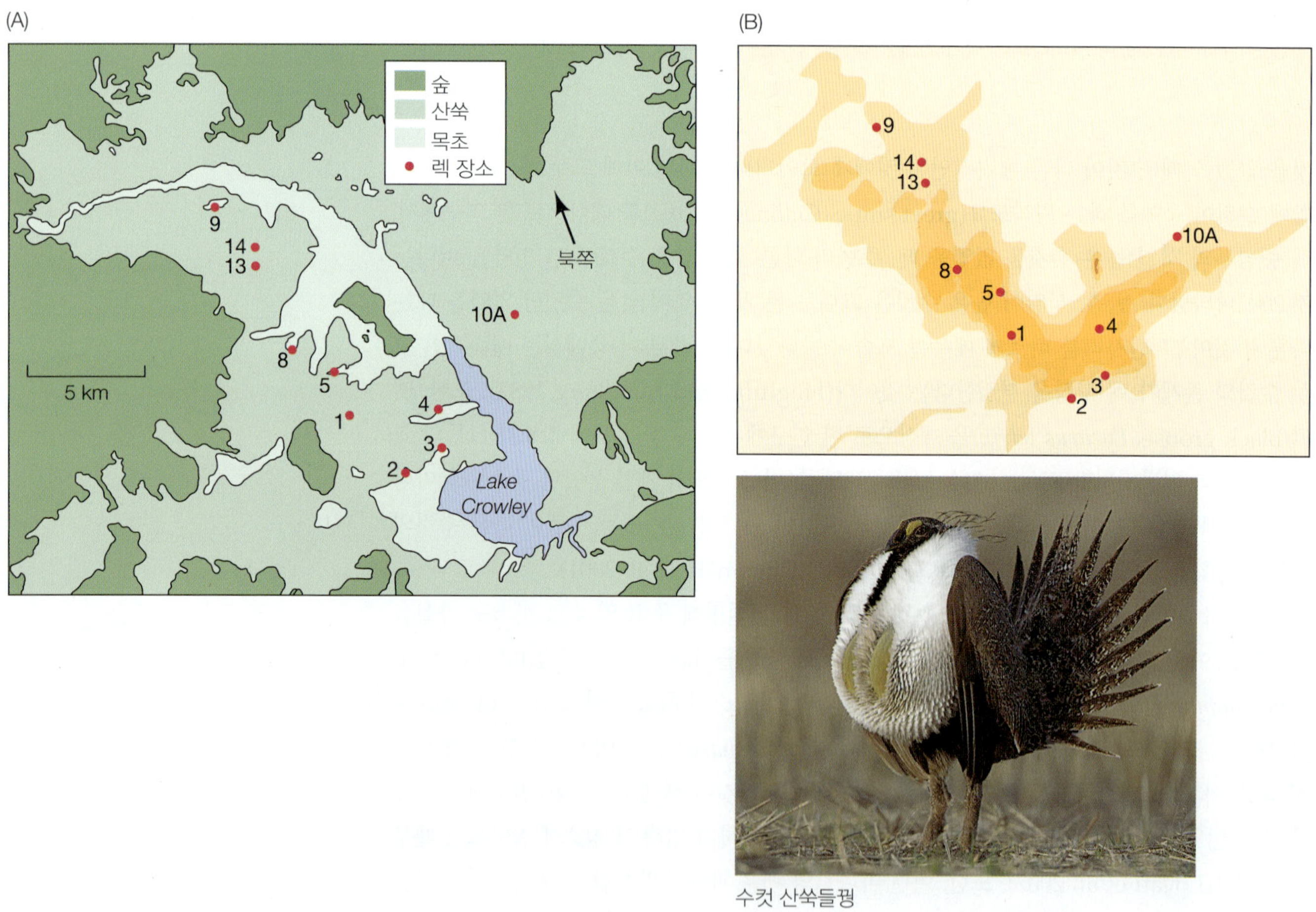

그림 10.34 핫스팟 가설의 검증. (A) 산쑥, 목초, 숲, 호수 등으로 이루어진 서식지에 형성된 산쑥들꿩(greater sage-grouse, *Centrocercus urophasianus*) 수컷의 렉(숫자 표시된 빨간색 점). (B) 둥지를 튼 암컷의 분포(진한 노란색일수록 더 많은 암컷이 분포하는 것)와 수컷의 렉. (After Gibson 1996; photograph © Tom Reichner/Shutterstock.com.)

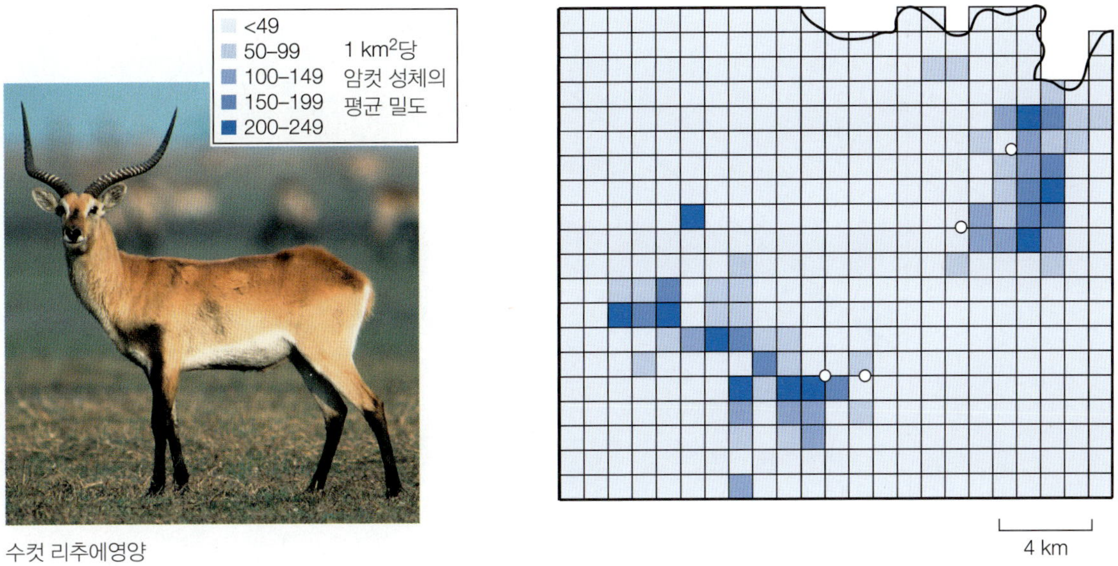

그림 10.35 리추에영양 암컷의 밀도는 렉 형성과 무관하게 나타났다. 4개의 렉은(동그라미 표시) 암컷 밀도가 높은 곳에서 나타나지 않는데, 이러한 사실이 핫스팟 가설을 기각시킨다. (After Balmford et al. 1993; photograph © Stockbyte/Alamy Stock Photo.)

에서 나타나는 렉에서는 적용되지 않는다. 리추에영양의 경우, 가임기 암컷이 익숙한 섭식 장소를 떠나 멀리 떨어진 수컷 집단으로 가서 교미를 한다. 따라서 아마도 리추에영양은 암컷 선호 가설에 따라, 암컷이 렉을 찾는 이유는 여러 수컷을 동시에 보고 비교하기 위해서인 것 같다(**그림 10.35**)(Balmford et al. 1993). 하지만 리추에영양과 가까운 종인 우간다의 콥영양(Uganda kob, *K. kob thomasi*) 수컷이 이루는 렉은 암컷 선호와는 무관하게 형성되는 것 같다. 암컷 선호 가설에 따르면, 짝을 맺기 위해 여러 수컷을 쉽고 빠르게 비교하는 것을 암컷이 선호하기 때문에 수컷이 큰 집단을 이루는 것이다. 이러한 경우, 더 많은 수컷으로 이루어진 렉일수록 더 많은 암컷이 찾아올 것이다. 하지만 이러한 예측과는 반대로, 렉의 작동성비는 크기와 상관없이 서로 비슷했다. 즉, 렉의 크기와 수컷의 번식 성공도에는 연관성이 없었다(**그림 10.36**)(Deutsch 1994). 따라서 콥영양 수컷에서 나타나는 렉을 암컷 선호 가설로 설명할 수 없다. 얼룩청개구리(barking treefrog, *Hyla gratiosa*)도 비슷하다. 얼룩청개구리 수컷이 연못에 더 많이 모여서 노래를 하면, 암컷이 그 연못을 더 많이 찾아온다(**그림 10.37**). 하지만 수컷이 연못에 접근하지 못하도록 막아버렸을 때에도 암컷이 연못에 찾아오는 빈도수에는 영향이 없었다. 즉, 더 많은 암컷을 부르기 위해 수컷이 모여서 노래한다는 암컷 선호 가설은 얼룩청개구리의 렉에 적용되지 않는다(Murphy 2003).

모든 종에서 나타나는 수컷의 렉을 하나의 가설로 설명할 수는 없다. 하지만 비교적 분명한 사실 하나는, 뛰어난 생리 능력을 지닌 수컷이 렉을 통해서 자신의 상태를 다른 수컷과 암컷에게 뽐낸다는 것이다(Fiske et al. 1998). 렉의 형성 요인이 무엇이든지, 렉을 이루는 수컷은 서로 경쟁하며 서열을 만들고, 이 상황에서 암컷은 렉을 방문해 수컷을 쉽게 비교함으로써 최고의 짝을 선택할 수 있다. 같은 논리가 암컷에도 적용될 수 있지 않을까? 실제로 성 역할 역전이 일어나는 한 종에서 그러한 경우가 있다.

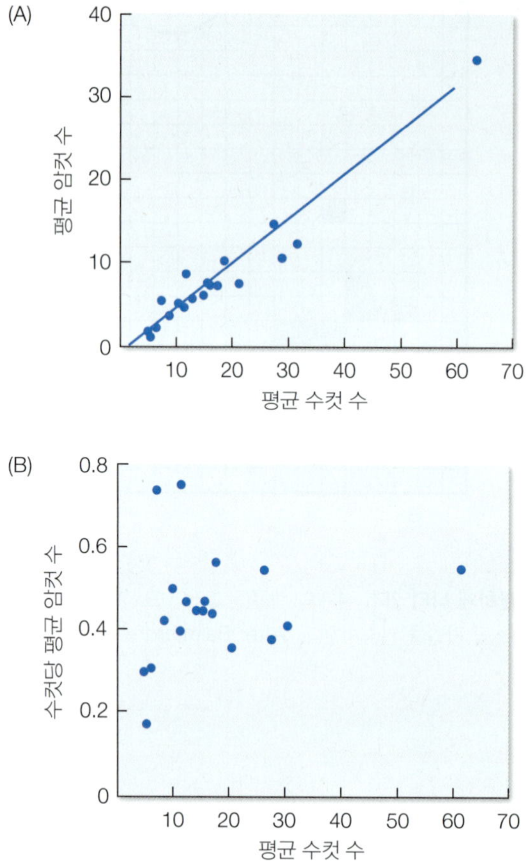

수컷 콥영양

그림 10.36 렉에서 콥영양 수컷의 수가 많더라도 암컷이 그 렉으로 모이는 빈도가 폭발적으로 늘어나지는 않는다. (A) 암컷이 렉을 찾는 빈도는 렉에서 구애 활동 중인 수컷의 수와 정비례한다. (B) 그 결과, 렉의 수컷 개체수와 성비는 무관하게 나타난다. (After Deutsch 1994; photograph © Liz Leyden/istockphoto.com.)

뒤죽박죽 쟁탈 일부다처

암컷 또는 자원이 뭉쳐서 분포할 때, 수컷이 암컷 방어 전술과 자원 방어 전술을 사용할 것이다. 하지만 실제로는 암컷과 자원이 널리 퍼져서 분포하는 경우가 많다. 또 암컷이 교미를 위해 수컷이나 핫스팟을 직접 찾아 나서지 않을 수도 있다. 이러한 상황에서, 수컷은 어떻게 행

암컷 얼룩청개구리

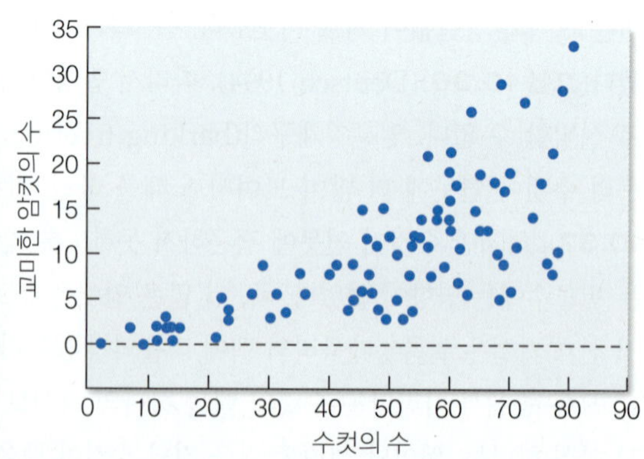

그림 10.37 각 연못에서의 암컷 얼룩청개구리 수와 구애를 하는 수컷 얼룩청개구리 수 간의 관계. 교미를 원하는 암컷이 많은 연못일수록 더 많은 수컷이 구애를 하는 것으로 나타났다. 하지만 이 연관성은 수컷이 함께 구애를 해서 암컷을 더 많이 연못으로 끌어들인 것이 아니다. 단지 온도와 강수량과 같은 어떤 환경 조건에 대해 수컷과 암컷이 함께 비슷하게 반응해서 나타난 결과이다. (After Murphy 2003; photograph © Jay Ondreicka/Shutterstock.com.)

동해야 할까? 수컷이 자신의 영역을 지키는 데 따른 비용이 이득을 넘어선다면, 수컷은 직접 돌아다니면서 다른 수컷보다 더 빨리 암컷을 찾아서 교미를 시도하는 편이 더 낫다. 포티누스(*Photinus*)속의 개똥벌레 중 날지 못하는 암컷은 플로리다(Florida)의 숲에 널리 퍼져서 분포한다. 따라서 수컷은 영역을 갖지 않은 채 계속 날아다니며 암컷을 찾는다. 즉, 수컷은 뒤죽박죽 섞여 날아다니면서 다른 수컷보다 더 빨리 암컷을 찾으려고 한다. 짐 로이드(Jim Lloyd)는 반짝거리며 날아다니는 수컷을 쫓아다닌 결과, 총 10.9마일을 걸었음에도 총 199마리의 수컷을 따라다니는 동안 교미를 관찰한 것은 딱 2번뿐이었다. 하지만 로이드가 신호를 보내는 암컷을 발견했을 때는 몇 분 안에 수컷이 찾아왔다(Lloyd 1980). 이 종에서는, 가장 싸움을 잘하는 수컷이 아니라 가장 끈질기게 돌아다니는 수컷이 가장 높은 교미 성공도를 누린다.

암컷 잔줄무늬땅다람쥐(thirteen-lined ground squirrels, *Spermophilus tridecemlineatus*)는 번식기에 오로지 4~5시간 동안만 교미를 원하는데, 이러한 암컷을 찾기 위해 수컷은 꽤 멀리까지도 돌아다닌다. 교미를 경험하지 않은 가임기 암컷이 수컷과 처음 교미를 했을 때, 그 수컷은 암컷 난자의 75%를 수정시킬 수 있다. 그 암컷이 다른 수컷과 교미를 하더라도 그 비율은 비슷하다. 이처럼 처음 교미한 수컷이 분명한 번식 이득을 누리고(first-male fertilization advantage), 암컷이 널리 퍼져서 서식하는 종의 경우에는, 끈질기게 암컷을 찾아다니는 능력을 지닌 수컷이 높은 번식 성공도를 누린다. 또한 어디로 가면 암컷을 찾을 수 있는지 그 장소를 기억하는 능력도 수컷의 적합도를 결정할 것이다(Foltz and Schwagmeyer 1989). 수컷은 널리 퍼져 있는 암컷의 굴을 매일 반복적으로 찾아 나선다. 일부러 굴에서 암컷을 없애면, 수컷은 사라진 암컷을 찾기 위해 더 오랜 시간 동안 움직인다. 더 나아가, 수컷은 그냥 암컷이 많이 있었던 곳을 찾아가는 것이 아니라, 가임기에 들어갈 암컷이 있던 장소를 더 많이 찾는다(Schwagmeyer 1994, 1995).

만약 뒤죽박죽 쟁탈전으로 수컷이 여러 번 교미를 하는 이유를 설명할 수 있다면, 암컷의 분포가 변할 때 수컷의 교미 체계도 변할 것이라고 예측할 수 있다. 앤드류 시(Andrew Sih)의 연구진은 소금쟁이를 이용한 실험으로 이 가설을 검증했다. 실험에서는 수조의 크기와 집단의 크기를 변화시키면서 같은 수컷이 행동을 어떻게 바꾸는지를 관찰했다(Sih et al. 2017). 실험 결과, 큰 수조에서 살아가는 작은 집단(3마리 수컷과 3마리 암컷)의 수컷은 암컷과 교미를 하기 위해 쟁탈전을 벌였다. 하지만 같은 수컷을 작은 수조의 큰 집단(12마리 수컷과 12마리 암컷) 속에 살아가도록 했을 때는, 수컷이 암컷 방어 일부다처 전술을 취했다. 즉, 가장 큰 수컷이 다른 수컷을 물 밖으로 몰아내고, 암컷이 물 위에서 다른 수컷의 방해 없이 잘 돌아다닐 수 있도록 만들었다. 환경의 변화로 교미 체계뿐만 아니라, 교미 자체도 달라졌다. 큰 수조에서 살아가는 작은 집단은 수컷의 교미 시간이 100분 이상 지속되었지만, 작은 수조에서 살아가는 큰 집단은 교미 빈도도 적었고 시간도 더 짧았다. 이러한 사실은 작은 수조에서 살아가는 큰 집단 속의 서열 높은 수컷이 꼭 교미를 길게 할 필요가 없다는 것을 의미한다. 왜냐하면, 이미 다른 경쟁자 수컷을 물 밖으로 몰아냈고, 정자 전달은 30분이면 충분하기 때문이다. 따라서 작은 수조에서 살아가는 큰 집단 속의 서열 높은 수컷은 정자를 전달한 뒤에 암컷 위에 머물면서 짝 지키기를 할 필요가 없기 때문에, 교미 시간을 짧게 가진다.

암컷의 분포뿐만 아니라, 번식기 길이 때문에 쟁탈 일부다처가 나타날 수 있다. **폭발적 번식 집단(explosive breeding assemblage)**은 정말 짧은 번식기를 갖는 종에서 주로 나타난다. 이러한 종에서 암컷은 정말 짧은 기간 동안만 교미를 원하고 번식이 가능하다. 대표적인 종이 바로 투구게(horseshoe crab, *Limulus polyphemus*)이다. 이 게의 암컷은 봄과 여름에 단지 며칠 동안만 밤에 알을 낳는다. 암컷이 알을 낳을 때 즈음에, 수컷은 해변으로 모이고, 또 암컷을 그곳으로 몰고 간다(Brockmann and Penn 1992). 폭발적 번식 집단은 양서류에서도 흔하다. 북반구의 온대지방에 사는 숲개구리(wood frog, *Rana sylvaticus*)는 해마다 하루 또는 며칠 동안만 밤에 번식을 한다. 번식이 가능한 시기에는, 개체군 내의 성체 수컷 대부분이 연못에 모여서 암컷이 와서 교미를 하고 알을 낳기만을 기다린다. 투구게처럼, 경쟁자 수컷의 밀도가 높으면 그 경쟁자를 밀쳐내는 데에도 많은 비용이 들어간다. 하지만 단지 하루만 암컷과 교미를 할 수 있기 때문에, 소수의 매우 호전적인 수컷이 많은 암컷을 다 독점할 수는 없다. 따라서 수컷 숲개구리는 영역을 갖지 않는 대신에 가능하면 하룻밤 안에 많은 암컷을 만나기 위해 바쁘게 움직인다(**그림 10.38**)(Breven 1981). 이렇게 번식을 마친 수컷은 포식자가 찾아올지도 모르는 연못에서 나와 다른 곳으로 떠난다(Rittenhouse et al. 2009).

다부다처와 난교: 양성에서 모두 일어나는 다중교미

지금까지 어떤 성의 개체는 여러 짝을 갖고, 다른 성의 개체는 오로지 하나의 짝만 갖는 경우에 대해 살펴보았다. 하지만 양성 모두 여러 짝과 교미를 하는 종도 있다. 여러 짝과 교미를 하면서 상대방과 매번 짝 결합을 이루는 경우를 다부다처적(polygyandrou)이라고 하고, 짝 결합을 이루지 않는 경우는 난교적(promiscuous)이라고 한다. 다부다처는 정말 희귀하지만,

그림 10.38 폭발적 번식 집단. 암컷(왼쪽 위)을 붙잡고 있는 수컷 숲개구리와, 이를 바라보는 두 마리의 다른 경쟁자 수컷. 개구리들 주변에 수많은 수정란이 떠다니고 있다. (Photograph by Rick Howard.)

난교는 꽤 흔하다. 난교는 양육을 하지 않고 체외 수정을 하는 종에서 특히 잘 나타난다. 어류가 특히 그렇다.

다부다처

다부다처 교미 체계를 위해서는 수컷과 암컷이 짝 결합을 해야 하기 때문에, 이러한 체계는 사회적 집단을 이루는 종에서 주로 나타난다(제13장 참조). 대표적인 종은 유럽바위종다리이다. 앞에서 유럽바위종다리 암컷의 교미 행동을 여러 수컷과 교미를 해서 얻는 직접적인 이득 측면에서 다루었고, 유럽바위종다리 수컷의 교미 행동을 자원 방어 일부다처라고 이야기했다. 교미 체계는 가변적이고, 종 내에서도 사회적 또는 생태적 환경에 따라 다르게 나타날 수 있는데, 유럽바위종다리가 이를 대표적으로 보여준다. 유럽바위종다리는 일부다처 또는 일처다부를 보일 뿐만 아니라, 일부일처나 다부다처를 띄기도 한다. 예를 들어, 1981년부터 1984년까지 227번의 번식 시도가 관찰 및 기록된 영국의 유럽바위종다리 개체군에서는, 전체의 22%가 일부일처를 이루었고, 38%가 일처다부, 10%가 일부다처, 그리고 30%가 다부다처를 나타냈다(Davies 1986). 다부다처 집단의 대부분은 2마리의 수컷과 2마리의 암컷으로 구성되었다. 하지만 2마리의 수컷과 3마리의 암컷으로 구성된 경우도 있었고, 집단이 더 큰 경우도 있었다. 뉴질랜드에 도입된 유럽바위종다리의 경우, 2009년부터 2012년까지 80개의 사회 집단이 연구 되었는데, 그 집단 중에서 45%는 일부일처, 54%는 일처다부였고, 단지 1%만이 다부다처를 띄었다(Santos and Nakagawa 2013). 이와 같은 유럽바위종다리 교미 체계의 변이는 성갈등(sexual conflict) 때문인 것으로 여겨지고 있다. 즉, 일부일처 또는 다부다처가 나타나는 경우는 수컷과 암컷이 서로 상대성에 비해서 특별한 적합도 이득을 더 얻지는 못하는 경우인 것이다(Davies and Houston 1986).

유럽바위종다리와 가까운 종인 바위종다리(alpine accentor, *Prunella collaris*)는 한국에서도 고산 지대에서 관찰되며, 다부다처를 띄는 종이다. 바위종다리는 서열 높은 수컷 1마리가 다른 1~3마리의 서열 낮은 수컷, 2~4마리의 암컷과 함께 다부다처 집단을 형성한다(Davies et al. 1995). 바위종다리가 고지대에서 뜸하게 분포하는 곤충을 잡아먹고 살아가기 때문에, 여러 수컷과 암컷의 영역이 서로 겹칠 수 밖에 없다. 또한 여러 개체가 함께 자식을 키우기 위해 집단을 이루기도 한다. 비록 서열이 높은 수컷이 서열이 낮은 수컷보다 좀 더 높은 번식 성공도를 누리지만, 서열에 상관없이 수컷은 양육에 모두 적극적으로 참여한다(Hartley et al. 1995). 따라서 유럽바위종다리와 바위종다리에서는 밀도와 자원 분포 때문에 집단이 형성된다. 또한 협동 양육이 필요하기 때문에 집단 형성이 더욱 촉진되고, 수컷과 암컷에서의 다중 교미에도 영향을 준다.

난교

난교는 자식에 대한 관리나 양육이 필요 없는 종에서 흔하게 나타나지만, 자식을 관리해야 하는 종에서도 찾아볼 수 있다. 난교 체계를 지닌 새 중 하나는 큰티나모(great tinamou, *Tinamus major*)이다. 바위종다리나 유럽바위종다리와는 다르게, 큰티나모는 여러 부모가 함께 자식을 돌 볼 필요가 없다. 그 이유는 어린 개체들이 부화 후에도 대부분 큰 도움 없이 잘 살아갈 수 있기 때문이다. 양육을 길게 할 필요가 없기 때문에, 암컷은 숲을 거닐며 다른 수컷을 찾아다닌다. 암컷이 수컷을 찾으면 교미를 한 후에 알을 낳고서, 또 다른 수컷을 찾아 나선다. 수컷은 최대 3마리의 암컷과 교미를 하고, 둥지에 여러 암컷이 알을 낳아두면 그 알을 품는다(Brennan 2009). 즉, 수컷과 암컷이 모두 여러 짝과 교미를 하지만 수컷이 포란을 한다.

가장 극단적인 난교 형태는 바다달팽이(*Littorina saxatilis*)에서 나타난다. 바다달팽이 암컷은 수정란을 부화할 때까지 주머니 속에 품고 다닌다(Panova et al. 2010). 하지만 이 종에서 암컷의 짝 선택이나 수컷 사이의 경쟁은 일어나지 않는다. 수컷은 번식기에 10마리 이상의 암컷을 매일 만나며, 15~23마리의 수컷은 53~79마리의 자손을 얻는다. 바다달팽이 수컷과 암컷은 수시로 교미를 하고, 암컷이 자식을 키운다. 따라서 어린 새를 먹이기 위해서 집단을 이루는 바위종다리나 유럽바위종다리와는 다르게, 난교를 하는 큰티나모나 바다달팽이는 수컷이나 암컷이 알이 부화할 때까지 알을 지킨다.

난교는 암수 모두 알을 관리할 필요조차 없는 종에서 더욱 흔하다. 북반구 온대지역의 해안가로 쓸려 나온 해초에서 번식을 하며 살아가는 해초파리(seaweed fly, *Coelopa frigida*)가 그렇다(**그림 10.39**). 암컷은 해초에 알을 낳고, 애벌레는 해초를 분해하는 박테리아를 먹으며 성장한다. 해초파리 암수는 모두 더 큰 몸집의 짝과 교미를 하려고 하는데(Pitafi et al. 1990), 이러한 짝 선호는 염색체 역위(inversion)로 조절된다(Gilburn and Day 1994). 해초파리 수컷은 암컷을 발견하면 구애 행동 없이 바로 올라타서 교미를 시도한다. 수컷의 교미 시도에 대해 암컷은 저항을 하지만, 대개 수컷의 교미 시도를 받아준다. 이러한 교미 형태

그림 10.39 극단적인 난교를 하는 해초파리. 개체군 밀도가 높을 때, 암수 모두 3주의 짧은 생애 동안 수백 번 교미를 한다. (Photograph © Ashley Cooper/Alamy Stock Photo.)

를 **편리적 일처다부(convenience polyandry)**라고 한다. 어떤 수컷은 5분 동안에 37번이나 교미를 할 수 있는 것으로 알려져 있으며, 과밀한 집단에서 수컷은 평균적으로 8분마다 암컷에게 교미 시도를 한다. 해초파리 암컷은 매 시간마다 2~3번씩 교미를 하며, 그 결과 3주 동안의 일생 동안 수백 번 교미를 경험한다(Blyth and Gilburn 2006). 수컷이 계속적으로 귀찮게 교미를 시도하는 종에서는, 수컷과 암컷 간의 성갈등에 의해서 편리적 일처다부에 따른 난교가 나타날 수 있다.

요점

1. 교미 체계는 번식기 동안에 개체가 맺는 짝의 수로 정의한다. 암컷과 수컷이 오로지 하나의 짝만 가질 때는 일부일처이다. 또한, 수컷은 여러 짝을 갖지만 암컷은 하나의 수컷만 짝으로 가질 때는 일부다처이고, 암컷은 여러 짝을 갖지만 수컷은 하나의 암컷만 짝으로 가질 때는 일처다부이다. 양성이 모두 여러 짝과 교미를 하고 그럴 때마다 짝 결합이 나타날 때는 다부다처이다. 반면에, 양성이 모두 여러 짝과 교미를 하지만 교미 후에 짝 결합을 이루지 않는 경우는 난교라고 부른다.

2. 일부일처는 여러 짝과 교미를 하는 것에 따르는 비용이 양성에서 매우 높게 나타나거나, 양성 모두 짝이나 자원을 독점하지 못하는 상황에서 진화한다. 특히 교미 대상이 집단을 이루지 않고 널리 퍼져 있는 경우, 상대방 성의 교미 행동을 제한할 수 있는 경우, 자식을 키우는 데 모든 부모가 꼭 양육에 참여해야 하는 경우 등에서 나타난다.

3. 일처다부는 암컷이 여러 짝과 교미를 하는 것에 대한 이득이 높을 때 나타난다. 여러 수컷과 짝을 맺는 암컷은 자손을 통한 유전적 이득과 같은 간접적 이득을 얻기도 하며, 암컷에게 직접적인 이득이 주어지는 경우도 있다. 자식의 유전적 자질 또는 생존력이 높거나, 암컷과 수컷 간의 유전적 어울림이 높거나, 자식의 유전적 다양성이 높은 경우 등이 암컷이 얻는 간접적 유전적 이득이다. 또한 암컷은 근친 교미를 피하기 위해서 여러 짝과 교미를 하기도 한다. 일처다부 암컷이 얻는 직접적 이득은 자원, 수컷의 양육, 추근대는 다른 수컷으로부터의 보호, 영아 살해 위험 감소 등이 있다.

4. 다양한 일부다처 교미 체계는 암컷의 분포 패턴에 따라서 진화해 왔다. 암컷의 분포는 주로 자원의 분포나 포식압에 따라 달라지는데, 암컷 또는 암컷이 필요로 하는 자원이 뭉쳐서 분포할 때, 암컷 방어 또는 자원 방어 일부다처가 나타난다. 하지만 암컷이 넓게 퍼져서 분포하고 수컷 밀도가 높을 때는, 수컷이 뒤죽박죽 쟁탈전을 벌이면서 교미를 하거나, 렉을 이뤄서 암컷이 렉에 찾아오도록 해서 교미를 할 수도 있다.

5. 어떤 성도 상대 성에 대해 우위를 점하지 못할 때, 양성 모두에서 여러 짝과 교미를 하는 형태가 진화한다. 자원을 모을 필요성 또는 자식을 키워야 할 필요성 때문에 사회적 집단을 이루며 살아가는 종에서는, 장기적인 짝 결합이 발달한다. 한편으로는 자식을 키우기 위해서 여러 개체가 협동을 해야하는 경우에는 다부다처가 나타나기도 한다. 반면에, 짝 결합도 없고, 양육도 필요가 없을 때, 양성은 무분별한게 교미를 하는 경우가 많다. 이러한 난교 체계는 성갈등의 결과물이기도 하다.

안내 웹사이트

ab11e.com/uk에서 토론 질문과
모든 시청각 동영상을 확인하시오.

CHAPTER 11

부모 양육

제10장에서 언급한 바와 같이, 짝짓기 체계는 각 성별(주로 수컷)로 개체가 갖는 짝의 숫자로 정의되는데, 이는 곧 생식 성공에 영향을 미친다. 하지만 짝짓기는 자손이 번식 가능한 연령까지 살아남아야만 적응도 증가로 이어질 수 있다. 많은 종에서 양육 행동은 자손의 번식에 있어 매우 중요하지만, 암컷과 수컷은 양육을 위해 시간을 마음껏 쓸 수 없으므로 정해진 제한에 따라 시간을 할애한다. 예를 들어, 사회적으로 일부일처제 짝짓기 체계에서 암수는 번식기 동안 함께 지내며 새끼를 키운다. 반면 일부다처제에서는 암수가 짝짓기를 하는 시기와 이후 암컷이 홀로 새끼를 키우거나 수컷 한 마리가 있는 영역에 있는 암컷 여러 마리가 공동 육아를 하는 시기로 나뉜다. 일처다부제에서 수컷은 한 마리의 암컷과 번식기를 보낸다. 물론 많은 종에서 부모 양육 행동이 전혀 나타나지 않는 경우도 있지만, 양육 행동의 다양성을 설명하기 위해서는 손익 접근법에 기반한 해석이 필요하다. 부모로부터 양육을 받는 경우에, 자손의 생존율을 높일 수 있다는 이득이 있다. 하지만 부모가 투자할 수 있는 제한된 시간과 에너지로 인해서 누가 자손을 돌보고, 어떤 노력을 기울일 것인가는 쉬운 선택이

Chapter 11 opening photograph © Hermann Brehm/Minden Pictures.

아니다. 부모는 양육을 통해 다음 세대로 유전자를 전달하는 일을 도울 수 있지만, 어린 새끼를 양육하는 동안에는 부모가 자기자신을 돌볼 시간이 줄어들고, 다른 짝을 찾는 일을 하기가 어려워짐에 따라 부모의 생식적 이득이 줄어들 수도 있다(Trivers 1972). 게다가 어린 새끼를 돌보는 일은 다음 번식기의 자손에 대한 투자에 영향을 미쳐서 미래 비용이 발생할 수 있다. 이 장에서는 양육의 이득과 더불어, 양육의 비용이 발생할 때 부모가 이를 어떻게 나누는 가에 대해 알아볼 것이다. 양육에 있어서 부모는 자손의 가치를 판단하고, 어느 자손을 양육할 것인지와 양육 노력을 얼마나 들일 것인지 선택해야 한다. 이러한 부모의 결정에 따라 자손 간, 그리고 부모와 자손 간에 갈등이 발생할 여지가 있다. 그리고 추가적으로 다룰 내용은 양육과 그에 따른 비용 및 이득이 부모 중 어느 쪽 성이 양육의 의무를 지게 할 것인지에 미치는 영향이다. 마지막으로, 자기 자식이 아님에도 불구하고 새끼를 돌보는 동물의 흥미로운 사례를 살펴보고서 부화 기생이 어떻게 진화되었고, 이에 따라 공진화 무기 경쟁이 벌어지는 과정을 다룰 것이다.

자손의 가치와 부모의 투자

만약 당신에게 형제자매가 있다면, 부모로부터 자신의 자식들을 똑같이 사랑한다는 말을 들어본 적이 있을 것이다. 이런 얘기는 자식들에게는 위안이 되는 말일지 모르지만, 실제로 자식들이 모두 동등하게 태어나지 않았다. 개체군 생물학과 개체군 유전학 분야는 **번식값 (reproductive value)**라는 용어를 사용하는데, 이는 한 개체가 미래에 남길 자손의 숫자를 의미한다. 높은 번식값을 갖는 자손은 생식 성공이 높을 가능성이 높은 반면에, 낮은 번식값을 갖는 자손은 생식에 성공할 가능성이 낮을 것이다. 나중에 다루게 되겠지만, 자손의 번식값은 태어난 생태적 혹은 사회적 환경에 따라 달라지며, 부모로부터 받을 수 있는 양육의 양에도 영향을 미치기도 한다. 실제로 부모는 양육을 결정하기에 앞서 자손의 가치를 알 수 있는 경우가 많고, 따라서 각각의 자손을 늘 동등하게 대하지 않는 일이 발생한다. 자손 양육에서 나타나는 변이는 자손들이 표현하는 필요(need) 혹은 질(quality)에 의해 결정될 수 있으며, 부모가 영아 살해(infanticide)를 하거나 동기 살해(siblicide)를 방관하는 방식으로 원치 않는 자손을 제거함으로써 자식에 대한 선호를 다르게 나타낸 결과일 수 있다. 이러한 긴장 관계는 뒤에서 다루게 될 '부모와 자식 간의 갈등(parent–offspring conflict)'이라는 진화적 갈등의 한 형태로 나타난다.

부모 양육의 결정

제한된 먹이 자원 하에서 부모가 자식들에게 똑같이 먹일 수 없다면, 부모는 어떤 자식에게 먹이를 주고 어떤 자식에게는 주지 않을지를 정해야만 한다. 부모는 어떻게 자손의 가치를 알아보고서 이런 어려운 결정을 내리는 걸까? 많은 종에서 부모는 먹이를 효율적으로 분배하기 위해 자손이 표현하는 행동을 이용해서 결정을 내린다(**가설 11.1**). 예를 들어, 부모나 자식의 겉모습 혹은 먹이를 달라고 조르는 행동을 보고서 생리적인 상태를 판단할 수 있다면, 더 많은 자손을 만들 수 있는 생식값이 높은 자식에게 더 많은 투자를 할 수 있을 것이다. 많은 종에서 자손은 그들의 필요(배고픈 정도)를 표현해서 부모로부터

가설 11.1

자식이 부모 혹은 다른 양육자에게 신호를 전달하는 방법에 대한 상호 비배타적인 가설들

필요 신호 가설 자식은 부모로부터 먹이를 받을 기회를 최대화시키기 위해 필요 정도를 담아 신호를 보낸다.

질 신호 가설 자식은 부모로부터 먹이를 받을 기회를 최대화시키기 위해 스스로의 질(quality) 혹은 가치(merit)를 담아서 신호를 보낸다.

그림 11.1 상태를 나타내는 정직한 신호? 흰날개멧새(lark buntings, *Calamospiza melanocorys*) 새끼의 입 안의 붉은 색은 먹이를 달라고 조를 때 부모에게 잘 보이게 한다. 입 안 색깔의 선명한 정도는 새끼의 면역 체계나 전반적인 건강 상태를 나타내는 것으로 알려져 있다. (Photograph by Anthony Mercieca/Getty Images.)

먹이를 받을 가능성을 최대화시킬 수 있도록 진화했다(**필요 신호 가설, signal of needhypothesis**)(Godfray 1995). 조류의 둥지에서, 부모는 새끼가 먹이를 달라고 크게 우는 소리 혹은 입을 벌리고 높게 치켜뜨는 행동을 통해 이것을 신호로 받아들인다. 하지만 다른 조류에서는 부모가 가장 배고픈 새끼에게는 먹이를 주지 않고서 자손의 질 혹은 가치가 높은 개체들에게만 먹이를 주는 행동이 관찰되기도 한다(**질 신호 가설, signal of quality hypothesis**)(Grafen 1990). 새끼의 외형 중 입 가장자리의 선명한 붉은색 선은 먹이를 물고서 둥지로 돌아온 부모에게 먹이를 달라고 조를 때 매우 잘 보이는데, 이러한 새끼의 입가의 색은 자손의 질을 나타내는 신호로 작용할 수 있다(**그림 11.1**). 입 주변의 붉은색은 혈중 카로테노이드(carotenoid) 입자에 의해 나타나는데, 카로테노이드는 체내에서 합성되는 물질이 아닌 먹이원으로부터 얻어지는 물질이다. 제8장에서 다룬 바와 같이, 카로테노이드는 면역 기능에 관련이 되어 있고, 선명하고 붉은 입 안의 색깔은 건강한 새끼임을 나타낸다. 이러한 새끼는 부모가 준 먹이로부터 카로테노이드를 최대치로 얻어낸 개체이다. 예를 들어, 제비(Barn swallow, *Hirundo rustica*) 새끼는 부화 후 6일 차에 입 안의 색이 더 진한 개체일수록 12일 차에서 깃털의 성장 속도가 더 빠른 것으로 나타났다(de Ayala et al. 2007). 둥지 안에 있는 새끼들 가운데에서 선별적으로 먹이를 주는 부모는 입 안의 색이 선명한 붉은색을 띠는 높은 생식값을 가진 새끼들에게 먹이를 줌으로써, 더 건강하고 미래에 성공적인 번식을 할 수 있는 개체들에게 투자하는 것이다. 이처럼 부모가 적응적 양육 결정을 계속 한다면, 외부 병원균에 감염되어 아픈 새끼는 건강한 새끼들에 비해 더 옅은 입 안의 색을 띨 것이다. 하지만 인위적으로 입 안의 색을 더 붉게 만든다면 그렇지 않은 새끼들에 비해 더 많은 먹이를 받아먹을 것이다. 니콜라 사이노(Nicola Saino) 연구진은 두 가지 예측을 제비를 대상으로 검증함으로써 실험적으로 증명해냈다(**그림 11.2**)(Saino et al. 2000).

샤나 카로(Shana Caro)와 동료들은 부모가 가장 질이 높은 새끼에게 주는 대신 가장 배가 고픈 새끼에게 먹이를 주는 이유에 대해서, 새끼를 키우는 동안 부모들이 처한 생태적인 조건이 다르기 때문이라고 생각했다(Caro et al. 2016a). 연구진은

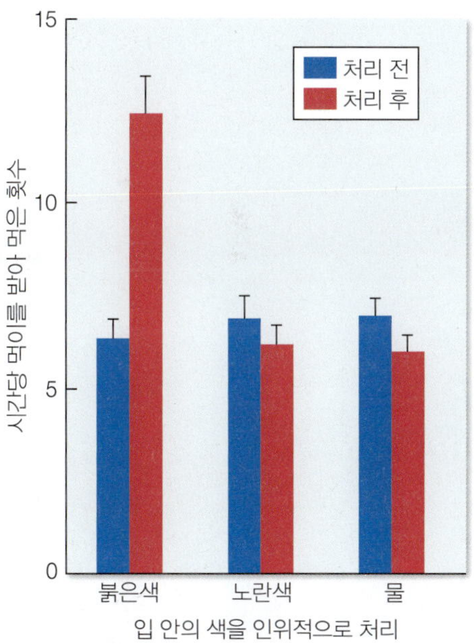

그림 11.2 제비의 새끼 입 안 색깔에 따라 부모로부터 받는 먹이의 양이 달라진다. 몇몇 새끼들에게 붉은 먹이 추출물을 두 방울씩 넣어 입 안의 색깔을 더 붉게 만드는 실험을 한 결과, 해당 개체들은 부모로부터 먹이를 더 받아 먹었다. 반면 노란색 추출물을 넣어주거나 물을 넣어줬을 때에는 큰 변화가 없었다. 막대 그래프는 평균과 표준오차를 나타낸다. (After Saino et al. 2000.)

먹이가 충분한 조건이라면, 부모가 선별적으로 가장 배가 고픈 새끼에게 먹이를 줄 것이라고 예측했다. 반면에, 먹이가 부족한 환경에서는 새끼가 먹이를 달라고 조르는 행동을 무시한 채 생존 가능성이 높은 큰 새끼를 선호할 것이라고 예측했다. 143종의 조류에서 보고된 부모와 자식 간의 소통에 관한 자료를 취합하여 비교함으로써, 새끼의 몸 상태에 따라 부모에게 나타내는 신호, 그리고 부모가 새끼의 상태와 신호에 따라 어떻게 반응하는지를 정량화하였다. 그러고 난 후, 이 변수들을 환경의 질과 예측 가능성에 대한 측정치에 비교한 결과, 새끼와 부모의 전략은 환경의 질과 예측 가능성 모두와 큰 관련이 있음을 밝혔다. 질이 높고 예측 가능한 환경에서는 부모가 배고픈 새끼에게 선별적으로 먹이를 주려는 경향을 보였다, 하지만 질이 낮고 예측이 어려운 환경에서는 새끼의 먹이를 달라고 조르는 행동에 신경을 덜 쓰고, 새끼의 몸 크기나 질을 나타내는 신호(입 안의 색깔)에 의존해 먹이를 분배했다. 즉, 생태 변이가 부모−자식의 신호 체계의 진화를 형성하는 데 중요한 역할을 하기 때문에, 어떤 부모는 배가 고픈 새끼에게 먹이를 주고, 어떤 부모는 질이 높은 새끼를 선호하고, 어떤 부모는 새끼가 먹이 달라고 조르는 것을 모두 무시하는 행동을 나타내는지에 대해 설명해 준다.

많은 선행 연구에서 새끼의 입 안 색깔이 새끼의 질을 나타내는 신호로 진화했음을 보여주고 있지만, 이러한 사실이 모든 조류 종에 적용되지는 않는다. 선명한 입 안 색의 진화를 설명하는 다른 대안 가설(Clotfelter et al. 2003)은 새끼가 먹이를 달라고 입을 벌렸을 때 부모의 눈에 잘 띄도록 입 안 색깔이 선명하고 진해졌을 것이라는 것이다. 특히 어두운 나무 구멍에 사는 조류에서는 이러한 효과가 더 분명히 나타날 것이다(Heeb et al. 2003). 필립 히브(Philipp Heeb)와 동료들은 박새(great tit, *Parus major*)에서 이 가설을 검증했는데, 상대적으로 어두운 인공 둥지에서는 입 안이 붉은 새끼들에 비해서 부모의 눈에 더 잘 띌 수 있는 입 안이 노란 새끼들이 먹이를 더 잘 받는다는 것을 알아냈다. 하지만 인공 둥지의 천장 부분을 아크릴 유리로 만들어서 환경을 밝게 만들어주면, 입 안이 붉은 새끼들이 비슷한 몸무게의 입 안이 노란 새끼들과 같은 양의 먹이를 받아먹었다(Heeb et al. 2003). 이러한 연구 결과를 바탕으로 해서 볼 때, 적어도 몇몇 조류 종에서는 입 안의 색깔이 새끼의 질을 나타내는 것이 아니라 배고픈 정도를 나타내는 신호로 작용해서 부모가 더 배고픈 새끼에게 먹이를 급여할 수 있게 돕는 역할을 한다는 것을 알 수 있다.

새끼의 신호가 모두 입 주위에서만 표현되는 것은 아니다. 특히 새끼가 둥지에 머무는 기간이 짧은 종에서는 입 주위에 신호가 나타날 가능성이 더 낮다. 아메리카물닭(American coot, *Fulica americana*) 새끼는 머리와 목 부위에 진한 주황빛 깃털이 있다(**그림 11.3A**). **조성(altricial)**으로 둥지에 머무는 기간이 긴 제비와는 달리, 물닭은 만성 조류로서 **부화(precocial)** 후 곧 새끼가 움직일 수 있다. 따라서 새끼 물닭은 둥지에서 머무는 기간이 짧고, 부모는 새끼가 먹이를 달라고 벌리는 입뿐만 아니라 새끼의 전체적인 모습을 다 볼 가능성이 높다. 브루스 리온(Bruce Lyon)과 동료들은 새끼의 밝고 색깔을 띤 머리 깃털과 목구멍이 부모가 먹이를 줄 때 사용하는 중요한 신호로 작용할 것이라는 가설을 검증했다(Lyon et al. 1994). 물닭은 알을 여러 개 낳는데, 어미는 몇몇 새끼들에게 먹이를 주지 않기도 하며, 심지어는 머리 부분을 쪼며 공격적으로 대하기도 한다(**VIDEO 11.1**). 결국 이런 새끼들은 먹이를 달라고 조르는 행동을 멈추고 물속에 머리를 박고서 죽은 채 발견된다. 이처럼 부모에 의해 **영아 살해(infanticide)**를 당하는 새끼는 가장 배가 고픈 새끼이며, 생식값이 높은 형제자매는 이런 일을 겪지 않는다.

VIDEO 11.1
Mother coot pecking at her chick
ab11e.com/uk/v11.1

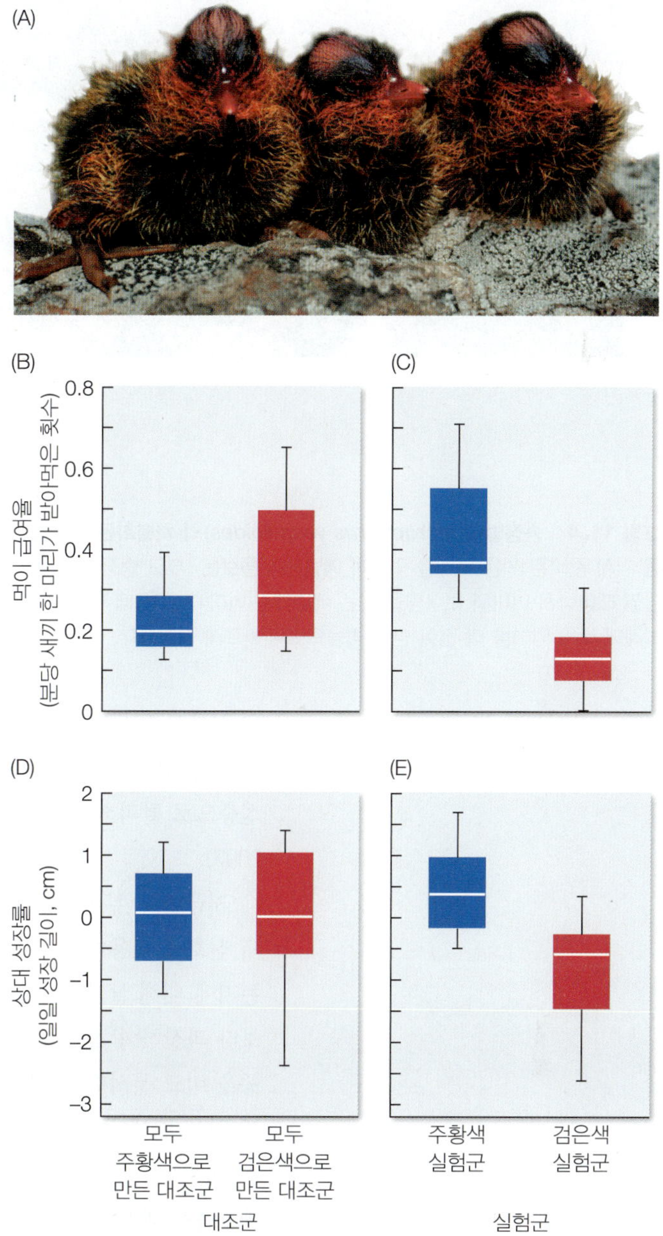

그림 11.3 물닭 새끼의 주황색 깃털이 부모 양육에 미치는 효과. (A) 물닭의 새끼의 머리와 목 부분에 진한 깃털이 있다. (B) 대조군 새끼는 깃털을 자르지 않은 채 그대로 두거나(주황색 대조군, 파란색), 주황색 깃털 끝을 모두 잘라 어두운 검은색 빛깔로 만들었다(검은색 대조군, 붉은색). 검은색 새끼들 가운데 먹이를 많이 받아먹은 개체도 있지만 두 그룹의 평균을 비교해 보면 통계적으로 큰 차이가 없었다. (C) 실험군은 새끼들 가운데 절반은 주황색, 나머지 절반은 검은색으로 만들었다. 이때 주황색 장식 깃털이 남아 있는 새끼들은 검은색 새끼들에 비해 먹이를 많이 받아먹었다. (D) 대조군 새끼들의 성장률을 비교했을 때 두 그룹이 비슷하게 나타났다. (E) 실험군 새끼들의 성장률은 주황색 깃털을 가진 그룹이 다른 검은색 그룹에 비해 높았다. 박스의 흰색 선은 중앙값을 나타내며, 박스는 사분 범위(interquatile), 박스 위와 아래에 있는 가는 선은 전체의 10~90%를 의미한다. (A, photograph © iStock.com/sandergroffen; B–E after Lyon et al. 1994.)

리온과 동료 연구진은 새끼의 장식깃과 부모 양육의 연관관계를 시험하기 위해 새끼들 중 절반을 고른 후 주황색 빛 깃털을 잘라냈고, 나머지 절반은 그대로 두었다. 깃털을 잘라내지 않고 그대로 둔 새끼들은 어미로부터 먹이를 자주 받아먹고 빠른 성장률을 보였다(**그림 11.3B~E**)(Lyon et al. 1994). 반면에, 깃털을 잘라낸 새끼들의 먹이 급여 횟수는 깃털을 그대로 둔 대조군 새끼들과 비교해 먹이를 받아먹은 횟수가 비슷했다. 이러한 결과는 실험군 부모가 주황색 깃털이 제거된 새끼를 인지하지 못한 것이 아니라, 주황색 깃털이 있는 새끼들만큼 장식깃이 없었기 때문에 상대적으로 차별을 받았다는 것을 의미한다(Lyon et al. 1994). 아메리카물닭 연구 결과를 통해, 여러 동물들에서 부모가 새끼를 모두 똑같이 대하지 않는다는 사실을 알 수 있다. 부모가 자식의 일부를 희생시킴으로써 다른 자식의 생존을 돕는 경우를 보면, 자연선택이 자손 숫자에 변이를 발생시키는 방향으로 작용하는 것이 아니라, 번식 가능한 연령까지 살아남아 부모의 유전자를 남기는 자손의 숫자에 변이를 발생시키는 방향으로 작용한다는 것을 알 수 있다. 이러한 연유로 부모 혹은 양부모(제13장 참조)의 자손 양육 행동은 동물의 적응도를 결정하는 데 중요한 요인이 된다.

조류에서는 부모와 자식 간의 정직한 신호 체계를 바탕으로 해서 부모 중 하나 혹은 부모 양쪽 모두 새끼를 양육하며, 다른 분류군에서도 이러한 체계가 관찰된다. 송장벌레(burying beetle, *Nicrophorus vespilloides*)는 부모가 새끼를 공동으로 키우는데, 죽은 쥐나 두더지의 사체에 알을 낳고서 털을 제거한 뒤 새끼들이 나머지 부분의 부드러운 부분을 먹게 한다. 새끼가 알을 깨고 나와 애벌레가 되면 준비된 사체를 먹거나 부모가 뱉어내는 토사물을 먹으면서 자란다. 애벌레는 크기별로 구분이 돼서, 먼저 알에서 부화한 애벌레는 나중에 부화한 개체에 비해 부모로부터 더 많은 먹이를 받아먹는다(**그림 11.4**). 수많은 자손이 제한된 하나

(A)

(B)

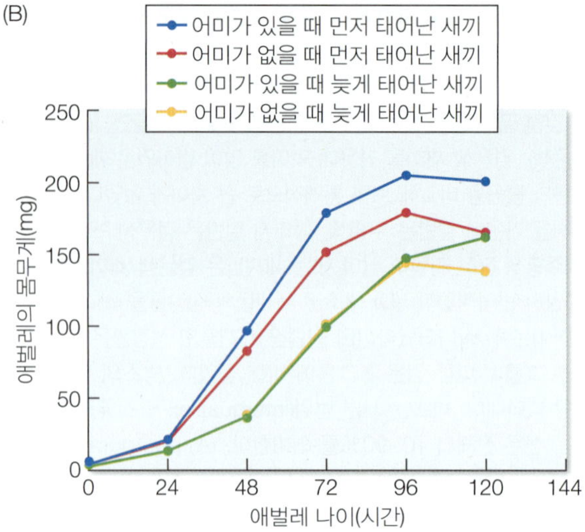

그림 11.4 송장벌레(*Nicrophorus vespilloides*)의 차별화된 양육 행동. (A) 준비된 썩은 사체를 먹이며 애벌레를 돌보는 부모 송장벌레. (B) 일찍 태어나서 어미의 보살핌을 받는 애벌레는 어미가 없을 때 태어난 애벌레에 비해 먹이를 더 많이 받아 먹음으로써 빠르게 성장했다. 이러한 어미의 효과는 늦게 태어난 어리고 작은 개체들에게는 적용되지 않았다. (A, photograph by © Mark Moffett/Minden Pictures; B after Smiseth et al. 2007.)

의 사체를 먹는다는 점을 생각하면, 부모는 성장 가능성이 커서 생식값이 높은 새끼를 선호할 가능성이 높다. 특히, 먹이의 양이 제한되어 있어서 모든 애벌레가 먹기에 부족함에 따라 성충으로 탈피하는 데 오랜 시간이 걸릴 경우에는 그럴 확률이 더 높아진다(Smiseth et al. 2007).

지금까지, 부모와 자식 간의 정직한 신호 체계의 진화 양상과 더불어, 부모가 어떻게 자식의 신호를 이용해서 배고픈 정도나 자식의 질에 따라 적응적으로 양육 행동을 진화시켜 왔는지에 대해 살펴보았다. 그렇다면 자식이 부모의 양육을 더 받기 위해 배고픈 정도를 실제보다 과장하여 정직하지 않은 신호를 보낼 가능성은 없을까? 카로(Caro) 연구진이 조류 60종을 비교 분석했을 때, 새끼가 다른 형제자매가 많거나 유전적으로 거리가 먼 개체들과 함께 있을 때에는 필요 신호를 실제보다 과장할 확률이 높다는 가설을 검증했다(Caro et al. 2016b). 즉, 형제자매 간의 유전적 연관 관계가 적거나 경쟁이 증가하는 환경에서는 새끼가 배고픔을 과장해서 부모에게 부정직한 신호를 보낼 가능성이 있다는 것이다. 연구진의 관찰에 따르면, 부모가 큰 새끼를 낳거나 새끼 수를 많이 낳는 종, 그리고 부모 중 하나가 죽어서 양육을 함께 하지 못하거나 이혼을 한 경우에서 새끼의 행동이 정직하지 않을 가능성이 높았다. 따라서 부모가 미래에 다른 형제자매를 낳지 않는다면, 새끼는 당장 부모로부터 더 많은 양육을 받기 위해 스스로의 필요를 과장할 수도 있다.

자녀 양육과 생산에 대한 부모의 차별적 선호도

앞서 살펴본 바와 같이, 부모는 자식들을 완전히 똑같이 대하고 먹이를 나눠주는 일은 매우 드물다. 자식들의 몸 상태에 따라 부모의 양육 정도가 달라지기도 하고, 반대로 부모의 상태에 따라 자식에게 투자할 수 있는 정도가 달라지며, 심지어 자녀의 성별에 따라서 양육 행동이 다르게 나타나기도 한다. 메이슨꿀벌(red mason bee, *Osmia rufa*)은 둥지를 만들고 그 안에 알을 낳은 후 화분과 꿀을 각각 넣어주는데, 이때 양육 정도를 각 둥지마다 얼마나 투자할지 결정한다. 어미가 어리고 몸 상태가 좋다면, 초반에 낳은 새끼들에게 많은 양의 먹이를 주는 경향이 있다(Seidelmann et al. 2010). 이렇게 초반에 태어난 새끼들은 수정돼서 나온 개체로 암컷으로 자라게 된다. 계절이 지나 어미가 나이 들고 몸 상태가 떨어진 상태에서는 취식을 제대로 하기 어려워진다. 따라서 어미는 새끼들에게 먹이를 충분히 공급하지 못하며, 이때 낳은 알들에는 수정란의 숫자도 적어지는데, 이처럼 수정되지 않고서 자란 새끼는 수컷으로 자라며 암컷에 비해 무게가 훨씬 적게 나간다(꿀벌의 성 결정에 대한 논의는 제12장에서 다룸)(**그림 11.5**). 꿀벌 종의 어미는 알의 성별과 양육 정도를 결정하는데, 수컷보다 암컷인 딸에게 더 많은 양을 투자한다. 어미는 딸들에게 필요한 양에 따라서 자원을 분배하기 위해 취식에 많은 에너지를 쏟는다. 반면 수컷은 생애 주기가 짧아 몸 크기가 작고, 정자를 생산한 뒤 짝을 만나기 위해 돌아다니므로 암컷에 비해서 필요한 에너지 요구량이 적다.

메이슨꿀벌은 다른 많은 동물들과 마찬가지로 새끼의 성별을 조작할 수 있고, 더 높은 생식값을 갖는 성별에게 많은 투자를 한다. 부모가 새끼의 성별을 조작하는 경우는 얼마나 흔할까? 로널드 피셔(Ronald Fisher)는 부모가 자녀 자원을 공평하게 투자할 것이라 예측했다(Fisher 1934). 수컷과 암컷을 생산하는 데 같은 비용이 든다고 가정하면, 개체군 내에서 암

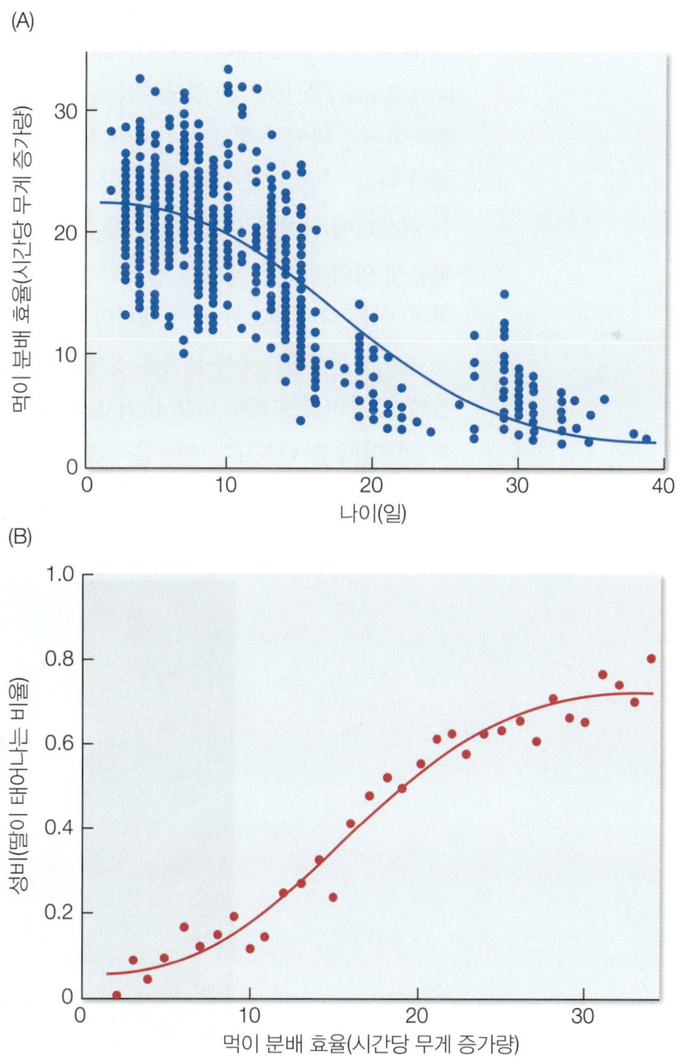

그림 11.5 메이슨꿀벌의 자녀 성별에 따른 자원 분배. (A) 번식기 초기 어미가 어릴 때는 먹이 분배 효율이 높다. (B) 이러한 조건에서는 자녀의 성비가 딸에 치우쳐서 나타난다. 어미가 나이 들어 육아방을 채울 수 있는 효율이 떨어지면 크기가 작은 아들을 더 많이 낳는다. 분배 효율은 둥지에 있는 애벌레의 시간당 평균 무게 증가량으로 측정되었다. (A, B after Seidelmann 2006; photograph © Ant Cooper/Shutterstock.)

가설 11.2

암컷과 수컷의 성비가 1:1에서 벗어나는 경우를 설명하기 위한 상호 비배타적인 가설들

지역 경쟁 가설 유전적으로 가까운 개체들이 자원 혹은 짝을 두고서 경쟁한다면, 한쪽 성을 생산하는 데 드는 비용이 많다.

지역 강화 가설 한쪽 성이 자원을 생산하거나 짝짓기 성공을 높인다면, 해당 성별을 생산하는 데 드는 비용이 더 적다.

컷의 수가 더 많을 때에는 수컷을 낳는 게 더 이득이 있을 것이고 반대로 수컷의 수가 더 많을 때에는 암컷을 낳는 게 이득일 것이다. 이 같은 원리에 따라서 시간이 흐르면 개체군 내 암컷과 수컷의 성비가 일대일로 수렴한다. 하지만 피셔의 예측과는 다르게, 개체군 성비가 1:1에서 벗어나는 경우도 있다(**가설 11.2**). 예를 들어, 유전적으로 가까운 개체들이 자원 혹은 짝을 두고서 경쟁한다면(**지역 경쟁 가설, local competition hypothesis**), 한쪽 성별의 비용이 많아지기 때문에 성비는 한쪽으로 기우는 결과가 생길 것이다(Hamilton 1967, Clark 1978). 또한 한쪽 성이 자원을 생산하거나 짝짓기 성공을 높인다면, 해당 성별을 생산하는 데 드는 비용이 더 적어져서 비슷한 결과가 발생할 것이다(**지역 강화 가설, local enhancement hypothesis**)(Gowaty and Lennartz 1985, Sieff 1990). 협동 번식 조류는 유전적으로 가까운 개체끼리 무리를 이뤄서 살고, 암컷과 수컷의 생식값이 협동 번식에 도움을 받는 부모의 손익에 따라 달라질 수 있기 때문에, 두 가설은 모두 협동 번식을 하는 조류에서 연구가 잘 되어 있다(제13장 참조). 지역 강화 가설에 따르면, 번식을 도와줄 성별을 생산하는 것이 부모의 생식 성공을 높일 수 있다. 만약 새끼가 자라서 부모와 먹이를 둔 경쟁을 벌인다면 분산을 해서 영역을 떠나는 성별을 생산하는 것이 더 이득일 것이다. 얀 콤도이어(Jan Komdeur)는 암컷이 남아서 부모의 번식을 돕고 수컷이 분산해서 나가는 종인 세이셸휘파람새(Seychelles warbler, *Acrocephalus sechellensis*)를 10년 간 연구하면서, 위의 두 가설을 검증했다(**그림 11.6**)(Komdeur 1996). 콤도이어는 먹이가 적고 서식지의 질이 낮은 곳에서는 부모가 수컷을 낳음으로써 빨리 분산해서 나갈 성별을 선호한다는 사실을 밝혔다. 또한 먹이가 많고 서식지의 질이 높은 곳에서는 서식지에 남아서 부모의 번식을 도울 수 있는 암컷을 많이 낳는 것을 알아냈다. 세이셸휘파람새 영역의 질은 먹이를 둘러싼 경쟁, 그리고 영역을 후대에 남겨줄 가능성에 영향을 미치며, 이는 다시 부모가 낳는 새끼의 성별을 결정하는 요인이 된다.

세이셸휘파람새에서 살펴본 것처럼, 자녀의 성비를 조작하는 일은 동물계에서 흔하게 관찰된다. 로버트 트리버스(Robert Trivers)와 댄 윌라드(Dan Willard)는 부모가 한쪽 성에 편향된 선호를 나타내는 행동은 부모의 몸 상태(영역의 질과 자원 가용성에 연관)에 대응해 진화했거나, 부모의 추가적인 양육 투자를 받아내는 정도의 변이에 따라서 진화했다고 주장

그림 11.6 세이셸휘파람새의 사진. (Photograph © Brent Stephenson/Minden Pictures.)

했다(Trivers and Willard 1973). **트리버스-윌라드 가설(Trivers-Willard hypothesis)**에서 제시하는 바에 따르면, 어미의 상태는 어미가 한쪽 성에 투자하는 정도에 영향을 미칠 뿐만 아니라 처음 자녀를 생산할 때 특정 성을 더 많이 낳는 것이 가능하다. 이 가설에 따라 예측을 해보면, 한쪽 성별에서 생식값 변이가 높을 경우에 (생식값이 분산이 크면) 몸 상태가 좋은 어미는 해당 성별을 낳고, 상태가 안 좋은 어미는 반대 쪽 성별을 낳을 것이다. 일부다처 종에서는 특정 수컷이 번식을 독점할 수 있어 생식 가능성에 편향이 생기기 때문에, 수컷에서 생식값의 분산이 높다. 반면 일부다처 하에서 암컷들은 대부분 번식에 참여할 수 있으므로 생식값의 편차가 수컷에 비해 낮다. 따라서 몸 상태가 좋은 어미는 아들을 많이 낳아서 질이 높은 아들이 더 많은 자손을 생산하기를 기대한다. 반면 몸 상태가 좋지 않은 어미는 질이 낮은 아들을 낳는 대신에 딸을 많이 낳는 것이 자손의 숫자를 더 늘릴 수 있다.

트리버스-윌라드 가설 어미는 몸 상태에 따라 새끼의 성비를 조절할 수 있다.

어미에 의한 자손의 성비 조작은 동물계에서 얼마나 흔하게 나타날까? 세이셸휘파람새를 비롯한 여러 조류에서도 관찰되지만, 포유류에서도 이를 뒷받침하는 많은 증거들이 있다. 포유류 성비를 조사한 400건 이상의 연구 결과를 비교해 보면 트리버스-윌라드 가설을 지지하는 연구는 34%에 불과하지만, 어미의 몸무게나 먹이량을 정량화하거나 조작해서 실험한 연구의 74%는 트리버스-윌라드 가설을 지지하는 것으로 나타났다(Cameron 2004). 포유류 어미는 자녀의 성비를 조작함으로써 적응도 이득을 얻고 있을까? 토게르손(Thogerson)과 동료들이 포유류 198종에서 얻어진 90년 이상의 장기 번식 자료를 살펴본 결과, 어미는 자녀의 성비를 한쪽으로 편향시켜서 손자의 숫자를 최대화시키는 것으로 나타났다(Thogerson et al. 2013). 성비를 편향시키지 않은 같은 종의 다른 개체들과 비교했을 때, 자녀 성비를 딸에 맞춰 편향시킨 어미에서 손자의 수가 29% 가량 더 많았다. 또한 자녀 성비를 아들에 맞춰 편향시킨 경우에서는 손자의 수가 25% 더 많은 것으로 나타났다. 이러한 결과들을 종합해 봤을 때, 자손의 성비를 편향시키는 행동은 특정 환경에서 적응적 이득이 있는 것으로 보인다.

인간에서 나타나는 부모의 자녀 선호

포유류에서 어미가 자녀 성비를 조작할 수 있다면, 인간에서도 마찬가지 행동이 나타날까? 실제로 먹이 자원이 충분한 여자는 아들을 가질 가능성이 높다고 알려져 있다. 이는 인간 사회에서 **일부다처제(polygamy)**가 인정되는 경우가 많고, 남자가 만나는 성적 상대가 더 많다는 사실을 반영하는 결과라고 할 수 있다. 즉, 적어도 특정 환경에서는 다혼제의 가능성으로 인해 딸에 비해 아들에서 생식값이 높을 수 있다는 것이다. 게다가 아들은 발달 과정에서 얻는 이점이 있을 때 경쟁자들을 제치고 짝을 차지할 가능성이 높아서 생식값이 높게 나타날 수도 있다. 양질의 식사를 한 엄마는 배아 단계에서부터 아들에게 이득을 줄 수 있고, 이는 훗날 성인으로 자랐을 때 생식에 성공할 가능성을 높인다. 실제로 다혼제가 허용된 르완다에서 계급이 높은 여성은, 계급이 낮거나 결혼을 늦게 해서 자원에 대한 접근성이 떨어지고 더 많은 스트레스를 받는 여성에 비해 아들을 낳을 확률이 높게 나타났다(Pollet et al. 2009).

생식 성공이 높은 아들에 대한 부모의 편향된 투자를 뒷받침하는 증거는 다혼제에 따른 유산 분배와 큰 연관이 있다. 존 하텅(John Hartung)의 연구에 따르면, 문화적으로 허용된 다혼제 덕분에 남자가 여러 부인과 혼인한 경우, 아들이 받는 유산이 딸에 비해 훨씬 컸다. 이러한 사회에서 아들은 상속받은 유산을 이용해 많은 부인을 가질 수 있고, 이를 통해 부모에게 더 많은 손자를 안겨줄 수 있다. 반면에 딸이 낳을 수 있는 자손의 수에는 한계가 있어서 아들에 비해 생식 성공이 낮게 나타났다(Hartung 1982, Smith et al. 1987). 물론 이는 생식값이 높아 여러 여성을 만나 자손을 많이 가질 수 있는 아들에 한해서 적용되는 결과이며, 생식값이 낮아 아예 짝을 만나지 못하는 아들의 경우에는 생식 가능성이 거의 없을 수도 있다.

위에서 살펴본 예를 바탕으로, 인간 사회에서는 아들이 딸에 비해 더 큰 선호를 받는다고 얘기할 수 있을까? 물론 그렇지 않다. 케냐의 무코고도 부족(Mukogodo tribe)은 전통적으로 숲에 살면서 20세기 초까지 양봉과 수렵으로 살아왔지만, 최근 들어 인구 증가와 영국 식민지 이주 정책에 의해서 다른 부족들과 마찬가지로 가축을 키우는 유목민이 되었다(Cronk 1993, 2000). 전통적으로 유목 생활을 해온 이웃 부족인 삼부루(Samburu), 마사이(Maasai) 사람들과 혼인을 맺기 시작하면서 젊은 무코고도 남자들은 신부를 구하기 위한 가축이 필요했다. 무코고도 부족은 가축보다는 주로 수렵에 의존해 왔기 때문에 축적된 부가 많지 않아서, 전통적으로 다른 부족들의 멸시를 받고는 했으며, 부, 사회 지위, 혼인을 둘러싼 지역 간의 위계를 따졌을 때 가장 낮은 축에 속했다. 마사이 부족 사람들은 무코고도 부족을 일컬어 '일-토로보(*il-torrobo*)', 즉 가난한 쓰레기라고 부르기도 했다. 무코고도 사람들의 낮은 지위와 가난으로 인해 일처다부제 비율은 매우 낮았고, 남성이 처음 혼인을 하는 연령도 다른 부족에 비해 높았다. 무코고도 남자들이 신부를 구하기는 매우 어려웠던 반면에, 무코고도 여자들은 대부분 다른 부족의 부유한 남자를 만나 혼인했다. 결국 이러한 사실을 종합해 보면 무코고도 여성이 남성에 비해 평균적으로 자녀를 더 많이 낳고 더 나은 생활을 할 가능성이 높다는 것을 의미한다.

리 크롱크(Lee Cronk)는 트리버스-윌라드 가설에 근거하여, 무코고도 여성이 남성에 비해 생식값이 높기 때문에 무코고도에서는 아들보다 딸에게 더 투자를 할 것이라 예측했다(Cronk 1993). 실제로, 0~4세의 어린 아이들의 성비는 심한 편향을 보였으며, 여아 100명당 남아는 67명에 불과했다. 이런 편향된 성비가 나타난 이유는 무엇이었을까? 크롱크는 무코고도 부족 엄마들이 아들에 비해 딸을 더 극진히 간호하는 경향이 있으며, 진료소에 데려가는 비율도 딸의 경우에서 더 높다는 사실을 알아냈다. 또한 부모는 아들보다 딸 곁에 머물면서 함께 사는 경향이 높았다. 무코고도 부모는 아들에 비해 딸을 더 선호하는 게 분명해보였고, 이는 딸에 편향된 자녀 성비가 나타나는 이유를 설명해 준다. 그렇다면 부모는 딸에 대한 자신의 선호 행동에 대해 인지하고 있을까? 크롱크가 부모에게 아들과 딸 중 누구를 더 선호하는지 질문했을 때, 부모들은 놀랍게도 딸보다는 아들을 좋아한다고 대답하는 비율이 압도적으로 높았다. 따라서 자녀에 대한 편향된 선호도는 의식적으로 하는 행동의 결과가 아니며, 무코고도 부족의 편향된 성비는 트리버스–윌라드 가설에 부합하는 것으로 해석할 수 있다. 또한 무코고도 부족 사례를 통해서, 인간 사회에서도 부모가 생식값을 최대치로 올리는 자녀의 성에 따라 양육 투자를 한다는 것을 알 수 있다.

가족 간의 갈등

모든 동물이 자녀에 대한 선호를 직접적으로 나타내지는 않는다. 중대백로(great egrets, Ardea alba)는 작은 물고기를 잡아 둥지에서 새끼들 앞에 떨어뜨려 준 뒤, 새끼들끼리 먹이를 두고서 경쟁을 하게 한다(**그림 11.7**)(Mock 1984). 형제자매 간의 싸움은 점점 심해져서 가장 우월한 새끼가 다른 형제나 자매를 쪼아 죽이기도 하고, 둥지 밖으로 밀쳐내서 떨어뜨리거나 굶어 죽게 만들기도 한다(**VIDEO 11.2**). 혹자는 **동기 갈등(sibling conflict)**을 줄

VIDEO 11.2
Siblicide in the cattle egret
ab11e.com/uk/v11.2

이기 위해 부모가 중재에 나서 다른 새끼가 죽지 않게 막아야 한다고 생각할지도 모른다. 하지만 중대백로 부모는 그런 행동을 하지 않는다. **동기 살해 행동(siblicidal behavior)**은 제한된 먹이를 두고서 벌어진 새끼들 간의 경쟁에서 밀려난 형제자매를 제거함으로써 적응도 이점을 누리는 개체에 의해 진화했다고 이해할 수 있다. 이러한 상황은 로버트 트리버스가 제안한 '**부모와 자식 간의 갈등(parent-offspring conflict)**'으로 이어질거라 예측 가능한데, 트리버스는 어떤 자식이 누리는 적응도 증가는 부모의 생식 성공도를 낮추는 결과로 이어질 수 있으며, 그 반대의 경우도 가능하다고 봤다(Trivers 1974).

그림 11.7 중대백로는 동기 간에 공격적인 행동을 보인다. 두 마리의 새끼는 매우 공격적으로 서로 다투는데, 그 결과 둘 중 하나가 죽는 일이 많다. (From Mock et al. 1990; photograph © DMS Foto/Shutterstock.)

동기 살해가 일어나는 동물들에서, 부모는 자식의 이기적인 행동을 막을 수 있다. 얼가니새(boobies)에서는 먼저 태어난 새끼 후에 태어난 어린 새끼를 제거한다(Lougheed and Anderson 1999). 어린 형제자매를 죽이는 행동은 얼가니새의 비동시 산란과 포란 행동에서 이유를 찾을 수 있다. 얼가니새 암컷은 첫 번째 알을 낳은 뒤 곧 포란에 들어간다. 그리고 며칠 뒤 두 번째 알을 낳는다. 따라서 첫 번째 알이 먼저 부화하게 되고, 그 새끼는 두 번째 알에서 깨어난 새끼보다 몸집이 커진다. 얼가니새에서 일어나는 동기 살해는 대부분 먼저 태어난 새끼가 나중에 태어난 어린 새끼를 공격해 둥지 밖으로 밀어냄으로써 외부에 노출되고 부모로부터 먹이를 받아먹지 못하게 해서 죽게 만든다(**그림 11.8**).

나스카얼가니새(Nazca booby, *Sula granti*)는 **무조건적인 동기 살해(obligate siblicide)**를 나타내는 대표적인 종인 반면에, 푸른발얼가니새(blue-footed booby, Sula nebouxii)는 동기 살해가 상대적으로 적게 일어나며, 둥지에서의 성장 단계 후반부에 주로 동기 살해가 일어나는 **선택적 동기 살해(facultative siblicide)**가 관찰된다. 만약 푸른발얼가니새 새끼를 데려다가 동기 살해를 묵인하는 나스카얼가니새 부모의 둥지에 데려다 놓으면, 푸른발얼가니새 새끼 중 큰 녀석은 이내 작은 개체를 공격해서 죽인다. 반대로 동기 살해를 묵인하지 않고서 큰 새끼의 공격 행동을 조절하는 푸른발얼가니새 부모 둥지에 나스카얼가니새 새끼를 데려다 놓으면, 예측과 마찬가지로 푸른발얼가니새 부모는 나이 든 큰 새끼가 어린 동기를 죽이려는 행동을 막고서 제어한다(**그림 11.9**)(Lougheed and Anderson 1999). 이러한 실험 결과는 부모가 동기 간의 목숨을 건 싸움을 중재할 수 있다는 것을 보여준다.

동기 살해 행동을 두고 나스카얼가니새와 푸른발얼가니새 부모의 반응이 다르게 나타나는데, 이러한 차이는 동기 살해로 인해 부모가 얻는

그림 11.8 갈색얼가니새의 동기 살해는 부화 후 초기 단계에서 이뤄진다. 어린 새끼는 부모가 보는 앞에서 더 큰 새끼에 의해 둥지 밖으로 밀려나 태양 빛에 노출된 채 죽는다. (Photograph by John Alcock.)

생식 보험 가설 동기 살해 행동이 나타나는 종에서, 어미는 부화 실패에 대비해 두 번째 알을 낳는다.

이득과 관련이 있을까? 우선 나스카얼가니새가 큰 녀석의 일관적 동기 살해를 허용하면서도 2개의 알을 낳는 이유에 대해 생각해보자. 데이비드 앤더슨(David Anderson)은 이 질문에 대한 답으로, **생식 보험 가설(reproductive insurance hypothesis)**을 제안하며 두 번째 낳는 알은 첫 번째 알이 부화에 실패할 경우에 대비한 보험의 기능을 한다고 주장했다(Anderson 1990). 실제로 나스카얼가니새의 첫 번째 알 부화율은 약 60% 밖에 되지 않고 두 번째 알을 낳음으로써 번식 실패를 16% 가량 줄일 수 있는데, 이 관찰 결과는 가설의 예측과 잘 부합한다. 앤더슨 연구팀은 알을 1개만 낳은 둥지들을 골라 추가로 알을 1개 더 추가해주는 실험을 하였는데, 그 결과 해당 둥지의 평균 이소율이 증가했다(Clifford and Anderson 2001a). 그렇다면 알을 2개 낳는 게 더 이득임에도 불구하고 어떤 어미는 왜 알을 1개만 낳을까? 앤더슨 연구팀은 제한된 먹이의 양 때문이라고 생각했다. 이를 검증하기 위해 연구진은 번식 초기에 하루 두 번씩 어미에게 먹이를 주었는데, 먹이가 추가로 제공된 암컷에서 대조군에 비해 두 번째 알을 낳는 비율이 높게 나타났다(Clifford and Anderson 2001b). 따라서 두 번째 알을 낳는 것은 첫 번째 알이 부화에 실패할 경우에 대비한 보험으로 기능하지만, 제한된 먹이 환경 하에서는 암컷들이 두 번째 알을 낳지 못할 수도 있다.

제한된 자원은 푸른발얼가니새의 선택적 동기 살해 행동에도 적용될 수 있을까? 실제로 푸른발얼가니새의 큰 새끼가 어린 새끼를 죽이는 동기 살해는 먹이 환경이 좋지 않은 해에만 나타났다. 휴 드러몬드(Hugh Drummond)와 세실리아 차벨라스(Cecilia Chavelas)는 푸른발얼가니새 새끼에게 급여되는 먹이의 양을 실험적으로 조절했는데, 그 결과 먹이 양이 제한됐을 때는 나이든 새끼가 어린 새끼를 공격했지만, 먹이를 다시 충분히 공급해 줬을 때는 공격을 멈췄다(Drummond and Chavelas 1989). 따라서 푸른발얼가니새 새끼의 공격적인 행동은 부모가 급여한 먹이 양에 따른 새끼의 영양 상태로 인한 결과인 것으로 생각된다. 결과를 종합해 보면, 먹이 가용성과 같은 생태적 요인이 어미의 산란 능력에만 영향을 미치는 것이 아니라 새끼의 동기 살해 행동에도 영향을 끼칠 수 있다는 것을 알 수 있다.

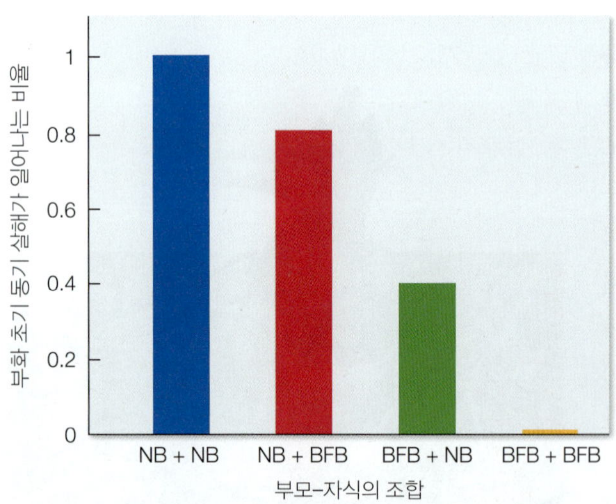

그림 11.9 얼가니새 부모는 동기 살해 행동을 어느 정도 제어할 수 있다. 나스카얼가니새(Nazca booby, NB) 새끼는 부화 초기에 동기 살해 행동을 보이는데, 새끼들을 데려다가 푸른발얼가니새(blue-footed booby, BFB) 둥지로 옮겨 놓으면 부모에 방해로 인해 동기 살해가 일어나는 비율이 줄어든다. 반대로 푸른발얼가니새 새끼들을 데려다 나스카얼가니새 둥지에 옮겨 놓으면 부화 초기 동기 살해 행동이 나타날 확률이 증가하는 것으로 나타난다. (After Lougheed and Anderson 1999.)

앞서 언급했던 백로는 부모가 새끼들 간의 싸움에 개입하지 않는다는 점에서 푸른발얼가니새와는 다르고 나스카얼가니새와 유사하다. 동기 간의 목숨을 건 싸움은 부모가 언제 포란을 하느냐에 의해 촉진된다. 백로 어미는 얼가니새와 마찬가지로 첫 번째 알을 낳자마자 포란을 시작한다. 3개의 알을 다 낳으려면 하루나 이틀 정도 더 걸리기 때문에, 알은 비동시적으로 부화하여 처음 낳은 알에서 깨어난 새끼가 가장 먼저 성장하기 시작한다. 그 결과, 첫째는 셋째와 비교해서 몸집이 훨씬 크므로 부모가 둥지로 가져다주는 먹이를 독점한다. 첫째는 몸집만 큰 게 아니라 훨씬 공격적인 성향을 보이며, 둘째나 셋째와의 경쟁을 압도하여 먹이를 차지한다. 적어도 백로와 얼가니새 등의 조류에서 밝혀진 바에 따르면, 첫 번째 산란한 알에는 어미에게서 알로 전달된 물질 가운데 공격성과 관련된 안드로겐 호르몬의 함유량이 상대적으로 높다고 알려져 있다. 또한 부화 후 모성 효과에 의해 특정 개체에 편향된 먹이 분배율로 인해 동기 간의 크기 차이는 더 벌어지게 되고, 이에 따라 새끼 중 가장 작은 개체는 굶주림과 동기에 의한 공격, 이 두 가지의 복합적인 효과로 인해 결국 죽게 된다(Mock and Parker 1997, Schwabl et al. 1997).

이러한 결과들을 토대로 생각해보면, 백로 부모는 동기 살해를 방관할 뿐만 아니라 심지어 이런 행동을 촉진시키는 역할을 하는 것으로 보인다. 백로 부모는 왜 이런 행동을 할까? 푸른발얼가니새의 예에서 나타났던 것처럼, 백로 부모는 새끼들이 알아서 싸우게 둠으로써 생식 가능한 나이까지 생존이 어려운 약한 동기를 제거하도록 방치하기 때문일지도 모른다. 먹을 것이 충분한 해에는 여러 마리의 새끼를 모두 키울 수 있지만, 대부분은 먹이가 제한되어 있어 부모가 3마리의 새끼 모두에게 충분히 먹이기 어렵다. 돌아다녀도 먹이가 충분하지 않다면 태어난 새끼의 수를 줄여야 하는데, 이 과정에서 발생하는 동기 살해는 성체로 성장하기 어려운 개체들을 제거해 줌으로써 부모가 시간과 에너지를 낭비하지 않게 도와준다. 따라서 백로 둥지에서 일어나는 동기 살해 행동은 자원 가용성에 따라 선택적으로 일어날 것이라고 가설을 세울 수 있다. 이는 앞서 살펴본 푸른발얼가니새의 경우와 유사하다.

선택적 동기 살해 가설(facultative siblicide hypothesis)을 검증하는 한 가지 방법은 백로 둥지의 새끼들이 동시에 부화하게 끔 조작하여 실험하는 것이다(Mock and Ploger 1987). 연구진은 갓 부화한 황로(cattle egret, *Bubulcus ibis*) 새끼들을 데려다 한 둥지에 넣어 줘서 실험군을 만들고, 동기 간의 부화 간격을 1.5일로 맞춰서 자연 상태와 유사한 비동시 부화 상태가 되도록 둥지에 새끼들을 섞어 넣어 대조군을 만들었다. 또한 동기 간 부화 간격을 3일로 맞춤으로써 실제보다 비동시 부화의 정도를 더 심화시킨 실험군을 추가했다. 만약 일반적으로 관찰되는 1.5일 간격의 비동시 부화가 효율적인 새끼 수 감소를 위해 최적화된 것이라면, 부모의 양육 노력에 대비한 번식 성공(이소 새끼 수)은 1.5일 간격의 비동시 부화일 때 가장 높게 나타날 것이라고 예측할 수 있다. 실험 결과는 예측치와 일치했다. 동시 부화된 새끼들은 동기 간에 싸움이 더 격렬했고, 이로 인해 생존율이 떨어졌을 뿐만 아니라 다른 일반 둥지에 비해 먹이를 요구하는 양도 더 많아 부모의 양육 효율이 더 떨어지는 결과로 나타났다(**표 11.1**). 푸른발얼가니새에서도 비슷한 실험을 했을 때 황로의 실험과 유사한 결과가 나온 것으로 보아, 두 종에서 나타나는 선택적 동기 살해는 자원 가용성에 의한 행동임을 알 수 있다(Osorno and Drummond 1995).

선택적 동기 살해 가설 부모는 자원 가용성이 낮을 때 동기 살해 행동을 허용한다.

표 11.1 황로(cattle egrets)의 비동시 부화가 부모의 양육 효율에 미치는 영향

	둥지당 생존한 평균 새끼 수	부모가 하루에 둥지로 가져다 준 먹이양(ml)	부모의 양육 효율[a]
동시 부화 둥지	1.9	68.3	2.8
일반적인 비동시 부화 둥지(1.5일 간격)	2.3	53.1	4.4
비동시 부화 정도를 심화시킨 둥지(3일 간격)	2.3	65.1	3.5

출처: Mock and Ploger 1987.
[a](생존한 새끼 수/하루에 부모가 둥지로 가져다 준 먹이 양) × 100

자연선택은 황로 부모에서 관찰된 것처럼, 알에 포함된 호르몬의 양을 조절하고 포란하는 방법을 달리하여 동기 간에 몸집 크기와 싸움 능력의 차이를 조작하도록 작동했다. 부모는 영아 살해를 하거나 동기 살해를 허용함으로써, 양육을 특정 개체에 집중하여 생식 성공 확률을 높이고, 먹이 급여를 위한 비용을 최소화한다. 이러한 행동은 부모의 편향된 선호에 대한 극단적인 예시처럼 보이지만, 먹이 자원을 건강하고 강한 개체에게 편향시켜 분배함으로써, 먹이를 잘 먹지 못해 성체로 성장하기 어려운 새끼의 사망률을 높여 일종의 영아 살해를 하는 것으로 볼 수도 있다. 즉, 부모가 양육의 정도를 결정할 때, 생식값이 높은 자손을 선호하기에 새끼들은 행동이나 육체적인 특징을 이용해서 양육자에게 신호를 보낸다.

양육을 할 것인가 말 것인가

지금까지, 부모가 자식들 중에서 일부 자식에게 양육 투자를 하는 이유, 동기 간에 벌어지는 갈등과 부모와 자식 간의 갈등이 벌어지는 이유에 대해 알아봤다. 특정 환경이나 사회적 조건 하에서 어린 자손의 생식값이 부모가 양육에 투자하는 정도와 환경적 차이에 따른 부모-자식 간의 갈등에 영향을 미치는 정도를 좌우한다. 그런데 우리는 주로 부모가 새끼를 양육함으로써 얻는 이득을 따졌다. 우리가 부모의 양육 체계가 어떻게 진화했는지 이해하기 위해서는 양육으로 인해 발생하는 비용도 함께 고려해야 한다. 비용은 자식에 대한 투자 여부에 영향을 미칠 뿐만 아니라, 어느 부모가 어느 정도의 양육 의무를 져야 할지에도 영향을 준다. 결국 어린 자손을 양육하는 일은 에너지 지출 면에서 볼 때 상당한 비용이 들어가며, 항상 부모의 가장 큰 관심사가 되는 것은 아니다. 제9장에서 다룬 성갈등(sexual conflict)을 돌이켜보면, 암컷과 수컷 간에 짝짓기 결정을 둘러싼 갈등이 벌어졌다. 양육에 들어가는 비용이 크기 때문에 암수의 갈등은 짝을 정하는 시기를 지나 양육 시기까지 연장될 수 있으며, 이는 번식 성공을 위해 거쳐야 하는 필수적인 과정인 경우가 많다.

부모 양육의 비용과 이득

자식에 대한 투자를 결정하는 일은 현재 키우려는 자식에 대한 문제만이 아니라, 미래에 낳을 수 있는 자식까지도 포함한 것이다. 새끼에게 먹이를 주는 것은 자식의 생존율을 높여 결국 부모의 번식 성공률을 증가시킬 수 있지만, 어떤 상황에서는 자식과 부모의 생존을 감소시키는 것일 수도 있다. 예를 들어 부모가 먹이를 물고 드나드는 모습을 보고서 포식자가 나타나 둥지에 있는 새끼들을 먹어 치우고 부모까지 공격할 수도 있다. 부모는 스스로의 생존과 번식에 의한 손익 사이에서 어떻게 균형을 맞춰야 할까? 카메론 갈람보(Cameron Ghalambor)와 톰 마틴(Tom Martin)은 부모 새가 포식자의 본성(새끼를 노리는지 아니면 부모를 노리는지)과 성체의 연간 사망률을 고려해서 먹이 급여 행동을 적응적으로 조절해야 한다고 예측했다(Ghalambor and Martin 2001). 성체의 사망률이 낮은 조류에서는 부모가 미래에 번식이 가능한 기회가 많은 수도 있기 때문에 스스로 포식 당할 위험을 최소화시키려 행동할 것이다. 이와 달리, 성체 사망률이 높은 종에서는 부모가 미래에 번식을 할 수 있는 기회가 적거나 다시 없을 수도 있기 때문에, 자신의 안전에 대해 신경을 덜 쓰고 새끼가 당할 수 있는 위험에 더 예민하게 반응할 것이다. 이러한 결정을 둘러싼 행동은 부모가 현재와 미래의 번식 가운데 어느 쪽에 투자할지에 대한 고전적 생활사 이론의 상충 관계를 보여준다.

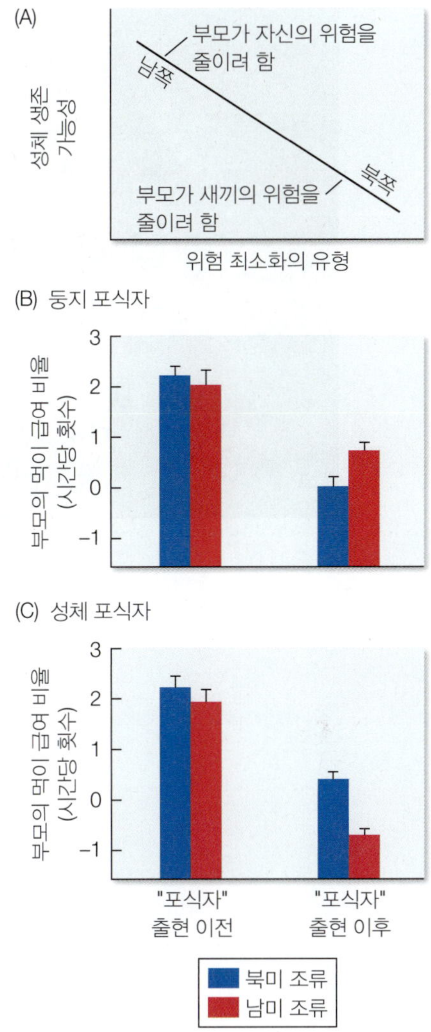

그림 11.10 부모 양육 행동의 적응도 손해와 이득. (A) 부모 새의 성체 포식자와 둥지 포식자에 대한 반응은 성체의 연간 사망률에 따라 다르게 나타난다. 북미와 남미 조류의 성체 연간 사망률에는 차이가 있는데, 북미에 서식하는 수명이 짧은 조류는 새끼의 포식 위험을 낮추려는 행동을 할 것이며, 남미에 서식하는 수명이 긴 조류는 스스로의 생존을 높이는 방향으로 행동할 거라 예측된다. (B) 둥지 포식자인 어치가 나타나면, 부모가 둥지에 드나드는 비율이 북미 조류에서 더 가파르게 감소한다. (C) 성체를 사냥하는 새매가 나타나면, 부모가 둥지에 드나드는 비율이 남미 조류에서 더 가파르게 감소한다. 막대 그래프는 평균과 표준오차를 나타낸다. (After Ghalambor and Martin 2001.)

갈람보(Ghalambor)와 마틴(Martin)은 북미 대륙에서 번식하는 조류가 유전적으로 가까운 남미 조류에 비해 수명이 대체로 짧다는 것을 알고 있었다. 연구진은 수명에 대한 위도별 차이를 이용해서, 유전적으로 같은 속에 있는 두 종[북미의 수명이 짧은 미국지빠귀(American robin, *Turdus migratorius*)와 남미의 수명이 긴 개똥지빠귀(rufous-bellied thrush, *T. rufiventris*] 5쌍을 골라서 비교했다. 미국 애리조나에 있는 미국지빠귀한테는 스텔러어치(Steller's jays, *Cyanocitta stelleri*) 소리를 녹음해 틀어주고, 아르헨티나에 사는 개똥지빠귀에겐 비단머리어치(plush-capped jays, *Cyanocorax chrysops*) 소리를 틀어줬다. 스텔러어치와 비단머리어치 모두 지빠귀의 성체를 노리진 않지만 둥지에 있는 새끼를 공격하는 포식자이다. 포식자의 소리를 들은 미국지빠귀와 개똥지빠귀 부모는 모두 둥지를 드나드는 빈도를 크게 줄여서 포식자로부터 둥지가 노출되는 위험을 낮추려 했다. 그런데 개똥지빠귀와 비교해 미국지빠귀는 둥지 근처에서의 활동을 대폭 줄였다. 이것은 미국지빠귀의 짧은 수명을 감안했을 때 다음 번식 기회가 없을 수 있어서, 둥지에 있는 새끼들을 포식자로부터 보호하려는 노력이 더 크게 기울였기 때문으로 보인다.

포식 위험에 따른 먹이 급여 행동의 적응적 조절에 대한 예측을 추가로 검증하기 위해서, 연구진은 같은 실험을 둥지 포식자가 아닌 성체 포식자를 대상으로 수행했다. 가는다리새매(sharp-shinned hawk, *Accipiter striatus*)는 성체를 공격하는 포식자인데, 박제를 둥지 주변에 가져다 놓고 녹음한 소리를 틀어주자 부모 새들은 역시 둥지로 향하는 빈도를 줄였다. 하지만 이번에는 미국지빠귀보다 아르헨티나에 사는 개똥지빠귀가 둥지로 돌아가는 데 걸린 시간이 더 긴 것으로 나타났다(**그림 11.10**)(Ghalambor and Martin 2001). 이 연구 사례는 북미 대륙에 서식하는 조류와 남미 대륙에 서식하는 조류의 포식압 차이에 따라 달리 나타나는 양육 전략의 차이를 보여주는 한 예시이다(Martin and Schwabl 2008). 따라서 양육의 비용과 손해에 따른 부모의 양육 행동은 현재의 생식값과 미래의 생식값을 함께 고려해서 정교하게 진화된 것이라 해석할 수 있다.

성갈등과 부모 양육: 누가 돌볼 것인가?

미국지빠귀와 개똥지빠귀를 포함한 많은 조류에서는 양쪽 부모가 자식의 생존을 높이기 위해 함께 양육을 하지만, 동물계에서 한쪽 부모가 양육을 담당하는 경우가 훨씬 더 흔하다. 우리 주변에서 흔히 보는 포유류를 생각해보면, 어미에 의한 양육 형태를 떠올릴 수 있다. 실제로 양육을 위한 암컷의 희생은 놀라울 정도인데, 지렁이처럼 생긴 양서류인 시실리언(caecilians) 암컷은 새끼들에게 지방질이 많은 자신의 표피를 뜯어 먹게 한다(**그림 11.11**)

(A) (B)

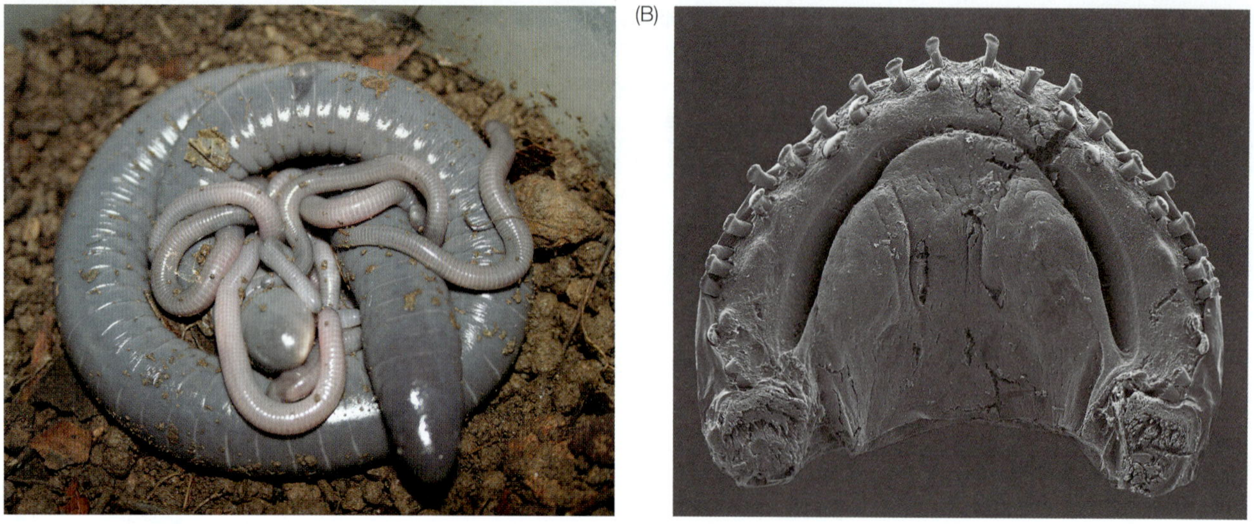

그림 11.11 양서류 시실리언의 극단적인 어미의 양육 행동. (A) 어미 시실리언은 새끼들과 함께 지내면서 새끼들이 자신의 표피를 뜯어 먹게 한다. (B) 새끼 시실리언은 구부러진 치아를 가지고 있어서 어미의 표피를 벗겨내어 먹기에 알맞은 형태를 띠고 있다. (A, photograph © Uncatalogued/Minden Pictures; B, courtesy of Carlos Jared.)

(Wilkinson et al. 2008). 비탈거미(Stegodyphus lineatus) 암컷은 새끼에게 먹이를 토해내서 먹일 뿐만 아니라 자신의 몸을 먹게 하는 것으로 알려져 있는데(Salomon et al. 2005), 이러한 행동은 의갈류(pseudoscorpion)에서도 보고된 바 있다(Del-Claro and Tizo-Pedroso 2009).

양육을 암컷이 홀로 담당하는 이유에 대한 가장 직관적인 설명은, 암컷은 이미 알을 생산하는 데 에너지를 많이 투자했기 때문에 자신의 초기 투자가 무용지물이 되지 않도록 새끼들에게 주의를 기울인다는 것이다. 이러한 예의 대표적인 동물로서 뿔매미(Membracinae treehoppers)가 있다(**BOX 11.1**). 하지만 미국깝짝도요(spotted sandpiper, *Actitis macularius*)를 포함한 조류와 많은 어류에서 관찰된 바에 따르면, 암컷은 알을 낳자마자 양육 활동을 멈춘 채 수컷 짝에게 양육을 맡기고 떠난다(**그림 11.12**). 암컷이 홀로 양육을 하는 동물이 많지만 분류군마다 독특한 양육 형태가 나타나는데, 몇몇 종들은 양육 행동을 전혀 하지 않는다. 많은 어류에서 부모는 새끼를 돌보지 않고 스스로를 돌보는 데에만 에너지를 쏟으며, 부화 기생을 하는 동물은 양육을 다른 종에게 맡기기도 한다.

양육 체계가 이처럼 다양한 형태로 진화한 원인을 이해하기 위해서는 양육을 담당하는 부모의 각각 성별에서 취하는 손익을 고려해야 한다. 포유류는 암컷이 수유를 담당하지만, 조류의 대부분은 산란, 부화, 이소에 이르는 양육 의무를 암컷과 수컷이 공평하게 나눈다. 손익 접근법을 이용해 양육 체계의 진화를 이해하기 위해서, 먼저 일부다처종 조류인 스윈호오목눈이(Eurasian penduline tit, Remiz pendulinus)에 대해 알아보자. 스윈호오목눈이는 한 개체군 내에서도 수컷 양육, 암컷 양육, 암수 공동 양육의 다양한 조합을 보여준다(van Dijk et al. 2007). 이처럼 유연한 양육 행동을 나타내는 이유를 알 수 있다면, 다양한 종에서 다양한 양육 형태가 진화한 이유를 폭넓게 이해할 수 있을 것이다.

스윈호오목눈이 수컷은 짝짓기를 하기 전에 둥지를 짓는 동안 노래를 하며 암컷을 유혹한다. 그리고 암컷과 수컷이 짝을 지으면 함께 둥지 짓기를 마무리한다. 암컷이 알을 낳기 시

(A)

(B)

그림 11.12 어류의 부모 양육과 일부다처의 기회. (A) 랜달후악치(Randall's jawfish, *Opistognathus randalli*) 수컷은 짝이 낳은 알을 입 안에 품는다. 한 입으로 품을 수 있는 새끼 수는 한 배에서 산란한 알만 가능하다. (B) 반면 수컷 가시고기(three-spined stickleback, *Gasterosteus aculeatus*)는 알이 있는 둥지를 돌봄으로써 다른 암컷을 유혹하여 둥지에 추가 산란을 하게 유도할 수 있다. 이 수컷은 수초 아래의 둥지에 있는 알에 산소를 공급하기 위해 몸을 움직여 물을 순환시킨다. (A, photograph © zaferkizilkaya/Shutterstock; B, photograph by Les Gibbon/Alamy Stock Photo.)

작하는 산란기가 되면, 암컷 혹은 수컷 혹은 암수는 둥지를 버리고서 다른 짝을 찾아 다시 번식을 시작한다. 만약 암컷과 수컷이 모두 둥지를 버리면 새끼는 굶어 죽고 만다. 하지만 부모 중 하나가 떠나면, 다른 하나가 남아서 새끼 양육을 홀로 떠안는다. 전체 둥지의 약 30~40%는 같은 날 부모가 모두 둥지를 버리고, 나머지 60~70% 둥지에서는 부모 중 한쪽이 남아 새끼를 돌보는 것으로 관찰되었다(van Dijk et al. 2007, 2011). 둥지를 버리고 떠난 부모는 한 시즌 동안 최대 6번까지 재번식을 하였는데, 만약 둥지에 남은 짝이 새끼를 잘 돌보기만 한다면 산란 후 둥지를 떠난 개체가 얻는 생식 이득이 상당히 클 것으로 보인다. 따라서 암컷과 수컷 사이에는 누가 둥지에 남아 새끼를 돌보고, 누가 둥지를 버리고 다른 번식 기회를 찾아 떠날 것인가를 두고서 치열한 갈등이 벌어진다. 새끼를 두고서 둥지를 떠나는 결정은 암컷과 수컷이 얻게 될 생식 결과의 기대치에 대한 개체별 차이에서 기인한 것으로 나타났다(van Dijk et al. 2011). 암컷과 수컷은 현재의 생식과 미래의 생식 기회 사이에서 투자를 어떻게 할지를 결정하게 되는데, 둥지를 떠날 결정을 내릴 때 어떤 요인에 의해 결정되는지는 아직 명확하게 밝혀지지 않았다(van Dijk et al. 2011). 하지만 스윈호오목눈이의 한 개체군에서 보고된 연구 결과에 따르면, 몸 상태가 좋은 개체가 둥지를 떠날 가능성이 높은 것으로 밝혀졌다(Bleeker et al. 2005).

부모의 양육 행동을 제9장에서 다룬 부모 투자의 한 형태로 단순하게 볼 수도 있다. 스윈호오목눈이의 예에서 본 것처럼, 양육의 초기 단계에서부터 암컷과 수컷이 투자한 정도는 다르다. 암컷이 많은 양을 투자한 거대한 난자와 수컷의 작은 정자가 만나 융합된 수정란에서부터 암수 투자의 근본적인 차이가 생기며, 이는 곧 성을 결정하는 기본적인 차이가 된다. 어미와 아비의 관심사가 일치하지 않는다면, 누가 양육을 할지는 부부 간의 갈등의 근원이 된다. 이러한 갈등은 오랜 시간에 걸쳐 수컷 양육, 암컷 양육, 공동 양육 체계로 진화하였다. 여기서 양육이 어떻게 진화하였는지 제대로 이해하려면, 암컷과 수컷이 왜 새끼를 양육하는지

BOX 11.1 자료 해석을 통한 행동 탐구

뿔매미 어미는 왜 홀로 양육을 담당할까?

Membracinae과에 속한 뿔매미는 암컷만 양육을 한다. 그 이유에 대해 탐구하는 한 가지 방법은 이러한 행동이 진화하게 된 과정을 계통도를 따라 살펴보는 것이다. 린(Lin)과 동료들은 Membracinae과에 포함된 속(genus) 별로 양육 행동을 분류하고서 분자계통도에 표시하였다(**그림**)(Lin et al. 2004). 계통도에 표시된 동그라미는 공동조상을 나타내며, 파란색 동그라미는 암컷이 홀로 알을 돌봤을 것으로 예상되는 경우를 뜻한다. 동그라미에 표시된 1부터 3까지의 숫자는 암컷 양육이 기원한 세 가지 시점을 표시한 것이다.

뿔매미의 암컷 양육. 그림은 뿔매미 *Guayaquila*속 암컷이 알을 품고서 방어를 하는 모습이다. Membracinae과에 속한 뿔매미 가운데 이처럼 어미만 홀로 양육을 하는 행동을 하는 종들을 계통도에 표시하였다. (Phylogeny after Lin et al. 2004; photograph by Chung-Ping Lin.)

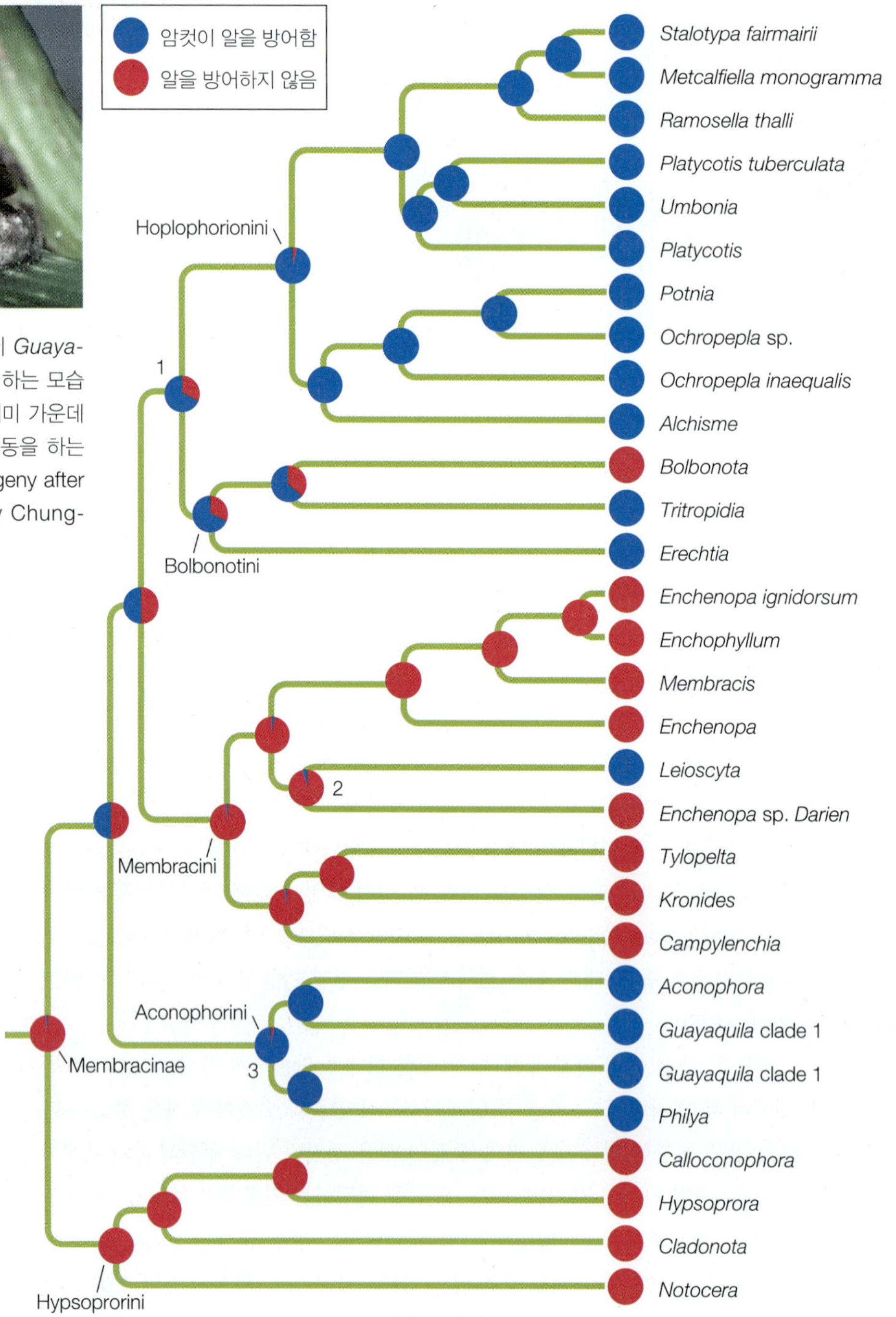

BOX 11.1 자료 해석을 통한 행동 탐구 (계속)

생각의 틀 깨기

계통도에서 Membracinae과 뿔매미는 어미 양육 행동이 진화한 뒤 몇 차례에 걸쳐 어미 양육이 사라졌는가? 만약 해당 분류군에서 어미 양육 진화의 기능을 비교 연구를 한다고 가정해보자. 여러분은 이 가운데 어떤 속을 골라서 연구할 계획인가? 그리고 그 이유는 무엇인가?

그 이유에 대해 알아야 한다.

암컷은 왜 새끼를 양육할까?

암컷 양육의 비용을 이해하기 위해서, 먼저 유럽집게벌레(European earwigs, *Forficula auricularia*) 암컷의 포란 효과에 대해 알아보자. 유럽집게벌레 암컷은 애벌레를 키우기 위해 굴을 파고 산란을 한 뒤 그 옆에 머문다(**그림 11.13**). 암컷은 자손의 생존을 도와 생식적 이득을 얻지만, 한편으로는 그만큼 비용을 치른다. 양육을 하지 않고서 산란 후 곧장 자리를 떠나는 암컷과 비교했을 때, 양육을 하는 암컷은 다음 산란까지 약 일주일 간 머물면서 새끼의 생존을 도와야 한다(Kölliker 2007). 장님거미(harvestman, *Serracutisoma proximum*) 암컷이 산란 후 알을 지키지 않고 다음 산란을 위해 곧장 자리를 떠날 경우, 총 생애에 걸쳐 생산하는 알은 약 20%가량 증가할 수 있다(Buzatto et al. 2007). 따라서 암컷이 현재 자손에게 양육을 집중한다면 미래에 얻을 수 있는 생식적 이득을 어느 정도 포기해야 하는 비용을 치르게 된다.

암컷이 양육을 위해 치르는 비용에 대한 순이득이 보장되지 않음에도, 홀로 양육을 담당하는 행동을 어떻게 설명할 수 있을까? 데이비드 퀠러(David Quellere)는 암컷의 양육 비용이 수컷보다 낮을 경우, 암컷이 수컷에 비해 더 많은 양육을 담당할 수 있을 거라 예측했다(Queller 1997). 현재 자손에 대한 양육 투자가 암컷과 수컷 부모의 미래 자손의 번식치를 같은 양 만큼 줄이는 모델을 생각해보자. 일처다부제 종에서 암컷은 다수의 수컷과 짝을 맺음으로써 유전적 다양성의 증가 등으로 인해 자손의 가치를 증가시킬 수 있으므로, 양육으로 인해 짝짓기의 추가 기회를 놓치는 손실을 줄일 수 있다. 이 경우에 한배 자손을 돌보는 수컷의 평균 이득은 암컷이 짝을 맺은 수컷의 숫자 만큼 줄어들 것이다. 예를 들어, 부성 가능성이 80%(나머지 20%는 다른 수컷이 아비일 수 있음)라고 했을 때, 수컷이 5마리의 새끼를 돌본다고 하더라도 최대 4마리의 새끼에게만 실질적인 투자를 하는 효과가 생긴다. 반대로 암컷 입장에서는 5마리를 돌봤을 때 5마리가 모두 자신의 번식 성

그림 11.13 유럽집게벌레(European earwigs, Forficula auricularia)는 암컷 어미가 알을 돌본다. 포식자에 대비해서 나뭇잎 아래와 같은 곳에 보금자리를 마련해 산란을 한 후, 암컷이 홀로 알을 방어한다. (Photograph © Bert Pijsr/Minden Pictures.)

부성 확신 가설 수컷은 자식에 대한 부성이 확실할 때 양육 행동을 나타낼 가능성이 높아진다.

공을 높이는 결과로 이어진다. 달리 말하면, 수컷의 양육은 자기 새끼가 아닌 다른 수컷의 새끼도 함께 돌볼 가능성을 안고 있어서 양육에 의한 이득이 그만큼 줄어든다. 이러한 **부성 확신 가설(paternity assurance hypothesis)**에 따르면, 수컷은 자신의 부성이 확실할 때에만 자식에게 먹이를 제공해야 한다.

부성 확신 가설의 예측에서 가장 중요한 부분은, 암컷 짝이 다른 수컷과 짝짓기를 했는지 여부와 부성 가능성이 줄어들었음을 알게 되었을 때, 수컷은 양육에 쏟는 에너지를 줄일 것이라는 점이다. 에두아르도 산토스(Eduardo Santos)와 신이치 나카가와(Shinich Nakagawa)는 유럽바위종다리(dunnock, Prunella modularis)를 대상으로 해서 부성 확신 가설을 검증했다. 유럽바위종다리는 앞서 제10장에서도 소개된 바 있는데, 일부일처제와 일처다부제 형태를 모두 가지고 있는 조류이다(Santos and Nakagawa 2017). 일처다부 그룹에서 수컷은 부성 확실성이 낮다. 일부일처에서는 수컷의 부성 확실성이 높아지지만, 암컷은 혼외 수정을 시도한다. 연구진의 관찰 결과, 사회적으로 일부일처에서는 수컷은 짝이 혼외 수정을 했을 경우 양육을 줄였다. 이는 부성 확신 가설을 지지하는 결과이다. 일처다부 집단에서는 수컷들이 부성을 공유하고 있기 때문에, 실제 부성과 양육의 양 간에 상관성이 없는 것으로 관찰됐다. 일부일처 하에서의 암컷은 수컷이 양육의 양을 줄인다 하더라도 크게 걱정하는 것 같진 않았는데, 만약 수컷이 양육을 적게 한다 하더라도 암컷이 그 차이 만큼 보충할 수 있기 때문이다. 연구진의 조사에 따르면, 일부일처 집단에서 수컷의 먹이 급여 빈도가 높아질수록 새끼들의 이소 성공률이 증가한 반면에 일처다부 하에서는 이러한 결과가 나타나지 않았다. 따라서 사회적 일부일처 하에서 수컷은 스스로의 부성을 의심하고 양육의 양을 줄일 수도 있기 때문에, 암컷은 혼외 수정으로 인해 얻을 수 있는 유전적 이득과 줄어든 수컷의 양육에 따른 비용을 함께 고려해서 손익 계산을 해야 한다.

번식 쌍인 암수 간에 신뢰가 높다고 하더라도, 양육을 위한 투자를 둘러싼 갈등은 여전히 발생한다. 아빠는 양육을 조절하려 일관적으로 노력할 것이고, 엄마는 새끼들이 받을 수 있는 수컷 양육을 증가시키려고 시도할 것이다. 매튜 파케타(Matthieu Paqueta)와 퍼 스미세스(Per Smiseth) 연구진은 엄마가 산란 시기에 자손의 표현형을 바꾸는 모성 효과를 통해서 아빠의 양육 행동을 조작할 수 있다는 가설을 검증하기 위해 송장벌레(burying beetle, *Nicrophorus vespilloides*)를 대상으로 해서 교차 입양 실험을 했다(Paquet and Smiseth 2017). 연구진은 암컷의 산란기에 교차 입양으로 암컷을 수컷에게 노출시키거나 반대로 노출을 막았다. 그 결과, 수컷이 있을 때 암컷이 산란을 한 경우에서는 부화한 새끼의 몸집이 작았다. 만약 수컷이 있다는 것을 암컷이 알고 있는 경우, 암컷은 수컷의 양육 투자를 기대하고서 그만큼 알에 투자하는 양을 줄인다는 것이다. 부화 후 새끼의 무게가 증가하긴 했지만, 이는 수컷이 먹이를 더 많이 가져다 준 덕분은 아니었다(실제로 수컷이 새끼에게 급여하는 먹이 양은 줄었다). 하지만 수컷이 사체에서 섭취한 먹이의 양을 줄였기 때문에, 새끼에게 돌아갈 수 있는 먹이의 전체 양은 늘었다. 송장벌레의 연구 사례를 종합해 보면, 수컷이 부성의 정도나 새끼의 질을 인지하고서 이를 토대로 양육을 얼마나 할지 조절할 수 있는 능력이 있다고 하지만, 암컷은 새끼의 표현형을 바꿔서 수컷이 더 많은 양육을 하게끔 조작할 수 있다.

엄마와 아빠가 양육에 투자하는 상대적 비율은 여러 생태적 요인에 의해 결정된다. 빈체(Vincze) 연구진은 6개 대륙에 서식하는 물떼새 12종, 36개체군을 비교함으로써, 온도 변화가 포란기 양육 행동에 영향을 끼친다는 것을 알아냈다(Vincze et al. 2016). 연구진은 온도와 그 변동폭이 포란기 부모의 협력에 영향을 준다는 것을 밝혀냈는데, 평균 온도와 연도별 주간 온도 변이 수치가 증가함에 따라 수컷의 양육 참여도 증가하였다. 평균 온도, 연간 온도에 대한 예측 불가능성과 같은 변수가 증가한다는 것은 환경적 요인이 더 혹독해진다는 것을 뜻하므로, 수컷은 포란을 위한 노력을 더 들임으로써 양육에 대한 투자를 늘린다. 논문 저자들은 혹독한 환경 하에서 수컷의 양육이 증가함으로써 포란기 배아가 죽지 않고 정상적으로 발달할 수 있게 도와줄 것이라고 내다봤다. 즉, 온도에 따라 좌우되는 둥지 실패 가능성이 증가할 경우에는 수컷이 암컷을 도와 포란에 더 많은 노력을 들임으로써 양육에 대한 비용이 증가하지만, 이러한 투자를 통해 번식 성공을 높이는 이득을 얻을 수 있다.

수컷은 왜 새끼를 양육할까?

위에서 언급된 것처럼, 암컷은 수컷과 달리 자식에 대한 유전적 확신이 있고, 양육으로 인해 추가적인 짝짓기 기회를 놓치는 손실을 더 많은 수컷과 짝짓기를 함으로써 만회할 수 있다. 따라서 암컷은 양육 행동을 통해 얻을 수 있는 이득이 높다. 그렇다면 수컷의 양육 이득은 어떤 것이 있을까? 수컷이 손익 비율을 높이기 위해서는 어떤 조건이 필요할까? 제9장에서 나온 성선택 이론에 따르면, 짝이 많은 수컷은 더 많은 자손을 남길 수 있다. 수컷이 양육에 참여해 새끼를 키우면 그만큼 짝짓기에 참여할 수 있는 기회를 놓치기 때문에 비용이 발생한다. 검은뇌조(black grouse, *Lyrurus tetrix*)의 렉(lek, 집단 구애)에서 우월한 수컷이 20마리의 암컷과 짝을 지어 알을 낳는 상황을 가정해보자. 수컷이 짝짓기에 성공하기 위해선 렉에 정기적으로 참여해야 하는데, 지위가 높은 우두머리 수컷 뇌조는 포란을 위해 시간을 쓰는 동안 추가적인 짝짓기 기회를 놓치므로 적응도가 감소할 수 있다(Queller 1997). 뇌조뿐만 아니라 다른 종에서도 매력적인 수컷은 양육과 짝짓기 기회 사이에서 이해 관계가 상충한다.

양육 비용에 대한 퀠러의 논리에 따르면, 수컷이 추가적인 짝짓기 기회를 포기하고 양육에 투자한다면 이로 인해 많은 손실을 입게 된다. 따라서 수컷의 양육 행동은 매우 드물게 나타날 것이라는 추측이 가능하다(그림 11.12 참조). 실제로 수컷 양육은 어류 종에서 꽤 흔하게 관찰되며, 동물계에서 적지 않은 종이 수컷 홀로 양육하는 방식을 진화시켜 왔다. 어류 수컷은 난자 위에 정자를 뿌리기에 암컷에 비해 더 많은 자손을 남길 수 있을 것처럼 보이며, 수컷이 양육에 참여할 경우에 드는 시간과 에너지로 인해서 손실이 클 거라 예상된다. 하지만 암컷이 알을 돌보지 않고 수컷만 양육에 참여하는 양육 체제 하에서는 수컷이 양육함으로써 얻는 이득이 높아져서 짝짓기 기회를 잃는 손실을 상쇄할 수 있다. 비록 지위가 높은 우두머리 수컷은 양육 활동으로 인해 더 많은 새끼를 낳을 수 있는 기회를 놓칠 수 있지만, 수컷이 알을 낳는 암컷을 만나 많은 수의 새끼를 한꺼번에 양육할 수 있다면 손실을 줄일 수 있다.

조류에서는 한 번에 낳을 수 있는 알의 개수에 한계가 있기 때문에, 부모 중 한쪽이 양육할 수 있는 자손의 숫자에 제한이 생긴다. 하지만 어류는 조류에서처럼 포란을 해서 알을 따듯하게 품어줄 필요가 없고 알의 크기가 작아 한꺼번에 많은 수의 알을 낳을 수 있다. 따라서 조류보다 어류에서 양육할 수 있는 자손의 수가 훨씬 많은 편이다(**BOX 11.2**). 실제로 수컷 가시고기는 한 둥지에서 10마리의 암컷이 낳은 알을 2주 간 한꺼번에 돌보고 부화시킬 수 있다. 암컷 대신 수컷이 양육을 홀로 담당하는 이유는 무엇일까? 번식기 동안 암컷이 생산하는 알의 갯수는 평균 7개에 불과하다(Clutton-Brock and Parker 1992). 따라서 암컷의 입장에서 볼 때, 한 번에 품을 수 있는 알은 한배에서 산란한 7개에 불과하므로, 양육을 통해 얻

BOX 11.2 자료 해석을 통한 행동 탐구

둥지를 방어하는 블루길 수컷이 알과 치어를 노리는 포식자에 대해 보이는 반응

수컷 블루길(bluegill sunfish, *Lepomis macrochirus*)은 큰입농어(largemouth bass, *Micropterus salmoides*)와 같은 포식자로부터 알과 치어를 보호한다. 산란기에 다른 침입자 수컷이 나타나면 영역을 가진 수컷은 공격적으로 반응해서 알을 보호한다(**그림**). 브라이언 네프(Bryan Neff)는 플라스틱 병 안에 다른 수컷 개체들을 넣어 둥지 근처에 두고서 영역을 소유한 수컷의 반응을 살폈다. 그 후 블루길의 알와 치어를 잡아먹는 물고기인 펌프킨씨드(pumpkinseed sunfish, *Lepomis gibbosus*)를 투명한 플라스틱 백에 넣어 둥지 근처에 두고서 수컷이 포식자인 펌프킨씨드를 위협하는 행동을 하는 정도를 측정하였다.

둥지를 방어하는 블루길 수컷이 알과 치어를 노리는 포식자에 대한 반응. 대조군 수컷은 경쟁자에 노출시키지 않았지만, 실험군 수컷은 투명한 수조에 담겨 다른 경쟁자를 볼 수 있기 때문에 알을 노리는 경쟁자가 있는 것 같은 상황을 연출하였다. 그 후 포식자 물고기인 펌프킨씨드를 투명 플라스틱 백에 담아 접근시켰을 때, 수컷이 취하는 위협 행동과 깨무는 행동의 횟수를 측정함으로써 수컷의 양육 행동을 정량화하였다. (After Neff 2003.)

생각의 틀 깨기

그림에 나타난 결과를 어떻게 해석할 수 있을까? 그림 속 결과에서 어떤 점이 잘 이해가 되지 않는가? 블루길 수컷은 후각적인 신호를 이용해서 치어의 부성을 판단할 수 있다고 알려져 있다. 이 정보가 실험 결과를 이해하는 데 도움이 되는가?

을 수 있는 이득이 수컷에 비해 훨씬 적다. 게다가 암컷이 양육을 하는 동안엔 섭식 활동을 자유롭게 하지 못해서 성장이 저해될 수 있는데, 이는 번식력에 부정적 영향을 미칠 수 있다. 양육을 하는 수컷 역시 성장률이 떨어질 수 있지만, 짝을 더 유인하기 위해서 자신의 영역 내에 머무르기 때문에 그 정도가 매우 미미하다.

암컷과 수컷이 치러야 하는 양육 행동의 비용은 직접적인 방법을 이용해서 측정할 수도 있다. 입 안에 알을 품는 시클리드과 물고기인 틸라피아(St. Peter's fish, *Sarotherodon galilaeus*)는 암컷과 수컷 둘 중 하나가 알을 입 안에 품고서 포란한다. 입으로 알을 품는 동안에는 섭식 활동이 어렵기 때문에 알을 품는 암컷과 수컷은 몸무게가 감소한다. 또한 알을 품는 개체는 인위적으로 입에서 알을 제거한 개체와 비교했을 때 산란 주기가 길었다(**그림 11.14**). 포란 중인 암컷은 산란 주기가 11일 이상 더 길었고, 수컷은 7일이 걸렸다. 포란 중인 암컷은 다음 산란때 알을 적게 낳은 반면, 수컷은 다음 산란기에도 정자를 살포하여 수정시키는 능력은 변함이 없었다. 틸라피아의 암컷과 수컷은 모두 양육으로 인한 비용을 치뤄야 하지만, 양육의 비용을 따져보면 암컷이 수컷보다 훨씬 높다(Balshine-Earn 1995). 이처럼 수컷의 양육이 암컷에 비해 이득이 더 높기 때문에 수컷에서 양육 행동이 진화할 수 있었을 것이다(Gross and Sargent 1985).

열대 지방의 독개구리(Aromobatidae, Dendrobatidae 과)에서도 양육 행동을 한쪽 부모가 담

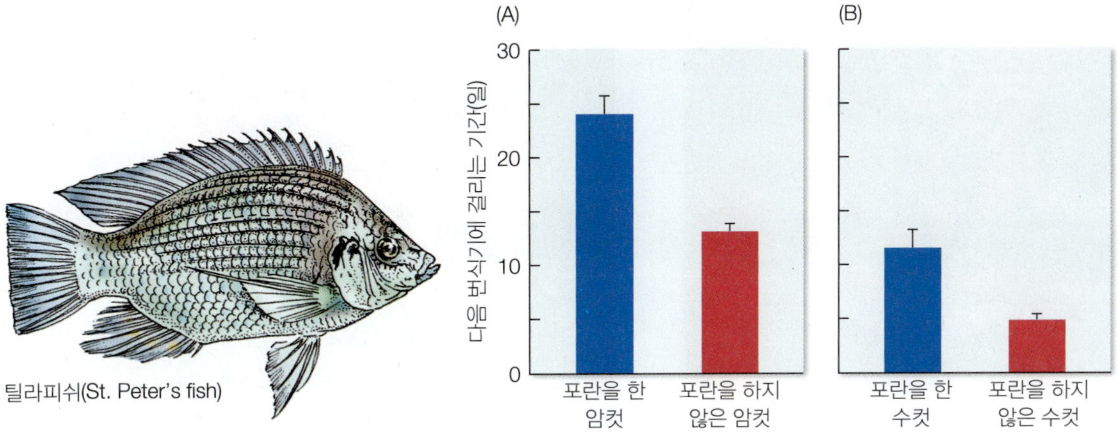

그림 11.14 틸라피아의 양육 비용을 계산해 보면 암컷이 수컷보다 높게 나타난다. (A) 포란을 하는 암컷이 포란을 하지 않은 암컷에 비해 다음 번 산란기까지 걸리는 기간이 더 길었다. (B) 포란을 하는 수컷이 그렇지 않은 수컷에 비해서 다음 번식기까지 걸리는 기간이 더 길었지만, 그 차이는 암컷과 비해 크지 않았다. 막대 그래프는 평균과 표준오차를 나타낸다. (After Balshine-Earn 1995)

당하는 행동을 쉽게 관찰할 수 있다(**그림 11.15**). 개구리에서 양육 행동은 상당히 드물게 나타나, 전체 종의 20% 미만에서 관찰되는 것으로 알려져 있다. 하지만 독개구리 분류군에서는 거의 모든 종이 양육을 하는데, 뭍에 있는 알에서 물이 있는 곳으로 올챙이를 이동시키는 형태에서부터 암컷, 수컷 부모에 의한 추가 양육까지 다양한 형태로 나타난다. 독개구리에서 수컷 양육이 가장 원시적인 형태로 보이며, 수컷 양육이 나타난 이후에 공동 양육, 암컷 양육이 진화했다(Summers and Tumulty 2014). 개구리의 양육 행동은 어류와 유사하게 암컷의 산란 장소를 중심으로 영역을 방어하는 형태로 이뤄진다. 브로멜리아드(bromeliad), 헬리코니아(*Heliconia*) 꽃, 나무 구멍, 대나무 줄기, 종려나무 등의 잎겨드랑이에 고인 물웅덩이에서 알을 보호하여 키운 뒤 다른 곳으로 이동시킨다. 포식자로부터 방어하는 일은 주로 수컷이 담당하는데, 이는 부성에 대한 확실성을 높이려는 행동과 관련이 있다. 개구리 수컷은 영역을 지키고 그 안에서 알이 안전하게 성장할 수 있도록 보호하며, 부성 확실성을 높이기 위해 양육에 더 많은 에너지를 쏟는다.

수컷의 양육은 어류와 몇몇 개구리 종에서 주로 관찰되며, 다른 동물에서는 찾아보기 어렵다(Clutton-Brock 1991, Tallamy 2001). 우리가 일반적으로 알고 있는 성 역할이 역전된 사례들을 통해 부모 양육 행동이 매우 폭넓게 진화되었음을 알 수 있다. 일처다부제는 조류에서 매우 드물게 나타난다. 조류 전체 종 가운데 약 1% 미만에서 관찰되는데, 주로 물새나 도요물떼새 종에서 나타난다. 일처다부제 하에서는 성 역할이 뒤바뀌어 일어나는 경우가 많고, 수컷이 양육을 홀로 담당한다. 북부물꿩(northern jacanas, *Jacana spinosa*) 암컷은 부유성 식생이 있는 연못이나 호수에 영역을 정한 뒤 방어하고, 수컷은 부유성 식물 위에 둥지를 짓는다(Emlen and Oring 1977). 암컷은 자신의 영역 내에 있는 여러 수컷 둥지에 알을 낳고, 이후 수컷이 포란을 하며 새끼를 돌본다. 성 역할이 바뀐 다른 종에서와 마찬가지로 성선택의 결과로써, 물꿩 암컷은 수컷에 비해 몸집이 크다. 암컷은 영역을 돌며 포식자로부터 둥지를 보호한다. 장님거미(*Iporangaia pustulosa*)도 성 역할의 역전 사례를 보여주는 대표적인 종이다. 장님거미 수컷은 나뭇잎 아래에 낳은 알 옆에 머물면서 수개월에 걸쳐 알을 보호

그림 11.15 독화살개구리. (A) 올챙이를 업고 있는 딸기독화살개구리(Strawberry poison-dart frog, *Oophaga pumilio*); (B) 딸기독화살개구리(Strawberry poison-dart frog, *Oophaga pumilio*); (C) 아마존 독화살개구리와 올챙이(Amazonian poison-dart frog, *Ranitomeya ventrimaculata*); (D) 파란독화살개구리(Blue poison-dart frog, *Dendrobates azureus*); (E) 할리퀸독화살개구리(Harlequin poison-dart frog, *Oophaga histrionica*); (F) 나뭇잎 위에 있는 노랑줄무늬독화살개구리(Yellow banded poison-dart, *Dendrobates leucomelas*). (Photographs: A, adrian hepworth/Alamy Stock Photo; B, © iStock.com/ NTCo; C, © iStock.com/kikkerdirk; D, © iStock.com/Azu- reus70; E, © iStock.com/Studio-Annika; F, © iStock.com/ SHAWSHANK61.)

한다(**그림 11.16**). 알을 보호하는 수컷이 있으면 약 절반 가량의 알이 부화하지만, 양육을 담당하는 수컷을 12일 동안 분리하면 알은 다른 장님거미에 의한 공격으로 인해서 대부분 사라진다(Requena et al. 2009). 다른 장님거미 종에서 연구된 사례를 살펴보면, 암컷은 알을 보호하고 있는 수컷에게 매력을 느낀다는 보고가 있다. 이는 어류, 양서류, 조류에서 보고된 것

그림 11.16 수컷 장님거미는 자신의 정자로 수정된 게 확실한 알을 보호한다. 열대에 사는 장님거미는 수컷이 새끼를 돌본다. 수컷의 양육 없이는 알이 부화하기가 어렵다. (Photograph by Andrew M. Snyder/ Moment Open/Getty Images.)

처럼 수컷의 양육 행동이 성선택에 의해 진화되었음을 보여준다(Machado et al. 2004, Nazareth and Machado 2010, Summers and Tumulty 2014).

수컷이 양육을 하는 곤충 가운데 *Lethocerus*속 물장군 수컷은 암컷이 낳은 수생 식물 줄기에 산란해 놓은 알을 보호하고 습도를 유지한다(**그림 11.17A**)(Smith and Larsen 1993). *Abedus*, *Belostoma*속 물장군 수컷의 양육은 한 단계 더 나아가, 암컷이 수컷의 등에 알을 곧장 낳아서 붙이면 수컷이 알을 직접 보호한다(**그림 11.17B**). *Abedus*속 물장군 수컷은 수면에서 시간을 들여 몸에 물을 순환시켜 알에 산소를 공급한다. 수컷의 등에서 인위적으로 알을 떼어내면 부화가 되지 않는데, 이를 통해 수컷 양육이 물장군 새끼의 생존에 필수적임을 알 수 있다.

밥 스미스(Bob Smith)는 물장군 수컷의 양육 행동의 적응적 가치와 진화 역사에 대해 연구해 왔다(Smith 1997). Belostomatidae과에 있는 대부분 종들은 수컷이 양육을 하지 않는데, 이는 수컷의 포란 행동이 양육을 하지 않는 조상 종으로부터 진화해 왔기 때문인 것으로 생각된다(**그림 11.18**). 물 밖에서 알을 부화시키는 형태와 등으로 알을 품는 형태가 같은 조상으로부터 독립적으로 진화한 것인지 혹은 각 다른 조상에서 진화한 것인지는 아직 제대로 알려져 있지 않다. 하지만 *Lethocerus*속 암컷이 산란에 적당한 식물을 찾지 못할 때 다른 개체의 등에 알을 낳기도 한다는 사실을 감안하면, 물 밖에서 알을 부화시키는 형태에서 알을 품는 형태로 점차 진화했을 거라 추측된다.

그렇다면 물장군 알은 왜 이렇게 많은 노력이 들어가는 포란을 필요로 하는 걸까? 수생 곤충의 상당수는 부모의 양육 없이도 부화가 잘 이뤄진다. 스미스는 Belostomatidae과에 속한 물장군 알이 다른 수생 곤충의 알에 비해 크기가 매우 크다는 점에 주목했다. 알의 크기가 크면, 그만큼 배아 발달을 위해 높은 물질대사를 유지해야 하기 때문

그림 11.17 수컷 물장군은 양육을 홀로 담당한다. (A) *Lethocerus*속 물장군 수컷은 암컷이 낳은 알의 곁에 머물며 보호한다. (B) Belostomatidae과에 있는 다른 속 암컷은 수컷의 등에 알을 낳아 붙이고, 수컷은 물속에 남아 알을 보호한다. (A, photograph © CSP_feathercollector/Fotosearch LBRF/AGE Fotostock; B, photograph by Greg Hume/CC BY-SA 3.0.)

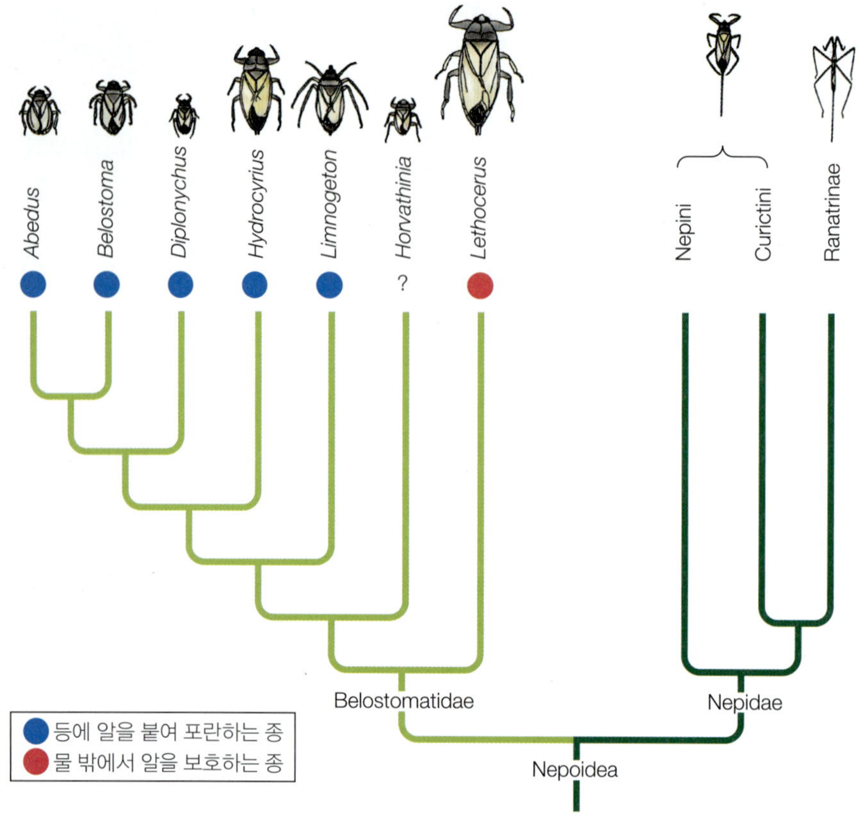

그림 11.18 장구애비상과(Neopoidea, Belostomatidae과의 물장군 포함)에서 나타난 수컷의 포란 진화. 각 그룹별 대표 곤충을 그림으로 나타냈다. 계통도를 통해 Belostomatidae과 전체에 수컷 양육 행동이 널리 퍼져 있음을 알 수 있다. 하지만 Nepidae과에서는 이런 특징이 전혀 관찰되지 않는다. (After Smith 1997.)

에 산소 요구량이 많을 것이다. 하지만 알이 크면 부피당 표면적의 비율이 작아지기 때문에 산소 결핍이 일어나기 쉽다. 물을 통해 산소를 얻는 것보다 공기를 통해 얻는 산소의 양이 더 많기 때문에, 알을 물 밖에 낳으면 산소 결핍 문제를 해결할 수 있다. 하지만 이 경우에 또 다른 문제가 생기는데, 알이 쉽게 건조해져서 말라버릴 위험이 발생한다. 이를 해결하기 위해 수컷은 주기적으로 알에 물을 적셔서 습도를 유지하는데, 아마도 이 과정에서 수컷이 등에 알을 품고 포란하는 행동이 진화되었을 것이다.

만약 Belostomatidae과의 암컷이 크기가 작은 알을 낳으면 부피당 표면적의 비율이 낮아서 발생하는 문제를 간단히 해결할 수 있지 않을까? 물장군은 세계에서 가장 몸집이 큰 곤충 중 하나로, 물고기나 개구리, 올챙이를 사냥할 수도 있다. 물장군은 다른 곤충과 마찬가지로 변태를 거치며 성장하는데, 마지막 탈피를 마친 후 성충이 되면 몸이 더 이상 커지지 않는다. 변태 과정에서 허물을 벗고 새로운 큐티클 표피층이 만들어지는 일을 반복하는 동안, 각 단계에서 50~60% 이상 크기가 커지진 않는다. 따라서 곤충이 크게 자라기 위해서는 변태 과정을 여러 번 반복해서 거쳐야 한다. Belostomatidae과에 속하는 곤충은 변태를 6번을 넘기지 않는다. 미국깝짝도요의 한배 산란수가 4개를 넘지 못했던 것과 같은 맥락으로, 이 곤충은 변태 과정을 5~6번만 할 수 있게끔 생리적 제한이 있다. 물장군이 개구리를 잡을 수 있을 만큼 덩치가 커지려면 알에서 처음 부화한 유충 단계에서부터 충분히 커야 한다. 5번의 변태를 거치는 동안 각 단계별로 성장 한계가 50% 가량으로 제한이 되어 있기 때문에 1령 유충이 커지려면 알도 그만큼 커야 한다. 결국 큰 알을 낳아 배아를 발달시키려면 산소가 필요하고, 이에 따라 수컷의 포란이 중요해진다. 물장군이 커다란 먹이를 잡기 위해 필요한 큰 몸집이 선택되는 진화 발달 단계에서 수컷의 포란은 보조적인 역할을 했을 것이다(Smith and Larsen 1993). 전체적으로 물장군의 진화 과정은 몸 크기의 진화적 변형 과정에 대한 "판다 법칙(panda principle, 제8장 참조)"과 매우 유사하게 일어난 것으로 보인다.

지금까지 물장군 수컷의 양육에 대해 알아 보았는데, 물장군 암컷도 수생 식물에 산란을 한 후 알을 돌보는 행동을 한다. 그런데 왜 수컷만 포란을 하고 암컷은 하지 않는 걸까? 어류에서 다뤘던 예시와 같은 맥락에서 이해할 수 있다. 우선 물장군 수컷은 한 암컷이 낳은 알을 품고 있는 동안 다른 암컷을 유혹한다. 등에 지고 있는 알이 부분적으로 채워져 있으면, 가시고기 수컷이 둥지에서 했던 것과 마찬가지로, 이러한 행동을 통해서 앞으로 추가적인 양육이 가능하다는 것을 효율적으로 어필할 수 있을 것이다(Tallamy 2001). 또한 양육의 비용이 암컷에서 훨씬 높다. 크기가 큰 알을 산란하려면 암컷은 수컷에 비해 많은 먹이를 섭취해야 한다. 포란을 하는 동안에는 움직임이 둔화되기 때문에 먹이를 잡기 어려워지고, 이는 다시 암컷의 추가적인 비용으로 이어질 것이다. 이같이 양육 행동의 비용이 암컷에게 과도하게 몰리는 연유로 인해서, 수컷이 산란 후 양육을 담당하는 방향으로 선택되었을 거라 생각된다.

선별적인 양육 행동

부모 중 누가 양육을 얼마나 하든지 간에, 부모는 유전적으로 관련이 없는 자손에게 양육을 투자하려 하지 않을 것이다. 부모가 왜 유전적으로 전혀 관계가 없는 개체를 위해 에너지를 쏟아야 하는 걸까(제12장 참조)? 부모가 자신의 자손이 아닌 다른 개체를 돌보는 사례가 있는데, 이는 부모가 같은 종 내에서, 심지어 다른 종 개체를 제대로 구분하지 못해서 벌어지는 일이다.

자기 자식을 알아보기

가끔 부모는 자기 자식을 알아보지 못한다. 멕시코자유꼬리박쥐(Mexican free-tailed bat, *Tadarida brasiliensis*)는 미국 남서부 동굴에서 임신한 암컷 수백만 마리가 집단을 이뤄서 살아간다. 한배에 한 마리의 새끼를 낳는데, 암컷은 새끼를 낳은 뒤 동굴 천장에 그대로 두고 자리를 떠난다. 새끼들은 천장에 빽빽하게 매달려 자기들끼리 보육원을 형성하는데, 1제곱미터당 4,000마리가 밀집하기도 한다(**그림 11.19**). 암컷이 새끼를 돌보기 위해 동굴로 돌아오면 배고픈 어린 박쥐들에게 둘러싸인다(McCracken 1984). 초기 연구진은 어미 박쥐가 동굴로 와서 단순히 가장 먼저 본 새끼 개체에게 수유를 한다고 생각했다. 그런데 멕시코자유꼬리박쥐 어미는 정말 자기 새끼를 구분하지 못할까? 개리 맥크라켄(Gary McCracken)은 어미 박쥐와 어미가 돌보고 있는 새끼를 함께 포획해 혈액 시료를 채취했다(McCracken 1984). 분석 결과에서, 어미는 최소한 80% 이상에서 자기 자식을 골라 수유하는 것으로 나타났다. 후속 연구 결과에 따르면,

그림 11.19 멕시코자유꼬리박쥐 어미는 혼잡한 무리 안에서도 자기 새끼를 인지한다. 어미는 먹이 활동을 마치고서 어린 박쥐들이 밀집한 동굴로 돌아왔을 때 자기 새끼를 찾을 수 있다. 동굴 밖으로 나갔다가 돌아오면 새끼가 있는 위치가 계속 바뀌는 데에도 어미는 그 안에서 새끼를 알아본다. (Photograph by Johner Images/Alamy Stock Photo.)

어미는 청각과 후각 신호를 이용해 자기 새끼를 인지했다(Balcombe 1990, McCracken and Gustin 1991).

만약 자기의 자손을 인지하는 능력이 선별적 양육을 하는 데 도움이 된다면(친족 인지; 제13장 참조), 부모–자식 간의 인지 행동이 멕시코자유꼬리박쥐 뿐만 아니라 다른 집단생활을 하는 포유류에서도 발산 진화하였을 것이다. 이러한 예측은 굴을 파고 집단생활을 하는 작은 설치류인 데구(common degu, *Octodon degus*)에서 검증되었고(Jesseau et al. 2008), 해안에 많은 개체가 모여 사는 아남극권 물개(subantarctic fur seal, *Arctocephalus tropicalis*)에서도 밝혀진 바 있다. 암컷 물개는 새끼를 낳은 후 약 1~3주에 걸쳐 함께 지내면서 물속 먹이 활동을 준비한다. 어미의 소리를 녹음해 틀어주는 실험을 하자 생후 5일이 되지 않은 새끼도 어미의 소리를 금방 배웠고, 어미도 마찬가지로 새끼의 소리를 금세 익혔다. 어미가 바다에서 먹이 활동을 하고 해안가로 돌아오면 새끼들이 소리를 내며 어미를 찾는데, 이때 어미와 새끼가 다시 만나는 데 15분 미만이 소요된다(Charrier et al. 2003).

자기 자식을 인지하는 것이 양육을 선별적으로 하기 위해 필요한 능력이라는 가설을 검증하기 위해서, 여러 제비 종들을 비교 검증해보았다. 갈색제비(bank swallow, *Riparia riparia*)와 북부거친날개제비(northern rough-winged swallow, *Stelgidopteryx serripennis*) 둥지는 진흙 제방에서 생활한다. 갈색제비는 한데 모여 사는 반면, 북부거친날개제비 둥지는 개별적으로 떨어져 있다. 갈색제비 둥지에서 이소한 새끼들은 각기 매우 독특한 소리를 내서 부모가 자신을 알아볼 수 있도록 신호를 준다. 큰 집단에서 사는 갈색제비 부모는 먹이를 달라고 쫓아다니는 수많은 어린 새끼들 가운데서도 실수를 거의 하지 않고 자기 새끼를 구분해낸다(Beecher et al. 1981, Medvin and Beecher 1986). 홀로 생활하는 북부거친날개제비는 자기 새끼가 아닌 다른 둥지의 새끼에게 먹이를 줄 기회가 전혀 없으므로, 자식을 알아보기 위해 에너지 비용이 들어가는 정교한 메커니즘을 굳이 필요로 하지 않는다. 실제로 북부거친날개제비 새끼들이 내는 소리는 개체 간 변이가 없이 매우 비슷하다. 이러한 사실은 새끼도 부모를 알아보고 인지하는 의사소통 체계를 필요로 하지 않음을 의미한다.

큰 집단을 이루는 삼색제비(cliff swallow, *Petrochelidon pyrrhonota*)와 상대적으로 사회성이 덜한 제비(barn swallow) 역시 새끼를 인지하는 방식에 차이가 있다. 삼색제비 둥지의 새끼는 제비와 비교해 약 16배에 달하는 다양한 음성 변이를 만들어낸다(**그림 11.20**)(Medvin et al. 1993). 따라서 삼색제비 부모는 새끼들의 소리를 듣고서 그들 가운데 자기 자식을 구분하기가 훨씬 쉽다. 두 제비 종을 대상으로 조작적 조건화 실험을 통해 부모가 새끼의 소리를 구분하는지 검증하였는데, 그 결과 삼색제비는 85%의 정확도에 도달하는 데 걸린 시간이 제비보다 훨씬 빨랐다. 따라서 삼색제비의 음성 인지 체계는 멕시코자유꼬리박쥐, 물개와 마찬가지로 자기 자식을 정확히 구분할 수 있게 진화했음을 알 수 있다(Medvin et al. 1993).

제비, 박쥐를 비롯한 많은 집단생활 동물들이 자기 자식을 인지하기 위한 독특한 방법을 진화시켜 왔음에도 불구하고, 몇몇 종에서는 부모가 유전적으로 전혀 관련이 없는 개체를 자기 자식으로 오인하는 일이 발생한다.

종간 부화 기생

경험에 의거한 규칙이지만, 단독 생활을 하는 조류는 집단 생활을 하는 조류에 비해 다른 종

그림 11.20 자손 인지 행동은 부모가 자식을 정확히 구분하지 못하고 오인할 수 있는 위험이 큰 동물에서 진화했다. (A) 집단을 이뤄 번식하는 삼색제비의 새끼는 구조화되고 특징적인 소리를 내어 부모가 새끼를 잘 인지하고 구별할 수 있게 돕는다. (B) 상대적으로 집단성이 덜한 제비는 새끼가 내는 소리가 덜 구조화되었고 개체들 간에도 매우 비슷하다. 음파를 분석한 결과를 보면, 새끼들이 낸 음성 신호의 진동수를 시각적으로 파악할 수 있다. 두 종 모두 1~6킬로헤르츠(kHz)의 주파수를 나타냈다. 음 길이를 살펴보면, 삼색제비가 0.7~1.3초 길이의 소리를 낸 반면에 제비는 0.4~0.8초 길이의 소리를 냈다. (After Medvin et al. 1993; A, photograph © Natalia Kuzmina/Shutterstock; B, photograph © iStock.com/Kaphoto.)

에게 완전히 이용당하는 일이 잦은 것 같다. 단독 생활을 하는 종은 정교한 알이나 자식을 인지하는 체계가 없어서 **종간 부화 기생(interspecific brood parasites)**의 좋은 먹잇감이 되고는 한다. 종간 부화 기생이란 분류학적으로 전혀 다른 종이 숙주 종의 새끼로 들어가 신호를 발생해서 꾸준한 양육을 받는 전략을 뜻한다(**VIDEO 11.3**). 뻐꾸기(common cuckoo, *Cuculus canorus*)의 어린 새끼는 개개비(reed warbler, *Acrocephalus scirpaceus*)의 둥지에 들어가 원래 있던 둥지의 새끼들을 모두 죽인 후, 숙주의 새끼인척 흉내내며 먹이를 계속 가

VIDEO 11.3
Common cuckoo tossing great reed warbler eggs
ab11e.com/uk/v11.3

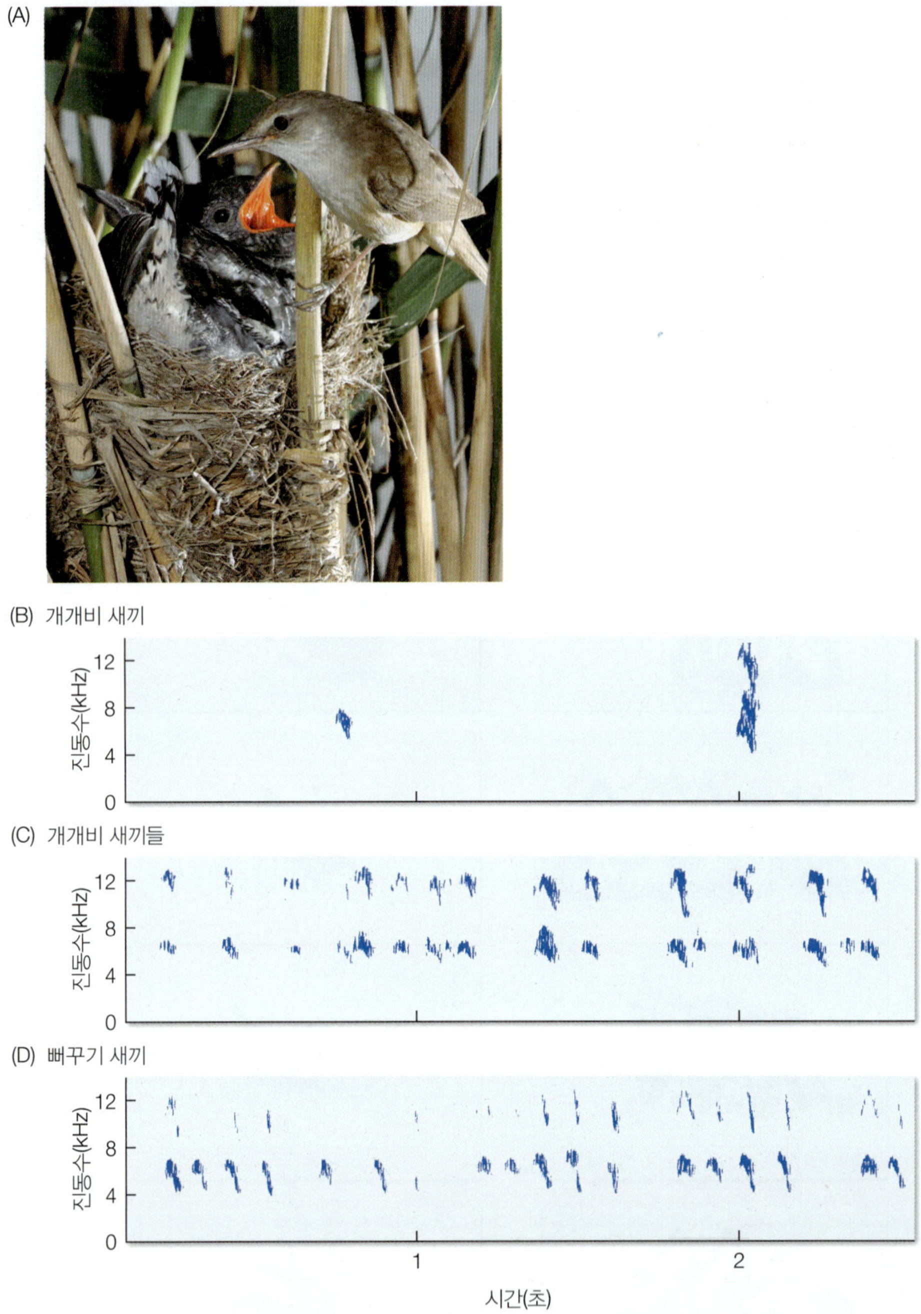

그림 11.21 뻐꾸기 새끼 한 마리가 둥지에서 먹이를 달라고 조르는 소리는 개개비 4마리가 내는 소리와 유사하다. (A) 뻐꾸기 새끼가 개개비 부모에게 먹이를 달라고 조르고 있다. (B) 개개비 새끼 1마리가 내는 소리. (C) 개개비 새끼 4마리가 내는 소리. (D) 뻐꾸기 새끼 1마리가 내는 소리. (A, photo- graph © iStock.com/Maurizio Bonora; B–D after Davies et al. 1998.)

져오게 만든다(**그림 11.21**). 뻐꾸기는 둥지에 있는 새끼를 모두 죽이는 행동을 보이지만, 찌르레기사촌(brown-headed cowbird, *Molothrus ater*)은 숙주 새끼들을 그대로 둔다. 이러한 원인은 둥지에 몸집이 작은 숙주의 새끼가 함께 있으면 몸집이 큰 찌르레기사촌이 혼자 있을 때보다 먹이를 더 많이 받아먹을 수 있기 때문이다(Kilner et al. 2004). 종간 부화 기생은 조류에만 국한되지 않고 꿀벌이나 다른 곤충에서도 관찰된다. 뻐꾸기벌(cuckoo bee)은 조류인 뻐꾸기에서 따온 이름이며, 이 곤충은 단독 생활을 하는 다른 벌 둥지에 알을 낳는다.

종간 부화 기생 관계에서 기생 종이 얻는 에너지 이득과 숙주가 치르는 비용은 명확하다. 하지만 기생 종 새끼가 숙주 종 부모의 양육을 받기 위해서는 우선 기생 종의 알이 부화를 해야 한다. 숙주 가운데 기생 종 알을 골라내는 종도 있다. 외부에서 온 알을 둥지 밖으로 꺼내거나 번식을 도중에 아예 포기하고 둥지를 떠나기도 한다. 그렇다면 숙주 종들은 왜 원치 않는 기생 종의 알을 골라내지 않는 걸까?(**그림 11.22**)(Winfree 1999) 한 가지 원인은 부모가 학습을 통해 외부에서 온 알을 골라내는 과정에서 실수로 자신이 낳은 알을 제거할 수도 있기 때문이다. 개개비는 뻐꾸기 알을 제거하는 동안 종종 자신이 낳은 알을 버리고 한다(Davies and de L. Brooke 1988). 만약 부화 기생이 숙주 개체군의 아주 작은 비율을 차지한다면, 숙주 종이 기생 종 알을 제거하는 과정에서 생기는 작은 실수로 인한 비용이 크기 때문에 기생 종 알을 그대로 두는 편이 오히려 적응적으로 나은 선택이 될 수도 있다(Lotem et al. 1995). 이 가설을 검증하기 위해 영국에 서식하는 개개비를 조사했다. 영국에 서식하는 개개비 개체군은 부화 기생의 위험이 낮으며, 알을 골라내는 과정에서 발생하는 오류는 그다지 크지 않은 것으로 알려져 있다. 뻐꾸기 박제와 가짜 알을 이용해서 실험한 결과, 개개비가 둥지 주변에서 박제 뻐꾸기를 보지 못했을 때는 연구진이 넣어준 뻐꾸기 알을 둥지 내에 그대로 두고 이를 수용하는 경향을 보였다(Davies et al. 1996).

그림 11.22 숙주 종들은 왜 찌르레기사촌의 알을 받아들이고 품는 걸까? 이 둥지에는 유리멧새(Indigo bunting, Passerina cyanea) 알 2개와 찌르레기사촌이 낳은 전혀 다른 알 1개가 같이 있다. 유리멧새는 왜 기생종을 알을 인지하지 못하는 걸까? (Photograph © Agnieszka Bacal/Shutterstock.com.)

숙주 종의 몸 크기가 작을수록 기생 종 알을 수용하는 것은 더 적응적인 전략일 수 있다. 작은 숙주 종 부모는 기생 종의 커다란 알을 집어서 제거하기 힘들고, 몸집이 큰 새끼를 더 선호하기 때문에 기생 종의 새끼가 이득을 얻는다(Rohwer and Spaw 1988). 부리가 작은 숙주 종 부모에게는 두 가지 선택지가 있다. 하나는 새끼들을 버리고 둥지를 떠나거나 새로 둥지를 짓는 것이다. 그리고 다른 하나는 그대로 알을 두고서 기생 종의 알과 함께 둥지를 계속 품는 것이다. 새끼들을 버리는 선택은 숙주에게 너무 큰 비용이 든다. 다시 둥지를 지어야 하고, 알을 새로 낳아야 한다. 나무 구멍에 둥지를 만드는 종은 새로 둥지 자리를 찾는 일이 어렵기 때문에 비용이 더 크게 발생할 수도 있다. 아메리카솔새(yellow warbler, *Setophaga petechia*)는 번식기 후반에 기생을 당했을 경우, 새로 번식을 시작할 시간이 없기 때문에 외부에서 들어온 알을 그대로 두려는 경향을 보였다(Sealy 1995).

숙주 종에게 기생 종의 알을 실수 없이 제거할 수 있는 능력이 있다고 하더라도, 기생 종의 알이 제거되었을 경우 기생 종의 부모가 이를 확인하고서 숙주 종의 알을 공격할 수도 있다(**그림 11.23**). 이를 '**마피아 가설(mafia hypothesis)**(Zahavi 1979)'이라 하는데, 기생 종인 큰얼룩뻐꾸기(great spotted cuckoos, *Clamator glandarius*)와 숙주 종인 까치(European magpie, *Pica pica*)의 예에서 잘 나타난다(Soler et al. 1995). 까치 둥지에서 뻐꾸기 알을 제거하면 뻐꾸기 알을 그대로 두었을 때 보다 포식 당할 위험이 훨씬 높게 나타났다(알 제거 시 87%, 알 수용 시 12%). 뻐꾸기가 보고 있는 동안 연구진이 까치 둥지에 접근해서 뻐꾸기 알을 제거한 후 가짜 까치 알로 바꿔 놓으면, 뻐꾸기는 둥지에 다시 날아와 새로 넣어준 가짜 까치 알을 부리로 쪼아 공격했다. 숙주인 까치는 둥지 안에 있는 알이 사라지면 다시 둥지를 짓고 번식을 시도하는데, 이 과정에서 번식 시기가 뒤로 밀려 부정적인 결과를 얻게 될 가능성이 높아진다. 실제로 까치가 뻐꾸기 알을 골라내지 않은 둥지는 뻐꾸기 알을 제거한

마피아 가설 숙주가 부화 기생 종의 알을 그대로 수용하는 이유는, 기생 종의 알을 제거했을 때 기생 종이 다시 나타나 숙주의 알을 공격하며 보복을 할 수 있기 때문이다.

그림 11.23 숙주 둥지에 방문한 찌르레기사촌 암컷. 찌르레기사촌은 숙주 둥지에서 자기가 낳았던 알이 사라지면 숙주의 알을 공격해서 제거하는 행동으로 응징한다. (Photograph © S & D & K Maslowski/Minden Pictures, Inc.)

둥지에 비해 이소 새끼 수가 더 높게 나타났는데, 이를 통해 까치가 뻐꾸기 알을 수용하는 행동이 번식 성공을 높이는 방안이 될 수 있음을 알 수 있다(Soler et al. 1995).

제프리 후버(Jeffrey Hoover)와 스콧 로빈슨(Scott Robinson)은 노란머리버들솔새(prothonotary warbler, *Protonotaria citrea*) 연구를 통해서, 찌르레기사촌(Brown-headed cowbird) 역시 마피아 전략으로 부화 기생을 한다는 사실을 알아냈다. 연구팀이 조사한 노란머리버들솔새는 번식기가 되면 연구진이 만들어준 인공 둥지 안의 미끄러운 막대 위에 둥지를 지었다. 뱀이나 작은 포유류가 알과 새끼를 노릴 수 있기 때문에 이에 대한 방어 전략으로서 이런 행동을 하는 것인데, 그럼에도 불구하고 부화 기생을 하는 찌르레기사촌을 막아내지는 못했다. 연구진은 부화 기생을 당한 둥지를 다음 세 가지 경우로 가정해 만들었다: (1) 찌르레기사촌이 낳아 둔 알을 골라냈지만, 둥지 안으로 들어가는 입구가 개방되어 있어 찌르레기사촌 부모가 다시 올 수 있는 경우, (2) 찌르레기사촌이 낳은 알을 골라내지 않은 채 그대로 두고 둥지 안으로 들어가는 입구 역시 그대로 개방되어 있는 경우, (3) 찌르레기사촌 알을 제거하고 둥지 입구를 좁게 만들어 버들솔새만 간신히 들어갈 정도로 변형시킨 경우. 실험 결과, 찌르레기사촌 알이 사라지면 찌르레기사촌 어미가 곧 찾아와 이를 확인한 후 버들솔새의 알을 모두 깨뜨렸다. 하지만 찌르레기사촌 알을 그대로 두면 둥지 입구가 개방되어 있어도 버들솔새 알이 공격 당할 확률이 매우 낮았다. 또한 찌르레기사촌 알을 제거하더라도 둥지 입구가 좁아져서 찌르레기사촌이 들어가기 힘든 경우에는 버들솔새 알이 공격 당하는 일이 없었다(**그림 11.24**). 이 결과들을 종합해 보면, 찌르레기사촌 어미는 숙주 둥지에 다시 찾아와 알이 제대로 있는지 확인하고, 만약 자기가 낳은 알이 제거되었을 때는 숙주의 알을 공격한다. 그 결과 숙주는 재번식을 하지만, 기생 종이 다시 찾아와 숙주의 둥지를 공격한다(Hoover and Robinson 2007).

올바른 숙주를 고르는 방법

부화 기생 전략을 가진 어미는 숙주 둥지를 잘 골라서 알을 낳아야 한다. 찌르레기사촌 연구 사례를 살펴보면, 기생 종 어미가 둥지를 고를 때 숙주 둥지 크기(Mclaren and Sealey 2003)와 알 크기를 보고서 결정을 내리는 것으로 나타났다(Merrill et al. 2017). 특정한 둥지 구조를 통해 숙주를 정할 뿐만 아니라 숙주로 어떤 종을 고를지 결정할 때에도 도움이 된다. 기생 종은 특정 숙주 종에 특화되어 있어 한 종을 골라서 부화 기생을 하기도 하지만, 많은 기생 종은 다양한 숙주 종을 가운데 둥지를 골라 알을 낳는다. 다양한 숙주 종에 기생하는 종들은 알을 어디에 낳을지 여러 선택지가 있어서 좋아 보이지만, 기생 종은 그만큼 다양

그림 11.24 찌르레기사촌과 노란머리버들솔새에서 검증된 마피아 가설. (A) 처치 1에서는 연구진이 둥지에서 찌르레기사촌의 알을 인위적으로 제거해주었다. 이 경우 대부분의 둥지에서 노란머리버들솔새 알이 공격 당했다. 처치 2에서는 찌르레기사촌의 알을 그대로 두었다. 이 경우 노란머리버들솔새 알이 공격 당할 확률은 크게 줄어들었다. 처치 3에서는 찌르레기사촌의 알을 인위적으로 제거한 후, 찌르레기사촌 어미가 둥지에 접근하지 못하게 처리했다. 이 경우 노란머리버들솔새의 알이 공격 당한 경우는 거의 없었다. (B) 버들솔새의 새끼 수는 처치 1보다 처치 2와 처치 3에서 더 높았다. 막대 그래프는 평균과 표준오차를 나타낸다. (After Hoover and Robinson 2007, © 2007 National Academy of Sciences, USA; photograph © iStock.com/ziggy7.)

한 둥지 모양, 크기, 알 색깔, 무늬, 그 외에도 많은 행동 반응을 고려해야만 한다. 따라서 다양한 숙주 종에 기생하는 종은 특정 숙주 종에 기생하는 종에 비해 둥지를 찾기는 쉽지만 숙주를 속일 수 있는 정교한 알을 만들지 못한다. 따라서 기생 종이 다양한 숙주를 가질 수 있다고 하더라도, 개체나 개체군별로 특정 숙주 1~2종에 특화되어 있기도 하다. 실제로 뻐꾸기 같은 부화 기생 종에서 연구된 바에 따르면, 숙주에 따라서 유전적 차이를 나타내기도 한다. 클레어 스포티우드(Claire Spottiwoode) 연구진은 모계 유전으로 전달되는 미토콘드리아 DNA 염기서열을 분석해서 큰꿀잡이새(the greater honeyguide, *Indicator indicator*)(제8장 참조)(**VIDEO 11.4**)가 숙주 종(땅 위에 둥지를 트는 종과 나무에 둥지를 트는 종)에 따라 2개의 큰 계통으로 나뉘어 발산하였음을 알아냈다(Spottiswoode et al. 2011). 큰꿀잡이새는 아프리카의 여러 조류에 부화 기생하는데, 땅 위에 둥지를 트는 종에 기생하는 개체들과 나무에 둥지를 트는 종에 기생하는 개체들로 양분화되어 있고, 두 숙주 종 모두에 기생하는 경우는 거의 없다. 모계와 부계에 모두 유전되는 핵 DNA 염기서열이 두 그룹 간에 차이가 없는 것으로 나타난 것으로 봐서, 두 그룹 간에 번식을 정상적으로 이뤄지고 있는 것으로 보였다. 따라서 숙주에 대한 선호도는 기생 종의 모계를 따라 전달되는 것을 알 수 있다. 숙주 종에 대한 모계 유전은 뻐꾸기(Gibbs et al. 2000)와 밝은깃찌르레기사촌(shiny cowbirds, *Molothrus bonariensis*)에서도 보고된 바 있다.

VIDEO 11.4
Parasitic honeyguides killing host chicks
ab11e.com/uk/v11.4

공진화적 군비 경쟁

부화 기생 종과 숙주 종 사이에 발생하는 사례에서 알 수 있듯이, 두 그룹 간에 갈등이 발생하면 양쪽은 상호 간의 선택압으로 작용하는데, 이를 통해 서로 적응적 대응이 발생하여 결국 상호 간의 적응적 발전이 이뤄지게 된다. 이러한 현상을 **공진화적 군비 경쟁(coevolutionary arms race)**이라 부르며, 부화 기생 종–숙주 종 간의 상호 관계 속에서도 잘 관찰된다(Kilner and Langmore 2011). 숙주와 기생 종이 군비 경쟁을 하는 동안 발생하는 적응과 그에 대응한 적응은 번식 주기에 걸쳐 다양하게 일어난다. 산란 이전부터 부화 기생 종은 숙주를 괴롭히고, 화가 난 숙주를 피해 몸을 잘 숨기는 깃털색이나 행동을 하기도 한다. 하지만 대부분의 적응과 대응적 적응 행동은 산란 후에 숙주가 자기 알과 기생 알을 구분하는 시점부터 발생한다(Feeney et al. 2014b). 부화 기생 종은 숙주 종의 겉모습, 소리, 냄새, 화학적 조성을 흉내내며 접근하는데, 예를 들어 뻐꾸기 암컷은 숙주에게 들키지 않도록 숙주의 알을 똑같이 흉내냈고, 이에 맞춰 숙주는 뻐꾸기 알을 골라낼 수 있게 알에 변이를 주고서 이를 구분하는 능력을 진화시켰다. 캐시 스타더드(Cassie Stoddard) 연구진은 컴퓨터 시각 기술을 이용해 숙주 8종의 알 689개, 뻐꾸기 알 206개 사진을 분석해서 뻐꾸기의 숙주 알에 들어간 개별적 패턴 진화를 연구했다(Stoddard et al. 2014). 연구진의 분석 결과, 공진화적 군비 경쟁과 마찬가지로 숙주의 알을 가장 잘 흉내내는 뻐꾸기에 기생 당한 종들이 가장 특징적인 알 무늬를 진화시켜 왔음을 알게 됐다.

숙주의 독특한 알 무늬를 통해 숙주 종이 알을 쉽게 구분할 수 있는 반면, 기생 종은 숙주와 유사한 알을 만들기 어려워진다. 결국 기생 종은 여러 숙주 종의 서로 다른 알 무늬에 모두 잘 어울리는 알 무늬를 만드는 게 불가능해진다. 이런 어려움을 극복하기 위해서, 기생 종은 같은 숙주 개체 둥지를 반복적으로 방문해서 알을 여러 개 낳는다. 그렇게 하면 숙주 종이 기생 종의 알을 정교하게 골라내기가 더 어려워진다. 이러한 예측을 검증하기 위해 마틴 스티븐스(Martin Stevens) 연구진은 기생 종인 뻐꾸기핀치(cuckoo finch, *Anomalospiza imberbis*)와 숙주 종인 African tawny-flanked prinia(*Prinia subflava*)를 이용해 실험했다(Stevens et al. 2013). 기생 종과 숙주 종 모두 개체별 알 색깔과 패턴의 변이가 컸지만, 각 개체는 평생에 걸쳐 한 가지 유형의 알만 낳았다. 연구진은 prinia의 알을 다른 둥지의 prinia 알과 바꿈으로써, 부화 기생이 일어난 것 같은 상황을 만들었다. 이때 prinia 어미는 외부에서 온 알을 인지하고 골라냈다(**그림 11.25A**). 하지만 연구진이 둥지 내에 넣어준 기생 알의 비율을 높이자 숙주의 기생 알 제거율이 떨어졌으며, 기생 알과 숙주 알의 차이가 커야만 구분할 수 있었다(**그림 11.25B**). 따라서 뻐꾸기핀치가 prinia 둥지에 여러 개의 알을 낳는다면, prinia가 기생 종의 알을 제거하는 데 어려움을 겪어 뻐꾸기핀치 알의 부화율은 증가하게 된다.

호스필드청동뻐꾸기(Horsfield's bronze-cuckoo, *Chrysococcyx basalis*)와 요정굴뚝새(superb fairy-wren, *Malurus cyaneus*)의 부화 기생 관계 역시 군비 경쟁의 측면에서 해석할 수 있다(Langmore and Kilner 2007). 호스필드청동뻐구기는 다양한 숙주에게 알을 낳는 기생 종인데, 그 중에서도 협동 번식을 하는 것으로 알려진 요정굴뚝새에게 부화 기생하는 것을 선호한다(요정굴뚝새는 제10장에서 혼외 짝에 의한 비율이 높은 것으로 연구된 종임). 유럽에 서식하는 뻐꾸기와는 달리, 호스필드청동뻐꾸기는 특정 숙주에게 기생하는 대신 여러 숙주에게 부화 기생을 하기 때문에 숙주의 알을 잘 흉내내지 못한다(Feeney et al. 2014a). 요정굴뚝새 부모새가 알을 낳기 전 둥지에서 다른 알을 발견하면, 그 위에 둥지를 다시 짓는다. 이미 알을 다 낳고 포란을 시작했음에도 뻐꾸기가 둥지에 알을 낳으면 요정굴뚝새는 둥지를 버리고 떠난다. 하지만 뻐꾸기는 요정굴뚝새가 알을 낳는 시기를 잘 파악하고 있다가, 알이 다 채워지기 전에 몰래 둥지에 접근해서 부화 기생을 한다. 만약 요정굴뚝새가 알을 낳기 시작해서 다 채워지기 전까지의 기간에 뻐꾸기가 알을 낳는 데 성공한다면, 뻐꾸기 알은 둥지 안에서 제거되는 일 없이 다른 숙주 알과 함께 부화하게 된다.

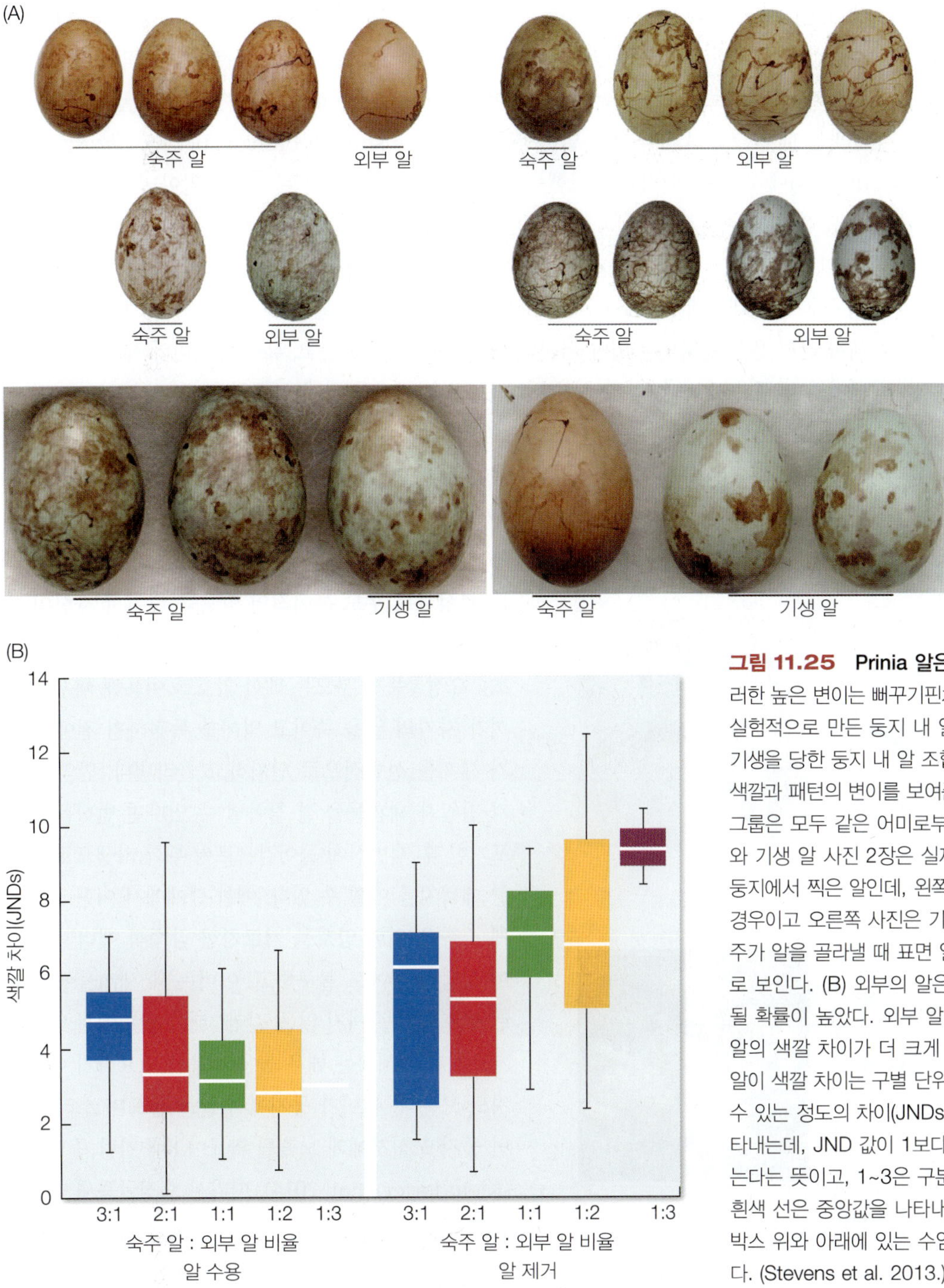

그림 11.25 Prinia 알은 색깔과 무늬가 매우 다양하다. 이러한 높은 변이는 뻐꾸기핀치 알을 골라내는 데 영향을 준다. (A) 실험적으로 만든 둥지 내 알 조합과 자연적으로 만들어진 부화 기생을 당한 둥지 내 알 조합. 1~3열에 있는 사진들은 prinia 알 색깔과 패턴의 변이를 보여준다. 그림 중 실선으로 표시된 '숙주' 그룹은 모두 같은 어미로부터 나온 알들이다. 3열에 있는 숙주와 기생 알 사진 2장은 실제 뻐꾸기핀치에게 부화 기생을 당한 둥지에서 찍은 알인데, 왼쪽 사진은 기생 종이 알을 하나만 낳은 경우이고 오른쪽 사진은 기생 종이 알을 2개 낳은 경우이다. 숙주가 알을 골라낼 때 표면 얼룩은 중요한 단서가 되지 않는 것으로 보인다. (B) 외부의 알은 숙주의 알과 색깔이 다를수록 제거될 확률이 높았다. 외부 알의 개수가 많아지면, 숙주 알과 외부 알의 색깔 차이가 더 크게 나타나야만 알을 구분할 수 있었다. 알이 색깔 차이는 구별 단위(discrimination unit) 혹은 알아차릴 수 있는 정도의 차이(JNDs, just noticeable differences)로 나타내는데, JND 값이 1보다 작으면 두 물체가 전혀 구분되지 않는다는 뜻이고, 1~3은 구분이 어려운 수준을 의미한다. 박스의 흰색 선은 중앙값을 나타내며, 박스는 사분 범위(interquatile), 박스 위와 아래에 있는 수염 범위는 전체의 10~90%를 의미한다. (Stevens et al. 2013.)

호스필드청동뻐꾸기와 요정굴뚝새에서 벌어지는 군비 경쟁은 부화 후에도 계속 이어진다. 뻐꾸기 새끼가 부화하면 요정굴뚝새 알이나 새끼를 둥지 밖으로 밀어내는데, 이 시기에 요정굴뚝새 부모의 약 40%는 둥지를 버리고 떠난다. 그렇게 되면 둥지에 남은 뻐꾸기 새끼는 굶어 죽게 된다. 하지만 나머지 60%의 경우엔 뻐꾸기 새끼가 요정굴뚝새 둥지에 홀로 남아 숙주 부모의 시간과 에너지를 독점하며 양육을 받는다. 숙주 부모는 자기 알과 새끼를 죽인 기생 종에게 계속 먹이를 가져다 주며 돌본다. 그렇다면 요정굴뚝새 부모는 둥지를 떠날지 아니면 떠나지 않고 남아 계속 새끼를 키울지 어떻게 결정하는 걸까? 호스필드청동뻐꾸기 새끼는 숙주 새끼가 내는 것과 매우 유사한 소리를 내며 먹이를 달라고 조른다(**그림 11.26**). 추측건대, 이처럼 소리를 흉내내는 행동은 숙주가 기생 종 새끼를 구분하는 능력에 대응해 진화시켜 온 것으로 보인다. 나오미 랭모어(Naomi Langmore) 연구진은 요정굴뚝새가 자신들과는 매우 다른 소리를 내는 밝은청동뻐꾸기(the shining bronze-cuckoo, *Chrysococcyx lucidus*)에 의해 부화 기생을 당했을 때는 늘 둥지를 버린다는 사실을 알아냈다(Langmore et al. 2003).

그런데 요정굴뚝새는 자기 새끼와 호스필드청동뻐꾸기 새끼를 구분할 수 있을까? 다이앤 콜롬벨리-네그렐(Diane Colombelli-Negrel) 연구팀은 교차 입양 실험을 통해서, 어미-새끼 간의 음성 유사도는 입양 어미와 새끼 차이가 가장 높고, 유전적 어미와 새끼 혹은 숙주 어미와 뻐꾸기 새끼 사이에는 음성 유사도가 떨어진다는 걸 알아냈다(Colombelli-Negrel et al. 2012). 연구팀은 녹음한 음성을 다시 틀어주는 실험에서 숙주 부모의 반응을 기록했다. 요정굴뚝새는 자기가 낳은 새끼가 둥지에서 먹이를 달라고 조르는 소리에는 잘 반응했지만, 다른 둥지에서 온 새끼나 뻐꾸기 새끼의 소리에는 잘 반응하지 않았다. 이를 통해서, 연구진은 요정굴뚝새가 알 단계에서부터 새끼의 소리를 형성하는 부모 특이적인 암호를 배워서 자신의 새끼를 구분하는 데 이용하는 것이라 추측했다(제3장 참조). 요정굴뚝새 부모는 배아 암호를 이용해 뻐꾸기 새끼가 자기의 알을 죽이고 먹이를 독점하기 전에 뻐꾸기 새끼를 선별적으로 인지하고 골라낸다. 만약 부모가 침입자 새끼들을 잘 찾아낼 수 있다면 번식을 빨리 포기한 후 재번식에 들어감으로써 부화 기생으로 낭비할 에너지를 아낄 수 있다. 배아 단계에서 어린 새끼에게 소통을 위한 암호를 가르치면 잠재적 에너지 이득이 상당히 큼에도 불구하고, 어미는 왜 새끼들에게 이런 암호를 가르치지 않는 걸까? 배아 단계에서 암호를 가르치기 위해서는 매우 높은 비용을 필요하기 때문일지도 모른다. 어미가 둥지에서 알을 품으며 소리를 내면 둥지 포식자에게 노출될 확률이 8배 가량 증가한다(Kleindorfer et al. 2014). 따라서 요정굴뚝새 암컷은 뻐꾸기와의 군비 경쟁을 도와줄 암호를 이용하기 위해서는, 둥지가 포식자에게 노출될 위험과 부화 기생의 위험 사이에서 어떤 선택을 할지 결정해야 한다.

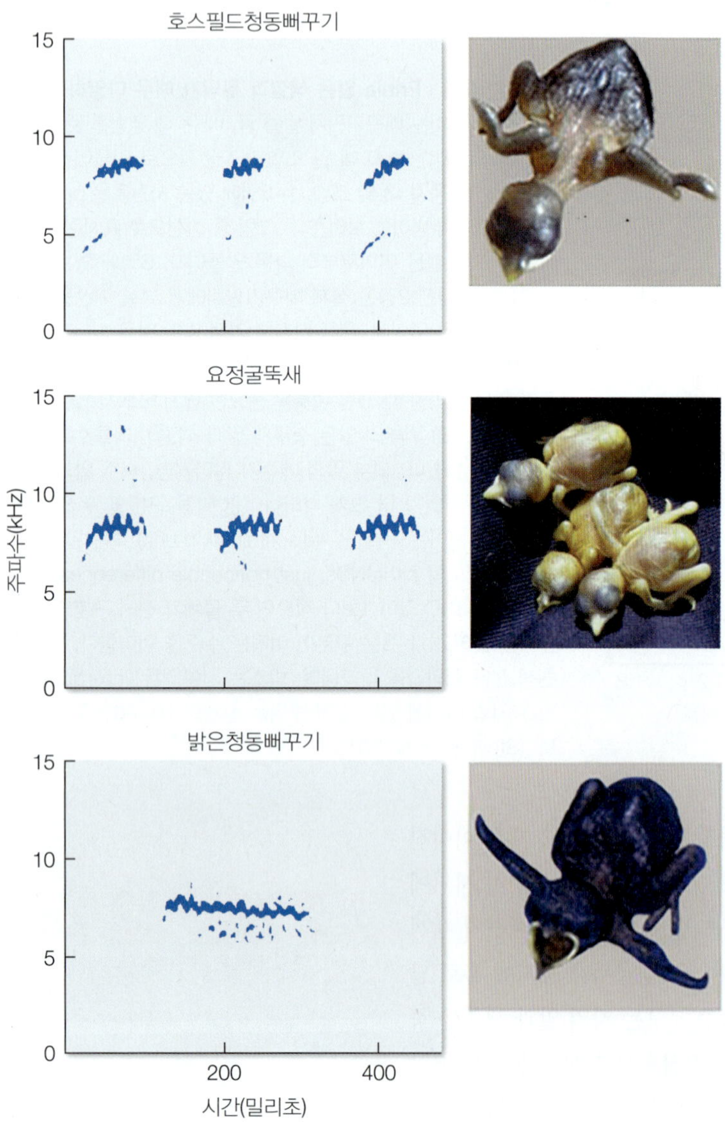

그림 11.26 진화적 군비 경쟁의 산물? 호스필드청동뻐꾸기 새끼는 요정굴뚝새에 특화된 부화 기생 종으로, 숙주 새끼의 소리를 잘 흉내내서 숙주 부모가 기생 종의 새끼라는 걸 잘 인지하지 못한다. 반면 다른 기생 종인 밝은청동뻐꾸기는 요정굴뚝새에 드물게 기생하는데, 숙주 새끼와 생김새도 다르고 먹이를 달라고 조르는 소리도 다르므로 숙주 부모가 곧잘 알아차린다. (After Langmore et al. 2003; photographs © 2003 Nature Publishing Group.)

종간 부화 기생의 진화

뻐꾸기, 찌르레기사촌을 비롯한 조류 부화 기생 종들은 어떻게 다른 종의 양육을 이용하는 방향으로 진화한 걸까? 이를 위해 앞서 다룬 다윈의 변화를 동반한 계승(descent with modification) 이론을 다시 떠올려보자. 뻐꾸기 과의 분자유전학적인 자료를 토대로 살펴보면, 숙주 특이적 부화 기생은 진화적으로 3번에 걸쳐 일어났다(**그림 11.27**)(Sorenson and Payne 2005). 계통학적 연구 결과와 부화 기생 종이 전체적으로 드물게 나타난다는 점을 토대로 해서, 올리버 크뤼거(Oliver Krüger)와 닉 데이비스(Nick Davies)는 현재 부화 기생을 하는 뻐꾸기 종들은 기생을 하지 않고 스스로 양육을 하는 조상 종으로부터 기원했을 거라는 가설을 내놓았다. 전 세계 136종의 뻐꾸기 과 가운데 부화 기생을 하지 않는 종은 83종, 기생을 하는 종은 53종이 있다. 이 조류 종들의 자세한 정보를 이용해서 비교 분석한 결과, 크뤼거와 데이비스는 뻐꾸기의 조상이 양육 행동을 했을 뿐만 아니라, 소규모 서식지를 갖고 있었으며 계절별 이주를 하지 않았다는 것을 알아냈다. 그 후 뻐꾸기과 조류들은 양육 행동은 있지만 서식 범위가 넓어지면서 장거리 이주를 하게 진화하였고, 이 혈통에서 현대의 부화 기생 뻐꾸기들이 진화함에 따라서 이들 새는 여전히 넓은 서식 범위와 이주성을 나타낸다(Krüger and Davies 2002).

그림 11.27 뻐꾸기의 부화 기생은 여러 번에 걸쳐 진화하였다. 뻐꾸기 과 조류에서 부화 기생은 3번 진화하였는데, 계통도에서 파란색으로 분기한 분류군이 숙주 특이적 부화 기생 종이며, 빨간색으로 표시된 두 종은 선택적 부화 기생 종이다. (After Aragón et al. 1999.)

그렇다면 양육 행동에서 부화 기생으로 이동하게 된 배경은 무엇일까? 이러한 변화는 여러 단계에 걸쳐 일어났을 가능성이 높은데, 그 중간 단계는 종 내에서 다른 개체의 둥지에 기생하는 형태일 것이다(**종내 부화 기생**, **conspecific** or **intraspecific brood parasitism**). 그런 다음에 종내 부화 기생이 다른 종으로 확대되어 나타났을 거라 예상된다. 이에 대한 대안은 종간 부화 기생이 중간 단계를 거치지 않은 채 갑자기 나타났을 거라는 가설이다. 처음 제기된 시나리오는 **점진적 이동 가설(gradualist shift hypothesis)**로, 이 가설에 따르면 현재도 종내에서 부화 기생 행동을 보이는 조류가 있을 거라 예측할 수 있다. 실제로 종내 부화 기생이 보고된 종은 금화조(zebra finch, *Taeniopygia guttata*)(Schielzeth and Bolund 2010), 아메리카물닭(American coot)(Lyon 1993) 등을 포함해 약 200여 종에 이른다(Lyon and Eadie 2008). 종내 부화 기생이 여러 종에서 발견된다는 사실을 고려하면 종간 부화 기생의 진화에 대한 이해를 넓힐 수 있다.

점진적 이동 가설 종간 부화 기생의 진화는 종내 부화 기생을 중간 단계로 거친 후 점진적으로 일어났을 것이다.

아메리카원앙(Wood ducks, *Aix sponsa*)은 종내 부화 기생이 잘 관찰되는 종이다. 둥지를 틀기에 적당한 나무 구멍을 찾기 어려울 경우, 암컷 두 마리가 같은 곳에 알을 낳고서 서로 경쟁하는데, 승자는 다른 암컷의 알까지 품어주며 패자가 비자발적으로 부화 기생을 하게 만든다(Semel and Sherman 2001). 만약 싸움에 진 암컷이 평소 혼자 나무 구멍에 알을 낳을 때 보다 더 많은 알을 낳으려 한다면, 이후 자연 선택에 의해 자발적으로 알을 낳은 후 둥지를 떠나는 전략이 선호될 수도 있다. 실제로 이런 행동은 나무 구멍에 둥지를 트는 북방흰뺨오리(Barrow's goldeneye, *Bucephala islandica*)에서 자주 관찰되는 전략이다(Eadie and Fryxell 1992).

아메리카물닭 암컷 가운데 둥지를 짓지 않고서 영역 없이 떠돌아 다니다가 다른 둥지에 알을 낳는 개체들이 있는데, 이는 분명 스스로 포란을 위한 노력을 들이지 않은 채 다른 개체의 양육 노력을 갈취하려는 행동으로 해석된다. 하지만 영역을 가지고 그 안에 둥지가 있는 암컷도 종종 다른 이웃 둥지에 알을 낳는 행동을 하는데, 이는 종내 부화 기생을 설명하는 데에 필요한 여러 가설이 있을 것임을 암시한다(Lyon and Eadie 2008). 물닭 암컷이 포란할 수 있는 알의 개수가 정해져 있어서 짝과 함께 새끼를 키워야 하는데, 영역을 가진 개체들 또한 조금이라도 다른 번식 쌍의 양육 노력을 몰래 이용할 수 있다면 적응도 이득을 더 증가시킬 수 있을 것이다(Lyon 1993). 이와 같이 다른 개체의 양육을 착취하려는 행동은 나이 들고 몸집이 큰 암컷에서 더 많이 관찰되는데, 이들은 나이가 어리고 몸집이 작은 암컷을 골라서 알을 낳는다. 이는 아마도 어리고 약한 암컷은 몸집이 큰 암컷이 둥지 근처에 접근하는 것을 쉽게 막아내지 못하기 때문일지도 모른다(Lyon 2003). 이처럼, 지위가 높은 암컷의 물리적 압력은 물닭의 행동 진화에 중요한 역할을 하였을 것이다. 부화 기생을 당한 암컷은 다른 암컷이 낳은 알을 묻거나 둥지 가장자리로 밀어내려는 경향을 보인다(Lyon 2007). 둥지 바깥쪽에 있는 알은 가운데에 있는 알보다 더 늦게 부화하고, 이로 인해 나중에 부모로부터 먹이를 얻어먹는 데 불이익을 받을 가능성이 높다. 물닭은 자기가 낳은 새끼와 부화 기생을 당한 새끼를 구분할 수 있는데, 부화 순서를 통해 먼저 태어난 새끼를 자신의 새끼로 인지한다(Shizuka and Lyon 2010). 부화의 비동시성을 증가시켜 부화 기생 알이 훨씬 늦게 부화하도록 하면, 물닭 부모는 부화 시기로 자기 자식이 누구인지 구분한 후 늦게 부화한 새끼들을 제거함으로써 양육을 위한 노력이 헛되지 않도록 조정한다(Shizuka and Lyon 2011).

종간 부화 기생을 설명하기 위한 점진 이동 가설에 따르면, 종내 부화 기생을 하던 종이 처음 다른 종에 기생을 할 때에는 비슷한 먹이로 새끼를 키우는 근연종을 골랐을 거라 예측할 수 있다. 현재 특이적 부화 기생 종들은 자신과 유전적으로 멀리 떨어진 종을 숙주로 삼고 있지만, 수백만 년에 걸친 부화 기생 진화에도 그 시작이 있었을 것이다. 이 같은 예측을 검증하기 위해서는 종간 부화 기생을 하는 종 가운데 비교적 최근에 부화 기생이 진화한 분류군을 선택해야 한다. 천인조과(Viduidae)의 천인조(whydah)와 인디고새(indigobird) 암컷은 유전적으로 매우 가까운 납부리새과(Estrildidae)의 finch 종에 부화 기생한다(**그림 11.28**). 숙주와 기생 종이 유전적으로 가까운 이유는 서로 비슷한 특징을 공유하기 때문일 수도 있다. 우선 알은 밝고 하얀 색이다. 새끼가 먹이를 달라고 조르며 내는 행동이 매우 특징적인데, 보통 조류의 새끼는 목을 위로 뻗는 행동을 하는 반면에, 이 2종은 새끼의 머리가 거의 뒤집힐 정도로 강하게 좌우로 흔든다. 기생 종의 조상 종 역시 비슷한 특징들을 공유했을 거라 가정한다면, 감각적 착취(sensory exploitation, 제8장 참조)가 부화 기생이 유래한 시점에서 기생 종 새끼가 납부리새과 둥지에서 생존하는 데 매우 중요하게 작용했을 것이다(Sorenson and Payne 2001).

기생 종이 유전적으로 가까운 종을 목표로 삼는다는 증거는 꽤 있지만, 여전히 부화 기생 종의 대다수는 자신보다 몸 크기가 작고 유전적으로 거리가 먼 종을 숙주로 삼는다

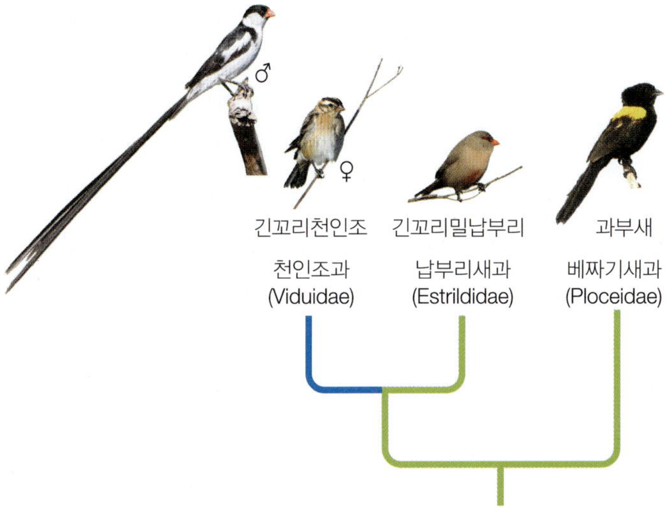

그림 11.28 천인조는 근연종에 부화 기생한다. 천인조과의 천인조 암컷은 유전적으로 가장 가까운 납부리새과의 핀치새 둥지에 기생한다. 긴꼬리천인조(pin-tailed whydah, *Vidua macroura*) 수컷은 숙주와 전혀 다르게 생겼지만, 암컷과 새끼의 생김새는 주요 숙주 종인 납부리새과의 긴꼬리밀납부리(waxbill, *Estrilda astrild*) 외형과 매우 닮았다. (Photographs from left to right: © Neal Cooper/Shutterstock.com; ©Simon_g/Shutterstock.com; © iStock.com/Leopardinatree; Nigel Voaden/CC BY-SA 2.0.)

(Slagsvold 1998, Hauber 2003). 이러한 사실은 부화 기생 종의 조상이 일반적인 양육 행동에서 다른 종을 이용하는 방식으로 전환하는 과정에서 유전적으로 멀리 떨어져 있는 작은 종을 주요 숙주로 삼았다는 것을 의미한다. 기생 종이 숙주에 비해 몸집이 커야 먹이를 받아 먹을 때 이득이 있다는 점을 고려하면, 이 같은 전환 과정에서 작은 종을 목표로 삼았기 때문에 기생 전략이 성공할 가능성이 높았을 것이며, 이는 감각적 착취의 또 다른 형태로 이해할 수 있다. 숙주와 기생 종의 크기 차이의 중요성이 실험적으로 검증이 되었는데, 토르 슬락스볼드(Tore Slagsvold) 연구진은 푸른박새(blue tit, *Cyanistes caeruleus*) 알을 유럽박새 둥지에 옮기는 실험적 조작을 해서 인위적으로 기생-숙주 관계를 만들었다. 그 결과, 몸집이 작은 푸른박새는 유럽박새에 비해 먹이를 잘 받아먹지 못했다. 반대로 유럽박새 알을 푸른박새 둥지에 옮겨놓자 마찬가지로 푸른박새는 먹이를 잘 받아먹지 못하고 유럽박새가 먹이를 독점하면서 잘 성장했다(**그림 11.29**)(Slagsvold 1998). 이 같은 실험 결과를 통해, 종간 부화 기생이 유래한 초기에 기생 종은 몸집이 작은 숙주 종을 선택해야만 기생 전략이 성공할 확률이 높았을 거라고 유추할 수 있다.

요람 욤-토브(Yoram Yom-Tov)와 엘리 게펜(Eli Geffen)은 비교 접근법을 통해 기생 종 진화의 역사적 과정에 대해 분석했다. 점진 이동 가설에 따라 종내 기생을 중간 단계로 거쳐

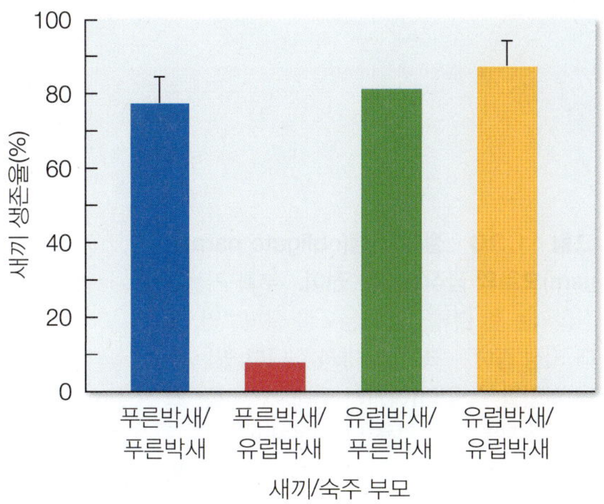

그림 11.29 부화 기생을 인위적 실험으로 검증한 결과, 숙주 종에 대비한 기생 종의 몸집 크기가 생존 확률을 결정했다. 몸집이 상대적으로 더 큰 유럽박새 새끼는 푸른박새 둥지로 옮겨졌을 때 생존을 잘한 반면, 푸른박새는 유럽박새 둥지로 옮겨졌을 때 생존율이 매우 낮았다. 막대 그래프는 평균과 표준오차를 나타낸다. (After Slagsvold 1998; left photograph © David Dohnal/ShutterStock; right photograph © iStock.com/nieudacza.)

간접적이고 점진적 단계를 밟았는지, 아니면 일반적인 양육 행동에서 곧장 종간 기생으로 직접 넘어 갔는지를 계통학적으로 살폈다(**그림 11.30**). 분석 결과에 따르면, 조성 조류(altricial birds)에서 부화 기생 종의 조상을 거슬러 올라가면 종내 부화 기생을 했던 것이 아니라 처음부터 다른 종을 목표로 기생하기 시작했다는 것을 알 수 있다(Yom-Tov and Geffen 2006). 따라서 종간 부화 기생의 진화적 과정을 설명하는 두 가설 중 어느 가설이 맞는지는 아직 단정하기 어렵고, 앞으로 더 다양한 종에서 여러 가지 생태적 요인을 고려하여 세밀한 추가 연구가 필요할 것으로 보인다(Feeney et al. 2014b).

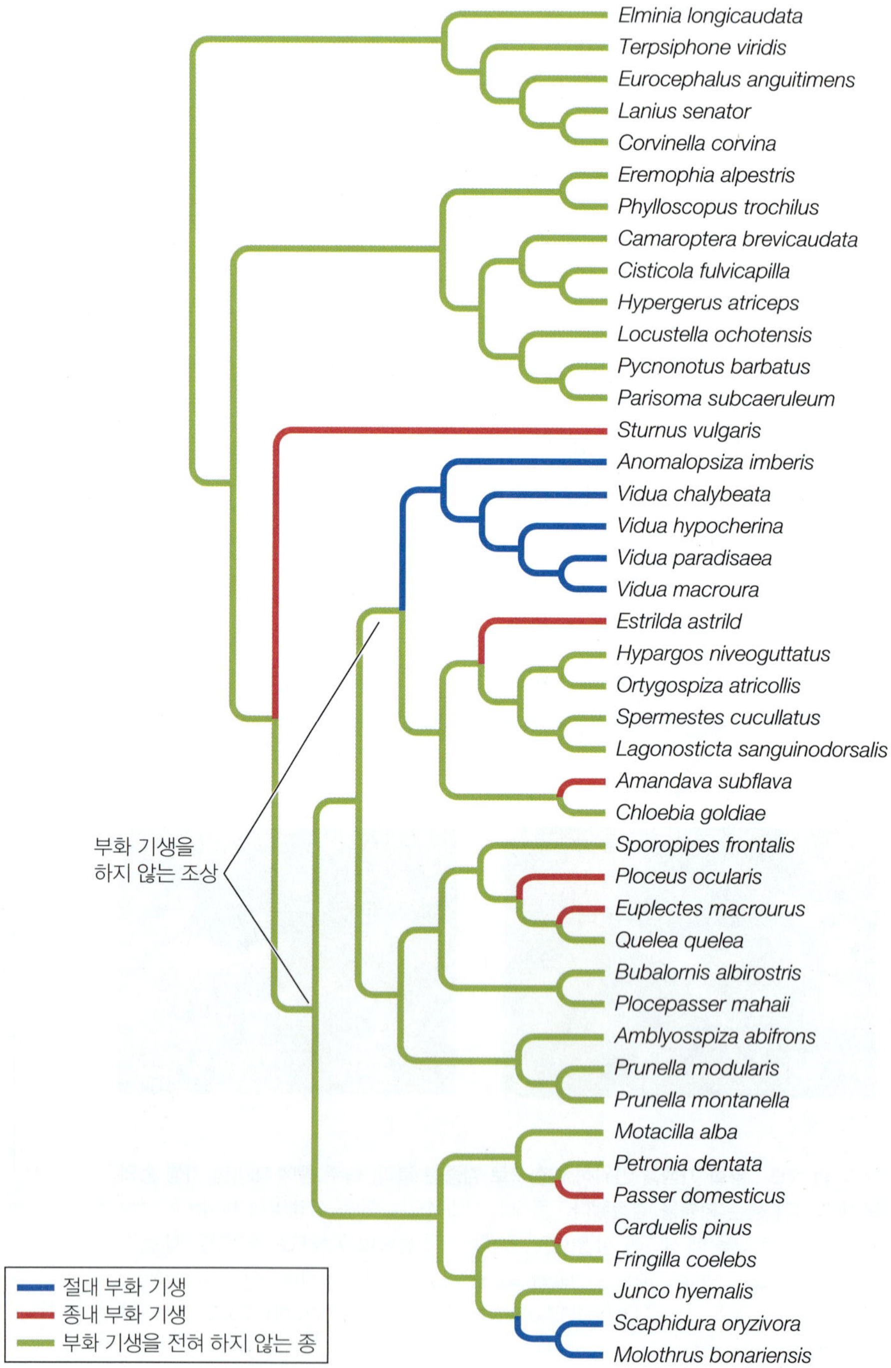

그림 11.30 절대 기생(obligate parasitism)으로의 급작스러운 전이. 부화 기생이 관찰되는 한 분류군의 계통도를 살펴보면, 절대 기생 종에는 크게 두 가지 집단이 있는 것을 확인할 수 있다(여기서 절대 기생이란 스스로 둥지를 지어 알을 낳지 못하고 다른 종의 둥지에 알을 낳는 전략을 의미한다). 계통도를 따라 두 집단의 공통조상으로 올라가면 부화 기생 행동을 전혀 나타내지 않았다. (After Yom-Tov and Geffen 2006.)

요점

1. 모든 새끼는 동등하게 태어나지 않으며 같은 생식값을 갖지도 않는다. 높은 생식값을 갖는 자손은 훗날 더 성공적인 양육자가 될 가능성이 높은 반면, 낮은 생식값을 갖는 자손은 번식에 성공할 가능성이 낮다. 한 개체의 생식값은 부모로부터 얼마나 많은 양육 투자를 받을 것인지를 결정한다. 자식의 가치에 대한 정보를 부모와 나누기 위해서, 새끼는 복잡한 신호 체계를 진화시켜 그들의 필요 혹은 질을 부모에게 나타낸다. 부모는 양육에 있어서 특정 자손을 선호할 뿐만 아니라, 자손의 성비도 조작할 수 있다. 지역적, 사회적, 생태적 환경과 어미의 몸 상태에 따라 각 성별의 생식값이 달라질 수 있기 때문에 부모는 그에 맞춰 투자를 결정한다.

2. 부모는 자식 간의 공격적인 다툼을 그대로 방치하기도 한다. 이러한 행동은 부모의 양육 전략으로 설명할 수 있는데, 자식이 싸움을 통해 스스로 유전적 가치가 떨어지는 개체를 제거함으로써 부모의 유전적 이득을 높여주는 것이다. 새끼들 가운데 생존과 번식 가능성이 더 높은 개체에 대한 선호가 선택되는 과정으로 이해할 수 있다.

3. 자식은 부모의 양육에 따라 생존과 번식 가능성이 증가하지만, 많은 종에서 부모 모두 양육에 참여하는 경우는 드물다. 그 이유는 부모가 자식에게 투자하는 데 들어가는 시간, 에너지, 자원에 따라 미래 번식 성공이 줄어들고 다른 짝을 만날 기회가 사라지는 비용을 치러야 하기 때문이다. 그리고 일부다처에서 수컷 양육의 비용은 암컷 양육보다 더 높기 때문에 수컷은 양육을 함으로써 다른 짝짓기 기회를 놓칠 수 있다. 따라서 대부분 분류군에서 수컷의 양육 행동은 일반적으로 드물게 관찰된다.

4. 성 역할 역전 사례를 분석하면 양육 체계의 진화를 이해하는 데 도움이 된다. 수컷이 홀로 양육을 담당하는 어류의 진화는 수컷이 산란 후 양육을 하는 동안 더 많은 짝을 유혹할 수 있기 때문이다. 반대로 암컷이 양육을 하면 수컷에 비해 치러야 할 비용이 더 많기 때문에 새끼의 성장률을 저해하거나 번식 성공을 오히려 떨어뜨리는 결과가 생길 수 있다. 양서류에서 수컷이 홀로 양육을 담당하는 행동은 수컷이 영역을 보호하면서 부성 확실성을 높이기 위한 전략으로부터 진화되었다. 수컷 물장군의 양육 행동 진화는 암컷의 생식력 감소와 관련이 있다.

5. 부모 양육을 진화적 접근법으로 보면, 부모는 유전적으로 관련이 없는 다른 개체에게 투자할 위험이 있기 때문에 자기 자식을 인지하는 능력이 있을 거라 추측할 수 있다. 실제로 자식에 대한 인지는 많은 동물에서 관찰된다. 특히 집단을 이뤄 사는 종에서 부모는 다른 번식 쌍의 새끼와 자기 새끼를 혼동할 수 있기 때문에 이러한 인지 능력을 가지고 있다. 하지만 부화 기생 관계에서는 부모가 유전적으로 전혀 관련 없는 다른 개체를 키움으로써 심각한 적응도 손실을 입기도 한다. 숙주 종이 겪게 되는 혼란스러운 상황에서 기생 종의 알을 골라내다가 실수로 자기 새끼를 죽일 수도 있다. 공진화적 군비 경쟁에서 숙주가 자기 새끼와 기생 종을 구분하는 능력을 진화시켰고, 이에 대응해서 기생 종은 숙주를 속이고 그들의 알을 그대로 둔 채 양육하게 끔 만드는 전략을 진화시켰다.

안내 웹사이트

ab11e.com/uk에서 토론 질문과 모든 시청각 동영상을 확인하시오.

CHAPTER

12

사회성 진화의 원리

세계의 많은 곳에서, 흰개미는 집을 넘어뜨려 그 속의 목조 지지물을 순식간에 갉아 먹는 엄청난 파괴자로서 사람에게 두려움의 대상이 된다. 그러나 흰개미는 사실 동물계에서 가장 뛰어난 건축가에 속한다. 흰개미 수천 종 가운데 상당수가 입이 딱 벌어질 정도로 어마어마한 건축물을 흙을 다져 짓는다(**그림 12.1**). 찰흙으로 된 이러한 성은 최대 높이가 지상 7 m를 넘는 것도 있으며, 수백만 마리의 흰개미들이 사는 보금자리가 될 뿐만 아니라 내부 온도를 조절하고 포식동물로부터 군락을 보호하는 데에도 도움을 준다. 큰 군락이건 작은 군락이건 간에, 모든 흰개미 군락은 주로 일꾼들로 이루어진다. 이들은 집을 건설하고, 흰개미 식솔들을 먹이는 데 필요한 자원을 물어오며, 다른 개체가 낳은 알들과 그로부터 깨어난 어린 개체들을 돌본다. 놀랍게도, 일꾼 혹은 병정들 가운데 그 누구도 번식하지 않는다. 즉, 이들은 불임이다. 새끼를 낳는 대신에 이들은 큰 몸집의 번식성 암컷 하나와 그보다 훨씬 작은 번식성 수컷 하나, 즉 군락의 여왕과 왕에게 봉사하고 그들 사이에서 태어난 번식성 형제자매를 키우다 일생을 마친다. 번식

Chapter 12 opening photograph of Portuguese man-of-war © Wild Wonders of Europe/Lundgren/Minden Pictures.

그림 12.1 아주 작은 불임성 흰개미들이 수없이 모여서 자기 군락이 거주하는 거대한 보금자리를 건설했다. *Nasutitermes triodae* 흰개미가 지은 이 3 m 높이의 둔덕은 아마도 번식성 여왕과 번식성 왕을 각각 한 마리씩 담고 있을 것이다. (Photograph © EcoPrint/Shutterstock.com.)

VIDEO 12.1
Army ants building a living bridge
ab11e.com/uk/v12.1

하는 형제자매 가운데 일부는 나중에 자신의 독자적인 군락을 세우려 노력하기도 한다(Wilson 1971).

불임성 일꾼의 존재는 다윈의 자연선택에 의한 진화 이론을 거스르는 것처럼 보인다. 어쨌거나, 자신의 번식을 포기하게 만드는 유전자를 지녔던 과거의 조상은 자식을 남기지 못했음에도 불구하고, 어떻게 불임성 개체가 오늘 날에도 버젓이 존재할 수 있을까? 그러한 불임성 유전자는 어떻게 다음 세대로 전달되었을까? 이 수수께끼는 흰개미에만 해당되는 문제가 아니다. 모든 개미, 일부 말벌, 그리고 일부 벌들도—벌목(Hymenoptera)이라고 불림—주로 번식을 하지 않는 일꾼들로 구성된 군락을 이루어 살고 있다. 이러한 종들 가운데 상당수는 살아 있는 다리를 놓는 군대 개미(*Eciton* spp.)처럼 복잡한 행동을 한다(**VIDEO 12.1**). 벌목은 **진사회성(eusociality)**, 곧 세대가 겹치고, 자식을 함께 돌보고, 집단 내의 대다수 개체들이 일시적 혹은 영구적으로 불임인 방식을 통해 번식적 노동 분업이 이루어지는 성향을 가진 곤충 가운데 가장 잘 알려져 있다. 그러나 진사회성은 거미나 새우 같은 동물뿐만 아니라 심지어 벌거숭이두더지쥐(*Heterocephalus glaber*)라는 포유류의 한 종에서도 일어난다(Rubenstein and Abbot 2017a). 다수의 진사회성 곤충에서, 일꾼 계급은 난소가 위축되어 번식할 수 없는 암컷들로 구성된다. 이러한 불임성 개체들은 군락의 다른 구성원들(여왕, 혹은 군락에서 생산된 미래의 왕들과 여왕들)이 번식하는 것을 돕는다.

이 장에서, 우리는 사회성의 진화라는 개념을 여러분에게 소개하고, 협력 행동이 어떻게 진화할 수 있는지 탐구하고자 한다. 어떤 동물들은 왜 협력하는가, 어떤 동물들은 왜 집단을 이루는가, 그리고 어떤 동물들은 왜 심지어 여왕 한 개체가 번식을 독점하는 진사회성 사회에서 사는가에 답해 줄 수 있는 이론적인 틀을 제시하는 것이 우리의 목표이다. 예를 들면, 종종 50,000이 넘는 개체들로 이루어진 꿀벌 한 군락에서 존재하는 모든 암컷과 거의 모든 수컷이 대개 단 한 마리의 어미로부터 (나중에 여러분이 배우지만, 아비는 보통 여러 명이긴 함) 태어난 자식이라는 사실이 어떤 시사점을 주는지 살펴보고자 한다(Ratnieks and Helanterä 2009). 협력이 진사회성 사회를 만드는 가장 결정적인 특질이긴 하지만, 갈등은 모든 사회 집단에 내재한다. 우리는 이 장 전체에서 진사회성 곤충을 예시로 들어 중요한 사항들을 설명할 것인데, 이는 진사회성 곤충이 지구 상의 그 어느 생물종보다도 더 복잡한 사회를 이루기 때문이다. 또한 진사회성 곤충은 진화의 대전환 가운데 하나이기도 하다. 그러나 우리는 아메바에서부터 편형동물에 이르기까지 몇몇 다른 사회성 유기체에 대해서도 다루고자 한다. 궁극적으로, 우리는 이 장에서 제시할 이론적 틀을 활용해 척추동물 사회의 협력도—제13장에서—논의할 뿐만 아니라, 이 장에서 언급하는 동물 사회와 다음 장의 척추동물 사회를 대조하여 설명하고자 한다. 우선 우리는 다윈의 자연선택에 의한 진화 이론으로 되돌아가서 선택이 작용하는 수준을 고려할 필요가 있다.

이타성과 선택의 수준

꿀벌(*Apis mellifera*)은 우리가 흔히 마주치는 진사회성 곤충 가운데 하나이다. 대다수 사람에겐 꿀벌을 마주치는 정도가 꿀벌을 좋아하는 정도를 한참 넘어서는 것이 문제지만 말이다. 여러분이 제1장에서 배웠듯이, 꿀벌 일꾼 한 마리가 벌집 식구들을 보호하기 위해 사람에게 침을 쏘고 나면 그 꿀벌은 죽는다. 이러한 자살 공격은 침을 쏘는 꿀벌의 적합도를 감소시키는 것처럼 보이는 자기희생적 행동의 고전적인 예다(**그림 12.2**)(Ratnieks and Helanterä 2009). 다른 진사회성 곤충에도 자기희생적 행동의 사례가 많이 있다. 어떤 일개미는 저녁이 되면 군락 밖으로 나가서 출입구를 밤새 봉쇄하고서는 아침이 되기 전에 숨을 거둔다(Bourke 2008, Tofilski et al. 2008). 마찬가지로, 말레이시아 개미(*Colobopsis saundersi*)의 군락이 공격을 받으면 일개미들은 배를 터뜨려서 끈적한 물질을 침입자에게 쏟아 붓는데, 이 역시 군락을 지키기 위한 자살 방어의 일환이다(Maschwitz and Maschwitz 1974). 행동생물학자는 이러한 류의 자기희생을 이른바 **이타성(altruism)**, 즉 행동을 하는 당사자는 손해를 입지만 남에게 이득을 주는 행동이라고 칭한다. 불임성 일꾼과 번식 자살이 어떻게 자연선택에 의해 전파될 수 있었는가는 아주 오랫동안 설명하기 어려운 문제였다. 이타성은 이런 행동이 어떻게 진화했는가를 설명하는 열쇠다.

이타성은 다윈주의의 일급 수수께끼일 뿐만 아니라, 실제로 다윈을 괴롭힌 수수께끼였다. 다윈의 자연선택에 의한 진화 이론을 따르면, 개체군 내의 개체들은 생존과 번식에 영향

그림 12.2 진사회성 곤충 일꾼의 희생. (A) 첨비형(尖鼻型: 주둥이가 뾰족한) 흰개미 군락에서, 번식을 할 수 없는 병정은 적이 군락 안에 침입하면 기꺼이 커다란 위험을 감수하면서 머리 부분의 샘에 저장된 끈적한 유해성 분비물을 적에게 발사하여 공격한다. (B) 꿀벌이 척추동물에게 침을 쏘면, 침과 그 침에 연결된 독주머니가 척추동물의 몸에 계속 박혀 있게 된다(곤충에게 침을 쏠 때는 그렇지 않음). (A. photograph © sunipx55/Sutterstock.com; B, photograph by Waugsber/CC BY-SA 3.0.)

을 끼치는 형질에 대해 각자 유전 가능한 변이를 지니며, 선택이 이러한 형질에 작용하여 그 형질을 지닌 개체의 적합도에 영향을 끼친다. 시간이 지남에 따라, 생존과 번식을 상승시키는 변이는 개체군 내에서 그 빈도가 높아질 것이다. 자연선택 이론—그리고 그에 따른 귀결인 성 선택 이론—은 우리가 지금껏 이 책에서 이야기한 형질의 진화를 대부분 잘 설명해준다. 그러나 다윈은 '종의 기원'에서 곤충 사회가 자연선택 이론에 부과하는 몇몇 난제들을 상세히 다루었는데, 그 중 하나가 불임성 일꾼의 진화였다(Ratnieks et al. 2011).

개체 선택과 집단 선택

단언하건대, 1962년에 영국의 동물학자 V. C. 윈-에드워즈(Wynne-Edwards)가 '사회적 행동에 관한 동물의 분산'이라는 책을 출간하고 나서야 이타성에 대한 현대의 과학적 분석이 본격적으로 시작되었다고 할 수 있다(Wynne-Edwards 1962). 자연선택이 개체의 수준에서 작동한다고 제안했던 다윈과 달리, 윈-에드워즈는 이타성과 같은 사회적 특질은 개체가 아니라 집단이나 종 전체에 이득을 주도록 진화했다고 제안했다(**그림 12.3**). 윈-에드워즈의 **집단 선택(group selection)** 이론에 따르면, 자기 희생적인(이타적인) 개체를 지닌 집단이나 종은 이타적 행위자가 없는 집단보다 생존할 가능성이 높고, 따라서 집단에 이득을 주는 이타성이 진화하게 된다. 다르게 말하면, 선택은 개체의 적합도가 아니라 집단의 적합도를 높이는 이타적 형질을 선호할 것이다(Wilson 1975). 꿀벌이 침을 쏘는 행동을 생각해 보자. 윈-에드워즈를 따르면, 한 개체가 행하는 이러한 자기 희생적 행동은 포식동물이 군락을 다 파괴하는 사태를 미연에 방지함으로써 자칫 절멸할 수 있었던 집단이 무사히 생존할 수 있게 해준다.

그림 12.3 레밍들이 자살한다고 흔히 믿어지는 바다에 뛰어드는 모습을 묘사한 만화. 개체군 밀도가 급증하여 먹을 음식이 부족해지면 레밍이 집단 자살을 감행한다는 것은 허무맹랑한 이야기다. 실상은 이렇다. 음식이 부족해지면 많은 수의 레밍이 자원을 더 확보하기 위해서 멀리 이동한다. 그 과정에서 레밍은 종종 깊은 강이나 호수를 어쩔 수 없이 건너야 했는데, 이는 레밍처럼 작은 동물들에게 이는 매우 위험한 재앙이 될 수 있었다. 낙하산을 착용하고 뛰어내리는 얌체 레밍을 눈여겨보길 바란다. 자살이 집단이나 종 전체에는 이득이 되지만 자살하는 개체는 자연선택에 의해 제거될 것이라면서 집단 선택론을 비판한 조지 윌리엄스의 주장을 만화로 잘 나타내고 있다. 낙하산을 챙기는 이기적인 행동은 자연선택에 의해 선호될 것이다. (© Mark Godfrey/www.CartoonStock.com.)

윈-에드워즈의 집단 선택론은 논쟁을 일으켰고(오늘날에도 여전히 그렇지만), 곧 조지 윌리엄스(George Williams)는 '적응과 자연선택'을 출간하여 이러한 집단 혹은 종의 이득을 높여주는 선택에 대해 논박하였다(Williams 1966). 윌리엄스는 (행동을 포함하여) 어떤 유전가능한 형질, 그리고 그러한 형질을 만드는 유전자가 선택될지 여부는 유전적으로 상이한 집단 간의 차별적 성공이 아니라, 유전적으로 상이한 개체 간의 차별적인 번식 성공에 따라서 주로 결정됨을 입증하였다. 다르게 말하면, 윌리엄스는 윈-에드워즈의 집단 선택 논증을 무너뜨리고 개체 선택을 다시 부활시켰다. 그는 집단에 이득을 주는 길이 개체가 자신을 희생하여 개체 자신의 적합도를 감소시키는 길 밖에 없다면, 자연선택은 그러한 집단 선택을 압도하리라고 주장했다(Williams 1966). 뿐만 아니라, 이른바 집단의 이득 가운데 상당수는 개체에게도 이득이 되므로, 지금껏 집단 선택으로 설명되어 온 이타적 형질의 진화를 개체 선택만으로도 쉽게 설명할 수 있다. 궁극적으로, 윌리엄스는 개체군 혹은 종 내에서 개체들 간의 차이에 작용하는 다윈적 선택이 여러 집단 간의 차이에 작동하는 집단 선택보다 더 강력한 진화적 효과를 낸다고 주장했다.

나중에 상세히 살펴보겠지만, 윈-에드워즈 이래로 좀 더 설득력 있는 집단 선택 이론을 만들려는 시도가 여러 차례 있었다. 사실, 자연선택이 작동하는 생물학적 위계 수준(개체, 집단, 유전자, 종, 군집 등등)에 대한 이러한 "선택의 수준" 논쟁은 행동생물학자들 사이에서 엄청난 논쟁을 불러 일으켰다(Okasha 2010). 격한 논쟁이 있었음에도, 집단 선택론 진영이 제기한 여러 시도들은 절대 다수의 행동생물학자에게 개체 선택에 대한 다윈의 관점—다른 개체에게 뚜렷이 이득을 주는 이타적 형질에 대한 선택까지 포함하여—이 틀렸음을 납득시키지 못했다. 그래서 만약 우리가 흰개미, 꿀벌, 혹은 다른 진사회성 곤충들에서 나타나는 불임성 일꾼을 다윈의 관점에서 설명하고자 한다면, 우리는 이러한 일꾼들의 일견 자기희생적인 것처럼 보이는 행동이 실제로는 개체 자신에게 진화적 이득이 된다고 가정하는 가설을 세워야만 한다.

이타성, 그리고 혈연 선택의 역할

'종의 기원'에서, 다윈은 가축화된 소에 빗대어 불임성 일꾼의 수수께끼를 거의 다 푸는 단계에까지 이르렀다. 맛이 아주 좋은 송아지가 새끼를 낳게 할 수는 없지만(그들은 이미 사람의 뱃속에 들어갔으므로), 맛 좋은 고기를 만드는 특질을 지닌 송아지의 부모(혹은 다른 친척들)가 번식용 가축으로 대대로 키워진다. 물론 각 세대마다 맛 좋은 고기를 지닌 소가 도축장으로 보내지지만 말이다. 도축되는 어린 소는 진사회성 사회에서 불임성 일꾼에 해당한다. 왜냐하면, 그 자신은 번식하지 못하지만, 그들의 유전적 특성(살코기 사이에 기름이 촘촘히 박힌 고기, 풀을 근육으로 효율적으로 바꾸는 능력 등등)은 그들 부모가 희생되는 송아지뿐만 아니라 번식용 소를 다음 세대에도 계속 낳는다면 오랫동안 유지될 수 있기 때문이다. 이런 식으로, 다윈은 혈연과 공유하는 유전자가 그 혈연을 통해 다음 세대로 전달되는 과정이 곤충 사회에서 관찰되는 이타적 행동에 대해 잘 설명해 줄 수 있음을 거의 깨닫는 문턱까지 다다랐다.

100년도 더 넘게 지나고 나서, 윌리엄 D. 해밀턴(William D. Hamilton)이 진사회성 곤충에서 이타성의 수수께끼를 해결했다. 해밀턴은 다윈이 생존했던 당시보다 훨씬 더 깊어진 유전학적 성과를 활용하여 다윈의 논증을 발전시켰다(Hamilton 1964). 해밀턴의 이론은 혈연들 사이에는 유전자가 공유된다는 사실로부터 출발한다. 부모와 자식은 유전자를 공유하므로 당사자가 자식을 직접 낳는 것이 자신의 유전자를 남긴다는 궁극적인 목표에 직접적으로 도달하는 길이긴 하지만, 내 자식이 아니어도 나와 유전적으로 유사한 개체—즉, 직계 혈연이 아닌 방계 혈연—가 성공적으로 번식하도록 돕는 것도 동일한 목표에 **간접적으로** 도달하는 길임을 해밀턴은 간파했다(**그림 12.4**). 달리 표현하면, 어떤 개체가 유전자를 운반하는가는 중요하지 않다. 직계 후손을 통해 후대에 전해지건 방계 친족을 통해 후대에 전해지건 간에, 그 형질의 발달을 촉진시키는 대립유전자가 개체군에 더

그림 12.4 간접 적합도를 취하는 방법. 두 남자 조카와 한 여자 조카를 입양한 이 여성은 자신의 유전자를 간접적으로 다음 세대에 전파시킬 수 있다. 이는 혈연 간에는 드문 대립유전자를 공유하기 때문이다(아이들이 만약 입양되지 않았다면 성공적으로 살아남아 번식하지 못했으리라는 가정이 성립한다는 전제 하에). (Photograph © Sacramento Bee/Zuma Press.)

흔해지기만 한다면, 결국 그 형질이 더 많아진다. 그러므로, 여러분이 제1장에서 보았듯이, 유전자는 복제의 단위, 즉 복제자이고 유기체는 (혹은 유기체의 집단마저도) 유전자가 다음 세대에 전파되는 것을 돕는 운반자에 불과하다(Dawkins 1982).

유전자를 자기 자식을 통해 직접 전달하든 친척을 통해 간접적으로 전달하든 간에 적합도에 끼치는 효과가 왜 동일한지를 이해하기 위해서는, 먼저 **근연 계수(coefficient of relatedness, *r*)**라는 개념을 알아야 한다. 이는 두 개체가 최근의 공통조상으로부터 어느 한 대립유전자를 전수받은 덕분에 한 개체 속의 대립유전자가 다른 개체 안에도 있을 확률을 의미한다. 달리 말하면, 근연 계수는 두 개체 사이의 유전적 근연도를 추정한 값이다. 우리 인간처럼 유전 물질 가운데 한 사본은 어머니로부터, 다른 사본은 아버지로부터 물려받는 이배체 유기체에서 시작해 보자(아래에서 단수이배체를 다룰 때 알게 되겠지만, 유성 생식을 하는 유기체 모두가 이런 식으로 유전 물질을 물려받는 것은 아니다). 예를 들어, 어떤 유전자에 *A*와 *a*라는 두 대립유전자가 존재할 때, 이배체 종에서 어느 한 부모의 유전형이 *Aa*라고 가정하자. 이 부모가 낳는 자식이 대립유전자 *a*를 물려받을 가능성은 50%(또한 대립유전자 *A*를 물려받을 가능성도 50%)이다. 왜냐하면 자식 하나를 만드는 데 이 부모가 기여하는 정자 혹은 난자에 대립유전자 *a*가 포함되어 있을 가능성이 반반이기 때문이다. 그러므로 부모와 자식 사이의 근연 계수는 1/2, 즉 0.5이다. 이는 평균적으로, 한 부모와 자식은 유전 물질의 절반을 공유함을 의미한다.

근연 계수는 혈연의 각기 다른 범주에 따라서 달라진다. 이를테면, 두 명의 친자매를 생각해 보자. 평균적으로, 두 친자매는 유전 물질의 절반을 공유한다. 친자매가 공유한다는 그 절반은 부모와 딸이 공유하는 절반과 다른 의미이긴 하지만 말이다. 친자매의 경우, 둘 모두에서 어머니를 통해서 어떤 유전자를 공유할 확률은 4분의 1이고, 아버지를 통해 공유할 확률도 4분의 1이다. 반면에 딸이 어떤 유전자를 어머니와 공유할 확률은 절반이고, 또한 그 유전자를 아버지와 공유할 확률도 절반이다. 그러므로, 친자매 사이의 근연 계수는 어머니와 딸 사이의 근연 계수와 동일하게 2분의 1이지만, 어머니 혹은 아버지를 통해서 어떤 유전자를 공유하는 확률은 두 경우에서 다르다.

부모, 자식, 형제자매 같은 일급 친척보다 덜 가까운 친척 사이에서 근연 계수는 어떻게 될까? 남자 조카와 여자 조카에서 시작해 보자. 한 남자와 그의 누이가 낳은 아들이 어떤 대립유전자를 같은 조상으로부터 물려받은 덕분에 공유할 확률은 4분의 1이다. 왜냐하면, 이 남자와 그의 누이가 어떤 대립유전자를 공유할 확률은 반반이고, 이 누이가 어떤 특정한 자식에게 바로 그 대립유전자를 물려줄 확률도 반반이기 때문이다. 그러므로, 한 남자와 그의 남자 조카 사이의 근연 계수는 1/2 × 1/2 = 1/4, 즉 0.25이다. 사촌 사이에는 *r* 값이 1/8, 즉 0.125로 떨어진다. 반면에, 어떤 사람과 그와 유전적으로 무관한 사람 사이의 근연 계수는 0이다(일란성 쌍둥이 사이의 근연도는 1). **그림 12.5**에서는 인간을 포함해서 이배체 유기체에서 흔히 나타나는 근연 계수를 정리했다.

이타적 행위자와 그 수혜를 받는 개체 사이의 근연 계수를 알면, "이기성" 대립유전자가 득세하는 개체군에서 새로이 발생한 극소수의 "이타성" 대립유전자가 널리 전파될 수 있을 것인지 판별할 수 있다. 핵심 질문은 이렇다. 이타성 대립유전자를 운반하는 개체는 자신의 번식을 포기하면서 친척이 번식하는 것을 도와주는데, 과연 이러한 이타성 대립유전자가 이기성 대리유전자보다 더 흔해질 수 있을까? 이 질문에 답하기 위해 사고 실험을 해보자. 어떤

그림 12.5 인간 등의 이배체 종에서 나타나는 근연 계수. 직계 혈연(직접 적합도)에 대한 근연도나 방계 혈연(간접 적합도)에 대한 근연도나 일급 친척(부모, 자식, 형제자매)에서 다른 가족 구성원으로 갈수록 감소한다.

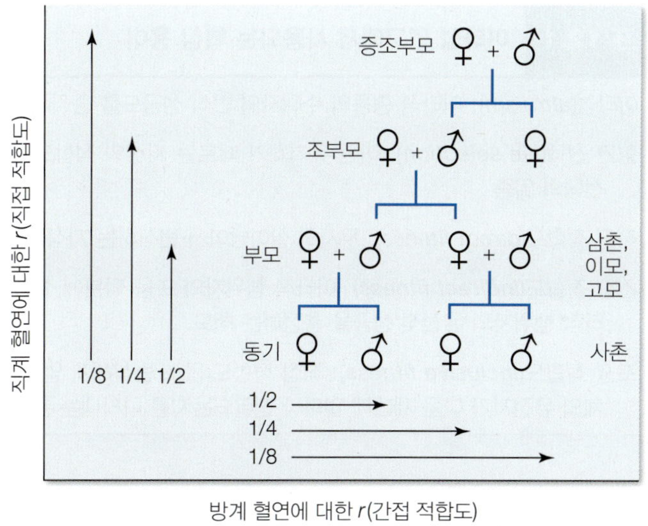

동물이 잠재적으로 자기 자식을 하나 남길 수 있다고 하자. 혹은, 이 동물이 친동기가 낳은 자식들에게 투자함으로써 도움을 받지 못했다면 사망했을 조카 3명이 살아남도록 도울 수도 있다. 부모는 자기 자식과 유전자의 절반을 공유하고, 친조카와는 유전자의 4분의 1을 공유함을 기억하길 바란다(그림 12.5 참조). 그러므로, 이 가상의 예에서 자식 하나를 직접 낳는 행동은 다음 세대에 $r \times 1 = 0.5 \times 1 = 0.5$ 만큼의 유전 단위를 직접적으로 남기게 되지만, 3명의 조카를 향한 이타적 행동은 $r \times 3 = 0.25 \times 3 = 0.75$ 만큼의 유전 단위를 친척들의 몸을 통해 간접적으로 남기게 된다. 여기서 예로 든 이타적 행동은 적응적이다. 왜냐하면, 이러한 이타적 형질을 띤 개체가 자신이 직접 번식에 나서게끔 하는 이기성 대립유전자를 지닌 개체보다 이타적 행동을 일으키는 대립유전자를 다음 세대에 더 많이 남기기 때문이다.

이 문제를 다르게 접근하는 방안은 다른 개체들을 무작위적으로 돕는 개체가 얻게 되는 유전적 결과를, 가까운 혈연을 선택적으로 돕는 개체가 얻을 유전적 결과와 비교하는 것이다. 만약 어느 대립유전자가 개체로 하여금 상대방이 누구든지 전혀 가리지 않고 무차별적으로 도움을 주게 한다면, 그 어떤 대립유전자도 다른 대립유전자보다 자신이 들어 앉아 있는 개체에게 딱히 이득을 더 줄 수는 없다. 그리고 그처럼 무차별적인 도움을 주게 만드는 대립유전자를 지닌 개체는 그 대립유전자를 지닐 가능성이 딱히 더 높지도 더 낮지도 않은, 개체군 내의 평균적인 개체의 적합도(다음 세대에 남기는 유전자의 수)를 높여 주느라 상당한 대가를 자신이 치르는 셈이다. 다시 말하면, 윌리엄스(Williams 1966)가 지적했듯이, 무차별적인 집단 이득은 적응적이지 않다. 그러나 가까운 혈연들끼리 서로 선택적으로 도움을 주고받는다면, 다른 가족 구성원과 공유되는 대립유전자는 결과적으로 더 잘 살아남게 되고, 이러한 대립유전자의 빈도는 전체 개체군 상에서 다른 대립유전자의 빈도보다 더 높아지게 된다. 우리가 이런 식으로 생각하면, 개체들이 자기 혈연의 번식 성공도에 미치는 효과가 각각 다를 때 일종의 자연선택이 일어날 수 있음이 명백히 드러난다. 해밀턴은 유기체가 자신의 혈연에 미치는 번식 성공도도 함께 포괄적으로 고려하는 이러한 자연선택 과정을 분석하는 이론 틀을 처음으로 제안했다. 나중에 이론 생물학자이자 유전학자인 존 메이나드 스미스(John Maynard Smith)는 이를 **혈연 선택(kin selection)**이라고 명명했다(Maynard Smith 1964).

혈연 선택과 포괄 적합도 이론

자신이 몸소 번식하여 얻은 적합도[**직접 적합도(direct fitness)**라고 함]와 방계 혈연이 살아남아 번식하게끔 도와줘서 얻은 적합도[**간접 적합도(indirect fitness)**라 함]는 동일한 유전적 단위로 표현되므로, 우리는 어느 한 개체가 다음 세대에 기여하는 유전자의 총합을 **포괄 적합도(inclusive fitness)**라는 정량적인 척도로 나타낼 수 있다(**표 12.1**). 그러나 한 개체

표 12.1 이타성 연구에서 사용되는 핵심 용어

이타성(**altruism**): 이타적 행동의 수혜자의 번식 성공도를 증가시키면서 공여자의 번식 성공도를 낮추는 협력 행동.

혈연 선택(**kin selection**): 어떤 유기체가 때로는 자신의 적합도가 손실이 되는 것을 감수하면서 혈연의 번식 성공도를 증가시키는 자연 선택의 일종.

직접 적합도(**direct fitness**): 무사히 살아남아서 번식하는 자식들의 수에 근거하여 개체의 번식(유전적) 성공도를 측정하는 척도.

간접 적합도(**indirect fitness**): 이타적 행위자의 도움 덕분에 살아남아서 번식한 혈연(혹은 유전적으로 유사한 개체)의 수에 근거하여 이타적 행위자의 유전적 성공을 측정하는 척도.

포괄 적합도(**inclusive fitness**): 직접 적합도(몸소 번식해서 얻어짐)와 간접 적합도(혈연과의 사회적 상호작용에서 얻어짐)를 통해 한 개체의 유전자가 다음 세대에 얼마나 전달되는지를 나타내는 총체적인 척도.

의 포괄 적합도는 그 개체가 평생 낳은 자식들을 통한 유전적 기여와 그 개체의 모든 혈연이 낳은 자식들을 통한 유전적 기여를 단순하게 더해서 계산하면 되는 것이 아님을 반드시 유념해야 한다. 포괄 적합도는 다음과 같이 계산된다. 즉, 유전자가 다음 세대로 얼마나 전해지는 가의 차원에서 (1) 한 개체가 행한 행동이 그 개체가 낳은 자식들의 생존 가능성에 **직접적으로** 끼친 영향(이때 다른 개체가 이 자식들의 생존 가능성에 끼친 영향은 제외함)에 (2) 이 행동이 그 개체의 방계 혈연들의 생존 가능성에 **간접적으로** 미친 영향(예를 들어, 그 혈연을 보살피거나 보호해 줌)만을 더한 값이 포괄 적합도이다.

포괄 적합도의 개념을 더 잘 이해하기 위하여 또 다른 사고 실험을 해보자. 어느 전형적인 이배체 유기체가 2명의 자식을 번식 가능한 나이까지 키워냈고, 그와 동시에 3명의 친동기를 도와줌으로써 이들이 자식을 각각 하나씩 길러내게 했다고 상상해 보자. 이 경우에서, 이 개체가 얻은 직접 적합도는 $2 \times 0.5 = 1.0$이고, 간접 적합도는 $3 \times 0.5 = 1.5$이므로, 이 개체가 얻은 총체적인 포괄 적합도는 $1.0 + 1.5 = 2.5$이다.

이와 같이 사고 실험을 할 수 있지만, 포괄 적합도라는 개념은 한 개체가 평생 동안 유전적으로 기여한 정도를 나타내는 절대적인 측정치로는 거의 사용되지 않는다. 대신, 포괄 적합도 이론은 2개의 대안적인 유전 형질이 각기 초래할 진화적 (유전적) 결과를 비교하는 용도로 주로 사용된다(Queller 1966). 다시 말하면, 포괄 적합도는 둘 또는 그 이상의 서로 경쟁하는 유전적 행동 특질들 혹은 전략들이 상대적으로 얻게 될 유전적 성공을 파악하기 위한 수단으로서 더 중요하다 할 수 있다. 예를 들어, 다른 개체가 번식하는 것을 돕는 어떤 이타적 전략이 당사자가 직접 번식하게끔 부추기는 전략을 능가하는지 여부를 우리가 알고 싶다면, 각 전략에 의한 포괄 적합도 값을 비교하면 된다. 어떤 이타적 형질이 적응적이기 위해서는, 이타적인 개체가 얻는 포괄 적합도가 만약 그 개체가 직접 번식하려 했을 때 얻었을 포괄 적합도보다 더 커야 한다. 달리 말하면, 이타적 행동을 "담당하는" 드문 대립유전자가 개체군에 전파되는 조건은 이타적 행위자가 얻는 간접 적합도가 그 개체가 자기희생적 행동을 함으로써 잃게 되는 직접 적합도보다 더 커야만 한다는 것이다. 이는 종종 **해밀턴의 규칙(Hamilton's rule)**이라고 일컬어진다. 즉, 이타적 행동을 일으키는 유전자는 오직 $rB > C$일 때만 개체군 내에 전파될 수 있다는 규칙이다. 여기서 r은 두 개체 사이의 유전적 근연도고, B는 이타적 행동의 수혜자가 (번식상의 단위로) 얻는 이득이고, C는 이타적 행동을 하는 개체가 (번식상의 단위로) 감수하는 비용이다. 사실 우리는 앞 문단에서 살펴본 사고 실험에서 바로 이러한 접근법을 채택했다. 이타적 행위자가 친자식 2명을 포기하는 대신 (2 × 0.5 = 1.0 유전적 단위) 그 개체의 도움이 없었다면 목숨을 잃었을 친동기 3명을 살린다면 (3 × 0.5 = 1.5 유전적 단위) 그러한 이타적 행동은 적응적이라고 결론을 내린 바 있다. 더 중요한 점은, 해밀턴의 규칙은 이타적 행동의 진화뿐만 아니라, 한 개체가 비용을 감수하면서 다른 개체의 적합도를 떨어뜨리는 악의적 행동(spiteful behavior)의 진화에 대해서도 설명할 수 있다는 것이다. 더군다나, 제13장에서 살펴보겠지만, 해밀턴의 규칙은 이타적 행동이 진화하는 과정에서 유전적 근연도의 역할을 밝혀줄 뿐만 아니라, 생태적 요인 같은 다른 요인들이 어떻게 사회성의 진화에 영향을 미치는지 밝히는 데도 사용된다.

혈연 선택과 포괄 적합도 이론에 대한 도전

해밀턴의 규칙—더 일반적으로 말해서 포괄 적합도 이론—은 곤충뿐만 아니라 모든 동물에서 이타적 행동을 탐구하는 우아한 이론 틀이다(**BOX 12.1**). 이 이론의 우아함은 그 단순성에서 나온다. 그러나 윈-에드워즈와 윌리엄스 사이에 집단 선택을 두고 논쟁이 벌어진 이래, 몇몇 과학자들은 혈연 선택 이론을 비판하면서 어떤 특정한 조건 하에서는 집단 선택이 분명히 일어날 수 있다고 주장하였다(Wilson 1975, Eldakar and Wilson 2011, Nowak et al. 2011). 집단 선택(*group selection*)이라는 용어가 지난 반세기 동안에 여러 상이한 진화 과정에서 남발되어 사용된 감이 있긴 하지만(West et al. 2011), 유전적으로 다른 집단 사이의 경쟁이 시간이 흐름에 따라 유전적 조성을 변화시켜서 결국에는 진화 경로에 영향을 미친다는 것은 의심할 여지가 없다. 그렇다면, 질문은 이렇다. 집단 선택 이론이 정말로 필요하다면, 복잡한 사회적 행동을 설명하는 데 굳이 집단 선택 이론을—개체의 수준에서 작동하는 혈연 선택 이론을 제치고—꼭 써야만 하는 경우는 무엇인가?

VIDEO 12.2
Dictyostelium discoideum developing fruiting bodies
ab11e.com/uk/v12.2

BOX 12.1 자료 해석을 통한 행동 탐구

아메바의 이타성

이타적 행동은 곤충이나 고등 동물에만 국한되지는 않는다. 사실, 원생동물의 몇몇 종도 혈연과 협력한다는 것이 밝혀졌다. 이러한 유기체 가운데 아마도 가장 잘 연구된 종은 아메바의 일종인 딕티오스텔리움 디스코이데움(*Dictyostelium discoideum*)일 것이다. 이 종에서는 종종 여러 개체들이 합쳐서 한 군락을 이룬다(Kuzdzai et al. 2007). 사회성 아메바는 이들이 잡아먹는 세균을 원시적으로 경작하는 등 몇몇 복잡한 행동을 보인다(Brock et al. 2011). *D. discoideum*은 단수체의 아메바 형태 세포로 생의 대부분을 보내며, 무성 생식을 하고 먹이를 섭취한다. 그러나 먹이가 부족해지면, 수천 개체의 아메바가 합쳐서 점액덩어리(slug)를 형성한다. 점액덩어리를 이루는 아메바 세포들 가운데 약 20%는 줄기(stalk)를 만든다. 이 줄기는 나머지 세포들로 구성된 공 모양의 자실체(fruiting body)를 떠받든다(**그림**). 줄기를 이루는 개체들은 번식하지 못하고 죽는 반면에, 포자를 퍼뜨리는 자실체를 이루는 개체들은 점액덩어리와 접촉한 곤충 등의 동물에 묻어 간 포자가 새로운 개체로 자라나서 번식하게 된다. 달리 말하면, 군락의 구성원들 가운데 일부는 직접 번식하는 것을 포기하는 대신 다른 개체들이 번식체를 퍼뜨릴 수 있을 만큼 높은 곳에 올라가게 도와줘서 무사히 번식하게 한다(**VIDEO 12.2**).

사회성 아메바인 *Dictyostelium discoideum*. 각각의 줄기 꼭대기에 있는 자실체를 주목하기 바람. (Photograph by Usman Bashir, CC BY 4.0.)

(계속)

BOX 12.1 **자료 해석을 통한 행동 탐구** (계속)

생각의 틀 깨기

진사회성 곤충 군락을 다루면서 여러분이 배운 포괄 적합도 이론을 되새겨 본다면, 여러분은 *D. discoideum*의 점액덩어리는 항상 혈연들로 이루어졌을 것이고 혈연 선택이 번식을 포기하는 줄기 세포를 만들어냈다고 추측할 것이다. 그러나 실험실에서 연구된 점액덩어리 가운데 절반 이상이 다수의 아메바 균주들로 된 키메라 혼합체였다는 설명을 듣는다면, 여러분은 어떤 반응을 보일 것인가(Strassman et al. 2000)?

조안 스트라스만(Joan Strassman)과 데이비드 퀠러(David Queller)는 이러한 키메라 점액덩어리가 사회적 갈등을 촉발시켜서 (이 장의 후반부를 참조하시오) 결국 거저 먹는 혹은 사기꾼 행동 전략이 진화하게 되었다고 주장했다. 다시 말해서, 점액덩어리가 서로 혈연관계가 없는 아메바 균주들의 혼합인 경우에 어떤 균주는 사기를 쳐서 줄기 대신 자실체를 형성함으로써 자기 유전자를 다음 세대에 더 많이 퍼뜨릴 기회를 얻을 수 있다. 이런 점을 고려한다면, 서로 잘 협력하는 아메바 균주들에서 유전적 유사성이 높을지 혹은 낮을지에 대해, 여러분은 혈연 선택 이론에 따라 어떤 예측을 내놓을 수 있는가? 왜 그런가? 이를테면, 자연 세계에서는 *D. discoideum*이 다른 균주와 접촉할 일이 없지만 실험실에서 다른 균주와 접촉하는 바람에 키메라를 만든 것이 아닐까 의문을 제기할 수 있다. 그러나 스트라스만과 퀠러가 이끄는 연구팀은 자연계에서도 키메라가 만들어짐을 발견했다(Fortunato et al. 2003). 혈연 선택이 원활하게 작동하려면, 세포들 사이의 근연도가 높아야 한다. 만약 점액덩어리를 이루는 아메바 세포들이 모두 하나의 균주라면, 이 무성 생식하는 종에서 세포들 사이의 평균 근연도는 어떻게 될까? 자연계에서 관찰되는 점액덩어리를 이루는 세포들 사이의 평균 근연도는 0.52, 즉 이배체 종에서 부모와 자식 사이의 근연도나 친동기 사이의 근연도에 가까움이 확인되었다. 그러나 한 해에 걸쳐서 여러 시점에서 다양한 장소로부터 채집된 자실체들을 조사한 후속 연구에 따르면, 키메라 자실체에서는 0.68이라는 조금 더 높은 근연도가, 그리고 키메라가 아닌 자실체에서는 0.98이라는 매우 높은 근연도가 확인되었다(Gilbert et al. 2007). 이러한 결과를 놓고 보면, 사회성 아메바의 생애에서 혈연 선택이 행하는 역할에 대해서 여러분은 어떤 결론을 내릴 수 있는가?

데이비드 슬로안 윌슨(David Sloan Wilson)과 다른 학자들은 (윈-에드워즈까지 거슬러 올라가서) 사회성 곤충은 군락을 이루어 살기 때문에, 집단 선택의 특정한 유형을 분석하는 데 이상적인 후보가 된다고 주장했다(Wilson and Wilson 2008). 기본 주장은 여전히 동일하다. 즉, 자기희생적인 개체들을 많이 포함하는 군락이 만약 이러한 이타적 행위자들 덕분에 경쟁 군락을 능가해서 다음 세대에 더 많은 유전자를 남길 수 있다면, 그러한 군락은 집단 선택에 의해 선호된다는 것이다. 확실히, 이러한 식으로 집단 간의 경쟁이 극심하게 벌어지는 나머지 집단 수준과 개체 수준 둘 모두에서 선택이 일어나는 경우도 있다(Reeve and Hölldobler 2007). 데이비드 슬로안 윌슨은 여러 수준에서 벌어지는 선택을 인형 속에 인형이 겹겹이 들어 있는 러시아의 마트료시카(matryoshka)에 비유한다(**그림 12.6A**)(Wilson and Sober 1994). 가장 낮은 수준에는 유전자가 있고, 그 위에 세포, 그 위에 유기체, 그리고 맨 위에 유기체로 이루어진 집단이 있다. 이처럼 개체 수준과 집단 수준을 모두 포괄하는 관점을 윌슨은 **다수준 선택(multilevel selection)**이라고 불렀다(**그림 12.6B**).

데이비드 슬로안 윌슨과 E. O. 윌슨은 관해파리(siphonophore)—이 장의 첫머리에 나온 고깔해파리(*Physalia physalis*)를 포함하는 해파리의 한 목(目)—를 예로 들어 다수준 선택을 설명한다(**그림 12.7**)(Wilson and Wilson 2008). 대다수 관해파리는 한 마리의 개체처럼 보이긴 하지만, 사실 이들은 각자 특수한 형태와 기능을 지니는 개충(zooid, 個蟲)이라는 수많은 다세포 개체들로 이루어져 있다. 진사회성 곤충과 아주 비슷하게, 관해파리도 노동 분업이 잘 되어 있다(Dunn 2009). 12개 이상의 기능적인 개충 계급들이 이동, 음식물 소화, 음식물 포획, 혈액 순환, 무성 생식 등을 각자 담당한다. 어떤 관해파리종은 초보적인 신경계

(A)

그림 12.6 **다수준 선택은 상호작용하는 경쟁의 층위들로 구성된 진화 과정의 위계 서열을 보여준다.** (A) 러시아의 전통 인형인 마트료시카처럼, 이들 층위들은 한 층위 안에 다른 층위들이 연이어 들어가 있다. (B) 하나의 단일한 유기체 내에서, 유전자들은 다음 세대에 전달될 자리를 놓고 서로 경쟁한다. 개체들로 이루어진 한 집단 내에서, 선택은 개체들 사이의 상대적인 적합도에 작용한다. 한 개체군 내의 집단들도 집단의 총체적인 생존과 번식 측면에서 서로 다르다. 개체군보다 더 높은 수준에서(그림에는 없음), 개체군, 다종 군집, 심지어 생태계 전체도 선택에 노출된다. (A, photograph © iStock.com/efcarlos; B after Wilson and Wilson 2008.)

(B)

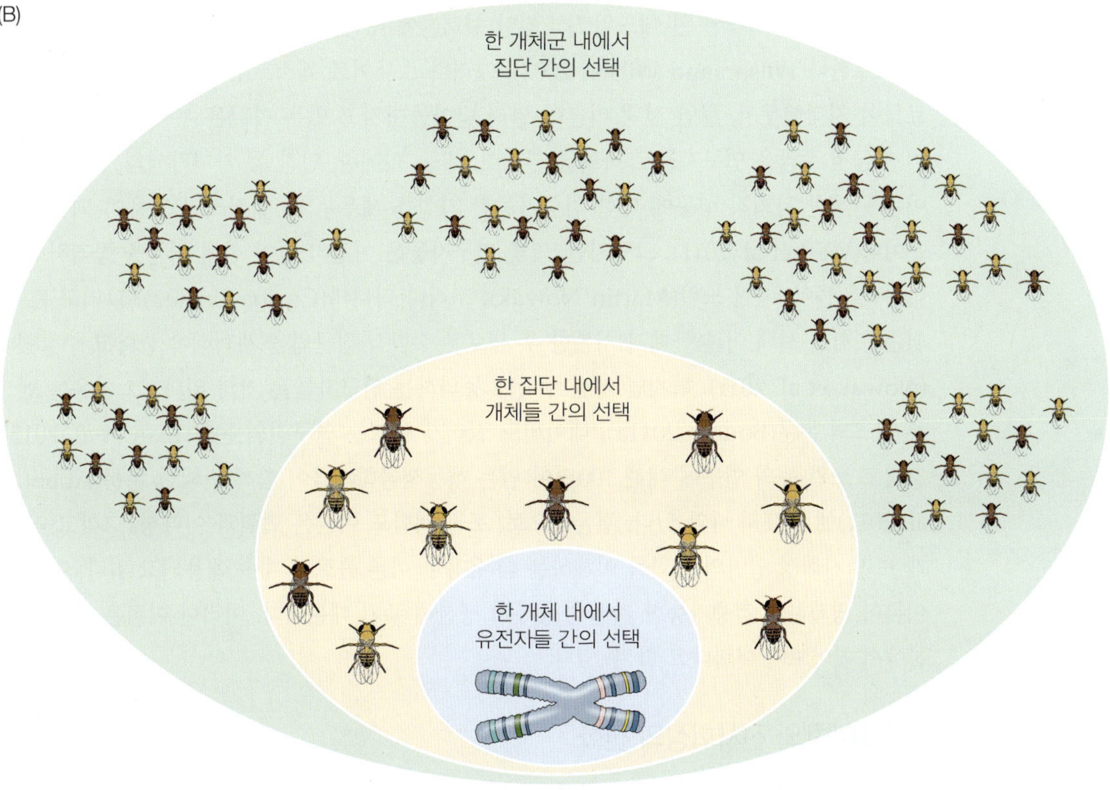

까지 지닌다. 윌슨과 윌슨이 주장했듯이, 관해파리는 단순한 유기체들을 기관으로 탈바꿈 시켜서 새로운 종류의 유기체를 하나 탄생시켰다고 할 수 있다(Wilson and Wilson 2008). 버트 횔도블러(Bert Hölldobler)와 E. O. 윌슨은 각 계급에 속한 개체들이 매우 전문화된 과업을 수행하는 진사회성 곤충 군락에 대해서도 거의 비슷한 주장을 했다(Hölldobler and Wilson 2008). 관해파리와 진사회성 곤충 군락 둘 모두에서, 마치 신체의 기관이 "개체의 이득을 위해서" 진화했다고 해석될 수 있는 것처럼, 개체의 특수화는 "군락의 이득을 위해서"

그림 12.7 관해파리는 각자 특수화된 기능을 수행하는 수많은 다세포 개체들로 이루어진다. 멕시코만에서 잡힌 관해파리 사진에서 볼 수 있듯이, 각각의 개충은 이동, 먹이 포획, 번식 같은 기능을 각자 수행한다. 이는 마치 진사회성 곤충 군락에서 관찰되는 노동 분업을 방불케 한다. (Photograph © Danté Fenolio/Science Source.)

진화했다고 해석될 수 있다고 집단 선택론자들은 주장한다.

이렇게 본다면, 다수준 선택은 개체 수준의 선택과 집단 수준의 선택을 단일한 이론 틀 아래에 통합시킨다는 점에서 매력적인 발상이다. 그렇다면, 사회성의 진화를 이해하고자 할 때 언제 개체 선택론을 사용하고, 언제 집단 선택론을 사용하는가? 다시 말해, 대립유전자의 빈도가 어떻게 다음 세대에 달라지는지 계산하려 할 때, 어느 한 종에 속한 개체들이 제각각 남긴 유전자들을 모두 더하기보다는 각각의 집단 내에서 대립 유전자의 빈도 변화를 정량화하는 편이 더 알맞은 경우는 언제인가? 제1장에서 설명했고 앞의 논의에서도 언급했던 것처럼, 오직 유전자만이 스스로를 복제한다. 개체들로 이루어진 집단은, 그리고 개체 그 자체는 유전자의 전달에 기여할 수 있는 "운반자(vehicle)"이지 복제자가 아니다(Dawkins 1989, Bourke 2011a). 그 결과, 집단에 근거하여 유전자를 정산하는 방법을 사용하든 개체 수준의 혈연 선택에 근거하여 유전자를 정산하는 방법을 쓰든 상관없다. 왜냐하면, 이 두 방법은 수학적으로 동등하기 때문이다(Reeve 2000, Marshall 2011).

사회성의 진화를 연구하는 대다수 생물학자들은 혈연 선택 이론에 바탕을 둔 개체 선택론적 관점을 따르고 있다. 데이비드 슬로안 윌슨과 그 동료들은 혈연 선택 이론에 대한 이러한 선호는 이미 기각된 윈-에드워즈식 집단 선택론에 대한 낡은 편견으로부터 나온다고 불만을 토로한다(Wilson and Wilson 2007). 그러나 스튜어트 웨스트(Stuart West)와 그의 동료들이 지적했듯이, 혈연 선택 이론이 널리 받아들여지고 있는 까닭은 무엇보다도 그 이론이 지금껏 수많은 연구자들로 하여금 흰개미, 세균, 아메바, 인간 등 가지각색의 생물들이 보이는 난해한 사회적 행동에 대한 검증가능한 가설을 세우는 데 실질적인 도움이 되었기 때문이다(West et al. 2011). 그렇지만, 몇몇 연구자들은 여전히 혈연 선택 이론을 공격하고 있다. 예를 들어, 마틴 노왁(Martin Nowak), 코리나 타니타(Corina Tarnita), 그리고 E. O. 윌슨은 혈연 선택 이론을 폐기 처분한 후 새로운 수학적 접근법을 채택해야 한다고 주장했다(Nowak et al. 2011). 하지만 이런 주장에 동의하는 연구자들은 거의 없다. 그 이유는 앤드류 버크의 논문(Bourke 2011a), 데이비드 퀠러가 이끄는 연구진의 논문(Lian et al. 2015), 그리고 노왁 등의 연구에 대해 100명이 넘는 행동생물학자들이 함께 반박한 논문(Abbot et al. 2011)에 상세히 나와 있다. 결론적으로, 포괄 적합도 이론은 협력과 이타성, 그리고 더 넓게 보면 사회성 일반의 진화를 이해하는 데 유용한 이론 틀로서 계속 애용되고 있다. 이는 그 이론이 명쾌하고 검증가능한 가설을 풍부히 생산해 주기 때문이다. 이러한 이점은 집단 선택론에서 찾아보기 어렵다고 할 수 있다.

단수이배체와 진사회성의 진화

혈연 선택이라는 개념은 어떻게 이타적 행동과 진사회성이 진화할 수 있는지 이해하게끔 도와준다. 하지만 이타적 행동과 진사회성이 왜 다른 분류군에 비하여 어떤 특정한 분류군에서는 더 진화하기 쉬운 것일까? 이를테면, 진사회성은 벌목(Hymenoptera) 곤충의 많은 종에서 진화한 반면에, 다른 곤충에서는 왜 드물게 나타날까? 개미, 벌, 말벌류의 암수는 다른 곤충의 암수에 비하여 매우 다른 염색체(와 유전체)를 지닌다는 사실이 오래전부터 생물학자에게 알려져 있었다. 수컷 벌목 곤충은 **단수체(haploid)**이고, 처녀 생식(parthenogenesis, 미수정란으로부터 발생)으로 만들어지기 때문에 염색체를 오직 한 벌만 지닌다. 반면에 암컷 벌목 곤충은 이배체이고, 염색체 중 한 벌은 어미, 한 벌은 아비로부터 받아 모두 두 벌 지닌

다. 수컷은 단수체이고, 암컷은 이배체인 이러한 성결정 체계를 **단수이배체(haplodiploidy)**라고 한다. 암컷뿐만 아니라 수컷도 이배체이면, **이배체(diploidy)**, 혹은 **이배이배체(diplo-diploidy)**라 한다. 모든 수컷 벌목 곤충은 단수체이므로, 한 수컷이 만드는 모든 정자는 유전적으로 동일하다. 그래서 만약 암개미나 암벌 혹은 암컷 말벌이 단 하나의 수컷과 교미한다면, 이 암컷이 받는 모든 정자는 동일한 유전자 집합을 지닌다. 암컷이 이들 정자를 써서 난자와 수정시키면, 이렇게 태어난 모든 이배체 딸에서 부계 유전자는 완전히 동일하지만 모계 유전자는 평균적으로 50%만 같다. 그러므로, 여왕벌이 낳은 난자가 유전적으로 동일한 정자와 융합했을 때, 그 결과 태어난 암컷들은 아비를 통해서 유전자의 50%를 공유하고, 어미를 통해서 평균 25%를 공유하므로 도합 0.75라는 r 값이 얻어진다(**그림 12.8**). 달리 말하면, 친자매끼리는 자신과 어미 사이보다 (혹은 자신과 자기가 직접 낳은 암컷 사이보다; r = 0.5) 서로 더 높이 연관되어 있다(r = 0.75).

해밀턴은 전형적인 진사회성 군락을 이루는 개체들은 주로 평균적으로 유전 물질의 4분의 3을 공유할 정도로 가깝게 연관된 친자매들로 이루어져 있다는 사실에 착안하여 이른바 **단수이배체 가설(haplodiploidy hypothesis)**을 제안했다(Hamilton 1964). 해밀턴의 규칙은 유전적으로 유사한 개체를 도와줬을 때에 얻는 간접 적합도상의 이득이, 자신이 직접 번식하는 것을 포기하는 직접 적합도상의 비용보다 커야만 이타적 행동이 개체군 내에 전파될 수 있다고 규정함을 기억하길 바란다. 해밀턴은 단수이배체로 인하여 벌목 곤충에서 친자매 사이의 근연도가 인간을 포함한 대다수 다른 유기체에서 친자매 사이의 근연도인 0.5보다 더 높을 수 있다는 것을 날카롭게 포착했다. 이러한 유전적 사실에 따른 결과로서, (해밀턴의 규칙을 따르면) 이타적 행동은 이배이배체 동물보다 단수이배체 벌목 곤충에서 진화할 가능성이 더 높을 것이다. 만약 친자매가 유독 가깝게 연관된다면, 혈연 선택은 암컷 벌목 곤충으로 하여금 자기가 직접 번식하기 보다는, 말장난을 좀 섞어서, 어느 한 자매의 바구니에 알을 (대립유전자를) 몽땅 몰아주게끔 만들 것이다. 다시 말해서, 자연선택은 대다수 암컷으로 하여금 자기가 직접 번식하여 딸을 낳기 보다는 어린 여동생(어미의 딸)을 양육하는 것을 돕게끔 만들 것이다. 이 시나리오는 정확하게 우리가 진사회성 곤충 사회에서 목격하는 바이다. 즉, 일꾼들은 (모두 암컷) 자기 딸을 직접 낳으려 애쓰기보다는 어미가 낳은 딸(그들의 친자매)의 양육을 돕는다. 아마 우연치 않게도, 벌목은 매우 이타적인 곤충 종들이 가장 많이 있는 분류군이고, 이들 종에는 오직 암컷으로만 이루어진 일꾼 계급이 있다.

단수이배체 가설 단수이배체 개체군에서 친자매 사이의 상대적으로 높은 근연도가 친동기들 사이의 이타성을 촉진시켜서, 결과적으로 진사회성을 진화시켰다.

단수이배체 가설의 검증

단수이배체 유전 체계가 자매들 사이에서 근연도를 높여 줌에 따라 자매들 사이의 이타성이 더 쉽게 진화할 수 있었다는 설명은 상당히 논리적으로 들린다. 또한 이는 불임성 암컷 일꾼이 왜 유독 벌목에 많이 존재하는지도 잠정적으로 잘 설명해 주는 것 같다(Hamilton 1964). 그러나 많은 단수이배체 종이 진사회성이라는 말이 곧 단수이배체가 진사회성을 진화시킨 원인임을 의미하지는 않는다. 어쨌든, 15,000종 이상의 개미가 진사회성인 반면에 거의 20,000종에 가까운 벌은 대부분 단서성이라 무리를 이루고 살지 않는다. 덧붙여, 이배체이면서 진사회성을 보이는 종도 많이 있는데, 여기에는 모든 흰개미 종이 해당된다. 단수이배체와 진사회성 사이의 인과적 연결고리를 확실하게 규명하려면 더 많은 증거들이 요구된다.

단수이배체 가설은 또 다른 예측을 생산한다. 예를 들어, 단수이배체 성결정 메커니즘이

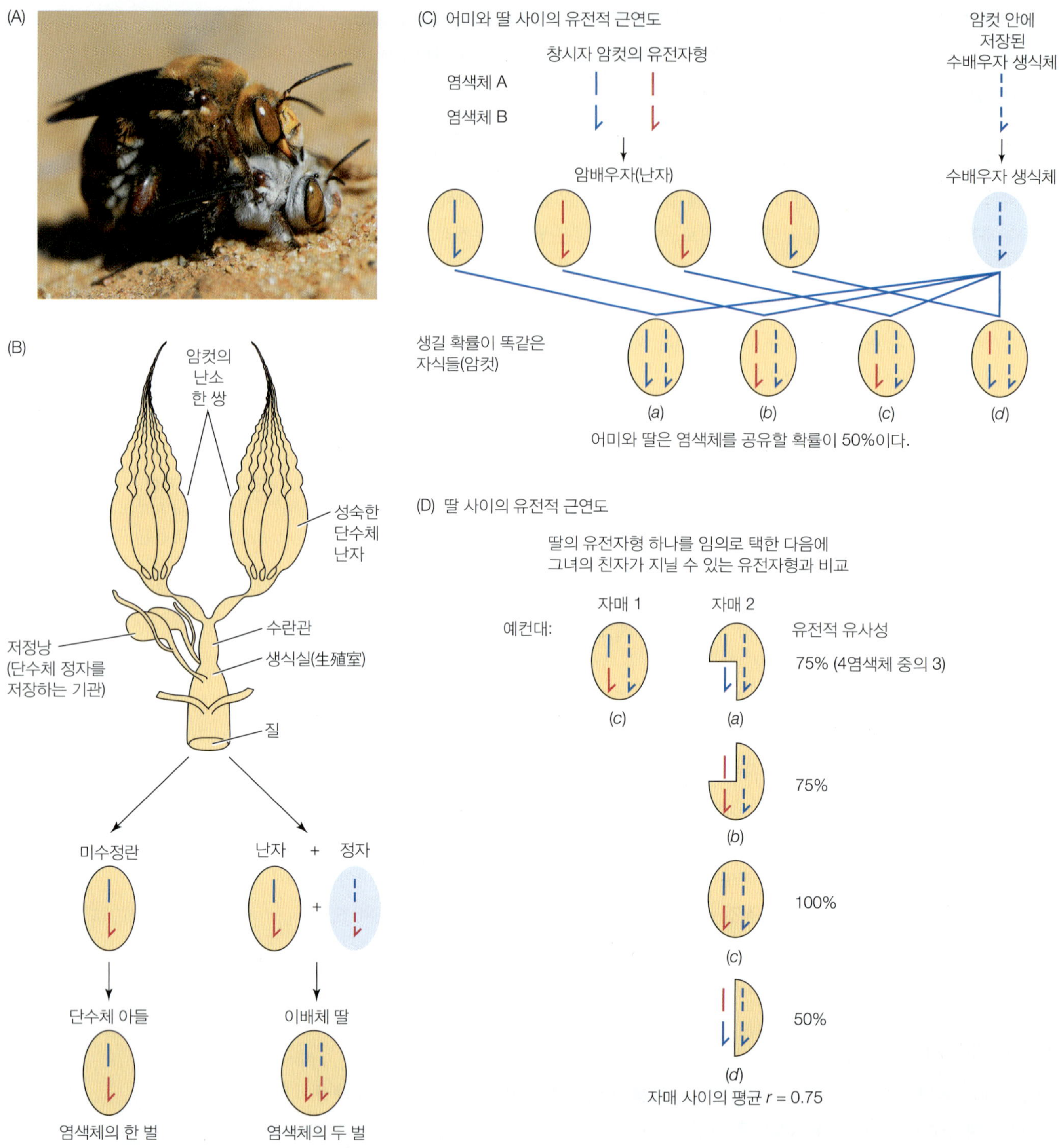

그림 12.8 벌목의 단수이배체와 진사회성의 진화. (A) 단수체인 벌목 수컷이 이배체 암컷과 교미하면, 암컷이 받은 모든 정자는 유전적으로 똑같다. (B) 암컷이 성숙한 단수체 난자를 난소에서 배출시킬 때, 난자는 수란관을 통과하면서 저정낭에서 나오는 정자와 만나 수정될 수도 있고 수정되지 않을 수도 있다. 미수정된 난자는 단수체 아들이 된다. 수정된 난자는 이배체 딸이 된다. (C) 하나의 수컷과 교미한 어미와 그 딸 사이의 유전적 근연도(r = 0.5). (D) 하나의 수컷과 교미한 어미가 낳은 딸들 사이의 평균 유전적 근연도(r = 0.75). (Photograph by John Alcock.)

벌목에서 진사회성이 진화하는 데 일정한 역할을 했다면, 불임성 일꾼 계급은 수컷 동생보다는 번식 능력이 있는 암컷 동생에게 도움을 더 쏟으리라고 예측된다. 왜 그럴까? 두 벌목 자매는 평균적으로 유전자의 75%를 공유하지만, 암컷은 단수체 수컷 동생과는 평균적으로 겨우 유전자의 25%를 공유하기 때문이다(그림 12.8 참조). 암컷이 가진 유전자들 가운데 절반은 아비로부터 온 부계 유전자이고, 이는 수컷과 전혀 공유하지 않는 반면에(왜냐하면, 수컷은 아비가 없기 때문), 암컷이 가진 유전자의 나머지 절반은 어미로부터 온 모계 유전자이고, 이를 남동생과 공유할 확률은 50%임을 상기하길 바란다. 이 말은 암컷은 평균적으로 유전자의 4분의 1만을 수컷 동생과 공유한다는 뜻이다(r = 0.25).

그림 12.9 개미 언덕에서 알을 돌보는 개미들. 일꾼들이 여왕이 낳은 알을 보살피고 있다. (Photograph © iStock.com/benedamiroslav.)

밥 트리버스(Bob Trivers)와 호프 헤어(Hope Hare)는 단수이배체 유전 체계의 논리를 발전시켜서 친자매는 수컷 동생에 대해서보다 서로에게 3배 더 가깝게 연관되어 있으므로 (여왕이 오직 한 번만 짝짓기하는 종의 경우) 벌목 일꾼들은 수컷 동생보다 암컷 동생에게 3배 더 투자할 것이라고 주장하였다(Trivers and Hare 1976). 또한 그들은 만약 암컷 일꾼들이 번식 능력이 있는 암컷 동생들을 도와서 간접 적합도를 최대화하는 행동 전략을 구사한다면, 한 군락의 일꾼들이 길러내는 어른 번식성 암컷들의 몸무게 총량은 (암컷의 생산에 할당된 총자원의 추정치) 어른 번식성 수컷들의 몸무게의 총량보다 3배 더 나갈 것이라고 예측하였다. 트리버스와 헤어가 다양한 개미 종들에서 군락들이 생산한 암컷과 수컷의 몸무게 총량의 비율에 대해 문헌들을 조사해 파악한 결과, 이들은 해밀턴의 단수이배체 가설이 예측했듯이 3:1 투자 비율을 확인할 수 있었다(**그림 12.9**)(Trivers and Hare 1976).

트리버스와 헤어의 연구 결과는 일꾼들이 자식 생산을 상당 부분 통제하고 있음을 시사한다. 왜냐하면, 만일 여왕이 자식 생산을 전적으로 통제하는 상황이었다면 여왕은 아들이건 딸이건 간에 각각의 자식에게 자기 유전자의 50%를 제공했으므로, 암컷과 수컷에 대한 투자 비율이 정확히 1:1이 되도록 만전을 기했을 것이기 때문이다. 즉, 여왕은 딸보다 아들에게, 혹은 그 반대로 투자를 더 많이 한다고 해서 그 어떤 유전적 이득도 얻지 못한다(Williams 1966). 여왕이 다른 성보다 어느 한 성의 자식들을 더 많이 만드는 경향이 있는 가상의 개미 종의 한 개체군을 상상해 보자. 이러한 상황에서, 다른 여왕들과 정반대로 행동해서 상대적으로 드문 성에 속하는 자식을 더 많이 만드는 돌연변이 여왕은 손주를 더 많이 얻는 이득을 고스란히 누리게 될 것이다. 예를 들어, 수컷이 드문 개체군에서 아들을 더 많이 낳는 돌연변이 여왕은 딸을 더 많이 낳은 경우와 비교해서, 그 아들들이 더 많은 수의 짝짓기 상대를 만날 수 있으므로 결국 손주를 더 많이 남길 기회를 얻게 된다. 아들을 많이 낳는 여왕이 높은 적합도를 얻으면서 다음 세대에는 더 많은 수의 수컷들이 실질적으로 추가됨에 따라 성비는 다시 평형 상태로 되돌아가게 된다. 만약 시간이 흐르면서 성비가 잠시 이탈해서 수컷으로 기울게 되면, 딸을 더 많이 낳는 여왕이 다시 유리해지므로 성비는 다시 원래대로 복귀한다. 아들과 딸에 대한 투자 비율이 1:1인 개체군에서는, 아들을 더 많이 낳는 여왕뿐만 아니라 딸을 더 많이 낳는 여왕도 적합도상의 이득을 얻지 못한다. 대다수 연구들이(모든 연구

(A)
(B)
(C)

그림 12.10 진사회성 벌목에서는 가족 생활이 표준이다. (A) 개미에서는 진사회성이 모든 종에서 나타나지만 벌이나 (꿀벌 사진) 말벌에서는 (쌍살벌 사진) 비교적 덜 흔하다. 모든 벌목 곤충에서, 집단은 주로 부모와 자식들로 이루어진다. (A, photograph © iStock.com/Adisak Mitrprayoon; B, © iStock.com/fpwing; C, © Leonid Eremeychuk/Shutterstock.com.)

는 아님) 개미, 벌, 말벌 군락에서 암컷에 쏠리는 투자 비율을 발견했다는 사실은 여왕과 일꾼의 적합도 이해관계가 서로 엇갈릴 때 일꾼이 승리함을 시사한다(Meunier et al. 2008). 그러나 만약 어떤 진사회성 벌목 곤충에서 모든 군락이 아들보다 딸에게 3배 더 많이 투자한다면, 전체적인 투자 비율은 3:1로 딸에게 더 기울게 된다. 총투자량으로 따져서 아들이 더 드문 이러한 상황에서는, 아들은 딸보다 단위 투자량에 대한 적합도 수확(fitness return)을 3배 더 많이 제공하게 된다. 결국 일꾼들이 수컷 동생보다 암컷 동생을 더 많이 만듦으로써 얻는 그 어떠한 간접 적합도상의 이득이 모조리 사라진다(Gardner et al. 2012). 이러한 이유와 그 밖에 몇몇 다른 이유로 인해 (진사회성인 흰개미는 이배체라는 사실도 여기에 포함됨) 단수이배체 하나만으로는 진사회성의 진화를 설명할 수 없다(**BOX 12.2**) (Alpendrinha et al. 2013).

진사회성 곤충의 포괄 적합도와 일부일처제

만일 단수이배체 가설이 벌목에서 진사회성이 어떻게 기원했는지—단수이배체가 아닌 생물종에서의 진사회성은 고사하고—제대로 설명해주지 못한다면, 복잡한 사회가 어떻게 진화했는지를 설명해주는 더 일반적인 가설이 필요하다. 앞에서 언급했듯이, 다윈은 진사회성 곤충에서 불임성 일꾼이 어떻게 진화했는지를 잠정적으로 설명해주는 가설을 제안했다. 즉, (번식 능력이 있는) 다른 가족 구성원이 선택됨에 따라 그 개체의 혈연이 자기희생적 행동을 하게 만드는 형질이 개체군 내에 전파할 수 있다는 것이다. 만약 우리가 다윈 논증의 현대적 버전, 즉 해밀턴이 창안한 혈연 선택론적 접근법과 포괄 적합도 이론의 틀을 사용한다면, 우리는 진사회성 곤충 사회가 거의 전적으로 부모와 자식들로만 구성되어 있으리라는 예측을 할 수 있다. 이 예측은 기본적으로 타당하다(Boomsma 2007, Strassmann and Queller 2007). 실제로 대다수 진사회성 곤충 사회는 가까운 혈연들로 이루어진 하나의 큰 가족이기 때문이다(**그림 12.10**). 여왕이 여러 명 있는 곤충 군락에서조차, 집단은 대개 여러 가족들로 이루어진다. 그리고 이러한 복수 여왕 사회에서도, 만약 어느 한 가족에 속한 불임성 일꾼이 전체 군락에 이득을 주는 이타적 행동을 한다면, 이들과 가까운 번식성 혈연이 군락 안에 어쨌든 존재한다는 사실은 불임성 일꾼들이 자신의 번식성 혈연이 더 많은 자식을 남기게 도와줌으로써 자기 자신도 적합도상의 이득을 간접적으로 얻을 수 있음을 뜻한다. 뿐만 아니라, 서로 협력하여 한 군락을 창시하는 여왕들은 흔히 가까운 혈연들이며, 이는 각자 낳은 자식들로 이루어지는 미래의 군락 구성원들 사이에서 근연도를 높여 주는 요인이 된다.

대다수 진사회성 곤충 군락이 혈연으로 이루어져 있기는 하지만, 군락 구성원 사이의 평균적인 근연도는 어떤 군락(혹은 종)에서는 매우 높지만 다른 군락에서는 매우 낮는 등 천차만별이다. 이러한 변이가 혈연 구조에 왜 생기는가? 평생 단 하나의 수컷과 교미한 여왕 한 개체가 건설한 군락에서는 일부일처제적인 짝 결합에서 나온 자식들이 모두 친동기이며, 똑같은 부계 DNA를 공유하리라는 것을 쉽게 알 수 있다. 그러나 벌목이면서 진사회성인 많은 곤충 종들에서 여왕은 여러 명, 때로는 수십 명의, 수컷들과 교미한다. 제10장에서 살펴본 꿀벌속(*Apis*)도 이런 경우이다. 사실, 곤충에서는 일부일처제보다 일처다부제가 훨씬 더 흔한데, 이는 진사회성 곤충에서도 마찬가지다. 자코부스 붐스마(Jacobus Boomsma)는 한 명의 수컷으로부터 자식들이 나올 때에 비해서, 일처다부제는 친동기들끼리 덜 가깝게 이어지게

BOX 12.2 자료 해석을 통한 행동 탐구

클론성 흡충 편형동물의 노동 분담

흡충은 적어도 2개의 숙주를 이용하는 복잡한 생활사를 지니는 기생성 편형동물의 한 강(綱, class)이다. 흡충은 주된 숙주인 척추동물 안에서는 유성생식을 하지만 중간 숙주(대개 달팽이) 안에서는 무성생식을 한다. 무성생식 단계에서 흡충은 단성충(單性蟲, parthenita)이라는 클론 자식들을 매우 많이 만든다. 단성충에 입이 달려서 위압적인 종은 입 크기가 작거나 아예 입이 없어서 열등한 종의 새끼를 잡아먹고 산다. 라이언 헤친거(Ryan Hechinger)가 이끄는 연구진은 캘리포니아의 태평양 연안에서 채집된 긴목급구흡충의 어떤 미기재종(*Himasthla* sp. B)이 만드는 단성충들이 병정 계급과 번식자 계급으로 형태적으로 그리고 행동적으로 뚜렷하게 특수화되어 있음을 보고했다(**그림 A**와 **B**)(Hechinger et al. 2010).

(계속)

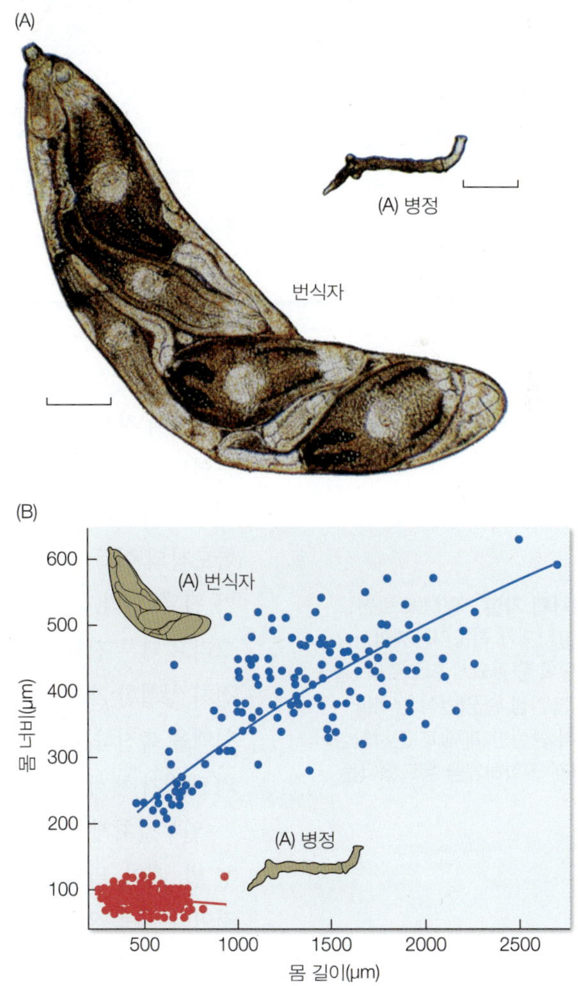

병정 흡충과 번식자 흡충은 몸의 크기와 형태가 다르다. (A) 긴목급구흡충의 일종(Himasthla sp. B)의 번식자 계급과 병정 계급. 병정 계급은 눈에 띄게 작고 생김새도 다르다. 축척자 = 0.2 mm. (B) 병정 계급은 번식자 계급보다 더 짧고, 가늘며, 길이와 너비의 비율도 다르다. (After Hechinger et al. 2010.)

BOX 12.2 자료 해석을 통한 행동 탐구 (계속)

번식을 담당하는 개체들과 달리, 병정들은 가늘고 작고, 입이 크고, 다른 군락에서 온 동종 흡충이나 다른 종의 흡충을 더 잘 공격한다. 병정과 번식자 사이의 이러한 행동적 차이는 덴마크에 서식하는 근연종인 히마슬라 이롱가타(*Himasthla elongata*)로 실시한 실험에서 확인되었다(Mouritsen and Halvorsen 2015). 번식자와 비교해 보면, 병정은 함께 경쟁하는 기생충이나 먹잇감을 더 공격하는 경향이 있었다(**그림 C**와 **D**).

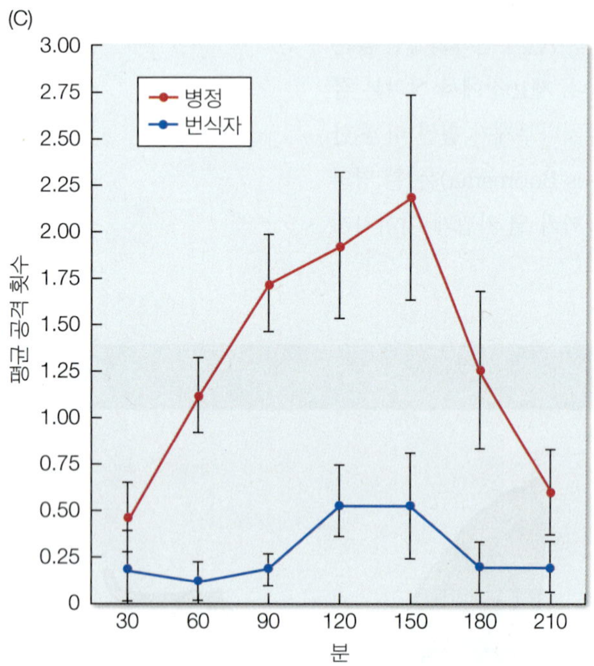

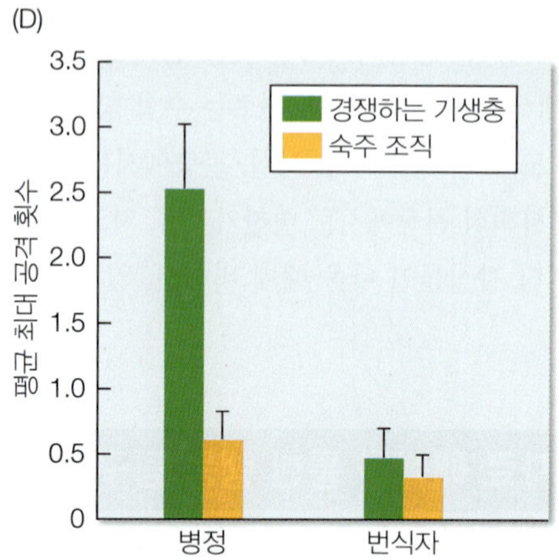

병정 흡충과 번식자 흡충의 공격률. (C) *Himasthla elongata*의 병정들은 번식자들에 비하여 다른 군락에서 온 먹잇감을 더 높은 비율로 공격했다. 막대 그래프는 평균 및 표준오차를 나타낸다. (D) *Himasthla elongata*의 병정들은 경쟁하는 기생충들을 번식자들에 비해 더 자주 공격했다. 하지만 대조군으로 설정된, 달팽이 숙주 조직을 공격하는 속도에는 차이가 없었다. 막대 그래프는 평균 및 표준오차를 나타낸다 (Mouritsen and Halvorsen 2015).

함으로써 진사회성 사회의 혈연 구조를 무너뜨리는 반면에, 일부일처제는 친동기들끼리 높은 근연도를 유지시켜 혈연 구조를 공고히 할 수 있음을 알게 되었다. 다시 말해서, 여왕이 하나의 수컷과 교미한 경우에 일꾼은 동생이 살아남아 번식하는 것을 도움으로써 아주 약간의 적합도상의 이득이라도 간접적으로 얻을 수만 있다면 동생을 돌보는 행동은 적응적인 선택지가 될 수 있다. 이러한 **일부일처제 가설(monogamy hypothesis)**을 따르면, 벌목, 흰개미, 그리고 다른 진사회성 곤충에서 평생에 걸친 일부일처제는 절대 불임성 일꾼(번식 능력을 완전히 상실한 개체)의 진화와 밀접하게 관련되어 있을 것이다(Boomsma 2007, 2009). 혈연선택을 촉진하는 메커니즘(일부일처제)을 판명해 주는 붐스마의 가설이 맞다면, 어느 한 종의 짝짓기 체계는 그 종이 진사회성을 진화시킬 가능성에 직접적인 영향을 미칠 것이다.

일부일처제 가설 평생에 걸친 일부일처제가 친동기들끼리 가깝도록 연관되게 함으로써, 결국 절대 불임성 일꾼(번식 능력을 완전히 상실한 개체)과 진사회성이 더 쉽게 진화하게끔 유도했다는 가설.

일부일처제 가설은 진화적인 가설이므로, 우리는 비교 접근법을 써서 오늘날의 진사회성 벌, 개미, 말벌을 파생시킨 고대의 벌목 곤충에서 암컷은 단 하나의 수컷과 교미를 했을 것이라는, 즉 일부일처제를 했으리라는 핵심 예측을 검증할 수 있다. 윌리엄 휴즈(William Hughes)가 이끄는 연구진은 267종의 개미, 벌, 그리고 꿀벌의 분자적인 그리고 구조적인 유사성에 근거하여 벌목의 계통수를 만든 다음에 조상 상태 재구성(ancestral state recon-

BOX 12.2 자료 해석을 통한 행동 탐구 (계속)

생각의 틀 깨기

이처럼 계급 분화가 발견된 것은 흡충강이 속하는 편형동물 문(門, phylum)을 통틀어 처음이었다. 흡충강에서 계급 분화는 얼마나 널리 퍼져 있을까? 아나 가르시아-베드린(Ana García-Vedrenne)과 그 동료들은 5종의 흡충을 연구해서 이 문제를 탐구했다. 4종은 바다 달팽이에 기생하고 1종(*Echinostoma liei*)은 담수 달팽이에 기생하여 산다(**그림 E**)(García-Vedrenne et al. 2016). 이 5종 가운데 병정 계급을 지닌 종은 몇 종이라 생각되는가? 그러한 결론에 어떻게 도달했는가? 번식적 노동 분담을 보이는 흡충 종이 정말로 진사회성이라고 생각하는가? 앞에서 진사회성을 만드는 세 가지 핵심 특질을 살펴보았는데, 이를 되새기길 바란다. 혈연 선택이 흡충에서의 사회성 진화에도 일정한 역할을 했다고 생각하는가? 마지막으로, 몇몇 연구자들은 이러한 연구가 계급 분화를 설득력 있게 입증하는 증거를 제시하지 못했다고 비판했다. 그들은 서로 가까운 몇몇 종들에서 몸 크기의 이항 분포(그림 E 참조)는 단성충들이 각기 상이한 발달 단계에 있어서 나타났을 뿐이라고 주장했다(Galaktionov et al. 2015). 덧붙여, 비판자들은 행동적 차이도 단성충들이 나이가 들면서 선호하는 먹이가 달라짐에 따라 나타났을 따름이지 계급에 맞는 행동이 특화되어 있지는 않다고 지적했다. 이러한 주장이 흡충의 계급 분화에 대한 연구를 무너뜨린다고 생각하는가? 어떤 종이 진사회성이라고 당신이 결론을 내리기 위해서는 다른 어떤 정보가 더 필요하겠는가?

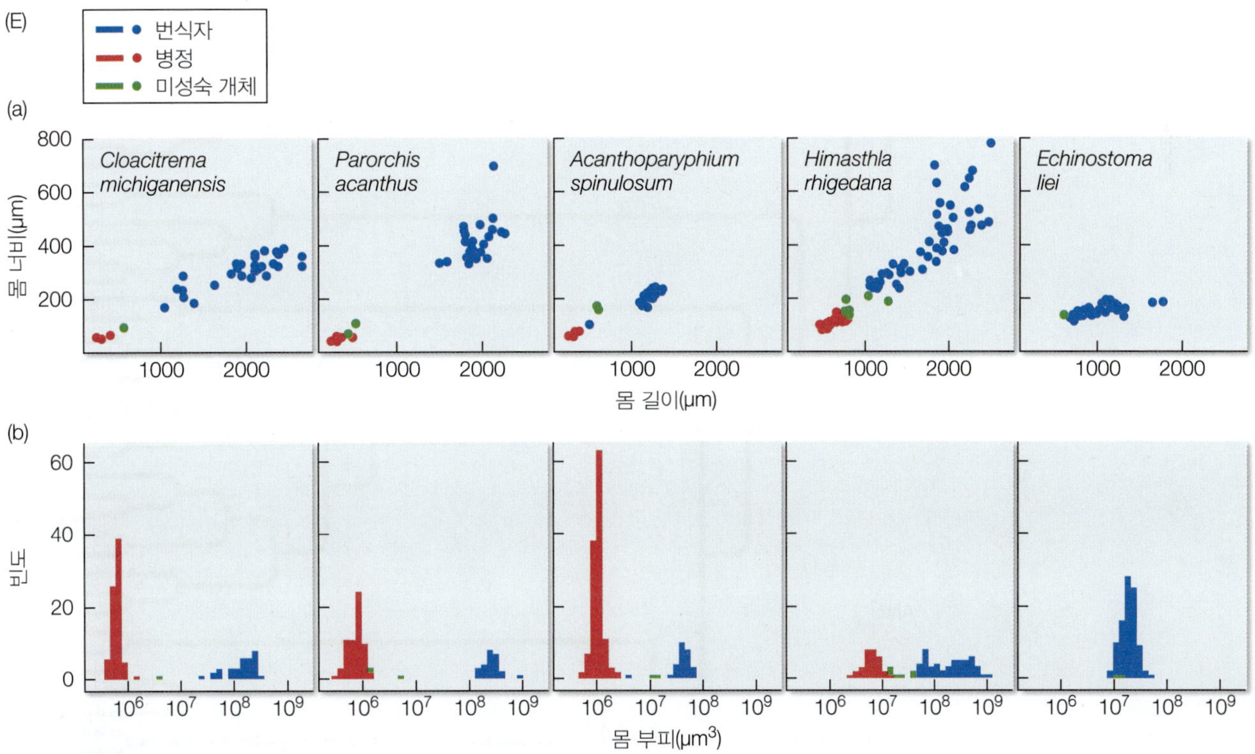

5가지 흡충 종의 몸 크기와 형태. (a) 병정, 미성숙 개체, 번식자의 몸 너비와 몸 크기 사이의 관계(*Echinostoma liei*에 대해서는 번식자만 나타냄). 각각의 점은 어느 한 흡충 군락에서 무작위적으로 추출한 개체 하나를 보여준다. (b) 무작위적으로 추출한 병정, 미성숙 개체, 그리고 번식자의 몸 부피의 빈도 분포. (After García-Vedrenne et al. 2016.)

struction) 기법을 사용해서 일부일처제 가설을 검증하였다(Hughes et al. 2008). 각각의 종에서 암컷 창시자 여왕이 단 한 수컷과 교미하는지(일부일처제) 아니면 복수의 수컷들과 교미하는지(일처다부제) 형질 상태를 계통수 위에 일일이 지정함으로써, 갖가지 계통들의 조상

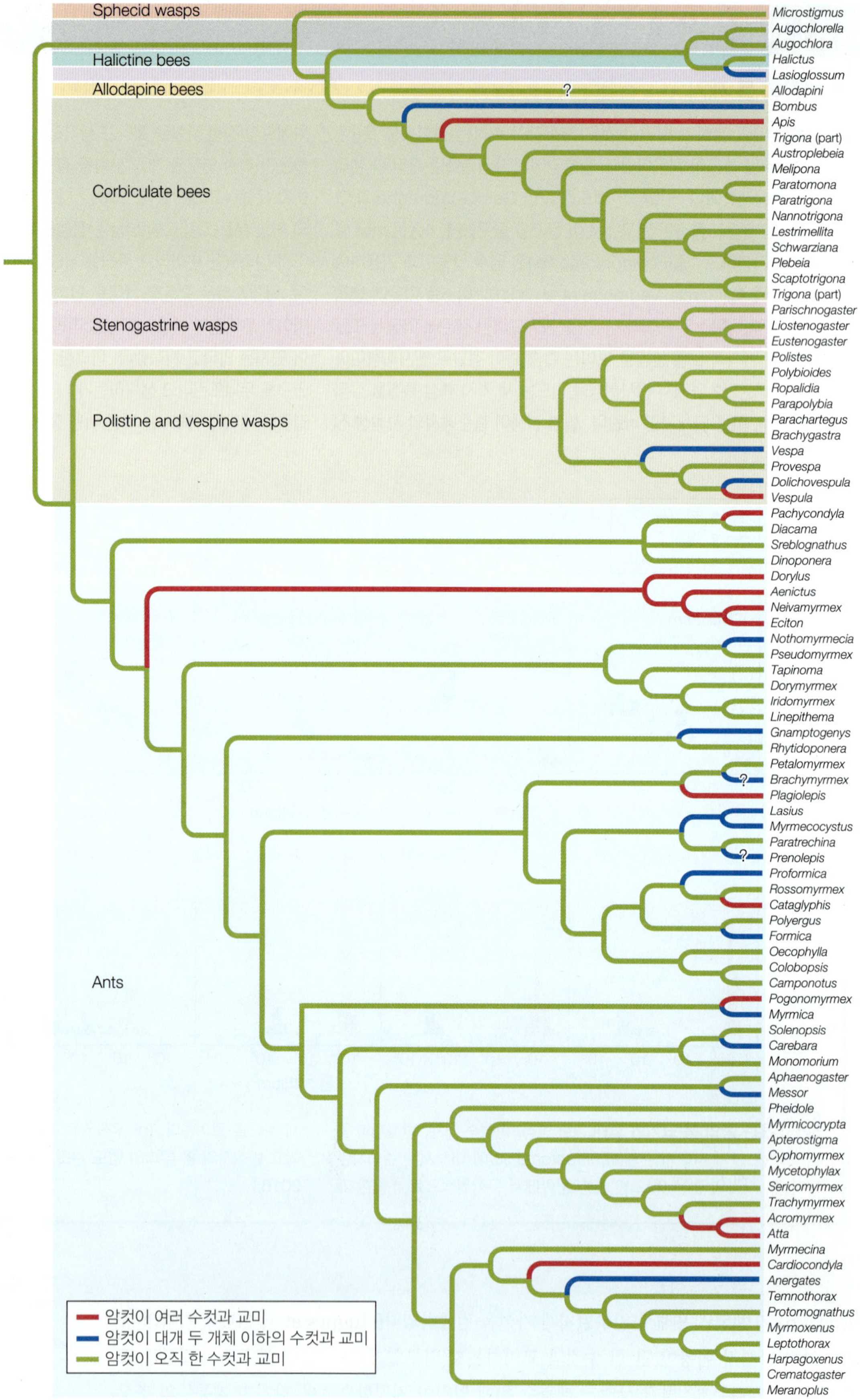
Sphecid wasps
Halictine bees
Allodapine bees
Corbiculate bees
Stenogastrine wasps
Polistine and vespine wasps
Ants
Microstigmus
Augochlorella
Augochlora
Halictus
Lasioglossum
Allodapini
Bombus
Apis
Trigona (part)
Austroplebeia
Melipona
Paratomona
Paratrigona
Nannotrigona
Lestrimellita
Schwarziana
Plebeia
Scaptotrigona
Trigona (part)
Parischnogaster
Liostenogaster
Eustenogaster
Polistes
Polybioides
Ropalidia
Parapolybia
Parachartegus
Brachygastra
Vespa
Provespa
Dolichovespula
Vespula
Pachycondyla
Diacama
Sreblognathus
Dinoponera
Dorylus
Aenictus
Neivamyrmex
Eciton
Nothomyrmecia
Pseudomyrmex
Tapinoma
Dorymyrmex
Iridomyrmex
Linepithema
Gnamptogenys
Rhytidoponera
Petalomyrmex
Brachymyrmex
Plagiolepis
Lasius
Myrmecocystus
Paratrechina
Prenolepis
Proformica
Rossomyrmex
Cataglyphis
Polyergus
Formica
Oecophylla
Colobopsis
Camponotus
Pogonomyrmex
Myrmica
Solenopsis
Carebara
Monomorium
Aphaenogaster
Messor
Pheidole
Myrmicocrypta
Apterostigma
Cyphomyrmex
Mycetophylax
Sericomyrmex
Trachymyrmex
Acromyrmex
Atta
Myrmecina
Cardiocondyla
Anergates
Temnothorax
Protomognathus
Myrmoxenus
Leptothorax
Harpagoxenus
Crematogaster
Meranoplus
암컷이 여러 수컷과 교미
암컷이 대개 두 개체 이하의 수컷과 교미
암컷이 오직 한 수컷과 교미

그림 12.11 벌목에서 혈연 선택에 의한 진사회성의 기원과 일부일처제. 벌목에는 많은 수의 다양한 진사회성 종이 있고, 이 가운데에서 일처다부제는 종종 독립적으로 진화했다. 그러나 이 계통수는 각기 다른 진사회성 무리의 조상 종은 (각 계통은 서로 다른 배경색으로 표시되어 있음) 단 하나의 예외도 없이 일부일처제였음을, 즉 벌목 자매들끼리 대단히 가깝게 연관되게 만드는 데 필요한 조건을 지녔음을 드러내 준다. (After Hughes et al. 2008.)

종이 일부일처제였을 가능성이 더 높았는지 아니면 일처다부제였을 가능성이 더 높았는지 판정할 수 있었다. 진사회성은 벌목에서 독립적으로 서너 번 진화했으며, 짝짓기 빈도의 자료가 있는 여덟 계통 모두에서 각 계통의 기저에 있는 조상 종은 일부일처제를 유지했을 것으로 판단되었다(**그림 12.11**). 일부일처제로 인해 조상 종들에서 이타성이 촉진되고 진사회성이 진화했을 것이다(Hughes et al. 2008).

일부일처제가 진사회성보다 먼저 일어났음이 진사회성 종을 포함하는 모든 계통에서 확인되었지만, 오늘날 이러한 계통 가운데 상당수는 사실 일처다부제 종을 포함한다. 언뜻 보면, 이러한 양상은 일부일처제 가설과 부합되지 않는 것처럼 보인다. 그러나 종국엔 일처다부제 진사회성 종이 파생된 계통 모두에서, 일꾼은 짝짓기할 능력을 오래 전에 잃어버린 것처럼 보인다. 이는 창시자 암컷이 여러 수컷과 교미할 때도 (그리고 한 수컷과만 교미했을 때보다는 친동기들끼리 서로 덜 가깝게 연관되는 자식을 낳을 때도) 여왕은 불임성 노동 집단이 어쨌든 나중에 생겨나서 번식 능력이 있는 암컷 동생을 만드는 일을 도우리라는 것을 여전히 확신할 수 있음을 의미한다. 달리 말하면, 암컷 동생이 자신과 덜 가깝게 이어진 상황일지라도 일꾼은 배신한 후 다른 곳에서 혼자 번식을 시도하는 것은 생리적으로 불가능하다.

한 수컷과만 교미해서 유능하고 행복한 노동 집단이 배양되게끔 만전을 기해야 함에도 불구하고, 암컷은 왜 여러 수컷과 교미할까? 제10장에서 보았듯이, 암컷은 여러 수컷과 교미해서 얻을 수 있는 잠재적인 이득이 많다. 이를테면, 꿀벌에서는 군락 내의 유전적 다양성이 높으면 질병에 대한 저항성을 촉진하고(Tarpy 2003), 일꾼들의 전문성과 작업 효율을 끌어올리는 데에(Page et al. 1995) 이득이 있기 때문에 일처다부제가 이차적으로 전파했을 것이다. 그러므로, 암컷이 여러 수컷과 교미하는 종인 꿀벌이 오늘날에도 고도의 진사회성 생활양식을 유지하도록 하는 선택압은 꿀벌에서 진사회성을 처음으로 시작하게 한 선택압과는 분명히 다를 것이다. 여하튼 간에, 핵심은 일부일처제가 벌목에서 불임성 일꾼의 진화에 필수불가결했다고 생각된다는 것이다(Hughes et al. 2008).

그리고 제13장에서 보게 되겠지만, 일부일처제와 자식 근연도에 대한 이러한 추측은 곤충 사회뿐만 아니라 조류와 포유류 사회의 진화를 설명하는 데도 중요하다. 궁극적으로, 이러한 비교 연구는 이타성(그리고 복잡한 동물 사회)의 진화를 이해하려면 가족 내에서 근연도—해밀턴의 규칙에 나오는 변수 r—의 분포에 영향을 미치는 짝짓기 체계도 잘 고려해야 한다는 주장에 힘을 실어준다. 물론, 해밀턴의 규칙에 나오는 B와 C 변수도 똑같이 중요하다. 해밀턴까지 거슬러 올라가서, 진사회성 곤충을 연구하는 행동생물학자들은 사회성의 진화에서 유전적 근연도의 중요성을 줄곧 강조해 왔다고 해도 틀리지 않다(Elgar 2015, Rubenstein and Abbot 2017b). 반면에, 척추동물에서 사회성을 연구해 온 연구자들은 이득 대 비용의 비를 강조해 온 경향이 있었다. 제13장에 우리는 협력적 행동과 사회생활이 주는 이러한 비용과 이득에 좀 더 초점을 맞춰서 살펴볼 참이다.

그림 12.12 플로리다 수확 개미(*Pogonomyrmex badius*)의 형태적 계급. 벌목 여왕(왼쪽), 대형 일꾼(오른쪽), 그리고 소형 일꾼(아래쪽)은 형태적으로 구별될 뿐만 아니라, 서로 다른 행동적 역할을 지닌다. 예를 들어, 대형 일꾼은 거대한 머리를 갖는데, 여기에는 씨앗을 부수는 용도로 쓰이는 커다란 턱이 달려 있다. (Photograph by Alex Wild/alexanderwild.com.)

불임성과 계급 분화

불임성 일꾼의 진화가 진사회성 사회가 작동하게 하는 데 필수불가결한 요인이었음이 이제 명쾌하게 눈에 들어올 것이다. 사실, 진사회성 곤충 사회를 정의하는 요소들 가운데 하나가 번식적 노동 분업, 즉 계급(caste)의 존재다. 모든 진사회성 종에는 번식자 계급—하나의 여왕(혹은 여왕들), 그리고 언덕을 만드는 흰개미들처럼 때때로 하나의 왕—이 있다. 또한 군락을 위해 먹이를 물어오고, 자식들을 돌보고, 둥지 주변에서 다른 일을 수행하는 일꾼 계급이 많은 종에서 있다(**그림 12.12**). 끝으로, 흡충에서 보았듯이 포식자나 동종 개체의 공격으로부터 군락을 방어하는 병정 계급도 때때로 있다. 어떤 진사회성 곤충 종에서는 한 군락 내에 일꾼이나 병정이 수천 마리가 있기도 하지만, 이들 중 그 누구도 번식 능력이 있는 자식을 만들 수는 없다. 예를 들어, 잎꾼개미(leaf cutter ant) 군락에는 수만 명의 일꾼들이 있지만 여왕은 단 한 마리다. 이 장의 도입부에서 언급했듯이, 다윈은 개미에 널려 있는 불임성 일꾼에 당혹스러워 했다. 그러나 여러분은 이제 불임성 계급이 어떻게 진화할 수 있는지 잘 알고 있을 것이다. 혈연 선택은, 더 일반적으로 말해서 포괄 적합도 이론은, 어떻게 진사회성과 불임성 일꾼 계급이 단수이배체 개미에서부터 이배이배체 흰개미에 이르기까지 다양한 곤충들에서 (그리고 제13장에서 살펴볼 것처럼 조류나 영장류처럼 다양한 척추동물들에서) 진화할 수 있었는지 공통적으로 설명해주는 이론 틀을 제공했다. 다시 말해서, 우리는 계급이 왜 진화했으며, 사회성 진화가 더 잘 일어나는 인구통계학적 조건이 무엇인지에 대한 점차 이해를 넓혀가고 있다.

그러나 진사회성 종에서, 여왕과 일꾼은 그저 행동적 역할이 다른 것 이상으로 더 다를까? 어쨌든 많은 진사회성 곤충에서 갓 태어난 알은 영양 공급을 어떻게 받느냐에 따라 여왕으로 자라나기도 하고 일꾼으로 자라나기도 한다. 제3장에서 우리는 꿀벌(*Apis mellifera*)을 이야기하면서 애벌레가 로열 젤리라는 물질을 다량으로 공급받으면 어떻게 여왕이 되는지 살펴보았다. 일꾼들은 특별한 샘에서 로열 젤리를 분비해서, 이를 자라나는 모든 애벌레에게 먹인다. 그러나 새로운 여왕이 될 운명으로 판명된 애벌레들은 (특별하게 축조된 여왕 육아방에 놓인 애벌레들) 아주 많은 양의 로열 젤리를 받아먹고서 여왕에게 알맞은 형태적 발달 과정을 밟게 된다. 여기에는 난소를 크게 부풀려서 나중에 수정란을 낳기 쉽게 하는 것도 포함된다. 또한 우리는 제3장에서 발달의 상호작용 이론, 즉 유전자와 환경이 상호작용하여 행동적 형질이 발달하게 한다는 이론도 살펴보았다. 그렇다면, 유전자는 진사회성 종 내에서, 그리고 종간에 존재하는 각기 다른 계급들 사이의 차이에 어떻게 기여하는가?

오늘날의 분자 도구와 역유전학(reverse genetics) 접근법은 동물의 사회성을 만드는 유전적 조성을 알아낼 방법을 제공할 뿐만 아니라, 서로 다른 사회성 종에 있는 계급이 유사한 분자 조성을 공유하는지 비교하여 판단하는 방법까지 알려준다(Robinson 2005). 진 로빈슨(Gene Robinson)은 이 떠오르는 분야를 "사회유전체학(sociogenomics)"이라 명명한 다음, 연구자들이 사회적 행동에 영향을 끼치는 유전자를 알아내고, 환경이 (사회적 환경과 생태적 환경 둘 다) 유전자의 작용에 끼치는 효과를 탐구하며,이러한 유전자를 활용해서 행동적 다양성이 어떻게 진화했는지 종간 비교를 통해 밝혀내야 한다고 주장했다(Robinson 1999). 사회유전체학은 지난 20여 년 동안 어엿한 분야로 무르익었고, 특히 진사회성 곤충에 대한 연구는 계급 분화를 만드는 유전적 조성에서 발견되는 일반적인 패턴을 밝혀내고 있다. 예를 들어, 많은 종에서 계급 결정은 (영양 상태 같은) 생태적 환경과 사회적 환경 둘 모두를 통해 환경적으로 매개된다(Robinson 2005). 미세결실검사(mircroarray)나 나중에는 전사체(transcriptome) 분석을 통해서, 이 분야에서 초창기에 행해진 연구들은 몇몇 진사회성 곤충 종에서, 특히 개미, 벌, 말벌, 그리고 흰개미에서, 각기 다른 계급에 속한 개체들에는 각자 다르게 발현되는 유전자와 유전자 연결망이 많이 있다는 것을 입증했다. 예를 들어, 진사회성이 아닌 종에서 고도로 진사회성인 종에 이르기까지 다양한 사회 구조를 지닌 벌 10종의 전사체를 비교하여 분석한 한 연구에서는 가속 진화(accelerated evolution)가 일어났음을 보여주는 분자 지표(molecular signature)를 지닌 200개 이상의 유전자 집합을 진사회성 종들에서 공통적으로 발견했다(**그림 12.13**)(Woodard et al. 2011). 사회 구조가 각기 다른 벌

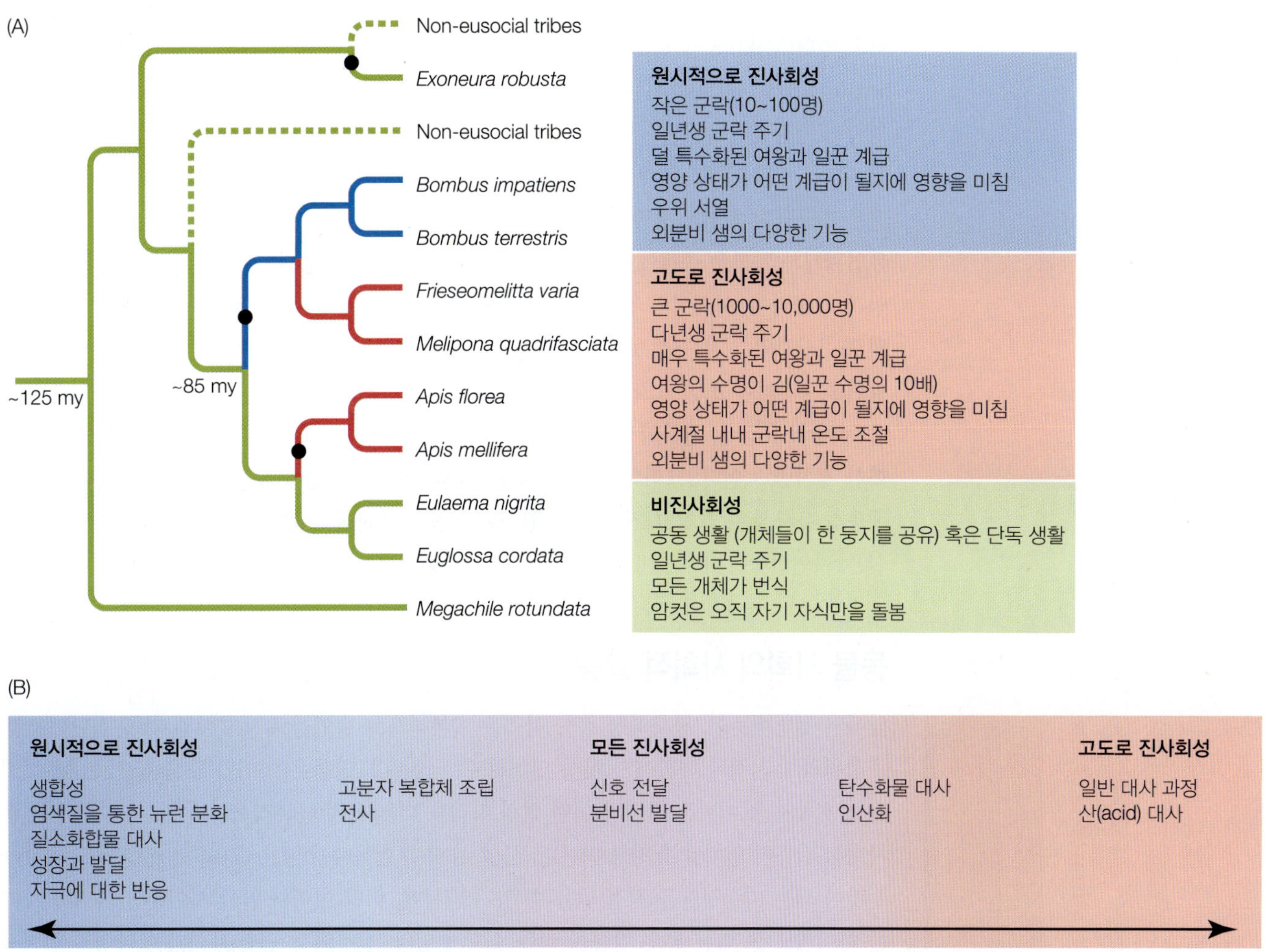

그림 12.13 진사회성 계통에서 빠른 속도로 진화하는 유전자와 생물학적 특성이 무엇인지 판독하는 데 사용된 벌 종들. (A) 생활양식에 따라 각기 다른 색으로 칠해진 벌의 계통수. 상자들은 각 생활양식이 지닌 주요한 특성을 열거했다. 동그라미는 진사회성이 독립적으로 기원한 사건을 나타낸다. my는 백만 년 전을 의미한다. (B) 모든 진사회성 계통에서, 고도로 진사회성 계통에서만, 그리고 원시적으로 진사회성인 계통에서만 가속 진화가 이루어진 생물학적 과정. (After Woodard et al. 2011.)

10종의 전체 유전체 서열을 분석한 후속 비교 연구에서도 사회적 행동의 차이가 유전자 조절이 달라져서 생긴다는 결론이 잠정적으로 도출되었다. 다만, 진사회성으로 향하는 단일한 유전체 경로는 없었다(Kapheim et al. 2015). 그러므로, 진사회성은 여러 다른 메커니즘을 통해서 발생할 수 있지만, 항상 유전자 연결망이 점점 더 복잡해지는 결과를 낳는 듯하다.

사회유전체학 연구가 발견한 또 다른 사실은 사회적 행동과 계급 분화에 일정한 역할을 하는 듯한 유전자들 가운데 다수가 단서성 행동을 만드는 유전자로부터 차용되었다는 것이다(Robinson 2005). 즉, 공유되는 유전자 "도구상자(toolkit)"가 여러 유기체들과 사회적으로 맞닥뜨렸을 때 내야 하는 반응처럼 더 단순한 사회적 행동뿐만 아니라(Rittschof et al. 2014), 각기 다른 진사회성 곤충 계급이 담당해야 하는 행동적 역할처럼 더 복잡한 사회적 행동도 담당하는 듯하다(Toth and Robinson 2007, 2009). 카프하임(Kapheim)과 동료들이 벌의 비교 연구에서 입증했듯이, 이 유전자들의 대부분은 연결망으로 이어져 있으며, 이들 모두가 다 진화적으로 잘 보존된 것은 아니다. 예를 들어, 애집개미(*Monomorium pharaonis*)에서 먹이를 물어오는 나이든 일꾼들의 유전자는 매우 촘촘히 연결되고 진화적으로 잘 보존되어 있지만, 양육을 담당하는 어린 일꾼들의 유전자는 더 느슨하게 연결되며 빠르게 진화하고 있다(Mikheyev and Linksvayer 2015). 다른 개미 종인 클론성 침입자 개미(raider ant)(*Ooceraea biroi*)에서는 화학적 의사소통에 쓰이는 냄새 수용체를 만드는 유전자들이 엄청나게 팽창했다. 이는 의사소통에 관여하는 새로운 유전자들이 진사회성의 진화에 있어서 핵심적인 역할을 했음을 암시한다(McKenzie et al. 2017). 그러므로, 여러 다양한 종들에서 많은 연구들이 치열하게 수행되었음에도 불구하고, 진사회성 곤충은 말할 것도 없고 그들과 유연관계가 가까운 종들에서도 계급 분화를 만들어내는 공통된 분자 경로는 없는 것처럼 보인다. 그보다는, 사회성의 진화를 위한 기반을 닦고 새로운 사회성 유전자를 출현시키는 유전적 도구상자와 기본 구성요소들이 공통적으로 존재하는 것처럼 보인다. 이에 덧붙여, 유전자 발현을 통제하는 조절 요소가 왜 어떤 개체는 여왕이 되고 다른 개체는 일꾼이 되는지 설명해 줄 것이다. 요컨대, 진사회성 곤충에서 계급 분화는 여러 다른 종에서 각기 다른 방법으로 진화한 것처럼 보인다. 그러나 벌목과 흰개미처럼 서로 딴판인 분류군에서도 일꾼들이 보이는 행동적 유사성은, 그리고 거의 모든 진사회성 종의 일꾼들이 번식할 능력을 잃어버렸다는 사실은, 자연선택이 매우 이질적인 분류군을 가로질러서 비슷한 방식으로 작동했음을 시사한다.

동물 사회의 사회적 갈등

앞에서 설명했듯이, 진사회성 곤충 사회는 기본적으로 혈연들로 이루어진 가족 집단이지만, 구성원의 유전적 이해관계가 항상 일치하지는 않는다. 딸들은 어미가 딸을 더 많이 낳는 것을 선호하지만, 어미는 자기가 어떤 성의 자식을 더 낳을지 근본적으로 무관심하다는 사실은 사회적 갈등이 일어날 소지를 만든다. 사실, 대다수 벌목에서 딸은 교미하지 않고서도 나중에 수컷이 되는 미수정란을 직접 낳을 수 있기 때문에, 비단 어미와 딸들 사이뿐만 아니라 자매들 사이에도 또 다른 류의 갈등이 싹틀 소지가 있다. 진사회성 곤충 사회가 이타성과 협력적 행동으로 이름이 나 있긴 하지만, 해밀턴이 잘 지적했듯이, 갈등이 생길 가능성은 모든 동물 집단에 태생적으로 내재한다:

> 모든 초등학생은, 아마도 종교 교육의 일환으로, 쌍살벌의 군락을 한 시간 정도 앉아서 지켜볼 필

그림 12.14 일꾼들과 여왕이 남들의 번식 행동을 감시한다. 여왕 말벌이 아닌 개체가 낳은 알은 종종 다른 군락 구성원에게 먹힌다. 군락의 왼쪽 윗부분에 보이는 몇몇 방 안에 알이 들어 있다. 다른 방 안에 들어 있던 애벌레들이 일꾼에게 먹히고 있다. (Photograph © Bartomeu Borrell/age fotostock.)

> 요가 있다.... 자기가 본 장면에 충격을 받지 않는 어린이는 거의 없으리라고 나는 장담한다. 그들은 곤충으로부터 당연히 보게 되리라고 기대하는 바를 훨씬 더 뛰어넘는, 인간 세계를 방불케 하는 동기와 활동이 판치는 세계를 목격할 것이다. 건설 활동, 의무, 반역, 어미의 양육, 폭력, 사기, 비겁, 위협에 맞서는 일치단결—이 모두가 그 안에 들어 있다.
>
> (Hamilton 1996)

번식 갈등

예를 들어, 반역과 폭력이 변화무쌍하게 벌어지는 쌍살벌을 생각해 보자. 암컷 하나가 다른 암컷에게 달려들거나 물어뜯거나 그 위를 짓밟고 올라서는 모습은 두말할 필요 없이 사회적 갈등의 한 형태이다. 그러나 더 미묘한 형태의 갈등도 있다. 예컨대, 일꾼 말벌이 알을 낳기라도 하면(**그림 12.14**), 집단 내의 다른 구성원, 주로 다른 일꾼들이 그 단수체 알을 발견하고서 먹어 치운다(Ratnieks and Helanterä 2009). 이렇게 알을 파괴하는 행동은 진사회성 곤충에서 **일꾼 단속(worker policing)**의 흔한 형태이다. 서로에게 피해를 입히는 상호작용은 한층 더 정교하게 벌어지기도 하는데, 다이노포네라 쿼드리셉스(*Dinoponera quadriceps*)는 종에서는 지위가 높은 번식성 암컷(여왕)이 침에서 화학물질을 분비해 잠재적인 경쟁자에게 묻힌다. 그러면 지위가 낮은 일꾼들이 달려 들어서 여왕을 꿈꾸었던 가련한 암컷을 붙잡아 때로는 며칠 동안 옴짝달싹도 못하게 한다(**그림 12.15A**)(Monnin et al. 2002). 마찬가지로, 하페그나토스 살테이터(*Harpegnathos saltator*)라는 종의 일꾼들은 난소를 발달시킨 군락 구성원을 단단하게 꽉 붙잡아(**그림 12.15B**) 아무 일도 하지 못하게 만듦으로써 붙잡힌 개미의

(A)

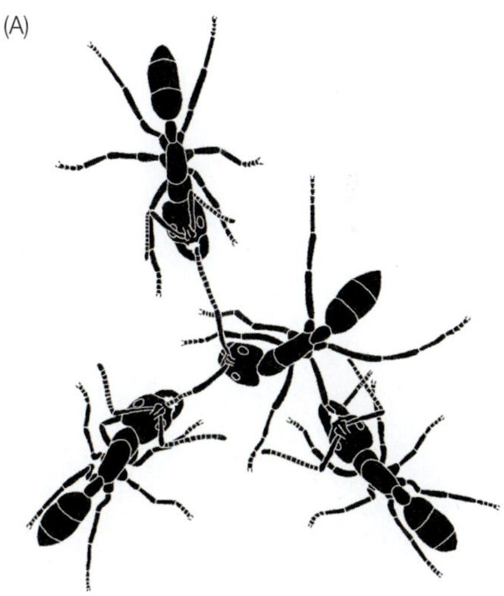

(B)

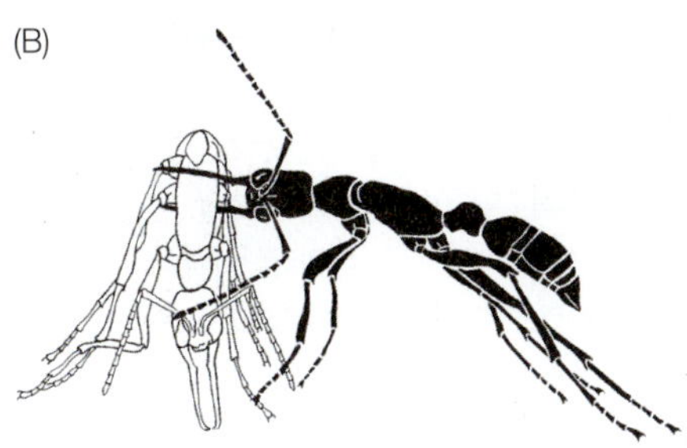

그림 12.15 개미 군락 내의 갈등. (A) 다이노포네라 쿼드리셉스(*Dinoponera quadriceps*)라는 개미종에서, 한 개체가 직접 번식을 시도했다가 여왕에게 적발되어 3명의 일꾼들에게 붙잡힌 채 전혀 움직이지 못하고 있다. (B) 하페그나토스 살테이터(*Harpegnathos saltator*)라는 개미 종에서, 검은색으로 표시된 개체가 난소가 막 부풀어오르기 시작한 군락 구성원을 붙잡아서 꼼짝달싹 하지 못하게 하고 있다. 이렇게 반역자를 3~4일간 포로로 붙잡은 다음에는, 죄수를 다른 일꾼에게 넘겨 투옥 생활이 계속 이어지게 한다. (A, from Monnin et al. 2002, © 2002 by the Nature Publishing Group; B, drawing by Malu Obermayer, from Liebig et al. 1999, © 1999 by The Royal Society of London.)

난소가 더 이상 발달하지 못하게 한다(Liebig et al. 1999).

말벌과 개미에서 발견되는 이러한 사례들은 동물 사회에서 벌어지는 불화의 주된 형태 가운데 하나를 보여준다. 바로 **번식 갈등(reproductive conflict)**이다(또 다른 형태는 제9장에서 소개한 성적 갈등이다). 번식 갈등은 어느 개체가 번식할 것인가를 두고 벌어지는 갈등뿐만 아니라, 개체가 번식을 하는 데 필요한 자원을 두고 벌어지는 갈등도 포괄한다. 진사회성 종에서 벌어지는 번식 갈등은 다수의 여왕이 있는 사회 안에서 뿐만 아니라, 여왕과 일꾼 사이에 (그리고 일꾼들 간에) 미수정란의 생산을 두고서도 일어난다. 여러 여왕이 있는 군락에서, 번식이 평등하게 분배되는 일은 별로 없어서 번식 치우침(reproductive skew)이 초래된다. 번식이 한쪽으로 치우치면, 사회 안의 혈연 구조도 영향을 받는다. 더 많은 암컷들이 번식해서 번식 치우침이 줄어들면 자식들 사이의 유전적 근연도도 낮아진다. 집단 내에서 자식을 낳는 암컷들이 많아짐에 따라서 근연도가 낮아지는 이러한 현상은 한 암컷과 교미하는 수컷의 수가 증가함에 따라 (일처다부제) 친동기 간의 근연도가 낮아지는 현상과 일맥상통한다(Rubenstein 2012). 다니엘 크로너(Daniel Kronauer)와 자코부스 붐스마(Jacobus Boomsma)는 군대 개미에서 한 군락 내에 있는 여왕의 숫자와 한 여왕이 교미하는 수컷의 수 사이에는 음의 상관관계가 있음을 입증했다(Kronauer and Boomsma 2007). 이는 두 메커니즘이 진사회성 사회의 혈연 구조를 서로 독립적으로 변화시킬 수 있음을 시사한다. 요컨대, 집단 구성원 사이의 유전적 근연도가 상대적으로 높고 이타적 행동이 뚜렷한 진사회성 가족 집단에서조차, 누가 번식할지를 놓고 벌어지는 번식 갈등이 일어날 가능성이—몇몇 종에서 여왕이 누구와 교미할지를 놓고 벌어지는 성적 갈등과 마찬가지로—많은 진사회성 사회에서 엄연히 존재한다.

사회적 갈등이 진사회성 곤충 사회에서 많은 형태로 일어남은 분명하지만, 이러한 갈등이 이타성의 진화에 실제로 영향을 미칠까? 톰 웬셀러스(Tom Wenseleers)와 프랜시스 라트닉스(Francis Ratnieks)는 번식을 시도하는 일꾼들에게 가해지는 제재로 인해서, 결국 일꾼의 입장에서는 이타적으로 행동하는 편이 차라리 더 낫게 되는지 조사했다. 진사회성 곤충 20종에서 각 종의 군락 내에서 단속이 얼마나 효과적으로 실행되는지를 기록한 후, 군락 안에서 미수정란을 낳은 일꾼의 비율이 어느 정도인지 분석한 결과, 연구진은 일꾼이 낳은 알들이 많이 파괴될수록, 군락 내에서 난소를 발달시키는 일꾼의 비율이 감소하는 경향이 있음을 입증했다(**그림 12.16**)(Wenseleers and Ratnieks 2006b). 달리 말하면, 군락 구성원들이 벌

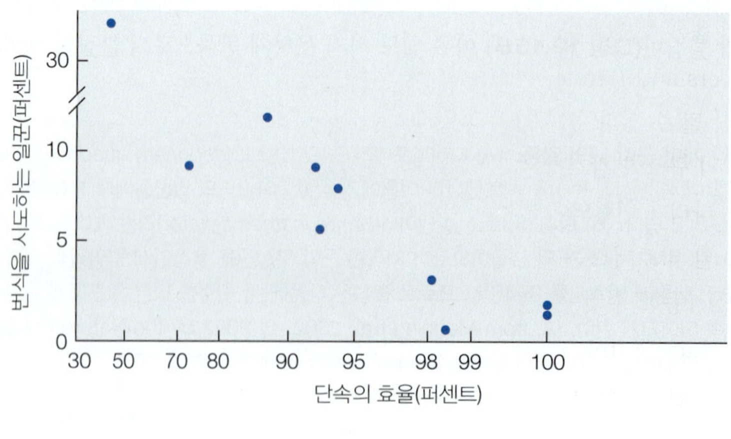

그림 12.16 사회성 곤충 군락에서 일꾼이 번식할 여지를 단속하는 행동의 효율성을 검증한 결과. 일꾼들이 동료 일꾼이 낳은 알을 더 효과적으로 파괴할수록, 일꾼이 번식을 시도할 가능성은 더 낮아진다. 각각의 점은 각각의 말벌 혹은 벌의 종에 해당하는 수치를 나타낸다. (After Wenseleers and Ratnieks 2006b.)

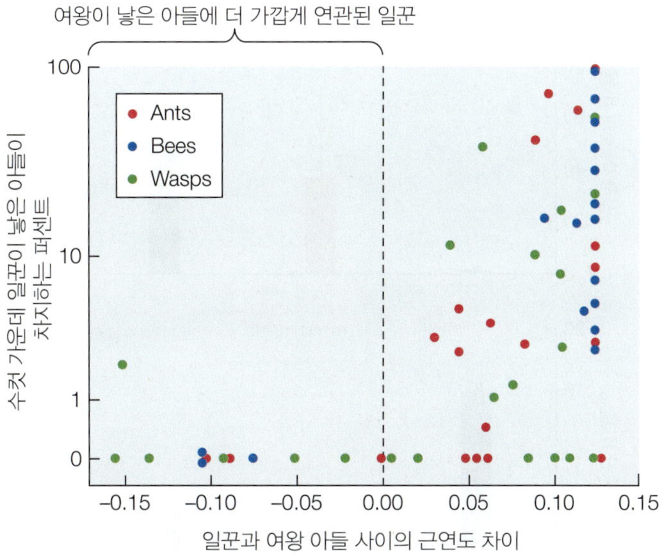

그림 12.17 일꾼이 낳은 수컷의 비율은 개미, 진사회성 벌, 진사회성 말벌에서 제각각 다르다. 일꾼과 여왕이 낳은 아들 사이의 근연도의 차이가 클수록, 그 군락에서 일꾼이 낳은 수컷이 차지하는 비율이 높아진다. (After Wenseleers and Ratnieks 2006a.)

이는 단속 행동은 일꾼이 자신의 포괄 적합도를 직접적으로 증가시킬 기회가 봉쇄됨을 의미한다. 그러므로 포괄 적합도를 간접적으로 증가시키는 편이 더 낫다.

이 문제를 다르게 접근하는 법은 진사회성 곤충의 한 군락 내에 있는 수컷들 가운데 일꾼의 자식이 몇 퍼센트를 차지하는지 살펴보는 것이다. 이 수치는 0~100% 사이가 된다. 만약 일꾼 단속이 일꾼이 낳는 자식의 수를 감소시키는 역할을 담당한다면, 일꾼이 낳은 아들의 수가 실제로 적게 유지되는 군락에서 다른 일꾼에 대한 단속을 행하는 일꾼은 다른 일꾼이 낳은 아들보다 여왕이 낳은 아들과 유전적으로 더 가까울 것이라 예측된다. 이 예측은 들어맞았다(**그림 12.17**). 멜리포나(*Melipona*) 벌에서, 암컷 유충은 일꾼이나 여왕이나 동일한 크기의 육아방에 놓아져서 일꾼들로부터 똑같은 음식을 공급받는다. 이러한 상황에서, 암컷 유충은 자신의 운명을 스스로 정해서 어느 쪽이 더 높은 포괄 적합도를 주는지에 따라 여왕이 될 수도 있고 일꾼이 될 수도 있다. 다 자란 여왕들 가운데 남는 여왕들은 (군락을 운영하려면 오직 한 여왕만 필요함) 일꾼에 의해 즉시 죽음을 당하지만, 여분의 여왕들이 만들어졌다는 사실 자체가 군락 전체의 번식 생산성을 떨어뜨린다. 여왕으로 자라나기를 선택하는 암컷 유충의 비율은 종마다 아주 다른데, 많으면 25% 가량이 여왕이 되기를 선택하는 종도 있다(Wenseleers and Ratnieks 2004). 분명히 도움을 주면 이득이 되지만, 도움을 받으면 더욱 더 이득이 될 수 있다. 일꾼들의 지원을 얻어내려고 애쓰는 여왕들을 너무 많이 생산하면 결국 노동력의 규모가 감소하는데, 왜냐하면 일벌들은 꿀을 만드는 용도인 꽃가루를 채집하기 좋게끔 뒷다리가 변형되어 있지만 여왕벌은 그렇지 않기 때문이다.

웬셀러스와 라트닉스는 멜리포나(*Melipona*) 벌에서 여왕이 과잉생산되는 정도는 군락 내의 번식가능한 수컷들 가운데 몇 명이 일꾼의 아들인가에 달려 있으리라고 예측했다(Wenseleers and Ratnieks 2004). 일꾼의 아들이 차지하는 비율이 높을수록, 암컷 유충이 여왕이 되기로 결정했을 때 감수해야 하는 혈연 선택적 비용이 클 것이다. 암컷 하나와 이 암

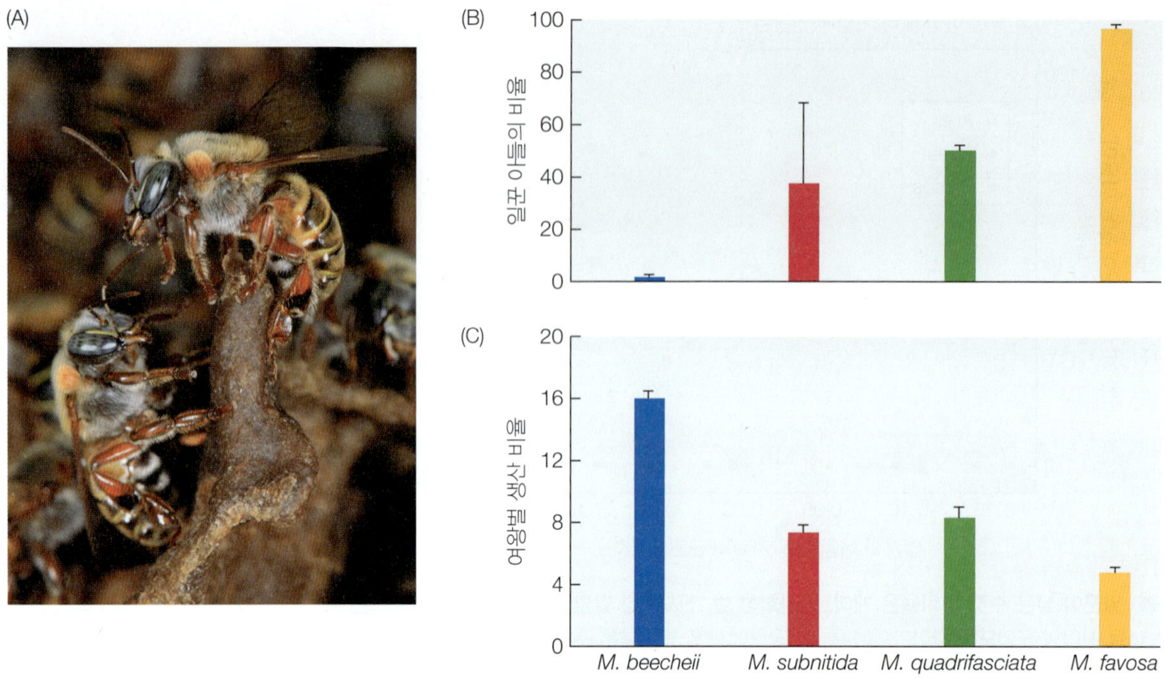

그림 12.18 진사회성 멜리포나(*Melipona*) 벌에서 군락내 혈연 구조는 여왕 생산과 밀접히 연관된다. (A) 멜리포나 비체이(*Melipona beecheii*). (B) 일꾼이 낳은 수컷의 백분율은 멜리포나의 4종에서 엄청나게 다르다. (C) 일꾼이 번식하여 그 친자매의 수컷 조카(r = 0.375)를 만드는 한, 암컷들은 여왕이 될 가능성이 낮을 것이다(여왕은 일꾼이 맡은 업무를 수행하지 못함). 예측한 대로, 여러 종의 군락 내에서 일꾼의 아들이 차지하는 백분율이 높을수록, 미성숙한 암컷이 여왕으로 자라는 가능성은 낮아졌다. (A, photograph © Eric Tourneret/Visuals Unlimited, Inc.; B, C after Wenseleers and Ratnieks 2004.)

컷의 자매가 낳은 아들 사이의 근연도는 0.75 × 0.5 = 0.375이다(*Melipona* 벌에서 이들 암컷의 어미는 수컷과 오직 한 번만 교미하므로 자매들 사이에 r 값이 높다). 반면에, 암컷 하나와 이 암컷의 수컷 동생, 즉 여왕이 낳은 아들 사이의 근연도는 전술했듯이 겨우 0.25이다. 만약 일꾼 자매들이 아들을 많이 낳는다면, 새로운 여왕은 군락의 근로 부문으로부터 스스로 탈퇴함으로써 이들 수컷 조카들에게 피해를 입힌다. 어떤 개체가 혈연에게 끼친 손실은 두 혈연 개체 사이의 유사성에 비례하여 당사자의 포괄 적합도를 감소시킨다. 그리고 실제로, 예측한 바와 같이, 단수체 알(아들로 자라남)을 낳는 일꾼이 많이 있는 종에서 대다수 암컷은 여왕으로 발달하지 않는 길을 "선택한다." 일꾼이 낳은 아들이 상대적으로 드문 종에서, 암컷 유충은 여왕으로 자라나기를 선택하는 경향이 더 있다(**그림 12.18**)(Wenseleers and Ratnieks 2004).

혈연 선택 이론(혹은 더 일반적으로 포괄 적합도 이론)이 군락 내에서 어떠한 형태의 갈등이 벌어질지에 대해 검증 가능한 예측을 지금까지 잘 제공해 주었다는 사실은 왜 이 접근법이 진사회성 곤충(그리고 사회성이 높은 다른 동물들)의 사회적 행동을 연구하는 대다수 과학자들로부터 열렬히 선호되고 있는지 잘 설명해 준다(Strassmann and Queller 2007, Bourke 2011b). 뿐만 아니라, 집단 선택은 동물 사회에서 일어나는 공격 행동을 제대로 설명하지 못한다. 집단 선택론자들은 동물 사회가 집단을 증진시키는 적응을 보이리라고는 예측하지만, 자연선택에서 나오는 개체-수준의 갈등을 보이리라고는 예측하지 못한다.

요점

1. 다윈이 마주친 거대한 수수께끼는 이타성의 진화였다. 자기희생적인 이타주의자는 다른 개체가 번식하는 것을 도와주기 때문에, 이러한 행동은 자연선택에 의해 제거되어 점차 사라질 것이라고 생각할 수 있다. 어쨌든, 자신은 비용을 치르면서 다른 개체에게 이득을 주는 행동은 자연선택에 의한 진화 이론을 위배하는 것처럼 보인다.

2. 극단적인 이타적 행동은 진사회성(계급을 이루는) 곤충 군락에서 흔하다. 이런 종에서 일꾼들은 직접 번식하는 일은 거의 없으며, 대신 군락의 다른 구성원들이 살아남아 번식하게끔 도와준다. 이 수수께끼를 풀기 위해 많은 해법들이 제안되었다. 이타주의자가 많이 있는 군락은 이타주의자가 없는 군락보다 더 많은 새로운 군락들을 만들어 냈기에 집단 선택에 의해 진화했다는 주장도 그 중 하나다.

3. 동물의 사회적 행동을 연구하는 대다수 학자들은 포괄 적합도 이론과 혈연 선택 개념을 받아들인다. 개체의 수준에서 선택이 작동한다고 보는 이 이론이 사회성을 과학적으로 탐구하는 데 실제로 유용하다는 사실이 되풀이돼서 입증되었기 때문이다. 더 상세히 말하면, 포괄 적합도 이론은 이타적 행위자가 도와준 상대방이 얻은 적합도 상의 이득에 이타적 행위자와 상대방 사이의 유전적 근연도를 곱한 값이 이타적 행위자가 감수한 적합도 상의 손실보다 더 크다면 이타적 행동이 개체군에 퍼져나갈 수 있음을 보여준다.

4. 혈연 선택은 한 개체가 다른 혈연의 몸 안에 있는 자기 유전자의 복제본을 도와줌으로써 다음 세대에 남기는 유전자의 수를 간접적으로 증가시킬 수 있게 한다. 한 개체가 다음 세대에 남기는 총체적인 유전적 기여를 그 개체의 포괄 적합도라고 한다.

5. 포괄 적합도 이론은 현대의 "유전자 중심 사고(gene-centered thinking)"의 토대를 이룬다. 오늘날 연구자들은 개체가 자신의 포괄 적합도를 높이는 방향으로 행동하리라고 기대하며, 이는 자기희생적인 협력을 통해서도 가능하고, 다른 개체 심지어 가까운 혈연을 상대로 자기 잇속을 차리려는 갈등을 통해서도 가능하다.

6. 유전자가 사회적 행동과 사회적 다양성에 끼치는 영향을 연구하는 사회유전체학은 연구자들이 사회성과 계급 분화를 만드는 유전적 조성을 탐색하게끔 해준다. 사회성에 관여하는 상당수 유전자들은 단서성 행동을 만드는 유전자로부터 변용된 것이지만, 다른 유전자들은 빠르게 진화하고 있으며, 사회성 진화에 핵심적인 역할을 하는 것처럼 보인다.

7. 줄잡아 말하면 협력이, 그리고 꼭 집어 말하면 이타성이 모든 진사회성 곤충 사회의 근간을 이루기는 하지만, 누가 번식할 것인가, (번식 갈등) 그리고 때때로 누가 누구와 짝짓기할 것인가를 (성적 갈등) 두고서 의견이 갈리는 사회적 갈등도 사회생활의 필수불가결한 일부이다. 많은 진사회성 사회에서, 사회적 갈등은 여왕 내지 왕 사이에서 뿐만 아니라, 일꾼들 사이에서도 일어나며, 몇몇 벌목에서는 일꾼이 아들이 되는 미수정란을 낳는다.

안내 웹사이트

ab11e.com/uk에서 토론 질문과
모든 시청각 동영상을 확인하시오.

CHAPTER 13

사회행동과 사회성

세렝게티는 탄자니아 북부에서 케냐 남부에 이르기까지 동아프리카 지역에 걸쳐 있는데, 동물 행동에 관심을 가진 사람들이 지구 상에서 가장 많이 모이는 곳 중에 하나이다. 세계에서 가장 큰 육상 포유류의 이주가 일어나는 곳일 뿐만 아니라, 아마도 지구에서 거대동물이 가장 많이 남아 있는 서식지일 것이다. 만약 여러분이 운이 좋아 세렝게티를 여행하게 된다면, 커다란 무리의 유제동물(얼룩말, 누 등을 포함), 코끼리의 행진, 사자 무리, 탑처럼 솟은 기린들, 그리고 개코원숭이 무리를 볼 수 있을 것이다(**그림 13.1**). 이 종들뿐만 아니라 다른 많은 종들도 아프리카 사바나에서 마주칠 수 있는데, 이 모든 포유동물의 공통분모는 그들 삶의 대부분을 집단으로 살아간다는 것이다. 다시 말해, 이 종들의 대부분은 사회적이다. 그렇지만 여기에서 언급한 거의 모든 척추동물 집단은 제12장에서 다루었던 진사회적(eusocial) 곤충 사회와는 상당히 다르다. 코끼리나 사자와 같은 세렝게티 포유류들 중 많은 수가 가족 집단에서 살고 있지만, 누(wildbeest)와 같은 일부 동물은 혈연 구조를 거의 가지지 않는 집단을 형성한다. 이러한 종들 중 일부는 벌목과 같은 영구적인 사회적 집단에서 살아가는 반면, 얼룩말과

Chapter 13 opening photograph © Anthony Bannister/Science Source.

같은 다른 종들은 집단의 구성원이 끊임없이 유동적인 이합집산(fission–fusion) 사회를 형성해서 살아간다.

흰개미나 개코원숭이와 같은 다양한 동물의 사회성의 진화를 이해하기 위해서는 먼저 사회적 행동을 더 폭넓게 다룬 후에, 사회적 행동과 집단생활이 어떻게 연결되는지에 대해 살펴봐야 한다. 우리는 먼저 집단이 무엇인지를 고려하고, 개체가 이러한 집단을 형성하기 위해 어떻게 상호작용하는가를 포함하여 집단생활의 다이내믹스를 이해해야 한다. 이러한 이해를 위해서는 많은 종류의 사회적 행동에 대한 설명이 필요하다. 사회적 행동의 모든 범위는 구체적으로 상호작용하는 개체들이 모두 이익을 보는 경우, 일부가 이익을 보는 경우, 어느 개체도 이익을 보지 않는 경우를 포함한다. 이 장에서는 이타성을 더 자세히 살펴보고, 협력 행동이 무엇인지 정의한다. 그런 다음, 사회적 행동을 하는 개체의 차이를 탐구하고, 애초에 협력하는 집단을 형성하기 위해 동물이 함께 하는 이유에 대한 논의로 이어진다. 동물 집단의 분석에는 이타성과 진사회성의 진화에 영향을 미치는 것으로 제12장에서 자세히 설명한 혈연 선택에 대한 논의가 포함되어 있다. 해밀턴의 규칙은 집단생활을 하는 개체들 사이의 유전적 근연도뿐만 아니라 협력 행위의 비용과 이익도 포함시켰다는 사실을 다시 떠올려보자. 혈연 집단과 이타성을 논할 때 제12장에서 다룬 진사회성 사회에서부터 시작한다. 이로부터 동물의 집단을 형성하게 하는 생태의 역할을 고려한 해밀턴의 규칙을 확장함으로써 척추동물 사회에 대해 보다 자세히 살펴볼 것이다. 이 장에서 우리는 척추동물과 무척추동물 사회를 대조하며, 일부 유사점뿐만 아니라 주요 차이점에 대해서도 논의한다.

(A) (B) (C)

그림 13.1 (A) 얼룩말부터 (B) 코끼리, (C) 개코원숭이까지, 많은 종의 아프리카 포유동물이 집단을 이루며 산다. (A, photograph © meunierd/Shutterstock. com; B, © iStock.com/nicolamargaret; C, © iStock.com/geneward2.)

사회적 행동의 진화

행동 연구에서 발견할 수 있는 가장 매혹적인 행동은 아마도 집단을 형성하는 동물의 **집합행동(collective behaviors)**일 것이다. 해 질 무렵 잠자리(roost)를 찾으러 돌아다니는 유럽 찌르레기(*Sturnus vulgaris*)의 중얼거림(**VIDEO 13.1**), 포식자에게서 도망가거나 혼란시키려는 멸치가 소용돌이치는 구 만들기, 또는 먹이를 찾아 행진하는 군대개미의 물결과 같은 집합행동은 사실 다음과 같은 일련의 기본적인 상호작용의 규칙을 따르는 개체들의 동기화한 움직임이다. 이러한 집합 활동의 상황에서, 우리는 집단을 상호작용하는 일련의 개체들로 한정할 필요가 있다. 그 개체들이 혈연적으로 연관되어 있는지 아닌지에 대해서는 당분간 생각할 필요가 없으며, 이에 대해서는 나중에 고려할 것이다. 멸치 무리에 있는 물고기들은 거의 혈연관계가 없지만, 군대개미의 행렬에 있는 개체들은 모두 가까운 혈연일 가능성이 높다. 그렇지만 두 집단 모두 비슷한 일련의 조화로운 행동을 보인다. 우리는 개체들이 비독립적으로 움직이는 것을 묘사할 때 상호작용이라는 용어를 사

VIDEO 13.1
A murmuration of European starlings
ab11e.com/uk/v13.1

용한다. 비록 개체가 독립적으로 행동하고 있지만, 이러한 개체들은 일반적으로 같은 상호작용의 규칙을 따르며, 고도로 조화로운 움직임의 겉모습을 보여준다. 이를테면, 이러한 결정 규칙은 각각의 물고기가 어떻게 무리 안에서 방향을 정하고 포식자의 위협에 대응하는지, 또는 구성원들이 서로 다른 이해관계를 가지고 있을 때 집단 수준의 결정이 어떻게 만들어지는지를 이해하는 데 사용될 수 있다. 같은 종의 동물이 상호작용하는 것은 사회적 행동의 기초를 형성하며, 이후에 보게 되는 것처럼, 이러한 사회적 상호작용은 긍정적이거나 부정적일 수 있다(Hofmann et al. 2014).

사회적 행동의 형태

제12장에서, 우리는 협력이 진사회성의 진화 그리고 다른 형태의 복잡한 동물 사회의 진화에 결정적임을 살펴보았다. 그렇기는 하지만, 다른 한편으로 협력은 사회적 행동의 한 형태에 불과하다는 것을 깨닫는 것이 중요하다. 척추동물의 협력 행동을 좀더 상세히 다루기 전에, 먼저 아메바든 얼룩말이든 같은 종의 두 개체(또는 다른 종의 개체들) 사이에서 일어날 수 있는 사회적 행동의 일반적인 4가지 종류에 대해 좀더 광범위하게 검토할 필요가 있다. 모든 사회적 행동은 행동을 수행하는 개체(행위자)와 상대방이 되는 다른 개체(수령자) 모두에 대해 [**적합도 성과(fitness payoffs)**에서 이익이 되든 손실이 되든] 적합도라는 결과로 나타난다(**그림 13.2**). 사회적 행동이 양쪽 개체에게 적합도 이익을 가져오면(+/+), 그것은 **상호 이익(mutual benefit)** 또는 상리공생이라고 불린다. 이와는 대조적으로, 제12장에서 논의한 바와 같이, 수령자는 적합도 이익을 얻지만 행위자에서는 적합도의 손실이 있다면(−/+), 이를 이타성(altruism)이라고 한다. 따라서 협력에는 이타적 행동과 상호 이익이 되는 행동이 모두 포함된다(West et al. 2007). 상호 이익 행동과 이타 행동은 모두 수령자에게 이익이 되는 반면에, 수령자에게 이익이 돌아가지 않는 2종류의 사회적 행동이 있다: 때로는 기만이나 조작이라고 불리기도 하는 **이기성(selfishness)**은 행위자는 이익을 얻지만 수령자는 이익을 얻지 못할 때 발생한다(+/−). 행위자와 수령자 모두가 이익을 얻지 못하고, 대신 모두 비용을 치를 때에는 악의(spite) 행동이 일어난다(−/−). 다음에서 각 형태의 사회적 행동에 대해 더 자세히 살펴본다.

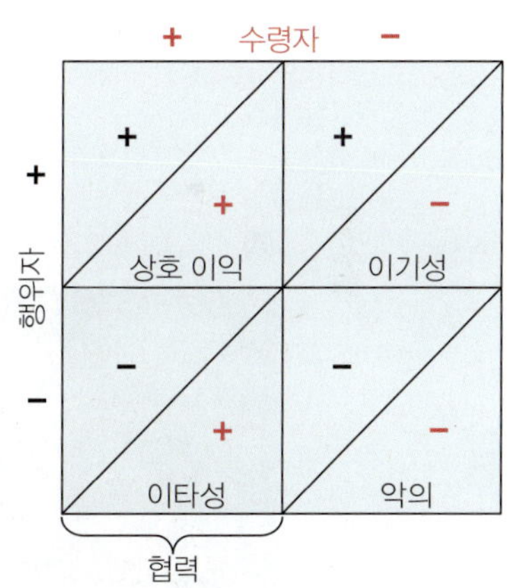

그림 13.2 사회적 행동에 대한 적합도의 결과. 상호 이익은 두 개체 모두 적합도 편익을 얻을 때 일어난다(+/+). 이타성은 수령자는 적합도 편익을 얻지만 행위자는 적합도의 손실을 입을 때 일어난다(−/+). 협력은 이타성과 상호 이익을 모두 포함한다. 이기성은 행위자가 이익을 얻지만 수령자는 이익을 얻지 못할 때 일어난다(+/−). 악의는 행위자와 수령자 모두 행동의 이익을 얻지 못하고 대신 모두 비용을 치를 때 일어난다(−/−).

상호 이익

상호 이익의 형태로 협력하는 것은 동물의 사회적 행동 중 가장 많이 연구된 분야 가운데 하나이지만, 방금 이야기한 것처럼 사회적 상호작용에서 행위자와 수령자 모두에게 이익이 돌아가는지를 확인하는 것은 어려울 수 있다. 또한, 혈연관계가 있는 개체와 함께 사는 종의 경우에 상호이익과 혈연선택으로 인한 이익을 구별하는 것은 특히 어려울 수 있다. 예를 들어, 봄철에 여러 마리의 암컷이 함께 뭉쳐 둥지를 짓고서 자식에게 먹이를 제공하는 쌍살벌(paper wasp, *Polistes dominula*)을 보자. 어느 순간이든, 쌍살벌 암컷 무리 가운데 한 마리만이 여왕 역할을 하고, 다른 암컷은 이 여왕벌에게 종속된다. 우리가 제12장에서 논의한 내용을 토대로 볼 때, 이러한 열위 위치의 말벌들은 모두 여왕 말벌의 자매나 가까운 친척이라고(따라서 조력 행동으로부터 간접 적합도 이익을 얻을 것이라고) 생각할 수 있다. 그러나 일반적인 쌍살벌의 둥지에 있는 조력자 말벌 가운데 최대 35% 가량은 우위 암컷과 혈연관계가 없다(Leadbeater et al. 2011). 이러한 상황에서 이들 열위 말벌은 자신의 자식을 만드는 능력을 감소시키는 희생을 치루지만, 이런 희생이 조력 행동을 통해서 친척의 수를 증가시켜 보상받는 이타성과 관련될 가능성은 없다(아래 참조).

이러한 쌍살벌이 함께 일함으로써, 혈연을 지향하는 (간접) 이익을 얻지 못한다고 해서 그들이 집단생활로부터 다른 이익을 얻지 못함을 의미하지는 않는다. 말벌은 간접 적합도 이익을 얻는 대신, 혈연관계를 가지지 않는 열위 말벌들이 도움을 제공하여 미래의 직접적인 번식 이익을 얻는다는 것을 보여주므로, 얼핏 보기에 자기희생으로 보이는 이들의 행동을 설명할 수 있다. 개체가 이전에 제공했던 도움 때문에 다른 개체가 통제하는 자원에 접근할 수 있게 되면, 이를 지연된 협력이라고 한다. 엘루이스 리드비터(Elluise Leadbeater)가 이끄는 연구진은 사회적 열위 개체들이 여왕이 죽은 후에 우위 여왕으로부터 잘 보호된 둥지를 물려받을 기회를 가졌다는 것을 보여주었다. 이렇게 되면, 처음 여왕의 후계자는 둥지에 남아 있는 열위 개체들의 도움을 받게 된다. 상속인의 높은 번식 성공으로 인해, 열위 개체들은 평균적으로 혼자서 둥지를 만드는 암컷보다 더 높은 직접 적합도를 가진다. 혼자서 둥지를 만드는 쌍살벌 암컷은 포식자 조류나 포유동물에 의해 죽거나 둥지가 파괴될 위험을 감수해야 한다. 이런 포식자의 공격은 방어 능력이 떨어지는 둥지에서 자주 발생한다(**그림 13.3**)(Leadbeater et al. 2011). 따라서 열위 개체는 우위 암컷을 도움으로써 그 집단에 머물 수 있는 우대권을 받게 되고, 잠재적으로는 나중에 둥지를 물려받을 수도 있게 된다. 이후에 설명하는 바와 같이, 영역 상속의 원리는 척추동물의 협력 양육의 진화에도 영향을 미칠 수 있다.

행동생물학자들은 같은 종에서 혈연관계가 없는 구성원들의 도움을 받는 경우에서 조력자의 번식 성공이 증가되는 결과로 이어지는 많은 사례를 발견해 왔다. 예를 들어, 칙칙한 갈색 깃털의 한 살배기 푸른멧새(lazuli bunting, *Passerina amoena*) 수컷과 밝은 색상의 우위 한 살배기 수컷 사이를 연결하는 기이한 협력을 생각해 보자(**그림 13.4**). 우위 수컷은 칙칙한 색의 깃털을 가진 새는 이웃으로 지낼 수 있도록 허락해 주지만 보다 밝은 색을 가진 다른 수컷은 공격적으로 쫓아낸다. 밝은 색상의 수컷이 이러한 전술로부터 얻는 한 가지 번식

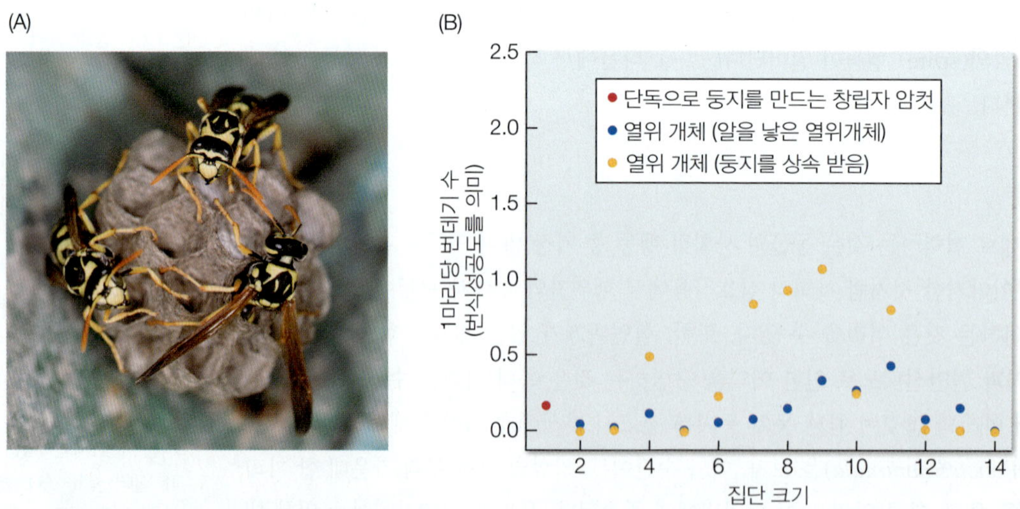

그림 13.3 쌍살벌에서 도움을 통한 직접 적합도 이익. 혈연관계가 없는 창립자 암컷을 도운 암컷은 우위 여왕으로부터 둥지를 물려받을 수 있는 기회를 가진다. (A) 사진에는 둥지를 함께 만든 3마리의 암컷과 초기 단계의 둥지가 보인다. 한 마리는 다른 암컷들에 대해 우위에 있지만, 우위 암컷이 사라지면 열위 개체 중 하나가 그 둥지를 물려받을 기회가 있다. (B) 상속인들은 종종 열위 개체들과 함께 잘 방어된 둥지를 획득하고, 그 결과 단독으로 둥지를 만드는 쌍살벌보다 대부분 더 성공적으로 번식을 한다. (A, photograph © Oxana Bernatskaya/123RF; B after Leadbeater et al. 2011.)

그림 13.4 경쟁자들 간의 협력. 한 살배기 수컷 푸른멧새는 칙칙한 갈색부터 밝은 파란색과 주황색에 이르기까지 다양한 색상을 가지고 있다(그들의 깃털 점수는 16점 미만에서 32점 이상이다). 한 살배기 밝은 수컷은 칙칙한 색의 수컷이 자신의 영역에 이웃하여 정착하는 것을 허용하지만, 중간 밝기의 수컷은 허용하지 않는다. 그 결과 갈색을 띤 수컷은 첫 해에 암컷과 짝짓기를 하는 경우가 많은 반면, 중간 깃털을 가진 수컷은 일반적으로 짝이 없는 상태로 남아 있다. (After Greene et al. 2000; photographs courtesy of Erick Greene.)

이익은 열위 수컷의 짝인 암컷과 교미를 할 수 있다는 것이다. 이들 암컷은 자신의 사회적 짝인 칙칙한 색의 수컷보다, 밝은 색을 가진 수컷을 더 매력적으로 느낀다고 여겨지는데, 이는 칙칙한 색과 밝은 색의 수컷이 배우자를 두고 서로 경쟁하는 다른 종에 있어서도 마찬가지이다(Webster et al. 2008). 에릭 그린(Erick Greene)과 동료들은 칙칙한 색의 깃털을 지닌 수컷이 더 매력적인 이웃의 유전적 자식인 것으로 추정되는 한 두 마리의 짝외(extra-pair) 자식을 정기적으로 돌본다는 것을 발견했다(Greene et al. 2000). 푸른멧새 사례에서의 질문은, 성적으로 매력적인 수컷의 이웃으로 살아가는 열위 수컷에게는 얻는 이득이 있기는 한지, 만일 있다면 그것이 무엇인가이다. 그린과 동료들은 암컷이 관심을 보이는 양질의 영역을 소유한 결과로부터 열위 수컷이 일반적으로 자신의 자식을 몇 마리 길러낸다는 것을 발견했다. 이와는 대조적으로 중간 정도 밝기의 깃털을 가진 수컷은 종종 우위 경쟁자들에 의해 암컷이 꺼려하는 좋지 않은 영역으로 밀려나곤 했는데, 그 결과 그들이 번식을 다시 시도하기 위해서는 일 년 내내 기다려야 한다(Greene et al. 2000).

칙칙한 색의 수컷 푸른멧새와 밝은 깃털을 가진 이웃들 모두 그들의 상호작용을 통해 적합도를 어느 정도 얻을 수 있기 때문에, 이러한 사회적 협약은 상호 이익으로 분류될 수 있다. 그렇다면, 특별히 조율된 과시 행동으로 암컷을 유인하기 위해 혈연관계가 없는 수컷들이 협력하는 종인 긴꼬리마나킨(Long-tailed manakin, *Chiroxiphia linearis*) 사이에 일어나는 수컷의 제휴도 이와 마찬가지일까(**VIDEO 13.2**)(Foster 1977, McDonald 2010)? 긴꼬리마나킨 수컷이 짝짓기 과정에서 자신을 도울 수 있는 적절한 수컷을 찾는 일은 쉽지 않다. 데

VIDEO 13.2
Male long-tailed manakins displaying
ab11e.com/uk/v13.2

그림 13.5 긴꼬리마나킨의 협력 구애. 두 마리의 수컷이 동시에 이중 뱅뱅돌기 과시행동을 하면서 오른쪽 덩굴에 자리 잡은 암컷에게 구애하고 있다.

이비드 맥도널드(David McDonald)가 이끈 연구는 사회적 네트워크 분석을 사용하여 마나킨의 협력 네트워크를 연구했고, 이러한 형태와 같은 수컷-수컷 연합이 어떻게 형성되는지를 알아냈다(Edelman and McDonald 2014). 두 수컷이 같은 렉(lek)이나 이웃 렉에서 과시 행동을 하는 경우에, 그리고 공동의 파트너를 공유하지 않는 수컷보다 "친구의 친구"와 함께 과시행동을 한다면, 수컷이 협력할 가능성이 더 높다는 것을 발견하였다. 궁극적으로, 사회적 네트워크 분석을 통해 긴꼬리마나킨의 네트워크가 고도로 구조화되어 있고, 수컷이 개체군 가운데 오직 일부 개체와 상호작용한다는 것이 증명되었으며, 이에 따라 일련의 국소 과정들은 수컷-수컷의 협력적인 연합을 예측하였다.

그렇다면, 마나킨 수컷은 애초에 왜 협력할까? 협력하는 수컷은 지면에서 대략 30센티미터 정도 위에 놓여 있는 덩굴나무의 수평 부분에서 소리를 내고 놀라운 뱅뱅돌기 과시행동을 한다. 이 과시행동에 반응하는 마나킨 암컷은 수컷의 과시행동 횃대에 내려앉을 수 있다(**그림 13.5**). 아름다운 깃털을 돋보이게 하는 이 "나비 같은 비행"에 암컷 방문객이 흥분하여 횃대에서 뛰기 시작하면, 알파 수컷이 방문객과 교미하고, 베타 수컷은 사려 깊게 자리를 뜬다. 맥도날드와 동료들은 과시 장소에 있는 수컷을 표식함으로써 알파 수컷이 모든 교미를 독차지하고 베타 수컷은 아무 교미도 하지 않는다는 것을 발견했다(McDonald and Potts 1994).

열위 독신자 베타 수컷이 매년 성적 접촉을 독점하는 알파 수컷을 돕는 것이 어떻게 적응적일까? 맥도널드는 짝짓기를 하려는 모든 암컷을 알파 수컷에게 양보함으로써, 그리고 다른(대부분 다소 젊은) 새들을 접근하지 못하게 함으로써, 베타 마나킨은 만일 알파 수컷이 사라지는 경우에 자신이 바로 다음 차례라는 것을 주장할 수 있는 근거를 만든다고 제안하였다. 수년 간 주의 깊게 관찰한 결과, 맥도날드는 알파 수컷이 사라지면 베타 수컷이 실제로 지위가 올라가고, 그 다음엔 대개 이전의 알파 수컷과 짝짓기를 했던 오래 사는 암컷과 교미한다는 것을 알아내었다(**그림 13.6**)(McDonald and Potts 1994). 따라서 베타 수컷이 혈연관계가 없는 파트너를 위해 일하는 것이 번식을 하는 알파 수컷이 될 수 있는 유일한 방법이다. 하지만 베타 수컷은 알파가 될 **가능성**이 있을 뿐이다; 베타 수컷이 알파가 될 것이라는 보장은 없다. 베타 수컷의 생애 가운데 한 시점에서 그러한 가능성이 평균보다 조금 더 좋을 뿐이다. 그러나 긴꼬리마나킨과 가까운 친척 관계이자, 두 마리의 수컷이 함께 과시 행동을 하는 창꼬리마나킨(Lance-tailed manakin, *Chiroxiphia ransolata*)에 대한 연구에서, 에밀리 듀발(Emily DuVal)은 베타 수컷이 번식을 할 수 있는 자리를 물려받아야 하지만 항상 그렇지는 못하기 때문에, 알파를 도우며 기다리는 것이 이 종의 협력을 충분히 설명하지는 못한다는 것을 보여주었다(DuVal 2007). 대신, 베타 수컷이 나중에 알파 수컷이 되었을 때 성공의 가능성을 높이는 효과적이고 적절한 과시행위를 배우기 위한 견습생일 수 있다고 주장했다.

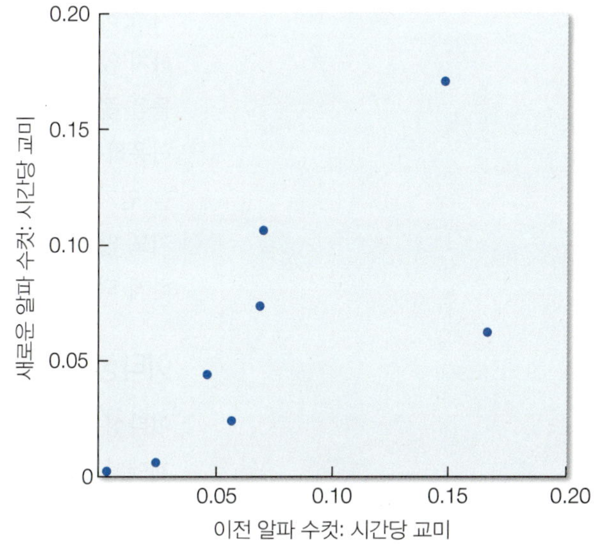

그림 13.6 결국에는 이익을 얻게 되는 협력. 알파 수컷의 죽음 이후에, 긴꼬리마나킨 베타 수컷은(이제는 알파 수컷이 됨) 전임자와 거의 비슷한 빈도로 교미하는데, 이는 아마도 과거에 두 수컷에게 끌렸던 암컷이 짝짓기의 의사가 있는 경우 계속해서 과시 장소를 방문하기 때문일 것이다. (After McDonald and Potts 1994.)

주황흰동가리(clownfish, *Amphiprion percula*)를 포함하여 집단생활을 하는 다양한 산호초 어류에서도 번식 지위에 오르기까지 줄서는 과정이 관찰되었다. 이러한 종에서 열위 개체들은 번식 지위가 비워질 때까지 말미잘에서 집단생활하는 무리의 일부로 남아서 기다린다(**그림 13.7**). 그러나 주황흰동가리의 줄서기는 한 가지 더 복잡한 작동원리가 개입된다. 대부분의 주황흰동가리 집단은 몇 마리 정도로 구성되어 있으며, 이들은 크기에 기반한 우위 서열이 있다(Fricke 1979). 이 집단에서 암컷은 한 마리로 구성원 중에서 가장 크고, 번식하는 수컷이 다음으로 크며, 다른 모든 수컷은 크기가 점점 작아진다. 암컷이 죽으면 번식할 수 있는 수컷이 성을 바꿔 번식하는 암컷이 된다. 그 때까지 번식을 하지 않던 수컷 중에서 가장 큰 수컷이 몸집이 커져서 새로운 번식 수컷이 된다. 마나킨에서와 마찬가지로 열위 개체들은 줄을 서서 번식 지위가 빌 때까지 기다리는 것으로 이득을 본다. 그러나 마나킨에서와 달리, 우위 개체는 열위 개체들을 주변에 두는 것으로부터 뚜렷한 이익을 얻지 못한다(Buston 2003). 궁극적으로, 우위 개체가 죽기를 기다리며 무임승차하는 열위 개체들의 존재는, 마나킨 새들의 경우와 비교할 때 집단 구성원들 사이에 더 큰 잠재적인 사회적 갈등을 불러일으킨다. 이러한 잠재적인 갈등은 개체들이 우위 개체의 크기에 절대 접근하

그림 13.7 말미잘에 사는 열위 개체 주황흰동가리들은 번식할 수 있는 지위가 빌 때까지 기다린다. 각각의 말미잘에는 한 쌍의 번식하는 개체들만이 있으며, 열위 개체 수컷은 번식할 수 있는 지위에 오를 기회를 기다리며, 성이 전환되기도 한다. (Photograph © iStock.com/crisod.)

지 못하게 하는 정밀한 통제가 작동함으로써 조절된다. 열위 개체들이 적합도의 이익을 제공하지 않는데도 우위 수컷은 왜 그들이 집단에 남도록 허락할까? 사실 우위 수컷이 열위 개체들을 쫓아내는 것은 집단의 모든 물고기들에게 안전한 은신처를 제공하는 말미잘에 남도록 허용하는 것보다 더 많은 비용이 든다. 따라서 우위 수컷은 열위 개체들을 곁에 두어서 이익을 얻지는 못하지만, 또한 그들을 쫓아내기 위해 에너지를 사용하지 않는 한 비용을 지불하지도 않는다. 말미잘에 있는 이 작은 수컷을 용인함으로써, 우위 수컷은 그 비용의 지불을 피하게 되는데, 이것은 어떤 면에서 볼 때 이익을 얻는 것만큼 유리하다고 볼 수도 있다.

이타성과 상호주의

이타성은 자기 이익을 희생하는 행동으로, 혈연관계가 없는 개체들 간의 이타성은 동물의 세계에서 매우 드물다. 제12장에서 우리는 진사회성(eusocial) 곤충에서 자기희생적 행동의 몇 가지 예를 소개했지만, 그 모든 경우에 이러한 행동들은 유전자를 공유하는 개체인 친척들에게 이익을 준다(즉, 그들은 혈연 지향적인 이타성의 예이다). 이익의 교환이 지연된 경우를 제외하면 혈연관계가 아닌 사이에서 이타성의 예는 매우 이례적이다. 긴꼬리마나킨에 대한 연구는 얼핏 보기에 자기희생으로 보이는 행위가 실제로는 그 개체들의 번식 기회를 증진시키는 것을 보여주었다. 참을성을 갖고서 다른 개체를 돕는 이들 중 오랫동안 살아남아서 (짝짓기를 하는) 알파 지위에 오를 수 있는 일부가 그러한 번식 기회의 증진을 얻게 된다. 지연된 보상을 통한 협력의 사례들은, 자원을 물려받기를 기다리는 것보다는, 도움을 제공하는 개체가 도움을 받은 개체로부터 직접 지연된 보상을 다시 받아내는 경우와 매우 비슷하다. 로버트 트리버스(Robert Trivers)는 이러한 사회적 합의를 **상호 이타성(reciprocal altruism)**이라고 불렀다. 왜냐하면, 일반적으로 도움을 받는 개체들은 결국 그들이 받은 호의를 돌려주기 때문이다(Trivers 1971). 그러나 도움을 주는 개체들이 장기적으로 직접 적합도를 희생하지 않기 때문에, 상호 이타성은 종종 그저 상호성이라고도 불린다. 이름을 어떻게 붙이든, 도움을 주기 위해 초기에 치러야 하는 직접 적합도 비용은 크지 않지만 돌려받게 되는 호의를 통해 얻을 수 있는 지연된 직접 적합도 이익이 평균적으로 더 크다면, 자연선택이 애초에 조력 행동을 선호할 수 있다. 집단생활을 하는 많은 종에서 일반적으로 볼 수 있듯이, 도움을 주는 행위 이후에 호의를 돌려받을 수 있을 정도로 충분히 오랫동안 함께 있는 개체들 사이에서만 상호성이 발생한다. 대표적인 예가 집단생활을 하는 다양한 영장류에서의 털고르기 행동이다. 이들은 동료의 털을 골라 주는데, 털고르기를 받은 개체는 나중에 똑같이 털고르기를 해 주거나 혹은 다른 종류의 유용한 행동을 통해서 도움을 되돌려준다(**그림 13.8**)(Schino and Aureli 2010). 때때로, 조력 행위를 목격한 제3자 관찰자가 도움을 제공한 개체를 도울 가능성이 더 높은데, 이를 **간접 상호성(indirect reciprocity)**이라고 한다. 간접 상호성은 일부 개체(특히, 인간)들이 왜 협력 평판을 발전시키는지를 설명하기 위한 개념으로 사용되어 왔다(Nowak and Sigmund 2005).

혈연 선택과 같이 협력의 다른 메커니즘으로부터 상호성을 구별하는 것은 영장류의 털고르기와 같이 친척과 비친척 구성원이 모두 함께 상호작용을 하는 경우 특히 어려울 수 있다. 가장 명확한 상호성의 사례는 서로 다른 종들의 협력인데, 이는 혈연관계가 역할을 하지 않기 때문이다(Sachs et al. 2004). 암초 어류 중 다른 종의 외부 기생자나 죽은 피부를 제거하는 청소부물고기를 예로 들어보자. 청소부물고기는 음식에 안전하게 접근할 수 있어 이익을

그림 13.8 영장류에서 서로 털고르기를 해 줄 때 상호성이 일어난다. 사진에서 보이는 암컷 망토개코원숭이(hamadryas baboon, *Papio hamadryas*)가 파트너이자 보호자인 수컷의 털을 고르고 있다. 이후에 이 수컷은 다른 수컷이 성적으로 괴롭히는 것으로부터 자신의 털을 골라준 암컷을 보호한다. (Photograph © Dirk M. de Bar/ Shutterstock.com.)

얻는 반면(숙주는 청소부를 먹지 않기 때문이다), 숙주는 자신의 몸에 손상을 끼칠 수 있는 기생자를 제거함으로써 이익을 얻는다(Grutter 1999). 서로 다른 종 사이에 일어나는 협력의 또 다른 고전적인 사례로 인간과 큰꿀잡이새(greater honeyguide, *Indicator indicator*)라고 불리는 아프리카 새의 협력 관계가 있다. 큰꿀잡이새는 이름과는 달리 꿀을 먹지 않는다. 대신에 이 새는 벌들이 꿀을 저장하기 위해 생산하는 밀랍 벌집을 선호한다. 그러나 벌집 안의 밀랍에 접근하는 것은 큰꿀잡이새에게 쉬운 일이 아니기 때문에, 이 종은 독창적이고 교묘한 방법을 진화시켰다. 벌집으로 인간을 안내하여 위험한 일을 하도록 한 다음, 그에 대한 보상으로 전리품을 가져가는 것이다(이로부터 이 새의 이름이 만들어졌다). 클레어 스팟티스우드(Claire Spottiswoode)와 동료들은 모잠비크 북부의 큰꿀잡이새를 따라다니면서, 적어도 75%의 시도에서 이 새들이 독특한 재잘거리는 콜(**AUDIO 13.1**)을 사용하여 따라오는 인간을 벌집으로 데려가는 데 성공했음을 보여주었다(Spottiswoode et al. 2016). 연구진은 또한 이렇게 안내하는 콜과 벌집의 위치에 대한 안내가 우연이 아니라는 것을 보여주었다. 이 지역의 꿀사냥꾼들은 크게 떨리는 소리를 내고 이어서 깊고 목구멍 뒤에서 나는 소리로 이어지는 특정한 방식으로 내는 소리를 가지고 있는데, 이는 아버지로부터 아들에게로 전해진다. 연구진은 지역의 꿀사냥꾼이 내는 소리, 대조군이 되는 동물 소리, 그리고 대조군이 되는 다른 사람의 소리가 녹음된 것을 들려주는 방법을 사용함으로써, 큰꿀길잡이새가 실제로 특이적인 호출음에 반응한다는 것을 발견하였다.

AUDIO 13.1
Greater honeyguide chatter call
ab11e.com/uk/v13.1

일부 영장류, 어류, 조류도 상호성의 능력을 가진 것으로 보이지만, 직접 이득을 돌려주는 행동은 그리 흔하지 않다(Connor 2010, West et al. 2011). 아마도 상호성을 가지고 돕는 개체로 이루어진 개체군은 일반적으로 도움을 기꺼이 받아들이지만 그 도움을 돌려주는 것을 "잊어버릴" 가능성이 높은 개체가 침입해 들어오는 것에 대해 취약한 것이 부분적인 이유일 것이다. "배신자(defector)"는 그러한 체계에서 조력자의 적합도를 감소시키며, 상호성이 진화하지 못하게 할 수밖에 없다. 배신의 문제는 **죄수의 딜레마(prisoner's dilemma)**라고 불리는 게임 이론 모형으로 설명할 수 있다(**그림 13.9**). 만약 잡히면 서로 자백하지 않기로 합의한 두 사람이 범죄를 저질렀다고 상상해 보자. 경찰은 그들을 심문하기 위해 데려와

		행위자 B	
		협력	배신
행위자 A	협력	상호 협력에 대한 보상 (단지 1년 수감)	최대 처벌 (10년 수감)
	배신	최대 보상 (자유 = 수감 0년)	상호 배신에 대한 처벌 (5년 수감)

그림 13.9 죄수의 딜레마. 도표는 행위자 A가 행위자 B와 협력하거나 협력하지 않는 것과 관련된 성과(payoff)를 보여준다. 여기에서 배신(defection)은 지정된 조건(두 개체가 단 한 번만 상호작용하는 경우)에서 행위자 A에게 적응적 선택이다.

서 별도의 독방에 놓아 둔다. 경찰은 두 사람 모두에게 작은 죄목으로 유죄를 증명할 수 있는 충분한 증거를 가지고 있지만, 더 심각한 범죄로 그들을 감옥에 넣기 위해서는 범죄자들이 서로 연루되게끔 해야 한다. 죄수의 딜레마의 경우에, 그 혐의는 성과(payoff)를 통해 모형화될 수 있으며, 각각의 보수는 범죄 혐의자들이 무엇을 하기로 결정한 내용에 따라 달라질 것이다. 그러므로 경찰은 만약 용의자가 자신의 파트너에 대해 자백하면, 자백한 용의자에게 자유를 제공한다. 만약 용의자 B가 용의자들 사이에서 합의된 이야기를 유지하는 동안["협력(cooperate)"], A가 경찰의 자백 제안을 수락한다면["배신(defect)"], A는 자유[최대 보상(maximum payoff)"]를 얻는 반면에 B는 최대 처벌인 10년 수감[그림 13.9의 오른쪽 위쪽 패널에 나타낸 "풋내기의 성과(sucker's payoff)"]을 받게 된다. 만약 그들이 함께 합의(협력 + 협력)를 유지한다면, 경찰은 두 용의자 모두에 대한 작은 혐의에 대해서만 유죄 판결을 받아낼 것이고, 그 결과 각 용의자에게 수감 1년이 주어질 것이다. 그리고 만약 각자가 서로를 지목한다면, 경찰은 양쪽 모두에게 이 증거를 사용할 것이고 밀고자에게 자유를 주겠다는 제안을 취소해 버릴 것이다. 결국 A와 B 둘 다 각각 수감 5년을 선고받을 것이다.

다양한 반응에 대한 성과가 "다른 행위자가 협력할 때 배신하기" > "둘 다 협력하기" > "둘 다 배신하기"인 상황에서, 용의자 A가 취할 수 있는 최적의 대응은 항상 배신하고 결코 협력하지 않는 것이다. 이런 상황에서 용의자 B가 결백에 대한 주장을 유지하면, 용의자 B와 협력할 때 얻을 수 있는 성과보다 더 많은 보상을 받을 수 있다. 만일 용의자 B가 A를 배반하면, 둘 중 하나가 배반했을 때보다 둘 다 배반하는 것이 더 경미한 처벌을 받을 수 있기 때문에, A의 입장에서 여전히 배신이 더 우월한 전략이다. 같은 원리에 따라, 용의자 B는 평균적으로 볼 때 배신하고서 A를 지목할 때 언제나 더 나은 결과를 얻게 될 것이다.

죄수의 딜레마에 대한 위의 사례에서 보면, 협력은 최선의 전략이 아니었다. 그렇다면 자연에서 관찰된 상호성의 사례(그리고 이러한 상호성은 인간의 사회적 행동의 일반적인 특징이기도 하다; West et al. 2011)를 어떻게 설명할 수 있을까? 죄수의 딜레마 사례에서, 범죄자들은 단 한 번만 상호작용을 했다. 하지만, 개인들이 반복해서 상호작용할 수 있도록 상황의 조건이 변형될 때, 멀티플레이 또는 반복된 죄수의 딜레마라고 부르는 게임은 팃포탯(tit-for-tat)이라는 단순한 판단 규칙을 사용하는 개인들이, 도움은 받지만 호의는 절대 돌려주지 않는 사기꾼들보다 훨씬 더 큰 이익을 얻는다(Axelrod and Hamilton 1981). 이 팃포탯 전략은 "개인 X가 지난번에 당신에게 했던 그대로 X에게 하기"라는 단순한 규칙이다. 반복된 상호작용이 가능하다면, 주고받는 협력에 대한 보상이 더해지고, 이것은 한 번의 배신으로 단기간에 얻을 수 있는 성과를 넘어서게 된다. 사실, 성과의 잠재적인 축적은 심지어 때때로 배신하는 동료 행위자를 "용서"하는 개인을 선호할 수도 있다. 왜냐하면, 그러한 전술은 추가적인 성과 때문에 장기적인 관계를 유지하도록 격려할 수 있기 때문이다(Wedekind and Milinski 1996, St-Pierre et al. 2009).

흡혈박쥐는 반복된 상호성에 필요한 조건을 만족하는 사례인 것으로 보인다. 이들은 유일한 식량 자원인 혈액을 빨아먹을 수 있는, 많지 않은 수의 척추동물 희생자를 찾아 나서야 한다(**그림 13.10**). (대개 그들은 새나 가축의 피를 먹지만, 최근 유전자 분석 결과에 따르면 인

그림 13.10 흡혈박쥐의 혈액 음식 공유는 상호성에 의해 설명된다. 개체가 성공적인 먹이활동 이후 그 먹이를 이웃과 나눈다면 미래의 기아 상황에 대비할 수 있다. 이 상호성은 행위자가 미래의 어느 시점에서 성공적인 먹이 확보를 하지 못했을 때, 집단의 또 다른 수령자가 혈액을 제공한다는 가정 아래서이다. (Photograph © Nick Hawkins/Minden Pictures.)

간에 의해 크게 변형된 브라질의 서식지에 사는 개체군에서 사람의 피를 먹기 시작했다는 것이 확인되기도 했다; Ito et al. 2016.) 박쥐들은 저녁 먹이활동을 한 후, 서로 아는 개체들끼리 정기적으로 모이는 보금자리로 돌아온다. 저녁 시간에 성공을 거둔 박쥐는 많은 양의 피를 모을 수 있었기에, 운이 좋지 않았던 동료에게 생명을 유지할 수 있을 만한 양을 토해내서 제공할 여유가 있다. 이런 상황에서 제공자가 치러야 하는 선물의 비용은 미미하지만, 흡혈박쥐가 3일밤 연속 먹이를 구하지 못하는 경우 죽음에 이르기 때문에 수령자가 받게 되는 잠재적 이익은 높다. 그러므로, 협력적인 혈액 제공자는 장래에 굶어 죽을 가능성을 방지하는 보험을 들고 있는 것이라고 볼 수 있다. 서로 오래 지속되는 주고받기 관계를 확립한 개체들은 단 한 번의 혈액을 받은 후 다음에 돌려주지 않는 사기꾼보다 장기적으로 더 잘 살게 된다 (Wilkinson 1984).

사기꾼의 이기적인 행동은 궁극적으로 훨씬 더 많은 식량을 교환하게 되는 지속적인 협력 협약을 끝장내 버리는 결과를 가져온다. 박쥐들 사이의 혈연관계를 알지 못하는 상태에서는 이러한 흡혈박쥐의 혈액 공유 행동을 설명하기 위해 부분적으로 혈연 선택이 관련되어 있는지를 배제하기는 어렵다. 일반적인 흡혈박쥐(vampire bat, *Desmodus rotundus*)는 혈연관계가 있는 개체와 없는 개체 모두에게 똑같이 협력한다. 그러나 제럴드 카터(Gerald Carter)와 제럴드 윌킨슨(Gerald Wilkinson)이 동시에 굶주리게 한 다음 박쥐의 일부를 제거하는 실험을 한 결과에서, 지난 몇 년 동안 음식을 비친척과 더 많이 공유했던 박쥐가 제공자도 더 많았고, 보다 많은 음식을 받아먹었다(Carter and Wilkinson 2015). 사회적 관계가 더 많은 박쥐가 자신의 도움과 관계없이 항상 더 많은 먹이를 얻을 수 있다는 대안을 배제하기 위해, 카터와 동료들은 이 연구를 확장하였다. 이 연구에서 혈연관계가 없는 박쥐를 더 많이 돕는 것은 주요 제공자들이 있을 때 얻을 수 있는 음식의 양을 증가시키는 것이 아니라, 중요 음식 제공자가 제거되었을 때 얻는 음식에 대한 부정적인 영향을 줄인다는 것을 보여주었다 (Carter et al. 2017). 두 결과를 함께 생각하면, 이러한 결과는 비록 혈연 선택이 어떤 경우에는 역할을 하지만, 상호성이 흡혈박쥐의 협력적인 음식 공유를 적어도 부분적으로는 설명할 수 있다는 것을 실험적으로 확인시켜 주었다.

비협력적 사회적 행동: 이기성과 악의

동물도 무리의 동료에게서 먹이를 훔치거나 먹이활동이나 방어를 하는 데 제 역할을 다하지 못하는 등 자연에서 이기적인 행동의 예가 많다. 타인으로부터 음식을 훔치는 것, 즉 **절취기생(kleptoparasitism)**은 이기성의 흔한 형태로서, 곤충, 포유류, 새를 포함한 많은 동물에서 발생한다. 동물사회에서 이기성의 핵심은 개체가 자신의 적합도를 증진시킬 가능성이 있는 행동을 하기 위해 강압적인 전술을 사용해서 다른 개체를 조종하는 경우가 많다는 것이다. 이렇게 다른 개체를 조종하는 상황에서, 두 개체의 행동이 그들의 파트너에게 도움을 주는 적응을 가질 필요는 없다. 또한 상호작용의 비용과 이익은 파트너 사이에 종종 크게 다르므로, 상호성의 경우처럼 순서를 바꿔 가면서 도움을 주고받지 않는다(Clutton-Brock 2009a).

이기적인 행동이 꽤 흔하지만, 악의는 드물며 인간 행동 이외에는 증명하기도 어려운 일이었다. 악의는 자연에서 드물게 나타나는데, 이는 어느 쪽도 악의에 찬 행동으로부터 적합도 편익을 얻지 못하므로, 일반적으로 자연선택에 의해 선호될 만한 것이 아니기 때문이다. 악의는 수령자의 행동(또는 처벌을 관찰하는 다른 개체의 행동)을 변형하게 되면 적응될 수 있으며, 이는 결국 악의 행동을 하는 개체에게 이익이 될 수 있다. 사육되는 개체군의 갈색꼬리감기원숭이(brown capuchin monkeys, *Cebus apella*)에서, 다른 개체가 더 많은 음식을 받는 것을 볼 때, 그 개체를 처벌한다는 실험적 증거가 수집된 바 있다(Leimgruber et al. 2016). 이는 다른 개체를 처벌하는 개체도 이 과정에서 대가를 치르게 되기 때문에 악의로 해석되어 왔다.

악의의 또 다른 잠재적인 사례는 뭇배아번식(polyembryonic)을 하는 꼬마깡충좀벌(parasitoid wasp, *Copidosoma floridanum*)에서 발생한다(Gardner and West 2004). 여러 마리의 암컷이 하나의 나방 알에 자신의 알들을 낳으면, 좀벌의 알들은 자라고 있는 나방 애벌레에서 발달 과정을 거친다. 한 말벌의 알은 다수의 유충을 생산하기 위해 클론 번식을 하는데, 그 중 일부는 정상적으로 자라나지만 다른 알들은 부화 후에 다른 유충들 중 일부를 공격하고 죽이는 번식 능력 없는 병사로 자라난다. 병사들은 어떤 유충을 공격할까? 지론(Giron)과 동료들이 수행한 실험 연구는 병사들이 혈연관계를 인식하고서 혈연관계가 없는 개체를 우선적으로 공격한다는 것을 보여주었다(Giron et al. 2004, 2007). 이러한 **혈연 인식(kin recognition)**은 말벌뿐만 아니라 조류(발성이 종종 중요한 역할을 하는)와 포유류(후각적 단서들이 종종 역할을 하는)에서도 친척들 사이의 협력 행동 진화에 중심적이다. 따라서 배아 말벌 연구의 데이터는 악의 개념과 들어맞기는 하지만, 직접 번식을 하지 않는 병사들도 혈연을 도움으로써 간접적으로 이익을 얻을 수 있기 때문에 혈연 지향의 이타성이 적어도 부분적으로 이러한 결과를 설명할 수 있을 것이다.

사회적 행동의 개체간 차이

우리가 사회적 행동의 적응적 기반과 자연선택이 행동 진화에서 수행하는 역할을 좀더 광범위하게 이해하려면, 개체군 내와 개체군 간 그리고 종 내와 종 간의 행동적 변이를 형성하는 요인들을 고려해야 한다. 동물 행동의 개체 변이는 일반적으로 행동의 일관성 있는 차이(**동물 성격, animal personality**이라고 한다) 또는 여러 상황들 사이의 행동 상관관계(**행동 신드롬, behavioral syndrome**이라고 한다)를 주제로 연구된다(Sih et al. 2004, Reale et al.

2007). 동물 성격은 일반적으로 시간이 지나도 반복성이 있는 행동을 말하는 반면, 행동 신드롬은 여러 상황에 걸친 개체 내의 행동 일관성으로 보다 광범위하게 정의된다. 예를 들어, 포식 위험에 직면하여 다른 동물보다 더 대담한 경향이 있는 동물은 번식이나 다른 상황에서 같은 종의 다른 개체에 대해 더 공격적인 경향이 있다(Sih and Bell 2008). 실제로 여러 종에서 탐색 행동, 공포, 공격성, 환경 변화에 대한 대응("선행적 반응 축, proactive reaction axis")과 관련된 증후군이 확인되었다(Sih et al. 2004). 동물의 성격이나 행동 신드롬의 상황에서 개체의 행동 변화를 연구하느냐 안 하느냐는 이미 수십 년 동안 행동생물학자가 해왔던 것을 뛰어넘어 동물 행동 분야에 새로운 기여를 하느냐는 큰 논쟁의 주제이다(Beekman과 Jordan 2017). 여기서 우리는 사회적 종에서 동물의 성격을 탐구한다.

사회적 종에서의 성격

수많은 종에서 나온 증거는 개체 수준의 반복성과 대담성, 공격성, 활동성, 탐구성, 사회성 등 서로 다른 행동 사이의 연관성 모두가 흔히 나타난다는 것을 시사한다(Sih et al. 2015). 실제로, 성격은 어류, 파충류, 조류, 포유류, 곤충과 같은 다양한 분류군에서 기술되었다. 동물은 왜 성격을 가지고 있을까? 근접적인 관점에서 볼 때, 성체의 성격 차이는 단순히 발달과정의 차이로 인한 결과일 수 있다. 생애 초기의 경험은 여러 종에서 이후의 생애 단계의 성격에 영향을 미치는 것으로 나타났다(Sih et al. 2015). 그러나 궁극적인 관점에서 볼 때, 성격 차이가 적합도의 차이와 상관관계가 있는지를 아는 것이 중요하다. 브라이언 스미스(Brian Smith)와 대니얼 블럼스타인(Daniel Blumstein)은 다양한 동물을 대상으로 한 30개 이상의 연구를 메타분석한 결과에서, 대담한 개체는 번식 성공률은 증가했지만 생존율은 낮다는 것을 발견했다(Smith and Blumstein 2008). 이와는 대조적으로, 탐색 행동은 번식 성공에 영향을 미치지 않았고, 공격성은 단지 작은 긍정적인 효과만을 가지고 있었다. 따라서 유사한 유형의 성격 형질이 서로 다른 종에서 유사한 방식으로 적합도에 영향을 미친다는 증거가 있다.

둘 이상의 개체들이 새끼를 돌보는 **협력 양육(cooperative breeding)**을 하는 종은, 사회적 곤충처럼 개체들의 번식 역할에 따라 직접적인 번식 성공의 가능성이 달라지기 때문에, 성격의 적합도 효과를 연구하는 데 이상적이다. 그러나 진사회성 곤충과는 다르게 이러한 번식 역할은 영구적이지 않으며, 개별 개체는 일생 동안 역할을 바꿀 수 있는 유연성을 가지고 있다. 이것은 예를 들어, 특정한 유형의 성격을 가진 개체가 다른 성격을 가진 개체보다 번식하는 개체가 될 가능성이 더 높을 수 있다는 것을 의미한다. 협력 양육을 하는 미어캣(meerkat, *Suricata suricatta*)에 대한 연구에서, 서로 다른 행동 성격을 가진 개체가 번식하는 우위 개체가 되거나, 열위 지위의 이계모체(alloparent) 혹은 조력을 제공하는 사회적 역할(다른 어린 개체를 기르는 데 도움을 제공하는 번식하지 않는 개체)이 되는 것과 관련이 있는지를 조사하였다(Carter et al. 2014). 어린 개체 돌보기, 먹이를 가져다주기, 일어서서 망보기(경계 보초 행동) 등은 반복성이 있는 미어캣의 행동으로, 성격 형질임을 시사한다. 그러나 연구진은 이러한 성격 형질에 대한 생애 초기의 행동과 성체가 된 이후에 우위 개체 지위를 획득하는 것 사이에는 아무런 관계가 없음을 발견했다. 즉, 특정한 성격 형질을 가진 개체는 다른 어떤 개체보다 번식하는 개체가 될 가능성이 차이가 나지 않았다.

협력 양육을 하는 또 다른 새인 세이셸워블러(Seychelles warbler, *Acrocephalus sechellensis*) 역시 새로운 환경과 물체를 탐색하는 형태로 성격 형질을 나타내며, 두 형질 모두 적어도 부분적으로 유전적이다(Edwards et al. 2017a). 탐색 행동은 다른 야생 조류 종의 위험 감수 행동 그리고 활동성 같은 형질과 양의 상관관계가 있기 때문에, 해너 에드워즈(Hannah Edwards)와 동료들은 탐색 행동이 잠재적인 짝외 파트너와 마주치는 비율을 증가시킴으로써 짝외 짝짓기를 촉진할 수 있다고 예측했다(Edwards et al. 2017b). 그러나 연구진은 전체 자식의 수나 짝외 자식의 수가 모두 수컷이나 암컷의 탐색 행동과 관련이 없다는 사실을 밝혀냈다. 따라서 수많은 동물 종에서 성격이 확인되고 일부 종에서는 적합도에 영향을 미치는 것으로 나타났지만, 성격이 협력 양육하는 종에서 서로 다른 사회적 역할이나 짝짓기 전술의 채택과 관련이 있다는 증거는 부족하다. 대신에, 이러한 연구들은 협력 양육하는 종에서의 번식 행동이 유전적인 것보다 더 유연할 수 있음을 시사해준다.

협력 양육의 진화

사회성이 단서생활보다 항상 낫다는 생각이 흔하지만, 이러한 관점은 행동생물학을 비용-편익의 관점으로 접근하는 사람들에게는 거의 받아들여지지 않는다. 다른 개체들과 함께 사는 것은 장점이 있을 수 있지만, 또한 개체에게 상당한 적합도의 비용을 동반하기도 한다. 리처드 알렉산더(Richard Alexander)가 지적했듯이, 집단생활에서 자동적으로 얻어지는 이익은 없지만, 다른 개체와의 생활에서 자동적으로 발생하는 일부의 비용은 있다(Alexander 1974). 예를 들어, 삼색제비(cliff swallows, *Petrochelidon pyrrhonota*)는 군락 안에서 나란히 붙어서 둥지를 틀기 때문에, 이 새들은 둥지에서 둥지로 옮겨 다니는 기생충에 감염되기 쉽다. 제비 군락이 클수록 단기 체류하는 새들이 더 많으며, 이 방문객 새들과 함께 더 많은 벌레들도 나타난다. 이 벌레들 중 일부는 이동하는 새에서 떨어져 나와 거주하고 있는 제비들과 자손에게 흘러 들어간다. 그 결과, 군락이 클수록 기생충의 침입률이 높다(Brown and Brown 2004). 피를 빠는 기생충이 제비 병아리를 공격할 때, 사회적 생활에 대한 비용은 병아리의 발육부진이라는 형태로 뚜렷하게 나타난다(**그림 13.11**)(Brown and Brown 1986). 삼색제비의 사회적 삶이 적응적이기 위해서는, 기생충에 감염된 자식을 가지는 위험을 보상하고도 남는 이익이 있어야만 한다. 삼색제비에게 주요한 이익은 비행성 곤충을 찾아 무리를 지어 탐색하는 성조의 성공적인 먹이 활동의 형태로 얻어지는 것으로 보인다(Brown 1988).

집단생활에는 다른 비용이 있는데, 여기에는 먹이, 번식 장소 또는 배우자와 같은 자원에 대한 더 심한 경쟁, 그리고 보다 눈에 잘 띔이 있다. 무리가 커지면 눈에 잘 띄기 때문에 피식자의 무리로서 더 취약해지거나 포식자의 무리로서 효율적인 사냥에 방해가 된다. 그러나 이와 같은 비용 중 일부는 집단생활을 통해 완화될 수 있다. 예를 들어, 비록 큰 집단에서는 식량 자원에 접근하기 위한 경쟁이 증가할 수 있지만, 음식을 찾기 위한 더 많은 눈이 있다. 마찬가지로, 눈이 더 많다는 것은 비록 포식자들에게 더 쉽게 노출될 수 있다는 것은 반대로, 포식자를 탐지하는 것이 더 쉬울 수 있다는 것을 의미하기도 한다. 렉을 통해 짝짓기를 하는 종에서 수컷은 집단을 형성함으로써 암컷을 더 잘 유인하고 접근할 수 있다. 집단생활의 다른 이점

그림 13.11 삼색제비 병아리에 대한 기생충의 영향. 오른쪽에 있는 훨씬 더 큰 병아리는 살충제가 처리된 둥지에서 자랐고, 왼쪽에 있는 같은 나이의 왜소한 병아리는 제비 기생충이 들끓는 둥지에서 자랐다. (From Brown and Brown 1986, © 1986 by the Ecological Society of America.)

으로는 항상성(homeostasis), 즉 체온을 유지하는 능력이 있는데, 이는 진사회성 곤충뿐만 아니라, 영장류, 새, 심지어 도마뱀의 여러 사회적 종에서도 중요하다(Rubenstein과 Abbot 2017b). 그리고 물론, 집단생활의 주된 이점 중 하나는 자식 양육할 때 도움을 받을 수 있다는 점이다. 이때 도움의 손길은 종종 자식의 아비나 사회적 파트너로부터, 그리고 때로는 혈연관계가 있는 다른 구성원으로부터 온다. 제9장에서 본 바와 같이, 이러한 유형의 편익은 종종 직접 이득(direct benefit)인데, 이는 간접 이득(indirect benefit)과는 구별된다. 특히 간접 이득은 사회적 종에서 혈연 선택 및 가족 집단에서의 생활과 관련되어 자식에게 유전적 편익이 된다. 척추동물에서 사회생활을 대한 직접 편익과 간접 편익의 상대적 중요성은 큰 논쟁의 근원이고, 종에 따라 다르다는 것은 명확하다(Clutton-Brock 2002). 집단생활로 이어지는 편익의 유형이 무엇이든, 사회적 개체들이 진화적 시간에 걸쳐서 단서 생활을 대체할 만큼 충분한 편익을 얻지 못할 때, 집단생활로 진화하지 않을 것이다(Alexander 1974). 그리고 당연하게도 함께 사는 것의 이익이 혼자 사는 것의 이익보다 더 클 때 집단이 형성될 것이다. 따라서 집단생활의 비용뿐만 아니라 이익(직접 및 간접)을 모두 고려하는 것은 많은 가설을 만들어낸 주제인 협력, 특히 협력 양육 행동이 진화한 이유를 이해하는 데 필수적이다(**가설 13.1**).

가설 13.1

협력 양육 행동의 진화를 설명하기 위한 상호 배타적이지 않은 가설들

혈연 선택 가설 간접 적합도 편익은 일부 개체가 독립 번식을 미루고서 다른 개체들의 번식을 돕는 비번식 조력자가 된다는 것을 설명한다.

집단 보강 가설 개체는 더 큰 집단에 살면 더 잘 살아남거나 더 잘 번식할 수 있다.

생태적 제약 가설 성공적으로 번식하는 데 필요한 자원이 제한될 때, 개체는 분산(dispersal)을 미루고서 친척을 양육하는 데 도움을 주기 위해 그들의 출생 영역에 남는다.

생활사 가설 청소년과 성체의 높은 생존율과 같은 특이적인 생활사 형질이 주어진 서식지에서 여분의 개체들을 더 많이 생산함으로써 협력 양육의 진화에 역할을 한다.

유소성 이익 가설 분산을 지연시킴으로써 얻는 이득이 독립적으로 흩어져서 혼자서 번식을 시도하는 것과 관련된 비용보다 더 크다.

시간적 변동 가설 둥지에 조력자가 있는 새들은 좋은 조건과 나쁜 조건 모두에서 성공적으로 번식할 수 있기 때문에 환경적 불확실성이 협력 양육을 촉진한다.

양다리 걸치기 가설 둥지에 조력자를 두면 환경에 의해 유발되는 번식의 가변성을 이 감소된다.

번식에서의 협력과 혈연 선택

제12장에서 보았듯이, 혈연 선택은 유전자를 직접 물려줄 기회가 없는 불임 일꾼 곤충의 경우처럼 조력 행동이 그 개체에게 **직접** 적합도 편익(*direct* fitness benefit)을 제공하지 못할 것 같은 사례를 분석하는 데 있어 유용하다. 척추동물 종에서 혈연 선택이 사회적 상호작용에 미칠 수 있는 영향을 가장 먼저 고려한 연구자 중 하나는 폴 셔먼(Paul Sherman)이다. 그는 포식자가 다가오면 급격히 끊어지는 소리의 스타카토 휘파람을 내는 중형 북미 설치류를 연구하였다(**그림 13.12**). 벨딩땅다람쥐(Belding's ground squirrel, *Urocitellus beldingi*)가 휘파람을 불면, 근처의 동료들은 허둥지둥 안전한 곳으로 도망친다(**VIDEO 13.3**)(Sherman 1977). 셔먼은 경고음을 내는 다람쥐가 그렇지 않은 다람쥐보다 더 높은 비율로, 족제비, 오소리, 코요테에게 죽임을 당한다는 것을 발견했다. 이는 보초를 서는 개체들이 경고음을 내는 것에 생존 비용을 치르는 것이고, 따라서 이는 번식 비용이 든다는 것을 의미한다. 그러나 경고음을 내는 개체의 자식 생존이 증가하는 비율이 그 비용보다 크다면, 경고음을 내는 행동을 통해 직접 적합도가 증가할 것이다. 성체인 암컷이 일반적으로 자식 근처에 살고 있어서, 자식으로부터 떨어져서 지내며 자식에게 위험에 대한 경고를 할 수 없는 성체 수컷과 비교했을 때, 암컷이 두 배 이상 경고음을 낸다는 사실은 경고음에 대한 직접 적합도 설명과 일치한다.

VIDEO 13.3 Belding's ground squirrel alarm call ab11e.com/uk/v13.3

그렇다면, 벨딩땅다람쥐의 경고음에 대한 간접 적합도 편익(indirect fitness benefit)도 있을까? 셔먼은 자식 이외의 친척이 근처에 사는 성체 암컷이 자매, 이모, 조카 등의 이웃이 없는 성체 암컷보다 포식자에 대한 경고음을 더 많이 낸다는 것을 발견했다. 이 결과는 경고음을 내는 개체들이 공유하는 가족의 유전자를 물려주기 위해 자식 이외의 친척들이 생존하는 것을 도와주고, 위험에 처한 친척들에게 경고하는 것이 간접 적합도의 이익으로 이어질

그림 13.12 놀란 벨딩땅다람쥐가 육상 포식자를 발견한 후 경고음을 낸다. (Photograph © Richard R. Hansen/Science Source.)

수 있다는 가정과 들어맞는다(**BOX 13.1**). 따라서 셔먼의 연구는 직접 선택과 간접 선택 모두 이 종의 경고음 발성 행동의 유지에 기여함을 나타낸다(Sherman 1977).

벨딩땅다람쥐 사례는 혈연 선택이 생존 상황에서 행동에 어떻게 영향을 미칠 수 있는지를 보여주었다. 혈연 선택은 또한 짝짓기의 상황에서 협력 행동을 설명할 수 있다. 예를 들어, 앞서 논의한 긴꼬리마나킨과 마찬가지로 수컷 야생 칠면조(wild turkeys, *Meleagris gallopavo*)도 짝을 유혹하기 위해 협력 구애 활동을 한다. 그러나 알란 크라카워(Alan Krakauer)는 혈연관계가 없는 수컷이 협력하는 긴꼬리마나킨과는 달리 짝을 유혹하기 위해 협력하는 수컷 칠면조에는 평균 0.42의 매우 높은 근연도(relatedness)가 있음을 보여주었다(**그림 13.13**)(Krakauer 2005). 이 수치는 친형제자매가 가지는 0.5의 근연도에 가깝다. 다시 말해서, 형제들이 짝을 찾기 위해 협력하는 경우가 많다는 얘기다. 따라서 크라카워는 형제들 가운데 한 수컷이 지배적이 되도록 돕고, 우위 수컷이 더 많이 번식한다면, 그 조력자는 다음 세대에 유전적 대표성을 얻게 된다는 점에서, 야생 칠면조에서의 협력은 해밀턴의 규칙에 부합한다는 것을 증명했다.

번식 이익과 협력 양육

비록 진사회성의 사회가 사회성 진화의 정점을 나타낸다고 종종 말하지만, 사실 진사회성은 매우 드물다. 곤충 종의 약 2%만이 진사회성을 보인다. 이와 대조적으로 많은 척추동물 종들은 중첩 세대, 협력 양육, 적어도 일시적인 번식 분업이 있는 집단에서 살아간다. 이러한 번식 분업에서는 집단의 일부 개체가 다른 개체의 자식을 양육하는 것을 돕기 위해 자신의 번식을 포기한다(Rubenstein and Abbot 2017a). 둘 이상의 개체들이 새끼를 돌보는 형태의 사회 체계 협력 양육(cooperative breeding)이라고 하는데, 많은 면에서 곤충의 진사회성과 유사하다. 협력 양육은 모든 포유류 가운데 약 5%, 모든 조류 가운데 거의 10%, 그리고 소수의 어류에서 나타난다. 협력 양육 사회의 특징은 조력자의 존재인데, 조력자는 자신은 번식하지 않은 채 다른 개체의 새끼를 기르는 데 도움을 준다. 협력 양육을 하는 대부분의 새는 수컷인 반면, 포유류에서는 조력자가 암컷인 경향이 있다. 이러한 성편향 도움의 패턴은 성편

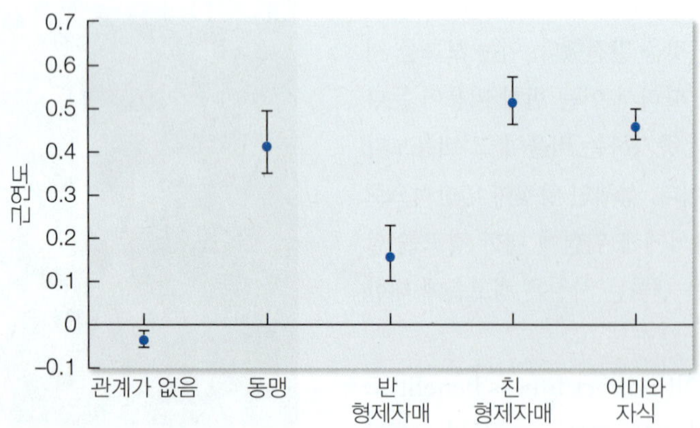

그림 13.13 수컷 칠면조는 짝을 유인하기 위해 혈연관계의 개체와 협력하여 동맹을 형성한다. 그래프는 비교의 기준이 될 만한 개체군의 모든 성체 수컷 사이의[미세부수체 유전형(microsatellite genotype)으로 계산한] 유전적 근연도, 열위 수컷과 우위 수컷 사이의 근연도("동맹"), 그리고 반 형제자매(half sibling), 친 형제자매(full sibling), 어미와 그 자식 사이의 근연도를 보여준다. 표시된 값은 평균 및 표준오차를 나타낸다. (After Krakauer 2005; photograph © Monte Loomis/Shutterstock.com.)

BOX 13.1 자료 해석을 통한 행동 탐구

시베리아 어치 집단에서의 패거리 행동과 혈연관계

많은 종류의 어치는 혈연에 기반한 사회 집단에서 조력자의 도움을 받아 협력을 통해 번식한다. 시베리아 어치(Siberian jays, *Perisoreus infaustus*)(**그림 A**)는 비슷한 사회 집단에서 살고 있지만, 부모 이외의 새들은 새끼를 돌보지 않는다. 시베리아 어치는 왜 가족 단위로 살지만 둥지에는 부모 이외의 조력자가 없을까? 벨딩땅다람쥐에서와 같이, 혈연들은 같이 살면 포식자 발견과 같은 이익을 함께 얻을 수도 있다. 마이클 그리서(Michael Griesser)와 얀 에크먼(Jan Ekman)은 포식자의 공격이 있는 것처럼 조건을 만들었을 때, 경고음을 발성하여 우위에 있는 (부모) 시베리아 어치들이 독립하였지만 아직 보살피고 있는 자식을 보호하는지 실험적으로 검증하였다(Griesser and Ekman 2004). 이들 연구진은 우위 암컷(어미)의 경고음 발성이 혈연에 유리하도록 한다는 것을 발견하였다. 우위 수컷(아비)은 경고음을 분별없이 발성하였지만, 우위 암컷은 혈연관계가 없는 개체들과 있을 때보다 보살피고 있는 자식과 함께 있을 때 더 자주 경고음을 냈다. 게다가, 재생 실험은 경고음이 위험에 대한 정보를 전달하고서 즉각적으로 회피 반응을 일으킨다는 것을 보여주었다. 이러한 실험 결과는 자식은 포식자 방어라는 형태로 직접적 이득을 얻지만, 혈연관계가 있는 개체들과 집단을 이루어 살 때에만 그렇다는 것을 시사한다.

(A)

그림 A 시베리아 어치 (Photograph © Franz Christoph Robiller/imagebroker/Alamy.)

생각의 틀 깨기

시베리아 어치는 자신이 살고 있는 숲에서 주로 올빼미나 매 같은 포식자를 발견하면, 시끄러운 목소리를 내어 포식자를 괴롭히고 내리 덮치면서 공격에 동참해 달라고 다른 개체들을 부른다. 만약 이 행동이 위험한 포식자를 시베리아 어치의 행동권으로부터 벗어나도록 한다면, 이 행동은 패거리 공격자에게 직접 적합도 편익(direct fitness benefit)을 줄 수 있다. 하지만 이 행동은 포식자를 쫓아냄으로써 자식 이외의 친척에게도 간접 적합도 편익(indirect fitness benefit)을 줄 수 있다. **그림 B**는 시베리아 어치의 구성원이 패거리 공격 경고음의 평균 횟수에 대한 데이터를 제시한다. 이 구성원들 가운데 일부는 혈연으로 구성되었고, 다른 일부는 비혈연으로 구성되었다. 이러한 데이터는 이 두 가지 대립 가설을 구별하는 데 어떻게 도움이 되는가? 수컷과 암컷은 같은 방식으로 행동하는가?

(B)

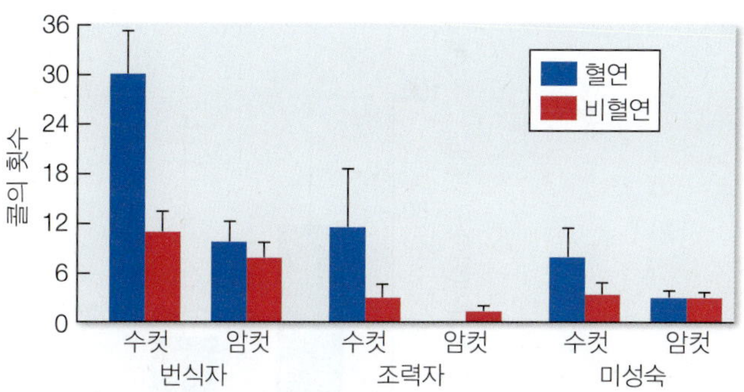

그림 B 수컷의 패거리 행동과 혈연관계. 혈연 집단의 수컷 구성원들은 자신들의 영역에서 포식자를 발견하면, 비혈연 집단으로 구성된 집단의 수컷보다 훨씬 더 많은 패거리 공격 콜을 보여주었다. 막대 그래프는 평균 및 표준오차를 나타낸다. (After Griesser and Ekman 2005.)

향 분산(sex-biased dispersal)으로 인한 것이며, 주로 근친 번식을 회피하는 메커니즘의 결과로서, 새의 경우에는 암컷 편향 분산이 발생하고, 포유류에서는 수컷 편향 분산이 발생한다(Greenwood and Harvey 1982). 대부분의 종에서, 이 조력자들은 번식할 수 있는 능력이 있음에도 번식을 하지 않는다. 그리고 (전부는 아니지만) 많은 종에서, 이 조력자들은 이전 몇 년 동안 번식한 짝들의 자식이다. 진사회성 곤충의 경우에서 그렇듯이, 협력 양육 행동이 단순히 혈연을 기르는 것을 돕는 간접 선택(indirect selection)의 결과일까(**혈연 선택 가설, kin selection hypothesis**)? 혹은 더 많은 원리가 작동하고 있을까?

혈연으로 구성된 협력 양육 집단의 일부 개체가 번식하지 않는 조력자가 되는 이유를 이해하기 위해서는 조력의 잠재적인 간접 이익(indirect benefit)뿐만 아니라 잠재적인 직접 이익(direct benefit)도 고려해야 한다. 새들의 협력 양육 행동을 연구한 초기 연구에서 울리 레이어(Uli Reyer)는 수컷 뿔호반새(pied kingfisher, *Ceryle rudis*)의 사례를 통해 직접 이익과 간접 이익이 조력 행동의 진화에 모두 역할을 했다는 것을 보여주었다(Reyer 1984). 이 아프리카 새는 큰 호수나 강의 기슭에 터널을 만들어 둥지를 튼다. 짝을 찾지 못한 1년된 수컷은 포식자 뱀과 다른 둥지의 적들을 공격하면서 어미와 어미의 병아리에게 물고기를 가져오는 1차 조력자(primary helper)가 된다. 그러나 이러한 1차 조력자만이 뿔호반새의 유일한 조력자는 아니다. 2차 조력자(secondary helper)라고 불리는 어떤 새들은 1차 조력자들 돕는 방식으로 혈연관계가 없는 둥지의 부부를 돕는다. 그리고 지연자(delayer)라고 불리는 어떤 새들은 자식을 낳지 않고 또한 돕지도 않으면서 단순히 번식기에 참가하지 않은 채로 내년을 기다린다.

조력자가 왜 도움을 주는지 이해하기 위해서, 우리는 그들의 행동의 비용과 이익을 측정할 필요가 있다. 1차 조력자는 2차 조력자 및 지연자 모두보다 더 열심히 일하는데(**그림 13.14**), 이는 2차 조력자(74% 복귀)와 지연자(70% 복귀)에 비해 더 낮은 생존 확률(54% 복귀)로 다음 해에 번식지로 돌아간다는 것을 의미한다. 게다가 생존한 1차 조력자의 67%만이 2년차에 배우자를 찾아서 번식하는 반면, 2차 조력자의 91%는 2년차에 번식을 시작한다. 2차 조력자로 한 번 정도 활동한 많은 개체들은 전년도에 그들이 도왔던 암컷과 짝을 짓

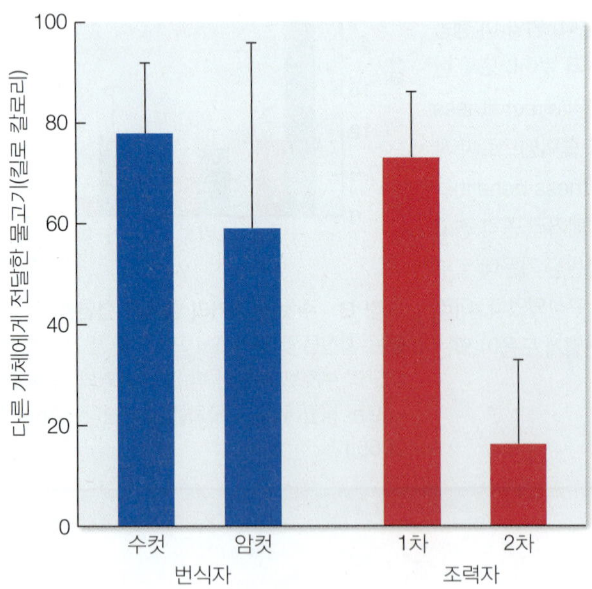

뿔호반새

그림 13.14 뿔호반새의 이타성과 혈연관계. 1차 조력자는 둥지를 튼 암컷과 그 자식에게 2차 조력자보다 더 많은 열량을 하루에 전달한다. 2차 조력자는 혈연관계는 없지만 번식하는 개체를 돕는다. 막대 그래프는 평균 및 표준오차를 나타낸다. (After Reyer 1984; photograph © Gerrit de Vries/ShutterStock.)

는다(레이어의 표본 27마리 가운데 10마리). 이는 혈연을 양육함으로써 포괄 적합도의 편익(inclusive fitness benefit)을 얻는 것보다는 잠재적 배우자에 대한 접근성을 향상시키는 것이 2차 조력자의 행동에 대한 궁극적 성과임을 시사해준다.

이러한 데이터를 통해서, 우리는 해밀턴의 규칙을 이용하여 이타적인 1차 조력자가 생애 2년차에 번식을 줄인다는 점을 고려함으로써 직접 적합도의 비용을 계산할 수 있다. 계산을 단순하게 하기 위해, 첫 해에 부모가 새끼를 양육하는 것을 돕고, 둘째 해에 (생존하여 배우자를 찾는 경우) 스스로 번식하는 단독 1차 조력자와 첫 해에 다른 조력자가 없는 비혈연 개체를 도운 다음에 (그들도 살아남아 짝을 찾는다면) 둘째 해에 스스로 번식하는 2차 조력자와의 비교로 제한해서 생각해 보자.

부모를 돕는 것에 전념한 1차 조력자는 생존 가능성이 낮아지고, 따라서 다음 해에 자신이 번식할 가능성이 낮아지는 비용을 치르면서 자식을 생산하게 된다. 비록 1차 조력자는 다음 해에 지연자보다 더 많은 자식을 가지지만(직접 적합도 단위 대비 0.41 대 0.29), 2차 조력자는 다음 해에 배우자를 찾을 시기가 되면 여전히 더 나은 결과를 보인다(**표 13.1**). 그러나 2년차에 1차 조력자가 치러야 하는 0.43의 직접 적합도 손실(0.84 − 0.41 = 0.43)이 첫 해 동안의 간접 적합도를 통해 얻은 것으로 상쇄되는가? 이 수컷은 부모의 번식 성공도를 높인 결과로, 그렇지 않았다면 존재하지 않았을 형제자매를 만들어 유전자를 간접적으로 전파한다. 레이어의 연구에서, 1차 조력자의 부모는 아들이 있을 때 평균적으로 1.8명의 자식을 더 얻었다. 일부 1차 조력자는 그들의 유전적 어머니와 아버지를 도왔으며, 이 경우 추가적인 1.8명의 형제자매는 친 형제자매였으며, 이들과의 근연도(coefficient of relatedness)는 0.5였다. 그러나 다른 경우에서는 부모 중 한쪽이 죽고, 다른 한 쪽은 다른 배우자와 짝짓기를 했으므로, 그들의 자식은 반 형제자매(근연도 r = 0.25)에 불과했다. 따라서 번식하는 쌍을 돕는 아들의 평균 근연도는 0.25와 0.5 사이였다(r = 0.32). 따라서 1차 조력자인 아들이 얻는 평균 이익은 첫 해에 간접 적합도 단위로 봤을 때 추가적으로 얻은 형제자매 1.8명 × 0.32 = 0.58인데, 이는 그들이 생애 2년차에 치러야 하는 평균 직접 적합도 손실보다 높다. 1차 조력자가 1년차에 자식 이외의 혈연의 수가 증가하는 대신 2년차에 자신의 번식을 희생한다는 것을 설명하기 위해서, 레이어가 해밀턴의 규칙을 사용했다는 점에 주목하기 바란다(Reyer 1984). 이들 추가된 형제자매는 조력자의 대립유전자(allele) 가운데 일부를 가지기 때문에, 2차 조

표 13.1 수컷 뿔호반새에 대한 포괄 적합도 계산

행동 전술	첫 해 ($y \times r = f_1$)	둘째 해 ($o \times r \times s \times m = f_2$)
1차 조력자	1.8 × 0.32 = 0.58	2.5 × 0.50 × 0.54 × 0.60 = 0.41
2차 조력자	1.3 × 0.00 = 0.00	2.5 × 0.50 × 0.74 × 0.91 = 0.84
지연자	0.3 × 0.00 = 0.00	2.5 × 0.50 × 0.70 × 0.33 = 0.29

출처: Reyer 1984.

기호: y = 도움을 받는 부모가 가외로 낳게 되는 새끼의 수, o = 이전 조력자 및 지연자가 낳은 자식의 수, r = 수컷과 y의 근연도, 그리고 수컷과 o 사이의 근연도, f_1 = 첫 해의 적합도(1차 조력자에 대한 간접 적합도), f_2 = 2년차의 직접 적합도, s = 둘째 해까지의 생존 가능성, m = 둘째 해에 배우자를 찾을 확률.

력자에 비해서, 1차 조력자가 경험하는 직접 적합도 손실보다 더 많은 간접 적합도 편익을 제공한다.

이 분석은 뿔호반새의 2차 조력자는 자신이 번식할 수 있는 미래의 기회를 증가시킴으로써 자신의 적합도를 **직접적**으로 증가시키는 반면, 1차 조력자는 자식 이외의 혈연의 수를 증가시킴으로써 자신의 적합도를 **간접적**으로 증가시킨다는 것을 보여준다. 1차 조력자는 평생에 걸쳐 더 적게 번식하지만, 간접 적합도의 이익을 통해 조력 행동에 대한 유전적 성과를 얻는다. 2차 조력자는 일시적으로 덜 번식하지만 때때로 그들의 조력 행동의 결과로 영역과 성적 파트너를 상속받으며, 이로써 직접 적합도를 확보한다. 그러므로, 이 한 종은 둥지에서 조력 행동의 진화에 대한 2가지 다른 가설을 뒷받침한다. 간접 적합도 가설과 직접 적합도 가설은 다른 조력자의 경우에서도 검증될 수 있는데, 이런 조력자는 다른 새들뿐만 아니라 여러 척추동물에서도 발견된다(Brown 1987, Jennions and Macdonald 1994, Taborsky 1994).

협력 양육을 하는 또 다른 직접적인 이점은 개체가 **집단 보강(group augmentation)**이라고 부르는 과정을 통해, 단지 더 큰 집단에서 사는 것만으로도 더 잘 살아남고 더 잘 번식할 수 있다는 것이다(Clutton-Brock 2009a). **집단 보강 가설(group augmentation hypothesis)**에 따르면, 혈연 선택보다 지연된 상호성이 일부 종에서의 협력 양육 행동을 설명할 수 있다. 집단 보강 가설은 검증하기 어려웠지만, 한나 코코(Hanna Kokko)와 동료들은 집단 보강이 혈연 구조가 낮으면서도 조력 행동이 지속되는 종에서 협력 양육을 설명할 수 있는 모형을 증명하였다(Kokko et al. 2001). 집단 보강은 새로운 집단 동료를 구하던지 아니면 자식이 독립하는 대신 남아 있게 함으로써 일어난다. 새로운 집단 동료는 심지어 조력자와 혈연관계가 없어도 된다. 뿔호반새의 사례와 같이, 영역 상속의 직접적 이득은 2차 조력자가 돕는 이유를 설명하는 데 중요하다. 슈우케 킹마(Sjouke Kingma)는 44종의 협력 양육 새들에 대한 비교 분석을 사용하여, 영역 상속의 가능성에 대한 변이가 종들 사이에서 조력 행동의 노력이 왜 그렇게 큰 변이를 가지는지를 설명할 뿐만 아니라, 조력자들이 어떤 종에서는 혈연관계가 있는 개체에게 협력 양육을 선택적으로 제공하고, 다른 종에서는 왜 그렇지 않은지도 설명한다(**그림 13.15**)(Kingma 2017). 다시 말해, 영역을 상속받음으로써 얻는 지연된 직접 이익이 왜 일부 개체가 도움을 주는지에 영향을 미칠 뿐만 아니라, 그 개체가 누구를 도와주고 얼마나 많은 도움을 주는지에 대해서도 영향을 미친다.

조력자뿐만 아니라 번식하는 개체가 얻는 이익 역시 협력 양육 체계가 어떻게 진화하는지를 설명해 줄 수 있다. 많은 조류 종에서 조력자들은 자식 양육에 대한 부모의 작업량을 줄인다. 이것을 **작업량 경감(load-lightening)**이라고 한다(Kingma et al. 2010). 조력자가 부모의 양육 부담을 분담하기 때문에, 조력자의 존재는 부모

집단 보강 가설 개체는 더 큰 집단에 살면 더 잘 살아남거나 더 잘 번식할 수 있다.

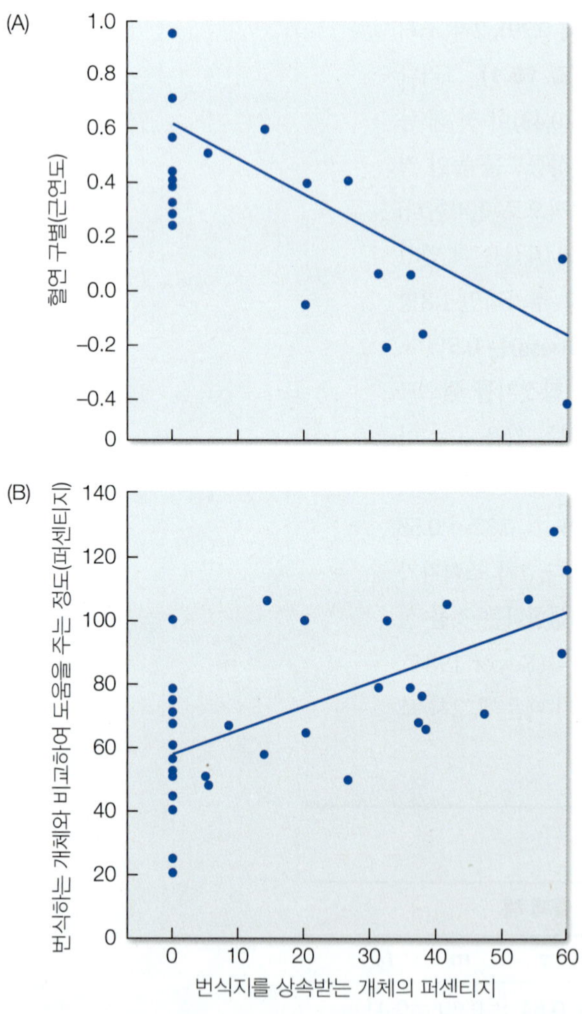

그림 13.15 영역 상속의 가능성은 협력 양육하는 새의 조력 행동 결정에 영향을 미친다. (A) 거주하는 영역을 상속받을 가능성이 높은 조력자는 혈연관계가 있는 자식에 더 많이 투자하지 않지만, 영역 상속의 가능성이 제한될 때 열위 개체는 주로 혈연관계가 있는 자식을 주로 직접 돕는다. (B) 조력자는 거주하는 영역에 대한 상속 가능성이 높을 때 자식에게 더 많은 먹이를 가져온다. 점 그래프는 각 종의 평균을 나타낸다. (After Kingma 2017, CC BY 4.0.)

의 작업량을 줄게 하고, 따라서 에너지 지출을 줄일 수 있다. **숙박비 지불 가설(pay-to-stay hypothesis)**에 따르면, 일부 종의 부모들은 집단에 남아 있는 개체에게 지불의 한 형태로 도움을 요구한다(Gaston 1978). 숙박비 지불 가설의 증거는 주로 물고기에서 발견된다. 협력 양육을 하는 시클리드는 비혈연 사회 집단을 형성하는 경향이 있으며, 도움을 통해 지불하는 조력자는 집단에 머무를 수 있을 뿐만 아니라 그 영역을 물려받을 수도 있다(**그림 13.16**)(Balshine-Earn et al. 1998, Bergmuller et al. 2005). 그러나 어떤 종에서는 단순히 먹이활동 노력을 줄이는 것 이외에 다른 방법으로 부모의 양육 비용을 줄인다. 예를 들어, 굴뚝새의 일종인 호주요정굴뚝새(superb fairy-wren, *Malurus cyaneus*)의 경우, 산란을 시작할 때 조력자가 있는 암컷은 조력자가 없는 암컷에 비해서 지방과 단백질이 유의미하게 더 적게 함유된 가벼운 알을 낳는다(Russell et al. 2007a). 각각의 번식 시도 때마다 알에 들어가는 투자를 줄임으로써, 조력자가 있는 암컷은 더 오래 살 수 있고, 따라서 생애에 걸쳐 더 많은 번식 기회를 가질 수 있다. 조력자는 늘어난 번식 기회를 통해 자신의 어미가 만든 형제자매의 수를 증가시킬 수 있다. 조력자가 돕는 성체 암컷과 혈연관계가 있다면, 이러한 도움은 간접 적합도를 증가시킬 수 있다(Cockburn et al. 2008).

숙박비 지불 가설 부모는 집단에 남아 있는 것에 대한 지불의 한 형태로 개체에게 조력 행동을 요구한다.

번식 비용과 협력 양육

지금까지 우리는 협력 양육을 통해 얻을 수 있는 이점에 대해 집중하여 논의해 왔다. $rB > C$가 되어야 이타성을 위한 유전자가 확산될 수 있다는 해밀턴의 규칙을 생각해 보자. 여기서 r은 두 개체 사이의 유전적 근연도이며, B는 이타적 행위의 수령자가 얻는(번식 성공도 단위의) 이익이고, C는 이타적 행위를 수행하는 개체가 치르어야 하는(번식 성공도 단위의) 비용이다. 협력 양육 행동이 왜 진화했는지를 이해하기 위해서는 이 공식에서 이익 항뿐만 아니라 비용 항까지도 고려해야만 한다. 스티븐 에믈렌(Stephen Emlen)은 혼자서 양육하는 비용이 협력 양육 행동의 진화에 직접적으로 기여할 수 있다고 주장했다(Emlen 1982). 그는 이 아이디어를 **생태적 제약 가설(ecological constraints hypothesis)**이라고 불렀는데, 이 가설은 성공적으로 번식하기 위해 필요한 자원이 제한될 때, 개체는 분산(dispersal)을 미루고 혈연을 양육하는 것을 돕기 위해 그들이 태어난 지역(자신의 출생 영역)에 남을 것이라고 주장한다. 여기에서 자원의 제한은 일반적으로 가족을 성공적으로 양육하기 위한 충분한 식량과 보금자리 또는 은신처를 포함하는 적절한 영역의 가용성을 의미한다. 가장 좋은 장소의 대부분은 이미 그 종의 다른 구성원들에 의해 점령되어 있기 때문에 영역이나 번식 장소는 종종 개체군의 크기를 제한하는데, 이를 **서식지 포화(habitat saturation)**라고 한다. 서식지 포화는 많은 종류의 동물에서 발생하며, 특히 수명이 긴 동물에서 나타나는데, 이는 영역의 교체가 거의 없기 때문이다. 협력 양육을 하는 종 가운데 많은 수가 수명이 길어 이것이 서식지 포화로 이

생태적 제약 가설 성공적으로 번식하는 데 필요한 자원이 제한될 때, 개체는 분산(dispersal)을 미루고 친척을 양육하는 데 도움을 주기 위해 그들의 출생 영역에 남는다.

그림 13.16 시클리드의 협력 양육. 이 종은 비혈연 사회 집단을 형성하는데, 여기서 열위 개체가 주로 어린 새끼들을 보호하고 기르는 것을 도움으로써 집단에 머물기 위한 비용을 "지불"한다. (Photograph by Michael Taborsky.)

생활사 가설 청소년과 성체의 높은 생존률과 같이 특이적인 생활사 형질이 주어진 서식지에서 여분의 개체들을 더 생산함으로써 협력 양육의 진화에 역할을 한다.

어진다는 사실이, 새의 협력 양육 행동을 설명하기 위한 진화적 가설인 **생활사 가설(life history hypothesis)**에 잘 포착되었다(Arnold and Owens 1998).

지연된 분산(delayed dispersal)은 협력 양육 행동의 진화에 중요하며, 생태적 제약 가설의 중심적인 개념이다. 전체 환경에서 이용 가능한 영역 혹은 다른 자원이 제한됨에 따라, 분산에 드는 비용은 일부 개체들로 하여금 조력자가 되도록 몰아 댈 것이다. 포화 상태의 번식지가 조건적인(선택적) 조력 행동을 유지하는 데 기여하는지 검정 가능하다. 만약 어린 새들이 적절한 둥지터를 찾지 못해 그들의 출생 지역에 남아 있다면, 양질의 점령되지 않은 영역을 차지할 기회를 얻은 1년생 새들은 즉시 번식하는 개체가 되기 위한 선택권을 행사해야 한다. 얀 콤더르(Jan Komdeur)는 둥지에서 조력 행동에 대한 진화 가설을 검정하는 데 큰 역할을 해온 세이셸워블러(Seychelles warbler)를 대상으로 필요한 실험을 수행했다. 세이셸워블러는 1960년대에 멸종 위기에 처해 있었고, 대규모 보전 노력 때문에 세이셸 군도에서도 유일하게 이 새가 남아있던 커즌 섬에서 그 수가 반등했다. 커즌 섬에서 개체수가 증가하는 가운데, 콤더르는 둥지에서 다른 개체를 돕는 행동을 관찰했는데, 이 행동은 이 종에서 이전에는 볼 수 없었다(**그림 13.17**). 이후에 콤더르는 이 행동이 서식지 포화뿐만 아니라 종의 보존을 위한 인간의 노력에 영향을 받았다는 가설을 시험하기 위해, 커즌 섬의 58마리의 새들을 세이셸워블러가 없는 인근 2개의 다른 섬으로 옮겼다. 이렇게 새들을 이동시킨 결과, 커즌 섬에는 그만큼의 빈 자리가 생겨났다. 거의 즉시 커즌 섬의 둥지에 있던 조력자들은 도움의 손길을 멈추고서 번식을 시작하기 위해 빈 영역으로 이동했다. 옆의 옮겨간 섬은 세이셸워블러의 숫자보다 더 많은 적절한 영역이 될 만한 장소가 있었기 때문에, 콤더르는 옮겨간 새들의 자식 역시 번식을 하기 위해 곧바로 집을 떠날 것이라고 예측했다. 실제로 자식 세대의 새들은 그러한 행동을 보여주었으며, 이는 어린 새들이 분산하여 직접 번식함으로써 직접 적합도의 이익을 얻을 가능성이 거의 없을 때에만 도움을 준다는 가설에 대한 추가적인 증거를 제공했다(Komdeur et al. 1995).

콤더르는 세이셸워블러를 계속 연구하면서, 어린 새들이 만든 분산을 결정하는 규칙이 단지 번식할 수 있는 개방된 영역을 찾는 것 이상으로 더 복잡하다는 것을 깨달았다. 그는 어린 세이셸워블러도 그들의 출생 영역의 질에 민감해야 한다고 예측했다. 번식하는 새들은 크기, 식물 피복, 먹을 수 있는 곤충 등의 조건이 모두 조금씩 다른 영역을 차지했다. 이러한 변수를 사용하여 콤더르는 세이셸워블러 영역을 저급, 중급, 고급의 범주로 구분하여 분석하였다. 그 결과, 고급 영역에 사는 어린 조력자들은 살아남을 가능성도 높았으며, 동시에 그들의 부모가 성공적으로 번식할 확률

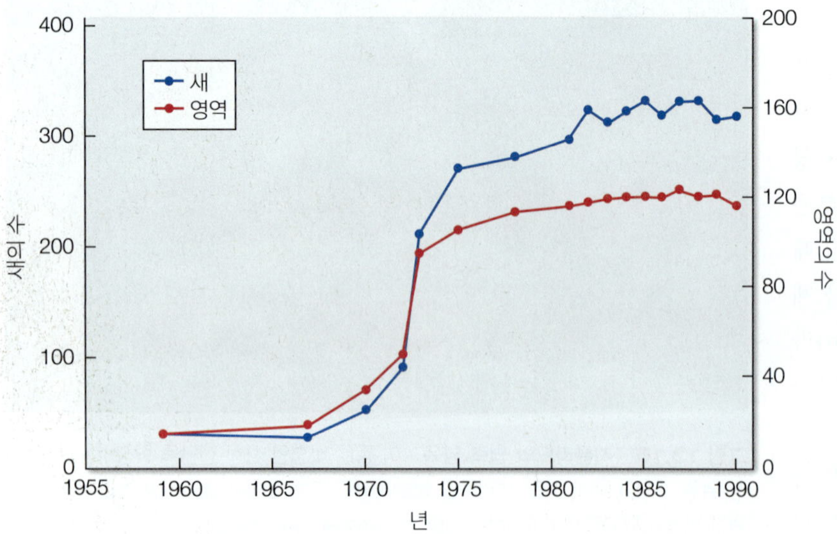

그림 13.17 **1959년부터 1990년까지 커즌 섬의 세이셸워블러 수는 보전 노력의 결과로 증가했다.** 1973년, 첫 번째 조력 행동이 관찰되었을 때 세이셸워블러는 이 섬에 있는 영역의 숫자를 크게 앞질렀다. (After Komdeur 1992.)

도 높았다. 부모들이 최상급 영역을 가지고 있는 어린 새들은 많은 경우 출생지에 그대로 머무르며, 그 과정에서 직접 적합도 편익과 간접 적합도 편익을 모두 확보했다. 이와 대조적으로, 저급 영역에서 출생한 어린 새들은 부모의 번식 성공을 증가시키는 데 도움을 줄 기회가 거의 없었다. 대신 그들은 집을 떠나 자신의 번식 기회를 찾으려고 애썼다(Komdeur 1992). 세이셸워블러가 분산할 확률은 유전적 부모가 모두 살아있는지, 부모가 가족의 영역을 통제하고 있는지, 또는 한쪽 아니면 양쪽 다 새로운 양부모에 의해 대체되었는지에 의해서도 영향을 받았다(**그림 13.18**)(Eikenaar et al. 2007). 따라서 가까운 혈연을 도울 기회가 적을 때 조력자의 분산 가능성이 더 높아졌다.

세이셸워블러의 경우는 생태적 제한 가설에 대한 예측과 서식지 포화가 출생한 무리에서 지연된 분산 및 조력자 유지에 영향을 미친다는 설명을 뒷받침하지만, 콤더르는 실제로 그 사례가 협력 양육의 진화에 대한 또 다른 가설인 **유소성 이익 가설(benefits-of-philopatry hypothesis)**과 일치한다고 주장했다. 이 가설에 따르면, 분산을 지연시킴으로써 얻는 이득은 독립적으로 흩어져서 혼자서 번식을 시도하는 것과 관련된 비용보다 더 크다. 통찰력이 있는 독자는 생태적 제약 가설과 유소성 이익 가설이 사실은 동전의 양면에 불과하다는 점을 볼 수 있을 것이다. 해밀턴의 규칙에 따르면 이타적인 행동의 비용과 편익 모두를 고려해야 한다. 생태적 제약 가설은 영역이나 다른 자원이 제한된 환경에서 번식을 시도할 때 잃게 되는 직접적 번식 이익의 손실을 강조하는 반면에, 유소성 이익 가설은 혈연의 양육을 돕는 간접적 번식 이익을 강조한다.

유소성 이익 가설 분산을 지연시킴으로써 얻는 이득이 독립적으로 흩어져서 혼자서 번식을 시도하는 것과 관련된 비용보다 더 크다.

세이셸워블러가 보여주는 행동 유연성이 이 종에만 특별한 것이 아니다. 어린 암컷 흰목벌잡이새(white-fronted bee-eaters, *Merops bullockoides*)가 번식에 대해 어떻게 적응적인 결정을 내리는지 살펴보자(**그림 13.19**). 이 아프리카 새는 점토로 되어 있는 강 기슭에 느슨한 군락을 이루며 둥지를 튼다. 수컷 뿔호반새와 같이, 어린 암컷 흰목벌잡이새는 번식을 하거나, 둥지가 있는 굴에서 번식하는 한 쌍을 돕거나, 혹은 번식기를 그냥 지나치는 것 가운데 하나를 고를 수 있다. 만약 배우자가 없는 나이든 우위 수컷이 어린 암컷에게 구애하면, 그 암컷은 거의 항상 가족과 출생 지역을 떠나 군락 안의 다른 지역에 둥지를 튼다. 암컷의 배우자가 자식에게 먹이를 주는 것을 도와줄 수 있는 조력자 무리가 있을 경우에는 특히 그렇다. 암컷의 선택은 대개 높은 직접 적합도의 성과로 귀결된다. 그러나 만일 암컷에게 유일한 잠재적 배우자가 젊은 열위 수컷이라면, 그 젊은 암컷은 대개 그 수컷과의 짝짓기를 거부할 것이다. 어린 수컷은 조력자가 거의 또는 전혀 없는데, 번식을 할 때 수컷의 아비는 종종 이들을 괴롭히면서 아들에게 짝을 버리고 집으로 돌아와서 형제자매를 양육하도록 강요한다. 연구진은 이를 재지정된 조력행동(redirected helping)이라고 한다(Emlen et al. 1995).

또 다른 아프리카의 협력 양육을 하는 아프리카찌르레기(Superb starlings, *Lamprotornis superbus*)의 짝짓기 결정에는 활용 가능한 조력자를 확보하는 것이 중요하다. 처음으로 번식을 하는 아프리카찌르레기 암컷은 조력자로서 자신을 도울 수 있는 이전에 태어난 자식이 없다. 이들은 자신의 사회 집단에 있는 짝외 수컷(extra-pair male)과 짝짓기를 함으로써, 이 수컷이 새끼를 기르는 것을 돕

세이쉘워블러

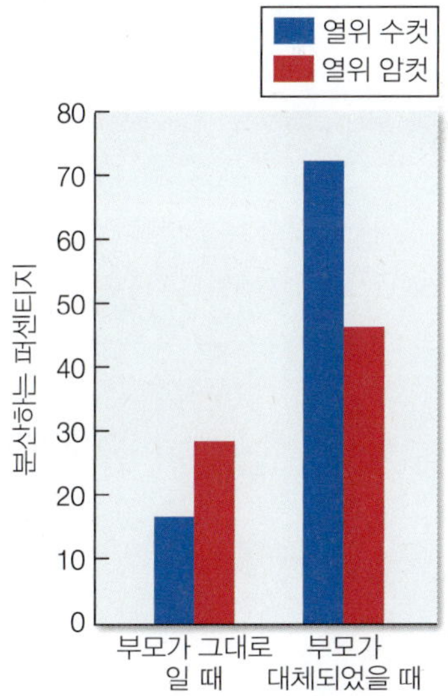

그림 13.18 조력자 세이셸워블러의 분산. 조력자들은 그동안 자신이 돕던 부모 중 하나 혹은 모두 잃을 경우, 출생지를 떠날 확률이 높다. 연구진이 시간이 지나도 개체를 추적할 수 있게 다리에 끼운 색깔이 있는 밴드를 볼 수 있다. (After Eikenaar et al. 2007; photograph by Cas Eikenaar.)

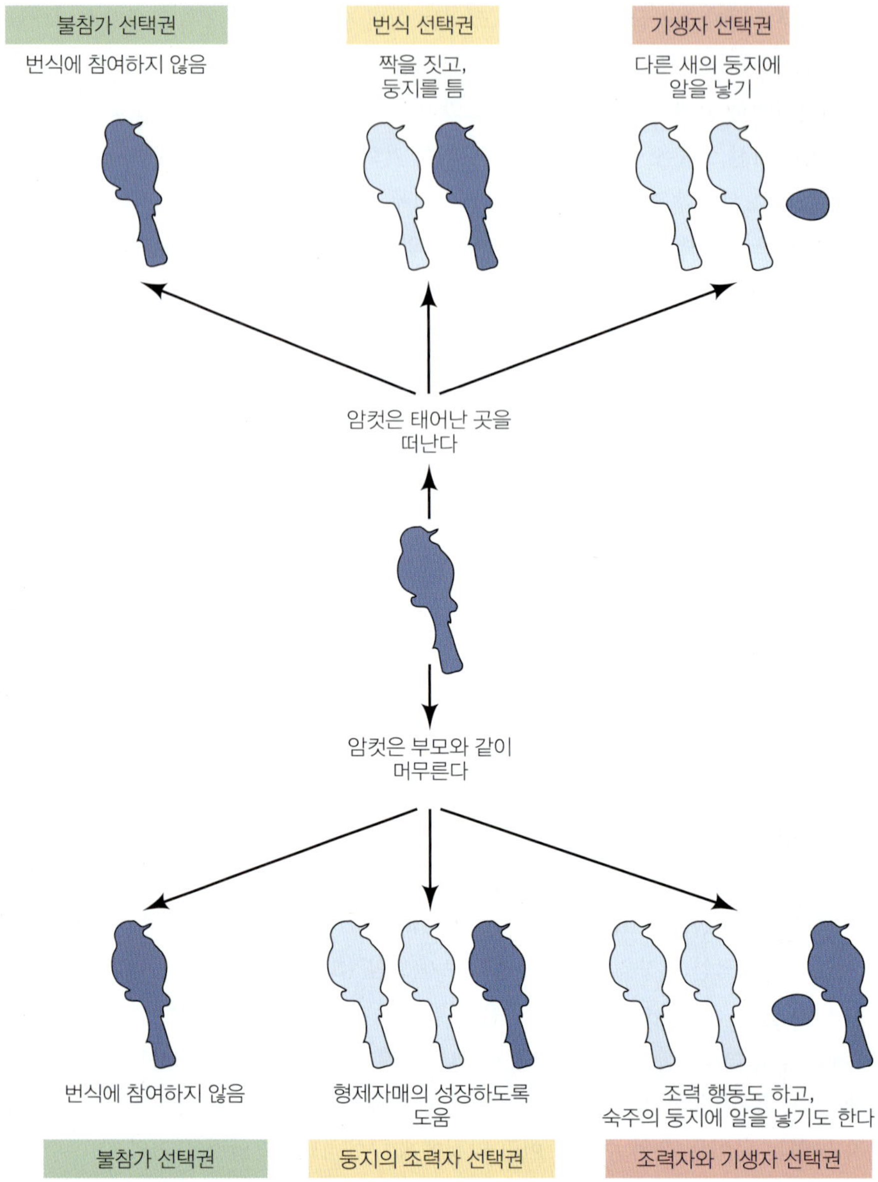

그림 13.19 암컷 흰목벌잡이새의 조건부 번식 전술. 이 종의 암컷은 많은 선택권을 가지고 있는데, 그 중 하나가 둥지에서 조력 행동이다. 암컷은 그들의 특별한 상황에 적합한 특정한 전략을 선택한다. (After Emlen et al. 1995.)

게 할 수 있으며, 이 자식 가운데 일부는 이렇게 모집된 조력자 수컷의 자식이다(Rubenstein 2007). 흰목벌잡이새(white-fronted bee-eater) 암컷은 여기에서 한 걸음 더 나아간다. 불리한 조건하에서 짝을 맺지 않는 것을 선택한 암컷은 알을 다른 새의 둥지에 몰래 낳거나(종 내 탁란, 기생의 사례에 대해서는 제11장 참조), 또는 번식하는 쌍이 자신의 부모인 경우에 자신의 출생 영역에 있는 둥지에서 조력자가 되는 것을 선택할 수 있다(그림 13.19 참조). 만약 암컷의 부모 가운데 하나 혹은 둘 다 죽었거나 이주하여 떠났다면, 암컷은 혈연관계가 없거나 기껏해야 반 형제자매인 병아리를 기르는 것을 도울 가능성은 낮으며, 대신에 단지 기다리면서 번식할 수 있는 더 나은 기회를 위해 에너지를 비축한다. 따라서, 흰목벌잡이새의 딸은 잠재적으로 둥지의 조력자가 될 수 있기는 하지만, 도움을 통한 간접 적합도 편익이 상당히 높을 경우에만 이 선택지를 고른다(Emlen et al. 1995).

에믈렌(Emlen)의 생태적 제약 가설에 대한 실험은 주로 서식지 포화와 영역 제한에 초점을 맞추고 있지만, 보다 최근의 행동생물학자는—뿔호반새, 흰목벌잡이새, 그리고 아프리카찌르레기가 살고 있는 아프리카 사바나처럼—혹독한 환경에서 자식을 기르는 것이 어렵기 때문에 조력 행동이 진화되었다는 생각을 검정했다. 조류(Rubenstein and Lovete 2007, Jetz and Rubenstein 2011)와 포유류(Lukas and Clutton-Brock 2017)의 계통유전학 비교 분석 결과에서, 강우량이 적고 가변적이며, 예측할 수 없는 건조 및 반건조 환경에서 협력 양육자가 발생하는 경향을 보였다. 즉, 협력 양육자들은 생활이 어려운 환경에서 생활하는 경향이 있다. 더스틴 루벤스타인(Dustin Rubenstein)과 이르비 러브트(Irby Lovette)는 이 아이디어를 **시간적 변동 가설(temporal variability hypothesis)**이라고 이름 붙였으며, 둥지에 조력자를 두는 것이 새로 하여금 좋고 나쁜 조건 모두에서 성공적으로 번식할 수 있도록 해주기 때문에 환경적 불확실성이 협력 양육을 촉진한다고 주장했다(Rubenstein and Lovete 2007). 실제로, 전부는 아니지만 전 세계의 건조하고 반건조한 환경에서 협력 양육을 하는 새에 대한 많은 연구 결과에서, 조력자를 갖는 것이 강우량과 식량 가용성이 낮은 열악한 해에 번식 성공을 증가시킨다는 것을 보여주었다(Sen et al. 2017). 이러한 가혹한 환경에서 조력자가 있을 때의 또 다른 이점은 **양다리 가설(bet-hedging hypothesis)**로 설명되는데, 이는 조력자가 둥지의 모든 자식을 잃어버리는 실패를 줄이고, 이것이 번식 가변성의 감소로 이어진다는 생각으로(Rubenstein 2011), 해밀턴의 규칙이 예측하는 또 다른 형태이다(Kennedy et al. 2018).

시간적 변동 가설 둥지에 조력자가 있는 새는 좋은 조건과 나쁜 조건 모두에서 성공적으로 번식할 수 있기 때문에 환경적 불확실성이 협력 양육을 촉진한다.

양다리 걸치기 가설 둥지에 조력자를 두면 환경에 의해 유발되는 번식의 가변성을 감소시킨다.

협력 양육하는 동물의 번식 갈등

이 장에서 계속 설명한 바와 같이, 자기 희생과 협력 행동이 진사회성의 벌, 말벌, 개미, 흰개미 이외의 동물에서 일어나는 것은 분명하다(Rubenstein and Abbot 2017a). 그러나 진사회성의 일꾼들과 달리, 거의 모든 척추동물 조력자는 번식할 수 있는 능력을 가지고 있다. 평생 남을 위해 희생하며 일하기보다는 대개 제한된 시간 동안만 혈연을 도운 다음 자신의 번식을 시도한다. 즉, 사회적 척추동물은 절대 이타성이 아닌 조건 이타성을 보이며, 직접적 그리고 간접적으로 평생의 포괄 적합도를 최대화하는 것으로 보인다. 사회적 포유류나 조력자의 삶에서 다른 개체를 돕는 그 시기에 관해서, 혈연선택 이론과 해밀턴의 규칙은 조력자 행동의 적응적 중요성을 이해하는 강력한 틀을 제공한다. 지금까지 설명했듯이, 혈연선택 이론은 이타적 개체들이 혈연, 대개는 가까운 친척들에게 도움을 줄 것이고, 그러한 도움을 받은 개체에서 번식 성공이 증진될 것이라는 예측의 기초를 제공한다. 둥지의 조력자 새들은 실제로 혈연관계의 정도에 기초하여 다른 개체를 돕는 경향이 있다(Griffin and West 2003). 더욱이 해밀턴의 규칙은 직접 적합도를 얻기 위해 포기하는 것이 별로 없을 때 이타성이 진화하기 쉽다고 예측한다. 그리고 조력자의 경우에, 번식의 가능성이 매우 낮은 시점에서는 포기하는 것이 그다지 많지 않다. 앞으로 진행될 번식의 비용을 줄이는 요소들 중에는 경쟁자로 인한 포화상태가 있다. 이런 환경에서는 곧 분산하여 번식할 개체들에게 필요한 영역이나 자원이 거의 없다. 이와 같은 이유로 인해서, 혹은 출생지를 떠나는 것이 상대적으로 위험하기 때문에, 번식하지 않는 것이 비용이 낮을 때에는, 작은 번식의 기회를 포기하는 손해는 형제자매 등 가까운 친척의 적합도를 증진시켜서 간접 적합도 편익을 얻는 것으로 상쇄될 가능성이 높다. 이러한 조건들은 흰개미, 세이셸워블러, 미어캣에도 동일하게 적용된다(Clutton-Brock 2009b).

그림 13.20 사실상 불임인 카스트가 존재하는 포유류. 벌거숭이두더지쥐는 하나의 여왕과 한 마리 또는 몇 마리의 번식하는 수컷에 봉사하는 많은 일꾼들로 구성된 큰 군락에서 산다. 자식 3마리가 어미인 여왕 벌거숭이두더지쥐의 젖을 먹고 있다. (Photograph © J. Jarvis/Visuals Unlimited, Inc.)

번식 억제

사회적 척추동물과 곤충들 사이의 가장 좋은 연결고리는 가장 이상한 사회적 포유류 중 하나인 벌거숭이두더지쥐(naked mole rat, *Heterocephalus glaber*)의 발견에 있다(Sherman et al. 1991, Burda et al. 2000). 털이 없고 소시지 모양을 한 이 작은 생물체(**그림 13.20**)는 아프리카 평원 아래 복잡한 미로와 같은 굴 속에 살며, 최대 200마리까지로 이루어진 군락을 형성한다. 지하에 있는 굴은 매우 큰데, 이는 군락의 구성원 사이의 특별한 협력에서 비롯되었다. 벌거숭이두더지쥐는 먹을 수 있는 덩이줄기를 찾아 땅을 파면서 매년 수 톤의 흙을 지표면으로 이동시키기 위해 함께 일한다. 그러나 번식의 문제에 대해서는, 중앙에 위치한 둥지 방에 사는 한 마리의 커다란 "여왕"과 몇 마리의 "왕"에게만 자식 낳는 일이 허락된다. 여왕 이외의 암컷은 배란조차 하지 않는다. 대신, 그들은 둥지에서 기능적으로 불임인 조력자이며, 여왕과 왕을 위한 전문적인 지원 역할을 맡는다. 이는 군락에 사는 대부분의 수컷도 마찬가지이다(Lacey and Sherman 1991).

이러한 진사회성의 카스트를 형성하는 척추동물에서 볼 수 있는 이타성은 적어도 부분적으로 여왕 두더지쥐에 의한 통제로부터 기인하는 것으로 보인다. 여왕 두더지는 다른 구성원들을 마구 부려서 열위 암컷과 수컷에게 높은 수준의 스트레스를 유발한다. 이와 같은 공격적인 상호작용은 둥지에 조력자가 있는 새의 집단에서도 발생하며, 공동의 둥지를 사용하는 혈연인 암컷의 알을 파괴하는 등의 행동을 수반한다(Mumme et al. 1983, Koenig et al. 1995). 또 다른 공격적인 상호작용으로 다른 포유류 종의 집단 영역에서 잠재적 번식 경쟁자들을 강제 퇴거시키기도 하는데, 이에 대해서는 나중에 자세히 다루겠다. 여왕 두더지쥐의 괴롭힘은 열위 두더지쥐의 성 호르몬 생성을 억제하기 때문에 이들은 번식할 수 없게 된다. 근접적 수준의 분석에서, 이들 일꾼들은 곤충 군락의 일꾼들처럼 기능적으로 불임 상태라고 할 수 있다. 그러나 궁극적인 수준에서 열위 벌거숭이두더지쥐가 보여주는 이타성은 부분적으로 번식을 포기하도록 강요되기 때문에 나타난다. 이 시점에서 그들의 유일한 선택은 군락을 떠나 다른 곳에서 번식을 시도하거나(지표면에서 포식자에게 취약하기 때문에 매우 위험한 계획이다) 번식하지 못하는 지위를 받아들이고서 여왕 집단의 안전 속에 남아 있을 수 있도록 열심히 돕는 것이다. 그럼에도 불구하고 자신을 괴롭히는 여왕과 함께 지내기로 한 결정은 적응적일 수 있다. 왜냐하면, 그러한 두더지뒤 일꾼들은 종종 번식 능력이 있는 형제자매를 생산하도록 돕는데, 이들 형제자매들은 영양 상태가 좋고 살이 통통해서 다른 집단의 혈연관계 없는 이성과 함께 집을 떠나 다른 곳에 새로운 군락을 만든다(Braud 2000). 두더지쥐가 혈연에 기초한 유전적 성공을 전혀 가져오지 못한다면, 그들은 틀림없이 여왕을 남겨둔 채 떠날 것이다.

벌거숭이두더지쥐에서 잠재적으로 번식 능력이 있는 개체의 번식 억제 유형은 다른 포유류의 협력 양육자에서도 볼 수 있다. 예를 들어, 미어캣에 대한 연구에서 팀 클러튼-브록(Time Clutton-Brock)이 이끄는 연구진은 우위 암컷이 잠재적 경쟁자들의 번식을 억제하기

그림 13.21 미어캣의 번식 억제. (A) 추가 식량이 어린 암컷(파란색)과 어린 수컷(빨간색)이 생애 동안 번식을 할 가능성에 미치는 영향. (B) 일시적으로 집단에서 쫓겨난 열위 암컷은 퇴출 기간 동안 쫓겨나지 않은 암컷보다 태아를 낙태할 가능성이 높고 임신할 가능성이 낮았다. 막대 그래프는 평균 및 표준오차를 나타낸다. (A after Russell et al. 2007b; B after Young et al. 2006, © 2006 National Academy of Sciences, USA; photograph courtesy of Andrew D. Sinauer.)

위해 열위 암컷을 집단에서 쫓아낸다는 것을 보여주었다(**그림 13.21**)(Young et al. 2006). 쫓겨난 열위 암컷은 성 스테로이드 감소와 스트레스 호르몬 증가가 나타나는데, 이는 이 종에서의 번식 억제가 우위 개체가 강제하는 스트레스와 직접적인 관련이 있음을 시사한다. 미어캣과 가까운 친척인 줄무늬몽구스(banded mongoose, *Mungos mungo*)에서도 우위 암컷은 열위 암컷이 번식하면 번식에 대한 비용이 발생하는데, 이를 위해 집단에서 번식하는 열위 암컷을 한꺼번에 쫓아내는 방식으로 대응한다(Cant et al. 2010). 마이클 캔트(Michael Cant)와 동료들은 곤충(제12장 참조)처럼 줄무늬몽구스가 쫓아내는 과정에서의 잠재적 비용(싸움, 부상 등)을 치르기 전에 열위 암컷의 번식 위협을 단속하고 통제해야 할 것이라고 예측했다(Cant et al. 2014). 7년 동안 피임 주사를 사용한 실험을 통해 사회 집단 내에서 번식 과정을 조작한 캔트와 연구진은 우위 암컷이 열위 암컷의 번식을 저지하기 위해 영아 살해(infanticide)의 위협을 사용한다는 것을 밝혀내었다. 미어캣을 대상으로 한 유사한 실험에서도 열위 암컷의 번식이 억제될 때 우위 번식 개체의 자식에게 먹이를 가져오는 조력자가 더 많아지므로 해서 더 양질의 자식을 생산한다는 것을 보여주었다(Bell et al. 2014). 또한, 열위 미어캣이 번식하지 못하게 되면 우위 번식자는 더 많은 먹이를 먹을 수 있고, 임신 중 더 많은 체중을 얻을 수 있으며, 이에 우량아를 낳을 수 있다(**그림 13.22**). 따라서 번식자와 조력자 사이의 갈등이 존재하는 진사회성의 곤충 사회에서와 마찬가지로, 척추동물 사회에도 번식을 둘러싼 숨겨진 갈등이 존재한다. 이러한 우위 개체와 열위 개체 사이의 갈등 가능성은 단순히 쫓아내겠다는 위협만으로도 축소될 수 있으며, 경우에 따라서는 쫓아내는 행위 자체로도 축소될 수 있다. 따라서 이타성과 협력으로 정의되는 대부분의 사회적 척추동물과 곤충 종들도, 다수준 선택 옹호자들이 장려하는 주장과는 반대로, 번식을 둘러싼 상시적인 갈등을 경험하는 것으로 보인다.

번식 치우침, 짝외 부성, 그리고 사회 구조

미어캣과 줄무늬몽구스는 가까운 친척이지만, 사회 조직과 번식 치우침(reproductive skew)의 양상에서 근본적으로 다르다. 미어캣은 **단수번식(singular breeding)**을 하는

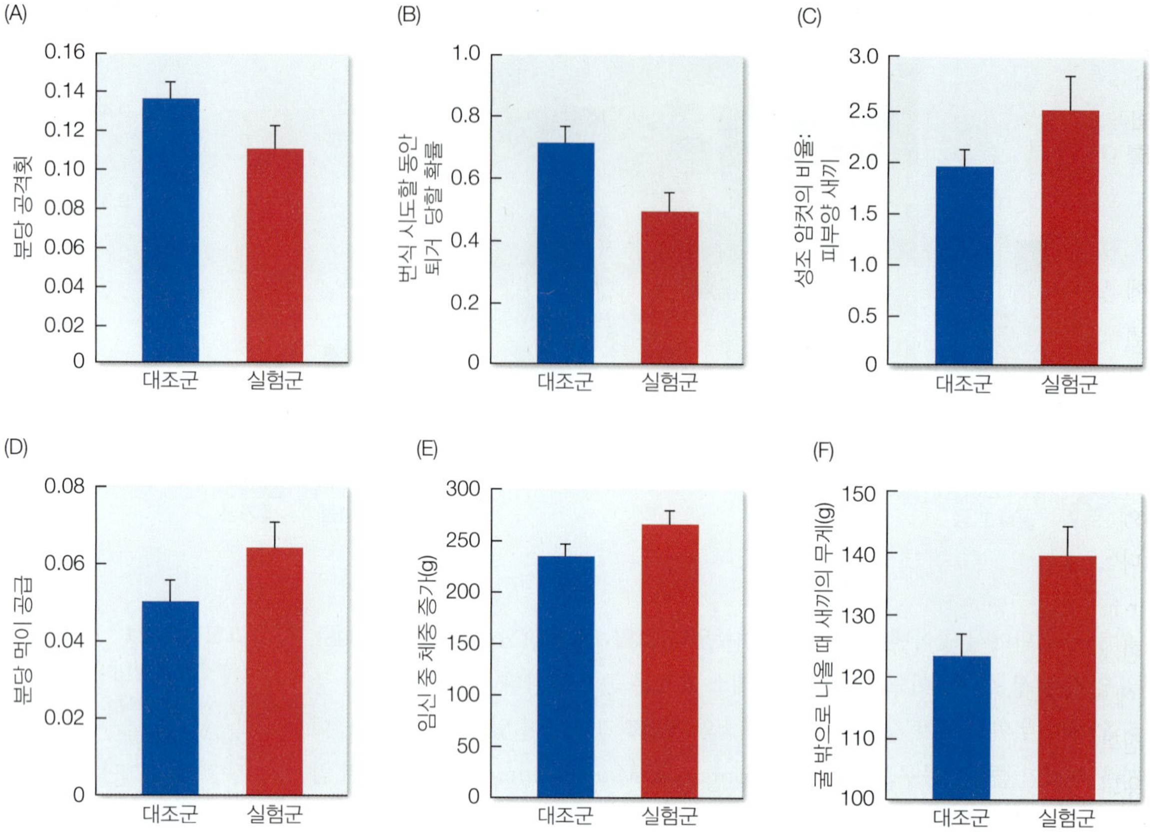

그림 13.22 미어캣에서 열위 암컷 번식을 실험적으로 억제한 효과. 실험군 집단과 대조군 집단 모두 피임약(실험군) 또는 식염수(대조군)를 투여 받은 열위 개체들로 구성되었다. 열위 암컷의 번식 억제는 다음과 같은 결과로 이어졌다. (A) 열위 암컷에 대한 우위 암컷의 공격률 감소, (B) 열위 암컷이 집단에서 쫓겨날 확률의 감소, (C) 암컷 조력자 수의 증가, (D) 열위 암컷이 자식에게 더 자주 먹이 공급, (E) 우위 암컷의 임신 중 체중 증가, (F) 처음으로 굴 밖에 나온 자식의 평균 무게 증가. 막대 그래프는 평균 및 표준오차를 나타낸다. (After Bell et al. 2014, CC BY 4.0.)

데, 이는 전형적인 사회 집단에 단지 한 마리의 번식하는 암컷이 있어서 번식 치우침이 높다는 것을 의미한다. 이와는 대조적으로 줄무늬몽구스는 **복수번식(plural breeding)**을 하는데, 이는 각 집단마다 여러 마리의 번식하는 암컷이 존재하고 있어서 번식 치우침이 더 낮은 경향이 있음을 의미한다. 사실, 대부분의 줄무늬몽구스 무리에서는 모든 성체 암컷이 번식하며, 이러한 번식은 동시에 일어난다. 번식 치우침과 사회 구조의 이러한 차이는 유전자 구조와 집단 내 갈등의 정도에 대한 중요한 의미를 가질 뿐만 아니라, 배우자 혹은 번식과 관련된 다른 자원에 접근하기 위한 경쟁에 사용되는 형질의 진화에 있어서도 중요한 의미를 가진다. 복수번식 집단에서는 다수의 암컷이 다수의 수컷과 교배하기 때문에, 자손은 단수번식 집단에서 보다 서로 낮은 혈연관계를 가지는 경향이 있고, 따라서 전체적인 혈연 구조가 낮아진다. 물론 자손이 혈연으로 어떻게 연관되어 있는지 역시 번식하는 개체들이 혈연으로 어떻게 연관되어 있는가에 달려 있는데, 이는 번식하는 개체가 혈연관계로 연결되어 있으면, 그 자손들 역시 더 연관되어 있을 것이기 때문이다(Rubenstein 2012). 많은 복수번식 집단은 혈연과 비혈연 개체의 혼합으로 이루어져 있다. 협력 양육하는 조류의 55%가 가족 집단에 둥지를 틀었고, 30%는 혈연과 비혈연이 혼합된 집단에 둥지를 틀었으며, 15%는 혈연관계가 없는 집단에 둥지를 틀었다(Riehl 2013). 단일번식 집단보다 복수번식 집단에서 번식 기회가 더

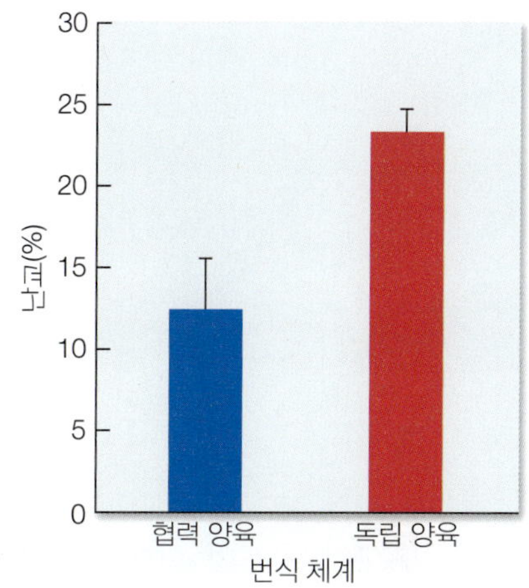

그림 13.23 새의 협력 양육은 일부일처 형태의 짝짓기와 관련이 있다. 267종의 조류에서 암컷 난교(promiscuity, 짝외 교미를 통해 낳은 자식이 있는 둥지 숫자와 집단 내부의 짝짓기에서 낳은 자식이 있는 둥지 숫자의 비율로 측정)는 협력 양육을 하지 않는 종보다 협력 양육을 하는 종에서 더 낮았다. 따라서 협력 양육을 하는 종의 짝은 그렇지 않은 종보다 더 일부일처 형태였다. 막대 그래프는 평균 및 표준오차를 나타낸다. (After Cornwallis et al. 2010.)

많기 때문에 많은 복수 번식종에서 번식 지위에 대한 충돌이 클 수 있다. 물론, 단일번식 집단에서 번식에 대한 잠재적 성과가 더 높기 때문에, 한쪽 부모가 사망한 결과로서 번식의 기회가 올 때 많은 단일번식 집단에서 갈등은 여전히 강할 수 있다. 궁극적으로 번식 치우침과 사회 구조의 양상 차이는 협력 양육을 하는 집단 내의 혈연 구조에 영향을 미칠 수 있다.

제12장에서 우리는 일부일처제 가설과 짝짓기 행동이 혈연 구조에도 영향을 미칠 수 있다는 아이디어를 소개한 바 있다. 만약 암컷이 일처다부 형태의 짝짓기를 하고 짝외 수정(extra-pair fertilization)을 한다면, 자식은 서로 근연도가 떨어질 것이다(Boomsma 2007). 벌목이나 흰개미목의 곤충 여왕은 상대적으로 높은 근연도를 가진 자식을 낳는 경우가 많다. 제12장에서 언급한 바와 같이, 진사회성은 벌목(개미, 벌, 말벌)에서 처음에 일부일처 계통에서만 진화된 것으로 생각된다(Hughes et al. 2008). 그리고 이와 같은 생각은 척추동물에도 적용되는 것으로 보인다. 디터 루카스(Dieter Lukas)와 팀 클러튼-브록(Tim Clutton-Brock)은 포유류에서 협력 양육의 진화가 사회적으로 일부일처인 종에 제한된다는 것을 보여주었다(Lukas and Clutton-Brock 2012). 그러나 짝짓기 체계가 훨씬 더 유동적이고 난잡[흔히 짝외 교미(extra-pair copulation)가 일어나는]한 것이 거의 표준인 것처럼 보이는 새의 경우에는 어떨까(제10장 참조)? 규칙에는 분명히 예외가 있지만, 난잡한 조류 종(한 마리 이상의 수컷과의 자식을 포함하는 둥지가 비교적 높은 비율)은 예측한 바와 같이 일부일처종보다 둥지에서 조력자들과 협력 양육을 할 가능성이 적다(**그림 13.23**)(Cornwallis et al. 2010). 흥미롭게도, 협력 양육을 하는 시클리드 물고기에서는 같은 양상이 관찰되지 않았지만, 시클리드의 경우에는 협력 양육 행동과 짝짓기 체계 사이에 아무런 관계가 없다(Day et al. 2017). 그러나 이들 가운데 대부분의 종은 혈연관계가 없는 개체들이 집단을 형성하기 때문에, 혈연 선택은 시클리드의 집단 형성에 있어서 매우 제한된 역할만을 한다. 이러한 어종에서 집단생활로부터 얻는 일차적인 이익은 포식 위험을 감소시키는 것으로 생각되며, 자식을 기르는 데 도움을 주는 혈연 선택의 혜택이 아니다(Groenewoud et al. 2016). 따라서, 혈연 집단을 형성하는 사회적 종에서는 짝짓기와 사회체계가 함께 작용하는 것으로 보이는 반면, 대체로 혈연관계가 없는 개체들이 집단을 형성하는 종에서는 짝짓기 체계가 사회성의 진화에 덜 중요하였을 수 있다.

협력 양육을 하는 척추동물 사회에서의 번식 갈등은 사회 구조의 기능과 사회 집단 내 번식 치우침의 양상에 따라서 다양하게 나타난다. 번식 구조에서 이와 동일한 차이는 단수번식 및 복수번식 종 모두가 흔히 나타나는 조류와 포유류에서 관찰될 뿐만 아니라, 곤충 사회에서도 관찰된다. 일처제성(monogyous) 곤충 군락은 하나의 번식하는 여왕을 포함하고 있는 반면에, 다처제성(polygynous) 군락은 여러 여왕을 포함하고 있다. 물론 곤충 사회와 척추동물 사회의 구조와 구성에는 많은 차이가 있다. 대부분의 진사회성 곤충에 불임인 카스트가 존재한다는 점이 그 가운데 눈에 띄는 차이이다. 하지만, 협력 양육하는 사회와 진사회성의 사회 모두에서 보이는 유사점들은 사회성이 매우 다른 동물에서도 비슷한 선택압(selection pressure)의 영향을 받을 수 있다는 것을 시사한다(Rubenstein et al. 2016). 궁극적으로, 사회적 척추동물과 곤충 사이의 유사점은 같은 원리들 중 많은 것들이—혈연 선택, 생태적 제약, 번식 억제 등—미생물이나 아메바처럼 다양한 유기체의 협력적이고 집합적인 행동뿐만 아니라, 이토록 완전히 다른 동물 집단에서도 공통적으로 볼 수 있는 사회성 진화의 밑바탕이 될 가능성이 있음을 시사한다(Rubenstein and Abbott 2017a).

요점

1. 사회 행동에는 한쪽에만 이익이 되는 상호작용[이타성(altruism), 이기성(selfishness)], 둘 모두에게 이익이 되는 상호작용[상호이익(mutual benefit) 또는 상리공생(mutualism)], 누구에게도 이익이 되지 않는 상호작용[(악의(spite)]이 있다. 행동이 진정으로 협동이라는 것을 입증하려면 사회 상호작용으로 인한 비용을 넘어서는 이익을 받는 개체를 식별하는 것이 필수적이다. 협력 행동은 상호작용의 수령자가 적합도의 편익(fitness benefit; 상호주의, 이타성)을 얻는 것을 말한다. 이와 반대로, 집합 행동은 일련의 기본적인 상호작용 규칙을 따르는 개체의 동기화된 움직임이다.

2. 이타성은 자연에서 드물지만, 같은 종이나 심지어 다른 종의 구성원들 사이의 상호 이타성(또는 상호성)은 이타성보다 더 흔하게 나타난다. 상호 이타성은 행동생물학자들이 관찰한 많은 협력적 상호작용, 특히 비혈연 개체들 사이의 협력적 상호작용을 설명한다. 이러한 경우, (기부자) 개체는 다른 개체에게 도움을 제공하며, 나중에 도움을 받은 개체에게서 도움을 돌려받는다. 되돌려 받은 도움의 양은 이전에 도움을 제공하는 데 들어간 비용을 넘어설 만큼이 되어, 기부자 개체의 번식 성공을 평균적으로 증가시킨다.

3. 개체는 시간이 경과하거나 [동물 성격(animal personality)] 또는 상황이 달라져도 [행동 신드롬(behavioral syndrome)] 일관된 차이를 포함한 행동 변이를 보인다. 이러한 행동 차이는 적합도에 긍정적인 영향을 미칠 수 있다.

4. 진사회성 곤충을 제외한 동물은 양측이 직접 적합도의 즉각적인 이익을 얻는 협동을 포함하여 다양한 종류의 사회적 상호작용을 한다. 척추동물에서, 어떤 개체는 번식을 하지 않은 채 다른 개체들이 자식을 기르는 것을 돕는데, 이러한 개체를 협력 양육자(cooperative breeder)라고 부른다.

5. 새와 포유류 가운데 협력 양육(cooperative breeding)을 하는 조력자들(그리고 쌍살벌과 같은 일부 곤충에서도)은 다른 이들이 자식을 기르는 것을 돕는 것으로써 직접적 이익 및/또는 간접적 이익을 얻을 수 있다. 예를 들어, 간접 적합도 편익을 얻는 것 외에도, 조력자는 그들의 영역을 상속받을 가능성을 높일 수 있다.

6. 이러한 이득 외에도 (흔히 분산 및 독립적 번식을 제한하는 생태적 제약의 형태로 발생하는) 비용은 협력 양육 행동의 진화에 영향을 미칠 수 있다. 오래 사는 종에서 발생할 가능성이 높은 서식지 포화(habitat saturation)는 협력 행동을 촉진한다. 마찬가지로 가혹하고 예측할 수 없는 환경에서 사는 많은 개체들도 성공적으로 자식을 기르기 위해서 조력 행동에 의존한다.

7. 번식 갈등(reproductive conflict)은 진사회성 곤충과 마찬가지로 사회적 척추동물에서도 일어난다. 척추동물에서 열위 개체가 불임이 아니라는 사실은 번식을 둘러싼 갈등이 격렬해져서 우위 개체에 의한 번식 억제로 이어질 수 있다는 것을 의미한다. 열위 개체의 번식 억제는 사회 집단 내의 번식 치우침(reproductive skew)을 증가시키는데, 이는 사회적 갈등을 심화시키고 번식의 위치에 도달하게 하는 형질의 진화를 촉진시킬 수 있다. 이것은 단지 수컷뿐만 아니라 암수 모두에서 일어나는 현상이다.

안내 웹사이트

ab11e.com/uk에서 토론 질문과 모든 시청각 동영상을 확인하시오.

용어해설

A

Action potential(활동 전위) 신경세포의 길이를 따라 전파되는 막전하의 자가재생적 변화를 통해 정보를 전달하는 신경 신호로, 인접한 신경세포의 활동 전위를 유발하기도 한다. [4]

activational effect(활성화 효과) 즉각적이지만 일시적으로 조절되는 호르몬의 효과. 조직효과(*organizational effect*)도 참조. [5]

acute stressor(급성 스트레스원) 일시적으로 당질코르티코이드(glucocorticoid) 수치를 증가시켜 동물 행동에 직접적이며 빠르게 영향을 미치는 단기 사건. [5]

adaptation(적응) 개체군의 다른 개체들이 나타내는 대체 형질에 비해서 더 높은 포괄 적합도를 부여하는 형질. 적응은 개체군 내에서 빈도가 증가해 왔거나 증가하거나 또는 자연선택의 결과로 유지되는 형질이다. [1]

adaptive value(적응치) 형질이나 유전자가 포괄 적합도에 기여하는 정도. [1]

allele(대립유전자) 유전자의 한 형태. 서로 다른 대립유전자는 같은 효소지만 구별이 되는 변이체를 염기 서열로 나타낸다. [1]

alternative hypothesis(대체 가설) 특정 행동을 설명할 수 있는 일련의 경쟁 가설 중 하나. [1]

alternative mating strategy(대안적 교미 전략) 높은 서열의 수컷이 사용하는 교미 전략과 다른 종류의 교미 전략. 주로 낮은 서열의 수컷이 소수의 교미 기회를 잡기 위해서 사용한다. '대안적 짝짓기 전략'이라고도 한다. [9]

altricial(만성) 장기간에 걸쳐 둥지에 머무르는 새끼를 일컫는다. [11]

altruism(이타성) 이타적 행동의 수혜자의 번식 성공도를 증가시키면서 공여자의 번식 성공도를 낮추는 협력 행동. [12]

amplitude(진폭) 파형 하나의 세기. [2]

ancestral state reconstruction(조상 상태 재구성) 멸종한 종의 형질을 재현하는 것. 과거의 공통조상에서 유래한 현존하는 종들로부터 측정한 특징들을 외삽하는 과정이 필요하다. [2]

animal personality(동물 성격) 시간이 지나도 반복성을 보이는 개체의 행동. [13]

anisogamy(이형배우자접합) 크기가 매우 다른 두 생식세포의 결합. [9]

aposematism(경고색성) 잠재적인 포식자에게 자신이 맛이 없거나 위험하다는 것을 경고하는 선명하고 눈에 띄는 색채. 베이츠 의태와 뮐러 의태도 참조. [6]

armaments(무기) 동성 개체 간의 경쟁에서 무기로 쓰이기 때문에 선택된 정교한 형태적 형질. [9]

associated reproductive pattern(연관번식 양상) 번식 행동의 시작이 순환 호르몬과 생식선의 변화를 촉발하는 계절적 단서와 강하게 관련되어 있다. 분리번식 양상(*dissociated reproductive pattern*)도 보시오. [5]

B

badges of status(계급장) 개체의 크기나 우열(dominance)에 대한 정보를 나타내는 신호. 대개 계급장은 신호를 생산하는 데 비용이 많이 들지 않지만, 사회적 강제(social enforcement)로 인해 이러한 신호의 유지는 소모적일 수 있다. 이러한 현상을 유지 비용(*maintenance cost*)이라 부른다. [8]

Bateman's principle(베이트만 원리) 수컷은 암컷에 비해 더 많은 짝과 교미를 할수록 번식 성공도가 높아진다. 그 결과, 번식 성공도의 변이는 암컷보다 수컷에서 더 크다. [9]

Batesian mimicry(베이츠 의태) 독을 지니고 있지 않아 잡아먹어도 아무 문제 없는 종이 혐오스럽거나 위험한 종을 모방하는 현상. [6]

behavioral polymorphism(행동 다형성) 행동 표현형들이 환경보다 유전적 요인의 영향을 상대적으로 더 받게 되는 경우. [3]

behavioral syndromes(행동 신드롬) 여러 상황에서 나타나는 개체 수준의 행동 연관성. [13]

bottom-up forces(상향식 원동력) 먹이와 기타 자원이 행동 결정에 영향을 끼칠 때. 하향식 원동력(*top-down forces*)도 참조. [7]

C

Carotenoid(카로티노이드) 음식을 통해 섭취하는 색소 중 하나로 동물 조직에 색을 부여하거나 질병과 노화와 관련된 항산화제 같은 활성 산소(free radical)를 제거하는 역할을 함. [8]

central dogma of molecular biology(분자생물학의 중심 원리) DNA에 암호화된 정보가 RNA로 전사되고 차례로 단백질로 번역된다. [3]

central pattern generator(중심 패턴 발생기) 한 생명체의 신경계에 있는 세포의 무리로 기능적인 행동 반응을 위해 필요한 특정한 양상의 신호를 생성한다. [4]

chronic stressor(만성 스트레스원) 당질코르티코이드(glucocorticoid) 수치를 만성적으로 증가시켜서 부정적인 생리효과를 유발시키는 오래 지속되는 사건. [5]

circadian clock(하루주기 시계) 생리적 과정을 조절할 수 있는 햇빛이나 온도 같은 외부적 요인에 의해 조정되는 생체 내부의 진동자. [4]

circadian rhythm(하루주기 리듬) 대략 24시간 주기의 행동이며, 환경 변화와는 독립적으로 발현. [5]

circaannual rhythm(일 년 주기 리듬) 일 년 주기의 행동이며, 환경 변화와는 독립적으로 발현. [5]

citizen science data(시민과학 자료) 일반 대중들이 기록한 관찰들로 과학자들이 가설을 검증하기 위해 정리하였다. [6]

coefficient of relatedness(근연도, *r*) 한 개체에 있는 대립유전자가 가까운 혈연에게도 있을 확률; 조상을 공유하기 때문에 나타나며 한 개체가 지닌 모든 유전형 중에 다른 개체의 유전형과 일치하는 비율. [12]

coevolutionary arms race(공진화적 군비 경쟁) 대립하는 두 집단이 서로에게 상호 선택압을 가하는 상황. 한 집단의 적응적 진일보는 이에 대응하는 집단의 적응적 진일보를 가져온다. [11]

cognition(인지) 사고, 경험, 감각 등을 통해 지식과 이해를 획득하는 일련의 정신적 과정. [4]

collective behavior(집합 행동) 일련의 기본적인 상호작용 법칙을 따르는 개체들의 동기화된 행동. [13]

command center(명령 센터) 특정한 한 행동의 조절을 담당하는 신경세포의 모임이나 통합 신경망 조합. [4]

communication(의사소통) 발송자와 수령자의 현재 또는 미래의 행동과 한쪽 또는 양쪽의 적합도에 영향을 미치는 정보의 전달. [8]

comparative approach(비교 접근법) 형질 사이의 관계나 형질 진화에 작용하는 역사적 물리적 제약을 연구하기 위해 독립적으로 진화한 종들 간 비교를 사용하는 행동생물학의 한 접근법. [1]

conditional strategy with alternative mating tactics(조건적 대체 교미 전술) 서로 다른 환경 조건에서 개체가 다른 교미 전략을 발현시킬 수 있는 선천적 능력. 어떤 단서나 상황에 대응할 수 있는 유연한 유전적인 능력이다. 단순하게 '조건적 교미 전술'이라 한다. [9]

conspecific (intraspecific) brood parasitism[종내 (종간) 탁란] 어떤 개체가 같은 종 내에서 다른 개체의 어버이 양육을 이용해 먹는 경우. [11]

convenience polyandry(편리적 일처다부) 암컷이 수컷의 교미 시도에 대해 저항하지만 시간과 에너지를 절약하기 위해 암컷이 여러 수컷의 교미 시도를 마지못해 받아들여서 나타나는 일처다부의 한 형태. [10]

convergent evolution(수렴 진화) 둘이나 그 이상의 관련 없는 종이 비슷한 특징을 자연선택을 통해 독립적으로 획득하는 과정. 발산 진화(*divergent evolution*)도 참조. [1]

cooperative breeding(협력 양육) 두 개체 이상이 새끼를 돌보는 사회 체계. [13]

cryptic female choice(암컷의 은밀한 고르기) 암컷이 여러 수컷과 교미를 해서 그들의 정자를 받아들인 경우, 암컷이 자신의 난자를 어떤 수컷의 정자와 수정시킬지에 대해 결정하는 선택 과정. [9]

cue(단서) 발송자와 수령자 사이의 의도치 않은 정보의 전달. [8]

D

Darwinian puzzle(다윈의 수수께끼) 개체의 적합도를 떨어뜨릴 것으로 보이지만 개체군에서 유지되는 형질. 이런 종류의 형질은 진화생물학자의 관심을 끈다. [1]

deceitful signaling(기만 신호) 의사소통의 한 형태로 발송자는 수령자의 행동을 조작하기 위해 특별하게 진화된 신호를 보내며, 그 결과 발송자는 적합도에 이익을 얻지만 수령자는 적합도의 손해를 본다. 종종 조작(*manipulation*)이라고도 부른다. [8]

density-dependent habitat selection(밀도 의존적 서식지 선택) 정착에 관한 결정이 같은 종의 개체들의 밀도와 같이 종내 경쟁의 세기에 의해 영향을 받을 때. [7]

descent with modification(변화를 동반한 계승) 개체가 다양한 유전형질을 자손에게 물려주며 개체군 내 개체간 번식성공도의 차이가 개체군과 종의 진화를 야기했다는 진화의 기초적인 사고. [1]

developmental homeostasis(발생 항상성) 돌연변이 유전자나 좋지 못한 환경적 상황에서 발생하는 교란 효과에도 불구하고 개체가 적응적 형질을 생산할 수 있는 발생적 메커니즘의 역량. [3]

developmental plasticity(발달 가소성) 초기 발생 과정 중 유전자 발현 과정의 조정을 통하여 특정 환경 단서에 반응하는 (종종 신경 연결의 변화가 수반되기도 한다) 능력. [3]

dilution effect(희석 효과) 무리를 형성함으로써 어느 한 개체가 포식 당하는 확률이 낮아지는 효과. [6]

diplodiploidy(이배이배체) 염색체 두 벌을 지니기 때문에 유전자의 복제본을 2개씩(하나는 어미로부터, 하나는 아비로부터) 지님. 이배체(*diploidy*)와 동의어. 단수체(*haploidy*)도 참조. [12]

diploidy(이배체) 염색체 두 벌을 지니기 때문에 유전자의 복제본을 두 개씩(하나는 어미로부터, 하나는 아비로부터) 지님. 이배이배체(*diplodiploidy*)와 동의어. 단수체(*haploidy*)도 참조. [12]

direct benefits(직접적 이득) 양육 행동, 자원에 대한 접근, 포식자로부터 안전 제공, 다른 수컷이 귀찮게 하는 것을 막아주는 것 같은 물질적인 이득을 통해 암컷이 적합도(fitness)를 직접적으로 향상시킨다. [9]

direct fitness(직접 적합도) 개체의 번식(유전적) 성공도의 척도로, 무사히 생존하여 번식까지 하는 자식들의 수를 바탕으로 한다.

포괄 적합도(*inclusive fitness*), 간접 적합도(*indirect fitness*)도 참조. [12]

dispersal(분산) 태어난 곳에서 다른 곳으로 영구적으로 이동하는 행동. [7]

dissociated reproductive pattern(해리번식 양상) 번식의 시작이 순환하는 호르몬의 급격한 변화에 의해 촉발되지 않는다. 연관번식 양상(*associated reproductive pattern*)도 참조. [5]

divergent evolution(발산 진화) 가까운 근연관계의 종이 다른 환경에 살면서 다른 선택압을 받아 발생한 차이점의 자연선택을 통한 진화. 수렴 진화(*convergent evolution*)도 참조. [1]

DNA methylation(DNA 메틸화) DNA 분자의 (주로 메틸기가 특정 염기에 붙으면서 생기는) 화학적 변형으로 유전자 발현 수준에 영향이 생기는 현상. [3]

dominance hierarchy(우위서열) 집단 내 사회적 순위로 어떤 개체가 유용한 자원 등을 싸움 없이 다른 개체에게 양보한다. [9]

E

Eavesdropping(도청) 발송자의 적법한 신호를 적법하지 않은 수령자가 탐지하는 현상으로, 발송자에게는 손해가 되고 수령자에게는 이익이 됨. [8]

economic defensibility(경제적 방어력) 영역을 유지하기 위한 비용과 이득 간의 절충. [7]

entrain(동조) 생체시계(biological clock)를 재설정해서 생명체의 활동이 지역의 조건에 맞게 일정이 맞춰지는 것. [5]

epigenetic modification(후성유전적 변형) DNA 염기 서열에는 변화가 없는 상태로 유전체에 생기는 변경. *DNA* 메틸화가 대표적인 예이다. [3]

ethology(동물행동학) 니코 틴버겐과 콘라드 로렌츠에 의해 정립되어, 동물 행동의 근접 메커니즘과 적응치를 연구하는 학문. [4]

eusociality(진사회성) 세대가 중복되고, 협력 양육이 있으며, 집단 내의 다수 개체들이 영구적으로 불임인 방식으로 번식 분업이 이루어지는 종을 가리킨다. [12]

evolutionarily stable strategy(ESS, 진화적 안정 전략) 특정 행동 규칙들로써, 한 집단의 일정 비율 이상의 개체들이 이러한 행동들을 취하면 다른 대체 전략으로 교체될 수 없다. [6]

evolutionary constraint(진화적 제약) 적응 진화의 한계와 제한. [1]

evolutionary game theory(진화 게임 이론) 적응치 연구에 대한 진화적인 접근법으로, 이 이론에서는 한 행동 전술을 취하는 개체들의 성과가 무리의 다른 개체들이 취하는 전술에 영향을 받는다. [6]

evolutionary genetics(진화 유전학) 다른 형질을 가지는 개체들이나 종들 간 DNA 염기 서열 변이를 비교하여 DNA가 어떻게 진화적 변화를 이끄는지 연구하는 학문의 한 분야. [3]

evolutionary history(진화 역사) 시간이 지남에 따라 나타나서 조상형질이 변형되고 새로운 형태(때로는 새로운 기능)를 가지게 되는 일련의 변화. 계통(*phylogeny*)도 참조. [1]

experimental approach(실험 접근법) 동물이나 환경의 특징을 조작하여 형질 간 인과관계를 더 직접적으로 확립하기 위한 행동생물학의 접근법. [1]

explosive breeding assemblage(폭발적 번식 집단) 짧은 번식 시기 동안 교미를 하려는 많은 개체들이 일시적으로 모여서 형성하는 집합체. [10]

extra-pair copulation(짝외 교미) 사회적 일부일처인 종에서 배우자 이외의 다른 개체와 하는 교미. [9]

F

facultative siblicide(선택적 동기살해) 때때로 한 개체가 한 배에서 태어난 동기를 죽이는 행동. [11]

fitness(적합도) 개체가 다음 세대로 전달하는 유전자의 기여도. 종종 개체가 생산한 생존한 자손의 수인 직접 적합도(direct fitness)라고도 한다. 포괄 적합도(*inclusive fitness*)와 간접 적합도(*indirect fitness*)도 참조. [1]

fitness benefit(적합도 편익) 형질이 개체의 번식(과 유전) 성공도에 미치는 긍정적 효과. [1]

fitness cost(적합도 비용) 형질이 개체의 번식 성공도에 미치는 부정적 효과. [1]

fitness payoff(적합도 성과) 사회적 상호작용 또는 다른 행동으로부터 발생하는 적합도 이득이나 손실. [13]

fixed action pattern(FAP, 고정 행동 양식) 단순하지만 뚜렷한 자극에 의해 촉발하는 본능적이고 매우 정형화된 반응. 일단 활성화되면 이 반응은 처음부터 끝까지 완전하게 실행된다. [4]

forward genetics(순유전학) 어떤 정해진 표현형을 초래하는 유전자를 식별하는 접근법. [3]

free-running cycle(자유리듬 주기) 일정한 환경에서 발현되는 개체의 활동 주기. [5]

frequency(주파수) 소리와 같은 자극의 진폭이 증가하고 감소하는 속도. [2]

frequency-dependent selection(빈도의존 선택) 자연선택의 한 종류로 한 집단에 두 종류의 표현형이 존재할 때, 상대적으로 덜 흔한 표현형을 가진 개체의 적합도가 개체군에서 낮은 빈도 때문에 적합도가 더 높다. 표현형이 흔해질수록 적합도는 낮아지고(음성 빈도의존적 선택), 표현형이 드물수록 적합도는 높아진다(양성 빈도의존적 선택). [6]

functional genomics(기능유전체학) 다른 표현형을 가진 개체들이나 종들 간 유전자나 단백질의 발현을 비교하여 유전자형과

표현형의 상관성을 연구하는 유전체학의 한 분야. [3]

fundamental asymmetry of sex(성의 근본적 비대칭성) 정자는 난자보다 에너지 측면에서 생산하기 저렴하다는 전제 아래, 수컷은 크기가 작고 많은 수의 정자를 생산하지만 암컷은 크고 상대적으로 적은 수의 난자를 생산한다. [9]

G

gene(유전자) DNA의 조각으로 단백질을 구성하는 아미노산의 서열에 관한 정보를 암호화하고 있다. [1]

genetic monogamy(유전적 일부일처) 수컷과 암컷이 짝을 이루고 서로 짝외 교미가 없는 일부일처의 한 형태. [10]

genotype(유전형) 개체의 유전적 구성. 개체가 지닌 한 유전자의 특정 대립유전자들이나 개체의 완전한 유전자 세트를 지칭할 수 있다. [1]

group augmentation(집단 보강) 개체들이 큰 무리에서 살아갈 때 더 잘 생존하거나 번식한다. [13]

group selection(집단 선택) 집단마다 집단의 속성이 다른데, 이러한 차이가 집단의 생존 가능성에 영향을 끼치는 과정. [12]

H

habitat saturation(서식지 포화) 대부분의 최상급 장소는 다른 개체들이 차지하고 있기 때문에 영역이나 번식하는 장소가 개체군을 제한한다. [13]

Hamilton's rule(해밀턴의 규칙) 이타성은 $rB > C$이면 (r은 이타적 행위자와 도움을 받는 개체 사이의 근연도, B는 도움을 받은 개체가 얻는 적합도상의 이득, C는 이타적 행위자가 그 행동으로 인해 잃는 적합도상의 손실) 개체군 내에 전파될 수 있다는 윌리엄 해밀턴(William D. Hamilton)의 논증. [12]

Haplodiploidy(단수이배체) 수컷이 미수정란으로부터 발달하여 단수체(염색체 한 벌을 지님)가 되는 반면에, 암컷은 수정란으로부터 발달하여 이배체(염색체 두 벌을 지님)가 되는 성결정 체계. [12]

Haploidy(단수체) 염색체 한 벌을 지니기 때문에 유전자를 하나씩만 지님. 이배체(*diploidy*)와 이배이배체(*diplodiploidy*)도 참조하시오. [12]

histone modification(히스톤 변형) 히스톤 단백질에 가해지는 일종의 후성유전학적 변형의 형태로 염색질 구조에 변화가 생기거나 히스톤 변형을 유발하는 인자들을 끌어당겨서 결과적으로 유전자 발현 양상에 영향을 준다. [3]

honest signaling(정직한 신호하기) 의사소통의 한 형태로 발송자와 수령자 모두 적합도에 이익을 얻는다. [8]

honest signal (정직한 신호) 발송자의 질(quality)을 의미하는 신호로, 수령자의 의사 결정을 용이하게 하며 발송자가 쉽게 조작할 수 없다. [8]

hypothalamic–pituitary–adrenal (HPA) axis(시상하부–뇌하수체–부신경축) 시상하부에서 분비하는 부신피질자극호르몬방출호르몬(corticotropin rleasing hormone, CRH)은 뇌하수체 전엽에서 부신피질자극호르몬(adrenocorticotropic hormone, ACTH)의 방출을 자극하는데, 이는 당질코르티코이드가 부신피질(adrenal cortex)에서 생성되도록 하는 연속 과정이다. [5]

hypothalamic–pituitary–gonadal (HPG) axis(시상하부–뇌하수체–생식샘축) 시상하부에서 생성된 생식샘자극호르몬방출호르몬(gonadotrophin-releasing hormone, GnRH)이 뇌하수체에서 황체형성호르몬(luteinizing hormone)을 방출하도록 촉발하여 생식선에서 테스토스테론(수컷)과 에스트로겐(암컷)을 생산하게 하는 일련의 과정. [5]

hypothesis(가설) 가능성이 있고 사변적인 설명으로 가설로부터 추출한 예측의 검정을 통해 한층 깊은 고찰의 출발점이 된다. [1]

I

ideal free distribution theory(이상 자유 분포 이론) 공간, 먹이, 기타 주요 자원에 대한 경쟁에서 서식지에 따라 질이 다를 때, 동물이 어떤 서식지를 선택할 지에 대한 예측을 가능하게 하는 이론적 토대. [7]

imprinting(각인) 학습의 한 형태로 동물이 태어난지 얼마 안 되는 시기에 열쇠 자극을 특정 사물이나 개체와 연관시키며, 나중에 특별한 친숙감을 느끼거나 짝짓기의 대상으로 선호하는 현상. [3]

inclusive fitness(포괄 적합도) 직접 적합도(번식을 통함)와 간접 적합도(혈연과의 사회적 상호작용에 의존함)를 통해 한 개체의 유전자가 다음 세대에 기여하는 총체적인 척도. [12]

indirect (genetic) benefit[간접적 (유전적) 이득] 유전적 이득으로 암컷이 직접적인 이득을 얻는 것이 아니라, 자손의 적합도(fitness)가 높아지는 데 따른 암컷의 유전적 이득. [9]

indirect fitness(간접 적합도) 이타적 행위자가 도와주지 않았다면 생존하지 못했을 혈연(혹은 유전적으로 유사한 개체)의 수에 근거하여 이타적 행위자의 유전적 성공을 측정하는 척도. 직접 적합도(*direct fitness*), 포괄 적합도(*inclusive fitness*)도 참조. [12]

indirect reciprocity(간접 상호성) 상호성의 한 형태로서, 행위자의 조력 행동을 나중에 도움을 받은 수령자가 아닌 다른 개체가 되갚는 경우. [13]

infanticide(영아 살해) 자식을 의도적으로 죽이는 행동. 주로 한쪽 부모에 의해 발생한다. [11]

innate releasing mechanism(선천적 방출 메커니즘) 어떤 신호자극에 대한 본능적 반응을 조절하는 것으로 생각되는 개념적인 신경 메커니즘. [4]

instinct(본능) 대부분의 개체들이 반드시 보여주는 행동 양상으로, 처음 행동이 실행될 때부터 유발원 자극에 대한 기능적인 반응을

촉진한다. [4]

interactive theory of development(발달의 상호작용 이론) 행동 형질은 발달할 때 유전적 정보와 환경적 요인을 필요로 한다. [3]

interneuron(연합뉴런) 감각 수용 뉴런(통각이나 후각, 시각 수용체 등)으로부터 얻은 신호 정보를 중추신경계로 전달해 주거나(감각 연합뉴런), 중추신경계의 명령을 근육 세포에 전달해 주는 신경 세포의 한 종류. [4]

intersexual selection(성간 선택) 수컷의 구애 행동과 암컷의 배우자 선택에 영향을 미치는 수컷의 외견과 관련된 성선택. [9]

interspecific brood parasitism(종간 탁란) 서로 다른 종 간에서 어떤 개체가 자손 양육을 스스로 하지 않고, 다른 종의 부모가 대신하게 끔 이용하는 행동. [11]

Intrasexual selection(성내 선택) 동성의 개체들끼리 배우자에게 접근하기 위해 경쟁하는 성선택. [9]

K

kin recognition(혈연 인식) 유전적으로 가까운 혈연과 비혈연을 구별할 수 있는 능력. [13]

kin selection(혈연 선택) 자연선택의 일종으로 어떤 유기체가 혈연의 번식 성공도를 증가시키게 하며, 심지어 자신의 적합도에 드는 비용을 감수하기도 한다. [12]

kleptoparasitism(절취기생) 한 개체가 잡거나 수집한 먹이를 훔치는 행위. [13]

L

landscape of fear(공포의 경관) 공간적인 특징에 따라 포식자에 대한 공포가 뚜렷하게 유발하는 현상으로, 물리적 환경에 존재하는 포식자의 단서(냄새나 다른 개체의 경고음 등)로 인해 피식자가 포식의 위험성을 인지할 때이다. [6]

lek(렉) 전통적인 과시 장소로 수컷이 각자 작고, 자원이 없는 영역에서 과시하고, 암컷은 이 수컷들 중 짝을 선택하기 위해 방문한다. [10]

levels of analysis(분석 수준) 행동에 대한 근접(발생과 생리)와 궁극(역사적이고 적응진화적인) 원인들. [1]

load-lightening(작업량 경감) 부모가 담당하는 자손 양육의 작업량을 조력자가 경감하는 행위. [13]

M

maintenance cost(유지 비용) 사회적 강제로 인해 유지되는 신호와 관련된 비용. [8]

major histocompatibility complex(MHC, 주조직적합성 복합체) 세포 표면 단백질의 무리로서, 면역계가 침입 분자를 인지하는 데 필수적이다. MHC의 대립유전자 다양성이 높으면 더 견고한 면역계를 갖게 되고, 자연선택 과정에서 유리할 수 있다. [9]

marginal value theorem(한계치 정리) 최적화 모형의 한 형태로서 동물들이 현재 먹이터의 먹이 섭식률이 서식지 전체의 먹이 섭식률 평균보다 낮을 때 현재 먹이터를 떠날 것이라 예측하는 모형. 이러한 한계치 섭식률이 서식지 내의 모든 먹이터에서 동일해야 한다. [6]

maternal effect(모계 효과) 한 개체의 표현형이 경험하는 환경과 유전자형에 의해서만 결정되는 것뿐만 아니라 어미의 유전자형과 환경의 영향을 받게 되는 경우. [3]

melanin(멜라닌) 동물이 피부나 털 같은 조직 내에서 만들어내는 색 생성 색소의 한 종류. 멜라닌의 두 가지 주요 형태로는 갈색과 검은색을 생성하는 유멜라닌(eumelanin)과 적색과 노란색을 만들어 내는 페오멜라닌(pheomelanin)이 있다. [8]

migration(이주) 서로 비교적 멀리 떨어진 두 장소에 집중된 자원을 이용하기 위해 이 두 장소를 정기적으로 이동하는 행동. [7]

migratory connectivity(이주 연결성) 번식지와 월동지 사이의 경유지를 포함하여 여름 개체군과 겨울 개체군 간 개체들의 이동. [7]

monogamy(일부일처) 한 번식기에 한 수컷이 오로지 한 암컷과 그리고 한 암컷이 오르지 한 수컷과 짝짓기를 하는 번식 체계. **유전적 일부일처**와 **사회적 일부일처**도 참조. [10]

monogyous(일처제성) 사회성 곤충에서 생식하는 여왕이 하나인 군락. [3]

Müllerian mimicry(뮐러 의태) 둘 이상의 혐오스럽거나 위험한 종들이 서로 비슷하게 닮는 현상. [6]

multilevel selection(다수준 선택) 유전자에서 출발하여 세포를 거쳐 개체를 지나 개체들로 이루어진 집단에까지 집단 수준과 개체 수준 둘 다에서 작동하는 선택. 다수준 선택을 주장하는 학자들을 따르면, 그보다 더 높은 수준, 즉 개체군, 다종 군집, 심지어 생태계도 선택될 수 있다. [12]

multimodal signaling (다면 신호) 같은 또는 다른 개체에게 신호를 보낼 때 두 가지 이상의 형질을 이용하는 현상. [8]

mutual benefit (상호 이익) 사회적 행동의 한 종류로 서로 상호작용하는 개체 모두 적합도 이익을 얻는 경우이다. [13]

N

natural selection(자연선택) 개체마다 유전 형질이 다르고, 그 차이가 번식성공도의 차이와 상관관계가 있을 때 나타나는 과정이다. 자연선택은 진화적 변화를 생성한다. **집단선택**(*group selection*), **혈연선택**(*kin selection*), **성선택**(*sexual selection*)도 참조. [1]

neural circuit(신경 회로) 상호 연결된 뉴런의 무리로 특정 피드백 반응을 이용하여 스스로의 활동을 조절할 수 있다. [4]

neuron(뉴런) 신경 세포. [4]

neurotransmitter(신경전달물질) 화학 신호로 한 신경세포에서 다른 신경세포로 시냅스를 건너 확산된다. [4]

non-mutually exclusive hypothesis(상호 배타적이지 않은 가설) 해당 행동에 적용될 수 있는 다수의 가설. [1]

nuclei(신경핵) 중앙신경계 내에 집중된 신경 다발. [2]

nuptial gift(혼인 선물) 교미 전 또는 교미 중에 수컷이 암컷에게 전해주는 먹이. [9]

O

obligate siblicide(절대 동기살해) 한 개체가 한배에서 태어난 동기를 항상 죽이는 행동. [11]

observational approach(관찰 접근법) 자연이나 실험실에서 행동하는 동물을 관찰하는 행동생물학의 접근법. [1]

operant conditioning(조작적 조건형성) 시행과 실수에 바탕을 둔 학습의 일종으로, 보상이 이루어지면 그 행동이 더 빈번하게 실행된다. [3]

operational sex ratio(작동 성비) 개체군 내에서 성적으로 활동적인 수컷과 성적으로 수용적인 암컷의 비율. [9]

optimal foraging theory(최적 섭식 이론) 동물이 먹이를 찾을 때 어떻게 행동하는지를 예측하는 모형. [6]

optimality theory(최적화 이론) 진화 이론 중 하나로 개체의 특성들이 최적화 되어있다고 가정한다. 즉, 개체들이 현재 가지고 있는 특성들은 다른 대체 특성들보다 적합도의 비용 대비 이익인 측면에서 보다 낫다. 이 최적화 이론은 어떤 형질을 가짐으로써 개체가 얻는 적합도의 순이익인 그 형질의 잠재적인 적응치에 대한 가설을 제시하는 데 사용된다. [6]

organizational effect(조직화 효과) 발생 단계에서 생리와 행동의 변화를 초래하는 호르몬의 비교적 지속적인 효과. **활성화 효과**(*activational effect*)도 참조. [5]

ornament(장식) 짝을 유인하기 때문에 선택되었다고 여겨지는 정교한 형태적 형질. [9]

oscillogram(오실로그램) 시간의 함수로 소리 자극의 진폭을 보여주는 그래프. [2]

P

parent–offspring conflict(부모–자식 갈등) 부모와 자식의 입장 차이에서 볼 때 자손에 대한 최적 양육 투자의 차이에 따른 진화적 갈등. [11]

parental investment(부모 투자) 현재 자손의 생존 가능성을 높이는 데 필요한 양육 활동이며, 더 나아가 부모가 미래에 또 다른 자손을 가질 수 있는 기회를 낮추기도 한다. [9]

parsimony(간결원리) 증거에 들어맞는 가장 간단한 설명이 올바를 것이라는 원칙. [1]

Parthenogenesis(처녀생식) 미수정란으로부터 발달. [12]

phenotype(표현형) 개체의 유전자가 환경과 상호작용을 통해 나타나는 몸이나 행동의 측정할 수 있는 양상. [1]

photoperiod(광주기) 24시간 주기에서 빛이 있는 시간. [5]

phylogeny(계통) 종간 또는 종의 집단 사이의 관계에 대한 진화 계보. 분류군의 진화 역사의 묘사. [1]

pigment(색소) 가시광선 파장대의 빛을 선택적으로 흡수하거나 반사하는 분자. [8]

plural breeding(복수 번식) 협력 양육 체계 중 한 형태로 적어도 한 성에서 번식하는 개체가 한 마리 이상인 사회적 집단. [13]

polyandry(일처다부) 한 번식기에 암컷이 여러 수컷을 짝으로 갖는 번식 체계. 편리적 일처다부도 참고. [10]

polygamy(복혼) 동시에 배우자(남편 혹은 아내)를 한 명 이상 갖는 인간 사회의 관습. [11]

polygynandry(다부다처) 양성 모두 여러 짝을 갖고, 이들과 다 같이 짝 결합(pair bond)을 이루는 번식 체계. [10]

polygynous(다처제성) 하나의 수컷이 여러 암컷과 교미하는 경우; 사회성 곤충에서 여러 여왕이 존재하는 군락. [3]

polygyny(일부다처) 한 번식기에 수컷이 여러 암컷과 난자를 수정시키는 번식 체계. [10]

polyphenism(다면발현성) 하나의 종에서 2개 이상의 대비되는 표현형들이 출현하는 현상으로, 이런 차이는 개체들마다 경험하는 환경의 중요한 차이점 때문에 유발된다. [3]

precocial(조성) 부화 후 곧바로 움직이는 새끼를 일컫는다. [11]

predator swamping(포식 쇄도) 이주성 개체들이 한꺼번에 높은 밀도의 무리를 이뤄 이동함으로써 포식자를 혼동시키거나 포식 위험을 줄이는 전략. 무리 내에서 개체가 포식 당할 확률을 낮추기 위한 희석 효과(dilution effect)와 유사한 전략이다. [7]

prediction(예측) 가설이 맞으면 뒤따르는 예상. [1]

preexisting bias(선재 편향성) 동물의 감각 체계에 이미 존재하는 편파적인 성향으로, 이로 인해 개체의 어떤 특징을 다른 특징보다 더 잘 탐지할 수 있다. [8]

preexisting trait(선재 형질) 미리 존재하는 행동, 생리, 혹은 형태적인 특징으로 수령자에게 의미 있는 단서를 제공한다. 발송자가 수령자의 반응을 통해 이익을 얻는다면, 이러한 단서는 의식화(ritualization) 과정을 통해 신호로 발전할 수 있다. [8]

prosoner's dilemma(죄수의 딜레마) 개체에 대한 적합도 성과가 참가자 간 상호 협동이 배반보다 더 낮게 나오게끔 구축된 게임 이론. 이것은 한 개체가 다른 개체에게 도움을 받지만 호의를 되돌려주지 않을 때 발생한다. [13]

production cost(생산 비용) 에너지가 많이 들어가는 신호를 생산하는 데 드는 비용. [8]

promiscuity(난교) 수컷과 암컷 모두 여러 짝을 갖지만 짝 결합(pair bond)을 이루지 않는 번식 체계. [10]

proximate cause(근접 원인) 행동의 즉각적이고 기초가 되는 이유로 개체의 내적인 메커니즘에 의한 작동에 기반을 두고 있다. [1]

R

reciprocal altruism(상호 이타성) 조력 행동의 수혜자가 나중에 그 행위자에게 도움을 되갚는 경우. 상호성으로도 알려져 있음. 또 간접 상호성(*indirect reciprocity*)도 참조. [13]

releaser(유발원) 하나의 개체가 다른 개체에게 주는 사회적 신호로 일종의 신호 자극. [4]

reproductive conflict(번식 충돌) 한 사회적 집단 안에서 번식할 수 있는 권리를 확보하기 위해 또는 번식하기 위해 필요한 자원을 획득하기 위해 구성원 간에 일어나는 충돌. [12]

reproductive skew(번식 치우침) 개체군 또는 사회적 집단 내에서 개체의 번식 성공도가 불균등하게 분할되는 경우. [9]

reproductive success(번식 성공도) 개체가 생산하는 생존한 자손의 수. 직접 적합도. [1]

reproductive value(번식치) 자식이 번식 가능 연령에 도달할 확률 또는 미래에 생존 가능 자손을 남길 수 있는 개체의 잠재적 가능성에 대한 척도. [11]

resource-holding potential(자원획득 잠재력) 유용 자원을 둘러싼 경쟁에서 한 개체가 다른 경쟁자들을 물리칠 수 있는 타고난 능력치. [7]

resource selection(자원 선택) 자원의 알려진 공간 정보를 이용하여 종의 분포를 특정하는 방법. [7]

reverse genetics(역유전학) 특정 염기서열의 존재로 어떤 표현형이 나타나는지를 결정할 수 있음. 유전학의 분야로 주로 특정 유전자 부위를 실험적으로 조작하여 획득한다. [3]

S

scientific method(과학적 방법) 가설을 검정하기 위한 관찰, 측정 및 실험으로 가설에 의해 생성된 예측이 맞는지를 결정한다. 만약 가설이 틀리면, 가설을 다듬어서 반복 검정을 할 수 있다. [1]

selection pressure(선택압) 번식과 생존의 차이를 일으키는 요인으로 개체군이 유전적으로 변화하도록 한다. [1]

selfish herd(이기적 무리) 다른 개체를 포식자로부터 자신을 보호하기 위한 방패로 이용하는 개체들의 모임. [6]

selfishness(이기성) 행위자는 사회적 상호작용에서 이익을 보지만, 수령자는 그렇지 못할 때. 때때로 기만(*deceit*) 또는 조작(*manipulation*)이라고도 한다. [13]

sensory drive(감각 드라이브) 특정 환경에서 효과적으로 작동하기 위한 신호(signal)의 미세 조정. [8]

sensory exploitation(감각 착취) 신호의 수령자가 이미 가지고 있는 감각 시스템(감각 자극에 대한 반응)을 발송자가 자신에게 유리한 방향으로 반응하게끔 만드는 신호의 진화. [8]

sex role reversal(성역할 역전) 수컷이 배우자 선택을 하며 암컷이 수컷에게 접근하기 위해 서로 경쟁하는 것처럼, 전형적인 수컷과 암컷의 번식 역할이 뒤바뀐 경우. [9]

sex-biased dispersal(성편향 분산) 한 성의 개체들이 다른 성의 개체들에 비해 멀리 분산할 때. [7]

sexual arms race(암수간 군비 경쟁) 교미에 대한 수컷과 암컷의 갈등으로, 수컷은 교미를 위해 암컷을 조작하거나 강요하는 형질을 진화시키고, 암컷은 이러한 수컷의 교미 시도를 무력화하는 형질을 진화시키는 과정이다. [9]

sexual conflict(성갈등) 배우자 선택에 대한 수컷과 암컷 간의 갈등. [9]

sexual dimorphism(성적이형) 같은 종에서 수컷과 암컷 간의 외견의 차이. [9]

sexual selection(성선택) 자연선택의 한 형태로 동성의 다른 개체와 배우자를 두고 경쟁할 때 사용되는 형질, 또는 교미를 목적으로 이성을 유인하기 위해 필요한 형질에 작용한다. [9]

siblicidal behavior(동기살해 행동) 한 개체가 한배에서 태어난 동기를 죽이는 행동. 절대 동기살해(*obligate siblicide*); 선택적 동기살해(*facultative siblicide*)도 참조. [11]

sibling conflict(동기 갈등) 현 동기들 간 또는 현재와 미래 동기들 간 일치하지 않는 이해로 발생하는 진화적 갈등. [11]

sign stimulus(신호 자극) 동물에서 고정 행동 양식을 촉발하는 행동이나 사물의 효과적인 부분. [4]

signal(신호) 정보를 가지고 있는 특별하게 진화된 메시지. [8]

singular breeding(단수번식) 협력 양육 체계 중 하나로, 기본 사회적 집단이 번식하는 암컷과 수컷 각 한 마리씩 구성할 때. [13]

social monogamy(사회적 일부일처) 수컷 하나와 암컷 하나가 짝 결합을 형성하는 일부일처제로, 양성 중 하나 또는 모두 짝외교미를 할 수 있다. [10]

spectrogram(스펙트로그램) 시간에 따라 소리 주파수의 변화를 보여주는 그래프. 스페트로그램에서 소리의 세기를 색이나 그레이 스케일로 나타낸다. 가끔 소노그램(*sonogram*)으로 부르기도 한다. [2]

sperm competition(정자 경쟁) 서로 다른 수컷들이 생산한 정자 간의 경쟁으로, 이 경쟁의 결과는 난자의 수정으로 이어진다. [9]

spermatophore(정포) 암컷이 수컷에게 전달하는 혼인 선물의 한 형태로 영양물질과 정자가 모두 들어있다. [8]

spite(악의) 사회적 상호작용에서 행위자와 수령자 모두 이익을 얻지 못하고, 대신 모두 비용을 치를 때. [13]

stimulus(자극) 복잡한 행동을 촉발시킬 수 있는 일종의 감각 신호. [4]

stimulus filtering(자극 필터링) 동물의 신경 세포나 신경계가 잠정적으로 반응을 유발시킬 수 있는 자극을 무시하는 능력. [4]

structural colors(구조색) 빛이 나노미터 수준으로 배열된 조직 및 공기층과 물리적 상호작용을 할 때 생성되는 색. [8]

supergene(초유전자) 행동 표현형의 발달에 영향을 미칠 수 있는 많은 연관된 유전자들을 포함하는 DNA의 부분. [3]

syllable(음절) 발성의 독특한 요소로 새의 노래도 포함된다. [2]

synapse(시냅스) 한 신경세포와 다른 신경세포 사이의 아주 작은 틈. [4]

T

Territory(영역) 개체가 침입자에 대응하여 방어할 준비를 갖추고 있는 지역. [7]

Tinbergen's four questions(틴버겐의 4가지 질문) Nikolaas Tinbergen이 행동의 근접 원인과 궁극 원인을 설명하기 위해 개발한 설계. 근접 수준의 분석은 발생과 내적 메커니즘과 관련된 질문에 해당하며, 궁극 수준의 분석은 진화 역사와 적응 기능과 관련된 질문에 해당한다. [1]

top-down forces(하향식 원동력) 포식 위험이 행동 결정에 영향을 끼칠 때. 상향식 원동력(*bottom-up forces*)도 참조. [7]

trait(형질) 유기체의 성질이나 특징. 표현형(*phenotype*)도 참조. [1]

transcriptome(전사체) 어떤 주어진 순간에 어느 한 조식에서 발현된 모든 mRNA. [3]

U

ultimate cause(궁극 원인) 행동의 진화적, 역사적인 이유. [1]

W

Waveform(파형) 소리를 구성하는 압력이 시간에 따라 변화하는 모습을 도표로 표현한 것. 진폭(*amplitude*); 주파수(*frequency*)도 참조. [2]

worker policing(일꾼 단속) 진사회성 곤충에서, 일꾼 암컷이 여왕이 아닌 다른 일꾼이 낳은 알을 먹거나 제거하는 행동. [12]

참고문헌

Chapter 1

Alcock, J., Jones, C. E., and Buchmann, S. L. 1976. Location before emergence of female bee, *Centris pallida*, by its male (Hymenoptera: Anthophoridae). *Journal of Zoology* 179: 189–199.

Alcock, J. and Sherman, P. W. 1994. On the utility of the proximate-ultimate dichotomy in biology. *Ethology* 96: 58–62.

Beehner, J. C. and Bergman, T. J. 2008. Infant mortality following male takeovers in wild geladas. *American Journal of Primatology* 70: 1152–1159.

Borries, C., Launhardt, K., Epplen, C., Epplen, J. T., and Winkler, P. 1999. DNA analyses support the hypothesis that infanticide is adaptive in langur monkeys. *Proceedings of the Royal Society of London B* 266: 901–904.

Cullen, E. 1957. Adaptations in the kittiwake to cliff nesting. *Ibis* 99: 275–302.

Curtin, R. and Dolhinow, P. 1978. Primate social behavior in a changing world. *American Scientist* 66: 468–475.

Darwin, C. 1859. *On the Origin of Species*. London: Murray.

Dawkins, R. 1989. *The Selfish Gene*. Oxford: Oxford University Press.

Dobzhansky, T. 1973. Nothing makes sense except in the light of evolution. *American Biology Teacher* 35: 125–129.

Hofmann, H. A., Renn, S. C. P., and Rubenstein, D. R. 2016. Introduction to symposium. New frontiers in the integrative study of animal behavior: Nothing in neuroscience makes sense except in the light of behavior. *Integrative and Comparative Biology* 56: 1192–1196.

Holekamp, K. E. and Sherman, P. W. 1989. Why male ground squirrels disperse. *American Scientist* 77: 232–239.

Hoogland, J. L. and Sherman, P. W. 1976. Advantages and disadvantages of bank swallow (*Riparia riparia*) coloniality. *Ecological Monographs* 46: 33–58.

Hrdy, S. B. 1977. Infanticide as a primate reproductive strategy. *American Scientist* 65: 40–49.

Knörnschild, M., Ueberschaer, K., Helbig, M., and Kalko, E. K. V. 2011. Sexually selected infanticide in a polygynous bat. *PLoS One* 6: e25001.

Kruuk, H. 1964. Predators and anti-predator behaviour of the black-headed gull *Larus ridibundus*. *Behaviour Supplements* 11: 1–129.

Levitis, D. A., Lidicker, W. Z., and Freund, G. 2009. Behavioural biologists do not agree on what constitutes behaviour. *Animal Behaviour* 78: 103–110.

Lyon, J. E., Pandit, S. A., van Schalk, C. P., and Pradhan, G. R. 2011. Mating strategies in primates: A game theoretical approach to infanticide. *Journal of Theoretical Biology* 274: 103–108.

Massaro, M., Chardine, J. W., and Jones, I. L. 2001. Relationships between black-legged kittiwake nest site characteristics and susceptibility to predation by large gulls. *Condor* 103: 793–801.

Owings, D. H. and Coss, R. G. 1977. Snake mobbing by California ground squirrels: Adaptive variation and ontogeny. *Behaviour* 62: 50–69.

Phillips, R. A., Furness, R. W., and Stewart, F. M. 1998. The influence of territory density on the vulnerability of Arctic skuas *Stercorarius parasiticus* to predation. *Biological Conservation* 86: 21–31.

Reeve, H. K. and Sherman, P. W. 2001. Optimality and phylogeny. In S. H. Orzack and E. Sober (eds.), *Adaptationism and Optimality*, pp. 45–63. Cambridge: Cambridge University Press.

Rubenstein, D. R. and Hofmann, H. A. 2015. Editorial overview: The integrative study of animal behavior. *Current Opinion in Behavioral Sciences* 6: v–viii.

Rundus, A. S., Owings, D. S., Joshi, S. S., Chinn, E. and Giannini, N. 2007. Ground squirrels use an infrared signal to deter rattlesnake predation. *Proceedings of the National Academy of Sciences USA* 104: 14372–14374.

Sommer, V. 1987. Infanticide among free-ranging langurs (*Presbytis entellus*) of Jodhpur (Rajasthan/India): Recent observations and a reconsideration of hypotheses. *Primates* 28: 163–197.

Sordahl, T. A. 2004. Field evidence of predator discrimination abilities in American Avocets and Black-necked Stilts. *Journal of Field Ornithology* 75: 376–386.

Tinbergen, N. 1959. Comparative studies of the behaviour of gulls (Laridae): A progress report. *Behaviour* 15: 1–70.

Tinbergen, N. 1963. On the aims and methods of ethology. *Zeitschrift für Tierpsychologie* 20: 410–433.

Chapter 2

Anderson, R. C., Peters, S., and Nowicki, S. 2014. Effects of early auditory experience on the development of local song preference in female swamp sparrows. *Behavioral Ecology and Sociobiology* 68: 437–447.

Araya-Salas, M. and Wright, T. 2013. Open-ended song learning in a hummingbird. *Biology Letters* 9: 20130625.

Baker, M. C., Bottjer, S. W., and Arnold, A. P. 1984. Sexual dimorphism and lack of seasonal changes in vocal control regions of the white-crowned sparrow brain. *Brain Research* 295: 85–89.

Baker, M. C. and Cunningham, M. A. 1985. The biology of bird-song dialects. *Behavioral and Brain Sciences* 8: 85–133.

Ballentine, B., Hyman, J., and Nowicki, S. 2004. Vocal performance influences female response to male bird song: An experimental test. *Behavioral Ecology* 15: 163–168.

Baptista, L. F. and Morton, M. L. 1988. Song learning in montane white-crowned sparrows: From whom and when. *Animal Behaviour* 36: 1753–1764.

Baptista, L. F. and Petrinovich, L. 1984. Social interaction, sensitive phases, and the song template hypothesis in the white-crowned sparrow. *Animal Behaviour* 32: 172–181.

Beecher, M. D. and Brenowitz, E. A. 2005. Functional aspects of song learning in songbirds. *Trends in Ecology & Evolution* 20: 143–149.

Beecher, M. D. and Campbell, E. 2005. The role of unshared song in the singing interactions between neighbouring song sparrows. *Animal Behaviour* 70: 1297–1304.

Beecher, M. D., Campbell, E., and Nordby, J. C. 2000a. Territory tenure in song sparrows is related to song sharing with neighbours, but not to repertoire size. *Animal Behaviour* 59: 29–37.

Beecher, M. D., Campbell, S. E., Burt, J. M., Hill, C. E., and Nordby, J. C. 2000b. Song-type matching between neighbouring song sparrows. *Animal Behaviour* 59: 21–27.

Beecher, M. D., Stoddard, P. K., Campbell, S. E., and Horning, C. L. 1996. Repertoire matching between neighbouring song sparrows. *Animal Behaviour* 51: 917–923.

Bonaparte, K. M., Riffle-Yokoi, C., and Burley, N. T. 2011. Getting a head start: Diet, sub-adult growth, and associative learning in a seed-eating passerine. *PLoS One* 6: e23775.

Bottjer, S. W., Miesner, E. A., and Arnold, A. P. 1984. Forebrain lesions disrupt development but not maintenance of song in passerine birds. *Science* 224: 901–903.

Bradbury, J. W. and Vehrencamp, S. K. 2011. *Principles of Animal Communication*, 2nd ed. Sunderland, MA: Sinauer Associates.

Braindard, M. S. and Douple, A. J. 2000. Interruption of a basal ganglia–forebrain circuit prevents plasticity of learned vocalizations. *Nature* 404: 762–766.

Brenowitz, E. A. 1991. Evolution of the vocal control system in the avian brain. *Seminars in the Neurosciences* 3: 399–407.

Brenowitz, E. A., Lent, K., and Kroodsma, D. E. 1995. Brain space for learned song in birds develops independently of song learning. *Journal of Neuroscience* 15: 6281–6286.

Brenowitz, E. A., Margoliash, D., and Nordeen, K. W. 1997. An introduction to birdsong and the avian song system. *Journal of Neurobiology* 33: 495–500.

Buchanan, K. L. and Catchpole, C. K. 2000. Song as an indicator of male parental effort in the sedge warbler. *Proceedings of the Royal Society of London B* 267: 321–326.

Burt, J. M., Campbell, S. E., and Beecher, M. D. 2001. Song type matching as threat: A test using interactive playback. *Animal Behaviour* 62: 1163–1170.

Cardoso, G. C., Mota, P. G., and Depraz, V. 2007. Female and male serins (*Serinus serinus*) respond differently to derived song traits. *Behavioral Ecology and Sociobiology* 61: 1425–1436.

Catchpole, C. K. and Slater, P. J. B. 2008. *Bird Song: Biological Themes and Variations*. Cambridge, England: Cambridge University Press.

Chen, Y., Clark, O., and Woolley, S. C. 2017. Courtship song preferences in female zebra finches are shaped by developmental auditory experience. *Proceedings of the Royal Society of London B* 284: 20170054.

Chen, Y., Matheson, L. E., and Sakata, J. T. 2016. Mechanisms underlying the social enhancement of vocal learning in songbirds. *Proceedings of the National Academy of Sciences USA* 113: 6641–6646.

Chilton, G., Lein, M. R., and Baptista, L. F. 1990. Mate choice by female white-crowned sparrows in a mixed-dialect population. *Behavioral Ecology and Sociobiology* 27: 223–227.

Chilton, G. M., Baker, M. C., Barrentine, C. D., and Cunningham, M. A. 1995. White-crowned sparrow (*Zonotrichia leucophrys*), version 2.0. In P. G. Rodewald (ed.), *The Birds of North America*. Ithaca, NY: Cornell Lab of Ornithology.

Derryberry, E. P. 2007. Evolution of bird song affects signal efficacy: An experimental test using historical and current signals. *Evolution* 61: 1938–1945.

DeWolfe, B. B., Baptista, L. F., and Petrinovich, L. 1989. Song development and territory establishment in Nuttall's white-crowned sparrow. *Condor* 91: 297–407.

Engesser, S., Crane, J. M. S., Savage, J. L., Russell, A. F., and Townsend, S. W. 2015. Experimental evidence for phonemic contrasts in a nonhuman vocal system. *PLoS Biology* 13: e1002171.

Farrell, T. M., Weaver, K., An, Y. S., and MacDougall-Shackleton, S. A. 2012. Song bout length is indicative of spatial learning in European starlings. *Behavioral Ecology* 23: 101–111.

Farries, M. A. 2001. The oscine song system considered in the context of the avian brain: Lessons learned from comparative neurobiology. *Brain, Behavior and Evolution* 58: 80–100.

Gentner, T. Q. and Hulse, S. H. 2000. European starling preference and choice for variation in conspecific male song. *Animal Behaviour* 59: 443–458.

Gobes, S. M. H. and Bolhuis, J. J. 2007. Birdsong memory: A neural dissociation between song recognition and production. *Current Biology* 17: 789–793.

Hackett, S. J., Kimball, R. T., Reddy, S., Bowie, R. C. K., Braun, E. L., et al. 2008. A phylogenomic study of birds reveals their evolutionary history. *Science* 320: 1763–1768.

Harbison, H., Nelson, D. A., and Hahn, T. P. 1999. Long-term persistence of song dialects in the mountain white-crowned sparrow. *Condor* 101: 133–148.

Hofmann, H. A., Renn, S. C. P., and Rubenstein, D. R. 2016. Introduction to symposium. New frontiers in the integrative study of animal behavior: Nothing in neuroscience makes sense except in the light of behavior. *Integrative and Comparative Biology* 56: 1192–1196.

Hunter, M. L. and Krebs, J. R. 1979. Geographic variation in the song of the great tit (*Parus major*) in relation to ecological factors. *Journal of Animal Ecology* 48: 759–785.

Jackendoff, R. 1999. Possible stages in the evolution of the language capacity. *Trends in Cognitive Science* 3: 272–279.

Jarvis, E. D., Mirarab, S., Aberer, A. J., Houde, P., Li, C., et al. 2014. Whole-genome analyses resolve early branches in the tree of life of modern birds. *Science* 346: 1320–1331.

Jarvis, E. D., Ribeiro, S., da Silva, M. L., Ventura, D., Vielliard, J., and Mello, C. V. 2000. Behaviourally driven gene expression reveals song nuclei in hummingbird brain. *Nature* 406: 628–632.

Keen, S. C., Meliza, C. D., and Rubenstein, D. R. 2013. Flight calls signal group and individual identity but not kinship in a cooperatively breeding bird. *Behavioral Ecology* 24: 1279–1285.

Konishi, M. 1965. The role of auditory feedback in the control of vocalization in the white-crowned sparrow. *Zeitschrift für Tierpsychologie* 22: 770–783.

Konishi, M. 1985. Birdsong: From behavior to neurons. *Annual Review of Neuroscience* 8: 125–170.

Kroodsma, D., Hamilton, D., Sánchez, J. E., Byers, B. E., Fandiño-Mariño, H., et al. 2013. Behavioral evidence for song learning in the suboscine bellbirds (*Procnias* spp.; Cotingidae). *Wilson Journal of Ornithology* 125: 1–14.

Kroodsma, D. E. and Konishi, M. 1991. A suboscine bird (eastern phoebe, *Sayornis phoebe*) develops normal song without auditory feedback. *Animal Behaviour* 42: 477–487.

Kroodsma, D. E., Liu, W. C., Goodwin, E., and Bedell, P. A. 1999a. The ecology of song improvisation as illustrated by North American sedge wrens. *The Auk* 116: 373–386.

Kroodsma, D. E., Sánchez, J., Stemple, D. W., Goodwin, E., da Silva, M. L., and Vielliard, J. M. E. 1999b. Sedentary life style of neotropical sedge wrens promotes song imitation. *Animal Behaviour* 57: 855–863.

Leighton, G. M. 2017. Cooperative breeding influences the number and type of vocalizations in avian lineages. *Proceedings of the Royal Society of London B* 284: 20171508.

Leitner, S., Nicholson, J., Leisler, B., DeVoogd, T. J., and Catchpole, C. K. 2002. Song and the song control pathway in the brain can develop independently of exposure to song in the sedge warbler. *Proceedings of the Royal Society of London B* 269: 2519–2524.

Lipshutz, S. E., Overcast, I. A., Hickerson, M. J., Brumfield, R. T., and Derryberry, E. P. 2017. Behavioural response to song and genetic divergence in two subspecies of white-crowned sparrows (*Zonotrichia leucophrys*). *Molecular Ecology* 26: 3011–3027.

Luther, D. and Baptista, L. 2010. Urban noise and the cultural evolution of bird songs. *Proceedings of the Royal Society of London B* 277: 469–473.

MacDonald, I. F., Kempster, B., Zanette, L., and MacDougall-Shackleton, S. A. 2006. Early nutritional stress impairs development of a song-control brain region in both male and female juvenile song sparrows (*Melospiza melodia*) at the onset of song learning. *Proceedings of the Royal Society of London B* 273: 2559–2564.

MacDougall-Shackleton, S. A. 2011. The levels of analysis revisited. *Philosophical Transactions of the Royal Society B* 366: 2076–2085.

MacDougall-Shackleton, E. A., Derryberry, E. P., and Hahn, T. P. 2002. Nonlocal male mountain white-crowned sparrows have lower paternity and higher parasite loads than males singing local dialect. *Behavioral Ecology* 13: 682–689.

MacDougall-Shackleton, E. A., Hulse, S. H., and Ball, G. F. 1998. Neural bases of song preferences in female zebra finches (*Taeniopygia guttata*). *Neuroreport* 9: 3047–3052.

Marler, P. 1970. A comparative approach to vocal learning: Song development in white-crowned sparrows. *Journal of Comparative and Physiological Psychology Monograph*, 71: 1–25.

Marler, P. and Tamura, M. 1964. Culturally transmitted patterns of vocal behavior in sparrows. *Science* 146: 1483–1486.

McDonald, P. G. 2012. Cooperative bird differentiates between the calls of different individuals, even when vocalizations were from completely unfamiliar individuals. *Biology Letters* 8: 365–368.

Mello, C. V. and Ribeiro, S. 1998. Zenk protein regulation by song in the brain of songbirds. *Journal of Comparative Neurology* 383: 426–438.

Mooney, R., Hoese, W., and Nowicki, S. 2001. Auditory representation of the vocal repertoire in a songbird with multiple song types. *Proceedings of the National Academy of Sciences USA* 98: 12778–12783.

Moorman, S., Mello, C. V., and Bolhuis, J. J. 2011. From songs to synapses: Molecular mechanisms of birdsong memory. *Bioessays* 33: 377–385.

Nealen, P. M. and Perkel, D. J. 2000. Sexual dimorphism in the song system of the Carolina wren *thryothorus ludovicianus*. *Journal of Comparative Neurology* 418: 346–360.

Nelson, D. A., Hallberg, K. I., and Soha, J. A. 2004. Cultural evolution of Puget Sound white-crowned sparrow song dialects. *Ethology* 110: 879–908.

Nicholls, J. A. and Goldizen, A. W. 2006. Habitat type and density influence vocal signal design in satin bowerbirds. *Journal of Animal Ecology* 75: 549–558.

Nordby, J. C., Campbell, S. E., and Beecher, M. D. 1999. Ecological correlates of song learning in song sparrows. *Behavioral Ecology* 10: 287–297.

Nottebohm, F. and Arnold, A. P. 1976. Sexual dimorphism in vocal control areas of songbird brain. *Science* 194: 211–213.

Nowicki, S. and Searcy, W. A. 2004. Song function and the evolution of female preferences: Why birds sing, why brains matter. *Annals of the New York Academy of Sciences* 1016: 704–723.

Nowicki, S. and Searcy, W. A. 2014. The evolution of vocal learning. *Current Opinion in Neurobiology* 28: 48–53.

Nowicki, S., Hasselquist, D., Bensch, S., and Peters, S. 2000. Nestling growth and song repertoire size in great reed warblers: Evidence for song learning as an indicator mechanism in mate choice. *Proceedings of the Royal Society of London B* 267: 2419–2424.

Nowicki, S., Peters, S., and Podos, J. 1998. Song learning, early nutrition, and sexual selection in birds. *American Zoologist* 38: 179–190.

Nowicki, S., Searcy, W. A., and Peters, S. 2002a. Brain development, song learning, and mate choice in birds: A review and experimental test of the "nutritional stress hypothesis." *Journal of Comparative Physiology A* 188: 1003–1114.

Nowicki, S., Searcy, W. A., and Peters, S. 2002b. Quality of song learning affects female response to male birdsong. *Proceedings of the Royal Society of London B* 269: 1949–1954.

Odom, K. J., Hall, M. L., Riebel, K., Omland, K. E., and Langmore, N. E. 2014. Female song is widespread and ancestral in songbirds. *Nature Communications* 5: 3379.

Olkowicz, S., Kocourek, M., Lucan, R. K., Portes, M., Fitch, W. T., et al. 2016. Birds have primate-like numbers of neurons in the forebrain. *Proceedings of the National Academy of Sciences USA* 113: 7255–7260.

Ölveczky, B. P., Andalman, A. S., and Fee, M. S. 2005. Vocal experimentation in the juvenile songbird requires a basal ganglia circuit. *PLoS Biology* 3: e153.

Pfaff, J. A., Zanetter, L., MacDougall-Shackleton, S. A., and MacDougall-Shackleton, E. A. 2007. Song repertoire size varies with hvc volume and is indicative of male quality in song sparrows (*Melospiza melodia*). *Proceedings of the Royal Society of London B* 274: 2035–2040.

Pfenning, A. R., Hara, E., Whitney, O., Rivas, M. V., Wang, R., et al. 2014. Convergent transcriptional specializations in the brains of humans and song-learning birds. *Science* 346: 1256846.

Poesel, A., Fries, A., Miller, L., Gibbs, H. L., Soha, J. A., and Nelson, D. A. 2017. High levels of gene flow among song dialect populations of the Puget sound white-crowned sparrow. *Ethology* 123: 581–592.

Poesel, A. and Nelson, D. A. 2012. Delayed song maturation and territorial aggression in a songbird. *Biology Letters* 8: 369–371.

Prum, R. O., Berv, J. S., Dornburg, A., Field, D. J., Townsend, J. P., et al. 2015. A comprehensive phylogeny of birds (Aves) using targeted next-generation DNA sequencing. *Nature* 526: 569–573.

Rowley, I. and Chapman, G. 1986. Cross-fostering, imprinting, and learning in two sympatric species of cockatoos. *Behaviour* 96: 1–16.

Scharff, C. and Nottebohm, F. 1991. A comparative study of the behavioral deficits following lesions of various parts of the zebra finch song system: Implications for vocal learning. *Journal of Neuroscience* 11: 2896–2913.

Schmidt, K. L., Moore, S. D., MacDougall-Shackleton, E. A., and MacDougall-Shackleton, S. A. 2013. Early-life stress affects song complexity, song learning, and volume of the brain nucleus RA in adult male song sparrows. *Animal Behaviour* 86: 23–35.

Sibley, C. G., Ahlquist, J. E., and Monroe, Jr., B. L. 1988. A classification of the living birds of the world based on DNA-DNA hybridization studies. *The Auk* 105: 409–423.

Sockman, K. W., Salvante, K. G., Racke, D. M., Campbell, C. R., and Whitman, B. A. 2009. Song competition changes the brain and behavior of a male songbird. *Journal of Experimental Biology* 212: 2411–2418.

Sockman, K. W., Sewall, K. B., Ball, G. F., and Hahn, T. P. 2005. Economy of mate attraction in the Cassin's finch. *Biology Letters* 1: 34–37.

Soha, J. A., Nelson, D. A., and Parker, P. G. 2004. Genetic analysis of song dialect populations in Puget Sound white-crowned sparrows. *Behavioral Ecology* 15: 636–646.

Spencer, K. A., Wimpenny, J. H., Buchanan, K. L., Lovell, P. G., Goldsmith, A. R., and Catchpole, C. K. 2005. Developmental stress affects the attractiveness of male song and female choice in the zebra finch (*Taeniopygia guttata*). *Behavioral Ecology and Sociobiology* 58: 423–428.

Suh, A., Paus, M., Kiefmann, M., Churakov, G., Franke, F. A., et al. 2011. Mesozoic retroposons reveal parrots as the closest living relatives of passerine birds. *Nature Communications* 2: 443.

Suzuki, T. N., Wheatcroft, D., and Griesser, M. 2017. Wild birds use an ordering rule to decode novel call sequences. *Current Biology* 27: 2331–23336.

Toews, D. P. L. 2017. From song dialects to speciation in white-crowned sparrows. *Molecular Ecology* 26: 2842–2844.

Touchton, J. M., Seddon, N., and Tobias, J. A. 2014. Captive rearing experiments confirm song development without learning in a tracheophone suboscine bird. *PLoS One* 9: e95746.

Wang, N., Braun, E. L., and Kimball, R. T. 2012. Testing hypotheses about the sister group of the Passeriformes using an independent 30-locus data set. *Molecular Biology and Evolution* 29: 737–750.

Warrington, M. H., McDonald, P. G., and Griffith, S. 2015. Within-group vocal differentiation of individuals in the cooperatively breeding apostlebird. *Behavioral Ecology* 26: 493–501.

Weckstein, J. and Zink, R. M. 2001. Anomalous variation in mitochondrial genomes of white-crowned (*Zonotrichia leucophrys*) and golden-crowned (*Z. atricapilla*) sparrows: Pseudogenes, hybridization, or incomplete lineage sorting? *The Auk* 118

Wilbrecht, L., Crionas, A., and Nottebohm, F. 2002. Experience affects recruitment of new neurons but not adult neuron number. *Journal of Neuroscience* 22: 825–831.

Williams, H., Levin, I. I., Norris, D. R., Newman, A. E. M., and Wheelwright, N. T. 2013. Three decades of cultural evolution in savannah sparrow songs. *Animal Behaviour* 85: 213–223.

Woodgate, J. L., Leitner, S., Catchpole, C. K., Berg, M. L., Bennett, A. T., and Buchanan, K. L. 2011. Developmental stressors that impair song learning in males do not appear to affect female preferences for song complexity in the zebra finch. *Behavioral Ecology* 22: 566–573.

Woolley, S. C. and Doupe, A. J. 2008. Social context-induced song variation affects female behavior and gene expression. *PLoS Biology* 6: e62.

Chapter 3

Anstey, M. L., Rogers, S. M., Ott, S. R., Burrows M., and Simpson, S. J. 2009. Serotonin mediates behavioral gregarization underlying swarm formation in desert locusts. *Science* 323: 627–630.

Arnold, S. J. 1981. The microevolution of feeding behavior. In A. Kamil and T. Sargent (eds.), *Foraging Behavior: Ecological, Ethological, and Psychological Approaches*, pp. 409–453. New York: Garland STPM Press.

Balda, R. P. 1980. Recovery of cached seeds by a captive *Nucifraga caryocatactes*. *Zeitschrift für Tierpsychologie* 52: 331–346.

Balda, R. P. and Kamil, A. C. 1992. Long-term spatial memory in Clark's nutcracker, *Nucifraga columbiana*. *Animal Behaviour* 44: 761–769.

Ben-Shahar, Y., Robichon, A., Sokolowski, M. B., and Robinson, G. E. 2002. Influence of gene action across different time scales on behavior. *Science* 296: 741–744.

Bendesky, A., Kwon, Y.-M., Lassance, J.-M., Lewarch, C. L., Yao, S., et al. 2017. The genetic basis of parental care evolution in monogamous mice. *Nature* 544: 434–439.

Bentley, D. and Hoy, R. R. 1974. The neurobiology of cricket song. *Scientific American* 231: 34–44.

Berthold, P. 1991. Genetic control of migratory behaviour in birds. *Trends in Ecology & Evolution* 6: 254–257.

Berthold, P. and Pulido, F. 1994. Heritability of migratory activity in a natural bird population. *Proceedings of the Royal Society of London B* 257: 311–315.

Berthold, P. and Querner, U. 1995. Microevolutionary aspects of bird migration based on experimental results. *Israel Journal of Zoology* 41: 377–385.

Boonstra, R., Hik, D., Singelton, G. R., and Tinnikov A. 1998. The impact of predator-induced stress on the snowshoe hare cycle. *Ecological Monographs* 68: 371–394.

Boque, N., de la Iglesia, R., de la Garza, A., Milagro, F. I., Olivares, M., et al. 2013. Prevention of diet-induced obesity by apple polyphenols in Wistar rats through regulation of adipocyte gene expression and DNA methylation patterns. *Molecular Nutrition and Food Research* 57: 1473–1478.

Brakefield, P. M. 2011. Evo-devo and accounting for Darwin's endless forms. *Philosophical Transactions of the Royal Society B* 366: 2069–2075.

Burmeister, S. S., Jarvis, E. D., and Fernald, R. D. 2005. Rapid behavioral and genomic responses to social opportunity. *PLoS Biology* 3: e363.

Carroll, S. B. 2005. Evolution at two levels: On genes and form. *PLoS Biology* 3: e245.

Carroll, S. B., Grenier, J. K., and Weatherbee, S. D. 2005. *From DNA to Diversity: Molecular Genetics and the Evolution of Animal Design*. Malden, MA: Blackwell Publishing

Chandrasekaran, S., Ament, S. A., Eddy, J. A., Rodriguez-Zas, S. L., Schatz, B. R., et al. 2011. Behavior-specific changes in transcriptional modules lead to distinct and predictable neurogenomic states. *Proceedings of the National Academy of Sciences USA* 108: 18020–18025.

Collins, J. P. and Cheek, J. E. 1983. Effect of food and density on development of typical and cannibalistic salamander larvae in *Ambystoma tigrinum nebulosum*. *American Zoologist* 23: 77–84.

Colombelli-Negrel, D., Hauber, M. E., Robertson, J., Sulloway, F. J., Hoi, H., et al. 2012. Embryonic learning of vocal passwords in superb fairy-wrens reveals intruder cuckoo nestlings. *Current Biology* 22: 2155–2160.

Croston, R., Branch, C. L., Pitera, A. M., Kozlovsky, D. Y., Bridge, E. S., et al. 2017. Predictably harsh environment is associated with reduced cognitive flexibility in wild food-caching mountain chickadees. *Animal Behaviour* 123: 139–149.

Dantzer, B., Newman A. E. M., Boonstra, R., Palme, R., Boutin, S., et al. 2013. Density triggers maternal hormones that increase adaptive offspring growth in a wild mammal. *Science* 340: 1215–1217.

Dawkins, R. 1982. *The Extended Phenotype*. San Francisco: W.H. Freeman.

de Kort, S. R. and Clayton, N. S. 2006. An evolutionary perspective on caching by corvids. *Proceedings of the Royal Society of London B* 273: 417–423.

Donaldson, Z. R. and Young, L. J. 2008. Oxytocin, vasopressin, and the neurogenetics of sociality. *Science* 322: 900–904.

Dunlap, A. S., Chen, B. B., Bednekoff, P. A., Greene, T. M., and Balda, R. P. 2006. A state-dependent sex difference in spatial memory in pinyon jays, *Gymnorhinus cyanocephalus*: Mated females forget as predicted by natural history. *Animal Behaviour* 72: 401–411.

Emlen, D. J. 2000. Integrating development with evolution: A case study with beetle horns. *BioScience* 50: 403–418.

Emlen, D. J., Szafran, Q., Corley, L., and Dworkin I. 2006. Insulin signaling and limb-patterning: Candidate pathways for the origin and evolutionary diversification of beetle "horns." *Heredity* 97: 179–191.

Emlen, D. J., Warren, I. A., Johns, A., Dworkin, I., and Lavine, L. C. 2012. A mechanism of extreme growth and reliable signaling in sexually selected ornaments and weapons. *Science* 337: 860–864.

Feldman, C. R., Brodie Jr, E. D., Brodie III, E. D., and Pfrender, M. E. 2010. Genetic architecture of a feeding adaptation: Garter snake (*Thamnophis*) resistance to tetrodotoxin-bearing prey. *Proceedings of the Royal Society of London B* 277: 3317–3325.

Fernald, R. D. 1993. Cichlids in love. *The Sciences* 33: 27–31.

Fernald, R. D. 2011. Systems biology meets behavior. *Proceedings of the National Academy of Sciences USA* 108: 17861–17862.

Francis, R. C., Soma, K. K., and Fernald, R. D. 1993. Social regulation of the brain-pituitary-gonadal axis. *Proceedings of the National Academy of Sciences USA* 90: 7794–7798.

Gamboa, G. J. 2004. Kin recognition in eusocial wasps. *Annales Zoologici Fennici* 41: 789–808.

Garcia, J. and Ervin, F. R. 1968. Gustatory-visceral and telereceptor-cutaneous conditioning: Adaptation in internal and external milieus. *Communications in Behavioral Biology (A)* 1: 389–415.

Garcia, J., Hankins, W. G., and Rusiniak, K. W. 1974. Behavioral regulation of the *milieu interne* in man and rat. *Science* 185: 824–831.

Gaulin, S. J. C. and FitzGerald, R. W. 1989. Sexual selection for spatial-learning ability. *Animal Behaviour* 37: 322–331.

Geffeney, S., Brodie Jr., E. D., Ruben, P. C., and Brodie III, E. D. 2002. Mechanisms of adaptation in a predator-prey arms race: TTX-resistant sodium channels. *Science* 297: 1336–1339.

Geffeney, S. L., Fujimoto, E., Brodie III, E. D., Brodie Jr, E. D., and Ruben, P. C. 2005. Evolutionary diversification of TTX-resistant sodium channels in a predator–prey interaction. *Nature* 434: 759–763.

Getz, L. L. and Carter, C. S. 1996. Prairie vole partnerships. *American Scientist* 84: 56–62.

Göth, A. and Evans, C. S. 2004. Social responses without early experience: Australian brush-turkey chicks use specific visual cues to aggregate with conspecifics. *Journal of Experimental Biology* 207: 2199–2208.

Hammock, E. A., D. and Young, L. J. 2005. Microsatellite instability generates diversity in brain and sociobehavioral traits. *Science* 308: 1630–1634.

Hampton, R. R. and Shettleworth, S. J. 1996. Hippocampal lesions impair memory for location but not color in passerine birds. *Behavioral Neuroscience* 110: 831–835.

Harlow, H. F. and Harlow, M. K. 1962. Social deprivation in monkeys. *Scientific American* 207: 136–146.

Harlow, H. F., Harlow, M. K., and Suomi, S. J. 1971. From thought to therapy: Lessons from a primate laboratory. *American Scientist* 59: 538–549.

Hauber, M. E., Russo, S. A., and Sherman, P. W. 2001. A password for species recognition in a brood-parasitic bird. *Proceedings of the Royal Society of London B* 268: 1041–1048.

Hauber, M. E. and Sherman, P. W. 2001. Self-referent phenotype matching: theoretical considerations and empirical evidence. *Trends in Neurosciences* 24: 609–616.

Herb, B. R., Wolschin, F., Hansen, K. D., Aryee, M. J., Langmead, B., et al. 2012. Reversible switching between epigenetic states in honeybee behavioral subcastes. *Nature Neuroscience* 15: 1371–1373.

Hitchcock, C. L. and Sherry, D. F. 1990. Long-term memory for cache sites in the black-capped chickadee. *Animal Behaviour* 40: 701–712.

Holmes, W. G. 1986. Identification of paternal half-siblings by captive Belding's ground squirrels. *Animal Behaviour* 34: 321–327.

Holmes, W. G. and Sherman, P. W. 1982. The ontogeny of kin recognition in two species of ground squirrels. *American Zoologist* 22: 491–517.

Holmes, W. G. and Sherman, P. W. 1983. Kin recognition in animals. *American Scientist* 71: 46–55.

Huang, Z.-Y. and Robinson, G. E. 1992. Honeybee colony integration: Worker-worker interactions mediate hormonally regulated plasticity in division of labor. *Proceedings of the National Academy of Sciences USA* 89: 11726–11729.

Kamakura, M. 2011. Royalactin induces queen differentiation in honeybees. *Nature* 473: 478–483.

Kannisto, V., Christensen, K., and Vaupel, J. W. 1997. No increased mortality in later life for cohorts born during famine. *American Journal of Epidemiology* 145: 987–994.

Kasumovic, M. M. and Andrade, M. C. B. 2006. Male development tracks rapidly shifting sexual versus natural selection pressures. *Current Biology* 16: R242–R243.

Kent, C. F., Daskalchuk, T., Cook, L., Sokolowski, M. B., and Greenspan, R. J. 2009. The *Drosophila* foraging gene mediates adult plasticity and gene-environment interactions in behaviour, metabolites, and gene expression in response to food deprivation. *PLoS Genetics* 5: e1000609.

Kerverne, E. B. 1997. An evaluation of what the mouse knockout experiments are telling us about mammalian behaviour. *Bioessays* 19: 1091–1098.

Kijimoto, T. and Moczek, A. P. 2016. Hedgehog signaling enables nutrition-responsive inhibition of an alternative morph in a polyphenic beetle. *Proceedings of the National Academy of Sciences USA* 113: 5982–5987.

King, A. P. and West, M. J. 1983. Epigenesis of cowbird song: A joint endeavour of males and females. *Nature* 305: 704–706.

Krebs, C. J., Boutin, S., Booonstra, R., Sinclair, A. R. E., Smith, J. N. M., et al. 1995. Impact of food and predation on the snowshoe hare cycle. *Science* 269: 1112–1115.

Kroodsma, D. E. and Canady, R. A. 1985. Differences in repertoire size, singing behavior, and associated neuroanatomy among marsh wren populations have a genetic basis. *Auk* 102: 439–446.

Kucharski, R., Maleszka, J., Foret, S., and Maleszka, R. 2008. Nutritional control of reproductive status in honeybees via DNA methylation. *Science* 319: 1827–1830.

Küpper, C., Stocks, M., Risse, J. E., dos Remedios, N., Farrell, F. L., et al. 2015. A supergene determines highly divergent male reproductive morphs in the ruff. *Nature Genetics* 48: 79–83.

Lamichhaney, S., Fan, G., Widemo, F., Gunnarsson, U., Thalmann, D. S., et al. 2015. Structural genomic changes underlie alternative reproductive strategies in the ruff (*Philomachus pugnax*). *Nature Genetics* 48: 84–88.

Lea, A. J., Altmann, J., Alberts, S. C., and Tung J. 2015. Developmental constraints in a wild primate. *American Naturalist* 185: 809–821.

Lea, A. J., altmann, J., Alberts, S. C., and Tung J. 2016. Resource base influences genome-wide DNA methylation levels in wild baboons (*Papio cynocephalus*). *Molecular Ecology* 25: 1681–1696.

Leoncini, I., Le Conte, Y., Costagliola, G., Plettner, E., Toth, A. L., et al. 2004. Regulation of behavioral maturation by a primer pheromone produced by adult worker honey bees. *Proceedings of the National Academy of Sciences USA* 101: 17559–17564.

Levine, S. and Mullins, R. F. 1966. Hormonal influences on brain organization in infant rats. *Science* 152: 1585–1592.

Lim, M. M., Murphy, A. Z., and Young, L. J. 2004a. Ventral striatopallidal oxytocin and vasopressin V1a receptors in the monogamous prairie vole (*Microtus ochrogaster*). *Journal of Comparative Neurology* 468: 555–570.

Lim, M. M., Wang, X., Olazábal, D. E., Ren, X., Terwilliger, E. F., and Young, L. J. 2004b. Enhanced partner preference in a promiscuous species by manipulating the expression of a single gene. *Nature* 429: 754–757.

Lindauer, M. 1961. *Communication among Social Bees*. Cambridge, MA: Harvard University Press.

Lore, R. and Flannelly, K. 1977. Rat societies. *Scientific American* 236: 106–116.

Lorenz, K. Z. 1952. *King Solomon's Ring*. New York: Crowell.

Lyko, F., Foret, S., Kucharski, R., Wolf, S., Falckenhayn, C., and Maleszka R. 2010. The honey bee epigenomes: Differential methylation of brain DNA in queens and workers. *PLoS Biology* 8: e1000506.

Mabry, K. E., Streatfeild, C. A., Keane, B., and Solomon, N. G. 2011. *AVPR1A* length polymorphism is not associated with either social or genetic monogamy in free-living prairie voles. *Animal Behaviour* 81: 11–18.

MacDougall-Shackleton, S. A., Sherry, D. F., Clark, A. P., Pinkus, R., and Hernandez, A. M. 2003. Photoperiodic regulation of food-storing and hippocampus volume in black-capped chickadees *Poecile atricapilla*. *Animal Behaviour* 65: 805–812.

Maret, T. J. and Collins, J. P. 1994. Individual responses to population size structure: The role of size variation in controlling expression of a trophic polyphenism. *Oecologia* 100: 279–285.

Mateo, J. M. 2002. Kin-recognition abilities and nepotism as a function of sociality. *Proceedings of the Royal Society of London B* 269: 721–727.

Mateo, J. M. 2006. The nature and representation of individual recognition odours in Belding's ground squirrels. *Animal Behaviour* 71: 141–154.

Mateo, J. M. and Holmes, W. G. 1997. Development of alarm-call responses in Belding's ground squirrels: The role of dams. *Animal Behaviour* 54: 509–524.

Mateo, J. M. and Johnston, R. E. 2000. Kin recognition and the "armpit effect": Evidence of self-reference phenotype matching. *Proceedings of the Royal Society of London B* 267: 695–700.

McGlothlin, J. W., Kobiela, M. E., Feldman, C. R., Brodie Jr., E. D., Pfrender, M. E., and Brodie III, E. D. 2016. Historical contingency in a multigene family facilitates adaptive evolution of toxin resistance. *Current Biology* 26: 1616–1621.

Milius, S. 2004. Where'd I put that? *Science News* 165: 103–105.

Möller, A., Pavlick, B., Hile, A. G., and Balda, R. P. 2001. Clark's nutcrackers *Nucifraga columbiana* remember the size of their cached seeds. *Ethology* 107: 451–461.

Morley, R. and Lucas A. 1997. Nutrition and cognitive development. *British Medical Bulletin* 53: 123–124.

Mueller, J., Pulido, F., and Kempenaers B. 2011. Identification of a gene associated with avian migratory behaviour. *Proceedings of the Royal Society of London B* 278: 2848–2856.

Okhovat, M., Berrio, A., Wallace, G., Ophir, A. G., and Phelps, S. M. 2015. Sexual fidelity trade-offs promote regulatory variation in the prairie vole brain. *Science* 350: 1371–1374.

Olson, D. J., Kamil, A. C., Balda, R. P., and Nims, P. J. 1995. Performance of four seed-caching corvid species in operant tests of nonspatial and spatial memory. *Journal of Comparative Psychology* 109: 173–181.

Ophir, A. G., Wolff, J. O., and Phelps S. 2008. Variation in neural V1aR predicts sexual fidelity and space use among male prairie voles in semi-natural settings. *Proceedings of the National Academy of Sciences USA* 105: 1249–1254.

Parker, K. J., Kinney, L. F., Phillips, K. M., and Lee, T. M. 2001. Paternal behavior is associated with central neurohormone receptor binding patterns in meadow voles (*Microtus pennsylvanicus*). *Behavioral Neuroscience* 115: 1341–1348.

Parker, K. J. and Lee, T. M. 2001. Central vasopressin administration regulates the onset of facultative paternal behavior in *Microtus pennsylvanicus* (meadow voles). *Hormones and Behavior* 39: 285–294.

Pfennig, D. W. and Collins, J. P. 1993. Kinship affects morphogenesis in cannibalistic salamanders. *Nature* 362: 836–838.

Pfennig, D. W., Rice, A. M., and Martin, R. A. 2007. Field and experimental evidence for competition's role in phenotypic divergence. *Evolution* 61: 257–271.

Pfennig, D. W., Sherman, P. W., and Collins, J. P. 1994. Kin recognition and cannibalism in polyphenic salamanders. *Behavioral Ecology* 5: 225–232.

Picciotto, M. R. 1999. Knockout mouse models used to study neurobiological systems. *Critical Reviews in Neurobiology* 13: 103–149.

Pitkow, L. J., Sharer, C. A., Ren, X. L., Insel, T. R., Terwilliger, E. F., and Young, L. J. 2001. Facilitation of affiliation and pair-bond formation by vasopressin receptor gene transfer into the ventral forebrain of a monogamous vole. *Journal of Neuroscience* 21: 7392–7396.

Pravosudov, V. V. and de Kort, S. R. 2006. Is the western scrub-jay (*Aphelocoma californica*) really an underdog among food-caching corvids when it comes to hippocampal volume and food caching propensity? *Brain, Behavior and Evolution* 67: 1–9.

Purcell, J., Brelsford, A., Wurm, Y., Perrin, N., and Chapuisat M. 2014. Convergent genetic architecture underlies social organization in ants. *Current Biology* 24: 2728–2732.

Rasmussen, K. M. 2001. The "fetal origins" hypothesis: Challenges and opportunities for maternal and child nutrition. *Annual Review of Nutrition* 21: 73–95.

Ratcliffe, J. M., Fenton, M. B., and Galef, B. G. 2003. An exception to the rule: Common vampire bats do not learn taste aversions. *Animal Behaviour* 65: 385–389.

Robinson, G. E. 1998. From society to genes with the honey bee. *American Scientist* 86: 456–462.

Robinson, G. E. 2004. Beyond nature and nurture. *Science* 304: 397–399.

Ross, K. G. and Keller L. 1998. Genetic control of social organization in an ant. *Proceedings of the National Academy of Sciences USA* 95: 14232–14237.

Ross, K. G. and Keller L. 2002. Experimental conversion of colony social organization by manipulation of worker genotype composition in fire ants (*Solenopsis invicta*). *Behavioral Ecology and Sociobiology* 51: 287–295.

Rubenstein, D. R. and Hofmann, H. A. 2015. Proximate pathways underlying social behavior. *Current Opinion in Behavioral Sciences* 6: 154–159.

Rubenstein, D. R., Skolnik, H. E., Berrio, A., Champagne, F., Phelps, S., and Solomon, J. 2016. Sex-specific fitness effects of unpredictable early life conditions are associated with DNA methylation in the avian glucocorticoid receptor. *Molecular Ecology* 25: 1714–1728.

Sayol, F., Maspons, J., Lapiedra, O., Iwaniuk, A. N., Szekely, T., and Sol, D. 2016. Environmental variation and the evolution of large brains in birds. *Nature Communications* 7: 13971.

Seeley, T. D. 1982. Adaptive significance of the age polyethism schedule in honeybee colonies. *Behavioral Ecology and Sociobiology* 11: 287–293.

Sen Sarma, M., Rodriguez-Zas, S. L., Gernat, T., Nguyen, T., Newman, T., and Robinson, G. E. 2010. Distance-responsive genes found in dancing honey bees. *Genes, Brain and Behavior* 9: 825–830.

Sheriff, M. J., Krebs, C. J., and Boonstra R. 2009. The sensitive hare: Sublethal effects of predator stress on reproduction in snowshoe hares. *Journal of Animal Ecology* 78: 1249–1258.

Sheriff, M. J. and Love, O. P. 2012. Determining the adaptive potential of maternal stress. *Ecology Letters* 16: 271–280.

Sherry, D. F. 1984. Food storage by black-capped chickadees: Memory of the location and contents of caches. *Animal Behaviour* 32: 451–464.

Sherry, D. F., Forbes, M. R. L., Kjurgel, M., and Ivy, G. O. 1993. Females have a larger hippocampus than males in the brood-parasitic brown-headed cowbird. *Proceedings of the National Academy of Sciences USA* 90: 7839–7843.

Sherry, D. F. and Hoshooley, J. S. 2010. Seasonal hippocampal plasticity in food-storing birds. *Philosophical Transactions of the Royal Society B* 365: 933–943.

Shettleworth, S. J., Hampton, R. R., and Westwood, R. P. 1995. Effects of season and photoperiod on food storing by black-capped chickadees, *Parus atricapillus*. *Animal Behaviour* 49: 989–998.

Simpson, S. J., Despland, E., Hagele, B. F., and Dodgson T. 2001. Gregarious behavior in desert locusts is evoked by touching their back legs. *Proceedings of the National Academy of Sciences USA* 98: 3895–3897.

Simpson, S. J., Sword, G. A., and Lo, N. 2011. Polyphenism in insects. *Current Biology* 21: R738–R749.

Skinner, B. F. 1966. Operant behavior. In W. Honig (ed.), *Operant Behavior*. New York: Appleton-Century-Crofts.

Slagsvold, T. 1998. On the origin and rarity of interspecific nest parasitism in birds. *American Naturalist* 152: 264–272.

Slagsvold, T., Hansen, B. T., Johannessen, L. E., and Lifjeld, J. T. 2002. Mate choice and imprinting in birds studied by cross-fostering in the wild. *Proceedings of the Royal Society of London B* 269: 1449–1455.

Solomon, N. G., Richmond, A. R., Harding, P. A., Fries, A., Acquemin, S., et al. 2009. Polymorphism at the *avpr1a* locus in male prairie voles correlated with genetic but not social monogamy in field populations. *Molecular Ecology* 18: 4680–4695.

Stein, Z., Susser, M., Saenger, G., and Marolla, F. 1972. Nutrition and mental performance. *Science* 178: 708–713.

Streatfeild, C. A., Mabry, K. E., Keane, B., Crist, T. O., and Solomon, N. G. 2011. Intraspecific variability in the social and genetic mating systems of prairie voles, *Microtus ochrogaster*. *Animal Behaviour* 82: 1387–1398.

Sullivan, J. P., Jassim, O., Fahrbach, S. E., and Robinson, G. E. 2000. Juvenile hormone paces behavioral development in the adult worker honey bee. *Hormones and Behavior* 37: 1–14.

Susser, M. and Stein Z. 1994. Timing in prenatal nutrition: A reprise of the Dutch famine study. *Nutrition Reviews* 52: 84–94.

Taylor, S. and Campagna, L. 2016. Avian supergenes. *Science* 351: 446–447.

Tobi, E. W., Goeman, J. J., Monajemi, R., Gu, H., Putter, H., et al. 2014. DNA methylation signatures link prenatal famine exposure to growth and metabolism. *Nature Communications* 5: 5592–5614.

Toth, A. L. and Robinson, G. E. 2007. Evo-devo and the evolution of social behavior. *Trends in Genetics* 23: 334–341.

Toth, A. L., Varala, K., Henshaw, M. T., Rodriguez-Zas, S. L., Hudson, M. E., and Robinson, G. E. 2010. Brain transcriptomic analysis in paper wasps identifies genes associated with behaviour across social insect lineages. *Proceedings of the Royal Society of London B* 277: 2139–2148.

Toth, A. L., Varala, K., Newman, T. C., Miguez, F. E., Hutchison, S. K., et al. 2007. Wasp gene expression supports an evolutionary link between maternal behavior and eusociality. *Science* 318: 441–444.

Walum, H., Westberg, L., Henningsson, S., Neiderhiser, J. M., Reiss, D., et al. 2008. Genetic variation in the vasopressin receptor 1a gene (*AVPR1A*) associates with pair-bonding behavior in humans. *Proceedings of the National Academy of Sciences USA* 105: 14153–14156.

Wang, J., Wurm, Y., Nipitwattanaphon, M., Riba-Grognuz, O., Huang U.-C., et al. 2013. A Y-like social chromosome causes alternative colony organization in fire ants. *Nature* 493: 664–668.

Weaver, I. C. G., Cervoni, N., Champagne, F. A., D'Alessio, A. C., Sharma, S., et al. 2004. Epigenetic programming by maternal behavior. *Nature Neuroscience* 7: 847–854.

West-Eberhard, M. J. 2003. *Developmental Plasticity and Evolution*. New York: Oxford University Press.

White, S. A., Nguyen, T., and Fernald, R. D. 2002. Social regulation of gonadotropin-releasing hormone. *Journal of Experimental Biology* 205: 2567–2581.

Whitfield, C. W., Cziko, A. M., and Robinson, G. E. 2003. Gene expression profiles in the brain predict behavior in individual honey bees. *Science* 302: 296–299.

Young, L. J., Nilsen, R., Waymire, K. G., Grant R. MacGregor, G. R., and Insel, T. R. 1999. Increased affliative response to vasopressin in mice expressing the V1a receptor from a monogamous vole. *Nature* 400: 766–768.

Young, L. J. and Wang Z. 2004. The neurobiology of pair bonding. *Nature Neuroscience* 7: 1048–1054.

Chapter 4

Acharya, L. and McNeil, J. N. 1998. Predation risk and mating behavior: The responses of moths to bat-like ultrasound. *Behavioral Ecology* 9: 552–558.

Aiello, L. C. and Wheeler, P. 1995. The expensive-tissue hypothesis: The brain and the digestive system in human and primate evolution. *Current Anthropology* 36: 1999–1221.

Barber, J. R. and Conner, W. E. 2007. Acoustic mimicry in a predator–prey interaction. *Proceedings of the National Academy of Sciences USA* 104: 9331–9334.

Barton, D. and Dunbar, R. I. M. 1997. Evolution of the social brain. In A. Whiten and R. W. Byrne (eds.), *Machiavellian Intelligence II: Extensions and Evaluations*, 2nd ed., pp. 240–263. Cambridge: Cambridge University Press.

Bass, A. H. 1996. Shaping brain sexuality. *American Scientist* 84: 352–363.

Benson-Amrama, S., Dantzer, B., Strickere, G., Swanson, E. M., and Holekamp, K. E. 2016. Brain size predicts problem-solving ability in mammalian carnivores. *Proceedings of the National Academy of Sciences USA* 113: 2532–2537.

Boulcott, P. D., Walton, K., and Braithwaite, V. A. 2005. The role of ultraviolet wavelengths in the mate-choice decisions of female three-spined sticklebacks. *Journal of Experimental Biology* 208: 1453–1458.

Brodfuehrer, P. D. and Hoy, R. R. 1990. Ultrasound-sensitive neurons in the cricket brain. *Journal of Comparative Physiology A* 166: 651–662.

Brower, L. P. 1995. Understanding and misunderstanding the migration of the monarch butterfly (Nymphalidae) in North America, 1857–1995. *Journal of the Lepidopteran Society* 49: 304–385.

Burkhardt, R. W. 2004. *Patterns of Behavior: Konrad Lorenz, Niko Tinbergen, and the Founding of Ethology*. Chicago: University of Chicago Press.

Catania, K. C. 1995. Structure and innervation of the sensory organs on the snout of the star-nosed mole. Journal of Comparative Neurology 351: 536–548.

Catania, K. C. 2000. Cortical organization in Insectivora: The parallel evolution of the sensory periphery and the brain. *Brain Behavior and Evolution* 55: 311–321.

Catania, K. C. 2008. Worm grunting, fiddling, and charming: Humans unknowingly mimic a predator to harvest bait. *PLoS One* 3: e3472.

Catania, K. C. and Kaas, J. H. 1996. The unusual nose and brain of the star-nosed mole. *BioScience* 46: 578–586.

Catania, K. C. and Kaas, J. H. 1997. Somatosensory fovea in the star-nosed mole: Behavioral use of the star in relation to innervation patterns and cortical representation. *Journal of Comparative Neurology* 387: 215–233.

Catania, K. C. and Remple, F. E. 2004. Tactile foveation in the star-nosed mole. *Brain, Behavior and Evolution* 63: 1–12.

Catania, K. C. and Remple, F. E. 2005. Asymptotic prey profitability drives star-nosed moles to the foraging speed limit. *Nature* 433: 519–522.

Catania, K. C. and Remple, M. S. 2002. Somatosensory cortex dominated by the representation of teeth in the naked mole-rat brain. *Proceedings of the National Academy of Sciences USA* 99: 5692–5697.

Clarac, F. and Pearlstein, E. 2007. Invertebrate preparations and their contribution to neurobiology in the second half of the 20th century. *Brain Research Reviews* 54: 113–161.

Conner, W. E. and Corcoran, A. J. 2012. Sound strategies: The 65-million-year-old battle between bats and insects. *Annual Review of Entomology* 57: 21–39.

Corcoran, A. J., Barber, J. R., Hristov, N. I., and Conner, W. E. 2011. How do tiger moths jam bat sonar? *Journal of Experimental Biology* 214: 2416–2425.

Davies, N. B. 2000. *Cuckoos, Cowbirds, and Other Cheats*. London: T. and A. D. Poyser

DeCasien, A. R., Williams, S. A., and Higham, J. P. 2017. Primate brain size is predicted by diet but not sociality. *Nature Ecology & Evolution*. doi: 10.1038/s41559-017-0112.

Dowdy, N. J. and Conner, W. E. 2016. Acoustic aposematism and evasive action in select chemically defended arctiine (Lepidoptera: Erebidae) species: Nonchalant or not? *PLoS One* 11: e0152981.

Drea, C. M. and Carter, A. N. 2009. Cooperative problem solving in a social carnivore. *Animal Behaviour* 78: 967–977.

Dunbar, R. I. M. 2003. The social brain: Mind, language, and society in evolutionary perspective. *Annual Review of Anthropology* 32: 163–181.

Dunbar, R. I. M. and Shultz, S. 2007. Evolution in the social brain. *Science* 317: 1344–1347.

Feng, N. Y. and Bass, A. H. 2017. Neural, hormonal, and genetic mechanisms of alternative reproductive tactics: Vocal fish as model systems. In D. W. Pfaff and M. Joëls (eds.), *Hormones, Brain and Behavior*, pp. 47–68. Oxford: Academic Press.

Finarelli, J. A. and Flynn, J. J. 2009. Brain-size evolution and sociality in Carnivora. *Proceedings of the National Academy of Scienсs of USA*106: 9345–9349.

Frost, W. N., Hoppe, T. A., Wang, J., and Tian, L. M. 2001. Swim initiation neurons in *Tritonia diomedea*. *American Zoologist* 41: 952–961.

Froy, O., Gotter, A. L., Casselman, A. L., and Reppert, S. M. 2003. Illuminating the circadian clock in monarch butterfly migration. *Science* 300: 1303–1305.

Fullard, J. H. 1982. Echolocation assemblages and their effects on moth auditory systems. *Canadian Journal of Zoology* 60: 2572–2576.

Fullard, J. H. 1998. The sensory coevolution of moths and bats. In R. R. Hoy, A. N. Popper and R. R. Fay (eds.), *Comparative Hearing: Insects*, pp. 279–326. New York: Springer.

Fullard, J. H., Dawson, J. W., and Jacobs, D. S. 2003. Auditory encoding during the last moment of a moth's life. *Journal of Experimental Biology* 206: 281–294.

Getting, P. A. 1983. Mechanisms of pattern generation underlying swimming in *Tritonia*. II. Network reconstruction. *Journal of Neurophysiology* 49: 1017–1035.

Getting, P. A. 1989. A network oscillator underlying swimming in *Tritonia*. In J. W. Jacklet (ed.), *Neuronal and Cellular Oscillators*, pp. 215–236. New York: Dekker.

Geva-Sagiv, M., Las, L., Yovel, Y., and Ulanovsky, N. 2015. Spatial cognition in bats and rats: From sensory acquisition to multiscale maps and navigation. *Nature Reviews Neuroscience* 16: 94–108.

Griffin, D. R. 1958. *Listening in the Dark*. New Haven, CT: Yale University Press.

Hare, B., Brown, M., Williamson, C., and Tomasello, M. 2002. The domestication of social cognition in dogs. *Science* 298: 1634–1636.

Hawryshyn, C. W., Ramsden, S. D., Betke, K. M., and Sabbah, S. 2010. Spectral and polarization sensitivity of juvenile Atlantic salmon (*Salmo salar*): Phylogenetic considerations. *Journal of Experimental Biology* 213: 3187–3197.

Heinrich, B. 1999. *Mind of the Raven: Investigations and Adventures with Wolf-Birds*. New York: HarperCollins.

Holzhaider, J. C., Sibley, M. D., Taylor, A. H., Singh, P. J., Gray, R. D., and Hunt, G. R. 2011. The social structure of New Caledonian crows. *Animal Behaviour*

81: 83–92.

Immelmann, K., Piltz, A., and Sossinka, R. 1977. Experimental studies on the significance of mouth markings in zebra finch nestlings. *Zeitschrift für Tierpsychologie* 45: 210–218.

Kalko, E. K. V. 1995. Insect pursuit, prey capture and echolocation in pipistrelle bats (Microchiroptera). *Animal Behaviour* 50: 861–880.

Kell, C. A., von Kriegsterin, K., Rosler, R., Kleinschmidt, A., and Laufs, H. 2005. The sensory cortical representation of the human penis: Revisiting somatotopy in the male homunculus. *Journal of Neuroscience* 25: 5984–5987.

Kemp, D. J. 2008. Female mating biases for bright ultraviolet iridescence in the butterfly *Eurema hecabe* (Pieridae). *Behavioral Ecology* 19: 1–8.

Kruuk, H. 2004. *Niko's Nature: The Life of Niko Tinbergen and His Science of Animal Behavior*. Oxford: Oxford University Press.

Lappin, A. K., Brandt, Y., Husak, J. F., Macedonia, J. M., and Kemp, D. J. 2006. Gaping displays reveal and amplify a mechanically based index of weapon performance. *American Naturalist* 168: 100–113.

Lehmann, G. U. C. and Heller, K.-G. 1998. Bushcricket song structure and predation by the acoustically orienting parasitoid fly *Therobia leonidei* (Diptera: Tachinidae: Ormiini). *Behavioral Ecology and Sociobiology* 43: 239–245.

Madden, J. 2001. Sex, bowers, and brains. *Proceedings of the Royal Society of London B* 268: 833–838.

Marasco, P. D. and Catania, K. C. 2007. Response properties of primary afferents supplying Eimer's organ. *Journal of Experimental Biology* 210: 765–780.

Mason, A. C., Oshinsky, M. L., and Hoy, R. R. 2001. Hyperacute directional hearing in a microscale auditory system. *Nature* 410: 686–690.

May, M. 1991. Aerial defense tactics of flying insects. *American Scientist* 79: 316–329.

Menzel, R. and Giurfa, M. 2001. Cognitive architecture of a mini-brain: The honeybee. *Trends in Cognitive Sciences* 5: 62–71.

Miller, L. A. and Surlykke, A. 2001. How some insects detect and avoid being eaten by bats: Tactics and countertactics of prey and predator. *BioScience* 51: 570–581.

Moiseff, A., Pollack, G. S., and Hoy, R. R. 1978. Steering responses of flying crickets to sound and ultrasound: Mate attraction and predator avoidance. *Proceedings of the National Academy of Sciences USA* 75: 4052–4056.

Navarrete, A., van Schaik, C. P., and Isler, K. 2011. Energetics and the evolution of human brain size. *Nature* 480: 91–94.

Nolen, T. G. and Hoy, R. R. 1984. Phonotaxis in flying crickets: Neural correlates. *Science* 226: 992–994.

Payne, R. B. 2005. Nestling mouth markings and colors of old world finches, Estrildidae: Mimicry and coevolution of nesting finches and their *Vidua* brood parasites. Ann Arbor, MI: Miscellaneous Publication 194 of the University of Michigan Museum of Zoology.

Pérez-Barberia, F. J., Shultz, S., and Dunbar, R. I. M. 2007. Evidence for coevolution of sociality and relative brain size in three orders of mammals. *Evolution* 61: 2811–2821.

Pike, T. W., Bjerkeng, B., Blount, J. D., Lindstrom, J., and Metcalfe, N. B. 2011. How integument colour reflects its carotenoid content: A stickleback's perspective. *Functional Ecology* 25: 297–304.

Pike, T. W., Blount, J. D., Bjerkeng, B., Lindstrom, J., and Metcalfe, N. B. 2007. Carotenoids, oxidative stress, and female mating preference for longer-lived males. *Proceedings of the Royal Society of London B* 274: 1591–1596.

Pontzer, H., Brown, M. H., Raichlen, D. A., Dunsworth, H., Hare, B., et al. 2016. Metabolic acceleration and the evolution of human brain size and life history. *Nature* 533: 390–392.

Ratcliffe, J. M. 2009. Predator–prey interaction in an auditory world. In R. Dukas and J. M. Ratcliffe (eds.), *Cognitive Ecology*, 2nd ed., pp. 201–225. Chicago: University of Chicago Press.

Reppert, S. M., Zhu, H. S., and White, R. H. 2004. Polarized light helps monarch butterflies navigate. *Current Biology* 14: 155–158.

Robert, D., Amoroso, J., and Hoy, R. R. 1992. The evolutionary convergence of hearing in a parasitoid fly and its cricket host. *Science* 258: 1135–1137.

Roeder, K. D. 1963. *Nerve Cells and Insect Behavior*. Cambridge, MA: Harvard University Press.

Roeder, K. D. 1970. Episodes in insect brains. *American Scientist* 58: 378–389.

Roeder, K. D. and Treat, A. E. 1961. The detection and evasion of bats by moths. *American Scientist* 49: 135–148.

Roth, G. and Dicke, U. 2005. Evolution of the brain and intelligence. *Trends in Cognitive Sciences* 9: 250–257.

Rutowski, R. L. 1998. Mating strategies in butterflies. *Scientific American* 279: 64–69.

Sakai, S. T., Arsznov, B. M., Lundrigan, B. L., and Holekamp, K. E. 2011. Brain size and social complexity: A computed tomography study in Hyaenidae. *Brain Behavior and Evolution* 77: 91–104.

Saul-Gershenz, L. and Millar, J. G. 2006. Phoretic nest parasites use sexual deception to obtain transport to their host's nest. *Proceedings of the National Academy of Sciences USA* 103: 14039–14044.

Schuetz, J. G. 2005. Low survival of parasite chicks may result from their imperfect adaptation to hosts rather than expression of defenses against parasitism. *Evolution* 59: 2017–2224.

Sheehan, M. J. and Tibbetts, E. A. 2010. Selection for individual recognition and the evolution of polymorphic identity signals in *Polistes* paper wasps. *Journal of Evolutionary Biology* 23: 570–577.

Sheehan, M. J. and Tibbetts, E. A. 2011. Specialized face learning is associated with individual recognition in paper wasps. *Science* 334: 1272–1275.

Shlizerman, E., Phillips-Portillo, J., Forger, D. B., and Reppert, S. M. 2016. Neural integration underlying a time-compensated sun compass in the migratory monarch butterfly. *Cell Reports* 15: 683–691.

Shultz, S., Dunbar, R. I. M. 2010. Social bonds in birds are associated with brain size and contingent on the correlated evolution of life-history and increased parental investment. *Biological Journal of the Linnean Society* 100: 111–123.

Sisneros, J. A. 2007. Saccular potentials of the vocal plainfin midshipman fish, *Porichthys notatus*. *Journal of Comparative Physiology A* 193: 413–424.

Sisneros, J. A. and Bass, A. H. 2003. Seasonal plasticity of peripheral auditory frequency sensitivity. *Journal of Neuroscience* 23: 1049–1058.

Skals, N., Anderson, P., Kanneworff, M., Löfstedt, C., and Surlykke, A. 2005. Her odours make him deaf: Crossmodal modulation of olfaction and hearing in a male moth. *Journal of Experimental Biology* 208: 595–601.

Stapley, J. and Whiting, M. J. 2005. Ultraviolet signals fighting ability in a lizard. *Biology Letters* 2: 169–172.

Stumpner, A. and Lakes-Harlan, R. 1996. Auditory interneurons in a hearing fly (*Therobia leonidei*, Ormiini, Tachinidae, Diptera). *Journal of Comparative Physiology A* 178: 227–233.

Surlykke, A. 1984. Hearing in notodontid moths: A tympanic organ with a single auditory neuron. *Journal of Experimental Biology* 113: 323–334.

Taylor, A. H., Elliffe, D., Hunt, G. R., and Gray, R. D. 2010. Complex cognition and behavioural innovation in New Caledonian crows. *Proceedings of the Royal Society of London B* 277: 2637–2643.

ter Hofstede, H. M., Goerlitz, H. R., Ratcliffe, J. M., Holderied, M. W., and Surlykke, A. 2013. The simple ears of noctuoid moths are tuned to the calls of their sympatric bat community. *Journal of Experimental Biology* 216: 3954–3962.

ter Hofstede, H. M. and Ratcliffe, J. M. 2016. Evolutionary escalation: The bat–moth arms race. *Journal of Experimental Biology* 219: 1589–1602.

Tinbergen, N. 1951. *The Study of Instinct*. New York: Oxford University Press.

Tinbergen, N. and Perdeck, A. C. 1950. On the stimulus situations releasing the begging response in the newly hatched herring gull (*Larus argentatus* Pont.). *Behaviour* 3: 1–39.

Topál, J., Gergely, G., Erd ′ o ′ hegyi, A., Csibra, G., and Miklósi, A. 2009. Differential sensitivity to human communication in dogs, wolves, and human infants. *Science* 325: 1269–1272.

Udell, M. A. R., Dorey, N. R., and Wynne, C. D. L. 2008. Wolves outperform dogs in following human social cues. *Animal Behaviour* 76: 1767–1773.

Udell, M. A. R., Dorey, N. R., andWynne, C. D. L. 2010. What did domestication do to dogs? A new account of dogs' sensitivity to human actions. *Biological Reviews* 85: 327–345.

Vereecken, N. J. and Mahé, G. 2007. Larval aggregations of the blister beetle *Stenoria analis* (Schaum) (Coleoptera: Meloidae) sexually deceive patrolling males of their host, the solitary bee *Colletes hederae* Schmidt & Westrich (Hymenoptera: Colletidae). *Annales de la Société Entomologique de France* 43: 493–496.

Wickler, W. 1968. *Mimicry in Plants and Animals*. London: World University Library.

Willows, A. O. D. 1971. Giant brain cells in mollusks. *Scientific American* 224: 68–75.

Yack, J. E., Kalko, J. E. V., and Surlykke, A. 2007. Neuro-ethology of ultrasonic hearing in nocturnal butterflies (Hedyloidea). *Journal of Comparative Physiology A* 193: 577–590.

Yager, D. D. 2012. Predator detection and evasion by flying insects. *Current Opinion in Neurobiology* 22: 201–207.

Yager, D. D. and May, M. L. 1990. Ultrasound-triggered, flight-gated evasive maneuvers in the flying praying mantis, *Parasphendale agrionina*. II. Tethered flight. *Journal of Experimental Biology* 152: 41–58.

Yager, D. D. and Svenson, G. J. 2008. Patterns of praying mantis auditory system evolution based on morphological, molecular, neurophysiological, and behavioural data. *Biological Journal of the Linnean Society* 94: 541–568.

Zhu, H., Casselman, A., and Reppert, S. M. 2008. Chasing migration genes: A brain expressed sequence tag resource for summer and migratory monarch butterflies (*Danaus plexippus*). *PLoS One* 3: e1345.

Chapter 5

Adkins-Regan, E. 2005. *Hormones and Animal Social Behavior*. Princeton, NJ: Princeton University Press

Balthazart, J., Baillien, M., Charlier, T. D., Cornil, C. A., and Ball, G. F. 2003. The neuroendocrinology of reproductive behavior in Japanese quail. *Domestic Animal Endocrinology* 25: 69–82.

Baylies, M. K., Bargiello, T. A., Jackson, F. R., and Young, M. W. 1987. Changes in abundance or structure of the *Per* gene product can alter periodicity of the *Drosophila* clock. *Nature* 326: 390–392.

Benkman, C. W. 1990. Intake rates and the timing of crossbill reproduction. *Auk* 107: 376–386.

Bennett, M. F., Shriner, J., and Brown, R. A. 1957. Persistent tidal cycles of spontaneous motor activity in the fiddler crab, *Uca pugnax*. *Biological Bulletin* 112: 267–275.

Chapman, T., Bangham, J., Vinti, G., Lung, O., Wolfner, M. F., et al. 2003. The sex peptide of *Drosophila melanogaster*: Female post-mating responses analyzed by using RNA interference. *Proceedings of the National Academy of Sciences USA* 100: 9923–9928.

Cheng, M. Y., Bullock, C. M., Li, C. Y., Lee, A. G., Bermak, J. C., et al. 2002. Prokineticin 2 transmits the behavioural circadian rhythm of the suprachiasmatic nucleus. *Nature* 417: 405–410.

Colwell, C. S. 2012. Linking neural activity and molecular oscillations in the SCN. *Nature Reviews Neuroscience* 12: 553–569.

Creel, S., Dantzer, B., Goymann, W., and Rubenstein, D. R. 2012. The ecology of stress: Effects of the social environment. *Functional Ecology* 27: 66–80.

Crews, D. 1974. Castration and androgen replacement on male facilitation of ovarian activity in the lizard *Anolis carolinensis*. *Journal of Comparative and Physiological Psychology* 87: 963–969.

Crews, D. 1984. Gamete production, sex hormone secretion, and mating behavior uncoupled. *Hormones and Behavior* 18: 22–28.

Crews, D. 1991. Trans-seasonal action of androgen in the control of spring courtship behavior in male red-sided garter snakes. *Proceedings of the National Academy of Sciences USA* 88: 3545–3548.

Crews, D. and Greenberg, N. 1981. Function and causation of social signals in lizards. *American Zoologist* 21: 273–294.

Davis-Walton, J. and Sherman, P. W. 1994. Sleep arrhythmia in the eusocial naked mole-rat. *Naturwissenschaften* 81: 272–275.

DeCoursey, P. J. and Buggy, J. 1989. Circadian rhythmicity after neural transplant to hamster third ventricle: Specificity of suprachiasmatic nuclei. *Brain Research* 500: 263–275.

Deviche, P. and Sharp, P. J. 2001. Reproductive endocrinology of a free-living, opportunistically breeding passerine (white-winged crossbill, *Loxia leucoptera*). *General and Comparative Endocrinology* 123: 268–279.

Dittami, J. P. and Gwinner, E. 1985. Annual cycles in the African stonechat *Saxicola torquata axillaris* and their relationship to environmental factors. *Journal of Zoology* 207: 357–370.

Farner, D. S. 1964. Time measurement in vertebrate photoperiodism. *American Naturalist* 95: 375–386.

Farner, D. S. and Lewis, R. A. 1971. Photoperiodism and reproductive cycles in birds. *Photophysiology* 6: 325–370.

Follett, B. K., Mattocks, P. W., Jr, and Farner, D. S. 1974. Circadian function in the photoperiodic induction of gonadotropin secretion in the white-crowned sparrow, *Zonotrichia leucophrys gambelli*. *Proceedings of the National Academy of Sciences USA* 71: 1666–1669.

Froy, O., Gotter, A. L., Casselman, A. L., and Reppert, S. M. 2003. Illuminating the circadian clock in monarch butterfly migration. *Science* 300: 1303–1305.

Gettler, L. T., McDade, T. W., Feranil, A. B., and Kuzawa, C. W. 2012. Longitudinal evidence that fatherhood decreases testosterone in males. *Proceedings of the National Academy of Sciences USA* 108: 16194–16199.

Goymann, W. and Helm, B. 2014. Seasonality of life histories in tropical birds: Circannual rhythms and *Zeitgeber*. In H. Numata and B. Helm (eds.), *Annual, Lunar and Tidal Clocks*, pp. 247–275. New York: Springer.

Goymann, W. and Wingfield, J. C. 2004. Allostatic load, social status and stress hormones: The costs of social status matter. *Animal Behaviour* 67: 591–602.

Granados-Fuentes, D., Tseng, A., and Herzog, E. D. 2006. A circadian clock in the olfactory bulb controls olfactory responsivity. *Journal of Neuroscience* 26: 12219–12225.

Greives, T. J., McGlothlin, J. W., Jawor, J. M., Demas, G. E., and Ketterson, E. D. 2006. Testosterone and innate immune function inversely covary in a wild population of breeding dark-eyed juncos (*Junco hyemalis*). *Functional Ecology* 20: 812–818.

Gwinner, E. 1996. Circannual clocks in avian reproduction and migration. *Ibis* 138: 47–63.

Gwinner, E. and Dittami, J. 1990. Endogenous reproductive rhythms in a tropical bird. *Science* 249: 906–908.

Hahn, T. P. 1995. Integration of photoperiodic and food cues to time changes in reproductive physiology by an opportunistic breeder, the red crossbill, *Loxia curvirostra* (Aves: Carduelinae). *Journal of Experimental Zoology* 272: 213–226.

Hahn, T. P. 1998. Reproductive seasonality in an opportunistic breeder, the red crossbill, *Loxia curvirostra*. *Ecology* 79: 2365–2375.

Hahn, T. P., Cornelius, J. M., Sewall, K. B., Kelsey, T. R., Hau, M., and Perfito, N. 2008. Environmental regulation of annual schedules in opportunistically-breeding songbirds: Adaptive specializations or variations on a theme of white-crowned sparrow? *General and Comparative Endocrinology* 157: 217–226.

Hahn, T. P., Pereyra, M. E., Sharbaugh, S. M., and Bentley, G. E. 2004. Physiological responses to photoperiod in three cardueline finch species. *General and Comparative Endocrinology* 137: 99–108.

Hahn, T. P., Wingfield, J. C., Mullen, R., and Deviche, P. J. 1995. Endocrine bases of spatial and temporal opportunism in arctic-breeding birds. *American Zoologist* 35: 259–273.

Hamner, W. M. 1964. Circadian control of photoperiodism in the house finch demonstrated by interrupted-night experiments. *Nature* 203: 1400–1401.

Hau, M., Ricklefs, R. E., Wikelski, M., Lee, K. A., and Brawn, J. D. 2010. Corticosterone, testosterone and life-history strategies of birds. *Proceedings of the Royal Society of London B* 277: 3203–3212.

Hau, M., Stoddard, S. T., and Soma, K. A. 2004a. Territorial aggression and hormones during the non-breeding season in a tropical bird. *Hormones and Behavior* 45: 40–49.

Hau, M., Wikelski, M., Gwinner, H., and Gwinner, E. 2004b. Timing of reproduction in a Darwin's finch: Temporal opportunism under spatial constraints. *Oikos* 106: 489–500.

Hau, M., Wikelski, M., and Wingfield, J. C. 1998. A neotropical forest bird can measure the slight changes in tropical photoperiod. *Proceedings of the Royal Society of London B* 265: 89–95.

Hau, M., Wikelski, M., Soma, K. K., and Wingfield, J. C. 2000. Testosterone and year-round territorial aggression in a tropical bird. *General and Comparative Endocrinology* 117: 20–33.

Helm, B., Schwabl, I., and Gwinner, E. 2009. Circannual basis of geographically distinct bird schedules. *Journal of Experimental Biology* 212: 1259–1269.

Husak, J. F., Irschick, D. J., Meyers, J. J., Lailvaux, S. P., and Moore, I. T. 2007. Hormones, sexual signals, and performance of green anole lizards (*Anolis carolinensis*). *Hormones and Behavior* 52: 360–367.

Jenssen, T. A., Lovern, M. B., and Congdon, J. D. 2001. Field-testing the protandry-based mating system for the lizard, *Anolis carolinensis*: Does the model organism have the right model? *Behavioral Ecology and Sociobiology* 50: 162–171.

Johnson, C. H. and Hasting, J. W. 1986. The elusive mechanisms of the circadian clock. *American Scientist* 74: 29–37.

Johnston, J. D. and Skene, D. J. 2015. Regulation of mammalian neuroendocrine physiology and rhythms by melatonin. *Journal of Endocrinology* 226: T187–T189.

Ketterson, E. D. and Nolan, V., Jr. 1999. Adaptation, exaptation, and constraint: A hormonal perspective. *American Naturalist* 154 (Supplement): S4–S25.

Klein, S. L. 2000. The effects of hormones on sex differences in infection: From genes to behavior. *Neuroscience and Biobehavioral Reviews* 24: 627–638.

Krohmer, R. W., Bieganskia, G. J., Baleckaitisa, D. D., Haradab, N., and Balthazartc, J. 2002. Distribution of aromatase immunoreactivity in the forebrain of red-sided garter snakes at the beginning of the winter dormancy. *Journal of Chemical Neuroanatomy* 23: 59–71.

Krohmer, R. W., Boyle, M. H., Lutterschmidt, D. I., and Mason, R. T. 2010. Seasonal aromatase activity in the brain of the male red-sided garter snake. *Hormones and Behavior* 58: 485–492.

Langmore, N. E., Cockrem, J. F., and Candy, E. J. 2002. Competition for male reproductive investment elevates testosterone levels in female dunnocks, *Prunella modularis*. *Proceedings of the Royal Society of London B* 269: 2473–2478.

Lincoln, G. A., Guinness, F., and Short, R. V. 1972. The way in which testosterone controls the social and sexual behavior of the red deer stag (*Cervus elaphus*). *Hormones and Behavior* 3: 375–396.

Lockard, R. B. 1978. Seasonal change in the activity pattern of *Dipodomys spectabilis*. *Journal of Mammalogy* 59: 563–568.

Lockard, R. B. and Owings, D. H. 1974. Seasonal variation in moonlight avoidance by bannertail kangaroo rats. *Journal of Mammalogy* 55: 189–193.

Loher, W. 1972. Circadian control of stridulation in the cricket *Teleogryllus commodus* Walker. *Journal of Comparative Physiology* 79: 173–190.

Loher, W. 1979. Circadian rhythmicity of locomotor behavior and oviposition in female *Teleogryllus commodus*. *Behavioral Ecology and Sociobiology* 5: 383–390.

Mak, G. K., Enwere, E. K., Gregg, C., Pakarainen, T., Poutanen, M., et al. 2007. Male pheromone-stimulated neurogenesis in the adult female brain: Possible role in mating behavior. *Nature Neuroscience* 10: 1003–1011.

Mansukhani, V., Adkins-Regan, E., and Yang, S. 1996. Sexual partner preference in female zebra finches: The role of early hormones and social environment. *Hormones and Behavior* 30: 506–513.

Marler, C. A., Walsberg, G., White, M. L., and Moore, M. C. 1995. Increased energy expenditure due to increased territorial defense in male lizards after phenotypic manipulation. *Behavioral Ecology and Sociobiology* 37: 225–231.

McGlothlin, J. W., Jawor, J. M., and Ketterson, E. D. 2007. Natural variation in a testosterone-mediated trade-off between mating effort and parental effort. *American Naturalist* 170: 864–875.

Moore, M. C. and Kranz, B. 1983. Evidence for androgen independence of male mounting behavior in white-crowned sparrows (*Zonotrichia leucophrys gambelii*). *Hormones and Behavior* 17: 414–423.

Muehlenbein, M. P. and Watts, D. P. 2010. The costs of dominance: Testosterone, cortisol and intestinal parasites in wild male chimpanzees. *BioPsychoSocial Medicine* 4: 1184–1121.

Neal, J. K. and Wade, J. 2007. Courtship and copulation in the adult male green anole: Effects of season, hormone and female contact on reproductive behavior and morphology. *Behavioural Brain Research* 177: 177–185.

Nelson, R. J., Badura, L. L., and Goldman, B. D. 1990. Mechanisms of seasonal cycles of behavior. *Annual Reviews of Psychology* 41: 81–108.

O'Donnell, R. P., Shine, R., and Mason, R. T. 2004. Seasonal anorexia in the male red-sided garter snake, *Thamnophis sirtalis parietalis*. *Behavioral Ecology and Sociobiology* 56: 413–419.

Packer, C. 1994. *Into Africa*. Chicago: University of Chicago Press.

Packer, C., Swanson, A., Ikanda, D., and Kushnir, H. 2011. Fear of darkness, the full moon, and the nocturnal ecology of African lions. *PLoS One* 6: e22285.

Page, T. L. 1985. Clocks and circadian rhythms. In G. A. Kerkut and L. I. Gilbert (eds.), *Comprehensive Insect Physiology, Biochemistry, and Pharmacology*, pp. 577–652. New York: Pergamon Press.

Pengelley, E. T. and Asmundson, S. J. 1974. Circannual rhythmicity in hibernating animals. In E. T. Pengelley (ed.), *Circannual Clocks*, pp. 95–160. New York: Academic Press.

Pereyra, M. E., Sharbaugh, S. M., and Hahn, T. P. 2005. Interspecific variation in photo-induced GnRH plasticity among nomadic cardueline finches. *Brain, Behavior and Evolution* 66: 35–49.

Perfito, N., Zann, R. A., Bentley, G. E., and Hau, M. 2007. Opportunism at work: Habitat predictability affects reproductive readiness in free-living zebra finches. *Functional Ecology* 21: 291–301.

Perrigo, G., Bryant, W. C., and vom Saal, F. S. 1990. A unique neural timing system prevents male mice from harming their own offspring. *Animal Behaviour* 39: 535–539.

Ralph, M. R., Foster, R. G., Davis, F. C., and Menaker, M. 1990. Transplanted suprachiasmatic nucleus determines circadian rhythm. *Science* 247: 975–978.

Ralph, M. R. and Menaker, M. 1988. A mutation of the circadian system in golden hamsters. *Science* 241: 1225–1227.

Reed, W. L., Clark, M. E., Parker, P. G., Raouf, S. A., Arguedas, N., et al. 2006. Physiological effects on demography: A long-term experimental study of testosterone's effects on fitness. *American Naturalist* 167: 667–683.

Rodriguez-Zas, S. L., Southey, B. R., Shemsh, Y., Rubin, E. B., Cohen, M., et al. 2012. Microarray analysis of natural socially regulated plasticity in circadian rhythms of honey bees. *Journal of Biological Rhythms* 27: 12–24.

Roff, D. A. and Fairbairn, D. J. 2007. The evolution and genetics of migration in insects. *BioScience* 57: 155–164.

Rubenstein, D. R. and Wikelski, M. 2003. Seasonal changes in food quality: A proximate cue for reproductive timing in marine iguanas. *Ecology Letters* 84: 3013–3023.

Runfeldt, S. and Wingfield, J. C. 1985. Experimentally prolonged sexual-activity in female sparrows delays termination of reproductive activity in their untreated mates. *Animal Behaviour* 33: 403–410.

Safran, R. J., Adelman, J. S., McGraw, K. J., and Hau, M. 2008. Sexual signal exaggeration affects male physiological state in barn swallows. *Current Biology* 18: R461–R462.

Sapolsky, R. M., Romero, L. M., and Munck, A. U. 2000. How do glucocorticoids influence stress responses? Integrating permissive, suppressive, stimulatory, and preparative actions. *Endocrine Reviews* 21: 55–89.

Schneider, J. S., Stone, M. K., Wynne-Edwards, K. E., Horton, T. H., Lydon, J., et al. 2003. Progesterone receptors mediate male aggression toward infants. *Proceedings of the National Academy of Sciences USA* 100: 2951–2956.

Sinervo, B., Miles, D. B., Frankino, W. A., Klukowski, M., and DeNardo, D. F. 2000. Testosterone, endurance, and darwinian fitness: Natural and sexual selection on the physiological bases of alternative male behaviors in side-blotched lizards. *Hormones and Behavior* 38: 222–233.

Small, T. W., Sharp, P. J., and Deviche, P. 2007. Environmental regulation of the reproductive system in a flexibly breeding Sonoran Desert bird, the rufous-winged sparrow, *Aimophila carpalis*. *Hormones and Behavior* 51: 483–495.

Soma, K. K., Tramontin, A. D., and Wingfield, J. C. 2000. Oestrogen regulates male aggression in the non-breeding season. *Proceedings of the Royal Society of London B* 267: 1089–1092.

Spoelstra, K., Wikelski, M., Daand, S., Loudone, A. S. I., and Hau, M. 2016. Natural selection against a circadian clock gene mutation in mice. *Proceedings of the National Academy of Sciences USA* 113: 686–691.

Stillman, J. H. and Barnwell, F. H. 2004. Relationship of daily and circatidal activity rhythms of the fiddler crab, *Uca princeps*, to the harmonic structure of semidiurnal and mixed tides. *Marine Biology* 144: 473–482.

Strand, C. R., Small, T. W., and Deviche, P. 2007. Plasticity of the rufous-winged sparrow, *Aimophila carpalis*, song control regions during the monsoon-associated summer breeding period. *Hormones and Behavior* 52: 401–408.

Toh, K. L., Jones, C. R., He, Y., Eide, E. J., Hinz, W. A., et al. 2001. An h*Per2* phosphorylation site mutation in familial advanced sleep phase syndrome. *Science* 291: 1040–1043.

Tökölyi, J., McNamara, J. M., Houston, A. I., and Barta, Z. 2012. Timing of avian reproduction in unpredictable environments. *Evolutionary Ecology* 26: 25–42.

Toma, D. P., Bloch, G., Moore, D., and Robinson, G. E. 2000. Changes in *period* mRNA levels in the brain and division of labor in honey bee colonies. *Proceedings of the National Academy of Sciences USA* 97: 6914–6919.

Tomioka, K. and Matsumoto, A. 2015. Circadian molecular clockworks in non-model insects. *Current Opinion in Insect Science* 7: 58–64.

Trainor, B. C., Bird, I. M., Alday, N. A., Schlinger, B. A., and Marler, C. A 2003. Variation in aromatase activity in the medial preoptic area and plasma progesterone is associated with the onset of paternal behavior. *Neuroendocrinology* 78: 36–44.

Turek, F. W., McMillan, J. P., and Menaker, M. 1976. Melatonin: Effects of the circadian rhythms of sparrows. *Science* 194: 1441–1443.

Vitousek, M. N., Rubenstein, D. R., and Wikelski, M. 2007. The evolution of foraging behavior in the Galápagos marine iguana: Natural and sexual selection on body size drives ecological, morphological, and behavioral specialization. In S. M. Reilly, D. B. Miles, and L. D. McBrayer (eds.), *Foraging Behavior in Lizards*, pp. 491–507. Cambridge: Cambridge University Press.

Wingfield, J. C., Lynn, S. E., and Soma, K. K. 2001. Avoiding the "costs" of testosterone: Ecological bases of hormone–behavior interactions. *Brain, Behavior and Evolution* 57: 239–251.

Wingfield, J. C. and Moore, M. C. 1987. Hormonal, social and environmental factors in the reproductive biology of free-living male birds. In D. Crews (ed.), *Psychobiology of Reproductive Behavior: An Evolutionary Perspective*, pp. 149–175. Englewood Cliffs, NJ: Prentice-Hall.

Wingfield, J. C. and Ramenofsky, M. 1997. Corticosterone and facultative dispersal in response to unpredictable events. *Ardea* 85: 155–166.

Xu, X., Coats, J. K., Yang, C. F., Wang, A., Ahmed, O. M., et al. 2012. Modular genetic control of sexually dimorphic behaviors. *Cell* 148: 596–607.

Yapici, N., Kim, Y.-J., Ribiero, C., and Dickson, B. J. 2008. A receptor that mediates the post-mating switch in *Drosophila* reproductive behaviour. *Nature* 451: 33–38.

Young, A. J., Carlson, A. A., Monfort, S. L., Russell, A. F., Bennett, N. C., and Clutton-Brock, T. 2006. Stress and the suppression of subordinate reproduction in cooperatively breeding meerkats. *Proceedings of the National Academy of Sciences USA* 103: 12005–12010.

Young, M. W. 2000. Marking time for a kingdom. *Science* 288: 451–453.

Young, C., Majoloc, B., Heistermannd, M., Schülkea, O., and Ostner, J. 2014. Responses to social and environmental stress are attenuated by strong male bonds in wild macaques. *Proceedings of the National Academy of Sciences USA* 111: 18195–18200.

Zera, A. J., Zhao, Z., and Kaliseck, K. 2007. Hormones in the field: Evolutionary endocrinology of juvenile hormone and ecdysteroids in field populations of the wing-dimorphic cricket *Gryllus firmus*. *Physiological and Biochemical Zoology* 80: 592–606.

Zhu, H., Sauman, I., Yuan, A., Emery-Le, M., Emery, P., and Reppert, S. M. 2008. Cryptochromes define a novel circadian clock mechanism in monarch butterflies that may underlie sun compass navigation. *PLoS Biology* 6: e4.

Zucker, I. 1983. Motivation, biological clocks, and temporal organization of behavior. In E. Satinoff and P. Teitelbaum (eds.), *Handbook of Behavioral Neurobiology: Motivation*, pp. 3–21.New York: Plenum Press.

Zuk, M., Johnsen, T. S., and MacLarty, T. 1995. Endocrine-immune interactions, ornaments, and mate choice in red jungle fowl. *Proceedings of the Royal Society of London B* 260: 205–210.

Chapter 6

Beckmann, C. and Shine, R. 2011. Toad's tongue for breakfast: Exploitation of a novel prey type, the invasive cane toad, by scavenging raptors in tropical Australia. *Biological Invasions* 13: 1447–1455.

Brady, P. C., Gilerson, A. A., Kattawar, G. W., Sullivan, J. M., Twardowski, M. S., et al. 2015. Open-ocean fish reveal an omnidirectional solution to camouflage in polarized environments. *Science* 350: 965–969.

Brower, J. V. Z. 1958. Experimental studies of mimicry in some North American butterflies. 1. The monarch, *Danaus plexippus*, and viceroy, *Limenitis archippus*. *Evolution* 12: 3–47.

Brower, L. P. and Calvert, W. H. 1984. Chemical defence in butterflies. In R. I. Vane-Wright and P. R. Ackery (eds.), *The Biology of Butterflies*. London: Academic Press.

Bura, V. L., Rohwer, V. G., Martin, P. R., and Yack, J. E. 2011. Whistling in caterpillars (*Amorpha juglandis*, Bombycoidea): Sound-producing mechanism and function. *Journal of Experimental Biology* 214: 30–37.

Burger, J. and Gochfeld, M. 2001. Smooth-billed ani (*Crotophaga ani*) predation on butterflies in Mato Grosso, Brazil: Risk decreases with increased group size. *Behavioral Ecology and Sociobiology* 49: 482–492.

Caro, T. M. 1986a. The functions of stotting in Thomson's gazelles: Some tests of the predictions. *Animal Behaviour* 34: 663–684.

Caro, T. M. 1986b. The functions of stotting: A review of the hypotheses. *Animal Behaviour* 34: 649–662.

Christianson, D. and Creel, S. 2010. A nutritionally mediated risk effect of wolves on elk. *Ecology* 91: 1184–1191.

Clutton-Brock, T. H., O'Riain, M. J., Brotherton, P. N. M., Gaynor, D., Kansky, R., et al. 1999. Selfish sentinels in cooperative mammals. *Science* 284: 1640–1644.

Cook, L. M., Grant, B. S., Saccheri, I. J., and Mallet, J. 2012. Selective bird predation on the peppered moth: The last experiment of Michael Majerus. *Biology Letters* 8: 609–612.

Coyne, J. 1998. Not black and white. *Nature* 396: 35–36.

Creel, S. and Christianson, D. 2008. Relationships between direct predation and risk effects. *Trends in Ecology & Evolution* 23: 194–201.

Creel, S., Winnie, J., Jr., Maxwell, B., Hamlin, K., and Creel, M. 2005. Elk alter habitat selection as an antipredator response to wolves. *Ecology* 86: 3387–3397.

Davis Rabosky, A. R., Cox, C. L., Rabosky, D. L., Title, P. O., Holmes, I. A., et al. 2016. Coral snakes predict the evolution of mimicry across New World snakes. *Nature Communications* 7: 11484.

Dawkins, R. 1980. Good strategy or evolutionarily stable strategy? In G. W. Barlow and J. Silverberg (eds.), *Sociobiology: Beyond Nature/Nurture?* pp. 331–367. Boulder, CO: Westview Press.

Dawkins, R. 1989. *The Selfish Gene*. Oxford: Oxford University Press.

de Belle, J. S. and Sokolowski, M. B. 1987. Heredity of *rover/sitter*: Alternative foraging strategies of *Drosophila melanogaster* larvae. *Heredity* 59: 73–83.

Droge, E., Creel, S., Becker, M. S., and M'soka, J. 2017. Risky times and risky places interact to affect prey behaviour. *Nature Ecology & Evolution* 1: 1123–1128.

Eberhard, W. G. 1982. Beetle horn dimorphism: Making the best of a bad lot. *American Naturalist* 119: 420–426.

Fischhoff, I. R., Sundaresan, S. R., Cordingley, J., and Rubenstein, D. I. 2007. Habitat use and movements of plains zebra (*Equus burchelli*) in response to predation danger from lions. *Behavioral Ecology* 18: 725–729.

Fitzpatrick, M. J., Feder, E., Rowe, L., and Sokolowski, M. B. 2007. Maintaining a behaviour polymorphism by frequency-dependent selection on a single gene. *Nature* 447: 210–212.

Flower, T. P., Gribble, M., and Ridley, A. R. 2014. Deception by flexible alarm mimicry in an African bird. *Science* 344: 513–516.

Gallagher, A. J., Creel, S., Wilson, R. P., and Cooke, S. J. 2017. Energy landscapes and the landscape of fear. *Trends in Ecology & Evolution* 32: 88–96.

Gill, F. B. and Wolf, L. L. 1975a. Economics of feeding territoriality in the golden-winged sunbird. *Ecology* 56: 333–345.

Gill, F. B. and Wolf, L. L. 1975b. Foraging strategies and energetics of East African sunbirds at mistletoe flowers. *American Naturalist* 109: 491–510.

Goldbogen, J. A., Calambokidis, J., Oleson, E., Potvin, J., Pyenson, N. D., et al. 2011. Mechanics, hydrodynamics and energetics of blue whale lunge feeding: Efficiency dependence on krill density. *Journal of Experimental Biology* 214: 131–146.

Goodenough, A. E., Little, N., Carpenter, W. S., and Hart, A. G. 2017. Birds of a feather flock together: Insights into starling murmuration behaviour revealed using citizen science. *PLoS One* 12: e0179277.

Grant, B. S. 1999. Fine tuning the peppered moth paradigm. *Evolution* 53: 980–984.

Grant, B. S., Owen, D. F. and Clarke, C. A. 1996. Parallel rise and fall of melanic peppered moths in America and Britain. *Journal of Heredity* 87: 351–357.

Greene, E., Orsak, L. T., and Whitman, D. W. 1987. A tephritid fly mimics the territorial displays of its jumping spider predators. *Science* 236: 310–312.

Gross, M. R. 1996. Alternative reproductive strategies and tactics: Diversity within species. *Trends in Ecology & Evolution* 11: 92–98.

Gross, M. R. and MacMillan, A. M. 1981. Predation and the evolution of colonial nesting in bluegill sunfish (*Lepomis macrochirus*). *Behavioral Ecology and Sociobiology* 8: 163–174.

Hamilton, W. D. 1971. Geometry for the selfish herd. *Journal of Theoretical Biology* 31: 295–311.

Hogan, B. G., Hildrenbrandt, H., Scott-Samuel, N. E., Cuthill, I. C., and Hemelrijk, C. K. 2017. The confusion effect when attacking simulated three-dimensional starling flocks. *Royal Society Open Science* 4: 160564.

Hori, M. 1993. Frequency-dependent natural selection in the handedness of scale-eating cichlid fish. *Science* 260: 216–219.

Howlett, R. J. and Majerus, M. E. N. 1987. The understanding of industrial melanism in the peppered moth (*Biston betularia*) (Lepidoptera: Geometridae). *Biological Journal of the Linnean Society* 30: 31–44.

Ioannou, C. C., Bartumeus, F., Krause, J., and Ruxton, G. D. 2011. Unified effects of aggregation reveal larger prey groups take longer to find. *Proceedings of the Royal Society of London B* 278: 2985–2990.

Johansson, J., Turesson, H., and Persson, A. 2004. Active selection for large guppies, *Poecilia reticulata*, by the pike cichlid, *Crenicichla saxatilis*. *Oikos* 105: 595–605.

Johnsson, J. I. and Sundström, F. 2007. Social transfer of predation risk information reduces food locating ability in European minnows (*Phoxinus phoxinus*). *Ethology* 113: 166–173.

Kettlewell, H. B. D. 1955. Selection experiments on industrial melanism in the Lepidoptera. *Heredity* 9: 323–343.

Krama, T. and Krama, I. 2005. Cost of mobbing call to breeding pied flycatcher, *Ficedula hypoleuca*. *Behavioral Ecology* 16: 37–40.

Krause, J. and Ruxton, G. D. 2002. *Living in Groups*. Oxford: Oxford University Press.

Krebs, J. R., Ryan, J., and Charnov, E. L. 1974. Hunting by expectation or optimal foraging? A study of patch use by chickadees. *Animal Behaviour* 22: 953–964.

Kruuk, H. 1964. Predators and anti-predator behaviour of the black-headed gull (*Larus ridibundus*). *Behaviour Supplements* 11: 1–129.

Laundre, J. W., Hernandez, L., and Altendorf, K. B. 2001. Wolves, elk, and bison: reestablishing the "landscape of fear" in Yellowstone National Park, U.S.A. *Canadian Journal of Zoology* 79: 1401–1409.

Leal, M. 1999. Honest signalling during prey-predator interactions in the lizard *Anolis cristatellus*. *Animal Behaviour* 58: 521–526.

Lemon, W. C. and Barth, R. H. 1992. The effects of feeding rate on reproductive success in the zebra finch, *Taeniopyga guttata*. *Animal Behaviour* 44: 851–857.

Mather, M. H. and Roitberg, B. D. 1987. A sheep in wolf's clothing: Tephritid flies mimic spider predators. *Science* 236: 308–310.

Maynard Smith, J. and Price, G. R. 1973. The logic of animal conflict. *Nature* 246: 15–18.

Meehan, C. J., Olson, E. J., Reudink, M. W., Kyser, T. K., and Curry, R. L. 2009. Herbivory in a spider through exploitation of an ant-plant mutualism. *Current Biology* 19: R892–R893.

Meire, P. M. and Ervynck, A. 1986. Are oystercatchers (*Haemoptopus ostralegus*) selecting the most profitable mussels (*Mytilus edulis*)? *Animal Behaviour* 34: 1427–1435.

Molleman, F. 2011. Puddling: From natural history to understanding how it affects fitness. *Entomologia Experimentalis et Applicata* 134: 107–113.

Morrell, L. J., Ruxton, G. D., and James, R. S. 2011. Spatial positioning in the selfish herd. *Behavioral Ecology* 22: 16–22.

Olofsson, M., Vallin, A., Jakobsson, S., and Wiklund, C. 2011. Winter predation on two species of hibernating butterflies: Monitoring rodent attacks with infrared cameras. *Animal Behaviour* 81: 529–534.

Oosthuizen, J. H., and Davies, R. W. 1994. The biology and adaptations of the hippopotamus leech *Placobdelloides jaegerskioeldi* (Glossiphoniidae) to its host. *Canadian Journal of Zoology* 72: 418–422.

Palmer, A. R. 2010. Scale-eating cichlids: From hand(ed) to mouth. *Journal of Biology* 9: 11.

Pfennig, D. W., Harcombe, W. R., and Pfennig, K. S. 2001. Frequency-dependent Batesian mimicry. *Nature* 410: 323.

Pietrewicz, A. T. and Kamil, A. C. 1977. Visual detection of cryptic prey by blue jays (*Cyanocitta cristata*). *Science* 195: 580–582.

Pitcher, T. 1979. He who hesitates lives: Is stotting anti-ambush behavior? *American Naturalist* 113: 453–456.

Pitman, R. L., Deecke, V. B., Gabriele, C. M., Srinivasan, M., Black, N., et al. 2017. Humpback whales interfering when mammal-eating killer whales attack other species: Mobbing behavior and interspecific altruism? *Marine Mammal Science* 33: 7–58.

Plowright, R. C., Fuller, G. A., and Paloheimo, J. E. 1989. Shell-dropping by northwestern crows: A reexamination of an optimal foraging study. *Canadian Journal of Zoology* 67: 770–771.

Pyke, G. H., Pulliam, H. R., and Charnov, E. L. 1977. Optimal foraging: A selective review of theory and tests. *Quarterly Review of Biology* 52: 137–154.

Quinn, J. L. and Cresswell, W. 2006. Testing domains of danger in the selfish herd: Sparrowhawks target widely spaced redshanks in flocks. *Proceedings of the Royal Society of London B* 273: 2521–2526.

Rudge, D. W. 2006. Myths about moths: A study in contrasts. *Endeavour* 30: 19–23.

Sargent, T. D. 1976. *Legion of Night: The Underwing Moths*. Amherst, MA: University of Massachusetts Press.

Sherratt, T. N. 2001. The coevolution of warning signals. *Proceedings of the Royal Society of London B* 269: 741–746.

Snowberg, L. K. and Benkman, C. W. 2009. Mate choice based on a key ecological performance trait. *Journal of Evolutionary Biology* 22: 762–769.

Stankowich, T. and Campbell, L. A. 2016. Living in the danger zone: Exposure to predators and the evolution of spines and body armor in mammals. *Evolution* 70: 1501–1511.

Stankowich, T., Caro, T., and Cox, M. 2011. Bold coloration and the evolution of aposematism in terrestrial carnivores. *Evolution* 65: 3090–3099.

Stankowich, T. and Romero, A. N. 2016. The correlated evolution of antipredator defences and brain size in mammals. *Proceedings of the Royal Society of London B* 284: 201661857.

Stuart-Fox, D. M., Moussalli, A., Marshall, N. J., and Owens, I. P. F. 2003. Conspicuous males suffer higher predation risk: Visual modelling and experimental evidence from lizards. *Animal Behaviour* 66: 541–550.

Stuckert, A. M. M., Venegas, P. J., and Summers, K. 2014. Experimental evidence for predator learning and Müllerian mimicry in Peruvian poison frogs (*Ranitomeya*, Dendrobatidae). *Evolutionary Ecology* 28: 413–426.

Sweeney, B. W. and Vannote, R. L. 1982. Population synchrony in mayflies: A predator satiation hypothesis. *Evolution* 36: 810–821.

Turner, G. F. and Pitcher, T. J. 1986. Attack abatement: A model for group protection by combined avoidance and dilution. *American Naturalist* 128: 228–240.

Urban, M. C. 2007. Risky prey behavior evolves in risky habitats. *Proceedings of the National Academy of Sciences USA* 104: 14377–14382.

Vetter, R. S., Visscher, P. K., and Camazine, S. 1999. Mass envenomations by honey bees and wasps. *The Western Journal of Medicine* 170: 223–227.

Walther, B. A. and Gosler, A. G. 2001. The effects of food availability and distance to protective cover on the winter foraging behaviour of tits (Aves: *Parus*). *Oecologia* 129: 312–320.

Watt, P. J. and Chapman, R. 1998. Whirligig beetle aggregations: What are the costs and the benefits? *Behavioral Ecology and Sociobiology* 42: 179–184.

Whitfield, D. P. 1990. Individual feeding specializations of wintering turnstone *Arenaria interpres*. *Journal of Animal Ecology* 59: 193–211.

Wiersma, P. and Verhulst, S. 2005. Effects of intake rate on energy expenditure, somatic repair, and reproduction of zebra finches. *Journal of Experimental Biology* 208: 4091–4098.

Williams, C. K., Lutz, R. S., and Applegate, R. D. 2003. Optimal group size and northern bobwhite coveys. *Animal Behaviour* 66: 377–387.

Wirsing, A. J., Heithaus, M. R., and Dill, L. M. 2007. Can you dig it? Use of excavation, a risky foraging tactic, by dugongs is sensitive to predation danger. *Animal Behaviour* 74: 1085–1091.

Zach, R. 1979. Shell-dropping: Decision-making and optimal foraging in northwestern crows. *Behaviour* 68: 106–117.

Chapter 7

Aires, R. F., Olivejra, G. A., Oliveira, T. F., Ros, A. F. H., and Oliveria, R. F. 2015. Dear enemies elicit lower androgen responses to territorial challenges than unfamiliar intruders in a cichlid fish. *PLoS One* 10: e0137705.

Alcock, J. and Bailey, W. J. 1997. Success in territorial defence by male tarantula hawk wasps *Hemipepsis ustulata*: The role of residency. *Ecological Entomology* 22: 377–383.

Alerstam, T., Hedenstrom, A., and Akesson, S. 2003. Long-distance migration: Evolution and determinants. *Oikos* 103: 247–260.

Anderson, J. B. and Brower, L. P. 1996. Freeze-protection of overwintering monarch butterflies in Mexico: Critical role of the forest as a blanket and an umbrella. *Ecological Entomology* 21: 107–116.

Anderson, R. C. 2009. Do dragonflies migrate across the western Indian Ocean? *Journal of Tropical Ecology* 25: 347–358.

Angelier, F., Vleck, C. M., Holberton, R. L., and Marra, P. P. 2013. Telomere length, non-breeding habitat and return rate in male American redstarts. *Functional Ecology* 27: 342–350.

Baird, T. A. and Curtis, J. L. 2010. Context-dependent acquisition of territories by male collared lizards: The role of mortality. *Behavioral Ecology* 21: 753–758.

Baker, A. J., Gonzalez, P. M., Piersma, T., Niles, L. J., do Nascimento, I. D. S., et al. 2004. Rapid population decline in red knots: Fitness consequences of decreased refuelling rates and late arrival in Delaware Bay. *Proceedings of the Royal Society of London B* 275: 875–882.

Beletsky, L. D. and Orians, G. H. 1989. Territoriality among male red-winged blackbirds. III. Testing hypotheses of territorial dominance. *Behavioral Ecology and Sociobiology* 24: 333–339.

Bell, C. P. 2000. Process in the evolution of bird migration and pattern in avian ecogeography. *Journal of Avian Biology* 31: 258–265.

Bergman, M., Gotthard, K., Berger, D., Olofsson, M., Kemp, D. J., and Wiklund, C. 2007. Mating success of resident versus non-resident males in a territorial butterfly. *Proceedings of the Royal Society of London B* 274: 1659–1665.

Berthold, P., Helbig, A. J., Mohr, G., and Querner, U. 1992. Rapid microevolution of migratory behaviour in a wild bird species. *Nature* 360: 668–670.

Bonte, D., Van Dyck, H., Bullock, J. M., Coulon, A., Delgado, M., et al. 2012. Costs of dispersal. *Biological Reviews* 87: 290–312.

Boyce, M. S. and McDonald, L. L. 1999. Relating populations to habitats using resource selection functions. *Trends in Ecology & Evolution* 14: 268–272.

Brower, L. P. 1996. Monarch butterfly orientation: Missing pieces of a magnificent puzzle. *Journal of Experimental Biology* 199: 93–103.

Brower, L. P., Fink, L. S., and Walford, P. 2006. Fueling the fall migration of the monarch butterfly. *Integrative and Comparative Biology* 46: 1123–1142.

Brown, J. L. 1964. The evolution of diversity in avian territorial systems. *Wilson Bulletin* 76: 160–169.

Brown, J. L. 1975. *The Evolution of Behavior*. New York: W. W. Norton.

Bull, C. M. and Freake, M. J. 1999. Home-range fidelity in the Australian sleepy lizard, *Tiliqua rugosa*. *Australian Journal of Zoology* 47: 125–132.

Buston, P. M. 2004. Territory inheritance in clownfish. *Proceedings of the Royal Society of London B* 271: S252–S254.

Calvert, W. H. and Brower, L. P. 1986. The location of monarch butterfly (*Danaus plexippus* L.) overwintering colonies in Mexico in relation to topography and climate. *Journal of the Lepidopterists' Society* 40: 164–187.

Caro, T. (ed.). 1998. *Behavioral Ecology and Conservation Biology*. New York: Oxford University Press.

Carpenter, S. J., Erickson, J. M., and Holland, F. D. 2003. Migration of a Late Cretaceous fish. *Nature* 423: 70–74.

Clark, T. D., Furey, N. B., Rechisky, E. L., Gale, M. K., Jeffries, K. M., et al. 2016. Tracking wild sockeye salmon smolts to the ocean reveals distinct regions of nocturnal movement and high mortality. *Ecological Applications* 26: 959–978.

Coombs, W. P., Jr. 1990. Behavior patterns of dinosaurs. In D. B. Weishampel, P. Dodson, and H. Osmólska (eds.), *The Dinosauria*, pp. 32–42. Berkeley: University of California Press.

Cox, G. W. 1985. The evolution of avian migration systems between temperate and tropical regions of the New World. *American Naturalist* 126: 452–474.

Davies, N. B. 1978. Territorial defence in the speckled wood butterfly (*Pararge aegeria*): The resident always wins. *Animal Behaviour* 26: 138–147.

Fischer, K., Perlick, J., and Galetz, T. 2008. Residual reproductive value and male mating success: Older males do better. *Proceedings of the Royal Society of London B* 275: 1517–1524.

Fisher, J. 1954. Evolution and bird sociality. In J. Huxley, A. C. Hardy, and E. B. Ford (eds.), *Evolution as a Process*, pp. 71–83. London: Allen & Unwin.

Franchini, P., Irisarri, I., Fudickar, A., Schmidt, A., Meyer, A., et al. 2017. Animal tracking meets migration genomics: Transcriptomic analysis of a partially migratory bird species. *Molecular Ecology* 26: 3204–3216.

Fretwell, S. D. and Lucas, H. K., Jr. 1969. On territorial behavior and other factors influencing habitat distribution in birds. I. Theoretical development. *Acta Biotheoretica* 19: 16–36.

Fricke, H. C., Hencecroth, J., and Hoerner, M. E. 2011. Lowland-upland migration of sauropod dinosaurs during the Late Jurassic epoch. *Nature* 480: 513–515.

Furey, N. B., Hinch, S. G., Bass, A. L., Middleton, C. T., Minke-Martin, V., and Lotto, A. G. 2016. Predator swamping reduces predation risk during nocturnal migration of juvenile salmon in a high-mortality landscape. *Journal of Animal Ecology* 85: 948–959.

Greenwood, P. J. 1980. Mating systems, philopatry, and dispersal in birds and mammals. *Animal Behaviour* 28: 1140–1162.

Hasselquist, D. 1998. Polygyny in great reed warblers: A long-term study of factors contributing to fitness. *Ecology* 79: 2376–2350.

Hawkes, L. A., Balachandran, S., Batnayar, N., Butler, P. J., Frappell, P. B., and Milsom, W. K. 2011. The trans-Himalayan flights of bar-headed geese (*Anser indicus*). *Proceedings of the National Academy of Sciences USA* 108: 9516–9519.

Hedenström, A. 2010. Extreme endurance migration: What is the limit to non-stop flight? *PLoS Biology* 8: e1000362.

Hinsch, M. and Komdeur, J. 2017. What do territory owners defend against? *Proceedings of the Royal Society of London B* 284: 20162356.

Holekamp, K. E. 1984. Natal dispersal in Belding's ground squirrels (*Spermophilus beldingi*). *Behavioral Ecology and Sociobiology* 16: 21–30.

Höner, O. P., Wachter, B., East, M. L., Streich, W. J., Wilhelm, K., et al. 2007. Female mate-choice drives the evolution of male-biased dispersal in a social mammal. *Nature* 448: 798–801.

Hopcraft, J. G., Morales, J. M., Beyer, H. L., Borner, M., Mwangomo, E., et al. 2014. Competition, predation, and migration: Individual choice patterns of Serengeti migrants captured by hierarchical models. *Ecological Monographs* 84: 355–372.

Hyman, J., Hughes, M., Searcy, W. A., and Nowicki, S. 2004. Individual variation in the strength of territory defense in male song sparrows: Correlates of age, territory tenure, and neighbor aggressiveness. *Behaviour* 141: 15–27.

Jiménez, J. A., Hughes, K. A., Alaks, G., Graham, L., and Lacy, R. C. 1994. An experimental study of inbreeding depression in a natural habitat. *Science* 266: 271–273.

Kays, R., Crofoot, M. C., Jetz, W., and Wikelski, M. 2015. Terrestrial animal tracking as an eye on life and planet. *Science* 348: aaa2478.

Kemp, D. J. 2002. Sexual selection constrained by life history in a butterfly. *Proceedings of the Royal Society of London B* 269: 1341–1345.

Kemp, D. J. and Wiklund, C. 2003. Residency effects in animal contests. *Proceedings of the Royal Society of London B* 271: 1707–1711.

Klaassen, R. H. G., Hake, M., Strandberg, R., Koks, B. J., Trierweiler, C., et al. 2014. When and where does mortality occur in migratory birds? Direct evidence from long-term satellite tracking of raptors. *Journal of Animal Ecology* 83: 176–184.

Kramer, G. R., Andersen, D. E., Buehler, D. A., Wood, P. B., Peterson, S. M., et al. 2018. Population trends in *Vermivora* warblers are linked to strong migratory connectivity. *Proceedings of the National Academy of Sciences USA* 115: E3192–E3200.

Krebs, J. R. 1982. Territorial defence in the great tit (*Parus major*): Do residents always win? *Behavioral Ecology and Sociobiology* 11: 185–194.

Lacey, E. A. and Wieczorek, J. R. 2001. Territoriality and male reproductive success in arctic ground squirrels. *Behavioral Ecology* 12: 626–631.

Lank, D. B., Butler, R. W., Ireland, J., and Ydenberg, R. C. 2003. Effects of predation danger on migration strategies of sandpipers. *Oikos* 103: 303–319.

Latta, S. C. and Brown, C. 1999. Autumn stopover ecology of the blackpoll warbler (*Dendroica striata*) in thorn scrub forest of the Dominican Republic. *Canadian Journal of Zoology* 77: 1147–1156.

Levey, D. J. and Stiles, F. G. 1992. Evolutionary precursors of long-distance migration: Resource availability and movement patterns in Neotropical landbirds. *American Naturalist* 140: 447–476.

Lucia, K. E. and Keane, B. 2012. A field test of the effects of familiarity and relatedness on social associations and reproduction in prairie voles. *Behavioral Ecology and Sociobiology* 66: 13–27.

Lundberg, P. 1985. Dominance behavior, body-weight and fat variations, and partial migration in European blackbirds *Turdus merula*. *Behavioral Ecology and Sociobiology* 17: 185–189.

Lundberg, P. 1988. The evolution of partial migration in birds. *Trends in Ecology & Evolution* 3: 172–176.

Mandel, J. T., Bildstein, K. L., Bohrer, G., and Winkler, D. W. 2008. Movement ecology of migration in turkey vultures. *Proceedings of the National Academy of Sciences USA* 105: 19102–129107.

Manley, B. F. J., McDonald, L. L., Thomas, D. L., McDonald, T. L., and Erickson, W. P. 2004. *Resource Selection by Animals: Statistical Design and Analysis for Field Studies*. New York: Kluwer Academic Publishers.

Marden, J. H. and Waage, J. K. 1990. Escalated damselfly territorial contests and energetic wars of attrition. *Animal Behaviour* 39: 954–959.

Margulis, S. W. and Altmann, J. 1997. Behavioural risk factors in the reproduction of inbred and outbred oldfield mice. *Animal Behaviour* 54: 397–408.

Marler, C. A. and Moore, M. C. 1989. Time and energy costs of aggression in testosterone-implanted free-living male mountain spiny lizards (*Sceloporus jarrovi*). *Physiological Zoology* 62: 1334–1350.

Marler, C. A. and Moore, M. C. 1991. Supplementary feeding compensates for testosterone-induced costs of aggression in male mountain spiny lizards, *Sceloporus jarrovi*. *Animal Behaviour* 42: 209–219.

Marra, P. P., Hobson, K. A., and Holmes, R. T. 1998. Linking winter and summer events in a migratory bird by using stable-carbon isotopes. *Science* 282: 1884–1886.

Marra, P. P. and Holmes, R. T. 2001. Consequences of dominance-mediated habitat segregation in American Redstarts during the nonbreeding season. *Auk* 118: 92–104.

Marvin, G. A. 2001. Age, growth, and long-term site fidelity in the terrestrial plethodontid salamander *Plethodon kentucki*. *Copeia* 2001: 108–117.

Maynard Smith, J. 1974. The theory of games and the evolution of animal conflicts. *Journal of Theoretical Biology* 47: 209–221.

Maynard Smith, J. and Parker, G. A. 1976. The logic of asymmetric contests. *Animal Behaviour* 24: 159–175.

McGowan, C. P., Smith, D. R., Sweka, J. A., Martin, J., Nichols, J. D., et al. 2011. Multispecies modeling for adaptive management of horseshoe crabs and red knots in the Delaware Bay. *Natural Resource Modeling* 24: 117–156.

McLoughlin, P. D., Morris, D. W., Fortin, D., Vander Wal, E., and Contasti, A. 2010. Considering ecological dynamics in resource selection functions. *Journal of Animal Ecology* 79: 4–12.

McNair, D. B., Massiah, E. B., and Frost, M. D. 2002. Ground-based autumn migration of blackpoll warblers at Harrison Point, Barbados. *Caribbean Journal of Science* 38: 239–248.

Mitani, J. C., Watts, D. P., and Amsler, S. J. 2010. Lethal intergroup aggression leads to territorial expansion in wild chimpanzees. *Current Biology* 20: R507–R508.

Musiega, D. E., Kazadi, S. N., and Fukuyama, K. 2006. A framework for predicting and visualizing the East African wildebeest migration-route patterns in variable climatic conditions using geographic information system and remote sensing. *Ecological Research* 21: 530–543.

Niles, L. J., Bart, J., Sitters, H. P., Dey, A. D., Clark, K. E., et al. 2009. Effects of horseshoe crab harvest in Delaware Bay on red knots: Are harvest restrictions working? *BioScience* 59: 153–164.

Norris, D. R., Marra, P. P., Kyser, T. K., Sherry, T. W., and Ratcliffe, L. M. 2004. Tropical winter habitat limits reproductive success on the temperate breeding grounds in a migratory bird. *Proceedings of the Royal Society of London B* 271: 59–64.

O'Neill, K. M. 1983. Territoriality, body size, and spacing in males of the bee wolf *Philanthus basilaris* (Hymenoptera; Sphecidae). *Behaviour* 86: 295–321.

Orians, G. H. 1969. On the evolution of mating systems in birds and mammals. *American Naturalist* 103: 589–603.

Outlaw, D. C., Voelker, G., Mila, B., and Girman, D. J. 2003. Evolution of long-distance migration in and historical biogeography of *Catharus* thrushes: A molecular phylogenetic approach. *Auk* 120: 299–310.

Papaj, D. R. and Messing, R. H. 1998. Asymmetries in physiological state as a possible cause of resident advantage in contests. *Behaviour* 135: 1013–1030.

Piper, W. H. 2011. Making habitat selection more "familiar": A review. *Behavioral Ecology and Sociobiology* 65: 1329–1351.

Plaistow, S. and Siva-Jothy, M. T. 1996. Energetic constraints and male mate securing tactics in the damselfly *Calopteryx splendens xanthosoma* (Charpentier). *Proceedings of the Royal Society of London B* 263: 1233–1238.

Powell, G. V. N. and Bjork, R. D. 2004. Habitat linkages and the conservation of tropical biodiversity as indicated by seasonal migrations of three-wattled bellbirds. *Conservation Biology* 18: 500–509.

Pryke, S. R. and Andersson, S. 2003. Carotenoid-based epaulettes reveal male competitive ability: Experiments with resident and floater red-shouldered widowbirds. *Animal Behaviour* 66: 217–224.

Pusey, A. E. and Wolf, M. 1996. Inbreeding avoidance in animals. *Trends in Ecology & Evolution* 11: 201–206.

Quaintenne, G., van Gils, J. A., Bocher, P., Dekinga, A., and Piersma, T. 2011. Scaling up ideals to freedom: Are densities of red knots across western Europe consistent with ideal free distribution? *Proceedings of the Royal Society of London B* 278: 2728–2736.

Rachlow, J. L., Berkeley, E. V., and Berger, J. 1998. Correlates of male mating strategies in white rhinos (*Ceratotherium simum*). *Journal of Mammalogy* 79: 1317–1324.

Ralls, K., Brugger, K., and Ballou, J. 1979. Inbreeding and juvenile mortality in small populations of ungulates. *Science* 206: 1101–1103.

Ramirez, M. I., Azcarate, J. G., and Luna, L. 2003. Effects of human activities on monarch butterfly habitat in protected mountain forests, Mexico. *Forestry Chronicle* 79: 242–246.

Rubenstein, D. R., Chamberlain, C. P., Holmes, R. T., Ayres, M. P., Waldbauer, J. R., et al. 2002. Linking breeding and wintering ranges of a migratory songbird using stable isotopes. *Science* 295: 1062–1065.

Ruegg, K. C. and Smith, T. B. 2002. Not as the crow flies: A historical explanation for circuitous migration in Swainson's thrush (*Catharus ustulatus*). *Proceedings of the Royal Society of London B* 269: 1375–1381.

Sandberg, R. and Moore, F. R. 1996. Migratory orientation of red-eyed vireos, *Vireo olivaceus*, in relation to energetic condition and ecological context. *Behavioral Ecology and Sociobiology* 39: 1–10.

Schwabl, H. 1983. Auspragung und Bedeutung des Teilzugverhaltnes einer sudwestdeutschen Population der Amsel *Turdus merula*. *Journal für Ornithologie* 124: 101–116.

Shaffer, S. A., Tremblay, Y., Weimerskirch, H., Scott, D., Thompson, D. R., et al. 2006. Migratory shearwaters integrate oceanic resources across the Pacific Ocean in an endless summer. *Proceedings of the National Academy of Sciences USA* 103: 12799–12802.

Sherry, T. W. 2018. Identifying migratory birds' population bottlenecks in time and space. *Proceedings of the National Academy of Sciences USA* 115: 3515–3517

Shier, D. M. and Swaisgood, R. R. 2011. Fitness costs of neighborhood disruption in translocations of a solitary mammal. *Conservation Biology* 26: 116–123.

Tobias, J. 1997. Asymmetric territorial contests in the European robin: The role of settlement costs. *Animal Behaviour* 54: 9–21.

Trochet, A., Courtois, E. A., Stevens, V. M., Baguette, M. 2016. Evolution of sex-biased dispersal. *Quarterly Review of Biology* 91: 297–321.

Urquhart, F. A. 1960. *The Monarch Butterfly*. Toronto: University of Toronto Press.

Weber, J. M. 2009. The physiology of long-distance migration: Extending the limits of endurance metabolism. *Journal of Experimental Biology* 212: 593–597.

Webster, M. S., Marra, P. P., Haig, S. M., Bensch, S., and Holmes, R. T. 2002. Links between worlds: Unraveling migratory connectivity. *Trends in Ecology & Evolution* 17: 76–83.

Weidinger, K. 2000. The breeding performance of blackcap *Sylvia atricapilla* in two types of forest habitat. *Ardea* 88: 225–233.

Weimerskirch, H., Martin, J., Clerquin, Y., Alexandre, P., and Jiraskova, S. 2001. Energy saving in flight formation. *Nature* 413: 697–698.

Welty, J. 1982. *The Life of Birds*. Philadelphia, PA: Saunders College Publishing.

Whiting, M. J. 1999. When to be neighbourly: Differential agonistic responses in the lizard *Platysaurus broadleyi*. *Behavioral Ecology and Sociobiology* 46: 210–214.

Wikelski, M., Kays, R. W., Kasdin, N. J., Thorup, K., Smith, J. A., and Swenson, G. W. J. 2007. Going wild: What a global small-animal tracking system could do for experimental biologists. *Journal of Experimental Biology* 210: 181–186.

Williams, T. C. and Williams, J. M. 1978. An oceanic mass migration of land birds. *Scientific American* 239: 166–176.

Winger, B. M., Barker, F. K., and Ree, R. H. 2014. Temperate origins of long-distance seasonal migration in New World songbirds. *Proceedings of the National Academy of Sciences USA* 111: 12115–12120.

Winger, B. M., Lovette, I. J., and Winkler, D. W. 2011. Ancestry and evolution of seasonal migration in the Parulidae. *Proceedings of the Royal Society of London B* 279: 610–618.

Winker, K. and Pruett, C. L. 2006. Seasonal migration, speciation, and morphological convergence in the genus *Catharus* (Turdidae). *Auk* 123: 1052–1068.

Winkler, D. W., Gandoy, F. A., Areta, J. I., Iliff, M. J., Rakhimberdiev, E., et al. 2017. Long-distance range expansion and rapid adjustment of migration in a newly established population of barn swallows breeding in Argentina. *Current Biology* 27: 10801084.

Wolanski, E., Gereta, E., Borner, M., and Mduma, S. 1999. Water, migration, and the Serengeti ecosystem. *American Scientist* 87: 526–533.

Yoder, J. M., Marschall, E. A., and Swanson, D. A. 2004. The cost of dispersal: Predation as a function of movement and site familiarity in ruffed grouse. *Behavioral Ecology* 15: 469–476.

Zeh, D. W. and Zeh, J. A. 1992. Dispersal-generated sexual selection in a beetle-riding pseudoscorpion. *Behavioral Ecology and Sociobiology* 30: 135–142.

Zeh, J. A. 1997. Polyandry and enhanced reproductive success in the harlequin beetle-riding pseudoscorpion. *Behavioral Ecology and Sociobiology* 40: 111–118.

Zuniga, D., Gager, Y., Kokko, H., Fudickar, A. M., Schmidt, A., et al. 2017. Migration confers winter survival benefits in a partially migratory songbird. *eLife* 6: e28123.

Chapter 8

Alcock, J. 2000. Interactions between the sexually deceptive orchid *Spiculaea ciliata* and its wasp pollinator *Thynnoturneria* sp. (Hymenoptera: Thynninae). *Journal of Natural History* 34: 629–636.

Alcock, J. and Bailey, W. J. 1995. Acoustical communication and the mating system of the Australian whistling moth *Hecatesia exultans* (Noctuidae: Agaristidae). *Journal of Zoology* 237, 337–352.

Andersson, M. 1982. Female choice selects for extreme tail length in a widowbird. *Nature* 299: 818–820.

Andersson, S. and Prager, M. 2006. Quantifying colors. In G. E. Hill and K. J. McGraw (eds.), *Bird Coloration: Mechanisms and Measurements*, pp. 41–89. Cambridge, MA: Harvard University Press.

Andersson, S., Pryke, S. R. S., Ornborg, J., Lawes, M. J., and Andersson, M. 2002. Multiple receivers, multiple ornaments, and a trade-off between agonistic and epigamic signaling in a widowbird. *American Naturalist* 160: 683–691.

Bailey, N. W. and Zuk, M. 2008. Acoustic experience shapes female mate choice in field crickets. *Proceedings of the Royal Society of London B* 275: 2645–2650.

Barbero, F., Bonelli, S., Thomas, J. A., Balletto, E., and Schonrogge, K. 2009. Acoustical mimicry in a predatory social parasite of ants. *Journal of Experimental Biology* 212: 4084–4090.

Basolo, A. L. 1990. Female preference predates the evolution of the sword in swordtail fish. *Science* 250: 808–810.

Basolo, A. L. 1995. Phylogenetic evidence for the role of a pre-existing bias in sexual selection. *Proceedings of the Royal Society of London B* 259: 307–311.

Baugh, A. T. and Ryan, M. J. 2011. The relative value of call embellishment in túngara frogs. *Behavioral Ecology and Sociobiology* 65: 359–367.

Beekman, M., Gloag, R. S., Even, N., Wattanachaiyingchareon, W., and Oldroyd, B. P. 2008. Dance precision of *Apis florea*: Clues to the evolution of the honeybee dance language? *Behavioral Ecology and Sociobiology* 62: 1259–1265.

Bernal, X. E., Page, R. A., Rand, A. S., and Ryan, M. J. 2007. Cues for eavesdroppers: Do frog calls indicate prey density and quality? *American Naturalist* 169: 409–415.

Biesmeijer, J. C. and Seeley, T. D. 2005. The use of waggle dance information by honey bees throughout their foraging careers. *Behavioral Ecology and Sociobiology* 59: 133–142.

Borgia, G. 2006. Preexisting traits are important in the evolution of elaborated male sexual display. *Advances in the Study of Behavior* 36: 249–303.

Bradbury, J. W. and Vehrencamp, S. L. 2011. *Principles of Animal Communication* (2nd ed.). Sunderland, MA: Sinauer Associates

Brandt, Y. 2003. Lizard threat display handicaps endurance. *Proceedings of the Royal Society of London B* 270: 1061–1068.

Burgener, N., Dehnhard, M., Hofer, H., and East, M. L. 2009. Does anal gland scent signal identity in the spotted hyaena? *Animal Behaviour* 77: 707–715.

Burley, N. T. and Symanski, R. 1998. "A taste for the beautiful": Latent aesthetic mate preferences for white crests in two species of Australian grassfinches. *American Naturalist* 152: 792–802.

Calleia, F. D. O., Rohe, F., and Gordo, M. 2009. Hunting strategy of the margay (*Leopardus wiedii*) to attract the wild tamarin (*Saguinus bicolor*). *Neotropical Primates* 16: 31–34.

Cardinal, S. and Danforth, B. N. 2011. The antiquity and evolutionary history of social behavior in bees. *PLoS ONE* 6: e21086.

Carlsen, S. M., Jacobsen, G., and Romundstad, P. 2006. Maternal testosterone levels during pregnancy are associated with offspring size at birth. *European Journal of Endocrinology* 155: 365–370.

Christy, J. H. 1995. Mimicry, mate choice, and the sensory trap hypothesis. *American Naturalist* 146: 171–181.

Chuang, C.-Y., Yang, E.-C., and Tso, I.-M. 2008. Deceptive color signaling in the night: A nocturnal predator attracts prey with visual lures. *Behavioral Ecology* 19: 237–244.

Conley, A. J., Corbin, C. J., Browne, P., Mapes, S. M., Place, N. J., et al. 2006. Placental expression and molecular characterization of aromatase cytochrome P450 in the spotted hyena (*Crocuta crocuta*). *Placenta* 28: 668–675.

Crespi, B. J. 2000. The evolution of maladaptation. *Heredity* 84: 623–629.

Crews, D. (ed.). 1987. *Psychobiology of Reproductive Behavior: An Evolutionary Perspective.* Prentice-Hall, Englewood Cliffs, NJ.

Crews, D. and Moore, M. C. 1986. Evolution of mechanisms controlling mating behavior. *Science* 231: 121–125.

Crothers, L. R. and Cummings, M. E. 2015. A multifunctional warning signal behaves as an agonistic status signal in a poison frog. *Behavioral Ecology* 26: 560–568.

Dall, S. R. X., Giraldeau, L.-A., Olsson, O., McNamara, J. M., and Stephens, D. W. 2005. Information and its use by animals in evolutionary ecology. *Trends in Ecology & Evolution* 20: 187–193.

Danforth, B. N., Conway, L., and Ji, S. Q. 2003. Phylogeny of eusocial *Lasioglossum* reveals multiple losses of eusociality within a primitively eusocial clade of bees (Hymenoptera : Halictidae). *Systematic Biology* 52: 23–36.

Davies, N. B. and Halliday, T. R. 1978. Deep croaks and fighting assessment in toads *Bufo bufo*. *Nature* 275: 683–685.

Dawkins, R. 1982. *The Extended Phenotype*. San Francisco: W.H. Freeman.

Deere, K. A., Grether, G. F., Sun, A., and Sinsheimer, J. S. 2012. Female mate preference explains countergradient variation in the sexual coloration of guppies (*Poecilia reticulata*). *Proceedings of the Royal Society of London B* 279: 1684–1690.

Dloniak, S. M., French, J. A., Place, N. J., Weldele, M. L., Glickman, S. E., and Holekamp, K. E. 2004. Non-invasive monitoring of fecal androgens in spotted hyenas (*Crocuta crocuta*). *General and Comparative Endocrinology* 135: 51–61.

Dodson, G. N. 1997. Resource defense mating system in antlered flies, *Phytalmia* spp. (Diptera: Tephritidae). *Annals of the Entomological Society of America* 90: 496–504.

Donaldson, M. C., Lachmann, M., and Bergstrom, C. T. 2007. The evolution of functionally referential meaning in a structured world. *Journal of Theoretical Biology* 246: 225–233.

Dornhaus, A. and Chittka, L. 2001. Food alert in bumblebees (*Bombus terrestris*): Possible mechanisms and evolutionary implications. *Behavioral Ecology and Sociobiology* 50: 570–576.

Drea, C. M. 2011. Endocrine correlates of pregnancy in the ring-tailed lemur (*Lemur catta*): Implications for the masculinization of daughters. *Hormones and Behavior* 59: 417–427.

Drea, C. M., Place, N. J., Weldele, M. L., Coscia, E. M., Licht, P., Glickman, S. E. 2002. Exposure to naturally circulating androgens during foetal life incurs direct reproductive costs in female spotted hyenas, but is prerequisite for male mating. *Proceedings of the Royal Society of London B* 269: 1981–1987.

Drea, C. M., Weldele, M. L., Forger, N. G., Coscia, E. M., Frank, L. G., et al. 1998. Androgens and masculinization of genitalia in the spotted hyaena (*Crocuta crocuta*). 2. Effects of prenatal anti-androgens. *Journal of Reproduction and Fertility* 113: 117–127.

East, M. L., Burke, T., Wilhelm, K., Greig, C., and Hofer, H. 2003. Sexual conflicts in spotted hyenas: Male and female mating tactics and their reproductive outcome with respect to age, social status and tenure. *Proceedings of the Royal Society of London B* 270: 1247–1254.

East, M. L., Hofer, H., and Wickler, W. 1993. The erect "penis" is a flag of submission in a female-dominated society: Greetings in Serengeti spotted hyenas. *Behavioral Ecology and Sociobiology* 33: 355–370.

East, M. L., Höner, O. P., Wachter, B., Wilhelm, K., Burke, T., and Hofer, H. 2009. Maternal effects on offspring social status in spotted hyenas. *Behavioral Ecology* 20: 478–483.

Endler, J. A. 1992. Signals, signal conditions, and the direction of evolution. *American Naturalist* 139: 125–153.

Endler, J. A. 1993. Some general comments on the evolution and design of animal communication systems. *Philosophical Transactions of the Royal Society B* 340: 215–225.

Endler, J. A. and Basolo, A. L. 1998. Sensory ecology, receiver biases, and sexual selection. *Trends in Ecology & Evolution* 13: 415–420.

Estes, R. D. 2012. *The Behavior Guide to African Mammals*. Berkeley, California: University of California Press.

Ewer, R. F. 1973. *The Carnivores*. Ithaca, NY: Cornell University Press.

Firebaugh, A. and Haynes, K. J. 2016. Experimental tests of light-pollution impacts on nocturnal insect courtship and dispersal. *Oecologia* 182: 1203–1211.

Frank, L. G. 1986. Social organization of the spotted hyaena (*Crocuta crocuta*). II. Dominance and reproduction. *Animal Behaviour* 34: 1510–1527.

Frank, L. G., Holekamp, H. E., and Smale, L. 1995a. Dominance, demographics, and reproductive success in female spotted hyenas: A long-term study. In A. R. E. Sinclair and P. Arcese (eds.), *Serengeti II: Research, Management, and Conservation of an Ecosystem*, pp. 364–384. Chicago: University of Chicago Press.

Frank, L. G., Weldele, M. L., and Glickman, S. E. 1995b. Masculinization costs in hyaenas. *Nature* 377: 584–585.

Fullard J. H. 1998. The sensory coevolution of moths and bats. In R. R. Hoy, A. N. Popper, and R. R. Fay (eds.), *Comparative Hearing: Insects*, pp. 279–326. New York: Springer.

Gaskett, A. C. and Herberstein, M. E. 2008. Orchid sexual deceit provokes pollinator ejaculation. *American Naturalist* 171: E206–E212.

Girard, M. B., Elias, D. O. and Kasumovic, M. M. 2015. Female preference for multi-modal courtship: Multiple signals are important for male mating success in peacock spiders. *Proceedings of the Royal Society of London B* 282: 20152222.

Girard, M. B., Kasumovic, M. M., and Elias, D. O. 2011. Multi-modal courtship in the peacock spider, *Maratus volans* (O. P. Cambridge, 1874). *PLoS One* 6: e25390.

Glickman, S. E., Cunha, G. R., Drea, C. M., Conley, A. J., and Place, N. J. 2006.

Mammalian sexual differentiation: Lessons from the spotted hyena. *Trends in Endocrinology and Metabolism* 17: 349–356.

Glickman, S. E., Frank, L. G., Licht, P., Yalckinkaya, T., Siiteri, P. K., and Davidson, J. 1993. Sexual differentiation of the female spotted hyena: One of nature's experiments. *Annals of the New York Academy of Sciences USA* 662: 135–159.

Golla, W., Hofer, H., and East, M. L. 1999. Within-litter sibling aggression in spotted hyaenas: Effect of maternal nursing, sex, and age. *Animal Behaviour* 58: 715–726.

Gould, S. J. 1981. Hyena myths and realities. *Natural History* 90: 16–24.

Gould, S. J. 1986. Evolution and the triumph of homology, or why history matters. *American Scientist* 74: 60–69.

Goymann, W., East, M. L., and Hofer, H. 2001. Androgens and the role of female "hyperaggressiveness" in spotted hyenas (*Crocuta crocuta*). *Hormones and Behavior* 39: 83–92.

Gray, D. A. and Cade, W. H. 1999. Sex, death, and genetic variation: Natural and sexual selection on cricket song. *Proceedings of the Royal Society of London B* 266: 707–709.

Grether, G. F. 2000. Carotenoid limitation and mate preference evolution: A test of the indicator hypothesis in guppies (*Poecilia reticulata*). *Evolution* 54: 1712–1714.

Grether, G. F. 2010. The evolution of mate preferences, sensory biases, and indicator traits. *Advances in the Study of Behavior* 41: 35–76.

Grether, G. F., Cummings, M. E., and Hudon, J. 2005. Countergradient variation in the sexual coloration of guppies (*Poecilia reticulata*): Drosopterin synthesis balances carotenoid availability. *Evolution* 59: 175–188.

Grether, G. F., Hudon, J., and Endler, J. A. 2001. Carotenoid scarcity, synthetic pteridine pigments, and the evolution of sexual coloration in guppies (*Poecilia reticulata*). *Proceedings of the Royal Society of London B* 268: 1245–1253.

Gruter, C. and Farina, W. M. 2009. The honeybee waggle dance: Can we follow the steps? *Trends in Ecology & Evolution* 5: 242–247.

Hagelin, J. C. 2002. The kinds of traits involved in male–male competition: A comparison of plumage, behavior, and body size in quail. *Behavioral Ecology* 13: 32–41.

Haskell, D. G. 1999. The effect of predation on begging-call evolution in nestling wood warblers. *Animal Behaviour* 57: 893–901.

Hebets, E. A., Barron, A. B., Balakrishnan, C. N., Hauber, M. E., Mason, P. H., and Hoke, K. L. 2016. A systems approach to animal communication. *Proceedings of the Royal Society of London B* 283: 20152889.

Hibbitts, T. J., Whiting, M. J., and Stuart-Fox, D. M. 2007. Shouting the odds: Vocalization signals status in a lizard. *Behavioral Ecology and Sociobiology* 61: 1169–1176.

Hofer, H. and East, M. L. 2000. Conflict management in female-dominated spotted hyenas. In F. Aureli (ed.), *Natural Conflict Resolution*, pp. 232–234. Berkeley: University of California Press.

Hofer, H. and East, M. L. 2003. Behavioral processes and costs of co-existence in female spotted hyenas: A life history perspective. *Evolutionary Ecology* 17: 315–331.

Holekamp, K. E. and Dloniak, S. M. 2010. Intraspecific variation in the behavioral ecology of a tropical carnivore, the spotted hyena. In R. Macedo (ed.), *Advances in the Study of Behavior*, pp. 189–229. New York: Elsevier/Academic Press.

Höner, O. P., Wachter, B., Hofer, H., Wilhelm, K., Thierer, D., et al. 2010. The fitness of dispersing spotted hyaena sons is influenced by maternal social status. *Nature Communications* 1: 7.

Huffard, C. L., Saarman, N., Hamilton, H., and Simison, W. B. 2010. The evolution of conspicuous facultative mimicry in octopuses: An example of secondary adaptation? *Biological Journal of the Linnean Society* 101: 68–77.

Jacob, F. 1977. Evolution and tinkering. *Science* 196: 1161–1166.

Jones, I. L. and Hunter, F. M. 1998. Heterospecific mating preferences for a feather ornament in least auklets. *Behavioral Ecology* 9: 187–192.

Klump, G. M., Kretzschmar, E., and Curio, E. 1986. The hearing of an avian predator and its avian prey. *Behavioral Ecology and Sociobiology* 18: 317–324.

Kruuk, H. 1972. *The Spotted Hyena*. Chicago: University of Chicago Press.

Lappin, A. K., Brandt, Y., Husak, J. F., Macedonia, J. M., and Kemp, D. J. 2006. Gaping displays reveal and amplify a mechanically based index of weapon performance. *American Naturalist* 168: 100–113.

Leech, S. M. and Leonard, M. L. 1997. Begging and the risk of predation in nestling birds. *Behavioral Ecology* 8: 644–646.

Lewis, S. M. 2016. *Silent Sparks: The Wondrous World of Fireflies*. Princeton, New Jersey: Princeton University Press.

Lewis, S. M. and Cratsley, C. K. 2008. Flash signal evolution, mate choice, and predation in fireflies. *Annual Review of Entomology* 53: 293–321.

Lindauer, M. 1961. *Communication among Social Bees*. Cambridge, MA: Harvard University Press.

Lloyd, J. E. 1965. Aggressive mimicry in *Photuris*: Firefly femmes fatales. *Science* 149: 653–654.

Lloyd, J. E. 1966. Studies on the flash communication systems of *Photinus* fireflies. *University of Michigan* 130: 1–95.

Lloyd, J. E. 1975. Aggressive mimicry in *Photuris* fireflies: Signal repertoires by *femmes fatales*. *Science* 197: 452–453.

Logue, D. M., Abiola, I. O., Rains, D., Bailey, N. W., Zuk, M., and Cade, W. H. 2010. Does signalling mitigate the cost of agonistic interactions? A test in a cricket that has lost its song. *Proceedings of the Royal Society of London B* 277: 2571–2575.

Marler, P. 1955. Characteristics of some animal calls. *Nature* 176: 6–8.

Matthews, L. H. 1939. Reproduction in the spotted hyena *Crocuta crocuta* (Erxleben). *Philosophical Transactions of the Royal Society of London B* 230: 1–78.

Maynard Smith, J. 1974. The theory of games and the evolution of animal conflicts. *Journal of Theoretical Biology* 47: 209–221.

McGraw, K. J. 2006a. Mechanics of carotenoid-based coloration. In G. E. Hill and K. J. McGraw (eds.), *Bird Coloration: Mechanisms and Measurement*, pp. 177–242. Cambridge, MA: Harvard University Press.

McGraw, K. J. 2006b. Mechanics of melanin-based coloration. In G. E. Hill and K. J. McGraw (eds.), *Bird Coloration: Mechanisms and Measurement*, pp. 243–294. Cambridge, MA: Harvard University Press.

Meyer, A. 1997. The evolution of sexually selected traits in male swordtail fishes (*Xiphophorus*: Poecilidae). *Heredity* 79: 329–337.

Meyer, A., Morrisey, J. M., and Schartl, M. 1994. Recurrent origin of a sexually selected trait in *Xiphophorus* fishes inferred from a molecular phylogeny. *Nature* 368: 539–542.

Money, J. and Ehrhardt, A. A. 1972. *Man and Woman, Boy and Girl*. Baltimore, MD: Johns Hopkins University Press.

Muller, M. N. and Wrangham, R. 2002. Sexual mimicry in hyenas. *Quarterly Review of Biology* 77: 3–16.

Nakano, R., Skals, N., Takanashi, T., Surlykke, A., Koike, T., et al. 2008. Moths produce extremely quiet ultrasonic courtship songs by rubbing specialized scales. *Proceedings of the National Academy of Sciences USA* 105: 11812–11817.

Nakano, R., Takanashi, T., Surlykke, A., Skals, N., and Ishikawa, Y. 2003. Evolution of deceptive and true courtship songs in moths. *Scientific Reports* 3: 10.1038/srep02003.

Nakano, R., Takanashi, T., Skals, N., Surlykke, A., and Ishikawa, Y. 2010. To females of a noctuid moth, male courtship songs are nothing more than bat echolocation calls. *Biology Letters* 6: 582–584.

Nakano, R., Takanashi, T., and Surlykke, A. 2015. Moth hearing and sound communication. *Journal of Comparative Physiology A* 201: 111–121.

Nieh, J. C. 2004. Recruitment communication in stingless bees (Hymenoptera, Apidae, Meliponini). *Apidologie* 35: 159–182.

Östlund-Nilsson, S. and Holmlund, M. 2003. The artistic three-spined stickleback (*Gasterosteus aculeatus*). *Behavioral Ecology and Sociobiology* 53: 214–220.

Otte, D. 1974. Effects and functions in the evolution of signaling systems. *Annual Review of Ecology, Evolution and Systematics* 5: 385–471.

Partan, S. and Marler, P. 1999. Communication goes multimodal. *Science* 283: 1272–1273.

Place, N. J., Coscia, E. M., Dahl, N. J., Drea, C. M., Holekamp, K. E., et al. 2011. The anti-androgen combination, flutamide plus finasteride, paradoxically suppressed LH and androgen concentrations in pregnant spotted hyenas, but not in males. *General and Comparative Endocrinology* 170: 455–459.

Place, N. J. and Glickman, S. E. 2004. Masculinization of female mammals: Lessons from nature. In L. Baskin (ed.), *Hypospadias and Genital Development*, pp. 243–353. New York: Springer.

Proctor, H. C. 1991. Courtship in the water mite *Neumania papillator*: Males capitalize on female adaptations for predation. *Animal Behaviour* 42: 589–598.

Proctor, H. C. 1992. Sensory exploitation and the evolution of male mating behaviour: A cladistic test. *Animal Behaviour* 44: 745–752.

Prum, R. O. 2006. Anatomy, physics, and evolution of structural colors. In G. E.

Hill and K. J. McGraw (eds.), *Bird Coloration: Mechanisms and Measurement*, pp. 295–353. Cambridge, MA: Harvard University Press.

Pryke, S. R. S., Andersson, S., and Lawes, M. J. 2001. Sexual selection of multiple handicaps in red-collared widow- birds: Female choice of tail length but not carotenoid display. *Evolution* 55: 1452–1463.

Quinn, V. S. and Hews, D. K. 2000. Signals and behavioural responses are not coupled in males: Aggression affected by replacement of an evolutionarily lost colour signal. *Proceedings of the Royal Society of London B* 267: 755–758.

Racey, P. A. and Skinner, J. D. 1979. Endocrine aspects of sexual mimicry in spotted hyenas *Crocuta crocuta*. *Journal of Zoology* 187: 315–326.

Rendall, D., Owren, M. J., and Ryan, M. J. 2009. What do animal signals mean? *Animal Behaviour* 78: 233–240.

Ridsdill-Smith, T. J. 1970. The biology of *Hemithynnus hyalinatus* (Hymenoptera, Tiphiidae), a parasite of scarabaeid larvae. *Journal of the Australian Entomological Society* 9: 183–195.

Rodd, F. H., Hughes, K. A., Grether, G. F., and Baril, C. T. 2002. A possible non-sexual origin of mate preference: Are male guppies mimicking fruit? *Proceedings of the Royal Society of London B* 269: 475–481.

Rodríguez, R. L. and Snedden, W. A. 2004. On the functional design of mate preferences and receiver biases. *Animal Behaviour* 68: 427–432.

Rosenthal, G. G. and Evans, C. S. 1998. Female preference for swords in *Xiphophorus helleri* reflects a bias for large apparent size. *Proceedings of the National Academy of Sciences USA* 95: 4431–4436.

Ryan, M. J. 1983. Frequency modulated calls and species recognition in a neotropical frog, *Physaleumus pustulosus*. *Journal of Comparative Physiology* 150: 217–221.

Ryan, M. J. 1985. *The Túngara Frog*. Chicago: University of Chicago Press.

Ryan, M. J., Bernal, X. E. and Rand, A. S. 2010. Female mate choice and the potential for ornament evolution in túngara frogs *Physalaemus pustulosus*. *Current Zoology* 56: 343–357.

Ryan, M. J. and Cummings, M. E. 2013. Perceptual biases and mate choice. *Annual Review of Ecology and Systematics* 44: 437–459.

Ryan, M. J., Fox, J. H., Wilczynski, W., and Rand, A. S. 1990. Sexual selection for sensory exploitation in the frog *Physalaemus pustulosus*. *Nature* 343: 66–67.

Ryan, M. J., Tuttle, M. D., and Taft, L. K. 1981. The costs and benefits of frog chorusing behavior. *Behavioral Ecology and Sociobiology* 8: 273–278.

Ryan, M. J. and Wagner, W. E. Jr. 1987. Asymmetries in mating behavior between species: Female swordtails prefer heterospecific males. *Science* 236: 595–597.

Ryan, M. T. 1998. Sexual selection, receiver biases, and the evolution of sex differences. *Science* 281: 1999–2003.

Schiestl, F. P. 2010. Pollination: Sexual mimicry abounds. *Current Biology* 20: R1020–R1022.

Schiestl, F. P. and Dötteri, S. 2012. The evolution of floral scent and olfactory preferences in pollinators: Coevolution or pre-existing bias? *Evolution* 66: 2042–2055.

Schlaepfer, M. A., Runge, M. C., and Sherman, P. W. 2002. Ecological and evolutionary traps. *Trends in Ecology & Evolution* 17: 474–480.

Seeley, T. D. 2010. *Honeybee Democracy*. Princeton, NJ: Princeton University Press.

Seyfarth, R. M., Cheney, D. L., and Marler, P. 1980. Monkey responses to three different alarm calls: evidence of predator classification and semantic communication. *Science* 210: 801–803.

Smith, J. E., Powning, K. S., Dawes, S. E., Estrada, J. R., Hopper, A. L., et al. 2011. Greetings promote cooperation and reinforce social bonds among spotted hyaenas. *Animal Behaviour* 81: 401–415.

Smith, J. E., Van Horn, R. C., Powning, K. S., Cole, A. R., Graham, K. E., et al. 2010. Evolutionary forces favoring intragroup coalitions among spotted hyenas and other animals. *Behavioral Ecology* 21: 284–303.

Suzuki, T. N. 2011. Parental alarm calls warn nestlings about different predatory threats. *Current Biology* 21: R15–R16.

Tibbetts, E. A. and Dale, J. 2004. A socially enforced signal of quality in a paper wasp. *Nature* 432: 218–222.

Tibbetts, E. A., Forrest, T., Vernier, C., Jinn, J., and Madagame, A. 2015. Socially selected ornaments and fitness: Signals of fighting ability in paper wasps are positively associated with survival, reproductive success, and rank. *Evolution* 69: 2917–2926.

Tibbetts, E. A. and Izzo, A. 2010. Social punishment of dishonest signalers caused by mismatch between signal and behavior. *Current Biology* 20: 1637–1640.

Vanpé, C., Gaillard, J. M., Kjellander, P., Mysterud, A., Magnien, P., et al. 2007. Antler size provides an honest signal of male phenotypic quality in roe deer. *American Naturalist* 169: 481–493.

von Frisch, K. 1965. *The Dance Language and Orientation of Bees*. Heidelberg, Berlin: Springer.

Watts, H. E. and Holekamp, K. E. 2007. Hyena societies. *Current Biology* 17: R657–R660.

Watts, H. E., Tanner, J. B., Lundrigan, B. L., and Holekamp, K. E. 2009. Post-weaning maternal effects and the evolution of female dominance in the spotted hyena. *Proceedings of the Royal Society of London B* 276: 2291–2298.

West-Eberhard, M. J. 1979. Sexual selection, social competition, and evolution. *Proceedings of the American Philosophical Society* 123: 222–234.

Wiens, J. J. 2001. Widespread loss of sexually selected traits: How the peacock lost its spots. *Trends in Ecology & Evolution* 19: 517–523.

Wilkins, M. R., Shizuka, D., Joseph, M. B., Hubbard, J. K., and Safran, R. J. 2015. Multimodal signalling in the North American barn swallow: A phenotype network approach. *Proceedings of the Royal Society of London B* 282: 20151574.

Wilkinson, G. S. and Dodson, G. N. 1997. Function and evolution of antlers and eye stalks in flies. In J. C. Choe and B. J. Crespi (eds.), *The Evolution of Mating Systems in Insects and Arachnids*, pp. 310–328. Cambridge: Cambridge University Press.

Wilson, E. O. 1971. *The Insect Societies*. Cambridge, MA: Harvard University Press.

Wilson, R. S., Angelitta, M. J. Jr, James, R. S., Navas, C., and Seebacher, F. 2007. Dishonest signals of strength in male slender crayfish (*Cherax dispar*) during agonistic encounters. *American Naturalist* 170: 284–291.

Wyatt, T. D. 2009. Pheromones and other chemical communication in animals. *Encyclopedia of Neuroscience* 7: 611–616.

Zuk, M., Rotenberry, J. T., and Tinghitella, R. M. 2006. Silent night: Adaptive disappearance of a sexual signal in a parasitized population of field crickets. *Biology Letters* 2: 521–524.

Chapter 9

Aisenberg, A. and Barrantes, G. 2011. Sexual behavior, cannibalism, and mating plugs as sticky traps in the orb weaver spider *Leucauge argyra* (Tetragnathidae). *Naturwissenschaften* 98: 605–613.

Aisenberg, A. and Eberhard, W. G. 2009. Female cooperation in plug formation in a spider: Effects of male copulatory courtship. *Behavioral Ecology* 20: 1236–1241.

Alberts, S. C., Buchan, J. C., and Altmann, J. 2006. Sexual selection in wild baboons: From mating opportunities to paternity success. *Animal Behaviour* 72: 1177–1196.

Alberts, S. C., Watts, H. E., and Altmann, J. 2003. Queuing and queue-jumping: Long-term patterns of reproductive skew in male savannah baboons, *Papio cynocephalus*. *Animal Behaviour* 65: 821–840.

Alcock, J., Jones, C. E., and Buchmann, S. L. 1977. Male mating strategies in the bee *Centris pallida* Fox (Hymenoptera: Anthophoridae). *American Naturalist* 111: 145–155.

Alonzo, S. H., Stiver, K. A., and Marsh-Rollo, S. E. 2016. Ovarian fluid allows directional cryptic female choice despite external fertilization. *Nature Communications* 7: 12452.

Ancona, S., Drummond, H., and Zaldívar-Rae, J. 2010. Male whiptail lizards adjust energetically costly mate guarding to male-male competition and female reproductive value. *Animal Behaviour* 79: 75–82.

Andersson, M. 1982. Female choice selects for extreme tail length in a widowbird. *Nature* 299: 818–820.

Andersson, M. 1994. *Sexual Selection*. Princeton, NJ: Princeton University Press.

Andrade, M. C. B. 1996. Sexual selection for male sacrifice in the Australian redback spider. *Science* 271: 70–72.

Andrade, M. C. B. 2003. Risky mate search and male self-sacrifice in redback spiders. *Behavioral Ecology* 14: 531–538.

Arnold, S. J. 1983. Sexual selection: The interface of theory and empiricism. In P. P. G. Bateson (ed.), *Mate Choice*, pp. 67–107. Cambridge: Cambridge University Press.

Arnqvist, G. and Kirkpatrick, M. 2005. The evolution of infidelity in socially monogamous passerines: The strength of direct and indirect selection on extrapair copulation behavior in females. *American Naturalist* 165: S26–S37.

Bakst, M. R. 1998. Structure of the avian oviduct with emphasis on sperm storage in poultry. *Journal of Experimental Zoology* 282: 618–626.

Barske, J., Schlinger, B. A., Wikelski, M., and Fusani, L. 2011. Female choice for male motor skills. *Proceedings of the Royal Society of London B* 278: 3523–3528.

Bateman, A. J. 1948. Intra-sexual selection in *Drosophila*. *Heredity* 2: 349–368.

Berglund, A. and Rosenqvist, G. 2001. Male pipefish prefer ornamented females. *Animal Behaviour* 61: 345–350.

Berglund, A., Rosenqvist, G., and Robinson-Wolrath, S. 2006. Food or sex? Males and females in a sex role-reversed pipefish have different interests. *Behavioral Ecology and Sociobiology* 60: 281–287.

Berglund, A., Rosenqvist, G., and Svensson, I. 1986. Mate choice, fecundity, and sexual dimorphism in two pipefish species (Syngnathidae). *Behavioral Ecology and Sociobiology* 19: 301–307.

Birkhead, T. R. 1998. Cryptic female choice: Criteria for establishing female sperm choice. *Evolution* 52: 1212–1218.

Birkhead, T. R. and Møller, A. P. 1992. *Sperm Competition in Birds: Evolutionary Causes and Consequences*. London: Academic Press.

Bjork, A., Dallai, I., and Pitnick, S. 2007. Adaptive modulation of sperm production rate in *Drosophila bifurca*, a species with giant sperm. *Biology Letters* 3: 517–519.

Blanckenhorn, W. U. 2005. Behavioral causes and consequences of sexual size dimorphism. *Ethology* 11: 977–1016.

Blount, J. D., Metcalfe, N. B., Birkhead, T. R., and Surai, P. F. 2003. Carotenoid modulation of immune function and sexual attractiveness in zebra finches. *Science* 300: 125–127.

Bodony, D. J., Day, L. B., Friscia, A. R., Fusani, L., Kharon, A., et al. 2016. Determination of the wingsnap sonation mechanism of the Golden-collared manakin (*Manacus vitellinus*). *Journal of Experimental Biology* 219: 1524–1534.

Borgia, G. 1985. Bower quality, number of decorations and mating success of male satin bowerbirds (*Ptilonorhynchus violaceus*). *Animal Behaviour* 33: 266–271.

Borgia, G. 1986. Sexual selection in bowerbirds. *Scientific American* 254: 92–100.

Borgia, G. 2006. Preexisting traits are important in the evolution of elaborated male sexual display. *Advances in the Study of Behavior* 36: 249–303.

Borgia, G., Egeth, M., Uy, J. A. C., and Patricelli, G. L. 2004. Juvenile infection and male display: Testing the bright male hypothesis across individual life histories. *Behavioral Ecology* 15: 722–728.

Brennan, P. L. R. 2010. Sexual selection. *Nature Education Knowledge* 3: 79.

Brennan, P. L. R., Clark, C., and Prum, R. O. 2010. Explosive eversion and functional morphology of waterfowl penis supports sexual conflict in genitalia. *Proceedings of the Royal Society of London B* 277: 1309–1314.

Brennan, P. L. R. and Prum, R. O. 2012. The limits of sexual conflict in the narrow sense: New insights from waterfowl biology. *Philosophical Transactions of the Royal Society B* 367: 2324–2338.

Brennan, P. L. R., Prum, R. O., McCracken, K. G., Sorenson, M. D., Wilson, R. E., and Birkhead, T. R. 2007. Coevolution of male and female genital morphology in waterfowl. *PLoS One* 2: e418.

Briskie, J. V. and Montgomerie, R. 1997. Sexual selection and the intromittent organ of birds. *Journal of Avian Biology* 28: 73–86.

Brownmiller, S. 1975. *Against Our Will*. New York: Simon and Schuster.

Bruning, B., Phillips, B. L., and Shine, R. 2010. Turgid female toads give males the slip: A new mechanism of female mate choice in the Anura. *Biology Letters* 6: 322–324.

Buskirk, R. E., Frolich, C., and Ross, K. G. 1984. The natural selection of sexual cannibalism. *American Naturalist* 123: 612–625.

Buzatto, B. A. and Machado, G. 2008. Resource defense polygyny shifts to female defense polygyny over the course of the reproductive season of a Neotropical harvestman. *Behavioral Ecology and Sociobiology* 63: 85–94.

Byers, J., Hebets, E., and Podos, J. 2010. Female mate choice based upon male motor performance. *Animal Behaviour* 79: 771–778.

Casselman, S. J. and Montgomerie, R. 2004. Sperm traits in relation to male quality in colonial spawning bluegill. *Journal of Fish Biology* 64: 1700–1711.

Clark, A. G., Begun, D. J. and Prout, T. 1999. Female x male interactions in *Drosophila* sperm competition. *Science* 283: 217–220.

Coker, C. R., McKinney, F., Hays, H., Briggs, S., and Cheng, K. 2002. Intromittent organ morphology and testis size in relation to mating system in waterfowl. *Auk* 119: 403–413.

Cordero, C. and Eberhard, W. G. 2003. Female choice of sexually antagonistic male adaptations: A critical review of some current research. *Journal of Evolutionary Biology* 16: 1–6.

Córdoba-Aguilar, A., Uhía, E., and Rivera, A. C. 2003. Sperm competition in Odonata (Insecta): The evolution of female sperm storage and rivals' sperm displacement. *Journal of Zoology* 261: 381–398.

Cowlishaw, G. and Dunbar, R. I. M. 1991. Dominance rank and mating success in male primates. *Animal Behaviour* 41: 1045–1056.

Cunningham, E. J. A. and Russell, A. F. 2000. Egg investment is influenced by male attractiveness in the mallard. *Nature* 404: 74–77.

Dakin, R. and Montgomerie, R. 2011. Peahens prefer peacocks displaying more eyespots, but rarely. *Animal Behaviour* 82: 21–28.

Daly, M. and Wilson, M. 1983. *Sex, Evolution and Behavior*. Boston: Willard Grant Press.

Darwin, C. 1871. *The Descent of Man and Selection in Relation to Sex*. London: Murray.

Davies, N. B. 1983. Polyandry, cloaca-pecking and sperm competition in dunnocks. *Nature* 302: 334–336.

Dawkins, R. 1980. Good strategy or evolutionarily stable strategy? In G. W. Barlow and J. Silverberg (eds.), *Sociobiology: Beyond Nature/Nurture?* pp. 331–367. Boulder, CO: Westview Press.

Dawkins, R. 1986. *The Blind Watchmaker*. New York: W. W. Norton.

Dean, R., Nakagawa, S., and Pizzari, T. 2011. The risk and intensity of sperm ejection in female birds. *American Naturalist* 178: 343–354.

Dickinson, J. L. 1995. Trade-offs between postcopulatory riding and mate location in the blue milkweed beetle. *Behavioral Ecology* 6: 280–286.

Dickinson, J. L. and Rutowski, R. L. 1989. The function of the mating plug in the chalcedon checkerspot butterfly. *Animal Behaviour* 38: 154–162.

Doucet, S. M. and Montgomerie, R. 2003. Multiple sexual ornaments in satin bowerbirds: ultraviolet plumage and bowers signal different aspects of male quality. *Behavioral Ecology* 14: 503–509.

Drăgăniou, T. I., Nagle, L., and Kreutzer, M. 2002. Directional female preference for an exaggerated male trait in canary (*Serinus canaria*) song. *Proceedings of the Royal Society of London B* 269: 2525–2531.

Drews, C. 1996. Contests and patterns of injuries in free-ranging male baboons (*Papio cynocephalus*). *Behaviour* 133: 443–474.

Eberhard, W. G. 1982. Beetle horn dimorphism: Making the best of a bad lot. *American Naturalist* 119: 420–426.

Eberhard, W. G. 1996. *Female Control: Sexual Selection by Cryptic Female Choice*. Princeton, NJ: Princeton University Press.

Eberhard, W. G. 2005. Evolutionary conflicts of interest: Are female conflicts of interest different? *American Naturalist* 165: S19–S25.

Emlen, D. J. 2008. The evolution of animal weapons. *Annual Review of Ecology, Evolution and Systematics* 39: 387–413.

Emlen, S. T. and Oring, L. W. 1977. Ecology, sexual selection and the evolution of mating systems. *Science* 197: 215–223.

Field, S. A. and Keller, M. A. 1993. Alternative mating tactics and female mimicry as post-copulatory mate-guarding behaviour in the parasitic wasp *Cotesia rubecula*. *Animal Behaviour* 46: 1183–1189.

Fisher, H. S., Giomi, L., Hoekstra, H. E., and Mahadevan, L. 2014. The dynamics of sperm cooperation in a competitive environment. *Proceedings of the Royal Society of London B* 281: 201440296.

Fisher, H. S. and Hoekstra, H. E. 2010. Competition drives cooperation among closely related sperm of deer mice. *Nature* 463: 801–803.

Fisher, R. A. 1930. *The Genetical Theory of Natural Selection*. Oxford: Clarendon Press.

Flanagan, S. P., Johnson, J. B., Rose, E., and Jones, A. G. 2014. Sexual selection on female ornaments in the sex-role-reversed Gulf pipefish (*Syngnathus scovelli*). *Journal of Evolutionary Biology* 27: 2457–2467.

Foellmer, M. W. and Fairbairn, D. J. 2003. Spontaneous male death during copulation in an orb-weaving spider. *Proceedings of the Royal Society of London B* 270: S183–S185.

Folstad, I. and Karter, A. J. 1992. Parasites, bright males, and the immunocompetence handicap. *American Naturalist* 139: 603–622.

Fox, E. A. 2002. Female tactics to reduce sexual harassment in the Sumatran orangutan (*Pongo pygmaeus abelii*). *Behavioral Ecology and Sociobiology* 52: 93–101.

Friberg, U. and Arnqvist, G. 2003. Fitness effects of female mate choice: Preferred males are detrimental for *Drosophila melanogaster* females. *Journal of Evolutionary Biology* 16: 797–811.

Fu, P., Neff, B. D., and Gross, M. R. 2001. Tactic-specific success in sperm competition. *Proceedings of the Royal Society of London B* 268: 1105–1112.

Funk, D. H. and Tallamy, D. W. 2000. Courtship role reversal and deceptive signals in the long-tailed dance fly, *Rhamphomyia longicauda*. *Animal Behaviour* 59: 411–421.

Fusani, L., Day, L. B., Canoine, V., Reinemann, D., Hernandez, E., and Schlinger, B. A. 2007. Androgen and the elaborate courtship behavior of a tropical lekking bird. *Hormones and Behavior* 51: 62–68.

Fuxjager, M. J., Eaton, J., Lindsay, W. R., Salwiczek, L. H., Rensel, M. A., et al. 2015. Evolutionary patterns of adaptive acrobatics and physical performance predict expression profiles of androgen receptor—but not oestrogen receptor—in the forelimb musculature. *Functional Ecology* 29: 1197–1208.

Fuxjager, M. J. and Schlinger, B. A. 2015. Perspectives on the evolution of animal dancing: A case study of manakins. *Current Opinion in Behavioral Sciences* 6: 7–12.

García-Navas, V., Ferrer, E. S. and Sanz, J. J. 2012. Plumage yellowness predicts foraging ability in the blue tit *Cyanistes caeruleus*. *Biological Journal of the Linnean Society* 106: 418–429.

Gesquiere, L. R., Wango, E. O., Alberts, S. C. and Altmann, J. 2007. Mechanisms of sexual selection: Sexual swellings and estrogen concentrations as fertility indicators and cues for male consort decisions in wild baboons. *Hormones and Behavior* 51: 114–125.

Gil, D., Leboucher, G., Lacroix, A., Cue, R. and Kreutzer, M. 2004. Female canaries produce eggs with greater amounts of testosterone when exposed to preferred male song. *Hormones and Behavior* 45: 64–70.

Gilbert, L., Williamson, K. A. and Graves, J. A. 2012. Male attractiveness regulates daughter fecundity non-genetically via maternal investment. *Proceedings of the Royal Society of London B* 279: 523–528.

Gomendio, M. and Roldan, E. R. S. 1991. Sperm competition influences sperm size in mammals. *Proceedings of the Royal Society of London B* 243: 181–185.

Gomes, C. M. and Boesch, C. 2009. Wild chimpanzees exchange meat for sex on a long-term basis. *PLoS One* 4: e5116.

Gowaty, P. A., Kim, and Y.-K., Anderson, W. W. 2012. No evidence of sexual selection in a repetition of Bateman's classic study of *Drosophila melanogaster*. *Proceedings of the National Academy of Sciences USA* 109: 11740–11745.

Gray, E. M. 1997. Female red-winged blackbirds accrue material benefits from copulating with extra-pair males. *Animal Behaviour* 53: 625–639.

Grether, G. F. 2000. Carotenoid limitation and mate preference evolution: A test of the indicator hypothesis in guppies (*Poecilia reticulata*). *Evolution* 54: 1712–1714.

Griffith, S. C., Owens, I. P. F. and Thuman, K. A. 2002. Extra pair paternity in birds: a review of interspecific variation and adaptive function. *Molecular Ecology* 11: 2195–2212.

Griggio, M., Biard, C., Penn, D. J., and Hoi, H. 2011. Female house sparrows "count on" male genes: Experimental evidence for MHC-dependent mate preference in birds. *BMC Evolutionary Biology* 11: doi:10.1186/1471–2148–1111–1144.

Gross, M. R. 1996. Alternative reproductive strategies and tactics: Diversity within species. *Trends in Ecology & Evolution* 11: 92–98.

Gwynne, D. T. 1981. Sexual difference theory: Mormon crickets show role reversal in mate choice. *Science* 213: 779–780.

Gwynne, D. T. 1984. Sexual selection and sexual differences in Mormon crickets (Orthoptera, Tettigoniidae, *Anabrus simplex*). *Evolution* 38: 1011–1022.

Gwynne, D. T. 1993. Food quality controls sexual selection in Mormon crickets by altering male mating investment. *Ecology* 74: 1406–1413.

Gwynne, D. T., Bussiere, L. F., and Ivy, T. M. 2007. Female ornaments hinder escape from spider webs in a role-reversed swarming dance fly. *Animal Behaviour* 73: 1077–1082.

Hamilton, W. D. and Zuk, M. 1982. Heritable true fitness and bright birds: A role for parasites? *Science* 218: 384–387.

Hausfater, G. 1975. Dominance and reproduction in baboons (*Papio cynocephalus*): A quantitative analysis. *Contributions in Primatology* 7: 1–150.

Healy, S. D. and Rowe, C. 2007. A critique of comparative studies of brain size. *Proceedings of the Royal Society of London B* 274: 453–464.

Hidalgo-García, S. 2006. The carotenoid-based plumage coloration of adult blue tits *Cyanistes caeruleus* correlates with the health status of their brood. *Ibis* 148: 727–734.

Hill, G. E. and Montgomerie, R. 1994. Plumage color signals nutritional condition in the house finch. *Proceedings of the Royal Society of London B* 258: 47–52.

Himuro, C. and Fujisaki, K. 2008. Males of the seed bug *Togo hemipterus* (Heteroptera: Lygaeidae) use accessory gland substances to inhibit remating by females. *Journal of Insect Physiology* 54: 1538–1542.

Holland, B. and Rice, W. R. 1998. Chase-away sexual selection: Antagonistic seduction versus resistance. *Evolution* 52: 1–7.

Holland, B. and Rice, W. R. 1999. Experimental removal of sexual selection reverses intersexual antagonistic coevolution and removes a reproductive load. *Proceedings of the National Academy of Sciences USA* 96: 5083–5088.

Hoving, H. J. T., Lipinski, M. R., Videler, J. J., and Bolstad, K. S. R. 2010. Sperm storage and mating in the deep-sea squid *Taningia danae* Joubin, 1931 (Oegopsida: Octopoteuthidae). *Marine Biology* 157: 393–400.

Hunt, J. and Simmons, L. W. 2002. Confidence of paternity and paternal care: Covariation revealed through the experimental manipulation of the mating system in the beetle *Onthophagus taurus*. *Journal of Evolutionary Biology* 15: 784–795.

Johnsen, A., Pärn, H., Fossøy, F., Kleven, O., Laskemoen, T., and Lifjeld, T. J. 2008. Is female promiscuity constrained by the presence of her social mate? An experiment with bluethroats *Luscinia svecica*. *Behavioral Ecology and Sociobiology* 62: 1761–1767.

Jordan, W. C. and Bruford, M. W. 1998. New perspectives on mate choice and the MHC. *Heredity* 81: 239–245.

Jukema, J. and Piersma, T. 2005. Permanent female mimics in a lekking shorebird. *Biology Letters* 2: 161–164.

Keagy, J., Savard, J. F., and Borgia, G. 2011. Complex relationship between multiple measures of cognitive ability and male mating success in satin bowerbirds, *Ptilonorhynchus violaceus*. *Animal Behaviour* 81: 1063–1070.

Kim, Y. J., Bartalska, K., Audsley, N., Yamanaka, N., Yapici, N., et al. 2009. MIPs are ancestral ligands for the sex peptide receptor. *Proceedings of the National Academy of Sciences USA* 107: 6520–6525.

Kirkpatrick, M. 1982. Sexual selection and the evolution of female choice. *Evolution* 36: 1–12.

Kodric-Brown, A. 1993. Female choice of multiple male criteria in guppies: Interacting effects of dominance, coloration and courtship. *Behavioral Ecology and Sociobiology* 32: 415–420.

Kodric-Brown, A. and Brown, J. H. 1984. Truth in advertising: The kinds of traits favored by sexual selection. *American Naturalist* 124: 309–323.

Kokko, H., Jennions, M. D. and Brooks, D. R. 2006. Unifying and testing models of sexual selection. *Annual Review of Ecology, Evolution and Systematics* 37: 43–46.

Komdeur, J., Burke, T. and Richardson, D. S. 2007. Explicit experimental evidence for the effectiveness of proximity as mate-guarding behaviour in reducing extra-pair fertilization in the Seychelles warbler. *Molecular Ecology* 16: 3679–3688.

Komdeur, J., Kraaijeveld-Smit, F., Kraaijeveld, K., and Edelaar, P. 1999. Explicit experimental evidence for the role of mate guarding in minimizing loss of paternity in the Seychelles warbler. *Proceedings of the Royal Society of London B* 266: 2075–2081.

Kraaijeveld, K., Gregurke, J., Hall, C., Komdeur, J., and Mulder, R. A. 2004. Mutual ornamentation, sexual selection, and social dominance in the black swan. *Behavioral Ecology* 15: 380–389.

Küpper, C., Stocks, M., Risse, J. E., dos Remedios, N., Farrell, F. L., et al. 2015. A supergene determines highly divergent male reproductive morphs in the ruff. *Nature Genetics* 48: 79–83.

Lack, D. 1968. *Ecological Adaptations for Breeding in Birds*. London: Methuen.

Lamichhaney, S., Fan, G., Widemo, F., Gunnarsson, U., Thalmann, D. S., et al. 2015. Structural genomic changes underlie alternative reproductive strategies in the ruff (*Philomachus pugnax*). *Nature Genetics* 48: 84–88.

Lande, R. 1981. Models of speciation by sexual selection of polygenic traits. *Proceedings of the National Academy of Sciences USA* 78: 3721–3725.

Lelito, J. P. and Brown, W. D. 2008. Mate attraction by females in a sexually cannibalistic praying mantis. *Behavioral Ecology and Sociobiology* 63: 313–320.

Lewis, S. M. and Cratsley, C. K. 2008. Flash signal evolution, mate choice, and predation in fireflies. *Annual Review of Entomology* 53: 293–321.

Li, D., Oh, J., Kralj-Fisher, S., and Kuntner, M. 2012. Remote copulation: Male adaptation to female cannibalism. *Biology Letters* 8: 512–515.

Low, M. 2005. Female resistance and male force: Context and patterns of copulation in the New Zealand stitchbird *Notiomystis cincta*. *Journal of Avian Biology*

36: 436–448.

Low, M. 2006. The energetic cost of mate guarding is correlated with territorial intrusions in the New Zealand stitchbird. *Behavioral Ecology* 17: 270–276.

Loyau, A., Jalme, M. S., Cagniant, C., and Sorci, G. 2005a. Multiple sexual advertisements honestly reflect health status in peacocks (*Pavo cristatus*). *Behavioral Ecology and Sociobiology* 58: 552–557.

Loyau, A., Jalme, M. S., and Sorci, G. 2005b. Intra- and intersexual selection for multiple traits in the peacock (*Pavo cristatus*). *Ethology* 111: 810–820.

Loyau, A., Saint Jalme, M., Mauget, R., and Sorci, G. 2007. Male sexual attractiveness affects the investment of maternal resources into the eggs in peafowl (*Pavo cristatus*). *Behavioral Ecology and Sociobiology* 61: 1043–1052.

Lung, O., Tram, U., Finnerty, C. M., Eipper-Mains, M. A., Kalb, J. M., and Wolfner, M. F. 2002. The *Drosophila melanogaster* seminal fluid protein Acp62F is a protease inhibitor that is toxic upon ectopic expression. *Genetics* 160: 211–224.

Lupold, S., Pitnick, S., Berben, K. S., Blengini, C. S., Belote, J. M., and Mainer, M. K. 2013. Female mediation of competitive fertilization success in *Drosophila melanogaster*. *Proceedings of the National Academy of Sciences USA* 110: 10693–10698.

Madden, J. R. 2003a. Bower decorations are good predictors of mating success in the spotted bowerbird. *Behavioral Ecology and Sociobiology* 53: 269–277.

Madden, J. R. 2003b. Male spotted bowerbirds preferentially choose, arrange, and proffer objects that are good predictors of mating success. *Behavioral Ecology and Sociobiology* 53: 263–268.

Manier, M. K., Belote, J. M., Berben, K. S., Lupold, S., Ala-Honkola, O., et al. 2013. Rapid diversification of sperm precedence traits and processes among three sibling *Drosophila* species. *Evolution* 67: 2348–2362.

Marshall, R. C., Buchanan, K. L., and Catchpole, C. K. 2003. Sexual selection and individual genetic diversity in a songbird. *Proceedings of the Royal Society of London B* 270: S248–S250.

Matsumoto-Oda, A., Hamai, M., Hayaki, H., Hosaka, K., Hunt, K. D., et al. 2007. Estrus cycle asynchrony in wild female chimpanzees, *Pan troglodytes schweinfurthii*. *Behavioral Ecology and Sociobiology* 61: 661–668.

Maxwell, M. R., Gallego, K. M., and Barry, K. L. 2010. Effects of female feeding regime in a sexually cannibalistic mantid: Fecundity, cannibalism, and male response in *Stagmomantis limbata* (Mantodea). *Ecological Entomology* 35: 775–787.

McGraw, K. J. and Ardia, D. R. 2003. Carotenoids, immunocompetence, and the information content of sexual colors: An experimental test. *American Naturalist* 162: 704–712.

McGraw, K. J. and Hill, G. E. 2000. Differential effects of endoparasitism on the expression of carotenoid- and melanin-based ornamental coloration. *Proceedings of the Royal Society of London B* 267: 1525–1531.

Meslin, C., Plakke, M. S., Deutsch, A. B., Small, B. S., Morehouse, N. I., and Clark, N. L. 2015. Digestive organ in the female reproductive tract borrows genes from multiple organ systems to adopt critical functions. *Molecular Biology and Evolution* 32: 1567–1580.

Michl, G., Török, J., Griffith, S. C., and Sheldon, B. C. 2002. Experimental analysis of sperm competition mechanisms in a wild bird population. *Proceedings of the National Academy of Sciences USA* 99: 5466–5470.

Milinski, M. and Bakker, T. C. 1990. Female sticklebacks use male coloration in mate choice and hence avoid parasitized males. *Nature* 344: 330–333.

Miller, J. A. 2007. Repeated evolution of male sacrifice behavior in spiders correlated with genital mutilation. *Evolution* 61: 1301–1315.

Moore, H., Dvorakova, K., Jenkins, N., and Breed, W. 2002. Exceptional sperm cooperation in the wood mouse. *Nature* 418: 174–177.

Morehouse, N. I. and Rutowksi, R. L. 2010a. Developmental responses to variable diet composition in a butterfly: The role of nitrogen, carbohydrates, and genotype. *Oikos* 119: 636–645.

Morehouse, N. I. and Rutowksi, R. L. 2010b. In the eyes of the beholders: Female choice and avian predation risk associated with an exaggerated male butterfly color. *American Naturalist* 176: 768–784.

Muller, M. N., Kahlenberg, S. M., Thompson, M. E., and Wrangham, R. W. 2007. Male coercion and the costs of promiscuous mating for female chimpanzees. *Proceedings of the Royal Society of London B* 274: 1009–1014.

Noë, R. and Sluijter, A. A. 1990. Reproductive tactics of male savanna baboons. *Behaviour* 113: 117–170.

Obara, Y., Fukano, Y., Watanabe, K., Ozawa, G., and Sasaki, K. 2011. Serotonin-induced mate rejection in the female cabbage butterfly, *Pieris rapae crucivora*. *Naturwissenschaften* 98: 989–993.

Östlund, S. and Ahnesjö, I. 1998. Female fifteen-spined sticklebacks prefer better fathers. *Animal Behaviour* 56: 1177–1183.

Paczolt, K. A. and Jones, A. G. 2010. Post-copulatory sexual selection and sexual conflict in the evolution of male pregnancy. *Nature* 464: 401–405.

Palombit, R. A., Seyfarth, R. M., and Cheney, D. L. 1997. The adaptive value of "friendships" to female baboons: Experimental and observational evidence. *Animal Behaviour* 54: 599–614.

Parker, G. A. 1970. Sperm competition and its evolutionary consequences in the insects. *Biological Reviews* 45: 526–567.

Parker, G. A. 2006. Sexual conflict over mating and fertilization: An overview. *Philosophical Transactions of the Royal Society B* 361: 235–259.

Partridge, C., Boettcher, A., and Jones, A. G. 2013. The role of courtship behavior and size in mate preference in the sex-role-reversed gulf pipefish, *Syngnathus scovelli*. *Ethology* 119: 692–701.

Pasch, B., George, A. S., Campbell, P., and Phelps, S. M. 2011. Androgen-dependent male vocal performance influences female preference in Neotropical singing mice. *Animal Behaviour* 82: 177–183.

Patricelli, G. L., Uy, J. A. C., and Borgia, G. 2003. Multiple male traits interact: Attractive bower decorations facilitate attractive behavioural displays in satin bowerbirds. *Proceedings of the Royal Society of London B* 270: 2389–2395.

Patricelli, G. L., Uy, J. A. C., and Borgia, G. 2004. Female signals enhance the efficiency of mate assessment in satin bowerbirds (*Ptilonorhynchus violaceus*). *Behavioral Ecology* 15: 297–304.

Petrie, M. 1992. Peacocks with low mating success are more likely to suffer predation. *Animal Behaviour* 44: 585–586.

Petrie, M. 1994. Improved growth and survival of offspring of peacocks with more elaborate trains. *Nature* 371: 585–586.

Petrie, M., Cotgreave, P., and Pike, T. W. 2009. Variation in the peacock's train shows a genetic component. *Genetica* 135: 7–11.

Petrie, M. and Halliday, T. 1994. Experimental and natural changes in the peacock's (*Pavo cristatus*) train can affect mating success. *Behavioral Ecology and Sociobiology* 35: 213–217.

Pike, T. W., Blount, J. D., Lindstrom, J., and Metcalfe, N. B. 2007. Dietary carotenoid availability influences a male's ability to provide parental care. *Behavioral Ecology* 18: 1100–1105.

Pischedda, A. and Chippindale, A. K. 2006. Intralocus sexual conflict diminishes the benefits of sexual selection. *PLoS Biology* 4: e356.

Pitnick, S. and García-González, F. 2002. Harm to females increases with male body size in *Drosophila melanogaster*. *Proceedings of the Royal Society of London B* 269: 1821–1828.

Pitnick, S., Jones, K. E. and Wilkinson, G. S. 2006. Mating system and brain size in bats. *Proceedings of the Royal Society of London B* 273: 719–724.

Pizzari, T. and Birkhead, T. R. 2000. Female feral fowl eject sperm of subdominant males. *Nature* 405: 787–789.

Plakke, M. S., Deutsch, A. B., Meslin, C., Clark, N. L., and Morehouse, N. I. 2015. Dynamic digestive physiology of a female reproductive organ in a polyandrous butterfly. *Journal of Experimental Biology* 218: 1548–1555.

Polak, M., Wolf, L. L., Starmer, W. T., and Barker, J. S. F. 2001. Function of the mating plug in *Drosophila hibisci* Bock. *Behavioral Ecology and Sociobiology* 49: 196–205.

Pratt, D. M. and Anderson, V. H. 1985. Giraffe social behavior. *Journal of Natural History* 19: 771–781.

Preston, B. T., Jalme, M. S., Hingrat, Y., Lacroix, F., and Sorci, G. 2015. The sperm of aging male bustards retards their offspring's development. *Nature Communications* 6: 6146.

Preston, B. T., Stevenson, I. R., Pemberton, J. M., and Wilson, K. 2001. Dominant rams lose out by sperm depletion. *Nature* 409: 681–682.

Prete, F. R. 1995. Designing behavior: A case study. *Perspectives in Ethology* 11: 255–277.

Pruett-Jones, S. and Pruett-Jones, M. 1994. Sexual competition and courtship disruptions: Why do male bowerbirds destroy each other's bowers? *Animal Behaviour* 47: 607–620.

Prum, R. O. 2010. The Lande-Kirkpatrick mechanism is the null model of evolution by intersexual selection: Implications for meaning, honesty and design in intersexual signals. *Evolution* 64: 3085–3100.

Queller, D. C. 1997. Why do females care more than males? *Proceedings of the Royal Society of London B* 264: 1555–1557.

Rantala, M. J., Moore, F. R., Skrinda, I., Krama, T., Kivleniece, I., et al. 2012. Evidence for the stress-linked immunocompetence handicap hypothesis in humans. *Nature Communications* 3: 694.

Reinhardt, K., Naylor, R., and Siva-Jothy, M. T. 2003. Reducing a cost of traumatic insemination: female bedbugs evolve a unique organ. *Proceedings of the Royal Society of London B* 270: 2371–2375.

Reinhardt, K., Naylor, R. A., and Siva-Jothy, M. T. 2009. Ejaculate components delay reproductive senescence while elevating female reproductive rate in an insect. *Proceedings of the National Academy of Sciences USA* 106: 21743–21747.

Reynolds, S. M., Dryer, K., Bollback, J., Uy, J. A. C., Patricelli, G. L., et al. 2007. Behavioral paternity predicts genetic paternity in Satin Bowerbirds (*Ptilonorhynchus violaceus*), a species with a non-resource-based mating system. *Auk* 124: 857–867.

Rezac, M. 2009. The spider *Harpactea sadistica*: Co-evolution of traumatic insemination and complex female genital morphology in spiders. *Proceedings of the Royal Society of London B* 276: 2697–2701.

Rintamäki, P. T., Lundberg, A., Alatalo, R. V., and Höglund, J. 1998. Assortative mating and female clutch investment in black grouse. *Animal Behaviour* 56: 1399–1403.

Rosenqvist, G. 1990. Male mate choice and female-female competition for mates in the pipefish *Nerophis ophidion*. *Animal Behaviour* 39: 1110–1116.

Rowland, W. J. 1994. Proximate determinants of stickleback behavior: An evolutionary perspective. In M. Bell and S. Foster (eds.), *The Evolutionary Biology of the Threespine Stickleback*. pp 297–344. Oxford: Oxford University Press.

Rubenstein, D. R. 2007. Female extrapair mate choice in a cooperative breeder: Trading sex for help and increasing offspring heterozygosity. *Proceedings of the Royal Society of London B* 274: 1895–1903.

Rubenstein, D. R. 2012. Sexual and social competition: broadening perspectives by defining female roles. *Philosophical Transactions of the Royal Society B* 367: 2248–2252.

Rubenstein, D. R. and Lovette, I. J. 2009. Reproductive skew and selection on female ornamentation in social species. *Nature* 462: 786–789.

Rubenstein, D. R. and Wikelski, M. 2003. Seasonal changes in food quality: A proximate cue for reproductive timing in marine iguanas. *Ecology Letters* 84: 3013–3023.

Ryan, M. J., Fox, J. H., Wilczynski, W., and Rand, A. S. 1990. Sexual selection for sensory exploitation in the frog *Physalaemus pustulosus*. *Nature* 343: 66–67.

Sato, H. 1998. Male participation in nest building in the dung beetle *Scarabaeus catenatus* (Coleoptera: Scarabaeidae): Mating effort versus paternal effort. *Journal of Insect Behavior* 11: 833–843.

Schärer, L., Rowe, L., and Arnqvist, G. 2012. Anisogamy, chance and the evolution of sex roles. *Trends in Ecology & Evolution* 27: 260–264.

Schlinger, B. A., Day, L. B., and Fusani, L. 2008. Behavior, natural history and neuroendocrinology of a tropical bird. *General and Comparative Endocrinology* 157: 254–258.

Schwabl, H., Mock, D. W., and Gieg, J. A. 1997. A hormonal mechanism for parental favouritism. *Nature* 386: 231.

Schwartz, S. K., Wagner Jr., W. E., and Hebets, E. A. 2014. Obligate male death and sexual cannibalism in dark fishing spiders. *Animal Behaviour* 93: 151–156.

Schwartz, S. K., Wagner Jr., W. E., and Hebets, E. A. 2016. Males can benefit from sexual canabilism facilitated by self-sacrifice. *Current Biology* 26: 2794–2799.

Senar, J. C., Figuerola, J., and Pascual, J. 2002. Brighter yellow blue tits make better parents. *Proceedings of the Royal Society of London B* 269: 257–261.

Shuster, S. M. 1989. Male alternative reproductive strategies in a marine isopod crustacean (*Paracerceis sculpta*): The use of genetic markers to measure differences in the fertilization success among alpha, beta, and gamma-males. *Evolution* 43: 1683–1689.

Shuster, S. M. 1992. The reproductive behaviour of alpha, beta, and gamma morphs in *Paracerceis sculpta*, a marine isopod crustacean. *Behaviour* 121: 231–258.

Shuster, S. M. and Wade, M. J. 1991. Equal mating success among male reproductive strategies in a marine isopod. *Nature* 350: 608–610.

Simmons, L. W. 2001. *Sperm Competition and Its Evolutionary Consequences in the Insects*. Princeton, NJ: Princeton University Press.

Simmons, L. W. amd Emlen, D. J. 2006. Evolutionary trade-off between weapons and testes. *Proceedings of the National Academy of Sciences USA* 103: 16346–16351.

Simmons, R. E. and Scheepers, L. 1996. Winning by a neck: Sexual selection in the evolution of giraffe. *American Naturalist* 148: 771–786.

Simpson, S. J., Sword, G. A., Lorch, P. D., and Couzin, I. D. 2006. Cannibal crickets on a forced march for protein and salt. *Proceedings of the National Academy of Sciences USA* 103: 4152–4156.

Singer, A. G., Beauchamp, G. K. and Yamazaki, K. 1997. Volatile signals of the major histocompatibility complex in male mouseurine. *Proceedings of the National Academy of Sciences USA* 94: 2210–2214.

Stockley, P., Gage, M. J. G., Parker, G. A. and Moller, A. P. 1997. Sperm competition in fishes: The evolution of testis size and ejaculate characteristics. *American Naturalist* 149: 933–954.

Stoltz, J. A., Elias, D. O., and Andrade, M. C. B. 2008. Females reward courtship by competing males in a cannibalistic spider. *Behavioral Ecology and Sociobiology* 62: 689–697.

Strum, S. C. 1987. *Almost Human*. New York: W.W. Norton.

Stutt, A. D. and Siva-Jothy, M. T. 2001. Traumatic insemination and sexual conflict in the bed bug *Cimex lectularius*. *Proceedings of the National Academy of Sciences USA* 98: 5683–5687.

Svensson, B. G. 1997. Swarming behavior, sexual dimorphism, and female reproductive status in the sex role-reversed dance fly species *Rhamphomyia marginata*. *Journal of Insect Behavior* 10: 783–804.

Taborsky, M., Hudde, B., and Wirtz, P. 1987. Reproductive behavior and ecology of *Symphodus* (*Crenilabrus*) *Ocellatus*, a European wrasse with four types of male behavior. *Behaviour* 102: 82–118.

Takahashi, M., Arita, H., Hiraiwa-Hasegawa, M., and Hasegawa, T. 2008. Peahens do not prefer peacocks with more elaborate trains. *Animal Behaviour* 75: 1209–1219.

Thornhill, R. 1976. Sexual selection and nuptial feeding behavior in *Bittacus apicalis* (Insecta: Mecoptera). *American Naturalist* 119: 529–548.

Thornhill, R. 1981. *Panorpa* (Mecoptera: Panorpidae) scorpionflies: Systems for understanding resource-defense polygyny and alternative male reproductive efforts. *Annual Review of Ecology and Systematics* 12: 355–386.

Tregenza, T., Simmons, L. W., Wedell, N., and Zuk, M. 2006. Female preference for male courtship song and its role as a signal of immune function and condition. *Animal Behaviour* 72: 809–818.

Trivers, R. L. 1972. Parental investment and sexual selection. In B. Campbell (ed.), *Sexual Selection and the Descent of Man*, pp. 136–179. Chicago: Aldine.

Tuttle, E. M., Pruett-Jones, S., and Webster, M. S. 1996. Cloacal protuberances and extreme sperm production in Australian fairy-wrens. *Proceedings of the Royal Society of London B* 263: 1359–1364.

Uhl, G., Nessler, S., and Schneider, J. 2011. Securing paternity in spiders? A review on occurrence and effects of mating plugs and male genital mutilation. *Genetica* 138: 75–104.

Uy, J. A. C., Patricelli, G. L., and Borgia, G. 2001. Complex mate searching in the satin bowerbird *Ptilonorhynchus violaceus*. *American Naturalist* 158: 530–542.

Vahed, K. 1998. The function of nuptial feeding in insects: Review of empirical studies. *Biological Reviews* 73: 43–78.

Vallet, E., Beme, I., and Kreutzer, M. 1998. Two-note syllables in canary songs elicit high levels of sexual display. *Animal Behaviour* 55: 291–297.

Van Voorhies, W. A. 1992. Production of sperm reduces nematode lifespan. *Nature* 360: 456–458.

Vitousek, M. N., Rubenstein, D. R., Nelson, K., and Wikelski, M. 2008. Are hotshots always hot? A longitudinal study of hormones, behavior, and reproductive success in male marine iguanas. *General and Comparative Endocrinology* 157: 227–232.

Waage, J. K. 1979. Dual function of the damselfly penis: Sperm removal and transfer. *Science* 203: 916–918.

Waage, J. K. 1997. Parental investment: Minding the kids or keeping control? In P. A. Gowaty (ed.), *Feminism and Evolutionary Biology: Boundaries, Interactions, and Frontiers*, pp. 527–553. New York: Chapman and Hall.

Wedell, N., Gage, J. G., and Parker, G. A. 2002. Sperm competition, male prudence, and sperm-limited females. *Trends in Ecology & Evolution* 17: 313–320.

Widdig, A., Bercovitch, F. B., Streich, W. J., Sauermann, U., Nürnberg, P., and Krawczak, M. 2004. A longitudinal analysis of reproductive skew in male rhesus macaques. *Proceedings of the Royal Society of London B* 271: 819–826.

Widemo, F. 1998. Alternative reproductive strategies in the ruff, *Philomachus pugnax*: A mixed ESS? *Animal Behaviour* 56: 329–336.

Wikelski, M. and Baurle, S. 1996. Pre-copulatory ejaculation solves time constraints during copulations in marine iguanas. *Proceedings of the Royal Society of London B* 263: 439–444.

Wikelski, M., Carbone, C., and Trillmich, F. 1996. Lekking in marine iguanas: Female grouping and male reproductive strategies. *Animal Behaviour* 52: 581–596.

Wojcieszek, J. M., Nicholls, J. A., and Goldizen, A. W. 2007. Stealing behavior and the maintenance of a visual display in the satin bowerbird. *Behavioral Ecology* 18: 689–695.

Wolff, J. O., Mech, S. G., Dunlap, A. S., and Hodges, K. E. 2002. Multi-male mating by paired and unpaired female prairie voles (*Microtus ochrogaster*). *Behaviour* 139: 1147–1160.

Zahavi, A. 1975. Mate selection: A selection for a handicap. *Journal of Theoretical Biology* 53: 205–214.

Zeh, J. A. and Zeh, D. W. 2003. Toward a new sexual selection paradigm: Polyandry, conflict, and incompatibility. *Ethology* 109: 929–950.

Ziegler, A., Kentenich, H., and Uchanska-Ziegler, B. 2005. Female choice and the MHC. *Trends in Ecology & Evolution* 26: 496–502.

Chapter 10

Akçay, E. and Roughgarden, J. 2007. Extra-pair paternity in birds: Review of the genetic benefits. *Evolutionary Ecology Research* 9: 855–868.

Alcock, J., Eickwort, G. C., and Eickwort, K. R. 1977. The reproductive behavior of *Anthidium maculosum* and the evolutionary significance of multiple copulations by females. *Behavioral Ecology and Sociobiology* 2: 385–396.

Andrade, M. C. B. 1996. Sexual selection for male sacrifice in the Australian redback spider. *Science* 271: 70–72.

Andrade, M. C. B. 2003. Risky mate search and male self-sacrifice in redback spiders. *Behavioral Ecology* 14: 531–538.

Apollonio, M., Festa-Bianchet, M., Mari, F., Bruno, E., and Locati, M. 1998. Habitat manipulation modifies lek use in fallow deer. *Ethology* 104: 603–612.

Arct, A., Drobniak, S. M., and Cichoń, M. 2015. Genetic similarity between mates predicts extra-pair paternity: A meta-analysis of bird studies. *Behavioral Ecology* 26: 959–968.

Arct, A., Drobniak, S. M., Podmokła, E., Gustafson, L., and Cichoń, M. 2013. Benefits of extra-pair mating may depend on environmental conditions: An experimental study in the blue tit (*Cyanistes caeruleus*). *Behavioral Ecology and Sociobiology* 67: 1809–1815.

Arnold, T. W. 1999. What limits clutch size in waders? *Journal of Avian Biology* 30: 216–220.

Balmford, A., Deutsch, J. C., Nefdt, R. J. C., and Clutton-Brock, T. 1993. Testing hotspot models of lek evolution: Data from three species of ungulates. *Behavioral Ecology and Sociobiology* 33: 57–65.

Bissoondath, C. J. and Wiklund, C. 1995. Protein content of spermatophores in relation to monandry/polyandry in butterflies. *Behavioral Ecology and Sociobiology* 37: 365–372.

Blyth, J. E. and Gilburn, A. 2006. Extreme promiscuity in a mating system dominated by sexual conflict. *Journal of Insect Behavior* 19: 447–455.

Borgia, G. 1985. Bower quality, number of decorations and mating success of male satin bowerbirds (*Ptilonorhynchus violaceus*). *Animal Behaviour* 33: 266–271.

Borries, C., Launhardt, K., Epplen, C., Epplen, J. T., and Winkler, P. 1999. Males as infant protectors in Hanuman langurs (*Presbytis entellus*) living in multimale groups: Defence pattern, paternity, and sexual behavior. *Behavioral Ecology and Sociobiology* 46: 350–356.

Borries, C., Savini, T., and Koenig, A. 2011. Social monogamy and the threat of infanticide in larger mammals. *Behavioral Ecology and Sociobiology* 65: 685–693.

Bradbury, J. W. 1977. Lek mating behavior in the hammer-headed bat. *Zeitschrift für Tierpsychologie* 45: 225–255.

Bradbury, J. W. 1981. The evolution of leks. In R. D. Alexander and D. W. Tinkle (eds.), *Natural Selection and Social Behavior*, pp. 138–169. New York: Chiron Press.

Bradbury, J. W. and Gibson, R. M. 1983. Leks and mate choice. In P. Bateson (ed.), *Mate Choice*, pp. 109–138. Cambridge: Cambridge University Press.

Bradbury, J. W., Vehrencamp, S. L., and Gibson, R. M. 1989. Dispersion of displaying male sage grouse. I. Patterns of temporal variation. *Behavioral Ecology and Sociobiology* 24: 1–14.

Brennan, P. L. R. 2009. Incubation in great tinamou (*Tinamus major*). *Wilson Journal of Ornithology* 121: 506–511.

Breven, K. A. 1981. Mate choice in the wood frog, *Rana sylvatica*. *Evolution* 35: 707–722.

Bro-Jørgensen, J. and Durant, S. M. 2003. Mating strategies of topi bulls: Getting in the centre of attention. *Animal Behaviour* 65: 585–594.

Brockmann, H. J. and Penn, D. 1992. Male mating tactics in the horseshoe crab, *Limulus polyphemus*. *Animal Behaviour* 44: 653–665.

Brouwer, L., Barr, I., van de Pol, M., Burke, T., Komdeur, J., and Richardson, D. S. 2010. MHC-dependent survival in a wild population: Evidence for hidden genetic benefits gained through extra-pair fertilizations. *Molecular Ecology* 19: 3444–3455.

Byrne, P. G. and Whiting, M. J. 2011. Effects of simultaneous polyandry on offspring fitness in an African tree frog. *Behavioral Ecology* 22: 385–391.

Cantoni, D. and Brown, R. 1997. Paternal investment and reproductive success in the California mouse, *Peromyscus californicus*. *Animal Behaviour* 54: 377–386.

Cockburn, A., Dalziell, A. H., Blackmore, C. J., Double, M. C., Kokko, H., et al. 2009. Superb fairy-wren males aggregate into hidden leks to solicit extra-group fertilizations before dawn. *Behavioral Ecology* 20: 501–510.

Concannon, M. R., Stein, A. C., and Uy, A. L. 2012. Kin selection may contribute to lek evolution and trait introgression across an avian hybrid zone. *Molecular Ecology* 21: 1477–1486.

Dale, J., Montgomerie, R., Michaud, D., and Boag, P. 1999. Frequency and timing of extra-pair fertilisation in the polyandrous red phalarope (*Phalaropus fulicarius*). *Behavioral Ecology and Sociobiology* 46: 50–56.

Dale, S., Rinden, H., and Slagsvold, T. 1992. Competition for a mate restricts mate search of female pied flycatchers. *Behavioral Ecology and Sociobiology* 30: 165–176.

Davies, N. B. 1985. Cooperation and conflict among dunnocks, *Prunella modularis*, in a variable mating system. *Animal Behaviour* 33: 628–648.

Davies, N. B. 1986. Reproductive success of dunnocks, *Prunella modularis*, in a variable mating system. I. Factors influencing provisioning rate, nestling weight, and fledging success. *Journal of Animal Ecology* 55: 123–138.

Davies, N. B., Hartley, I. R., Hatchwell, B. J., Desrochers, A., Skeer, J., and Nebels, D. 1995. The polygynandrous mating system of the alpine accentor, *Prunella collaris*. I. Ecological causes and reproductive conflicts. *Animal Behaviour* 49: 769–788.

Davies, N. B. and Houston, A. I. 1986. Reproductive success of dunnocks, *Prunella modularis*, in a variable mating system. II. Conflicts of interest among breeding adults. *Journal of Animal Ecology* 55: 139–154.

Davies, N. B. and Lundberg, A. 1984. Food distribution and a variable mating system in the dunnock, *Prunella modularis*. *Journal of Animal Ecology* 53: 895–912.

Deutsch, J. C. 1994. Uganda kob mating success does not increase on larger leks. *Behavioral Ecology and Sociobiology* 34: 451–459.

Dickinson, J. L. 2001. Extra-pair copulations in western bluebirds (*Sialia mexicana*): female receptivity favors older males. *Behavioral Ecology and Sociobiology* 50: 423–429.

Dodson, G. N. 1997. Resource defense mating system in antlered flies, *Phytalmia* spp. (Diptera: Tephritidae). *Annals of the Entomological Society of America* 90: 496–504.

Double, M. C. and Cockburn, A. 2003. Subordinate superb fairy-wrens (*Malurus cyaneus*) parasitize the reproductive success of attractive dominant males. *Proceedings of the Royal Society of London B* 270: 379–384.

Edvardsson, M. 2007. Female *Callosobruchus maculatus* mate when they are thirsty: Resource-rich ejaculates as mating effort in a beetle. *Animal Behaviour* 74: 183–188.

Eggert, A.-K. and Sakaluk, S. K. 1995. Female-coerced monogamy in burying beetles. *Behavioral Ecology and Sociobiology* 37: 147–154.

Emlen, S. T. and Oring, L. W. 1977. Ecology, sexual selection, and the evolution of mating systems. *Science* 197: 215–223.

Emlen, S. T., Wrege, P. H., and Webster, M. S. 1998. Cuckoldry as a cost of polyandry in the sex-role-reversed wattled jacana, *Jacana jacana*. *Proceedings of the Royal Society of London B* 265: 2359–2364.

Faaborg, J., Parker, P. G., DeLay, L., de Vries, T. J., Bednarz, J. C., et al. 1995. Confirmation of cooperative polyandry in the Galapagos hawk (*Buteo galapagoensis*). *Behavioral Ecology and Sociobiology* 36: 83–90.

Fiske, P., Rintamäki, P. T., and Karvonen, E. 1998. Mating success in lekking males: A meta-analysis. *Behavioral Ecology* 9: 328–338.

Foltz, D. W. and Schwagmeyer, P. L. 1989. Sperm competition in the 13-lined ground squirrel: Differential fertilization success under field conditions. *American Naturalist* 133: 257–265.

Forstmeier, W., Nakagawa, S., Griffith, S., and Kempenaers, B. 2014. Female extra-pair mating: adaptation or genetic constraint? *Trends in Ecology & Evolution* 29: 456–464.

Fossøy, F., Johnsen, A., and Lifjeld, J. T. 2008. Multiple genetic benefits of female promiscuity in a socially monogamous passerine. *Evolution* 62: 145–156.

Francis, C. M., Elp, A., Brunton, J. A., and Kunz, T. H. 1994. Lactation in male fruit bats. *Nature* 367: 691–692.

Frith, C. B. and Frith, D. W. 2001. Nesting biology of the spotted catbird, *Ailuroedus melanotis*, a monogamous bowerbird (Ptilonorhynchidae), in Australian Wet Tropics upland rainforests. *Australian Journal of Zoology* 49: 279–310.

Gerlach, N. M., McGlothlin, J. W., Parker, P. G., and Ketterson, E. D. 2012. Promiscuous mating produces offspring with higher lifetime fitness. *Proceedings of the Royal Society of London B* 279: 860–866.

Getz, L. L. and Carter, C. S. 1996. Prairie-vole partnerships. *American Scientist* 84: 56–62.

Gibson, R. M. 1996. A re-evaluation of hotspot settlement in lekking sage grouse. *Animal Behaviour* 52: 993–1005.

Gibson, R. M., Aspbury, A. S., and McDaniel, L. L. 2002. Active formation of mixed-species grouse leks: A role for predation in lek evolution? *Proceedings of the Royal Society of London B* 269: 2503–2507.

Gilburn, A. and Day, T. H. 1994. Sexual dimorphism, sexual selection and the αβ chromosomal inversion polymorphism in the seaweed fly, *Coelopa frigida*. *Proceedings of the Royal Society of London B* 257: 303–309.

Gray, E. M. 1997. Female red-winged blackbirds accrue material benefits from copulating with extra-pair males. *Animal Behaviour* 53: 625–639.

Griffith, S. C., Owens, I. P. F., and Thuman, K. A. 2002. Extra pair paternity in birds: a review of interspecific variation and adaptive function. *Molecular Ecology* 11: 2195–2212.

Gubernick, D. J. and Teferi, T. 2000. Adaptive significance of male parental care in a monogamous mammal. *Proceedings of the Royal Society of London B* 267: 147–150.

Gwinner, H. and Schwabl, H. 2005. Evidence for sexy sons in European starlings (*Sturnus vulgaris*). *Behavioral Ecology and Sociobiology* 58: 375–382.

Harcourt, A. H., Harvey, P. H., Larson, S. G., and Short, R. V. 1981. Testis weight, body weight and breeding system in primates. *Nature* 293: 55–57.

Hartley, I. R., Davies, N. B., Hatchwell, B. J., Desrochers, A., Nebels, D., and Burke, T. 1995. The polygynandrous mating system of the alpine accentor, *Prunella collaris*. II. Multiple paternity and parental effort. *Animal Behaviour* 49: 789–803.

Heinze, J., Hölldobler, B., and Yamauchi, K. 1998. Male competition in *Cardiocondyla* ants. *Behavioral Ecology and Sociobiology* 42: 239–246.

Heistermann, M., Ziegler, T., van Schaik, C. P., Launhardt, K., Winkler, P., and odges, J. K. 2001. Loss of oestrus, concealed ovulation and paternity confusion in free-ranging Hanuman langurs. *Proceedings of the Royal Society of London B* 268: 2445–2451.

Höglund, J., Alatalo, R. V., Lundberg, A., Rintamlki, P. T., and Lindell, J. 1999. Microsatellite markers reveal the potential for kin selection on black grouse leks. *Proceedings of the Royal Society of London B* 266: 813–816.

Höglund, J. and Lundberg, A. 1987. Sexual selection in a monomorphic lek-breeding bird: Correlates of male mating success in the great snipe *Gallinago media*. *Behavioral Ecology and Sociobiology* 21: 211–216.

Hohoff, C., Franzen, K., and Sachser, N. 2003. Female choice in a promiscuous wild guinea pig, the yellow-toothed cavy (*Galea musteloides*). *Behavioral Ecology and Sociobiology* 53: 341–349.

Jamieson, I. G. 1997. Testing reproductive skew models in a communally breeding bird, the pukeko, *Porphyrio porphyrio*. *Proceedings of the Royal Society of London B* 264: 335–340.

Jiguet, F. and Bretagnolle, V. 2006. Manipulating lek size and composition using decoys: An experimental investigation of lek evolution models. *American Naturalist* 168: 758–768.

Johnsen, A., Andersen, V., Sunding, C., and Lifjeld, J. T. 2000. Female bluethroats enhance offspring immunocompetence through extra-pair copulations. *Nature* 406: 296–299.

Johnsen, A., Andersson, S., Ornberg, J., and Lifjeld, J. T. 1998. Ultraviolet plumage ornamentation affects social mate choice and sperm competition in bluethroats (Aves: *Luscinia s. svecica*): A field experiment. *Proceedings of the Royal Society of London B* 265: 1313–1318.

Jones, J. S. and Wynne-Edwards, K. E. 2000. Paternal hamsters mechanically assist the delivery, consume amniotic fluid and placenta, remove fetal membranes, and provide parental care during the birth process. *Hormones and Behavior* 37: 116–125.

Just, J. 1988. Siphonoecetinae (Corophiidae). 6: A survey of phylogeny, distribution, and biology. *Crustaceana, Supplement* 13: 193–208.

Keil, A. and Sachser, N. 1998. Reproductive benefits from female promiscuous mating in a small mammal. *Ethology* 104: 897–903.

Kempenaers, B., Verheyen, G. R., and Dhondt, A. A. 1997. Extra-pair paternity in the blue tit (*Parus caeruleus*): Female choice, male characteristics, and offspring quality. *Behavioral Ecology* 8: 481–492.

Kempenaers, B., Verheyen, G. R., van der Broeck, M., Burke, T., van Broeckhoven, C., and Dhondt, A. A. 1992. Extra-pair paternity results from female preference for high-quality males in the blue tit. *Nature* 357: 494–496.

Kingma, S. A., Hall, M. L., and Peters, A. 2014. Breeding synchronization facilitates extra-pair mating for inbreeding avoidance. *Behavioral Ecology* 24: 1390–1397.

Komers, P. E. and Brotherton, P. N. M. 1997. Female space use is the best predictor of monogamy in mammals. *Proceedings of the Royal Society of London B* 264: 1261–1270.

Lack, D. 1968. *Ecological Adaptations for Breeding in Birds*. London: Methuen.

Lank, D. B., Oring, L. W., and Maxson, S. J. 1985. Mate and nutrient limitation of egg-laying in a polyandrous shorebird. *Ecology* 66: 1513–1524.

Lebigre, C., Timmermans, C., and Soulsbury, C. D. 2016. No behavioural response to kin competition in a lekking species. *Behavioral Ecology and Sociobiology* 70: 1457–1465.

Lill, A. 1974. Sexual behavior of the lek-forming white-bearded manakin (*Manacus manacus trinitatis* Hartert). *Zeitschrift für Tierpsychologie* 36: 1–36.

Lloyd, J. E. 1980. Insect behavioral ecology: Coming of age in bionomics, or, compleat biologists have revolutions too. *Florida Entomologist* 63: 1–4.

Loiselle, B. A., Ryder, T. B., Duraes, R., Tori, W., Blake, J. G., and Parker, P. G. 2006. Kin selection does not explain male aggregation at leks of four manakin species. *Behavioral Ecology* 18: 287–291.

Loyau, A., Saint Jalme, M., and Sorci, G. 2007. Non-defendable resources affect peafowl lek organization: A male removal experiment. *Behavioural Processes* 74: 64–70.

Lukas, D. and Clutton-Brock, T. H. 2013. The evolution of social monogamy in mammals. *Science* 341: 526–530.

Lyon, B. E., Montgomerie, R. D., and Hamilton, L. D. 1987. Male parental care and monogamy in snow buntings. *Behavioral Ecology and Sociobiology* 20: 377–382.

Mattila, H. R. and Seeley, T. D. 2007. Genetic diversity in honey bee colonies enhances productivity and fitness. *Science* 317: 362–364.

McCracken, G. F. and Bradbury, J. W. 1981. Social organization and kinship in the polygynous bat *Phyllostomus hastatus*. *Behavioral Ecology and Sociobiology* 8: 11–34.

Miller, J. A. 2007. Repeated evolution of male sacrifice behavior in spiders correlated with genital mutilation. *Evolution* 61: 1301–1315.

Monteiro, N. M., Carneiro, D., Antunes, A., Queiroz, N., Vieira, M. N., and Jones, A. G. 2017. The lek mating system of the worm pipefish (*Nerophis lumbriciformis*): A molecular maternity analysis and test of the phenotype-linked fertility hypothesis. *Molecular Ecology* 26: 1371–1385.

Moreno, J., Veiga, J. P., Cordero, P. J., and Mínguez, E. 1999. Effects of paternal care on reproductive success in the polygynous spotless starling *Sturnus unicolor*. *Behavioral Ecology and Sociobiology* 47: 47–53.

Mulder, R. A., Dunn, P. O., Cockburn, A., Lazenby-Cohen, K. A., and Howell, M. J. 1994. Helpers liberate female fairy-wrens from constraints on extra-pair mate choice. *Proceedings of the Royal Society of London B* 255: 223–229.

Murphy, C. G. 2003. The cause of correlations between nightly numbers of male and female barking treefrogs (*Hyla gratiosa*) attending choruses. *Behavioral Ecology* 14: 274–281.

Nazareth, T. M. and Machado, G. 2010. Mating system and exclusive postzygotic paternal care in a Neotropical harvestman (Arachnida: Opiliones). *Animal Behaviour* 79: 547–554.

Newcomer, S. D., Zeh, J. A., and Zeh, D. W. 1999. Genetic benefits enhance the reproductive success of polyandrous females. *Proceedings of the National Academy of Sciences USA* 96: 10236–10241.

Nunn, C. L., Gittleman, J. L., and Antonovics, J. 2000. Promiscuity and the primate immune system. *Science* 290: 1168–1170.

Oldroyd, B. P. and Fewell, J. H. 2007. Genetic diversity promotes homeostasis in insect colonies. *Trends in Ecology & Evolution* 22: 408–413.

Opie, C., Atkinson, Q. D., Dunbar, R. I. M., and Shultz, S. 2013. Male infanticide leads to social monogamy in primates. *Proceedings of the National Academy of Sciences USA* 110: 13328–13332.

Orians, G. H. 1969. On the evolution of mating systems in birds and mammals. *American Naturalist* 103: 589–603.

Oring, L. W. 1985. Avian polyandry. *Current Ornithology* 3: 309–351.

Oring, L. W., Colwell, M. A., and Reed., J. M. 1991. Lifetime reproductive success in the spotted sandpiper (*Actitis macularia*): Sex differences and variance components. *Behavioral Ecology and Sociobiology* 28: 425–432.

Oring, L. W., Fleischer, R. C., Reed, J. M., and Marsden, K. E. 1992. Cuckoldry through stored sperm in the sequentially polyandrous spotted sandpiper. *Nature* 359: 631–633.

Oring, L. W. and Knudson, M. L. 1973. Monogamy and polyandry in the spotted sandpiper. *The Living Bird* 11: 59–73.

Packer, C., Scheel, D., and Pusey, A. E. 1990. Why lions form groups: Food is not enough. *American Naturalist* 136: 1–19.

Panova, M., Bostrom, J., Hofving, T., Areskoug, T., Eriksson, A., et al. 2010. Extreme female promiscuity in a non-social invertebrate species. *PLoS One* 5: e9640.

Partecke, J., von Haeseler, A., and Wikelski, M. 2002. Territory establishment in lekking marine iguanas, *Amblyrhynchus cristatus*: Support for the hotshot mechanism. *Behavioral Ecology and Sociobiology* 51: 579–587.

Pietsch, T. W. 1975. Precocious sexual parasitism in the deep sea ceratioid anglerfish, *Cryptopsaras couesi* Gill. *Nature* 256: 38–40.

Pietsch, T. W. 2005. Dimorphism, parasitism, and sex revisited: modes of reproduction among deep-sea ceratioid anglerfishes (Teleostei: Lophiiformes). *Icthyological Research* 52: 207–236.

Pitafi, K. D., Simpson, R., Stephen, J. J., and Day, T. H. 1990. Adult size and mate choice in seaweed flies (*Coelopa frigida*). *Heredity* 65: 91–97.

Podmokta, E., Dubiec, A., Arct, A., Drobniak, S. M., Gustafsson, L., and Cichoń, M. 2015. Malaria infection status predicts extra-pair paternity in the blue tit. *Journal of Avian Biology* 46: 303–306.

Poiani, A. and Wilks, C. 2000. Sexually transmitted diseases: A possible cost of promiscuity in birds? *Auk* 117: 1061–1065.

Pribil, S. and Searcy, W. A. 2001. Experimental confirmation of the polygyny threshold model for red-winged blackbirds. *Proceedings of the Royal Society of London B* 268: 1643–1646.

Quinn, J. S., Woolfenden, G. E., Fitzpatrick, J. W., and White, B. N. 1999. Multi-locus DNA fingerprinting supports genetic monogamy in Florida scrub-jays. *Behavioral Ecology and Sociobiology* 45: 1–10.

Reid, J. M., Monaghan, P., and Ruxton, G. D. 2002. Males matter: The occurrence and consequences of male incubation in starlings (*Sturnus vulgaris*). *Behavioral Ecology and Sociobiology* 51: 255–261.

Reynolds, S. M., Uy, J. A. C., Patricelli, G. L., Coleman, S. W., Braun, M. J., and Borgia, G. 2014. Tests of the kin selection model of mate choice and inbreeding avoidance in satin bowerbirds. *Behavioral Ecology* 25: 1005–1014.

Richardson, D. S, Komdeur, J., Burke, T., and von Schantz, T. 2005. MHC-based patterns of social and extra-pair mate choice in the Seychelles warbler. *Proceedings of the Royal Society of London B* 272, 759–767.

Rintamäki, P. T., Alatalo, R. V., Höglund, J., and Lundberg., A. 1995. Male territoriality and female choice on black grouse leks. *Animal Behaviour* 49: 759–767.

Rintamäki, P. T., Höglund, J., Alatalo, R. V., and Lundberg, A. 2001. Correlates of male mating success on black grouse (*Tetrao tetrix* L.) leks. *Annales Zoologici Fennici* 38: 99–109.

Rittenhouse, T. A. G., Semlitsch, R. D., and Thompson, F. R. 2009. Survival costs associated with wood frog breeding migrations: Effects of timber harvest and drought. *Ecology* 90: 1620–1630.

Rodríguez-Muñoz, R., Bretman, A., and Tregenza, T. 2011. Guarding males protect females from predation in a wild insect. *Current Biology* 21: 1716–1719.

Rubenstein, D. I. 1994. The ecology of female social behavior in horses, zebras, and asses. In P. Jarman and A. Rossiger (eds.), *Animal Societies: Individuals, Interactions, and Organization*, pp. 13–28. Kyoto: Kyoto University Press.

Rubenstein, D. R. 2007. Female extra-pair mate choice in a cooperative breeder: Trading sex for help and increasing offspring heterozygosity. *Proceedings of the Royal Society of London B* 274: 1895–1903.

Runcie, M. J. 2000. Biparental care and obligate monogamy in the rock-haunting possum, *Petropseudes dahli*, from tropical Australia. *Animal Behaviour* 59: 1001–1008.

Ryder, T. B., Blake, J. G., and Loiselle, B. R. A. 2006. A test of the environmental hotspot hypothesis for lek placement in three species of manakins (Pipridae) in Ecuador. *Auk* 123: 247–258.

Santos, E. S. A. and Nakagawa, S. 2013. Breeding biology and variable mating system of a population of introduced dunnocks (*Prunella modularis*) in New Zealand. *PLoS One* 8: e69329.

Santos, E. S. A., Santos, L. L. S., Lagisz, M., and Nakagawa, S. 2015. Conflict and cooperation over sex: The consequences of social and genetic polyandry for reproductive success in dunnocks. *Journal of Animal Ecology* 84: 1509–1519.

Sardell, R. J., Arcese, P., Keller, L. F., and Reid, J. M. 2011. Sex-specific differential survival of extra-pair and within-pair offspring in song sparrows, *Melospiza melodia*. *Proceedings of the Royal Society of London B* 278: 3251–3259.

Sato, T. 1994. Active accumulation of spawning substrate: A determinant of extreme polygyny in a shell-brooding cichlid fish. *Animal Behaviour* 48: 669–678.

Schamel, D., Tracy, D. M., and Lank, D. B. 2004. Male mate choice, male availability and egg production as limitations on polyandry in the red-necked phalarope. *Animal Behaviour* 67: 847–853.

Schwagmeyer, P. L. 1994. Competitive mate searching in the 13-lined ground squirrel: Potential roles of spatial memory? *Ethology* 98: 265–276.

Schwagmeyer, P. L. 1995. Searching today for tomorrow's mates. *Animal Behaviour* 50: 759–767.

Seeley, T. D. and Tarpy, D. R. 2007. Queen promiscuity lowers disease within honeybee colonies. *Proceedings of the Royal Society of London B* 274: 67–72.

Setchell, J. M. 2005. Do female mandrills prefer brightly colored males? *International Journal of Primatology* 26: 715–735.

Setchell, J. M., Charpentier, M. J. E., Abbott, K. M., Wickings, E. J., and Knapp, L. A. 2010. Opposites attract: MHC-associated mate choice in a polygynous primate. *Journal of Evolutionary Biology* 23: 136–148.

Shorey, L. 2002. Mating success on white-bearded manakin (*Manacus manacus*) leks: Male characteristics and relatedness. *Behavioral Ecology and Sociobiology* 52: 451–457.

Shorey, L., Piertney, S., Stone, J., and Hoglund, J. 2000. Fine-scale genetic structuring on *Manacus manacus* leks. *Nature* 408: 352–353.

Sih, A., Montiglio, P.-O., Wey, T. W., and Fogarty, S. 2017. Altered physical and social conditions produce rapidly reversible mating systems in water striders. *Behavioral Ecology* 28: 632–639.

Simone-Finstrom, M., Walz, M., and Tarpy, D. R. 2016. Genetic diversity confers colony-level benefits due to individual immunity. *Biology Letters* 12: 20151007.

Slatyer, R. A., Mautz, R. B., Blackwell, P. R. Y., and Jennions, M. D. 2011. Estimating genetic benefits of polyandry from experimental studies: A meta-analysis. *Biological Reviews* 87: 1–33.

Snow, D. W. 1956. Courtship ritual: The dance of the manakins. *Animal Kingdom* 59: 86–91.

Sogabe, A., Matsumoto, K., and Yanagisawa, Y. 2007. Mate change reduces the reproductive rate of males in a monogamous pipefish *Corythoichthys haematopterus*: The benefit of long-term pair bonding. *Ethology* 113: 764–771.

Stenmark, G., Slagsvold, T., and Lifjeld, J. T. 1988. Polygyny in the pied flycatcher, *Ficedula hypoleuca*: A test of the deception hypothesis. *Animal Behaviour* 36: 1646–1657.

Strassmann, J. E. 2001. The rarity of multiple mating by females in the social Hymenoptera. *Insectes Sociaux* 48: 1–13.

Tarpy, D. R. and Nielsen, D. I. 2002. Sampling error, effective paternity, and estimating the genetic structure of honey bee colonies (Hymenoptera: Apidae). *Annals of the Entomological Society of America* 95: 513–528.

Taylor, M. L., Price, T. A. R., and Wedell, N. 2015. Polyandry in nature: A global analysis. *Trends in Ecology & Evolution* 29: 376–383.

Taylor, M. L., Wedell, N., and Hosken, D. J. 2007. The heritability of attractiveness. *Current Biology* 17: R959–R960.

Temrin, H. and Arak, A. 1989. Polyterritoriality and deception in passerine birds. *Trends in Ecology & Evolution* 4: 106–108.

Townsend, A. K., Bowman, R., Fitzpatrick, J. W., Dent, M., and Lovette, I. J. 2011. Genetic monogamy across variable demographic landscapes in cooperatively breeding Florida scrub-jays. *Behavioral Ecology* 22: 464–470.

Tregenza, T. and Wedell, N. 2000. Genetic compatibility, mate choice, and patterns of parentage: Invited review. *Molecular Ecology* 9: 1013–1027.

Tschirren, B., Postma, E., Rutstein, A. N., and Griffith, S. C. 2012. When mothers make sons sexy: Maternal effects contribute to the increased sexual attractiveness of extra-pair offspring. *Proceedings of the Royal Society of London B* 279: 1233–1240.

Varian-Ramos, C. W. and Webster, M. S. 2012. Extra-pair copulations reduce inbreeding for female red-backed fairy-wrens, *Malurus melanocephalus*. *Animal Behaviour* 83: 857–864.

Vincent, A. C. J., Marsden, A. D., Evans, K. L., and Sadler, L. M. 2004. Temporal and spatial opportunities for polygamy in a monogamous seahorse, *Hippocampus whitei*. *Behaviour* 141: 141–156.

Vincent, A. C. J. and Sadler, L. M. 1995. Faithful pair bonds in wild seahorses, *Hippocampus whitei*. *Animal Behaviour* 50: 1557–1569.

Vitousek, M. N., Rubenstein, D. R., Nelson, K., and Wikelski, M. 2008. Are hotshots always hot? A longitudinal study of hormones, behavior, and reproductive success in male marine iguanas. *General and Comparative Endocrinology* 157: 227–232.

Vollrath, F. 1998. Dwarf males. *Trends in Ecology & Evolution* 13: 159–163.

Waage, J. K. 1973. Reproductive behavior and its relation to territoriality in *Calopteryx maculata* (Beauvois) (Odonata: Calopterygidae). *Behaviour* 47: 240–256.

Weatherhead, P. J. and Robertson, R. J. 1979. Offspring quality and the polygyny threshold: The "sexy son" hypothesis. *American Naturalist* 113: 201–208.

Weathers, W. W. and Sullivan, K. A. 1989. Juvenile foraging proficiency, parental effort, and avian reproductive success. *Ecological Monographs* 59: 223–246.

Webster, M. S. 1994. Female-defence polygyny in a Neotropical bird, the Montezuma oropendula. *Animal Behaviour* 48: 779–794.

Webster, M. S. and Robinson, S. K. 1999. Courtship disruptions and male mating strategies: Examples from female-defense mating systems. *American Naturalist* 154: 717–729.

Webster, M. S., Tarvin, K. A., Tuttle, E. M., and Pruett-Jones, S. 2007. Promiscuity drives sexual selection in a socially monogamous bird. *Evolution* 61: 2205–2211.

Wedell, N. and Tregenza, T. 1999. Successful fathers sire successful sons. *Evolution* 53: 620–625.

Westneat, D. F., Sherman, P. W., and Morton, M. L. 1990. The ecology and evolution of extra-pair copulations in birds. *Current Ornithology* 7: 330–369.

Wiklund, C., Karlsson, B., and Leimar, O. 2001. Sexual conflict and cooperation in butterfly reproduction: A comparative study of polyandry and female fitness. *Proceedings of the Royal Society of London B* 268: 1661–1667.

Wilson, A. B. and Martin-Smith, K. M. 2007. Genetic monogamy despite social promiscuity in the pot-bellied seahorse (*Hippocampus abdominalis*). *Molecular Ecology* 16: 2345–2352.

Woodroffe, R. and Vincent, A. 1994. Mother's little helpers: Patterns of male care in mammals. *Trends in Ecology & Evolution* 9: 294–297.

Woyciechowski, M., Kabat, L., and Król., E. 1994. The function of the mating sign in honey bees, *Apis mellifera* L.: New evidence. *Animal Behaviour* 47: 733–735.

Yoshizawa, K., Ferreira, R. L., Kamimura, Y., and Liehard, C. 2014. Female penis, male vagina, and their correlated evolution in a cave insect. *Current Biology* 24: 1006–1010.

Zeh, J. A. 1997. Polyandry and enhanced reproductive success in the harlequin beetle-riding pseudoscorpion. *Behavioral Ecology and Sociobiology* 40: 111–118.

Zeh, J. A., Newcomer, S. D., and Zeh, D. W. 1998. Polyandrous females discriminate against previous mates. *Proceedings of the National Academy of Sciences USA* 95: 13273–13736.

Zeh, J. A. and Zeh, D. W. 1996. The evolution of polyandry I: Intragenomic conflict and genetic incompatibility. *Proceedings of the Royal Society of London B* 263: 1711–1717.

Zeh, J. A. and Zeh, D. W. 1997. The evolution of polyandry II: Post-copulatory defenses against genetic incompatibility. *Proceedings of the Royal Society of London B* 264: 69–75.

Chapter 11

Anderson, D. J. 1990. Evolution of obligate siblicide in boobies. 1. A test of the insurance-egg hypothesis. *American Naturalist* 135: 334–350.

Aragón, S., Møller, A. P., Soler, J. J., and Soler, M. 1999. Molecular phylogeny of cuckoos supports a polyphyletic origin of brood parasitism. *Journal of Evolutionary Biology* 12: 495–506.

Balcombe, J. P. 1990. Vocal recognition of pups by mother Mexican free-tailed bats, *Tadarida brasiliensis mexicana*. *Animal Behaviour* 39: 960–966.

Balshine-Earn, S. 1995. The costs of parental care in Galilee St. Peter's fish, *Sarotherodon galilaeus*. *Animal Behaviour* 50: 1–7.

Beecher, M. D., Beecher, I. M., and Hahn, S. 1981. Parent-offspring recognition in bank swallows, *Riparia riparia*: II. Development and acoustic basis. *Animal Behaviour* 29: 95–101.

Bleeker, M., Kingma, S. A., Szentirmai, I., Szekely, T., and Komdeur, J. 2005. Body condition and clutch desertion in the penduline tit *Remiz pendulinus*. *Behaviour* 142: 1465–1478.

Brown, K. M. 1998. Proximate and ultimate causes of adoption in ring-billed gulls. *Animal Behaviour* 56: 1529–1543.

Buzatto, B. A., Requena, G. S., Martins, E. G., and Machado, G. 2007. Effects of maternal care on the lifetime reproductive success of females in a neotropical harvestman. *Journal of Animal Ecology* 76: 937–945.

Cameron, E. Z. 2004. Facultative adjustment of mammalian sex ratios in support of the Trivers–Willard hypothesis: evidence for a mechanism. *Proceedings of the Royal Society of London B* 271: 1723–1728.

Caro, S. M., Griffin, A. S., Hinde, C. A., and West, S. A. 2016a. Unpredictable environments lead to the evolution of parental neglect in birds. *Nature Communications* 7: 10985.

Caro, S. M., West, S. A., and Griffin, A. S. 2016b. Sibling conflict and dishonest signaling in birds. *Proceedings of the National Academy of Sciences USA* 113: 13803-13808.

Charrier, I., Mathevon, N., and Jouventin, P. 2003. Vocal signature recognition of mothers by fur seal pups. *Animal Behaviour* 65: 543–550.

Clark, A. B. 1978. Sex ratio and local resource competition in a prosimian primate. *Science* 201: 163–165.

Clifford, L. D. and Anderson, D. J. 2001a. Experimental demonstration of the insurance value of extra eggs in an obligately siblicidal seabird. *Behavioral Ecology* 12: 340–347.

Clifford, L. D. and Anderson, D. J. 2001b. Food limitation explains most clutch size variation in the Nazca booby. *Journal of Animal Ecology* 70: 539–545.

Clotfelter, E. D., Schubert, K. A., Nolan, V., and Ketterson, E. D. 2003. Mouth color signals thermal state of nestling dark-eyed juncos (*Junco hyemalis*). *Ethology* 109: 171–182.

Clutton-Brock, T. H. 1991. *The Evolution of Parental Care*. Princeton, NJ: Princeton University Press.

Clutton-Brock, T. H. and Parker, G. A. 1992. Potential reproductive rates and the operation of sexual selection. *Quarterly Review of Biology* 67: 437–456.

Colombelli-Negrel, D., Hauber, M. E., Robertson, J., Sulloway, F. J., Hoi, H., et al. 2012. Embryonic learning of vocal passwords in superb fairy-wrens reveals intruder cuckoo nestlings. *Current Biology* 22: 2155–2160.

Cronk, L. 1993. Parental favoritism to daughters. *American Scientist* 81: 272–279.

Cronk, L. 2000. Female-biased parental investment and growth performance among the Mukogodo. In L. Cronk, N. Chagnon and W. Irons (eds.), *Adaptation and Human Behavior: An Anthropological Perspective*, pp. 203-221. New York: Transaction Publishers.

Davies, N. B. and de L. Brooke, M. 1988. Cuckoos versus reed warblers: Adaptations and counteradaptations. *Animal Behaviour* 36: 262–284.

Davies, N. B., de L. Brooke, M., and Kacelnik, A. 1996. Recognition errors and probability of parasitism determine whether reed warblers should accept or reject mimetic cuckoo eggs. *Proceedings of the Royal Society of London B* 263: 925–931.

Davies, N. B., Kilner, R. M., and Noble, D. G. 1998. Nestling cuckoos *Cuculus canorus* exploit hosts with begging calls that mimic a brood. *Proceedings of the Royal Society of London B* 265: 673-678.

de Ayala, R. M., Saino, N., Møller, A. P., and Anselmi, C. 2007. Mouth coloration of nestlings covaries with offspring quality and influences parental feeding behavior. *Behavioral Ecology* 18: 526–534.

Del-Claro, K. and Tizo-Pedroso, E. 2009. Ecological and evolutionary pathways of social behavior in pseudoscorpions (Arachnida: Pseudoscorpiones). *Acta Ethologica* 12: 13–22.

Drummond, H. and Chavelas, C. G. 1989. Food shortage influences sibling aggression in the blue-footed booby. *Animal Behaviour* 37: 806–819.

Eadie, J. M. and Fryxell, J. M. 1992. Density dependence, frequency-dependence, and alternative nesting strategies in goldeneyes. *American Naturalist* 140: 621–641.

Emlen, S. T. and Oring, L. W. 1977. Ecology, sexual selection, and the evolution of mating systems. *Science* 197: 215–223.

Feeney, W. E., Stoddard, M. C., Kilner, R. M. and Langmore, N. E. 2014a. "Jack-of-all-trades" egg mimicry in the brood parasitic Horsfield's bronze-cuckoo? *Behavioral Ecology* 25: 1365–1373.

Feeney, W. E., Welbergen, J. A. and Langmore, N. E. 2014b. Advances in the study of coevolution between avian brood parasites and their hosts. *Annual Review of Ecology and Systematics* 45: 227–246.

Fisher, R. A. 1934. *The Genetical Theory of Natural Selection*. Oxford: Clarendon Press.

Ghalambor, C. K. and Martin, T. E. 2001. Fecundity–survival trade-offs and parental risk-taking in birds. *Science* 292: 494–497.

Gibbs, H. L., Sorenson, M. D., Marchetti, K., Brooke, M. d. L., Davies, N. B., and Nakamura, H. 2000. Genetic evidence for female host-specific races of the common cuckoo. *Nature* 407: 183-186.

Godfray, H. C. J. 1995. Signaling of need between parents and young: Parent-offspring conflict and sibling rivalry. *American Naturalist* 146: 1–24.

Gowaty, P. A. and Lennartz, M. R. 1985. Sex ratios of nestling and fledging red-cockaded woodpeckers (*Picoides borealis*) favor males. *American Naturalist* 126: 347–353.

Grafen, A. 1990. Biological signals as handicaps. *Journal of Theoretical Biology* 144: 517–546.

Graves, J. A., Whiten, A. 1980. Adoption of strange chicks by herring gulls, *Larus argentatus*. *Zeitschrift für Tierpsychologie* 54: 267–278.

Gross, M. R. and Sargent, R. C. 1985. The evolution of male and female parental care in fishes. *American Zoologist* 25: 807–822.

Hamilton, W. D. 1967. Extraordinary sex ratios. *Science* 156: 477–488.

Hartung, J. 1982. Polygyny and inheritance of wealth. *Current Anthropology* 23: 1–12.

Hauber, M. E. 2003. Hatching asynchrony, nestling competition, and the cost of interspecific brood. *Behavioral Ecology* 14: 227–235.

Heeb, P., Schwander, T., and Faoro, S. 2003. Nestling detectability affects parental feeding preferences in a cavity-nesting bird. *Animal Behaviour* 66: 637–642.

Holley, A. J. F. 1984. Adoption, parent–chick recognition, and maladaptation in the herring gull *Larus argentatus*. *Zeitschrift für Tierpsychologie* 64: 9–14.

Hoover, J. P. and Robinson, S. K. 2007. Retaliatory mafia behavior by a parasitic cowbird favors host acceptance of parasitic eggs. *Proceedings of the National Academy of Sciences USA* 104: 4479–4483.

Jesseau, S. A., Holmes, W. G., and Lee, T. M. 2008. Mother–offspring recognition in communally nesting degus, *Octodon degus*. *Animal Behaviour* 75: 573–582.

Kilner, R. M. and Langmore, N. E. 2011. Cuckoos versus hosts in insects and birds: Adaptations, counter-adaptations and outcomes. *Biological Reviews* 86: 836–852.

Kilner, R. M., Madden, J. R., and Hauber, M. E. 2004. Brood parasitic cowbird nestlings use host young to procure resources. *Science* 305: 877–879.

Kleindorfer, S., Hoi, H., Evans, C., Mahr, K., Robertson, J., et al. 2014. The cost of teaching embryos in superb fairy-wrens *Behavioral Ecology* 25: 1131–1135.

Knudsen, B. and Evans, R. M. 1986. Parent–young recognition in herring gulls (*Larus argentatus*). *Animal Behaviour* 34: 77–80.

Kölliker, M. 2007. Benefits and costs of earwig (*Forficula auricularia*) family life. *Behavioral Ecology and Sociobiology* 61: 1489–1497.

Komdeur, J. 1996. Facultative sex ratio bias in the offspring of Seychelles warblers. *Proceedings of the Royal Society of London B* 263: 661–666.

Krüger, O., Davies, N. B. 2002. The evolution of cuckoo parasitism: A comparative analysis. *Proceedings of the Royal Society of London B* 269: 375–381.

Langmore, N. E., Hunt, S., and Kilner, R. M. 2003. Escalation of a coevolutionary arms race through host rejection of brood parasitic young. *Nature* 422: 157–160.

Langmore, N. E. and Kilner, R. M. 2007. Breeding site and host selection by Horsfield's bronze-cuckoos, *Chalcites basalis*. *Animal Behaviour* 74: 995–1004.

Lin, C. P., Danforth, B. N., and Wood, T. K. 2004. Molecular phylogenetics and evolution of maternal care in Membracine treehoppers. *Systematic Biology* 53: 400–421.

Lotem, A., Nakamura, H., and Zahavi, A. 1995. Constraints on egg discrimination and cuckoo–host co-evolution. *Animal Behaviour* 49: 1185–1209.

Lougheed, L. W. and Anderson, D. J. 1999. Parent blue-footed boobies suppress siblicidal behavior of offspring. *Behavioral Ecology and Sociobiology* 45: 11–18.

Lyon, B. E. 1993. Conspecific brood parasitism as a flexible female reproductive tactic in American coots. *Animal Behaviour* 46: 911–928.

Lyon, B. E. 2003. Ecological and social constraints on conspecific brood parasitism by nesting female American coots (*Fulica americana*). *Journal of Animal Ecology* 72: 47–60.

Lyon, B. E. 2007. Mechanism of egg recognition in defenses against conspecific brood parasitism: American coots (*Fulica americana*) know their own eggs. *Behavioral Ecology and Sociobiology* 61: 455–463.

Lyon, B. E. and Eadie, J. M. 2008. Conspecific brood parasitism in birds: A life-history perspective. *Annual Review of Ecology, Evolution, and Systematics* 39: 343–363.

Lyon, B. E., Eadie, J. M., and Hamilton, L. D. 1994. Parental choice selects for ornamental plumage in American coot chicks. *Nature* 371: 240–243.

Machado, G., Requena, G. S., Buzatto, B. A., Osses, F., and Rossetto, L. M. 2004. Five new cases of paternal care in harvestmen (Arachnida: Opiliones): Implications for the evolution of male guarding in the neotropical family Gonyleptidae. *Sociobiology* 44: 577–598.

Mahler, B., Confalonieri, V. A., Lovette, I. J., and Reboreda, J. C. 2007. Partial host fidelity in nest selection by the shiny cowbird (*Molothrus bonariensis*), a highly generalist avian brood parasite. *Journal of Evolutionary Biology* 20: 1918–1923.

Martin, T. E. and Schwabl, H. 2008. Variation in maternal effects and embryonic development rates among passerine species. *Philosophical Transactions of the Royal Society B* 363: 1663–1674.

McCracken, G. F. 1984. Communal nursing in Mexican free-tailed bat maternity colonies. *Science* 223: 1090–1091.

McCracken, G. F. and Gustin, M. K. 1991. Nursing behavior in Mexican free-tailed bat maternity colonies. *Ethology* 89: 305–321.

McLaren, C. M. and Sealey, S. G. 2003. Factors influencing susceptibility of host nests to brood parasitism. *Ethology* 15: 343-353.

Medvin, M. B. and Beecher, M. D. 1986. Parent-offspring recognition in the barn swallow (*Hirundo rustica*). *Animal Behaviour* 34: 1627–1639.

Medvin, M. B., Stoddard, P. K., and Beecher, M. D. 1993. Signals for parent-offspring recognition: A comparative analysis of the begging calls of cliff swallows and barn swallows. *Animal Behaviour* 45: 841–850.

Merrill, L., Chiavacci, S. J., Paitz, R. T., and Benson, T. J. 2017. Rates of parasitism, but not allocation of egg resources, vary among and within hosts of a generalist avian brood parasite. *Oecologia* 184: 399–410.

Miller, D. E. and Emlen, J. T., Jr. 1975. Individual chick recognition and family integrity in the ring-billed gull. *Behaviour* 52: 124–144.

Mock, D. W. 1984. Siblicidal aggression and resource monopolization in birds. *Science* 225: 731–733.

Mock, D. W., Drummond, H., and Stinson, C. H. 1990. Avian siblicide. *American Scientist* 78: 438–449.

Mock, D. W. and Parker, G. A. 1997. *The Evolution of Sibling Rivalry*. Oxford: Oxford University Press.

Mock, D. W. and Ploger, B. J. 1987. Parental manipulation of optimal hatch asynchrony in cattle egrets: An experimental study. *Animal Behaviour* 35: 150–160.

Nazareth, T. M. and Machado, G. 2010. Mating system and exclusive postzygotic paternal care in a neotropical harvestman (Arachnida: Opiliones). *Animal Behaviour* 79: 547–554.

Neff, B. D. 2003. Decisions about parental care in response to perceived paternity. *Nature* 422: 716–719.

Osorno, J. L. and Drummond, H. 1995. The function of hatching asynchrony in the blue-footed booby. *Behavioral Ecology and Sociobiology* 37: 265–274.

Paquet, M. and Smiseth, P. T. 2017. Females manipulate behavior of caring males via prenatal maternal effects. *Proceedings of the National Academy of Sciences USA* 114: 6800–6805.

Pierotti, R. and Murphy, E. C. 1987. Intergenerational conflicts in gulls. *Animal Behaviour* 35: 435–444.

Pollet, T. V., Fawcett, T. W., Buunk, A. P., and Nettle, D. 2009. Sex-ratio biasing towards daughters among lower-ranking co-wives in Rwanda. *Biology Letters* 5: 765–768.

Queller, D. C. 1997. Why do females care more than males? *Proceedings of the Royal Society of London B* 264: 1555–1557.

Requena, G. S., Buzatto, B. A., Munguía-Steyer, R., and Machado, G. 2009. Efficiency of uniparental male and female care against egg predators in two closely related syntopic harvestmen. *Animal Behaviour* 78: 1169–1176.

Rohwer, S. and Spaw, C. D. 1988. Evolutionary lag versus bill-size constraints: A comparative study of the acceptance of cowbird eggs by old hosts. *Evolutionary*

Ecology 2: 27–36.

Saino, N., Ninni, P., Calza, S., Martinelli, R., de Bernardi, F., and Møller, A. P. 2000. Better red than dead: Carotenoid-based mouth coloration reveals infection in barn swallow nestlings. *Proceedings of the Royal Society of London B* 267: 57–61.

Salomon, M., Schneider, J., and Lubin, Y. 2005. Maternal investment in a spider with suicidal maternal care, *Stegodyphus lineatus* (Araneae, Eresidae). *Oikos* 109: 614–622.

Santos, E. S. A. and Nakagawa, S. 2017. Facultative adjustment of paternal care in the face of female infidelity in dunnocks. *bioRxiv*: http://dx.doi.org/10.1101/158816.

Schielzeth, H. and Bolund, E. 2010. Patterns of conspecific brood parasitism in zebra finches. *Animal Behaviour* 79: 1329–1337.

Schwabl, H., Mock, D. W., and Gieg, J. A. 1997. A hormonal mechanism for parental favouritism. *Nature* 386: 231.

Sealy, S. G. 1995. Burial of cowbird eggs by parasitized yellow warblers: An empirical and experimental study. *Animal Behaviour* 49: 877–889.

Seidelmann, K. 2006. Open-cell parasitism shapes maternal investment patterns in the red mason bee *Osmia rufa*. *Behavioral Ecology* 17: 839–846.

Seidelmann, K., Ulbrich, K., and Mielenz, N. 2010. Conditional sex allocation in the Red Mason bee, *Osmia rufa*. *Behavioral Ecology and Sociobiology* 64: 337–347.

Semel, B. and Sherman, P. W. 2001. Intraspecific parasitism and nest-site competition in wood ducks. *Animal Behaviour* 61: 787–803.

Shizuka, D. and Lyon, B. E. 2010. Coots use hatch order to learn to recognize and reject conspecic brood parasitic chicks. *Nature* 463: 223–226.

Shizuka, D. and Lyon, B. E. 2011. Hosts improve the reliability of chick recognition by delaying the hatching of brood parasitic eggs. *Current Biology* 21: 515–519.

Sieff, D. F. 1990. Explaining biased sex ratios in human populations: A critique of recent studies. *Current Anthropology* 31: 25–48.

Slagsvold, T. 1998. On the origin and rarity of interspecific nest parasitism in birds. *American Naturalist* 152: 264–272.

Smiseth, P. T., Ward, R. J. S., and Moore, A. J. 2007. Parents influence asymmetric sibling competition: Experimental evidence with partially dependent young. *Ecology* 88: 3174–3182.

Smith, M. S., Kish, B. J., and Crawford, C. B. 1987. Inheritance of wealth as human kin investment. *Ethology and Sociobiology* 8: 171–182.

Smith, R. L. 1997. Evolution of paternal care in giant water bugs (Heteroptera: Belostomatidae). In J. C. Choe and B. Crespi (eds.), *Social Competition and Cooperation among Insects and Arachnids, II. Evolution of Sociality*, pp. 116–149. Cambridge: Cambridge University Press.

Smith, R. L. and Larsen, E. 1993. Egg attendance and brooding by males of the giant water bug *Lethocerus medius* (Guerin) in the field (Heteroptera, Belostomatidae). *Journal of Insect Behavior* 6: 93–106.

Soler, M., Soler, J. J., Martinez, J. G., and Møller, A. P. 1995. Magpie host manipulation by great spotted cuckoos: Evidence for an avian Mafia? *Evolution* 49: 770–775.

Sorenson, M. D. and Payne, R. B. 2001. A single ancient origin of brood parasitism in African finches: Implications for host–parasite coevolution. *Evolution* 55: 2550–2567.

Sorenson, M. D. and Payne, R. B. 2005. Molecular systematics: Cuckoo phylogeny inferred from mitochondrial DNA sequences. In R. B. Payne (ed.), *Bird Familes of the World: Cuckoos*, pp. 68–94. Oxford: Oxford University Press.

Spottiswoode, C. N., Stryjewski, K. F., Quader, S., Colebrook-Robjent, J. F. R., and Sorenson, M. D. 2011. Ancient host specificity within a single species of brood parasitic bird. *Proceedings of the National Academy of Sciences USA* 108: 17738–17742.

Stevens, M., Troscianko, J., and Spottiswoode, C. N. 2013. Repeated targeting of the same hosts by a brood parasite compromises host egg rejection. *Nature Communications* 4: 2475.

Stoddard, M. C., Kilner, R. M., and Town, C. 2014. Pattern recognition algorithm reveals how birds evolve individual egg pattern signatures. *Nature Communications* 5: 4117.

Summers, K. and Tumulty, J. 2014. Parental care, sexual selection, and mating systems in neotropical poison frogs. In R. Maceo and G. Maceo (eds.), *Sexual Selection: Perspectives and Models from the Neotropics*, pp. 289–320. New York: Academic Press.

Tallamy, D. W. 2001. Evolution of exclusive paternal care in arthropods. *Annual Review of Entomology* 46: 139–165.

Thogerson, C. M., Brady, C. M., Howard, R. D., Mason, G. J., Pajor, E. A., et al. 2013. Winning the genetic lottery: Biasing birth sex ratio results in more grandchildren. *PLoS One* 8: e67867.

Trivers, R. L. 1972. Parental investment and sexual selection. In B. Campbell (ed.), *Sexual Selection and the Descent of Man*, pp. 136–179. Chicago: Aldine.

Trivers, R. L. 1974. Parent–offspring conflict. *American Zoologist* 14: 249–264.

Trivers, R. L. and Willard, D. E. 1973. Natural selection of parental ability to vary the sex ratio of offspring. *Science* 179: 90–92.

van Dijk, R. E., Szekely, T., Komdeur, J., Pogany, A., Fawcett, T. W., and Weissing, F. J. 2011. Individual variation and the resolution of conflict over parental care in penduline tits. *Proceedings of the Royal Society of London B* 279: 1927–1936.

van Dijk, R. E., Szentirmai, I., Komdeur, J., and Szekely, T. 2007. Sexual conflict over parental care in penduline tits *Remiz pendulinus*: The process of clutch desertion. *Ibis* 149: 530–534.

Vincze, O., Kosztolanyi, A., Barta, Z., Kupper, C., Alrashidi, M., et al. 2016. Parental cooperation in a changing climate: Fluctuating environments predict shifts in care division. *Global Ecology and Biogeography* 26: 347–358.

Wilkinson, M., Kupfer, A., Marques-Porto, R., Jeffkins, H., Antoniazzi, M. M., and Jared, C. 2008. One hundred million years of skin feeding? Extended parental care in a neotropical caecilian (Amphibia: Gymnophiona). *Biology Letters* 4: 358–361.

Winfree, R. 1999. Cuckoos, cowbirds, and the persistence of brood parasitism. *Trends in Ecology & Evolution* 14: 338–343.

Yom-Tov, Y., Geffen, E. 2006. On the origin of brood parasitism in altricial birds. *Behavioral Ecology* 17: 196–205.

Zahavi, A. 1979. Parasitism and nest predation in parasitic cuckoos. *American Naturalist* 113: 157–159.

Chapter 12

Abbot, P., Abe, J., Alcock, J., Alizon, S., Alphedrinha, J. A. C., et al. 2011. Inclusive fitness theory and eusociality. *Nature* 471: E1–E4.

Alpendrinha, J., West, S. A., and Gardner, A. 2013. Haplodiploidy and the evolution of eusociality: Worker reproduction. *American Naturalist* 182: 421–438.

Boomsma, J. J. 2007. Kin selection versus sexual selection: Why the ends do not meet. *Current Biology* 17: R673–R683.

Boomsma, J. J. 2009. Lifetime monogamy and the evolution of eusociality. *Philosophical Transactions of the Royal Society B* 364: 3191–3207.

Bourke, A. F. G. 2008. Social evolution: Daily self-sacrifice by worker ants. *Current Biology* 18: R1100–R1101.

Bourke, A. F. G. 2011a. *Principles of Social Evolution*. Oxford: Oxford University Press.

Bourke, A. F. G. 2011b. The validity and value of inclusive fitness theory. *Proceedings of the Royal Society of London B* 278: 3313–3320.

Brock, D. A., Douglas, T. E., Queller, D. C., and Strassman, J. E. 2011. Primitive agriculture in a social amoeba. *Nature* 469: 393–398.

Dawkins, R. 1982. *The Extended Phenotype*. San Francisco: W. H. Freeman.

Dawkins, R. 1989. *The Selfish Gene*. Oxford: Oxford University Press.

Dunn, C. 2009. Siphonophores. *Current Biology* 19: R233–R234.

Eldakar, O. T. and Wilson, D. S. 2011. Eight criticisms not to make about group selection. *Evolution* 65: 1523–1526.

Elgar, M. A. 2015. Integrating insights across diverse taxa: Challenges for understanding social evolution. *Frontiers in Ecology and Evolution* 3: 124.

Fortunato, A., Strassman, J. E., Santorelli, L., and Queller, D. C. 2003. Co-occurrence in nature of different clones of the social amoeba, *Dictyostelium discoideum*. *Molecular Ecology* 12: 1031–1038.

Galaktionov, K. V., Podvyaznaya, I. M., Nikolaev, K. E., and Levakin, I. A. 2015. Self-sustaining infrapopulation or colony? Redial clonal groups of *Himasthla elongata* (Mehlis, 1831) (Trematoda: Echinostomatidae) in *Littorina littorea* (Linnaeus) (Gastropoda: Littorinidae) do not support the concept of eusocial colonies in trematodes. *Folia Parasitologica* 62: 067.

Garcia-Vedrenne, A. E., Quintana, A. C. E., DeRogatis, A. M., Martyn, K., Kuris, A. M., and Hechinger, R. F. 2016. Social organization in parasitic flatworms: Four additional echinostomoid trematodes have a soldier caste and one does not. *Journal of Parasitology* 102: 11–20.

Gardner, A., Alpedrinha, J., and West, S. A. 2012. Haplodiploidy and the evolution of eusocialty: Split sex ratios. *American Naturalist* 179: 240–256.

Gilbert, O. M., Foster, K. R., Mehdiabadi, N. J., Strassman, J. E., and Queller, D. C. 2007. High relatedness maintains multicellular cooperation in a social amoeba by controlling cheater mutants. *Proceedings of the National Academy of Sciences USA* 104: 8913–8917.

Hamilton, W. D. 1964. The genetical theory of social behaviour, I, II. *Journal of Theoretical Biology* 7: 1–52.

Hamilton, W. D. 1996. Foreword. In S. Turillazzi and M. J. West-Eberhard (eds.), *Natural History and the Evolution of Paper Wasps*, pp. v–vi. Oxford: Oxford University Press.

Hechinger, R. F., Wood, A. C., and Kuris, A. M. 2010. Social organization in a flatworm: Trematode parasites form soldier and reproductive castes. *Proceedings of the Royal Society of London B* 278: 656–665.

Hölldobler, B. and Wilson, E. O. 2008. *The Superorganism: The Beauty, Elegance, and Strangeness of Insect Societies*. New York: W. W. Norton & Company.

Hughes, W. O., Oldroyd, B. P., Beekman, M., and Ratnieks, F. L. 2008. Ancestral monogamy shows kin selection is key to evolution of sociality. *Science* 320: 1213–1216.

Kapheim, K. M., Pan, H., Salzberg, S. L., Puiu, D., Magoc, T., et al. 2015. Genomic signatures of evolutionary transitions from solitary to group living. *Science* 348: 1139–1143.

Kronauer, D. J. C. and Boomsma, J. J. 2007. Multiple queens means fewer mates. *Current Biology* 17: R753–R755.

Kuzdzal, J. J., Foster, K. R., Queller, D. C., and Strassman, J. E. 2007. Exploiting new terrain: An advantage to sociality in the slime mold *Dictyostelium discoideum*. *Behavioral Ecology* 18: 433–437.

Liao, X., Rong, S., and Queller, D. C. 2015. Relatedness, conflict, and the evolution of eusociality. *PLoS Biology* 13: e1002098.

Liebig, J., Peeters, C., and Hölldobler, B. 1999. Worker policing limits the number of reproductives in a ponerine ant. *Proceedings of the Royal Society of London B* 266: 1865–1870.

Marshall, J. A. R. 2011. Group selection and kin selection: Formally equivalent approaches. *Trends in Ecology & Evolution* 26: 325–332.

Maschwitz, U. and Maschwitz, E. 1974. Platzende Arbeiterinnen: Eine neue Art der Feindabwehr bei sozialen Hautflüglern. *Oecologia* 14: 289–294.

Maynard Smith, J. 1964. Group selection and kin selection. *Nature* 201: 1145–1147.

Maynard Smith, J. and Szathmáry, E. 1995. *The Major Transitions in Evolution*. Oxford: Oxford University Press.

McKenzie, S. K., Fetter-Pruneda, I., Ruta, V., and Kronauer, D. J. C. 2017. Transcriptomics and neuroanatomy of the clonal raider ant implicate an expanded clade of odorant receptors in chemical communication. *Proceedings of the National Academy of Sciences USA* 113: 14091–14096.

Meunier, J., West, S. A., and Chapuisat, M. 2008. Split sex ratios in the social Hymenoptera: A meta-analysis. *Behavioral Ecology* 19: 382–390.

Mikheyev, A. S. and Linksvayer, T. A. 2015. Genes associated with ant social behavior show distinct transcriptional and evolutionary patterns. *eLife* 4: e04775.

Monnin, T., Ratnieks, F. L. W., Jones, G. R., and Beard, R. 2002. Pretender punishment induced by chemical signalling in a queenless ant. *Nature* 419: 61–65.

Mouritsen, K. and Halvorsen, F. J. 2015. Social flatworms: The minor caste is adapted for attacking competing parasites. *Marine Biology* 162: 1503–1509.

Nowak, M. A., Tarnita, C. E., and Wilson, E. O. 2011. The evolution of eusociality. *Nature* 466: 1057–1062.

Okasha, S. 2010. Levels of selection. *Current Biology* 20: R306–R307.

Page, R. E., Robinson, G. E., Fondrk, M. K., and Nasr, M. E. 1995. Effects of worker genotypic diversity on honey-bee colony development and behavior (*Apis mellifera* L.). *Behavioral Ecology and Sociobiology* 36: 387–396.

Queller, D. C. 1996. The measurement and meaning of inclusive fitness. *Animal Behaviour* 51: 229–232.

Queller, D. C., Strassman, J. E., and Hughes, C. R. 1993. Microsatellites and kinship. *Trends in Ecology & Evolution* 8: 285–288.

Ratnieks, F. L. and Helanterä, H. 2009. The evolution of extreme altruism and inequality in insect societies. *Philosophical Transactions of the Royal Society B* 364: 3169–3179.

Ratnieks, F. L. W., Foster, K. R., and Wenseleers, T. 2011. Darwin's special difficulty: The evolution of "neuter insects" and current theory. *Behavioral Ecology and Sociobiology* 65: 481–492.

Reeve, H. K. 2000. Review of *Unto Others: The Evolution and Psychology of Unselfish Behavior*. *Evolution and Human Behavior* 21: 65–72.

Reeve, H. K. and Hölldobler, B. 2007. The emergence of a superorganism through intergroup competition. *Proceedings of the National Academy of Sciences USA* 104: 9736–9740.

Rittschof, C. C., Bukhari, S. A., Sloofman, L. G., Troy, J. M., Caetano-Anolles, D., et al. 2014. Neuromolecular responses to social challenge: Common mechanisms across mouse, stickleback fish, and honey bee. *Proceedings of the National Academy of Sciences USA* 111: 17929–17934.

Robinson, G. E. 1999. Integrative animal behaviour and sociogenomics. *Trends in Ecology & Evolution* 14: 202–205.

Robinson, G. E. 2005. Sociogenomics: Social life in molecular terms. *Nature Reviews Genetics* 6: 257–270.

Rubenstein, D. R. 2012. Family feuds: Social competition and sexual conflict in complex societies. *Philosophical Transactions of the Royal Society B* 367: 2304–2313.

Rubenstein, D. R. and Abbot, P. 2017a. *Comparative Social Evolution*. Cambridge: Cambridge University Press.

Rubenstein, D. R. and Abbot, P. 2017b. The evolution of social evolution. In D. R. Rubenstein and P. Abbott (eds.), *Comparative Social Evolution*, pp. 1–18. Cambridge: Cambridge University Press.

Schlotterer, C. 2004. The evolution of molecular markers—just a matter of fashion? *Nature Reviews Genetics* 5: 63–69.

Strassman, J. E., Zhu, Y., and Queller, D. C. 2000. Altruism and social cheating in the social amoeba *Dictyostelium discoideum*. *Nature* 408: 965–967.

Strassmann, J. E. and Queller, D. C. 2007. Insect societies as divided organisms: The complexities of purpose and cross-purpose. *Proceedings of the National Academy of Sciences USA* 104: 8619–8626.

Szathmáry, E. 2015. Toward major evolutionary transitions theory 2.0. *Proceedings of the National Academy of Sciences USA* 112: 10104–10111.

Szathmáry, E. and Maynard Smith, J. 1995. The major evolutionary transitions. *Nature* 374: 227–232.

Tarpy, D. R. 2003. Genetic diversity within honeybee colonies prevents severe infections and promotes colony growth. *Proceedings of the Royal Society of London B* 270: 99–103.

Tofilski, A., Couvillon, M. J., Evison, S. E. F., Helanterä, H., Robinson, E. J. H., and Ratnieks, F. L. W. 2008. Preemptive defensive self-sacrifice by ant workers. *American Naturalist* 172: E239–E243.

Toth, A. L. and Robinson, G. E. 2007. Evo-devo and the evolution of social behavior. *Trends in Genetics* 23: 334–341.

Toth, A. L. and Robinson, G. E. 2009. Evo-devo and the evolution of social behavior: Brain gene expression analyses in social insects. *Cold Spring Harbor Symposia on Quantitative Biology* 74: 026.

Trivers, R. L. and Hare, H. 1976. Haplodiploidy and the evolution of the social insects. *Science* 191: 249–263.

Wenseleers, T. and Ratnieks, F. L. W. 2004. Tragedy of the commons in *Melipona* bees. *Proceedings of the Royal Society of London B* 271

Wenseleers, T. and Ratnieks, F. L. W. 2006a. Comparative analysis of worker reproduction and policing in eusocial Hymenoptera supports relatedness theory. *American Naturalist* 168: E163–E179.

Wenseleers, T. and Ratnieks, F. L. W. 2006b. Enforced altruism in insect societies. *Nature* 444: 50.

West, S. A., El Mouden, C., and Gardner, A. 2011. Sixteen common misconceptions about the evolution of cooperation in humans. *Evolution and Human Behavior* 32: 231–262.

Williams, G. C. 1966. *Adaptation and Natural Selection*. Princeton, N J: Princeton University Press.

Wilson, D. S. 1975. Theory of group selection. *Proceedings of the National Academy of Sciences USA* 72: 143–146.

Wilson, D. S. and Sober, E. 1994. Reintroducing group selection to the human behavioral sciences. *Behavioral and Brain Sciences* 17: 585–608.

Wilson, D. S. and Wilson, E. O. 2007. Rethinking the theoretical foundation of sociobiology. *Quarterly Review of Biology* 82: 327–348.

Wilson, D. S. and Wilson, E. O. 2008. Evolution "for the good of the group." *American Scientist* 96: 380–389.

Wilson, E. O. 1971. *The Insect Societies*. Cambridge, MA: Harvard University Press.

Woodard, S. H., Fischman, B. J., Venkat, A., Hudson, M. E., Varala, K., et al. 2011.

Genes involved in convergent evolution of eusociality in bees. *Proceedings of the National Academy of Sciences USA* 108: 7472–7477.

Wynne-Edwards, V. C. 1962. *Animal Dispersion in Relation to Social Behaviour*. Edinburgh: Oliver & Boyd.

Chapter 13

Alexander, R. D. 1974. The evolution of social behavior. *Annual Review of Ecology and Systematics* 5: 325–383.

Alpin, L. M., Farine, D. R., Morand-Ferron, J., Cockburn, A., Thornton, A., and Sheldon, B. C. 2015. Experimentally induced innovations lead to persistent culture via conformity in wild birds. *Nature* 518: 538–541.

Arnold, K. E. and Owens, I. P. F. 1998. Cooperative breeding in birds: A comparative test of the life history hypothesis. *Proceedings of the Royal Society of London B* 265: 739–745.

Axelrod, R. and Hamilton, W. D. 1981. The evolution of cooperation. *Science* 211: 1390–1396.

Balshine-Earn, S., Neat, F. C., Reid, H. and Taborsky, M. 1998. Paying to stay or paying to breed? Field evidence for direct benefits of helping behavior in a cooperatively breeding fish. *Behavioral Ecology* 9: 432–438.

Beekman, M. and Jordan, L. A. 2017. Does the field of animal personality provide any new insights for behavioral ecology? *Behavioral Ecology* 28: 617–623.

Bell, M. B. V., Cant, M. A., Borgeaud, C., Thavarajah, N., Samson, J., and Clutton-Brock, T. H. 2014. Suppressing subordinate reproduction provides benefits to dominants in cooperative societies of meerkats. *Nature Communications* 5: 4499.

Bergmuller, R., Heg, D., and Taborsky, M. 2005. Helpers in a cooperatively breeding cichlid stay and pay or disperse and breed, depending on ecological constraints. *Proceedings of the Royal Society of London B* 272: 325–331.

Boomsma, J. J. 2007. Kin selection versus sexual selection: Why the ends do not meet. *Current Biology* 17: R673–R683.

Braude, S. 2000. Dispersal and new colony formation in wild naked mole-rats: Evidence against inbreeding as the system of mating. *Behavioral Ecology* 11: 7–12.

Brown, C. R. 1988. Social foraging in cliff swallows: Local enhancement, risk sensitivity, competition, and the avoidance of predators. *Animal Behaviour* 36: 780-792.

Brown, C. R. and Brown, M. B. 1986. Ecto-parasitism as a cost of coloniality in cliff swallows (*Hirundo pyrrhonota*). *Ecology* 67: 1206–1218.

Brown, C. R. and Brown, M. B. 2004. Empirical measurement of parasite transmission between groups in a colonial bird. *Ecology* 85: 1619–1626.

Brown, J. L. 1987. *Helping and Communal Breeding in Birds: Ecology and Evolution*. Princeton, NJ: Princeton University Press.

Burda, H., Honeycutt, R. L., Begall, S., Locker-Grutjen, O., and Scharff, A. 2000. Are naked and common mole-rats eusocial and if so, why? *Behavioral Ecology and Sociobiology* 47: 293–303.

Buston, P. 2003. Size and growth modification in clownfish. *Nature* 424: 145–146.

Cant, M. A., Hodge, S. J., Bell, M. B., Gilchrist, J. S., and Nichols, H. J. 2010. Reproductive control via eviction (but not the threat of eviction) in banded mongooses. *Proceedings of the Royal Society of London B* 277: 2219–2226.

Cant, M. A., Nichols, H. J., Johnstone, R. A., and Hodge, S. J. 2014. Policing of reproduction by hidden threats in a cooperative mammal. *Proceedings of the National Academy of Sciences USA* 111: 326–330.

Carter, A. J., English, S., and Clutton-Brock, T. H. 2014. Cooperative personalities and social niche specialization in female meerkats. *Journal of Evolutionary Biology* 27: 815–825.

Carter, G. G., Farine, D. R., and Wilkinson, G. S. 2017. Social bet-hedging in vampire bats. *Biology Letters* 13: 20170112.

Carter, G. G. and Wilkinson, G. S. 2015. Social benefits of non-kin food sharing by female vampire bats. *Proceedings of the Royal Society of London B* 282: 20152524.

Clutton-Brock, T. H. 2002. Breeding together: Kin selection and mutualism in cooperative vertebrates. *Science* 296: 69-72.

Clutton-Brock, T. H. 2009a. Cooperation between non-kin in animal societies. *Science* 462: 51–57.

Clutton-Brock, T. H. 2009b. Structure and function in mammalian societies. *Philosophical Transactions of the Royal Society B* 364: 3229–3242.

Clutton-Brock, T. H., Hodge, S. J., Spong, G., Russell, A. F., Jordan, N. R., et al. 2006. Intrasexual competition and sexual selection in cooperative mammals. *Nature* 444: 1065–1068.

Cockburn, A., Sims, R. A., Osmond, H. L., Green, D. J., Double, M. C., and Mulder, R. A. 2008. Can we measure the benefits of help in cooperatively breeding birds: The case of superb fairy-wrens *Malurus cyaneus*? *Journal of Animal Ecology* 77: 430–438.

Connor, R. C. 2010. Cooperation beyond the dyad: On simple models and a complex society. *Philosophical Transactions of the Royal Society B* 365: 2687–2697.

Cornwallis, C. K., West, S. A., Davis, K. E., and Griffin, A. S. 2010. Promiscuity and the evolutionary transition to complex societies. *Nature* 466: 969–972.

Dale, J., Dey, C. J., Delhey, K., Kempenaers, B., and Valcu, M. 2015. The effects of life history and sexual selection on male and female plumage colouration. *Nature* 527: 367–370.

Day, C. J., O'Connor, C. M., Wilkinson, H., Schultz, S., Balshine, S., and Fitzpatrick, J. L. 2017. Direct benefits and evolutionary transitions to complex societies. *Nature Ecology & Evolution* 1: 0137.

DuVal, E. H. 2007. Adaptive advantages of cooperative courtship for subordinate male lance-tailed manakins. *American Naturalist* 169: 423–432.

Edelman, A. J. and McDonald, D. B. 2014. Structure of male cooperation networks at long-tailed manakin leks. *Animal Behaviour* 97: 125–133.

Edwards, H. A., Burke, T., and Dugdale, H. L. 2017a. Repeatable and heritable behavioural variation in a wild cooperative breeder. *Behavioral Ecology* 28: 668–676.

Edwards, H. A., Dugdale, H. L., Richardson, D. S., Komdeur, J., and Burke, T. 2017b. Extra-pair parentage and personality in a cooperatively breeding bird. *Behavioral Ecology and Sociobiology* 72: 37.

Eikenaar, C., Richardson, D. S., Brouwer, L., and Komdeur, J. 2007. Parent presence, delayed dispersal, and territory acquisition in the Seychelles warbler. *Behavioral Ecology* 18: 874–879.

Emlen, S. T. 1982. The evolution of helping. I. An ecological constraints model. *American Naturalist* 119: 29-39.

Emlen, S. T., Wrege, P. H., and Demong, N. J. 1995. Making decisions in the family: An evolutionary perspective. *American Scientist* 83: 148-157.

Foster, M. S. 1977. Odd couples in manakins: A study of social organization and cooperative breeding in *Chiroxiphia linearis*. *American Naturalist* 111: 845–853.

Fricke, H. W. 1979. Mating system, resource defense and sex change in the anemonefish *Amphiprion akallopisos*. *Zeitschrift für Tierpsychologie* 50: 313–326.

Gardner, A. and West, S. A. 2004. Spite among siblings. *Science* 305: 1413–1414.

Gaston, A. J. 1978. The evolution of group territorial behavior and cooperative breeding. *American Naturalist* 112: 1091–1100.

Giron, D., Dunn, D. W., Hardy, I. C. W., and Strand, M. R. 2004. Aggression by polyembryonic wasp soldiers correlates with kinship but not resource competition. *Nature* 430: 676–679.

Giron, D., Harvey, J. A., Johnson, J. A., and Strand, M. R. 2007. Male soldier caste larvae are non-aggressive in the polyembryonic wasp *Copidosoma floridanum*. *Biology Letters* 3: 431–434.

Greene, E., Lyon, B. E., Muehter, V. R., Ratcliffe, L., Oliver, S. J., and Boag, P. T. 2000. Disruptive sexual selection for plumage colouration in a passerine bird. *Nature* 407: 1000-1003.

Greenwood, P. J. and Harvey, P. H. 1982. The natal and breeding dispersal of birds. *Annual Review of Ecology and Systematics* 13: 1–21.

Griesser, M. and Ekman, J. 2004. Nepotistic alarm calling in the Siberian jay, *Perisoreus infaustus*. *Animal Behaviour* 67: 933–939.

Griesser, M. and Ekman, J. 2005. Nepotistic mobbing behaviour in the Siberian jay, *Perisoreus infaustus*. *Animal Behaviour* 69: 345–352.

Griffin, A. S. and West, S. A. 2003. Kin discrimination and the benefit of helping in cooperatively breeding vertebrates. *Science* 302: 634–636.

Groenewoud, F., Frommen, J. G., Josi, D., Tanaka, H., Jungwirth, A., and Taborsky, M. 2016. Predation risk drives social complexity in cooperative breeders. *Proceedings of the National Academy of Sciences USA* 113: 4104–4109.

Grutter, A. S. 1999. Cleaner fish really do clean. *Nature* 398: 672–673.

Hofmann, H. A., Beery, A. K., Blumstein, D. T., Couzin, I. D., Earley, R. L., et al. 2014. An evolutionary framework for studying mechanisms of social behavior. *Trends in Ecology & Evolution* 29: 581–589.

Hughes, W. O., Oldroyd, B. P., Beekman, M., and Ratnieks, F. L. 2008. Ancestral monogamy shows kin selection is key to evolution of sociality. *Science* 320: 1213–1216.

Ito, F., Bernard, E., and Torres, R. A. 2016. What is for dinner? First report of human blood in the diet of the hairy-legged vampire bat *Diphylla ecaudata*. *Acta Chiropterologica* 18: 509-515.

Jennions, M. D. and Macdonald, D. W. 1994. Cooperative breeding in mammals. *Trends in Ecology & Evolution* 9: 89-93.

Jetz, W. and Rubenstein, D. R. 2011. Environmental uncertainty and the global biogeography of cooperative breeding in birds. *Current Biology* 21: 72–78.

Kennedy, P., Higginson, A. D., Radford, A. N., and Summer, S. 2018. Altruism in a volatile world. *Nature* 555: 359–362.

Kingma, S. A. 2017. Direct benefits explain interspecific variation in helping behaviour among cooperatively breeding birds. *Nature Communications* 8: 1094.

Kingma, S. A., Hall, M. L., Arriero, E., and Peters, A. 2010. Multiple benefits of cooperative breeding in purple-crowned fairy-wrens: A consequence of fidelity? *Journal of Animal Ecology* 79: 757–768.

Koenig, W. D., Mumme, R. L., Stanback, M. T., and Pitelka, F. A. 1995. Patterns and consequences of egg destruction among joint-nesting acorn woodpeckers. *Animal Behaviour* 50: 607–621.

Kokko, H., Johnstone, R. A., and Clutton-Brock, T. H. 2001. The evolution of cooperative breeding through group augmentation. *Proceedings of the Royal Society of London B* 268: 187–196.

Komdeur, J. 1992. Importance of habitat saturation and territory quality for evolution of cooperative breeding in the Seychelles warbler. *Nature* 358: 493–495.

Komdeur, J., Huffstadt, A., Prast, W., Castle, G., Mileto, R., and Wattel, J. 1995. Transfer experiments of Seychelles warblers to new islands: Changes in dispersal and helping behavior. *Animal Behaviour* 49: 695–708.

Krakauer, A. H. 2005. Kin selection and cooperative courship in wild turkeys. *Nature* 434: 69–72.

Lacey, E. A. and Sherman, P. 1991. Social organization of naked mole-rat colonies: Evidence for divisions of labor. In P. W. Sherman, J. U. M. Jarvis and R. D. Alexander (eds.), *The Biology of the Naked Mole-Rat*, pp. 275–336. Princeton, NJ: Princeton University Press.

Leadbeater, E., Carruthers, J. M., Green, J. P., Rosser, N. S., and Field, J. 2011. Nest inheritance is the missing source of direct fitness in a primitively eusocial insect. *Science* 333: 874–876.

Leimgruber, K. L., Rosati, A. G., and Santos, L. R. 2016. Capuchin monkeys punish those who have more. *Evolution and Human Behavior* 37: 236–244.

Lukas, D. and Clutton-Brock, T. H. 2012. Cooperative breeding and monogamy in mammalian societies. *Proceedings of the Royal Society of London B* 279: 2151–2156.

Lukas, D. and Clutton-Brock, T. H. 2017. Climate and the distribution of cooperative breeding in mammals. *Royal Society Open Science* 4: 160897.

Maia, R., Rubenstein, D. R., and Shawkey, M. D. 2013. Key ornamental innovations facilitate diversification in an avian radiation. *Proceedings of the National Academy of Sciences USA* 110: 10687–10692.

Maia, R., Rubenstein, D. R., and Shawkey, M. D. 2016. Selection, constraint, and the evolution of coloration in African starlings. *Evolution* 70: 1064–1079.

McDonald, D. B. 2010. A spatial dance to the music of time in the leks of long-tailed manakins. *Advances in the Study of Behavior* 42: 55–81.

McDonald, D. B. and Potts, W. K. 1994. Cooperative display and relatedness among males in a lek-mating bird. *Science* 266: 1030-1032.

Mumme, R. L., Koenig, W. D., and Pitelka, F. A. 1983. Reproductive competition in the communal acorn woodpecker: Sisters destroy each other's eggs. *Nature* 306: 583–684.

Nowak, M. A. and Sigmund, K. 2005. Evolution of indirect reciprocity. *Nature* 437: 1291–1298.

Reale, D., Reader, S. M., Sol, D., McDougall, P. T., and Dingemanse, N. J. 2007. Integrating animal temperament within ecology and evolution. *Biological Reviews* 82: 291–318.

Reyer, H.-U. 1984. Investment and relatedness: A cost/benefit analysis of breeding and helping in the pied kingfisher. *Animal Behaviour* 32: 1163–1178.

Riehl, C. 2013. Evolutionary routes to non-kin cooperative breeding in birds. *Proceedings of the Royal Society of London B* 2801: 20132245.

Rubenstein, D. R. 2011. Spatiotemporal environmental variation, risk aversion, and the evolution of cooperative breeding as a bet-hedging strategy. *Proceedings of the National Academy of Sciences USA* 108: 10816–10822.

Rubenstein, D. R. 2012. Family feuds: social competition and sexual conflict in complex societies. *Philosophical Transactions of the Royal Society B* 367: 2304–2313.

Rubenstein, D. R and Abbot, P. 2017a. *Comparative Social Evolution*. Cambridge: Cambridge University Press.

Rubenstein, D. R. and Abbot, P. 2017b. The evolution of social evolution. In D. R. Rubenstein and P. Abbot (eds.), *Comparative Social Evolution*, pp. 1–18. Cambridge: Cambridge University Press.

Rubenstein, D. R., Botero, C. A., and Lacey, E. A. 2016. Discrete but variable structure of animal societies leads to the false perception of a social continuum. *Royal Society Open Science* 3: 160147.

Rubenstein, D. R. and Lovette, I. J. 2007. Temporal environmental variability drives the evolution of cooperative breeding in birds. *Current Biology* 17: 1414–1419.

Rubenstein, D. R. and Lovette, I. J. 2009. Reproductive skew and selection on female ornamentation in social species. *Nature* 462: 786–789.

Russell, A. F., Langmore, N. E., Cockburn, A., Astheimer, L. B., and Kilner, R. M. 2007a. Reduced egg investment can conceal helper effects in cooperatively breeding birds. *Science* 317: 941–944.

Russell, A. F., Young, A. J., Spong, G., Jordan, N. R., and Clutton-Brock, T. H. 2007b. Helpers increase the reproductive potential of offspring in cooperative meerkats. *Proceedings of the Royal Society of London B* 274: 513–520.

Sachs, J. L., Mueller, U. G., Wilcox, T. P., and Bull, J. J. 2004. The evolution of cooperation. *Quarterly Review of Biology* 79: 135–160.

Schino, G. and Aureli, F. 2010. The relative roles of kinship and reciprocity in explaining primate altruism. *Ecology Letters* 13: 45–50.

Shen, S.-F., Emlen, S. T., Koenig, W. D., and Rubenstein, D. R. 2017. The ecology of cooperative breeding behaviour. *Ecology Letters* 20: 708–720.

Sherman, P. W. 1977. Nepotism and the evolution of alarm calls. *Science* 197: 1246–1253.

Sherman, P. W., Jarvis, J. U. M., and Alexander, R. D. (eds.). 1991. *The Biology of the Naked Mole-Rat*. Princeton, NJ: Princeton University Press.

Sih, A. and Bell, A. M. 2008. Insights for behavioral ecology from behavioral syndromes. *Advances in the Study of Behavior* 32: 227–281.

Sih, A., Bell, A. M., and Johnson, J. C. 2004. Behavioral syndromes: An ecological and evolutionary overview. *Trends in Ecology & Evolution* 19: 372–378.

Sih, A., Mathot, K. J., Moiron, M., Montiglio, P.-O., Wolf, M., and Dingemanse, N. J. 2015. Animal personality and state–behaviour feedbacks: A review and guide for empiricists. *Trends in Ecology & Evolution* 30: 50–60.

Smith, B. R. and Blumstein, D. T. 2008. Fitness consequences of personality: A meta-analysis. *Behavioral Ecology* 19: 448–455.

Spottiswoode, C. N., Begg, K. S., and Begg, C. M. 2016. Reciprocal signaling in honeyguide–human mutualism. *Science* 353: 387–389.

St-Pierre, A., Larose, K., and Dubois, F. 2009. Long-term social bonds promote cooperation in the iterated Prisoner's Dilemma. *Proceedings of the Royal Society of London B* 276: 4223–4228.

Strandburg-Peshkin, A., Farine, D. R., Couzin, I. D., and Crofoot, M. C. 2015. Shared decision-making drives collective movement in wild baboons. *Science* 348: 1358-1361.

Strandburg-Peshkin, A., Farine, D. R., Crofoot, M. C., and Couzin, I. D. 2017. Habitat and social factors shape individual decisions and emergent group structure during baboon collective movement. *eLife* 6: e19505.

Taborsky, M. 1994. Sneakers, satellites, and helpers: Parasitic and cooperative behavior in fish reproduction. *Advances in the Study of Behavior* 23: 1–100.

Trivers, R. L. 1971. The evolution of reciprocal altruism. *Quarterly Review of Biology* 46: 35–57.

Webster, M. S., Varian, C. W., and Karubian, J. 2008. Plumage color and reproduction in the red-backed fairy-wren: Why be a dull breeder? *Behavioral Ecology* 19: 517–524.

Wedekind, C. and Milinski, M. 1996. Human cooperation in the simultaneous and the alternating Prisoner's Dilemma: Pavlov versus Generous Tit-for-Tat. *Proceedings of the National Academy of Sciences USA* 93: 2686–2689.

West, S. A., El Mouden, C., and Gardner, A. 2011. Sixteen common misconceptions about the evolution of cooperation in humans. *Evolution and Human Behavior* 32: 231–262.

West, S. A., Griffin, A. S., and Gardner, A. 2007. Social semantics: Altruism, cooperation, mutualism, strong reciprocity, and group selection. *Journal of Evolutionary Biology* 20: 415–432.

Wilkinson, G. S. 1984. Reciprocal food sharing in the vampire bat. *Nature* 308: 181–184.

Young, A. J., Carlson, A. A., Monfort, S. L., Russell, A. F., Bennett, N. C., and Clutton-Brock, T. H. 2006. Stress and the suppression of subordinate reproduction in cooperatively breeding meerkats. *Proceedings of the National Academy of Sciences USA* 103: 12005–12010.

찾아보기

A

B

C

D

E